U0202410

本书获上海科技专著出版资金资助

分子酸碱化学

MOLECULAR ACID-BASE CHEMISTRY

沈青◎著

上海科学技术文献出版社

图书在版编目（CIP）数据

分子酸碱化学 / 沈青著 . —上海：上海科学技术文献出版社，2012.3
ISBN 978-7-5439-5230-0

Ⅰ . ①分… Ⅱ . ①沈… Ⅲ . ①化学—研究 Ⅳ . ① 06

中国版本图书馆 CIP 数据核字（2012）030652 号

责任编辑：陈云珍　石　婧
封面设计：钱　祯

分子酸碱化学
沈　青　著
*
上海科学技术文献出版社出版发行
（上海市长乐路 746 号　邮政编码 200040）
全国新华书店经销
常熟市人民印刷厂印刷
*
开本 787 × 1092　1/16　印张 39　字数 758 000
2012 年 3 月第 1 版　2012 年 3 月第 1 次印刷
ISBN 978-7-5439-5230-0
定价：148.00 元
http://www.sstlp.com

出版说明

科学技术是第一生产力。21 世纪，科学技术和生产力必将发生新的革命性突破。

为贯彻落实“科教兴国”和“科教兴市”战略，上海市科学技术委员会和上海市新闻出版局于 2000 年设立“上海科技专著出版资金”，资助优秀科技著作在上海出版。

本书出版受“上海科技专著出版资金”资助。

上海科技专著出版资金管理委员会

前言

酸碱理论及应用方法最早为瑞典科学家 Arrhenius 提出的离子理论与 pH 标度。虽然随后有不少科学家都在这一领域有所贡献，但只有 1923 年美国科学家 Lewis 提出“凡是能接受电子对的分子、离子和原子团都是酸，而给出电子对的分子、离子和原子团都为碱”的酸碱电子理论被普遍认可和接受并在应用方面得到进一步的发展。该理论将酸碱的概念扩大到分子级，不仅使人们扩大了认识领域，也使得许多材料的酸碱性能得以被认识或被重新鉴定。但由于 Lewis 本人并未在应用方面提出相应的实用标度，所以造成这么一个事实：即在 Lewis 酸碱理论体系中有一系列应用基础理论和相应的标度方法，如分子轨道理论和量子力学解释产生了 Gutmann 的 AN 和 DN 酸碱标度，Drago 的 E 和 C 酸碱系数，Fowkes 的贡献，Kamlet-Taft 的线性溶剂化能理论及相应的酸碱标度，Reichart 的 Et(30) 酸碱参数及相关理论，Legon-Millen 的 N 和 E 酸碱系数，Abraham 的 $\sum\alpha^H$ 和 $\sum\beta^H$ 酸碱系数和 van Oss-Chaudhury-Good 的 γ^+ 和 γ^- 酸碱系数及组合理论等。虽然这些理论和方法的发展促进了酸碱理论的应用，但至今还没有对上述理论和方法进行全面描述的中文书籍。但无可辩驳的事实是这类论文的数量自 20 世纪 90 年代以来不断递增，这充分说明了分子酸碱理论和方法在科学、技术领域的重要性。

本书分成四篇 40 章，第一篇(第一～三章)主要对分子酸碱化学的基础和基于的理论进行了描述；第二篇共 13 章(第四～十六章)主要介绍了分子酸碱理论的不同标度；第三篇(第十七～二十八章)主要介绍了分子酸碱理论应用过程所涉及的一些主要方法；而第四篇(第二十九～四十章)主要描述了分子酸碱理论和方法在不同领域的应用。本书的这些篇章兼顾了物理、化学、生物、地理等不同领域和人群的需要，希望对相关领域的读者有所帮助。

本书在介绍一些理论和方法的同时，也对所涉及的一些科学家的生平进行了简介，以帮助读者了解这些科学家的发现和发明的过程。

沈　青

2011 年 11 月

目　录

第一篇　分子酸碱化学基础

第一章　酸碱化学的概念与发展历史

第二章　分子轨道理论对分子酸碱化学的诠释

第十一章 Abraham 的酸碱理论以及 $\sum\alpha^H$ 和 $\sum\beta^H$ 标度

第十二章 van Oss-Chaudhury-Good 的酸碱理论及 $\gamma^+ \sim \gamma^-$ 标度

第十三章 氢键

第十四章 亲电指数

第十五章 Hamaker 常数

第十六章 不同酸碱理论体系之间的关联及应用

第三篇 分子酸碱化学的常用方法

第十七章 接触角方法

第二十三章 指示剂方法

第二十四章 反向气相色谱方法

第二十五章 电位分析方法

第四篇 分子酸碱化学的应用

第二十九章 分子酸碱化学在有机化学中的应用

第三十章 分子酸碱化学在无机化学中的应用

第三十一章 分子酸碱化学在环境科学中的应用

第三十二章 分子酸碱化学在生物医学领域中的应用

第三十三章 分子酸碱化学在工业过程中的应用

第三十八章 分子酸碱化学在纳米材料中的应用

第三十九章 分子酸碱化学在生物材料中的应用

第四十章 分子酸碱化学在结构材料制备中的应用

后 记

第一篇　分子酸碱化学基础

第一章　酸碱化学的概念与发展历史

1.1 简介

人类对酸和碱的初步认识早在公元前就有了，当时的认识主要来自于这类物质所表现的味觉，比如醋的酸味。在公元8世纪左右，阿拉伯人从炼金过程得到过硫酸和硝酸，虽然当时的人们并不了解它们更多的性质，但他们认为凡是具有酸味的物质都是酸。

17世纪后期，随着生产力的提高和科学水平的快速发展，一些科学家开始比较系统地研究酸和碱的性质。当时的代表人物首先是英国的玻义耳。他是近代化学的奠基人之一，这是因为他在化学学科和化学理论的发展上作出过重大贡献，他是第一位阐述元素本性的科学家，他提出了重要的化学元素概念。

知识链接

玻义耳(Robert Boyle，1627～1691)，爱尔兰自然哲学家，在化学和物理学研究上都有杰出贡献。虽然他的化学研究带有炼金术色彩，但是他的《怀疑派化学家》一书仍然被视作化学史上的里程碑。由于波义耳在实验与理论两方面都对化学发展有重要贡献，他的工作为近代化学奠定了初步基础，故被认为是近代化学的奠基人。

虽然古希腊的亚里士多德(公元前384～公元前322，古希腊哲学家、逻辑学家、科学家)，早就提出四元素说(土、气、水、火)。而瑞士的帕拉采尔苏斯(Paracelsus，1493～1541，瑞士化学家、医学家、自然哲学家)则提出三要素说，他认为构成各种物质的是三种要素，即“水银”、“硫”和“盐”。但玻义耳认为他们都没有涉及问题的本质，因为他认为元素是确定的、实在的、可察觉到的实物，是用一般化学方法不能再分解成某些简单实体的实物，为此首次对化学元素下了明确的定义，使化学发展有了新的起点。玻义耳是第一位把各种天然植物的汁液用作指示剂的化学家，也是第一位给酸和碱下定义的化学家。他指出：能将蓝色果汁变成紫红色的物质都是酸，颜色变化与此相反者则是碱；凡有酸味、能使蓝色石蕊变为红色的物质或能溶解石灰的物质是酸，凡有苦涩味、滑腻感、使红色石蕊变为蓝色的物质是碱。他还认为，当酸碱相互作用时这两者的性质均将消失。

其次是法国的拉瓦锡，他发现氧是所有酸中普遍存在的和必不可少的元素，是酸就必须含有氧，因而酸是非金属氧化物。

知识链接

拉瓦锡(Lavoisier，1743～1794)，法国化学家，近代化学的奠基人之一。他最早的化学论文是对石膏的研究，发表在1768年的《巴黎科学院院报》上。1765年他当选为巴黎科学院候补院士。1775年任皇家火药局局长。1778年任皇家科学院教授。1774年10月，J. 普里斯特利向拉瓦锡介绍了自己的实验：氧化汞加热时，可得到脱燃素气，这种气体使蜡烛燃烧得更明亮，还能帮助呼吸。拉瓦锡重复了普里斯特利的实验，得到了相同的结果。但拉瓦锡并不相信燃素说，所以他认为这种气体是一种元素，1777年正式把这种气体命名为氧，含义是酸的元素。通过研究金属煅烧，拉瓦锡于1777年向巴黎科学院提出了一篇报告《燃烧概论》，阐明了燃烧作用的氧化学说，认为氧是酸的本原，一切酸中都含有氧。

后来英国的H. 戴维研究发现所有酸含有氢而不是氧，从而证明拉瓦锡的看法是错误的。由此，戴维认为一种物质是不是酸的主要判断依据应该是看它是否含有氢。但这个概念也明显有问题，因为很多有机化合物和氨都含有氢，却并不是酸。

知识链接

H. 戴维(Humphry Davy，1778～1829)，英国化学家。1795～1798年给一位药剂师当学徒，其间读了拉瓦锡的《化学原理》后开始对化学产生兴趣。1798～1801年，在布里斯托尔气体研究所的实验室当管理员。1800年研究电解，从理论上解释了电解过程，1802年开创了农业化学。1807年用电解法离析出金属钾和钠；1808年又分离出金属钙、锶、钡和镁。1811年获都柏林三一学院博士学位。1813年当选为法国科学院通讯院士。1820年任英国皇家学会主席。

为此，德国的李比希建立了有机化合物的元素分析方法，这个方法现在仍在使用。他认为所有的酸都是氢的化合物，但其中的氢必须是能够很容易地被金属所置换的；而碱则是能够中和酸并产生盐的物质。但必须指出的是这一酸碱理论不能解释酸的强与弱，直至后来的瑞典人S. A. Arrhenius提出电离酸碱理论。

知识链接

李比希(Justus Freiherr von Liebig，1803～1873)，德国化学家。他最重要的贡献在于农业和生物化学，他创立了有机化学。作为大学教授，他发明了现代面向实验室的教学方法，因为这一创新，他被誉为历史上最伟大的化学教育家之一。他发现了氮对于植物营养的重要性，因此也被称为“肥料工业之父”。21岁时，李比希就成为Giessen大学的化学和药学教授。李比希最重要的发现有：

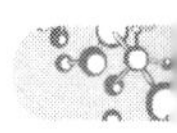

根理论、矿物肥料、同分异构体、浓缩肉汁、五球瓶、过磷酸钙、银镜子、铁镍合金、氯仿和三氯乙醛、苯三酚。李比希是19世纪最著名和最有成果的化学家，是有机化学、农业化学和营养生理学的奠基人。李比希是第一个将试验引入自然科学教学的人。他研究改善了化学中的分析方法，使得化学成为一门精确的学术。在最早的60名诺贝尔化学奖获得者中，有42人是他的学生的学生。

1.2 Arrhenius 的酸碱电离理论与 pH 标度

1887年，瑞典化学家 S. A. Arrhenius(1859～1927，首次提出了酸碱电离理论，1903年获诺贝尔化学奖)提出酸碱电离理论并对酸碱的定义如下：在水溶液中，凡是电离时产生的阳离子都是氢离子的物质是酸；在水溶液中凡是电离时产生的阴离子全部是 OH^- 的物质是碱。从定义上看，所谓酸的通性就是酸类水溶液所共同具有的 H^+ 的特性，所谓碱的通性就是碱类水溶液所共同具有的 OH^- 的特性。在 Arrhenius 提出电离学说前，当时已有的科学基础是：法国化学家 Raoult(1830～1901，以研究溶液的物理性能而著名)证明了 1 mol/dm^3 NaCl(aq)所下降的冰点为 1 mol/dm^3 蔗糖溶液的2倍；范特霍夫研究证明了 1 mol/dm^3 NaCl(aq)的渗透压为 1 mol/dm^3 蔗糖溶液的2倍；而 Faraday 认为电流通过酸、碱、盐溶液时，化合物因受电流作用而分离为离子[1~4]。

知识链接

范特霍夫(Jacobus Hendricus van't Hoff，1852～1911)，荷兰化学家。从小酷爱化学，1874年，在乌特勒支大学获得博士学位。范特霍夫首先提出了碳的四面体结构学说。因为在化学动力学和化学热力学研究上的贡献突出，他的两篇著名论文《化学动力学研究》和《气体体系或稀溶液中的化学平衡》使他获得了1901年的诺贝尔化学奖，成为历史上第一位获得诺贝尔化学奖的科学家。

Arrhenius 的酸碱电离理论的优点是能简便地说明酸碱在水溶液中的反应。但由于该理论把酸碱概念局限于水溶液中，因此对非水体系和无溶剂体系都不能使用；也无法解释在没有水存在时，也能发生酸碱反应的一些例子：如氯化氢气体和氨气发生反应生成氯化铵，因为这些物质都未发生电离；还有氯化铵溶于液氨中的溶液就具有了酸的特性，能与金属发生反应产生氢气，使指示剂变色，但氯化铵在液氨这种非水溶剂中并未电离出氢离子。此外，把碱限制为氢氧化物也无法解释氨水呈现碱性这一事实。另外在酸碱电离理论中酸和碱是两种绝对不同的物质，这也忽视了酸碱在对立中的相互联系和统一。

但值得一提的是 Arrhenius 的酸碱电离理论可以通过非常实用的 pH 标度来表示。该方法以 7 为中性值，凡小于该值的物质为酸，而大于该值的物质为碱，已经普遍为人们所应用[4]，目前该方法已经有 100 年历史了[5]。

pH 方法是由丹麦科学家 S. P. L. Sørensen（1868～1939）在 1909 年所发明、并用 3 种语言（德语、法语和丹麦语[6~9]）所发表的。但必须指出的是，此时他在 3 篇论文中并没有用统一的 pH，而仅认为其中的 H 代表的是氢键，而事实上约有 10 年时间 pH 被描述为 ph、pH、Ph、PH、P_h、P_H、P_h^+ 和 P_H^+，这说明此时 S. P. L. Sørensen 本人也没有对 pH 有明确的定义[5]。非常有意思的是，目前流行的 pH 是由《生物化学杂志》（J. Biological Chem）的主编定义的[10~11]，而且是源于拉丁文——*pondus Hydrogenii*[5]。Nørby 最近还指出，事实上 S. P. L. Sørensen 本人早期对 pH 的描述也不是如我们今天所认识和理解的 pH[12]。

世界上第一个 pH 计是由美国加州理工学院的 Arnold O. Beckman（1900～2004）在 1934 年发明的[5]，而第一个将其引入教科书的是美国加州大学 Berkeley 分校的 Joel Hildebrand，在 1940 年他讲授的《普通化学》第四版中[5]。此后，Linus Pauling 在美国的加州理工学院开设《普通化学》一课时也讲授了 pH[5]。此时 pH 基本上被认为代表 $-\log[H^+]$。

知识链接

Linus Pauling（1901～1994），美国化学家，量子化学和结构生物学的先驱者之一。他自 20 世纪 30 年代开始致力于化学键的研究，1931 年 2 月发表价键理论，此后陆续发表相关论文，1939 年出版了在化学史上有划时代意义的《化学键的本质》一书。1954 年因在化学键方面的工作他获得了诺贝尔化学奖，1962 年因反对核弹在地面测试的行动获得诺贝尔和平奖，成为获得不同诺贝尔奖项的两人之一（另一人为居里夫人）；也是唯一的一位每次都是独立地获得诺贝尔奖的获奖人。其后他主要的行动为支持维生素 C 在医学的功用。他被认为是 20 世纪对化学科学影响最大的人物之一，他所撰写的《化学键的本质》被认为是化学史上最重要的著作之一。他提出的电负度、共振理论、价键理论、混成轨域、蛋白质二级结构等概念和理论，如今已成为化学领域最基础和最广泛使用的观念。

1.3 Franklin 的酸碱溶剂论

1905 年，英国化学家 Franklin 为了解释某些物质在非水溶液的行为，提出了著名的酸碱溶剂论。他对酸碱做出如下定义：凡能生成和溶剂正离子相同的正离子者为酸，能生成和溶剂负离子相同的负离子者为碱，中和作用是正离子与负离子的结合，生成溶剂分子。

与酸碱电离理论相比，酸碱溶剂论把酸碱扩大到了任何能够产生正、负离子的溶剂中，从而明显扩大了酸碱的范围。但是它也存在着缺点，即它只适用于能电离的体系中，对于那些非极性的酸碱体系和不电离的溶剂则不适用，如苯和氯仿。

由于酸碱电离理论及溶剂论的种种缺陷和它的适用性差，现在人们很少用它来解释所遇到的化学现象。

1.4 Brønsted 的质子理论及酸碱定义

1923 年，丹麦化学家 Johannes Nicolaus Brønsted(1879～1947)和英国化学家 Lowry (1874～1936)分别独立地提出了各自的酸碱质子理论。由于 Brønsted 将酸碱理论发展得最完备，因此人们普遍把质子理论称为 Brønsted 质子理论。该理论认为：凡是能给出质子的物质都应称之为酸，能接受质子的物质称为碱。他也把酸叫做质子给予体，把碱叫做质子接受体[1~4]。

与电离理论和溶剂论相比，质子理论扩大了酸碱的范围，特别是碱的范围，OH^- 离子只不过是负离子碱的一种，除此以外还有 I^-、Br^-、S^{2-}、O^{2-}、CN^- 等和一些络合离子及中性分子。Brønsted 的质子理论还适用于气体物质，如 $HCl + NH_3 \longrightarrow NH_4^+ + Cl^-$。酸碱不是孤立的，两者之间存在着共轭关系，可以是分子也可以是离子，有的离子既可以是酸也可以是碱，因此酸碱反应的实质是共轭酸碱对之间的质子传递效应。

Brønsted 的质子理论较前人的酸碱理论已有了很大进步，它不仅包含了酸碱电离理论的所有酸，还扩大了酸碱电离理论中碱的范围。它还可以解释溶剂论中不能解释的不电离溶剂，甚至无溶剂体系。它把酸碱反应中的反应物和生成物有机地结合起来，通过内因和外因的联系阐明了物质的特征。由于质子理论的论述方法比溶剂论直截了当，明确易懂，实用价值大，因此被广泛用于化学教学和研究中。

但是质子理论也存在缺点，它只局限于质子的放出和接受，对于不含氢原子的酸碱反应则无法说明。

根据 Brønsted 的定义：酸是一种具有给出质子倾向的物质，而碱是一种具有接受质子倾向的物质。由于酸碱质子理论所定义的酸碱概念是广义的，所以 Arrhenius 和 Franklin 定义的酸碱都属于狭义范围。

广义酸碱理论不仅可以适用于液态，也可适用于气态、固态。

下列是狭义和广义酸碱理论的应用对比。

$$\underset{\text{酸}_1}{HAc} + \underset{\text{碱}_2}{NH_3} \longrightarrow \underset{\text{碱}_1}{Ac^-} + \underset{\text{酸}_2}{NH_4^+} \tag{1-1}$$

$$\underset{\text{酸}_1}{HCl} + \underset{\text{酸}_2}{H_2O} \longrightarrow \underset{\text{碱}_1}{Cl^-} + \underset{\text{碱}_2}{H_3O^+} \qquad (1\text{-}2)$$

按照酸碱质子理论，酸碱的概念是广义的，其反应类型大大超出了 Arrhenius 的酸碱反应类型。同时酸碱反应也不仅仅是在溶液中进行，包括了气相、液态等状态。

用质子理论可以解释下列反应：

(1) 气相中的酸碱反应：

$$\underset{A_1}{HCl(g)} + \underset{B_2}{NH_3(g)} \xrightarrow{H^+} \underset{A_2}{NH_4^+}\underset{B_1}{Cl^-}(s) \qquad (1\text{-}3)$$

(2) 离解反应(dissociation reactions)：

a. auto ionization：

$$H_2O + H_2O \overset{K_w}{\rightleftharpoons} H_3O^+ + OH^- \qquad (1\text{-}4)$$

b. acid ionization：

$$HAc + H_2O \overset{K_a}{\rightleftharpoons} H_3O^+ + Ac^- \qquad (1\text{-}5)$$

c. base ionization：

$$NH_3 + H_2O \overset{K_b}{\rightleftharpoons} NH_4 + OH^- \qquad (1\text{-}6)$$

(3) hydrolysis：实际上可以看作水和离子酸、离子碱的反应：

$$Ac^- + H_2O \rightleftharpoons HAc + OH^- \qquad \overline{K}_b = K_w/K_a = K_h \qquad (1\text{-}7)$$

$$NH_4^+ + H_2O \rightleftharpoons NH_3 + H_3O^+ \qquad \overline{K}_a = K_w/K_b = K_h \qquad (1\text{-}8)$$

（以上各式中 H^+ 由左侧物种转移到 H_2O 或 NH_3。）

质子理论的特点是：①质子论中不存在盐的概念。因为在质子论中，组成盐的离子已变成了离子酸和离子碱。②酸碱是共轭的，弱酸共轭强碱，弱碱共轭强酸；因此可以根据已知某酸的强度，得到其共轭碱的强度。

1.5 Lewis 的电子理论及酸碱定义

在质子理论提出的同年，1923 年，美国化学家 Lewis(Gilbert Newton Lewis，1875～1946)不受电离学说的束缚，结合酸碱的电子结构，从电子对的配给和接受出发，提出了酸碱的电子理论。电子理论的焦点是电子对的配给和接受，Lewis 认为：酸是任何分子、离子和原子团在反应过程中能够接受电子对的物质，酸被称为电子对的接受体；碱是含有可以给出电子对的分子、离子或原子团，碱被称为电子对的给予体[1~4]。

酸碱电子理论是目前应用最为广泛的酸碱理论，但他也同样有一定的局限性：一是酸碱的强弱没有一个统一的标准，缺乏像质子论那样的计算；另一点是包括的范围太广泛，不便于区分酸和碱中各式各样的差别。除此之外，Lewis 酸碱的概念和传统的酸碱概念不一致，通常指的是离子论或质子论的酸，以区别于采用 Lewis 酸这个名称。

根据 Lewis 的定义：酸是一种能给出电子的物质，而碱是一种能接受电子的物质[13]。

酸碱反应一般式：
$$\underset{\text{Lewis acid}}{A} + \underset{\text{Lewis base}}{:B} \longrightarrow \underset{\text{acid-base adduct}}{A:B} \tag{1-9}$$

酸碱反应主要类型有：

(1) 加合反应：
$$H^+ + :OH^- = H_2O \tag{1-10}$$

(2) 酸取代反应：
$$Cu(NH_3)_4^{2+} + 4H^+ = Cu^{2+} + 4NH_4^+ \tag{1-11}$$

(3) 碱取代反应：
$$Cu(NH_3)_4^{2+} + 2OH^- = Cu(OH)_2 + 4\,NH_3 \tag{1-12}$$

(4) 酸碱取代反应：
$$Ba(OH)_2 + H_2SO_4 = BaSO_4\downarrow + 2H_2O \tag{1-13}$$

Lewis 酸碱化学的优点主要是：它包括了水离子论、溶剂论和质子论等三种理论；扩大了酸的范围。缺点主要是：无统一的酸碱强度的标度。

由于电子论包括了所有的酸碱理论，所以该理论又称为广义酸碱理论。由于酸碱电子论的提出，把所有的化学反应分为三大类：

$$A + :B \longrightarrow A:B \quad \text{酸碱反应} \tag{1-14}$$

$$R\cdot + \cdot R' \longrightarrow R\cdot R' \quad \text{自由基反应} \tag{1-15}$$

$$Red\cdot + Ox \longrightarrow Red^+ Ox^- \quad \text{氧化—还原反应} \tag{1-16}$$

具体实例有：

(a)
$$CN^-(aq) + H_2O(l) = HCN(aq) + OH^-(aq) \tag{1-17}$$

(b)
$$HIO(aq) + NH_2^-(aq) = NH_3(l) + IO^-(aq) \tag{1-18}$$

(c)
$$(CH_3)_3N(g) + BF_3(g) = (CH_3)_3NBF_3(s) \tag{1-19}$$

(d)
$$Fe(ClO_4)_3(s) + 6H_2O(l) = Fe(H_2O)_6^{3+}(aq) + 3ClO_4^-(aq) \tag{1-20}$$

(e)
$$FeBr_3(s) + Br^-(aq) = FeBr_4^-(aq) \tag{1-21}$$

1.6 小结

一般认为，现代酸碱理论可以包含传统的酸碱理论，而反之则不能。但 pH 酸碱化学标度因其应用非常方便而依然被各个领域广泛使用着。

现代酸碱理论的应用目前存在着一系列不同标度的理论，且相互之间缺少关联性，这正引起科学家的关注与研究[13~14]。

参考文献

[1] Kosower EM. *J Am Chem Soc*, 1958(80):3253.

[2] Kosower EM ed. *An introduction to Physical Organic Chemistry*. New York: Wiley, 1968.

[3] Grain CF. In: *Handbook of Chemical Property Estimation Methods*; Lyman WJ, Reehl WF, Rosenblatt DH, eds. New York: McGraw-Hill, 1982.

[4] Bicerano J. *Prediction of Polymer Properties*. New York: Marcel Dekker, 1993.

[5] Myers RJ. One-Hundred Years of pH, *J Chem Edu*, 2010(87):30~33.

[6] Sørensen SPL. *Biochem Zeit*, 1909(21):131~199.

[7] Sørensen SPL. *Biochem Zeit*, 1909(22):352~356.

[8] Sørensen SPL. *Compt Rend Trav Lab Carlsberg*, 1909(8):1~162.

[9] Sørensen SPL. *Meddelelsierfra Carlsberg Laboratoriet*, 1909(8):1~168.

[10] Clark WM. *The Determination of Hydrogen Ions*. Baltimore: Williams and Wilkens, 1920:26.

[11] Clark WM. *The Determination of Hydrogen Ions*, 2nd ed. Baltimore: Williams and Wilkens, 1922:35.

[12] Nørby JG. Trends Biochem Sci, 2000(25):36~37.

[13] Reichardt C. *Solvents and Solvent Effects in Organic Chemistry*. New York: Wiley, 3rd ed, 2003.

[14] Shen Q. *Langmuir*, 2000(16):4394.

第二章　分子轨道理论对分子酸碱化学的诠释

2.1　简介

尽管化合价的概念从 1852 年就已经形成，人们用原子间的一杠代表化学键，但关于化学键的本质事实上是不清楚的、也是不能理解的。随着原子结构理论的发展，Lewis 把化学结构理论与原子结构理论结合起来，在 1916 年提出了化合价理论，这个理论是用共享电子对说明共价键的[1]。

Lewis 的理论虽有它合理的一面，但也遇到一系列的不可克服的原则性的困难，它无法解释共价键的方向性，更不能说明为什么氧分子是顺磁性的而氮分子不是，自 1925 年量子力学理论出现以后，在 1927 年德国物理学家 Walter Heitler（1904～1981，主要贡献是量子电动力学和量子场理论，基于量子力学对化合价进行解释）和德国理论物理学家 Fritz London（1900～1954）用量子力学理论处理了氢分子，从而建立了价键理论，第一次成功解释了分子的稳定性[2]。在此基础上，1932 年美国科学家 R. S. Mulliken（1896～1986，1966 年因分子轨道理论而获诺贝尔化学奖）和德国物理学家 Hund（1896～1997）等人先后提出了分子轨道理论（Molecular Orbital Theory，简称 MO 法），进一步弥补了价键理论的不足。分子轨道是分子结构讨论的基础，包括分子结构预测和相互关系的解释[3]，因而有着广泛的应用。

2.2　分子轨道理论的基本要点

原子轨道（Atomic Orbital，简称 AO）是基于单电子的薛定谔方程得到的，这个单电子受到原子核的吸引力和其他电子对它的排斥力。假定所有的电子都占着合适的轨道，则每个电子的轨道既可计算。而分子轨道也可以用同样的方法定义，但是分子轨道的单电子薛

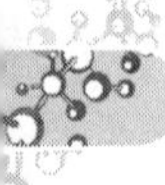

定谔方程是基于多个核的吸引力和多电子的平均排斥力得到的[4]。

知识链接

薛定谔(Erwin Schrödinger)，1887 年出生在奥地利，1910 年取得博士学位。1926 年在苏黎世大学任教时，他提出了著名的薛定谔方程，创立了波动力学学说用以描述量子力学。1927 年薛定谔迁往柏林，在洪堡大学接替马克斯·普朗克担任理论物理学教授，并成为了普鲁士科学院院士。1933 年他获得了诺贝尔物理学奖。1937 年被授予马克斯·普朗克奖章。1944 年薛定谔出版了《生命是什么》，此书中提出了负熵的概念。他发展了分子生物学，用物理的语言来描述生物学中的课题。他还发表了许多的科普论文，它们至今仍然是进入广义相对论和统计力学世界的最好向导。

(1) 分子轨道理论的基本观点是把分子看作一个整体，其中电子不再从属于某一个原子而是在整个分子的势场范围内运动。正如在原子中每个电子的运动状态可用波函数(ψ)来描述那样，分子中每个电子的运动状态也可用相应的波函数来描述。这个波函数 ψ 称为分子轨道。

(2) 分子轨道是由分子中原子的原子轨道线性组合而成，简称 LCAO(linear combination of atomic orbitals 的缩写)。如果是用自由原子的原子轨道来线形组合成分子轨道，这是最好的选择[5]。组合形成的分子轨道数目与组合前的原子轨道数目相等。如两个原子轨道 ψ_a 和 ψ_b 线性组合后形成两个分子轨道 ψ_1 和 ψ_2[6]。

$$\psi_1 = c_1\psi_a + c_2\psi_b \tag{2-1}$$

$$\psi_2 = c_1\psi_a - c_2\psi_b \tag{2-2}$$

这种组合和杂化轨道不同，杂化轨道是同一原子内部能量相近的不同类型的轨道重新组合，而分子轨道却是由不同原子提供的原子轨道的线性组合。原子轨道用 s、p、d、f……表示，分子轨道则用 σ、π、δ……表示。

(3) 原子轨道线性组合成分子轨道后，分子轨道中能量高于原来的原子轨道者称为反键轨道，能量低于原来的原子轨道者称为成键轨道。

(4) 原子轨道要有效地线性组合成分子轨道，必须遵循下面三条原则[7]：

1) 对称性匹配原则

只有对称性匹配的原子轨道才能有效地组合成分子轨道。哪些原子轨道之间对称性匹配呢？如图 2-1 中的(a)(c)所示。ψ_a 为 s 轨道，ψ_b 为 P_y 轨道，键轴为 x。看起来 ψ_a 和 ψ_b 可以重叠，但实际上各有一半区域为同号重叠，另一半为异号重叠，两者正好抵消，净成键效应为零，因此不能组成分子轨道，亦称两个原子轨道对称性不匹配而不能组成分子轨道。再从图 2-1 中的(b)、(d)、(e)看，ψ_a 和 ψ_b 同号迭加满足对称性匹配的条件，便能组合形成分子轨道。

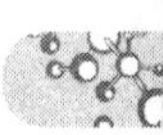

2）能量相近原则

只有能量相近的原子轨道才能组合成有效的分子轨道。能量越相近，组成的分子轨道越有效。若两条原子轨道相差很大，则不能组成分子轨道，只会发生电子转移而形成离子键。

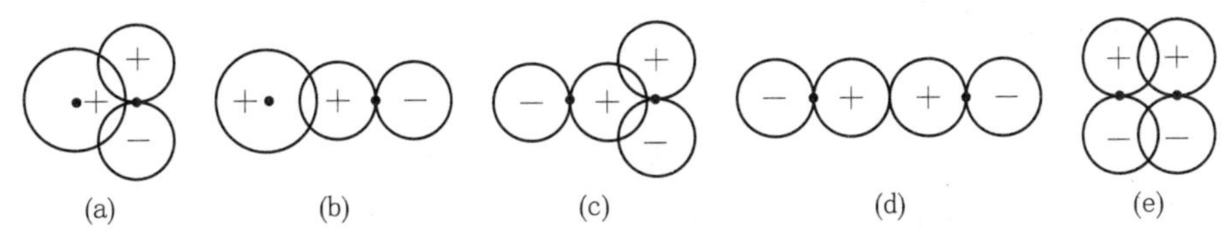

图 2-1　(a)(c)对称性不匹配；(b)(d)(e)对称性匹配

3）最大重叠原则

自从用量子力学来研究分子的电子结构以来，最大重叠原则被认为是化学键的基本原则之一[8]，其有着重要的用途。最大重叠原则原子轨道发生重叠时，在对称性匹配的条件下，原子轨道 ψ_a 和 ψ_b 的重叠程度越大，成键轨道相对于组成的原子轨道的能量降低得越显著，成键效果强，形成的化学键越稳定。

（5）键级

在分子轨道理论中，常用键级的大小来表示成键的强度。键级定义为：

$$\text{键级}=\frac{\text{成键电子总数}-\text{反键电子总数}}{2} \tag{2-3}$$

键级越大，键的强度越大，分子越稳定。若键级为零，表示不能形成分子。

2.3 原子轨道线性组合的类型

在对称性匹配的条件下，原子轨道线性组合可得不同种类的分子轨道，其组合方式主要有如下几种：

（1）s—s 重叠

如图 2-2(a)所示，两个轨道相加而成为成键轨道 σ，两者相减则成为反键轨道 σ^*。若是 1s 轨道，则分子轨道分别为 σ_{1s}、σ_{1s}^*，若是 s 轨道，则写为 σ_{2s}、σ_{2s}^*。

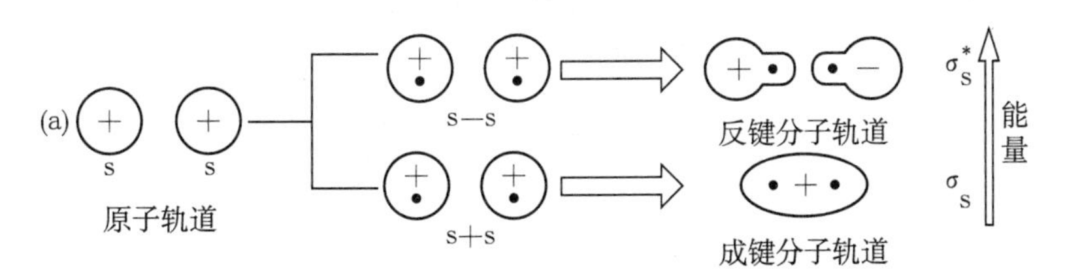

图 2-2(a)　s—s 原子轨道形成分子轨道的过程

(2) s—p 重叠

如图 2-2(b)所示,一个原子的 s 轨道和另一个原子的 p 轨道沿两核联线重叠,若同号波瓣重叠,则增加两核之间的概率密度,形成 σ_{sp} 成键轨道,若是异号波瓣重叠,则减小了核间的几率密度,形成一个反键轨道 σ_{sp}^*。

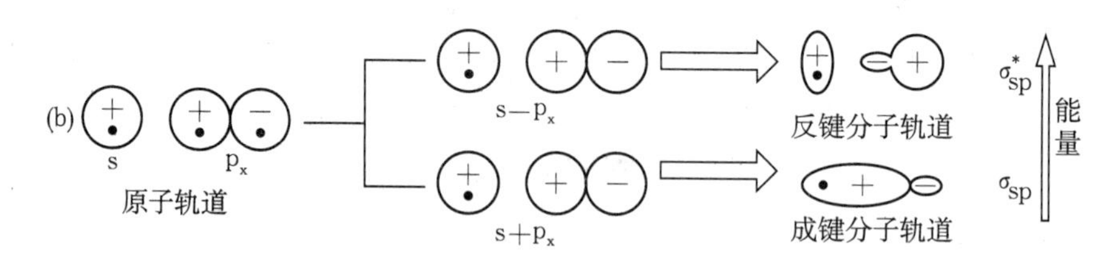

图 2-2(b) s—p 原子轨道形成分子轨道的过程

(3) p—p 重叠

两个原子的 p 轨道可以有两种组合方式,一是“头碰头”,如图 2-2(c)所示,两个原子的 p_x 轨道重叠后,形成一个成键轨道 σ_p 和一个反键轨道 σ_p^*。二是两个原子的 p_y 轨道垂直于键轴,以“肩并肩”的形式发生重叠,形成的分子轨道称为 π 分子轨道,成键轨道 π_p,反键轨道 π_p^*。如图 2-2(d),两个原子各有 3 个 p 轨道,可形成 6 个分子轨道,即 σ_{px}、σ_{px}^*、π_{py}、π_{py}^*、π_{pz}、π_{pz}^*。

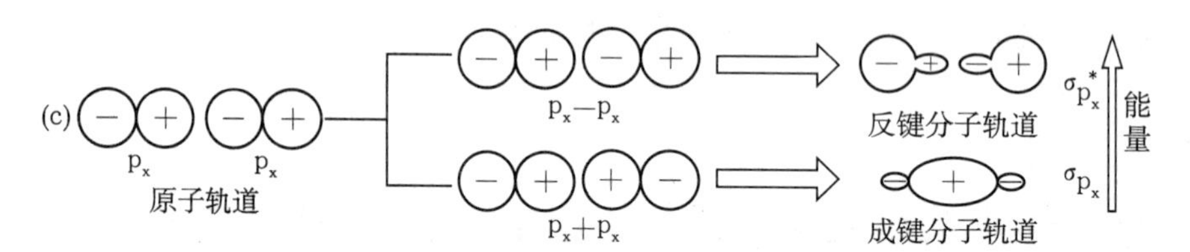

图 2-2(c) p—p 原子轨道形成分子轨道的过程

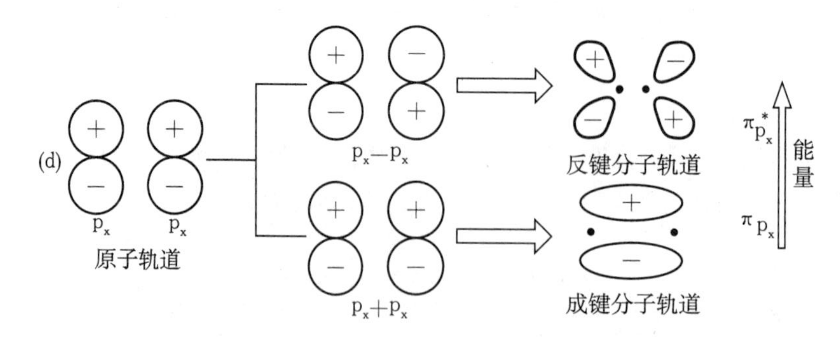

图 2-2(d) p—p 原子轨道形成分子轨道的过程

(4) p—d 重叠

一个原子的 p 轨道可以同另一个原子的 d 轨道发生重叠,但这两类原子轨道不是沿着

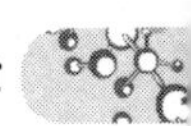

键轴而重叠的，所以 p—d 轨道重叠也可以形成 π 分子轨道，即成键的分子轨道 π_{p-d}和反键的分子轨道 π_{p-d}^{*}，如图 2-2(e)。这种重叠出现在一些过渡金属化合物中，也出现在 P、S 等氧化物和含氧酸中。

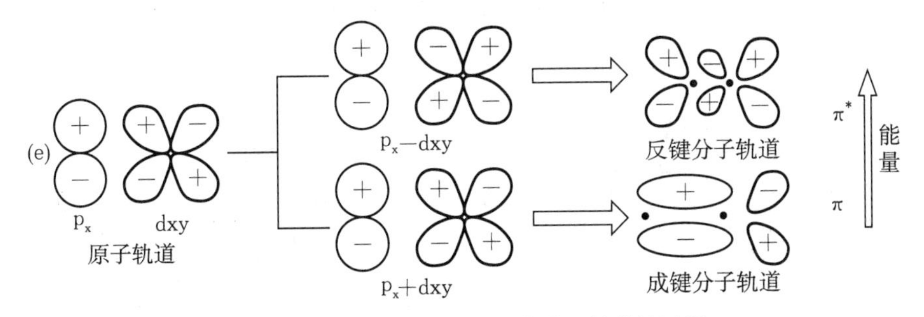

图 2-2(e) p—d 原子轨道形成分子轨道的过程

(5) d—d 重叠

两个原子的 d 轨道(如 d_{xy}—d_{xy})也可以按图 2-2(f)所示方式重叠，形成成键分子轨道 π_{d-d}和反键分子轨道 π_{d-d}^{*}。

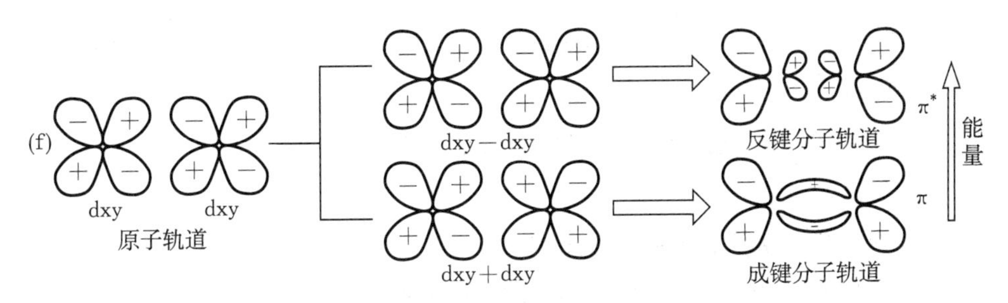

图 2-2(f) d—d 原子轨道形成分子轨道的过程

2.4 分子轨道能级图

2.4.1 同核双原子分子的轨道能级图

每个分子轨道都有相应的能量，分子轨道的能级顺序主要是从光谱实验数据来确定的。如果把分子中各分子轨道按能级高低排列起来，可得分子轨道能级图，如图 2-3 所示。对于第二周期元素形成同核双原子分子的能级顺序有以下两种情况。当组成原子的 2s 和 2p 轨道能量差较大时，不会发生 2s 和 2p 轨道之间的相互作用，能级图如图 2-3(a)所示($\pi_{2p} > \sigma_{2p}$)，但 2s 与 2p 能量差较小时，两个相同原子互相接近时，不但会发生 s—s 和 p—p 重叠，而且也会发生 s—p 重叠，其能级顺序如图 2-3(b)所示($\pi_{2p} < \sigma_{2p}$)。由于 O、F 原

子的 2s 和 2p 轨道能级相差较大(大于 15 eV),故不必考虑 2s 和 2p 轨道间的作用。因此 O_2、F_2 的分子轨道能级是按图 2-3(a)的能级顺序排列的。而 N、C、B 原子的 2s 和 2p 轨道能级相差较小(10 eV 左右),必须考虑 2s 和 2p 轨道的相互作用,导致 σ_{2p}能级高于 π_{2p}的颠倒现象,故 N_2、C_2、B_2 的分子轨道能级是按图 2-3(b)的能级顺序排列的。

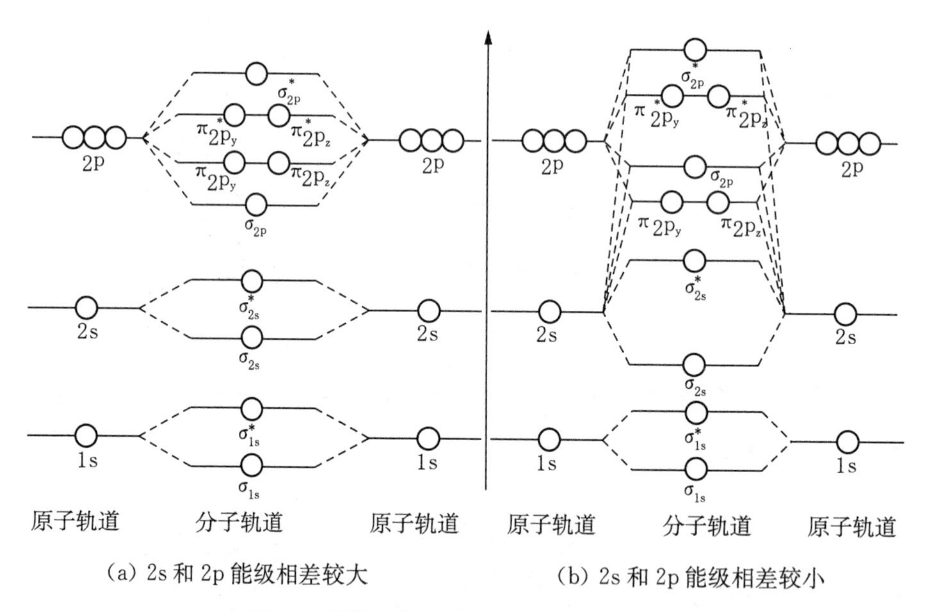

图 2-3 同核双原子分子的分子轨道能级图

2.4.2 异核双原子分子的分子轨道能级图

以 HF 分子为例可以简单的说明异核双原子分子的分子轨道图。其组合原则与同核双原子分子相似,但由于在两种不同的原子中其同种类的原子轨道的能量并不相同,所以组合同种轨道时,符合能量近似原则。在 HF 分子中,H 的 1s 轨道并不和 F 的 1s 轨道能量相近,而是和 F 的 $2P_x$ 轨道能量相近。当 H 原子和 F 原子沿 x 轴接近时,只有 H 的 1s 轨道和 F 的 $2P_x$ 轨道结合成 σ 键,F 原子的 P_y 和 P_z 原子轨道在分子中基本保持原来的原子轨道的性质,对成键没有作用,形成非键轨道。但其能量与原子轨道能量相同,因此在这样轨道上的电子也被称为非键电子(图 2-4),其键级为 $1/2\times(2-0)=1$。

第二周期异核双原子分子或离子的方法与该周期双原子分子的方法相类似。以 CO 为例,由于碳原子的电子结构式为 $1s^2 2s^2 2p^2$,其价电子为 4,氧原子的电子结构式为 $1s^2 2s^2 2p^4$,价电子数为 6,而由于碳和氧的价电子数总共为 10 个,这与 N_2 分子的价电子数相同,所以形成的分子为等电子体。所谓等电子体原理是指相同价电子数目的化合物具有结构相似的倾向。因此 CO 分子轨道能级图与 N_2 相类似,但不同的是 C 和 O 的原子轨道能级高低不同。电负性较大的氧原子的原子轨道的能级相应的低于碳原子的原子轨道(图2-5)。CO分子的键级为 $1/2\times(8-2)=3$。

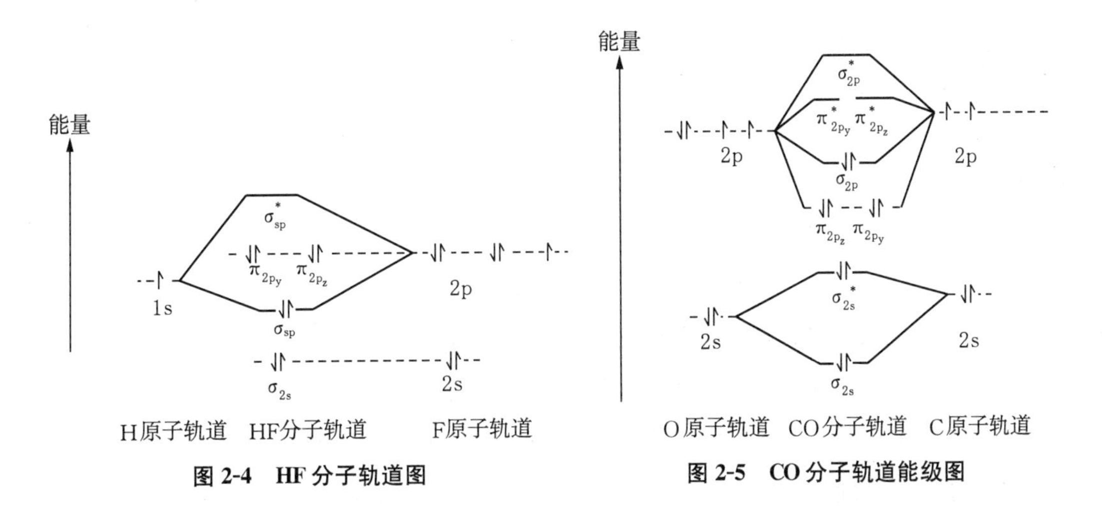

图 2-4 HF 分子轨道图

图 2-5 CO 分子轨道能级图

2.5 分子轨道方法的应用及对酸碱化学的诠释

2.5.1 H 分子离子和 He_2 分子的分子轨道分析

氢分子的离子 H_2^+ 是由1个H原子和1个H原子核组成的,但由于 H_2^+ 中只有1个1s电子,所以它的分子轨道式为 $(\sigma_{1s})^1$。这意味着1个H原子和1个 H^+ 离子是通过1个单电子 σ 键结合在一起的,其键级为1。所以 H_2^+ 可以存在,但不稳定。

He原子的电子组态为 $1s^2$。2个He原子共有4个电子,若它们可以结合,则 He_2 分子的分子轨道式应为 $(\sigma_{1s})^2(\sigma_{1s}^*)^2$,键级为零,这表明 He_2 分子不能存在。在这里,成键分子轨道 σ_{1s} 和反键分子轨道 σ_{1s}^* 各填满2个电子,使成键轨道降低的能量与反键轨道升高的能量相互抵消,因而净成键作用为零,或者说对成键没有贡献。

2.5.2 N_2 分子结构的分子轨道理论解释

N原子的电子组态为 $1s^2 2s^2 2p^5$。N_2 分子中的14个电子依次填入相应的分子轨道,得到 N_2 分子的分子轨道式为:

$$N_2[(\sigma_{1s})^2(\sigma_{1s}^*)^2(\sigma_{2s})^2(\sigma_{2s}^*)^2(\pi_{2py})^2(\pi_{2pz})^2(\sigma_{2px})^2] \tag{2-4}$$

根据计算,原子内层轨道上的电子在形成分子时基本上处于原来的原子轨道上,可以认为它们未参与成键。所以 N_2 分子的分子轨道式可写成:

$$N_2[KK(\sigma_{2s})^2(\sigma_{2s}^*)^2(\pi_{2py})^2(\pi_{2pz})^2(\sigma_{2px})^2] \tag{2-5}$$

式中每一 K 字表示 K 层原子轨道上的 2 个电子。

由于该分子轨道式中$(\sigma_{2s})^2$ 的成键作用与$(\sigma_{2s}^*)^2$ 的反键作用恰好互相抵消，所以对成键没有贡献；而$(\sigma_{2px})^2$ 构成 1 个 σ 键、$(\pi_{2py})^2$ 和$(\pi_{2pz})^2$ 各构成 1 个 π 键，所以 N_2 分子中形成了 1 个 σ 键和 2 个 π 键。在一般情况下，由于电子都填入成键轨道，而分子中 π 轨道的能量较低，这使得系统的能量大大降低，导致形成的 N_2 分子特别稳定，而其键级为 $(8-2)/2=3$。

2.5.3 O_2 分子顺磁性的分子轨道理论解释

O 原子的电子组态为 $1s^2 2s^2 2p^4$，所形成的 O_2 分子中共有 16 个电子。但与 N_2 分子不同，O_2 分子中的电子是按能级顺序依次填入相应的分子轨道中的，其中有 14 个电子填入 π_{2p}及以下的分子轨道中，仅剩下 2 个电子按 Hund 规则分别填入 2 个 π_{2p}^*轨道且自旋平行，所以 O_2 分子的分子轨道式为：

$$O_2[KK(\sigma_{2s})^2(\sigma_{2s}^*)^2(\sigma_{2px})^2(\pi_{2py})^2(\pi_{2pz})^2(\pi_{2py}^*)^1(\pi_{2pz}^*)^1] \tag{2-6}$$

其中$(\sigma_{2s})^2$ 和$(\sigma_{2s}^*)^2$ 对成键没有贡献、$(\sigma_{2px})^2$ 构成 1 个 σ 键、$(\pi_{2py})^2$ 的成键作用与$(\pi_{2py}^*)^1$ 的反键作用不完全抵消，且因其空间位置一致构成 1 个三电子的 π 键，而$(\pi_{2pz})^2$ 与$(\pi_{2pz}^*)^1$ 构成另 1 个三电子的 π 键，使得 O_2 分子中有 1 个 σ 键和 2 个三电子的 π 键。又因为 2 个三电子的 π 键中各有 1 个单电子，所以 O_2 具有顺磁性。在每个三电子 π 键中，由于 2 个电子处在成键轨道而 1 个电子处在反键轨道，所以三电子的 π 键的键能仅有单键的一半，这也是三电子的 π 键比双电子的 π 键弱的原因。事实上，由于 O_2 的键能只有 493 kJ/mol 比一般双键的键能都低，所以使得含有结合力弱的三电子 π 键的 O_2 分子具有化学性质比较活泼的特征，这也是它可以失去电子变成氧分子离子 O_2^+ 的原因，O_2 分子的键级为 $(8-4)/2=2$。

2.5.4 分子轨道理论诠释分子酸碱化学

分子轨道理论解释酸碱化学是基于 Lewis 对酸碱的定义为电子的得与失而关联的。因此，酸可以被认为是一种在反应初始即拥有两条轨道的物质，而碱则是一种在反应之初即拥有一条空轨道的物质。而此处的物质是指一个不相关联的分子、一个简单或复杂的离子、或一个无分子量的一维或多维的固体如石墨。

式(2-7)描述了两者之间的关系：

$$\Psi_{AB}= a\psi_A + b\psi_B \tag{2-7}$$

其中：Ψ_{AB}是酸碱的一对一加和的波函数也称为酸碱反应的分子轨道、ψ_A 是酸的场态波函数、ψ_B 是碱的场态波函数。而 a 和 b 则是酸碱的权重系数。表 2-1 描述了基于分子轨道理论推测的酸碱加合物。

进一步地可知：

n 给出者可能是：Lewis 碱、复杂和简单的阴离子、碳化离子、胺类、氧化物、硫、磷化氢、氧化硫、丙酮、酯类、醇类；

σ 给出者可能是：饱和的碳氢物、CO，C—C，C—H，极性连接的如 NaCl、BaO、硅烷等物质；

π 给出者可能是：不饱和的和具有电子给出的取代性的芳香族碳氢物等物质。

n 接受者可能是：Lewis 酸、简单的阳离子等物质；

σ 接受者可能是：Brönsted 酸、硼酸和具有强的电子接受取代性的烷烃类物质如 $CHCl_3$、卤素等物质；

π 接受者可能是：N_2，SO_2，CO_2，BF_3，不饱和的和芳香族的碳氢物具有电子接受的取代性等物质。

表 2-1　基于分子轨道理论推测的酸碱加合物

			酸的接受轨道		
			非键连接	反键连接	
			n	σ*	π*
碱的给出轨道	非键连接	n	n—n	n—σ*	n—σ*
	反键连接	σ	σ—n	σ—σ*	σ—π*
		π	π—n	π—σ*	π—π*

Hudson 和 Klopman[4] 曾经定量描述了化学反应过程的轨道微扰方程如下：

$$\Delta E_{int} = -\frac{Q_N Q_E}{\varepsilon R} + \frac{2(C_N C_E \beta)^2}{E_{HOMO} - E_{LUMO}} \tag{2-8}$$

在此：

ΔE_{int}是最拥挤的分子轨道(HOMO)和最空的分子轨道(LUMO)之间的 Coulombic 和前线轨道相互作用能；

Q_N 是亲核子 N 的总电荷；

Q_E 是亲电子 E 的总电荷；

C_N 是原子轨道 N 的系数；

C_E 是原子轨道 E 的系数；

β 是共振系数；

ε 是介电常数；

R 是原子间的距离；

E_{HOMO} 是 HOMO 轨道的能量；

E_{LUMO} 是 LUMO 轨道的能量。

由于其中的 N 和 E 都是酸碱反应的参数[9]，N 为亲核性参数(Nucleophilicitie)、E 为亲电性参数(Electrophilicities)，所以上式(2-8)实际上是应用分子轨道理论解释了 Lewis 酸碱反应。

在此，亲核性是指具有孤对电子的原子容易向最外层电子较少的原子进攻，或电子多的容易向电子少的进攻，反映给电子的能力，而物质的亲核性就是容易与电正性基团结合的性质，亲核物质(如吡啶)容易与正离子结合，比如说氢离子；亲电性就是容易与电负性基团结合的性质，亲电物质容易与负离子结合，比如说氢氧根离子。电负性较强的元素形成的负离子有较强的亲核性，但亲核性的强弱不能完全用电负性的强弱来判断。例如，氯元素的电负性远远强于碘元素，但在有机反应中，氯离子的亲核性却小于碘离子。电负性较小的元素形成的物质有较强的亲电性。

2.6 小结

由 R. S. Mulliken 等提出的分子轨道理论在科学的发展史上有着重要的地位。它克服了 Lewis 提出的化合价理论及 Heitler 和 London 提出的价键理论的不足，成为了现代化学结构的重要的理论支柱。通过分子轨道的成键三原则可以很好地推导出由原子轨道形成分子轨道的过程，并且可以应用在各个领域。这些基本的理论都是应用的前提，只有把这些最基础的理论掌握了才能使之得到很好的应用。在以后的应用过程中，分子轨道理论应该与酸碱理论结合来解释水和其他物质的酸碱性问题。

参考文献

[1] 刘若庄，等. 量子化学基础. 北京：科学出版社，1983.

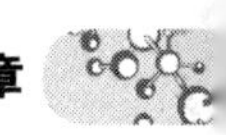

[2] Mueller CP, *PNAS*, 1952(38):149～154.

[3] Newton MD, Boer FP, Lipscomb WN. *Phys Inorg Chem*, 1966(88):2353.

[4] Mulliken RS. *Spectroscopy*, *Molecular Orbitals and Chemical Bonding*. Nobel Lecture, December 12,1966:131～160.

[5] Mulliken RS. *J Chim Phys Phys Chim Biol*, 1949(46):497～542.

[6] 奥钦 M, 雅费 HH. 对称性、轨道和光谱. 北京:科学出版社,1971.

[7] 赵成大,郑载兴,等. 物质结构. 北京:高等教育出版社,1982.

[8] Magnasco V. *Chem Phys Lett*, 2005(407):213～216.

[9] Legon AC, Millen D. *J Chem Soc Rev*, 1992(21):71.

第三章 量子化学对分子酸碱化学的诠释

3.1 简介

量子化学是应用量子力学的基本原理和方法研究化学问题的一门基础科学。它从分子、原子和电子的尺度研究物质结构，解决一些用传统理论和方法无法解决的问题。

量子化学解决问题的一切基础来自于薛定谔方程，定态薛定谔方程是：

$$H\psi = E\psi \tag{3-1}$$

即：

$$\left\{-\sum_{p}\frac{\hbar^2}{2m_p}\nabla_p^2-\sum_{i}\frac{\hbar^2}{2m}\nabla_i^2+\sum_{p<q}\frac{Z_pZ_qe^2}{R_{pq}}+\sum_{i<k}\frac{e^2}{r_{ik}}-\sum_{q,\,i}\frac{Z_pe^2}{r_{pi}}\right\}\psi = E\psi \tag{3-2}$$

其中：p 标记原子核，i 标记电子，R_{pq}为核 p 和核 q 间的距离，r_{ik}为电子 i 和电子 k 间的距离，r_{pi}为核 p 和电子 i 的距离，m_p 和 m 分别为核 p 和电子的质量，Z_{pe}和－e 分别为核 p 和电子所带的电荷，E 为分子定态的能量[1]。

光谱电化学方法的发展使得人们能够从原子、分子水平上获取有关电极/溶液界面的大量结构信息。为了阐述这些涉及电子、原子、离子、分子等微粒运动的电化学行为，必须运用量子化学的理论和方法进行研究和处理。

早在 20 世纪 30 年代，R. W. Gurney 就研究了金属结合态的电子穿过电极/溶液界面转移到溶液中离子上的隧道效应。

在 20 世纪 70 年代，Shahed U. M. Khan、J. O'M. Bockris 和 K. B. Wright 提出了含时微扰理论计算的分子模型，并由此导出了电极/溶液界面电子的无辐射跃迁理论。Bockris 和 Khan 的专著《量子电化学》(1979)详细地总结了 20 世纪 80 年代以前量子电化学的发展概况[2]。

目前，量子化学研究涉及酸碱化学领域的主要表现在两个方面：一是界面双电层结构问题；二是界面电荷转移理论。由于这两者都与表面吸附有关，因此，电化学过程是以电极表面吸附为基础或受其制约的，比如：电催化中的解离或缔合吸附就直接控制着反应的动力学行为。

3.2 量子化学的研究方法

量子化学可分基础研究和应用研究两大类，基础研究主要是寻求量子化学中的自身规律、建立量子化学的多体方法和计算方法等。多体方法包括化学键理论、密度矩阵理论、传播子理论、多级微扰理论、群论和图论在量子化学中的应用等，主要研究量子化学方法处理化学问题和用量子化学的结果解释化学现象。

量子化学的研究范围包括稳定和不稳定分子的结构、性能，以及结构与性能之间的关系，分子与分子之间的相互作用和分子与分子之间的相互碰撞和反应等问题。

1927 年 W. Heitler 和 F. London 用量子力学基本原理讨论氢分子结构问题，说明了两个氢原子能够结合成一个稳定的氢分子的原因，并且利用相当近似的计算方法，算出其结合能[3]。

1931 年，德国物理化学家 E. Hückel(1896～1980，他有两大贡献，一是电解质溶液的 Debye—Hückel 理论，二是分子轨道计算中关于 π 电子系统的 Hückel 方法)发展了 R. S. Mulliken 的分子轨道理论，并将其应用于对苯分子等共轭体系的处理；美国物理学家 Hans Bethe(1906～2005，1967 年诺贝尔物理学奖获得者)于 1931 年提出了配位场理论并将其应用于过渡金属元素在配位场中能级裂分状况的理论研究，后来，配位场理论与分子轨道理论相结合发展出了现代配位场理论。价键理论、分子轨道理论以及配位场理论是量子化学描述分子结构的三大基础理论。早期，由于计算手段非常有限，计算量相对较小，且较为直观的价键理论在量子化学研究领域占据着主导地位，20 世纪 50 年代之后，随着计算机的出现和飞速发展，以及高斯函数的引进，海量计算已经是可以轻松完成的任务，分子轨道理论的优势凸显出来，逐渐取代了价键理论的位置。

1928 年英国物理学家 Douglas Hartree(1897～1958)提出了 Hartree 方程，方程将每一个电子都看作是在其余的电子所提供的平均势场中运动的，通过迭代法给出每一个电子的运动方程。1930 年，Vladimir Fock(1898～1974)对 Hartree 方程补充了泡利原理，提出 Hartree-Fock 方程，进一步完善了由 Hartree 发展的方程。为了求解 Hartree-Fock 方程，1951 年 C. C. J. Roothaan 进一步提出将方程中的分子轨道用组成分子的原子轨道线性展开，发展出了著名的 RHF 方程，这个方程以及在这个方程基础上进一步发展的方法是现代量子化学处理问题的主要方法。虽然量子力学以及量子化学的基本理论早在 20 世纪 30 年代就已经基本成型，但是所涉及的多体薛定谔方程形式非常复杂，至今仍然没有精确解法，而即便是近似解，所需要的计算量也是惊人的，例如：一个拥有 100 个电子的小分子体系，在求解 RHF 方程的过程中仅仅双电子积分一项就有 1 亿个之巨。这样的计算显然是人力所不能完成的，因而在此后的数十年中，量子化学进展缓慢，甚至为从事实验的化学家所排斥。1953 年美国的 Parise(Rudolph Pariser，物理学家和高分子化学家。1923 年 12 月 8 日出生在中国的哈尔滨)、Parr(Robert Ghormley Parr，1921 年 9 月 22 日出生，美国理论化学家)和英国的 Pople 使用手摇计算器分别独立地实现了对氮气分子的 RHF 自洽场计算，虽然整个计算过程耗时整整两年，但是这一成功向实验化学家证明了量子化学理论确实可以准确地描述分子的结构和性质，并且为量子化学打开了计算机时代的大门，因而这一计算结果有着划时代的意义。值得一提的是在 1928～1930 年，J. C Slater 计算了氦原子、1933 年 H. M. James 和 A. S. Coolidg 分别计算了氢分子且都得到了接近实验值的结果。20 世纪 70 年代又对这些分子进行了更精确的计算，得到了与实验值几乎完全相同的结果。计算量子化学的发展，使定量的计算扩大到原子数较多的分子，并加速了量子化学向其他学科的渗透[4]。

知识链接

John Anthony Pople(1925～2004)，理论化学家。1951 年他在剑桥大学获得数学博士学位。他的主要贡献：一是关于水的统计力学；二是核磁共振；三是关于分子轨道计算的 PPP 方法；四是 Ab initio 量子化学计算方法。他获得博士学位后曾经在剑桥大学担任讲师，然后进入英国国家物理研究实验室，1964 年移居美国在卡耐基梅隆大学任教，1993 年到美国西北大学担任教授直至去世。他在 1998 年获得诺贝尔化学奖。

20 世纪 60 年代以后，量子化学家们从事着量子化学计算方法的研究，其中严格计算的从头算方法、半经验计算的全略微分重叠和间略微分重叠等方法的出现，扩大了量子化学的应用范围，提高了计算精度。

量子化学以密度泛函理论为基础，其内容包括托马斯-费米(Thomas-Fermi)模型、Hohenberg-Kohn 定理以及相关的理论和几种近似方法。

知识链接

费米(Enrico Fermi，1901～1954)，美籍意大利裔物理学家，被称为现代物理学的最后一位通才，对理论物理学和实验物理学均作出了重大贡献。他是量子力学和量子场论的创立者之一，首创了弱相互作用，β 衰变的费米理论，负责设计、建造了世界首座自持续链式裂变核反应炉，是曼哈顿计划的主要领导人。以他的名字命名的有费米黄金定则、费米—狄拉克统计、费米子、费米面、费米液体及费米常数等。他获得了 1938 年诺贝尔物理奖。他还是一位杰出的老师，他的学生中有 6 人也获得了诺贝尔物理奖。

量子化学研究的方法主要包括三大类，即：

(1) X_α 方法，包括 SW-X_α、DV-X_α、LCAO-X_α 等。这里 X 代表电子间的交换能，α 代表近似交换能泛函中的一个参数。在此方法中，对电子间非定域的交换能采用了统计平均，它由自由电子的波函数导出交换能的近似定域密度的泛函的形式：

$$V_{ex} = -3\alpha\left[\frac{3\rho}{8\pi}\right]^{1/3} \tag{3-3}$$

式中 V_{ex}为电子间的交换能，α 为交换参数，一般取值在 2/3 到 1 之间，ρ 为电子的电荷密度，在这种近似下，Hartree-Fock 方程演变成 X_α 方程：

$$\left[-\frac{1}{2}\nabla^2 + V_c + V_{ex}\right]\psi_i = \varepsilon_i\psi_i \tag{3-4}$$

式中 $-\frac{1}{2}\nabla^2$ 为电子的动能算符，V_c 为 Coulomb 势能算符，V_{ex}为交换能算符。

由于在 X_α 方法中采用了交换能的密度近似泛函，因而不必计算大量的多中心积分，其计算量仅为从头计算法的百分之一[3]。

(2) 从头计算法，如 GAUSSIAN 9X，GAMESS；从头计算法的计算量通常是 X_α 的几百倍。

(3) 半经验算法，有 INDO、CNDO、MNDO、EHMO 等[3~4]。

3.3 量子化学方法研究界面

3.3.1 簇模型

通常情况下，用金属簇模型或几个按特定几何构型排布的基质原子组成的簇来类比表面的理想的簇模型[4]。铂金属的金属簇模型如图 3-1 所示。簇模型应能体现不同晶面的表面结构和吸附位结构、反映金属的电子性质。其核心在于将固体的电子结构作定域化描述。较好地定域化在于能否从解有限簇模型的 Hartree-Fock 方程中得出无限的固体所具有的一些特性，这也是簇模型的优点，它使固体的电子结构和局部对称性简化为确定分子的对称性和电子结构这类量子化学易于处理的问题。

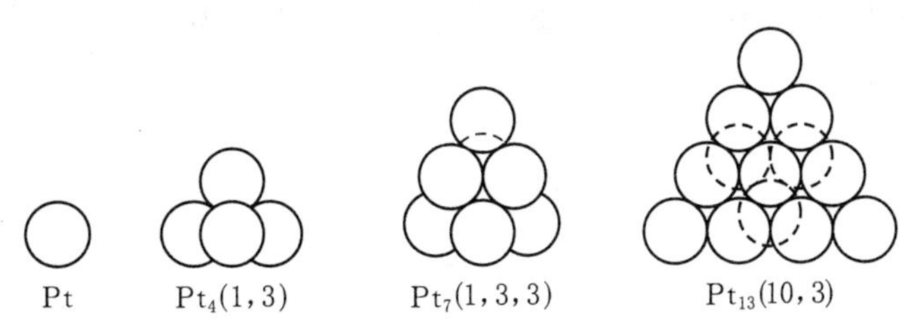

图 3-1 铂金属的簇模型[3~5]

用簇模型进行量子化学研究时,存在两种误差:一种是来自簇模型对金属表面的近似,而另一种则是来自量子化学计算方法本身的近似。金属表面原子的电子云重叠非常大,不能忽略簇原子以外周围原子的作用。原则上,原子簇越大越能体现金属性,但加大原子簇需付出更多的计算时间,甚至为了得到计算结果不得不采用精确度降低的近似计算方法。小簇虽能采用精确度较高的计算方法,但其与表面之间的共性值得怀疑。一种解决办法是"金属态"原子概念[4],对自由原子的 Slater 指数 x_a 进行修正,导出金属中原子的 Slater 指数 x_m。对 CO 在铜上的吸附,当用一个 Cu 原子来模拟铜表面,其计算结果也能较好地解释 UPS、XPS 等电子能谱数据。解决簇模型本体近似问题的另一种办法是将原子簇分为活性位附近的内部区及其周围的外部区。内部区和外部区的原子采用不同的基集和近似处理来兼顾本体性质与计算精度。

3.3.2 吸附模型

离子、分子等在物体表面的吸附位一般在顶部、桥位(on Bridge)和穴位(on Hole)等三种基本形式如图 3-2 所示。在不同的晶面上,相同吸附位的环境(对称性)也不一样,如顶位吸附就有如下的几种情况(图 3-3)。

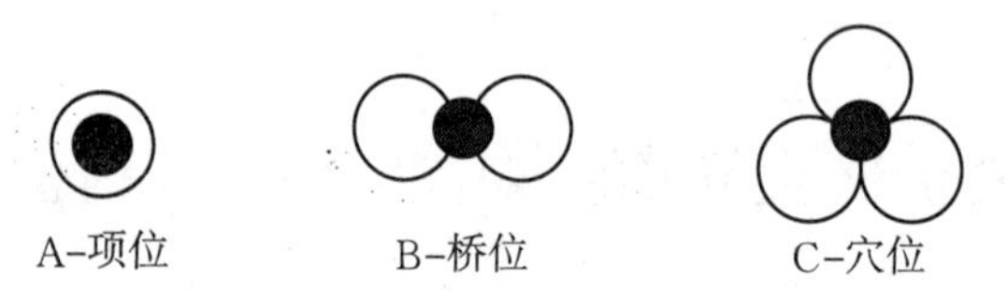

图 3-2 吸附位的三种基本形式[3~5]

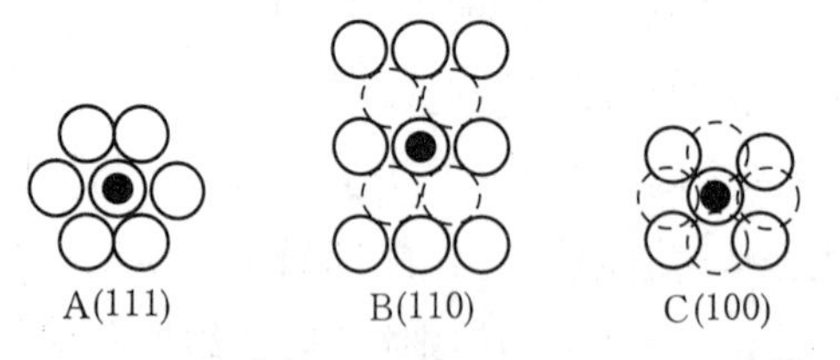

图 3-3 不同晶面上顶位吸附的对称性[3~5]

与一般固体表面相比,表面吸附的量子化学处理还需考虑另外两个因素,即界面强电场和溶剂极性的影响[5]。

$$dQ = C_{dl}dE \tag{3-5}$$

$$-dE_f = edE \tag{3-6}$$

即给簇加上过剩电荷 dQ 来移动其费米能级 ef,并按 $-def = edE$ 定量模拟电极电位的变化的方法，从而计算 CO 在 Pt 上的吸附。现场红外光谱测得 CO 的谱峰频率与电位的关系定量地符合量子化学计算结果。

3.4 量子化学方法研究酸碱化学

3.4.1 水、离子和小分子气体的表面吸附

水分子在电极表面的吸附与其电子得失有关。Muller[6]采用 Khan-Sham 方法发现 H_2O 通过 O 在 Al 簇顶位吸附时，H-O-H 平面与 Al 簇法线夹角为 55°，且 O 距 Al 簇为3.9a.u.时能量最低。而 Seller[7]采用相对论核芯势(RECP)ab initio 和微扰理论得出了一个水分子在汞表面的顶位、桥位和穴位吸附的键能分别为 13.1、12.2 和 11.6 kcal/mol，其中穴位吸附如图 3-4 所示[8]，而 O 与 Hg 表面平衡距离分别为 5.23、4.89 和 4.86 a.u。

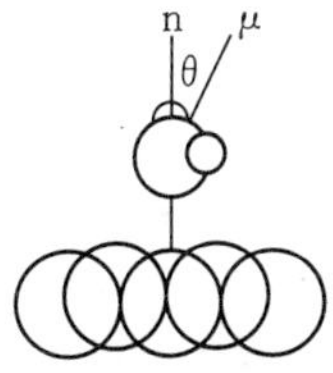

图 3-4 水分子在汞表面上的吸附
θ 为水分子偶极矩(μ)与汞表面法线(n)之间的夹角[3~5]

用电荷自洽离散变分 Xa 方法(SCC-DV-Xa)研究 CN^- 在 Ag_4(1, 3)上的吸附发现其电子集居数和电荷分布如表 3-1 所示[8]，其中每个 CN^- 离子反键轨道向 Ag 电极传递了 0.16 个电子电荷而形成 C-Ag 吸附键，同时增强了 C-N 间的键合；与此同时，电位负移则抑制了电荷传递而削弱了吸附作用。

表 3-1 CN^- 的电子集居数和电荷分布

参数	σ集居数			π集居数			电荷分布		
原子或基团	C	N	CN	C	N	CN	C	N	CN
Free CN^-	2.727	3.273	6	1.548	2.452	4	−0.274	−0.726	−1
Ag_4CN^-	2.572	3.241	5.813	1.737	2.289	4.026	−0.309	−0.528	−0.837

对于小分子气体，如氧等，有人分别用原子簇模型(CM)和浸入吸附原子簇模型(DAM)的从头计算法研究了 Ag_6O_2 吸附体系。结果表明两个最低能态是 $^1A_1$ 和 $^3A_2$，它们分别对应在[110]槽位吸附的过氧分子 O_2^{2-} 和在[001]方向上吸附的超氧分子 O_2^-，该理论优化的吸附模型和实验测量结果一致。

3.4.2 共吸附

化学体系的共吸附是一个非常普通的物理化学现象，其中许多涉及分子酸碱化学。应用量子化学方法研究共吸附能够详细地描绘各个物质之间的相互作用和其中的酸碱化学。

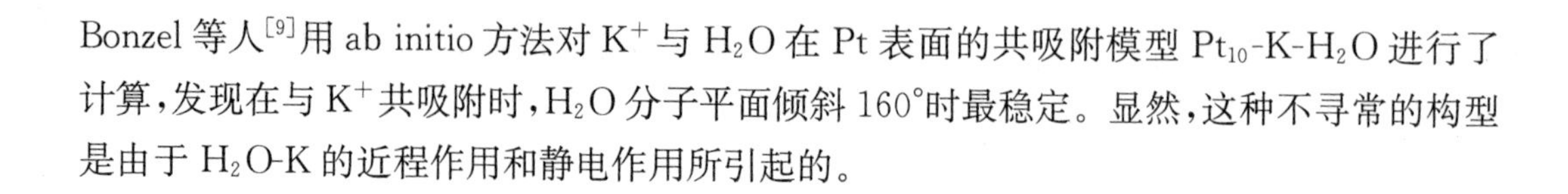
Bonzel 等人[9]用 ab initio 方法对 K^+ 与 H_2O 在 Pt 表面的共吸附模型 Pt_{10}-K-H_2O 进行了计算，发现在与 K^+ 共吸附时，H_2O 分子平面倾斜 160°时最稳定。显然，这种不寻常的构型是由于 H_2O-K 的近程作用和静电作用所引起的。

3.4.3 双电层电容

van den Eeden 等人[10]根据簇模型用 ab initio 计算方法研究了金属引起的电容 C_M 和双电层电荷密度的分布，发现后者是场强 E 的函数，在电场存在下，体系的哈密顿算符变为：

$$H = H' + \sum_{\mu} EZ_{\mu} \tag{3-7}$$

其中：Z 是电场方向上第 μ 个电子的坐标。算符 EZ 加在单电子算符上，由此计算出的波函数反映了体系受外界的所有影响。C_M 的计算式为：

$$C_M = \frac{1}{8}\pi Z_{\overline{M}} \tag{3-8}$$

$$Z_{\overline{M}} = \frac{\int_{Z_b}^{\infty} (\rho(\bar{r},\ E) - \rho(\bar{r},\ E=0))(Z - Z_b)dZ}{\int_{Z_b}^{\infty} (\rho(\bar{r},\ E) - \rho(\bar{r},\ E=0))dZ} \tag{3-9}$$

其中：Z_M 是在电场 E 作用下 r 处的电荷密度。

根据他们的研究：Li(111)20(7-3-3-7)、Li(100)22(9-4-9)和 Li(110)22(9-4-9)三种簇的金属晶面对表面电荷分布和 C_M 有较大影响。线性 Li 簇的 C_M 值随原子数 n 增大而逐渐收敛，而三维簇模型用不同的近似所得到的 C_M 大致相同。

3.4.4 电催化氧化还原过程

过渡金属配合物中的 CoTPP 和 FeTPP 对氧在水溶液中的电化学还原催化活性较好，但电化学方法难以区分电子是转移到中心离子还是卟啉环上。有人用限制性 CNDO/2 研究了不同还原阶段体系的 HOMO 和 LUMO 的组成。结果表明 Fe(III)TPPCl 的 HOMO 轨道中 d_{xz}和 d_{yz}占 95%，故第一个电子被 Fe 的 d 轨道接受，而 FeTPPCl⁻ 的 LUMO 主要由卟啉环上 N、C 的轨道组成，故第二个电子传递到卟啉环上。同样的分析表明，CoTPP 还原时两个电子均与 Co 的 d 轨道发生作用[5]。

3.5 小结

应用量子化学方法研究化学问题已有许多年，但其理论和计算过于复杂使得其应用还

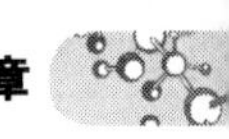

不是非常普遍，而研究中引入了过多的假设或简化也使它的应用受到限制。所以这方面的研究还有待于加强。

参考文献

[1] 唐敖庆. 量子化学. 北京：知识出版社，1987：1～3.
[2] Bockris JO'M, Khan SUM. *Quantum Electrochemistry*. New York: Plenum Press, 1979.
[3] 于京华，程新，刘福田，等. 硅酸盐通报，1999(1)：40～43.
[4] 徐昕，王南钦，张乾二，等. 化学通报，1994(4)：24～21.
[5] 林文锋，孙世钢，田中群，等. 科学通报，1993(38)：2252～2254.
[6] Harris MJE. *J Phys Rev Lett*, 1984(53)：2493～2496.
[7] Sellers H, Sudhakar PV. *J Chem Phys*，1992(97)：6644～6648.
[8] Lin WF, Tian ZQ, Sun SG, et al. *Electrochim Acta*, 1992(37)：211～216.
[9] Bonzel HP, Pirug G, Muller JE. *Phys Rev Lett*, 1987(58)：2138～2214.
[10] van d E, Sluyters JH, van JH. *J Electroanal Chem*, 1986(208)：243～248.

第二篇　现代分子酸碱化学的理论与标度

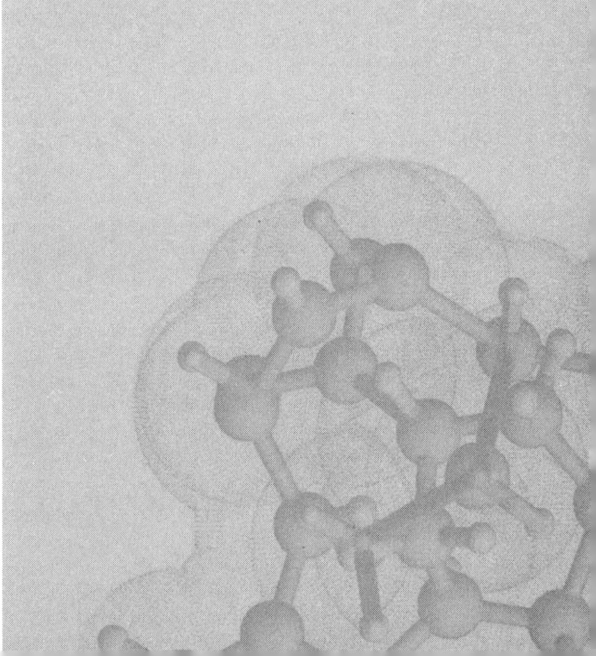

第四章 Pearson 的软硬酸碱理论与 HSAB 标度

4.1 简介

1953 年,英国的 Irving 和 Williams 提出了离子的稳定理论,并发现一些离子的稳定系列如下[1]:

$$Ba^{2+} < Si^{2+} < Ca^{2+} < Mg^{2+} < Mn^{2+} < Fe^{2+} < Co^{2+} < Ni^{2+} < Cu^{2+} < Zn^{2+}$$

1958 年,Ahrland 等人[2]将金属离子分成 A 型和 B 型。A 型是碱金属离子,如从 Li^{+} 到 Cs^{+},碱土金属离子系列从 Be^{2+} 到 Ba^{2+},及 Ti^{4+}、Cr^{3+}、Fe^{3+}、Co^{3+} 和 H^{+}。而 B 型则主要是 Cu^{+}、Ag^{+}、Cd^{2+}、Hg^{+}、Ni^{2+}、Pd^{2+} 和 Pt^{2+}。

此 AB 理论实质上进一步指出了离子之间的结合遵循着这样的规律:A 型易与 A 型结合,B 型易于 B 型结合。

4.2 Pearson 的软硬酸碱理论

1963 年美国化学家 Pearson 对酸碱物质进行了分类,把 Lewis 酸碱分为硬酸硬碱、软酸软碱和交界酸与交界碱[3~4]。根据他的定义,金属离子半径小、正电荷多、极化率小的为硬酸;而金属离子半径大、正电荷少、极化率大,易变形为软酸;而属于上述两者之间的为交界酸。对碱而言,给出电子的原子如果电负性大,也就是对外层电子抓得紧的为硬碱;给出电子的原子如果电负性小,外层电子易失去者是软碱,而属于两者之间的物质则为交界碱。由此可知他的软硬酸碱分类不是绝对的。这使得目前还无足够的实验数据可用来细致地进行酸碱软硬的分类,所以仅有较粗略的分类:即软、交界、硬三类。

知识链接

Ralph Pearson，*1919* 年出生于美国芝加哥，是物理无机化学家。他在 1963 年提出关于软硬酸碱的理论，并应用于无机和有机化学领域。1967 年他与西北大学同事 *Fred Basolo* 合作撰写了《无机反应机制》一书。1983 年他与 Robert Parr 合作将软硬酸碱理论应用于绝对硬度的计算。

基于实验，Pearson 对酸碱反应进行了总结，得出一个经验性规则：即软硬酸碱规则，该规则描述了酸碱形成配合物或酸碱加合物等的稳定性。根据此规则：硬酸与硬碱、软酸与软碱易优先结合，即“硬亲硬，软亲软，软硬交界就不稳”。而硬硬结合、软软结合时速度较快、形成的化合物较为稳定，硬软结合的化合物的稳定较差，而交界酸（碱）与硬软碱（酸）结合的化合物的稳定性则差别不大[5]。

虽然软硬酸碱规则目前还无定量和半定量的标准、有待进一步的研究和发展，但它已经有了较广泛的应用，如解释酸碱的反应、比较酸碱加合物的稳定性、预测某些键合原子、判断某些化学反应的方向以及估计物质的溶解性等等。但这些应用还都限于定性应用范围。

自从 Pearson 的软硬酸碱理论提出后，许多学者曾试图从酸碱的一些基本性质寻找软硬酸碱的理论依据或对其进行理论诠释。比如，普遍认为热力学和量子力学可以对 Pearson 理论进行解释[6~7]。

4.2.1 热力学解释

因为反应热量与酸碱的硬软性质之间有着密切关系，所以 Lewis 酸碱反应基本上属于加合反应。比如：两类反应的化学势（ΔE）都为负值，说明反应可以向前进行，但焓变 ΔH 和熵变 $T\Delta S$ 两项却有区别。在硬酸和硬碱的加合反应过程中，ΔH 较小，多数为正值（吸热反应），而熵变 $T\Delta S$ 项则都为大的正值。根据热力学关系式 $\Delta E = \Delta H - T\Delta S$，促使反应向前进行的化学势负值 $-\Delta E$ 主要来自熵变。软酸和软碱的反应过程中的 ΔH 大多为负值、且数值较大，而 $T\Delta S$ 项则一般都为较小的正值，甚至为负值。因此，ΔE 完全或大部分来自 $-\Delta H$ 是可以理解的。因为软酸和软碱的水合作用微弱，酸碱反应主要是两者加合时的成键作用，故 ΔH 为负值。一般情况下，酸碱的软度越高、放热越多。即硬—硬加合反应使熵稳定而软—软加合反应使焓稳定。而影响这两种稳定的因素则是由于加合反应键型的区别。比如：硬—硬加合反应主要是离子健，而软一软加合反应主要是共价键[5]。

4.2.2 量子力学解释

目前为止，能解释酸碱硬软性质和反应的主要量子力学解释是基于 Klopman 的前沿

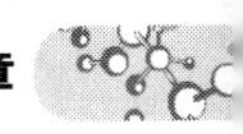

分子轨道微扰理论。Klopman 认为[6~7]:碱是电子对给予体,它的反应性质主要决定于它的最高已占分子轨道(HOMO);而酸则是电子对的接受体,它的反应性质主要决定于它的最低未占轨道(LOMO)。当这两个轨道的能量相差大时,酸和碱之间很少有电子的转移,因为此时产生一个受电荷制约(charge-controlled)的反应,即离子型反应,这使得键合具有静电性。对应于硬—硬的相互作用可以通过图 4-1 得到理解。

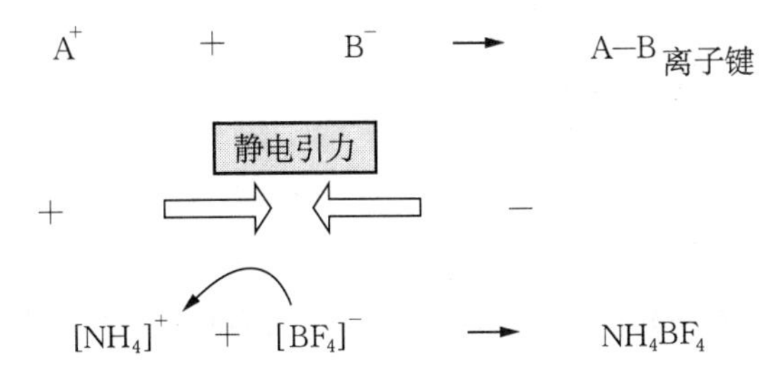

图 4-1　酸碱硬软性质和反应的量子力学解释一:电荷控制的反应

如果酸碱的前沿分子轨道的能量接近,则酸碱之间就有显著的电子转移,产生一个受前沿制约(frontier-controlled)的反应,即分子间轨道重叠而形成的共价键,对应于软—软相互作用的情况如图 4-2。

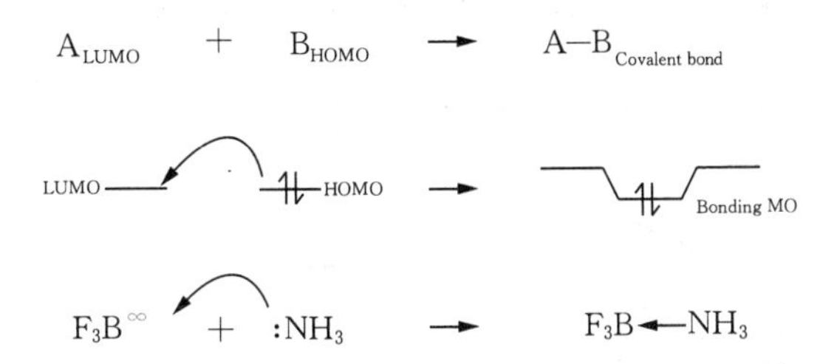

图 4-2　酸碱硬软性质和反应的量子力学解释二:分子轨道控制的反应

Klopman 进一步解释了这两种酸碱反应的本质如下式[6]:

$$\Delta E = \underbrace{-q_r q_s \frac{\Gamma}{\varepsilon} + \Delta \text{solv.}}_{\text{电荷/电荷反应}} + \underbrace{\sum_{\substack{m\\ \text{occ}}} \sum_{\substack{n\\ \text{unocc}}} \left[\frac{2(c_r^m)^2 (c_s^n)^2 \beta^2}{E_m^* - E_n^*} \right]}_{\text{FMO/FMO反应}}$$

ΔE=物质 Γ 与 S 反应的交换能

q=初始总电荷

Γ=Coulomb 斥力

ε=局部介电常数

$$\begin{aligned} \Delta\text{solv.} &= \text{溶剂化和反溶剂化} \\ c_r &= \text{轨道 R 的系数} \\ \beta &= \text{共振系数} \\ E_m &= \text{已占前沿分子轨道 m 的能量} \end{aligned} \tag{4-1}$$

根据 Klopman，Lewis 酸与 Lewis 碱之间有 4 种可能性。

Lewis 酸是正电荷而 Lewis 碱是负电荷如图 4-3(a)：

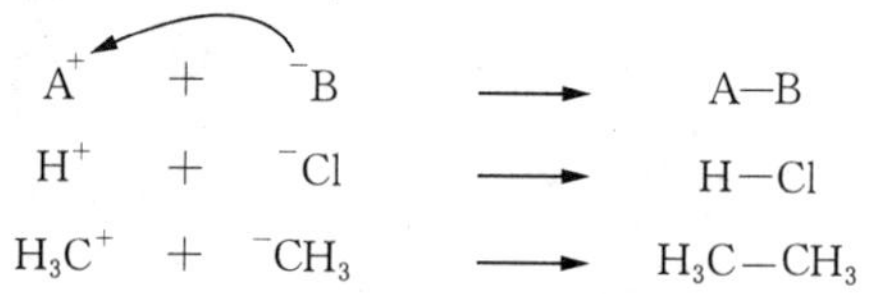

$$A^{+} + {}^{-}B \longrightarrow A\text{—}B$$
$$H^{+} + {}^{-}Cl \longrightarrow H\text{—}Cl$$
$$H_3C^{+} + {}^{-}CH_3 \longrightarrow H_3C\text{—}CH_3$$

图 4-3(a)　Lewis 酸与 Lewis 碱之间的反应之一

或 Lewis 酸是正电荷而 Lewis 碱为中性，如图 4-3(b)：

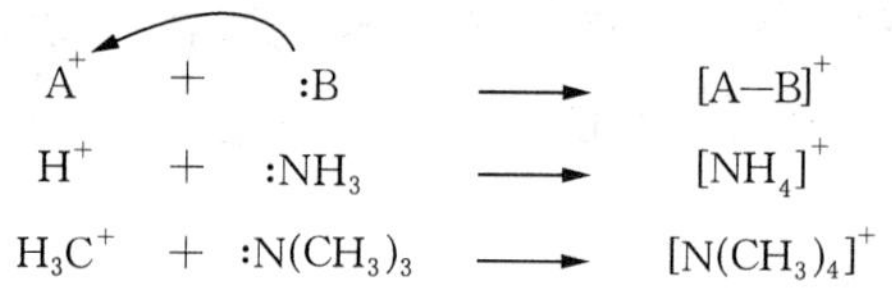

$$A^{+} + :B \longrightarrow [A\text{—}B]^{+}$$
$$H^{+} + :NH_3 \longrightarrow [NH_4]^{+}$$
$$H_3C^{+} + :N(CH_3)_3 \longrightarrow [N(CH_3)_4]^{+}$$

图 4-3(b)　Lewis 酸与 Lewis 碱之间的反应之二

或 Lewis 酸为中性而 Lewis 碱是负电荷，如图 4-3(c)：

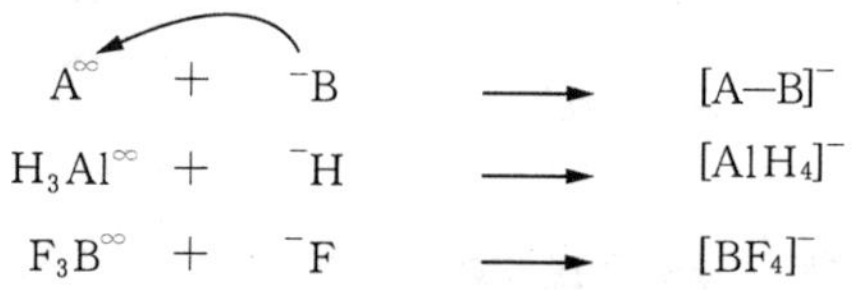

$$A^{\infty} + {}^{-}B \longrightarrow [A\text{—}B]^{-}$$
$$H_3Al^{\infty} + {}^{-}H \longrightarrow [AlH_4]^{-}$$
$$F_3B^{\infty} + {}^{-}F \longrightarrow [BF_4]^{-}$$

图 4-3(c)　Lewis 酸与 Lewis 碱之间的反应之三

Lewis 酸和 Lewis 碱均为中性，如图 4-3(d)：

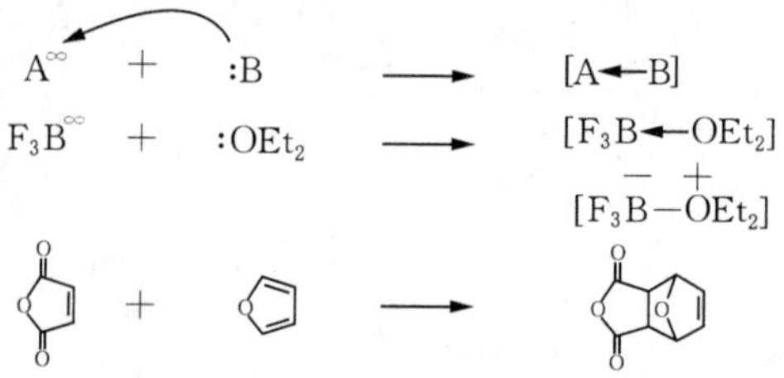

$$A^{\infty} + :B \longrightarrow [A \leftarrow B]$$
$$F_3B^{\infty} + :OEt_2 \longrightarrow [F_3B \leftarrow OEt_2]$$
$$[F_3\overset{-}{B}\text{—}\overset{+}{O}Et_2]$$

O O O + O ⟶ O O O O

图 4-3(d)　Lewis 酸与 Lewis 碱之间的反应之四

4.3 软硬酸碱的标度

对于软硬酸碱的分类，Pearson[3~4]认为极化率是分类的主要依据，把“软度”和某些容易鉴别的物理性质(如电离势等)定量地联系起来。Yingst[8]用 Edwards 方程(4-2)中的 a/b 作为金属离子硬度的度量，得到了 17 种金属离子的数据。

$$log\,K/K_0 = aE_a + bH \tag{4-2}$$

Misono[9]等从 Ahrland 提出的金属离子形成反馈 π 键能力与其(b)类性质有关，给出了应用金属离子的电离势、半径、电荷数等参数计算酸的软度 y 的式子，并算得了 30 种离子的 y 值。其中指定 $y < 2.8$ 为硬酸，$2.8 < y < 3.2$ 为中间酸，而 $y > 3.2$ 为软酸。

Pearson[3~4]提出了 Lewis 酸碱绝对硬度的概念：即对核电荷(Z)一定的分子、原子、离子或自由基，其电子的总能最(E)是电子数的函数，且定义绝对硬度(η)为分子、原子、离子或自由基的电离能(I)和电子亲和能(A)之差的一半，即 $\eta = 1/2(I - A)$ 。由此计算得到了一些分子和离子的绝对硬度值。

陈念贻[10]的“键参数图方法”，是以价电荷数比原子实半径(Z/r)和电负性(X)为化学键参数，除了对过渡元素离子有系统的例外，他的方法似乎有一定的规律。戴安邦[11]曾提出了酸碱软硬度的势标度法，即用元素的电离能或电子亲和能和原子势为参数，通过作图方法求得酸碱软硬度。虽然这种方法也有不错的结果，但也有例外。一般认为，陈念贻和戴安邦的酸碱标度具有物理概念清楚等优点，但没有注意到离子的电子构型及过渡金属离子的 d 轨道能级分裂的影响。

潘志权[12]的水合热法对酸碱的软硬度提出了新的标度。比如以 $f = \Delta H/Z + 14.29X - 11.43$ 为软硬酸的标度参数，而 $\Phi = \Delta H/z + 26.25X - 74.55$ 为软硬碱的标度参数。但他们的酸碱结果与 Pearson 分类结果较一致(表 4-1)。

表 4-1 常见的软硬酸碱

	酸	碱
硬	H^+，Li^+，Na^+，K^+，Be^{2+}，Mg^{2+}，Ca^{2+}，Sn^{2+}，Mn^{2+}，Al^{3+}，In^{3+}，Ga^{3+}，Cr^{3+}，Fe^{3+}，Co^{3+}，MoO^{3+}，As^{3+}，Si^{4+}，Sn^{4+}，Ti^{4+}，Zr^{4+}，WO^{4+}，$AlCl_3$，BF_3，SO_3，CO_2，HF，H_2O，某些有机基团	OH^-，F^-，A_c^-，CO_3^{2-}，SO_4^{2-}，PO_4^{3-}，NH_3，N_2H_4，ROH，R_2O，H_2O
交界	Sn^{2+}，Po^{2+}，Cu^{2+}，Zn^{2+}，Fe^{2+}，Ni^{2+}，Co^{2+}，Cr^{2+}，Bi^{3+}，Ir^{3+}，NO^+，SO_2，Sb^{3+}	Br^-，N^{3-}，NO^-，SO_3^{2-}，N_2，苯胺，吡咯
软	Cu^+，Ag^+，Au^+，Hg^{2+}，Cd^{2+}，Pt^{2+}，I^+，Br^+，HO^+，RS^+，Fe，Pd，Ni，O，Cl，Br，I，N，BH_3，金属原子	H^-，I^-，CN^-，SCN^-，OCN^-，S^{2-}，R^-，R_2S，RS^-，乙烯，苯

刘祁涛[13]进一步提出了 $f = Z/r - 3.0X - 2.2$ 为软硬酸的键参数标度，$\Phi = Z/r + 26.25X - 74.55$ 为软硬碱的键参数标度。这种方法具有物理意义清楚、计算简便、所需数据易查等优点，但不足之处是没有充分注意到成键原子的电子结构和它们的相互作用，讨论还局限于简单离子酸碱。

基于 Pearson 的酸碱分类如表 4-1 所示。由表 4-1 可知，软硬酸碱范围极其广泛，几乎包含了所有无机和有机化合物。但软硬酸碱的分类只是定性的、相对的，它们之间不存在绝对的界线，即使在同一类别的软硬酸碱中，其软硬程度也不是相等的。

4.4 软硬酸碱理论的应用

软硬酸碱原理是一个有用，简单而又较容易掌握的原理，现已广泛应用于解释某些化学事实和现象，并且在实践上有许多开发应用。

4.4.1 反应速度

根据量子力学处理，酸碱加合物中有两种类型的相互作用：一种是静电作用（包括极化作用）。若反应以静电作用为主，就有利硬—硬取代或硬—硬加合；另一种是共价作用（包括配位 σ 键、π 键和反 π 键）。若反应以共价作用为主，则有利于软—软取代或软—软加合。从动力学观点而言，硬—硬加合或取代与软—软加合或取代的反应速率快；软—硬间的结合或取代反应速率慢，甚至难以进行；而交界酸碱与软或硬的加合或取代的反应速率适中。

4.4.2 化合物的稳定性

软硬酸碱反应的稳定性规律大致为：硬酸与硬碱主要是以静电作用相结合，含离子键或强极性键；软酸与软碱主要以共价键结合，它们间的键合相匹配，生成的配合物稳定性好；而软酸与硬碱或硬酸与软碱结合的配合物由于键合不相匹配，其稳定性差。在酸碱双取代反应中，一般是以稳定的硬—硬或软—软的加合物取代不稳定的软—硬键合不相匹配的酸碱加合物。

上述反应规律也体现在自然界，尤其是成矿过程。如：硬金属 Mg、Sr、Ca、Ba、Al 等多以氧化物、氟化物、碳酸盐、硫酸盐等形式存在；而软金属 Cu、Ag、Au、Zu、Cd、Hg、Co、Ni 等则多以硫化物形式存在。有些硬—硬或软—软结合的化合物中含有 π 键和反馈 π 键，从而增加稳定性。例如：有较多 d 电子或 π 电子的软酸，与具有反键轨道的软碱结合

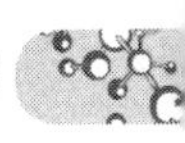

时，可形成反 π 键，如$[Ni(CO)_4]$、$[Fe(CO)_5]$、$K[Pt(C_2H_4)Cl_3]$等。

4.4.3 物质的溶解

4.4.3.1 物质的溶解度与酸碱的软硬程度密切相关

同一物质在不同溶剂中的溶解度相差很大，并有“相似相容”的说法。根据 Pearson 软硬酸碱原理，这个说法的实质就是“硬亲硬，软亲软”的原则，即硬溶质易溶于硬溶剂，如硬—硬结合的离子化合物与极性物质易溶于水；软—软结合、共价性强的物质，如 Cu、$HgCl_2$、AgI 等难溶与水；而非极性软溶质则易溶于苯或 CCl_4 等软溶剂。

4.4.3.2 水

水是两性硬溶剂，易与硬酸或硬碱结合成配位水离子。其结合力的大小与酸碱的软硬程度，即与离子的半径、电荷和电子构性等因素有关。一般规律是：半径小、电荷高，非 8 电子构型的硬酸与水分子的结合力强。由于硬酸一般比硬碱的半径小得多，所以硬酸与水形成水合配位离子时比硬碱强烈得多。同类型的酸或碱之间软硬程度是不相同的，在与水结合的能力上必然存在差异。所以在形成配位水合离子时，结合的水分子数与稳定性有所不同。由此习惯上把与硬酸或硬碱直接相连的水分子数叫配位数。其中有的结合着一定的水分子，如$[Al(H_2O)_6]^{3+}$、$[Cr(H_2O)_6]^{3+}$、$[Cu(H_2O)_4]^{2+}$；有的没有确定数目的配位水分子，如$[Cd(H_2O)_x]^{2+}$、$[Pd(H_2O)_x]^{2+}$；而有的很难形成稳定的配位水合离子，如 K^+，Rb^+ 等。

4.4.4 催化作用

含有金属催化剂的多相催化过程是一种酸碱反应过程。零价或低氧化态的过渡金属和一些体积大的金属是软酸，像 CO 和不饱和的有机配体如烯烃等一类软碱可强烈地吸附在金属表面，产生从碱到金属的电子给予过程，并在金属表面形成不稳定的有机金属化合物和氢化物。含有 P、As、Sb、S 和 Se 元素的低氧化态的碱因为属于软碱而强烈地吸附在金属表面。属于软酸一类的金属离子，由于它们既是软酸又是软碱，所以易于金属原子形成金属—金属键而被吸附在金属表面，但作为硬酸的金属离子则无影响。

4.4.5 电极电势的变化

金属的电极电势也有酸碱性，属硬酸的金属离子都是由电极电势较低(负)的活泼金属产生的；而属软酸的金属离子都是由电极电势较高(正)的不活泼金属产生的。金属的活泼性和电极电势的高低主要决定于金属离子与水分子结合成配位水合离子的能力，即取决于水合作用的大小。由于水是一种两性硬溶剂，它对硬酸金属离子的亲和力非常大，所以这类金属反应性高、表现出活泼性；而软金属离子与水分子亲和力小，难以生成稳定的配位水合离子，所以反应性小、表现出不活泼性。酸碱加合物生成时，氧化型的离子浓度会减少使电极电势值变小(负)，而还原型的离子浓度会使还原性增大、稳定性减小，也即软金属活泼性增加。

4.4.6 异性双基配体与酸的加合

SCN^-、$SeCN^-$、OCN^-、CN^-、$S_2O_3^{2-}$ 等都含有两个给电子原子，即有两个可配体的原子，而且一软一硬性质不同，所以被认为是异性双基配体。异性双基配体属"碱"，它与酸加合时可以用 HSAB 原理解释所发生的现象。由于给电子的原子 O 和 N 是硬碱亲硬酸，而 C、S、Se 是软碱亲软酸，所以硬酸可与 O 或 N 原子配位成键，而软酸则与 C、S 或 Se 原子配体成键，如下面的例子。

硬—硬加合	软—软加合
$[Fe(NCS)_6]^{3-}$	$[Pt(SCN)_6]^{2-}$
$[Ti(C_5H_5)_2(OCN)_4]^{2-}$	$[Ag(S_2O_3)_2]^{3-}$

在同一配合物中，同一异性双基配体也可以分别用软硬不同的配位原子键合。比如，$K[Fe^{II}Fe^{III}(CN)_6]$中的 Fe^{3+} 是硬酸，它与配体 CN^- 中的硬碱 N 原子配位成键；因为 Fe^{2+} 是较软的交界酸，所以它与配体 CN^- 中的软碱 C 原子配位成键。

HSAB 原理具有许多的实践应用，如解释金属的腐蚀现象[14~15]、皮革化学[16]、食品科学[17]、人体内微量元素的存在关系等[18]。

4.5 小结

HSAB 原理是一种对 Lewis 酸碱强度的经验式处理和解释，由于它能解释一些化学现象并预测某些化学反应规律，所以有一些应用。但必须指出：该原理没有一个统一明确的定量或半定量的标准，无法进行精确的计算，所以只能算是一个定性的理论和方法。

近数十年来，国内外学者在坚持不懈地进行着该理论和方法研究，在定性方面，如前所述，HSAB 已应用到了许多领域；在定量方面，研究的焦点仍集中在键参数和酸碱软硬标度方面，并提出了许多标度方法和标度公式，但由于相关数据不全，使得这些经验公式的应用依然受到很大的限制。

展望未来，软硬酸碱在定性与定性方面的探索与研究必将继续深入开展，如近年来，Pearson 和 Parr 又提出另外绝对硬度的概念，若把它与电负性联系起来，共同决定酸碱配合物的稳定性，这有可能使软硬酸碱的原理出现新的前景[19]。

参考文献

[1] Irving H, Williams RJP. *J Chem Soc*, 1953:3192～3210.
[2] Ahrland S, Chatt J, Davies NR. *Quart Rev Chem Soc*, 1958(12):265～276.
[3] Pearson RG. *J Am Chem Soc*, 1963(85):3533～3539.
[4] Pearson RG. *Science*, 1966(151):172～177.
[5] 汪群拥，尹占兰. 大学化学，1991(1):16.
[6] Klopman G. *J Am Chem Soc*, 1965(90):223.
[7] Klopman G. *J Am Chem Soc*, 1968(90):223～234.
[8] Yingst A, Mcdaniel DH. *Inorg Chem*, 1967(6):1057.
[9] Misono M. *J Inorg Chem*, 1967(29):2585.
[10] 陈念贻. 中国科学，1975:399.
[11] 戴安邦. 化学通报，1978(1):26.
[12] 潘志权. 化学通报，1993:7.
[13] 刘祁涛. 化学进展，1978(6):26.
[14] 段利梅，谢凤桐. 大学化学，1996(5):23.
[15] 沈斐凤，陈慧兰，余宝源. 现代无机化学. 上海:上海科学技术出版社，1985.
[16] 陆柱. 第十一届全国缓蚀剂学术讨论会文集，1999(11):65.
[17] 倪静安. 食品研究与发展，1999(20):2.
[18] 沈问英，陈铭华. 广州微量元素化学，2000(7):4.
[19] 汪群拥，尹占兰. 大学化学，1996(5):23.

第五章 Gutmann 的接受体给出体酸碱理论与 AN～DN 标度

5.1 简介

1971 年奥地利化学家 Gutmann 提出新的分子酸碱概念和理论。Gutmann 提出的所谓给予数 DN 是衡量电子对给予体(EPD)溶剂亲和性的一种经验性的半定量方法。系将五氯化锑与 EPD 溶剂 D 之间形成加合物的焓的负值定为给予数，而 D 值则是在高度稀释的 1, 2-二氯乙烷溶液(作为惰性溶剂)中，由量热法进行测定。用四氯化碳作为惰性参比溶液，由焓的测定结果可以推断：在四氯化碳中测定的 Lewis 酸—碱相互作用与由 1, 2-二氯乙烷溶液所得到的结果正相符合[1~3]。

$$D + SbCl_5 \xrightleftharpoons[\text{在 } ClCH_2CH_2Cl \text{ 中}]{20\ ℃} D\text{-}SbCl_5 \tag{5-1}$$

$$\text{溶剂给予数 } DN = -\Delta H_{D\text{-}SbCl_5}\ \text{kcal/mol}$$

$-\Delta H_{D\text{-}SbCl_5}$ 与相应平衡常数的对数 $\lg K_{D\text{-}SbCl_5}$ 之间的线性关系表明，对于所有研究过的接受体一给予体溶剂的反应，熵的贡献相等。因而证明，将给予数视为 EPD 溶剂与五氯化锑配位作用程度的半定量表示法是正确的。一系列有机溶剂按照给予性递增的顺序列于表 5-1 中。由表可见，例如，硝基甲烷的给予数为 2.7，是弱给予体溶剂；六甲基磷酸三酰胺的给予数为 39.8，则是强给予体溶剂；而许多给予数都在这两者之间变化。也已发现只要 Lewis 碱显示弱的亲电特性，其给予数就与各种其他经验性质有相关性。将给予数作为半定量地衡量溶质与 EPD 溶剂相互作用的尺度，对于测定其他 EPD-EPA 相互作用尤为有效。例如，在各种溶剂中的过氯酸钠溶液，其 ^{23}Na-NMR 化学位移和这些溶剂的给予数之间就具有近于线性的相关性。

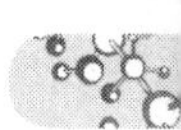

5.2 Gutmann 的酸碱理论

Gutmann 及其同事为了表示电子对接受体(EPA)溶剂的亲电性提出了一个类似的经验值,它是利用接受体溶剂 A 在氯化三乙基磷中按(2)发生亲电作用所形成的^{31}P-NMR 化学位移而得出的[1~3]。

$$(Et_3P=O \leftrightarrow Et_3P^{+}-O^{-})+A \rightleftharpoons Et_3P^{\delta+}-O^{\delta-}\text{-}A \qquad (5\text{-}2)$$

$$\text{溶剂接受数 AN}=\frac{\delta_{\text{校正的}}}{\delta_{\text{校正的}}(EtPO—SbCl_5)}\times 100=\delta_{\text{校正的}}2.348$$

称之为接受数 AN(或者接受体)的这些值系将溶于 1,2-二氯乙烷中的$(C_2H_5)_3PO\text{-}SbCl_5$,1∶1 加合物的 AN 值任意取为 100,用已烷作为参比溶剂,以 1,2-二氯乙烷中的$(C_2H_5)_3PO\text{-}SbCl_5$的^{31}P-NMR 化学位移值 $\delta_{\text{校正的}}$ 为标准,由相对的^{31}P-NMR 化学位移值 $\delta_{\text{校正的}}$而得到的。所观察到的这些溶剂诱导的^{31}P-NMR 化学位移,主要是由各种亲电性溶剂,尤其是氢键给予体(HBD)溶剂与氧原子的相互作用,诱导 P = O 键极化而引起的。这种相互作用使磷原子的电子密度降低,其相应的去屏蔽作用与这种相互作用的强度有关。在质子酸的溶液中,可以观察到完全质子化的氧化三乙基磷。这些接受数为无因次的数量,它表示某给定溶剂和 $SbCl_5$ 的相对接受体性质($SbCl_5$ 也是估算给予数的参比化合物)。各种有机溶剂依接受数递增的顺序列于表 5-2 中。

5.2.1 DN 参数的定义

DN 即 Donor Number,代表(电子)给予体数。在 Gutmann 的酸碱理论里[1~3],他用 $SbCl_5$ 来作参考酸,把任一碱与参考酸 $SbCl_5$ 在稀 1,2-二氯乙烷溶液中的反应热,$-\Delta H$,定义为该碱的给体数(DN),认为该 DN 值直接反映了该碱与参考酸 $SbCl_5$ 结合的键强,即:

$$SbCl_5+D=SbCl_5\cdot D \qquad (5\text{-}3)$$

其中,$SbCl_5$代表酸、D 为碱。

$$DN=-\Delta H \qquad (5\text{-}4)$$

5.2.2 AN 参数的定义

AN 即 Acceptor Number,代表(电子)的接受体数,与 DN 正好相反。对于酸性溶剂

（电子对接受体），Gutmann 等[1~3]用相似的方法，选择 Et_3PO 为参考碱，定义了酸的接受体数 AN，表征酸性溶剂的受电子对能力。

5.3 Gutmann 酸碱参数对溶剂的描述

通过应用 DN/AN 方法考察一系列相似的溶剂、溶质的电离度、氧化—还原电位、溶解度等的变化规律，已经有一些成效。这在研究化学反应中的溶剂效应方面，有一定的意义。但是这种经验方法的一个关键假设，即假定由某一参考酸（参考碱）所得的 DN 值（或 AN 值）顺序，对所有其他酸（或碱）都成立，显然这点是不能普遍成立的。但在绝大范围是成立的。

Gutmann 进一步假定，由 $SbCl_5$ 这一个参数酸建立起来的碱强（即 DN 值）顺序对其他所有的酸都成立。这就是说，一个碱与任一酸 A 作用的反应热 $-\Delta H$ 与它的 DN 线性关系[1~3]：

$$-\Delta H_A = aDN + b \tag{5-5}$$

其中 a、b 为决定于酸 A 的常数。这样，一系列碱与某一指定的酸 A 相互作用的 $-\Delta H_A$ 值对各个碱的 DN 值作图，应得直线。因此，只要知道这些碱的 DN 值，由实验测定这一系列碱中少数碱与该酸的反应热并作出图形，就可以在图上由每一碱的 DN 值查出其 $-\Delta H_A$ 值来。

Gutmann[1]将 DN 和 AN 参数结合，运用到酸碱反应中去，可以得到酸碱反应的焓变，即：

$$\Delta H = DN \cdot AN/100 + \Delta H_{Donor} + \Delta H_{Acceptor} \tag{5-6}$$

在 Gutmann 酸碱理论中，把 DN 定义为酸，AN 定义为碱。根据 DN 和 AN 的值来确定酸碱性。

在 Gutmann 酸碱理论中，Gutmann 把溶剂与溶液间的酸碱反应分为两部分。一部分是离子化过程，另一部分是离散过程。如下[1]：

$$\text{离子化过程}\ (DN):\ B + MX = B \longrightarrow M{-}X = BM + X^- \tag{5-7}$$

$$\text{离散过程}\ (\varepsilon):\ BM + X^- = BM + X^- \tag{5-8}$$

$$\text{离子化过程}\ (AN):\ M + XA^- = M^+XA^- \tag{5-9}$$

$$\text{离散过程}\ (\varepsilon):\ M^+XA^- = M^+ + XA^- \tag{5-10}$$

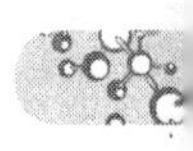

上述四式中，B 为溶剂，MX 为溶液。可见 B 在 MX 溶液里发生酸碱反应，其实是一个阳离子与阴离子给出和接受的过程。

表 5-1 为某些有机 EPD 溶剂的给予数 DN(25℃)；表 5-2 系若干有机 EPA 溶剂的接受数 AN。

表 5-1 某些有机 EPD 溶剂的给予数 DN(25 ℃)

溶　剂	DN(kcal/mol)*	溶　剂	DN(kcal/mol)
己烷	0	丙酮	17
四氯化碳	0	乙酸乙酯	17.1
1，2-二氯乙烷	0	水	18
苯	0.1	甲醇	19
四氯-1，3-二氧杂环戊-2-酮，碳酸四氯亚乙酯	0.8	乙醚	19.2
硝基甲烷	2.7	四氢呋喃	20
4，5-二氯-1，3-二氧杂环戊-2-酮，碳酸二氯-1，2-亚乙酯	3.2	磷酸三甲酯	23
硝基苯	4.4	磷酸三丁酯	23.7
乙苯基酐	10.5	1，2-二甲氧基乙烷	24
苯基腈	11.9	N，N-二甲基甲酰胺	26.6
乙腈	14.1	1-甲基-2-吡咯烷酮	27.3
1，1-二氧化四氢噻吩，环丁砜	14.8	N,N-二甲基乙酰胺	27.8
1，4-二氧六环	14.8	二甲基亚砜	29.8
4-甲基-1，3-二氧杂环戊-2-酮，碳酸-1，2-亚丙酯	15.1	N，N-二乙基甲酰胺	30.9
苯乙腈	15.1	乙醇	31.5
异丁腈	15.4	N，N-二乙基乙酰胺	32.2
丙腈	16.1	吡啶	33.1
1，3-二氧杂环戊-2-酮，碳酸-1，2-亚乙酯	16.4	六甲基磷酸三酰胺，三(N，N′，N″-四亚甲基)磷酸三酰胺	38.8
乙酸甲酯	16.5	1，2-二胺基乙烷	55
丁腈	16.6	乙胺	55.5
		异丙胺	57.5
		叔丁胺	57.5
		氨	59
		三乙胺	61

* 1 kcal=4.184 kJ

表 5-2 若干有机 EPA 溶剂的接受数 AN

溶　剂	AN	溶　剂	AN
乙烷	0	六甲基磷酸三酰胺	10.6
乙醚	3.9	1，4-二氧六环	10.8
四氢呋喃	8	丙酮	12.5
苯	8.2	1-甲基-2-吡咯烷酮	13.3
四氯化碳	8.6	N，N-二甲基乙酰胺	13.6
二乙二醇二甲醚，二甘二甲醚	9.9	吡啶	14.2
1，2-二甲氧基乙烷	10.2	硝基苯	14.8

（续表）

溶　剂	AN	溶　剂	AN
苯基腈	15.5	N-甲基甲酰胺	32.1
N，N-二甲基甲酰胺	16	2-丙腈	33.5
二氯二烷	16.7	乙醇	37.1
4-甲基-1，3-二氧杂环戊-2-酮，碳酸-1，2-亚丙酯	18.3	甲酰胺	39.8
		甲醇	41.3
N，N-二甲基硫代甲酰胺	18.8	乙酸	52.9
乙腈	18.9	水	54.8
二甲基亚砜	19.3	$(C_2H_5)_3PO.SbCl_5$在1，2-二氯乙烷中（作参比化合物）	100
二氯甲烷	20.4		
硝基甲烷	20.5	三氟乙酸	105.3
三氯甲烷	23.1		

5.3.1　水的酸碱反应

在Gutmann酸碱理论中，水的酸碱反应相当于两个水分子之间传递H离子的过程[1]，即：

$$\underset{\text{base 2}}{H_2O}+\underset{\text{acid 1}}{H_2O}\rightleftharpoons\underset{\text{acid 2}}{H_3O^+}+\underset{\text{base 1}}{OH^-}\quad(\text{H}^+\text{ 由 acid 1 传递给 base 2})\tag{5-11}$$

从上式可以拓展到其他溶液间的酸碱反应，如氟化氢与硝酸的反应，即：

$$HNO_3+HF\rightleftharpoons H_2NO_3^++F^-\quad(\text{H}^+\text{ 由 HF 传递给 }HNO_3)\tag{5-12}$$

5.3.2　$SbCl_5$的酸碱反应

在Gutmann酸碱理论中，$SbCl_5$认为是标样酸，$SbCl_5$与HF的酸碱反应又可以表示成[1~3]：

$$H_2F_2+SbF_5\rightleftharpoons H_2F^++SbF_5^-\quad(\text{F}^-\text{ 由 }H_2F_2\text{ 传递给 }SbF_5)\tag{5-13}$$

注意，H_2F_2是表示$(HF)_2$，HF在连续的阴、阳离子给出结合过程，可以得到以下关系：

$$\cdots F\!-\!H\cdots F\!-\!H\cdots F\!-\!H\cdots F\!-\!H\cdots$$

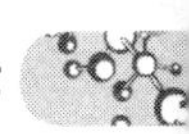

$$(HF)_n + (HF)_{m+1} \rightleftharpoons [(HF)_n H]^+ + [(HF)_m F]^- \quad (H^+) \tag{5-14}$$

$$(HF)_{n+1} + (HF)_m \rightleftharpoons [(HF)_n H]^+ + [(HF)_m F]^- \quad (F^-) \tag{5-15}$$

5.3.3 I_2在不同溶剂中的酸碱反应

碘在溶剂中的酸碱反应如下：

$$溶剂 + I^+I^- = 溶剂\ I^+I^- \tag{5-16}$$

$$溶剂\ I^+I^- = 溶剂\ I^+ + I^- \tag{5-17}$$

$$溶剂\ I^+I^- + I^- = I_3^- + 溶剂 \tag{5-18}$$

5.4 Gutmann 酸碱理论的优缺点

Gutmann 酸碱理论是建立在 Lewis 电子理论上的[4~5]。它比电离理论、溶剂论、质子论、Lewis 理论有了更大的扩展和完善，在现代化学中的应用比较广泛。当然现代酸碱理论的发展迅速，在 Lewis 酸碱理论的基础上，人们发现了更为重要的软硬酸碱理论，而软硬酸碱与人们的生活密切相关，是人类必须深入研究的，这样才能更好地服务于人类。

Gutmann 酸碱理论在 Lewis 电子理论的基础上，提出了一种有关酸碱反应的定量关系，填补了 Lewis 电子理论对酸碱计算的空白。它的优点是摆脱了酸碱必须具有某种元素、某种溶剂或某种离子的限制，以电子的给予或接受来说明酸碱反应。通过测定反应中阳离子、阴离子给予或接受数的参数——DN 和 AN，根据定量关系来确定物质酸碱反应的焓变。当然，Gutmann 酸碱理论也有它的缺点。它的缺点是对酸碱的认识过于笼统，而不易于掌握其特征，酸碱的强弱只是一个对比，没有一个统一的标准。虽然有一定的定量关系，但是对一些无法测得 DN 值，或出现酸碱反应平衡的酸碱反应时，Gutmann 酸碱理论无法解释其物质的酸碱性[4~5]。

5.5 小结

Gutmann 酸碱理论是在 Lewis 理论的基础上，通过引进 DN 和 AN 参数来定义酸碱的。他运用 SIFS 来描述溶剂在酸碱反应中能带频率的变化，从而获得溶剂的一系列 DN 和 AN 参数。再通过作图来获得 DN 和 AN 参数的表达式，由此根据定量关系来计算出酸碱反应焓。

Berg 认为[5]，Gutmann 酸碱理论承认了材料的两重性，但否认了共价键和静电力对酸碱反应的贡献。

Fowkes 认为：Gutmann 酸碱标度虽然给出了 AN 和 DN 值，但这些值的推导过程忽略了 Mulliken、Pearson 和 Drago 关于共价键和静电对酸碱性能的影响[6]。

参考文献

[1] Gutmann V. *The Donor-Acceptor Approach to Molecular Interactions*. New York: Plenum, 1978.

[2] Gutmann V, Steininger A, Wychera E. *Monatsh Chem*, 1966(97):460.

[3] Mayer U, Gutmann V, Gerger W. *Monatsh Chem*, 1975(106):1235.

[4] Jensen WB. *The Lewis Acid-Base Concepts, An Overview*. New York: John Wiley and Sons, 1980.

[5] Berg JC. Role of Acid-Base Interactions in Wetting and Related Phenomena, in: Berg JC ed, *Wettability*. New York: Marcel Dekker, 1993.

[6] Fowkes FM. *J Adhesion Sci Technol*, 1990(4):669～691.

第六章　Drago 的给体受体酸碱理论和 E～C 标度

6.1 简介

通过研究苯酚的酸性，如测定给予体—受体加合物在 CCl_4 溶剂中生成的焓变，可以得到 O 给予体的反应强度要比相似的 S 的反应强度要高，比如：$Et_2O > Et_2S$，$CH_3(O)N(CH_3)_2 > CH_3C(S)N(CH_3)_2$[1, 2]，这意味着 CCl_4 溶剂的酸碱性得到热力学的支持。由此可知，Lewis 酸 I 与 S 给予体反应的化合物生成焓要比其与 O 给予体的反应生成热要大。强酸或电子云易扭曲的酸与强碱或电子云易扭曲的碱的相互反应强度要强烈，而极化的或电子云不易扭曲的酸易与极化的碱进行反应。

用极化率和扭曲性可以用来解释氨和胺类化合物给予体的性质[3]，也可以用来解释 I_2、Br_2、ICl、C_6H_5OH、SO_2 等受体的性质，但从这些研究中获得的数据被用来支持苯酚与给予体相互作用时的氢键模型则从本质上讲不完全属于静电行为。

基于 Pearson 的硬酸软碱概念和 Mulliken 的理论，即共价键和静电力都对酸碱反应作贡献[4]，Drago 等人把电子给予—接受能力大小引用过来，并在气相或者不良溶剂的溶液中获得测试数据，从而减少了溶剂效应的影响。

6.2 Drago 的酸碱理论

用给体—受体强度来表示酸碱配位强度。配位强度用化合物相互作用焓来定义。在不同的不良溶剂[比如 CCl_4、(正)己烷、环己胺]中，自由能变化较大，焓变却非常相近，因而焓变可以确定。较早定性地描述给体—受体相互作用其形式如方程(6-1)：

$$-\Delta H = C_A C_B + E_A E_B \tag{6-1}$$

式中 ΔH 是指因酸碱相互作用而引起体系的焓变，C_A和 C_B，分别是量度酸和碱参与形成共价键能力的参数，E_A和 E_B则分别是量度酸和碱参与形成静电键能力的参数。

从方程式(6-1)中可以看出，E_A值大的酸与 E_B值大的碱作用强烈，同理 C_A值大的酸与 C_B值大的碱作用强烈[4]。

式中，ΔH 可以直接测得，有好几种达到溶液平衡的方法，最好的方法是严格的精确溶解。焓变值用 4 个酸分别和 4 个碱带入方程(6-1)得到 16 个方程式，原则上，这些方程组可以解；然而，这些方程式的非线性使得方程组非常复杂。因此，必须重新找一个不是直接的方法。为了使溶液更加简单，选择 I 来作为参照酸，定义 $E_A = 1.00$，$C_A = 1.00$，之所以选择 I 是因为其热力学值可以在 CCl_4 中 1∶1 反应。NH_3、CH_3NH_2、$(CH_3)_2NH$、$(CH_3)_3N$ 被作为一系列的碱。因为：(1)这些胺类化合物和一些酸的相互作用焓有一定的实用性；(2)这些胺类在自有状态下杂化混和能够非常接近 1∶1，初始状态的物理性能与 E_B、C_B有关。E_B与长对偶极矩有关，C_B与长对极化度有关。设 E_B与这些胺类化合物原始状态的偶极矩 $\mu_{(base)}$成一定比例，C_B与碱总的扭曲极化度 $R_{B(base)}$成一定比例。$E_B = a\mu_{(base)}$，$C_B = R_{B(base)}$。从这些胺类化合物可以看出，随着甲基取代的不断增加，长对极化率有明显改变，这个趋势可以从 R_B中看出。a、b 是比例常数，与基态的静电和共价键形成趋势有关。

方程(6-1)作适当代换，代入胺和 I 的 E，C，得到 4 个方程式，含有 2 个未知数 a，b。

$$aR_D[NH_3] + b\mu[NH_3] = -\Delta H_1 \tag{6-2}$$

$$aR_D[CH_3NH_3] + b\mu[CH_3NH_3] = -\Delta H_2 \tag{6-3}$$

$$aR_D[(CH_3)_2NH_3] + b\mu[(CH_3)_2NH_3] = -\Delta H_3 \tag{6-4}$$

$$aR_D[(CH_3)_3NH_3] + b\mu[(CH_3)_3NH_3] = -\Delta H_4 \tag{6-5}$$

$$a(5.90) + b(1.45) = 4.8 \tag{6-6}$$

$$a(10.58) + b(1.28) = 7.1 \tag{6-7}$$

$$a(14.96) + b(1.02) = 9.7 \tag{6-8}$$

$$a(20.01) + b(0.64) = 12.1 \tag{6-9}$$

这些方程式都与 a，b 有关，取其最好的平均值得：$a = 0.58$，$b = 0.93$；C_B(胺) $= aR_D = 0.58R_D$；E_B(胺) $= b\mu = 0.93\mu$。从表 6-1 可以看出计算和试验得到这些化合物的焓变的偏差。

基于碘获得的这些胺类数据，也可以应用来确定其他的酸。对苯酚而言，用上面获得

的胺类的 E 和 C 与其反应的焓变可以得到联立方程，从而得到苯酚的 $C_A = 0.574$，$E_A = 4.70$，表 6-2 列出了胺类与苯酚反应的计算和试验测得的焓变。

6.3 Drago 酸碱理论定义的溶剂 E 和 C 参数

表 6-1 胺类化合物与碘反应的计算和实验焓变

溶 剂	C_B	E_B	ΔH(kcal/mol)	
			计算得到	实验得到
NH_3	3.42	1.34	4.8	4.8
CH_3NH_2	6.14	1.19	7.3	7.1
$(CH_3)_2NH$	8.68	0.94	9.6	9.8
$(CH_3)_3N$	11.61	0.59	12.2	12.1

表 6-2 胺类与苯酚反应的计算和试验测得的焓变

溶 剂	ΔH(kcal/mol)	
	计算得到	实验得到
NH_3	4.8	4.8
CH_3NH_2	7.3	7.1
$(CH_3)_2NH$	9.6	9.8
$(CH_3)_3N$	12.2	12.1

进一步研究了硼化物，用同样的方法，推出 $B(CH_3)_3$ 的 E_A 和 C_A。由于 $(CH_3)_3B$-$N(CH_3)_3$ 的强的空间位阻，用 NH_3 和 CH_3NH_2 来进行计算其 E 和 C，得到 $C_A = 1.76$ 和 $E_A = 5.77$。

扩展到其他的酸碱，知道了这个碱分别与碘苯酚反应的焓变，就可以通过方程(3)得到其 E 和 C。比如计算吡啶的 E 和 C，其与碘跟苯酚反应的相互作用焓分别是 7.8 kcal/mol 和 8.1 kcal/mol。代入这两个焓变和苯酚、碘的 C_A 和 E_A 值：

$$(\text{苯酚}+\text{吡啶}): 8.09 = 0.574C_B + 4.70E_B$$

$$(\text{碘}+\text{吡啶}): \underline{(4.70)7.80 = (4.70)C_B + (4.70)E_B}$$

$$\text{所以}: 28.57 = 4.13C_B$$

$$\text{进一步}: C_B = 6.92;\ E_B = 0.88$$

需要强调的是这两个联立方程式必须有很大差别。碘和苯酚是理想的参照酸，因为他

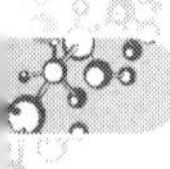

们 E 与 C 的比为 1 和 8。如果两种酸的 E 和 C 的比相近，那么将不能测定出碱的正确的 E 和 C。

表 6-3 列出了一些化合物与苯酚和碘反应的焓变，表 6-4、6-5 分别列出了一些酸碱的 E 和 C 值。

表 6-3　化合物与苯酚和碘反应的焓变

Donor	I_2 $-\Delta H$	C_6H_5OH $-\Delta H$	Donor	I_2 $-\Delta H$	C_6H_5OH $-\Delta H$
C_6H_5N	7.8	7.5	$(CH_2)_4SO$	4.4	7
NH_3	4.8	8	$(C_2H_5)_2O$	4.2	5
CH_3NH_2	7.1	9.3	$(CH_2)_4O_2$	3.5	4.4
$(CH_3)_2NH$	9.8	9.3	$(CH_2)_4O$	5.3	5.5
$(CH_3)_3N$	12.1	9.5	CH_3OH	1.9	4.3
$C_2H_5NH_2$	7.4	9.2	$CH_3C(S)N(CH_3)_2$	9.5	5.5
$(C_2H_5)_2NH$	9.7	9.3	$(C_2H_5)_2S$	7.8	4.6
$(C_2H_5)_3N$	12	9.5	C_6H_6	1.5	1.5
CH_3CN	2.3	3.3	$[(CH_3)_3CO]_3PO$	3.9	…
$CH_3C(O)N(CH_3)_2$	4	6.4	$(CH_3CH_2O)_3PO$	…	6.7
$HC(O)N(CH_3)_2$	3.7	6.1	$CH_3C(O)OCH_3$	2.5	3.3
$CH_3C(O)OC_2H_5$	3.06	3.2	$CH_3C(O)SCH_3$	3.2	3.2
$CH_3C(O)CH_3$	…	3.3	$(CH_3)_2NC(O)N(CH_3)_2$	4.3	6
$(CH_3)_2SO$	4.4	6.5	$(CH_3)_2NC(S)N(CH_3)_2$	10.5	5.7

表 6-4　碱参数

碱	C_B	E_B	碱	C_B	E_B
C_6H_5N	6.92	0.88	$(CH_3)_2SO$	3.42	0.969
NH_3	3.42	1.34	$(CH_2)_4SO$	3.3	1.09
CH_3NH_2	6.14	1.19	$(C_2H_5)_2O$	3.55	0.654
$(CH_3)_2NH$	8.68	0.94	$(CH_2)_4O_2$	2.82	0.68
$(CH_3)_3N$	11.61	0.59	$(CH_2)_4O$	4.69	0.61
$C_2H_5NH_2$	6.14	1.26	CH_3OH	1.12	0.78
$(C_2H_5)_2NH$	8.76	0.94	$CH_3C(S)N(CH_3)_2$	9.06	0.064
$(C_2H_5)_3N$	11.35	0.65	$(C_2H_5)_2S$	7.78	0.041
CH_3CN	1.77	0.533	C_6H_6	1.36	0.143
$CH_3C(O)N(CH_3)_2$	3	1	$CH_2C_6H_5$	1.91	0.087
$CH_3(O)N(CH_3)_2$	2.73	0.97	p-$(CH_3)_2C_6H_4$	2.31	0.068
$CH_3C(O)OC_2H_5$	2.42	0.639	s-$(CH_3)_3C_6H_3$	3.04	0.024
$CH_3C(O)CH_3$	0.66	0.706	$[(CH_3)_3CO]_3PO$	1.81	1.09

表 6-5 酸参数

酸	C_A	E_A	来源
I_2	1	1	甲胺
C_6H_5OH	0.574	4.7	甲胺
ICl	1.61	4.15	
CH_3OH^c	0.14	3.41	嘧啶,DMF
$C_2H_5OH^c$	0.032	3.91	嘧啶,DMF
$(CH_3)_3COH$	0.095	3.77	嘧啶,DMF
$HCCl_3{}^c$	0.1	5.11	$(CH_3)_3N$, THF
$B(CH_3)_3$	0.76	5.77	甲胺
SO_2	0.726	1.12	嘧啶,DMA
TCNE	1.51	1.68	p-二甲苯,二噁烷
C_6H_5SH	0.174	1.36	嘧啶,DMF
HF^c	0	17	丙酮,二乙醚

6.4 Drago 酸碱理论的新发展

由于 2 参数方程在应用过程中存在一些问题,为此,Drago 在 20 世纪末又对自己的理论进行了进一步的完善,提出了一个 3 参数方程如下:

$$-\Delta H = C_A C_B + E_A E_B - W \quad (6\text{-}10)$$

这里,W 表示对焓的一个持续不变的贡献量,一种酸的 W 是独立的,它不受碱的影响[5~6]。但应用非常少。

6.5 小结

Drago 的酸碱理论与标度与前面几种方法一样都有非常实用的效果,但必须指出该方法也存在缺点,这就是该方法认为物质是单酸性或单碱性的,从而否认物质的两重性质[4]。

参考文献

[1] Drago RS, Vogel GC, Needham TE. *J Am Chem Soc*, 1971(93):6014.

[2] Drago R. *J Chem Soc*, *Perkin Trans*, 1992(2):1827.

[3] Drago R, Hirsch MS, Ferris DC, et al. *Chem Soc Perkin Trans*, 1994(2):219.

[4] Berg JC. Role of Acid-Base Interactions in Wetting and Related Phenomena, in: Berg JC ed, *Wettability*. New York: Marcel Dekker, 1993.

[5] Drago RS. *Inorg Chem*. McMillan, 1972(11):872.

[6] Kroeger MK, Drago RS. *J Am Chem Soc*, 1981(103):3250.

第七章　Fowkes 的酸碱理论与标度

7.1 简介

表面张力被描述成各种独立作用的总和，一种通过固体表面能 γ_S 和液体表面张力 γ_L 值计算固体/液体之间的界面张力 γ_{SL} 的常用方法是附加法（公式 7-1）。例如，从界面分子的不同形式中出现的作用。这种直接法中最早的贡献来自美国 Lehigh 大学化学工程系的教授 Fowkes，他将表面张力分解为分散作用分力 γ^d 和非分散作用分力。他假设只有分散作用分力对界面张力有作用，因此有公式如下[1~4]：

$$\gamma_{SL} = \gamma_S + \gamma_L - 2\,(\gamma_S^d \gamma_L^d)^{1/2} \tag{7-1}$$

当液体或固体都无极性时，这种方法被证明是有用的；而且只有一种是非极性时，它可以给出一个合理的估计值。因此，该方法为被称为一液法，即应用一种液体可以估算固体的表面能。

但必须指出：上述的表面张力分力，如 γ^d，并不是热力学上的定义，因此也不能代表材料表面均匀的物理特性。在 Fowkes 的模型中，固液界面作用被认为只在从同类型力中分解出来各个表面张力分量之间的作用。例如，在水与 Teflone 界面上，因为 Teflone 表面只有分散力，而水中很强的极性及氢键作用力并不穿过界面层来直接影响界面张力。Fowkes 公式及其方法被用来测量固体表面张力中的分散分量，而且被严格限定在至少一种相是纯分散时才可应用。

基于热力学观点，许多学者对 Fowkes 用几何平均法将两相间的色散力分量结合起来作为界面张力的做法提出了质疑。如 Lyklema 提出了两点疑问：一是将界面能分解为分量的形式是否符合热力学观点？二是几何平均法是否就是一种将分量结合起来的最佳形式[5]？这些质疑是有理由的，因为第一点的疑问来源于界面张力被认为应该是亥姆霍兹能所贡献，而 Fowkes 将其作为一般的能量处理，从而忽略了熵的贡献；而一旦考虑时，则公式不再遵循几何平均法则而是遵循对数法则[5]。

7.2 Fowkes 的一些发现和发明

7.2.1 对 Gutmann 的 AN 的成分新发现

必须指出 Fowkes 对 Gutmann 的 AN 的成分研究及新发现的意义[6]。基于一系列溶液与 Et_3PO 的核磁共振光谱(^{31}P NMR)所显示的位移，Fowkes 和他的合作者们发现 Et_3PO 中的氧原子是一个非常强的电子给出体，而它对于所有溶液互相反应生成的反应物是一个电子接受体；为此所有产生的位移恰好反映出溶液中的范德华力的贡献[6]。为此，他们指出 Gutmann 的 AN 数值是被放大的，其精确值应该减去所含的范德华力的贡献。

表 7-1 给出了基于 Fowkes 的新的 AN 值，并与 Gutmann 的 AN 值进行了比较。

表 7-1　AN 值的变化及比较

溶剂		AN^d	AN	$AN-AN^d$
n-hexane	正己烷	0	0	0
benzene	苯	7.6	8.2	0.6
water	水	2.4	54.8	55.8
methanol	甲醇	−0.2	41.3	41.5
ethanol	乙醇	2	37.1	35.1
trifluoroethanol	三氟乙醇	−2.9	53.8	56.7
acetone	丙酮	3.8	12.5	8.7
methyl acetate	乙酸甲酯	5	10.7	5.7
ethyl acetate	乙酸乙酯	4	9.3	5.3
chloroform	氯仿	6.4	23.1	16.7
pyridine	吡啶	13.7	14.2	0.5
acetonitrile	乙腈	2.6	18.9	16.3
benzonitrile	苯甲腈	15.3	15.5	0.2
nitromethane	硝基甲烷	5.7	20.5	14.8
formamide	甲酰胺	7.6	39.8	32.2

其中，AN 是 Gutmann 的值，AN^d 是 Fowkes 发现被 Gutmann 的 AN 值所包含的范德华力的贡献，而 $AN-AN^d$ 代表了真正的 AN。

7.2.2 应用光谱技术测试酸碱参数

Fowkes 在应用光谱技术判断固体酸碱性能方面也有一些贡献[7]，尤其是在应用光谱定量测试材料的酸碱性能方面[7]。比如，基于固体材料与液体反应热在光谱图中的位移，他发现羰基的红外位移正比于溶剂的范德华(van der Waals)成分如式 7-2 所示，而溶剂的范德华(van der Waals)成分将永远通过一些官能团，如—C═V、—P═O、—S═O、—N═O 的位移所体现，但不能被氢键所在的官能团，如—OH、—NH 所体现[6]。

$$\Delta V_{CO}=\Delta V_{CO}^{d}+\Delta V_{CO}^{ab} \tag{7-2}$$

其中 d 代表色散力，ab 代表酸碱反应力。

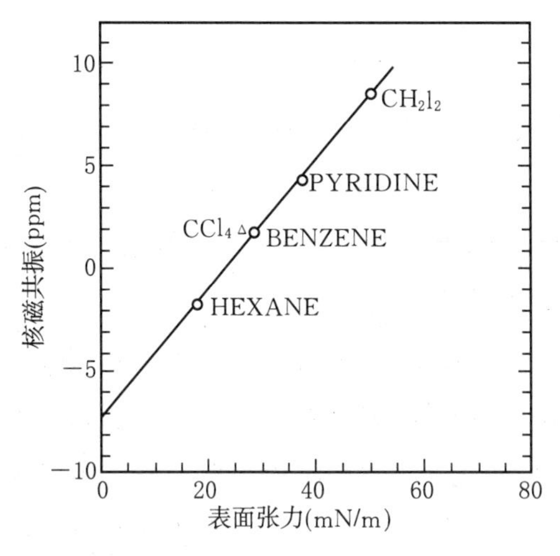

图 7-1　Et$_3$P0 的 van der Waals 成分导致的非酸性溶剂化学位移在核磁共振光谱中的表现[6]

应用已知酸碱性能的溶剂和红外光谱，Fowkes 和他的同事们测试了一系列高分子材料的酸碱性能，如根据图 7-2 估算了聚甲基丙烯酸甲酯(PMMA)的 $E_B=1.45(kJ/mol)^{1/2}$，

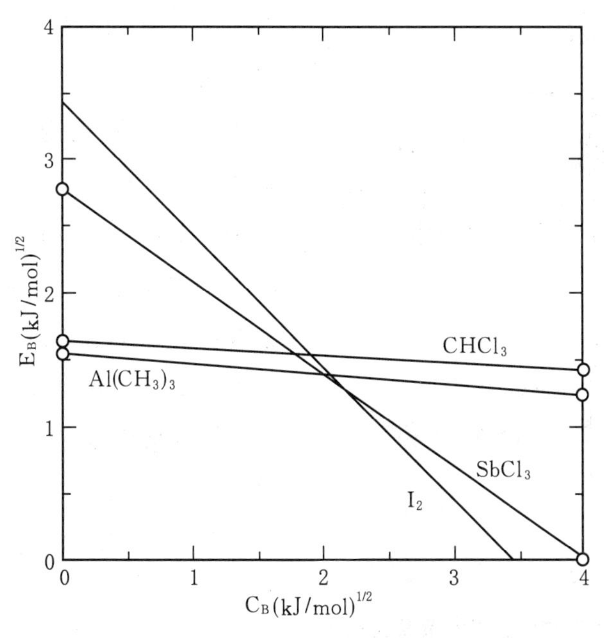

图 7-2　基于红外光谱测试聚甲基丙烯酸甲酯与一系列溶剂的酸碱反应对该高分子的酸碱性能进行估算[8]

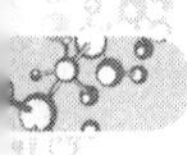

$C_B = 2.0\ (kJ/mol)^{1/2}$[8]。

7.2.3 应用量热仪测试酸碱参数

1978年，Fowkes和Mostafa曾第一个指出两个材料之间的分子酸碱反应热ΔH^{ab}（mol/m^2）也可以用式7-3来进行描述：

$$W_{SL}^{ab} = -f n_{ab} \Delta H^{ab} \tag{7-3}$$

其中W代表反应所做的功，f是一个反映界面酸碱反应热的常数，S和L分别代表固体和液体。

由于$-\Delta H = C_A C_B + E_A E_B$[8, 9]，所以可以进一步根据$\Delta H^{ab}$和所用液体的E和C值来判断未知固体的相应的E和C值。

1985年，Fowkes和Joslin接受了George Salensky的建议，率先将微量热仪（FMC）与流体浓度探测仪联合使用[10]，通过测量参测碱（吡啶，三乙胺，乙酸乙酯）与α-Fe表面层的酸性FeOH之间的吸附热，流出测量池溶液的浓度，分析表层FeOH反应位的酸性强弱，并用作图取交叉点法确定了这些反应位的Drago常数：E和C。

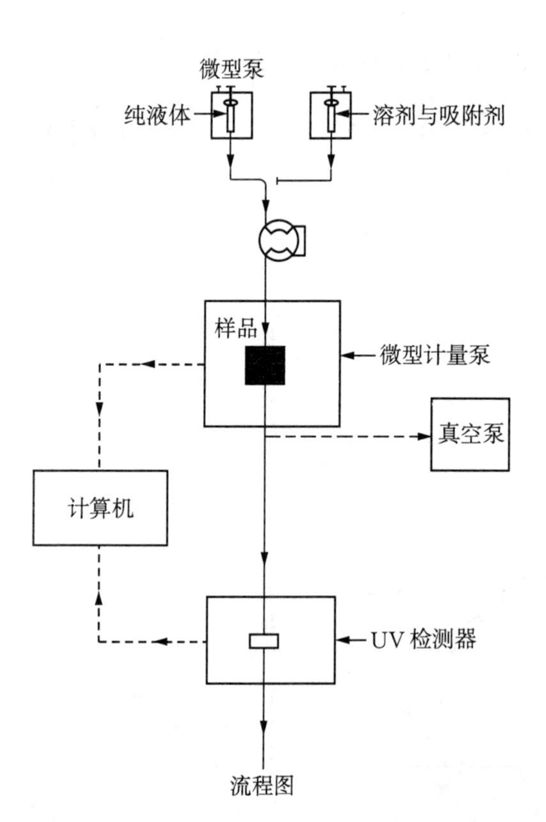

图7-3 Fowkes设计的FMC实验装置原理图

图7-3[10]显示的就是Fowkes当时的实验装置原理图。当微型计量泵将参测碱溶液缓慢泵入已装入α-Fe氧化物粉末的样品池时，而该α-Fe氧化物粉末在实验之前已经通过对Ar吸附的BET分析得出其表面积为9.9 m^2/g，所以此时热敏电极感受到吸附放热峰、并通过一系列的电热信号转换最终成为数字信号以便观测；由于溶液被持续不断地泵入，最终多余溶液会通过量热部下游的紫外吸收浓度探测部，这两个部分合用可以确定参测碱的摩尔吸附热（kcal/mol）。

典型的吸附热—紫外吸收图如图7-4、图7-5[10]所示。

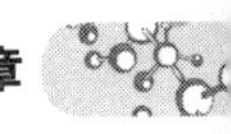

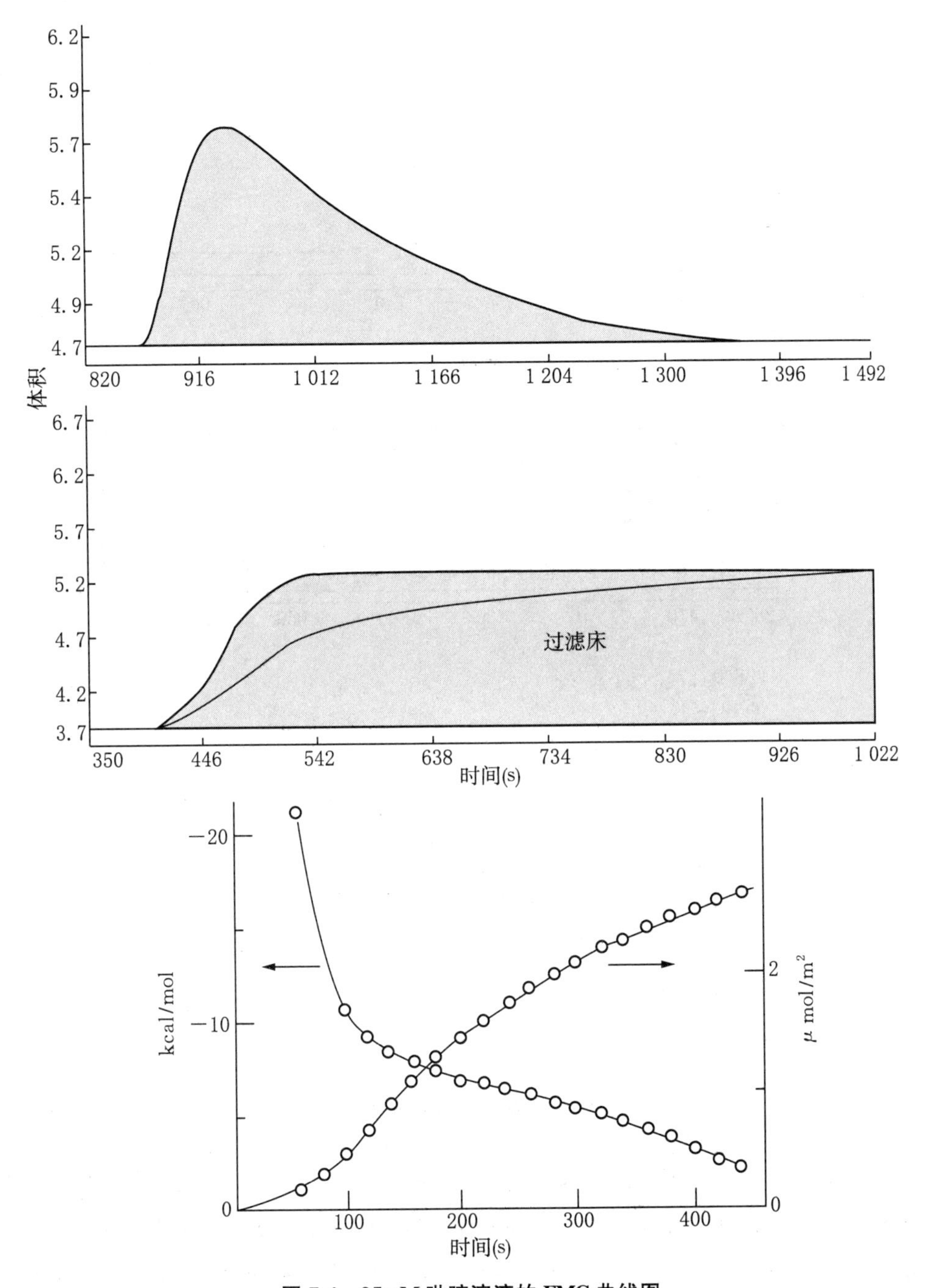

图 7-4　25mM 吡啶溶液的 FMC 曲线图

从图 7-4 和图 7-5 中可以看出无论是吸附热曲线，还是紫外吸收曲线，都有一个中间跃升区。这是因为当稀碱溶液泵入样品承载床时，较强的酸性反应位会被首先中和，然后再是较弱的反应位。毫无疑问，前者释放出的吸附热要比后者高得多。因此，吸附热随时间的分布图能够较好地反映出物质表面的酸/碱反应位的分布状况。

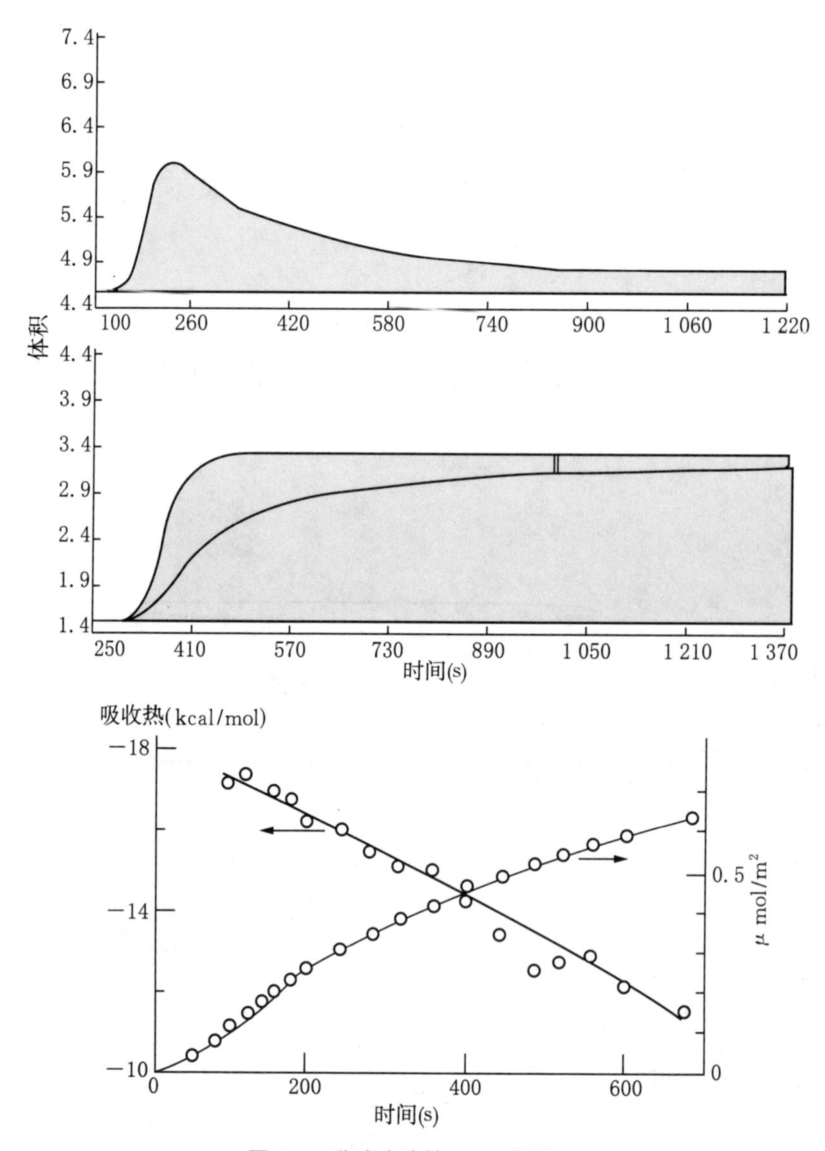

图 7-5　吡啶溶液的 FMC 曲线图

从上面的图中可以看到:紫外吸收图谱中空床与填充吸附剂床相比,前者的浓度跃升速率明显高于后者,这两者之间的差异恰好反映了吸附剂(α-Fe)对吸附质(3 种参测碱)的吸附量。而对单位面积吸附量的比较中,我们可以看出:浓度不同,单位面积吸收速率也不同。同样条件下,Fowkes 用不同浓度的吡啶溶液作 FMC 观测,结果发现:溶液浓度越高,单位面积吸附量越多,但是所放出的吸附热越低。

此外,Fowkes 还作了不同温度下的比较,并做出了 Langmuir 等温吸附线[10]。

由等温线我们可以求出吸附平衡温度系数,进而用 van't Hoff 方程确定吸附焓。用这种方法预测出的吸附热是−30.125 kJ/mol(−7.2 kcal/mol),这与 FMC 测试的浓度中点对应的吸附热−7.0 kcal/mol 非常相近。这意味着 FMC 测量吸附热可以更加便捷和直观。

7.2.4 其他

Fowkes 还曾经对 X 线光电子能谱(XPS)的高低电能位置与相对官能团的电子得失关系及所对应的酸碱关系进行了描述[7]，指出低电能位置主要是电子给出体，而反之则是电子接受体。应用 Fowkes 的这一理论，作者曾经应用 XPS 对木材的次表面酸碱性能进行了估算[11]。

7.3 小结

Fowkes 是一个比较特别的科学家，首先是他的经历，其次是他在酸碱化学、表面化学的理论和方法方面的贡献。值得一提的是他还是一个几乎没有争议的科学家，这也说明了他在表面化学领域的地位是不可撼动的。

参考文献

[1] Fowkes FM, In *Acid-Base Interactions*, Mittal KL, ed. VSP: Utrecht, The Netherlands, 1991: 93.
[2] Fowkes FM, Tischler DO, Wolfe JA, et al. *J Polym Sci*, 1984 (*22*): 547.
[3] Fowkes FM. *J Adhesion Sci Technol*, 1987 (*1*): 7.
[4] Fowkes FM, Riddle FL Jr, Pastore WE, et al. *Coll Surf*, 1990 (*43*): 367.
[5] Lyklema J. *Fundamentals of Interface and Colloid Science: Fundamentals.* Academic Press, 1991.
[6] Riddle FL, Fowkes FM. *J Am Chem Soc*, 1990 (112): 3259～3264.
[7] Fowkes FM. *J Adhesion Sci Technol*, 1990 (*4*): 669～691.
[8] Fowkes FM, Kaczinski MB, Dwight DW. *Langmuir*, 1991 (*7*): 2464.
[9] Fowkes, FM, Mostafa MA. *Ind Eng Chem Prod Res Dev*, 1978 (*17*): 3.
[10] Fowkes FM, Jones KL, Li G, et al. *Energy and Fuels*, 1989 (3): 97～105.
[11] Shen Q, Mikkola P, Rosenholm JB. *Coll Surf A*, 1998 (145): 235～241.

第八章　Kamlet-Taft 的线性溶剂化能酸碱理论和标度

8.1 简介

利用紫外可见光谱所反映的电子跃迁，美国科学家 Kamlet 和 Taft 采用一种溶剂显色对比方法来计算关于溶剂氢键接受体(HBA)碱性的 β 尺度和关于溶剂氢键给予体(HBD)酸性的 α 尺度[1]。氢键接受体 HBA 这个名字系氢键质子的接受体。因此，HBA 溶剂也就是电子给予体(EPD)溶剂。氢键给予体(HBD)系指质子的给予体，因而 HBD 溶剂显示质子性溶剂的特性。4-硝基苯胺相对于 N，N-二乙基-4-硝基苯胺的溶剂化显色位移增量 $\Delta\tilde{\upsilon}$，在 HBD 溶剂中，这两种标准化合物均可作为 HBA 的底物(在硝基的氧上)；而在 HBA 溶剂中，则只有 4-硝基苯胺可作为 HBD 的底物。取一种强 HBA 溶剂：六甲基磷酸三酰胺的 $\Delta\tilde{\upsilon}$ 值为 2 800 cm^{-1}作为唯一固定的参比点($\beta_1=1.000$)，Kamlet 和 Taft 曾对 30 种 HBA 溶剂提出了关于溶剂 HBA 碱性的 LFE 尺度[1]。采用同样的溶剂化显色对比法，即利用 4-硝基苯甲醚和吡啶鎓-N-苯氧内盐染料在 HBD 溶剂种溶剂化显色唯一的增量 $\Delta\tilde{\upsilon}$，可计算关于 HBD 酸性的 α 尺度。取甲醇(一种强 HBD 溶剂)的 $\Delta\tilde{\upsilon}$ 值 6 240 cm^{-1}作为固定参比点($\alpha_1=1.000$)，他们对 11 种 HBD 溶剂确定了 α 尺度[2]。他们证明这两种尺度都能用来定量地处理溶质—溶剂的氢键相互作用。

Kamlet 和 Taft 还应用 π^* 表示溶剂极性[3, 4]。π^* 尺度是因为它是从溶剂对各种芳香族硝基化合物(4-硝基苯甲醚、N，N-二乙基-4-硝基苯胺、4-甲氧基-β-硝基苯乙烯、1-乙基-4-硝基苯、N-甲基-2-硝基-对甲苯胺、N，N-二乙基-4-硝基苯胺和 4-二甲胺基二苯甲酮的硝基化合物)的 $p\rightarrow\pi^*$ 和 $\pi\rightarrow\pi^*$ 电子光谱跃迁的影响而推算出来的。在开始推算 π^* 尺度时，他们曾经利用溶剂效应对上述主要指示剂 $\tilde{\upsilon}_{ax}$值的影响进行了分析。经由多重最小二乘相关分析，π^* 尺度已经扩大到一系列溶剂。对于常见溶剂的 π^* 值，有一个幅度，其值在0.000(对环己烷)至 1.000(对于二甲基亚砜)，以便与溶剂 HBD 酸性的 α 尺度和溶剂 HBA 酸性

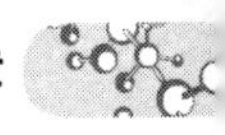

的 β 尺度(把 α 尺度和 β 尺度也规定了由 0.0～1.0 的范围)相对应。这些参数能一起应用于多种参数方程，进而得出一种经验性的多参数方程，这就是线性溶剂化能相关(Linear Solvation Energy Relationshis, LSER)理论。

8.2 Kamlet-Taft 的线性溶剂化能理论

线性溶剂化能相关(LSER)理论认为，溶质在两种不相混溶剂间的分配取决于 3 个方面，即：

(1) 溶质分子在溶剂中存在的空腔作用；

(2) 溶剂溶质分子间偶极—偶极、偶极—诱导偶极作用；

(3) 溶剂—溶质间氢键作用。它的具体描述如下：

$$\text{某种性质(XYZ)}=\text{容积因子}+\text{偶极因子}+\text{氢键因子}+\text{截距项}(XYZ_0) \quad (8\text{-}1)$$

化学品的许多性质(用 XYZ 表示，如反应速率、平衡常数或波谱吸收的位置)是通过能量相关于其分子结构的，这些能量包括：溶剂分子(如水或生物体系等介质)将溶质分子包围时需要的能量；为稳定这种溶剂分子并使化学品分子留在其中，而在化学品及其介质之间形成静电效应或氢键时得失的能量。来自各基团的能量贡献使化学品的诸多性质取决于该溶质与溶剂间的相互作用。因此，在预测方程式中有以下几方面的能量[1-4]：

$$XYZ=XYZ_0+mVi/100+s(\pi^*+d\delta)+a\alpha+b\beta+h\delta H+e\zeta \quad (8\text{-}2)$$

式中，$mV_i/100$ 为吸收热能项，表示溶解过程中分离溶剂分子并为污染物分子提供恰当空间位穴时所需的自由能；$V_i/100$ 是将分子体积 V_i(即范德华体积)除以 100，从而使之在数量级上与其他 3 个参数可比；$s\pi^*$ 是偶极—极化参数因子，表示溶质与溶剂间偶极—偶极、偶极—诱导偶极之间相互作用的放能效应，用来衡量分子通过非特异电介质作用来稳定其邻近电荷或偶极的能力；δ 为其校正因子；氢键项 bβ 和 aα 表示氢键放能效应强度，包括两种情况：溶剂属氢键供体酸(HBD)，溶质属氢键受体 β_m(HBA)，即溶剂给出质子能力强，溶质接受质子能力强，或溶质属氢键供体酸，溶剂属氢键受体碱 α_m，即溶质给出质子能力强，溶剂接受质子能力强；δ_H 为 Hildebrand 溶解性参数，用来衡量溶剂之间的反应对溶质产生位穴的阻碍，它在处理溶液熵、自由能、溶剂之间转换或气—液相色谱分配系数中有很重要的作用；ζ 为共价参数。对于 P═O 基团为−0.20、C═O、S═O、N═O 为 0.0，单健氧为 0.20，吡啶为 0.60，sp3—杂化胺基为 1.00，该参数与碱性有很好的相关性。这些能量使用中均无单位。式中的 XYZ_0，m，s，d，a，b，h，e 皆为相关分析时得到的常数值。

8.3 线性溶剂化能酸碱理论定义的溶剂酸碱值

表 8-1 是一些重要化合物的 LSER 参数。

表 8-1 一些重要化合物的 LSER 参数

化合物	参数				化合物	参数			
	Vi/100	π^*	β	α		Vi/100	π^*	β	α
脂肪族					吡咯烷	0.460	0.14	0.70	0.00
正丁烷	0.455	0.00	0.00	0.00	咪唑烷	0.431	0.17	0.54	0.00
正戊烷	0.553	0.00	0.00	0.00	哌啶	0.556	0.17	0.70	0.00
2-甲基丁烷	0.543	0.00	0.00	0.00	四氢噻吩	0.509	0.44	0.27	0.00
正己烷	0.648	0.00	0.00	0.00	芳香族				
2-甲基戊烷	0.638	0.00	0.00	0.00	苯	0.491	0.59	0.14	0.00
正庚烷	0.745	0.00	0.00	0.00	阴丹	0.784	0.52	0.14	0.00
2-甲基己烷	0.735	0.00	0.00	0.00	四氢化萘	0.883	0.50	0.14	0.00
正辛烷	0.842	0.00	0.00	0.00	联苯	0.920	1.20	0.28	0.00
2-甲基庚烷	0.832	0.00	0.00	0.00	萘	0.753	0.70	0.20	0.00
2,2,4-三甲基戊烷	0.812	0.00	0.00	0.00	薁	0.753	0.90	0.35	0.00
环丙烷	0.310	−0.02	0.00	0.00	9H-芡蒽	0.960	1.18	0.25	0.00
环丁烷	0.450	−0.01	0.00	0.00	蒽	1.015	0.81	0.20	0.00
环戊烷	0.500	0.00	0.00	0.00	菲	1.015	0.81	0.20	0.00
环己烷	0.598	0.00	0.00	0.00	呋喃	0.370	0.40	0.35	0.00
环庚烷	0.690	0.00	0.00	0.00	二苯并呋喃	1.581	0.60	0.30	0.00
环辛烷	0.815	0.00	0.00	0.00	二噁英	1.616	0.45	0.60	0.00
顺-十氢-1氢-茚	0.884	0.02	0.00	0.00	吡咯烷	0.428	0.74	0.69	0.41
十氢化萘	0.982	0.02	0.00	0.00	咪唑	0.401	0.87	0.43	0.00
环氧乙烷	0.248	0.56	0.50	0.00	吡啶	0.472	0.87	0.64	0.00
四氢呋喃	0.455	0.58	0.51	0.00	嘧啶	0.440	0.87	0.64	0.00
四氢吡喃	0.553	0.51	0.50	0.00	二氮杂苯	0.487	0.35	0.54	0.00
1,4-二氧杂环己烷	0.508	0.55	0.41	0.00	噻吩	0.445	0.70	0.25	0.00

8.4 线性溶剂化能酸碱理论的应用

LSER 方法能对物质的酸碱性能定量。Kamlet 等人曾应用该 LSER 方法精确预测了化学品在水中的溶解度[5~11],并发现脂肪族与芳香族的溶解度有显著差别:如前者的溶解度显著依赖偶极—极化率 π^*,而后者则无此特征;而后者的溶解度对 β 的依赖性比前者小 1/4。

对 115 种液态非氢键型、氢键受体型及弱的氢键供体型脂肪族溶质，如包括烷烃、烯烃、卤代烃、醚、酯、胺、四氢呋喃、四氢吡喃和醇类等的相关分析得到它们的水中溶解度预测方程式为[5]：

$$\log S_w = 0.05 - 5.85V_i/100 + 1.09\pi^* + 5.25\beta_m \tag{8-3}$$

$$n=115,\ r=0.99,\ SD=0.15$$

式中，n 为化合物数，r 为相关系数，SD 为标偏差。

而对 70 种液态或固态非氢键型，氢键受体型及弱的氢键供体型且至多有 3 个合并环的芳香族溶质，如液态的硝基芳烃、烷基取代苯、卤代苯等；固态的多卤代苯、萘、喹啉、蒽、菲等的水中溶解度预测方程式为[5]：

$$\log S_w = 0.57 - 5.58V_i/100 + 3.85\beta_m - 0.011(mp - 25) \tag{8-4}$$

$$n=70,\ r=0.99,\ SD=0.22$$

对 42 种多氯联苯（至多为 $C_{12}Cl_{10}$）和 35 种多环芳烃（至多有 6 个合并环的）的水中溶解度预测方程式为[5]：

$$\log S_w = 0.24 - 5.30V_i/100 + 3.99\beta_m - 0.0096(mp - 25) \tag{8-5}$$

$$n=147,\ r=0.99,\ SD=0.34$$

Blum 和 Speece[12] 发现应用 LSER 方法预测非反应型的各种化学品的生物毒性比其他方法，例如 log Kow 法和分子连接性指数法更加精确。而这种方法的适用性却比其他方法强。化学品的线性溶剂化能参数具有计算简单、非实验性，它们能很好地描述有机化学品与生物体非特异结合特性。硝基芳烃类化合物广泛应用于化学制药、染料加工、炸药生产等领域，由于它们具有强烈的致癌作用，其环境行为越来越受到人们的重视，对它们的毒性估算是一项非常有意义的工作，可以为环境管理和环境科学研究提供基础数据。毒性的第一猜测常常可以引导进一步的实验，但毒性测定值的不确定性很大，且实验测定也非常困难，应用预测模型可以对已有的硝基芳烃的 EC_{50} 值的准确性进行有效的估算。

近来，德国科学家 Stefan Spange 教授等人应用 LSER 方法预测了一系列高分子材料的极性[13~15]。而作者也曾间接报道了一些高分子材料的 α、β 和 π^* 值[16]。

8.5 小结

作为一种可定量对材料的酸碱性能进行描述的方法，Kamlet-Taft 的线性溶剂化能酸碱理论是基本上被认可的。这也反映在它的不断被应用的报道中[13~16]。

还必须指出的是:该方法曾被尝试建立与其他酸碱标度之间的关系[5,17],如:Swain 的 Acity(A)和 Basity(B)标度[18]如下:

$$B = 0.057 + 1.014\pi^* \quad n = 13;\ r = 0.998 \tag{8-6}$$

$$B = 0.056 + 1.033\pi^* \quad n = 19;\ r = 0.992 \tag{8-7}$$

$$B = 0.064 + 0.959\pi^* \quad n = 35;\ r = 0.972 \tag{8-8}$$

它们和 Gutmann 的 AN 和 BN 标度[19]之间的关系如下:

$$AN = 0.40 + 16.4\pi^* + 31.1\alpha \quad n = 17,\ r = 0.994,\ sd = 1.6 \tag{8-9}$$

$$AN = 0.04 + 16.2\pi^* + 33.0\alpha \quad r = 0.996,\ sd = 1.5 \tag{8-10}$$

上述关联型公式指出,这些线性关系的常数项的值随样本数增加而变化,同时线性率也随之而改变。

显然,这些尝试是非常有必要的,因为它们开启了不同酸碱标度之间联系的大门。

参考文献

[1] Kamlet MJ, Taft RW. *J Am Chem Soc*, 1976 (98): 2886.

[2] Yokohama T, Taft RW, Kamlet MJ. *J Am Chem Soc*, 1976 (98): 3233.

[3] Kamlet MJ, Abboud JL, Taft RW. *J Am Chem Soc*, 1977 (99): 6027.

[4] Kamlet MJ, Abboud JL, Taft RW. *J Am Chem Soc*, 1976 (99): 8325.

[5] Kamlet MJ, Abboud JL, Abraham MH, et al. *J Org Chem*, 1983 (48): 2877~2887.

[6] Kamlet MJ. *J Phys Chem*, 1988 (92): 5344~5255.

[7] Leahy DE. *Chromatographia*, 1986, 21 (8): 473~477.

[8] Kamlet MJ. *J Org Chem*, 1983 (48): 2877~2887.

[9] Hildebrand JH, Scott RL. *The Solubility of Nonelectrolytes*, 3rd ed. NewYork: Dover Publ.

[10] Kamlet M. *J Environ Sci Technol*, 1988 (22): 503～509.
[11] Kamlet M. *J Environ Sci Technol*, 1987 (21): 149～155.
[12] Blum DJW, Speece RE. *Ecotoxicol Environ Saf*, 1991 (22): 198～224.
[13] Oehlke A, Hofmann K, Spange S. *New J Chem*, 2006 (30): 533～536.
[14] Spange S, Fischer K, Prause S, et al. *Cellulose*, 2003 (10): 201～212.
[15] Spange S, Vilsmeier E, Reuter A, et al. *Macromol Rapid Commun*, 2000 (21): 643～659.
[16] Shen Q, Mu D, Yu L, et al. *J Coll Interface Sci*, 2004 (275): 1, 30～34.
[17] Taft RW, Abboud JM, Kamlet MJ. *J Org Chem*, 1984 (49): 2001～2005.
[18] Swain CG, Swain MS, Powell AL, et al. *J Am Chem Soc*, 1983 (105): 502.
[19] Gutmann V. *The Donor-Acceptor Approach to Molecular Interactions*. New York: Plenum, 1978.

第九章 Reichart 的酸碱理论与 $E_t(30)$ 标度

9.1 简介

利用一些光谱，如紫外可见光谱、红外光谱、ESR 谱和 NMR 谱的某些波长范围内的吸收对一些溶剂呈现的敏感程度，1951 年 Brooker 等人提出可以以这些溶剂为标准物，并用溶剂化显色染料作为溶剂极性的指示剂，从而利用光谱推导其他溶剂的极性参数[1]。1958，这种方法被 Kosower 进一步规范化，并给出了一个范围广泛的溶剂尺度：Z[2, 3]（表 9-1）。值得指出的是基于碘化吡啶盐表现出来的明显的负溶剂化显色现象，Kosower 采用 1-乙基-4-甲酯基碘化吡啶的最长波长分子间电荷跃迁作为模型，并将这种溶剂由吡啶改为甲醇使其最长波长谱带发生蓝移 105 nm，使溶剂极性的电子基态稳定性增加。虽然个中原因是因为电子基态为离子对、第一激发态为游离基对，而上述现象是相对于第一激发态而言增强，但这引导 Kosower 把极性参数 Z 规定为 1-乙基-4-甲酯基碘化吡啶在所用溶剂中吸收谱带的摩尔跃迁能 E_t，并给出公式(9-1)以 kcal/mol 为单位表示。

$$E_t(\text{kcal/mol}) = h \cdot c \cdot \nu \cdot N = 2.859 \cdot 10^{-3} \cdot \nu(\text{cm}^{-1}) \equiv Z \tag{9-1}$$

式中：h 为普朗克常数，c 为光速，v 为使电子激发的光子的波数，N 为 Avogadro 常数。

表 9-1 Kosower 的 Z 标度及相关的溶剂参数

溶　剂	Z	溶　剂	Z
c-乙烷	60.1	i-丙醇	76.3
苯	54	n-丁醇	77.7
水	94.6	i-丁醇	77.7
甲醇	83.6	s-丁醇	75.4
乙醇	79.6	t-丁醇	71.3
n-propanol	78.3	n-戊醇	77.6

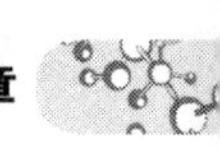

(续表)

溶剂	Z	溶剂	Z
i-戊醇	77.6	碳酸二甲酯	64.7
t-戊醇		碳酸二乙酯	64.6
n-己醇	76.5	丙烯 CO_3	72.4
c-己醇	75	氟化苯	60.2
n-癸醇	73.3	氯苯	58
苯甲醇	78.4	二氯甲烷	64.7
己二醇	85.1	1，1-二氯乙烷	62.1
丙三醇	82.7	1，2-二氯乙烷	64.3
正丁醚	60.1	o-二氯苯	60
苯乙醚	58.9	氯仿	63.2
四氢呋喃	58.8	1，1，2，2-Cl_4 乙烷	64.3
2-Me-THF	55.3	二溴甲烷	62.8
二氧杂环乙烷	64.5	1，2-二溴甲烷	60
二甲氧基乙烷	59.1	溴化苯	59.2
丙酮	65.7	吡啶	64
2-丁酮	64	乙腈	71.3
2-戊酮	63.3	丁腈	67.8
二甲基丙酮	62	苯甲腈	65
2-庚酮	65.2	硝基甲烷	71.2
蚁酸		甲酰胺	83.3
醋酸	79.2	二甲基甲酰胺	68.4
丙酸		N-Me-乙酰胺	77.9
丁酸		二甲基乙酰胺	66.9
戊酸		二甲基亚砜	70.2
己酸		环丁砜	70.6
庚酸		磷酸三乙酯	64.6
甲酸甲酯	70.3	磷酸三丁酯	61.3
乙酸乙酯	64	磷酸酰胺	62.8

9.2 Reichart 的酸碱理论

基于前人的研究进展，20 世纪 90 年代，德国 Philipps 大学化学和材料系教授 Christian Reichardt 及其合作者研究和发现了吡啶鎓-N-苯氧内盐染料(29a)的最长波长溶剂化显色吸收谱带的跃迁能，并据此提出了一个新的溶剂极性参数 $E_t(30)$[4]。利用这类染料为标准，他们发现可以克服 Z 值方法应用过程涉及的一些限制。事实上，这些染料显示了具有分子内电荷迁移特性的溶剂化显色 $\pi \rightarrow \pi^*$ 吸收谱带。

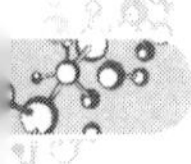

按照式(9-1)规定溶剂的 $E_t(30)$ 值为被溶解的内盐染料(29a)的跃迁能[4.184 kJ/mol (kcal/mol)]。这种方法的主要优点是(29a)比 Kosower 给出的显色特性范围要大许多,如在二苯醚中的 $\lambda = 810$ nm, $E_t(30) = 35.3$,在水中的 $\lambda = 435$ nm, $E_t(30) = 63.1$ nm。由于这种溶剂化显色的大部分范围都在光谱的可见区内,所以提供了目测溶剂极性的可能性。例如:(29a)的溶液颜色在甲醇中为红色、在乙醇中为紫色、在丙酮中为绿色、在异戊醇中为蓝色而在苯甲醚中则为绿黄色[4]。这些溶液颜色变化的特征是:使用不同极性的合适的二元混合溶剂,可以得到可见光谱的每一种颜色。至今,内盐染料(29a)在溶剂化显色方面仍然保持着领先的地位,当溶剂由二苯醚更换为水时,谱带蓝移超过 350 nm,其 ΔE_t 约为 28 kcal/mol 或 117 kJ/mol。由于这种溶剂化显色吸收谱带的位移特别大,因而 $E_t(30)$ 值为溶剂极性的特征提供了一种非常灵敏的极好描述。$E_t(30)$ 值越高,相当于溶剂极性强。已经对 100 种以上的纯溶剂[4]和许多二元混合溶剂测定过 $E_t(30)$ 值(表 9-2)。

9.3 溶剂的 $E_t(30)$ 值

Christian Reichardt 的 $E_t(30)$ 值是迄今所报道的范围最广的溶剂极性经验参数,表 9-2 给出了 Christian Reichardt 所报道的值。

表 9-2 部分溶剂的 $E_t(30)$ 值[4]

溶 剂	$E_t(30)$ kcal/mol	溶 剂	$E_t(30)$ kcal/mol
水	63.1	乙酸	51.2
2,2,2-三氟乙醇	59.5	苯甲醇	50.8
2,2,3,3-四氟-1-丙醇		1-丙醇	50.7
丙三醇	57	1-丁醇	50.2
甲酰胺	56.6	2-甲基-1-丙醇	49
1,2-乙二醇	56.3	2-丙醇	48.6
甲醇	55.5	环戊烷	47.7
1,3-丙二醇	54.9	2,6-二甲基苯酚	47.6
1,2-丙二醇	54.1	2-丁醇	47.1
N-甲基甲酰胺	54.1	异戊醇	47
二乙二醇	53.8	环己醇	46.9
乙醇/水(80∶20)	53.7	碳酸-1,2-亚丙酯	46.6
三乙二醇	53.5	环己酮	40.8
2-甲氧基乙醇	52.3	环戊酮	40.3
N-甲基乙酰胺	52	吡啶	40.2
乙醇	51.9	2-己酮	40.1
2-氨基乙醇	51.8	乙酸甲酯	40

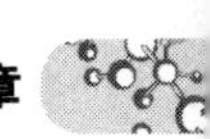

(续表)

溶　　剂	Et(30)kcal/mol	溶　　剂	Et(30)kcal/mol
磷酸三丁酯	39.6	硝基苯	42
3，3-二甲基-2-丁酮	39.5	1，2-二氨基乙烷	42
甲基异丁基甲酮	39.4	1，2-二氯乙烷	41.9
1，1-二氯乙烷	39.4	2-甲基-2-丁醇	41.9
喹啉	39.4	磷酸三乙酯	41.7
3-戊酮	39.3	2-丁酮	41.3
N，N，N',N'-四甲基胍	39.3	苯乙酮	41.3
三氯甲烷	39.1	2-戊酮	41.1
氘代三氯甲烷	39	二氯甲烷	41.1
4-庚烷	38.9	四甲基脲	41
三乙二醇二甲醚	38.9	六甲基磷酸三酰胺	40.9
二乙二醇二甲醚	38.6	3-甲基-2-丁酮	40.9
2-甲基吡啶	38.3	碘苯	37.9
1，2-二甲氧基乙烷	38.2	溴乙烷	37.6
氟苯	38.1	二乙二醇二乙醚	37.5
邻二氯苯	38.1	溴苯	37.5
乙酸乙酯	38.1	氯苯	37.5
2，6-二甲基-4-庚酮	38	四氢呋喃	37.4
二异丙胺	33.3	1-氯丙烷	37.4
三乙胺	33.3	苯甲醚	37.2
二甲基	33.2	间二氯苯	37
1，3，5-三甲苯	33.1	2，6-二甲基吡啶	36.7
二硫化碳	33.6	2-甲基四氢呋喃	36.5
2-戊醇	46.5	苯乙醚	36.4
硝基甲烷	46.3	碳酸二乙酯	36.2
乙腈	46	1，1，1-三氯乙烷	36.2
3-戊醇	45.7	1，4-二氧六环	36
二甲基亚砜	45	三氯乙烯	35.9
苯胺	44.3	哌啶	35.5
苯甲酸四乙胺	44.3	二乙胺	35.4
环丁砜	44	二苯醚	35.3
2-甲基-2-丙醇	43.9	乙醚	34.6
乙酐	43.9	苯	34.5
N，N-二甲基甲酰胺	43.8	二异丙醚	34
N，N-二甲基乙酰胺	43.7	甲苯	33.9
丙腈	43.7	叔丁苯	33.7
硝基乙烷	43.6	丁醚	33.4
磷酸三甲酯	43.6	四氯化碳	32.5
苄基腈	42.9	四氯乙烯	31.9
1-甲基-2-吡咯烷酮	42.2	环己烷	31.2
丙酮	42.2	己烷	30.9
苯基腈	42		

有意思的是上表中有18个溶剂也得到其他方法的认可，如Brooker等人的χ_R和χ_B标度[1]、Kosower的Z参数[2, 3]、Dahne等人的RPM标度[5, 6]、Armand等人的E_{LMCT}标度[7]、Kamlet-Abboud-Taft(KAT)的π^*标度[8~14]、Buncel等人的π^*_{azo}标度[15, 16]、Freyer的$E_{Ni}\pi^*$标度[17]、Middleton等人的P_s标度[18]、Walther的E_K标度[19]、Lees等人的E^*_{LMCT}标度[20]、Kaim等人的$E_{CT}(\pi)$标度[21]、Walter等人的E_t^{SO}标度[22]、Wrona等人的E_B标度[23]、Dubois等人的标度[24~27]、Zelinskii等人的S标度[28]、Dong和Winnik-Acree的Py(pyrene)标度[29, 30]。

9.4 固体的$E_t(30)$值

由于固体的酸碱性能不能直接获得，所以目前还主要依赖液体的酸碱性能进行估算。根据文献[31-33]，已知一些固体材料的$E_t(30)$如表9-3所示。

表9-3 一些材料的$E_t(30)$值

固体材料名称	$E_t(30)$ (kJ/mol)	固体材料名称	$E_t(30)$ (kJ/mol)
硅	250.2	乙基纤维素	184.1
纤维素	221.8	聚甲基丙烯酸甲酯	328.9

9.5 $E_t(30)$标度与其他标度之间的关系

Reichardt曾经探讨了$E_t(30)$与其他标度体系之间的关系，比如(9-2)和(9-3)既考虑了Kamlet和Taft的α、β和π^*值，又兼顾了Gutmann的DN[4]。

$$XYZ=(XYZ)_0+\alpha E_T(30)+E_t(30)DN \tag{9-2}$$

$$E_t(30)=30.2+12.35\pi^*+15.90\alpha \tag{9-3}$$

由于这些关系都表现为简单的线性关系，这既意味着Reichardt发展的$E_t(30)$标度是一个与前人工作非常有关的酸碱参数，又说明可以根据这些关系得到关于一个物质的不同表达结果。这为人们提供了一种方便，即可以从一种酸碱标度而知道其他的酸碱标度，从而有利于认识物质的酸碱反应性能和本质。

事实上，Reichardt的$E_t(30)$与Kosower的Z标度之间也有着非常好的线性关系，$Z=13.49+1.26E_t(30)$，其相关系数达到0.980[4]。这反映出$E_t(30)$的传承性。

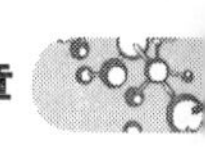

图 9-1 即是 E_t(30)与 Kosower 的 Z 标度之间的线性关系。

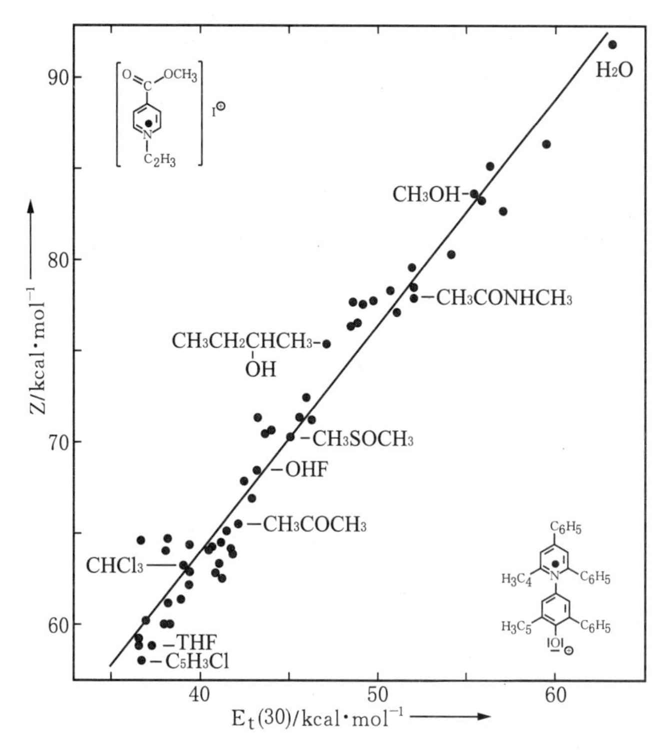

图 9-1　Reichardt 的 E_t(30)与 Kosower 的 Z 标度之间的关系[4]

9.6　小结

应该承认，Reichardt 的 E_t(30)是一个目前应用得比较广泛的酸碱标度，而且与 Arrhenius 的 pH 值一样都为单一的值。这可能有利于人们的应用及对物质进行表征。

而 Reichardt 尝试将 E_t(30)与其他酸碱标度进行比较，并建立了一些关系的工作也非常有意义，这是因为到目前为止这些不同酸碱标度之间的关系还未建立，而 Reichardt 的工作为探讨不同酸碱标度之间的关系提供了一种可能及方法。

但也必须指出：内盐染料(29a)在一些脂肪烃与芳香烃类的非极性溶剂中的溶解性能比较差，这使得它不能在这些溶剂中显示相应的紫外可见光谱。为此，Reichardt 曾经应用烷基取代的内盐染料(29b)与(29c)同时为标准化合物，把该尺度外推到这些非极性溶剂[4]。但这依然不能改变 E_T(30)的局限性，如不能测定羧酸类酸性溶剂的 E_t(30)值。此外，E_t(30)值还有一种局限性在于其不能以气相作为参比状态来测定标准内盐染料(29a)

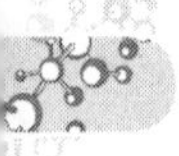

的最大吸收。

应当指出，吡啶鎓-N-苯氧内盐染料（29a）不仅对溶剂极性的变化十分敏感，而且还与环境温度和压力的变化有关，甚至与各周边苯基中引入的取代基有关。用内盐的乙醇溶液，能够容易地观察到(29a)的热溶剂化显色：在－75 ℃，溶液呈现红色；在 75 ℃，溶液则呈蓝紫色，分别相当于 513 nm 和 568 nm 的最大吸收。这种热溶剂化显色的原因，是由于在低温时溶质—溶液互相作用较强，相对于极性较弱的激发态而言，(29a)极性电子基态的稳定化作用随着温度的降低而增强。可以说，温度越低，$E_T(30)$值就越高。

参考文献

[1] Brooker LGS, Craig AC, Heseltine DW. *J Am Chem Soc*, 1966 (87): 2443～2450.
[2] Kosower EM. *J Am Chem Soc*, 1958 (80): 3253～3270.
[3] Kosower EM, Skorcz JA, Schwarz WM. *J Am Chem Soc*, 1960 (82): 2188～2191.
[4] Reichardt C. *Chem Rev*, 1994 (94): 2319～2358.
[5] Dahne S, Shob F, Nolte KD. *Z Chem*, 1973 (13): 471～473.
[6] Dahne S, Shob F, Nolte KD. *Ukr Khim Zh*, 1976 (41): 1170～1176.
[7] Armand F, Sakuragi H, Tokumaru K. *J Chem Soc*, *Faraday Trans*, 1993 (89): 1021～1024.
[8] Kamlet MJ, Abboud JLM, Taft RW. *J Am Chem Soc*, 1977 (99): 6027～6038.
[9] Kamlet MJ, Hall TN, Boykin J, et al. *J Org Chem*, 1979 (44): 2599～2604.
[10] Taft RW, Abboud JLM, Kamlet MJ. *J Am Chem Soc*, 1981 (103): 1080～1086.
[11] Chawla B, Pollack SK, Lebrilla CB, et al. *J Am Chem Soc*, 1981 (103): 6924～6930.
[12] Essfar M, GuihBneuf G, Abboud JLM. *J Am Chem Soc*, 1982 (104): 6786～6787.
[13] Kamlet MJ, Abboud JLM, Abraham MH, et al. *J Org Chem*, 1983 (48): 2877～2887.
[14] Abboud JLM, Taft RF, Kamlet MJ. *J Chem Soc*, *Perkin Trans*, 1985 (2): 815～819.
[15] Buncel E, RaiaeoDal S. *J Ore Chem*, 1989 (54): 798～809.
[16] Rajagopal S, Buncel E. *Dyeskgm*, 1991 (17): 303～321.
[17] Freyer W. *Z Chem*, 1986 (25): 104～105.
[18] Freed BK, Biesecker J, Middleton WJ. *J Fluorine Chem*, 1990 (48): 63～75.
[19] Walther D. *J Prakt Chem*, 1974 (316): 604～614.
[20] Manuta DM, Lees AJ. *Inorg Chem*, 1983 (22): 3825～3828.
[21] Kaim W, Olbrich-Deussner B, Roth T. *Organometallics*, 1991 (10): 410～415.
[22] Walter W, Bauer OH. *Liebigs Ann Chem*, 1977: 407～429.
[23] Janowski A, Turowska-Tyrk I, Wrona PK. *J Chem Soc*, *Perkin Trans*, 1985(2): 821～825.
[24] Dubois JE, Goetz E, Bienvenue A. *Spectrochim Acta*, 1964 (20): 1815～1828.

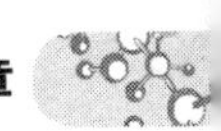

[25] Dubois JE, Bienveniie A. *Tetrahedron Lett*, 1966: 1809～1819.
[26] Dubois JE, Barbi A. *J Chim Phys*, 1968 (*65*): 376～377.
[27] Dubois JE, Bienveniie A. *J Chim Phys*, 1968 (*65*): 1259～1265.
[28] Bennett GE, Johnston KP. *J Phys Chem*, 1994 (98): 441～447.
[29] Ding DC, Winnik MA. *Piotochem: Photobiol*, 1982 (35): 17～21.
[30] Dong DC, Winnik MA. *Can J Chem*, 1984 (62): 2560～2565.
[31] Spange S, Reuter A. *Langmuir*, 1999 (15): 141～151.
[32] Spange S, Reuter A, Vilsmeier E, et al. *J Polym Sci*, *Part A*, 1998 (36): 1945～1955.
[33] 穆笛，俞力为，陈亮，等. 高分子学报，2003 (6): 789～792。

第十章　Legon-Millen 的酸碱理论和 N～E 标度

10.1 简介

在酸碱理论方面，Legon 和 Millen 建立了两个新的参数，即：亲核性参数 N(Nucleophilicitie)和亲电性参数 E(Electrophilicities)[1]。

10.2 Legon-Millen 的亲核和亲电酸碱理论

亲核性是指具有孤对电子的原子容易向最外层电子较少的原子进攻，或电子多的容易向电子少的进攻，反映给电子的能力，而物质的亲核性就是容易与电正性基团结合的性质，亲核物质(如吡啶)容易与正离子结合，比如说氢离子；亲电性就是容易与电负性基团结合的性质，亲电物质容易与负离子结合，比如说氢氧根离子。电负性较强的元素形成的负离子有较强的亲核性，但亲核性的强弱不能完全用电负性的强弱来判断。例如，氯元素的电负性远远强于碘元素，但在有机反应中，氯离子的亲核性却小于碘离子。电负性较小的元素形成的物质有较强的亲电性。

前者的代表物质为 N_2、CO、PH_3、H_2S、HCN、CH_3CN、H_2O、NH_3 等；后者的代表为 HF、HCl、HCN、HBr、CHF_3 及乙炔等。Legon 和 Millen 发现氢键强度(K_σ)与 N 和 E 之间有关系，如：$K_\sigma = cNE$。其中 c 是比例系数，取 H_2O 的亲核性 N 值为 10，HF 的亲电性 E 值也为 10，可以得到比例系数 $c = 0.25Nm^{-1}$。值得一提的是，Legon 和 Millen 通过实验进一步发现各物质的亲核性大小顺序为：$NH_3 > H_2O > CH_3CN > HCN > H_2S > PH_3 > CO > N_2$[1]。

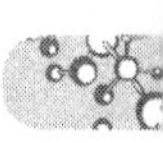

10.3 N和E参数的应用

亲电/亲核反应性在有机化学中的一个重要应用是极性转换[2]，因为从逆合成分析的角度来看，这是指不同原子的供电子/受电子的反应性，如引入杂原子：金属原子、氧、硫、硅等可以使化学键的极性改变，从而导致某一基团的极性发生根本性的翻转。所以，这个基团就可能具有双重角色，如既作为正离子，也可作为负离子；既作为供电子基团，也可作为受电子基团，这使得很多看似无法获得的合成子都可以得到，而官能团则可以以双重身份参与化学反应，使有机合成反应的范围得到大大的扩展[2]。

事实上，E. J. Corey 的合成子(Synthon)[3]可分为供电子的合成子(以 d 代表)和受电子的合成子(以 a 代表)两大类。典型的 d 合成子如甲硫醇、氰化钾、乙醛、炔烃锂盐等，而 a 合成子如氯化二甲基膦、丙酮、溴代丙酮及丙烯酸酯。

知识链接

E. J. Corey，美国有机化学家，1990 年诺贝尔化学奖得主，为有机合成化学领域的一代宗师，他的最大贡献在于将“Robert Burns Woodward 创立的合成艺术变为合成科学”，首先提出了系统化的逆合成概念，使得合成设计变成一门可以学习的科学，而不是带有个人色彩的绝学。他的主要发明是 TBS 保护基、PCC/PDC 氧化剂、二亚胺还原剂、二噻烷极性反转技术和 CBS 不对称还原。比较公认的经典合成有：长叶烯，从维兰德-米歇尔酮出发，利用分子内麦克尔加成构建分子桥键是其特色；前列腺素，乙烯酮替代物 2-氯丙烯腈的发明，用狄尔斯-阿尔德反应构筑五元环及控制环上取代基相对立体化学关系的策略尤为令人称道；和银杏内酯，烯酮参与的分子内[2+2]电环化反应紧接着拜耶尔-魏立格氧化反应来迅捷地构筑银杏内酯三个相邻环系的策略是其最大的亮点。

苯乙酸在合成时可发现两个合成子：一个亲核的“—COOH”基及一个亲电的“$PhCH_2^+$”基团。显然它们本质上都是不存在的，需要通过合成子等价物来合成它们。此例中氰离子是—COOH 合成子的等价物，而溴化苄则是苄基阳离子合成子的等价物。

羰基化合物中的羰基中，通常碳原子为正电性(亲电性)受电负性影响最大，氧原子为负电性(亲核性)，常规的合成子即酰基正离子合成子。通过极性转换可以使碳原子变为 d^1 合成子，从而产生一系列的亲核性酰基负离子等价物，为其他羰基化合物的合成提供途径。羰基在反应中可以保留也可以不保留，具有“未掩蔽”或“掩蔽”的双重角色。

醛(如乙醛)可以和 1,3-丙二硫醇形成二噻烷。由于硫对碳负离子具有特殊的稳定性，故邻位的碳有酸性，用正丁基锂在低温四氢呋喃中处理，得到相应的亲核性碳负离子(d^1)。该锂化的碳负离子作为亲核试剂，可以和卤代烃(溴化苄)、其他羰基化合物(环己酮)以及环氧乙烷衍生物(苯基环氧乙烷)等 a 合成子发生亲核取代,生成的产物水解,又得到羰基,因此产物是另一个羰基化合物。

除了上述常见的羰基化合物官能团的极性转换,还有烷烃、烯烃、芳烃和胺的极性转换。

N 和 E 的概念在高分子化学中得到普遍应用。比如:朱寒等人曾对亲核性调节剂在离子聚合中的作用进行了综述,其作用机制主要包括[4]:

(1) 碳阳离子稳定化作用,即亲核性试剂或它们与 Lewis 酸生成的络合物与增长链的末端结合,来降低活性中心阳离子的"阳离子性",抑制副反应,使聚合反应呈现活性聚合特征;

(2) 质子捕获作用,即亲核性试剂捕获质子,抑制质子的不可控引发和链转移反应;

(3) 增长链表观稳定作用,即亲核试剂降低了增长速率与引发速率之比,提高引发效率,降低增长速率,降低分子量分布;

(4) 抑制自由离子增长作用,即亲核试剂与质子源和 Lewis 酸反应,生成同阴离子,产生同离子效应,抑制自由离子活性中心的引发增长作用[4]。

10.4 小结

虽然 N 和 E 的概念在一些场合有所应用,但必须指出比起其他体系它们的应用还是非常有限的。而且,它们与其他体系之间的关联性也几乎没有被报道。但这些都不妨碍它们作为其他体系的参照与对比。

参考文献

[1] Legon AC, Millen DJ. *J Am Chem Soc*, 1987(109):356～358.
[2] Seebach D. *Ailyew Clwm Int Ed Engl*, 1979(18):239～258.
[3] Corey EJ. *Angew Chem Int Ed Engl*, 1991(30):455.
[4] 朱寒,吴一弦,徐旭,等. 高分子通报,2004(3):1～7.

第十一章　Abraham 的酸碱理论以及 $\sum\alpha^H$ 和 $\sum\beta^H$ 标度

11.1 简介

Michael H. Abrahama 的酸碱理论的特点是联系吉布斯(Gibbs)自由能，该理论涉及两种线性自由能：即 LFERs。方程(11-1)和(11-2)是在冷凝过程从气态到冷凝态转变的两个过程的描述[1]。

$$\log SP = c + r_{pol}R_2 + s\pi_2^H + a\sum\alpha_2^H + b\sum\beta_2^H + vVx \tag{11-1}$$

$$\log SP = c + r_{pol}R_2 + s\pi_2^H + a\sum\alpha_2^H + b\sum\beta_2^H + l\log L^{16} \tag{11-2}$$

知识链接

吉布斯(Josiah Willard Gibbs，1839～1903)，美国物理化学家、数学物理学家。他奠定了化学热力学的基础，提出了吉布斯自由能与吉布斯相律。他创立了向量分析并将其引入数学物理之中。1876 年吉布斯在《康涅狄格科学院学报》上发表了奠定化学热力学基础的经典之作——《论非均相物体的平衡》的第一部分。1878 年他完成了第二部分。这一长达 300 多页的论文被认为是化学史上最重要的论文之一，其中提出了吉布斯自由能、化学势等概念，阐明了化学平衡、相平衡、表面吸附等现象的本质，为物理化学的理论奠定了基础。1880～1884 年吉布斯将哈密尔顿的四元数思想与格拉斯曼的外代数理论结合，创立了向量分析，用来解决遇到了彗星轨道的求解问题，通过使用这一方法，吉布斯得到了斯威夫特彗星的轨道，所需计算量远小于高斯的方法。1882～1889 年吉布斯很聪明地避开对光的本质的讨论，应用向量分析建立了一套新的光的电磁理论。1889 年之后吉布斯撰写了一部关于统计力学的经典教科书——《统计力学的基本原理》，书中他对玻尔兹曼提出的系统进行了扩展，从而将热力学建立在了统计力学的基础之上。1901 年吉布斯获得当时的科学界最高奖——柯普利奖章。奥斯特瓦尔德认为“无论从形式还是内容上，他赋予了物理化学整整 100 年。”朗道认为吉布斯“对统计力学给出了适用于任何宏观物体的最彻底、最完整的形式”。

其中：SP 表示溶质在混和相中的特性；R_2 是摩尔折射度，可以从折射率换算过来；π_2^H 表示溶质的偶极化度(率)；$\sum\alpha_2^H$ 表示溶质的总氢键酸度；$\sum\beta_2^H$ 表示溶质的总氢键碱度；Vx 表示 MacGowan 特性容积；L^{16} 表示十六烷气液分配系数或者 298K 温度下十六烷 Oswald 溶解系数；r_{pol} 表示相的极化度。

由于他曾经是 Kamlet 和 Taft 团队的成员之一[2]，所以可以认为该理论是一种改进的 Kamlet 和 Taft 的线性溶剂化酸碱理论。

11.2 $\sum\alpha^H$ 和 $\sum\beta^H$ 系数的意义及相应的参数

方程(11-1)和(11-2)中的大多参数可以从相应的表中查得，但关键是氢键的酸度和碱度的计算。氢键酸度越大、提供氢键给体的能力就越强、越有利于溶性的增加；而氢键碱度越大、在水相中的分配系数也就越大，即不利于溶解。

比如：乙醇在水中可以以任意的比例和水互溶，而乙醛在水中的溶解度是丁烷的 1.7×10^4 倍。其溶解度之所以会有这么大的差别是因为乙醇和乙醛溶解于水后产生氢键，使其溶解度增加。

为了知道这种效应，对物质的溶解度进行适当的预测，有必要寻找溶质溶解的特点建立一个数学模型(主要产生氢键的体系)，将其应用于物理化学和生物化学中。

Sherry 和 Purcell 首先提出下式化合反应焓 ΔH^0：

$$A—B\cdots\cdots\Delta H^0 \tag{11-3}$$

这是酸和基本成分 B 反应后所产生的一个特征函数。随后 Sherry、Purcell 和 Iogharsen 又建立了一个描述式：

$$\Delta H_{AB}^0 = 22.5E_AE_B \tag{11-4}$$

其中：E_A 是溶质的氢键酸度、E_B 为溶质的氢键碱度(kJ/mol)

为了规范，他们设立了标准等级：即苯酚：-1.00；乙醚：$+1.00$

式(11-4)对估计反应焓很有帮助，但对 Gibbs 自由能没有直接的联系，因为溶解度是与固液体系的混合程度有关的，即 ΔG 的正负，但该式引入了氢键的酸度和碱度，对后来的工作产生了启示。

因为 Gibbs 函数和 log K 的值有密切联系，基于等式(11-4)，Raevsky 等人建立了下列等式：

$$\Delta G_{AB}^0 = 5.46 C_A C_B \tag{11-5a}$$

同样，为了规范，他们也设立了标准等级，即：苯酚：$C_A=-1.00$；乙醚：$C_B=+1.00$。

但由于苯酚和乙醚在四氯化碳溶液中混合时其$-\Delta G$的值为 5.46，此时应用式(11-5a)定义氢键酸碱度接近 0 的溶质时很不方便：例如 A：环己烷，B：乙醚；而乙醚的 $C_B=+1.00$，且我们期望 ΔG_{AB}^0最好是$-\infty$以代入上式使 C_A变为$-\infty$。但由前面的引例可以看出环己烷的溶解度很小，即 C_A不可能为$-\infty$，所以不符合条件。

为了克服这样的缺陷，为此 Abraham 设立了 log K(series of acids against reference base B)。

$$\log K = L_B \log K_A^H + D_B \tag{11-5b}$$

L_B和 D_B表征碱，$\log K_A^H$ 表征一系列酸，

例如：四氢呋喃(THF)的 $\log K$(acids against THF)为：

$$\log K = 0.8248 \log K_A^H - 0.1970 \tag{11-6}$$

其中：n 是数据数=23，ρ 是相关系数=0.996 0，sd 是标准偏差=0.008 9

Abraham 在对于一系列的溶质进行计算和线性拟合后惊奇地发现：所有的直线交于(−1.1，−1.1)这一点，所以就以(−1.1，−1.1)作为中性点 $\log K_A^H=-1.1$，然后推导出：

$$\alpha^H = (\log K_A^H + 1.1)/4.636 \tag{11-7}$$

由此可见中性时 $\log K_A^H=-1.1$ 代入为 0，很好地解决了氢键酸碱度接近 0 时很难估算的问题。

同理可得：log K 碱值(series of bases against reference acid A)：

$$\log K = L_A \log K_B^H + D_A \tag{11-8}$$

$$\beta^H = (\log K_B^H + 1.1)/4.636 \tag{11-9}$$

但以上的方程是建立在四氯化碳溶液中的，随后 Abboud 等人进行了大量的研究，证明在其他的溶剂中同样适用，推导完全一样。

Kaci R. Hoover 等人于 2005 年发表了《*Chemical Toxicity Correlations for Several Fish Species Base on the Abraham Solvation Parameter Model*》一文。文中他们利用 Abraham 理论的数学模型对被污染水中的毒物进行了估计，Abraham 方程中的溶质就是相对应的毒物，其标准的投放量为 log0.28，而用方程：

$$\log LC_{50}(\text{mM}) = -3.19 + 3.29(V/100) + 1.14\pi_2^H - 4.60\beta + 1.52\alpha_m \tag{11-10}$$

得出的计算结果为 log 0.3，与实际很接近。

由此可见 Abraham 理论在物理化学和生物化学领域应用广泛。

表 11-1 列举了一些应用此溶解参数模型的一些参数值。

表 11-1　基于 Abraham 的酸碱理论和 $\sum\alpha^H$ 和 $\sum\beta^H$ 标度的溶剂参数

溶　质	R_2	π_2^H	$\sum\alpha_2^H$	$\sum\beta_2^H$	Vx	$\log L^{16}$
氦	0.000	0.00	0.00	0.00	0.068 0	−1.741
乙烷	0.000	0.00	0.00	0.00	0.390 4	0.492
戊烷	0.000	0.00	0.00	0.00	0.813 1	2.162
二乙基酯	0.041	0.25	0.00	0.45	0.730 9	2.015
四氢呋喃	0.289	0.52	0.00	0.48	0.622 3	0.636
1，4-二氧杂环己烷	0.329	0.75	0.00	0.64	0.691 0	2.892
2-戊酮	0.143	0.68	0.00	0.51	0.828 8	2.755
乙酸乙酯	0.106	0.62	0.00	0.45	0.746 6	2.314
正丁烷	0.224	0.35	0.16	0.61	0.772 0	2.618
丙酸	0.233	0.65	0.60	0.45	0.605 7	2.290
乙醇	0.246	0.42	0.37	0.48	0.449 1	1.485
1，2-二乙醇	0.404	0.90	0.58	0.78	0.507 8	2.661
C_2F_6	−0.240	0.55	0.77	0.10	0.496 2	1.392
甲苯	0.601	0.52	0.00	0.14	0.857 3	3.325
萘	1.340	0.92	0.00	0.20	1.085 4	5.161
苯乙酮	0.818	1.01	0.00	0.48	1.013 9	4.501
苯甲酸甲酯	0.733	0.85	0.00	0.46	1.072 6	5.704
邻苯二甲酸二甲酯	0.780	1.40	0.00	0.84	1.428 8	6.051
苯酚	0.805	0.89	0.60	0.30	0.775 1	3.766
对苯二酚	1.063	1.27	1.06	0.57	0.833 8	4.827
呋喃	0.369	0.53	0.00	0.13	0.536 3	1.830
嘧啶	0.631	0.84	0.00	0.52	0.675 3	3.022
喹啉	1.268	0.97	0.00	0.54	1.0 443	5.457

在此值得一提的是：

(1) $\sum\alpha_2^H$ 与质子酸度、$\sum\beta_2^H$ 与质子碱度的联系很少；因此丙酸和苯酚是同等强度的氢键酸，但丙酸在水中的 K_A 值却是苯酚的 10 倍；而丁胺在水中是强质子碱，1，4-二氧杂环己烷却很弱，但它们作为氢键碱强度相同。

(2) 双官能团组分的 $\sum\alpha_2^H$、$\sum\beta_2^H$ 并不是简单的单官能团相加，如 1，2-乙二醇的氢键酸作用(0.78)不是乙醇的两倍；同样，1，4-二氧杂环己烷的 $\sum\beta_2^H$ 也不是乙醚的值(2×0.45)或四氢呋喃(2×0.48)的 2 倍。

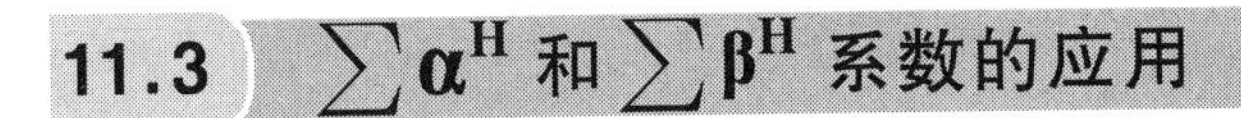

11.3 $\sum\alpha^H$ 和 $\sum\beta^H$ 系数的应用

理论线性溶剂化能关系(TLSER)是基于线性溶剂化能理论的思想并结合量子化学而发展起来的一种理论模型[1]，由于其具有参数统一、物理意义明确以及所有参数均可由计算获得等优点，所以近年来不断被应用于化合物的QSAR/QSPR研究之中[3,4]。

一些药物研究的过程应用到了 $\sum\alpha^H$ 和 $\sum\beta^H$ 系数。如对两类结构特异性局部麻醉药物(咪唑烷二酮类和苄醇类)的结构——疏水性关系研究过程通过多元线性回归分析，得到如下两个QSPR方程：

咪唑烷二酮类：

$$\log P = 2.7524V_{mc} - 33.4351E_B + 1.1604 \tag{11-11}$$

$$n = 18,\ R = 0.9878,\ SD = 0.2260,\ F = 302.4113$$

苄醇类：

$$\log P = 3.3481V_{mc} + 130.63451E_A - 27.1921 \tag{11-12}$$

$$n = 16,\ R = 0.9944,\ SD = 0.0799,\ F = 576.8983$$

式(11-11)和(11-12)均显示化合物的脂溶性与其分子体积正相关的关系，其中分子体积是在溶剂中形成空穴时吸收能量效应的量度，由于水分子的极性大，结合能大，因而具有较大体积的分子倾向于分配在弱极性相中。

有研究发现，式(11-11)提供了咪唑烷二酮类化合物的氢键碱度(E_B)与其log P值成负相关的信息，说明咪唑烷二酮类化合物中的2-位和4-位羰基可提供氢键受体与水分子产生氢键相互作用，其氢键碱度越大，在水相中的分配系数也就越大。而对于苄醇类化合物，式(11-12)表明其氢键酸度(E_A)的大小对疏水性质有着非常重要的影响，E_A越大，其亲脂性越强。这可能是因为苄醇可提供氢键给体与有机相(正辛醇)发生氢键相互作用，氢键酸度越大，提供氢键给体的能力也就越强，越有利于其脂溶性的增加。虽然该类化合物与水相亦存在着氢键相互作用，但由于水的酸性较苄醇大，因而其相互作用应该是由苄醇提供氢键受体来实现的[3]。

也有人应用此方法预测了药物透过人皮肤的渗透性。比如以正辛醇/水分配系数(log P)、分子体积(V)、氢键酸度($\sum\alpha_2^H$)和氢键碱度($\sum\beta_2^H$)等理化参数作为输入层神经元，以药物在一定时间内透过人皮肤的透过比的对数值(R，透过量/未透过量)作为输出层神经元，建立起合适的BP(Back-propagation)神经网络[4]。

11.4 小结

作为一种酸碱标度，Michael H. Abrahama 所建立的 $\sum\alpha^{H}$ 和 $\sum\beta^{H}$ 系数的应用不是很广泛。但鉴于目前标度众多而互相之间缺少联系的状况，这个标度的存在也提供了一种比较的可能。

参考文献

[1] Abraham MH. *Chem Soc Rev*, 1993(22): 72～83.
[2] Kamlet MJ, Abboud JM, Abraham MH, et al. *J Org Chem*, 1983(48): 2877～2887.
[3] 李洁，孙进，何仲贵. 药学学报，2007(42): 1.
[4] 傅旭春. 浙江大学学报(医学版)，2003(32): 2, 152～154.

第十二章 van Oss-Chaudhury-Good 的酸碱理论及 $\gamma^+ \sim \gamma^-$ 标度

12.1 简介

美国的 van Oss、Chaudhury 和 Good 三人在 1987～1988 年间提出了组合理论(combing rules)，其中涉及一对新的酸碱标度 γ^+ 和 γ^-。

1873 年，范德华(van der Waals，1837～1923。荷兰著名的物理学家，主要贡献是气体和液体的状态方程，并因此而获得 1910 年的诺贝尔物理奖)为了解释非理想的气体与液体的一些特定性质，率先提出了在两个中性原子间存在一般的相互吸引力这个概念。由此范德华力被认为主要包括以下几个力：①London(1900～1954，1953 年获得 Lorentz 奖)所描述的变量诱导极性作用(色散力)；②Keesom(1876～1956)描述的随机取向的极子间偶极矩作用(取向力)；③Debye(1884～1966，于 1936 年获得诺贝尔化学奖)所描述的随机取向的极子发生的诱导极性作用(诱导力)。在这 3 种力中，取向和诱导力存在于那些具有永久极性作用的分子中，而色散力则在分子中普遍存在。在原子或小分子中，所有这 3 种相互作用都能随着距离的增加而逐步减小，其关系是 d^{-6}。因多种原因，在浓缩体系中，范德华力中的色散力占主要作用。荷兰的 Hamaker(1905～1993)在 1937 年进一步发展了 van der Waals-London 在宏观物质间相互作用体系，并使得 van der Waals-London 相互作用体系的适用范围更广，例如，色散力作用力在两个相对无限长的平行平板切片间，随着距离的增加在相对短的距离时($d<10$ nm(100Å)以 d^{-2} 速度递减[1]，且因阻滞作用，在更远距离时以 d^{-3} 速度减少[1-3]。

对这些分子间相对长程吸引力存在的证实，使得前苏联化学家 Derjaguin、前苏联科学家 Landau(1908～1968)、荷兰科学家 Verwey(1905～1981)和荷兰物理学家 Overbeek 各自进一步完善。基于这些考虑，描述胶体稳定性的理论，被称为 DLVO 理论，源自 4 个人名字的首个字母。

Hamaker 在 1937 年就指出：两种不同的物质浸入在一种液体中，它们之间存在的 van der Waals-London 互相作用使它们互相排斥。Derjaguin 在 1954 年又再次肯定了此理论。Visser 随后确定了在必要的精确条件下发生排斥所需的 van der Waals-London 力。Fowkes 最先预示这种排斥力存在的可能事例，van Oss 等人则证明了在许多体系中都存在此种力，它导致了相分离和微粒排斥现象[1, 2]。

知识链接

Boris Vladimirovich Derjaguin(1902～1994)，前苏联著名的化学家。他是俄罗斯科学院院士，是现代胶体化学的创始人。DLVO 理论中的 D 即是为了纪念他。他曾经因为在 20 世纪 60 年代研究聚合水(polywater)而得到国际好评，但并不是因为这项研究的出色，而是因为他诚实的科学素养。因为他的团队所报道的数据在国际上发表后，他自己发现了实验的错误并向全世界报道和道歉。他在接触力学方面的研究也被国际认可并被命名为 DMT 方程(Derjaguin，Muller 和 Toporov)，与英国科学家 JKR 方程齐名。

然而，长久以来，人们都猜测在胶体间的相互作用中起重要作用的除了范德华吸引力和静电排斥力，还有物质本身间的物理作用力。这些力中，一个重要的力是疏水作用力，这个结果在近来已经经过无数次实验测定和论证。当相互吸引时，亲水作用力与疏水作用力是一对组合力。这两种作用力，源于物质的极性而不是电子效应。不管是在相互吸引时的疏水作用力，还是相互排斥时的亲水作用力，它们所具有的能量都将大大地高于那些物质间普遍存在的传统的 DLVO 能量。这些极性相互作用力是基于极性介质中极性粒子间电子接收体-电子给予体(Lewis 酸碱)间的相互作用力。

另一种物质本身的相互作用力就是由 Derjaguin 所描述的即不是范德华力也不是静电相互作用力，而是由渗透作用力所组成的超渗透压理论。这些渗透作用力可以相对的增加一小部分排斥力，例如，在固体颗粒浸入到液体中时，它们之间如有一个高分子的吸附层或存在共价键，则固体颗粒能溶解在液体中。这个排斥渗透作用力在很大程度上对那些浸入到极性溶液中的固体颗粒的原子空间排列的稳定性起决定作用。然而，在一些极性液体中，如水中，渗透作用力所具有的能量，在相对于为了保持颗粒的原子空间排列的稳定性而存在于颗粒间的排斥力所具有的总能量中只占了很小的一部分；在这些排斥力的组分中主要的是极性排斥力。然而，结构力在颗粒的原子空间排列的稳定性方面可能也起到了一定的作用。

Lifshltz(1917～1982，前苏联理论物理学家)理论中的浓缩介质间相互作用力根源于麦克斯韦方程，方程中的静电力和磁场力都受快速时间波动的影响。为了调和快速时间波动的影响，利用了 Rytov 的波动理论[1]。随后，Dzyalishinskii，Lifshitz 和 Pitaevskii 采用了一种更加经典的量子电气力学方法，从而引出了 Lifshltz 公式。最近，Parsegian 提供了一种引出 Lifshltz 公式的方法，即通过第三相电介质物质来计算两相间的相互作用的自由能；具体来说就是在一个允许的频率范围内计算各个振荡自由能的总和，并通过傅立叶转变麦克斯韦方程求得频率范围。

知识链接

麦克斯韦(Maxwell, 1831～1879)，英国理论物理学家和数学家。经典电动力学的创始人，统计物理学的奠基人之一。麦克斯韦被普遍认为是对 20 世纪最有影响力的 19 世纪物理学家。他对基础自然科学的贡献仅次于牛顿和爱因斯坦。麦克斯韦 1860 年成为英国皇家学会院士。1871 年任剑桥大学教授，创建并领导了英国第一个专门的物理实验室——卡文迪许实验室。麦克斯韦的主要贡献是建立了麦克斯韦方程组，创立了经典电动力学，并且预言了电磁波的存在，提出了光的电磁说。麦克斯韦是电磁学理论的集大成者。他出生于电磁学理论奠基人法拉第提出电磁感应定理的 1831 年，后来又与法拉第结成忘年之交，共同构筑了电磁学理论的科学体系。物理学历史上认为牛顿的经典力学打开了机械时代的大门，而麦克斯韦的电磁学理论则为电气时代奠定了基石。1931 年，爱因斯坦在麦克斯韦百年诞辰的纪念会上，评价其建树"是牛顿以来，物理学最深刻和最富有成果的工作。

根据 Lifshltz 理论，相互作用自由能的最合适的表达方式是 $\Delta F_{132}(l)$，两个半无限长相互平行的相 1 和相 2 被一张膜所分离，膜的厚度是 1：

$$\Delta F_{132}(l)=\frac{kT}{\pi c^3}\int_{p=1}^{\infty}\sum_{n=0}^{\infty}{}'\varepsilon_3^{3/2}\ \omega_n^2\int_{l}^{\infty}P^2\left[\frac{\exp(2P\omega_n l\varepsilon_3^{1/2}e)}{\Delta_1\Delta_2}-1\right]^{-1}\mathrm{d}P\mathrm{d}l \tag{12-1}$$

K 是玻尔兹曼常数，T 是绝对温度，c 是真空中的光速，ε_i 是介电常数，P 是综合常数，Δ_1，Δ_2 和 ω_n 如下所示：

$$\Delta_1=\frac{\varepsilon_1(i\omega_n)-\varepsilon_3(i\omega_n)}{\varepsilon_1(i\omega_n)+\varepsilon_3(i\omega_n)} \tag{12-2}$$

$$\Delta_2=\frac{\varepsilon_2(i\omega_n)-\varepsilon_3(i\omega_n)}{\varepsilon_2(i\omega_n)+\varepsilon_3(i\omega_n)} \tag{12-3}$$

知识链接

玻尔兹曼(Ludwig Boltzmann, 1844～1906)，奥地利物理学家，热力学和统计力学的奠基人之一。他的主要贡献在热力学和统计物理方面。1869 年，他将麦克斯韦速度分布律推广到保守力场作用下的情况，得到了玻尔兹曼分布律。1872 年，他建立了玻尔兹曼方程用来描述气体从非平衡态到平衡态过渡的过程。1877 年他又提出了著名的玻尔兹曼熵公式 $S=k\cdot\log W$，后来普朗克将其改写为 $S=k_B\cdot\ln\Omega$，其中的 k_B 称为玻尔兹曼常数。19 世纪末期，玻尔兹曼又与斯特藩一起建立了斯特藩-玻尔兹曼定律。玻尔兹曼后期在与马赫的经验主义和奥斯特瓦尔德的唯能论论战中身心俱疲，于 1906 年 9 月 5 日自杀身亡。

$$\omega_n = \frac{4\pi^2 nkT}{h} \tag{12-4}$$

h 是普朗克常数，ω_n 是频率，n 是相关振动的量子数，$\varepsilon(i\omega_n)$ 是电介质的磁化系数。

当应用方程(12-1)计算时，也可以用下式表示：

$$\Delta F_{132}(l) = -\frac{kT}{8\pi l^2}\sum_{n=0}^{\infty}{}'\underset{j=1}{\overset{\infty}{\varepsilon}}(\Delta_1\Delta_2)j\left(\frac{X_0}{J^2}+\frac{1}{J^3}\right)\exp(-jX_0) \tag{12-5}$$

而其中的

$$X_0 = (2\omega_n l\varepsilon_3{}^{1/2})/c \tag{12-6}$$

$j=1, 2, 3, \cdots$ 当两相间分离距离非常小时，例如，当 $l\rightarrow 0$ 时，X_0 也趋近于 0。从而可以得到无阻碍范德华(van der Waals)能量的表达式(12-7)：

$$\Delta F_{132}(l) = -\frac{kT}{8\pi l^2}\sum_{n=0}^{\infty}{}'\sum_{j=1}^{\infty}\frac{(\Delta_1\Delta_2)'}{j^3} \tag{12-7}$$

如果材料间各自的相互作用都相似，且第三相是真空，则方程(12-7)可由方程(12-5)和(12-6)进一步简化为(12-8)：

$$\Delta F_{11}(l) = \frac{kT}{8\pi l^2}\sum_{n=0}^{\infty}{}'\sum_{j=1}^{\infty}\left[\frac{\varepsilon_1(i\omega_n)-1}{\varepsilon_1(i\omega_n)+1}\right]^{2j}\Big/ j^3 \tag{12-8}$$

由于相互作用的自由能，在常规状态下的表达式，与 Hamaker 常数 A_{11} 相关的是：

$$\Delta F_{11}(l) = -\frac{A_{11}}{12\pi l^2} \tag{12-9}$$

A_{11} 是材料 1 在真空条件下相互作用时的相关 Hamaker 常数，所以可从方程(12-8)和(12-9)得到(12-10)。

$$A_{11} = \frac{3kT}{2}\sum_{n=0}^{\infty}{}'\sum_{j=1}^{\infty}\left[\frac{\varepsilon_1(i\omega_n)-1}{\varepsilon_1(i\omega_n)+1}\right]^{2j}\Big/ j^3 \tag{12-10}$$

在低温的限度范围内，方程(12-10)中的加和可通过积分来替代。方程(12-10)此时可表达为：

$$A_{11}(l) = \frac{3h}{4\pi}\int_0^{\infty} d\omega \sum_{j=1}^{\infty}\left[\frac{\varepsilon_1(i\omega_n)-1}{\varepsilon_1(i\omega_n)+1}\right]^{2j}\Big/ j^3 \tag{12-11}$$

如果一种材料的电介质渗透性可通过假想的频率轴，$i\omega_n$ 和 Hamaker 常数知道，从而这种材料在小距离分离时相互作用的自由能可通过方程(12-9)和(12-10)来计算。

材料的电介质渗透性随着假想的频率轴 $i\omega_n$ 的关系可通过 Kramers-Krong 关系式表

达为：

$$\varepsilon(i\omega_n) = 1 + \frac{2}{\pi}\int_0^{\infty} \frac{\omega\varepsilon''(\omega)d\omega}{\omega^2 + \omega_n{}^2} \tag{12-12}$$

E″(ω)是损失的频率，它可以决定了电介质常数的性能，$\varepsilon(\omega) = [\varepsilon'(\omega) - i\varepsilon''(\omega)]$。Ninham 和 Parsegian[38]对于电介质 $\varepsilon(i\omega_n)$ 主要影响因素，如微波、红外和紫外松弛进行了研究，得到了一个有关于 $\varepsilon(\omega_n)$ 的简单表达式(12-13)：

$$\varepsilon(i\omega_n) = 1 + \frac{\varepsilon_\infty - \varepsilon_0}{1 + \omega_n/\omega_{MW}} + \frac{\varepsilon_0 - n_0{}^2}{1 + (\omega_n/\omega_{IR})^2} + \frac{n_0{}^2 - 1}{1 + (\omega_n/\omega_{UV})^2} \tag{12-13}$$

ε_∞ 是静态的电介质常数，ε_0 是当微波松弛结束而红外松弛开始时的电介质常数，n_0 是可视范围内的折光指数，ω_{MW}，ω_{IR}，ω_{UV} 是微波、红外和紫外的特征吸收频率。

通常情况下，由微波组成的 $\varepsilon(i\omega_n)$ 可更好地表达为(12-14)：

$$\frac{\varepsilon_\infty - \varepsilon_0}{1 + (\omega_n/\omega_{MW})^{1-\alpha}} \tag{12-14}$$

其中的 α 是一个 Cole-Cole 参数。

美国的 Israelachvili 认为分散相互作用力主要部分起源于紫外频率范围内的电子的刺激。这时，方程(12-13)可简化成(12-15)：

$$\varepsilon(i\omega_n) = 1 + \frac{n_0^2 - 1}{1 + (\omega_n/\omega_{UV})^2} \tag{12—15}$$

经过以上的简化和只考虑初期时的总合 j，Israelachvili 通过积分方程得到了以下的表达式：

$$A_{11} = \frac{3}{16\sqrt{2}} \frac{(n_0^2 - 1)^2}{(n_0^2 + 1)^{1.5}} h\omega_{UV} \tag{12-16}$$

假设 ω 的一个特征值为$(2.63 \times 10^{16}\ \mathrm{rad/s})$，Israelachvili 由液体的折光指数计算了不同液体的 Hamaker 常数。然后又通过方程(12-7)和(12-15)计算得到了这些液体的表面张力[1~3]：

$$\gamma_1 = A_{11}/(24\pi l_0{}^2) \tag{12-17}$$

l_0 是两半无限长的片间在范德华作用时的分隔距离。

必须指出，在 Israelachvili 的实验中忽略了 Born 的排斥力[1]，并定义真空材料凝聚自由能变化的一半为固体/液体材料表面张力或者说是表面自由能密度(12-18)：

$$\gamma_i = -1/2\Delta F_{ii} \tag{12-18}$$

γ_i 表示第 i 种材料的表面张力，ΔF_{ii} 表示 i 材料在真空下的凝聚自由能。

因为凝聚自由能是由许多独立的部分组成的，所以 Fowkes 认为表面张力也可以分为很多独立的部分，或是一个总和如(12-19)：

$$\gamma_i = \sum \gamma_i^j \tag{12-19}$$

式中 j 表示色散、极化、氢键和材料的相互作用。$\gamma_i{}^j$ 表示第 j 部分的作用所引起的表面自由能的变化。

在所有的材料表面张力组成部分中，只有 Lifshitz-范德华(LW)这部分能可以被正确地认识。

LW 的相互作用，如两个非极性组分之间的相互作用可以应用 Good-Girifalco-Fowkes 组合规则[2,7]：

$$\gamma_{12}^{LW} = (\sqrt{\gamma_1^{LW}} - \sqrt{\gamma_2^{LW}})^2 \tag{12-20}$$

真空中，材料 1 和 2 的相互作用能也可以根据 Dupré 方程式(12-21)得到：

$$\Delta F_{12}^{LW} = \gamma_{12}^{LW} - \gamma_1^{LW} - \gamma_1^{LW} \tag{12-21}$$

材料 1 浸没在液体 2 中，分子或者微粒间的相互作用能为(12-22)：

$$\Delta F_{121}^{LW} = -2\gamma_{12}^{LW} \tag{12-22}$$

而材料 1 和 2 浸没在溶液 3 中的相互作用能是：

$$\Delta F_{132}^{LW} = \gamma_{12}^{LW} - \gamma_{13}^{LW} - \gamma_{23}^{LW} \tag{12-23}$$

联合方程式(12-22)和(12-23)得到：

$$\Delta F_{132}^{LW} = (\sqrt{\gamma_1^{LW}} - \sqrt{\gamma_3^{LW}})(\sqrt{\gamma_3^{LW}} - \sqrt{\gamma_2^{LW}}) \tag{12-24}$$

只有当 $\gamma_3^{LW} > \gamma_1^{LW}$，$\gamma_3^{LW} > \gamma_2^{LW}$ 或者当 $\gamma_3^{L} < \gamma_1^{LW}$，$\gamma_3^{LW} < \gamma_2^{LW}$ 时，$\Delta F_{132}^{LW} < 0$，同理 $\gamma_1^{LW} > \gamma_3^{LW} > \gamma_2^{LW}$，或者 $\gamma_1^{LW} > \gamma_3^{LW} > \gamma_2^{LW}$，$\Delta F_{132}^{LW} > 0$。

$\Delta F_{132}^{LW} > 0$ 出现的情况是由 LW 的相互作用斥力引起的。Hamaker 在 1937 年对这一斥力的可能性作了解释，接着在 1954 年 Derjaguin 再次重申了这一观点[1~3]。1972 年 Visser 首次给出了观察这一现象产生的必须条件[7]。需要强调的是，范德华排斥力并不自相矛盾。在真空中两个相同或者不同的分子或者颗粒的 LW 相互作用总是吸引的，同样，浸没在液体 L 中的 2 个同 S(固体)分子的 *LW* 相互作用也是吸引的，即使当 $\gamma_S{}^{LW} = \gamma_L{}^{LW}$ 相互作用为 0；但是，2 个不同的材料 1，2 浸没在溶液 3 中的时候，即 $\gamma_1{}^{LW} \neq \gamma_2{}^{LW}$ 时，

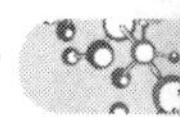

产生斥力。

液体表面张力有好几种方法求得[1~6]，但文献已经有大量的报道。所以知道液体表面张力 γ_L，2 个极性液体表面张力的 γ^{LW} 就可以通过测量与非极性固体表面（聚四氟乙烯或聚乙烯）的接触角来确定，用 Good 和 Fowkes 等人对杨氏方程的变形求得：

$$\gamma_L(1+\cos\theta)=2(\gamma_S^{LW}\gamma_L^{LW})^{1/2} \tag{12-25}$$

固体的表面张力的成分 γ_S^{LW} 也可以通过与非极性液体的接触角来得到，$\gamma_L=\gamma_L^{LW}$，代入方程(12-25)，得：

$$1+\cos\theta = 2(\gamma_S^{LW}/\gamma_L)^{1/2} \tag{12-26}$$

虽然液体的表面张力这个概念已经被人们接受，但固体的表面张力却不被一些学者承认。一种有效的办法就是：减去两种材料接触界面自由能，设定一个能表征所有材料（液体或者固体）表面张力的参数，即方程式(12-26)，它表征极性或者非极性材料。

在 Hamaker 的方法中[1]，两个半无限平行的版之间，LW 作用的自由能在较近的一个范围内随着距离 d 的增加而衰减。

$$\Delta F_d^{LW}=-A/12\pi d^2 \tag{12-27}$$

式中 A 是 Hamaker 常数，A 最初只与分散作用有关，其实 A 由 3 个部分组成：扩散、取向、诱导 3 个作用。

$$A = A_{扩散} + A_{取向} + A_{诱导} + 耦合作用 \tag{12-28}$$

然而，在极性介质中，特别是存在电解质的介质中，$A_{扩散}$ 常常是最重要的因素，因而方程(12-28)没有改变。要强调的是，不管是单一材料还是复合材料，ΔF^{LW} 与 $\gamma_i^{LW}/\gamma_{ij}^{LW}$ 值的关系仅仅在 $d=d_0$ 才能应用。在近似“硬球分子”，相斥力在电场中迅速增大，假设 d_0 是平衡距离，那么半无限平行平板有：

$$\Delta F_d^{LW} = \Delta F_{d0}^{LW}(d_0/d)^2 \tag{12-29}$$

近似的，两个半径为 R 的球有：

$$\Delta F_d^{LW} =- AR/12d = \Delta F_{d0}^{LW} Rd_0/12d \tag{12-30}$$

一个半径 R 的球与平板，或者两个交叉的半径为 R 的圆柱有：

$$\Delta F_d^{LW} =- Ar/6d = \Delta F_{d0}^{LW} Rd_0/6d \tag{12-31}$$

方程(12-30，12-31)在 $R \gg d$ 的时候才正确。Nir 给出了更为精确的距离与 ΔF 之间的方程[3]。在这些体系中，力解释如下：两个平行平板，当 $d>d_0$，

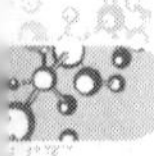

$$F^{LW} = A/6\pi d^3 \tag{12-32}$$

F^{LW}是单位面积LW相互作用的部分力，或者说压力。

一个半径为R的球和一个平板，两个交叉圆柱有：

$$F^{LW} = AR/6d^2 \tag{12-33}$$

两个球则有：

$$F^{LW} = AR/12d^2 \tag{12-34}$$

d_0的一个经验值为1.58±0.08 Å。

12.2 vCG组合理论的推导

12.2.1 单极性和双极性分子

定义单极性分子为单一的质子提供体或者单一的质子接受体分子。更广泛地说单极性分子为只具有Lewis酸性或Lewis碱性的分子(基团)。而单极性分子或基团的酸性或碱性只有在其相反类型的分子或基团存在时才能够体现。

比单极性分子特性更常见的情况是一个分子既具有酸性(质子的提供体)又具有碱性(质子的接收体)，这种分子为双极性分子。

Lewis酸碱作用需要一种作为电子接受体(酸)的化学组分作为电子提供体(碱)的化学组分。电子提供体提供未成对的电子，电子接受体则提供空的电子轨道。这与Brønsted酸碱(质子的提供体和接受体)是不同的。在表面张力和粘附现象中，现在的理论和手段还不能将质子和非质子作用区别开来。考虑到这种操作上的困难，所以一般简单地将这种作用看作是Lewis酸和Lewis碱的作用。

在这里"单极性分子"的概念仅表示一种只扮演Lewis酸或Lewis碱作用，而不是两种作用的物质。更确切地说是只考虑它一方面的作用，而忽略它的另一方面作用。双极性物质则是同时具有两种能力的物质。这种实际存在的并且可以考虑到的极性相互作用在表面行为中并不能被控制。所以一种在结构上可看作双极性的化合物可能也是一种高效的单极性化合物。而非极性化合物则在任何环境中都没有这两种能力。

12.2.2 二元体系

根据物质1和2将二元体系进行分类，结果如表12-1所示。

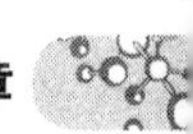

表 12-1 根据 1 和 2 两物质的极性对二元体系的分类

类型	定　义	类型	定　义
Ⅰ	1 和 2 都是极性	Ⅴ	1 和 2 都是单极性的，但是具有相反的极性
Ⅱ	一种是非极性的一种是单极性的	Ⅵ	一种是单极性的，一种是双极性的
Ⅲ	一种是非极性的，一种是双极性的	Ⅶ	两者都是双极性的
Ⅳ	1 和 2 都是单极性的且具有相同的极性		

表中 7 种体系界面张力的 LW 部分都由式(12-20)给出。

表中的 I～IV 种体系的粘附自由能只有 LW 的贡献，因此：

$$\gamma_{ij} = \gamma_{ij}^{LW} \tag{12-35}$$

$$\gamma_{ij}^{AB} = 0 \tag{12-36}$$

$$\Delta G_{ij}^{a} = -2\sqrt{\gamma_i^{LW}\gamma_j^{LW}} \tag{12-37}$$

对于体系 V、VI 和 VII，当两物质都为液体时通常不存在稳定的界面(氯仿和水是一种特例)。界面张力可以被忽略，因此界面没有机械稳定性。而对于两种瞬间存在的混合界面，其界面张力也可以被测量。如果界面张力是正值，界面将消失。V～Ⅶ型的固-固界面能够稳定地存在是因为固体的机械强度。如果固体能够溶解在液体当中，则固-液界面能够瞬间存在。通过使一种液体与大分子形成凝胶来测另一种液体在这种凝胶上的接触角也可以得到两种易混溶液体的界面张力。

对于体系 V，每一纯物质的 AB 相互作用对于界面张力没有贡献，

$$\gamma_i^{AB} = \gamma_j^{AB} = 0 \tag{12-38}$$

则可以估计粘附自由能的 AB 部分$(\Delta G_{ij}^{a})^{AB}$如果知道 i 和 j 之间的氢键能量，ε_{ij}^{AB}用 N_s 来表示界面单位区域内酸碱键的数量，则：

$$(\Delta G_{ij}^{a})^{AB} = -N_s\varepsilon_{ij}^{AB} \tag{12-39}$$

所以可以得到总的粘附自由能：

$$\Delta G_{ij}^{a} = -2(\gamma_i^{LW}\gamma_j^{LW})^{1/2} - N_s\varepsilon_{ij}^{AB} \tag{12-40}$$

$$\gamma_{ij} = \left(\sqrt{\gamma_i^{LW}} - \sqrt{\gamma_j^{LW}}\right)^2 - N_s\varepsilon_{ij}^{AB} \tag{12-41}$$

$$\gamma_{ij}^{AB} = -N_s\varepsilon_{ij}^{AB} \tag{12-42}$$

对于最后两种体系，γ^{AB}都不等于 0，所以：

$$\Delta G_{ij}^{a} = -2\sqrt{\gamma_i^{LW}\gamma_j^{LW}} - N_s\varepsilon_{ij}^{AB} \tag{12-43}$$

而对Ⅵ体系有：

$$\gamma_{ij}^{AB} = -N_s \varepsilon_{ij}^{AB} + \gamma_j^{AB} \tag{12-44}$$

对Ⅶ体系为：

$$\gamma_{ij}^{AB} = -N_s \varepsilon_j^{AB} + \gamma_j^{AB} + \gamma_i^{AB} \tag{12-45}$$

关于极性或者电子受体-给体相互作用的影响也必须予以重视。在许多非金属材料中，非极性材料常常会有 Lifshitz-范德华力，而极性材料则含有氢键。为此 Lewis 酸碱作用被归纳为极性作用，而不延伸到静电相互作用。

12.2.3 酸碱系数 γ^+ 和 γ^-

与 Lifshitz-van der Waals 力不相同，极性作用力本质上是不均匀的，只有用不平均的计算才能比较正确地处理。因此，van Oss, Good 和 Chaudhury(vCG)用“γ^+”和“γ^-”分别代表表面张力中 Lewis 酸和碱的作用部分。

材料 1 和材料 2 之间相互作用自由能极化部分可以表示为：

$$\Delta F_{12}^{AB} = -2[(\gamma_1^+ \gamma_2^-)^{1/2} + (\gamma_1^- \gamma_2^+)^{1/2}] \tag{12-46}$$

考虑了材料 1 的电子受体和材料 2 的电子给予体与材料 1 的电子给予体和材料 2 的电子受体之间的相互作用。负号是人们对表面热力学的一个习惯定义(ΔF_{12}^{AB} 总是表示一种吸引，因此是负数)。

任何成分 i 的凝聚自由能的极化部分可以表示为：

$$\Delta F_{ii}^{AB} = -4(\gamma_i^+ \gamma_i^-)^{1/2} \tag{12-47}$$

因此，

$$\gamma_i^{AB} = 2(\gamma_i^+ \gamma_i^-)^{1/2} \tag{12-48}$$

两种材料相互作用自由能的极化部分也可以用 Dupré 方程来表示：

$$\Delta F_{12}^{AB} = \gamma_{12}^{AB} - \gamma_1^{AB} - \gamma_2^{AB} \tag{12-49}$$

结合方程(12-46)、(12-47)和(12-48)，可以得到材料 1 和材料 2 界面张力极化部分的表示式：

$$\gamma_{12}^{AB} = 2(\sqrt{\gamma_1^+ \gamma_1^-} + \sqrt{\gamma_2^+ \gamma_2^-} - \sqrt{\gamma_1^+ \gamma_2^-} - \sqrt{\gamma_1^- \gamma_2^+}) \tag{12-50}$$

其中：γ_{12}^{LW} 不能为负值，而 γ_{12}^{AB} 却可以[1-3]，比如，当 $\gamma_1^+ > \gamma_2^+$，$\gamma_1^- < \gamma_2^-$ 或者 $\gamma_1^+ < \gamma_2^+$，$\gamma_1^+ > \gamma_2^-$。

知识链接

托马斯·杨(Thomas Young，1773～1829)，亦称“杨氏”，英国科学家、医生、通才，曾被誉为“世界上最后一个什么都知道的人”。1792 年他开始在伦敦学医，1796 年获得德国哥廷根大学的物理博士学位。1797 年到剑桥大学任教。1801 年他任英国皇家研究所的物理教授，两年中上了 91 门课。1794 年他当选为院士。他在物理学上的最大贡献是关于光学，特别是光的波动性质的研究。1801 年他进行了著名的杨氏双缝实验，证明光以波动形式存在，而不是牛顿所想象的光粒子(Corpuscles)。20 世纪初物理学家将杨氏双缝实验结果和爱因斯坦的光量子假说结合起来，提出了光的波粒二象性，后来又被德布罗意利用量子力学引申到所有粒子上。他最早作出杨氏模量的明确定义，杨氏模量是材料力学中的名词，用来测量一个固体物质的弹性；并且他认识到“剪应变”也是一种弹性形变。托马斯·杨曾被誉为生理光学的创始人。他在 1793 年提出：人眼里的晶状体会自动调节以适应所见的物体的远近。他也是第一个研究散光的医生(1801 年)。后来，他提出色觉取决于眼睛里的 3 种不同的神经，分别感觉红色、绿色和紫色。后来亥姆霍兹对此理论进行了改进。此理论在 1959 年由实验证明。托马斯·杨对血流动力学的贡献包括：在英国皇家医学院所作的报告，题为“心脏和血管的功能”(1808 年)，《医学文学的介绍》(1813 年)，《实践鼻科》(1813 年)，《虚损类病的历史和治疗》(1815 年)，等等。他曾对 400 种语言做了比较，并在 1813 年提出“印欧语系”。此语系曾在 165 年前由荷兰语言学家凡·伯克斯和恩第一次提出(1647 年)。托马斯·杨也是最先尝试翻译埃及象形文字的欧洲人之一。

Young-Dupré 方程形式如下：

$$(1+\cos\theta)\gamma_L = -\Delta F_{SL}^{tot} \tag{12-51}$$

代入 $\Delta F^{tot} = \Delta F^{LW} + \Delta F^{AB}$ 得：

$$(1+\cos\theta)\gamma_L = -\Delta F_{SL}^{LW} - \Delta F_{SL}^{AB} \tag{12-52}$$

结合上述方程式得：

$$(1+\cos\theta)\gamma_L = 2\left(\sqrt{\gamma_S^{LW}\gamma_L^{LW}} + \sqrt{\gamma_S^{+}\gamma_L^{-}} + \sqrt{\gamma_S^{-}\gamma_L^{+}}\right) \tag{12-53}$$

该式是 vCG 组合理论中最主要的表达式，它指出用已知 γ_L^{LW}，γ_L^+，γ_L^- 的 3 种不同液体(其中必须有 2 种是极性的)和测得的接触角 θ，可得到任何固体的 γ_S^{LW}，γ_S^+，γ_S^-[1~3]。同样，也可以从已知固体的参数来求得液体的 γ_L^{LW}，γ_L^+，γ_L^-。当然确定 γ_L 的值是必须的[1~3]。

在 vCG 组合理论中最重要的是引入了酸碱相互作用参数 γ^+ 和 γ^-，来区分酸碱特性。利用这 2 个参数可以揭示界面的一些重要特性(表 12-2)。参数中的符号“＋”和“－”是根据质子的转移过程人为规定的。因此，对于质子的提供者是“＋”，而对于电子的提供体是“－”。符号“＋”和“－”不能够用在凝固相界面可测量的特性中。

由于不同酸碱理论都各有其表示酸碱的系数，所以应用 γ^+ 和 γ^- 来分别代表酸和碱是

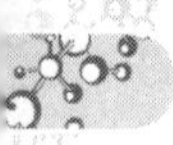

vCG 组合理论的一个特色。

表 12-2　表示酸碱特性的符号

酸碱的定义	单极性表面参数
(1) Lewis 酸=电子接受体;Brønsted 酸=质子的提供体	γ^+
(2) Lewis 碱=电子的提供体;Brønsted 碱 =质子的接受体	γ^-

12.3 水的分子酸碱系数

12.3.1　vCG 组合理论中水的酸碱系数的由来

在 vCG 组合理论中所有物质酸碱参数的计算都是以水的分子酸碱参数为标准而导出的,其中首先人为规定和定义了水的酸碱参数比 $\gamma^+/\gamma^-=1$ 。由于水的表面张力,γ 和 LW 力,γ^{LW},已知分别为 72.8 和 21.8 mJ/m²,所以利用式(12-54)可以得到水的 AB 力,γ^{AB} 和具体的酸,γ^+ 和 γ^-,系数如下:

$$\gamma = \gamma^{LW} + \gamma^{AB} \qquad (12\text{-}54)$$
$$\gamma^{AB} = 51.0\ \text{mJ/m}^2 = 2(\gamma^+\gamma^-)^{1/2}$$

得到:$\gamma^+ = \gamma^- = 25.5\ \text{mJ/m}^2$

由于他们将水的分子酸碱系数直接定义为 1,而其他液体的酸碱系数是根据水的酸碱系数计算得到的,所以事实上水的分子酸碱系数将不仅影响到其他液体,也将影响到被测试的固体[4]。

12.3.2　其他液体酸碱系数的计算

已知水的酸碱系数,则其他双极性液体的酸碱系数也可以通过两者之间的接触角(主要是粘附表面自由能的 AB 部分)计算得到。

$$(\Delta G_{ls}^a)^{AB} = -\gamma_l(1+\cos\theta_{ls}) + 2\sqrt{\gamma_l^{LW}\gamma_s^{LW}} \qquad (12\text{-}55)$$

$$(\Delta G_{ls}^a)^{AB} = -2\sqrt{\gamma_l^+\gamma_s^-} \quad (\text{固体为单极性}) \qquad (12\text{-}56)$$

$$(\Delta G_{ls}^a)^{AB} = -2\sqrt{\gamma_l^-\gamma_s^+} \quad (\text{液体为单极性}) \qquad (12\text{-}57)$$

具体对某一液体 L 有:

 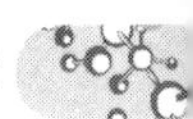

$$\frac{\gamma_w^+}{\gamma_L^+} = \frac{\gamma_w(1+\cos\theta_{w/s}) - 2\sqrt{\gamma_w^{LW}\gamma_s^{LW}}}{\gamma_L(1+\cos\theta_{L/s}) - 2\sqrt{\gamma_L^{LW}\gamma_s^{LW}}} = \beta \tag{12-58}$$

即：

$$\gamma_L^+ = \gamma_w^+/\beta \tag{12-59}$$

将上式与(12-58)联立，得：

$$\gamma_L^- = (\gamma_L^{AB})^2\beta/4\gamma_w^+ \tag{12-60}$$

利用上式就可以得到其他液体的酸碱系数。

vCG 报道的一些液体的酸碱系数如表 12-3 所示。

表 12-3　vCG 报道的一些液体的酸碱系数[1~3]

液　体	γ^+	γ^-
Diiodomethane	0	0
Dimethyl sulfoxide	0.5	32.0
Ethylene glycol	1.92	47.0
Glycerol	3.92	57.4
Formamide	2.28	39.6
Water	25.5	25.5

12.3.3　关于水的分子酸碱系数比值的讨论

vCG 组合理论是现在表征材料表(界)面酸碱特性的一种常用方法。然而也存在不少的争议，主要是因为用这种方法得到的材料大多显示偏碱性。这可能是由于这一理论的出发点都是参照水的分子酸碱系数，而水的酸碱系数比是人为规定的。因此确定合理的水的分子酸碱系数比是很重要的。

获得水的酸碱性的最简单的方法是测水的 pH 值。在 20～25 ℃的范围内，水的 pH 是小于 7 的，也就是说显示偏酸性。再看其他二元参数体系对于水的酸碱系数的规定：Gutmann 所提出的 AN、DN 方法中报道说水的酸碱系数比 $AN/DN = 2.91$；Legon 和 Millen 提出用参数 N 和 E 来表征材料的酸碱性，而根据他们的研究，水的 $N/E = 2.0$。由此可以看出，多数理论和方法都证实了水应该是偏酸性的，即水的酸碱系数比应该大于 1。假如这个结论是真实的，则意味着 vCG 组合理论中将水的酸碱系数比定为 1 可能存在着问题。根据一系列研究的结果，水的酸碱系数比值应该是一个在 1～10 之间的数值，而作者曾经依据一些主要实验结果认为该值在 2.42 左右[4]。

图 12-1 反映了水的酸碱比值变化对水的酸碱系数的影响。

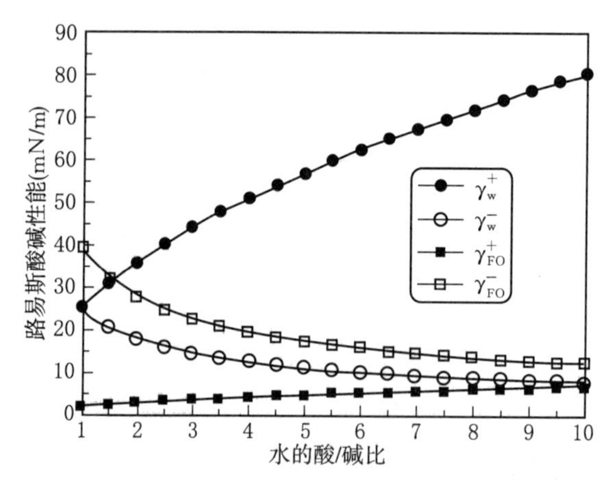

图 12-1 水的酸碱比值变化对水的酸碱系数的影响[4]

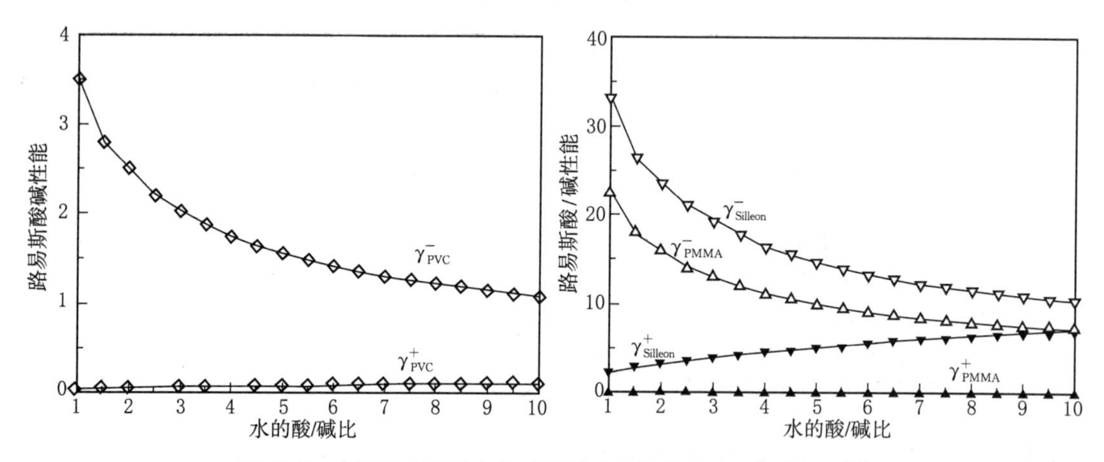

图 12-2 水的酸碱系数变化对所测试固体的酸碱系数的影响[4]

12.3.4 酸碱系数 γ^+ 和 γ^- 与 pH 之间的关系

考虑到酸碱系数 γ^+ 和 γ^- 和 pH 是两种不同的酸碱标度，以木材为例子，Gardner 专门研究了这两者之间的关系[8]。随后 Gindl 和 Tschegg 继续了这个研究[9]。

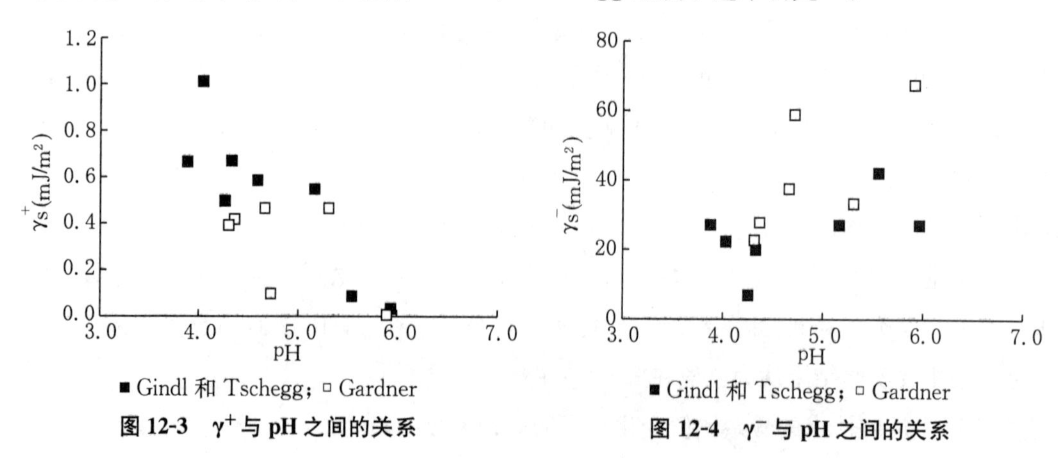

图 12-3 γ^+ 与 pH 之间的关系

图 12-4 γ^- 与 pH 之间的关系

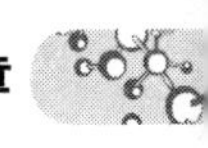

根据图 12-3 和 12-4 可大致知道：γ^+ 与 pH 之间是反比的关系，而 γ^- 与 pH 之间是正比的关系，但两者都可能仅适用于 pH 小于 7 的范围。这个发现非常有意思，因为这意味着在人们的传统酸性范围内才可以理解 vCG 组合理论的酸碱参数 γ^+ 和 γ^-。

12.4 小结

vCG 组合理论从原子轨道理论出发，利用参数 γ^+ 和 γ^- 来表征材料的酸碱特性[10]。从其推导过程来看，有着严密的热力学依据。所以现在被广泛地应用在材料表面领域。但其对于水的分子酸碱系数比的规定还缺少充分的根据，这是今后需要深入研究的。

值得关注的还有 vCG 组合理论的两个酸碱参数 γ^+ 和 γ^- 与经典的 pH 之间有关系[8]。

参考文献

[1] Good RJ, Chaudhury MK, van Oss CJ. *Theory of Adhensive Forces Across Interfaces*, 153～171.
[2] Good RJ. *J Adhension Sci Technol*, 1992(6):1269～1302.
[3] van Oss CJ, Good RJ, Chaudhury MK. *Chem Rev*, 1988(88):928～941.
[4] Shen Q. *Langmuir*, 2000(16):4394～4397.
[5] Lee LH. *Langmuir*, 1996(12):1681～1687.
[6] van Oss CJ, Wu W, Docoslis A, et al. *Coll Surf B*, 2001(20):87～91.
[7] 吴 S. 高聚物的界面与黏合. 北京:纺织工业出版社,1987.
[8] Gardner D. *J Wood Fiber Sci*, 1996(28):422～428.
[9] Gindl M, Tschegg S. *Langmuir*, 2002(18):3209～3212.
[10] Wu W, Nancollas GH. *Adv Coll Interface Sci*, 1999(79):229～279.

第十三章　氢　　键

13.1 简介

氢键是 Lewis 酸碱化学中的一个成分[1]，自从氢键的定义提出以后，有许多种氢键类型被报道。

分子间的相互作用问题已不是一个新课题，其中氢键是人们最早研究的分子间弱相互作用之一。氢键虽然是一种弱键，但由于它的存在，物质的性质出现了很多反常现象。

近年来氢键研究的进展认为：氢原子收到与之成键的原子或原子基团的影响，同时又与另一个原子或原子基团形成一种弱相互作用力，这就是氢键。可以用 X—H…Y 来表示，通常 X，Y 的原子或原子团带有很大的电负性，能够很强烈地吸引氢原子，其中 X，Y ＝ C、N、O、F、S、Cl、Br、I、Se、Te 和过渡金属原子、烯、炔、芳香族化合物等。

氢键的存在形式广泛，水、醇、胺、羧酸、无机酸、水合物、氨合物等在气相、固相和超临界相中都可能存在原子间、分子间、分子内或正负离子间的氢键。氢键具有以下特点：

(1) 氢键具有方向性：Y 原子与 X—H 形成氢键时，在尽可能的范围内要使氢键的方向与 X—H 键轴在同一方向；

(2) 氢键具有饱和性：每个 X—H 只能与一个 Y 形成氢键；

(3) 氢键具有协同性：几个相互连接的氢键键能大于各个单个氢键键能的加和；

(4) 氢键具有柔性：弱极化 X—H…Y 氢键间有方向的静电作用和各向同性的范德华作用相差不多，从几何光学的角度上很容易被拉伸、压缩、弯曲。

13.2 氢键的形成

氢键通常是一种缺电子的 H 原子与富电子原子或原子团之间的一种弱相互作用，比化学键的键能小得多，与范德华力较为接近。通常情况下，氢键可以表示为“X—H…Y”，式中的虚线就代表氢键，X 和 Y 一般都是电负性较大的元素，且 Y 原子有 1 对或 1 对以上的孤对电子，X—H 称为质子供体(proton donor)，Y 称为质子受体(proton acceptor)[1]。

13.3 氢键的种类

氢键一般可以分为两类：分子间氢键与分子内氢键。当一个分子的 X—H 键与另一个分子的原子 Y 相结合而形成的氢键称分子间氢键，如 HF、H_2O、HCOOH。当一个分子的 X—H 键与它内部的原子相结合而形成的氢键，则为分子内氢键，如 HNO_3、邻硝基苯酚等[2~4]。

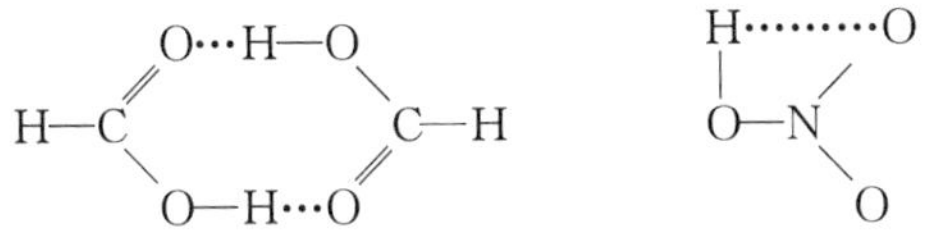

HCOOH 分子间氢键　　HNO_3 分子中氢键

图 13-1　两种氢键

也可以根据不同的氢给体和受体，将氢键分为正常氢键、π 型氢键、双氢键、单电子氢键和离子氢键。

13.3.1　普通氢键

正常氢键主要是指在氢键研究初期，氢给体和受体局限于像 N、O、F、Cl 等原子半径小、电负性大的原子的一类氢键。相应的体系已经得到了渗入和广泛的研究。随着对氢键的不断研究，氢键的范围不断扩大。近年来，研究的氢键体系有：HF(H_2O, NH_3, CH_4)…H_2O, HF_2^-…CH_3CH_2OH 等，大分子氢键体系以及 N—H…Y 型 (Y = F, N, O, S, Cl, Br), Cl—H…N 型，C—H…M 型(M = 金属原子), O—H…M 型(M = 金属原子), N—H…M 型(M = 金属原子), H 原子正极性化的 M—H…O—C 型等晶体中的一些氢键体系。从经典强氢键 O—H…O 到非经典 C—H…O, C—H…N 氢键，再到过渡金属原子直接参与的 M— H…O, O—H…M 等体系，使氢键的内容大大丰富[3, 4]。

13.3.2　π 型氢键

π 型氢键是一种缺电子的 H 原子与多重键的 π 电子或是共轭体系的 π 电子之间形成

的一种弱相互作用。例如：$FH\cdots CH_2=CH_2$，$FH\cdots$苯，$FH\cdots CH_2=C=CH_2$ 等。

1946 年印度理论化学家 Dewar 就提出了 π 型体系化合物也可以作为一个 π 型质子受体，但是直到 1971 年日本的 Keiji Morokuma(2008 年日本科学奖获得者)和他的合作者才第一次对 π 型氢键进行理论计算，他们所研究的是水与甲醛之间的相互作用。此后人们对 π 型氢键做了大量研究，如苯与 CH_4、H_2O、NH_3、$NH_4{}^+$、HX、CH_3OH、氟苯与 CH_3OH、HX 与 C_2H_4、C_2H_2、$H_2C=CHC—CH$、H_2O 与 C_2H_4 之间的弱相互作用等。$X—H\cdots\pi(X=F、Cl、Br)$、$O—H\cdots\pi$、$C—H\cdots\pi$、$N—H\cdots\pi$ 等多种形式的 π 型氢键不断被发现。发现非极性化的 π 电子可以形成稳定的 π 型氢键。2000 年有学者对 π 型体系分子簇化合物进行了详细的研究，其中就涉及了许多种形式的 π 型氢键。

根据研究的 π 型氢键体系，代表的类型有：

(1) Lewis 酸$\cdots\pi$ 体系：如 $H_2O\cdots C_2H_4$、$HX\cdots C_2H_4$、$H_2O\cdots$苯、$HX\cdots$苯等；

(2) $\pi\cdots\pi$ 体系：如 $HCCH\cdots HCCH$、$HCCH\cdots C_2H_4$、$C_2H_3F\cdots HCCH$ 等；

(3) 正离子$\cdots\pi$ 体系：如 $CH_2=CH_2—H^+\cdots HCCH$、$CH_2=CH_2—H^+\cdots CH_2=CH_2$ 等。

13.3.3 双氢键

最近，一种新型的氢键—双氢键引起了人们的极大关注。双氢键是指带电正性的 H 原子与带电负性的 H 原子之间弱相互作用，其作用形式可以表示为 $X—H\cdots H—M$。

1934 年，Zachariasen 和 Mooney 发现在 NH_4^+，H_2PO^- 晶体结构中，$H_2PO_2^-$ 中的 H 与 NH_4 中的 H 之间形成了一种“氢键”。后来，Burg 用红外光谱测得了 $NH\cdots H_3B$，$(CH_3)NH\cdots H_3B$ 之间也形成了一种与此类似的氢键。然而真正揭示这种“氢键”相互作用是在 20 世纪 60 年代末，Brown 和他的合作者用红外光谱分析化合物 $L\cdots BH_3$($L=Me_3N$, Et_3N, Py, Et_3P) 和 $Me_3N\cdots BH_2X(X=Cl, Br, I)$ 之间的相互作用。他们发现双氢键间的键能一般在 7.1～14.6 kJ/mol，$H\cdots H$ 间的距离一般在 0.17～0.22 nm。

与正常的氢键相比，双氢键也影响到溶液或固体中分子的结构、反应和选择性，影响晶体组装和超分子体系，如 H 交换、σ 键迁移、过渡金属的配位情况等都要受到双氢键的影响，并有希望应用于催化、晶体工程和材料化学中，从目前的研究来看双氢键有希望成为联系超分子和大分子化学的桥梁。

13.3.4 单电子氢键

在新近的一些研究中发现，把带有 1 个未成对电子的自由基作为质子受体(如甲基自由基)，可以与卤化氢、水和乙炔形成一种新颖的氢键。这种氢键是质子受体中的单电子吸引质子供体中的 H 形成的，如图 13-2，因此被称为单电子氢键。目前对此种氢键的研究甚少。

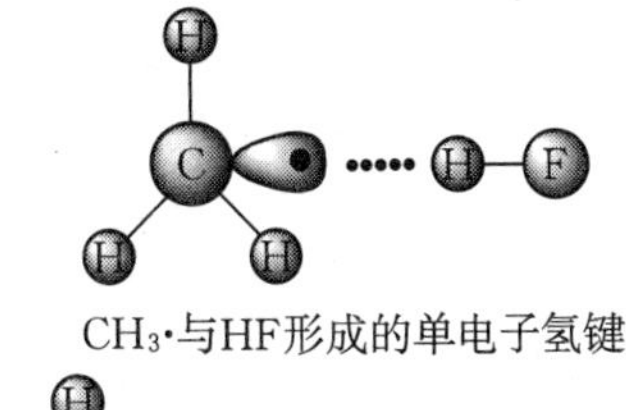

$CH_3\cdot$与HF形成的单电子氢键

$CH_3\cdot$与乙烯形成的单电子氢键

图 13-2　CH_3 与 HF 或乙烯形成的单电子氢键

13.3.5　离子氢键

离子与分子间的氢键叫做离子氢键，其键强为 5～35 kcal/mol，约为共价键键强的 1/3。在离子簇、离子化、电解质溶液、离子溶剂化、酸碱化学中，在离子晶体结构、表面体系、硅酸盐、离子吸附及超分子化学和分子晶体的自组装过程中，离子氢键都扮演了十分关键的角色。在生物能学包括蛋白质折叠、酶的活性中心、膜形成和质子转移及生物分子识别中也有重要的作用[5]。

离子氢键相互作用的热力学能在凝聚相中不能够被独立出来并得以量化，然而在气相中却可以。对离子氢键理论的研究能够使我们更好地了解到离子氢键键能与分子结构、离子溶剂化特别在临界内壳层和酸碱现象及在生物能学之间的联系。

13.3.5.1　离子氢键的模型

Kebarle 等[6]认识到当压力为几托，离子体系的气相密度为 1 016～1 017 cm^{-3}时，离子和中性分子在停留时间 0.1～10 ms 内可以碰撞 103～106 次，并建立离子的热力学平衡。这种办法可以测量 1～8 个，有时能达到 20 个的配体与离子产生缔和反应的平衡常数。

大多数研究以式(13-1)来表示氢键加成反应，其中氢给体 BH^+ 通常为一种质子化的碱，氢受体 B′则是含电子受体杂原子的碱。阴离子的氢键加成反应由式 13-2 给出，其中 A^- 通常是一种去质子化的布朗斯特酸，氢给体 A′H 则是一种布朗斯特碱。

$$BH^+ + B' \longrightarrow BH^+ \cdot B' \tag{13-1}$$

$$A^- + A'H \longrightarrow A^- \cdot HA' \tag{13-2}$$

在依赖于时间的脉冲实验中，反应物/产物离子的浓度比到达恒定的值是时间的函数，平衡就是通过这种方法得到检验的。平衡常数可由式(13-3)计算得到，其中 P(B′)是 B′离子在离子体系中的分压，对温度的研究可得到离子氢键的分解焓 ΔH_D°和分解熵 ΔS_D°。

$$K = \frac{BH^+ \cdot B'}{P(B')[BH^+]} \tag{13-3}$$

13.3.5.2　二元物的离子氢键

(1) 离子氢键形成产生的结构效应

离子氢键的形成会导致原子电荷的重新排布，并改变键长和键角。这种改变主要是影

响成键质子，给体和受体杂原子及 $B—H^+\cdots B'$或 $A—H\cdots A'^-$ 的键长，而离子氢键的键强正和这些改变密切相关。

氢键的一些基本作用可用图 13-3 和图 13-4 相同二元物 $NH_4^+ \cdot NH_3$ 和不同二元物 $NH_4^+ \cdot H_2O$ 的原型来说明[7]。成键氢原子的电子云密度会变小，变得更加具有正电性，而受体和给体杂原子通常会由于电子云密度的增加而显得更具有负电性。离子和类似的中性复合物中一样的区域会经历得电子和失电子的过程，而当它们是键强很高的二元物离子时，这种变化会更大一些。同理，键强更高的相同二元物 $NH_4^+ \cdot NH_3$ 的这种变化比不同二元物 $NH_4^+ \cdot H_2O$ 的变化大。在后者形成的氢键中，质子和受体氧原子之间得电子的程度会增加，这种增加还会由于杂原子更高的电负性而得到加强，比如在 NH_4^+ 和 HF，PH_3、H_2S 及 HCl 形成的复合物中。质子失电子的程度也是按照这个顺序减少。在给体形成的氢键中，键强和给体的得电子程度有十分紧密的联系，这也说明了质子给体在形成氢键过程中的重要性[8]。

(2) 相同二元物的离子氢键

如图 13-3 所示，当氢键的给体和受体是相同的原子或原子团时，由于它们对氢质子的吸引能力相同，所以氢在被两个原子或原子团吸引时不会偏向任何一方，氢质子能像一个

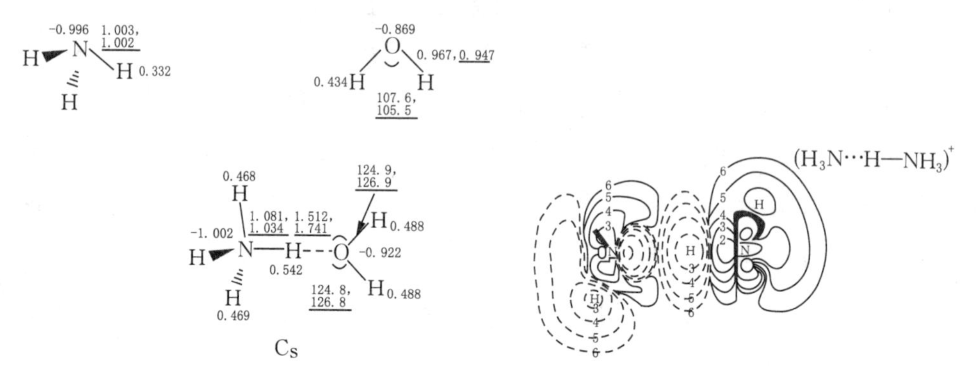

图 13-3 NH_3、NH_4^+、$NH_4^+ \cdot NH_3$ 的几何形态与电子云密度

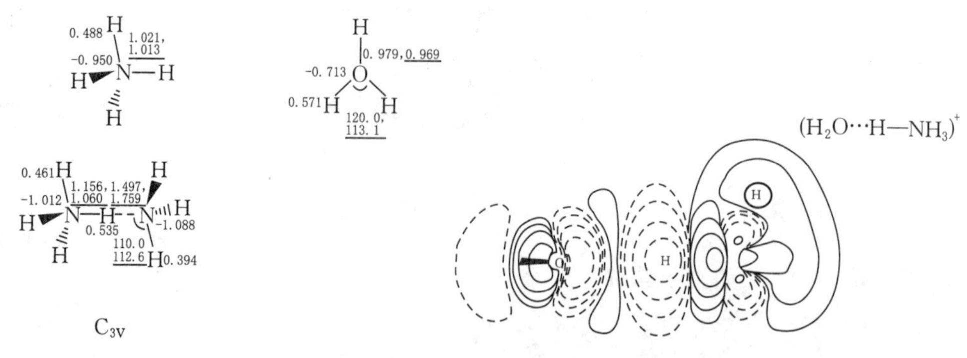

图 13-4 NH_3、NH_4^+、H_2O 和 $NH_4^+ \cdot H_2O$ 的几何形态与电子云密度

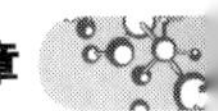

纽带一样将两个原子或原子团连接起来，使电子云密度达到最大程度的共享，这样总的氢键的键长就会变小，能显现出较强的键强。

(3) 不同二元物的离子氢键

不同二元物组成的离子氢键可用如图 13-4 的 NH_4^+ 和 H_2O 形成的氢键说明。当形成氢键的给体和受体不是同一种原子或原子团时，它们对 H 质子的吸引力就不一样，电子云就会偏向电负性较高的那一边，电子云的共享就不够充分。虽然电负性较高的原子或原子团与 H 质子形成的键键长较短，但电负性差的原子或原子团形成键的键长比较长，导致形成的离子氢键整体的键长较长，从而键能就比较低。

图 13-1 和图 13-2 给出的例子表明：与简单的体系相比，氢键的形成会增加成键质子的正电性和氢给体、受体原子的负电性，并使给体分子的净电荷向受体分子转移，从而增加氢给体 $B—H^+$ 之间的键长。

(4) 离子氢键键能和质子亲和力的关系

相同二元物形成的离子氢键的键能可以达到最大，这是因为它们之间的质子亲和力是一样的，氢质子能够得到很好程度的共享。在不同二元物形成的离子氢键中，成键效应和成键键强都随着两组分子间质子亲和力之差变大而减小[9, 10]。上述所有特性都可以在 $NH_4^+ \cdot NH_3$ 和 $NH_4^+ \cdot H_2O$ 这两种典型的二元物氢键作用中体现出来，$NH_4^+ \cdot NH_3$ 的质子亲和力之差 $\Delta PA = 0$，$\Delta H_D^\circ = 25.7$ kcal/mol，而 $NH_4^+ \cdot H_2O$ 的质子亲和力之差 $\Delta PA = 39.5$ kcal/mol，$\Delta H_D^\circ = 25.7$ kcal/mol。$NH_4^+ \cdot NH_3$ 和 $NH_4^+ \cdot H_2O$ 相比，每单位电荷从离子到中性分子的电荷转移量由 0.094 降低到 0.054，$N—H^+$ 键也变得不舒展了，键长由 1.060Å 降低到 1.034Å，氢键键长的降低也降低了氢键的键能。

由上论述可知氢键的键能和两组分子间的相对质子亲和力有关。在小分子中可以用光谱观察到这种关系，在红外中，$OCH^+ \cdot H_2$ 和 $N_2H^+ \cdot H_2$ 的预离解振动谱表明化合物是 T 型状的[11, 12]。质子在 B 和 H_2 中的位置由相对质子亲和力决定。当质子亲和力增加时，化合物由 $H_3^+ \cdot B$ 转变为 $BH^+ \cdot H_2$，$BH^+ \cdot H_2$ 形成后电子云密度从 H_2 配体 σ 键转移到质子化的离子上，形成分子内的氢键。由于 H—H 的伸缩振动和分子内振动连接了起来，降低了 H_2 键的键强，导致 H—H 振动的红移，这种效应和质子亲和力之差是负相关的。

13.4 氢键的起源

1920 年，美国化学家 Latimer(1893～1955)和 Rodebush 在一篇论述 HF、H_2O、NH_3 高沸点的文章中明确地提出了氢键的概念，随后，Huggins(1897～1981)于 1922 年在一篇

题为《原子的电结构》的文章中也提到，并且声称他早在1919年就先于他们提出了氢键的概念。Pauling则认为是他们三人同时提出了氢键的概念，1939年，Pauling编著了《化学键的本质》一书，使氢键的概念被广泛接受。自此，氢键这一概念被正式提出[2]。

氢键一词被明确定义是在1960年由Pimental和McClellan编写的一本关于氢键研究的著作《The Hydrogen Bond》中。

13.5 氢键的几何形态

氢键的几何形态如图13-5所示，经过多年的研究可以归纳出以下几点[2]。

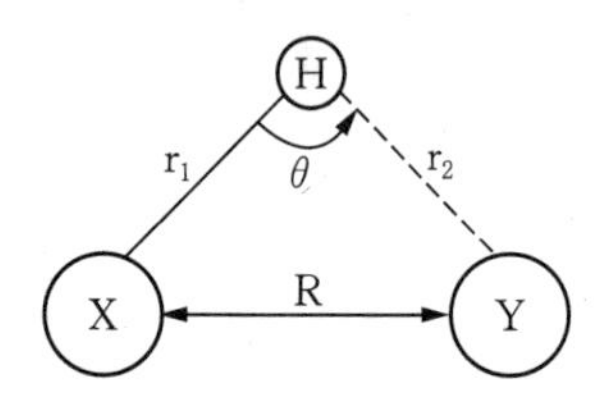

图 13-5　氢键的几何形态

(1) 大多数氢键X—H…Y是不对称的，即H原子离X原子较近，距离Y原子较远；

(2) 氢键X—H…Y可以为直线形，$\theta = 180°$，也可以为弯曲形，即$\theta < 180°$。虽然直线形在能量上有利，但很少出现，因为它受晶格中原子排列和堆积的限制；

(3) X和Y间的距离作为氢键的键长，如同所有其他的化学键一样，键长越长，氢键越强。当X…Y间距离缩短时，X—H的距离增长。极端的情况是成对氢键，这时H原子处于X…Y的中心点，是最强的氢键；

(4) 氢键键长的实验测定值要比X—H共价键键长加上H原子和Y原子的范德华半径之和要短，例如，通常O—H…O氢键键长为276 pm，它比O—H的共价键键长109 pm及H…Y间范德华接触距离120 pm＋140 pm的总和369 pm短；

(5) 在大多数氢键中，只有一个H原子是直接指向Y上的孤对电子，但是也有许多例外。在氨晶体中，每个N原子的孤对电子接受分属其他氨分子的3个H原子，在尿素晶体中，每个O原子同样地接受4个H原子。

13.6 氢键的成键理论

氢键的键理论是化学键理论的重要组成部分，也是氢化学的重要内容。目前概括起来氢键主要有4种成键理论，即价键理论、静电理论、分子轨道理论和热力学理论。

13.6.1　价键理论

Danielsson和Tsubomura先后用不同结构型式估算氢键的共价、离域(共振)和静电作用的贡献[3]。它们曾把氢键型式"X—H…Y"写成可能存在的 3 种构造式来表示氢键的结构：

X—H—Y	X—H∶Y ⇌ X∶H—Y	X—H…Y
(a)	b_1：(b)　(b_2)	(c)
共价	离域(共振)	静电

图 13-6　氢键的结构

从构造式看，显然对于有两个共存的共价键的(a)结构是完全不可能的，因为它需要用氢原子的 2s 或 2p 轨道比 1s 轨道能量高出 982 $kJ \cdot mol^{-1}$，而这样高能量的轨道对成键是根本无用的。对于结构(b)，它要涉及(b1)和(b2)结构的相对贡献，因此对强氢键是非常重要。除强氢键外，离域(共振)贡献较小。偶极—偶极(静电)能(c)是主要的。因此氢键的本质是电性的。

13.6.2　静电理论

1928 年 L. Pauling 为了解释氢键的本质，认为氢键只能形成于两个电负性很大半径较小的元素(X、Y)之间，提出氢键的静电理论(亦称静电模型)[4]。氢键可以看作是由两个极性基团较强的静电相互作用的结果。当氢原子与某一电负性很大的原子 X 形成强的极性共价键时，两原子间的电子云将在很大程度上发生变形以给出在 X 原子附近有较大集中的电子云密度，致使产生一个很强的偶极；第二个电负性较大的原子 Y 结合在其他原子或基团上它将形成一个偶极的负端。若两个偶极沿直钱相互趋近，则 X—H 上的偶极正端与 Y 原子上的负电荷吸引将比相同电荷之间的排斥大，且当 Y 原子越能与 H 接近，它们之间的静电作用越强。

静电理论模型简单直观，说明了氢键的本质是电性的，这与价键理论的结果一致，但该理论的不足之处是在多数情况下氢键具有共价特性。

13.6.3　分子轨道理论

Pimental 在处理氢键时认为，氢原子 1s 轨道与 X 和 Y 能量近似的 P 轨道，在符合相互匹配的条件下，可以线性组合为 3 个分子轨道，即[4]：

(1) 成键分子轨道(Ψ_1)；

(2) 非键分子轨道(Ψ_2)；

(3) 反键分子轨道(Ψ_3)[5]。

成键电子按成键原理形成三中心多电子键。通过分子轨道理论来处理对称的强氢键所得的结果与实验事实是符合的。

13.6.4 热力学原理

同样利用热力学数据也可以说明当氢原子同半径较小，电负性大的 X、Y(具有孤电子对)原子相结合时，可以形成稳定的 X—H…Y 氢键。例如：

$$F^- + HF \longrightarrow FHF^- \quad \Delta H = -155\ kJ/mol$$

$$(CH_3)_2CO + HF \longrightarrow (CH_3)_2CO\cdots HF \quad \Delta H = -46\ kJ/mol$$

$$H_2O + HOH \longrightarrow H_2O\cdots HOH(冰) \quad \Delta H = -25\ kJ/mol$$

这些反应的焓值(ΔH)却充分证实氢键在化合物中是稳定存在的，而且对化合物的结构起着十分重要的作用。

13.7 氢键形成和分解的动力学

13.7.1 团簇氢键的形成

氢键的形成可以用式(13-4)来表示，B_1H 与 B_2 以速率 k_c 进行反应生成$(B_1H^+ \cdot B_2)^*$：

$$B_1H^+ + B_2 \underset{k_b}{\overset{k_c}{\rightleftharpoons}} (B_2H^+ \cdot B_2)^* \xrightarrow{k_s} B_1H^+ \cdot B_2 \tag{13-4}$$

生成物不稳定，以 k_s 速率与第三分子进行反应而得以稳定，或者是以单分子速率进行分解而得到反应物。总的反应常数 $k_f = k_c(k_s/(k_b + k_s))$，它取决于稳定常数 k_s 和生成反应物的分解常数 k_b。特别要指出的是分解常数 k_b 与反应常数是一对竞争反应，它随着离子氢键的键能，化合物自由度和反应温度增加而减小。因此这些因素能够帮助增加化合物生成的速率。

温度对整个缔和反应常数 k_f 的影响可用表达式 $k_f = AT^{-n}$ 来表示[13]。通常小分子的影响因素为 T^{-2}到 T^{-4}。在一系列团簇反应中，随着反应步数的增加，其反应速率常数也趋于增加，因为步数越多的反应化合物的自由度数就越高，所以导致平衡能够以更快的速率达到。

13.7.2 氢键驱动的反应:缔和质子转移反应

一个 20～30 kcal/mol 的氢键的形成对于离子反应是一个相当大的驱动力。比如说当极性溶剂的分子从自由基离子中吸取一个质子时氢键就能形成氢键，如式(13-5)所示。Sieck 和 Searles 于 1970 年第一次报道了这种实例[14]，他们从丁烷、戊烷、己烷异构体离子中萃取质子时发现它们和两分子的水发生反应生成了$(H_2O)H^+$。最近 Meot-Ner 等在双光子共振电离中发现了如式(13-5)所示的反应，其中 $RH^{\cdot +}$可以是：

$$RH^+ \cdot + nB \longrightarrow B_nH^+ + R \cdot \tag{13-5}$$

$C_6H_6^{\cdot+}$ 和 $C_6H_5CH_3^{\cdot+}$，B则可以是 MeOH、EtOH、MeCOOEt 或 MeCN，它们可以是不同质子化的二元离子键[15]。B_2H^+ 中氢键的形成是一个放热过程，因此必须生成一个中间产物即三元化合物 $H^{\cdot+}+2B$ 分子，这个反应和质子转移是同时发生的，它为质子转移提供能量。

缔和质子转移反应也可以在两个和两个以上的中性分子中发生。例如 $C_6H_6^{\cdot+}$ 和 nH_2O 的反应，当 n 分别取 1～4 时，式(13-6)的焓分别为 46、14、−7 和 −25 kcal/mol*。当 $n=3$ 时，反应总体上就是放热的，但它总伴随着逐步的增长反应和 $C_6H_6^{\cdot+}(H_2O)_n$ 的稳定化反应，如式(13-6)所示，n 为 1～5 时各步的反应焓为 46、23、10、0 和 −3 kcal/mol。当 $n=4$ 时，反应不吸热也不放热，热力学上就具有了可行性，五元物 $C_6H_6^{\cdot+}+4H_2O$ 反应生成 $C_6H_6^{\cdot+}(H_2O)_4$ 化合物的总反应焓为 −35 kcal/mol。

$$C_6H_6^{\cdot+}(H_2O)_{n-1}+H_2O \longrightarrow [C_6H_6^{\cdot+}(H_2O)_n]^* \longrightarrow \tag{13-6}$$
$$[C_6H_5^{\cdot}(H_2O)_nH^+]^* \longrightarrow C_6H_5^{\cdot}+(H_2O)_nH^+$$

$$CH_3CH_2OH^{\cdot+}+H_2O \longrightarrow CH_2OH^+(H_2O)+CH_3^{\cdot} \tag{13-7}$$

氢键还有其他一些动力学效应，如以形成离子氢键为驱动力的缔和反应也可以消去自由基，如式(13-7)所示，这样的反应可以发生在 $C_2H_5OH^{\cdot+}$ 和 CH_2O 或 CH_3OH 之间，也可以发生在 $(C_2H_5)_2O^{\cdot+}$ 和 H_2O、C_2H_5OH、$(CH_3)_2O$、$(CH_3)_2CO$、$(C_2H_5)_2O$ 或 CH_3CN 之间。离子氢键还可以影响离子溶剂化的动力学过程，例如 H_2O 的溶作用可以影响氢氧根阴离子的反应性。

13.7.3 由氢键形成或分解驱动的反应：内氢键和焓驱动的反应

内氢键的形成是放热反应，它能够为质子向多官能分子的转移(PT)提供动力。相反，内氢键的分解则是吸热的，它能够驱动和加速多官能离子的去质子化作用。大多数放热的质子转移以接近与分子碰撞的速率进行反应，它包括由产物离子形成内氢键驱动的向多官能分子转移的放热反应。如果没有内氢键的形成，质子向单官能分子的转移则可能是吸热的或其反应速率变慢。若反应反向进行，内氢键的分解会导致反应焓为正，即成为吸热反应。在一些这样的反应中，ΔH°是正的，而 ΔG°是负的，反应时每摩尔吸热达 8 kcal，通常也不易观察到这种吸热反应，但由于 ΔG°是负的，反应是很快的，速率接近碰撞速率。

这些反应本质上是很快的，因为没有减慢速率的障碍，正逆反应的效率仅由总的热化学性质即 $r=K/(1+K)$ 决定，其中 K 是该方向的平衡常数。在这些反应中，离子氢键的形成和分解是通过它们对热化学性能的作用直接影响动力学性质的，而且由氢键形成和分

* 1 kcal = 4.184 kJ。

解驱动的质子转移反应也会影响过渡态的能量和电子云状态，这种焓驱动的反应的第一个实例就是在二元胺的反应中发现的，其他焓变化较显著的反应的动力学特征也有学者进行了归纳和总结。在生物分子中也发现了类似的效应，(赖氨酸)H^+的质子转移也是离子氢键引起的。氢键和其焓效应在多官能的生物分子中也很普遍，预期其动力学效应在生物分子中也会有相当大的作用。

13.8 氢键的估算

氢键研究的数据来源主要有以下 3 种：

(1) 由分子轨道理论、价键理论发展而来的量子力学计算方法；

(2) 微扰法、自洽场方法、从头算起法得到的数据；

(3) 热力学和谱学数据。

随着计算机技术的不断发进步，氢键也逐渐采用了高精度的量子化学计算方法，如应用 Gaussian 理论。Gaussian 理论采用了相关方法计算分子的能量，其函数中包含了高角量子数的极化函数和弥散函数，这些与研究氢键所用的方法同源，也能够把它用于氢键键能的研究。基于 ab initio(从头算起)分子轨道理论，Gaussian 理论经历了 Gaussian-1、Gaussian-2 和 Gaussian-3 几个主要阶段[6~11]。这里选取了计算精度较高，计算量较小的 G3 理论，将其用于氢键键能的计算。

知识链接

高斯(Johann Carl Friedrich Gauss，1777～1855)，高斯是德国著名数学家、物理学家、天文学家、几何学家和大地测量学家，被认为是最重要的数学家，有“数学王子”的美誉。高斯在 9 岁时用很短的时间计算出了小学老师布置的任务：对自然数从 1 到 100 的求和。他所使用的方法是：对 50 对构造成和 101 的数列求和(1＋100，2＋99，3＋98……)，同时得到结果：5 050。12 岁时，他开始怀疑元素几何学中的基础证明。当他 16 岁时，预测在欧氏几何之外必然会产生一门完全不同的几何学，即非欧几里德几何学。他导出了二项式定理的一般形式，将其成功地运用在无穷级数，并发展了数学分析的理论。18 岁时他发现了质数分布定理和最小二乘法。19 岁时，他仅用尺规便构造出了 17 边形，并为流传了 2000 年的欧氏几何提供了自古希腊时代以来的第一次重要补充。高斯总结了复数的应用，并且严格证明了每一个 n 阶的代数方程必有 n 个实数或者复数解。在他的第一本著作《算术研究》中，作出了二次互反律的证明，成为数论继续发展的重要基础。高斯在最小二乘法基础上创立的测量平差理论的帮助下，测算天体的运行轨迹。他用这种方法，测算出了小行星谷神星的运行轨迹。奥地利天文学家 Heinrich Olbers 根据高斯计算出的轨道成功地发现了谷神星。1818～1826 年，他主导了汉诺威公国的大地测量工作。经他亲自计算过的大地测量数据超过

100 万个。当他领导的三角测量外场观测走上正轨后，他开始把主要精力转移到处理观测成果的计算上，写出了近 20 篇对现代大地测量学具有重大意义的论文。在这些论文中，他推导了由椭圆面向圆球面投影时的公式，并作出了详细证明。这个理论直至现在仍有应用的价值。汉诺威公国的大地测量工作至 1848 年结束。这项大地测量史上的巨大工程，如果没有高斯在理论上的仔细推敲，在观测上力图合理和精确，在数据处理上尽量周密和细致，就不能圆满地完成。在当时不发达的条件下，他布设了大规模的大地控制网，精确地确定 2 578 个三角点的大地坐标。为了用椭圆在球面上的正形投影理论以解决大地测量中出现的问题，在这段时间内他亦从事了曲面和投影的理论，并成为了微分几何的重要理论基础。他独立地提出了不能证明欧氏几何的平行公式具有"物理的"必然性，至少不能用人类的理智给出这种证明。但他的非欧几何理论并未发表，也许他是出于对同时代的人不能理解这种超常理论的担忧。相对论证明了宇宙空间实际上是非欧几何的空间。高斯的思想被近 100 年后的物理学接受了。出于对实际应用的兴趣，高斯发明了日光反射仪。日光反射仪可以将光束反射至大约 450 km 外的地方。高斯后来不止一次地为原先的设计作出改进，成功试制了后来被广泛应用于大地测量的镜式六分仪。19 世纪 30 年代，高斯发明了磁强计。他与韦伯(1804～1891)在电磁学领域共同工作。1833 年，通过受电磁影响的罗盘指针，他向韦伯发送出电报。这不仅是从韦伯的实验室与天文台之间的第一个电话电报系统，也是世界首创的第一个电话电报系统。尽管线路才 8 km 长。1840 年，他和韦伯画出了世界第一张地球磁场图，并且定出了地球磁南极和磁北极的位置。次年，这些位置得到美国科学家的证实。

Gaussian-3 理论的基本思想如下：

(1) 在 HF/6-31G(d)水平下获得初步的平衡几何结构。该水平下获得的几何构型将用于振动频率的计算，获得零点振动能。

(2) 用 MF2(full)/6-31G(d)确定几何结构，它将作为最终的平衡结构用于后面一系列单点能量的计算。

(3) 进行更高级别的一系列单点能量的计算。

首先用四级微扰获得基本能量，即完成 MP4/6-31G(d)的计算，该结果还必须加入一系列修正。

(a) 获得弥散函数的修正 $\Delta E(+)$：

$$\Delta E(+) = E[MP4/6-31+G(d)] - E[MP4/6-31G(d)] \tag{13-8}$$

(b) 对非氢原子加入高极化函数和对氢原子加入 p 极化函数的修正 $\Delta E(2df, p)$：

$$\Delta E(2df, p) = E[MP4/6-31G(2df, p)] - E[MP4/6-31G(d)] \tag{13-9}$$

(c) 二次组态相互作用获得相关能的修正 $\Delta E(QCI)$：

$$\Delta E(QCI) = E[QCISD(T)/6-31G(d)] - E[MP4/6-31G(d)] \tag{13-10}$$

(d) 对于大基函数和由于弥散函数和极化函数各自基函数扩大产生的非加和性的

修正：

$$
\begin{aligned}
&\Delta E(G3Large)\\
&= E[MP2(full)/G3Large] - E[MP2/6-31G(2df,p)]\\
&\quad - E[MP2/6-31+G(d)] + E[MP2/6-31G(d)]
\end{aligned} \tag{13-11}
$$

(4) MP4/6−31G(d)获得的基本能量加上上述 4 个公式修正后，再加上自旋—轨道修正 ΔE(SO)(仅对原子)，就可以得到一个组合的能量 E 组合：

(5) 高级相关修正(HLC)用来说明能量计算中的残余误差：

$$
Ee(G3) = E\text{组合} + E(HLC) \tag{13-13}
$$

这里，HLC 包括两个部分，$-An_\beta - B(n_\alpha - n_\beta)$用于分子，$-Cn_\beta - D(n_\alpha - n_\beta)$用于原子。$n_\alpha$和$n_\beta$分别是$\alpha$和$\beta$的价电子数，并且$n_\alpha \geqslant n_\beta$。在 G3 理论中，A = 6.386 millihartrees，B = 2.977 millihartrees，C = 6.219 millihartrees，D = 1.185 millihartrees。

(6) 最后，加上第一步频率计算时获得的零点能，就获得了 0 K 时 G3 的总能量：

$$
\begin{aligned}
E_0(G3) &= E_e(G3) + E(ZPE) = E[MP4/631G(d)] + \Delta E(+) + \Delta E(2df,p)\\
&\quad + \Delta E(QCI) + \Delta E(G3Large) + \Delta E(SO) + E(HLC) + E(ZPE)
\end{aligned} \tag{13-14}
$$

它是 QCISD(T)(full)/G3Large 的一个很好的近似。

13.9 氢键的应用

氢键的形成对物质的熔点、沸点、溶解度、黏度、密度及生物体的结构稳定性等都有一定的影响[12]。它对生物体的生存有重要作用，在物质的化学反应动力学、细菌对表面体的粘附方面发挥了一定的作用。Nishiyama 等[13]用^{13}C-NMR 研究树脂与 N-甲基乙烯酞氨基乙酸(NMGly)处理的酸蚀牙面的粘附机制时发现，在氨基化合物-NH，NMGly 的 R 酸以及 C 尾 Gly 残基的羧酸之间有氢键形成，含有一个羧酸基团的甲基丙烯酸树脂与牙面的粘附机制已清楚。Leung 等[14]利用拉曼光谱研究 4-甲基丙烯酸甲酯(MMA/4-MET)处理牛牙釉质标本 15 分钟、3 小时、24 小时后釉质表面和树脂之间的粘附机制，结果发现处理 15 分钟后两者之间只有一些氢键形成，24 小时后主要是 Ca^{2+} 形成的盐键作用，3～4 小时的标本表面是两者的过渡。推测早期形成的氢键可以使 MMA 单体弥散、渗透到标本表面下深层。Tanaka 等[15]评价了含有 2～3 个羧基的 O-甲基乙烯酰-N-酰基酪氨酸(MAATY)

与未酸蚀牙面的黏合力，发现 MAATY 含有更多羧基时其粘附力更强。分析粘附强度的原因时发现羧基形成的氢键是影响粘附强度的因素之一。

近年来，还有一些依据溶质和吸附剂之间形成氢键的强度不同而进行吸附分离的报道。人们对氢键吸附已进行了一系列的研究，并在实际中得到了一些应用。

离子氢键在很多自然和工业过程中有重要作用。大量光谱测定的研究已经使人们对其定量的研究有了一定的理解。

(1) 不同组分之间的键能与相对酸度及碱度的关系：离子氢键键能和相对碱度或相对酸度的相互关系反应了成键质子的共用效应。这种关系能应用于有多种成分的二元物，并延伸到更大的分子簇以及大多数溶液中。它的存在提供了一种在更复杂的复合物系统中去估计离子氢键能量的方法。

(2) 非传统的、内部的和多配位基的键：特殊的例子在以碳为基础的离子氢键原料物质和接受体之间产生。同样，多原子的分子表现了内部的和多配位基的离子氢键联合体，它含有的能量与几何结构、键的伸展和多重离子氢键的形式有关。从中我们也能够得到关于内部和外部的溶液和溶剂桥的相互作用的热力学信息。

(3) 氢键网络：在大的分子束中，可能形成无限的氢键网络，或者被烃基嵌段成分包裹的有限的网络。在嵌段分子束中，质子尽管被更强的嵌段成分包裹着也能够固定在强烈的氢键核中，这对生物膜传输有重要的作用。

(4) 在酸度和碱度上的影响：气相研究揭示了分子本身的酸度和碱度。对比溶液可以发现溶剂效应能够压缩或减小相对酸度和碱度。分子束研究表明溶剂效应的逐步发展和提高 80%的效应归因于内核溶剂分子。

(5) 生物分子和浓缩相：在 ΔPA 相互关系、内部和多配位基键以及溶剂桥的有机离子模型中观察到的这种主要趋势无处不在，尤其是在生物分子中。同样，离子氢键对酶热力学，膜传输和分子识别上的贡献就是能够从分子束模型上进行定量的估计。最近，分光镜和离子移动研究已经证实了从热力学上得出的很多结构的结论。类似离子氢键的效应同样在溶液和结晶中也被观察到了。

(6) 部分和本体的溶剂化作用：对比小分子簇和本体溶液的离子化作用会得到意想不到的结果，4 到 6 个水分子对质子化官能团的部分溶剂化作用再现了与本体溶剂化作用相近的能量。这个结果表明不同离子之间的空穴、绝缘体和疏水性溶剂化作用因素的变化正在消失，尽管这些因素应当是独立的。这种影响表明我们能够对只能基于气相质子亲和力的本体离子溶剂化作用做出预测。

(7) 大分子束和单个离子溶剂的能量：小的离子簇溶剂化数据和传统本体溶剂化能量数据相结合就能得到关于离子簇通过溶剂化作用联结在一起形成大离子簇的累积成键作

用能的定量信息。团簇的数据也可以被用来计算基于团簇模型的单离子溶剂化作用能,但用团簇模型得到的数据要比传统的值小。这些关于大团簇和离子溶剂化能量的结论将是成核作用及电解质溶液的热力学的基础。对现有的热力学数据的正确解释需要对大团簇结合能进行精确的测量。

(8) 溶剂因素的分子束基分析:离子氢键对内部溶剂壳强烈作用被包括在小分子束的能量内,基于实验的离子簇溶剂能量能够定量分析出离子氢键、连续体和疏水性溶剂化的作用,这种分析能够得到结构上合理的结论,即通过每个烃基和质子的氢来计量氢键的贡献。

13.10 氢键与酸碱化学之间的关系

由氢键的成键理论可知,氢键属于 Lewis 酸碱反应的一种,因此 van Oss 等人的酸碱理论把氢键归属于酸碱反应力的一部分[16~18],即 γ^{AB}是由 Lewis 酸碱反应力和氢键共同组成的。

13.11 小结

虽然氢键在化学领域的许多方面都已经被认为是非常重要的,对它的研究也已经进入了比较成熟的定量科学阶段[1~4],这为对它的应用提供了保证。但必须指出,作为 Lewis 酸碱反应能的一部分,氢键在酸碱力中的定量描述到目前为止还非常少,值得进一步予以关注。

参考文献

[1] Jeffrey GA, Saenger W. *Hydrogen bonding in biological structures*. New York: Springer-verlag, 1991.

[2] Schneider WG. *J Chem Phys*, 1955(23): 26.

[3] Pauling L. *Proc Natl Acad Sci US*, 1928(14): 359.

[4] Pimental GC, Mcclellan AL. *The Hydrogen Bend*. San Francisco and London, 1960.
[5] Pople JA, Head-Gordon M, Fox DJ, et al. *J Chem Phys*, 1989: 5622.
[6] Curtiss LA, Raghavachari K, Trucks GW, et al. *J Chem Phys*, 1991(94): 7221.
[7] Curtiss LA. *J Chem Phys*, 1993(98): 1293.
[8] Curtiss LA, Raghavachari K, Redfern PC. *J Chem Phys*, 1998(109): 7764.
[9] Curtiss LA, Redfem PC, Baghavachari K, et al. *J Chem Phys*, 1999(110): 4703.
[10] Curtiss LA, Redfem PC, Raghavachari K, et al. *Chem Phys Lett*, 1999(313): 600.
[11] Nishiyama N, Sakura T, Suzuki K, et al. *Biol Mater Res*, 1998(40): 458～463.
[12] Leung Y, Morris MO. *Dent Mater*, 1995, 1(3): 191～195.
[13] Tanaka J, Ishikawa K, Yatani H, et al. *Dent Mater*, 1999, 18(1): 87～95.
[14] 周公度,段连运. 结构化学基础(第三版). 北京：北京大学出版社,2004.
[15] Michael Meot-Ner (Mautner). *Chem Rev*, 2005(105): 213～284.
[16] Good RJ, Chaudhury MK, van Oss CJ. *Theory of Adhensive Forces Across Interfaces*, 153～171.
[17] Good RJ. *J Adhension Sci Technol*, 1992(6): 1269～1302.
[18] van Oss CJ, Good RJ, Chaudhury MK. *Chem Rev*, 1988(88): 928～941.

第十四章 亲电指数

14.1 简介

化学是基于热力学和动力学定义上键的形成和断裂的一门科学。化学反应过程中一个完整的认识在于对反应的机制研究，在键的不均衡断裂中，电子对跟其中一个片段共存，这个片段就会变成多电子片段，而另一个变得缺电子。多电子反应物被正电荷中心吸引，通过与缺电子试剂共用电子而形成化学键。多电子的片段就是亲核剂，缺电子的就是亲电剂[1~4]。

电子被均匀分开就形成了自由基，自由基也会被分成亲电/亲核两种，这取决于它们进攻多/缺电子密度的反应位置的趋势。而且亲核剂（亲电剂）是 Lewis 碱（酸）也是还原剂（氧化剂），因为它们提供（接受）电子，意味着在亲电-亲核化学，酸碱化学和氧化还原化学之间建立了一种关系。由于大部分反应可以通过各种参与物质的亲电/亲核来分析，对它们组成的恰当理解变得十分重要[1]。

虽然还没有亲电性的确切的定义，但是对特定类型反应的一些相关评论是可行的。经常遇到的最重要的反应类型是取代、加成、消去和重排反应，而所有这些反应都可以用热力学和动力学方法来分析。前者决定了一个反应将会进行到何种程度，后者决定反应发生有多快。尽管亲电（亲核）和 Lewis 酸（碱）是相关的，前者通常被认为是动力量，因此可以用 K 相对值来估算，后者是一个热力学量，用 K 相对值来衡量。亲电的概念在几十年前就被人们所知，尽管直到最近也没有一个明确的定义[5~13]。亲电指数（Electrophilicity Index）指出：亲电对结构、稳定性、活性、毒性、键反应性和动力学包含了足够的信息。仅仅是 Parretal 提出的亲电指数的概念就很有用[1]。

14.2 亲电指数

14.2.1 起源

流行的定性的化学概念如电负值(χ)[14~16]和硬度(η)[17, 18]已经在密度函数理论(DFT)概念范围内被赋予了严格的定义[19~26]。电负值是化学势的负值,定义如下,对于一个负电子系统,包括总的电子势 E 和外部电势 $v(\vec{r})$[27~29]:

$$\chi = -\mu = -\left(\frac{\partial E}{\partial N}\right)v(\vec{r}) \tag{14-1}$$

其中:μ 是与 DFT 标准化规范相关的拉格朗日乘数,在 DFT 中,电子密度($\rho(\vec{r})$)是代替了多粒子波函数($\Psi(\bar{x}_1, \bar{x}_2, \cdots, \bar{x}_N)$)的最基本的变量[19, 27, 28]。

硬度(η)被定义为相应的第二衍生物[30]。

$$\eta = \left(\frac{\partial^2 E}{\partial N^2}\right)_{v(\vec{r})} = \left(\frac{\partial \mu}{\partial N}\right)_{v(\vec{r})} \tag{14-2}$$

有时,另一半要素包含在上面的定义中,柔软度(S)是硬度的倒数;$S = 1/\eta$。一个负粒子波函数的完整定性只需要 N 和 $v(\vec{r})$。当 N 随 $v(\vec{r})$的变化而变化时,X 和 η 来衡量系统的反应,在 N 固定的情况下,$v(\vec{r})$的变化引起系统的变化由线性密度反应函数来给出[19]。

一个化学品的电子云对外界微弱的电场的线性反应按照静电偶极极化(α)来衡量。静电偶极极化是在电场 F 存在下电子密度的线性反应的一种量度;它代表了能量中的一个二阶有序变量。

$$\alpha_{a,b} = -\left(\frac{\partial^2 E}{\partial F_a \partial F_b}\right);\ a,\ b = x,\ y,\ z \tag{14-3}$$

极化(α)如下计算:

$$\langle \alpha \rangle = 1/3(\alpha_{xx} + \alpha_{yy} + \alpha_{zz}) \tag{14-4}$$

这些反应常量被更好地运用于各种相关的电子结构准则。根据电负值平均原则,一个分子中的所有组成原子都具有相同的电负值,这个电负值是所有相关的孤立原子的电负值的几何平均值。两个硬度相关准则是依据软硬酸碱(HSAB)准则,和最大硬度准则[29~33]。前一个准则是"强酸易于和强碱结合,弱酸易于和弱碱结合,这是因为它们的热力学和动力学组成决定的[17, 30, 34~40]。"另一个叙述如下,"自然界似乎存在一个规律,那就是分子会自我排列以趋于尽可能地硬[41~48]。"根据硬度和极化的相反关系 $\eta \propto 1/\alpha^{1/3,\ 49-52}$[49~52],最小极化准则被提出,"任何体系的自然进化方向都是朝着最小极化的方向"[53~56]。

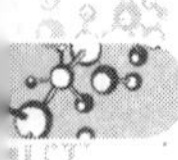

运用一种有限差异的方法，χ 和 η 的计算等式被给出如下[19]：

$$\chi = \frac{I+A}{2} \tag{14-5}$$

$$\eta = I - A \tag{14-6}$$

其中：I 和 A 分别是电离势和电子亲和力。如果 ϵ_{HOMO} 和 ϵ_{LUMO} 分别是分子轨道最高获得和最低获得的能量，那么，上面的等式就可以用 Koopman 理论改写成如下形式[57, 58]，

$$\chi = -\frac{\epsilon_{HOMO} + \epsilon_{LUMO}}{2} \tag{14-7}$$

$$\eta = \epsilon_{LUMO} - \epsilon_{HOMO} \tag{14-8}$$

Maynard 和他的同事指出[59]，人类免疫缺陷病毒类型(HIV-1)壳蛋白 p7(NC_p7)与几种亲电试剂作用的荧光衰变反应速率跟电负值的平方除以它的化学硬度($\chi^2/2\eta$)有很大关系。其中另一个要素被提出是由于硬度的定义(等式 14-2)。($\chi^2/2\eta$)的值被认为与亲电子剂促进柔和的(共价)反应的能力有关[13, 59]。在 Maynard 等人大量研究工作的推动下，亲电指数(ω)被 Parr 等人定义为 $\chi^2/2\eta$[14]。

14.2.2 规定

为了提出亲电指数，Parr 等人[14]假定了一堆零度和零化学势的自由电子气体。当一个亲电体系(原子，分子或离子)将要进入这个电子堆时，将会有一个电子从电子堆中转移 ΔN 到亲电体系中，直到体系的化学势达到零[29~33](或 14-9)。

$$\Delta E = \mu\Delta N + \frac{1}{2}\eta(\Delta N)^2 \tag{14-9}$$

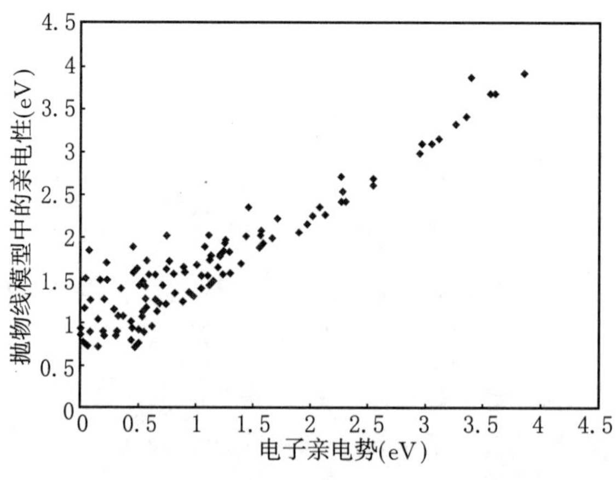

图 14-1 亲电指数与电子亲电势之间的关系[14]

考虑到体系由于吸收了最大量的电子而变得饱和，这一情况，$\Delta N_{\max}$，他们设定$(\Delta E/\Delta N)$为零，于是有：

$$\Delta E = -\frac{\mu^2}{2\eta} \tag{14-10}$$

$$\Delta N_{\max} = -\frac{\mu}{\eta} \tag{14-11}$$

在等式(14-10)中，被除数(μ^2)是平方，因此是正的。除数(2η)是能量增加也是正的，因此，ΔE是负的。电荷的转移是一个自发的过程，Parretal将其定义为[14]：

$$\omega = \frac{\mu^2}{2\eta} = \frac{\chi^2}{2\eta} \tag{14-12}$$

作为亲电性的一种衡量方法，就像Maynard提出的一样[59]。ω这个量被称作"亲电指数"，被认为是亲电力的衡量方法[14]。就像在经典的静电理论中，力$=V^2/R$，μ和η分别代表电势(V)和阻力(R)。在图14-1、14-2和14-3中很明显可以看出，ω和A是不完全等同的，但它们是相关的，并且ω与A比与χ的相关性更大[60]。尽管所有这些量都是衡量吸电子倾向的。

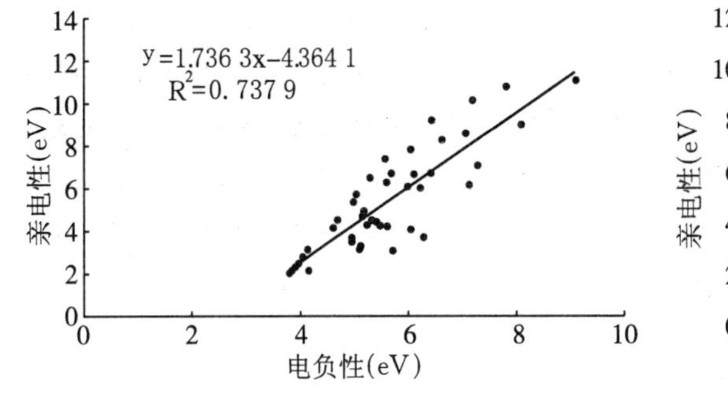

图 14-2　电负性与亲电性之间的关系[60]

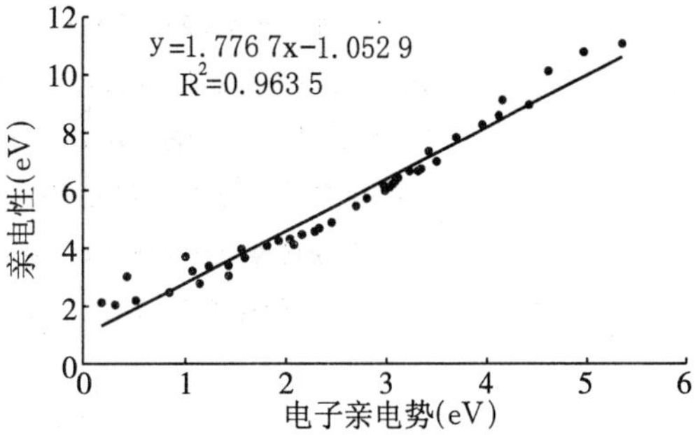

图 14-3　电子亲电势与亲电性之间的关系[60]

由于ω由I和A来决定，可以猜想A可以跟ω有相同的趋势，而变量I的作用不是太大。通常可以观察到周期表中相同组的元素和官能团中包含它们[60]。可以看出A反应了能量的变化。由于单个电子的加入，虽然能量由于最大量电子的流动被发现逐渐下降，但这可以由ω得以表征。

14.2.3　局部延伸和位置选择

14.2.3.1　局部亲电性

广义的反应指标如电负性、化学势、硬度和极化度。亲电性作为最后一个被引入的可以对体系作为一个整体来定义。描述分子中的位置选择，局部反应指标也被提出，硬度的定义公式被给出[61, 62]：

$$\eta = \frac{1}{N}\iint \eta(\vec{r}, \vec{r}')f(\vec{r}')\rho(\vec{r})\mathrm{d}\vec{r}\mathrm{d}\vec{r}' \tag{14-13}$$

或者其他的变量[63~65]，其中：$f(\vec{r})$是 Fukui 函数[66~70]，硬度又可以被写成：

知识链接

福井谦一(*Kenichi Fukui*，1918～1998)，日本理论化学家，美国科学院外籍院士，欧洲艺术科学文学院院士、日本政府文化勋章获得者。福井由于在 1951 年提出直观化的前线轨道理论而获得 1981 年诺贝尔化学奖，他是第一位获得诺贝尔化学奖的日籍科学家。1951 年，福井谦一发表了前线轨道理论的第一篇论文《芳香碳氢化合物中反应性的分子轨道研究》，奠定了福井理论的基础。福井初期的工作并不为人们所认可，直到 20 世纪 60 年代，欧美学术界开始大量引用福井的论文之后，日本人才开始重新审视福井理论的价值。前线轨道理论是福井谦一赖以成名的理论，这一理论将分子周围分布的电子云根据能量细分为不同能级的分子轨道，福井认为有电子排布的，能量最高的分子轨道(即最高占据轨道 HOMO)和没有被电子占据的，能量最低的分子轨道(即最低未占轨道 LUMO)是决定一个体系发生化学反应的关键，其他能量的分子轨道对于化学反应虽然有影响但是影响很小，可以暂时忽略。HOMO 和 LUMO 便是所谓前线轨道。福井提出，通过计算参与反应的各粒子的分子轨道，获得前线轨道的能量、波函数相位、重叠程度等信息，便可以相当满意地解释各种化学反应行为，对于一些经典理论无法解释的行为，应用前线轨道理论也可以给出令人满意的解释。前线轨道理论简单、直观、有效，因而在化学反应、生物大分子反应过程、催化机理等理论研究方面有着广泛的应用。福井谦一所有的工作都是围绕量子化学直观化这一目标进行的，通过他提出的理论，传统的化学家可以不经过抽象的公式推导和计算，直接使用量子化学的理论指导实验，为他们打开了理论化学神秘的大门。为此福井专门编写了《图解量子化学》一书，这部书是非理论化学专业工作者了解量子化学的经典读物。

$$\eta(\vec{r}, \vec{r}') = \frac{1}{2}\frac{\delta^2 F[\rho]}{\delta\rho(\vec{r})\delta\rho(\vec{r}')} \tag{14-14}$$

其中 $F[\rho]$是 Hohenberg-Kohn-Sham[27, 28]通用函数。

Fukui 函数[66~70]是迄今最重要的局部反应指数，它被定义如下：

$$f(\vec{r}) \equiv (\partial\rho(\vec{r})/\partial N)_{v(\vec{r})} = (\delta\mu/\delta v(\vec{r}))_N \tag{14-15}$$

因为 $\rho(\vec{r})$对 N 曲线的斜率的不连续性，函数可以写成 3 种形式[71]：

(1) 亲核进攻：

$$f^+(\vec{r}) = \left(\frac{\partial\rho(\vec{r})}{\partial N}\right)^+_{v(\vec{r})} \approx \rho_{N+1}(\vec{r}) - \rho_N(\vec{r}) \approx \rho_{\mathrm{LUMO}}(\vec{r}) \tag{14-16a}$$

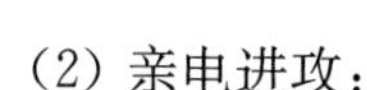

(2) 亲电进攻：

$$f^{-}(\vec{r}) = \left(\frac{\partial \rho(\vec{r})}{\partial N}\right)^{-}_{v(\vec{r})} \approx \rho_N(\vec{r}) - \rho_{N-1}(\vec{r}) \approx \rho_{\text{HOMO}}(\vec{r}) \tag{14-16b}$$

(3) 基态进攻：

$$f^{0}(\vec{r}) = \frac{1}{2}[f^{+}(\vec{r}) + f^{-}(\vec{r})] \tag{14-16c}$$

它们都包含了 Fukui 的边界轨道理论的本质。

斜度纠正方法和 $f(\vec{r})$计算的变化方法被人们所知晓[72, 73]。其他重要的局部反应参数包括$\nabla\rho(\vec{r})$和$\nabla^2\rho(\vec{r})$分子的静电势和量子势[74, 75]。

量子势被定义为[76~83]：

$$V_{\text{qu}}(\vec{r}, t) = -\frac{1}{2}\frac{\nabla^2\rho^{1/2}(\vec{r}, t)}{\rho^{1/2}(\vec{r}, t)} \tag{14-17}$$

建立在 V_{qu}之上的两个有用的理论是量子流体动力学(QFD)[82]和移动量子理论(QTM)[83]。前者，量子体系的动力学对应于随着量子势增大的标准电势的引导下的可能性流体。在 QTM 中，是这样描述的，根据整体粒子在标准势和量子势的作用下运动的。

另一个重要的局部反应参数是电子局部函数(ELF)[84~87]，用来解释单个决定性波函数。根据各种动态能量密度(Kohn-Sham，Weizacker-Thomas-Fermi)或相当于相关的局部温度[87]：

$$\text{ELF} = \frac{1}{1+(t/t_{\text{F}})^2} \tag{14-18a}$$

其中，

$$t = \frac{1}{2}\sum_i |\nabla\Psi_i|^2 - \frac{1}{8}\frac{|\nabla\rho|^2}{\rho} \tag{14-18b}$$

$$t_{\text{F}} = \frac{3}{10}(3\pi^2)^{2/3}\rho^{5/3} \tag{14-18c}$$

有时很难用这些 $\vec{r}$ 控制变量来分析位置选择。为解决这个问题，写出相关的缩小到原子的变量来表示分子中的原子位置 K。例如，相应的 Fukui 函数(f_k^{α}，$\alpha = +, -, 0$)可以用各自的电子符号(q_k)；viz 代替相应的电子密度来改写[88]。

(1) 亲核进攻：

$$f_k^{+} = q_k(N+1) - q_k(N) \tag{14-19a}$$

(2) 亲电进攻：

$$f_k^- = q_k(N) - q_k(N-1) \quad (14\text{-}19b)$$

(3) 基态进攻：

$$f^0(\vec{r}) = \frac{1}{2}[f_k^+ + f_k^-] \quad (14\text{-}19c)$$

为了更好地解释硬-软酸相互作用，局部柔软度被定义为[19, 88]：

$$s^\alpha(\vec{r}) = Sf^\alpha(\vec{r}) \quad (14\text{-}20a)$$

$$s_k^\alpha = Sf_k^\alpha \quad (14\text{-}20b)$$

其中，$\alpha = +$，$-$，和 0 分别代表亲核、亲电和基态反应。

值得关注的是据此软硬酸碱理论 HSAB 可以根据上述原则被进一步进行描述[89, 90]。

另一方面，局部亲电被引入来更好地分析亲电-亲核反应，定义如下[91, 92]：

$$\omega_k = \frac{\mu^2}{2}s_k^+ = \frac{\mu^2 S}{2}f_k^+ = \omega f_k^+ \quad (14\text{-}21)$$

ω_k这个量被称为亲电，是通过与 Fukui 标准函数相关的本身的解释来定义的[93]：

$$\omega = \omega\int f(\vec{r})\mathrm{d}\vec{r} = \int \omega f(\vec{r})\mathrm{d}\vec{r} = \int \omega(\vec{r})\mathrm{d}\vec{r} \quad (14\text{-}22a)$$

其中，

$$\omega(\vec{r}) = \omega f(\vec{r}) \quad (14\text{-}22b)$$

需要指出的是，$\omega(\vec{r})$能够解释 ω 和 $f(\vec{r})$，但是 $f(\vec{r})$需要一些明确的 ω 知识才能够得出 $\omega(\vec{r})$。而 $\omega(\vec{r})$可以解释 $s(\vec{r})$、S 和 η。在 μ 存在下，ω_k^α 有如下定义：

$$\omega_k^\alpha = \omega f_k^\alpha;\ \alpha = +,\ -,\ 0 \quad (14\text{-}22c)$$

等式(14-20)和(14-21)指出：等式(14-22b)是自然的选择。在代替 $f(\vec{r})$时，可以用其他的标准统一的量，如形函数 $\sigma(\vec{r}) = \rho(\vec{r})/N$。然而，由于缺少关于电子增加或减少的信息，这可能不是一个更好的参数。

注意到这一点也很重要，Fukui 函数和相关的量如 S_k^α 和 ω_k^α 可能不会对硬-硬相互作用提供恰当的反应趋势[94~96]，这是 Klopman[97]很早以前就提出来了。硬-硬反应是被严格控制的，因为它们在自然界中是电离的，同时，软-软反应是未被控制的，因为它们的共价性。有控制基础的参数有利于更好地解释硬-硬反应，尽管是模糊的，局部硬度被证明是一

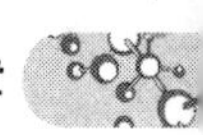

个比函数更好的硬-硬反应的参数。

14.2.3.2 位置选择

亲和力(ω_k^α)的分析给一个分子中的特定的原子位置易于亲电、亲核或基态进攻提供了局部的信息[93]。分子的总的亲电性是由这些局部的组成来决定的[91, 93, 98]。在 Legon 静电模型中[99, 100]，一个分子中的各种原子位置的局部反应用 f_k^α，S_k^α，和 ω_k^α 等价来理解。因为 S 和 ω 保持不变，除了个别情况，当分子内正发生一些如振动、内旋转、重排，或与溶剂相互作用，局部和总的参数在这些物理化学过程中就会发生变化。

亲和力和局部柔软度是比函数对亲电-亲核和硬-软作用分析更好的分子内反应参数。最近，这些方面已经被逐步证实[101, 102]，亲和性和局部柔性在对待分子内反应趋势上从本质上提供与函数相同的信息，除了那些 ω 和 S 随着 $f(\bar{r})$变化的分子内进行的过程。然而，为了分析分子内反应，f_k^α是不充分的，并且 S_k^α 应该被用来对比一个分子中给定的原子位置与另一个分子中另一个原子位置的硬-软反应[34~40]。对于同一个分子中的 f_k^α是足够了。

在一个亲电-亲核反应过程中，当两个反应物从很远的距离开始靠近时，它们只会感受到彼此的总的亲电力，而不是局部的反作用力。具有大的 ω 值的分子，将作为亲电子剂，另一个将作为亲核剂。最容易发生的反应将会在前者最具有亲电的位置与后者最具亲核性的位置之间进行。亲电子剂中有最大亲电值的原子可以不必有比亲核剂那样大的值，尤其是当在一个分子中有不止一个活性亲电(亲核)位置时。相似的情况也会发生在相应的全域和局部柔性之间，HSAB 准则在那些情况下将会与局部反作用不同[89, 90]。

14.3 亲电程度

14.3.1 球型方法

自从 Ingold(1893～1970，英国化学家，物理有机化学的开山鼻祖)提出了亲电性[103]，各种实验和理论计算量都被用来分析分子的亲电行为。亲电和亲核可以通过测量氢键二聚物的氢键延伸力的变化来进行估算[99, 100]。氢键力由 k_σ 给出，与亲核力(N)和亲电力(E)有关。

$$k_\sigma = CNE \tag{14-23}$$

其中 C 是个比例常数。如果 k_σ 值固定，这里 $N \propto 1/E$，恒定的力被认为是衡量亲电剂和亲核剂之间的结合力大小。是相关键离能的替代物，通常被用来描述亲电力而进行了 E

和 W 的对比[98]。活化硬度[104]和质子能[105]被用来分析芳香族的亲电取代反应。

在众多的亲电性标度中，一个重要的亲电性模式是由 Maya 等人提出的[106~120]。他们通过研究一系列亲电-亲核加成反应的绝对反应速率遵循下列线性自由关系来证明。

$$\log k(20\ ℃) = s(N+E) \tag{14-24}$$

其中 E 和 N 分别是亲电和亲核参数。是一个特定的亲核斜率参数。但这个标度认为是 Rirchie 标度[123，124]的一个通用概念，如下：

$$\log(k/k_0) = N_+ \tag{14-25}$$

其中，k_0 和 N_+ 分别是亲电剂和亲核剂相关参数，Maya 等人的标度被用来分析 HSAB 定律[125]。

图 14-4 反映了 E 和 ω 之间在重氮离子和 π 亲核剂反应时的线性关系。

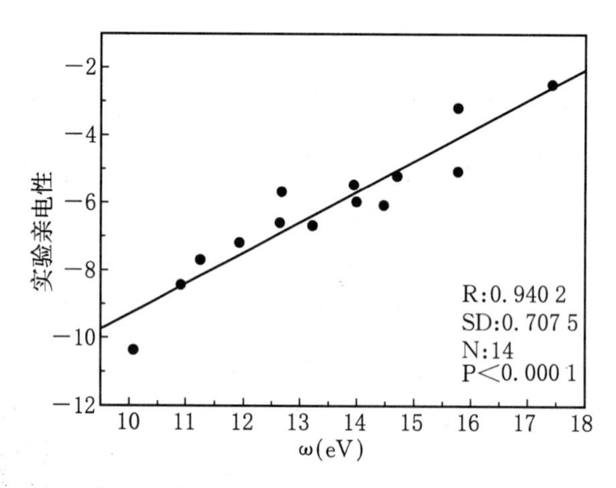

图 14-4　实验得到的亲电性 E 和理论得到的亲电性 ω 之间的关系[128]

Moss 在热力学数据基础上提出的亲碳比例(m_{CXY})在把亚碳化合物分为亲电、双亲和亲核中很有用[129~134]。在亲亚碳和相关的取代分子参数之间存在一种线性自由能关系。这些参数被用来分析表皮敏感性和亲电之间的关系[129~138]。最近在 m_{CXY} 和 ω 之间进行了对比。Swain-Scott 的自由能关系[142]和 Legon[99，100]亲电标度被用来分析卤素氧化反应的动力学机理。

正如在前面提到的，热力学亲电指数(ω)被 Parr 等人[14]提出，并被 Maynard 等人[13，59，144]的定量发现进一步推动。亲电和亲核是完全相反的($1/\omega$)，定义倒数乘法 ($S = 1/\eta$) 和加法 ($1-\omega$) 被提出作为亲核的一种可能的定义[145]。当然，C/ω 和 ($B-\omega$)，其中 B 和 C 对给定的一组分子式是不变的(也可以是零)，其他人也提出了相似的倒数关系[99, 100, 146, 147]。在一个分子的原子振动广阔的框架范围内得到的亲电指数(ω)也在最近被人进行了评论[148]。在一个很有意思的羰基化合物亲核取代的研究中发现反应机制与亲电/亲核差异相关，而相关的差异蕴含着一个分步反应机制[149~151]。

在 Parr 等人[14]提出亲电指数(ω)的明确的定义之前，几个物理化学的亲电标度被提出了，不同于 Ingold 等人的标度[103, 153]，溶解相离子电位[154]、^{13}C-NMR 化学位移[155~157]、IR 吸收[155, 156]、电荷分解[158]、LUMO 能量[159~162]、离子电位[162]、HPLC[165]、固态合成[166]、K_e值[167]、等亲电窗[168]、HOMA 指数[169]，都是一些相关的量被用来理解化学体系的亲电/亲核特性。

亲电参数大致可分为 3 类：一类是基于动力学参数、一类是基于亲电进攻发生的速率，和而另一类是用来衡量这种进攻难易程度的热力学参数。Mayr 和他的同事们[106~120]把各种亲核剂和亲电剂进行了有序的分类。Ritchie 的参数[123, 124]和 Swain-Scott 参数[142]在本质上是相似的。不同于量子化学和光谱方法，如 LUMO 能量[159~162]，C-NMR 化学位移，ν_{CO}频率[15~157]和电荷分解[158]都与各自的反应速率相关联。热力学亲电参数是建立在亲电荷亲核位置之间形成的键的基础上的。它们包括 HOMA 指数衡量芳香族[169]和芳香族类[252]、成键力[99, 100]、通过 HPLC 测试的共价键反应[165]、固态合成[166]、Ke 参数[167]、LUMO 能[159, 167]、疏水物[168]，氧化还原反应电位[164]、最大超电离接受体[159]和溶解相电离热[154]。Hammett(1894～1987，美国物理化学家)或 Taft 参数用在各种线性自由能量关系中也被报道[13, 155, 315, 316]。亲电加成的电离和活性能之间的线性相关关系也被人们所知[163]。

这些参数在自然界中大部分都是凭经验的。从一种化合物的参数向另一种化合物转移不总是可行的。Maynard-Parr 亲电指数建立在很牢固的基础上。最初，它是被 Maynard[13]引进定义为 $\omega = \chi^2/2\eta$，当他们注意到，与其他参数相比时，这个量与 HIV-1 核壳体 P7 与不同的亲电剂反应实验速率的对数之间有很大的关联。Parr[14]指出，与气相分子原子被环境中电子包围相关的能量变化由这个量给出。因此，可以合理地认为是亲电的一个定义。还可以看到，这个定义的基础是 Marnard[13]的动力学和 Parr[14]的热力学。

14.3.2 局部方法

主要的亲电性标度都是经验型的，它们的局部方法只是最近才有所发展，而大部分是基于 Fukui 函数[66~70, 170]。在理解取代反应中运用这些参数有助于理解亲电性和一些相关的最重要的部分[171~179]。

相对亲电性和亲核性分别被定义为 S_k^+/S_k^- 和 S_k^-/S_k^+[180]。尽管在一些场合下它们比 Fukui 函数或局部柔性表现得更好[180~182]，它们也有各种各样的缺点[173~176, 183]。根据

HSAB 原理[89,90]，与指数相匹配的柔性指数被定义为[184~186]：

$$\Delta_{ij}^{kl} = (S_i^- - S_k^+)^2 + (S_j^- - S_i^+)^2 \tag{14-26}$$

其中一个亲核剂的原子 i 和 j 就通过亲电剂的原子 k 和 l 核形成化合物。这个量相关的亲电性最近也有报道。衡量一个反应的亲电 Fukui 函数和另一个反应的亲核 Fukui 函数之间的整体或差异的新的活性和选择指数被提出。一个相似的整体指数也出现在量子相似性研究中。过度的亲核和亲电效应也被分析到[187]。

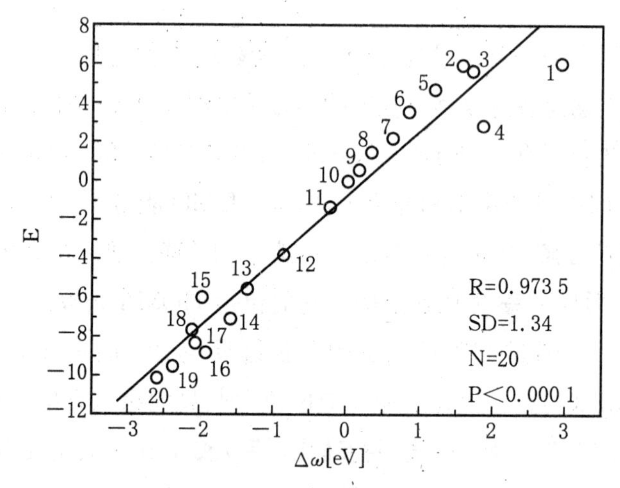

图 14-5　经验亲电性(E)和理论相对亲电性(Δω)之间的关系[91]

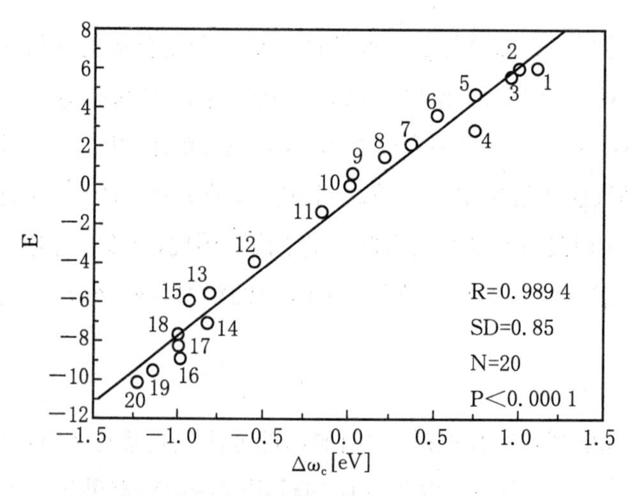

图 14-6　经验亲电性(E)和理论相对局部亲电性($\Delta\omega_c$)之间的关系[91]

局部柔性和局部亲电性在分析局部选择性中也发挥了很好的作用。图 14-5 和图 14-6 描述了一组联苯正离子的总的和局部的亲电性理论和经验参数之间的线性关系[188~190]。

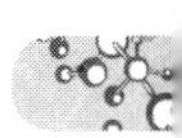

Li 和 Evans 重新陈述了局部 HSAB 准则，“对于弱-弱反应，Fukui 函数的最大值位置被优先考虑，强-强反应的最佳位置是与相应的最小值相关的”[191, 192]。由于硬反应的本质是静电的，而 Fukui 函数被人们发现不能很好地反映这种反应[94]。而电荷[94~96, 193]或相关的量[65, 194]如分子静电势、局部硬度被认为是给硬反应提供了很好的参数。

其他的一些量包括取代苯胺中的电子能量 1s[195]、平均局部电离能[196, 197]、配位非局部反应[198]、电子局部函数[199, 200]等等。核 Fukui 函数[201~203]和电子分散力[204]也被引进了。

14.4 亲电指数的应用

14.4.1 周期性

元素周期表提出的原子壳结构和化学周期性的概念奠定了化学教育的基础[205]。周期率可以被叙述为，“化学元素和它们的化合物的组成是元素的原子数的周期性函数”。原子具有完整外壳和次外壳与开壳的对应物相比更稳定，更不容易反应。从最大硬度定理(MHP)[41~48]和最小极化定理(MPP)[53~56]可以得出，在一个周期内计划度逐渐增加，在一个族内硬度逐渐变小。在一个周期内极化度逐渐减小，在一个族内极化度逐渐增加[206, 207]。碱金属是最软的和最容易极化的。惰性气体是硬度最大的，最难极化的。亲电性在卤素中也显示出周期性，最大电负性，也是最不亲核的。图 14-7 中可以看出，$[\partial\overline{\omega}/\partial N]$中性原子的变量模拟了 μ，因为 $\gamma = 1/3[\partial\eta/\partial N]_{v(f)}$ 的值很小。

知识链接

门捷列夫(Mendeleev，1834～1907)，俄国科学家。恩格斯在《自然辩证法》一书中曾经指出：“门捷列夫不自觉地应用黑格尔的量转化为质的规律，完成了科学上的一个勋业，这个勋业可以和勒维烈计算尚未知道的行星、海王星的轨道的勋业居于同等地位”。由于时代的局限性，门捷列夫的元素周期律并不是完整无缺的。1894 年，惰性气体氖的发现，对周期律是一次考验和补充。1913 年，英国物理学家莫塞莱在研究各种元素的伦琴射线波长与原子序数的关系后，证实原子序数在数量上等于原子核所带的阳电荷，进而明确作为周期律的基础不是原子量而是原子序数。在周期律指导下产生的原于结构学说，不仅赋予元素周期律以新的说明，并且进一步阐明了周期律的本质，把周期律这一自然法则放在更严格更科学的基础上。元素周期律经过后人的不断完善和发展，在人们认识自然、改造自然、征服自然的斗争中，发挥着越来越大的作用。门捷列夫除了完成周期律这个勋业外，还研究过气体定律、气象学、石油工业、农业化学、无烟火药、度量衡等，在他研究过的这些领域中，在不同程度上都取得了成就。

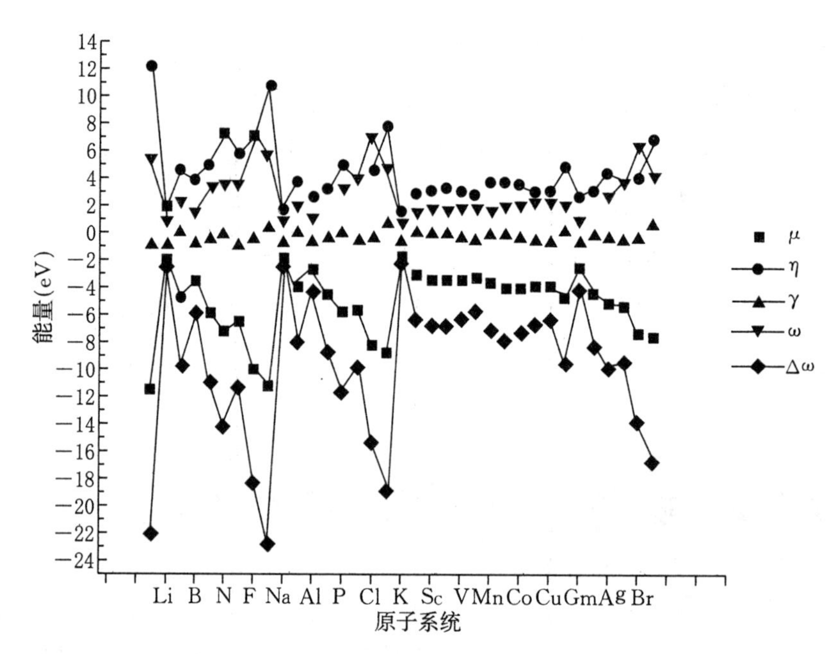

图 14-7 He 和 Kr 不同的 μ、η、γ、ω 和 Δω[207]

14.4.2 激发态

原子和分子在不同电子状态,如对称[209~211]或组合[212~216]的最低状态下的激发态都可以用 DFT 进行计算[216~220]。一般而言,一个体系的基态比任何激发态都更硬核化和少极化点,而这个事实与 MHP 和 MPP 的结果是一致的[221~228]。因为一个原子或分子通常在激发态活泼。

即使在包括 Rydberg 状态的与时间有关的激发状态下,这个结论依然是正确的[226~228]。任何体系在激发态下电负性更小,然而与基态相比,激发态的亲电性将完全取决于 X 和 η 的相对变化。尽管它们两个经常下降。

14.4.3 原子半径

把一些原子和分子限定在不透明的球形盒子里,观察它们受到的作用力,并对这一过程进行模拟,形成了限定量子力学体系的概念[229]。数字 Hartree-Fock 计算和原子或离子的各种全球反应参数的 Dirichlet 边界条件显示,当这种限制量下降时,所有的系统在外力的作用下都会变得越来越硬,不易极化,但 $\eta \propto \alpha^{1/3}$ 这种倒数关系依然有效。

亲电性对这种限制不太敏感[230],除了在一些很小的半径情况下,原子数和离子化程度的 ω 变量对所有的限制范围都是不变的[230~232](图 14-8)。

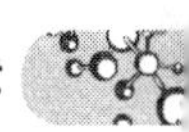

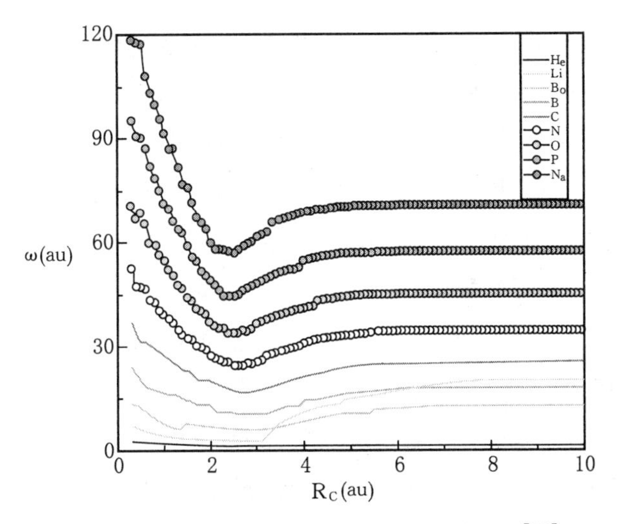

图 14-8　亲电指数(ω)与原子半径之间的关系[230]

14.4.4　化学过程

总的和局部的亲电性在分析各种化学化合物的反应和选择性，各种化学类型过程的反应机理中很有帮助。系统的过剩被研究过[231]，包括第一列过渡金属[233]、二氮离子[128]、二氧化碳[234]、氟化物[235]、亚碳化合物[236]、Fischer 型的铬碳化合物[237]、铜族[238]、沸石[239]、十四族元素和[60]相关的功能族脂肪氨[240]、烷类[241]和相关的衍生物[242]及其他物质[243~246]。图 14-9

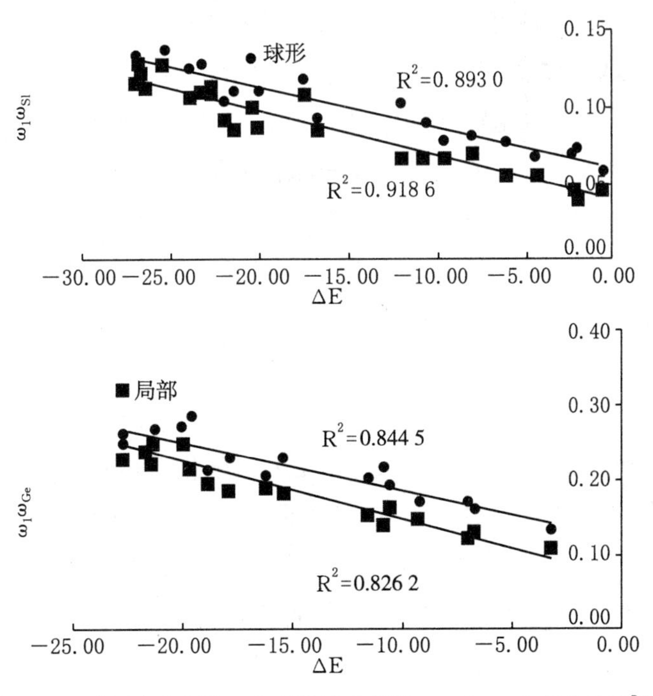

图 14-9　球形亲电指数 ω 与局部亲电指数 ω_{Si} 或 ω_{Ge} 之间的关系[147]

清楚地显示出总的和局部的亲电性通过反应能量和相关的化合物和氨反应的线性变化。

碳化合物分子间的反应也用一组亲和力来研究。亲和力-亲电力的理论分析的重要性被显示出来[247]。亲电指数和芳香族化合物之间的强酸性关系也被分析过，发现总的亲电性并不需要总是与独立原子核的化学转化值相关联，因为那主要是表征芳香族化合物的引力方面的[248~253]。关于钴紫质衍生物的研究显示原子的数目使钴中心和钴紫质化合物中的亲电性增加[254~263]。苯丙氨酸醋酸盐中，碳原子中电子取代基团的存在，促使了对碳原子的亲核进攻，增加了亲电性。Fischer 型钴-碳化合物的研究显示了亲电性由于供电体的存在而下降。因为在亚碳化合物中接受轨道被占据[237]。

在相应的钕复合物中，碳氧键最容易发生亲电进攻[147]。然而，在双质子合成中、碳和氢氧位置都是亲电进攻的优选位置。有机复合物的相似分析显示，偶氮苯是一个更好的接收体[246]。亲电对大部分氟取代仍然保持不变。实验和理论计算得出：奇异的团簇更为亲电、更为柔软，有能力接受电子形成一个闭壳结构[238]。沸石吸收小分子和碳氢键的断裂可以解释亲和力的作用[239]。用卤素和原子的旋转-轨道反应的 ω 理论计算可以重现亲电的单一性下降趋势[60]。

主要反应类型的机理分析发现：通过总的和局部亲电包括-偶极加合反应，和各式各样的亲核电子对的反应[261~267]，典型的 Diels-Alder 反应，都受亲电性的影响。如果其中的亲电差别很小，则极性将使这种差别的最大值发生变化[268~281]。

圆形加成反应中，两个成分相互接近在一个圆形框架范围内会形成两个新的键[277]。在类似的圆形加成反应中，还可以形成一个六元环状产物。这些反应速率的提高，一是由于其中一个电子吸收取代物，二是因为一个电子电子释放物质。它们总的亲电值的差别将提供这些反应机制的独特的视角。用亲电指数和局部变量来理解这些反应曾被 Maynard-Parr 和他们的同事尝试过[275]。在正常的电子需求反应中，他们发现电子离去基团的存在增加了反映的速率；而在这些反应中，电荷的转移是从亲核基团转到亲电基团[277]。

相似的亲电基础分析被扩大到偶极反应，亲电性差别的增大有利于加快反应。而腈类化合物和甲基丙烯酸的极化反应可以被总的和局部亲电指数进行估算，并发现比分子轨道理论更可靠[279]。

除了这些主要的反应类型，在全球和局部水平上的亲电指数概念也被用来分析更广泛的反应过程。它们包括硫的氧化[282]、碳烯烃化合物的催化[283]、甲酸的还原[284,285]、氢化物的转移反应[286]、碳碳双键的亲核加成[287]、苯甲基反应[288]、硫醇的氧化[289~294]等等。这些研究的主要目的是确定一个反应物是作为亲电剂还是亲核剂。

亚硝基化合物的总值表明，在反应过程中，它们表现的是亲核剂，跟氧相似[293]。从它们的 HOMO 的形成通过更高的反键结合这一事实中形成了亲电性。与反应速率相关的能量变化随着亲电值的增加而下降。硫醇的氧化亲电分析显示氧化阶段电子接收体在极性溶剂中存在。实验速率常数和亲电指数之间的定量线性关系可以从反应中得到。亲核加成物包括碳-碳双键。与甲醛分解产物相关的反应类型,可以根据亲电指数和其他一些变量进行分析[287]。

14.4.5 溶剂效应

为了理解溶剂对亲电的作用,Perez 等人[295]写出了一个 ω(公式 14-12)变量:

$$\Delta\omega(1\rightarrow\epsilon)=(\mu/\eta)\Delta\mu-\frac{1}{2}(\mu/\eta)^2\Delta\eta=\Delta\omega^{(1)}+\Delta\omega^{(2)} \tag{14-27}$$

其中:ϵ 是中间体 $\Delta\mu$ 和 $\Delta\eta$ 的电解质常量。描述了当体系由气相变为液相时 μ 和 η 的变化。增加的能量 $\Delta\overline{E}_{ins}$,溶质进入到溶剂被定义为两倍的溶解能量 ΔE_{solv}。

$$\Delta\omega^{(1)}(1\rightarrow\epsilon)=\left(\frac{\Delta E}{\Delta N}\right)_{v(\vec{r})}\left(\frac{\Delta N}{\Delta\mu}\right)_{v(\vec{r})}\Delta\mu\approx\Delta E_{ins}=E(\epsilon)-E(1)=2\Delta E_{solv} \tag{14-28}$$

等式(14-27)的另一种表达方式是:

$$\Delta\omega^{(2)}(1\rightarrow\epsilon)=\frac{\mu}{\eta\Delta N}E_{solv} \tag{14-29}$$

$\Delta\omega(1\rightarrow\epsilon)$ 和 ΔE_{solv} 对一系列中性和亲电剂之间的线性关系[295]在图 14-10 中显示出这种方法的可靠性。

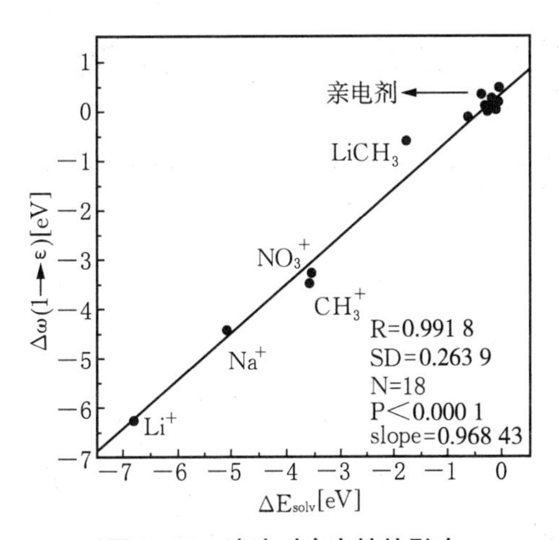

图 14-10 溶液对亲电性的影响

一些文献[299,300]报道了溶剂在 2 个分子中的重排。而一些实验证实溶液可以降低亲电性。从一些体系的反应过程发现:带电荷的过氧化物、开环丙烷衍生物、各种电子给予体、脂肪氨、各种有机金属化合物、碳化合物、染料中间体反应等都受溶液的影响。总的来说在溶液相中反应更容易[301~306]。

14.4.6 外电场的作用

在外电场的存在下，化学体系的反应变化更大[307]。这个电场可以是一个外在的电磁场或者它可以在另一个分子或溶剂的存在下而增加。在母体分子中的核库仑力会变大。由于电子和原子核存在于反应物分子中，除了它们之间可能发生的电子转移。所有这些作用，包括任何外部的电磁场，可以用普通电场的存在来模仿。在统一的外电场存在下，分子的活性和选择性的变化可以被分析。但分子内的静电场在决定化学反应中发挥了至关重要的作用，这是因为外电场的作用很小。然而，在很大的外电场力下，可以观察到反应的重大变化（图 14-11、14-12）。

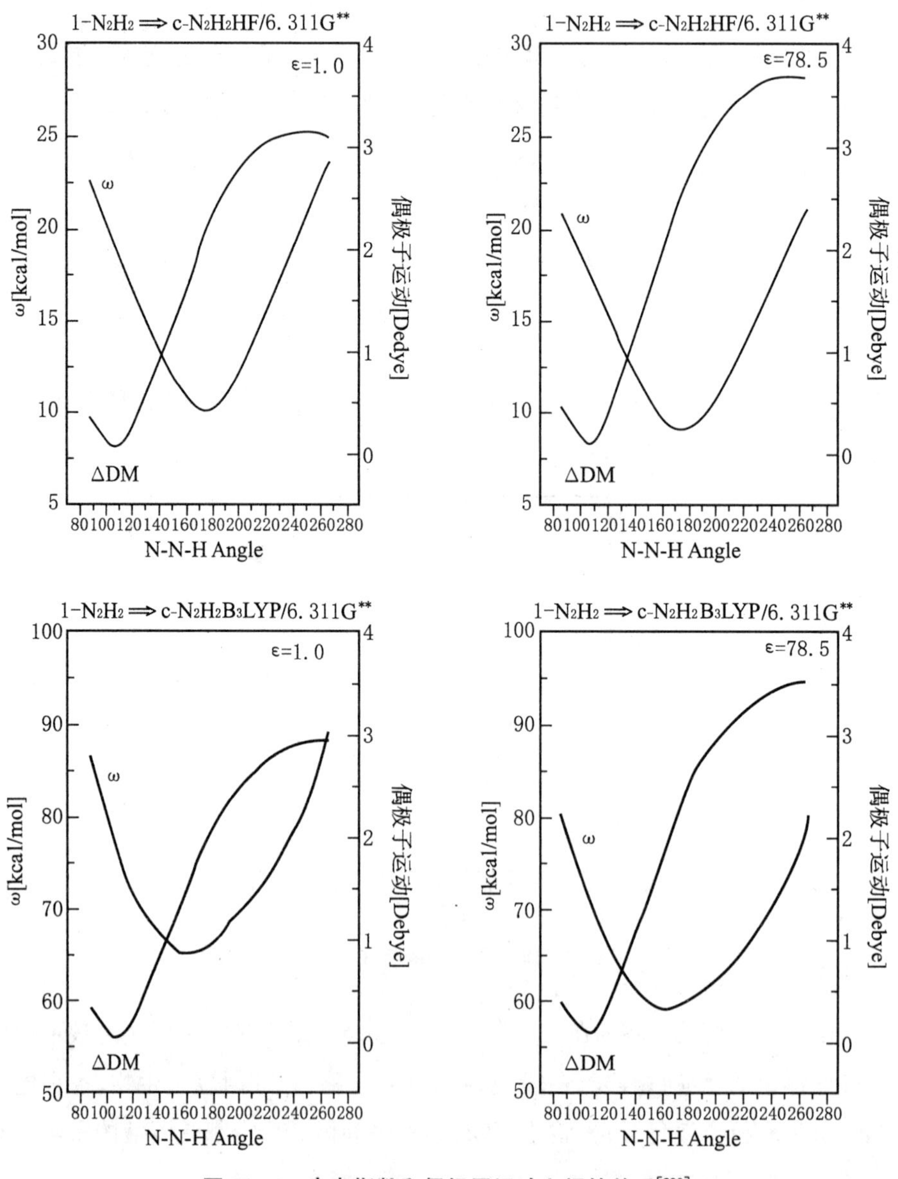

图 14-11　亲电指数和偶极子运动之间的关系[300]

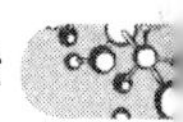

由于任何量子体系可以由它的电子数(N)和外电势($v(\vec{r})$)的变化来完整的定性，包括它的化学活性，可以由 N 和 $v(\vec{r})$ 的变化来进行分析。例如，化学势的变化可以写成[19]：

$$d\mu = \eta dN + \int f(\vec{r}) dv(\vec{r}) d\vec{r} \tag{14-30}$$

对于一个均匀的电场可以写成：

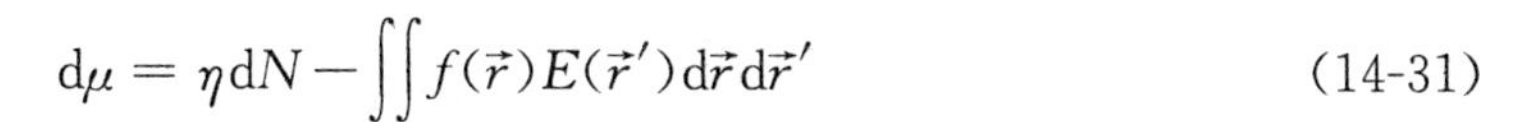

$$d\mu = \eta dN - \iint f(\vec{r}) E(\vec{r}') d\vec{r} d\vec{r}' \tag{14-31}$$

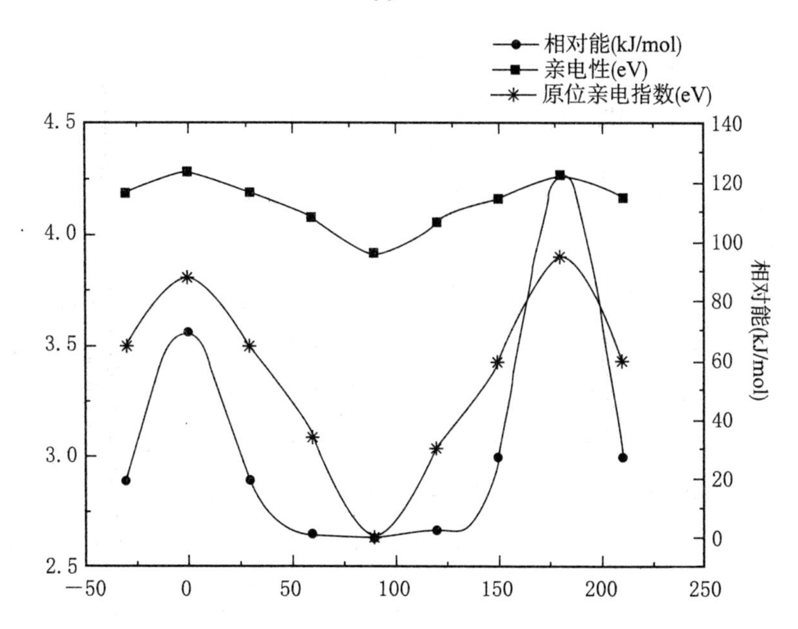

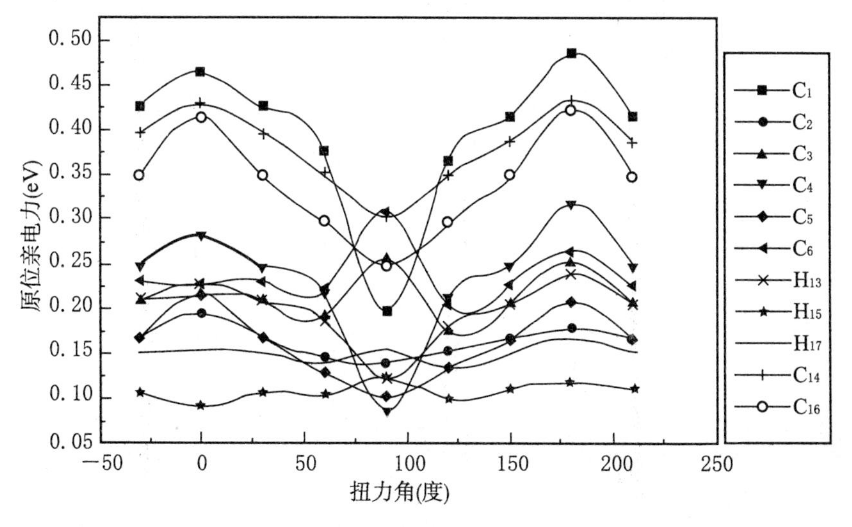

图 14-12　相对能、亲电指数与扭力角之间的关系[330]

因此，化学势的变化当没有电荷转移时会与外电场力成直接比例，还可以看出，μ 和 ω 发生了很大的变化。当外电场力增加时，外电场的作用只是边缘的。在 η 情况下，意味着由于外电场的能量二阶变量比相应的一阶变量要小。

局部活性指数如 Fukui 函数和亲和性被显示出来，在外电场的存在下变化很大[307]。可以注意到 f_k^α 和 ω_k^α 的变化不相似，因为总的亲电性在这种情况下也会变化。所有这些变化变得很明显，如分子中的原子数和外电场的增强[308]、外电势变化对反应和局部选择性上的作用[309]和溶剂与表面的联合作用[310, 311]。

14.4.7 生物活性和毒性

最近研究人员对研究亲电性和生物活性，尤其是毒性、诱变、不同化学、生物和生物化学体系中的致癌性的关系上的兴趣大大提高[312~334]。拓宽相关的定量结构活性关系(QSAR)的应用范围。这些研究在自然界中大部分都是定量的，由更强有力的说服力和相对比较少的论断潜力。基于这些新形成的观点，合理的药物设计方法被逐步发展起来。亲电性和过敏性皮肤接触物质之间的关系被人们发现。包括皮肤敏感性、酶在保护哺乳动物细胞免受恶性肿瘤的进攻方面的活性、有机化学品的毒性、诱变，抗癌性和抗细菌活性。

相似的研究也说明亲电性的重要性。聚氯联苯的毒性通过在气相和液相的亲电和亲和力侧面图来研究[335]。因为高的转动能量障碍不允许毒素在一个真实的环境中自由转动并和活的体系中的细胞组成相互作用，因此，毒性主要与低的转动能量障碍有关。转动能量图和硬度、极化度之间的对比清楚地表示出 PCSs 的剧毒性与最小的 η 值和最大的 α 值有关。从 MHP 和 MPP 可以看出，在那些形态中亲电性通常是最大的，最高的毒性位置可以从亲和力图表中看出。

鼠腹部前列腺感受体与蛋白质的结合亲和力以及和一些雌性激素衍生物结合亲和力值都与亲电指数有很大关系[337]。

将毒性与亲电指数联系起来是很合理的。然而，亲电性和亲和力的结合极大地改善了这种状况。基于电子给予体和电子接受体的毒素毒性分析使它更合理，也显示出毒素和生物系统之间的电荷转移的重要性。

为了避免共线性和超适合性，一些毒素的电子接受体如 PCDFs 和 PCBs 的 pIGC 值只与一个参数有关。

14.5 小结

这一章描述了亲电类型与化学周期性、激发态活性、一些化学和生物体系之间的关系包括溶剂和外电场效应与生物活性之间的关系。Maynard-Parr 亲电指数和它的局部变量为分析各种化学反应类型的反应机理提供了一个新的方向。

不同于其他的酸碱标度，亲电指数是一个比较特别的酸碱标度。它从独特的角度分析了化学反应，从而也提供了一个方法。但这个指数与其他酸碱标度之间的关系报道除了上面提及的以外还比较少。

参考文献

[1] Carey FA，Sundberg RJ. *Advanced Organic Chemistry*，*Part B：Reactions and Synthesis*，4th ed. New York：Kluwer Academic/Plenum Publishers，2001.

[2] Lowry TH，Richardson KS. *Mechanism and Theory in Organic Chemistry*，3rd ed. New York：Harper & Row，1987.

[3] Smith MB，March J. *Advanced Organic Chemistry*：*Reactions*，*Mechanisms*，*and Structure*，5th ed. New York：John Wiley & Sons，2001.

[4] Sykes PA. *Guidebook to Mechanism in Organic Chemistry*，6th ed. New Delhi：Orient Longman Limited，1970.

[5] Olah GA. *Acc Chem Res*，1971(*4*)：240.

[6] Kane-Maguire LAP，Honig ED，Sweigart DA. *Chem Rev*，1984(*84*)：525.

[7] Smit WA，Caple R，Smoliakova IP. *Chem Rev*，1994(*94*)：2359.

[8] Holmes RR. *Chem Rev*，1996(*96*)：927.

[9] Lal GS，Pez GP，Syvret RG. *Chem Rev*，1996(*96*)：1737.

[10] Chen JT. *Coord Chem Rev*，1999(*190*)：1143.

[11] Sander W，Kotting C，Hubert R. *J Phys Org Chem*，2000(*13*)：561.

[12] Makosza M，Wojciechowski K. *Chem Rev*，2004(*104*)：2631.

[13] Maynard AT，Huang M，Rice WG，et al. *Proc Natl Acad Sci USA*，1998(*95*)：11578.

[14] Parr RG，Szentpaly L，Liu S. *J Am Chem Soc*，1999(*121*)：1922.

[15] Pauling L. *The Nature of the Chemical Bond*，3rd ed. New York：Cornell University Press，1960.

[16] Sen KD，Jorgenson CK，Ed. *Structure and Bonding*，*Vol*. 66：*Electronegativity*. Berlin：Springer，1987.

[17] Pearson RG. *Chemical Hardness*：*Applications from Molecules to Solids*. Weinheim：Wiley-VCH，1997.

[18] Sen KD，Mingos DMP，Eds. *Structure and Bonding*，*Vol*. *80*：*Chemical Hardness*. Berlin：Springer，1993.

[19] Parr RG，Yang W. *Density Functional Theory of Atoms and Molecules*. Oxford：Oxford University

Press, 1989.

[20] Geerlings P, De Proft F, Langenaeker W. *Chem Rev*, 2003(*103*):1793.

[21] Chermette H. *J Comput Chem*, 1999(*20*):129.

[22] Chattaraj PK, Parr RG. Density Functional Theory of Chemical Hardness//Sen KD, Mingos DMP Eds. *Chemical Hardness*, *Structure and Bonding*. Berlin:Springer-Verlag, 1993, Vol. 80.

[23] Chattaraj PK, Poddar A, Maiti B. Chemical Reactivity and Dynamics within a Density-Based Quantum Mechanical Framework//Sen KD Eds. *Reviews in Modern Quantum Chemistry*: *A Celebration of the Contributions of Robert Parr*. Singapore: World Scientific, 2002.

[24] Chattaraj PK, Nath S, Maiti B. Reactivity Descriptors//Tollenaere J, Bultinck P, Winter HD, et al. Eds. *Computational Medicinal Chemistry for Drug DiscoVery*. New York: Marcel Dekker, 2003.

[25] Chattaraj PK. *J Ind Chem Soc*, 1992(*69*):173.

[26] Kohn W, Becke AD, Parr RG. *J Phys Chem*, 1996(*100*):12974.

[27] Hohenberg P, Kohn W. *Phys Rev B*, 1964(*136*):864.

[28] Kohn W, Sham L. *J Phys Rev A*, 1965(*140*):1133.

[29] Parr RG, Donnelly RA, Levy M, et al. *J Chem Phys*, 1978(*68*):3801.

[30] Parr RG, Pearson RG. *J Am Chem Soc*, 1983(*105*):7512.

[31] Sanderson RT. *Science*, 1951(*114*):670.

[32] Sanderson RT. *Science*, 1955(*121*):207.

[33] Sanderson RT. *J Chem Educ*, 1954(*31*):238.

[34] Pearson RG. *Hard and Soft Acids and Bases*. Stroudsberg: Dowden,Hutchinson & Ross, 1973.

[35] Pearson RG. *Coord Chem Rev*, 1990(*100*):403.

[36] Chattaraj PK, Lee H, Parr RG. *J Am Chem Soc*, 1991(*113*):1855.

[37] Ayers PW. *J Chem Phys*, 2005(*122*):141102.

[38] Chattaraj PK, Schleyer P v R. *J Am Chem Soc*, 1994(*116*):1067.

[39] Chattaraj PK, Gomez B, Chamorro E, et al. *J Phys Chem A*, 2001(*105*):8815.

[40] Chattaraj PK, Maiti B. *J Am Chem Soc*, 2003(*125*):2705.

[41] Pearson RG. *J Chem Educ*, 1987(*64*):561.

[42] Parr RG, Chattaraj PK. *J Am Chem Soc*, 1991(*113*):1854.

[43] Chattaraj PK, Liu GH, Parr RG. *Chem Phys Lett*, 1995(*237*):171.

[44] Chattaraj PK. *Proc Indian Natl Sci Acad*, *Part A*, 1996(*62*):513.

[45] Ayers PW, Parr RG. *J Am Chem Soc*, 2000(*122*):2010.

[46] Chattaraj PK, Fuentealba P, Gomez B, et al. *J Am Chem Soc*, 2000(*122*):348.

[47] Pearson RG. *Acc Chem Res*, 1993(*26*):250.

[48] Parr RG, Zhou Z. *Acc Chem Res*, 1993(*26*):256.

[49] Politzer P. *J Chem Phys*, 1987(*86*):1072.

[50] Ghanty TK, Ghosh SK. *J Phys Chem*, 1993(*97*):4951.

[51] Fuentealba P, Reyes O. *Theochem*, 1993(*282*):65.

[52] Simon-Manso Y, Fuentealba P. *J Phys Chem A*, 1998(*102*):2029.

[53] Chattaraj PK, Sengupta S. *J Phys Chem*, 1996(*100*):16126.
[54] Ghanty TK, Ghosh SK. *J Phys Chem*, 1996(*100*):12295.
[55] Chattaraj PK, Sengupta S. *J Phys Chem A*, 1997(*101*):7893.
[56] Chattaraj PK, Fuentealba P, Jaque P, et al. *J Phys Chem A*, 1999(*103*):9307.
[57] Pearson RG. *Inorg Chem*, 1988(*27*):734.
[58] Koopmans TA. *Physica*, 1933(*1*):104.
[59] Huang M, Maynard A, Turpin JA, et al. *J Med Chem*, 1998(*41*):1371.
[60] Giju KT, De Proft F, Geerlings P. *J Phys Chem A*, 2005(*109*):2925.
[61] Berkowitz M, Ghosh SK, Parr RG. *J Am Chem Soc*, 1985(*107*):6811.
[62] Ghosh SK, Berkowitz M. *J Chem Phys*, 1985(*83*):2976.
[63] Harbola MK, Chattaraj PK, Parr RG. *Isr J Chem*, 1991(*31*):395.
[64] Ghosh SK. *Chem Phys Lett*, 1990(*172*):77.
[65] Langenaeker W, De Proft F, Geerlings P. *J Phys Chem*, 1995(*99*):6424.
[66] Fukui K. *Theory of Orientation and Stereoselection*. Berlin: Springer, 1973.
[67] Fukui K. *Science*, 1982(*218*):747.
[68] Fukui K, Yonezawa Y, Shingu H. *J Chem Phys*, 1952(*20*):722.
[69] Parr RG, Yang W. *J Am Chem Soc*, 1984(*106*):4049.
[70] Ayers PW, Levy M. *Theor Chem Acc*, 2000(*103*):353.
[71] Perdew JP, Parr RG, Levy M, et al. Jr *Phys Rev Lett*, 1982(*49*):1691.
[72] Chattaraj PK, Cedillo A, Parr RG. *J Chem Phys*, 1995(*103*):10621.
[73] Pacios LF. *Chem Phys Lett*, 1997(*276*):381.
[74] Chattaraj PK, Cedillo A, Parr RG. *J Chem Phys*, 1995(*103*):7645.
[75] De Proft F, Geerlings P, Liu S, et al. *Pol J Chem*, 1999(*72*):1737.
[76] Bader RFW, MacDougall PJ, Lau CDH. *J Am Chem Soc*, 1984(*106*):1594.
[77] Bader RFW. *Atoms in Molecules: A Quantum Theory*. Oxford: Oxford University Press, 1990.
[78] Naray-Szabo G, Ferenczy GG. *Chem Rev*, 1995(*95*):829.
[79] Gadre SR, Kulkarni SA, Srivastava IH. *J Chem Phys*, 1992(*96*):5253.
[80] Murray JS, Politzer P. *Theor Chim Acta*, 1987(*72*):507.
[81] Koster AM, Kolle C, Jug K. *J Chem Phys*, 1993(*99*):1244.
[82] Madelung EZ. *Phys*, 1926(*40*):322.
[83] Holland PR. *The Quantum Theory of Motion*. Cambridge: Cambridge University Press, 1993.
[84] Becke AD, Edgecombe KE. *J Chem Phys*, 1990(*92*):5397.
[85] Savin A, Becke AD, Flad J, et al. *Angew Chem*, 1991(*103*):421.
[86] Fuster F, Silvi B. *J Phys Chem A*, 2000, *104*.
[87] Chattaraj PK, Chamorro E, Fuentealba P. *Chem Phys Lett*, 1999(*314*):114.
[88] Yang W, Mortier WJ. *J Am Chem Soc*, 1986(*108*):5708.
[89] Mendez F, Gazquez JL. *J Am Chem Soc*, 1994(*116*):9298.
[90] Gazquez JL, Mendez F. *J Phys Chem*, 1994(*98*):4591.

[91] Perez P, Toro-Labbe A, Aizman A, et al. *J Org Chem*, 2002(*67*):4747.
[92] Chamorro E, Chattaraj PK, Fuentealba P. *J Phys Chem A*, 2003(*107*):7068.
[93] Chattaraj PK, Maiti B, Sarkar U. *J Phys Chem A*, 2003(*107*):4973.
[94] Chattaraj PK. *J Phys Chem A*, 2001(*105*):511.
[95] Melin J, Aparicio F, Subramanian V, et al. *J Phys Chem A*, 2004,(*108*):2487.
[96] Hocquet A, Toro-Labbe A, Chermette H. *Theochem*, 2004(*686*):213.
[97] Klopman G Ed. *Chemical Reactivity and Reaction Paths*. New York: Wiley, 1974.
[98] Perez P, Aizman A, Contreras R. *J Phys Chem A*, 2002(*106*):3964.
[99] Legon AC, Millen DJ. *J Am Chem Soc*, 1987(*109*):356.
[100] Legon AC. *Angew Chem*, *Int Ed*, 1999(*38*):2686.
[101] Roy RK, Usha V, Paulovie J, et al. *J Phys Chem A*, 2005(*109*):4601.
[102] Roy RK. *J Phys Chem A*, 2004(*108*):4934.
[103] Ingold CK. *J Chem Soc*, 1933:1120.
[104] Zhou Z, Parr RG. *J Am Chem Soc*, 1990(*112*):5720.
[105] Bader RFW, Chang C. *J Phys Chem*, 1989(*93*):5095.
[106] Kuhn O, Rau D, Mayr H. *J Am Chem Soc*, 1998(*120*):900.
[107] Mayr H, Muller K-H, Ofial AR, et al. *J Am Chem Soc*, 1999(*121*):2418.
[108] Lucius R, Mayr H. *Angew Chem*, *Int Ed*, 2000(*39*):1995.
[109] Mayr H, Bug T, Gotta MF. *J Am Chem Soc*, 2001(*123*):9500.
[110] Mayr H, Lang G, Ofial AR. *J Am Chem Soc*, 2002(*124*):4076.
[111] Schindele C, Houk KN, Mayr H. *J Am Chem Soc*, 2002(*124*):11208.
[112] Mayr H, Fichtner C, Ofial AR. *J Chem Soc*, *Perkin Trans*, 2002(*2*):1435.
[113] Mayr H, Schimmel H, Kobayashi S, et al. *Macromolecules*, 2002(*35*):4611.
[114] Bug T, Hartnagel M, Schlierf C, et al. *Chem Eur J*, 2003(*9*):4068.
[115] Ofial AR, Ohkubo K, Fukuzumi S, et al. *J Am Chem Soc*, 2003(*125*):10906.
[116] Lemek T, Mayr H. *J Org Chem*, 2003, *68*, 6880.
[117] Remennikov GY, Kempf B, Ofial AR, et al. *J Phys Org Chem*, 2003, *16*, 431.
[118] Denegri B, Minegishi S, Kronja O, et al. *Angew Chem*, *Int Ed*, 2004, *43*, 2302.
[119] Tokuyasu T, Mayr H. *Eur J Org Chem*, 2004, 2791.
[120] Minegishi S, Loos R, Kobayashi S, et al. *J Am Chem Soc*, 2005, *127*, 2641.
[121] Minegishi S, Mayr H. *J Am Chem Soc*, 2003, *125*, 286.
[122] Bug T, Mayr H. *J Am Chem Soc*, 2003, *125*, 12980.
[123] Ritchie CD. *Acc Chem Res*, 1972, *5*, 348.
[124] Ritchie CD. *J Am Chem Soc*, 1975, *97*, 1170.
[125] Tishkov AA, Mayr H. *Angew Chem*, *Int Ed*, 2005, *44*, 142.
[126] Netz A, Muller TJ. *J Tetrahedron*, 2000, *56*, 4149.
[127] Bottger GM, Frohlich R, Wurthwein E-U. *Eur J Org Chem*, 2000, 1589.
[128] Perez P. *J Org Chem*, 2003, *68*, 5886.

[129] Moss RA. *Acc Chem Res*, 1980, *13*, 58.

[130] Moss RA, Perez LA, Wlostowska J, et al. *J Org Chem*, 1982, *47*, 4177.

[131] Moss RA, Kmiecik-Lawrynowicz G, Krogh-Jespersen K. *J Org Chem*, 1986, *51*, 2168.

[132] Moss RA, Wlostowski M, Terpinski J, et al. *J Am Chem Soc*, 1987, *109*, 3811.

[133] Moss RA, Shen S, Hadel LM, et al. *J Am Chem Soc*, 1987, *109*, 4341.

[134] Moss RA. *Acc Chem Res*, 1989, *22*, 15.

[135] Kotting C, Sander W. *J Am Chem Soc*, 1999, *121*, 8891.

[136] Sander W, Kotting C. *Chem Eur J*, 1999, *5*, 24.

[137] Sander W, Kotting C, Hubert R. *J Phys Org Chem*, 2000, *13*, 561.

[138] Strassner T. *Top Organomet Chem*, 2004, *13*, 1.

[139] Roberts DW, York M, Basketter DA. *Contact Dermatitis*, 1999, *41*, 14.

[140] Roberts DW, Patlewicz G. *Sar Qsar Environ Res*, 2002, *13*, 145.

[141] Perez P. *J Phys Chem A*, 2003, *107*, 522.

[142] Swain CG, Scott CB. *J Am Chem Soc*, 1953, *75*, 141.

[143] Jia Z, Salaita MG, Margerum DW. *Inorg Chem*, 2000, *39*, 1974.

[144] Maynard AT, Covell DG. *J Am Chem Soc*, 2001, *123*, 1047.

[145] Chattaraj PK, Maiti B. *J Phys Chem A*, 2001, *105*, 169.

[146] Tielemans M, Areschkha V, Colomer J, et al. *Tetrahedron*, 1992, *48*, 10575.

[147] Olah J, De Proft F, Veszpremi T, et al. *J Phys Chem A*, 2005, *109*, 1608.

[148] Szentpaly L. *Int J Quantum Chem*, 2000, *76*, 222.

[149] Gardner DON, Szentpaly L. *J Phys Chem A*, 1999, *103*, 9313.

[150] Donald KJ, Mulder WH, Szentpaly L. *J Phys Chem A*, 2004, *108*, 595.

[151] Szentpaly L, Gardner DON. *J Phys Chem A*, 2001, *105*, 9467.

[152] Campodonico P, Santos JG, Andres J, et al. *J Phys Org Chem*, 2004, *17*, 273.

[153] Ingold CK. *Structure and Mechanism in Organic Chemistry*. New York: Cornell University Press, 1953.

[154] Contreras R, Andres J, Safont VS, et al. *J Phys Chem A*, 2003, *107*, 5588.

[155] Neuvonen H, Neuvonen K, Koch A, et al. *J Org Chem*, 2002, *67*, 6995.

[156] Neuvonen H, Neuvonen K. *J Chem Soc Perkin Trans*, 1999(*2*), 1497.

[157] Epstein DM, Meyerstein D. *Inorg Chem Commun*, 2001, *4*, 705.

[158] Deubel DV, Frenking G, Senn HM, et al. *J Chem Commun*, 2000, 24, 2469.

[159] Cronin MTD, Manga N, Seward JR, et al. *Chem Res Toxicol*, 2001, *14*, 1498.

[160] Ren S. *Toxicol Lett*. 2003, *144*, 313.

[161] Ren S, Schultz TW. *Toxicol Lett*, 2002, *129*, 151.

[162] Lippa KA, Roberts AL. *EnViron Sci Technol*, 2002, *36*, 2008.

[163] Saethre LJ, Thomas TD, Svensson S. *J Chem Soc Perkin Trans*, 1997(*2*): 749.

[164] Topol IA, McGrath C, Chertova E, et al. *Protein Sci*, 2001, *10*, 1434.

[165] Morris SJ, Thurston DE, Nevell TG. *J Antibiot*, 1990, *43*, 1286.

[166] Dronskowski R, Hoffmann R. *Adv Mater*, 1992, *4*, 514.

[167] Benigni R, Cotta-Ramusino M, Andreoli C, et al. *Carcinogenesis*, 1992, *13*, 547.

[168] Mekenyan OG, Veith GD. *Sar Qsar Environ Res*, 1993, *1*, 335.

[169] Mrozek A, Karolak-Wojciechowska J, Amiel P, et al. *J Theochem*, 2000, *524*, 159.

[170] Fuentealba P, Contreras R. *Reviews of Modern Quantum Chemistry*, Sen KD Ed. Singapore: World Scientific, 2002.

[171] Langenaeker W, Demel K, Geerlings P. *Theochem*, 1991, *234*, 329.

[172] Russo N, Toscano M, Grand A, et al. *J Phys Chem A*, 2000, *104*, 4017.

[173] Chattaraj PK, Gonzalez-Rivas N, Matus MH, et al. *J Phys Chem A*, 2005, *109*, 5602.

[174] Kato S. *Theor Chem Acc*, 2000, *103*, 219.

[175] Olah J, van Alsenoy C, Sannigrahi AB. *J Phys Chem A*, 2002, *106*, 3885.

[176] Chatterjee A, Ebina T, Iwasaki T. *J Phys Chem A*, 2001, *105*, 10694.

[177] Ireta J, Galvan M, Kyeonjgae C, et al. *J Am Chem Soc*, 1998, *120*, 9771.

[178] Korchowiec J. *Comput Chem*, 2000, *24*, 259.

[179] Nalewajski RF. *J Am Chem Soc*, 1984, *106*, 944.

[180] Roy RK, Krishnamurti S, Geerlings P, et al. *J Phys Chem A*, 1998, *102*, 3746.

[181] Chandrakumar KRS, Pal S. *Int J Mol Sci*, 2002, *3*, 324.

[182] Tanwar A, Pal S. *J Phys Chem A*, 2004, *108*, 11838.

[183] Domingo LR, Aurell MJ, Perez P, et al. *J Phys Chem A*, 2002, *106*, 6871.

[184] Chandra AK, Nguyen MT. *J Chem Soc*, *Perkin Trans*, 1997(*2*): 1415.

[185] Dal Pino A Jr, Galvan M, Arias TA, et al. *J Chem Phys*, 1993, *98*, 1606.

[186] Zhang YL, Yang ZZ. *Theochem*, 2000, *496*, 139.

[187] Espinosa A, Frontera A, Garcia R, et al. *Arkivoc*, 2005, No. ix, 415.

[188] Clark LA, Ellis DE, Snurr RQ. *J Chem Phys*, 2001, *114*, 2580.

[189] Morell C, Grand A, Toro-Labbe A. *J Phys Chem A*, 2005, *109*, 205.

[190] Geerlings P, Boon G, van Alsenoy C, et al. *Int J Quantum Chem*, 2005, *101*, 722.

[191] Li Y, Evans JNS. *J Am Chem Soc*, 1995, *117*, 7756.

[192] Li Y, Evans JNS. *Proc Natl Acad Sci USA*, 1996, *93*, 4612.

[193] Boiani M, Cerecetto H, Gonzalez M, et al. *J Phys Chem A*, 2004, *108*, 11241.

[194] Ritchie JP. *Theochem*, 1992, *225*, 297.

[195] Pollack SK, Devlin JL, Summerhays KD, et al. *J Am Chem Soc*, 1977, *99*, 4583.

[196] Politzer P, Murray JS, Concha MC. *Int J Quantum Chem*, 2002, *88*, 19.

[197] Sjoberg P, Murray JS, Brinck T, et al. *Can J Chem*, 1990, *68*, 1440.

[198] Perez P, Contreras R, Aizman A. *Chem Phys Lett*, 1996, *260*, 236.

[199] Frison G, Mathey F, Sevin A. *J Organomet Chem*, 1998, *570*, 225.

[200] Frison G, Mathey F, Sevin A. *J Phys Chem A*, 2002, *106*, 5653.

[201] Cohen MH, Ganduglia-Pirovano MV, Kudrnovsky J. *J Chem Phys*, 1994, *101*, 8988.

[202] Balawender R, Geerlings P. *J Chem Phys*, 2001, *114*, 682.

[203] De Proft F, Liu S, Geerlings P. *J Chem Phys*, 1998, *108*, 7549.
[204] Ayers PW, Anderson JSM, Rodriguez JI, et al. *Phys Chem Chem Phys*, 2005, *7*, 1918.
[205] Huheey J. *Inorganic Chemistry*: *Principles of Structure and Reactivity*, 4th ed. Harper and Row: 1993.
[206] Chattaraj PK, Maiti B. *J Chem Educ*, 2001, *78*, 811.
[207] Chamorro E, Chattaraj PK, Fuentealba P. *J Phys Chem A*, 2003, *107*, 7068.
[208] Fuentealba P, Parr RG. *J Chem Phys*, 1991, *94*, 5559.
[209] Gunnarson O, Lundqvist BI. *Phys Rev*, *B*, 1976, *13*, 4274.
[210] Ziegler T, Rauk A, Baerends E. *J Theor Chim Acta*, 1977, *43*, 261.
[211] von Barth U. *Phys Rev A*, 1979, *20*, 1693.
[212] Theophilou A. *J Phys C Solid State Phys*, 1979, *12*, 5419.
[213] Hadjisavvas N, Theophilou A. *Phys Rev A*, 1985, *32*, 720.
[214] Kohn W. *Phys Rev A*, 1986, *34*, 5419.
[215] Gross EKU, Oliveira LN, Kohn W. *Phys Rev A*, 1988, *37*, 2805, 2809.
[216] Ayers PW. *Phys Rev Lett*, 1999, *83*, 4361.
[217] Chattaraj PK, Poddar A. *J Phys Chem A*, 1998, *102*, 9944.
[218] Chattaraj PK, Poddar A. *J Phys Chem A*, 1999, *103*, 1274.
[219] Chattaraj PK, Poddar A. *J Phys Chem A*, 1999, *103*, 8691.
[220] Fuentealba P, Simon-Manso Y, Chattaraj PK. *J Phys Chem A*, 2000, *104*, 3185.
[221] Chattaraj PK. Nonlinear Chemical Dynamics. In *Symmetries and Singularity Structures*: *Integrability and Chaos in Nonlinear Dynamical Systems*; Lakshmanan M, Daniel M, Eds. Berlin: Springer-Verlag, 1990.
[222] Chattaraj PK, Sengupta S, Poddar A. *Int J Quantum Chem*, 1998, *69*, 279.
[223] Chattaraj PK, Maiti B. *J Phys Chem A*, 2004, *108*, 658.
[224] Chattaraj PK, Sengupta S, Poddar A. *Theochem*, 2000, *501*, 339.
[225] Chattaraj PK, Sarkar U. Chemical Reactivity Dynamics in Ground and Excited Electronic State. In *Theoretical and Computational Chemistry*, *Vol*. 12, *Theoretical Aspects of Chemical Reactivity*; Toro-Labbe A Eds. Elsevier.
[226] Chattaraj PK, Sengupta S. *J Phys Chem A*, 1999, *103*, 6122.
[227] Chattaraj PK, Maiti B. *Int J Mol Sci*, 2002, *3*, 338.
[228] Chattaraj PK, Sarkar U. *Int J Quantum Chem*, 2003, *91*, 633.
[229] Michels A, de Boer J, Bijl A. *Physica*, 1937, *4*, 981.
[230] Chattaraj PK, Sarkar U. *J Phys Chem A*, 2003, *107*, 4877.
[231] Chattaraj PK, Sarkar U. *Chem Phys Lett*, 2003, *372*, 805.
[232] Chattaraj PK, Maiti B, Sarkar U. *Proc Indian Acad Sci* (*Chem Sci*), 2003, *115*, 195.
[233] Tsipis AC, Chaviara AT. *Inorg Chem*, 2004, *43*, 1273.
[234] Contreras R, Andres J, Domingo LR, et al. *Tetrahedron*, 2005, *61*, 417.
[235] Valencia F, Romero AH, Kiwi M, et al. A *Chem Phys Lett*, 2003, *372*, 815.

[236] Kostova I, Manolov I, Nicolova I, et al. *II Farmaco*, 2001, *56*, 707.
[237] Cases M, Frenking G, Duran M, et al. *Organometallics*, 2002, *21*, 4182.
[238] Jaque P, Toro-Labbe A. *J Chem Phys*, 2002, *117*, 3208.
[239] Cuan A, Galvan M, Chattaraj PK. *J Chem Sci*, 2005, *117*, 541.
[240] Chattaraj PK, Sarkar U, Parthasarathi R, et al. *Int J Quantum Chem*, 2005, *101*, 690.
[241] Thanikaivelan P, Subramanian V, Rao JR, et al. *Chem Phys Lett*, 2000, *323*, 59.
[242] Cardenas-Jiron GI. *Int J Quantum Chem*, 2003, *91*, 389.
[243] Belmer J, Zuniga C, Jimenez C, et al. *Bol Soc Chil Quım*, 2002, *47*, 371.
[244] Jimenez CA, Belmer JB. *Tetrahedron*, 2005, *61*, 3933.
[245] Frantz S, Hartmann H, Doslik N, et al. *Am Chem Soc*, 2002, *124*, 10563.
[246] Kostova I, Trendafilova N, Mihaylov T. *Chem Phys*, 2005, *314*, 73.
[247] Parthasarathi R, Padmanabhan J, Elango M, et al. *Chem Phys Lett*, 2004, *394*, 225.
[248] Tsipis CA, Karagiannis EE, Kladou PF, et al. *J Am Chem Soc*, 2004, *126*, 12916.
[249] Tsipis AC, Tsipis CA. *J Am Chem Soc*, 2003, *125*, 1136.
[250] Merino G, Mendez-Rojas MA, Beltran HI, et al. *J Am Chem Soc*, 2004, *126*, 16160.
[251] Yang X, Hajgato B, Yamada M, et al. *Chem Lett*, 2005, *34*, 506.
[252] Yang YJ, Su ZM. *Int J Quantum Chem*, 2005, *103*, 54.
[253] Elango M, Parthasarathi R, Narayanan GK, et al. *J Chem Sci*, 2005, *117*, 61.
[254] Vianello R, Liebman JF, Maksic ZB. *Chem sEur J*, 2004, *10*, 5751.
[255] Perez P. *J Org Chem*, 2004, *69*, 5048.
[256] Koltunov KY, Prakash GKS, Rasul G, et al. *J Org Chem*, 2002, *67*, 8943.
[257] Esteves PM, Ramirez-Solis A, Mota CJA. *J Am Chem Soc*, 2002, *124*, 2672.
[258] Ren J, Cramer CJ, Squires RR. *J Am Chem Soc*, 1999, *121*, 2633.
[259] Klumpp DA, Lau S. *J Org Chem*, 1999, *64*, 7309.
[260] Schleyer PR, Maerker C, Dransfeld A, et al. *J Am Chem Soc*, 1996, *118*, 6317.
[261] Azzouzi S, El Messaoudi M, Esseffar M, et al. *J Phys Org Chem*, 2005, *18*, 522.
[262] Garcia Ruano JL, Fraile A, Gonzalez G, et al. *J Org Chem*, 2003, *68*, 6522.
[263] Merino P, Revuelta J, Tejero T, et al. *Tetrahedron*, 2003, *59*, 3581.
[264] Perez P, Domingo LR, Aurell MJ, et al. *Tetrahedron*, 2003, *59*, 3117.
[265] Saez JA, Arno M, Domingo LR. *Tetrahedron*, 2003, *59*, 9167.
[266] Domingo LR, Picher MT. *Tetrahedron*, 2004, *60*, 5053.
[267] Aurell MJ, Domingo LR, Perez P, et al. *Tetrahedron*, 2004, *60*, 11503.
[268] Domingo LR. *Eur J Org Chem*, 2004, 4788.
[269] Domingo LR, Jose Aurell M, Perez P, et al. *J Org Chem*, 2003, *68*, 3884.
[270] Domingo LR, Andres J. *J Org Chem*, 2003, *68*, 8662.
[271] Spino C, Rezaei H, Dory YL. *J Org Chem*, 2004, *69*, 757.
[272] Domingo LR, Zaragoza RJ, Williams RM. *J Org Chem*, 2003, *68*, 2895.
[273] Domingo LR. *Tetrahedron*, 2002, *58*, 3765.

[274] Domingo LR, Asensio A, Arroyo P. *J Phys Org Chem*, 2002, *15*, 660.
[275] Domingo LR, Aurell MJ, Perez P, et al. *Tetrahedron*, 2002, *58*, 4417.
[276] Domingo LR, Perez P, Contreras R. *Lett Org Chem*, 2005, *2*, 68.
[277] Domingo LR, Aurell MJ. *J Org Chem*, 2002, *67*, 959.
[278] Saez JA, Arno M, Domingo LR. *Org Lett*, 2003, *5*, 4117.
[279] Corsaro A, Pistara V, Rescifina A, et al. *Tetrahedron*, 2004, *60*, 6443.
[280] Arno M, Picher MT, Domingo LR, et al. *J Chem sEur J*, 2004, *10*, 4742.
[281] Domingo LR, Arno M, Contreras R, et al. *J Phys Chem A*, 2002, *106*, 952.
[282] Nenajdenko VG, Moissev AM, Balenkova ES. *Russ Chem Bull*, 2004, *53*, 2241.
[283] Nenajdenko VG, Korotchenko VN, Shastin AV, et al. *Russ Chem Bull*, 2004, *53*, 1034.
[284] Nenajdenko VG, Korotchenko VN, Shastin AV, et al. *Russ J Org Chem*, 2004, *40*, 1750.
[285] Araya-Maturana R, Heredia-Moya J, Escobar CA, et al. *J Chil Chem Soc*, 2004, *49*, 35.
[286] Rivas P, Zapata-Torres G, Melin J, et al. *Tetrahedron*, 2004, *60*, 4189.
[287] Elango M, Parthasarathi R, Subramanian V, et al. *Theochem*, 2005, *723*, 43.
[288] Domingo LR, Perez P, Contreras R. *Tetrahedron*, 2004, *60*, 6585.
[289] Meneses L, Fuentealba P, Contreras R. *Tetrahedron*, 2005, *61*, 831.
[290] Capriati V, Florio S, Luisi R, et al. *J Org Chem*, 2002, *67*, 759.
[291] Griveau S, Bedioui F, Adamo C. *J Phys Chem A*, 2001, *105*, 11304.
[292] Galabov B, Cheshmedzhieva D, Ilieva S, et al. *J Phys Chem A*, 2004, *108*, 11457.
[293] Leach AG, Houk KN. *Org Biomol Chem*, 2003, *1*, 1389.
[294] Campodonico PR, Fuentealba P, Castro EA, et al. *J Org Chem*, 2005, *70*, 1754.
[295] Perez P, Toro-Labbe A, Contreras R. *J Am Chem Soc*, 2001, *123*, 5527.
[296] Contreras R, Mendizabal F, Aizman A. *Phys Rev A*, 1994, *49*, 4349.
[297] Contreras R, Perez P, Aizman A. In *Solvent Effects and Chemical Reactivity*. Tapia O, Bertran J, Eds. Kluwer Academic Publishers, 1996, Vol. 17.
[298] Perez P, Contreras R. *Chem Phys Lett*, 1996, *260*, 236.
[299] Chattaraj PK, Perez P, Zevallos J, et al. *Theochem*, 2002, *580*, 171.
[300] Chattaraj PK, Perez P, Zevallos J, et al. *J Phys Chem A*, 2001, *105*, 4272.
[301] Aparicio F, Contreras R, Galvan M, et al. *J Phys Chem A*, 2003, *107*, 10098.
[302] Cimino P, Improta R, Bifulco G, et al. *J Org Chem*, 2004, *69*, 2816.
[303] Ciofini I, Hazebroucq S, Joubert L, et al. *Theor Chem Acc*, 2004, *111*, 188.
[304] Padmanabhan J, Parthasarathi R, Sarkar U, et al. *Chem Phys Lett*, 2004, *383*, 122.
[305] Joubert L, Guillemoles J-F, Adamo C. *Chem Phys Lett*, 2003, *371*, 378.
[306] Caro CA, Zagal JH, Bedioui F, et al. *J Phys Chem A*, 2004, *108*, 6045.
[307] Parthasarathi R, Subramanian V, Chattaraj PK. *Chem Phys Lett*, 2003, *382*, 48.
[308] Ayers PW, Parr RG. *J Am Chem Soc*, 2001, *123*, 2007.
[309] Ayers PW, Anderson JSM, Bartolotti LJ. *J Quantum Chem*, 2005, *101*, 520.
[310] Fuentealba P, Cedillo A. *J Chem Phys*, 1999, *110*, 9807.

[311] Ciofini I, Bedioui F, Zagal JH, et al. *Chem Phys Lett*, 2003, *376*, 690.
[312] Miller JA, Miller EC. Ultimate Chemical Carcinogens as Reactive Mutagenic Electrophiles. In *Origins of Human Cancer*; Hiatt HH, Watson JD, Winsten JA, Eds. Cold Spring Harbor: Cold Spring Harbor Laboratory Press, 1977.
[313] Ashby J, Tennant RW. *Mutat Res*, 1991, *257*, 229.
[314] Rosenkranz HS, Klopman G, Zhang YP, et al. *EnViron Health Perspect*, 1999, *107*, 129.
[315] Roberts DW, York M, Basketter DA. *Contact Dermatitis*, 1999, *41*, 14.
[316] Roberts DW, Patlewicz G. *SAR QSAR EnViron Res*, 2002, *13*, 145.
[317] Dinkova-Kostova AT, Massiah MA, Bozak RE, et al. *Proc Natl Acad Sci, USA*, 2001, *98*, 3404.
[318] Cronin MTD, Netzeva TI, Dearden JC, et al. *Chem Res Toxicol*, 2004, *17*, 545.
[319] Nakamura Y, Kumagai T, Yoshida C, et al. *Biochemistry*, 2003, *42*, 4300.
[320] Banks TM, Bonin AM, Glover SA, et al. *Org Biomol Chem*, 2003, *1*, 2238.
[321] Mendoza-Wilson AM, Glossman-Mitnik D. *Theochem*, 2005, *716*, 67.
[322] Laufer RS, Dmitrienko GI. *J Am Chem Soc*, 2002, *124*, 1854.
[323] Retey J. *Biochim Biophys Acta*, 2003, *1647*, 179.
[324] Svensson R, Pamedytyte V, Juodaityte J, et al. *Toxicology*, 2001, *168*, 251.
[325] Ramirez-Arizmendi LE, Heidbrink JL, Guler LP, et al. *J Am Chem Soc*, 2003, *125*, 2272.
[326] Tapia RA, Salas C, Morello A, et al. *Bioorg Med Chem*, 2004, *12*, 2451.
[327] Håkansson K. *Int J Biol Macromol*, 2002, *30*, 273.
[328] Roos G, Messens J, Loverix S, et al. *J Phys Chem B*, 2004, *108*, 17216.
[329] Wang LH, Yang XY, Zhang X, et al. *Nature Med*, 2004, *10*, 40.
[330] Parthasarathi R, Padmanabhan J, Subramanian V, et al. *J Phys Chem A*, 2003, *107*, 10346.
[331] Parthasarathi R, Padmanabhan J, Subramanian V, et al. *Curr Sci*, 2004, *86*, 535.
[332] Arulmozhiraja S, Selvin PC, Fujii T. *J Phys Chem A*, 2002, *106*, 1765.
[333] Arulmozhiraja S, Fujii T, Sato G. *Mol Phys*, 2002, *100*, 423.
[334] Parthasarathi R, Subramanian V, Roy DR, et al. *Bioorg Med Chem*, 2004, *12*, 5533.
[335] Arulmozhiraja S, Morita M. *Chem Res Toxicol*, 2004, *17*, 348.
[336] Roy DR, Parthasarathi R, Maiti B, et al. *Bioorg Med Chem*, 2005, *13*, 3405.
[337] Parthasarathi R, Elango M, Subramanian V, et al. *Theor Chem Acc*, 2005, *113*, 257.

第十五章　Hamaker 常数

15.1 简介

自从 Fritz London 对范德华力进行了新的诠释，这引起了许多科学家对分子力的重新认识，其中荷兰的 Hugo Christiaa Hamaker(1905～1993)对两个球体间的分子间力进行了进一步的解释[1]，发现 2 个互相作用的球体间的距离 R 可以用式(15-1)进行表述：

$$R_{ij} = | R_i - R_j | \tag{15-1}$$

而两者之间的能量为：

$$V_{\text{int}}^{1,2,\cdots,N} = \frac{1}{2}\sum_{i=0}^{N}\sum_{j=0(\neq i)}^{N} V_{\text{int}}^{ij}(R_{ij}) \tag{15-2}$$

其中 V_{int}^{ij} 代表两个分子之间的在无外界干扰下的互相作用能。

因此，Hamaker 常数是一个被认为与范德华力具有同样重要性的表征液体和固体分子特性的参数[1]。但与范德华力不同，Hamaker 常数还反映了物质的极性，且与分子结构、形状密切相关[1~3]。

15.2 Hamaker 常数的理论依据

Hamaker 常数也是一个可以通过实验测试得到的参数[2]。Isaelachvili[4] 曾经介绍了一个表征 Hamaker 常数的模型如公式(15-3)所示：

$$A_i = A_{v=0} + H_{v>0} \approx \frac{3kT}{4}\left(\frac{\varepsilon_i - 1}{\varepsilon_i + 1}\right)^2 + \left(\frac{3h\nu_e}{16\sqrt{2}}\right)\frac{(n_i^2 - 1)^2}{(n_i^2 + 1)^{3/2}} \tag{15-3}$$

式中：A 是 Hamaker 常数，下标 v 代表真空或气态，$\varepsilon_i = \varepsilon_i(0)$ 是静态时的电解质常

数，h 是普朗克常数，ν_e 是电子吸收频率(约等于 3×10^{15}秒)，k 和 T 分别代表玻尔兹曼常数和温度。

知识链接

普朗克(Max Karl Ernst Ludwig Planck，1858～1947)，德国物理学家，量子力学的创始人，20 世纪最重要的物理学家之一，因发现能量量子而对物理学的进展作出了重要贡献。1900 年 10 月 19 日普朗克在德国物理学会上首次提出了能量量子化的假说：$E=h\nu$，其中 E 是能量，ν 是频率，并引入了一个重要的物理常数 h——普朗克常数，能量只能以不可分的能量元素(即量子)的形式向外辐射。这样的假说调和了经典物理学理论研究热辐射规律时遇到的矛盾。基于这样的假设，他给出了黑体辐射的普朗克公式，圆满地解释了实验现象。这个成就揭开了旧量子论与量子力学的序幕，普朗克也因此获得了 1918 年的诺贝尔物理学奖。

值得指出的是上式仅反映了 London 色散力，Debye 偶极子力，Keesom 取向力和范德华引力[2]对 Hamaker 常数的影响。

Hough 和 White 曾对 Hamaker 常数的理论、测试方法及应用进行了详细地介绍，其中尤其值得注意的是，他们曾经根据测试得到的一系列烷烃液体与聚四氟乙烯 PTFE 之间的接触角关系，描述了固体和液体的 Hamaker 常数与接触角之间的关系(公式 15-4)[3]。

$$A_S = 0.25A_L(1+\cos\theta)^2 \tag{15-4}$$

式中 A_S 代表固体的 Hamaker 常数，A_L 代表液体的 Hamaker 常数，θ 是固体和液体之间的接触角。

虽然此式(15-4)反映了 A_S 与 A_L 之间的关系，但值得指出的是该式也说明了 PTFE 的 A_S 会随所应用的烷烃的 A_L 变化[4]。这意味着根据液体的 A_L 得到的固体材料的 A_S 值不可能是唯一的值。

为了对材料的 Hamaker 常数有一个进一步的了解，并达到一种材料仅有一个 Hamaker 常数的目的，作者曾经对 Hough 和 White 公式(15-4)重新进行了研究。根据文献报道(包括作者本人发表的文章)的一系列烷烃液体与不同固体材料的接触角数据和 Zisman 推导临界表面张力的方法[4~11]，发现存在临界 Hamaker 常数这一特征。

15.3 烷烃类液体的 Hamaker 常数 A_L 与碳原子数目之间的关系

由于烷烃类液体是测试固体材料 Hamaker 常数的首选，所以对该类液体首先进行了解是有必要的。图 15-1 描述了一系列烷烃的碳原子数与它们的 Hamaker 常数 A_L 之间的关系。

由于两者之间有着非常好的线性关系（$R = 0.9726$），这意味着可以据此并采用外推方法去进一步认识碳原子数为零时的烷烃类液体的特性 A_L 值。由于这是 $\cos\theta = 1$ 时推出的值，4.05×10^{-20} J，它既有可能反映了所有这些液体的一种共有的性质，又有可能根本不代表这类含碳的液体，所以对图 15-1 得到的特性 A_L 值的理解似乎变得非常有意义。发现此 A_L 值可能是水的 A_L 值，这是因为它是文献所报道的 A_L 值的平均值。比如：Hough 和 White 曾发现水的 A_L 值为 3.70×10^{-20} J[4]，而 Churaev 曾报道水的 A_L 值为 5.13×10^{-20} J[7]。

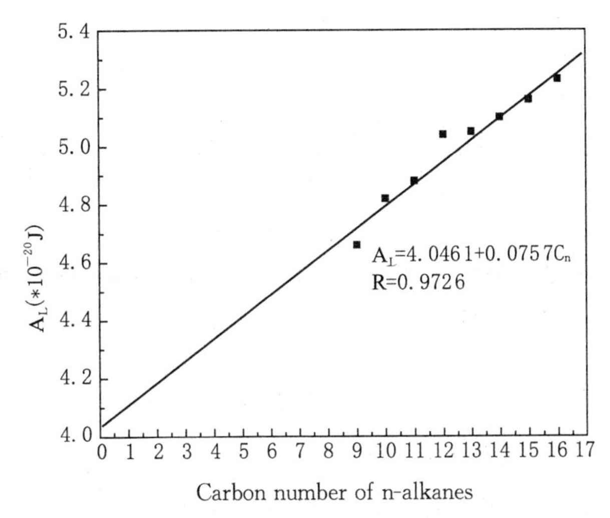

图 15-1　烷烃类液体的 Hamaker 常数 A_L 与碳原子数目之间的关系

15.4　固体材料的临界 Hamaker 常数特征

至今为止，关于 Hamaker 常数的经典研究当属 Hough 和 White[1]。他们应用一系列烷烃液测试与高分子材料表面的接触角得到 PTFE 的 A_S 值为 3.80×10^{-20} J，FEP 的 A_S 值为 2.75×10^{-20} J 和 PS 的 A_S 值为 $(6.37 \sim 6.58) \times 10^{-20}$ J[2]。

考虑到应用一系列烷烃液测试与 PTFE、FEP 和 PS 将出现一系列接触角，而这些数据有可能使 PTFE、FEP 和 PS 的 A_S 值出现相应的变化。为此，根据文献所报道的一系列烷烃液与这些高分子材料之间的接触角，图 15-2 将这些接触角数据作为烷烃液体 A_L 的函数对它们的关系重新进行了描述。

由于图 15-2 显示不同文献给出的 FEP 数据都吻合在一条线上，而且所有这些高分子材料与烷烃液体的 A_L之间的接触角都遵循着非常好的线性规律，这种图形与 Zisman 图[11]非常类似，这有理由使图 15-2 也如 Zisman 图一样去推出一个关于固体材料 Hamaker 常

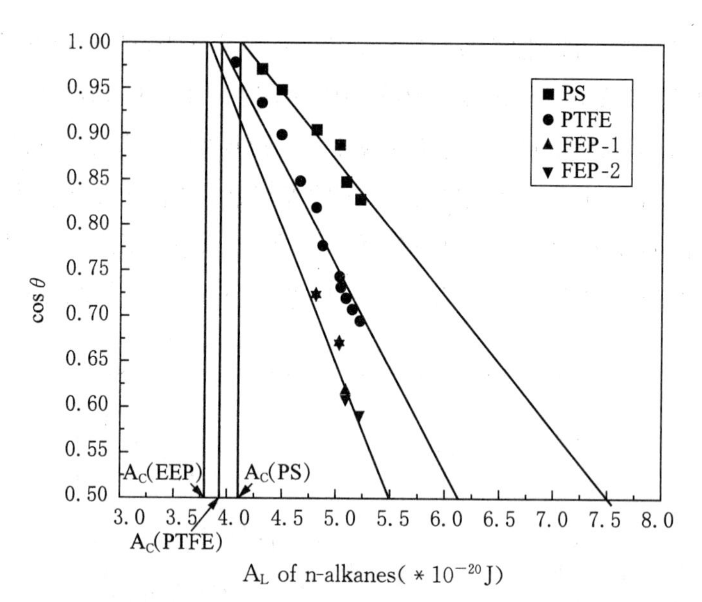

图 15-2　一系列烷烃液体的 A_L 与 PTFE、FEP 和 PS 之间的接触角的关系

FEP 后的 1 和 2 代表来自不同的实验数据。

数的特性值，即临界值。根据图 15-2，可以发现 PTFE 的临界 Hamaker 常数 A_C 约为 3.90×10^{-20} J，FEP 的 A_C 约为 3.76×10^{-20} J，而 PS 的 A_C 约为 4.18×10^{-20} J。显然，这些 A_C 值都是高分子材料的唯一值。而且，对比文献报道的关于这些高分子材料的一般意义的 Hamaker 常数，如 PTFE 的 A_S 为 3.80×10^{-20} J，FEP 的 A_S 为 2.75×10^{-20} J[1]，A_C 值明显较 A_S 值要大。但这个唯一的 A_S 值对我们认识高分子材料显然是实用的。

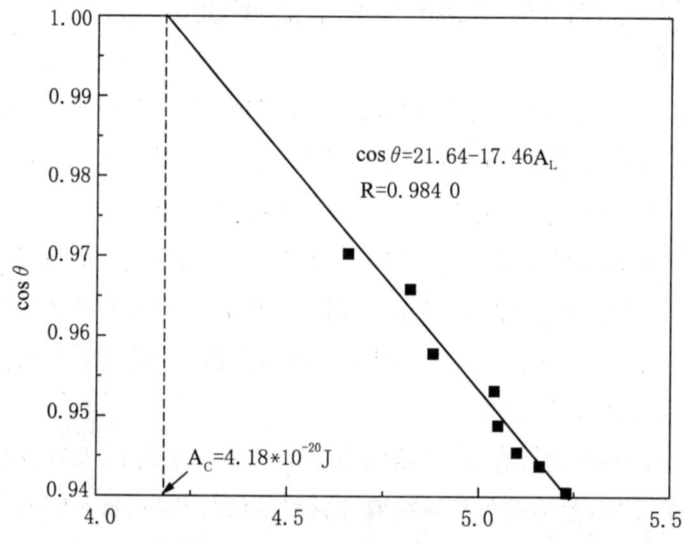

图 15-3　一系列烷烃液体的 A_L 与木材树脂之间的接触角的关系

 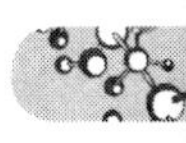

图 15-3 采用了与图 15-2 相同的方法去表征木材树脂的临界 Hamaker 常数，并得到了该木材树脂的 A_C 约为 4.18×10^{-20} J。这明显地克服了以前应用一系列烷烃液体和 Hough 和 White 的公式(15-4)得到木材树脂的一系列 A_S。尤其是，由图 15-3 得到的 A_C 值被发现小于以前报道的木材树脂的 A_S 值的变化范围，如 $(4.53\sim4.92)\times10^{-20}$ J。事实上，A_C 较 A_S 更好地解释了木材树脂具有良好的疏水性的特点[7]。

15.5 小结

Hamaker 常数在材料领域的应用非常广泛，但对它的基础研究还是不多，有待于科学家们对它予以重视和进一步的研究[12]。

参考文献

[1] Hamaker HC. The London-van der Waals attraction between spherical particles. *Physica*, 1937(4): 1058～1072.

[2] Hough DB, White LE. *Adv Coll Sci*, 1980, 14, 1.

[3] Rosenholm, Jarl B. Critical comparison of molecular mixing and interaction models for liquids, solutions and mixtures. *Adv Coll Interface Sci*, 2010(156):14～34.

[4] Berg JC. *Wettability*. New York: Marcel Dekker, 1993.

[5] Nylund J, Sundberg K, Shen Q, et al. *Colloids Surf A*, 1998(133):261.

[6] Sundberg K, Thornton J, Ekman R, et al. *Nord Pulp Paper Res J*, 1994(9):2, 125.

[7] Shen Q, Nylund J, Rosenholm JB. *Holzforschung*, 1998(52):5, 521.

[8] de Gennes PG. *Rev Mod Phys*, 1985, 57, 827.

[9] Shen Q. *Langmuir*, 2000, 16, 4394.

[10] Shen Q. *Interfacial Characteristics of Wood and Cooking Liquor in Relation to Delignification Kinetics*. Åbo Akademi University Press, 1998.

[11] Zisman WA, in: *Contact Angle, Wetting and Adhesion, Advances in Chemistry*, Series 43, ACS, Ed. Gould RF, Washington DC, USA, 1964.

[12] Johnson RE Jr, Dettre RH. in: *Wettability*, Berg JC Ed. New York: Marcel Dekker, 1993.

第十六章　不同酸碱理论体系之间的关联及应用

16.1 简介

尽管现在已有许多酸碱理论及方法提出，但一个不容忽视的问题是每个理论往往都不能完整解释所有现象，如目前在水溶液中应用 Arrhenius 的酸碱理论，在非水溶液中用质子酸碱理论；而且，这些理论或方法间还缺少必要的联系。考虑到各个理论之间的关系不是非常密切，但互相似乎又有补充的作用，因此，研究不同酸碱理论之间的关系对完善和发展酸碱理论和实际应用有着重要的意义。

通过研究未知函数与已知函数之间的关系，从而计算得到未知的函数是一种简单而有效的方法。比如：Zisman 曾根据一系列液体在固体表面的接触角（测试得到）与所应用液体的表面张力（已知）推导出两者之间的关系，并由此进一步对固体材料的临界表面张力进行估算[1]。Fowkes 曾根据一系列液体对固体的 C═O 官能团的红外光谱位移估算出该固体材料的 Lewis 酸碱特性[2, 3]。而且，按 Drago 定义的 Lewis 酸碱特性[4]，Fowkes 还曾预测了 PEO 和 PMMA 的极性。Spange 等近来根据 Kamlet-Taft 理论和 Reichardt 的 $E_t(30)$值陆续报道了一些测得的高分子材料的 $E_t(30)$值和 π^* 值[5~11]。其中，Kamlet 和 Taft 的 π^* 代表物质的极化率[12~20]，Reichardt 的 $E_t(30)$值表示物质的极性[21, 22]。根据 Spange 等人的估算，硅的 $E_t(30)$值约为 250.2 kJ/mol，π^* 值约为 0.94；纤维素的 $E_t(30)$值约为 221.8 kJ/mol，π^* 值约为 0.66。

由于这种基于几个参数之间的关系所估算的方法对实际应用的作用和意义非常大，这使得人们对此予以了重视。其中值得一提的是 Reichardt 提出的 $E_t(30)$[21]与其他酸碱标度参数之间的关系（式 26-1）和 Y. Marcus 提出的一些关系[23, 24]，但这些关系式都涉及 3 个以上的参数，即必须预知两个参数才能对另一个酸碱参数进行预测。与此同时也必须指出的是 Marcus 提出的关系式大都仅涉及酸性参数。

除此之外还有许多这方面的研究，例如作者曾根据 Mark-Houwink-Sakurada（MHS）

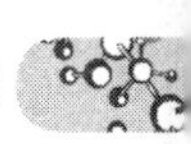

方程中系数 K 与溶剂之间的线性关系估算了高分子材料的极性参数[25]。对于一些聚合物来说，虽然报道的关系曲线和理论曲线并不是完全符合，但这个方法所表现出来的良好的线性度还是具有一定的可信度，这对从另一个角度重新认识材料是有意义的。

对于不同性能的材料，酸性参数可以作为一种重要的参数用来对聚合物的性能进行表征，该参数可以用几个经验公式进行描述。根据所选用的酸的范围的不同，酸性参数也会有所改变。

由于化学界存在着许多不同的酸碱体系如前所述，而这些体系又分别有 1 个参数、2 个参数、3 个参数或者更多的参数，如 pH 和 $E_t(30)$属于 1 个参数的体系；AN 和 DN[26]、E 和 C[4]方程属于 2 个参数的体系；而 α（氢键给予体酸性能力）、β（氢键接受体碱性能力）和 π^* 值[12~20]则属于 3 个参数的体系[26]。而且这些体系虽然被许多文献所介绍、并被广泛应用着，但一个不容忽视的问题是各个方法之间引出的参数之间没有关联性，事实上，到目前为止的这方面研究也非常缺乏。即使有一些关联性的研究，也是多参数的，有些参数不容易得到，使得这些公式应用不方便，如 Marcus 的 3 参数关系式。现有的方法得测试、过程复杂，涉及复杂仪器特种溶剂等，参数对方法的依赖性强。

16.2 不同酸碱体系的关联性探索

16.2.1 已有的探索

至今已有很多研究者研究了不同酸碱体系的相互作用[11~13]，主要分成两个方向：一是有机化学方向，二是表面化学方向。而至今为止知道的关于各个不同酸碱体系之间的关系有以下几个。

基于 $E_t(30)$，Reichardt 曾经给出公式(16-1)[21]：

$$E_t(30) = 31.2 + 15.2\alpha + 11.5\pi^* \tag{16-1}$$

这是一个三参数的方程式，意味着必须知道两个参数才能求得另一个未知参数。

Kamlet 和 Taft 根据他们给出的三参数、结合 Gutmann 的 AN 和 BN 标度[18]和 Swain 的 Acity(A)和 Basity(B)参数[26]，给出了公式(16-2)和(16-3)[14—20]：

$$B = 0.064 + 0.959\pi^* \tag{16-2}$$

$$AN = 0.40 + 16.4\pi^* + 31.1\alpha \tag{16-3}$$

其中公式(16-2)值得关注，因为这是一个二参数方程式，可以非常容易的从一个已知的参数来推算另一个未知的参数。

此外，Marcus 也提出了一些关联式如下[23, 24]：

$$AN = -30.0 + 15.3\alpha + 1.01E_t(30) \tag{16-4}$$

$$A = 0.03 + 0.64\alpha + 0.25\pi^* \tag{16-5}$$

$$B = 0.04 + 0.94\pi^* + 0.035\beta \tag{16-6}$$

但 Marcus 的这些公式都是三参数的。

无论如何可以根据上述公式，由一个或两个已知的材料参数推出材料的其他参数。下表(表 16-1)所示的是一些通过上述公式推算得到的结果。

16.2.2 关于不同酸碱体系关联性的新发现

对不同体系的酸碱参数进行关联性研究的前提是了解各个体系的各个参数，为此表 16-1 和表 16-2 对一些主要标度的酸碱参数进行了汇总。

表 16-1 文献报道的各溶剂的极性参数[23, 24]

(AN 和 DN 分别是 Gutmann 的电子对接受体数和电子对给出体数)

溶　剂	AN^d	α	β	π^*	$E_t(30)$	DN	AN
perF-n-nexane		0	−0.08	−0.41			
perF-Me-c-hexane		0	−0.06	−0.4			
perF-decalin		0	−0.05	−0.32			
Me_4-silane		0	0.02	−0.09	30.7		
2-Me-butane		0	0.01	−0.08	30.9		
n-pentane		0	0	−0.08	31.1		
n-hexane	0	0	0	−0.04	31	0	0
n-heptane		0	0	−0.08	31.1	0	0
n-octane		0	0	0.01	31.1		
n-decane		0	0	0.03	31		
n-dodecane		0	0	0.05	31.1		
c-hexane	0	0	0	0	30.9	0	
cis-decalin		0	0.08	0.11	31.2		
benzene	7.6	0	0.1	0.59	34.3	1	8.2
toluene		0	0.11	0.54	33.9	1	
m-xylene		0	0.12	0.47	33.3	5	
p-xylene		0	0.12	0.43	33.1	5	
mesitylene		0	0.13	0.41	32.9	10	
styrene		0	0.12		34.8	5	
water	2.4	1.17	0.47	1.09	63.1	18	54.8
methanol	−0.2	0.98	0.66	0.6	55.4	30	41.3

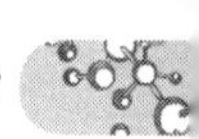

（续表）

溶剂	AN[d]	α	β	π*	$E_t(30)$	DN	AN
ethanol	2	0.86	0.75	0.54	51.9	32	37.1
n-propanol		0.84	0.9	0.52	50.7		37.3
i-propanol		0.76	0.84	0.48	49.2	36	33.5
n-butanol		0.84	0.84	0.47	50.2	29	36.8
i-butanol		0.79	0.84	0.4	48.6		
s-butanol		0.69	0.8	0.4	47.1		
t-butanol		0.42	0.93	0.41	43.7	38	27.1
n-pentanol		0.84	0.86	0.4	49.1	25	
i-pentanol		0.84	0.86	0.4	49	32	
t-pentanol		0.28	0.93	0.4	41.1		
n-hexanol		0.8	0.84	0.4	48.8		
c-hexanol		0.66	0.84	0.45	46.9	25	
n-octanol		0.77	0.81	0.4	48.3	32	
n-decanol		0.7	0.82	0.45	47.7		
benzyl alcohol		0.6	0.52	0.98	50.4	23	36.8
2-phenylethanol		0.64	0.61	0.88	49.5	23	33.8
3-phenylpropanol		0.53	0.55	0.95	48.5		
allyl alcohol		0.84	0.9	0.52	52.1		
2-chloroethanol		1.28	0.53	0.46	55.5		
trifluoroethanol	−2.9	1.51	0	0.73	59.8		53.8
hexafluoroiPrOH		1.96	0	0.65	65.3		66.7
ethanediol		0.9	0.52	0.92	56.3	20	
glycerol		1.21	0.51	0.62	57	19	
phenol		1.65	0.3	0.72	53.4	11	
m-cresol		1.13	0.34	0.68	52.4		50.4
p-cresol		1.64	0.34	0.68	53.3		
m-chlorophenol		1.57	0.23	0.77	60.8		
diethyl ether		0	0.47	0.27	34.5	19.2	
di-n-propyl ether		0	0.46	0.27	34	18	
di-i-propyl ether		0	0.49	0.27	34	19	
di-n-butyl ether		0	0.46	0.27	33	19	
di-ClEt ether		0	0.4	0.82	41.6	16	
anisole		0	0.32	0.73	37.1	9	
phenethole		0	0.3	0.69	36.6	8	
dibenzyl ether		0	0.41	0.8	36.3	19	
diphenyl ether		0	0.13	0.66	35.5		
furan		0	0.14		36	6	
tetrahydrofuran		0	0.55	0.58	37.4	20	8
2-Me-THF		0	0.45		36.5	12	

(续表)

溶　剂	AN[d]	α	β	π*	$E_t(30)$	DN	AN
tetrahydropyran		0	0.54	0.51	36.6	22	
dioxane	10.9	0	0.37	0.55	36	14.3	10.3
dioxolane		0	0.45	0.69	43.1		
dimethoxyethane		0	0.41	0.53	38.2	20	10.2
bis-MeOEt ether		0	0.4	0.64	38.6		9.9
18-cineole		0	0.61		34	24	
acetone	3.8	0.08	0.43	0.71	42.2	17	12.5
2-butanone		0.06	0.48	0.67	41.3	17.4	
c-pentanone		0	0.52	0.76	39.4	18	
2-pentanone		0.05	0.5	0.65	41.1		
3-pentanone		0	0.45	0.72	39.3	15	
c-hexanone		0	0.53	0.76	39.8	18	
Me-i-Bu ketone		0.02	0.48	0.65	39.4		
2-heptanone		0.05	0.48	0.61	41.1		
acetophenone		0.04	0.49	0.9	40.6	15	
formic acid		1.23	0.38	0.65	57.7	19	83.6
acetic acid		1.12	0.45	0.64	55.2	20	52.9
propanoic acid		1.12	0.45	0.58	55		
butanoic acid		1.1	0.45	0.56	54.4		
pentanoic acid		1.19	0.45	0.54	55.3		
hexanoic acid		1.22	0.45	0.52	55.4		
heptanoic acid		1.2	0.45	0.5	55		
acetic anhydride		0	0.29	0.76	43.9	10.5	
methyl formate		0	0.37	0.62	45		
ethyl formate		0	0.36	0.61	40.9		
methyl acetate	5	0	0.42	0.6	40	16.3	10.7
ethyl acetate	4	0	0.45	0.55	38.1	17.1	9.3
propyl acetate		0	0.4		37.5	16	
butyl acetate		0	0.45	0.46	38.5	15	
methyl propanoate		0	0.27		38	11	
dimethyl carbonate		0	0.43		38.8	17.2	
diethyl carbonate		0	0.4	0.45	37	16	
ethylene carbonate		0	0.41		48.6	16.4	
propylene CO_3		0	0.4	0.83	46.6	15.1	18.3
methyl benzoate		0	0.38		38.1	15	
ethyl benzoate		0	0.41	0.74	38.1	15	
diMe-phthalate		0	0.78	0.82	40.7		
ethyl Clacetate		0	0.35	0.7	39.4	13	
ethyl Cl_3 acetate		0	0.25	0.61	38.7		

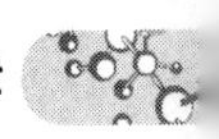

（续表）

溶剂	AN^d	α	β	π^*	$E_t(30)$	DN	AN
4-butyrolactone		0	0.49	0.87	44.3	18	17.3
fluorobenzene		0	0.07	0.62	37	3	
p-difluorobenzene		0	0.03	0.58	36.4		
hexafluorobenzene		0	0.02	0.33	34.2		
1-chlorobutane		0	0	0.39	36.9		
chlorobenzene		0	0.07	0.71	36.8	3.3	
dichloromethane		0.13	0.1	0.82	40.7	1	20.4
1，1-dichloroethane		0.1	0.1	0.48	39.4		16.2
1，2-dichloroethane		0	0.1	0.81	41.3	0	16.7
o-dichlorobenzene		0	0.03	0.8	38	3	
m-dichlorobenzene		0	0.03	0.75	36.7	2	
tr-diClethylene		0	0	0.44	41.9		
chloroform	6.4	0.2	0.1	0.58	39.1	4	23.1
1，1，1-Cl_3ethane		0	0	0.49	36.2		
trichloroethylene		0	0.05	0.53	35.9		
Cl_4 methane		0	0.1	0.28	32.4	0	8.6
Cl_4 ethylene		0	0.05	0.28	31.9		
1，1，2，2，-Cl_4ethane		0	0	0.95	39.4		
1-bromobutane		0	0.13	0.5	36.6		
dibromomethane		0	0	0.92	39.4		
1，2-dibromoethane		0	0	0.75	38.3		
bromoform		0.05	0.05	0.62	37.7		
bromobenzene		0	0.06	0.79	36.6	3	
1-iodobutane		0	0.23	0.47	34.9		
diiodomethane		0	0	0.65	36.5		
iodobenzene		0	0.06	0.81	36.2	4	
butylamine		0	0.72	0.31	37.6	42	
diaminoethane		0.13	1.43	0.47	42	55	20.9
pyrrolidine		0.16	0.7	0.39	39.1		
piperidine		0	1.04	0.3	35.5	40	
morpholine		0.29	0.7	0.39	41		17.5
diethylamine		0.03	0.7	0.24	35.4	50	9.4
triethylamine		0	0.71	0.14	32.1	61	1.4
tributylamine		0	0.62	0.16	32.1	50	
Dime benzylamine		0	0.64	0.45		21	
Dime cHexylamine		0	0.84	0.23	37.3		
aniline		0.26	0.5	0.73	44.3	35	
o-chloroaniline		0.25	0.4	0.83	45.5	31	
N-methylaniline		0.17	0.47	0.82	42.5	33	

（续表）

溶　　剂	AN[d]	α	β	π^*	$E_t(30)$	DN	AN
dimethylaniline		0	0.43	0.73	36.5	27	
pyridine	13.7	0	0.64	0.87	40.5	33.1	14.2
4-methylpyridine		0	0.67	0.84	39.6	34	
2-fluoropyridine		0	0.51	0.84	42.4		
perfluoropyridine		0	0.16	0.53	36.3		
2-bromopyridine		0	0.53	1	41.3		
3-bromopyridine		0	0.6	0.89	39.7		
3，4-lutidine		0	0.78	0.73	38.9		
2，6-lutidine		0	0.76	0.8	36.9		
2-cyanopyridine		0	0.29	1.2	44.2		
quinoline		0	0.64	0.92	39.4	32	
acetonitrile	2.6	0.19	0.4	0.75	45.6	14.1	18.9
propanitrile		0	0.39	0.71	43.6	16.1	
butantrile		0	0.4	0.71	42.5	16.6	
Cl-acetonitrile		0	0.34	1.01	46.4	10	
benzyl cyanide		0	0.41	1	42.7	15.1	
benzonitrile	15.3	0	0.37	0.9	41.5	11.9	15.5
nitromethane	5.7	0.22	0.06	0.85	46.3	2.7	20.5
nitrobenzene		0	0.3	1.01	41.5	4.4	14.8
formamide	7.6	0.71	0.48	0.97	56.6	24	39.8
N-Me-formamide		0.62	0.8	0.9	54.1	27	32.1
dimethylformamide		0	0.69	0.88	43.8	26.6	16
diethylformamide		0	0.79		41.8	30.9	
N-Me-acetamide		0.47	0.8	1.01	52		
dimethylacetamide		0	0.76	0.88	43.7	27.8	13.6
diethylacetamide		0	0.78	0.84	42.4	32.2	13.6
2-pyrrolidinone		0.36	0.77	0.85	43.8		
N-Me-pyrrolidinone		0	0.77	0.92	42.2	27.3	13.3
N-Me-caprolactam		0	0.69		41.6	27.1	
tetraMe-urea		0	0.8	0.83	41	29.6	9.2
tetraMe-guanidine		0	0.86	0.76	39.3		
diMe-cyanamide		0	0.64	0.72	43.8	17	
carbon disulfide		0	0.07	0.61	32.8	2	
dimethy sulfide		0	0.34	0.57	26.8		
diethyl sulfide		0	0.37	0.46	35.7		
di-i-propyl sulfide		0	0.38	0.36	34.9		
di-n-butyl sulfide		0	0.38	0.36	34.9		
tetraCH_2 sulfide		0	0.44	0.62	36.7		
pentaCH_2 sulfide		0	0.36	0.61	35.9		

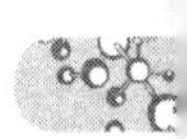

(续表)

溶剂	AN^d	α	β	π^*	$E_t(30)$	DN	AN
dimethyl sulfoxide		0	0.76	1	45.1	29.8	19.3
tetraCH_2 sulfoxide		0	0.81	1.06	43.6		
sulfolane		0	0.39	0.98	44	14.8	19.2
dimethyl sulfate		0	0.36	0.78			
trimethyl phosphate		0	0.77	0.72	43.6	23	16.3
triethyl phosphate		0	0.77	0.72	41.7	26	
tributyl phosphate		0	0.8	0.65	39.6	23.7	9.9
Me_6 phosphoramide		0	1.05	0.87	40.9	38.8	10.6

表 16-2 文献报道的各溶剂的极性参数[23, 24]

（AN^d 表示此 AN 仅由色散力所贡献，AN-AN^d 反映了真正的 AN，因为其值不含色散力的成分。）

Solvent	AN^d	AN-AN^d	Acity	Basity	Z	Z′	DN×AN	Acity×Basity
n-hexane	0	0	0.01	−0.01			0	−0.000 1
n-heptane			0	0			0	0
c-hexane	0		0.02	0.06	60.1			0.001 2
benzene	7.6	0.6	0.15	0.59	54	54	8.2	0.088 5
toluene			0.13	0.54				0.070 2
m-xylene			0.04	0.5				0.02
p-xylene			0.06	0.5				0.03
water	2.4	55.8	1	1	94.6	89.6	986.4	1
methanol	−0.2	41.5	0.75	0.5	83.6	79.4	1 239	0.375
ethanol	2	35.1	0.66	0.45	79.6	75.8	1 187.2	0.297
n-propanol			0.63	0.44	78.3	73.7		0.277 2
i-propanol			0.59	0.44	76.3	72.4	1 206	0.259 6
n-butanol			0.61	0.43	77.7	73	1 067.2	0.262 3
i-butanol					77.7			
s-butanol					75.4			
t-butanol			0.45	0.5	71.3	68.1	1 029.8	0.225
n-pentanol					77.6	72.9		
i-pentanol					77.6	73.3		
t-pentanol						66.6		
n-hexanol					76.5	73.3		
c-hexanol					75			
n-decanol					73.3			
benzyl alcohol					78.4		846.4	
2-phenylethanol							777.4	
trifluoroethanol	−2.9	56.7						

(续表)

Solvent	AN^d	AN-AN^d	Acity	Basity	Z	Z′	DN×AN	Acity×Basity
ethanediol			0. 78	0. 84	85. 1			0. 655 2
glycerol					82. 7			
diethyl ether			0. 12	0. 34				0. 040 8
di-n-butyl ether			0. 06	0. 28	60. 1			0. 016 8
anisole			0. 21	0. 74				0. 155 4
phenethole					58. 9			
tetrahydrofuran			0. 17	0. 67	58. 8	56	160	0. 113 9
2-Me-THF					55. 3			
dioxane	10. 9	−0. 6	0. 19	0. 67	64. 5	61. 1	147. 29	0. 127 3
dimethoxyethane			0. 21	0. 5	59. 1		204	0. 105
acetone	3. 8	8. 7	0. 25	0. 81	65. 7	61. 8	212. 5	0. 202 5
2-butanone			0. 23	0. 74	64	60. 4		0. 170 2
2-pentanone					63. 3			
c-hexanone			0. 25	0. 79				0. 197 5
Me-i-Bu ketone					62	58. 3		
2-heptanone					65. 2			
acetophenone			0. 23	0. 9				0. 207
formic acid			1. 18	0. 51		82. 6	1 588. 4	0. 601 8
acetic acid			0. 93	0. 13	79. 2	79. 2	1 058	0. 120 9
propanoic acid						79		
butanoic acid						78. 3		
pentanoic acid						79. 5		
hexanoic acid						79. 6		
heptanoic acid						79		
methyl formate					70. 3	66. 6		
methyl acetate	5	5. 7					174. 41	
ethyl acetate	4	5. 3	0. 21	0. 59	64	58. 7	159. 03	0. 123 9
dimethyl carbonate					64. 7			
diethyl carbonate					64. 6			
propylene CO_3					72. 4		276. 33	
4-butyrolactone							311. 4	
fluorobenzene					60. 2			
chlorobenzene			0. 2	0. 65	58			0. 13
dichloromethane			0. 33	0. 8	64. 7	59. 3	20. 4	0. 264
1，1-dichloroethane					62. 1	58. 3		
1，2-dichloroethane			0. 3	0. 82	64. 3			0. 246
o-dichlorobenzene					60			
chloroform	6. 4	16. 7	0. 42	0. 73	63. 2	57. 8	92. 4	0. 306 6

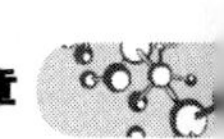

（续表）

Solvent	AN^d	AN-AN^d	Acity	Basity	Z	Z′	DN×AN	Acity×Basity
trichloroethylene			0.16	0.54				0.086 4
Cl_4 methane			0.09	0.34			0	0.030 6
Cl_4 ethylene			0.1	0.25				0.025
1，1，2，2，-Cl_4 ethane					64.3			
dibromomethane					62.8			
1，2-dibromoethane					60			
bromobenzene			0.22	0.66	59.2			0.145 2
butylamine			0.15	1.17				0.175 5
diaminoethane							1 149.5	
diethylamine							470	
triethylamine			0.08	0.19			85.4	0.015 2
aniline			0.36	1.19				0.428 4
N-methylaniline			0.4	1.07				0.428
pyridine	13.7	0.5	0.24	0.96	64	60.3	470.02	0.230 4
2-cyanopyridine			0.18	0.81				0.145 8
acetonitrile	2.6	16.3	0.37	0.86	71.3	66.9	266.49	0.318 2
butantrile					67.8			
benzonitrile	15.3	0.2	0.3	0.87	65	60.6	184.45	0.261
nitromethane	5.7	14.8	0.39	0.92	71.2	68.2	55.35	0.358 8
nitrobenzene			0.29	0.86			65.12	0.249 4
formamide	7.6	32.2	0.66	1	83.3		955.2	0.66
N-Me-formamide							866.7	
dimethylformamide			0.3	0.93	68.4	65.3	425.6	0.279
N-Me-acetamide					77.9			
dimethylacetamide			0.27	0.97	66.9		378.08	0.261 9
diethylacetamide							437.92	
N-Me-pyrrolidinone							363.09	
tetraMe-urea							272.32	
carbon disulfide			0.1	0.38				0.038
dimethyl sulfoxide			0.34	1.08	70.2	67	575.14	0.367 2
sulfolane					70.6		284.16	
trimethyl phosphate							374.9	
triethyl phosphate					64.6			
tributyl phosphate					61.3		234.63	
Me_6 phosphoramide			0	1.07	62.8		411.28	0

不同于上述方程式，作者认为可以根据以上文献报道的溶剂极性参数，对其进行作图并进行线性拟合，从而直接建立参数间的关系。

16.2.2.1 基于 $E_t(30)$的关系式

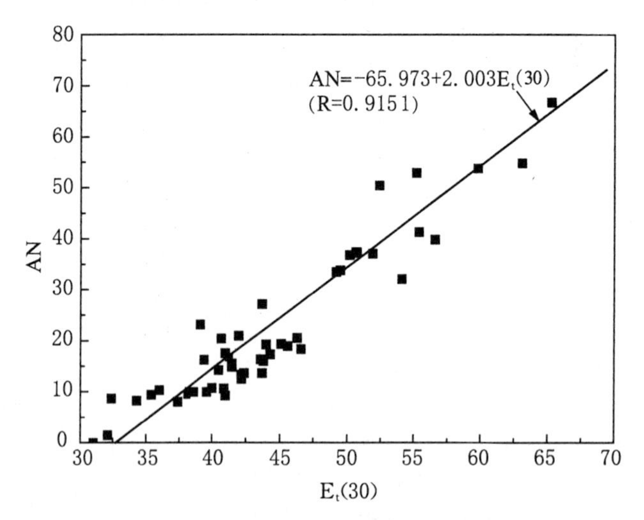

图 16-1 AN 和 $E_t(30)$之间的关系

根据表 16-1 和 16-2，对其中两个参数进行作图(图 16-1)，可以发现 AN 与 $E_t(30)$之间有非常好的线性(线性度 91%)，其线性关系可以通过下式反映：

$$AN = -65.97 + 2.00E_t(30) \tag{16-7}$$

由此可知，只要知道 $E_t(30)$或 AN 两个当中的任何一个参数，就可以估算得到另一个未知的参数。

由于 Fowkes 发现 Gutmann 的 AN 并不是一个纯的酸参数，所以他认为真正的 AN 应该减去一个色散力，比如 AN^d[2]。为此图 16-2 对图 16-1 进行了进一步的演绎。

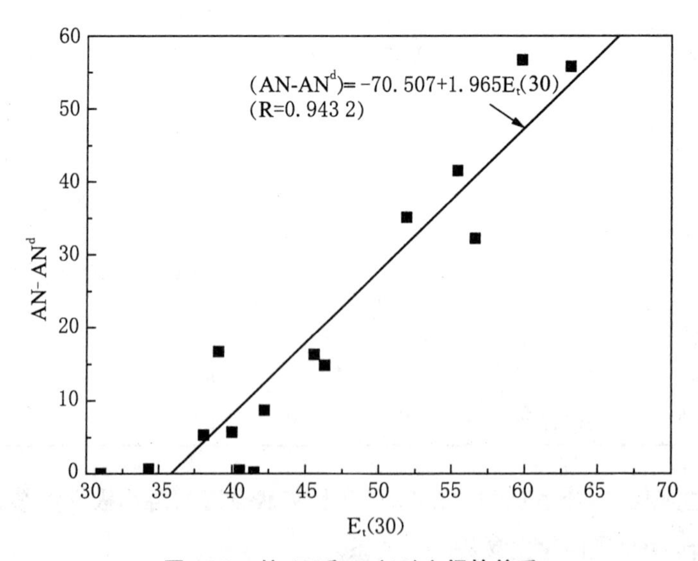

图 16-2 纯 AN 和 $E_t(30)$之间的关系

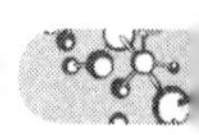

根据图 16-2，并对数据进行线性拟合发现，($AN\text{-}AN^d$)与 $E_t(30)$ 之间不仅依然保持着线性关系，而且线性度有了进一步的提高。它们之间的关系因此如式(16-8)所示：

$$AN\text{-}AN^d = -70.51 + 1.97E_t(30) \tag{16-8}$$

比较式(16-7)和(16-8)发现两者之间的差异仅在于常数项。

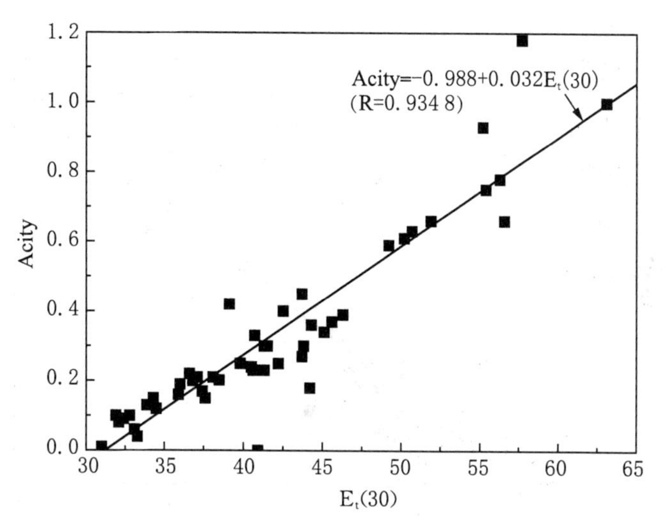

图 16-3 Acity 和 E_t(30)之间的关系

图 16-3 反映了极性参数(表 16-3)Acity 与 E_t(30)之间的关系，两者之间也呈现明显的线性关系，其关系式如式(16-9)所示：

$$Acity = 0.99 + 0.03E_t(30) \tag{16-9}$$

显然，只要知道 E_t(30)值就能推算出 Acity，或反之。而如果进一步联系式(16-8)则还能进一步知道 AN，或通过后者知道 Acity。

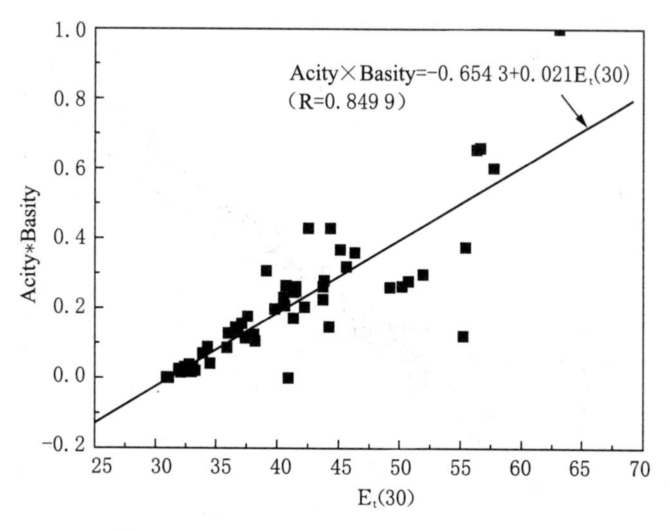

图 16-4 Acity×Basity 和 E_t(30)的关系曲线

将极性参数(表 16-3)Acity 与 Basity 联合与 $E_t(30)$作图(图 16-4),可以发现它们之间的线性关系可以描述为(式 16-10):

$$Acity \times Basity = -0.65 + 0.02E_t(30) \quad (16\text{-}10)$$

这意味着可以由此进一步估算得到 Basity 值。但 Basity 与 $E_t(30)$作图呈现的是非线性现象。

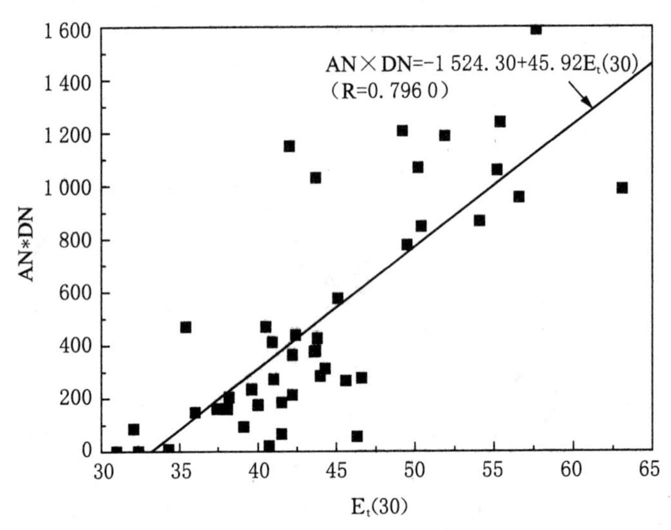

图 16-5　AN×DN 和 $E_t(30)$之间的关系

虽然 DN 和 $E_t(30)$之间无线性关系,但图 16-5 显示 DN 参数也是可以得到的,因为 AN×DN 和 $E_t(30)$之间为一种单纯的线性关系(式 16-11)。

$$AN \times DN = -1\,524.30 + 45.92E_t(30) \quad (16\text{-}11)$$

图 16-6 描述的 Z 参数和 $E_t(30)$之间的关系也是比较理想的线性关系。

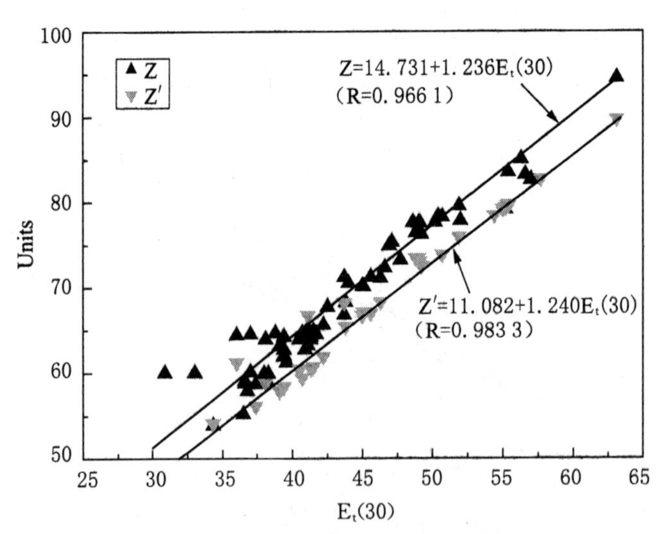

图 16-6　Z 和 $E_t(30)$之间的关系

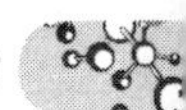

$$Z = 14.73 + 1.24E_t(30) \tag{16-12}$$

由此可知，只要知道 $E_t(30)$值就能得到 Z 值。

16.2.2.2 基于 α 的关系

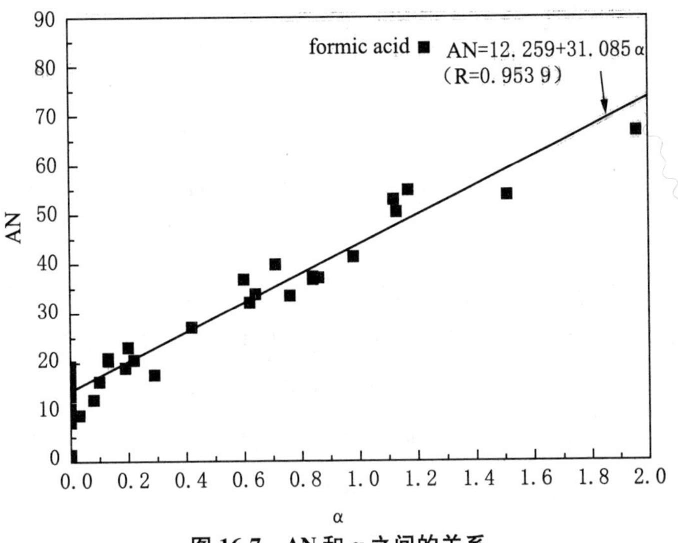

图 16-7 AN 和 α 之间的关系

根据文献报道的极性参数（见表 16-2）作图，进行线性拟合，也可以建立 α 与 AN 的线性关系如下（图 16-7）和公式(16-13)：

$$AN = 12.26 + 31.09\alpha \tag{16-13}$$

由图可看出所有的点都在这条直线附近，因此只要知道 α 值就能推算出 AN。

16.2.2.3 基于 β 的关系

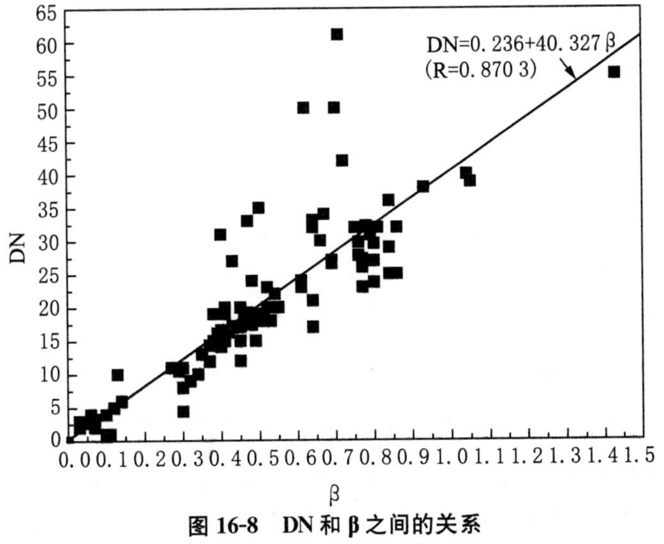

图 16-8 DN 和 β 之间的关系

根据文献报道的极性参数(见表 16-2)作图,进行线性拟合,可以得到 β 与 DN 的线性关系式(图 16-8)和关系式(式 16-14):

$$DN = 0.24 + 40.33\beta \tag{16-14}$$

由图可看出所有的点都在这条直线附近,因此只要知道 β 值就能推算出 DN。

16.3 不同酸碱体系关联性的检验与应用

根据 Zisman 等人基于溶剂的表面能的概念提出了临界表面张力这一概念的思路[1],也可以同样根据溶剂的各种数据得到固体聚合物的极性参数。在 Zisman 图中,其利用表面接触角作为中介将表面能和表面张力间建立了联系,同样的,也可以将该思路应用到固液体系中去,因为极性不仅仅决定溶剂的溶解能力、是溶质和溶剂间的相互作用分子力总和,而且反映了 Lewis 酸碱反应的特性,而这种 Lewis 酸碱特性在液态环境中对所涉及的固体的影响很大。

根据图 16-1 至 16-8,将各曲线延长至临界状态,如在零点时的 $E_t(30)$ 值,可以得到各聚合物溶液体系的 Z、AN、Acity、Basity 等值。相应得出的各参数值列于表 16-3 中。

表 16-3 利用图 16-1 至 16-8 建立的线性关系及文献报道的 $E_t(30)$、α、β 推导出的其他参数

聚合物	已知参数		推导出的参数值							
	$E_t(30)$	π^*	α	β	AN	Pure AN	DN	Acity	Basity	Z
Polyvinylcarbazole	42.24		0.01	0.55	18.5	12.7	22.5	0.28	0.83	66.94
聚(2-乙烯吡啶)	94.22		3.31	0.56	122.5	115.1	22.9	1.84	0.72	131.19
聚(氧化-2,6-二甲基-1,4-亚苯基)	27.76		−0.90	0.58	−10.5	−15.8	23.8	−0.16	0.45	49.04
Polyoxycarbonloxy-1,4-phenyleneisopropylidene-1,4-phenylene	40.13		−0.12	0.55	14.3	8.6	22.3	0.21	0.90	64.33
PMMA	78.60	1.20	2.32	0.56	91.2	84.3	22.9	1.37	0.73	111.88
聚甲基丙烯酸甲酯	33.43	0.54	−0.55	0.29	0.9	−4.7	12.0	0.01	4.77	56.05
乙基纤维素	44.38		0.15	0.55	22.8	16.9	22.5	0.34	0.82	69.59

表 16-4 为一些聚合物酸性参数的报道值,通过比较可以发现,相应的值基本都是在一个数量级内,如计算得到的 PMMA 的 AN 值为 91.2,与表 16-3 中文献报道值 67.75 十分接近;同时 PMMA 的 β 值为 0.56,与 Spange 等人报道的 β 值也十分接近(表 16-4),同时,可以看出,同类聚合物间各参数值也均在同一数量级内,说明表 16-3 中计算的数据是值得参考的。

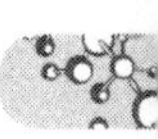

表 16-4 文献报道的溶剂极性数据 $E_t(30)$，π^* 和相关线性参数

高分子	α	β	π*	Et(30)	α	β	π*	Et(30)	溶剂	α	β	π*	Et(30)
	From Spange et al				From Hrris et al								
PS	0.00	0.28	0.66	41.0	0.08	0.06	0.65	42.2	ethylbenzene	0.00	0.11	0.54	33.9
PEO	0.00	0.65	0.86	45.7	—	—	—	—	1，2-dimethosyethane	0.00	0.46	0.53	38.2
PMMA	0.00	0.38	0.71	42.1	0.24	0.38	0.76	44.0	Methyl isobutylacetate	0.00	0.45	0.55	38.1
PVP	0.01	0.93	0.93	47.0	−0.12	0.78	0.91	40.8	Methylpyrollidome	0.00	0.77	0.92	42.2
PVCL	—	—	—	—	0.06	0.07	0.87	42.9	1，3-dichlorodutane	0.18	0.01	0.68	42.9
PIB	—	—	—	—	0.33	0.04	0.16	39.8	n-hexane	0.00	0.00	−0.06	30.9
PVAc	0.00	0.70	0.77	45.0	0.02	0.44	0.76	40.0	ethylactate	0.03	0.40	0.57	37.9

此外，根据 Lochon 等人的研究[29]，也可以进一步利用式(16-15)对溶剂的极性及其分子尺寸大小对溶胀过程进行估算。

$$G_m = -15.86 + 0.398E_t(30) \qquad (R = 0.982) \tag{16-15}$$

式中 G_m 表示高聚物在溶剂中的溶胀摩尔数，对于 Marcus 建立的 3 参数方程来说，一定要知道溶剂两个参数以上，才能进一步推得 G_m 值。而如果可以应用 2 参数方程，则可将式(16-6)至(16-14)代入式(16-15)，重新整理后得到 G_m 与其他溶剂参数之间的关系式如下：

$$G_m = -2.73 + 0.199AN \tag{16-16}$$

$$G_m = -1.62 + 0.2pureAN \tag{16-17}$$

$$G_m = -2.65 + 0.01AN \times DN \tag{16-18}$$

$$G_m = -2.73 + 13.27Acity \tag{16-19}$$

$$G_m = -3.46 + 18.95Acity \times Bacity \tag{16-20}$$

$$G_m = -20.60 + 0.32Z \tag{16-21}$$

毫无疑问，上述关联对于估算聚合物与溶剂体系之间的溶胀程度是十分有意义的。

16.4 小结

基于目前存在各种酸碱理论而互相之间又缺少关联的现状，本章提出了一种对不同酸碱体系进行关联的方法。由于提出的是一个 2 参数线性方程，所以这种简单的方法提供了一种关联各种不同酸碱理论之间关系的实用方法。应用这种简单的方法，本章进一步对一些聚合物的酸碱参数进行了估算。同时，也介绍了这种方法在高分子溶胀性能估算中的应用。

参考文献

[1] Bicerano J. *Prediction of Polymer Properties*. New York: Marcel Dekker, 1993.
[2] Fowkes FM. *J Adhesion Sci Technol*, 1990, 4, 669～691.
[3] Fowkes FM, Kaczinki MB, Dweight DW. *Langmuir*, 1991, 7, 2464～2470.
[4] Drago RS, Wong N, Bilgrien C. et al. *Inorg Chem*, 1987, 26, 9～14.
[5] Spange S, Vilsmeier E, Fischer K, et al. *Macromol Rapid Commun*, 2000, 21, 643～659.
[6] Spange S, Reuter A, Linert W. *Langmuir*, 1998, 14, 3479.
[7] Spange S, Reuter A. *Langmuir*, 1999, 15, 141.
[8] Spange S, Reuter A, Vilsmeier E, et al. *J Polym Sci*, *Part A*, 1998, 36, 1945.
[9] Spange S, Heinze T, Klemm D. *Polyr Bull*, 1997, 28, 697.
[10] Spange S, Fischer K, Prause S, et al. *Cellulose*, 2003, 10, 201～212.
[11] Oehlke A, Hofmann K, Spange S. *New J Chem*, 2006, 30, 533～536.
[12] Kamlet MJ, Taft RW. *J Am Chem Soc*, 1976, 98, 2886.
[13] Yokohama T, Taft RW, Kamlet MJ. *J Am Chem Soc*, 1976, 98, 3233.
[14] Kamlet MJ, Abboud JL, Taft RW. *J Am Chem Soc*, 1977, 99, 6027.
[15] Kamlet MJ, Abboud JL, Taft RW. *J Am Chem Soc*, 1976, 99, 8325.
[16] Kamlet MJ, Abboud JM, Abraham MH, et al. *J Org Chem*, 1983(48):2877～2887.
[17] Kamlet MJ. *J Org Chem*, 1983(48):2877～2887.
[18] Kamlet MJ. *Environ Sci Technol*, 1987, 21, 149～155.
[19] Kamlet MJ. *J Phys Chem*, 1988, 92:5344～5255.
[20] Kamlet MJ. *J Environ Sci Technol*, 1988, 22, 503～509.
[21] Reichardt C. *Chem Rev*, 1994, 94, 2319～2358
[22] Reichardt C Ed. *Solvent effects in organic chemistry*. Weinheim: Verlag Chemie, 1979.
[23] Marcus Y. In: *The Properties of Solvents*. John Wiley & Sons, 1998.
[24] Marcus Y. *Chem Soc Rev*, 1993, 409～416.
[25] Shen Q, Mu D, Yu L, et al. *J Coll Interface Sci*, 2004, 275(1):30～34.
[26] Swain CG, Swain MS, Powell AL, et al. *J Am Chem Soc*, 1983, 105, 502～513.
[27] Gutmann V. *The Donor-Acceptor Approach to Molecular Interactions*. New York: Plenum, 1978.
[28] Shen Q. *Langmuir*, 2000, 16, 4394.
[29] Jonquiers A, Roizard D, Lochon P. *J Appl Polym Sci*, 1994, 54, 1673～1684.

第三篇 分子酸碱化学的常用方法

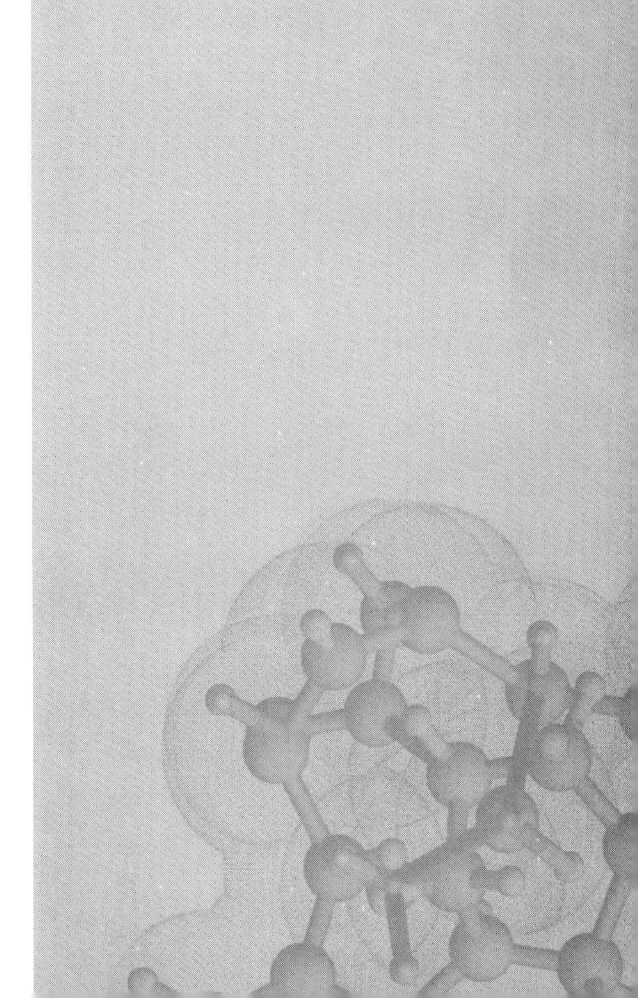

第十七章　接触角方法

17.1 简介

人们对于接触现象的研究有 200 多年的历史了。人们对于接触现象研究最多的是润湿现象，例如：清洗、干燥、涂敷、吸附等等。研究这些接触现象的最普遍也是最有效的方法就是测定接触角的大小。用接触角来表征和比较接触的润湿的能力和程度。为了测定出接触角的大小，人们设计了许多接触角模型，并依据模型设计出了许多接触角的测量方法。因而了解和研究各种接触角模型对加深表面现象认识、扩展材料应用范围及提高材料应用性能，推动新材料的研究开发有着重要的理论和实际意义。

应用光学方法测试接触角是一种最普通的测试和研究固体酸碱性能的方法[1]，其结果与被测物体的表面粗糙度、材料本体的各向异性及测试者的技术密切有关。

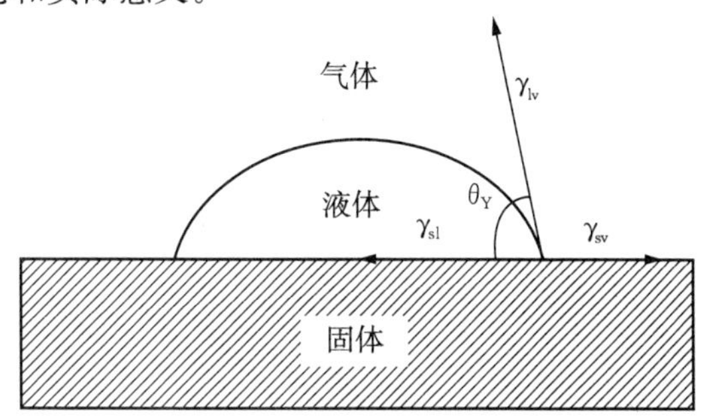

图 17-1　在光滑、均匀、平坦、坚硬的表面上接触角的平衡

当液体与固体接触时可呈现接触角，托马斯·杨(Thomas Young)在 1805 年用数学语言对其进行了描述并建立了方程(17-1)[1]。自此引发了一系列接触角测试技术的发明[2~4]。杨氏方程(17-1)认为：在一个理想光滑、均匀、平坦且无变形的表面的液滴的平衡接触角与各种界面张力有关，并如图 17-1 所示。

公式(17-1)进一步描述了图 17-1 所示 3 个参数之间的关系。

$$\cos\theta = \frac{\gamma_{sv} - \gamma_{sl}}{\gamma_{lv}} \tag{17-1}$$

式中 γ_{lv} 为与其饱和蒸汽平衡的液体的表面张力；γ_{sv} 为与该液体的饱和蒸汽平衡的固体的表面张力；γ_{sl} 为固液之间的表面张力。

必须指出：从力学分析的角度可以发现杨式方程(17-1)在 X 轴上的力是守恒的，即 $\sum F = 0$，而在 Y 轴上的力则是不守恒的。唯一可以解释这个现象的是认为接触角在其中扮演了非常重要的角色，但其在 Y 轴方向上对力的平衡的作用方面的研究方程较少，值得有兴趣的科学家对其进行探讨。

无论用什么方法测定接触角，都会发生一个共同的现象，即在固/液界面扩展后的测量值的接触角与在固/液界面会回缩的测量后的测量值有差别。例如当向某一固体表面上已达平衡的水滴加水或抽水时，接触角或增大或减小，将接触线开始前移时的临界接触角定义为前进角 θ_a，而接触线收缩时的临界接触角定义为后退角 θ_r，两者的差值($\theta_a - \theta_r$)称为接触滞后角。表观接触角则处于前进角和后退角两个临界值范围之间[2, 3]。接触角滞后的存在使得水滴在倾斜的表面上不一定向下移动。

根据杨氏方程，对一个给定的体系只有一个唯一的接触角(例如在固体表面上的液滴)。但在实际体系中，可以观察到一系列的接触角。其最大值为前进接触角 θ_a，由固液界面的前沿扩展而成的接触角。其最小值为后退接触角 θ_r，由固液界面的前沿收缩而成的接触角。前进角与后退角不相等，这一现象称为接触角滞后，两者的差值称滞后度 θ_h[4](17-2)：

$$\theta_h = \theta_a - \theta_r \tag{17-2}$$

实际的固体表面都存在接触角滞后现象，由于滞后的存在，因此杨氏方程中关于接触角的阐述是值得争议的。虽然接触角滞后现象在过去几十年已得到了广泛的研究，但引起滞后的原因还不完全清楚。目前的研究把滞后归于如下几个因素：表面的粗糙[2~7]、表面不均匀[8~15]、表面污染和表面的成分，如官能团。但也有一些文献报道认为滞后与液体分子的大小及固液接触时间有关[16, 17]。此外，从热力学角度解释接触角滞后现象也是目前研究的一个方向。

17.2 影响接触角的因素

17.2.1 表面粗糙

粗糙表面上接触角的滞后是由于存在许多相隔很近的亚稳态而引起的。人们对此已经作了不少分析[18, 19]。自由能达最小值要求微观局部的接触角必须是杨式角(或固有角 θ_0)。考虑一个在倾斜板上的液滴，见图 17-2。它的前端和后部与固体交界的边沿有同样大小的固有角 θ_0，而宏观观察到的它与倾斜板的接触角在前端为前进接触角 θ_a，在后部为后退接触角 θ_r。

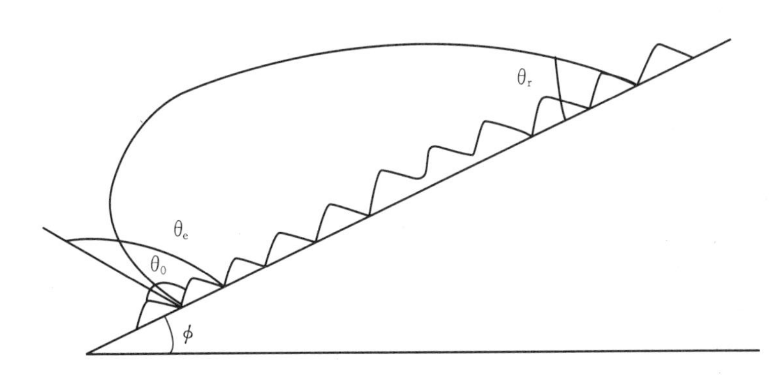

图 17-2 在倾斜粗糙表面上的液滴的接触角滞后

例如石蜡的一种粗糙表面使水的前进角为 110°，后退角为 89°，阻滞达到 21°；而平滑表面分别给出 97°和 89°，其阻滞仅为 8°。此外，对 $\theta < 90°$ 的系统，前进角是随着 r 而增加的。

17.2.2 表面不均匀

在组成不均匀的表面上也能发生滞后现象。在不同的固有接触角区域的交界处存在着能垒。液体的前沿往往停留在相的交界处。在不均匀的表面上，前进角往往反映固有角较大的区域；后退角往往反映固有角较小的区域。

表面不均匀是造成接触角滞后的一个重要原因。前进角一般反映与液体亲和力弱的那部分固体表面的润湿性，而后退角则反映与液体亲和力较强的那部分固体表面的性质。

17.2.3 表面污染引起的接触角滞后

表面污染是一个常见的原因，无论是液体或是固体的表面，在污染后都会引起滞后现象。例如，水在非常洁净的表面上是完全润湿的，接触角为零，但若玻璃表面上有油污，在与水接触时，大部分油将展开在水面上，因此，当使固体露出水面来测定其后退角时，就会比测前进角时有较高的 γ_{sv} 值。由公式(17-1)可知，这将使后退角小于前进角。有人以石墨和滑石做实验发现，采用严格净化的液体和固体表面实际上可以消除滞后现象。

表面污染，往往来自液体和固体表面的吸附，从而使接触角发生显著变化。对于一些无机固体，由于表面能比较高，很容易被低表面能物质污染。这时的固体表面实际上是复合表面。液体对这样的固体的接触角随污染的性质及污染程度而变。由此可见，欲准确测定一种固液体系的接触角，首先要保证固体表面干净无污染。污染往往是接触角数据不重复的主要原因。表 17-1 给出了由于气相成分变化引起水对金接触角的变化数据。实际上，吸附作用可以在各个有关的界面上发生并相应地改变界面自由能。这必然影响三相交界处的平衡关系，引起接触角改变。因此，在接触角测定工作中保持干净、防止来自各相的污染是至关重要的。

表 17-1　不同成分气相中水在金上的接触角(25 ℃)

气相成分	前进角(°)	后退角(°)
水蒸气	7	0
水蒸气+纯净空气	6	0
水蒸气+苯蒸气	84	82
水蒸气+纯净空气+苯蒸气	86	83
水蒸气+实验室空气	65	30
水蒸气+室外空气	13	0

经实验研究,得到即使是气相成分的变化也会引起水在金的表面上的接触角变化。由此可以得出,表面污染可以引起接触角滞后现象。

17.2.4　接触角滞后与液体分子的关系

有人研究了烷烃前进接触角及后退接触角与其链中碳原子数的关系[20]。将前进接触角及后退接触角分别对分子链中碳原子数的倒数作图得到的近似为两条直线,如图 17-3

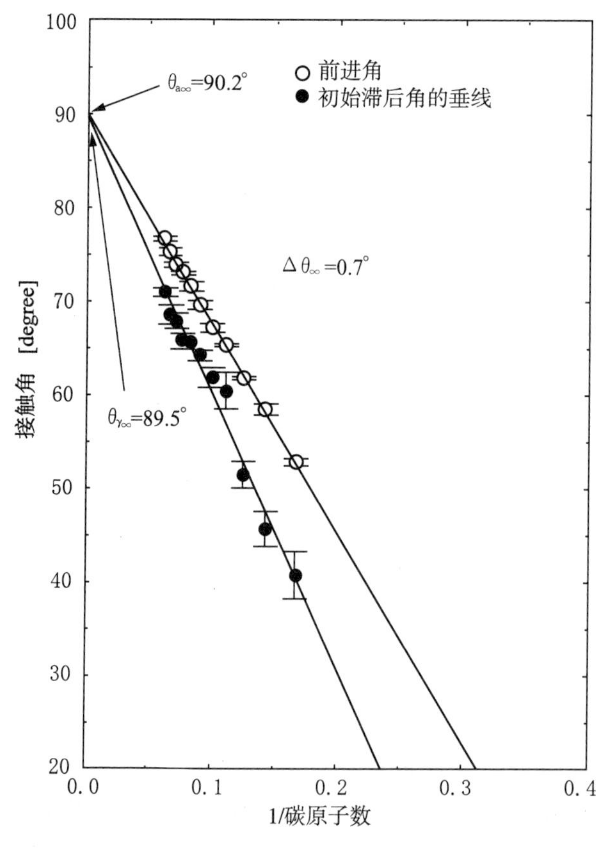

图 17-3　烷烃分子碳原子数对前进接触角及后退接触角的影响

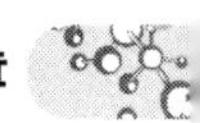

所示。随着分子链的增长，发现前进接触角及后退接触角的差值越来越小。在直线的末端，发现前进接触角与后退接触角几乎相等(如在分子链为无限长的时候)。对于烷烃当分子链为无限长时，其滞后度为 0.7°，接近零。也就是说在分子很大时，前进接触角与后退接触角近乎相等。

图 17-4 反映了醇类中碳原子个数与前进接触角和后退接触角之间的关系[20]，对于前进接触角其表现为一条光滑的曲线，但对于后退接触角则不是；而且对于前进接触角其曲线基本为二次方程。但对于后退接触角它在短链分子液体中的行为与长分子链液体不同。值得注意的是在后退接触角的曲线中，在 1-辛醇与 1-壬醇之间有一个突越。在这一点上，曲线关系正好由线性关系转变为二次方程。这可能与液体的渗透机理发生改变有关。因此，对于后退接触角没有一个理论上的模型与其值相对应，但是手制的曲线可以揭示这种趋势。尽管如此，可以确定的是对与分子链很长的醇，存在着前进接触角与后退接触角越来越接近的趋势。

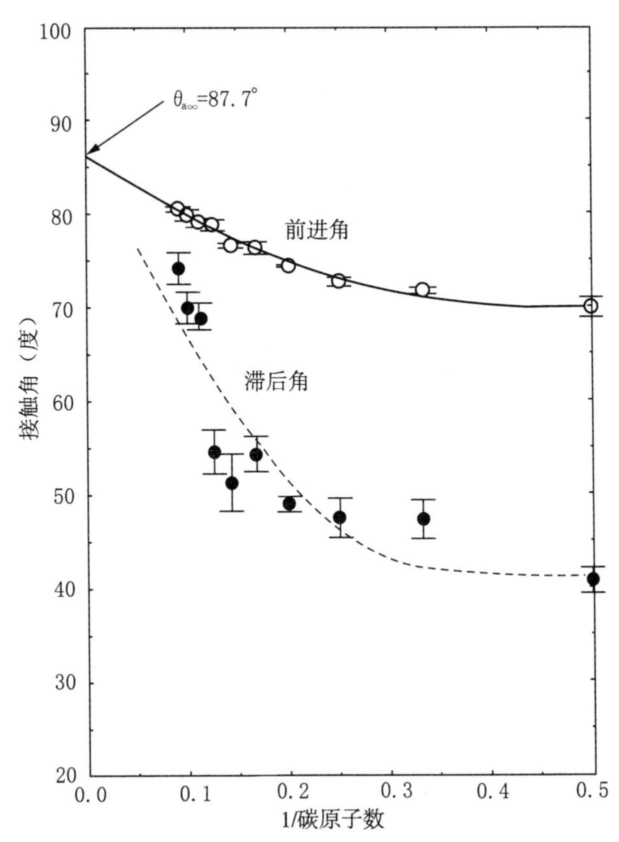

图 17-4　醇类分子中碳原子数对前进接触角及后退接触角的影响

由以上图可知：接触角滞后度随着液体分子链的增大而减小。从分子角度，对于大分子通常渗透到有机分子表面的倾向很小，因此这类液体应该有较小的滞后度。该文的研究表明，液体渗透到固体表面，或者说至少是液体的保持力是引起接触角滞后的原因。由于所有液体的表面张力比固体的表面张力大，液体在固体表面的保持力将会增大固体界面张力，因此减小接触角滞后度。如果液体渗透或吸附作用确实能引起接触角滞后，那么分子链长或液体分子的大小对接触角滞后度有影响的现象也就不难理解了。链短或尺寸小的液体分子更倾向于渗透到聚合物表面，因此产生大的滞后度。

17.2.5　表面成分对接触角的影响

图 17-5 反映了固体材料表面成分对接触角的影响[21]。随着极性的增加，cos 接触角会降低。

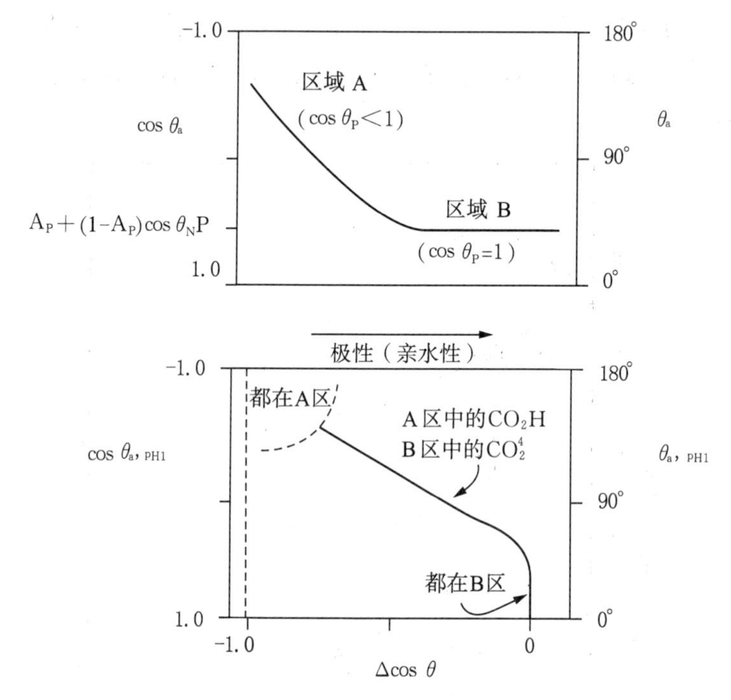

图 17-5　固体材料表面官能团极性对接触角的影响

17.3　粗糙表面

固体表面的粗糙度是影响材料表面疏水性的一个重要因素。事实上，这已经成为目前新材料，尤其是具有不同功能的疏水性材料研制时必须考虑的一个问题。但必须指出的是这些必须基于粗糙度的理论。

天然的莲叶表面被视为认识粗糙的代表，而该表面因具有理想的超疏水性能被认为是一种“莲花效应”(lotus effect)或“自清洁效应”(self-cleaning effect)。研究发现粗糙层或“莲花效应”是由于其表面具有规则排列且均一的突起物(图 17-6),据此这一粗糙表面被认为是“莲花效应”产生的关键[22]。将此突起物放大可以进一步发现其外表上有一根根盘交错结的细毛状物,其尺寸在 100～200 nm,而主要成分是碳氢化合物。事实上,叶表面的微米结构乳突上也存在着纳米结构,由此可知这些微米乳突上的纳米结构可能对超疏水性起到重要的作用。由图 17-6 可以看到这些乳突的平均直径为 5～9 μm。

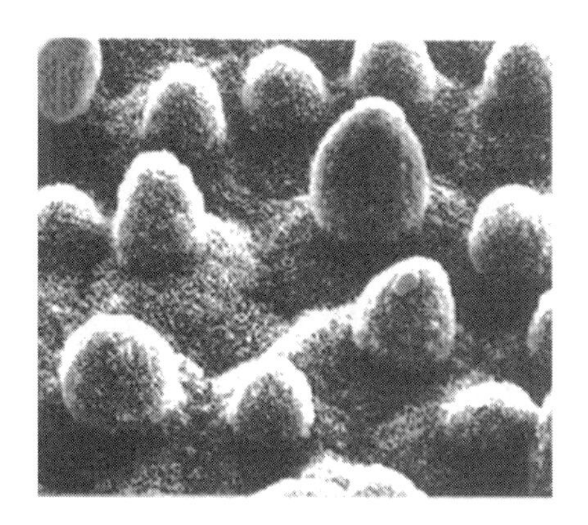

图 17-6　莲叶粗糙面的电子显微镜图

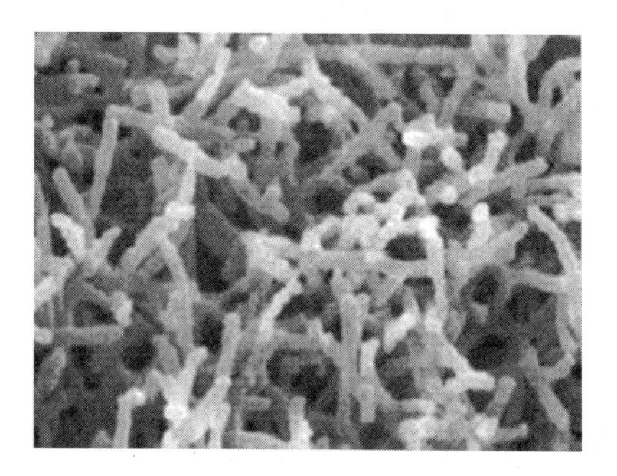

图 17-7　莲叶表面的细毛状突起物

由于莲叶表面的微结构能够将空气保留在突起物间的底部,使外在的污物或液体无法完全粘附在莲叶上,被局限在这种纳米粗糙层中的空气,其情形犹如在莲叶表面形成一层气垫(Air Cushion)(图 17-7),污染物或液体是由空气所支撑着;另外盘交错结的细毛状,其结构亦有助于减少外来物与叶面间的接触面积,其组成成分是一种疏水性非常高的碳氢化合物(低表面能材料),它与水滴之间的界面张力非常大,水滴不易粘附。

此外,还发现莲叶具有超疏水的表面,因为水滴在其表面的接触角可高达 150°。这使得液体在其表面可轻易地被水冲刷带走,起到自清洁效果(图 17-8)。换言之,不具备这种粗糙结构表面的材料将易于污染、不易清洗。

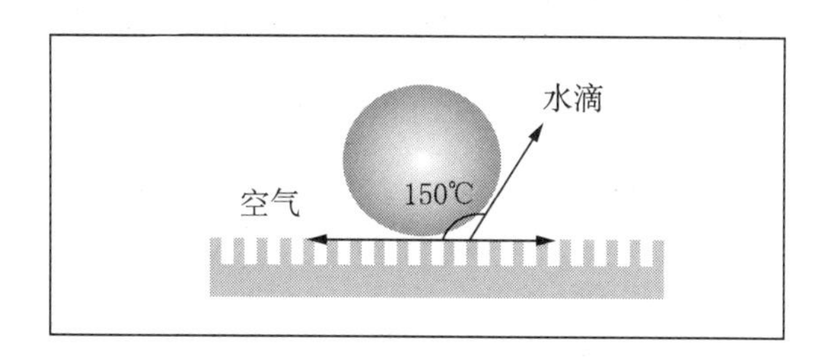

图 17-8　莲叶表面的超疏水结构

除了莲叶表面之外,一些植物的叶子与鸟、禽类动物的羽毛亦有类似的表面粗糙结构。

一般而言，超疏水性固体表面，是指表面与水的接触角（前进接触角和后退接触角）在150°以上，而前进接触角和后退接触角的差应该小于10°[23, 24]。

上述例子说明表面粗糙度影响材料表面，但这也引出了一个问题，即如何表征表面的粗糙度。

17.4 粗糙度理论

17.4.1 经典粗糙度理论

作为材料的表面性质之一，表面粗糙度反映的是表面微观几何形状误差，所以又称为微观不平整度。

表面粗糙度对材料的润湿性、超疏水性、粘结力、内应力均有影响。研究表面粗糙度对材料的影响，将有利于材料性能的改进。

由于杨氏方程(17-1)只能反映光滑表面的接触状况，为此1936年Wenzel[25]引进了表面粗糙度概念和定量评估表面粗糙度的方法，对杨氏方程提出了修正，如下式(17-3)。

$$\cos\theta' = (\gamma_{sv} - \gamma_{sl})/\gamma_{lv} = r\cos\theta \tag{17-3a}$$

或

$$r = \cos\theta'/\cos\theta \tag{17-3b}$$

其中r为固体表面的粗糙因子，r的定义为粗糙表面的实际面积与比表观面积比值。其具体描述如图17-9。

图17-9 Wenzel提出的粗糙模型

不同于Wenzel的定义，Cassie和Baxter[26]也提出了表征表面粗糙度的公式(17-4)，并假设水与空气的接触角为180°。

$$\gamma_{gl}\cos\theta = \chi_A(\gamma_{gs} - \gamma_{ls})_A + \chi_B(\gamma_{gs} - \gamma_{ls})_{Bs} \tag{17-4a}$$

$$\cos\theta = \chi_A\cos\theta_A + \chi_B\cos\theta_B \tag{17-4b}$$

其中：A和B代表不同的表面，X_A 和 X_B 分别表示物质A与物质B组成复合表面中

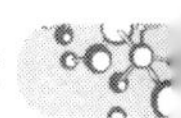

A、B 两者各占的分数。

图 17-10 描述了 Cassie-Baxter 模型。

图 17-10 Cassie-Baxter 提出的粗糙模型

Johnson 和 Dettre 通过模拟水滴在理想正旋曲率平面上的接触角[9]指出:当固体表面形貌主要为 Wenzel 模型时,水在疏水性粗糙固体表面的接触角以及接触的滞后(前进接触角与后退接触角之差)是随粗糙因子 r 的增大而增大的;当 r 增大到 1.7 以后,如果继续增大 r,则水的接触角将继续增大,而此时接触角的滞后将减少。造成这种现象的主要原因是随着固体表面粗糙度因子的增大,在水滴和固体表面接触界面上的空气组分也相应增大,使得疏水的固体表面由 Wenzel 模型转变为 Cassie-Baxter 模型。

一些研究还发现表面的有规则和无规则形状都影响到表面粗糙度[12~18]。

综观上述经典的基于接触角的粗糙度公式可以发现,他们在理论上是成立的,但在实际应用中还不是容易的。

17.4.2 现代粗糙度理论

基于经典理论在使用过程中的不方便,并考虑到许多材料的表面在不同方向上的接触角也是不一样的这一事实,近来有不少人提出了改进的理论和方法。作者曾提出了一个改进的 Wenzel 方法[27, 28],即应用测试得到的样品在不同方向的接触角来代替 Wenzel 模型,如公式(17-5)所示。

$$r = \cos\theta^{/\!/} / \cos\theta^{\perp} \tag{17-5}$$

其中两个上标分别代表接触角与材料表面的平行或与表面垂直的两个方向。

对木片的平行木纹方向和垂直木纹方向的实验证明,这个改进的 Wenzel 方法(17-5)是一个非常实用和有效的方法[28]。

17.5 改变粗糙度的方法

固体材料表面的润湿性能取决于材料表面的化学组成和表面形貌,降低材料的表面自由能和增加材料表面的微观粗糙度是提高材料表面疏水性的重要途径。由于超疏水性材料固体表面在很多领域具有广泛的应用前景，而材料本身的自由能是无法降低的，所以只能通过增加材料表面的粗糙度来提高其疏水性能。为了改变粗糙度的大小，研究者们分别采用了粉末[19]、光阻材料微观模式[20~22]、多孔渗水性表面[23~24]、球状铁笔型表面[25]及规则的棱锥表面[26]来获得合适的表面粗糙度，还有学者用聚合和无机技术来开发超疏水表面[27~45]。

然而这些粗糙度都是独立的，所以不能进行更为广泛的应用。Nakae 等认为：用 LPS (The loose packing sphere，图 17-11 所示)和 LLPP(The loose lining round rod，图 17-12 所示)两种模型(图中 h_r 为粗糙高度)，在不改变 Wenzel 粗糙因子的情况下，来改变固体表面的粗糙度，从而提高其疏水性能[45]。

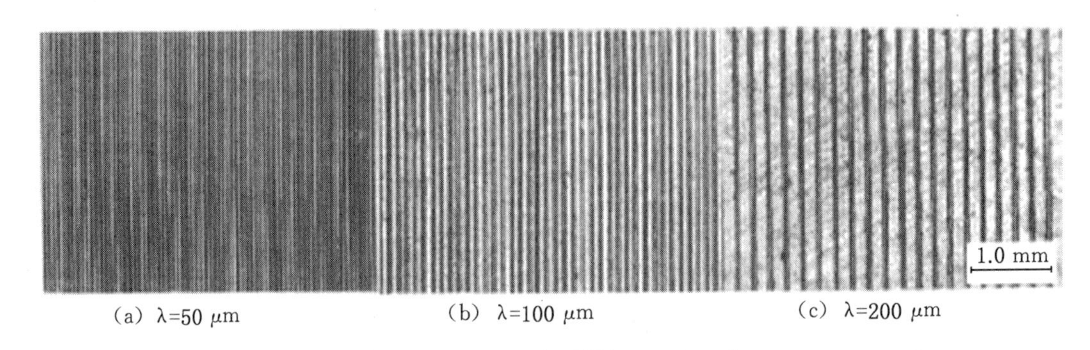

(a) λ=50 μm (b) λ=100 μm (c) λ=200 μm

图 17-11 LLRR 表面图(h_r= 50 μm)

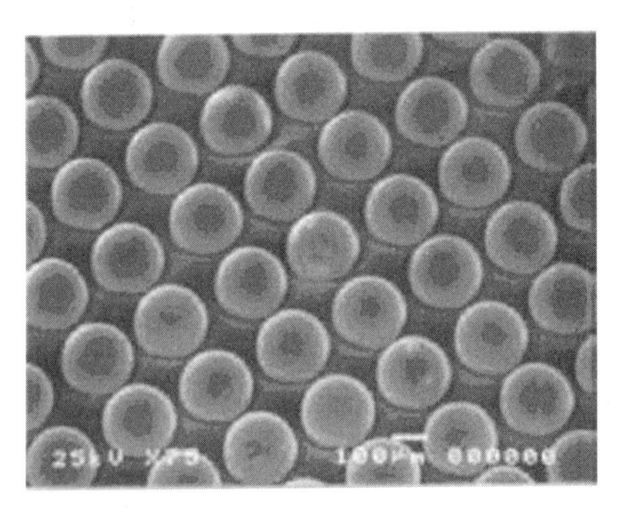

图 17-12 LPS 表面扫描电镜图(h_r=200 μm, λ=254 μm)

他们认为：这两种模型在不同直径大小的球状和棒状的表面上，它们的粗糙度是不同的，这就意味着在不同粗糙度表面上 Wenzel 粗糙因子是个常数。所以可以在不改变

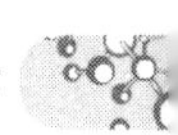

Wenzel 粗糙因子的前提下去讨论 hr 对固体润湿性的影响了。另外，在这两种模型中，还可以分别讨论粗糙高度(h_r)和粗糙斜度(λ)对固体表面润湿性的影响[31]。他们用一种含重量 5%的表面活性剂(十二烷基硫酸钠)滴在两种模型的表面滚动作为实验。

对于这两种模型来说，润湿程度的高低是与固体表面的粗糙程度有很大关系的，也与接触角的大小有很大的关系。而接触角的大小与 h_r、λ 有关，临界倾斜度 λ_C 也是影响接触角的重要因素。可以看出当 $\lambda < \lambda_C$ 时，L/V 接触角比较小；当 $\lambda = \lambda_C$ 时，接触角达到最大值；当 $\lambda > \lambda_C$ 时，接触角又变小了。

所以为了使固体表面具有良好的疏水性能，必须设法找到 λ_C 值，从而可以制作更好的表面。由图 17-13 可以知道表观接触角(apparent φ)与 λ 成反比，所以可以得到一个类似 Cassie-Baxter 方程的新方程如下[45]：

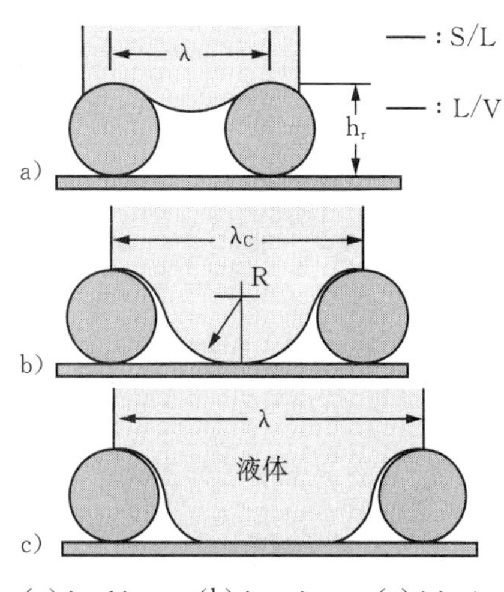

(a) $\lambda < \lambda_C$；　(b) $\lambda = \lambda_C$；　(c) $\lambda > \lambda_C$

图 17-13　S/L/V 界面对 LPS 湿润性的影响

$$\cos\varphi = r_{w1} f_1 \cos\theta_1 + r_{w2} f_2 \cos\theta_2 \tag{17-6}$$

式中：f_1 表示 S/L 界面之间的接触面积。f_2 表示 L/V 界面之间的接触面积。且有：$(r_{w1} f_1 + r_{w2} f_2) = 1$；$f_2$ 与 h_r 成反比。

Nakae 等得出的最后结论是[45, 46]：固体表面会存在一个临界 λ 使其具有一个最大的接触角，λ_C 又由液体对固体的压力、h_r 等决定。如果 $\lambda < \lambda_C$，表观接触角随着 λ 的增加而增加；如果 $\lambda > \lambda_C$，表观接触角随着 λ 的增加而减少。所以找到 λ_C 对于制备理想的固体表面是很有意义的。

Watanabe 与 Hoshimoto 曾研究了他们的实验数据结果与 Wenzel 和 Cassie-Baxter 理论值的比较，发现超疏水性表面应该满足的条件以及水珠在不同的动力平衡状态时与固体表面对其形成疏水性的影响[29]。Lee[47]、McCarthy[32]以及 Onda[39]等人在这一领域都有这方面的研究。

17.6 表面粗糙的影响

表面粗糙度在许多场合都有应用，是评定许多产品和加工过程的重要指标之一。

17.6.1 对使用性能的影响

表面粗糙度对机械零部件的使用性能主要有以下几个方面的影响。

17.6.2 对摩擦、磨损的影响

由于零件的摩擦通常从投入运行到破坏都要经历初期磨损、正常磨损和急剧磨损三个阶段,并表现出不同的磨损特征,所以了解机械零件的粗糙度就显得非常有必要。

表面粗糙度的轮廓形状和加工纹路方向对零件的耐磨性能有显著的影响。不同加工方法产生的表面轮廓尽管参数值可能相同,但由于表面轮廓形状的差异,使零件间的实际接触面积和润滑油的存留情况发生很大变化,零件的耐磨性能就相差甚远。而在采用同一种加工方法时,表面粗糙度高度参数值的减小就伴随着支承长度率的增加。

17.6.3 对化学腐蚀的影响

金属表面粗糙度影响金属腐蚀的程度,金属的粗糙表面比光滑表面具有更大的比表面和比表面能,两者相比,前者更易发生腐蚀过程。

金属表面的粗糙度值的大小与金属的化学腐蚀的程度正相关。即:当金属表面的粗糙度大时,比表面和比表面能都很大。可产生较强的表面效应。改变化学腐蚀反应的速率和平衡常数等热力学的量,加快了化学腐蚀的时间、程度:若金属粗糙表面凸出部位越尖,则尖端部分的曲面所对应的曲率圆半径越小,比表面越大,化学腐蚀反应速率就越大,平衡常数就越大,体系越不稳定,金属发生腐蚀的反应就越容易,使金属的腐蚀程度比光滑表面的腐蚀程度严重。

17.6.4 对使用寿命的影响

表面粗糙度与摩擦系数有关。在一定范围内,摩擦系数会随着表面粗糙度的降低而减少,但有一个极限,超过这一极限后,由于摩擦副的两个过于光滑的摩擦面之间的润滑油在机械负荷的作用下会被挤出,致使两个摩擦面紧密接触,造成摩擦面的微凸体之间接触机会又重新增加,这时摩擦系数又会增大。

17.6.5 对接触过程的影响

不管何种金属、何种机械加工方法和冷却与否、或是不同的粗糙度,材料样品在机械加工后,在切口及其附近产生了一个由切口开始向材料内部逐渐减弱的机械—热效应区。在该区内,切口处硬度最低,此后逐渐升高,越过该区后,硬度趋于稳定。这一稳定的硬度值可能就是金属相对地不受外界条件影响的真实和原始的硬度了。在粗糙度试验中,随着粗

糙度的降低,金属的硬度降低。

粗糙度过高或者过低对零部件的配合性均不好,在适当的粗糙度下零部件才能较好的相容,达到最佳的效果。

金属生物材料表面的微粗糙化会对基体材料的生物相容性产生显著影响。

一定范围的粗糙度,可降低炎症反应程度:对软组织植入物来讲,粗糙表面比光滑表面软组织反应层薄,且无液膜反应区存在,炎症细胞的数量大量减少,甚至无炎症细胞。对骨内植入物来讲,粗糙表面的骨种植体界面有薄的纤维结缔组织,反应层较厚。微粗糙表面可提高骨种植体界面的骨结合强度,改善界面骨结构,促进骨形成,提高界面骨结合强度,改善骨重塑功能。一定范围的粗糙度,可以促进上皮细胞及成纤维细胞的早期附着,加快种植体早期固定,提高种植体远期成功率。

金属生物材料的粗糙度提高,材料表面积增大,一定程度上降低了材料的耐蚀性,增加了金属离子释放率。较大粗糙度表面可降低材料的血液相容性,但微粗糙表面与血液相容性的关系尚存在争论。

17.6.6 对材料界面的影响

从晶体几何学的观点看,界面是三维晶格周期性排列从一种规律转变为另一种规律的几何分界面。而在物理学中,则将界面定义为两个块体相之间的过渡区。这个过渡区可以是一个或多个原子层,其厚度随材料种类及表面粗糙度的不同而异。

17.6.7 对固体表面润湿性的影响

润湿性是固体表面的重要特性之一,它是由表面的化学组成和微观几何结构决定的。目前超亲水材料已经成功地被用作防雾及自清洁的透明涂层[21],而超疏水性界面也引起了人们的普遍关注。所谓超疏水表面一般是指与人的接触角大于 150°的表面。接触角是衡量固体表面疏水性的标准之一,但是判断一个表面的疏水效果时"还应该考虑到它的动态过程",一般用滚动角来衡量[21]。滚动角定义为:前进接触角(简称前进角,θ_A)与后退接触角(简称后退角,字母表示为 θ_R)之差。滚动角的大小也代表了一个固体表面的滞后现象(hysteresis)。一个真正意义上的超疏水表面应该既具有较大的静态接触角又具有较小的滚动角。

17.7 粘附

密切接触的两相之间的过渡区(约几个分子的厚度)称为界面,界面的类型形式上可以根据物质的三态：固态、液态和气态来划分，如气—液、气—固、液—液、液—固和固—固等界面。界面现象所讨论的都是在相的界面上发生的一些行为。粘附功是用来解释一些界面现象的一个重要参数。如当液体与固体接触时，有的液体滴到固体上形成小圆珠（如将水银滴在桌面上），有的液体却能在固体上铺成一层膜，如将水滴在洁净的玻璃板上。通常在恒温恒压可逆条件下，将气—液与气—固界面转变为液—固界面的过程称为润湿过程。从热力学的角度，该过程的吉布斯自由能的变化值为[48~56]：

$$\Delta G = \gamma_{l-s} - \gamma_{g-s} - \gamma_{g-l} \tag{17-7}$$

$$W_a = -\Delta G = \gamma_{g-s} + \gamma_{g-l} - \gamma_{l-s} \tag{17-8}$$

式中的 γ_{g-s}、γ_{g-l}和 γ_{l-s}分别表示气—固、气—液和液—液的表面吉布斯自由能，W_a是粘附功，它是液、固粘附时，体系对外所做的最大功。

W_a 值越大，液、固界面结合得越牢固。由不同理论和不同体系得出的粘附功的表达式并不相同。下面分类论述了粘附功的几种表达式。

17.7.1 润湿

润湿是固体表面的气体被液体取代的过程。将液体滴到平滑均匀的固体表面上，若不铺展，则将形成一个平衡液滴，其形状由固、液、气三相交界处任意两相间之夹角所决定，通常规定在三相交界处自固、液界面经液滴内部至气、液界面之夹角为平衡接触角，以 θ 表示。如图 17-1 所示。

表征润湿性能的参数一般是润湿角和粘附功，在液—固—气三相的接触点处，处于平衡条件下有公式(17-1)。当润湿角 $\theta < 90^\circ$ 时称为润湿；$\theta > 90^\circ$ 时称为不润湿，在两种极端情况下 $\theta = 0^\circ$ 和 $\theta = 180^\circ$ 则分别是完全润湿和完全不润湿。

17.7.2 粘附润湿

恒温恒压条件下，等面积的固/气、液/气界面黏合，形成一个等面积的固/液界面的过程定义为粘附润湿。此过程的基本特征是：一个固/液界面取代了等面积的固/气表面和液/气表面。

17.7.3 粘附润湿功

根据焓和吉布斯自由焓的定义：

$$H = U + PV \tag{17-9}$$

$$G = H - TS \tag{17-10}$$

$$dG = dU + d(PV) - d(TS) \tag{17-11}$$

根据热力学第一定律和体积功的定义：

$$dU = dQ_r + dW_r \tag{17-12}$$

$$dW_r = dW'_r - P_{外}\, dV \tag{17-13}$$

可逆过程：

$$dQ = TdS \tag{17-14}$$

$$P_{外}\, dV = (P + dP)dV = PdV \tag{17-15}$$

将式(17-12)、(17-13)、(17-14)和(17-15)代入式(17-11)有：

$$dG = TdS + dW_r{}' - PdV + PdV + VdP - TdS - SdT = dW_r{}' + VdP - SdT \tag{17-16}$$

对一个恒温恒压过程，则有：

$$dG = dW_r{}' \tag{17-17}$$

对于多组分多相涉及固/气(S/V)表面、固/液(S/L)界面和液/气(L/V)表面系统，吉布斯自由焓是温度 T、压力 P、各相组成的表面和界面面积的函数，即：$G = f$(T、P、A、S、V、L、V)。恒温恒压，$dP = 0$；$dT = 0$。固、液润湿系统，固液互不相溶，各相组成不变，dni = 0，所以 $G = f$(AS, V, AL, V, AS, L)。

$$dG = dW'_r = + \gamma_{s,v} dA_{s,v} + \gamma_{s,l} dA_{s,l} + \gamma_{l,v} dA_{l,v} \tag{17-18}$$

式(17-18)可以计算各类润湿功。

将式(17-18)用于粘附润湿，仍然设过程沿粘附润湿的逆过程进行，当该过程固/气表面、液/气表面面积增加和固/液界面面积减少均为 1 m^2 时，对式(17-18)按边界条件(面积变化)进行积分：固/气(S/V)界面，0 $m^2 \rightarrow$ 1 m^2；固/液(S/L)界面，0 $m^2 \rightarrow$ 1 m^2；液/气(L/V)界面，1 $m^2 \rightarrow$ 0 m^2；所以有：

$$W = G_0 = \frac{9D\Delta^2}{2a^4} \tag{17-19}$$

$$W_{aLv} = \gamma_{s,v} + \gamma_{L,v} - \gamma_{s,L} \tag{17-20}$$

式(17-20)即为粘附润湿功的数学定义式，从公式的推导过程可得其物理意义：恒温恒压下，液体对固体的粘附润湿界面上进行一个粘附的逆过程。当固/液界面(减小)、固/气表面和液/气表面(增大)的面积均改变 1 m^2 时，环境对系统做的最小功(即可逆功)。

$W_{slv} > 0$，则 $\Delta G > 0$，说明系统做功，使能量增加。过程沿可逆途径反向进行（粘附润湿），则必然 $W_{slv} < 0$，$\Delta G < 0$，系统对环境做功，过程朝能量减少的方向进行，过程自发。故 $W_{slv} > 0$ 可以作为粘附润湿过程能否自发的判据。

因为固/液界面张力总是小于它们各自的表面张力之和，所以固液接触时，粘附功总是大于零。所以，不管何种液体与固体，粘附过程总是可自发进行的。

将杨氏方程与沾湿过程的定义相结合，可以得到粘附润湿功的另一个公式：

$$W_{slv} = \gamma_{sv} + \gamma_{lv} - \gamma_{sl} = \gamma_{lv}(1 + \cos\theta) \tag{17-21}$$

对于疏水性表面，疏水行为可以根据疏水表面液滴的粘附功来定义[4]。该表面功一方面与相互分离的液相和固相的界面的形成有关，另一方面与液滴滴在固体表面时的体系有关。

17.7.4 基于不同理论和方法的粘附功

17.7.4.1 基于 Lifshitz 理论的粘附功

Fowkes 最早[57]提出了把各种作用对粘附功、表面张力的贡献分量分离出来，并且把范德华作用中的色散部分与其他两个部分：偶极与诱导分离开来；大约 30 年后，Fowkes 等人[57, 58]指出以前所说的色散分量，实际应是范德华作用分量。因为根据 Lifshitz 理论，这三个作用可以统一起来。van Oss，Chaudhury 和 Good 等人[59]把这种范德华作用称作 Lifshitz 范德华作用（以下简称 LW 作用）。由此，粘附功 W 和表面张力 γ 存在着以下关系：

$$W = W^{LW} + W^{AB} \tag{17-22}$$

$$\gamma = \gamma^{LW} + \gamma^{AB} \tag{17-23}$$

其中上标 LW 和 AB 分别代表 LW 作用分量和酸碱作用分量。van Oss，Chaudhury 和 Good[59]等人和 Wu[59]分别提出了几何方程和调和方程，这两个方程的基本出发点相同，都是从孤立分子的色散力、诱导力、偶极力公式出发，分别采用几何和调和近似方法得到的。因此，两者都把色散作用单独分离出来，同时把诱导、偶极作用与氢键合并作为所谓“极性”作用而合并起来。事实上，特别是对于氢键，这两个近似是很牵强的。到了 20 世纪 80 年代，van Oss，Chaudhury 和 Good 等人[59]用 Lifshitz 理论验证他本人于 20 世纪 50 年代提出来的几何方程，该方程对于 LW 作用较合理。

$$\Delta G_{cl} = -\bar{h}\bar{\omega}_1/(16\pi^2 Z_{11}^2) \tag{17-24}$$

$$\Delta G_{12} = -\bar{h}\bar{\omega}_1/(16\pi^2 Z_{12}^2) \tag{17-25}$$

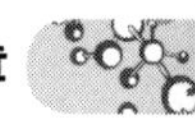

其中：

$$\hbar = h/(2\pi) \tag{17-26}$$

$$\bar{\omega}_1 = \int_0^{\infty} \{[\xi_1(i\omega_n) - 1]/[\xi_1(i\omega_n) + 1]\}^2 d\omega \tag{17-27}$$

$$\bar{\omega}_{12} = \int_0^{\infty} \{[\xi_1(i\omega_n) - 1][\xi_2(i\omega_n) - 1]\}^2 / \{[\xi_1(i\omega_n) + 1][\xi_2(i\omega_n) + 1]\}^2 d\omega \tag{17-28}$$

其中 ε_i 是具有虚频率 $i\omega_n$ 的介电常数；h 是普朗克常数；ω_n 是频率；n 是有关振动的量子数；Z 为两平行板平衡距离。得出 ΔG 的 LW 作用分量为：

$$-\Delta G_{12}^{LW} / (\Delta G_{c1}^{LW} \Delta G_{c2}^{LW})^{1/2} = [\bar{\omega}_{12}/(\bar{\omega}_1\bar{\omega}_2)][(Z_{11}Z_{22})/Z_{12}^2] \tag{17-29}$$

设参数 Φ^{LW} 为：

$$\Phi^{LW} = \bar{\omega}_{12}/(\bar{\omega}_1\bar{\omega}_2)^{1/2} \tag{17-30}$$

van Oss，Chaudhury 和 Good[59] 在计算了许多物质对的 Φ^{LW} 后发现 Φ^{LW} 介于 0.198～1 之间。若采用几何近似，则 $Z_{12}^2 = Z_{11}Z_{22}$，由此得到，粘附功的 LW 作用分量 W_{12}^{LW} 可表达为：

$$W_{12}^{LW} = -\Delta G_{12}^{LW} = 2[(\gamma_1^{LW})^{1/2}(\gamma_2^{LW})^{1/2}] \tag{17-31}$$

上式就是关于粘附功的 LW 作用分量的几何方程。

17.7.4.2　基于酸碱理论的粘附功

酸碱作用广泛地存在于分子作用之中。由于酸碱作用的根本原因在于不对称的电荷分布[59]，因此粘附功 W_{12} 的酸碱作用分量 W_{12}^{AB} 的热力学表达式应体现出非对称性特点，而不能像其 LW 作用分量 W_{12}^{LW} 那样具有对称性。比如：氢键是酸碱作用中的一种[59]，属近程作用，表征氢键的分子间作用大小的引力常数 HC 可表述为[59]：

$$HC_{12} = HC_1^a HC_2^d + HC_1^d HC_2^a \tag{17-32}$$

$$HC_{11} = 2HC_1^a HC_1^d \tag{17-33}$$

其中：HCj^a 和 HCj^d 分别表示氢键接受体和给予体的引力常数。很显然，式(17-32)、(17-33)反映了氢键是一种非对称性的作用，来源于分子中特殊的不对称电荷分布。

由于传统的理论，无论是调和方程、还是几何方程，其最大缺陷是在“极性”分量中忽略了非对称性。因此对同时具有给予与接受电子能力的化合物，这些方程就显得无能。由此可以根据 Lifshitz 理论和酸碱理论得到粘附功的表达式为：

$$W = 2[(\gamma_1^{LW})^{1/2}(\gamma_2^{LW})^{1/2}] + 2(\gamma_1^A\gamma_2^B)^{1/2} + 2(\gamma_1^B\gamma_2^A)^{1/2} \tag{17-34}$$

此外，Fowkes 还提出了估算两相间界面能的极性理论[57]，认为：

$$W_a = 2(\gamma_1^d\gamma_2^d)^{1/2} + 2(\gamma_1^h\gamma_2^h)^{1/2} + 2(\gamma_1^m\gamma_2^m)^{1/2} + 2(\gamma_1^P\gamma_2^P)^{1/2} + 2(\gamma_1^i\gamma_2^i)^{1/2} \quad (17\text{-}35)$$

式中：γ_{12}是两相之间的界面能，γ_1，γ_2 分别是两相的表面能，Wa 是两相之间的粘附功。上标的 d、h、m、P、i 分别代表两相之间色散力相互作用、氢键相互作用、金属键相互作用、电子相互作用以及离子相互作用对粘附功的贡献。

17.7.4.3 基于 JKR 理论和 DMT 理论的粘附功

一个球形固体在平面上发生变形这一现象已经被人们长久关注。19 世纪时，德国科学家 Hertz 对此现象提出了一个方程被认为 Hertz 理论：其基本要点是有外力时，表面接触点会发生变形[60]。对于在光滑平整的表面上的弹性球体，20 世纪 70 年代，英国科学家 Johnson、Kendall 和 Roberts 发现上述理论未考虑变形过程的粘附现象，所以基于实验引入了粘附能的理论，并被认为 JKR 理论[61]。几乎是同时，Derjaguin、Muller 和 Toporov 也发现 Hertz 理论的不完整并提出了他们相应的理论，被认为是 DMT 理论[62]。在这个理论中，DMT 考虑了除接触以外的大范围的相互作用力。

JKR 理论和 DMT 理论被认为是 Maugis-Barquins 理论的两个极端情况[63]。因为 JKR 理论适用于大颗粒、半径较大、表面能较高和低模量物质的体系。比如根据 JKR 理论其热力学表面功(W_a)可以用下式表示：

$$W_a = -\frac{2}{3\pi}\frac{F_{pull\text{-}off}}{R} \quad (17\text{-}36)$$

其中 $F_{pull\text{-}off}$ 为拉力、R 为曲率半径。

而 DMT 理论[63]适用于小颗粒、半径小、表面能低和高模量物质的体系。比如根据 DMT 理论热力学表面功(W_a)可以用下式表示：

$$W_a = -\frac{F_{粘附}}{2\pi R} \quad (17\text{-}37)$$

其中总的粘附力为：

$$F_{粘附} = F_{cap} + F_{VDW} \quad (17\text{-}38)$$

$$F_{cap} = 2\pi R\gamma[\cos(\theta_s) + \cos(\theta_t)] \quad (17\text{-}39)$$

其中：F_{cap}是毛细管作用力、γ 是液体的表面能、θ_s 和 θ_t 分别是水与底面和颗粒之间的接触角。这里的 $F_{粘附}$ 与 $F_{pull\text{-}off}$ 指的是同一个力。

17.7.4.4 复合材料的粘附功

Chatain[64~66]提出了一个估算粘附功的公式如下：

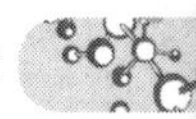

$$W_a = -\frac{C}{N^{1/3}V_{M_e}^{2/3}}[\Delta\bar{H}_0^{\infty}(M_e) + 1/S \cdot \Delta\bar{H}_M^{\infty}(M_e)] \tag{17-40}$$

式中：$\Delta\bar{H}_0^{\infty}(M_e)$和$\Delta\bar{H}_M^{\infty}(M_e)$分别为氧气和氧化物中的金属元素在金属中无限溶解时的混合焓；N为阿佛加德罗常数；V_{me}为液态金属的摩尔体积；C和S分别为依赖于氧化物陶瓷衬底的经验常数。

式中在$C \approx 0.2$、$S \approx n$时，对Al_2O_3、SiO_2（Al_2O_3：$n = 115$；SiO_2：$n = 2$）与金属的粘附功，与实验值比较一致。随着氧化物金属性的增强，接触角降低，粘附功增加（从上到下金属性逐渐增强）。

图 17-14 是一个典型的薄膜（厚度 h 为 40～450 微米）和硬底板组成的粘附体系[67]。把弯曲硬度为 D 的一层柔软的硅烷玻璃覆盖层剥开，并在狭缝间插入一块高为 Δ 的板。该板到膜和柔性板之间的交界线之间的距离是 a，它与柔性板可以衡量接触面之间的粘附强度与狭缝的长度 a 有关。

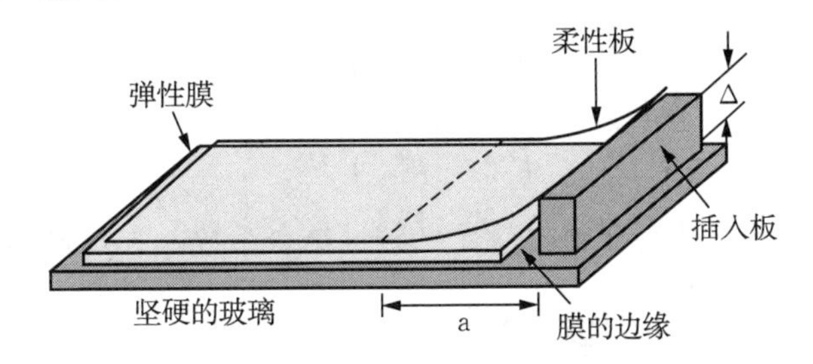

图 17-14 以一层薄的弹性膜粘附到高硬度的底板上为粘附模型的悬臂板实验的示意图

两者的粘附界面能可以写成：

$$\prod(a) = \int_{-\infty}^{a} \frac{D}{2}\left(\frac{d^2\xi}{dx^2}\right)^2 dx + \int_{-\infty}^{0}\int_{0}^{h} \frac{\mu}{4}\left(\frac{\partial u}{\partial z} + \frac{\partial \omega}{\partial x}\right)^2 dz d\omega + W_a \tag{17-41}$$

这里的$\xi(x) = w(x, h)$是表示板的垂直偏差，$u(x, z)$和$w(x, z)$是x与z方向上的被取代的地方，μ是粘附的剪切模量。

当把$\xi(x)=F'(2(ak+1)+(3ak+2)kx+ak(kx)^2-(kx)^3/3)$ $0<x<a$ 和$k^{-1}=[(3c-2)Dh^3/12\mu]^{1/6}$，$F'=3\Delta/[6+12ak+9(ak)^2+2(ak)^3]$代入上式，再根据 a 的大小把体系的总能量最小化，建立$\partial\Pi/\partial a = 0$，可以得到粘附功为：

$$W = G_o g(ak) = \frac{9D\Delta^2}{2a^4} g(ak) \tag{17-42}$$

这里的$kh < 1$，$g(ak)$是完美的粘附和自由脱落情况下的一个函数。

当 $ak>1$ 时，例如对于一个极其柔软的覆盖板或一个僵硬的粘附膜来说，可以进一步简写粘附功为：

$$W = G_o = \frac{9D\Delta^2}{2a^4} \tag{17-43}$$

17.7.4.5 基于量子化学法的粘附功

量子化学法通过研究金属/陶瓷界面电子结构和结合，从理论上计算出界面能量。这是从微观出发研究界面结合的一种方法。

量子化学研究界面是以分子轨道模型为基础的。有人[63]用分子轨道模型处理陶瓷分子，计算了金属/陶瓷的界面能，其界面的全部能量为：

$$E = \sum_{\mu\nu} P_{\mu\nu} H_{\mu\nu} + \frac{1}{2} \sum_{\substack{\mu\sigma \\ \lambda\sigma}} (P_{\mu\nu} P_{\lambda\sigma} - P^{\alpha}_{\mu\lambda} P^{\alpha}_{\nu\sigma} - P^{\alpha}_{\mu\lambda} P^{\beta}_{\mu\sigma})(\mu\nu/\lambda\sigma) + \sum_{A<B} \frac{Z_A Z_B}{R_{AB}} \tag{17-44}$$

其中 α、β 代表电子；Z_A、Z_B 分别为 A，B 原子的化学价。R_{AB} 为 A，B 原子的距离。

$$P^{\alpha(\beta)}_{\mu\nu} = \sum_{i=1}^{p(q)} C^{\alpha(\beta)}_{\mu i} \cdot C^{\alpha(\beta)}_{\gamma i} \tag{17-45}$$

$$P_{\mu\nu} = P^{\alpha}_{\mu\nu} + P^{\beta}_{\mu\nu} \tag{17-46}$$

$\alpha(\beta)$ 为旋转指数；C 是由原子振动决定的线性结合系数：p，q 分别是 α，β 的电子数。

$$H_{\mu\nu} = 1/2 \cdot K(\beta^{\circ}_{A} + \beta^{\circ}_{B}) S_{\mu\nu} \tag{17-47}$$

β°_{AB} 是结合参数，β°_{A}，β°_{B} 是经验参数，K 是 Wolfsberg-Helmholtz 参数，通常为 1.75。

为了计算(17-47)式的能量，还必须知道：

(1) 聚集的原子分数；

(2) 不同原子的原子数目；

(3) 聚集原子结构的边界选择。

将(17-44)式代入(17-48)可以计算单位面积的粘附功[68]。

$$W_{ad} = (E_a + E_\infty)/(A + A') \tag{17-48}$$

其中 a 为陶瓷/金属表面的距离，A 和 A' 是两个接近表面的横截面积。

17.8 接触角滴定方法

17.8.1 简介

不同于普通的接触角技术仅用液体滴在固体的表面，接触角滴定技术是通过 pH 值变

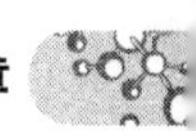

化的一系列缓冲液滴定固体表面而得到接触角的一种方法。对于包含酸性或碱性基团的界面，随着缓冲液滴 pH 值的不断变化，所测量到的接触角也随着变化。接触角滴定法的原理涉及两种扩散理论，即反应型扩散理论和非反应型扩散理论[69,70]。通过得到的 pH-接触角滴定曲线，并分析观察非反应型扩散的接触角滴定曲线，可以得到表面的电离平衡常数（pK_a），滴定曲线上拐点所对应的特征 pH 值为表面 pK_a 值。

接触角滴定法在用来研究表面润湿性能的同时，可以用来研究表面的酸碱性质以及电荷反应性质，同时分析出表面的一些特殊性质和组成等。

17.8.2 原理

文献曾报道了接触角滴定法的应用[69,70]。图 17-15 显示了 $PE\text{-}CO_2H$ 以及它的几种衍生物在 pH 值作用下，缓冲水滴典型的前接触角 θ_a。该图显示（1）仅仅含有电离官能基团表面的接触角会对 pH 值有依赖性；（2）θ_a 的大小随着界面官能团极性的增加而减小；（3）所有界面的接触角都表现出了明显的滞后性[69]。

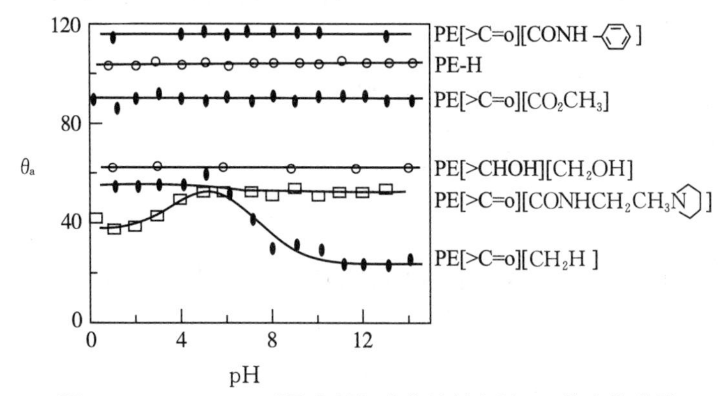

图 17-15　$PE\text{-}CO_2H$ 以及它的衍生物接触角随 pH 值变化曲线

为了对上述图形进行理论研究，即认识 $PE\text{-}CO_2H$ 以及它的衍生物的润湿性模型，可以从杨氏方程（式 17-1）开始[71~73]。

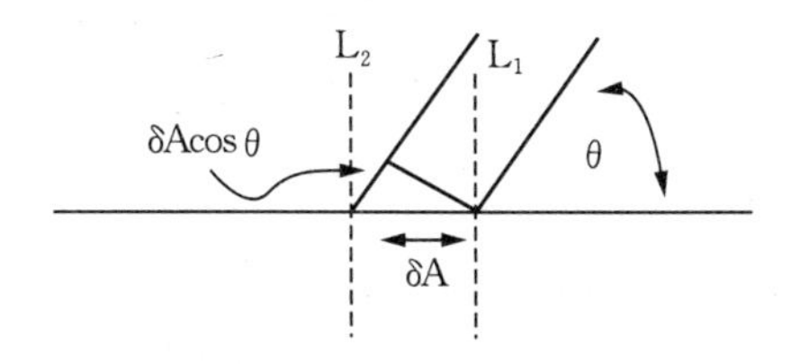

图 17-16　水滴边缘移动图

考虑只包含有一种界面官能团的均匀固体上的水滴随着边缘从位置 L_1 移到位置 L_2，且此时对应于固体上变化的面积为 δA（如图 17-16 所示），此时系统的自由能 ΔG 为：

$$\Delta G/\delta A = \gamma_{LV}\cos\theta + \gamma_{SL}^{pH} + \eta_{R}^{pH} - \gamma_{SV} \tag{17-49}$$

倘若包含官能团的固体界面对水发生反应(如:羧酸基或胺基),就必须要包含反应的自由能(η_R^{pH},单位面积上的自由能)。此时所有的试验都包括在饱和水蒸气下将润湿界面,这就是“润湿”扩散。由此可以假定:如果界面上的极性官能团在一定程度上可以与水结合,则水分子吸附在界面上时会对固体/蒸气界面的自由能 γ_{SV}产生很大的影响。其中在 θ 界面处的酸性(或碱性)与水滴碱性(酸)之间的反应值得关注,因为这种情况下 η_R^{pH}和 γ_{SL}^{pH}都依赖于官能团的性质和水滴的 pH 值。假如反应发生在固体与液体接触时,则含有 η_R^{pH}和 γ_{SL}^{pH},所以 γ_{SL}也可以用 γ_{SL}^*表示。

考虑到界面基团之间反应的影响,可以用等式 17-50 的接触角平衡方程可以修正为下式。

$$\cos\theta = \frac{\gamma_{SV}^{pH} - (\gamma_{SL}^{pH} + \eta_{R}^{pH})}{\gamma_{LV}} = \frac{\gamma_{SV}^{pH} - \gamma_{SL}^{*}}{\gamma_{LV}} \tag{17-50}$$

如果 γ_{SV}-γ_{SL}^*小于或者等于 γ_{LV},并且对于液滴边缘的移动没有动力上的阻碍,接触角平衡方程就应该如等式(17-51)所示。

如果 γ_{SV}-γ_{SL}^*比 γ_{LV}大,系统不处于平衡状态。定义 S^* 为扩散张力如公式(17-51)如下,如果系统处于平衡状态,则 $S^* \leqslant 0$ [72]。

$$S^* = \gamma_{SV} - \gamma_{SL}^* - \gamma_{LV} \tag{17-51}$$

对于 PE-CO_2H 材料,因其具有不同的界面基团,可以进一步用等式(17-52)和(17-53)来估计 γ_{SV}^{PH}和 γ_{SL}^*。

$$\gamma_{SV}^{pH} = \sum A_{SV,\,i}\gamma_{SV,\,i}^{pH} \quad \text{i 为界面官能团} \tag{17-52}$$

$$\gamma_{SL}^{*} = \sum A_{SL,\,i}\gamma_{SL,\,i}^{*} \quad \text{i 为界面官能团} \tag{17-53}$$

其中:$A_{SV,\,i}$为在固—蒸汽界面区域内,被官能团 i 所占据的百分数。

上述等式都依赖于下述假设,即根据界面区域百分数 A_i,每个官能团对于界面自由能的贡献都独立于其他界面基团。而这些等式的共同特征是:

(1) 关于官能团独立的假设具体来说是不正确的;

(2) 关于界面基团的“区域分数”的概念没有被确切的定义,但是,对于一个非常大的基团来讲,区域分数和摩尔分数是明显不同的;

(3) $A_{SV,i}$和 $A_{SL,i}$的值是不同的,界面可能通过重组或与水作用来降低它的自由能,从而改变 A_i 的值。

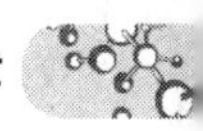

等式(17-54)描述了具有混合官能团的界面。

$$\cos\theta \approx \sum_i A_i \frac{\gamma_{SV}^{pH}, i - \gamma_{SL,i}^*}{\gamma_{LV}} = \sum_i A_i \cos\theta_i \tag{17-54}$$

考虑到来自于独立的官能团的贡献,可以用类似的表达式(17-55)描述扩散力 S^*。

$$S^* = \sum_i S_i^* \tag{17-55}$$

在比较好的反应条件下($\cos\theta_i \leqslant 1$; $S_i^* \leqslant 0$),从这个等式可以指出界面处的 $\cos\theta$ 能够认为是每个官能团的贡献的加权和。当一些或者所有的 $S_i^* > 0$,特别是当 $S^* \leqslant 0$,但是一些 $S_i > 0$ 时,会发生更复杂的情况。

实际中 PE-CO_2H 产生的界面包含着非极性区域(未反应的亚甲基)和极性区域(来源于羧酸基和酮基)。这种界面的极性区域随着界面基团的性质的改变,极性也会发生改变。极性不同,接触角的大小也不同。也就是说,接触角将会受到界面官能团极性的影响。

对于界面上同时包含极性(特别是电离极性)基团还有非极性、非电离基团的系统,在一定的限制条件下,一般认为一个系统仅仅包含一种类型的极性和一种类型的非极性基团,等式(17-56)用 A_P 来描述极性基团的区域分数。

$$\cos\theta \approx A_P \cos\theta_P + (1 - A_P)\cos\theta_{NP} \tag{17-56}$$

对于完全极性的基团,亲水基团处于100%的相对湿度,这些基团将会被水分子覆盖。在这种情况下,$\cos\theta p = 1$,所以等式(17-56)可以简化为:

$$\cos\theta \approx A_P + (1 - A_P)\cos\theta_{NP} \tag{17-57}$$

对于完全亲水的基团 $\cos\theta_P = 1$,由于 PE-CO_2H 产生的界面包含着非极性区域(未反应的亚甲基)和极性区域(来源于羧酸基和酮基),而这种界面的极性区域将随着界面基团性质改变而改变。所以随着极性区域极性的改变,接触角的改变也将遵循等式(17-57)。

在极性较低时,极性区域极性的改变造成接触角的 $\cos\theta_P$ 改变。而随着 θ 界面的基团变得更加亲水,$\cos\theta_P$ 将会增加并且接触角减小(如图 17-5,上,组 A)。当界面基团变得完全极性和亲水时,水蒸气将会吸附在上面并且使它们与水结合。在某些亲水性值范围内,界面基团将会完全水合并且 $\cos\theta_P \approx 1$,这时将应用等式(17-57)。在这种模型下,额外的增加吸水性将不会对 θ 产生影响,因为 $\cos\theta_P$ 仍然不会改变值为 1,$\cos\theta_{NP}$ 不受极性基团的影响(图 17-5 上图,组 B)。由此可知,θ_A 的大小是随着界面官能团的极性的增加而减小的。

由于完全电离的(例如 PE-CO_2^-)与完全非电离的(例如 PE-CO_2H)这两种形式之间的 $\cos\theta$ 是不同的,所以可以将 $\Delta\cos\theta$ 与未离子化的形式中的 $\cos\theta$ 连接起来得到等式(17-58)。

$$\Delta\cos\theta = \cos\theta_{pH1} - \cos\theta_{pH13} \tag{17-58}$$

特殊的情况下，比如考虑极性基团为 CO_2H 和 CO_2^-，并在 pH＝1 的条件下测量接触角，以保证所有这些基团都能够被质子化；而在 pH＝13 的情况下使所有这些集团都不被质子化(等式 17-58)。可以想象此时 $\Delta\cos\theta$ 将出现 3 种不同的情况，依赖于 CO_2H 和 CO_2^- 是否在图 17-5(上)的区域 A 或者 B 处。如果在区域 A 中，则 $\cos\theta_P<1$；假设等式(17-54)中 $A_P=A_{CO_2H}=A^-_{CO_2}$，可以得到大概的表达式等式(17-59a)：

$$\Delta\cos\theta = A_P(\cos\theta_{CO_2H} - \cos\theta_{CO_2^-}) \tag{17-59a}$$

如果 CO_2H 和 CO_2^- 都在区域 B，则有等式(17-59b)。

$$\Delta\cos\theta = A_P(\cos\theta_{CO_2H} = \cos\theta_{CO_2^-} = 1) \tag{17-59b}$$

其他情况下有(17-59c)或(17-59d)：

$$\Delta\cos\theta = \cos_{pH1} - [A_P + (1-A_P)\cos\theta_{NP}] = A_P(\cos\theta_{CO_2H} - 1)$$

$$(\cos\theta_{CO_2H} < 1;\ \cos\theta_{CO_2^-} = 1) \tag{17-59c}$$

$$\Delta\cos\theta = A_P(\cos\theta_{CO_2H} - \cos\theta_{CO_2^-})$$

$$(\cos\theta_{CO_2H} < 1;\ \cos\theta_{CO_2H} < \cos\theta_{CO_2^-} < 1) \tag{17-59d}$$

由于把 $\Delta\cos\theta$ 与极性基团极性的大小连起来考虑，图 17-5(底)实际上示意性地概括了这些等式，并指出 $\Delta\cos\theta$ 随着 $\cos\theta_{pH1}$ 的减小而减小(等式 17-59c)也就是随着极性的增加而减小，对于完全极性基团，转为 0(等式 17-59b)，上图示意性的概括了这些等式。这主要是因为，极性不同，其质子化极性基团与非质子化基团的亲水性不同，从而造成 $\Delta\cos\theta$ 不同。

但必须指出等式(17-59a—d)之间的关系忽略了 Ap 的变化可能是由界面基团的离子化而产生的这种可能性，而这个可能性有可能对来源于反应的能量 η_R^{pH} 做出贡献；倘若这些是事实的话，则这些参数都将影响到接触角如等式 17-50 和 17-56 所示。当然，Ap 中潜在的影响是很难评估的，可以通过定量估计 η_R^{pH} 与 pH 之间的关系来估计 η_R^{pH} 对接触角的贡献。界面酸性基团离子化的自由能 ΔGi 在等式(17-60)中进行了描述。

$$\Delta G_i = -RT\ln K_a + RT\ln\frac{[H^+][IA^-]}{HA} = -RT\ln K_a + RT\ln\frac{[H^+]\alpha}{1-\alpha}$$

$$\alpha = [A^-]/([A^-]+[HA]) \tag{17-60}$$

为了准确测定在某一给定的 pH(η_R^{pH})值下，由于表面基团的部分离子化而产生的能量的总合，可以将界面基团的无离子化(α=0)和液滴平衡状态下的电离度的值视为一个整体(α_i，等式 17-61)：

 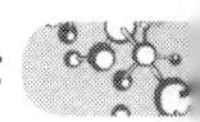

$$\eta_R^{pH} = \int_0^{\alpha_i} \Delta G_i d\alpha = nRT \ln(1-\alpha_i) \tag{17-61}$$

如果进一步假设 γ_{SV} 和 γ_{SL} 并不依赖于 pH 值，则等式(17-61)可以与等式(17-50)联立，得到等式(17-62)和(17-63)：

$$\cos\theta_{pH} = [\gamma_{SV}^{pH} - \gamma_{SL}^{pH} - nRT\ln(1-\alpha_i)]/\gamma_{LV} \tag{17-62}$$

$$\cos\theta_{pH}^{\eta} = \cos\theta_{pH1} - [nRT\ln(1-\alpha_i)]/\gamma_{LV} \tag{17-63}$$

但这个假设也可能是不正确的，因为它允许 θ_a 随着 η_R^{pH} 改变，而这比起应用 γ_{SV} 和 γ_{SL} 明显简单。

利用等式(17-63)可以预测由于离子化的自由能，随 pH 值的变化而变化的 θ_a。这意味着仅含有可电离官能基团的表面的接触角会依赖 pH 值。因为只有可电离的部分会因为反应而产生自由能，所以它们可以影响接触角的大小。因为官能团的极性不同，所以其电离程度可以随滴定液 pH 值变化而变化。这说明离子化反应产生的自由能可以使 θ_a 产生对 pH 值的依赖。

上述讨论都是以假设一个对于液滴边缘的前进和后退没有动力阻碍为前提的。但事实是所有检测到的聚乙烯的衍生物都呈现出明显的滞后性[72]。例如，在低的 pH 值下，水达到一个稳定状态，此时在 PE-CO_2H 上产生的前进角 $\theta_a \approx 55°$，后退角 $\theta_r \approx 0°$。这说明，液滴边缘是完全被牵制住的，并不能独立；而 PE-CO_2H 的表面是粗糙的，且具有不同的化学结构。当其与水接触时，将产生膨胀。因此，液滴边缘的位置与接触角的值将受到这些动力学因素的影响[72]。

在进行接触角滴定的过程中，接触角曲线对于测量接触角之前对分子层进行的直接的预处理是非常敏感的。特别是，在进行接触角测量以前，样品在用酸性介质进行表面预处理与样品用同接触角缓冲水滴的 pH 值相符的介质进行表面预处理所得到的图形有很大的不同，如图 17-17 所示[74]。

通过对一种表面包含酸性基团的惰性膜的表面分子层进行接触角滴定，发现这种分子层的接触角通常是随着 pH 值的增加而减小的，然而，这种对于 pH 值增大的具体的依赖程度，对于两种不同的前处理方案来说是不同的。在接触角测定之前，用相匹配的 pH 值溶液对样品进行前处理，这可以使所得到的接触角滴定曲线在高的和低的 pH 值处会有一个明显的平坦区，并在中间的 pH 值处出现一个转变区(图 17-17 上图)。

重复的进行这个实验，在测量接触角之前用酸性介质对样品进行预处理(0.1 mol HCl)，此时，在高的 pH 值区域内的平坦区消失了，接触角转变为随着滴定溶液 pH 值的增加而单调下降。在这两个实验中，接触角开始发生变化时的 pH 值是大致相同的，然而，下面的曲线由于缺少了高 pH 值条件下的值的限制性，使得判断变形点的位置非常困难，因此表面酸性基团的 pK_a 值很难判定（图 17-17 下图）。

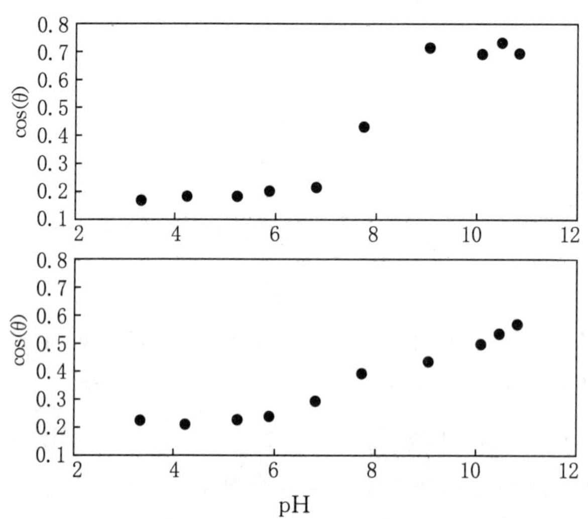

图 17-17　不同前处理所得到的接触角滴定曲线

图 17-17 中的接触角滴定曲线可以通过 Whitesides 等人发表的反应扩散和非反应扩散理论进行理解[69, 70]。由于当缓冲水滴在表面铺展开时会发生质子转移作用，称为反应型扩散（图 17-17 下图）。在进行接触角测量之前，通过用与缓冲滴定溶液 pH 值相符的溶液对表面进行预处理，使分子层维持在非质子状态，这样就可以阻止缓冲水滴在表面铺展开时会发生质子转移作用，即不发生反应性扩展，我们称其为非反应型扩展（图 17-17 上图）。

17.8.2.1　*反应型扩散理论*

假设一种表面包含酸性官能团的无反应的、非酸性的基质，在浸润过程中，酸性基团可以发生质子转移。Whitesides 等人从下面的表达式得出，对于开始阶段就完全质子化的表面，接触角是随着 pH 值的变化而变化的[69, 70]。

$$\gamma_{LV}\cos\theta=(\gamma_{SV}-\gamma_{SL})=-(\Delta G_{浸润}) \tag{17-64}$$

$$\cos\theta=\cos\theta_{低\ pH}-\frac{RT\Gamma_{酸}}{\gamma_{LV}}\ln[1-\alpha] \tag{17-65}$$

$$\cos\theta_{低\ pH}=\cos\theta_{基质}+X_{酸}(\cos\theta_{质子酸}-\cos\theta_{基质}) \tag{17-66}$$

这与我们前面所讨论的接触角滴定理论所得到的结果是相符的。对于一种包含基质和质子化酸性基团的两种成分的表面，$X_{基质}+X_{质子酸}=1$ 服从等式（17-66）。等式（17-65）指出，接触角滴定的曲线形式非常接近于图 17-17 下方的曲线。由于在滴定过程中，酸性部分发生了质子化反应，产生反应自由能，导致 $\cos\theta$ 随着 pH 值的变化而变化。

17.8.2.2 非反应型扩散理论

假设在进行接触角测量以前，表面在浸润中发生了化学反应。例如，用合适的缓冲溶液对酸性的表面进行预处理，此时，在反应中自由能将为零，接触角能够简单地由反应完成后表面的现有成分的接触角余弦值的加权值得到。之后，我们称这种情况为非反应型扩散。

对于表面包含有酸性基团的惰性膜上加权和包含基质部分、质子化、非质子化形式的酸性部分，质子化了的酸性部分表面的自由能将不同于非质子化的，因此，包含这种部分的表面的接触角将受 pH 值的影响。根据不同 pH 值条件下，质子化酸性基团所占百分数不同，从而得到不同的接触角。

方程(17-67)用算术方法描述了这种依赖性，可以和上面的反应型扩散的等式(17-65)进行简单的对比。

$$\cos\theta = \cos\theta_{\text{低 pH}} + (\alpha)(X_{\text{酸}})(\cos\theta_{\text{非质子酸}} - \cos\theta_{\text{质子酸}}) \qquad (17\text{-}67)$$

这个表达式是通过在 $X_{\text{基质}} + X_{\text{质子酸}} + X_{\text{非质子酸}} = 1$ 情况下，接触角对 pH 值的依赖性是预知的，用来准确地追踪 α 对于 pH 值的依赖性。与反应型扩散的得到的公式是不同的。这样，所得到的接触角滴定曲线是 S 形，并且在高、低的 pH 值处有平坦区，在表面酸性部分的 pK_a 处有变形。

17.8.2.3 反应型扩散与非反应型扩散对比

两种不同预处理情况下得到的接触角与 pH 值的方程和曲线做对比。非反应型扩散中，接触角滴定曲线是 S 形，并且在高、低 pH 值处有相应的平坦区，在表面酸性部分的 pK_a 处有变形，这样就可以得到 pK_a 值。在反应型扩散中，高的 pH 值区域内的平坦区消失了，接触角转变为随着滴定溶液 pH 值的增加而单调下降，从而使得判断变形点的位置非常困难，难以得到 pK_a。

一些研究证明，在一种表面中，反应型和非反应型的理论都是可以观察到的，主要依赖于在进行接触角滴定之前所进行的预处理。

17.8.3 接触角滴定方法的应用

17.8.3.1 测定表面的酸碱性研究表面性质

表面的酸碱性质对表面来说是一个非常重要的性质，它将影响表面润湿性、胶体与乳状液的稳定性、生物学信号的转变和薄膜的组合等很多的物理化学性质。接触角滴定可以用来测定表面的电离常数 pK_a，这是表面酸碱浓度的指示器。研究表明，对表面水解层进行接触角滴定可以很好地探测出表面酸性基团的电离程度[75]。

Liu 等人[76]为了测量硅表面由于水解数量而造成的酸碱性质，对硅表面水解曾进行了接触角滴定。其中，为了获得和分析硅表面混合层的接触角数据，必须把两个基本条件放在首要位置，也就是样品的预处理和从实验的滴定曲线所获得的表面酸解离常数（表面 pK_a）[77]。Thomas[78]用接触角滴定法测量了 PMDA-ODA 聚酰亚胺表面水解层的性质。通过对表面电离过程中造成的表面能的变化的一些数据，可以估计出由于水解而产生的表面羧酸基团的数量。Bryjak[79]通过接触角滴定来监控聚合物 TMPA 的表面修饰过程。根据缓冲溶液的 pH 值由 2～12 变化所测量到的接触角值，可以测出聚合物的修饰表面产生的酸性和碱性基团。随着修饰时间的增加，表面的碱性基团逐渐被羧酸基团所代替。Stephans[80]通过分析从接触角滴定实验中得到的数据，可以得出改性聚酰亚胺表面所形成的羧酸基团的数量。对分析聚酰亚胺表面碱性水解的动力学过程提供了依据。Bartlett[81]用接触角滴定法测定了导电聚合物表面羧酸基团的酸性，发现聚合物表面的羧酸基团的酸性比溶液中酸酸基团的酸性要小。

17.8.3.2 研究不同结构与组成对表面性质的影响

利用接触角滴定法对组成不同的表面进行分析，所得到的接触角滴定曲线会存在一定的差异。通过对曲线的研究来分析表面结构组成，如链长度、表面基团种类数量、末端基团等对表面性质产生的影响。

Greager 等人通过接触角滴定对材料表面的离解性质进行了分析[80]。发现表面 COOH 基团的 $pK_{1/2}$ 值依赖于混合的烷烃链的长度和组成，并且与自组装 SAM 的 COOH 覆盖率有很大的关系。这些都反映了化学成分不同的表面的一般性质。有人通过对自组装的两种同质异构单分子膜进行了接触角滴定，发现末端羟基团的位置对界面性能有影响[82]。根据其接触角滴定曲线的不同研究同质异构分子层界面性质的不同。Klzllel[83]用接触角测定法在 pH 值 3～11 的范围内测定了不同表面改性阶段的表面性质（通过 APTES 在玻璃或硅表面化学吸收作用而得到的表面）。分析得到了反应型扩散（胺基官能团表面）和非反应型扩散（通过与曙红官能团反应消去胺基）的接触角滴定曲线。说明曙红官能团表面更适合 PEG 在水介质中的光聚合作用。

17.8.3.3 测定表面的润湿性研究其表面结构性质

用接触角滴定方法可以表征不同 pH 值下的表面接触角（反应润湿性能）。而表面的润湿性能通常决定于表面的结构和性能，所以，通过对表面的润湿性能的研究可以用来分析表面的一些结构和性质。

对金表面所形成的 MDQ 自组装层进行接触角滴定研究其润湿性发现，在所研究的变化范围内，MDQ 的 SAM 对于酸性溶液的亲水性要小于碱性溶液。可以知道，MDQ 的 SAM 的质子化作用降低了表面的可湿性。但是与之相反，美国哈佛大学化学系教授 Whi-

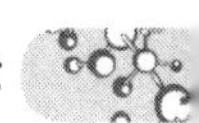

tesides 等人发现 SAMs 在低的 pH 值下润湿性更好;而且,SAM 末端的氨基基团的质子化也会增加表面的润湿性。这些结果都与其他人所观察到的相反。这说明:对于自组装的 MDQ,分子的独特结构对他的润湿性起了重要的作用[84]。Wang[85]将手性碱自组装到硅表面层,并利用接触角滴定法对自组装表面进行了测定。从得到的接触角滴定曲线上发现,在 pH 为 10 左右,表面的润湿性发生了转变。说明 SAMs 表面在酸性条件下的亲水性要低于在碱性条件下的。Yu[86]用接触角滴定法测定了由胺基吸附到金表面所形成的氨基终止分子层表面的性质。在改性的每一阶段都进行接触角滴定测试。接触角数据显示了以碱性基团为终止链的纯半胱胺分子层表面的典型性质,以及将偶氮基在稀硫醇溶液中进行锚固和交换时表面亲水性的敏感变化。

17.8.3.4 测定表面的电学性质

最常用的表征表面电学性质的基本参数为零电荷点(PZC)。零电荷点被定义为表面的净电荷密度为零时的 pH 值。这也是和表面的电离程度相关的,因此,可以通过接触角滴定法来测量。理解表面的电学性质对研究表面的化学腐蚀和可润湿性也是非常重要的。

接触角滴定能够用来测定接触角的表面电学性能,Chvedov[87]用接触角滴定法测定了包金箔金属表面形成的氧化层和氢氧化层的 PZC。传统的表面分析技术能够提供直接的详细的关于表面组成的信息,但是仅仅限于一定的情况下。来自于表面分析的大量的表面描述限于成分组成。虽然,一些表面分析技术可以对表面的组成进行深层分析(例如 SINMS, FTIR)但接触角滴定可以克服与平整表面描述相关的困难,方法收集关于表面组成的信息。在一定程度上,接触角滴定相当于作用于平整平面的有效滴定[87]。McCafferty 和 Wightman 对金属表面所形成的氧化层进行了接触角滴定,测量了其等电位点[88]。

17.9 小结

接触角方法是一个极为普通但十分有效的表面研究技术,而接触角滴定技术又是接触角技术中的一种更为具体的方法。前者通过变换液体可以测试固体的表面性能,而后者更在乎固体材料表面的结构性能。但必须指出的是前者受诸多因素的影响,而后者缺乏空间分辨率;所以这些技术基本只能反映宏观上的一些性质。这对于不同种类的化学组成的表面来说缺乏一定的有效性,因为这种情况下,表面性质会随着组成的不同而变化。因此,在应用的过程中,可以结合其他技术、从各方面对表面的各种性质进行表征[89]。

参考文献

[1] Young T. *Philos Trans R Soc Lond*, 1805, 95, 65.

[2] Bartell FE, Shepard JW. *J Phys Chem*, 1953, 57, 211.

[3] Johnson RE Jr, Dettre RH. *Adv Chem Ser*, 43, 1964, 112.

[4] Eick JD, Good RJ, Neumann AW. *J Coll Interface Sci*, 1975, 53, 235.

[5] Oliver JF, Huh CMason SG. *J Adhes*, 1977, 8, 223.

[6] Oliver JF, Huh CMason SG. *Coll Surf*, 1980, 1, 79.

[7] Oliver JF, Mason SG. *J Mater Sci*, 1980, 15, 431.

[8] Good RJ. *JAm Chem Soc*, 1952, 74, 5041.

[9] Johnson RE Jr, Dettre RH. *J Phys Chem*, 1964, 68, 1744.

[10] Dettre RH, Johnson RE Jr. *J Phys Chem*, 1965, 69, 1507.

[11] Neumann AW, Good RJ. *J Coll Interface Sci*, 1972, 38, 341.

[12] Schwartz LW, Garoff S. *Langmuir*, 1985, 1, 219.

[13] Marmur A. *J Coll Interface Sci*, 1994, 168, 40.

[14] Decker EL, Garoff S. *Langmuir*, 1996, 12, 2100.

[15] Decker EL, Garoff S. *Langmuir*, 1997, 13, 6321.

[16] Lam CNC, KimN, Hui D, et al. *Coll Surf A*, 2001, 189, 265.

[17] Lam CNC, Kim N, Hui D, et al. *J Coll Interface Sci*, 2001, 243, 208.

[18] Pilotek S, Schmidt HK. *J Sol-Gel Sci Technol*, 2003, 26, 789～792.

[19] Kamusewitz H,Possart W. *Appl Phys A*, 2003, 76, 899～902.

[20] Lama CNC,Wua R,Lia D, et al. *J Coll Interface Sci*, 2002, 96, 169～191.

[21] 江雷.*科技导报*, 2005, 23(2):4～8.

[22] He B,Patankar NA, Junghoon L. *Langmuir*, 2003, 19, 4999.

[23] Lacroix LM, Lejecune M, Ceriotti L. *Surf Sci*, 2005, 592, 182～188.

[24] Al-Qureshi HA, Klein AN,Fredel MC. *J Mater Process Technol*, 2005, 170, 204～210.

[25] Wenzel RN. *Ind Eng Chem*, 1936, 28, 988.

[26] Cassie ABD, Baxter S. *Trans Frans Faraday Soc*, 1944, 40, 546.

[27] Shen Q. *Interfacial characteristics of wood and cooking liquor in relation to delignification kinetics*. Åbo Akademi University Press, 1998.

[28] Shen Q, Nylund J, Rosenholm JB. *Holzforschung*, 1998, 52, 521～529.

[29] Watanabe H,Takayama TS. Mettle, Final Report on Ionization Potential of Molecules by Photoionization Method, Pamphlet 158, U. S. Dept. of Commerce, Office of Technical Service, 1959.

[30] Arghavani J, Derenne M, Marchand L. *Int J Adv Manuf Technol*, 2003, 21, 713～732.

[31] Miwa M, Nakajima A, Fujishima A, et al. *Langmuir*, 2000, 16, 5754.

[32] Youngblood JP, McCarthy T. *J Macromolecules*, 1999, 32, 6800.

[33] Quere D. *Nature Materials*, 2002, 1, 14.

[34] Girifalco LA, Good J. *J Phys Chem*, 1957, 61, 904～909.

[35] Mino N, Ogawa K. *Thin Solid Films*, 1993, 230, 209～216.

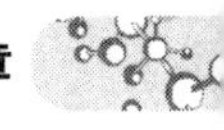

[36] Peter S, Swain LR. *Langmuir*, 1998, 14, 6772～6780.

[37] Johnson RE, Dettre RH. *Langmuir*, 1989, 5, 293～295.

[38] Hazlett RD, Vaidya RN. *J Petrol Sci Eng*, 2003, 33, 161～171.

[39] Onda T, Shibuichi S, Satoh N, et al. *Langmuir*, 1996, 12, 2125～2127.

[40] Shibuichi S, Yamamato T, Onda T, et al. *J Coll Interface Sci*, 1998, 208:287～294.

[41] Drelich U, Mille JD. *Langmuir*, 1993, 9:619～621.

[42] Saiki H, Fujii T. *J Coll Inerface Sci*, 1999, 210:152～156.

[43] Kawai A, Nagata H. *Jpn J Appl Phys*, 1994, 33, L1283.

[44] Zhou XB, De Hosson, Th M. *J Mater Res*, 1995, 10, 1984.

[45] Nakae H, Inui R, Hirata Y, et al. *Acta Mater*, 1998, 46, 2313.

[46] Fuji H, Nakae H, Okada K. *Acta Metall Mater*, 1993, 41, 2963.

[47] Lee TR, Carey RI, Biebuyck HA, et al. *Langmuir*, 1994, 10, 741～749.

[48] Barell FE, Shepard JW. *J Phys Chem*, 1953, 211, 455～458.

[49] Miwa M, Nakajima A, Fujishima A, et al. *Langmuir*, 2000,16, 5754.

[50] Miwa M, Nakajima A, Fujishima A, et al. *Chem Monthly*, 2001, 132, 31.

[51] Chen W, Fadeev AY, Ysieh M, et al. *Langmuir* 1999, 15, 3395.

[52] Erbil HY, Demirel AL, Avci Y, et al. *Science*, 2003, 299, 1377.

[53] Minko S, Mueller M, Motornov M, et al. *J Am Chem Soc*, 2003, 125, 3896.

[54] Nakaem H, Yokota Y. *J Mater Sci*, 2005, 40, 2287.

[55] Della VC, Siboni S, Morra M. *Langmuir*, 2002, 18, 1441～1444.

[56] Olivier A, Colette L, Jean-Denis B, et al. *Langmuir*, 2002, 18, 8929～8932.

[57] Fowkes FM, Mittal KL Ed. *Physicochemical Aspects of Polymer Surfaces*. New York: Plenum, 1983, 2:583.

[58] Fowkes FM, Dwight DW, Cole DA. *J Non-Crys-talline Solids*, 1990, 120:473.

[59] van Oss CJ, Chaudhury MK, Good R. *J Chem* Rev, 1988, 88, 927.

[60] Johnson KL, Kendall K, Roberts AD. *Proc R Lond* A, 1971, 324, 301～313.

[61] Derjaguin BV, Muller VM, Toprov, et al. *J Coll Interface Sci*, 1975, 53, 314～326.

[63] Mougin K. *Ph. D. Thesis*, Unviversite' de Mulhouse, Mulhouse, France, 2001.

[64] Chatain D, Rivollet I, Eustathopoulos N. *J Chim Physique*, 1986, 83, 561.

[65] Rivollet I, Chatain D, Eustathopoulos N. *Acta Metall*, 1987, 35, 835.

[66] Chatain D, Rivollet I, Eustathop-Oulos N. *J Chim Physique*, 1987, 84, 201.

[67] Mougin K, Haidara H, Castelein G. *Coll Surf* A, 2001, 193, 231～237.

[68] Elzein T, Brogly M, Schultz J. *Surf Interface Anal*, 2003, 35, 231～236.

[69] Holmes-Farley SR, Bain CD, Whitesides GM. *Langmuir*, 1988, 4, 921～937.

[70] Holmes-Farley SR, Reamey RH, McCarthy TJ, et al. *Langmuir*, 1985, 1, 725～740.

[71] Adamson AW. Physical *Chemistry of Surfaces*. New York: Wiley, 1982.

[72] Joanny JF, de Gennes PG. *J Chem Phys*, 1984, 81, 552～562.

[73] de Gennes PG. *Rev Mod Phys*, 1985, 57, 827～863.

[74] Stephen EC, Clarke J. *Langmuir*, 1994, 10, 3675～3683.
[75] Wasserman SR, Tao YT, Whitesides GM. *Langmuir*, 1989, 5, 1074～1087.
[76] Liu Y, Neenah M, Navasero, et al. *Langmuir*, 2004, 20, 4039～4050.
[77] Bain CD, Whitesides GM. *Langmuir*, 1989, 5, 1370～1378.
[78] Thomas RR. *Langmuir*, 1996, 12, 5247～5249.
[79] Bryjak M, Kolarz B, Dach B. *Coll Surf A*, 2002, 208, 283～287.
[80] Stephans LE, Myles A, Thomas RR. *Langmuir*, 2000, 16, 4706～4710.
[81] Bartlett PN, Grossel MC, Barrios E. *J Electroanalytical Chem*, 2000, 487, 142～148.
[82] Taylor CD, Anderson MRS. *Langmuir*, 2002, 18, 120～126.
[83] Klzllel S, Perez-Luna VH, Teymour F. *Langmuir*, 2004, 20, 8652～8658.
[84] Zhang HL, Zhang H, Zhang J, et al. *J Coll Interface Sci*, 1999, 214, 46～52.
[85] Wang H, Zhang HL, Guo Y, et al. *Curr Appl Phys*, 2007, 7S1, e19～e22.
[86] Yu HZ, Zhao JW, Wang YQ, et al. *J Electroanaiytical Chem*, 1997, 438, 221～224.
[87] Chvedov D, Logan ELB. *Coll Surf A*, 2004, 240, 211～223.
[88] McCafferty E, Wightman JP. *J Coll Interface Sci*, 1997, 194, 344～355.
[89] He HX, Huang W, Zhang H, et al. *Langmuir*, 2000, 16, 517～521.

第十八章　毛细管上升方法

18.1 简介

接触角的测定方法有多种。根据直接测定的物理量，可分为四大类，即角度测量法、长度测量法、力测量法和渗透测量法[1~4]。但对粉末状材料，渗透测量法可测定粉体表面的接触角[4]。为了测定粉体表面的接触角，一些研究者试图用压片的方法获得平表面，但用压力压出的所谓"平表面"实际上还是粗糙的，由此导致测得的接触角不稳定和不可靠[5]。目前对粉体应用较多的仍是毛细管上升方法。较平面方法而言，这个方法也可以被认为是垂直接触角方法。

18.2 毛细管上升原理

渗透法的基本原理是：固态颗粒间存在空隙，这些空隙相当于毛细管，具有显著的毛细作用。润湿性液体一旦接触粉体即能自发渗透进粉体内部(毛细上升效应)。这种毛细效应的强弱取决于液体的表面张力及其与固体的接触角，故通过测定已知表面张力液体在粉末中的渗透状况，就可以得到该液体对粉体接触角的信息。图 18-1 是一个测定方法示意图。将固体粉末以固定操作方法装入一个样品测量管中，管的底部有特制的小孔，既能防止粉末漏失，又容许液体自由通过。但仅依靠粉末颗粒自身的引力也是可以的，即管子底部是空的。

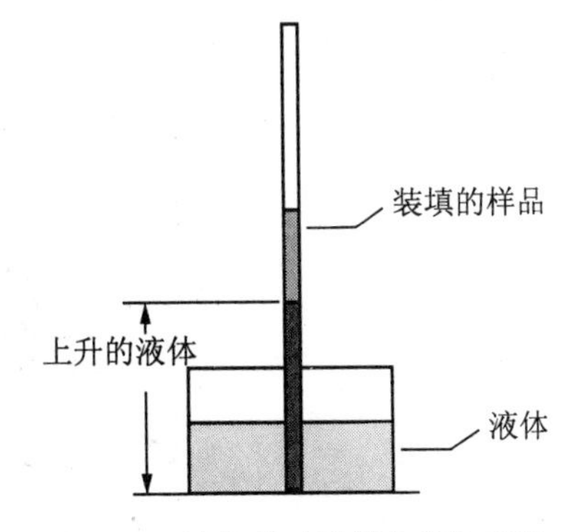

图 18-1　液体从玻璃管内粉体材料的毛细管中吸附上升示意图

毛细上升方法有两种，一种是测试液体上升的高度，一种是测试上升液体的质量(即被固体所吸附的量)。

18.1.1 基于液体上升高度的测试方法

当管底与液体接触时，由于毛细作用液体在管中上升，在 t 时间内上升的高度 h 可由 Hagon-Poiseuille 公式进行描述：

$$\frac{dh}{dt}=\frac{R_D^2}{8\eta}\cdot\frac{\Delta P}{h} \tag{18-1}$$

式中 h 是上升 t 时间时的高度，R_D 是孔的流体半径，η 为液体的粘度，ΔP 是压力差。垂直流动时，式(18-1)可以描述为(18-2)：

$$\Delta P=\frac{2\gamma\cos\theta}{R_S}-\rho gh \tag{18-2}$$

其中 g 是重力加速度，γ 为液体的表面张力，θ 为液体和固体之间的接触角，R_S 是毛细管孔径的平均半径。

上述两式组合后有公式(18-3)。

$$\frac{dh}{dt}=\frac{R_D^2}{8\eta h}\cdot\left(\frac{2\gamma\cos\theta}{R_S}-\rho gh\right) \tag{18-3}$$

忽略液体的静态压力并用 R(有效毛细管半径)代表 R_D^2/R_S，式(18-3)可以描述为式(18-4)。这就是 Washburn 方程[5]。

$$h^2/t=r\gamma_L\cos\theta/2\eta \tag{18-4}$$

以 h^2 对 t 作图，可得一直线如图 18-2 所示，然后可以由直线的斜率求出 θ。为了确定 R 值，一般先用一种对样品接触角为零的液体进行实验，然后再在相同条件下用其他液体实验，测定相应的 θ 值[5]。

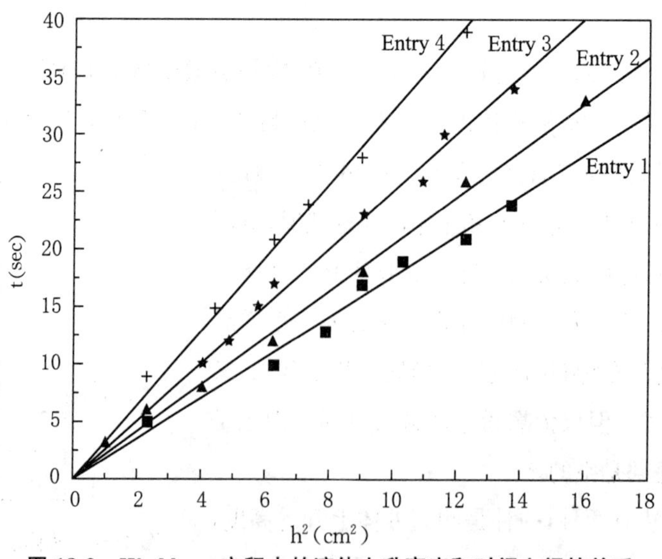

图 18-2 Washburn 方程中的液体上升高度和时间之间的关系

但必须指出的是 Bell 和 Cameron 在 1906 年首先发现这种方法测试液体的上升高度与时间之间的关系[6]，而后在 1908 年由奥斯特瓦尔德进一步认定。而 Washburn 方程[5]则是在 Lucas[7]的工作基础上得以发展完善的。

知识链接

奥斯特瓦尔德(Friedrich Wilhelm Ostwald，1853～1932)，是出生于拉脱维亚的德国籍物理化学家。他提出了稀释定律，对电离理论和质量作用定律进行了验证。他将化学热力学原理引入结晶学和催化现象的研究中，对大量现象给予了解释，并成功地完成了催化剂的工业应用，提出了奥斯特瓦尔德过程。他同时也是出色的教材作者和卓越的学术组织者，创立了很多期刊，培养了大量的年青研究者，使物理化学得以成为一门独立的科学和其他化学的理论基础，因此被认为是物理化学的创立者之一。另外他在颜色学、科学史、哲学方面也有独到的贡献。1909 年因其在催化剂的作用、化学平衡、化学反应速率方面的研究的突出贡献，被授予诺贝尔化学奖。

这种方法有一些争议，主要是如何得到真正的接触角。如作者曾讨论了如何得到唯一接触角的方法[8]，并应用此方法研究了一系列材料的表面性能[8~16]。也有人用此方法测定了一些粉体的接触角，并提出了相对润湿接触角(RWCA)的概念[17]。蒋子铎等人则应用动态法测定了不同有机溶剂和水在铝粉、硅胶、二氧化硅和氧化炭黑等粉体上的接触角 θ[18]。Gardner 等人[19]则应用这种方法对许多材料进行了测试。

18.1.2 基于吸附液体重量的测试方法

所谓的吸附液体重量方法主要是将上述公式的一些参数进行转换，与上述方法并无本质上的区别，原理与实验操作也几乎相同。公式(18-5)描述了液体上升时间与上升过程所吸附重量之间的关系[20]。

$$m_{abs}(t)^2 = K^2\rho^2\frac{\gamma_1\cos\theta}{\eta}t \tag{18-5}$$

其中：m：固体吸附液体的质量；t：吸附时间；h：液体的粘度；K：一个基于材料的常数，它包含了毛细管孔隙率、毛细管孔径的变化、毛细管结构和形状等参数；ρ：液体的密度；γ_L：液体的表面张力；θ：液体和固体之间的接触角。

根据这个改进的 Washburn 公式，以 m^2 对 t 作图将出现线性，而直线的斜率就是 $K\rho^2\gamma_L\cos\theta/\eta$。其中 K 可以通过应用低表面张力的液体浸润固体所得到的 m-$t^{1/2}$ 图的线性得到(如图 18-3 所示)。这是因为此时 $\cos\theta=1$，而液体的其他参数，如 ρ、γ_L 和 η 都是已知的常数可查表获得。一般情况下，应用低表面张力的烷烃类纯溶剂[21]。

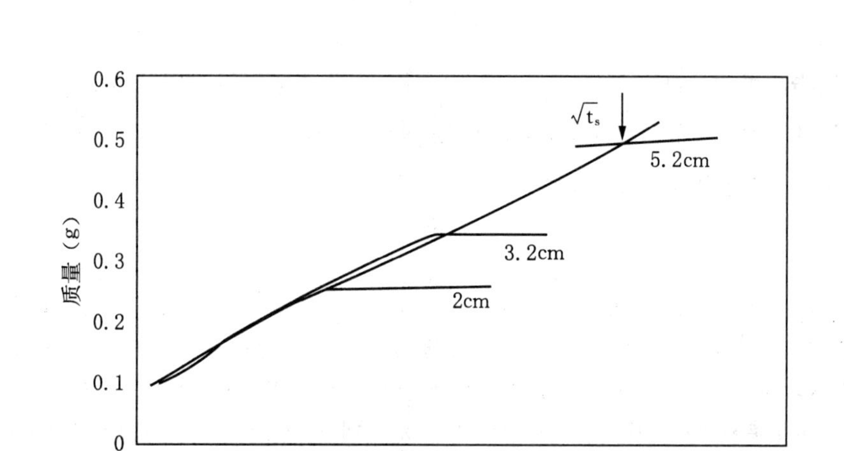

图 18-3　纤维素吸附液体的质量与时间之间的关系[20]

以癸烷为试剂，Pezron 等人测试了纤维素的表面能，而其 K 常数被发现在 $(1.8\pm0.1)\times10^{-3}$ 立方厘米[20]。

但这个过程也可以被描述为一个完全基于动力学的 Langmuir 形式如下：

$$dM/dt = k(M_e - M_t)^2 \tag{18-6}$$

其中：M 为固体的质量，M_e 和 M_t 分别代表吸附平衡和 t 吸附时间时的质量(m mol/g)，k 是吸附速率常数(g/mmol min)。

这个方程揭示了吸附质量随时间而增加的规律，但有报道发现此时吸附浓度也是增加的[22]。这意味着吸附质量与浓度成正比。

知识链接

Irving Langmuir(1881～1957)，美国化学家和物理学家。他的表面化学研究源自于灯泡技术的改进，但在 1917 年发表的关于油膜的论文使他获得了 1932 年诺贝尔化学奖。他也是第一个研究等离子的科学家，离子气体由他命名。第一次世界大战后，Langmuir 定义了现代化合价和同位素的概念，并与 Katharine B. Blodgett 合作研究了膜和表面吸附，发明了单分子膜。1938 年后他的科研兴趣转到了大气和气象学方面。第二次世界大战期间，他为美国海军研究声纳。

公式(18-6)可以通过式(18-7)得到解，具体方法是将 t 与 t/M_t 作图以得到 k 和 M_e[23]。

$$t/M_t = (1/kM_e^{\,2}) + (t/M_e) \tag{18-7}$$

表 18-1 给出了一些溶剂的物理常数和表面张力数据，其中表面张力成分的数据摘自文献[24, 25]。

表 18-1　一些溶剂的物理参数和表面张力

溶　剂	ρ (g/cm^3)	η (mPa s)	γ_L (mJ/m^2)	γ_L^{LW}	γ_L^{AB}	γ_L^{+}	γ_L^{-}
水	1.000	1.0	72.8	21.8	51.0	39.66	16.39
甲酰胺	1.134	1.02	58.0	39	19.0	3.54	25.49
二碘甲烷	3.325	2.8	50.8	50.8	0	0	0
己　烷	0.659	0.30	17.9	17.9	0	0	0
辛　烷	0.699	0.51	21.1	21.1	0	0	0
壬　烷	0.714	0.67	22.4	22.4	0	0	0
癸　烷	0.726	0.86	23.4	23.4	0	0	0
十二烷	0.745 2	1.37	24.9	24.9	0	0	0

18.3 毛细管上升测试方法

毛细管上升方法的测试过程主要是测试液体在测试玻璃管中的上升高度，可以通过计算机直接获得和人工目测获得数据两种方式。但无论哪种方式都需进行若干次的重复测试以获得平均值和几次测试的误差范围。

测试过程液体上升时间与高度或重量之间的关系如图 18-4 所示。

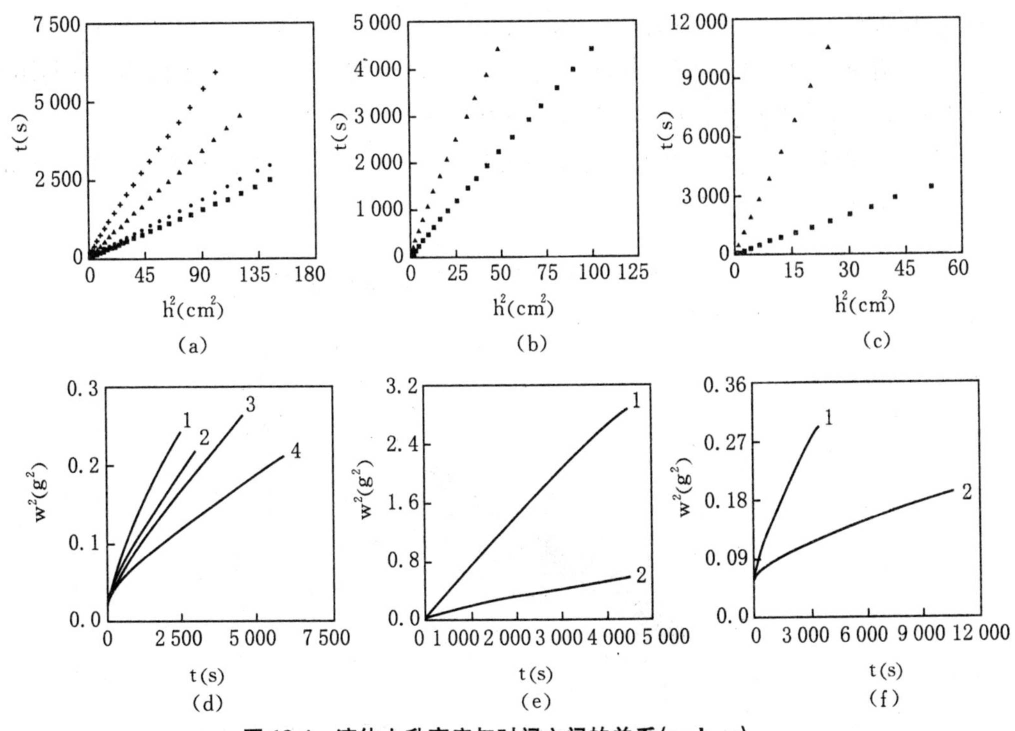

图 18-4　液体上升高度与时间之间的关系(a、b、c)
吸附液体重量与时间之间的关系(d、e、f)[1]

图 18-4 的最明显特点是时间与吸附高度作图呈现较好的线性。但必须指出的是图中时间与高度之间呈现好的线性与其时间短有关，因为 a、b、c 三图中的时间相差很大。事实上，图中的线性也与液体的类型密切相关，比如 e 图的线性就明显好于其他图的线性。

18.4 影响毛细管上升过程的因素

液体在毛细管中的吸附上升受到很多因素的影响，下面对这些因素进行大致的描述。

18.4.1 装填密度的影响

作者曾经研究了毛细上升过程与装填密度之间的关系，发现可以得到一个唯一的装填密度并命名为临界装填密度[8]。比如图 18-5 反映了一个普通的毛细管上升过程的上升高度与时间之间的关系，其中每一条线代表了一个装填高度。由于玻璃管直径不变，所以实际上这些不同的装填高度就代表了不同的装填密度。但图 18-5 不能反映所需要的临界装填密度。为此，我们对图 18-5 进行了处理，如图 18-6 所示，其中液体上升高度被上升速率所代替。于是戏剧性的发现图 18-6 出现了两线将所有这些不同的装填密度分别归为两类，而且尤其重要的是这两条线有一个唯一的相交点[8]。据此，我们认为该交点所代表的装填密度应该也是一个唯一的值，所以可以命名为临界装填密度。

尤其有意义的是，将上升速率的倒数作为时间的函数如图 18-7 所示依然出现与图 18-6 类似的唯一交点的规律。这说明装填密度存在唯一的临界值。

由于不同的装填密度直接影响数据，所以图 18-6 和 18-7 明显说明毛细上升的实验过程必须强调和重视临界装填密度。

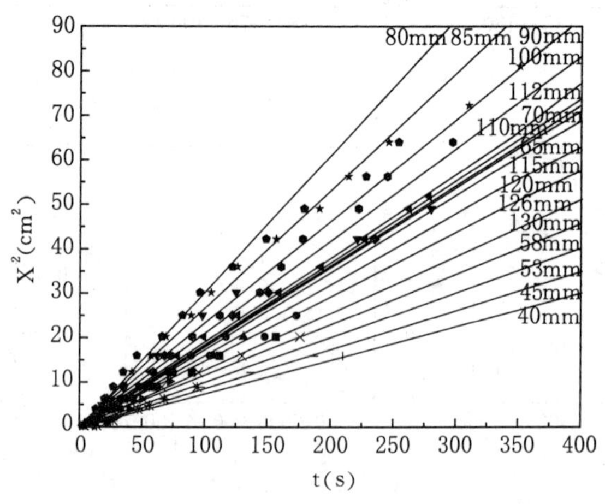

图 18-5 Washburn 渗透上升高度的平方(X^2)与渗透时间(t)、不同装填高度(h)之间的关系

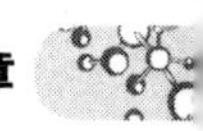

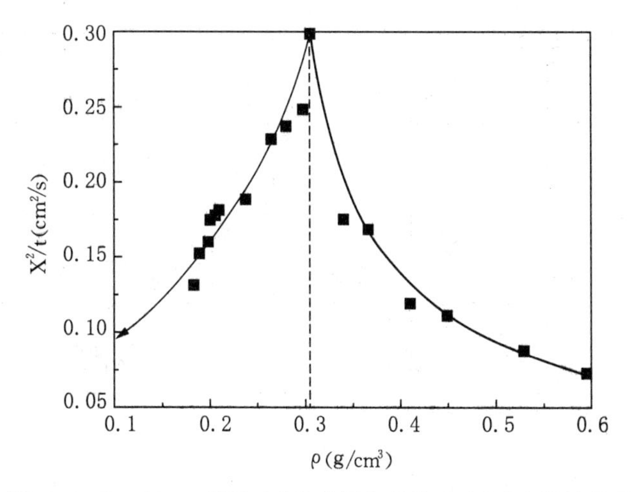

图 18-6 Washburn 渗透速率(X^2/t)与装填密度(ρ)之间的关系

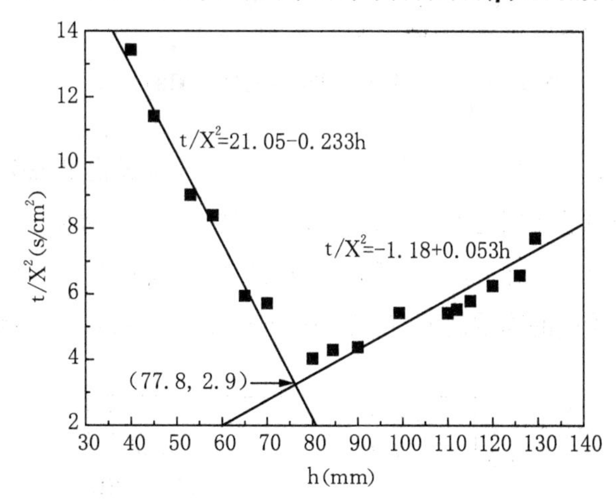

图 18-7 Washburn 渗透速率的倒数(t/X^2)与上升高度(h)之间的关系

Shi 和 Gardner 在研究毛细管吸附溶胀过程中也发现了装填密度的重要性[19]，认为粉体材料在吸附过程是一个热力学过程而热效应对颗粒而言是一个颗粒再加工的过程，所以其尺寸和直径会发生变化。

18.4.2 测试管直径变化的影响

Hamraoui 和 Nylander 发现[26]：实验所使用的玻璃管直径变化也影响液体上升高度，而对一个固定的液体而言，上述变化也存在一个临界值如图 18-8 所示。这个发现也非常有意义，因为它也间接证明了上面关于存在临界装填密度的可能性。

18.4.3 Lewis 酸碱反应的影响

渗透过程因液体和被测物质之间发生反应也会影响液体的上升过程，从而导致测试结

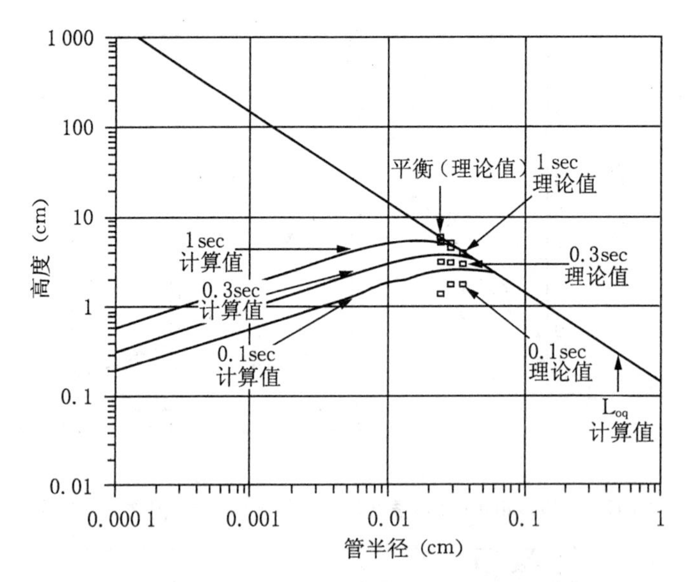

图 18-8　上升高度与玻璃管直径之间的关系[26]

果的变化。比如，Tavisto 等人[3]发现(图 18-9)液体浸入纤维过程呈现明显不一样的图形，而这与他们所应用的液体的酸碱比例变化之间似乎有规律。由于吸附上升过程毛细管直径逐渐增大，而其中的一些物质与液体会不可避免地发生物理或化学或两者都有的反应，而这些反应由于是基于毛细管内的物质是不确定的，所以图 18-9 出现的上升现象是可以理解的。

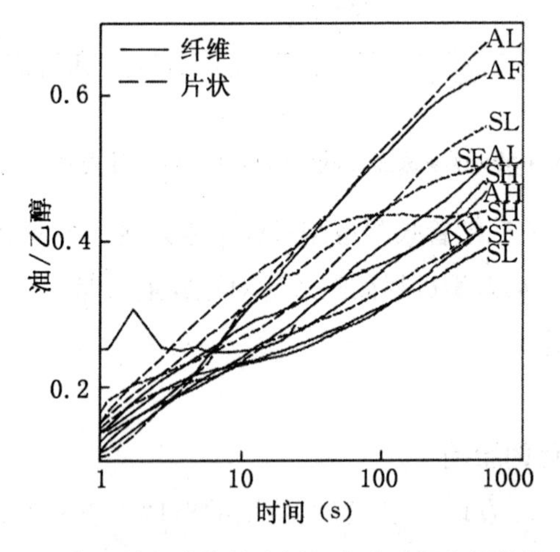

图 18-9　渗透过程液体的比例与上升时间之间的关系[3]

18.4.4　毛细管不规则的影响

Staples 和 Shaffer 曾经专门研究了不规则毛细管对渗透过程、尤其是液体上升高度的影响[2]。由于许多天然孔隙材料的毛细管是无规则分布和排列的、而且内径也不可能统一，事实上对许多人造材料来说后者也不容易做到非常理想的一致，所以他们的研究就显得非常有必要。但问题是理论上讨论可以，而对具体的应用来说，可能上述给出的经典公式更有用些。

图 18-10 是 Staples 和 Shaffer 发现的毛细管不规则（直和不直）对液体上升的影响[2]。其中 D_{vis}代表毛细管的不直度。

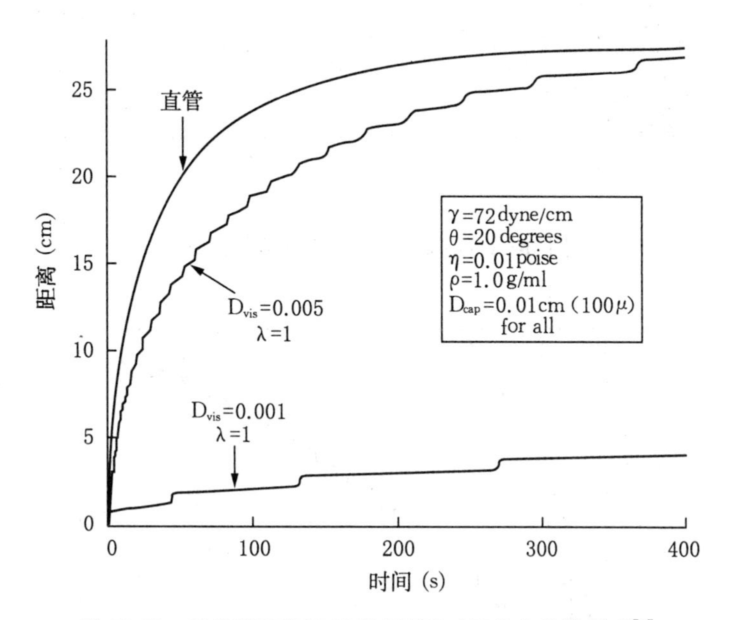

图 18-10　毛细管不规则(直和不直)对液体上升的影响[2]

18.4.5　表面粗糙度的影响

如前面所强调的，表面粗糙度会影响液体上升。当液体在浸入上述具有不同表面粗糙度的样品时，其液体上升被发现也不一样[4, 28]。

18.4.6　液体性能的影响

液体性能对在毛细管内的上升的影响首先涉及的是有效毛细半径 r。应用一系列烷烃浸渍硅粉时，Siebold 等人发现 r 是变化的[27]。Kalogianni 等人[4]也证实了这一点，并发现 r 的变化可以在 h^2 与 t 作图时明显反映出来，如图 18-11。

18.4.7　流体静压力的影响

Siebold 等人的研究发现流体静压力对液体在毛细管中的上升有影响，主要表现在相同时间内流体静压力的存在将提高上升高度[27]。

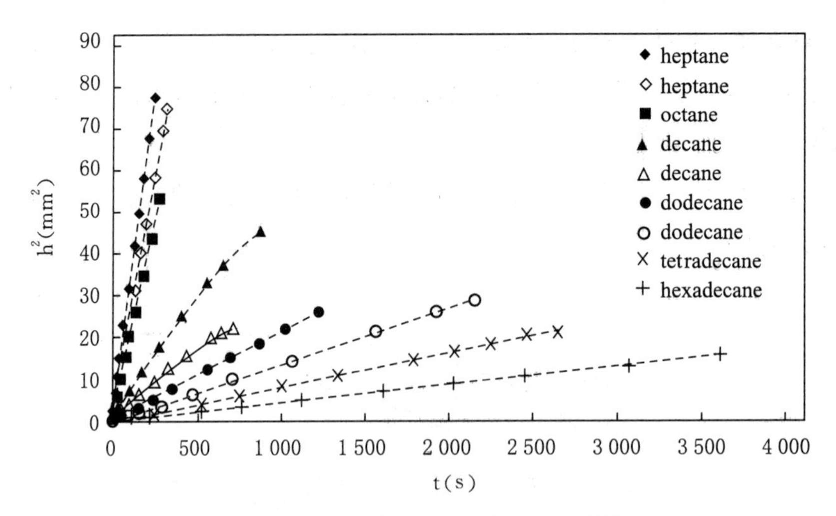

图 18-11　液体性能对上升高度的影响[4]

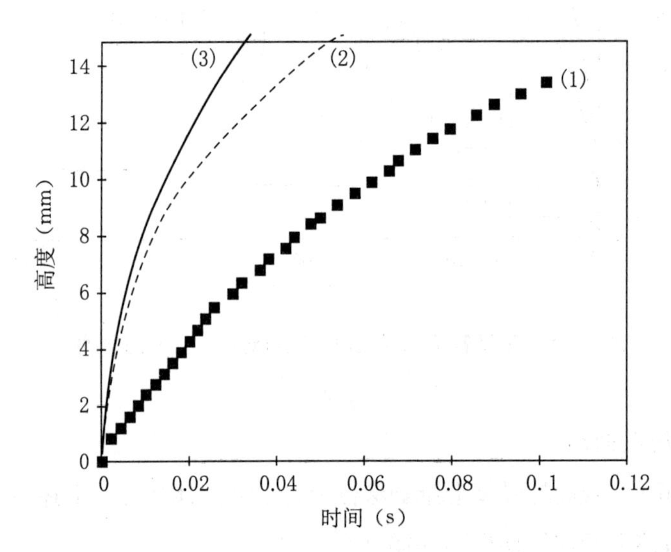

(1) 实验数据　(2) 考虑流体静压力的数据　(3) 忽略流体静压力的数据

图 18-12　液体在玻璃毛细管中的上升与时间之间的关系

18.4.8　温度的影响

虽然毛细上升过程外界温度保持恒定，但 Shi 和 Gardner 发现木材在吸附液体时温度会上升约 3 ℃，然后恢复到原来温度值[19]。

18.4.9　溶胀的影响

Shi 和 Gardner 曾经研究了毛细管吸附过程溶胀对上升过程的影响[19]。他们认为粉体材料在吸附过程是一个热力学过程而热效应对颗粒而言是一个颗粒再加工的过程，所以

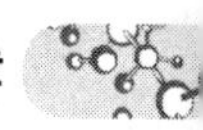

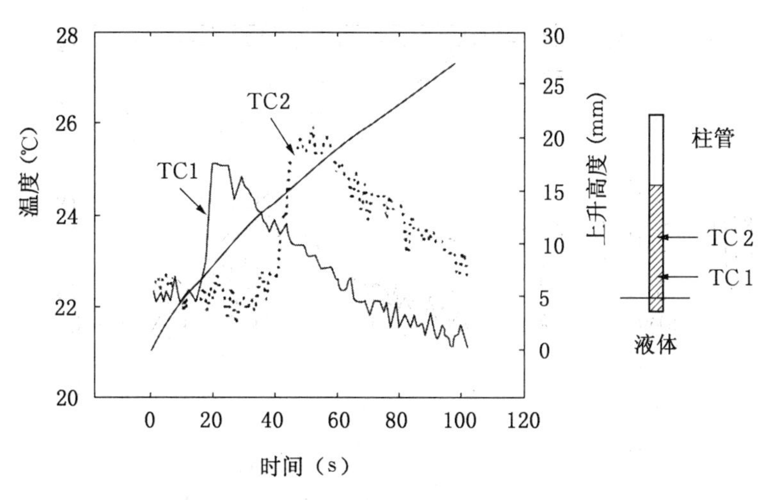

图 18-13　温度对液体在毛细管中的上升的影响

其尺寸和直径会发生变化。他们还认为极性液体的吸附过程将在颗粒表面和内部都发生反应，一般可能是在内部吸附外部溶胀。而一旦溶胀发生，则玻璃管内的毛细管尺寸必然也相应发生变化。而极性液体在材料孔隙内的反应将使 Washburn 方程的导出条件发生变化。这是因为 Washburn 方程主要考虑毛细管压力驱动下的流体流动。

这实际上就意味着在这种情况下 Washburn 方程的使用是受到限制的，而继续应用则应对其进行改进[19]。由于主要的变化来自材料的溶胀，所以 Shi 和 Gardner 提出用一个溶胀的毛细半径以代替 Washburn 方程的毛细半径如公式(18-8)所示。

$$h^2 = \frac{r_s^2 \gamma_L \cos\theta}{2\eta r} t \tag{18-8}$$

其中 r_s 即是他们定义的溶胀的毛细半径。

但同时他们还认为应该考虑溶胀带来的能量损失，所以完整的改进 Washburn 方程应该如下式(18-9)[19]。

$$h^2 = \frac{r_s^2 \gamma \cos\theta}{2\eta r} t - \frac{S}{4\eta\pi}\left(\frac{r_s}{r}\right)^2 t \tag{18-9}$$

其中后一项即是溶胀导致的能量损失，S 代表柱管中的单位能量损失。

18.5 液体上升高度与速度和接触角之间的关系

Siebold 等人曾经研究了毛细管中液体的上升高度与速度和接触角之间的关系[27]。根据他们的数据，图 18-14 和 18-15 分别反映了这两个关系如下。

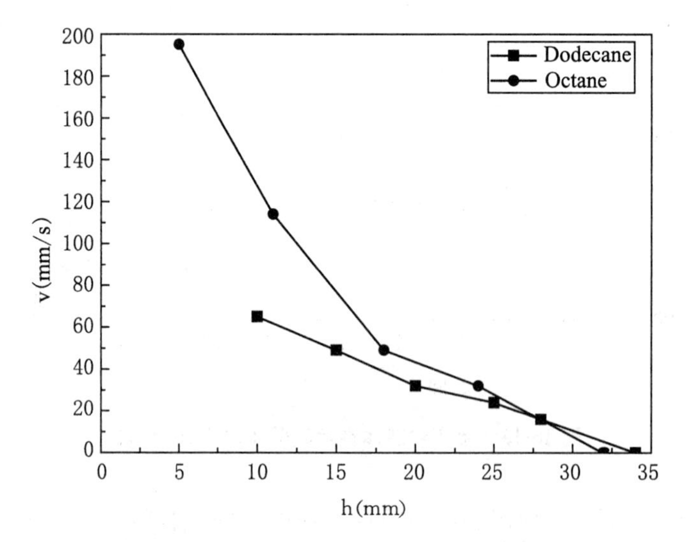

图 18-14　液体上升高度与速度之间的关系

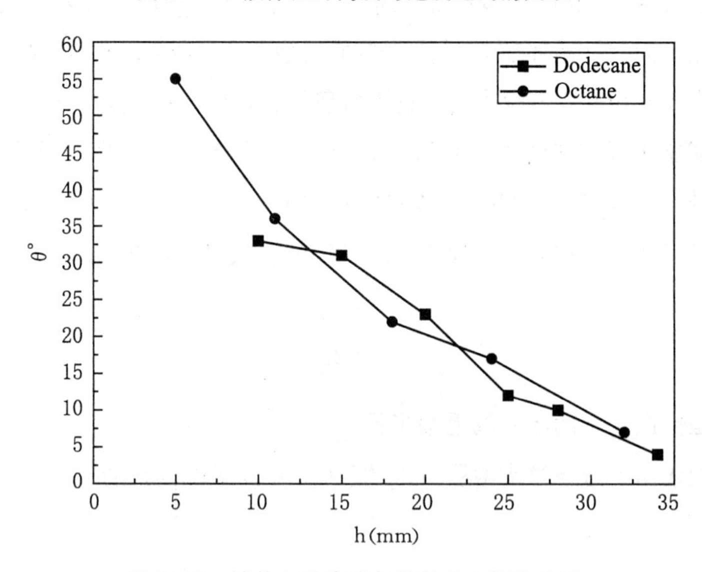

图 18-15　液体上升高度与接触角之间的关系

图 18-14 说明两种烷烃液体在吸附之初的差距是明显的，但随着时间增加两者逐渐一致并遵循一种变化规律了。

由于图 18-15 显示两种烷烃的数据非常接近，所以对它们进行了拟合，发现它们实际上遵循了一种规律，即都按照下式(18-10)(R 代表线性率或拟合度)。

$$\theta = 66.08 - 2.93h + 0.04h^2 \qquad (R = 0.9581) \tag{18-10}$$

其中的 R 值非常高，说明这个规律是可靠的。

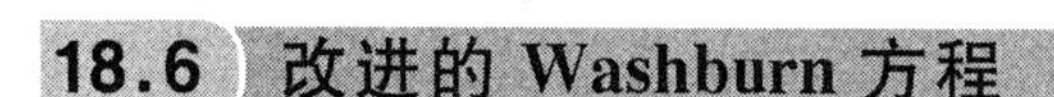

18.6 改进的 Washburn 方程

基于极性液体的应用所导致的非 Washburn 毛细现象[19]，Washburn 方程出现了一系列的改进[1~4, 19~23]，但基本应用还是以原形为主。

18.7 单个毛细管和理想状态下的毛细管吸附

Marmur 曾经对单个毛细管吸附和理想状态由平行的系列毛细管组合吸附进行了研究[29~31]。但由于过于理论化，在此不进行深入展开。

18.8 毛细管上升过程与其他原理、方法之间的关系

18.8.1 毛细管上升过程与扩散之间的关系

不同于其他人研究毛细管上升的机制，Ravera 等人曾经研究了此过程与扩散之间的关系[28]。

18.8.2 毛细管上升过程与动态表面张力之间的关系

根据压力与时间之间的关系，Liggieri 等人曾经发表了毛细管上升与动态表面张力之间的关系[32]。但他们的结果的有效性仅限于非常短的时间，如小于 100 秒。由于此短暂过程所受到的影响非常多，所以他们的结果不太适合普遍的应用。

18.8.3 毛细管上升过程与流变学参数之间的关系

由于流变参数剪切速率 γ 与剪切应力 τ 之间的关系可以用公式(18-11)进行描述，

$$\tau = k\gamma^n \tag{18-11}$$

其中 n 代表流体的非牛顿指数。为此 Rafael M. Digilov[33] 特地对非牛顿流体在毛细管中上升的影响进行了研究。他发现毛细管上升的高度与 n 有关，可以描述为公式(18-12)

$$n = \frac{\mathrm{d}\ln[(h_0 - h)/(\xi h_0 + h)]}{\mathrm{d}\ln \dot{h}} \tag{18-12}$$

其中 h_0 和 h 分别代表液体上升的平衡高度和上升时间 t 时的高度，h 和 ξ 分别代表上升速率和无单位的常数。

18.9 基于微流孔芯片的毛细管上升方法

林金明等人最近报道了一种新的毛细管上升测试液体表明张力的方法，这是一种应用微流控芯片的方法，大致原理如图 18-16 所示[34]。其中液体是使用注射器注入的，而所应用的原理与前面所叙述的一致。由于此方法应用过程中液体被同时注入多个毛细管，所以这些研究者认为该方法获得的液体的表面张力可能具有更高的精度。

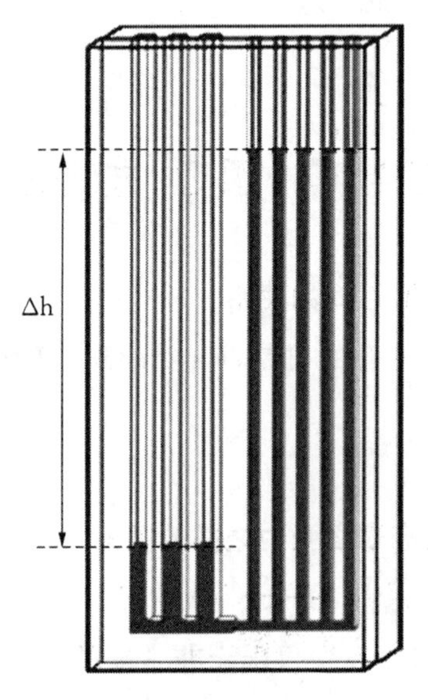

图 18-16 微流控芯片的毛细管上升方法示意图

18.10 小结

总而言之，毛细管上升方法也是一种简单、实用的固体表面性能测试方法，尤其是对粉末状材料和具有不规则毛细管的材料，如木材等天然含孔隙的材料。通过与其他方法一起应用，这种方法可以提供许多有意义的数据和信息使我们对所测试材料有完全新的了解，而这种结果可能是其他方法所不能够的[34]。

但必须注意，这种方法本身具有一些难以弥补的不足，比如粉末柱的等效毛细管半径与粒子大小、形状及装填密度等关系密切,而这些都将影响所给出的曲线线性。若希望用此方法得到准确的结果,不仅每次装柱要做到紧实度相同,而且还必须进行若干次重复,但这些显然不易做到。另一方面,当液体的重力相对于毛细效应不能忽略时,也将给接触角测定带来影响。

除了应用毛细上升方法研究粉末材料的表面和吸附性能,还可以应用该方法研究具有毛细特征的材料,如木材。作者曾经研究了天然木材的毛细管吸附和非毛细管吸附特征以及吸附过程的酸碱反应,并提出了相应的模型[35]。比如,图 18-17 反映了水在木材的毛细管(C)和非毛细管方向(NC)的上升现象。

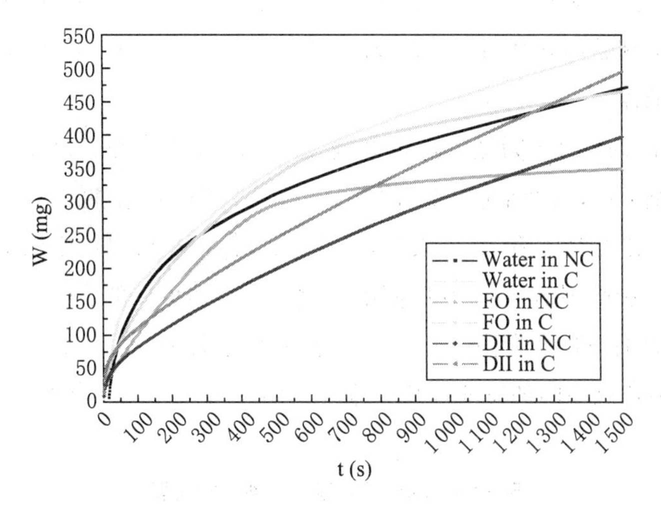

图 18-17　木材自发吸附液体的动态过程
NC 表示非毛细管吸附,C 代表毛细管吸附。

比较图 18-17 中木材在毛细和非毛细两方面的吸附量可以看出,木材的毛细管吸附性能可能是非毛细管方向吸附性能的 1.12～1.34 倍。该图说明了液体表面张力不是一个主要的影响吸附的因素,因为木材吸附与这些液体的表面性能之间的关系似乎不大,而与粘度的关系似乎更合乎逻辑,即粘度越小越容易吸附。该图还显示木材吸附水的初期(0～200 秒)其毛细和非毛细面的吸附曲线几乎重叠。由于这个现象并不意味着木材在这两个方向具有一样的吸附性能,所以可以解释的理由是水的 Lewis 酸性与木材的 Lewis 碱性成分在吸附一开始即发生了明显的反应,并使得木材的非毛细管部分有了与毛细管一样的吸附特征,如一样的孔径。而随着吸附时间的增加,这种现象开始出现明显的差异,即毛细方向吸附液体的量越来越多。这可能意味着此时木材中的 Lewis 酸碱成分已与水的 Lewis 酸碱成分进行反应达到了平衡。

为了进一步认识图 18-17 所示的曲线,用数学模型对这些曲线分别进行了描述,并归纳在表 18-2 和表 18-3 中。由于给出的 R 值都在 0.994 4～0.999 9 之间，这说明这些模型具有非常高的拟合度，即都非常接近图 18-17 所示的真实曲线。

由表 18-2 可知，木材吸附液体过程可以分成三步，其第一和第三步的规律都是一样的，即都是零级吸附的特征 $dW/dt = A$，而区别仅在于吸附速率不同。但第二步却明显不一样，呈现出既有一级特征的吸附 $dW/dt = A + Bt$，也有二级特征的吸附 $dW/dt = A + Bt + Ct^2$。

表 18-3 进一步给出了木材吸附液体的动力学参数，显示木材吸附极性液体的第一阶段都是非毛细管方向大于毛细管方向，而在第三阶段这种吸附规律又变得相反。这种规律与木材吸附非极性液体时始终是毛细方向大于非毛细方向显然不一致(表 18-3)。这显然意味着木材的非毛细管部分有利于吸附极性液体。换言之，这意味着 Lewis 酸碱反应可能有利于木材吸附液体。

表 18-3 中给出的木材吸附液体过程分段时间比较非常有趣。比如，木材吸附水是毛细方向快与非毛细方向，这似乎也可以帮助我们认识木材的吸附性能。

根据图 18-17 和表 18-2 和 18-3，关于木材吸附液体似乎可以得出以下结论：①液体的粘度是一个重要的影响因素；②木材吸附液体过程受液体极性的影响，而这种影响将延伸到木材的毛细和非毛细管吸附特征；③木材吸附液体过程一般可以分成三个阶段，其第一和第三阶段都具有零级吸附的特征，而第二阶段则是一个复杂的可能是一级的也可能是二级的吸附反应。

表 18-2　木材吸附液体的动力学模型

溶剂	第一阶段模型 $W = A + Bt$	第二阶段模型 $W = A + Bt + Ct^2$ $W = A + Bt + Ct^2 - Dt^3$	第三阶段模型 $W = A + Bt$	说明
水	$W = 58.50 + 1.14t$	$W = 110.75 + 0.66t - 5.15 \times 10^{-4} t^2$	$W = 264.65 + 0.14t$	非毛细
	$W = 74.58 + 1.09t$	$W = 120.29 + 0.59t - 2.62 \times 10^{-4} t^2$	$W = 289.44 + 0.16t$	毛细

表 18-3　木材吸附液体的动力学参数及各阶段之间转折点的时间

溶液	初始吸附速率 (mg/s)	最终吸附速率 (mg/s)	第一转折点 (s)	第二转折点 (s)	说明
水	1.1	0.1	84	577	非毛细
	1.1	0.2	87	683	毛细

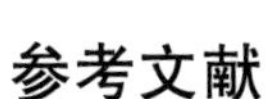

参考文献

[1] Labajos-Broncano L, González-Martín ML, Bruque JM. *J Coll Interface Sci*, 2003, 262, 171～178.

[2] Staples TL, Shaffer DG. *Coll Surf A*, 2002, 204, 239～242.

[3] Tavisto M, Kuisma R, Pasila A, et al. *Ind Crops Prod*, 2003, 18, 25～35.

[4] Kalogianni EP, Savopoulos T, Karapantsios TD, et al. *Coll Surf B*, 2004, 35, 159～167.

[5] Washburn EW. *Phys Rev*, 1921, 17, 273.

[6] Bell JM, Cameron FK. *J Phys Chem*, 1906, 10, 658.

[7] Lucas R. *Kolloid Z*, 1918, 23, 15.

[8] Shen Q, Hu JF, Gu QF. *Chinese J Polym Sci*, 2004, 22:1, 33～37.

[9] Shen Q, Hu JF, Gu QF, et al. *J Coll Interface Sci*, 2003, 267, 333～336.

[10] Shen Q, Wang ZX, Hu JF, et al. *Coll Surf A*, 2004, 240:1～3, 107～110.

[11] Shen Q, Liu DS, Gao Y, et al. *Coll Surf B*, 2004, 35:3～4, 193～195.

[12] Shen Q, Ding HG, Zhong L. *Coll Surf B*, 2004, 37, 133～136.

[13] Shen Q, Zhong L, Hu JF. *Coll Surf B*, 2004, 39, 195～198.

[14] 邵伟,王旭,丁宏贵,等.*纤维素科学与技术*,2006, 14(1), 35～40.

[15] 许园,丁宏贵,沈青.*纤维素科学与技术*,2007, 15(2):53～56.

[16] Shen Q, Zhang T, Zhu MF. *Coll Surf A*, 2008, 320:1～3, 57～60.

[17] 艾德生,李庆丰,等.*理化检验—物理分册*,2001, 37(3):110～112.

[18] 蒋子铎,邝生鲁,杨诗兰.*化学通报*,1987(7):17～21.

[19] Shi SD, Gardner DJ. *J Adhesion Sci Technol*, 2000, 14, 301～314.

[20] Pezron I, Rochex A, Lebeault JM, et al. *J Dispersion Sci Technol*, 2004, 25, 781～787.

[21] Shen Q. *Interfacial characteristics of wood and cooking liquor in relation to delignification kinetics*. Åbo Akademi University Press, 1998.

[22] Shin EW, Rowell RM. *Chemosphere*, 2005, 60, 1054～1061.

[23] Ho YS, McKay G. *Water Res*, 2000, 34, 735～742.

[24] Shen Q. *Langmuir*, 2000, 16, 4394～4397.

[25] van Oss CJ. *Interfacial forces in aqueous media*. New York: CRC Press, 1994.

[26] Hamraoui A, Nylander T. *J Coll Interface Sci*, 2002, 250, 415～421.

[27] Siebold A, Nardin M, Schultz J, et al. *Coll Surf A*, 2000, 161, 81～87.

[28] Ravera F, Liggieri L, Steinchen A. *J Coll Interface Sci*, 1993, 156, 109～116.

[29] Danino D, Marmur A. *J Coll Interface Sci*, 1994, 166, 245.

[30] Marmur A, Cohen RD. *J Coll Interface Sci*, 1997, 189, 299～304.

[31] Marmur A. *Langmuir*, 2003, 19, 5956～5959.

[32] Liggieri L, Ravera F, Passerone A. *J Coll Interface Sci*, 1995, 169, 226～237.

[33] Digilov RM. *Langmuir*, 2008, 24, 13663～13667.

[34] Liu JJ, Li HF, Lin JM. *Anal Chem*, 2007, 79, 371～377.

[35] 吴洪远,岳斌,沈青.*林业科学*,2005, 41:5, 106～109.

第十九章　微量秤重方法

19.1 简介

微量天平(QCM),又称石英晶体微量天平,是一种十分灵敏的质量检测器。该天平是将电极与石英晶体组合在一起,通过电极下石英晶体的振荡频率的变化来测定电极表面上质量变化的一种测量工具,其检出限可以达到皮克级。此外还具有体积小、相应速度快、抗干扰能力强、直接数字化输出等优点。

QCM在诸多领域都有着广泛的应用,目前它在诸如金属电沉积、化学修饰电极、生物医学、药物分析、气味检测等方面都有了应用,并且已经不仅局限于简单的质量与浓度测定,而且已深入到反应机理、化学反应动力学等方面的研究。QCM较多的是用于表面电化学的研究,如:测量固体电极表面层上物质的质量,电流和电量随电位变化的关系,进而探讨表面电化学反应过程,电极上膜内物质的传输,存在于膜内的化学反应,膜生长动力学研究等[1]。

19.2 原理

QCM的核心部分是石英晶体振荡片,它一般采用的都是AT切压石英晶体,因为它的温度系数在室温时为零,这样就降低了在室温条件下进行实验时温度所产生的影响。这种石英晶体是沿着与主光轴成35°15′的面而切割成的石英晶体震荡片[2]。QCM如图19-1所示。

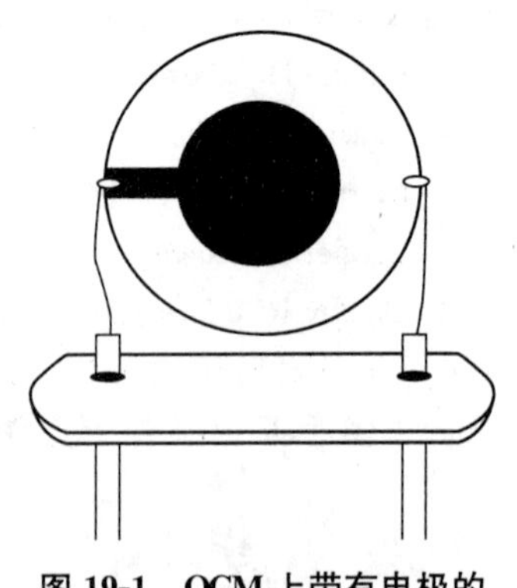

图 19-1　QCM上带有电极的石英晶片

在薄压电晶体板片表面各有一金属电极(Au或Pt沉积在压电晶片的上表面和下表面),并与共振电路相连,在晶体板上施加一共振电场时就产生了声波。厚度是这类器件中

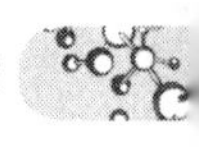

频率变化的决定因素。当 QCM 表面有物质变化时（增加或减少）都可导致器件厚度的变化，进而引起共振频率的变化，如图 19-2 所示。

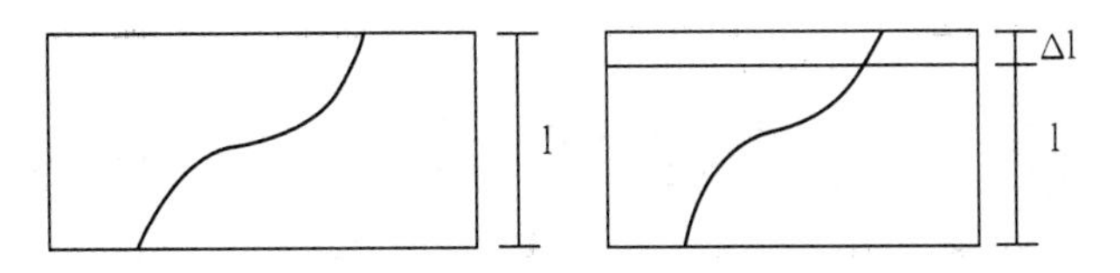

图 19-2　QCM 上声波频率随厚度增加而变化

1959 年，Sauerberay 首先提出了频率变化（Δf）与石英板片厚度变化（ΔL）的关系[3]：

$$\frac{\Delta f}{f_0}=-\frac{\Delta l}{l} \tag{19-1}$$

$$l=\frac{M}{A\rho_q} \tag{19-2}$$

$$\Delta l\approx\frac{\Delta M_s}{A\rho_q} \tag{19-3}$$

其中，M 是石英晶片质量，A 是晶片的表面积，ρ_q是石英密度，f_0 是共振频率，ΔM 是沉积到石英表面上物质的质量，而 $f_0=Vq/2l$，Vq 是横波在石英中的传播速度，因为石英晶体震荡片可视为声波传感器。

因此，可最终推得 AT 切压石英晶体表面的线性关系如下：

$$\Delta f=-\frac{\Delta M_s}{lA\rho_q}f_0=\frac{2f_0^2}{V_q\rho_q}\times\frac{\Delta M_s}{A} \tag{19-4}$$

对石英晶体来说，$\rho_q=2.65\,g\cdot cm^{-3}$，$V_q=3.34\times105\,cm\cdot s^{-1}$，由此可以得出 Sauerbrey 公式：

$$\Delta f=-2.26\times10^{-6}f_0^2\Delta M_s/A \tag{19-5}$$

$$\Delta M_s/A=-4.42\times10^5\Delta f/f_0^2 \tag{19-6}$$

对于基频 $f_0=10\,MHz$，电极直径为 5 mm 的石英晶片，频率改变量 $\Delta f=1\,Hz$时，$\Delta M/A=4.42\,ng/cm^2$，可以看出 QCM 是一种非常灵敏的检测器，实际上其检出限可达 pg 级。

但必须指出的是：Sauerberay 对上述公式的推导是在以下假想条件下进行的：

(1) 界面是刚性的，不与吸附物发生摩擦；

(2) 吸附物需要很好地符合石英晶体的摆动，两者之间不发生相对滑动；

(3) 吸附物的质量远远小于石英层的质量，并且要均匀地附着在电极区域；

(4) 吸附物质的粘弹性在实验过程中不发生改变；

(5)Δf 需小于 2%的 f_0[4]。

19.3 应用

19.3.1 测试液体粘性系数

QCM 还有另外一个非常重要的参数，即石英晶体的耗散因数的改变量 ΔD[5]。当有液滴附着在 QCM 的石英晶体上的时候，石英晶体的频率的改变量 Δf 以及耗散因数的改变量 ΔD 不仅与液滴质量有关，还与液滴的粘性系数 η_f 和密度 ρ_f 有关，并且有以下关系式[6]：

$$\Delta f = -\frac{\sqrt{f}}{2\sqrt{\pi}t_q\rho_q}\sqrt{\rho_r\eta_f} \tag{19-7}$$

$$\Delta D = -\frac{1}{\sqrt{\pi f}t_q\rho_q}\sqrt{\rho_r\eta_f} \tag{19-8}$$

因此，通过 QCM 测得 Δf 与 ΔD 的值后，就可以求得液滴的粘性系数 η_f。

使用以基频为 5 MHz 的 AT 切压的石英晶体为传感器的微量天平，液滴为 4 μL 纯净水，液滴的直径为 2.8±0.2 mm，液滴与金电极表面的接触角约为 90°，因此液滴的高度就约为 1.4 mm。液滴在电极上的位置如图 19-3 所示。

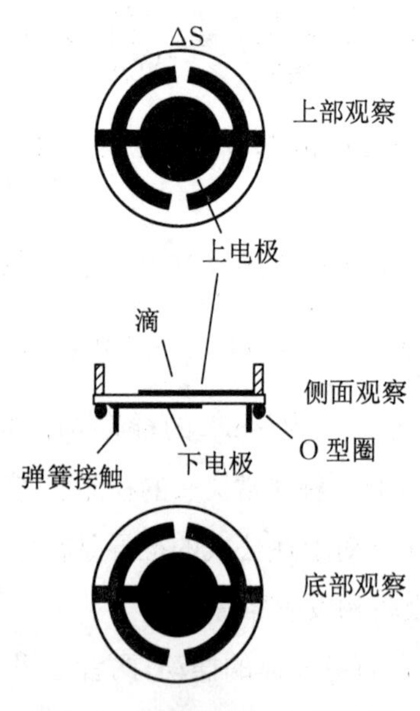

图 19-3 液滴在电极上的位置

在实验开始时，即 $t=0$ 时，撤销 QCR 上使石英晶体的振荡所需的驱动力，则两电极之间的电压将会呈现指数为正弦阻尼的运动，其函数表达式为：

$$U(t)=U_0\exp(-t/\tau)\sin(2\pi ft+\phi),\ t\geqslant 0 \tag{19-9}$$

其中 τ 为时间衰减常数，φ 为相位。因为耗散因数 D 与 τ 有如下关系：

$$D=\frac{1}{\pi f\tau} \tag{19-10}$$

因此，通过电压得到 τ 后就可以求得耗散因数的改变量 ΔD。

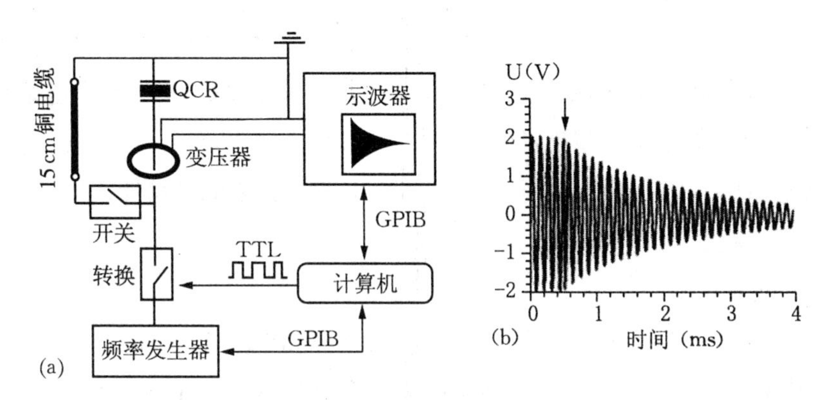

图 19-4 QCR 的工作示意图

在实验开始时，通过电脑控制继电器，使得开关断开(图 19-4)，图 19-5 中显示的就是两电极之间的电压的函数图像。

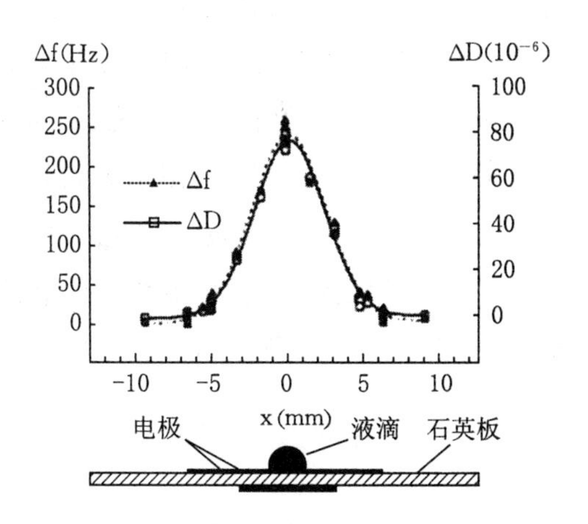

图 19-5 两电极之间的电压的函数关系

在实验过程中，沿电极上 X 轴方向改变液滴的位置，可以得到不同位置处的数据。通

过实验测得数据 Δf 与 ΔD 的数值都能很好地符合高斯曲线，对这些数值进行拟合可以得到方程：

$$R(x) = R_0 \exp[-(x-b)^2/c^2] \tag{19-11}$$

其参数列于下表中：

表 19-1　QCM 测试过程参数表

	R_0(Hz)	b(mm)	c(mm)	Reg
Δf	235 ± 5	0.22 ± 0.05	3.35 ± 0.06	0.994
ΔD	$75.6\pm1.4(10^{-6})$	0.27 ± 0.05	3.16 ± 0.06	0.995

其中，b 是取得最大值时液滴所处的位置，c 是高斯分布系数，Reg 是衰退系数，该系数表明，实验数据能很好地符合高斯曲线。

通过方程(19-9) (19-10)和方程(19-11)，可以计算得到液滴的粘性系数。

19.3.2　检测气体

基于 Sauerbrey 在真空和气相条件下导出的方程(19-5、19-6)，1964 年 King[7] 首先利用 QCM 技术成功地制成气体传感器，并在环境中气体的测定方面得到了应用，但直到 20 世纪 80 年代它才成功地被应用于溶液中，这是因为在溶液中 QCM 有较大的能量损失，不易引起共振。在溶液中的成功应用，使得 QCM 在实际应用中获得了更为广阔的前景。

为了提高 QCM 的选择性，人们利用各种方法对电极表面进行修饰，添加表面涂层，赋予电极预定的功能，可以有选择地在这种修饰电极上进行所期望的反应。

QCM 本身对气体或蒸汽不具有选择性，其作为化学传感器的选择性仅仅依赖于表面涂层物质的性质。Guilbault 等人[8]用 6∶2∶1 的碘化镉、尿素和甘油的混合作表面涂层，修饰电极对 H_2S 进行了测定，线性范围是 2～25 mg/L，涂层寿命为 20 天；Miura 等利用贵金属(Pd, Pt)修饰的压电晶体灵敏的温度响应特性，制成了压电温度传感器，对易燃气体如 H_2、CO 和异丁烷等进行了测定[9]。Yan 等利用 QCM 上的有机物涂层，选择性地测定了 N_2 和硝基苯蒸汽[10]。

19.3.3　测定溶液中的离子

自 20 世纪 80 年代 QCM 成功地应用于溶液中以来，人们应用它对无机离子进行了大量的测定。具体情况如下表所示[11]。

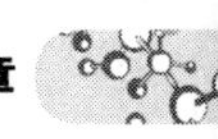

表 19-2　QCM 测试溶液中的离子

被测离子	电极情况	可测定浓度范围
银(Ag^{+})	金电极(golg-plated)板	0.1～60 μmol/L
汞(Hg^{1+})	金电极(golg-plated)板	10^{-2}～10^{-5} μmol/L
铜(Ⅰ)(Cu^{2+})	银电极(ailver-plated)板	0.02～1 μg/mL
碘(I^{-})	金电极(golg-plated)板	0.5～5×10^{-12} mol/L
合金中的铜和锌 Cu^{2+} and Zn^{2+} in the alloy		5.0×10^{-7}～1.0×10^{-4} mol/L
锌(Zn^{2+})	油酸铜涂层	3～4 μmol/L
铜(Ⅰ)(Cu^{2+})	聚乙烯吡啶涂层	5～35 μmol/L
铁(Ⅱ)Fe^{3+}	硅油涂层	5～100 μmol/L

19.3.4　药物分析

QCM 在药物的分析中有着广泛的应用，并取得了很多令人满意的结果。具体情况如下表所示[11]。

表 19-3　QCM 在药物方面的分析

药　品	测定方法	量　级	优　点
安乃近	镀银石英晶体传感器与间接碘量法联合	2×10^{-7} mol/L	1. 不需标准碘溶液 2. pH 值等条件易控制 3. 用于微量样品分析
咳必清	涂圈压电石英晶体频移 0.02 μg——中和萃取法测定		1. 取样量小 2. 污染小 3. 简单，快速
麻黄碱	涂圈压电传感器	μg	1. 方法简单 2. 灵敏度高
维生素 B_1 和 B_2	利用压电传感器从多个反应时刻的时间窗口获得信息，对 VB_1 和 VB_2 同时测定		可获得选择性定量信息

19.3.5　生物医学方面的应用

QCM 在生物医学上也有着极为广泛的应用。Yamaguchi[12] 等用阻抗分析法对 DNA 的吸附、固定及杂化进行了研究。常规的 QCM 方法研究 DNA 是把它的一条链固定在电极上，只测定频率的改变，这样做不能消除诸如：液体的粘度，膜的粘弹性以及表面粗糙度等因素的影响。他们用阻抗分析和等效电路研究了其吸附、固定及杂化的过程，得到很好的结果。Luong 等用蛋白质 A 修饰的 QCM 测定人体铁传递蛋白的线性范围是：10^{-4}～10^{-1}mg/mL，Muramatsu 用 QCM 测定凝聚作用并测定了血纤维蛋白原的浓度，凝聚时间用微机采集，在凝血因子溶液中加入 Al_2O_3 微粒以消除温度的影响[12]。

19.3.6 膜研究

Mclaffrey 等用 QCM 技术测定沉积在金上的单层或多层的硬脂酸钙的 LB 膜，发现 QCM 的频率改变与沉积的层数是呈线性关系的[12]。在气体状态下，人们用各种方法对 LB 多层膜的特性进行了研究，如 FT-IR 法、X 射线散射法、椭圆光度法和光电子能谱法。Y. Okahata 用 QCM 技术现场研究了 LB 膜的浸渍过程[12]。在水溶液中的传输过程中，水分子会迁入类脂膜，当暴露在空气中时水又可蒸发；LB 膜的取向就可以从吸入的水量和水蒸发的速度上得以确定。在水溶液中的 LB 膜，当温度升高时，可以从固态改变为液晶态；当温度达到相变温度时，QCM 的频率开始升高，这说明，LB 膜中的液晶态物质，在溶胀的亲水层间有滑动行为发生；而在气体状态下则没有观测到这种现象。

19.3.7 与光谱电化学技术联用

近年来，人们对合成超微粒或被称为 Q 态的半导体微粒（直径 < 10 nm）越来越感兴趣，这是因为它们具有特殊的光学和氧化还原特性。这些微粒在许多新技术和非线性光学等方面有着潜在的应用，随着科学技术的发展，QCM 的应用已深入到纳米技术中。Geddes 等用表面质粒基因组谐振法（Surface Plasmon Resonance），紫外—可见吸收法和 QCM 技术研究了 Q—态 CdS 微粒的生长[12]。他们在相同的条件下，分别用 SPR 手段检测折射系数的增长和用 QCM 技术测定质量的增长来研究 CdS 的生长动力学，得出的结论是一致的。利用 QCM 定量地测定了 Cd^{2+} 转化为 CdS 的过程，紫外—可见手段发现直径为 2～3 nm 的 Q 态微粒有明显的蓝移。从在 H_2S 气氛下获得的 SPR 反射曲线可以假设：在 Q 态微粒形成过程中，或是膜的厚度或是相对介电常数是一个常数。先前的报道认为膜厚度是变化的（即假设介电常数是常数）；如果假设膜厚度是常数的话，那么相对介电常数是变化的，对于薄膜（厚度小于 10 层）来说，在颗粒形成的过程中，膜的破裂和 H_2S 的影响就很明显了。用 Maxwell—Garnett 理论计算了 20 层的 CdAr 膜的介电常数，表明在膜的形成过程中，膜厚度的改变是 0. 13 nm/层或 4. 9%。

19.4 小结

QCM 作为一种新型的分析仪器，尤其是在多种状态下的应用证明它是可以用于酸碱化学测试的。事实上，它在溶液离子方面的应用已经说明了问题。但遗憾的是这方面的报道目前还非常少，有待于科研人员的应用和报道，尤其是与其他方法之间的比较。

参考文献

[1] 郭建平，毛幼馨. *分析仪器*，1993，1，46～49.
[2] 徐秀明，王俊德. *化学进展*，2005，17，876～880.
[3] Sauerbrey G. *Phys*，1959，155～206.
[4] Rodahl M，Kasemo B. *Sensors and Actuators A*，1996，54，448～456.
[5] Rodahl M，Kasemo B. *Sensors and Actuators B*，1996，37，111～116.
[6] Kanazawa BK，Gordon JG. *Anal Chim Acta*，1985，175，99～105.
[7] King WH. *Anal Chem*，1964，36，1735.
[8] Andrade J，Suleiman F，Guilbault A. *Anal Chim*，1989，217，189.
[9] Miura N. *Sensors and Actuators*，1991，B5，211.
[10] Yan Y，Bein T. *Anal Chem*，1993，5(7)：905.
[11] 朱果逸，王英. 分析化学，1995，23，1095～1100.
[12] Yamaguchi S，Shmomurs T，Tatsuma T，et al. *Anal Chem*，1993，65，1928.

第二十章　灯 芯 方 法

20.1 简介

测试固体的表面性能一直是科学家们长期以来热衷于的一项研究,但到目前为止大部分报道的方法还是依赖于应用已知表面性能的液体去测试固体。灯芯技术(wicking)就属于这种方法,它的主要过程是通过测试液体与固体之间的接触角,并利用已知的液体的表面性能对固体的表面性能进行估算。这种方法的实际应用又可以根据它的器具而分成两种具体的方法:即柱状灯芯法(Column wicking)和薄层灯芯法(Thin layer wicking)。这个方法的理论基础是 Washburn 方程[1~3]。

$$h^2/t = r\gamma_L \cos\theta/2\eta \tag{20-1}$$

其中:γ_L 和 η 为液体的表面张力和粘度,θ 为液体和固体之间的接触角,r 是毛细管孔径的平均半径,h 和 t 是液体在固体中的吸附或上升高度和时间。

20.2 柱状灯芯方法

从原理上讲柱状灯芯法就是前面所介绍的毛细管上升方法[1~4]。

Walinder 和 Gardner 曾经对柱状灯芯法进行了研究,发现该方法受所测固体和液体之间反应而导致的溶胀的影响非常明显[5],而这个结果将使得吸附高度与时间作图不呈现线性,即不符合 Washburn 方程。

当然,还有许多因素也可导致灯芯技术的实际应用过程不符合 Washburn 方程[6~10],比如粉末固体在柱管中的装填密度的变化就是一个非常明显而又特别有代表性的因素和问题[10]。

20.3 薄层灯芯方法

近来，van Oss 等人[1~4]提出了用薄层毛细渗透技术测定液体在粉体上的接触角，进而测定了粉体的表面能和表面能成分。该方法将粉体制成一个多孔性薄层，类似于薄层分析用硅胶板，在一个特定装置上使液体沿水平方向穿透薄层，通过测定一定时间内液体前进的距离，应用 Washburn 方程求出接触角。但这个方法的本质还是属于非平面的接触角方法。

图 20-1　薄层灯芯法示意图[4]

在一层显微镜用的载玻片上将所要测试的样品涂覆在上面如图 20-1 中的箭头所指出的示意的发光的表面。测试开始时，上述载玻片被安置在玻璃容器中，然后浸入液体，记录液体上升高度如前面所介绍的一致。

Costanzo[4]等测定了液体在合成赤铁矿上的接触角，而也有人[7~10]用该法测定了经十八胺改性的滑石粉的表面自由能和液体在水滑石(hydrotalcite)颗粒表面的接触角。

Chibowski 等进一步发展了该技术，并应用于多种粉体材料的表面自由能的测定[11, 12]。视测定条件的不同，接触角可以被区分为 Young 接触角(静态平衡接触角)和动态接触角(非平衡接触角)。动态接触角又可进一步分为动态前进角和动态后退角，两者的差异称为接触角滞后[9]。虽然薄层毛细渗透技术的理论基础亦是 Washburn 方程，但一些研究发现即使用能完全润湿毛细管的液体获得的接触角，也不是 Young 接触角[10~13]，所以通常称其为表观接触角。在液体充满毛细管然后排出的过程中，表观接触角相应于平表面上测得的动态后退角[12,13]，而在吸入式渗透中(液体进入干燥的空毛细管)，表观接触角总是大于 Young 接触角[10~13]。对液滴在平表面上的动态铺展研究也得到了类似结果[13]。一些研究表明，毛细渗透过程中的动态前进角随毛细数或穿透速度的增加而增加，随毛细管半径的增加而减小。但也有报道表明，动态前进角与穿透速度和毛细管的几何尺寸无关。对粉体用毛细渗透技术测得的接触角是什么样的接触角目前仍存在争议。但 Costanzo 等[11]用毛细渗透技术测定了液体在赤铁矿粉体表面的接触角并与在赤铁矿涂层平表面上直接测定的接触角进行了比较，发现两者仅相差几度，这说明两种方法基本上是吻合的。Yang 等将具有不同表面能的单分散固体小球装入柱中，进行液体水平穿透试验，发现这种水平穿透遵循 Washburn 方程，但用 Washburn 柱状试管模型计算出的接触角与已知接触角并不相同[14]。Chibowski 等认为用薄层渗透技术测得的接触角与 Young 接触角有明显的差异，因而基于这样的接触角求得的固体表面自由能的组成是不真实的。Chibowski 等根据液体能否完全润湿固体表面和穿透过程中穿透液前部是否存在双重膜(duplex film)，将薄层毛细渗透体系分成 4 种[11,12]：

(1) 液体能完全润湿固体，固体表面存在双重膜；

(2) 液体能完全润湿固体，但固体表面无双重膜；

(3) 液体不能完全润湿固体，固体表面有双重膜；

(4) 液体不能完全润湿固体，固体表面无双重膜。

通过用市售薄层分析用硅胶板进行试验，Chibowski 等人还发现液体对体系(1)的穿透速度远较对体系(2)的为大，并提出一个新的方程来解释其结果[11,12]。但 Good 等从理论和实验表明，液体在体系(2)中的穿透速度不会低于在体系(1)中的穿透速度。显然薄层毛细渗透技术比想象的要复杂，用这一技术测定粉体表面的接触角或固体表面能的成分仍存在争议[1,2]。针对这些情况，有学者对薄层毛细渗透技术进行了仔细的分析和研究，发现 Chibowski 等在研究商品硅胶板的毛细渗透时忽略了预接触过程中存在着的毛细凝聚现象，并证明正是这一毛细凝聚效应导致了预接触板和空白板在渗透速度上的巨大差异[6]。为此提出必须用独立方法校正毛细凝聚效应后，才能应用毛细渗透技术测定液体在粉体表面的接触角和粉体表面能的成分。

20.4 小结

灯芯法是一种与毛细管上升方法基本类似的方法，尤其是基于同样的理论基础。但薄

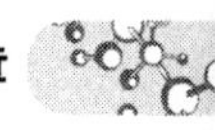

层灯芯法在应用过程有其特别的地方，可以克服毛细管上升方法的缺点。

灯芯法的缺点在于它的应用过程首先要将样品溶解在液体中，然后涂在载玻片上，所以容易破坏和影响样品，尤其是对水或溶剂可溶的样品而言，这个过程将毫无疑问地改变其结构和性能。

参考文献

[1] van Oss CJ. *Colls Surf A*，1993，78，1.

[2] van Oss CJ. *Interfacial Forces in Aqueous*，Media. New York：Marcel Dekker，1994.

[3] Good RJ，Chaudhury MK，van Oss CJ. In *Fundamentals of Adhesion*. Lee LH Ed. New York：Plenum Press，1991.

[4] Costanzo PM，Wu W，Giese RF Jr，et al. *Langmuir*，1996，11，1827～1830.

[5] Shi SD，Gardner DJ. *J Adhesion Sci Technol*，2000，14，301～314.

[6] Labajos-Broncano L，González-Martín ML，Bruque JM. *J Coll Interface Sci*，2003，262，171～178.

[7] Staples TL，Shaffer DG. *Coll Surf A*，2002，204，239～242.

[8] Tavisto M，Kuisma R，Pasila A，et al. *Ind Crops Prod*，2003，18，25～35.

[9] Kalogianni EP，Savopoulos T，Karapantsios TD，et al. *Coll Surf B*，2004，35，159～167.

[10] Shen Q，Hu JF，Gu QF. *Chinese J Polym Sci*，2004，22:1，33～37.

[11] Chibowski E，Holysz L. *Langmuir*，1992，8，710～716.

[12] Chibowski E. Solid Surface Free Energy Component Determination by the Thin-Layer Wicking Technique. In *Contact Angle*，*Wettability and Adhesion*. Mittal KL Ed. The Netherlands：VSP，1993；641～662.

[13] Cui ZG，Binks BP，Clint JH. *Langmuir*，2005，*21*，8319～8325.

第二十一章　浸渍热方法

21.1 简介

浸渍热法(Heat of Immersion Measurement)也是一种间接的表面能测试和估算方法，这个现象首先是由 Pouillet 在 1822 年发现的[1]，1930 年 Harkins 在文章中对这一现象进行了描述，给出了浸渍能的概念[2]，而后在 1972 年 Everett 给出了浸渍能的热焓定义[3]。不同于广泛使用的接触角方法需要将所测试的样品准备成平面，浸渍热方法对样品的表面型貌几乎无要求[4]。它的原理是利用液体和固体在热力学场合的反应热以及已知的液体的参数对固体的相应参数进行估算。

21.2 原理

由于接触角方法的理论也是基于热力学的，所以浸渍热方法可以归属于直接的热力学方法。浸渍热方法测试表面能主要依据以下公式。

首先考虑浸渍自由能 ΔF_i 反映的是浸渍过程液体和固体之间的热能反应，所以有[4]：

$$\Delta F_i = \gamma_L - \gamma_S \tag{21-1}$$

其中 ΔF_i 为单位面积的固体在液体中的浸渍自由能，γ_S 代表固体的表面能、γ_L 代表液体的表面张力。

结合杨氏方程，则式(21-1)可以写成式(21-2)：

$$\Delta F_i = - \gamma_L \cos\theta \tag{21-2}$$

其中 θ 是固体和液体之间的接触角。

由于浸渍过程的热焓 ΔH_i 如式(21-3)所示：

$$\Delta H_i = \Delta F_i + T\Delta S = \Delta F_i - T\frac{d\Delta F_i}{dT} \tag{21-3}$$

其中 T 是绝对温度、ΔS 是熵。因此上式可以进一步描述为式(21-4a)或(21-4b)：

$$\Delta H_i = T\frac{d(\gamma_{LV}\cos\theta)}{dT} - \gamma_{LV}\cos\theta \tag{21-4a}$$

或

$$\Delta H_i = -\left(W_i - T\frac{\partial W_i}{\partial T}\right) \tag{21-4b}$$

W 为浸渍功，它实际上等于固体表面能与液体表面张力之差，$\gamma_S - \gamma_L$[5]。

由于浸渍功可以描述成含有 van Oss-Chaudhury-Good 组合酸碱理论[6]的形式如式(21-5)所示：

$$W_i = 2\sqrt{\gamma_S^{LW}\gamma_L^{LW}} + 2\sqrt{\gamma_S^{+}\gamma_L^{-}} + 2\sqrt{\gamma_S^{-}\gamma_L^{+}} - \gamma_L \tag{21-5}$$

所以浸渍热也因此可以进一步描述成式(21-6)：

$$\begin{aligned}\Delta H_i = {} & \gamma_L - 2\sqrt{\gamma_S^{LW}\gamma_L^{LW}} - 2\sqrt{\gamma_S^{+}\gamma_L^{-}} - 2\sqrt{\gamma_S^{-}\gamma_L^{+}} - \\ & T\frac{\partial\gamma_L}{\partial T} + 2T\sqrt{\gamma_L^{LW}}\frac{\partial\sqrt{\gamma_S^{LW}}}{\partial T} + 2T\sqrt{\gamma_S^{LW}}\frac{\partial\sqrt{\gamma_L^{LW}}}{\partial T} + \\ & 2T\sqrt{\gamma_L^{+}}\frac{\partial\sqrt{\gamma_S^{-}}}{\partial T} + 2T\sqrt{\gamma_S^{-}}\frac{\partial\sqrt{\gamma_L^{+}}}{\partial T} + \\ & 2T\sqrt{\gamma_L^{-}}\frac{\partial\sqrt{\gamma_S^{+}}}{\partial T} + 2T\sqrt{\gamma_S^{+}}\frac{\partial\sqrt{\gamma_L^{-}}}{\partial T}\end{aligned} \tag{21-6}$$

进一步考虑温度的影响实际上非常小[7]，所以(21-6)也可以改写为(21-7)如下：

$$\begin{aligned}\Delta H_i = {} & \gamma_L - 2\sqrt{\gamma_S^{LW}\gamma_L^{LW}} - 2\sqrt{\gamma_S^{+}\gamma_L^{-}} - 2\sqrt{\gamma_S^{-}\gamma_L^{+}} - \\ & T\frac{\partial\gamma_L}{\partial T} + 2T\sqrt{\gamma_S^{LW}}\frac{\partial\sqrt{\gamma_L^{LW}}}{\partial T} + 2T\sqrt{\gamma_S^{-}}\frac{\partial\sqrt{\gamma_L^{+}}}{\partial T} + \\ & 2T\sqrt{\gamma_S^{+}}\frac{\partial\sqrt{\gamma_L^{-}}}{\partial T}\end{aligned} \tag{21-7}$$

通过上述公式，可以获得基于浸渍热的、但却用 van Oss-Chaudhury-Good 组合酸碱理论所表达的表面性能参数[8~10]。

21.3 应用

Gonzalez-Martin 和他的同事们曾经应用浸渍热法对炭黑的表面能进行了估算[5]。表

21-1 是他们所应用的液体和测试的结果。而图 21-1 则进一步描述了液体的 LW 力与浸渍热之间的关系是正比的关系。

表 21-1　液体和炭黑的浸渍热参数

liquid	$-\Delta H$	γ_L^{LW}	γ_L^+	γ_L^-	$\partial\gamma_L/\partial T$	$\partial\gamma_L^{LW}/\partial T$	$\partial\gamma_L^-/\partial T$
water	51.71	21.8	25.5	25.5	0.148	0.09	0.029
formamide	112.58	39	2.28	39.6	0.168	0.132	0.075
n-dodecane	98.06	25.08	0	0	0.089	0.089	
diiodomethane	107.06	50.8	0.72	0	0.161	0.161	
bromoform	102.21	41.5	1.72	0	0.09	0.09	
benzene	80.9	28.88	0	3.04	0.132		0.01
	117.21[a]						

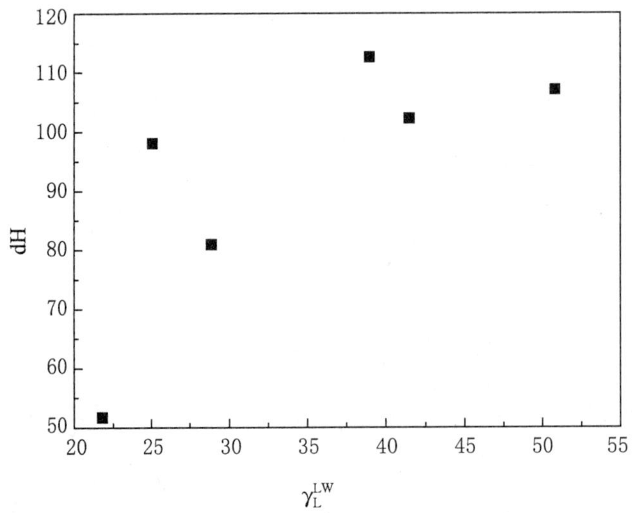

图 21-1　液体的 LW 力与浸渍热之间的关系

21.4 小结

作为一种简单、有效的热力学方法，这个方法已经得到了应用。由于其基本原理基于热力学，所以相关的其他酸碱理论也是可以考虑和应用的。但这还有待于研究人员进一步开发和研究。

参考文献

[1] Pouillet MCS. *Ann Chim Phys*, 1822, 20, 141.
[2] Harkins WD, Dahlstrom R. *Ind Eng Chem*, 1930, 22, 897.
[3] Everett DH. *Pure Appl Chem*, 1972, 31, 579.
[4] Neumann AW, David R, Zuo Y. *Applied Surface Thermodynamics*, 2nd Ed. CRC Press, 2011.
[5] Gonzalez-Martin ML, Janczuk B, Labajos-Broncano L, et al. *Langmuir*, 1997, *13*, 5991～5994.
[6] van Oss CJ, Good RJ, Chaudhury MK. *Chem Rev*, 1988, 88, 928～941.
[7] Fowkes FM. *Ind Eng Chem*, 1964, *56/12*, 40.
[8] Zettlemoyer AC. *Ind Eng Chem*, 1965, *57/2*, 27.
[9] Zettlemoyer AC. In: *Hydrophobic Surface*. Fowkes FM Ed. New York: Academic Press, 1969.
[10] Adamson AW. *Physical Chemistry of Surface*, 5th Ed. New York: Wiley-Interscience, 1991.

第二十二章　光 谱 方 法

22.1 简介

光谱方法属于基于仪器的方法，即测试结果不是人为因素可以决定的，所以结论具有相对准确的特点。严格地说，光谱方法涉及紫外、红外、拉曼、核磁等许多技术，但本章主要介绍红外、拉曼和 X 射线光电子能谱。

22.2 红外光谱方法

22.2.1　红外光谱的含义

红外光谱通常是指波长在 0.78～1 000 μm 之间的光谱。为研究和表达方便，通常用波数表示。其波数范围为 12 820～10 cm^{-1}。根据大多数物质的红外光谱特征，为研究方便，又将红外光谱分为近红外光谱(12 820～4 000 cm^{-1})、中红外光谱(4 000～400 cm^{-1})和远红外光谱(400～10 cm^{-1})。通常所说的红外光谱分析是指中红外光谱分析。

22.2.2　红外光谱方法的基本原理

根据量子理论，光子能量与频率之间的关系为：

$$E = hv \tag{22-1}$$

其中 E 代表能量，它是不连续的、量子化的。H 为基态 Planck 常数，当一定的频率 ν 的红外光谱经过分子时，分子吸收光子能量后，依光子能量的大小产生转动、振动和电子能级的跃迁，一些频率就会被分子中相同振动频率的键所吸收，从而使红外光谱产生变化。

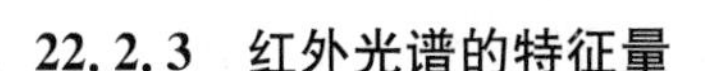

22.2.3 红外光谱的特征量

红外光谱可以提供 3 种信息，即 3 个特征量。

(1) 谱带位置：即波长或波数。在红外光谱上，化学键(基团)的特征吸收频率即谱带位置是红外光谱的重要数据，是定性各种化学键(基团)和结构分析的依据。谱带位置不同，反映了物质中含有不同的化学键(基团)。

(2) 谱带强度：即透射百分率或吸收百分率。谱带强度与分子振动的对称性有关。对称性越强，振动中分子偶极距变化越小，谱带强度也就越弱。

(3) 谱带形状：谱带形状也反映了分子结果特性，可帮助辨别各种官能团[1]。

22.2.4 红外光谱的应用领域

红外光谱分析仪除可用于实验室分析外，还可用于工农业生产过程中的检测，包括品质分析和质量控制，例如原料的快速鉴定，复杂混合物的多组分定量分析。配以相应的附件或利用专用的在线分析仪，可以实现在线过程分析。

红外光谱分析技术可以应用于许多领域[2,3]。

22.2.4.1 红外光谱测试表面性能的原理及应用

22.2.4.1.1 ATR(attenuated total refraction，衰减全反射)

光学传感器与红外光谱的联用技术应用广泛，例如：医学诊断、远距离监控、食品质量和化妆品检测得到广泛应用，也用于不同类型的泡沫橡胶表面的分析[3]。

红外镜面反射光谱附件的工作原理

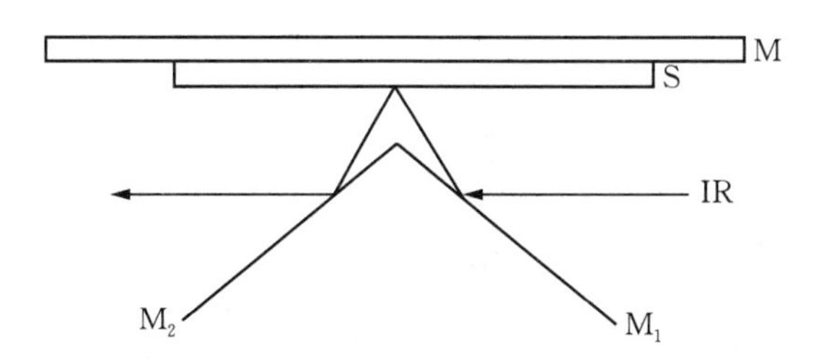

图 22-1 红外镜面反射光谱附件的工作原理

把红外镜面反射光谱附件装置插入 FT-IR 光谱仪的样品架上，红外光经平面镜 M_1 反射品 S 表面，被样品部分吸收后反射到平面镜 M_2，再反射进入光谱仪的检测器。用于镜面反射的样品须表面光滑平整，具有较强的反射光线的能力，而对于多数本身不具备反射性能的样品，通常可以涂布在铝箔或硅片等具有强反射能力的材料表面，就可以很方便地进行分析测试及研究[4]。

由于其并不需要通过透过样品的信号，而是通过样品表面的反射信号获得样品表层有机成分的结构信息。被广泛应用于塑料、纤维、橡胶、涂料、粘合剂等高分子材料制品的表面成分分析。

经过硫化的橡胶制品，因其不溶不熔的特殊性质而难以测定其红外光谱。在ATR技术投入实际应用之前，通常是采用热裂解的方法测定其热降解产物的红外光谱，并以此推断原样品的化学结构。由于高分子的热降解产物往往是多种成分的混合物，因而给从其红外光谱进行样品结构的确认带来很多困难[1]。

ATR方法是红外光谱法应用于法庭科学的手段之一。在这种情况下，无须破坏样品或对其作特殊处理，便可应用ATR方法直接确定物证的种类。

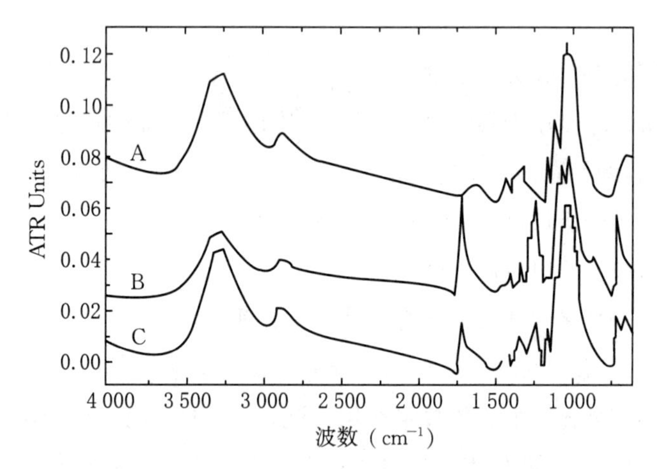

图 22-2　不同来源的棉纤维的ATR红外谱图

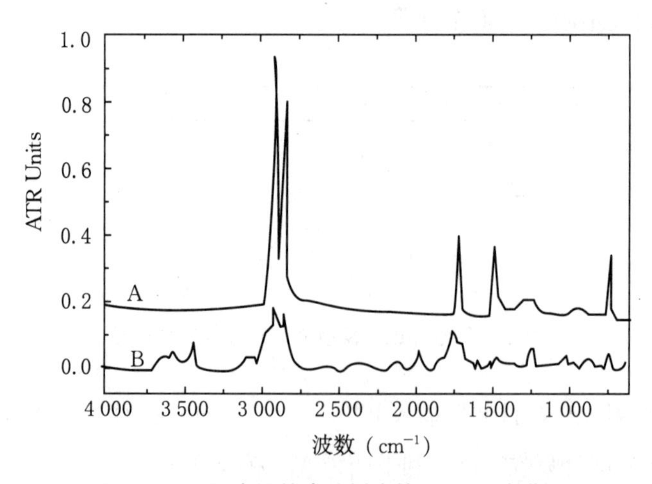

图 22-3　不同来源的涤纶树脂的ATR红外谱图

图22-2中的谱线A所显示的是纯棉纤维的红外吸收光谱；谱线B所显示的是聚酯和棉纤维混纺（涤/棉）的红外吸收光谱；而谱线C所显示的也是聚酯和棉纤维混纺料（涤/棉）的红外吸收光谱。从物证所得到的ATR谱图（图22-3），与图22-2中B样品的谱线完全相

同，说明物证的来源有可能与B样品的来源相同，从而排除了其与A和C样品之间的关系。显然，以上检测结果，不但为有关部门侦破案件提供了重要的线索，缩小了检查范围；还可以节省人力和物力，有效地缩短案件的侦破时间[5]。

在拉伸、挤出、注射等加工成型过程中形成的聚合物结构单元的取向影响材料的宏观物理性质，用镜面反射红外光谱法不需要对样品进行特殊处理，不会破坏聚合物表面分子的物理状态，故成为目前研究液晶高分子的取向的热点问题。Kaito等曾用反射红外光谱法研究了热致性聚酯酰胺液晶高分子的表面取向[6]。

22.2.4.1.2　傅立叶变换红外光谱技术

该技术是鉴定化合物官能团结构的重要手段之一，分子红外吸收的产生与分子振动过程中偶极矩的变化有关。当分子振动能引起偶极矩的变化则能引起可观测的红外吸收谱带，而有机化合物拉曼光谱的产生是因分子振动能引起分子极化率改变而产生拉曼散射，所反映的也是分子振动或转动能级的跃迁，在化合物的结构分析中作为补充手段来进行结构的确认，傅立叶变换红外光谱技术和拉曼光谱技术的使用可在结构分析中起重要的作用[7]。

(1) 红外光谱测试工业废水中的重金属浓度

随着工业发展，水环境中的铬等重金属对人类健康和生态环境的危害越来越严重。广泛使用的方法是使用生物吸附剂解决这个问题[8~12]，如酵母菌、霉菌、细菌、藻类等。为了提高吸附效率和选择性，鉴定能结合金属离子的官能团及判定吸附机理就显得非常重要。红外光谱在判定官能团的存在及物质结构变化方面有其优越性，藻类、浮萍等吸附金属离子后的红外光谱已有报道[13]。有人[14]研究了水中Cr(Ⅵ)的吸附，并用红外光谱法分析了吸附剂吸附Cr(Ⅵ)前后及解吸附后的各种基团特征吸收峰的变化，推测了可能存在的吸附机理。

(2) 红外光谱测试建筑材料硅石灰性能

工业应用的硅灰石产品可分为细磨硅灰石和针状硅灰石两大类。前者主要应用于陶瓷和冶金工业，后者主要是利用其针状物理机械性能，广泛用于塑料、橡胶、石棉代用品、油漆涂料等领域，可增加制品的硬度、抗弯强度、抗冲击性，改善材料的电学特性，提高热稳定性和尺寸稳定性，是最有发展前途的应用领域。通过比较硅灰石经硅烷表面改性前后红外光谱曲线的异常，可以分析硅石灰性能提高的程度[15]。

(3) 红外光谱测试内燃机油成分

红外光谱能对油品和添加剂进行鉴定，测试油品在使用中的氧化情况，添加剂降解情况以及污染情况。可研究油品变化规律，测试发动机气缸中沉积的高温下氧化的机油成分，以认识发动机的使用过程[16, 17]。

22.3 拉曼光谱方法

22.3.1 简介

拉曼散射是光子与物质分子之间的非弹性碰撞所产生的。当激发光的光子与作为散射中心的分子相互作用时，大部分光子只是改变方向发生散射，光的频率与激发光的频率相同，这种散射叫瑞利散射。在约占总散射光强度 $10^{-6} \sim 10^{-10}$ 的散射中，光子不仅改变了运动的方向，还与分子间发生了能量的交换，从而使它的频率变化，这种散射称为拉曼散射[18]。

知识链接

拉曼(*Chandrasekhara Venkata Raman*，1888～1970)，印度物理学家。拉曼在1930年获得诺贝尔物理奖，是第一个亚洲获科学奖者和非白人获科学奖者。拉曼在声学和乐器方面也有研究。他与学生 Nagendranath 证实了声光效果理论，贡献了 Raman-Nath 理论。1934年拉曼成为 Indian Institute of Science, Bangalore 的主任，两年后任物理教授，期间他主要研究超声学和超音速。1943年他与 Krishnamurthy 博士一起创立了 Travancore 化学和制造公司，他一共在印度南部创立了4家工厂。1947年他获任第一个印度国家级教授。1948年拉曼继续研究晶体的光谱行为、钻石结构和一些物质的变色行为。同时他也对胶体、电磁等发生兴趣。拉曼1948年退休，建立了拉曼研究所，兼任所长直至去世。拉曼在1924年当选为英国皇家学会院士、1929年封爵、1957年获得列宁和平奖。

22.3.2 原理

拉曼信号在特定的条件下与待测样品浓度的关系为：

$$I = K\Phi^0 C\int_0^b e^{-kI_0(k_0+k)a} h(z)dz \tag{22-2}$$

其中 I 为样品表面被光学系统所接收到的拉曼信号强度；I_0 为 α 射光的强度；K 为拉曼散射截面积；Φ^0 样品表面的激光入射功率；C 为样品中产生拉曼散射的物质浓度；k_0 和 k 分别为所用入射光和散射光的吸收系数；z 为入射光和散射光所通过的距离；$h(z)$ 为光学系统的传输函数；b 为样品池的宽度。

由上式可以看出，拉曼散射光强度与样品中产生拉曼信号的待测物质浓度成正比，由此可以进行定量测试。

拉曼信号也受到激光的入射功率、样品池、信号采集系统的影响，可以采用外标法加以校正[19]。

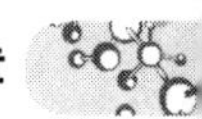

拉曼光谱的最显著特点在于对样品的无损害以及峰位对激光的不依赖性，是这些特点，使得它作为一种光谱技术，在艺术品鉴别和考古学及相关领域有着很好的应用价值[20, 21]。

作者曾经应用拉曼光谱对一系列天然材料进行了表征，如柿树叶[22, 23]（图 22-4）、纤维素（图 22-5）、半纤维素（图 22-6）、木质素（图 22-7）和松木（图 22-8，图 22-9）[24]。

由于图 22-9 所用的 3 种液体都是仅有 Lifshitz-范德华力的，所以图 22-10 所示的线性就显得非常有意义，因为它揭示了固体和液体的 Lifshitz-van der Waals 反应，而其中的一个常数，如 5.93 则有可能提示更多的涵义。

高温高压下，研究高纯度石英容器表面的受侵蚀状况，从而提高石英容器的耐化学腐蚀性[25]。用拉曼光谱分析钙钠偏磷酸盐玻璃浸入 SBF 中，随放置时间的延长，玻璃表面形成了一层薄薄的正磷酸盐层，以此分析磷酸盐玻璃在刺激性液体中结构的变化[26]。

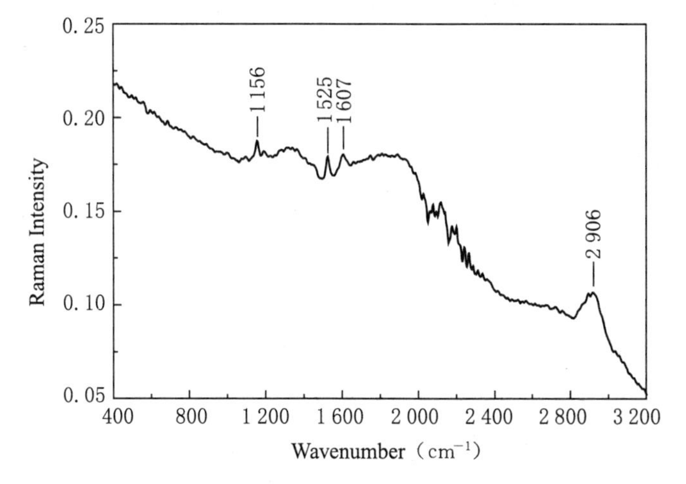

图 22-4 柿树叶的 FT-Raman 光谱

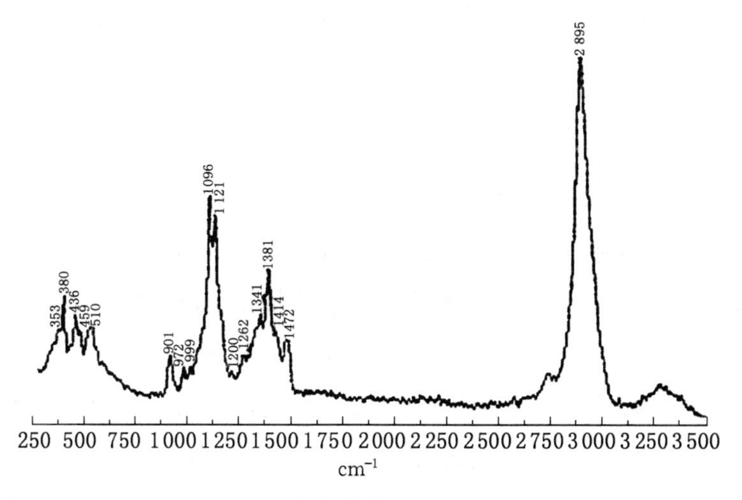

图 22-5 纤维素的 FT-Raman 光谱

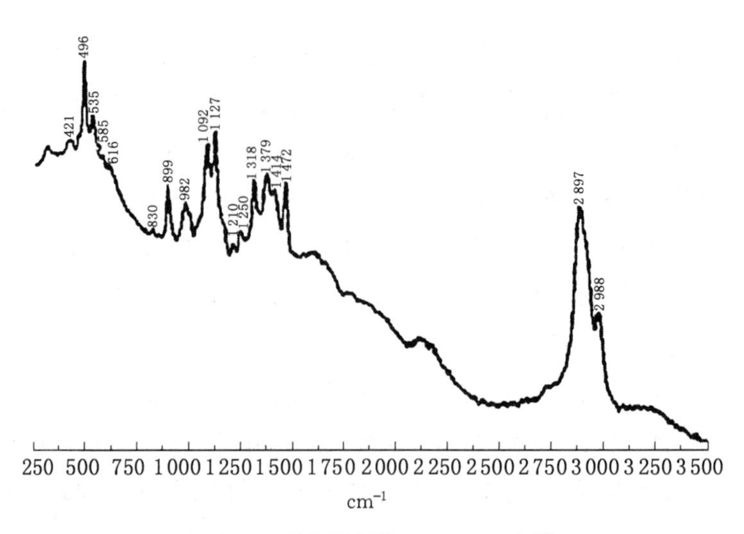

图 22-6 半纤维素的 FT-Raman 光谱

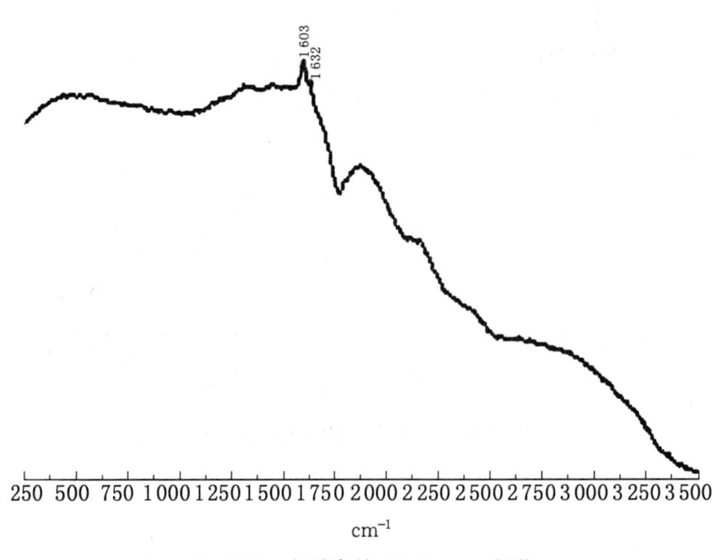

图 22-7 木质素的 FT-Raman 光谱

22.3.2.1 表面增强拉曼散射

表面增强拉曼散射是一种潜力很大的高灵敏度光谱分析技术。Fleisehmann 和 van Duyne 先后发现分子的拉曼散射信号的增强现象，指出了这是一种与粗糙表面相关的表面增强效应，被称为 SERS(surface-enhanced Ramarl Spectroscopy)效应[18]。拉曼光谱(RS)技术无论是表面或界面吸附、催化过程的研究、LB 膜结构分析、含量低达 ng 至 pg 的痕量分析，还是蛋白质、核酸或其他生物色素的测定，而表面增强拉曼散射(SERS)都起着越来越大的作用[27, 28]。

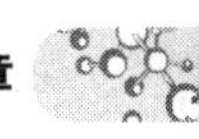

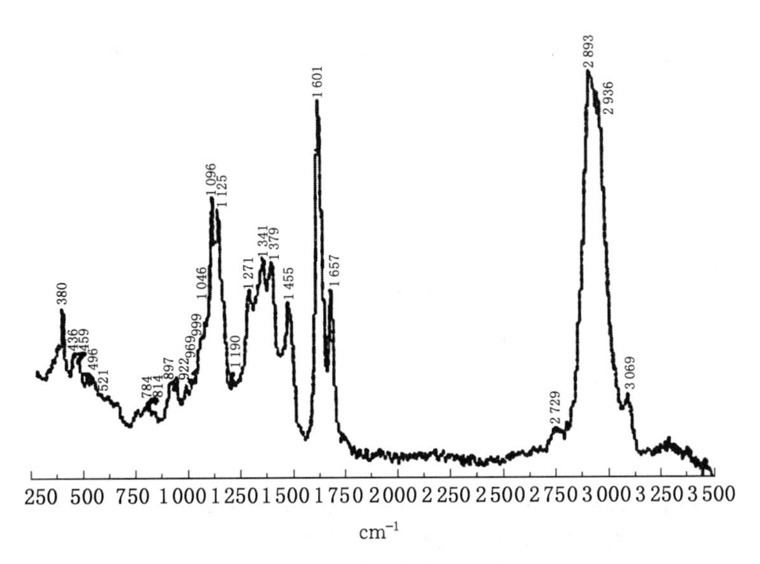

图 22-8 松木的 FT-Raman 光谱

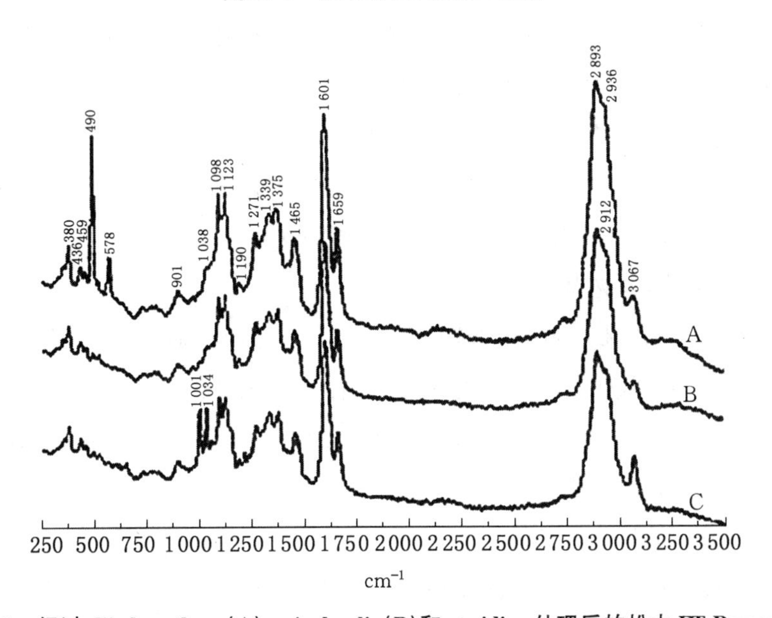

图 22-9 经过 diiodomethane(A)、*cis*-decalin(B)和 pyridine 处理后的松木 FT-Raman 光谱

常规拉曼散射截面小，灵敏度低，只能对一定纯度和浓度的样品进行分析。但是当化合物吸附或者接近一个特殊的导电表面时，拉曼散射截面增强约 10 倍，分析信号大大提高，就可用来研究稀释的样品。这种技术称为表面增强拉曼光谱(SERS)技术[29]。

表面增强拉曼散射(SERS)是一种新的表面测试技术，可以在分子水平上研究材料分子的结构信息，如银纳米粒子、银胶体粒子上的联喹啉等。它与电化学方法相结合不仅可以用来研究缓冲剂对金属的缓蚀性能，而且还能了解缓蚀剂分子在金属表面上的吸附模式、与金属的结合状态以及对金属的缓蚀机理[30]。

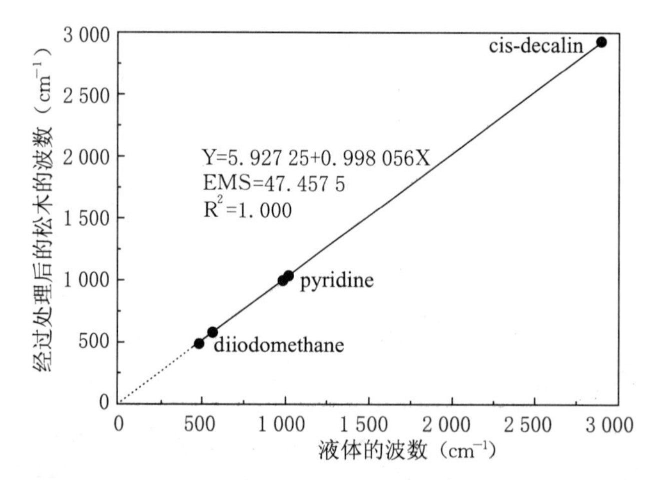

图 22-10　经过 diiodomethane(A)、*cis*-decalin(B)和 pyridine 处理后的松木 FT-Raman 光谱位移与所应用液体的原位图

利用表面增强拉曼散射光谱的优点，拉曼光谱(RS)技术被广泛应用于表面研究、吸附物界面状态研究、生物大分子的界面取向及构型、构象研究和结构分析等[31]。

中药是我国传统医学的主要组成部分，对世界医学做出了重要贡献，但目前还得不到国际医学界的普遍承认。因此，质量鉴定和中药指纹图谱研究是一个急待解决的课题，对于中药的出口，发扬我国的传统医学有着非常重要的现实意义[32]。

22. 3. 2. 2　共振拉曼光谱技术

共振拉曼光谱技术则是在拉曼的基础上，引入共振吸收增强现象，采用待测样品紫外、可见以至红外的共振吸收辐射光来进行激发，则样品的拉曼信号可共振增强几个数量级。此外，这个特点有助于检测大量非共振拉曼活性的物质中少量至痕量的具共振拉曼活性生色团的大分子多环芳香化合物。

22. 3. 2. 3　激光共振拉曼光谱

激光共振拉曼光谱(RRS)产生激光频率与待测分子的某个电子吸收峰接近或重合时，这一分子的某个或几叶、特征拉曼谱带强度可达到正常拉曼谱带的 $10^4 \sim 10^6$ 倍，并观察到正常拉曼效应中难以出现的、其强度可与基频相比拟的泛音及组合振动光谱。RRS 在低浓度样品的检测和络合物结构表征中发挥着重要作用。结合表面增强技术，灵敏度已达到单分子检测。

22. 3. 2. 4　激光拉曼显微技术和激光拉曼遥测技术

激光拉曼散光谱是将入射激光通过显微镜聚焦到样品上，从而在可以不受周围物质干扰的情况下，精确获得所照样品微区的有关化学成分、晶体结构、分子相互作用以及分子取向等各种拉曼光谱信息。目前已广泛用于矿物夹杂物、环境污染、催化剂的成分鉴别、文物的鉴定和修复、材料非均匀性、产品结构的在位和无损检测、法学等方面。

22.3.2.5 高温激光拉曼光谱技术

高温激光拉曼技术被用于冶金玻璃，地质化学，晶体生长等领域，用它来研究固体的高温相变过程，熔体的键合结构等；然而这些测试需在高温下进行，必须对常规拉曼仪进行技术改造[19]。

22.4 拉曼光谱与红外光谱的比较

拉曼激光技术在应用中具有红外光谱等不具备的优越性，这是因为：

(1) 它适于分子骨架的测定，无需制样；

(2) 不受水的干扰，拉曼光谱工作在可见光区，用拉曼光谱进行光谱分析时，水是有用的溶剂，而对红外光谱水是差的溶剂。此外，拉曼光谱测量所用仪器和样品池材料可以由玻璃或石英制成，而红外光谱测量需要用盐材料；

(3) 拉曼光谱使用的激光光源性质使其相当易于探测微量样品，如表面、薄膜、粉末、溶液、气体和许多其他类型的样品；

(4) 拉曼仪器中用的传感器都是标准的紫外、可见光器件，检测响应非常快；

(5) 拉曼光谱可覆盖整个振动频率范围，而在用傅立叶红外系统时，为覆盖这个范围就必须改变检测器或光束劈裂器，所以传统的红外光谱仪测量必须使用两台以上仪器才能覆盖这一区域；

(6) 因为谐波和合频带都不是非常强，所以拉曼光谱一般都比红外光谱简单，重叠带很少见到；

(7) 用拉曼光谱法可观察整个对称振动，而红外光谱做不到；

(8) 偏振测量给拉曼光谱所得信息增加了一个额外的因素，这对带的认定和结构测定是一个帮助。拉曼光谱技术自身的这些优点使之成为现代光谱分析中重要的一员。

拉曼光谱和红外光谱一样属于分子振动光谱范畴，只是研究分子间作用力的种类不同，红外光谱的产生是由于吸收光的能量，引起分子中偶极矩改变的振动；拉曼光谱的产生是由于单色光照射后产生光的综合散射效应，引起分子极化率改变的振动。所以，红外光谱是吸收光谱，拉曼光谱是散射光谱，它们虽然同属于研究分子振动的谱学疗法，但各自的侧重点有差异，具有互为补充的性质。

1987 年，Perkin Elmer 公司推出第一台近红外激发傅立叶变换拉曼光谱(N1R FT-R)商品仪。它采用傅立叶变换技术对信号进行收集，多次累加来提高信噪比。

近年来，近红外激发傅立叶变换拉曼光谱与表面增强拉曼散射技术联用，同时具备激发光源能量较低和样品量少的特点，从而进一步减少样品分子的荧光背景。激光共振拉曼光谱(RRS)产生激光频率与待测分子的某个电子吸收峰接近或重合时，这一分子的特征拉曼谱带强度可达到正常拉曼谱带的 $10^4 \sim 10^6$ 倍，并观察到正常拉曼效应中难以出现的、其强度可与基频相比拟的泛音及组合振动光谱[18]。激光拉曼散光谱是将入射激光通过显微镜聚焦到样品上，从而可以不受周围物质干扰情况下，精确获得所照样品微区的有关化学成分、晶体结构、分子相互作用以及分子取向等各种拉曼光谱信息[29]。红外与拉曼光谱的联用在材料和化学、生物学、医学研究方面有深刻的影响意义。由于大多数生物过程都是在界面上进行的，如一些酶催化的氧化还原反应，就是在生物膜和水溶液界面上进行的，故研究生物分子在界面上的性质有很重要的意义，因此，红外、拉曼光谱的联合使用在生物分子结构研究中的作用正在与日俱增。

22.5 X 射线光电子能谱方法

22.5.1 X 射线光电子能谱的工作原理

X 射线光电子能谱(X-ray Photoelectron Spectroscopy)，简称 XPS，是一种对固体表面进行定性、定量分析和结构鉴定的实用性很强的表面分析方法，已经在化学、材料科学和表面科学中得到广泛的应用。

XPS 的分析原理是基于爱因斯坦的光电理论。1 000～1 500 eV 的 X 光照射到样品表面，和待测物质发生作用，可以使待测物质原子中的电子脱离原子成为自由电子。该过程可用下式表示：

$$hn = E_k + E_b + E_r \tag{22-3}$$

式中：hn：X 光子的能量；E_k：光电子的能量；E_b：电子的结合能；E_r：原子的反冲能量。

其中 E_r 很小，可以忽略。对于固体样品，计算结合能的参考点不是选真空中的静止电子，而是选用费米能级，由内层电子跃迁到费米能级消耗的能量为结合能 E_b，由费米能级进入真空成为自由电子所需的能量为功函数 Φ，剩余的能量成为自由电子的动能 E_k，所以式(22-3)又可表示为：

$$hn = E_k + E_b + \Phi \tag{22-4}$$

或

$$E_b = hn - E_k - \Phi \tag{22-5}$$

仪器材料的功函数 Φ 是一个定值，约为 4 eV，入射 X 光子能量已知，这样，如果测出电

子的动能 E_k，便可得到固体样品电子的结合能。各种原子、分子的轨道电子结合能是一定的。因此，通过对样品产生的光子能量的测定，就可以了解样品中元素的组成。元素所处的化学环境不同，其结合能会有微小的差别，这种由化学环境不同引起的结合能的微小差别叫化学位移，由化学位移的大小可以确定元素所处的状态。例如某元素失去电子成为离子后，其结合能会增加，如果得到电子成为负离子，则结合能会降低。因此，利用化学位移值可以分析元素的化合价和存在形式。

X 射线光电子能谱提供的是样品表面的元素含量与形态，而不是样品整体的成分。其信息深度为 3～5 nm。如果利用离子作为剥离手段，利用 XPS 作为分析方法，则可以实现对样品的深度分析。固体样品中除氢、氦之外的所有元素都可以进行 XPS 分析[33]。

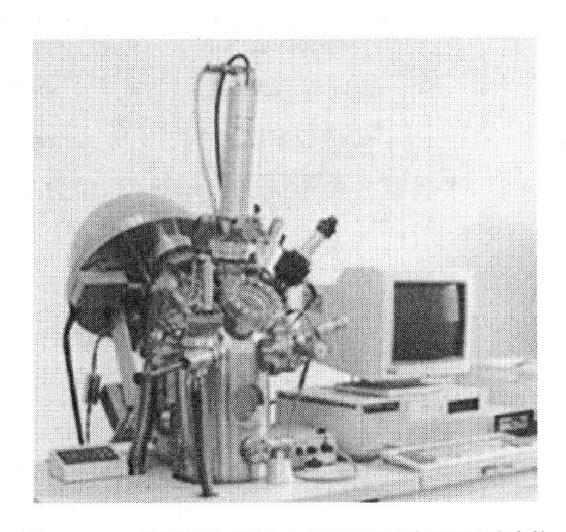

图 22-11　美国 PE 公司 PHI-5400 型 XPS 测试仪

图 22-11 是美国 PE 公司 PHI-5400 型 XPS 测试仪。X 射线激发出来的光电子，根据光电子能量，可以标识出是从哪个元素的哪个轨道激发出来的电子，这样就可以对表面元素进行定性分析。定性的标记工作可以由计算机来进行，但由于各种各样的干扰因素的存在，如荷电效应导致的结合能偏移，X 射线激发的俄歇电子峰等，因此，分析结果时需要注意。XPS 谱图中峰的高低表示这种能量的电子数目的多少，也即相应元素含量的多少，由此可以进行元素的半定量分析。由于各元素的光电子激发效率差别很大，因此，这种定量结果会有很大误差。同时特别强调的是，XPS 提供的半定量结果是表面 3～5 nm 的成分，而不是样品整体的成分[34]。在进行表面分析的同时，如果配合 Ar 离子枪的剥离，XPS 谱仪还可以进行深度分析。依靠离子束剥离进行深度分析，X 射线的束斑面积要小于离子束的束斑面积。此时最好使用小束斑 X 光源。

元素所处化学环境不同，其结合能也会存在微小差别，依靠这种微小差别（化学位移），可以确定元素所处的状态。由于化学位移值很小，而且标准数据较少，给化学形态的分析带来很大困难。此时需要用标准样品进行对比测试。

22.5.2 XPS 测试表面性能的应用

XPS 可以对固体表面进行定性、定量分析和结构鉴定，具有很高的实用性，因此在化学、材料科学和表面科学中得到广泛的应用。

22.5.2.1 研究聚合物表面性能

X 射线光电子能谱(XPS)是表征含氟聚合物的表面微相结构的有效方法，通过它不仅可以得到表面元素的组成信息，还能得到距离表面不同深度的组成信息[35]。

ZHANG[36]等人采用 Perkin-Elmer 公司的 PHI1600ESCA System 进行角变换 XPS 测试。通过不同元素的 XPS 结合能谱图的谱峰面积积分对含氟聚合物表面元素组成进行定量分析。在共聚物 XPS 谱图(图 22-12)中，元素 F 所处分子链的化学环境相似，结合能在 289 eV 附近呈单峰分布；酯基上的两个 O 的结合能谱峰位置距离较近，在 289 eV 附近重叠成一个单峰，对于 C 而言，主要有 6 种不同的化学环境，位置在 284～295 eV 范围内呈现多峰分布。

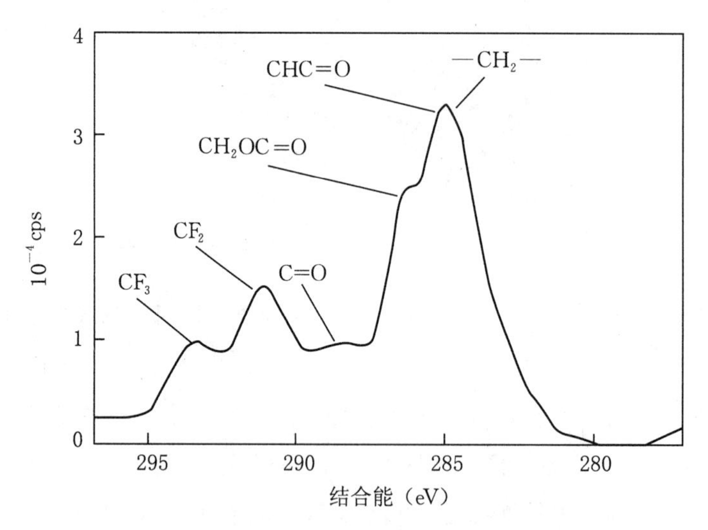

图 22-12 高聚物的 C1s 光谱

表 22-1 XPS 给出的元素信息和高聚物分析

Sample	F		C		O		Sample	F		C		O	
	Bulk	Surface	Bulk	Surface	Bulk	Surface		Bulk	Surface	Bulk	Surface	Bulk	Surface
1	5.8	25.2	71.9	59.7	22.3	13.9	3	15.5	40.6	65.5	50.3	19.0	9.1
2	9.6	34.6	69.3	55.8	20.1	10.3	4	25.0	45.7	59.2	47.1	15.8	7.2

由表 22-1 可知，共聚物涂膜在 120 ℃退火处理 24 小时后，表面元素组成与本体实际组成差别较大。F 在表面的组成远高于本体组成，而 C 和 O 在表面的含量低于本体组成，当共聚物中 F，C 和 O 的含量分别为 5.18%、71.19%和 13.19%时，表面层含量分别为 25.12%、59.17%和 13.19%。随着本体中氟元素含量的增加，表面氟元素含量也进一步增大，当本体中氟元素含量达到 25.10%时，表面氟元素的含量为 45.17%。聚合物表面能的降低取决于表面氟元素含量的增加，由 XPS 测得的数据证实了共聚物在成膜退火过程中，表面层出现相分离，含氟基团在表面产生明显富集现象。

采用角变换 XPS 测定技术可以获得距离表面不同深度的结构组成信息。若选定 θ 为 90°时的信息深度为 d，则不同 θ 时的信息深度为 $d\sin\theta$，图 22-13 是将测定的掠射角 θ 分别调整为 30°、50°和 90°时得到的共聚物的元素组成信息。当 $\theta = 90°$ 时 $d \approx 10$ nm，说明已经深入到聚合物的本体内部。从图 22-13 可以看出，随着深度的增加，F 含量由 45.17%到 25.13%呈现梯度下降趋势，C 含量由 47.11%上升为 58.18%，O 含量由 7.12%上升到 15.19%。相对于本体中的 C 含量来说，即使在最大 θ 值下，测试的结果也比本体中计算得到的含量略小，已经接近计算得到的共聚物本体中的化学组成。

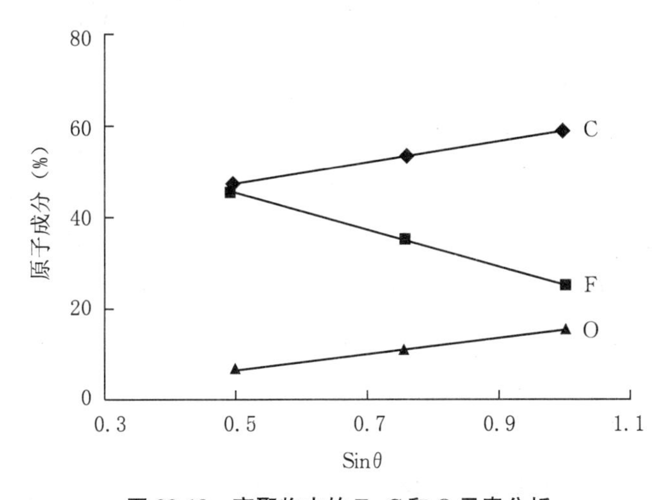

图 22-13　高聚物中的 F、C 和 O 元素分析

等离子处理是一种非常有效的表面清洗技术，它能除去基材表面很薄的污垢。所以等离子处理被广泛应用于界面吸附[37]。但是，尽管关于等离子处理有非常多的研究，还是很少有人关注在未充满孔表面和基材之间的等离子处理。Noh 等人[38]通过英国 V. G. 公司生产的 ESCALAB-220IXL 高真空电子能谱仪来研究 FR-4 片和铜片表面的等离子处理。

由图 22-14(a)和(b)看出，对 FR-4 片等离子处理后，它的 C—C 基含量下降，但是 C—O 基和 C═O 基以及 C—O_3 基含量增加。由图 20-14(c)和(d)可以看出，对铜片表面等离子

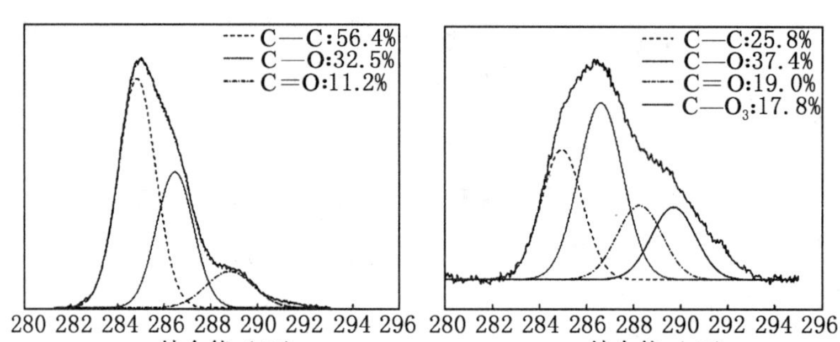

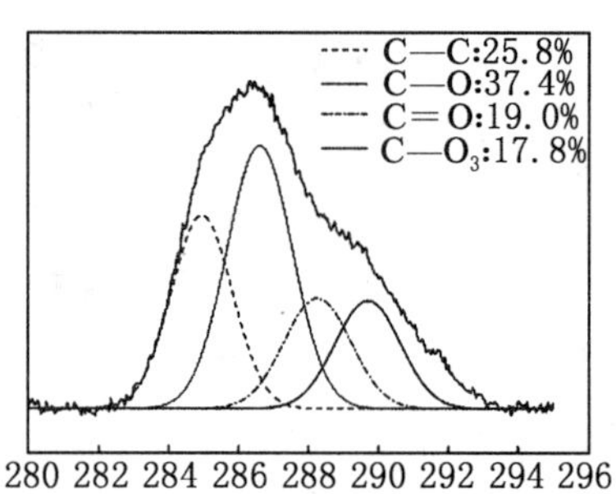

（a）未经过等离子处理的 FR-4 样品　　（b）等离子处理的 FR-4 样品

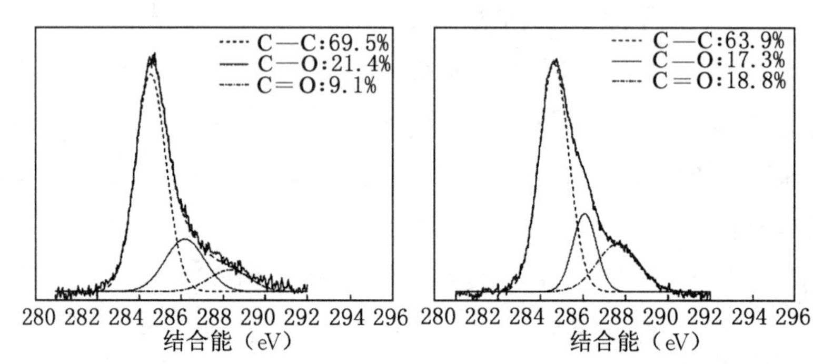

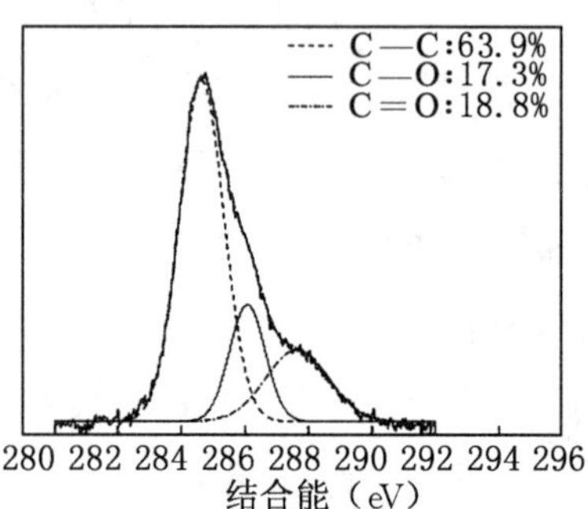

（c）未经过等离子处理的铜样品　　（d）等离子处理的铜样品

图 22-14　XPS 的 C 1s光谱

处理后，它的 C—C 基和 C—O 基含量下降，而 C═O 基含量增加。一些研究显示如羟基、羰基等官能团可以增加吸附力。他们估计经过等离子处理，FR-4 和铜片表面产生了自由基，并且随后暴露在空气中形成了不同的含氧基团。具有很高离解能的 C═O 基以及 C—O_3基含量增加，提高了未充满的孔界面和 FR-4 片之间的界面吸附性能。同时 C═O 基的增加也提高了孔界面和铜片之间的界面吸附性能。

22.5.2.2　研究等离子处理的效果

低温等离子体可以改善 PET 纤维的表面润湿性、改善染色性、粘结性和防污性[39]。用 XPS 研究聚酯表面结构与表面润湿性的关系：由图 20-15 中 C1s 谱可见，与未经等离子体处理的式样比较，O_2、N_2、H_e、A_r 等离子处理的 PET 在 285.0 eV 位置的—CH—基吸收峰减弱，而位于 286.0～289.0 eV 处的—CO—基和—COO—基吸收峰增强。O1s 谱中未经等离子体处理的试样在 532.0 eV 处的 C═O 基吸收显著增强。在 N1s 谱中，O_2、N_2、H_e、A_r 等离子体处理，表面氧元素和氮元素含量增加，PET 表面引入大量含氧和含氮极性基团，因此 PET 表面张力的氢键力分量大大增强，在界面的垂直方向上氢键和偶极—偶极间的相互作用，可有效改善 PET 的表面润湿性。H_2 等离子体处理的 PET 的 C1s 谱的—

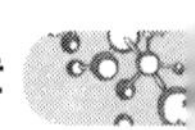

CH—基吸收略有增强，而—CO—基和—COO—基吸收及 O1s 谱中 C═O 基吸收峰减弱，这表明，H_2 等离子体处理的 PET 表面有碳氢化合物生成，含氧极性基团有一定程度减少，但是由于极性基团中电负性极强的氧的作用，使 PET 表面氢键力分量增大。因此 H_2 等离子体处理仍能使 PET 表面自由能有一定程度的提高，表面润湿性有所改善。PET 经 CH_4 等离子体处理，在 286.0～289.0 eV 处的—CO—基和—COO—基吸收峰，以及 533.0 eV 处的 C═O 基吸收峰均显著减弱，而在 285.0 eV 处的—CH—基出现很强的吸收，由此可见，CH_4 等离子体处理的 PET 表面生成大量碳氢化合物，表面碳含量大大增加，氧含量大大减少，表面缺少含氧极性基团，故表面张力的氢键力分量减小，PET 表面自由能减低，表面润湿性减弱。

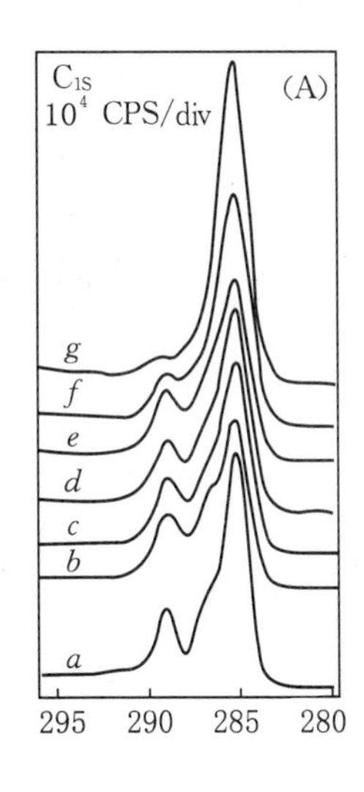

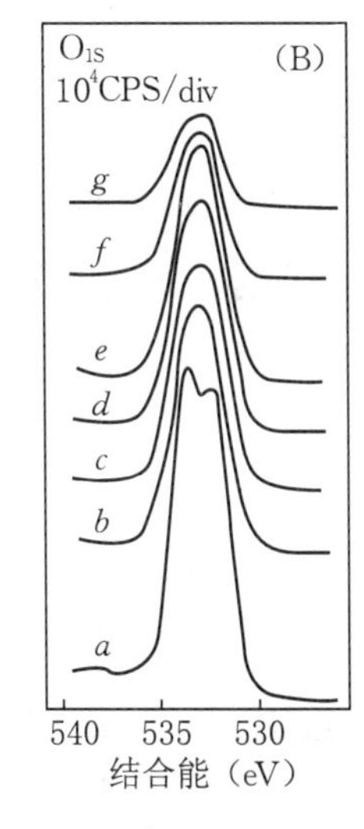

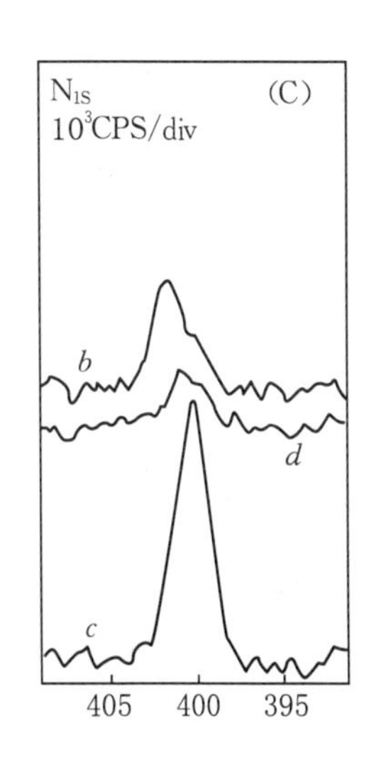

a. Plasma-untreated；*b*. O_2 plasma；*c*. N_2 plasma；*d*. He plasma；
e. Ar plasma；*f*. H_2 plasma；*g*. CH_4 plasma.

图 22-15　经过低温等离子处理的 PET 的 XPS 光谱

22.5.2.3　研究界面

随着光电子技术的迅猛发展，有机半导体材料及器件的研究已经取得了十分重要的成果。有机材料 PTCDA，分子式为 $C_{24}H_8O_6$，是一种单斜晶系宽带隙有机半导体材料[40]。

Dimitrakopoulos 等人[41]应用英国 V. G. 公司生产的 ESCALAB-220IXL 高真空电子能谱仪对有机/无机光电探测器中 PTCDA 与 ITO 膜的表面和界面的电子状态进行了研究。图 22-16 为 PTCDA/IT0 样品原始表面的 XPS 全扫描谱。图中位于 285、444、490 和 532 eV 附近的谱峰分别对应 C1s、In3d、Sn3d 和 O1s 的结合能。由于 C1s 谱峰和 O1s 谱峰明显强于 In3d 谱峰，而 Sn3d 谱峰最弱，说明样品中 PTCDA 的表面处孔隙不多，基本上覆盖了 ITO 膜。图 22-16(a)、(b)、(c)、(d)为 PTCDA/IT0 样品的 C1s，O1s，In3d 和 Sn3d 的 XPS 精细图谱。从 C1s 精细谱中发现有两个强谱峰和一个伴峰，对应的结合能分别为 284.6、288.7 和 290.4 eV。其中位于 284.6 eV 的谱峰对应于芳香烃中(即 C 与 C 原子间和 C 与 H 原子间结合)的 C 原子结合能。由于苝环中的 2 个 C 原子具有芳香族碳原子特征，故可认为是苝环上的碳原子激发的。由于原子的化学位移随着成键原子的电负性的增大而增大，这说明在酸酐中的 C 原子与 O 原子进行了结合，故可以认为 288.7 eV 的谱峰是酸酐中的 C 原子的结合能。结合能为 290.4 eV 的伴峰说明存在 C 氧化现象。分析表明，这 3 种 C 原子(结合能分别为 290.4、288.7 和 284.6 eV)对应的峰面积比为 3∶7∶52。如果将酸酐中的 C 原子与氧化的 C 原子峰面积相加，则与苝环上的芳香 C 的峰面积比约为 1∶5.2，这与苝环上两种 C 原子的个数比吻合，所以可以认为：C 原子的氧化现象只发生在酸酐上的 C 原子，而对 C 原子氧化的氧则来源于 ITO 膜中释放出来并扩散到 PTCDA 中的氧。O1s 精细谱由两个峰组成，主峰位于 531.5 eV，伴峰位于 533.4 eV。由于 PTCDA 分子中存在 O 原子与一个 C 原子的双键结合和 O 原子与两个 C 原子单键结合的结构，所以可以认为：位于 531.5 eV 处的谱峰对应于 C—O 键中 O 原子的结合能，而位于 533.4 eV 处的谱峰对应于 C═O 键中的 O 原子的结合能。

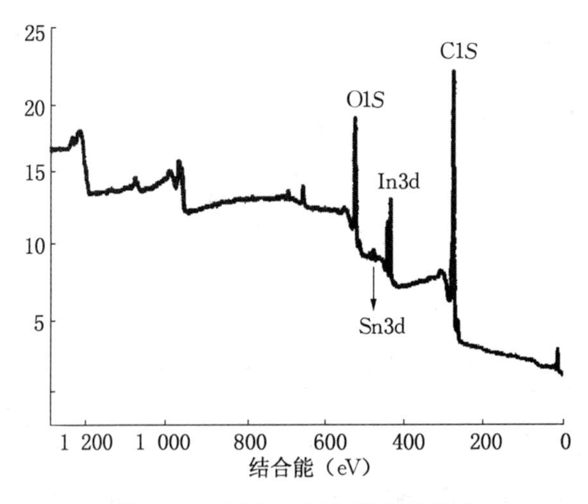

图 22-16　PTCDA/ITO 的 XPS 光谱

通过样品表面和界面的 XPS 精细谱图分析(图 22-17)，发现苝环上的 C 原子对应的结合能为 284.6 eV，酸酐中的 C 原子的结合能为 288.7 eV，同时，存在来源于 ITO 膜中释放出来的氧对 C 原子的氧化现象，它使得界面处 C1s 谱中较高结合能的峰消失，且峰值中心向低结合能方向发生化学位移。由此可以推测出与 ITO 中 In 空位等点缺陷结合的是 PTCDA 中的苝环。O1s 精细谱中位于 531.5 eV 处的谱峰对应于 C═O 键中 O 原子的结合

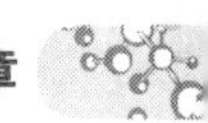

能，位于 533.4 eV 处的谱峰对应于 C—O—C 键中的 O 原子的结合能，在界面处由于 ITO 膜中的 O 原子的次外层电子受到激发，致使 O1s 谱峰向低结合能方向发生了化学位移。

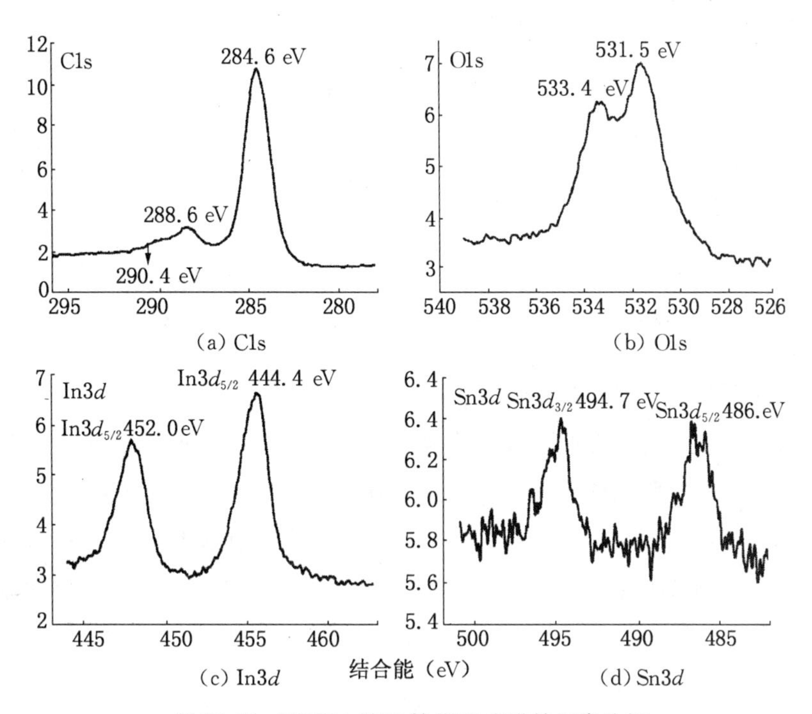

图 22-17 PTCDA/ITO 的 XPS 光谱的元素分析

22.5.2.4 *研究纳米材料*

纳米氧化镁是随着纳米材料的发展而诞生的一种新型高功能精细无机材料，由于具有不同于本体材料的热、光、电、力学和化学等特殊性能，而被广泛应用于高级陶瓷材料、电气绝缘材料、化妆品、油漆、橡胶填充剂、酸性气体吸附剂、催化剂载体等[42]。碳纤维经活化后，可以作为活性炭吸附材料。将超细氧化镁分散在活性炭纤维表面能增强对甲烷的吸附作用[43]。

在活性炭纤维表面负载比较均匀的纳米级氧化镁颗粒的效果可以通过美国 Perkin Elmer 公司的 PHI1600ESCA2 SYSTEM 型光电子能谱仪对纤维表面的元素组成、相对含量及官能团种类和数量进行分析(图 22-18)[44]：

从图(22-18)可知，活性炭纤维表面元素仍以 C、O 为主。未负载 MgO 的活性炭纤维表面没有出现 Mg 的特征峰，负载 MgO 的活性炭纤维的全扫描能谱中出现了 Mg2s 和 Mg2p 峰，同时活性炭纤维表面的含氧量有所提高，但表面官能团的类型并未发生变化，从 Mg 元素的含量来看活性炭纤维表面 MgO 的量较少。对活性炭纤维表面进行全扫描能谱图也证明在纤维表面存在 MgO 微粒。

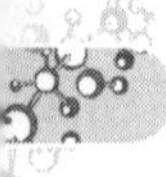

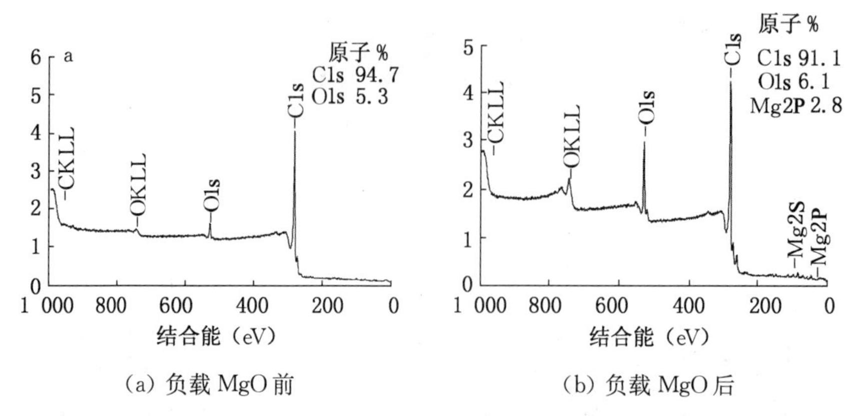

(a) 负载 MgO 前　　(b) 负载 MgO 后

图 22-18　MgO 负载前后的活性炭纤维的 XPS 谱图

22.5.2.5　研究复合材料界面

高性能热塑性复合材料之所以具有优异的耐热性和突出的冲击韧性是因为兼备增强纤维和高性能热塑性树脂基体的优点。增强材料与基体间应力传递取决于界面的性能，因此纤维与基体的界面特性决定了复合材料的力学性能。通过 X 射线光电子能谱(XPS)研究碳纤维增强杂萘联苯聚醚酮(CF/PPEK)及杂萘联苯聚醚砜(CF/PPES)的界面作用，为进一步研究和应用这种高性能热塑性复合材料，表征宏观性能，提供了一定的参考依据[45]。CF/PPEK、CF/PPES、CF/原丝和 CF/本体 4 种纤维的 C1s、N1s 和 O1s 光电子能谱如图(22-19)所示，相应的表面元素组成列于表 20-2。

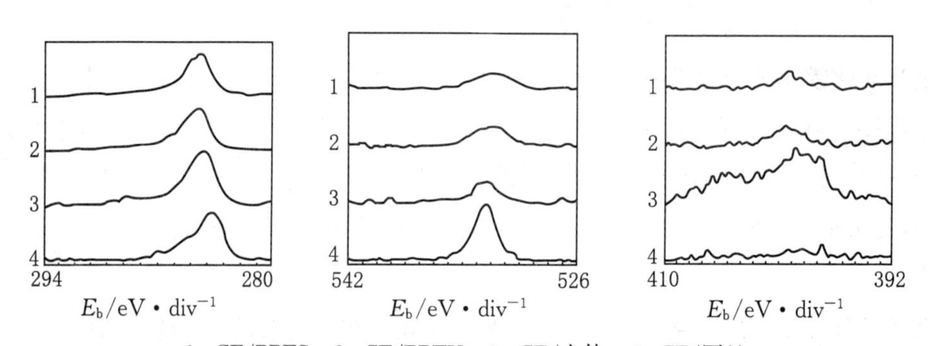

1. CF/PPES　2. CF/PPEK　3. CF/本体　4. CF/原丝

图 22-19　碳纤维的 C1s(左)、O1s(中)N1s(右)和光谱

表 22-2　碳纤维的元素分析

碳纤维	C/C	N/C	O/C	S/C
CF/PPEK	100	7.21	20.17	1.22
CF/PPES	100	7.81	15.92	2.05
CF/原丝	100	4.55	33.53	1.75
CF/本体	100	27.39	12.55	1.33

由表 22-2 可见,CF/原丝纤维的 O/C 比明显高于 CF/本体,说明 T700 碳纤维表面经过氧化处理,可使其能与树脂形成良好的界面。从 CF/PPEK 和 CF/PPES 纤维的 O/C 比看,明显低于 CF/原丝纤维。这一结果并不能说明纤维表面的含氧组分已被除掉,而是在成型加工过程中,碳纤维表面结合了某些不能完全被除掉的聚合物,将其覆盖。

比较 CF/原丝与 CF/PPES 和 CF/PPEK 的 C1s、O1s、N1s 光电子能谱可以发现 CF/原丝的 C1s 峰与 CF/PPES 和 CF/PPEK 的 C1s 峰有较大的差别,而 CF/PPES 和 CF/PPEK 的 C1s 主峰较 CF/原丝的 C1s 主峰均有明显不同的化学位移,这说明了后 4 种纤维表面官能团的含量、结构以及化学环境均发生了变化。由于 CF/原丝的 C1s 峰是以 C—C 为主要结合能、并在其左肩出一峰,这说明它含有一些含氧官能团和小部分含氮的官能团,但这些官能团的化学结构都比较单一且能量也不是太高。而 CF/PPES 和 CF/PPEK 的主峰偏左,这说明它们的表面含有一些高能量的含氧官能团和含氮官能团。比较 3 种纤维的 O1s 光电子能谱,CF/PPES 和 CF/PPEK 的谱线明显宽化,可见碳纤维在与 PPES 和 PPEK 种树脂结合后,其表面的含氧官能团的价态变得复杂了。而比较 3 种纤维的 N1s 光电子能谱可以看出,CF/原丝的 N1s 光电子能谱非常弱,几乎检测不到,而 CF/PPES 和 CF/PPEK 的 N1s 峰则相对较强,且向高能量处位移,这表明碳纤维与 2 种树脂结合后其表面 N 元素的化学状态也发生了变化。由此可知碳纤维与树脂结合过程中产生了一些新的、不能被完全除去的化学结构,这意味着 2 种树脂都通过高温成型与碳纤维产生了化学或物理的强相互作用。

X 射线光电子能谱是一种研究金属、高分子聚合物表面状态和性能的表面分析方法,已被广泛应用于金属与聚合物粘接的界面相研究中。Cheng 等人[46]研究了铝板/聚丙烯层状复合材料的粘接界面相,并提出了粘接界面的化学反应机制。

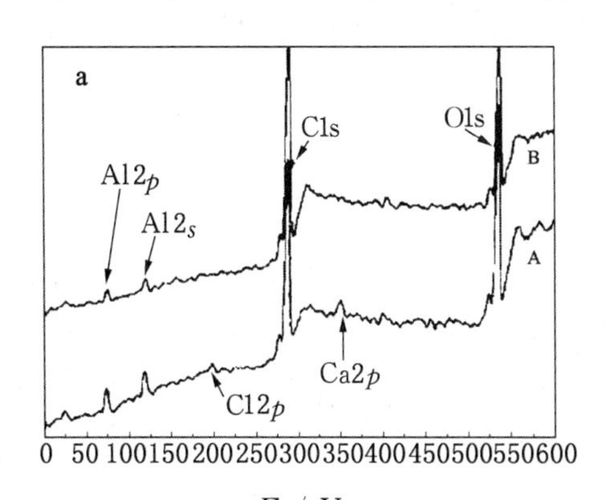

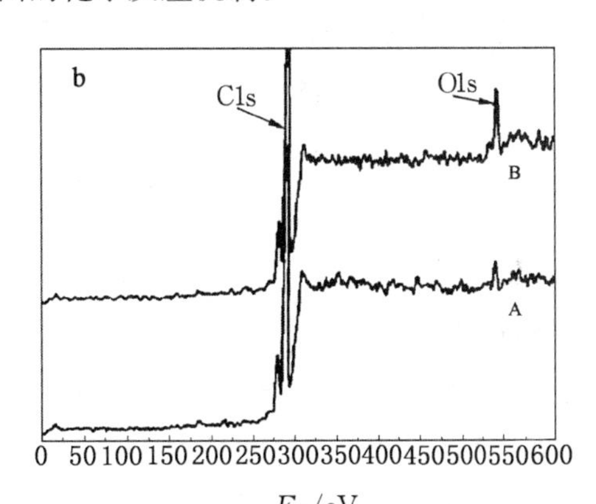

(a) 铝板 (b) 塑料板 A 和纯 PP; B 和 20%pp-g-MAH

图 22-20 铝板/聚丙烯层状复合材料的 XPS 光谱

图 22-20 为试样 A、B 的铝板面和塑料面上 XPS 宽扫描图谱。由图 22-20a 可见,试样 A 和 B 两者均出现了明显的 Al2p、Al2s、C1s、N1s 峰,且均以 C1s、O1s 峰最强,A 的

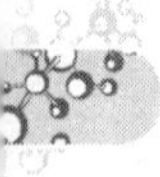

Al2p、Al2s 峰明显强于 B；A 的 O1s 峰略强于其 C1s 峰，而 B 的 O1s 峰弱于其 C1s 峰。由图 22-20b 可见，A 和 B 的塑料面上均出现了明显的 C1s、O1s 峰，O1s 峰明显弱于 C1s 峰，并且 B 的 O1s 峰明显强于 A 的 O1s 峰。

图 22-20 给出了试样 A、B 的铝板面上 Al2p、O1s、C1s 的 XPS 谱图；图 22-21 给出了试样 A、B 的塑料面上 O1s、C1s 的 XPS 谱图。

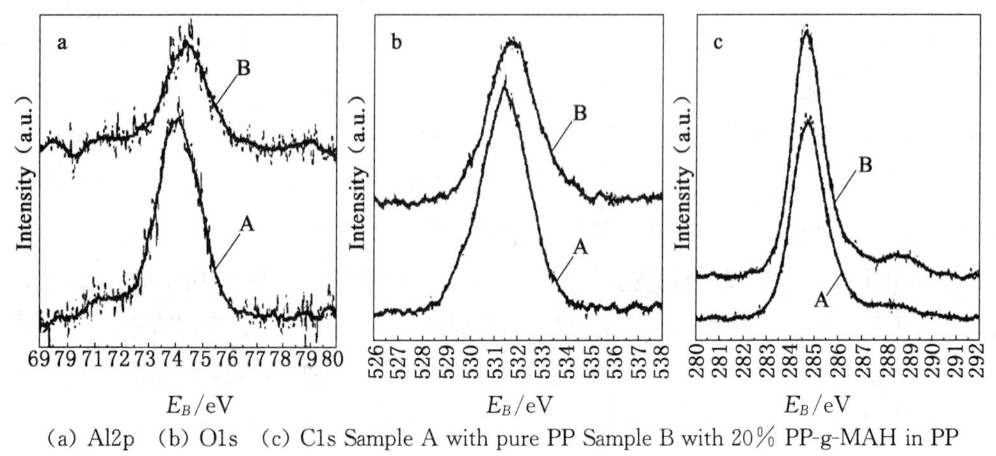

(a) Al2p (b) O1s (c) C1s Sample A with pure PP Sample B with 20% PP-g-MAH in PP

图 22-21 铝板/聚丙烯层状复合材料的 XPS 光谱元素分析

从上图中可看出，在 PP 中加入 PP-g-MAH 时，铝板面上 Al2p、O1s 谱线明显向高结合能端移动，PP-g-MAH 与铝板表面发生了化学反应，形成了 Al-O-C 配位键。正是这种配位键的形成使界面粘接强度得到明显提高。PP 中不含 PP-g-MAH 时，铝板面上 Al2p、O1s 谱线处于低结合能端。尽管塑料在热、光等的作用下以及在与铝板接触时形成极少量的羟基或羰基，但与铝板表面形成化学配位作用的界面相很少，界面粘接强度低。

22.5.2.6 *研究表面的化学组成*

XPS 分析能谱技术已经被用于鉴定木材、纸浆表面的化学组成[47]。利用 XPS 对木材表面的化学结构进行研究，可以根据各特征峰的位置测定木材表面的化学组成，这对于了解木材材种间的表面化学性质差异和化学处理对木材表面化学特征的影响是一种极为有效的方法。而利用 XPS 技术进行纸浆纤维的表面分析同样是一种有效的方法，它在制浆造纸领域中的应用已经逐步引起人们的关注。Dorris 和 Gray[48] 最先利用 XPS 技术研究纤维表面特性并取得积极成果。近几年来，该技术已被用于研究各种木浆纤维。Hua[49] 等人用 XPS 对杨木爆破浆的表面进行了研究，结果表明，爆破处理使杨木纤维表面的 O/C 有所提高，且 C1 峰面积减小，说明爆破浆表面有较高的碳水化合物含量、较低的木素和抽提物。同时还发现爆破浆中 S/C 提高，表明爆破使纤维表面的木素磺化度提高，解释了引起爆破浆强度高的原因之一。还有人利用 XPS 测定了云杉浆纤维表面的化学组成，并与 KP

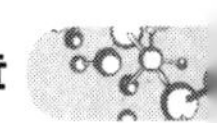

浆进行了比较；同时测定了废液中的木素，发现未漂浆纤维表面上的可抽提物质远远低于KP浆纤维，而在总木素量相同的情况下，浆纤维的木素含量低[50]。此外，XPS还可以用于纸页涂层表面分析，主要用于测定胶粘剂在涂层表面和内部的分布、胶粘剂分布及其与印刷花斑的关系、胶粘剂与颜料的分布关系等。

22.5.2.7 研究表面亲水性

聚二甲基硅氧烷(PDMS)，由于具有加工简便、可以用浇注法复制微结构、能透过300 nm以上的紫外光和可见光及生物兼容性等优点，是目前微流控芯片制备中使用较多的聚合物材料[51]。固化后的PDMS表面能低，使表面呈现出惰性和憎水性，表面亲水性和粘结性都很差。因此，液体在PDMS微通道中难于流动[52]，所以需要对PDMS表面进行处理，从而提高表面亲水性和粘结性。

为了使聚二甲基硅氧烷(PDMS)具有较稳定的亲水性表面，Li等人[53]利用氧等离子体技术对PDMS表面进行处理，并利用X-射线光电子能谱(VG ESCA-LAB MK Ⅱ电子能谱，分析室真空6.2×10^{-7} Pa)对处理效果进行评价。

用XPS对未处理的样品1及用氧等离子体处理后亲水性较好的样品2和3进行分析。经氧等离子体处理的PDMS表面的XPS峰与未经处理的PDMS表面的XPS峰相比，峰强度、位置、宽度都发生了明显的变化。表明经氧等离子体处理后的PDMS表面化学组分发生了变化。表22-3的分析数据表明样品表面经氧等离子体处理后C的含量减少，同时Si和O的含量增多。

表22-3 PDMS的元素分析

样品编号	Si(2p)(%)	O(1s)(%)	C(1s)(%)
1	27.4	28.5	44.1
2	27.9	41.2	30.9
3	26.2	46.3	27.5

图22-22为对Si(2p)特征峰进行拟合。未处理的PDMS在102.3 eV处出现一个特征峰。而经氧等离子体处理的PDMS除了在102.3 eV处出现特征峰外，还在103.4 eV处出现第二个特征峰，表明处理后的PDMS表面的Si元素除了以Si-O键存在，更多的是以无机形式的SiO_X(103～103.5 eV)存在。同时在表面存在一部分被氧化的C(1s)：286.6 eV处的C-O-，287.8 eV处的O-C-O及289.0 eV处的-O-CO-O-。

22.5.2.8 材料表面酸碱性能的估算

作者曾经应用XPS研究了木材表面的酸碱性能，但因为这个方法涉及的界面有5～10纳米的深度[34]，所以应该属于次表面。

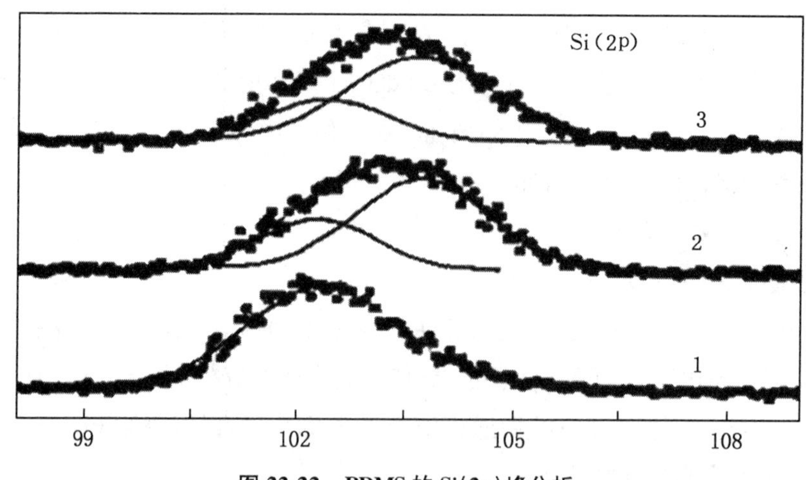

图 22-22 PDMS 的 Si(2p)峰分析

首先获得松木的 XPS 图(图 22-23),然后根据其碳峰对其进行进一步的解析得到图 22-24,从而得到相关的含量数据如表 22-4 所示。

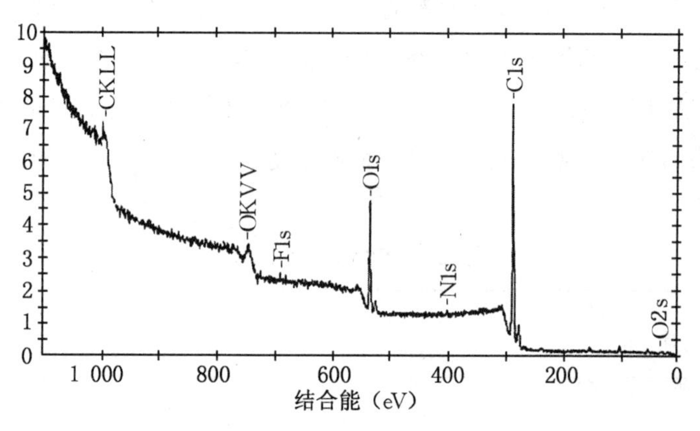

图 22-23 松木的 XPS 图

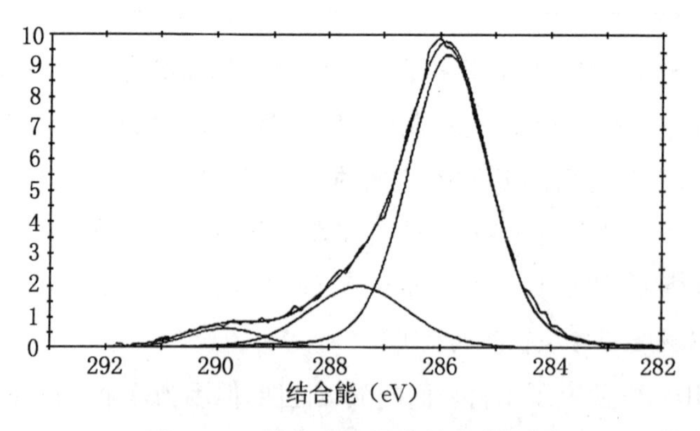

图 22-24 松木 XPS 图中的碳峰解析

表 22-4 松木 XPS 图中的碳峰解析及与其他木材的同样数据比较[34]

木材	C1 C—C	C2 C—O	C3 C═O	C4 O═C—O
Pine	75.91	19.64	4.45	0.0
Beech	60.80	19.64	3.15	0.37
Oak	61.43	35.58	0.0	2.99
Yellow poplar	64.0	26.0	10.0	0.0

由于这些峰所反映的官能团具有酸碱性能[34]，所以作者曾经试图研究木材的酸碱比与 XPS 研究经常出现的碳氧比之间的关系如图 22-25 和图 22-26。

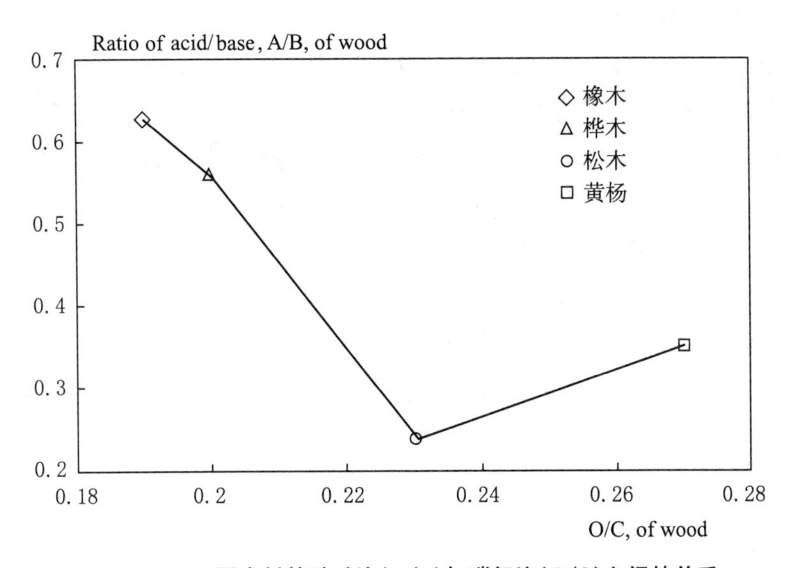

图 22-25 不同木材的酸碱比(A/B)与碳氧比(O/C)之间的关系

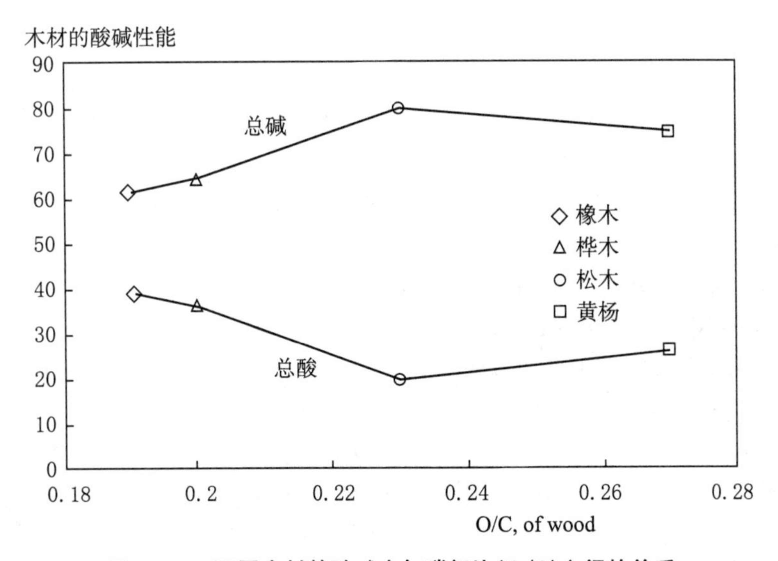

图 22-26 不同木材的酸碱度与碳氧比(O/C)之间的关系

基于 XPS 的次表面特点，所以作者认为上面的图说明了木材次表面的酸碱性能，而这个结果与基于接触角的木材表面[54]和基于光谱的木材本体酸碱[24]研究结果之间是有关联的。这个系列研究也得到了许多研究人员的认可[55~72]。

22.6 小结

不同于其他的方法，光谱技术是完全基于仪器的方法，所以具有数据的有效性特点。但应用光谱技术研究酸碱性能还不是非常多。

事实上，前面所叙述的许多酸碱原理的发明是基于光谱技术的，比如 Kosower 的溶剂尺度 Z[73, 74]和 Reichardt 及其合作者提出的溶剂极性参数 $E_T(30)$[75]都是利用了紫外光谱和一些特定的染料。这是因为一些光谱，如紫外可见光谱、红外光谱、ESR 谱和 NMR 谱的某些波长范围内的吸收对一些溶剂呈现非常敏感的反映，可以以这些溶剂为标准物，并用溶剂化显色染料作为溶剂极性的指示剂，利用光谱推导其他溶剂的极性参数。

利用紫外可见光谱所反映的电子跃迁，Kamlet 和 Taft 发明的另一种溶剂显色对比方法也是一种研究物质酸碱性能的有效方法和标度[76~81]。

但必须指出：光谱技术应用于酸碱性能的研究还不是非常普遍，还需要研究人员进一步进行开发性的研究。

参考文献

[1] 张杰，黄一平. 广东化工，2006，33(154)：56～57.

[2] 高荣强，范世福. 分析仪器，2002，3，9～12.

[3] Afanasyeva A，Bruch R，Kano A，et al. *Subsurface Sensing Technologies and Applications*，2000，1(1)：45～63.

[4] 朱卫. 实验室研究与探索，2002，21(6)：66～67.

[5] 潘纯华，张卫红，陈芳，等. 广州化工，2000，28(3)：34～36.

[6] 付金栋，韦亚兵，等. 高分子通报，2002(5)：55.

[7] 陈晓红，张卫红，张倩芝，等. 光散射学报，2006，18(1)：26～30.

[8] 吴涓，李清彪，邓旭，等. 离子交换与吸附，1998，14，180～187.

[9] 韩瑞平，杨贯羽，王妙丽，等. 光谱学与光谱分析，2000，20，739～740.

[10] Liu Y，Xu H，Yang SF，et al. *J Biotechnol*，2003，102，233～239.

[11] Loaec M，Olier R，Guezennec J. *Water Research*，1997，31，1171～1179.

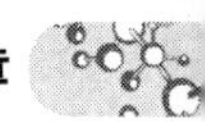

[12] Dvis TA, Volesky B, Mucci A. *Water Research*, 2003, 37, 4311～4330.
[13] 韩瑞平,李建军,杨贯羽,等. 光谱学与光谱分析,2000, 20, 489～491.
[14] 李强,陈明,崔富昌,等. 环境科学,2006, 27, 343～346.
[15] 刘新海,杨又生,沈上越,等. 中国非金属矿工业导刊,2003(4):55～57.
[16] 张红革. 山西大学学报,2001, 16(5):48～51.
[17] Whang CM, Seo DW, Oh EO, et al. *Glass Phys Chem*, 2005, 31, 396～401.
[18] 胡军,胡继明. 分析化学评述与进展,2000, 28, 764～771.
[19] 于建勇. 大学物理实验,2006, 19(2):15～18.
[20] Guo P, Yuan YL, Xiong P. *Spectroscopy and Spectral Analysis*, 2004, 24, 1210.
[21] Xu WX, Xu KX, Wang Y. *Spectroscopy and Spectral Analysis*, 2004, 24, 1202.
[22] 顾庆锋,沈青,胡剑锋. 天然产物研究与开发,2004, 16(2):163～166.
[23] Shen Q, Ding HG, Zhong L. *Coll Surf B*, 2004, 37:3～4, 133～136.
[24] Shen Q, Rahiala H, Rosenholm JB. *J Coll Interface Sci*, 1998, 206, 558～568.
[25] Hugo MO, Silvana S, Guenter K, et al. *Mikrochim Acta*, 2001, 137.
[26] Cleâment J, Manero JM, Planell JA. *J Mater Sci Med*, 1999, 10, 729～732.
[27] Zhen R, Wu RG, Zhang PX. *Spectroscopy Spectral Anal*, 2001, 21, 343.
[28] Zhu ZL, Gao JY. *Spectrum Lab*, 2003, 20(2):159.
[29] 唐玉龙,郭周义. 激光生物学报,2004, 13, 386～393.
[30] 刘玲. 山西大学学报,2001, 24(3):279～282.
[31] 骆智训,方炎. 光谱学与光谱分析,2006, 26, 358～364.
[32] 汪瑗,王英锋,王燕平. 首都师范大学学报(自然科学版),2005, 26(2):46～48.
[33] 张开. 高分子界面科学. 北京:中国石化出版社,1997.
[34] Shen Q, Mikkola P, Rosenholm JB. *Coll Surf A*, 1998, 145, 235～241.
[35] Thomas RR, Lloyd KG, Stika KM, *et al*. *Macromolecules*, 2000, 33, 8828～8841.
[36] Zhang QH, Liu LX. *Chem J Chin Univ*, 2005, 26, 575～579.
[37] Lee C, Gopalakrishnan R, Nyunt K, et al. *Microelectron Reliab*, 1999, 39, 97～105.
[38] Bo IN, Chang SS. *Int J Adhesion Adhesives*, 2007, 27, 200～206.
[39] Yasuda T, Okuno T. *J Fiber Institute*, 1986, 42(1):41.
[40] Jan HS, Christian K. *Appl Phys Lett*, 2001, 78, 3538.
[41] Dimitrakopoulos CD, Purushothaman S, et al. *Science*, 1999, 238:822.
[42] Ryan R, Ravichandra S, Iya M, et al. *Seripat Mater*, 2001, 44, 1663～1666.
[43] Kaneko K, Murata K, Shimizu K. *Langmuir*, 1993, 9, 1165.
[44] 刘秀军,赵乃勤. 纺织学报,2006, 27.
[45] 刘文博,王荣国. 航空材料学报,2004, 12(6).
[46] Chen MA, Zhang XM. *Acta Phys-Chim Sin*, 2004, 20, 882～886.
[47] Buchert J, Carlsson G, ViikariL, et al. *Holzforschung*, 1996, 50, 69.
[48] Dorris GM, Gary DG. *Cell Chem Technol*, 1978, 12:9.
[49] Hua X, Kaliaguine S, Kokta BV, et al. *Wood Sci Technol*, 1993, 27, 449.
[50] Laine A. *Paperi ja Puu-Paper and Timber*, 1999, 81(1):54.

[51] Fang ZL. *Microfluidic Analysis Chip*. Beijing: Science Press, 2003:13~15.
[52] Berdichevsky Y, Khandurina J, Guttman A, et al. *Sensors Actuators B*, 2004, 97:402~408.
[53] Li YG, Zhang P. *Chin J Analy Chem*, 2006, 34, 508~510.
[54] Shen Q, Nylund J, Rosenholm JB. *Holzforschung*, 1998, 52:5, 521~529.
[55] Wålinder M. *Wetting phenomena on wood, factors influencing measurements of wood wettability*, Doctoral Thesis, Royal Institute of Technology, Sweden, 2000.
[56] Meijer MD, Haemers S, Cobben W, et al. *Langmuir*, 2000, *16*, 9352~9359.
[57] Barsberg S, Thygesen LG. *J Coll Interface Sci*, 2001, 234, 59~67.
[58] Sinn G, Reiterer A, Stanzi-Tschegg SE. *J Mater Sci*, 2001, 36, 4673~4680.
[59] Wålinder MEP, Ström G. *Holzforschung*, 2001, 55, 33~41.
[60] Gindl M, Sinn G, Reiterer A, et al. *Holzforschung*, 2001, 55, 433~440.
[61] Gindl M, Sinn G, Gindl W, et al. *Coll Surf A*, 2001, 181, 279~287.
[62] Gindl M, Tschegg S. *Langmuir*, 2002, *18*, 3209~3212.
[63] Wålinder MEP. *Holzforschung*, 2002, 56, 363~371.
[64] Shchukarev A, Sundberg B, Mellerowicz E, et al. *Surf Interface Anal*, 2002, 34, 284~288.
[65] Walinder MP, Gardner DJ. *J Adhesion Sci Technol*, 2002, 16, 1625~1649.
[66] Mohammed-Ziegler I, Marosi G, Matko S, et al. *Polym Adv Technol*, 2003, 14, 790~795.
[67] Pinto R, Moreira S, Mota M, et al. *Langmuir*, 2004, 20, 1409~1413.
[68] Sinn G, Gindl M, Reiterer A, et al. *Holzforschung*, 2004, 58, 246~251.
[69] Gindl M, Reiterer A, Sinn G, et al. *Holz Roh Werkst*, 2004, 62, 273~280.
[70] Mohammed-Ziegler I, Marosi G, Matko S, et al. *J Adhesion Sci Technol*, 2004, 18, 687~713.
[71] Tascioglu C, Goodell B, Lopez-Anido R, et al. *Forest Prod J*, 2004, 54:12, 262.
[72] Gindl M, Sinn G, Reiterer A, et al. *J Adhesion Sci Technol*, 2006, 20, 817~828.
[73] Kosower EM. *J Am Chem Soc*, 1958, 80, 3253~3260; 3261~3267; 3267~3270.
[74] Kosower EM, Skorcz JA, Schwarz WM, et al. *J Am Chem Soc*, 1960, 82, 2188~2191.
[75] Reichardt C. *Chem Rev*, 1994, 94, 2319~2358.
[76] Kamlet MJ, Taft RW. *J Am Chem Soc*, 1976, 98, 2886.
[77] Yokohama T, Taft RW, Kamlet MJ. *J Am Chem Soc*, 1976, 98, 3233.
[78] Kamlet MJ, Abboud JL, Taft RW. *J Am Chem Soc*, 1977, 99, 6027.
[79] Kamlet MJ, Abboud JL, Taft RW. *J Am Chem Soc*, 1976, 99, 8325.
[80] Kamlet MJ, Abboud JL, Abraham MH, et al. *J Org Chem*, 1983, 48:2877~2887.
[81] Kamlet MJ. *J Phys Chem*, 1988, 92:5244~5255.

第二十三章　指示剂方法

23.1 简介

自从 17 世纪波义耳发现石蕊指示剂以来，指示剂有了长足的发展。在这之后随之出现了酸碱指示剂、淀粉指示剂、酚酞指示剂、酚红指示剂、甲基橙指示剂、苯酚指示剂、碘指示剂等许多常规的指示剂。这些指示剂促使了化学实验的更好发展。由于 20 世纪化学的发展以及其他学科如生物、材料、环境等发展的需要，指示剂的发展非常迅速。随之出现了许多指示剂如生物指示剂、紫脲酸铵(mx)指示剂、pan 指示剂、金属指示剂、荧光黄指示剂、Hammett 指示剂等。而指示剂和一些分析仪器组合使用则在实验过程中发挥着很大的作用，如与红外光谱、电子光能谱等[1]。

23.2 原理

指示剂的反应过程是一个化学反应，常规指示剂会在反应过程中变色，从而在实验中对对测物进行定性或定量的分析。

一个物体的表面可以分为三个部分：表层、中层、内层。表层一般为 1 nm 厚、中层一般小于 10 nm，而内层在 500～1 000 nm 左右[2, 3]。而用指示剂法测试物体的表面时则要分几种情况，而且每层的测试方法都不一样。

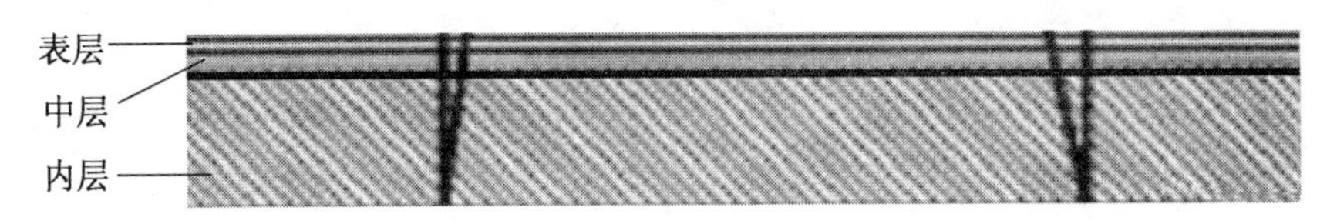

图 23-1　物质的 3 个层次

当指示剂与材料表面发生反应时，其情况也可以分成 3 种状况：

(1) 一般测第一层表面性能的最好方法是应用接触角技术[4]。而对于指示剂来说，一般只需要用变色指示剂或荧光指示剂来测其表面的粘附性、亲水性等。当其物体表面与特定试剂或其表面具有特殊光能团时，可以简单地测试其物体的表面性能。比如说血的荧光反应就是这类情况，一旦血液粘上某个物体时就会与物体表面发生表面反应，当用清水洗过后再用荧光指示剂检测还是有很大的反应。这种方法在刑事领域有很广泛的应用。还有就是在测量食品的灭菌、工业污水以及医院的灭菌等方面有着广泛的应用。

(2) 对于第二层表面性能测试的最好方法是 XPS(也称为 ESCA)。这是因为该方法涉及的是物质的次表面，即$<$10 nm 左右的界面[2]。

(3) 第三层的表面性能的测试方法可以应用红外光谱法(FT-IR spectroscopy)和拉曼光谱法(FT-Raman spectroscopy)[3]，但也可以应用指示剂方法。许多材料由于自身表面性能不佳，从而需要通过一些表面改性的方法去提高表面性能，而其中一种方法——表面接枝法在测量物体反应后的接枝率时，也就是提高表面性能的程度时，可以用典量法来测定其接枝的程度，当然最佳的方法是红外光谱法进行定性研究，然后用典量法进行定量的研究。当然还有其他的方法，在此不做介绍。

通过指示剂测试的方法其原理如下：

首先通过大分子指示剂，一般来说是具有特殊官能团的指示剂，如带有苯环的指示剂(DCMPVP，图 23-2)，作用于被测物体，使它与物体表面反应。

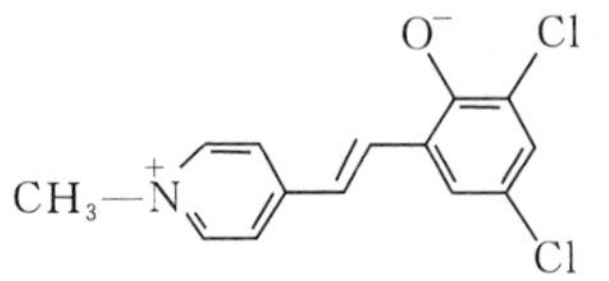

图 23-2　一种带有苯环的指示剂 DCMPVP 的结构

当然，若能通过其他指示剂使之与被测物体发生变色反应或荧光反应，则都可以用这种方法。

但若不产生如上所述的结果，这时就需要借助紫外光谱(UV)、拉曼光谱(RAMAN)、核磁共振谱(NMR)、扫描电镜法(SEM)等方法的配合对被测物进行测试，使指示剂与物体的反应能在所得的谱图中间接得到反映，从而提供对被测物进行定性、定量分析的可能性。

23.3 应用

23.3.1 钙离子荧光指示剂的应用

一般来说，除以蛋白质为基础的荧光钙指示剂外，所有的荧光钙指示剂都是 APTRA

和 BAPTA 的衍生物(图 23-3),有人曾经应用荧光指示剂 Fluo-4/AM 对心房肌细胞进行了测定[5]。

$N(CH_2COOH)_2$ $N(CH_2COOH)_2$ $N(CH_2COOH)_2$ COO^-

BAPTA APTRA

图 23-3 两种荧光钙指示剂的结构

该试验以慢性风湿性心脏病者和窦性心律患者瓣膜置换时的瓣膜为对象,对心房肌细胞进行处理,并在其中加入荧光指示剂(Fluo-4/AM)约 30 分钟,然后取出、清洗,在激光共聚焦显微镜下,用氪氩离子激光激发(激发波长为 494 nm,发射波长 516 nm),观察负载 Fluo-4/AM 的人心房肌细胞内游离 Ca^{2+} 的分布及强度(图 23-4)。

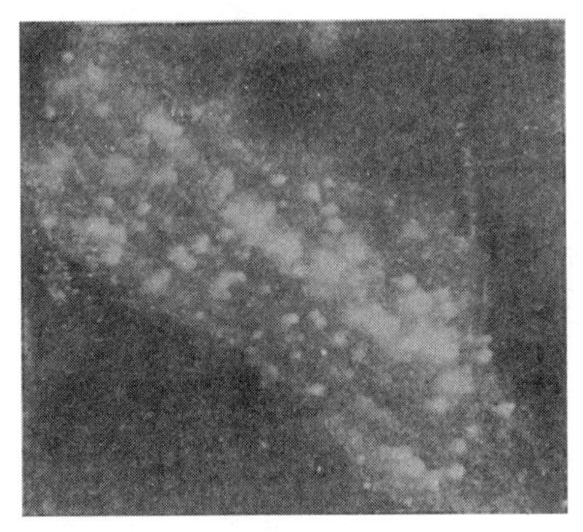

慢性风湿性心脏病者

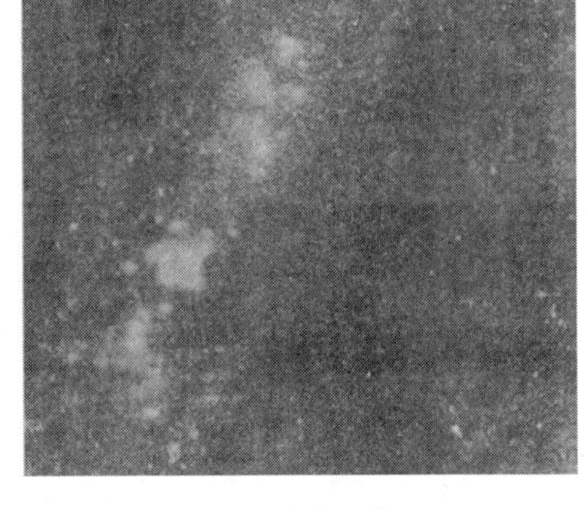

窦性心律患者

图 23-4 慢性风湿性心脏病者和窦性心律患者瓣膜置换瓣膜的心房肌细胞中加入荧光指示剂(Fluo-4/AM)约 30 分钟后的显微图像

上述图中的强荧光说明 Ca^{2+} 浓度确实在两个样品中明显存在和过量。这是一个指示剂的间接使用方法,借助了光谱技术。

23.3.2 利用探针检测特定序列 DNA

应用偶联试剂 1-乙基-3-(二甲基氨基丙基)碳二亚胺(EDC)和 N-羟基琥珀酰亚(NHS),在磁珠表面共价固定艾滋病毒特征序列的 ssDNA 片断(其 5′端修饰了氨基)作为探针,以中性红作为嵌合指示剂,在外加磁场作用下,进行电化学检测[6]。其测定示意图如下:

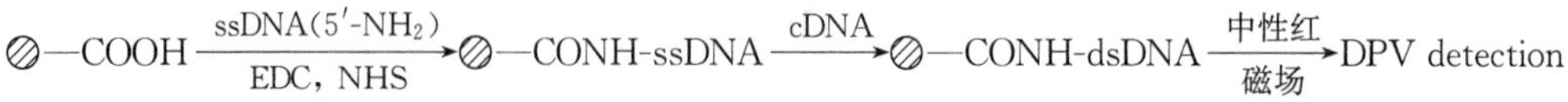

—COOH
ssDNA(5′-NH2)
EDC, NHS
—CONH-ssDNA
cDNA
—CONH-dsDNA
中性红
磁场
DPV detection

图 23-5　探针检测特定序列 DNA 示意图

中性红指示剂也可以采用吩噻嗪类染料，在中性条件下与双链 DNA 分子发生嵌插合。通过将中性红指示剂与裸露的磁珠直接进行振荡反应、进行电化学检测，若此时无电流信号，则说明磁珠未吸附指示剂；但如果中性红指示剂分子和 ssDNA 分子作用后在电极表面产生很强的电化学信号，如在－0.65～－0.45 V 之间有一对氧化还原峰，则代表着两者之间有反应发生，即指示剂起到了作用(图 23-6)。该图还显示了中性红指示剂与人工合成的 DNA 分子之间作用，无电化学信号被检测出来。

-3
-6
-9
-12
-15
$10^5 I$/A
-0.8
-0.7
-0.6
-0.5
-0.4
E/V
a
b
c

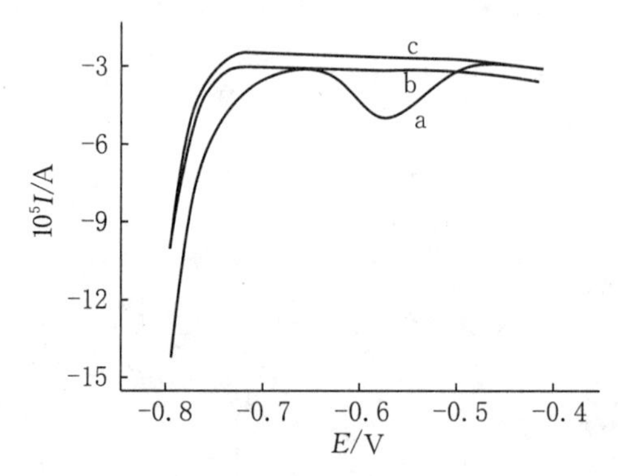

(a) ssDNA 与 cDNA 杂交后固定在磁珠上；(b) ssDNA 与 cDNA 杂交后未固定在磁珠上；(c) ssDNA 未与 cDNA 杂交并固定在磁珠上

图 23-6　中性红指示剂与 DNA 分子发生的电信号

23.3.3　用发光指示剂测量甲醛和乙醛对 DNA 的影响

采用丫啶酯为发光指示剂检测甲醛和乙醛对 DNA 的影响过程如下，将 DNA 链浸泡在 EA 中使之嵌进 DNA 链，当 DNA 链受到损伤而导致断裂时，在发光启动剂下，其嵌入 DNA 链的 EA 会发光。因此，在不同的甲醛和乙醛浓度和作用时间下其对 DNA 链的影响可以得到反映。图 23-7、23-8 和 23-9 反映了甲醛浓度和作用时间对 DNA 链的影响。

图 23-10、23-11 反映了乙醛浓度和作用时间对 DNA 链的影响。

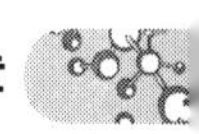

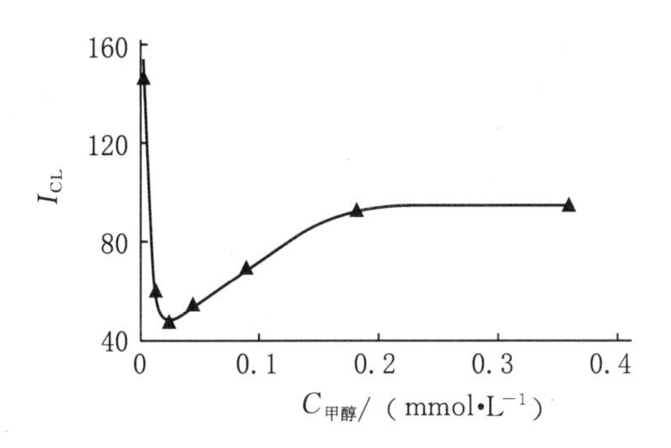

图 23-7　甲醛浓度对 DNA 链的影响

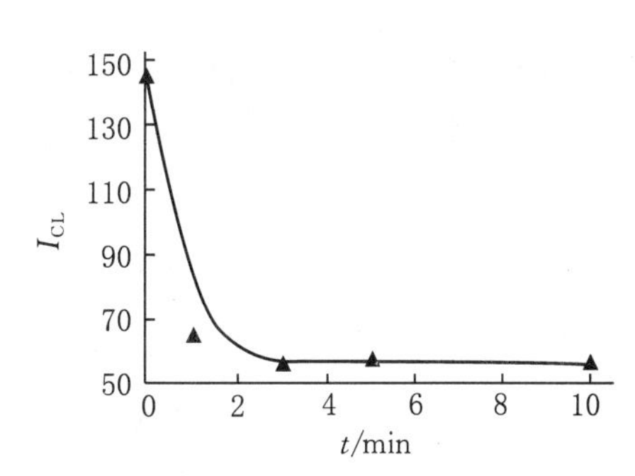

图 23-8　甲醛作用时间对 DNA 链的影响

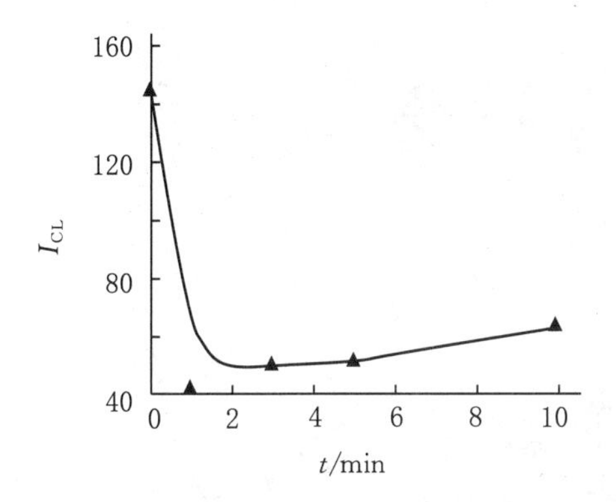

图 23-9　高甲醛浓度作用时间对 DNA 链的影响

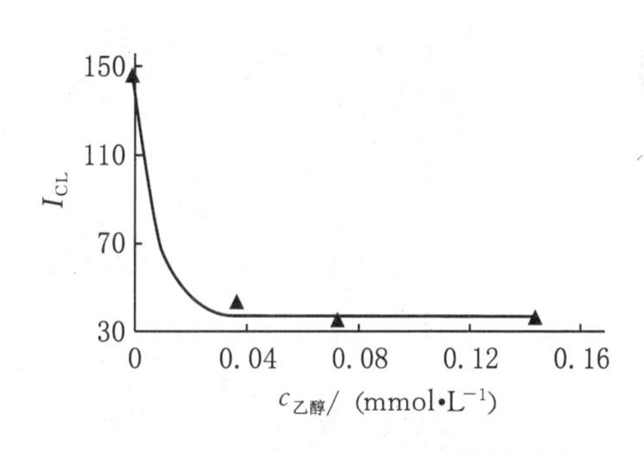

图 23-10　乙醛浓度对 DNA 链的影响

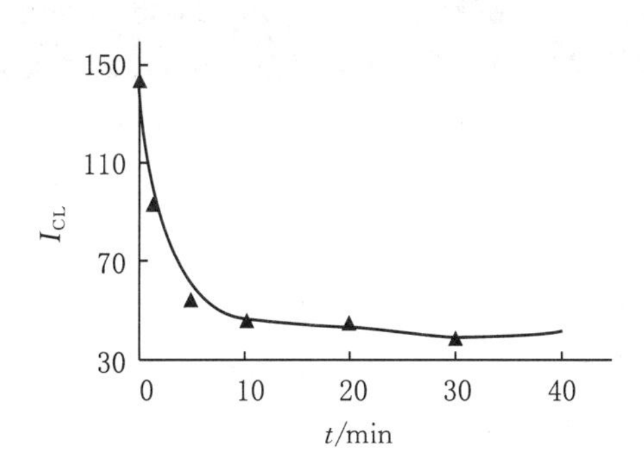

图 23-11　乙醛作用时间对 DNA 链的影响

23.4　荧光蛋白的指示原理与应用

指示剂方法在近年来得到长足的发展，而这个方法的标志性成果缘于 2008 年 10 月 8 日所颁布的诺贝尔化学奖的主角：绿色荧光蛋白（Green Fluorescent Protein，GFP）。诺贝尔奖委员会将化学奖授予日本化学家下村修（Osamu Shimomura）、美国科学家 Martin

Chalfie 和美籍华裔科学家钱永健 3 人，以表彰他们“发现和发展了绿色荧光蛋白质”技术。在诺贝尔新闻发布会的现场，发言人取出一支试管，置于蓝光灯之下，只见这支试管中的物质发出了绿色荧光，这就是绿色荧光蛋白。而这事实上也是一种指示剂。

3 位科学家的获奖不仅在于他们发现及发展了水母绿色荧光蛋白，而且揭示了水母发光的奥秘，为在活体及活细胞中追踪生物大分子的时空分布奠定了技术基础，在现代科学研究中具有里程碑意义。而这也为指示剂方法的应用展开了新的一页。

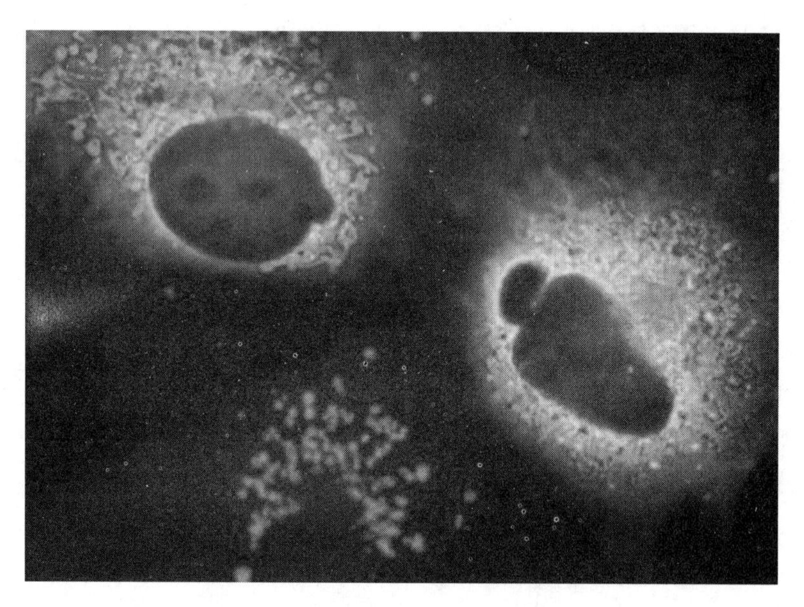

图 23-12　绿色荧光蛋白标记的细胞

下村修是绿色荧光蛋白的发现者。20 世纪 60 年代，下村修与弗兰克·约翰逊在普林斯顿大学开展了从维多利亚水母（Aequorea victoria）中分离纯化发光蛋白的工作，并成功地从水母中发现了两种发光相关蛋白质：水母素和绿色荧光蛋白。他们发现绿色荧光蛋白分子的形状呈圆柱形，像一个桶，负责发光的基团位于桶中央。因此，绿色荧光蛋白可形象地比喻成一个装有色素的“油漆桶”。装在“桶”中的发光基团对蓝色光照特别敏感。当它受到蓝光照射时，会吸收蓝光的部分能量，然后发射出绿色的荧光。利用这一性质，生物学家们可以用绿色荧光蛋白来标记几乎任何生物分子或细胞，然后在蓝光照射下进行显微镜观察。原本黑暗或透明的视场马上变得星光点点——那是被标记了的活动目标。对生物活体样本的实时观察，在绿色荧光蛋白发现和应用以前，是根本不可想象的。而这种彻底改变了生物学研究的蛋白质，最初是从一种广泛见于太平洋海域的发光水母体内分离得到的。

20 世纪 80 年代美国科学家道格拉斯·普瑞舍先后根据水母素及绿色荧光蛋白的蛋白质序列克隆了编码水母素和绿色荧光蛋白的基因。在普瑞舍的工作基础上，Martin

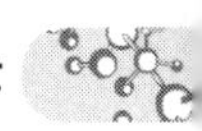

Chalfie 通过基因工程技术将编码绿色荧光蛋白的基因转入线虫，首次观察到能发出绿色荧光的线虫，并意识到绿色荧光蛋白可以作为示踪分子标记其他蛋白质，从而成为新型的“基因标签”。

而钱永健则率先阐明了绿色荧光蛋白的荧光生色基团是由其分子内的若干氨基酸残基自氧化反应生成的；如果选择性地突变绿色荧光蛋白的一些氨基酸，就可以改变其荧光生色基团，获得具有不同光学特性的人工荧光蛋白。钱永健成功改造了天然的水母绿色荧光蛋白，提高了绿色荧光蛋白的发光强度，获得了具有不同荧光颜色的人工荧光蛋白，并成功地将这些发明商品化。

这项成果为科学家从活细胞（机体）水平探索生命奥秘点燃了希望之光，为在活体追踪肿瘤细胞的迁移、观察病原体的增生、研究神经系统的退行性病变提供了技术支持。

23.5 小结

以上的几个例子还不能很好地反映指示剂在试验中的应用，它们还没有从正面去反映指示剂在表面的应用，而只是在间接地与表面有关系。但从试验发展的角度来看，尤其是钱永健的发明提供了具有不同荧光颜色的人工荧光蛋白，并成功地将这些发明商品化，所以可以相信指示剂的应用将会有很大的发展。

参考文献

[1] Allen K, Xu YY, Glenn W, et al. *J Appl Phys*, 2000, 88, 108～185.
[2] Shen Q, Mikkola P, Rosenholm JB. *Coll Surf A*, 1998, 145, 235～241.
[3] Shen Q, Rahiala H, Rosenholm JB. *J Coll Interface Sci*, 1998, 206, 558～568.
[4] Shen Q, Nylund J, Rosenholm JB. *Holzforschung*, 1998, 52:5, 521～529.
[5] Bergemann C, Schulte MD, Oster J, et al. *J Magn Mater*, 1999, 194, 45～52.
[6] Shaham J, Bornstein Y, Melzer A, et al. *Carcinogenesis*, 1996, 17, 121～125.

第二十四章　反向气相色谱方法

24.1 简介

随着近年来研究物质表面性能的需要和发展，反向气相色谱（inverse gas charomatognlphy，IGC）的应用受到了越来越多的关注。这种方法首先由 Davis 于 1966 年提出。由于这种方法分析的对象是色谱柱中的固定相（高聚物）而不是流经固定相的挥发性组分（探针分子），这一情形刚好与一般的气相色谱分布相反，故称为反向气相色谱法。它的主要应用是从 20 世纪 90 年代开始的。这其中的功劳应该归于一些学者的基于 Davis 的进一步工作，比如：Adam Voelkel[1～4]，Hansen[5] 等。IGC 现在已经广泛地应用于研究材料表面性能和其他的物理化学性能。比如测试溶度常数、Flory-Huggins 相互作用常数（χ）以及表面自由能等。也有报道发现这个方法可测试高聚物的玻璃化温度 T_g，由此检测高聚物之间的相容性。此外，这个方法还可以测试高聚物的结晶度等。

24.2 原理

在一般的气相色谱分析中，固定相是已知的，样品是用注射器或定量注管注入汽化室，汽化后由载气带入色谱柱进行分离的。色谱的保留值反映了被分析的挥发性组分与色谱柱中固定相（固定液或吸附剂）间相互作用的关系，它与两者的结构有关。因此，利用色谱保留值不仅可以对挥发性组分进行定性，还可以用来了解色谱柱中固定相的某些物理化学性质。

若以高聚物为固定相，惰性气体为流动相，把某些已知结构的挥发性低分子化合物（又称探针分子）注入汽化室后，用载气带入色谱柱中，这些物质在气相-聚合物相两相中分配，通过测定它们的分配情况，如保留时间，则可以直接得到高聚物方面的许多信息。由于聚合物的组成和结构是不相同的，它们与探针分子的相互作用也就不同，由此就可以研究聚合物的各种性质、聚合物探针分子的相互作用以及聚合物与聚合物之间的相互作用。

IGC 的测定方法与普通气相色谱相同，所不同的是 IGC 的谱图只有一个峰，即保留时间 t_R 或保留体积 V_R。习惯上保留值用保留体积 V_g，即 0 ℃时每克高分子的净保留体积(ml/g)来表示。

$$V_g = (273/T)\cdot(V_R - V_R^0)/W \tag{24-1}$$

其中：V_R^0—体积(柱中空隙的总体积，用空气峰来测定)，T—柱温，W—样品质量。

通过测定 V_g 随温度(或流速)的变化，就可以得到材料的各种性质。这是因为探针分子在固定相中的溶解或吸附能力总是随温度升高而下降，其 $\ln V_g$ 与 $1/T$ 呈下列关系[6, 7]：

$$\partial(\ln V_g)/\partial(1/T) = -\Delta H/R \tag{24-2}$$

其中：ΔH—溶解热或吸附热，R—气体常数。

以 $\ln V_g$ 对 $1/T$ 作图可以发现对于小分子化合物会出现一条直线，而对于高分子材料则是 Z 形曲线。

反向气相色谱法可以在普通的气相色谱仪中进行，它的操作方法比较简便。载气稳定流过，探针分子(多为一些正构烷烃)由汽化室注入，选择适当的检测器，由检测器(多为热导检测器)测定探针分子在色谱柱的保留时间 t_R 和时间 t_R^0；记录柱混 T_c 及室温 T_r；测定柱的前、后压力 P_i 和 P_0(P_0 一般为大气压)以反载气在柱出口的流速 F_r。通过这些基本数据，就可以按照气相色谱法中的公式计算出在此色谱条件下的比保留体积 V_g。依照 V_g 值可以推算出聚合物与探针分子以及聚合物与聚合物之间的相互作用参数等。根据 V_g 随温度或载气流速的变化就可以研究聚合物的若干物理化学性质，特别是有关热力学方面的性质。

在 IGC 的应用过程中，有几种方法可以得到固体物质的 γ_S^D，如 Schultz-Lavielle[6] 方法和 Dorris-Gray[7] 公式。Schultz-Lavielle 方程如下：

$$RT\ln V_N = 2Na\sqrt{\gamma_D^S\gamma_D^L} + C \tag{24-3}$$

其中：R—气体常数为 8.314(J/mol·K)，T—测试温度 t(K)，V_N—保留体积(m^3)，N—Avogadro 常数为 6.023×10^{23}(1/mol)，a—吸收接触面积(m^2)，γ_S^D—表面自由能的色散成分(mJ/m^2)，γ_L^D—液体表面张力的色散成分(mJ/m^2)，C—常数。

Dorris-Gray 方程如下：

$$r_S^D = \frac{[RT\ln(V_N^{C_{n+1}H_{2n+4}}/V_N^{C_nH_{2n+2}})]}{4N_2(a_{CH_2})^2/(CH_2)} \tag{24-4}$$

其中：$V^{C_{n+1}H_{2n+4}}$ 是 $C_{n+1}H_{2n+4}$ 的保留体积，$V^{C_nH_{2n+2}}$ 是 C_nH_{2n+2} 的保留体积；a_{CH_2} 是 CH_2

基团的表面面积(m^2)，γ_{CH_2}是 CH_2 分子的表面自由能(mJ/m^2)。表 24-1 比较了上述两种方法得到的固体的 γ_S^D。

表 24-1　基于公式(24-3)和(24-4)的结果比较

	278_30	283_30	288_30	293_30	278_60	283_60	288_60	293_60	278_90	283_90	288_90	293_90
基于 *Schultz et al* 方法的数据												
Calfix	42.2	40.9	39.9	38.6	39.1	39.2	38.1	38.3	38.1	37.9	37.8	37.7
Iron oxide red	38.9	37.6	37.0	38.6	36.2	35.1	36.6	35.2	36.2	34.4	36.1	34.4
Lithopone	36.2	35.7	38.1	35.8	41.4	34.6	36.2	38.8	33.3	35.7	37.9	34.1
Pyrite	47.8	51.5	49.9	48.5	49.9	47.2	44.5	42.6	47.9	44.5	42.2	42.3
Cryolite	39.4	38.8	38.1	37.9	38.8	37.9	37.8	37.7	39.2	43.5	48.1	44.4
Slag after-copper	45.2	44.1	42.3	41.0	41.0	40.5	38.9	37.9	38.5	38.1	37.7	35.5
Flouoroborate potassium	43.4	40.9	39.4	36.0	36.8	36.0	34.9	34.8	38.0	35.5	35.3	34.3
PAF	32.5	33.1	32.8	32.6	33.7	32.2	33.5	31.8	32.4	34.0	31.5	30.8
基于 *Dorris et al* 方法的数据												
Calfix	33.8	32.1	33.8	35.1	29.1	31.0	32.4	33.8	28.1	29.8	30.5	32.6
Iron oxide red	27.4	29.4	30.6	34.4	26.5	27.5	31.1	31.6	26.6	27.0	30.7	31.3
Lithopone	26.7	28.5	31.1	31.7	30.4	27.1	29.4	34.0	24.5	27.8	30.2	30.5
Pyrite	40.8	45.0	44.4	47.6	40.4	40.4	40.9	41.2	38.3	38.0	38.8	38.1
Cryolite	28.8	29.6	30.7	29.9	33.4	33.8	34.0	34.6	26.2	30.4	34.9	36.4
Slag after-copper	32.2	33.4	34.1	35.7	29.1	30.8	31.7	32.6	27.4	28.7	30.3	32.1
Flouoroborate potassium	30.8	32.1	33.1	32.2	27.1	28.8	29.6	31.1	28.0	28.3	29.3	30.6
PAF	24.0	26.0	27.2	29.1	24.8	25.3	27.9	28.3	23.9	26.4	26.1	27.5

24.3　应用

反向气相色谱法可直接用来研究高聚物，在测定某些低聚物的相对分子质量，研究聚合物的热转变温度与相对分子质量的关系，测量聚合物与聚合物之间、聚合物与溶剂之间的相互作用参数以及结晶聚合物的结晶度和结晶动力学曲线等方面都得到了广泛的应用。在测定低分子溶剂在聚合物中的扩散系数、扩散活化能等方面，反向气相色谱法也有较多的应用。

24.3.1　研究物质储存的稳定性参数

IGC 可以用来检测容器的表面性质，在实际的实验中它也很重要。在科研当中，一些很精确的实验往往需要考察容器对样品的影响，为了排除容器表面对样品的误差，对容器进行表面性能测试显得必不可少。Adam Voelkel[1~4] 曾做了这方面的工作。通过检测在相对湿度为 30%、60%和 90%和在 278 K、283 K、288 K 和 293 K 条件下各个分散成分的表面自由能，得到了容器在自然条件下储存样品时的稳定性参数。

24.3.2 研究固体物质的溶解性

应用 IGC 并以一系列溶剂为分子探针，DiPaola-Baranyi 和 Guillet[18]研究了固体物质的溶解性，主要是 Flory-Huggins 相互作用常数(χ)和溶度常数。

溶度常数这个概念是由 Scatchard、Hildebrand 和 Scott[9]首先提出的。他们发现溶度常数 δ 等于内聚能(CED)的平方根如式(24-5)[9]。

$$\delta = (CED)^{1/2} = [(\Delta H - RT)/V_m]^{1/2} = (\Delta E/V_m)^{1/2} \tag{24-5}$$

其中：T—温度，ΔH—气体的焓变，V_m—摩尔体积，ΔE—气体的能量。

而 Flory-Huggins 相互作用常数(χ)可以表示为公式(24-6)[10]：

$$\chi = \chi_S + \chi_H \tag{24-6}$$

根据 Hildebrand-Scatchard[9]理论，由焓引起的作用常数改变可以用两种物质的溶度常数通过下面的关系表示：

$$\chi_H = V_1/RT(\delta_1 - \delta_2)^2 \tag{24-7}$$

上述公式结合 Flory-Huggins 公式可以得到以下表达式：

$$\chi = (V_1/RT)(\delta_1 - \delta_2)^2 + \chi_S \tag{24-8}$$

Guillet 发现上式改进如式(24-9)可以用来估算高聚物的溶度常数[11]。

$$\frac{\delta_1^2}{RT} - \frac{\chi}{V_i} = \frac{2\delta_2}{RT}\delta_1 - \left(\frac{\delta_2^2}{RT} + \frac{\chi_S}{V_i}\right) \tag{24-9}$$

上式中，X，V_i和δ_1确定后，可以拟合得到线性关系，以左边一个参数对δ_1作直线，则它的斜率为 $2\delta_2/RT$、截距为 δ_{22}/RT，由此可以估算得到溶度常数 δ_2。

24.3.3 研究高聚物的玻璃化温度、熔融温度和相容性

结晶性高分子的 IGC 图呈双“Z”字形，曲线的转折处与高分子的热转变有关。图 24-1 中的 AB 段处于玻璃化温度 T_g 以下，由于探针分子不能渗入高分子内部，只能被吸附在表面，所以这时的保留机理与吸附和脱附有关，与小分子化合物的固定相一样，V_g 简单地随温度升高而减小。在这一温度区间可以得到高分子表面性质的信息[12]。其中的 B 点相当于高分子的 T_g，在图上，这一点是直线与曲线之间的转折点，而不是曲线的最低点。在 B 点，链段开始能运动，探针分子开始渗入高分子内部，保留机理已由表面吸附转变为本体吸收。但由于高分子的粘度较大，探针分子的扩散较慢，来不及建立平衡，以致 V_g 反而随温

度的升高而增大。到 C 点时，建立了平衡，因此 CD 段的 V_g 随温度升高而减小。

对于结晶性高分子，在熔点以下探针分子只能溶解在高分子的非晶区。当温度上升到 D 点，晶区开始熔化，探针分子溶解范围增大，V_g 也增大。到 E 点，晶区已全部熔化，温度再上升，与探针分子在完全非晶态高分子中溶解的情况一样，得到 EF 段的直线。因此 F 相当于熔点 T_m[13]。

IGC 可以有许多的用途，而近几年发表的文章对它能够确定高聚物的玻璃化温度 T_g 和检测高聚物之间的相容性也报道得很多，并且对它的研究也比较深入和成熟[14]。

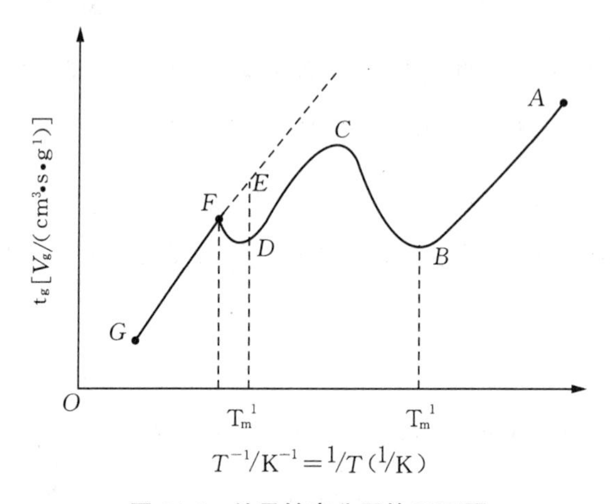

图 24-1　结晶性高分子的 IGC 图

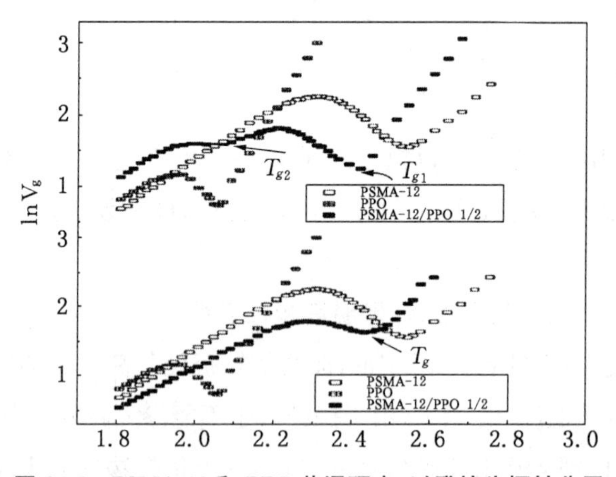

图 24-2　PSMA-12 和 PPO 共混研究，以癸烷为探针分子

IGC 除了能够测量高聚物的玻璃化温度之外，它还能够用来研究高分子混合物的相容性。因为相容性比较好的只出现一个玻璃化转变温度 T_g[15]，而出现两个或多个 T_g 就意味着相容性很差。图 24-2 中黑色曲线表示混合之后的走向，很显然，上面的曲线出现两个

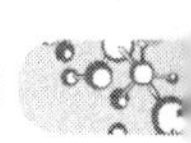

拐点，说明它的相容性很不理想，而下面的黑色曲线则仅出现一个拐点，说明混合物的相容性比较好。

24.3.4 研究聚合物的结晶度与结晶动力学

由聚合物的热转变曲线不仅可以得到 T_g 和 T_m，还可以获得结晶性聚合物的结晶信息。聚合物的结晶度的测定是基于探针分子对聚合物中晶区与非晶区(无定形区)两部分的不同溶解性。在聚合物的保留色谱中(图 24-1)，结晶聚合物反映在曲线 CD 段，而探针分子仅能溶解在高聚物的非晶区，即高聚物的结晶区那部分对 V_g 无贡献；在熔点以上，晶区全部熔化，由 FG 段可以测得 V_g 值反映探针分子在整个聚合物中的平衡分配，即表现出该聚合物的非结晶、无定型行为。因此，若将 FG 线延长外推至 T_m以下与 CD 段相对应的某一温度，则可求得聚合物作为非结晶聚合物的比保留值 V_g'。由 V_g'与 CD 段相应的 V_g 值，即可计算出高聚物的结晶度 X_c。

$$X_c/\% = \frac{m_c}{m_0} \times 100 = 100 \times \left(1 - \frac{V_g}{V_g'}\right) \tag{24-10}$$

由于反向气相色谱法计算结晶度用的是 V_g 和 V_g'的比值，不需要预先知道聚合物的结晶区和非晶区参数(如比容)，这一点优于常用的密度法或 X 衍射方法。而这一方法也无需记录柱中所用聚合物的质量和载气流速，因为这些量在 V_g/V_g'中都可以相互抵消。因此，对于测定新型结晶聚合物的结晶度，IGC 是一种有效并且新颖的方法[16]。

反向气相色谱法也可以用于聚合物结晶动力学方面的研究。首先，使柱温升至聚合物的 T_m以上使聚合物熔化，再将柱温降至略低于 T_m的某温度下，测定 V_g随时间 t 的增加而下降的数值，V_g下降的速度就是结晶生长的速度。由聚合物熔融时外推得到的某一温度下的 V_g'值是不随时间 t 的增加而发生变化的，只有 V_g 值随时间 t 而变化。由此，可得到不同时间的结晶度 X_c 值，X_c对 t 作图，可得到聚合物的等温结晶动力学曲线[17]。

24.4 小结

IGC 通过测定探针分子在两相中的分配，从而研究高分子的各种性质，高分子与探针分子的相互作用以及高分子与高分子间的相互作用，然后通过公式推理和转化计算，估算出所要求的参数，进而表征出样品的热力学性质。

在表 24-1 中很容易发现在测算容器表面自由能时，Schultz-Lavielle 和 Dorris-Gray 公式所计算出来的结果有差异，前者明显比后者的结果大一些。在以后的工作中可以对这个微小

的差异进行更加细致详细的论证和计算，找出其中的原因所在。另外在温度和湿度都没有改变的情况下计算出来的表面自由能 γ_S^D 可以继续讨论，许多学者在这个方面做了大量的工作，但是结果并不是特别一致，这意味着在这个领域还有许多挑战性的工作[18, 19]。利用 Guillet 的方法，Voelkel 和 Janas[1]等人发现他们的结果可应用于确定分散性、极性和氢键的构成。但 Guillet 的结果只是初步的估算[11]。因此，溶度常数的精确计算还要利用 Hansen 的方程[5]。

参考文献

[1] Voelkel A, Janas J. *J Chromatogr*, 1993, 645, 141.

[2] Voelkel A, Strzemiecka B. *Coll Surf A*, 2006, 280, 77.

[3] Katarzyna AK, Voelkel A. *J Chromatography*, 2006, 1132, 260～267.

[4] Voelkel A. Adsorption on new and modified inorganic sorbents, In: Dabrowski A, Tertykh V A, Eds. *Studies in Surface Science and Catalysis*, Vol. 99. Amsterdam: Elsevier, 1996, Chapter 2. 5.

[5] Hansen CM. *J Paint Technol*, 1967, 39, 104～117, 505～510.

[6] Schultz J, Lavielle L, Martin C. *J Chimie Phys*, 1987, 84, 231.

[7] Dorris GM, Gray DG. *J Coll Interface Sci*, 1980, 77, 353.

[8] DiPaola-Baranyi G, Guillet JE. *Macromolecules*, 1978, 11, 228.

[9] Hildebrand JH, Prausnitz JM, Scott RL. *Regulated and Related Solutions*. New York: van Nostrand Reinhold Co, 1970.

[10] Barton AFM. *CRC Handbook of Solubility Parameters and Other Cohesion Parameters*. Boca Raton: CRC Press, 1983.

[11] Guillet JE. *Macromolecules*, 1979, 12, 1163.

[12] Benabdelghani Z, Etxeberria A, Djadoun S, et al. *J Chromatography A*, 2006, 1127, 237～245.

[13] 朱诚身.*聚合物结构分析*.科学出版社，2004.

[14] Etxeberria A, Alfageme J, Uriarte C, et al. *J Chromatogr*, 1992, 607, 227.

[15] Wunderlich B. *Thermal Characterization of Polymeric Materials*. San Diego: Academic Press, 1997.

[16] Coleman MM, Painter PC. *Specific Interactions and the Miscibility of Polymer Blends*. Lancaster: Technomic Publishing, 1991.

[17] 何曼君，张红东，陈维孝，等.*高分子物理*.复旦大学出版社，1999.

[18] Raichur AM, Wang XH, Parekh BK. *Miner Eng*, 2001, 4, 65.

[19] Benabdelghani Z, Etxeberria A, Djadoun S, et al. *J Chromatography A*, 2006, 1127, 237～245.

第二十五章　电位分析方法

25.1 简介

电位分析法是一种经典的分析方法，它以 S. Arrhenius 的弱电解质溶液的电离理论为先导[1~3]。电位分析是以测量电池电动势为基础，其化学电池的组成是以待测试液为电解质溶液，并于其中插入两支电极，一支是电极电位与被测试液的活度（或浓度）有定量关系的指示电极；另一支是电位稳定不变的参比电极。通过测量该电池的电动势来确定被测物质的含量[3]。电位方法是一种定量的方法，可以反映液体和固体的本体和某一部分的酸碱性能。

根据原理的不同，电位分析法可分为直接电位法和电位滴定法两大类。

25.2 原理

1923 年 P. J. W. Debye 提出的电解质理论被称为德拜-休克尔（Debye-Hückel）理论。他们发现强电解质溶液之所以不符合理想溶液的规则，并不是由于电解质的电离度，因为它们在溶液中是完全电离的，而“不理想”主要是由于离子间的静电作用引起的。为此他们导出了极稀强电解质溶液中（$c \leqslant 0.01$ 摩尔/升）电解质的平均活度系数 $\gamma_{\pm}$。无数实验证实：在其浓度适用范围内，德拜-休克尔理论是符合实际的。它对电解质溶液结构的理解和物理化学的发展起了重要的促进作用[1~3]。

1926 年 N. Bjerrum 基于上述发现及相关理论提出了“离子缔合”的概念及相关理论，在此基础上，进一步指出在原电池中的金属存在一种“溶解压力”，而这种压力可以使金属从晶格进入溶液中去；而溶液中的金属离子有渗透压，可以使金属离子回到金属表面上去；当这两种方向相反的力达到平衡时，就产生了电极电势（电位）。与此同时，他从这一概念出发推导了电极电势与溶液离子浓度（活度）之间的关系式，即著名的 Nernst 公式[1~3]。

这就是电位分析的理论和实验基础。

知识链接

Walther Nernst(1864～1941)，德国物理化学家。因热动力学研究而获得1920年的诺贝尔化学奖。他被认为是现代物理化学、热动力学、固体化学和光化学的奠基人。而他在电化学领域的发明被称为Nernst方程。Ludwig Boltzmann曾是他的导师，而诺贝尔奖获得者Irving Langmuir则是他众多博士研究生中的一个。

25.2.1 直接电位法

直接电位法的基本原理是：用一个或者多个标准溶液与待测溶液在相同的测定条件下测定其电位值，然后根据标准溶液的浓度和所测得的电位值来求出待测离子的浓度。该法可分为：标准比较法、标准曲线法和离子计法。由于膜电势的理论一直没有明确地建立起来，在玻璃电极制成后经过了30～40年的探索才有各种离子选择性电极的出现[1~3]。它的出现扩大了电位分析法的应用范围。

离子选择性测量的准确度并不是很高，它受测量电极的响应特性、参比电极、温度和溶液组分变化的影响。

测量误差与被测离子的浓度以及体积大小无关，即电极测量在各种浓度下有相同的准确度。相对而言，选择电极用于测定低浓度的样品较为有利。此外测量误差与被测离子的价态之间有密切关系。

25.2.2 电位滴定法

图25-1描述了电位滴定的一个装置。电位滴定的测定原理是：进行电位滴定时，在待测溶液中插入一个指示电极和一个参比电极组成工作电池。随着滴定剂的加入，由于发生化学反应，待测离子的浓度不断发生变化，因而指示电极的电位也发生相应的变化，在化学计量点附近，离子浓度发生突跃，引起电位的突跃，因此通过测量工作电池电位差的变化，就能确定滴定终点。

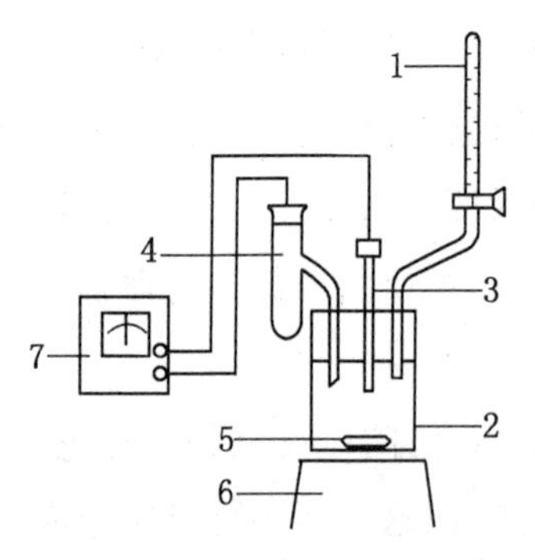

1. 滴定管；2. 滴定池；3. 指示电极；4. 参比电极；5. 搅拌棒；6. 电磁搅拌器；7. 电位差计

图25-1 电位滴定装置示意图

1893年R. Behrend发表了第一篇关于电位滴定的论文，第一次画出了电位滴定曲线。他用汞作指示电极，硝酸汞滴定卤素离子，这就为以后用银电极作卤素离子和氰离子，硫氰离子的沉淀或络合滴定打下了基础。1900年以后又有了氧化—还原电位滴定，用电位补偿法(电流指零)准确地测量电池的电动势，以电位突跃来指示滴定终点。电位滴定

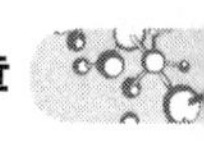

法分为酸碱、沉淀、氧化—还原、络合滴定[3]。电位滴定曲线如图 25-2 所示。电位滴定的终点确定方法是作 E-V 曲线法。以横坐标代表加入滴定剂的体积 V，纵坐标代表电池电位差 E，绘制 E-V 曲线即滴定曲线。作两条与滴定曲线成 45 度倾斜的切线，在两条切线间作一垂线，通过第一线的中点作一条切线的平行线，与曲线相交的点为曲线的拐点，即为滴定的终点，对应的体积即为滴定至终点所需的体积。

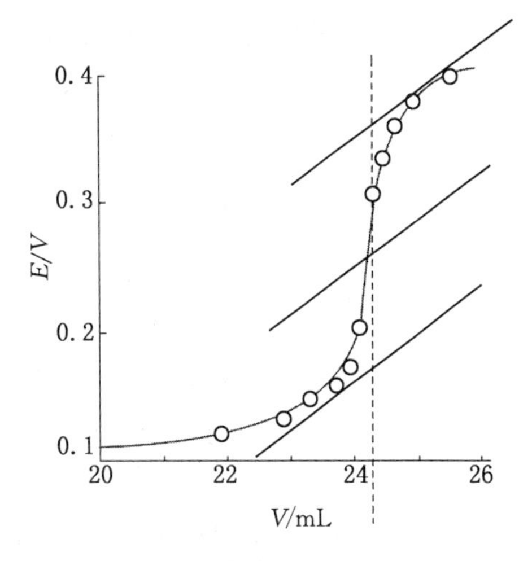

图 25-2　电位滴定曲线示意图

也可以作 $\Delta E/\Delta V$-V 曲线。具体为以 $\Delta E/\Delta V$ 值(指每加入单位体积标准溶液后，电池电位差的变化值)为纵坐标，V 为横坐标，绘制 $\Delta E/\Delta V$-V 的关系曲线。曲线的最高点所对应的 V 值即为滴定终点。用这种作图法所得的终点较 E-V 曲线法准确，该曲线示意图如图 25-3 所示。

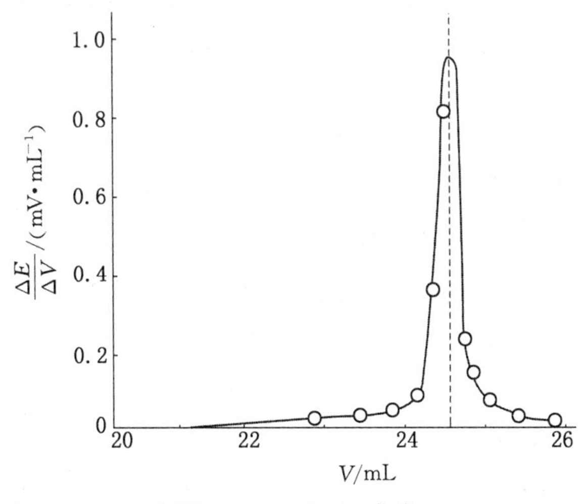

图 25-3　$\Delta E/\Delta V$-V 曲线

由于非水滴定往往没有合适的指示剂或指示剂变色不明显，因此在非水滴定中电位滴定法有特别的意义，广泛地用于测定生物碱、氨基酸、药物、炸药等方面。很多学者用电位滴定法作为表面性质研究手段。

25.3 应用

P. S. Mohanty[4] 等用电位滴定法测试接枝带电胶体体系，发现接枝后的聚合物滴定曲线同传统带电胶体有明显不同，如图 25-4 所示。

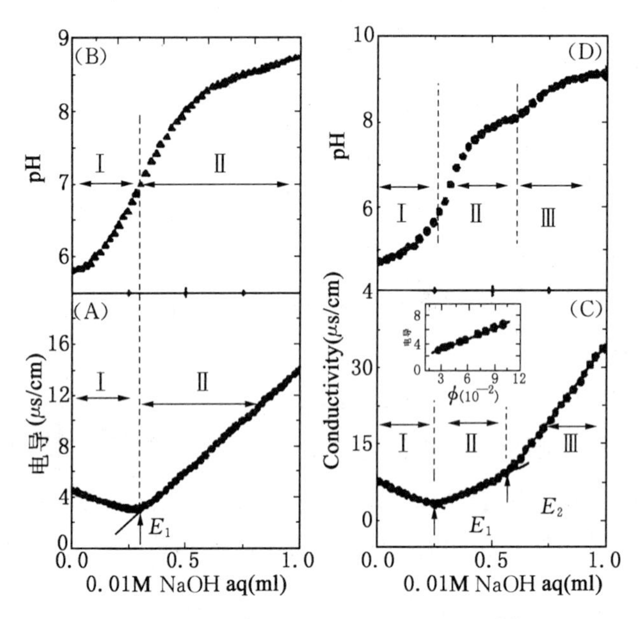

图 25-4　离子传导率和电位滴定曲线[4]

从图中可以发现在接枝胶体体系的滴定曲线中有两步中和现象，而离子传导曲线则清楚地显示了 3 个不同的步骤：随着 NaOH 溶液的加入，滴定开始，传导率逐渐下降，和传统带电胶体粒子一样；然后，传导率缓慢增大；最后，NaOH 溶液达到较高浓度时，离子传导曲线斜率进一步增大。其中第 2 步到第 3 步的曲线变化类似强酸滴定弱碱的曲线。由此可以得到第一和第二个平衡点的电荷数和比率。这说明体系中的两种补偿质子的分散行为各不相同，而传统胶体粒子中的反离子由于不太活跃，所以导致了一步中和。而接枝胶体中出现的两步中和是因为胶体悬浮液中的反离子活跃的缘故和分散行为随着盐浓度变化所导致的。第二个点说明在较高的盐浓度下，原来受困的反离子被释放到溶液中并进入了聚合物体系中，所以导致它们之间的静电作用降低[4]。

电位滴定曲线可以有不同的表达形式，图 25-5 反映的是电位滴定过程分离系数与 pH 之间的关系[5]。

Roman 和 Winter 在研究细菌纤维素时也应用电位滴定方法研究了细菌纤维素的酸碱性能，给出了滴定曲线如图 25-6 所示[6]。

M. Duc[7] 等利用酸碱滴定法测试了金属氧化物悬浮溶液表面活性，进而用合理的配位模型去解释。在实验过程中，他们采用了持续滴定和间隙滴定两种不同的方式。通过控制持续滴定时的速率和间隙滴定中的时间间隔获得不同的滴定曲线，并加以比较(图 25-7)。

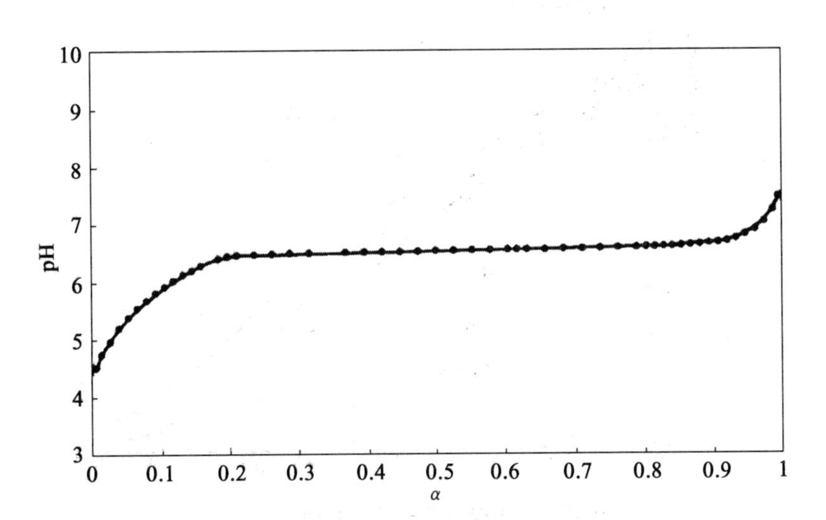

图 25-5　NaCl 溶液滴定 PEEA 的电位曲线，α-分离系数

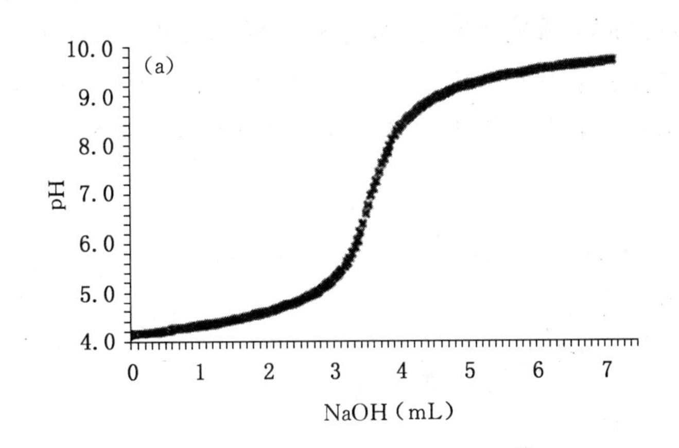

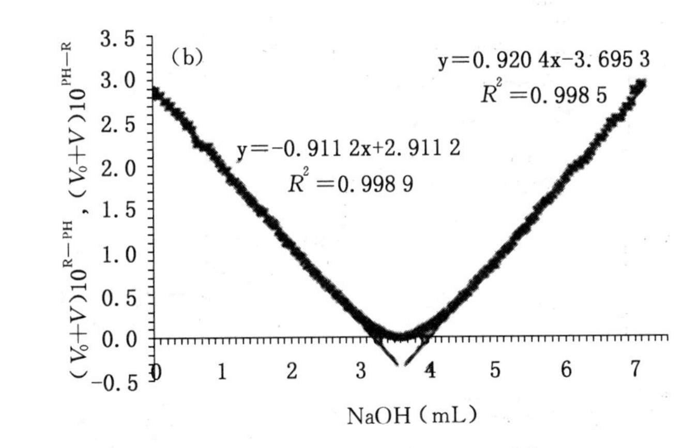

图 25-6　细菌纤维素滴定曲线[6]

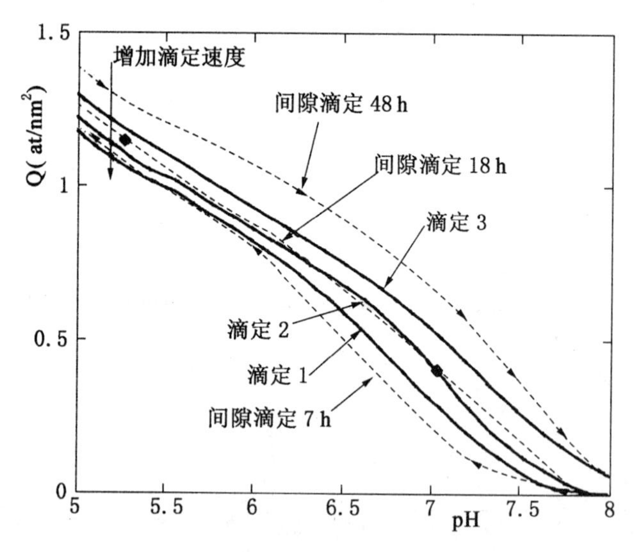

图 25-7　持续滴定与间隙滴定的比较[7]

从上图可看出：当滴定速度加快时，加入等体积的酸后的 pH 值也增大。氧化物表面的质子和积聚电荷都下降，导致了上述现象。而间隙滴定显示了和持续滴定一样的趋势。为了进一步了解表面酸碱动力学，可以通过延长每次加入酸碱的时间间隔持续测量 pH 值，得到图 25-8。

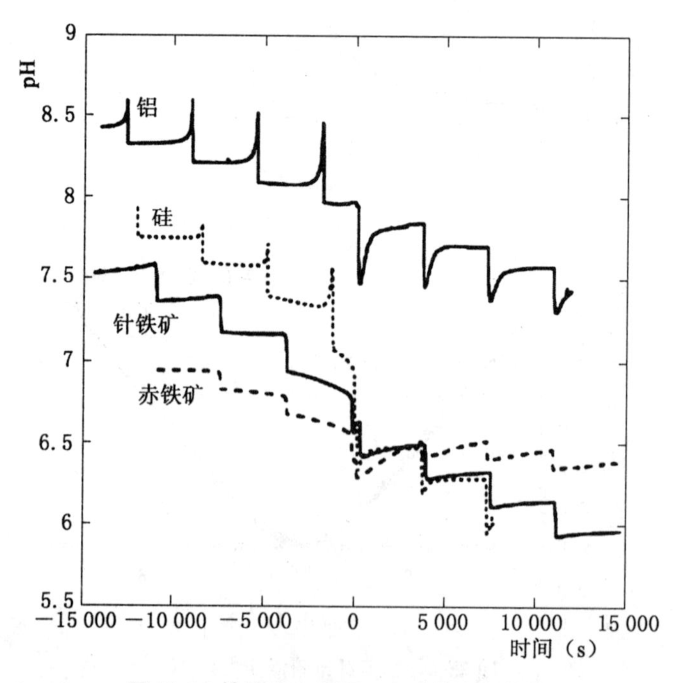

图 25-8　持续滴定间隔 1 小时的滴定曲线

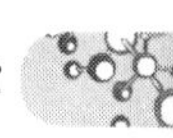

可以清楚地看到:pH 曲线在最初的 3～4 分钟变化很大,然后缓慢变化直到稳定。刚开始的急剧变化时间相当于溶液浓度稳定和电极达到平衡,就如滴定中没有任何固体;接着固体中释放出质子,直到平衡。尽管如此,在滴定开始的前几分钟,就有大量的质子参与了反应。由此可以得出结论:在酸碱滴定时,反应动力学(主要取决于氧化物的性质,如多孔性)对表面电荷积聚和滴定获得的 pH 值有很大的影响。

采用不同离子强度的溶液,在 N_2 保护并持续搅动下进行滴定,E. Tombácz[8]等利用酸碱滴定来研究在氧化铝表面反应时杂质和固体相分散行为的影响,发现经过 1 000 ℃高温处理后的氧化铝与未纯化的氧化铝有显著的不同。纯化的氧化铝与离子强度无关(pH 值在 8.2～8.4),而未经处理的氧化铝的表面净电荷随着 KCl 溶液浓度增加而增加(pH 值在 6.1～7.5)。其中滴定曲线的交叉点被发现可以命名为零盐效应点,因为带有 $AlCl_3$ 杂质的氧化铝滴定曲线中的零盐效应点的 pH 值比高温处理后的高。他们还发现虽然在此实验中,电位滴定不能直接提供表面层组成的数据,但通过测定液相中 H^+ 和表面净电荷量,可以为表面配位模型的解释提供有力的证据。

25.4 小结

电位滴定方法是一种精确而又成本低廉的定性、定量测定方法,在酸碱化学领域的应用有比较广泛的应用。如果能结合其他方法,如光谱等,则这种方法的效果一定能比现在所报道的更好。

参考文献

[1] 高小霞,等. 电分析化学导论. 北京:科学出版社,1986.
[2] 张胜涛,刘成伦,刘玉芬. 电分析化学. 重庆:重庆大学出版社,2004.
[3] Lyklema J. *Pure Appl Chem*, 1991, 63, 895.
[4] Mohanty PS, Harada T, Matsumoto K, et al. *Macromolecules*, 2006, 39, 2016.
[5] Kawaguchi S, Hirose Y, Ito K, et al. *Coll Polym Sci*, 1998, 276, 1038～1043.
[6] Roman M, Winter WT. *Biomacromolecules*, 2004, 5, 1671.
[7] Duc M, Adekola F, Lefèvre G, et al. *J Coll Interface Sci*, 2006, 303, 49.
[8] Tombácz E, Szekeres M. *Langmuir*, 2001, 17, 1411.

第二十六章　接触面积方法

26.1 简介

接触是人类最早就有意识认识的一个生活现象，有许许多多的生活例子就在人们的眼前。但通过测试接触面积得到固体材料的酸碱性能则完全是一种新的方法。基于接触面积的理论有经典和现代之分，但可以测试材料酸碱性能的主要基于现代接触面积的方法。

26.2 接触理论

26.2.1　经典接触理论

用科学的术语对接触进行描述可能首先是德国科学家赫兹[1]。

知识链接

赫兹(Heinrich Rudolf Hertz)，1857 年 2 月 22 日生于德国汉堡，家庭富有。赫兹在少年时期就表现出对实验的兴趣，12 岁时便有了木工工具和工作台，以后又有了车床，常常用以制作简单的实验仪器。1876 年进入德累斯顿工学院学习工程，由于对自然科学的爱好，转入慕尼黑大学学习数学和物理，第二年又转入柏林大学，师从 Hermann von Helmholtz，1880 年在该校获得博士学位。1881 年提出接触理论，1883 年在 Kiel 大学担任理论物理讲师，1885 年担任 Karlsruhe 大学教授，戏剧性地发现了电磁波，并证实了麦克斯韦理论。频率的单位——赫兹就是以他的名字命名的。1886～1889 年，他研究接触力学，是这一领域的奠基人。他 36 岁时英年早逝。

赫兹接触理论为曲面接触问题提供了经典的理论根据，但他的理论把弹性物体的接触问题按照静态弹性接触问题处理，并作以下假设：

(1) 互相接触的物体是光滑和均质的；

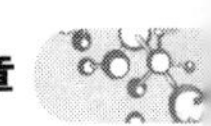

(2) 在接触区域仅有弹性变形发生；

(3) 接触力垂直于接合面；

(4) 与接触的表面相比，接触区域是很小的。

此外，在处理中他还将载荷施加时发生在接触区域内的摩擦增大忽略不计。

根据他的描述：

$$a_H^3 = PR/K \tag{26-1}$$

其中：

$$1/R = 1/R_1 + 1/R_2 \tag{26-2}$$

R_1，R_2 分别为两球体的半径。

$$1/K = 3/4[(1-\nu_1^2)/E_1 + (1-\nu_2^2)/E_2] \tag{26-3}$$

K 是有效弹性模量；E_1 和 E_2 分别为两球体的弹性模量（应力和应变相对量的比率）；ν_1 和 ν_2 分别为两球体的各自的泊松比；P 是外载荷；a_H 为特定表面构形的接触圆周的半径，在特殊情况下如平面的 R 为无穷大和刚性体 E 为无穷大。

知识链接

泊松（*Siméon Denis Poisson*，1781～1840），法国数学家、几何学家和物理学家。有句通常归于他名下的话："人生只有两样美好的事情：发现数学和教数学。"泊松最重要的工作是将数学应用到物理学主题的部分。其中最有永久性影响的，是他关于电磁理论的备忘录，它实质上创建了数学物理的一个新分支。泊松作出了引力理论的重要贡献。他对拉普拉斯的偏微分方程的二阶修正：$\nabla^2\phi = -4\pi\rho$ 被命名为泊松方程或者叫位势论方程。在纯数学方面，他最著名的工作是他在定积分上的一系列备忘录，和他关于傅立叶级数的讨论，它为迪力克雷和黎曼在同一主题上的经典研究铺平了道路。概率论中的泊松分布以他命名。

根据赫兹接触理论，不同几何形状的接触可以如表 26-1 所归纳和描述[2]。

表 26-1　基于赫兹接触理论的接触面积与载荷之间的关系

接触类型		计 算 公 式
两球体接触区：圆	F_N，r_1，r_2，F_N	$a = 0.9086\left[\frac{rF_N}{E'}\right]^{1/3}$；$p_{\max} = -0.578\left[\frac{F_N E'^2}{r^2}\right]^{1/3}$；$r = \frac{r_1 r_2}{r_1 + r_2}$

（续表）

<table>
<tr><th>接触类型</th><th colspan="7">计 算 公 式</th></tr>
<tr><td>球—平面接触区：圆</td><td colspan="7">同上，但以 r_{sp} 代替 r</td></tr>
<tr><td>球—内球面接触区：圆</td><td colspan="7">同上，但
$$r=\frac{r_1 r_2}{r_1-r_2}$$</td></tr>
<tr><td rowspan="4">两圆柱体垂直交叉接触区：椭圆</td><td colspan="7">$a_e=\beta_1\left[\frac{rF_N}{E'}\right]^{1/3}$；$b_e=\beta_2 a_e$；$p_{max}=-\frac{1.5F_N}{\pi a_e b_e}$</td></tr>
<tr><td>r_1/r_2</td><td>1</td><td>1.5</td><td>2</td><td>3</td><td>6</td><td>10</td></tr>
<tr><td>β_1</td><td>1.44</td><td>1.317</td><td>1.459</td><td>1.701</td><td>2.226</td><td>2.74</td></tr>
<tr><td>β_2</td><td>1</td><td>0.765</td><td>0.632</td><td>0.482</td><td>0.308</td><td>0.221</td></tr>
<tr><td>两直径相等的圆柱体垂直交叉接触区：椭圆</td><td colspan="7">$a=0.9086\left[\frac{rF_N}{E'}\right]^{1/3}$；$p_{max}=-0.578\left[\frac{F_N E'^2}{r^2}\right]^{1/3}$；$r=\frac{r_1 r_2}{r_1+r_2}$</td></tr>
<tr><td>两平行圆柱体接触区：矩形</td><td colspan="7">$a=1.128\left[\frac{rF'_N}{E'}\right]^{1/2}$；$p_{max}=-0.564\left[\frac{F'_N E'}{r}\right]^{1/2}$；$r=\frac{r_1 r_2}{r_1+r_2}$</td></tr>
<tr><td>圆柱体—平面接触区：矩形</td><td colspan="7">同上，但以 r_c 代替 r</td></tr>
</table>

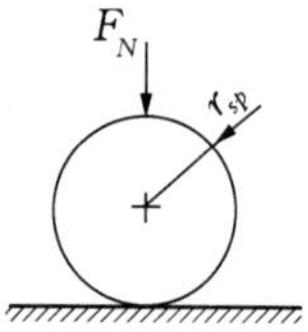

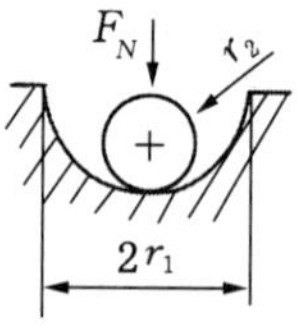

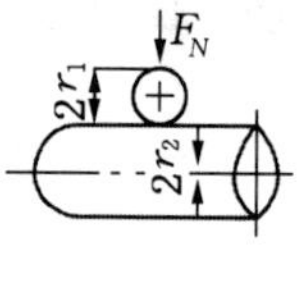

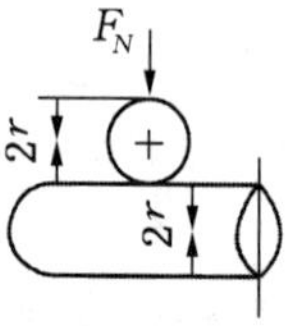

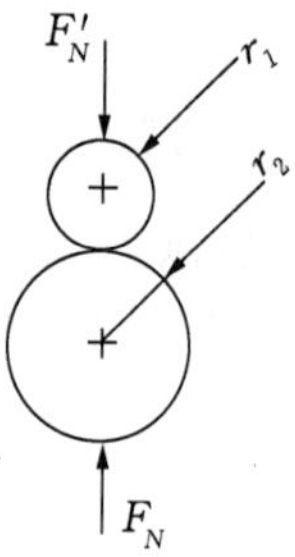

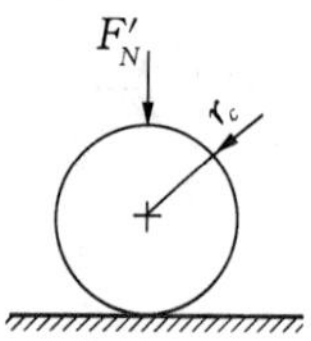

（续表）

<table>
<tr><th colspan="2">接触类型</th><th>计 算 公 式</th></tr>
<tr><td>内外平行圆柱体接触区：矩形</td><td></td><td>$a=1.128\left[\frac{rF_N'}{E'}\right]^{1/2}$；$p_{\max}=-0.564\left[\frac{F_N'E'}{r}\right]^{1/2}$；$r=\frac{r_1r_2}{r_1-r_2}$</td></tr>
<tr><td>两任意曲面接触区：椭圆</td><td></td><td>$a_e=m\left[\frac{3\pi}{4}\frac{F_N}{(B+A)E'}\right]^{1/3}$；$b_e=n\left[\frac{3\pi}{4}\frac{F_N}{(B-A)E'}\right]^{1/3}$；
$p_{\max}=-\frac{1.5F_N}{\pi a_e b_e}$
$\cos\theta=\frac{B-A}{B+A}$；$B+A=\frac{1}{2}\left(\frac{1}{r_1}+\frac{1}{r_1'}+\frac{1}{r_2}+\frac{1}{r_2'}\right)$
$B-A=\frac{1}{2}\left[\left(\frac{1}{r_1}-\frac{1}{r_1'}\right)^2+\left(\frac{1}{r^2}-\frac{1}{r_2'}\right)^2+\left(\frac{1}{r_1}-\frac{1}{r_2'}\right)\left(\frac{1}{r^2}-\frac{1}{r_2'}\right)\cos 2\psi\right]^{\frac{1}{2}}$
<table>
<tr><td>$\cos\theta$</td><td>0.1</td><td>0.2</td><td>0.3</td><td>0.4</td><td>0.5</td><td>0.6</td><td>0.7</td><td>0.8</td><td>0.9</td><td>0.99</td><td>0.99</td><td>0.99</td></tr>
<tr><td>m</td><td>1.1</td><td>1.2</td><td>1.2</td><td>1.4</td><td>1.5</td><td>1.7</td><td>1.9</td><td>2.3</td><td>3.1</td><td>7.8</td><td>18.5</td><td>39.9</td></tr>
<tr><td>n</td><td>0.94</td><td>0.88</td><td>0.82</td><td>0.77</td><td>0.72</td><td>0.66</td><td>0.61</td><td>0.54</td><td>0.46</td><td>0.29</td><td>0.19</td><td>0.13</td></tr>
</table>
</td></tr>
<tr><td>备 注</td><td colspan="2">E'为综合弹性模量；$1/E'=(1-\nu_1^2)/E_1+(1-\nu_2^2)/E_2$
线载荷 $F_N'=F_N/1$；a，b 为接触区半宽</td></tr>
</table>

26.2.2 现代接触理论

26.2.2.1 JKR 理论

20 世纪 60 年代末，随着一些实验技术的发展出现了一些反驳赫兹理论的证据。1968 年，Roberts 用光滑的橡胶球[3]，1969 年，Kendall 用玻璃球[4]，都在低载荷条件下，得到的接触面积都要比赫兹预计的大得多，并且当外载减小直至零时，趋向于一个常数。如果是干净并且干燥的表面，那么它们之间就会有很强的粘附作用。在高载荷条件下结果与赫兹理论较为吻合。这些观测结果强有力地表明固体之间有相互吸引的表面力作用，尽管在高载荷时这些附加的接触力并不重要，但当外载减小直到零时，它们的作用就会变得越来越明显。

考虑图 26-1 中所描述的状态，当没有表面力作用时，赫兹给出接触半径 a_0 为：

$$a_0^3=RP_0/K \tag{26-4}$$

其中 $R=R_1R_2/(R_1+R_2)$，$K=4/3\pi(k_1+k_2)$。所加外载的位移（图 26-1c 中点 C）

$$\delta = a^2/R \tag{26-5}$$

如果表面之间有引力作用,则平衡状态的接触半径为 a_1 比 a_0 大。尽管外载还是 P_0,与接触半径 a_1 有关的赫兹载荷 P_1(图 26-1c 中点 A)可以定义为:

$$a_1^3 = RP_1/K \tag{26-6}$$

系统总能量 U_T 由 3 部分组成:储存弹性模量 U_E,所加载荷中的机械能 U_M 和表面能 U_S。

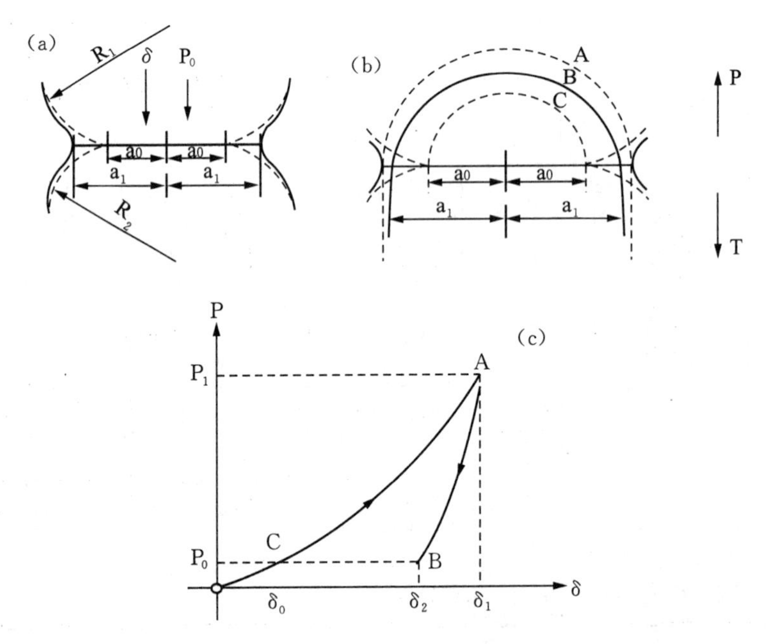

图 26-1 两个弹性固体分别在有表面力(接触半径为 a_1)和无表面力(接触半径为 a_0)作用下的接触情况

弹性模量 U_E 可以从图 26-1 所示的理想载荷置换曲线计算出来。忽略表面能,系统在外载为 P_0 时接触半径为 a_1(状态 A),这时所需能量为 U_1。保持接触半径 a_1 不变,使外载减小至 P_0,达到系统的最终状态(状态 B),所释放的能量为 U_2,则 $U_E = U_1 - U_2$。

K. L. Johnson 等奇怪地发现两个凸起表面的粘附力 F_S 不是取决于材料的弹性模量。模量会影响接触半径 a,但是从方程(26-4)和(26-6)中可以知道表面能和弹性都随着 a^2 而改变,所以粘附力与 a 无关和弹性模量也无关[5]。

1958 年,Johnson 计算出了压力的精确分布[5],见图 26-1b 曲线 B。每个球体接触区域以外变形的外形如图 26-1a 所示,从与界面无关(虚线)到垂直关系(实线)。同时 Johnson 等应用 Griffith 能量方法,得出总能量 U_T 为:

$$U_T = U_E + U_M + U_S = \frac{1}{K^{\frac{2}{3}} R^{\frac{1}{3}}} \left[\frac{1}{15} P_1^{\frac{3}{5}} + \frac{1}{3} P_0^2 P_1^{-\frac{1}{3}} \right]$$

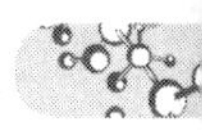

$$-\frac{1}{K^{\frac{2}{3}}R^{\frac{1}{3}}}\left[\frac{P_0P_1^{\frac{2}{3}}}{3}+\frac{2}{3}P_0^2P_1^{-\frac{1}{3}}\right]-\gamma\pi\frac{R^{\frac{2}{3}}P_1^{\frac{2}{3}}}{K^{\frac{2}{3}}} \tag{26-7}$$

此处的 γ 表示两个表面的粘附能，当达到平衡时：

$$P_1=P_0+3\gamma\pi R+\sqrt{\{6\gamma\pi RP_0+(3\gamma\pi R)^2\}} \tag{26-8}$$

该方程(26-8)表明作用在两个表面能为 γ 的弹性物体上的 Hertz 载荷 P_1 比所加外载 P_0 大。

倘若考虑表面能的影响，则必须对 Hertz 理论进行修正因而得到下式：

$$a^3=\frac{R}{K}(P+3\gamma\pi R+\sqrt{\{6\gamma\pi RP+(3\gamma\pi R)^2\}}) \tag{26-9}$$

当 $\gamma=0$ 时，这个公式就转化为 Hertz 方程 $a^3=RP/K$ 。在外载为零的条件下，接触面积即为定值：

$$a^3=R(6\gamma\pi R)/K \tag{26-10}$$

从方程(26-10)可以看出载荷 P 的最小值，也就是把两个球恰好分离所需的力为：

$$P=-\frac{3}{2}\gamma\pi R \tag{26-11}$$

此时的 P 与弹性模量无关。

Johnson，Kendall 和 Roberts 合作研究提出的接触力学理论被称为现代接触理论(JKR)[6]。这个方法现在被广泛地应用于表面间的相互作用研究。在这种测试方法中，利用了球状物体和平板接触，或者一定负荷下的球状物体。若互相接触的材料之一是可变形的并且表面光滑，可以称之为无载荷或者零负荷。这样，它们表面间的粘附功就主要取决于外部载荷。外部载荷分为接触区域中心的压力和接触区域边缘的拉力。表面间的粘附使接触区域边缘的拉力增加。这样，弹性固体表面的表面能和粘附功就可以用力学标度定义。云母的圆柱体十字交叉(图 26-2)几何学方法研究最初受到限制，最近研究发现，同样适用于聚合物薄膜间的粘附研究[6]。被测试材料与高聚物之间有范德华力、扩散作用、高分子链的缠结和共价键作用。

美国的 Chaudhury 和 Whitesides 利用聚二甲基硅氧烷的特性，把其表面氧化成类硅层薄膜[7]。把金薄膜和聚二甲基硅氧烷“焊接”的过程如图 26-3 所示。

图 26-2　云母圆柱体的十字交叉示意图

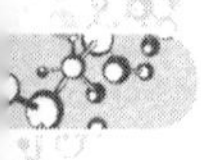

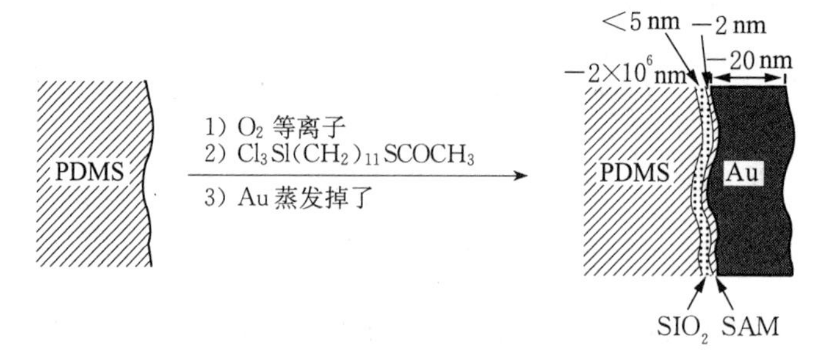

图 26-3　金薄膜和高聚物“焊接”示意图

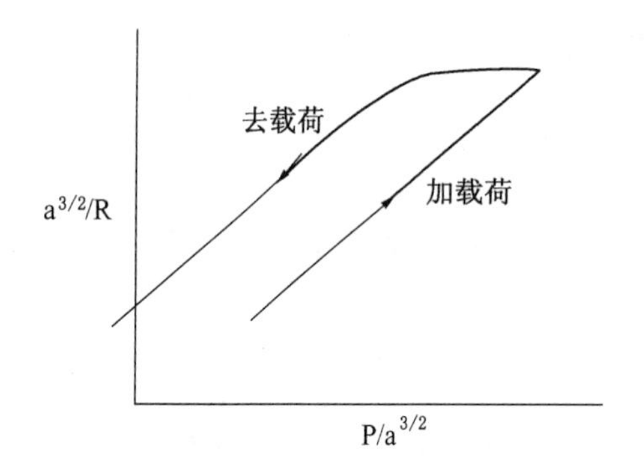

图 26-4　粘附导致的滞后现象示意图

根据实验数据，可以得到接触面曲率半径与外部负荷的关系如图 26-4，其中负荷增加到零负荷的过程并不是按原路返回的，这意味着这个过程出现了粘附滞后现象。

实验中的高聚物，除了 PDMS 还可以是 PSA-LA-NoAA，PSA-LA-10AA 或者 PSA-LA-10DMAEA 等等。对于 PDMS 来说，其变面能可用接触角测试的方法测出。每次试验，把弹性体放在显微镜的底部的滑盖上，使其接近上部精密测试悬臂[7]，如图 26-5。

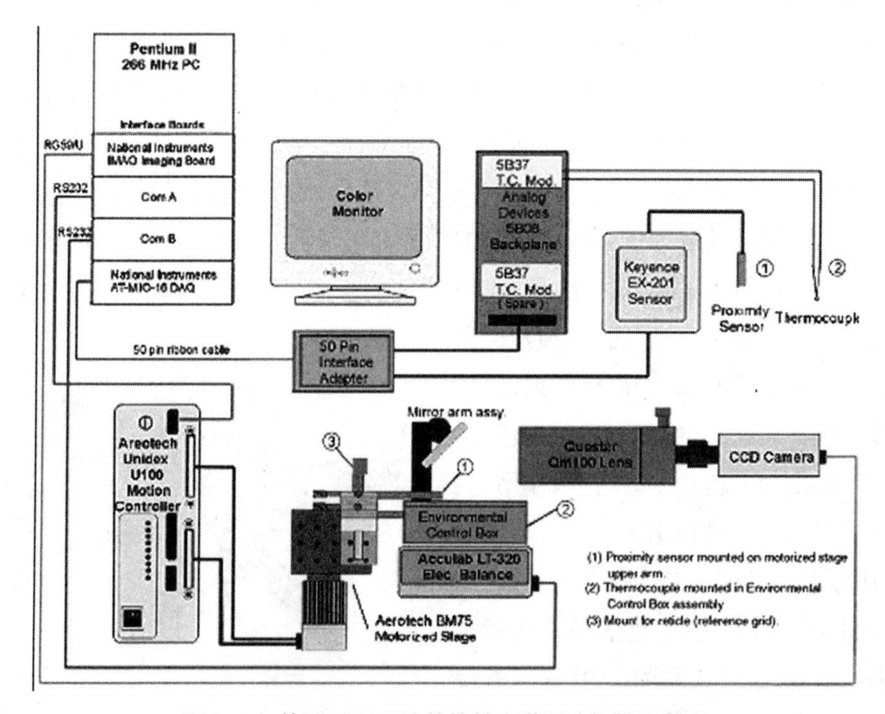

图 26-5　基于 JKR 理论的接触力学测试仪器示意图

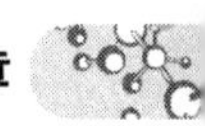

另外，JKR 测试方法还可以应用到液体中，如图 26-6，这样就可以为粘附和表面能的测试提供更多的数据。

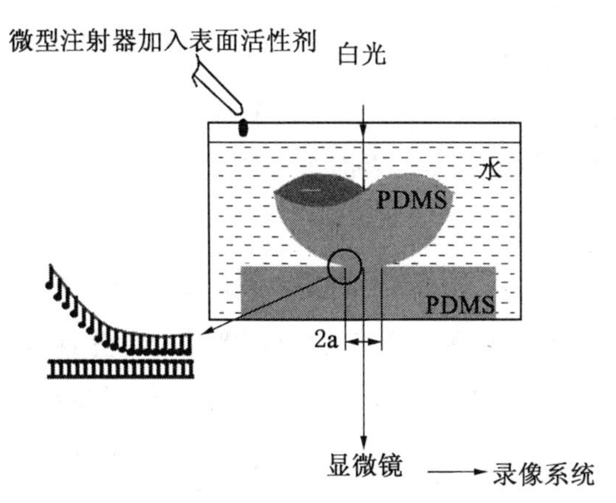

图 26-6　JKR 接触测试仪的水下使用

JKR 理论的接触测试方法还广泛应用于估计材料表面的污染程度[8]，测试粘附，即为界面的粘附测试提供参考数据，高聚物/氧化物界面的粘附滞后分析，(图 26-7)以及界面断层和帮助分析表面功。利用环氧探针和有机污染物之间表面能的差异，发明了一种根据粘附滞后参数计算表面清洁度的方法。这种方法中，弹性体和探针的模量都不影响试验的效果。

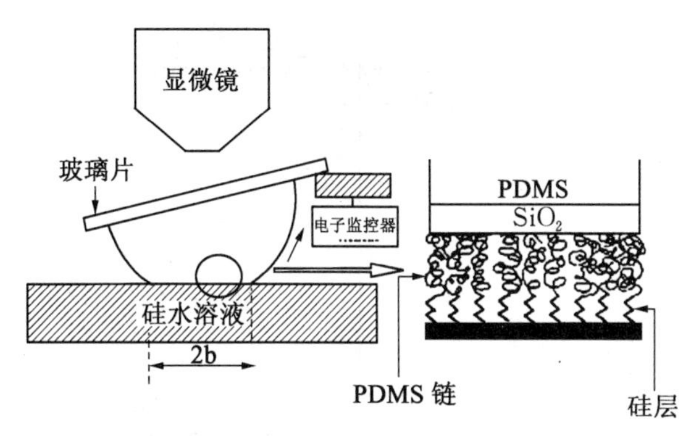

图 26-7　高聚物/氧化物界面的粘附滞后分析的 JKR 旋转接触设备示意图

另外，JKR 理论的接触测试方法还应用于工业级别的环氧树脂和硅化玻璃表面粘附，以及表面性质的研究，用此方法了解环氧橡胶和硅化玻璃之间粘附的力学响应。

根据已知或易测的高聚物表面性质，可以由 JKR 理论得到很多接触力学的测试表面能的方法。除了依靠接触面积的方法测试，还有旋转接触测试，悬壁梁测试，撕裂测试和肯德尔托里测试。JKR 理论的测试方法为表面化学和机械力学提供了一个连接的桥梁。虽然 JKR 理论的测试方法很成功，但是要得到更全面的数据，还有很过供选的测试方法。各种各样的测试方法，为研究材料的表面性质，界面间的相互作用提供了重要的信息。

26.2.2.2 DMT 理论

计算粒子之间或者粒子与固体表面之间的粘附力对解决很多实际的或科学上的问题来说是很重要的。但是，到 20 世纪 30 年代末对粒子粘附力的大多数计算都没有考虑接触变形的影响，而这种影响在粒子与固体表面接触的时候是无法避免的。

1934 年，Derjaguin 第一次提出了关于粒子粘附接触变形效应的问题[9]。那时，有人提出一种解决这个问题的办法，就是把粘附能与赫兹理论结合起来考虑的虚拟置换(热力学)方法。用这种方法可以计算由粘附能引起的剩余接触变形并且可以假定接触变形不会使破坏接触所需的粘附力增加。但当时 Derjaguin 也不能很清楚地证明这种假设，因为忽略了在环绕接触面的环状区域内起作用的非接触粘附力产生的能量。而为了弄清这个问题，他们在计算中考虑了非接触粘附环状区域中的分子吸引能。

为此，他们首先确定靠近接触面的一个球状粒子表面的形状在接触变形的影响下会如何改变，即根据球和平面上相对的点与接触面的距离来确定它们之间的距离(图 26-8)。

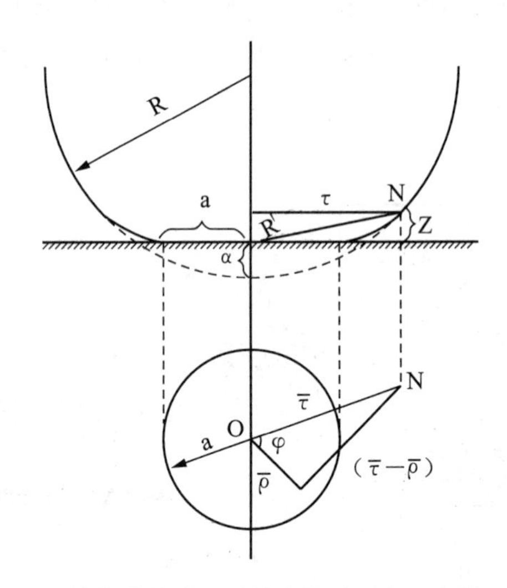

图 26-8 计算弹性球和刚性平面接触中形变的示意图

考虑弹性球与完全刚性的平面相互作用，即 $E_{ball}/E_{surf} \ll 1$ 的情况。但是球的弹性模量不能太小，这样分子吸引力就不可能在接触面积以外改变球的形成。Derjaguin，Muller 和 Toprov(DMT)注意到在高弹性模量的情况下，表面之间空隙的形成与 JKR 的情况完全不同。他们还指出，在那种情况下靠近接触面边界的接触区域的连续性会被破坏，这样甚至会对严格计算中的一级近似产生影响。

根据赫兹理论，DMT 发现接触面上法向压力的分布可以表示为：

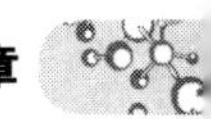

$$P_Z(\rho) = \frac{3F}{2\pi a^2}\left(1-\frac{\rho^2}{a^2}\right)^{\frac{1}{2}}, \tag{26-12}$$

其中 ρ 是接触圆的中心到所考虑的点的距离，a 是接触圆的半径，α 是半径为 R 的球的中心在力 F 的作用下相对平面的位移。法向受到的载荷 $P_Z\,d\omega$ 导致球表面形变的产生，这种形变的法向分量等于：

$$d\omega(R') = \frac{1-\sigma^2}{\pi E}\,\frac{P_Z d\omega}{R'}, \tag{26-13}$$

其中 R' 是负载作用点到形变点的距离，E 是球的弹性模量，σ 是 Poisson 系数，$d\omega$ 是接触面积的一个要素。

在这种情况下，把公式(26-12)中得出的 P_Z 代入(26-13)中，对整个接触面积积分，可以得出总的法向形变。如果在一个具有坐标 r、z 的球的表面上取一个点，那么法向形变可以用球坐标积分来求出：

$$\omega(R') = \frac{1-\sigma^2}{\pi E}\int_0^a\int_0^{2\pi}\frac{P_Z(\rho)}{R'}\rho d\rho d\varphi \tag{26-14}$$

在此：

$$R' = (\bar{r}-\bar{\rho})^2 + z^2 = r^2 - 2r\rho\cos\varphi + \rho^2 + z^2 \tag{26-15}$$

Derjaguin 等指出[10]，在计算靠近接触面周边的球面上各点的形变时，表达式 26-15 中的 z^2 在各种情况下都可以忽略。z 对 ρ 值的相对影响随着其与压力面距离的增加而增加，因为这种影响正比于 $\cos\gamma$。但是当 $r \gg a$ 时，$R' = (r^2+z^2)^{1/2}$。

在无形变的表面 $(r \gg a)$，$z = r^2/2R$，而球的形变可能会使 z 减小，$R' = (r^2+z^2)^{1/2} \leqslant r(1+r^2/4R^2)^{1/2}$。$[r^2/(2R)]^2$ 的值与总体相比可以忽略，所以这实际上就是 Hertz 理论发展的近似条件。

因此，在一切具有相当大的表面形变的情况下：

$$\omega(R') \approx \frac{3\theta F}{2\pi a^2}\int_0^a\int_0^{2\pi}\frac{(1-\rho^2/a^2)^{\frac{1}{2}}}{r}\rho d\rho d\varphi = \frac{\theta F}{r} \tag{26-16}$$

在此 $\theta = (1-\sigma^2)/(\pi E)$，在任何情况下球的表面形变可以在假定 $z=0$ 时计算得到：结合表达式 26-16，$z=0$，可以得到：

$$\omega(r) = \frac{3\theta F}{\pi a^3}T_1 \tag{26-17}$$

由于

$$T_1 = \int_0^a\int_0^{\pi}\frac{(a^2-\rho^2)^{\frac{1}{2}}\rho d\rho d\varphi}{(\rho^2+r^2-2r\rho\cos\varphi)^{\frac{1}{2}}} \tag{26-18}$$

所以 Derjaguin, Muller 和 Toporov 给出了考虑接触表面粘附力时的修正的赫兹关系如下：

$$a^3 = \frac{R}{K}(P + 2\gamma\pi R) \tag{26-19}$$

上式指出载荷 P 的最小值，也就是使表面分开的最大力为：

$$P = -2\gamma\pi R \tag{26-20}$$

Derjaguin 等还发现分子粘附力与粒子半径的第一作用力而不是第二作用力成正比，而克服粘附力所需要的力决定于粒子半径的二次方。

各个表面分离时，其分子引力会很快降低。相反，当接触被破坏时，分离的双层层面间的静电引力直到放电或者电性相反的电荷中和才会降低。这就是在弹性范围内的接触变形使粘附力中与电有关的成分增加且与接触面的最大面积成正比的原因。

他们的接触理论也被称为 DMT 理论。

26.2.2.3 JKR 和 DMT 理论的区别

从物理原因考虑，JKR 理论假设的是只考虑接触区域内粘附力的影响，而 DMT 只考虑接触环以外区域粘附力的影响如图 26-9 所示。表 26-2 列出了这两种理论的主要假设以及局限性[11]。

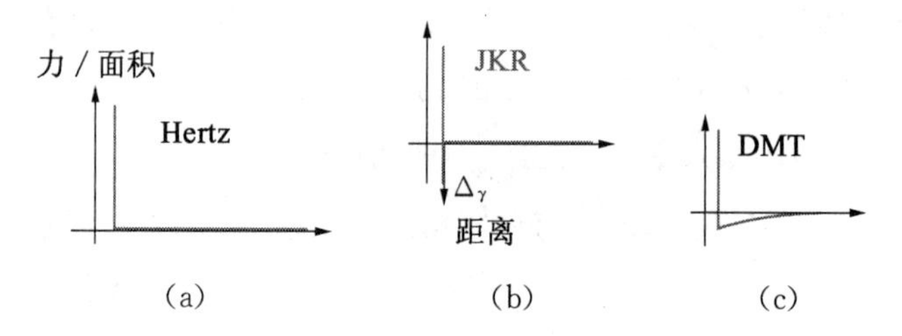

图 26-9 赫兹、JKR 和 DMT 模型所假设的作用力与距离的关系图

表 26-2 各种接触模型的比较

理 论	假 设	局限性
赫兹	不考虑表面力	在微纳米尺度低载荷情况下不再正确
JKR	只在接触区域内有短程力	低估了外载大小
DMT	只在接触区域外的长程力	低估了接触区域的大小

为了进一步比较 JKR 理论和赫兹理论，尤其是粘附力对接触半径的影响，将方程 26-9 无量纲化，得到 26-21。

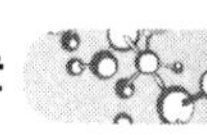

$$\frac{a_{JKR}}{a_H}=\left\{1+\frac{3\pi\gamma R}{P}+\left[\frac{6\pi\gamma R}{P}+\left(\frac{3\pi\gamma R}{P}\right)^2\right]^{\frac{1}{2}}\right\}^{\frac{1}{3}} \tag{26-21}$$

可以看到(26-21)右边项的值将恒大于或等于 1。利用一个无量纲数 $\overline{P}=P/(\pi\gamma R)$，式(26-21)可变为：

$$\frac{a_{JKR}}{a_H}=\left\{1+\frac{3}{\overline{P}}+\left[\frac{6}{\overline{P}}+\left(\frac{3}{\overline{P}}\right)^2\right]^{\frac{1}{2}}\right\}^{\frac{1}{3}} \tag{26-22}$$

可以看出这个无量纲数$\overline{P}$主导了 JKR 理论中接触半径的变化，随粘附能 γ 的增加以及外载的下降而增加。对于 DMT 理论，用同样方法处理(26-19)可以得到：

$$\frac{a_{DMT}}{a_H}=\left(1+\frac{2}{\overline{P}}\right)^{\frac{1}{3}} \tag{26-23}$$

图 26-10 进一步比较了 JKR 理论和 DMT 理论中接触半径的变化与载荷之间的关系。

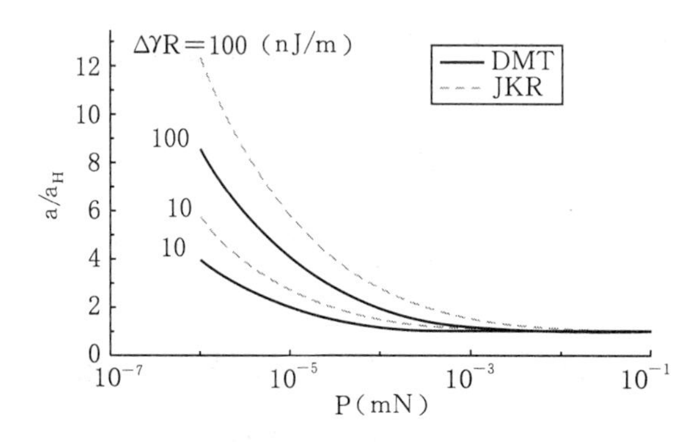

图 26-10 JKR 和 DMT 模型中粘附能和外载对纳米接触区域的影响[11]

图 26-10 显示当外载小于 10^{-3} mN 时接触半径受粘附能影响的示意图。考虑一个 1 微米半径的纳米压痕压头，与试样间的粘附能为 100 mJ/m^2，JKR 理论中的 a_{JKR}/a_H 在 1 nN外载时为 12.4，而在 1 μN 时为 1.5。对于 DMT 理论，上述情况下 a_{DMT}/a_H 的值分别为 8.6 和 1.2。当外载接近于 1 mN 后，两个模型中的 a/a_H都接近于 1。而外载较小区域，a/a_H的值都急剧上升，说明在外载较小时，接触区域的大小由粘附能来控制。在载荷较大时，粘附能的影响可以忽略不计。

从公式 26-22 和 26-23 可以看到无量纲数 $\overline{P}=P/(\pi\gamma R)$ 独立地控制着粘附能的影响。如图 26-11 所示，当 $\gamma R/P$ 的值小于 0.1，粘附能的影响还是很突出，但是当 $\gamma R/P$ 的值大于 100，a/a_H 的值如此之大以至于粘附能在接触过程中占有主导地位，根本不能忽略它的影响。

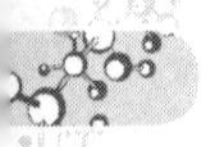

综上所述，在JKR和DMT理论中，对于小载荷、大尺寸压头情况，粘附能的变化影响接触区域的大小；对于大载荷和小尺寸压头，弹性变形主导着接触区域的变化。

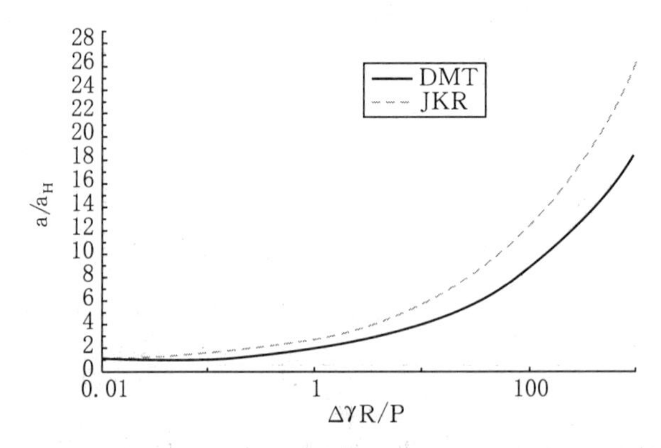

图 26-11　JKR 和 DMT 模型中无量纲数 ΔγR/P 对纳米接触区域的影响[11]

需要注意的是，在图26-10和图26-11中，当参数 ΔγR 一定时，虚线所表示的JKR理论的值总是大于实线表示的DMT理论的值，说明粘附能的影响JKR比DMT理论要来得大。

为此，若将方程(26-22)和(26-23)相除后可以发现：

$$\frac{a_{JKR}}{a_{DMT}}=\left\{\frac{1+3/\bar{P}+[6/\bar{P}+(3/\bar{P})^2]^{\frac{1}{2}}}{1+2/\bar{P}}\right\}^{\frac{1}{3}} \tag{26-24}$$

结合图26-12和图26-13可以看到，随着粘附能的增加，JKR理论对接触半径有着更大的影响，同时，当外载减小时，a_{JKR}/a_{DMT}出现一个极值$\sqrt{3}$。

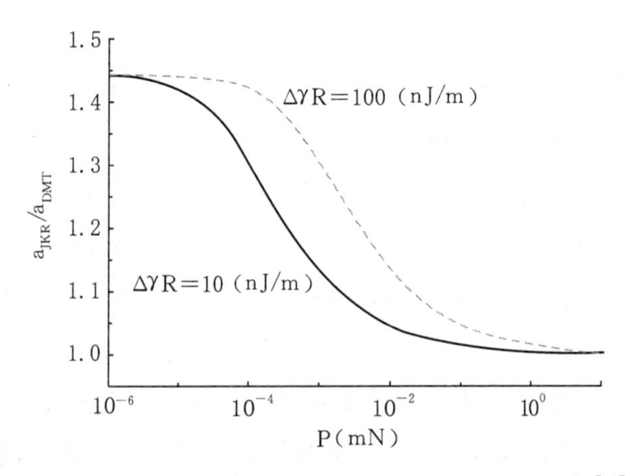

图 26-12　JKR 和 DMT 模型中接触半径与外载的关系图[11]

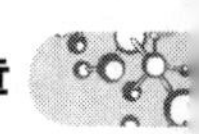

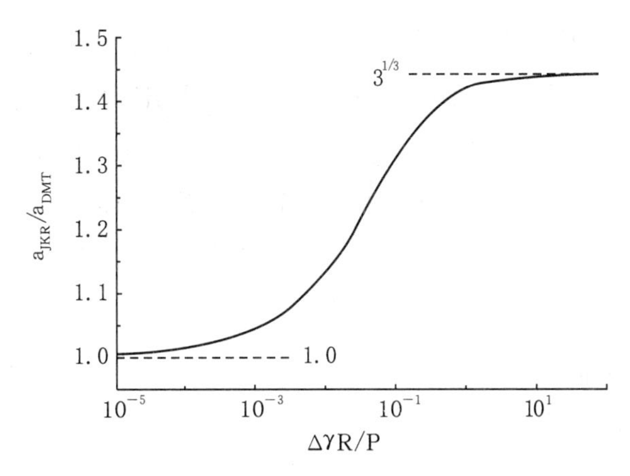

图 26-13　JKR 和 DMT 模型中接触半径与 ΔγR/P 的关系图[11]

以上比较的 JKR 和 DMT 理论都没有考虑材料性质的影响,如弹性模量。事实上,将方程 26-1、26-11、和 26-20 变形,可以得到分别属于赫兹、JKR 和 DMT 的方程如下:

$$P_H = \frac{Ka^3}{R} \tag{26-25}$$

$$P_{JKR} = \frac{Ka^3}{R} - (6\pi\gamma Ka^3)^{\frac{1}{2}} \tag{26-26}$$

$$P_{DMT} = \frac{Ka^3}{R} - 2\pi\gamma R \tag{26-27}$$

与方程 26-25 比较,方程 26-26 和 26-27 分别多出了两项,其中:

$$P_{A(DMT)} = 2\pi\gamma R \tag{26-28}$$

$$P_{A(JKR)} = (6\pi\gamma Ka^3)^{\frac{1}{2}} \tag{26-29}$$

它们代表粘附能,将它们与方程 24-25 相比可以进一步得到:

$$\frac{P_{A(DMT)}}{P_H} = \left(\frac{R}{a}\right)^2 \frac{2\pi\gamma}{aK} \tag{26-30}$$

$$\frac{P_{A(JKR)}}{P_H} = \frac{R}{a}\left(\frac{6\pi\gamma}{aK}\right)^{\frac{1}{2}}. \tag{26-31}$$

这里 a/R 相似于压痕应变,aK 的值决定了一个特定接触中粘附能的影响是否显著。当 K 较小时,即使接触半径比较大,粘附能项对柔软材料表面的影响也非常大。由于 DMT 模型用的 Bradley 理论[12]是考虑刚性体的接触,所以当模量 K 较大时用 DMT 理论比较合适。如果材料比较柔软,JKR 模型比较合适。

DMT 理论和 JKR 理论之间的不一致是在引入无量纲数-Tabor 数 $\mu=(R\Delta\gamma^2/E^2\varepsilon^3)^{\frac{1}{3}}$ 之后才得到正确的解释。该无量纲数可以理解为由粘附引起弹性变形与表面力的有效作用范围(分子之间的平衡间距 ε)之比。当 Tabor 数 μ 很小(小于 0.1)时,Bradley 解非常接近实际情况;而当 μ 大于 5 时,JKR 理论和实验符合得较好。DMT 适合于曲率半径小,粘附能低,弹性模量高的体系。JKR 适用于大半径,高粘附能和低模量体系。

而 Maugis 则引入了一个和 Tabor 数完全等价的无量纲数 $\lambda=2\sigma_0(9R/16\pi\Delta\gamma E^{*2})^{\frac{1}{3}}$,其中 $\sigma_0=\dfrac{16}{9\sqrt{3}}\dfrac{\Delta\gamma}{\varepsilon}$,可见 $\lambda=1.16\mu$。通过应用 Dugdale 模型,Maugis 得到了接触区域和 λ 数之间的无量纲关系为[11]:

$$\frac{1}{2}\lambda\bar{a}^2\left[(m^2-2)\arccos(1/m)+\sqrt{m^2-1}\right]+\frac{4}{3}\lambda^2\bar{a}\left[\sqrt{m^2-1}\arccos(1/m)-m+1\right]=1 \tag{26-32}$$

此理论模型简称为 MD 模型。当 $\lambda=0.1$ 时,MD 模型的结果接近于 DMT 模型的结果,当 $\lambda=5$ 时,MD 模型结果又重合于 JKR 理论的结果,当 $\lambda=1.5$ 时,MD 模型介于两模型之间。这就证明 MD 模型是一个通用的模型,而 DMT 和 JKR 模型只是 MD 模型的两个特例。

26.3 纳米接触方法

纳米材料是一个特别的研究领域,而其特别主要是因为它的纳米尺度是其他所有尺度的材料所不具有的。为此,研究纳米颗粒的接触就显得非常有必要和意义。

纳米尺度下的几种接触模型与宏观接触即赫兹接触理论、JKR 理论、DMT 理论基本一致。

表 26-3 对不同接触理论与纳米接触的应用关系进行了总结,而图 26-14 则对这些理论的应用进行了描述[11]。

表 26-3　各种接触模型在纳米接触中的应用比较

理　论	假　设	局　限　性
赫兹(Hertz)	不考虑表面力	适用在微纳米的低载荷下不再正确
JKR	只在接触区域内有短程力	低估了外载大小,只适用于 λ 较大的情况
DMT	只在接触区域外有长程力	低估了接触区域的大小,只适用于 λ 较小的情况
MD	用 Dugdale 势来描述接触区的表面能	多参数的方程,适用各种情况下的 λ

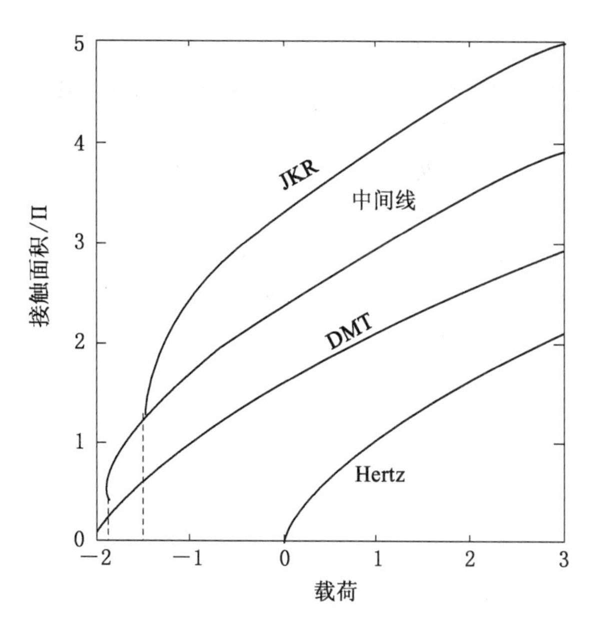

图 26-14　不同接触理论在纳米接触应用过程的比较

以上接触模型和 Bowden Tabor 的摩擦理论结合可以推出一系列的摩擦力公式。

26.4 小结

本章在考虑表面能的基础上,介绍了经典的赫兹接触理论和现代的 JKR 和 DMT 理论,但后者是前者的两种不同的修正方法。通过比较指出 JKR 理论适用于大半径、高粘附能和低模量的体系,而 DMT 理论则适用于曲率半径小、粘附能低和弹性模量。目前,这两个理论也得到了广泛的应用,这些现代接触理论在原子力显微镜的应用过程中有非常重要的作用和表现。

参考文献

[1] Hertz H, Reine J. *Angew Math*, 1881, 92, 156.

[2] Adamson AW. *Physical Chemistry of Surface*. London: Interscience, 1967.

[3] Roberts AD. Ph. D. dissertation, Cambridge, England. 1968.

[4] Kendall K. Ph. D. dissertation, Cambridge, England. 1969.

[5] Johnson KL. *Brit J Appl Phys*, 1958, 9, 199.
[6] Johnson KL, Kendall K, Roberts AD. *Proc R Lond A*, 1971, 324, 301～313.
[7] Chaudhury MK, Whitesides GM. *Science*, 1991, 253, 776.
[8] Woerdeman DL, et al. *Int'l J Adhesion & Adhesives*, 2002, 22, 257～264.
[9] Derjaguin BV. *KollZ*, 1934, 69: 2, 155.
[10] Derjaguin BV, Muller VM, Toprov YPJ. *J Coll Interface Sci*, 1975, 53, 314～326.
[11] Maugis D. *J Coll Interface Sci*, 1992, 150, 243～269.
[12] Bradley RS. *Phil Mag*, 1932, 13, 853.

第二十七章　量 热 方 法

27.1 简介

在物理化学中，表面吸附一般可以分为两大类：物理吸附和化学吸附。这两类吸附的原因和性质、表现虽有所不同，但都往往涉及表面的热效应。量热法作为一种基本的分析方法就正好满足了对这些热效应过程中焓变 ΔH 的测定要求，并从而可以推导出这一过程的自由能变 ΔG，熵变 ΔS。这一方面的研究最早可以追溯至 20 世纪初 Clarke、Bose 和 Hildebrand 等的研究工作[1—3]。

虽然在原子级别上研究表面组成和价键的存在状态目前有很多方法，如 ESCA，SIMS，SEM/EDX，EDXRF，Auger 电子能谱[4]以及 IGC，FTIR，NMR，XPS[5]等等。但是对于表面的化学性质，如果选用合适的试剂，量热法则是最佳选择之一，因为它可以对诸如吸附、脱附、浸透、溶解、混合、螯合、表面竞争吸附等一系列表面作用给予比较好的定量描述。

27.1.1　分类

根据测量热流途径的不同量热仪可以分为两类：热导测量式和绝热测量式。其中热导类的工作原理是测量样品池与参比池之间放出或流入的热量。目前该类型的主要代表就是 Tian-Calvet 型量热仪[4]。该类型量热仪在工作时，依靠其精确的电热控制单元，比较并弥合样品池与参比池之间的温差，温控精度可以达到 10^{-6}℃，感热下限 50～200 μJ。除不含两个样品池（测量/参比）之外，绝热型量热仪和热导型量热仪的工作原理基本相似。

按照量热过程分，量热仪又可以分为：

（1）分批量热仪（Batch Calorimeter），

（2）置换量热仪（Displacement Calorimeter），

（3）流动量热仪（Flow Calorimeter）[6—9]。

27.1.2 原理

分批式量热仪在测量不同组分时，每次都要求重新装料。这样在测量多个样品时，整个试验过程所耗时间会很长。因此，该类型量热仪目前使用较少，已经逐渐为置换式量热仪所取代。此外，置换式较之分批式，不仅需要的样品检测量少，还具有更好的保温能力，这无疑会提高其测量结果的精度。但是，该类型量热仪往往要求在常压下，并且在室温附近使用工作。这就极大地限制了其使用范围。而流动式量热仪刚好可以克服这个缺点。它可以在较为宽泛的温度范围和压力条件下工作。因而目前被广泛地应用于固—液，固—气和液—气等界面现象的研究工作中，并已取得一些很有意义的工作，后面的应用中将对此予以介绍。流动量热仪较之置换量热仪唯一的不足之处就是前者所消耗的样品检测量比较大，对于少量、贵重或者稀有的样品来说是不太适用的。但是，前者对一些具有较强腐蚀性和反应活性的样品仍然可以使用，这一点后者是无法企及的。

目前已经商品化生产制造的量热仪有 MICROSCAL、SETARAM 和 LKB 三大主要品牌[10]，其中 MICROSCAL 使用的频率最高。

其中最重要的部分就是直接和样品池接触的两个测温热敏电极，另外，还有两个嵌埋于金属护套（包裹在样品池外）中的参比电极。这 4 个电极连接到 Wheatstone 电桥上，保证了测量结果的精度。

原理图见第七章的图 7-3。

27.2 方法

27.2.1 物理吸附和化学吸附的区分

前面介绍了流动式量热仪的众多优点，这使得它被越来越广泛地应用于各个领域。目前，流动微量热量量热仪（FMC）主要可以实现以下 6 种测量方案：

（1）脉冲吸附；

（2）饱和吸附；

（3）同种吸附剂的多次脉冲注入吸附；

（4）连续递增的可逆吸附（物理吸附）或不可逆吸附（化学吸附）；

（5）逐步增加浓度至饱和吸附（确定等温吸附线）；

（6）周期性重复的吸附/脱附实验（用于观测表面变化）。

当体系由溶液转向纯溶剂载体时，物理吸附会因为脱附现象，从而在放热曲线上产生一个对应的吸热峰。理论上，当完全脱附时，吸附峰和脱附峰是一样的。此外，吸附峰的尖锐程度除吸附类型之外，还受到检测溶液流动速率、填充吸附物的粒子大小、填充密度的影响。

虽然,分批式量热仪也可以进行这一类测试,但是,当物理吸附和化学吸附同时发生的时候,分批式量热仪就无法对这两类吸附之间的热效应差异予以有效的区分。而FMC就显示了其优越性,因为:当这两类吸附作用同时发生时,只要它们的反应速度存在相对差异时,可以通过对热效应的时间记录予以区分。同样溶质在同样表面反复加入是一种确保实验可重复性,明确区分众多复杂因素(如吸附类型,表面杂质等)的重要手段[11]。

27.2.2 测定吸附热

1971年,Drago[12]和他的同事对简单有机物溶液之间的相互作用用量热法和色谱法给予了定量研究。研究发现:有机物溶液的混合热(ΔH)是可以按照电子供体/受体之间的Lewis酸碱作用预测的,即:

$$\Delta H_m = C_A C_B + E_A E_B \tag{27-1}$$

式中A和B分别表示Lewis酸和Lewis碱,E表示酸碱之间静电荷相互作用的倾向性,而C表示酸碱之间共价作用的倾向性。无论是C_A、C_B,还是E_A、E_B,都是假设以纯碘为基准的($C_A = E_A = 1.00$)。然后根据碘和诸如苯酚,烷基胺之类的Lewis酸碱作用确定其供体/受体参数的。

按照Drago的定义,溶质在(固体)粉末上的吸附可以很容易地用FMC测量出来。当发生物理吸附时,可以进行同一基底上一系列不同物质的吸附测试、比较,从而合理地估计出表面特性[13]。1984年,Fowkes提出聚合物的E、C常数可以用红外光谱的偏移量来测量[14]。随后,它又指出无机材料基底的E, C常数可以在使用高表面积粉末的情况下,依靠量热法和红外光谱偏移量测量出来。

1985年,Fowkes和Joslin接受了George Salensky的建议,率先将FMC于流体浓度探测仪联合使用[15]。通过测量参测碱(吡啶,三乙胺,乙酸乙酯)与α-Fe表面层的酸性FeOH之间的吸附热,流出测量池溶液的浓度,分析表层FeOH反应位的酸性强弱,并用作图取交叉点法确定了这些反应位的Drago的E和C常数。

当微型计量泵将参测碱溶液缓慢泵入已装入α-Fe氧化物粉末的样品池时,热敏电极感受到吸附放热峰,并通过一系列的电热信号转换最终成为数字信号以便观测。由于持续不断地泵入溶液,最终,多余溶液会通过紫外吸收探测得到浓度。这两个部分合用可以确定参测碱的摩尔吸附热(kcal/mol)。需要补充说明的是,Fowkes所使用的纯净α-Fe氧化物粉末在实验之前已经通过对Ar吸附的BET分析得出其表面积为9.9 m^2/g[15]。无论是吸附热曲线,还是紫外吸收曲线,都有一个中间跃升区,这是因为当稀碱溶液泵入样品承载床时,较强的酸性反应位会被首先中和,然后再是较弱的反应位。而前者释放出的吸附热要比后者高得多。因此，吸附热随时间的分布图能够较好地反映出物质表面的酸/碱反应位的分布状况。

从第七章的图 7-4 和图 7-5 中可以看到：紫外吸收图谱中空床与填充吸附剂床相比，前者的浓度跃升速率明显高于后者，这两者之间的差异恰好反映了吸附剂（α-Fe）对吸附质（3 种参测碱）的吸附量。而对单位面积吸附量的比较中，我们可以看出：浓度不同，单位面积吸收速率也不同。同样条件下，Fowkes 用不同浓度的吡啶溶液作 FMC 观测，结果发现：溶液浓度越高，单位面积吸附量越多，但是所放出的吸附热越低[16]。

此外，Fowkes 还作了不同温度下的比较，并做出了 Langmuir 等温吸附线[15]。

由等温线可以求出吸附平衡温度系数，进而用 van't Hoff 方程确定吸附焓。用这种方法预测出的吸附热是－7.2 kcal/mol，这与 FMC 测试的浓度中点对应的吸附热－7.0 kcal/mol 非常相近，意味着 FMC 测量吸附热可以更加便捷、直观地进行测试。

27.2.3 确定 Drago 的 E 和 C 参数

当使用不同 C/E 比例的三类碱（吡啶，三乙胺，乙酸乙酯）时，可以得到不同的吸附热——单位面积吸附量曲线[15]。为了更加准确地比较，这里使用积分热。

选择单位面积吸附量为 1.1 μmol/m² 时的吸附热数据（三乙胺：－14.2；吡啶：－10.0；乙酸乙酯：－6.5 kcal/mol）作为 α-Fe 对该物质的吸附热。为了确定 α-Fe 表面的酸性反应位的 E、C 常数，将上述 3 种物质的浓度和吸附热代入公式(27-2)可以得到 α-Fe 表面的 E、C 常数[15]。

$$E_A - \Delta H_m / E_B - C_A (C_B / E_B) \qquad (27\text{-}2)$$

本方法的特点是通过直线斜率得到 C_B/E_B（三乙胺：11.1；吡啶：5.47；乙酸乙酯：1.78），而通过截距给出了表面酸性反应位的 E、C 常数。

27.2.4 预测界面分子的构象

除了分析物质表面的相对酸碱强弱之外，FMC 也可以定性的分析预测吸附剂表面被吸附物质的分子构象。以二甲苯为溶剂条件下，正丁胺在铝表面的吸附最强，脱附最弱。而其他 3 个常见的醇在铝表面吸附所放出的吸附热以乙醇为最高，丁醇其次，十六醇最小（脱附热亦然）。当用 Fe 替代 Al，正庚烷替代二甲苯作溶剂再次作同样的实验时，发现吸附量大小：十六醇大于乙醇。这表明次甲基此时集中在吸附界面处[4]。

早在 1970 年，Groszek 在研究以庚烷为溶剂的长链烷烃溶液在石墨表面上的吸附时[16]，就曾经估计在表面形成了一层由长链烷烃分子紧密排列形成的单分子层。这一新奇的预测直到 20 多年后，才由 McGonigal, Morishe 等人分别通过 STM, X 光电子衍射予以证明[17, 18]。

当然，实际上流动微量量热法（FMC）的应用远远不止以上 4 点。它在分析生物活性[19]，能源利用[20]等很多领域正得到越来越多的使用。

27.3 小结

综上所述，由于流动微量量热法（FMC）可以灵敏地探测快速的热效应，甚至同时发生的相反的热效应，可以连续地观测吸附/脱附的影响等等，使得它已经成为量热学里的一种重要研究方法。

参考文献

[1] Clarke BM. *Phys Z*, 1905, 5, 154.
[2] Bose E. *Z Phys Chem*, 1907, 58, 585.
[3] Keys DB, Hildebrand JH. *J Am Chem Soc*, 1917, 39, 2126.
[4] Steinberg G. *Chemtech*, 1981, 11, 730.
[5] Fowkes FM. *J Adhension Sci Technol*, 1990, 4, 669.
[6] Ott JB, Simposka JT. *J Chem Eng Data*, 1996, 41, 987.
[7] Larkin JA, McGlashan ML. *J Chem Soc*, 1961, 1961, 3425.
[8] Savini CG, Winterhalter DR, Kovach LH, et al. *J Chem Eng Data*, 1996, 11, 40.
[9] Groszek AJ. *Nature*, 1958, 182, 1152.
[10] Groszek AJ. *Thermochimica Acta*, 1998, 312, 133.
[11] Templer CE. *Particle Size Anul Conf*, 1970.
[12] Drago RS, Vogel GC, Needham TE. *J Am Chem Soc*, 1971, 93, 6014.
[13] Fowkes FM, Mostafa MA. *Ind Eng Chem Prod Res Dev*, 1978, 17, 3.
[14] Fowkes FM, Tishcher DO, Wolfe JA, et al. *Polym Sci Chem Ed*, 1984, 22, 547.
[15] Joslin ST, Fowkes FM. *Ind Eng Chem Prod Res Dev*, 1985, 24, 369.
[16] Groszel AJ. *Proc R Soc London*, *B*, 1970, A314, 473.
[17] McGonigal G, Bernhardt C, Thomson RH, et al. *Appl Phys Lett*, 1990, 57, 28.
[18] Morishe K, Yakami Y, Yokota Y. *Phys Rev B*, 1993, 48, 11.
[19] Beanbien A, Keitn L, Jolicoeur C. *Appl Env Microbiology*, 1987, 53, 2567.
[20] Wang N, Sasaki M, Yoshida T, et al. *Coll Surf A*, 1998, 135, 11.

第二十八章　结晶溶解方法

28.1 简介

早在1813年和1885年，Wollaston[1]和居里[2]就曾经预测粉体固体的溶解度会大于粗糙的晶体，而Gibbs也认为这是一个有可能的问题[3]。由于在溶液中的化学反应通常伴随着固体反应物的溶解或者作为反应产物的固体沉淀析出，所以在固—液体系中表面能的作用就变得不仅对于固(胶)体粒子在溶液中的稳定性非常重要，而且对溶液中的分(离)子在固体表面的吸附和晶体生长的速度和形状都有着重要的影响和控制作用[4]。

对一个固液系统而言，界面自由能扮演着重要的角色，对一个固体在液体中的溶解而言，W. Ostwald[4]提出此时界面能与固体的尺寸之间可以用公式(28-1)进行描述。

知识链接

皮埃尔·居里(Pierre Curie，1859～1906)，法国物理学家、化学家。皮埃尔由父亲在家亲自教育，自小就在物理与数学方面展现过人才能，后于索邦大学完成学业；其中有关磁性的研究“居里法则”最为著名。皮埃尔·居里发现，具有磁性的物体会由于温度的升高而减少其磁性，而这样的研究后来成为所谓的“居里温度”，也就是包括铁在内的强磁性体失去磁性的温度。皮埃尔·居里后与玛丽·居里结婚，并且共同研究发射性元素镭与钋；皮埃尔由于接触过量的放射线，往往晚上成眠时都会因为剧痛而被惊醒，但他并没有因此放弃对放射能物质的研究；1903年，皮埃尔·居里与玛丽·居里由于发现放射性元素镭，而获得诺贝尔物理学奖。1906年4月19日，皮埃尔·居里在一场马车车祸中丧命。

$$\rho v \frac{RT}{M} \ln \frac{S_r}{S_x} = \frac{2\gamma_{SL}}{r} \tag{28-1}$$

其中ρ是密度，v代表1摩尔电解质形成的离子摩尔数，S_r代表固体颗粒尺寸半径为r

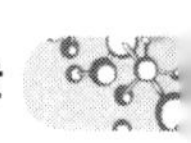

时的溶解度，S_{∞}是溶解度的标准值，R是气体常数，T是温度(K)，M是质量，γ_{SL}是固液间的界面张力。

但必须指出上述公式中仅密度一项的考虑是来自 Ostwald 的，而其他的考虑是出自 Freundlich Jones[7,8]、Dundon 和 Mack 的[9]。在许多场合公式(28-1)也被称为 Ostwald-Freundlich 公式[16]。

根据公式(28-1)，纳米颗粒相对于一般晶体会拥有更大的溶解度，它们在通常的水溶液中不会稳定存在，除非这个溶液本身是过饱和的，而其过饱和度往往远远大于实验中的临界饱和度。

由于采用不同的方法可以导致一个样品的表面性能不一致[10~15]，所以动力学方法也被认为是一种有效的方法，尤其是适用于结晶物质[16]。值得关注的是 Busscher 等曾经应用接触角技术测试了一个结晶体的氟磷灰石的表面能为 30 mJ/m^2[17]，这意味着通过结晶动力学的方法也可以测试固体的表面能[16]，而起源事实上是基于 Wollaston[1] 和 Curie[2] 的预测。

本章将通过基本的结晶和溶解现象，结合固—液界面的表面能在动力学控制上的理论和应用，还将结合表面能在动力学方面的控制作用和材料科学尤其是纳米科技方面的联系做一介绍。

28.2 结晶溶解方法的原理

28.2.1 Ostwald-Freundlich 公式的发展

固体在溶液中的溶解或晶体在溶液中生长是一个典型的固体—液体的界面反应过程，此界面现象在结晶过程中主要体现在临界过饱和的概念上。

晶核形成的过程中，由于固相作为一个新相(晶体)在原先单一的液相(过饱和溶液)中出现的同时产生了新的固体和液体之间的界面。而此时虽然从过饱和溶液中析出的固体是自发的能量下降过程 ($\Delta G < 0$)，但由于固体晶核的产生和随后的晶体生长也分别是固—液界面的形成和扩展的过程，所以界面的形成和增大将使得晶体—溶液界面的 Gibbs 总能量上升，即伴随着表面能的上升(见图 28-1)。

图 28-1 说明球形晶核在其生成过程中总的成核 Gibbs 自由能会出现两种情况：**一是**在晶核半径小于临界值 r^* 时，ΔG_S 项的上升幅度大于 ΔG_V 项的下降幅度，使成核总能量 ($\Delta G_N = \Delta G_V + \Delta G_S$) 随着晶核的长大($r$ 的增大)而上升 ($\Delta G_N/\Delta r > 0$)，从而使其成核成为热力学上的非自发的过程以抑制结晶；**二是**在晶核的半径大于 r^* 时，由于 ΔG_V 项的下降

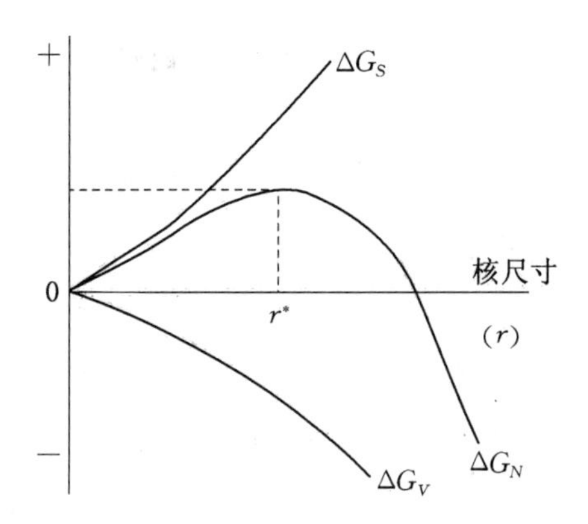

r^* 是指对于溶液中均相自发结晶所需要的临界尺寸（$\Delta G_N = \Delta G_V + \Delta G_S$）

图 28-1　结晶的总 Gibbs 自由能（ΔG_N）、体相能（ΔG_V）和表面能（ΔG_S）的变化和所成晶体和晶核尺寸（r）之间的关系

幅度开始大于 ΔG_S 项的上升幅度，晶核的进一步生长变为总能量下降（$\Delta G_N/\Delta r < 0$）的过程，从而实现自发的成核和晶体生长。其中的临界值 r^* 与表面能 γ_{SL} 之间的关系如公式(28-2)：

$$r^* = \frac{2\gamma_{SL}\Omega}{kT\ln S} \tag{28-2}$$

其中 Ω 是每个生长单元的体积。

表面能大的物质在相应的条件下其临界尺度往往相对较大。而在长期的研究总结中人们已经发现，难溶盐往往有着比可溶盐高得多的表面能[17]。因为溶解过程中一个合理的理解是，固体表面上的离子或分子和溶液中的水作用后脱离固体表面进入溶液体系，而这个界面反应也就是固—液界面的匹配，低的 γ_{SL} 也就意味着固体表面的离子或分子更容易脱离固体，水合后进入溶液相。一般来说，较大的 γ_{SL} 就相应有着较低的溶解度。

长期以来人们都认为晶体溶解是一个自发的反应过程，因为在溶解过程中晶体尺寸是随着反应的进行而缩小的，这个过程使晶体的表面积在溶液体系中的固—液界面也相应地减少。这反映在图(28-1)中相应的是表面能项（ΔG_S）的变化趋势是随着反应的进行而持续下降的。由于 ΔG_V 和 ΔG_S 两项均小于零，而溶解反应一般认为是自发进行的，所以在溶解过程中就没有类似于结晶过程中的临界条件。

有研究发现溶解是由晶体表面上所形成的蚀坑而开始的，而且这些蚀坑提供了溶解所需的位错和台阶[17]。当蚀坑在晶体表面形成时，光滑的表面变得粗糙，因为蚀坑的产生使固—液界面增加了，所以这个过程是体系的表面能（ΔG_S）上升的过程。随着溶解的进行，在蚀坑的扩展过程中，由这些溶解台阶所造成的界面积也将随着反应的进行而增大。所以，在溶解过程中，尽管晶体的体积和表面积是减少的趋势，但是在局部仍存在表面能上升的过程，从而出现了在表面能控制下的动力学临界现象[17]。

考虑到一个晶体的表面积——A，在固定的温度和压力条件下与其在溶解过程的溶液界面平衡，此时可以假设存在一个平均的表面张力——γ_{SL}：

$$dG = \mu_0 dn + \gamma_{SL} dA \tag{28-3}$$

或：

$$\mu = \mu_0 + r_{sl} \frac{dA}{dn} \tag{28-4}$$

进一步将公式(28-4)写成(28-5)：

$$\mu = \mu_0 + \frac{M}{\rho}\gamma_{SL} \frac{dA}{dV} \tag{28-5}$$

在此 μ_0 是晶体的整体化学势，V 是含有 n 个分子的体积。

倘若用 L 代表晶体的一个外界尺寸，则晶体的表面积 A 和体积 V 可以分别为 $A=\beta L^2$，$V=\alpha L^3$[16]，于是可以得到公式(28-6)：

$$\frac{dA}{dV} = \frac{2\beta L\,dL}{3\alpha L^2 dL} = \frac{2A}{3V} \tag{28-6}$$

上式中的 α 和 β 分别为晶体的体积和形状参数。

由于分子表面可以用 NA 来表达(N 是每个分子的颗粒数)，而分子体积 $V_m = NV = M/\rho$，因此公式(28-5)也可以改写为公式(28-7)：

$$\mu = \mu_0 + \frac{2}{3}\gamma_{SL} \frac{M\beta}{\alpha\rho L} \tag{28-7}$$

上式中的 $M\beta/\alpha\rho L$ 代表了特别表面的影响[16]。

倘若是在电解质溶液中，则化学势可以表达为：

$$\mu' = \mu'_0 + RT\ln a \tag{28-8}$$

其中 μ'_0 是标准的化学势，a 是溶液中电解质的平均活性。当颗粒足够大时，a 达到 a_∞。则公式(28-8)变成(28-9)

$$\mu_0 = \mu'_0 + RT\ln a_\infty \tag{28-9}$$

如果 μ 等于 μ'，则有公式(28-10)[16]：

$$\rho\frac{RT}{M}\ln\frac{a}{a_\infty} = \frac{2}{3}\frac{\beta}{\alpha}\frac{\gamma_{SL}}{L} \tag{28-10}$$

28.2.2 Ostwald-Freundlich 公式的应用

长期以来，虽然不乏批评[19~25]，但应用 Ostwald-Freundlich 公式来测试固体和液体之间的界面能一直是一个科学家和工程师所关心的问题[26~28]。而且，许多人还发现此公式的应用过程有许多不易之处，大致表现为：

(1) 溶解度与颗粒的尺寸大小密切相关，所以影响溶解度的有效测试[25]；

(2) 颗粒的形状与溶解度的关系非常密切、并影响溶解度的精确测试[25]；

(3) 从溶液中分离细小的颗粒非常困难，导致溶解度测试不宜[28]；

(4) 颗粒的纯度影响溶解度的测试结果[28]；

(5) 颗粒的预处理方式，如球磨等过程也影响溶解度的测试结果[29]；

(6) 电导方法似乎不能准确地反映溶液的浓度[24]。

表 28-1 给出了一些应用 Ostwald-Freundlich 公式测试得到的一些晶体物质的表面张力。

表 28-1 应用 Ostwald-Freundlich 公式测试得到的一些固体的表面张力

固体	表面张力(γ_{SL}, mJ/m^2)	参考文献
$CaSO_4 \cdot 2H_2O$	370	[9]
$CaSO_4 \cdot 2H_2O$	1 050	[7, 8]
$BaSO_4$	1 250	[7, 8]
$BaSO_4$	3 000	[30, 31]
$BaSO_4$	1 300	[7, 8]
$SrSO_4$	84	[32]
$SrSO_4$	1 400	[9]
CaF_2	2 500	[9]
ZnO	770±100	[33, 34]
CuO	690±150	[33, 34]
$Cu(OH)_2$	410±130	[33, 34]
NaCl	171	[35]

公式(28-11)被认为可以描述界面张力与溶解之间的关系[36~39]，

$$S_C \Delta G_{iL} = -2S_C\gamma_{iL} \doteq kT\ln S_\infty \tag{28-11}$$

其中 $\Delta G_{iL}(=-2\gamma_{il})$ 代表物质 i 的每个单位面积上自由能在水中的变量，S_C 是两个分子之间最小的有效接触面积，它取决于分子的尺寸和结构，但不能被直接测试得到，该值约在 0.3～0.5 nm^2[16]。

事实上，公式(28-11)与 Nielsen-Sohnel 公式也非常相似[40]。

但必须正视的事实是应用 Ostwald-Freundlich 公式测试得到的一些晶体物质的表面能的数值非常大，似乎超出了对这些物质的表面性能的理解。

28.3 晶体化和溶解过程与表面能之间的关系

形成晶体过程自由能的变化可以进一步从公式(28-12)得到，

$$\Delta G = -\alpha \frac{L^3 \Delta\mu}{V_m} + \beta L^2 \gamma_{sl} \tag{28-12}$$

其中 V_m 是分子体积。

由于 ΔG 对 L 的微分等于零而这是晶体形成过程的一个基本条件，所以可以即此条件得到公式(28-13)：

$$L^* = \frac{2}{3} \frac{\beta \gamma_{sl} V_m}{\alpha \Delta\mu} \tag{28-13}$$

由于其中

$$\Delta\mu = kT \ln\left(\frac{a_i}{a_0}\right) \tag{28-14}$$

其中 a_i 和 a_0 分别代表物质在溶液界面以及饱和状态的溶解活性，它们可以进一步描述为 $S = a_i/a_0$；所以上式也可以进一步描述为公式(28-15)如下：

$$\Delta G^* = \frac{4}{27} \cdot \frac{\beta^3 V_m^2 \gamma_{sl}^3}{\alpha^2 k^2 T^2 \ln S} \tag{28-15}$$

用 J 代表晶核的生长速率或单位时间、单位体积生长的晶核数，并用 Arrhenius 反应速率方程对上式进行描述，可以获得以下公式(28-16)：

$$J = A \exp\left(-\frac{\Delta G^*}{kT}\right) \tag{28-16}$$

而通过公式(28-15)和(28-16)可以进一步得到公式(28-17)：

$$J = A \exp\left(-\frac{4}{27} \cdot \frac{\beta^3 V_m^2 \gamma_{sl}^3}{\alpha^2 k^3 T^3 (\ln S)^2}\right) \tag{28-17}$$

对上式取对数则有公式(28-18)：

$$\ln J = \ln A - \frac{4}{27} \cdot \frac{\beta^3 V_m^2 \gamma_{sl}^3}{\alpha^2 k^3 T^3 (\ln S)^2} \tag{26-18}$$

根据公式(28-18)，在一个给定的温度，界面能可以通过 $\ln J$ 与 $1/\ln S^{-2}$ 作图显示的线性而获得[17]。

根据上述公式得到的一些无机物的表面张力的数据如表 28-2 所示。

事实上，对公式(28-18)进行微分如下也可以获得晶体的临界核尺寸[50]：

$$n^* = \frac{\mathrm{dln}\,J}{\mathrm{dln}\,S} = \frac{8\beta^3 V_m^2 \gamma_{SL}^3}{27\alpha^2 (kT\ln S)^3} \tag{28-19}$$

对一个无限扩大的晶体而言，其核成长过程的总表面能可以从公式(28-20)得到[59]：

$$\Delta G = 2\pi ar\gamma_{SL} - xkT\ln S = 2a^2\sqrt{\pi x}\gamma_{SL} - xkT\ \ln S \tag{28-20}$$

其中 x 是晶体的成长单元 $= \pi r^2/a^2$，而 a^2 是晶体成长单元的面积。若结合条件如 Gibbs 自由能与 x 的微分等于零，则公式(28-20)也可以用公式(28-21)表示，其中 x^* 是临界核尺寸。

$$x^* = \frac{\pi a^A \gamma_{SL}^2}{(kT\ln S)^2} \tag{28-21}$$

或：

$$r^* = \frac{a^3 \gamma_{SL}}{kT\ln S} \tag{28-22}$$

由此可以得到最大的 Gibbs 自由能的变量与表面张力之间的关系如下：

$$\Delta G^* = \frac{\pi a^A \gamma_{SL}^2}{kT\ln S} \tag{28-23}$$

公式(28-23)是一个描述二维晶体生长与表面能之间关系的经典模型[50, 60]。

表 28-2　基于公式(28-18)得到的一些无机物的表面张力[17]

化合物	γ_{SL} ($\mathrm{mJm^{-2}}$)	系数 A ($\mathrm{nuclel\ cm^{-3}s^{-1}}$)	所用方法
NH_4Cl	66	10^7	J，droplet
NH_4Cl	35		J，droplet
NH_4Cl	1.51	1	τ，conductivity
NH_4NO_3	47		J，droplet
NH_4SCN	37		J，droplet
$(NH_4)_2Cr_2O_7$	58		J，droplet
$K_2Cr_2O_7$	82		J，droplet
$K_2Cr_2O_7$	72		J，droplet
KH_2PO_4	2.4	10^3	J，visual

(续表)

化合物	γ_{SL} (mJ m^{-2})	系数 A (nuclel cm^{-3} s^{-1})	所用方法
NH_4I	15		J, droplet
NH_4I	0.45	1	τ, conductivity
KNO_3	57		J, droplet
$KClO_3$	56		J, droplet
$K_2SO_4 \cdot Al_2(SO_4)_3 \cdot 24H_2O$	3.0	10^2	τ, visual
$K_2SO_4 \cdot Al_2(SO_4)_3 \cdot 24H_2O$	50		
$NiNH_3SO_4$	8		τ, visual
$NiNH_3SO_4$	30		
$BaSO_4$	90		J, Microscopy (approx. 50 μm)
$BaSO_4$	107		J, Microscopy
$PbSO_4$	81		J, Microscopy
$SrSO_4$	72		J, Microscopy
PbC_2O_4	109		J, Microscopy
$MnCO_3$	81		J, Microscopy
$SrCO_3$	90		J, Microscopy
TiBr	60		J, Microscopy
TiCl	31		J, Microscopy
$PbCrO_4$	134		J, Microscopy
$PbCrO_4$	139		J, Turbidimetric
$AgBrO_3$	43		J, Microscopy
$AgCH_3COO$	30.4		J, Microscopy
$AgCH_3COO$	47		J, Microscopy
Ag_2SO_4	65		J, Microscopy
$CaCO_3$	280		
$CaCO_3$	19.5		
$CaCO_3$	205		Lable
$CaCO_3$	100	10^{15}	J, Microscopy

28.4 小结

在许多场合，上述方法也被认为是动力学方法[17]。但必须指出的是虽然结晶和溶解过程确实属于动力学过程，由于上述公式中并未引入时间函数，所以不能将此方法理解为动力学方法。此外，一些报道的数据似乎互相之间也有矛盾[17]。

参考文献

[1] Wollaston WH. *Phil Trans*, 1813, 103, 57.

[2] Curie P. *Bull Soc Min*, 1885, 8, 145.

[3] Gibbs JW. *Collected Works*, vol 1. Yale University Press, 1948.

[4] Ostwald W. *Lehrbuch der Allgemeinen Chemie*, 2, Engelmann, Leipzig, 1896.

[5] Freundlich H. *Kapillarchemie*, Leipzig, 1909.

[6] Freundlich H. *Colloid and Capillary Chemistry*, E. P. Dutton and Company, Inc., New York, 1923.

[7] Jones WJ. *Zeitschr Physik Chemie*, 1913, 82, 448.

[8] Jones WJ. *Ann Physik*, 1913, 41, 441.

[9] Dundon ML, Mark E. *J Am Chem Soc*, 1923, 45, 2479.

[10] Hulett GA. *Z Phys Chem*, 1901, 37, 385.

[11] Hulett GA. *Z Phys Chem*, 1904, 47, 357.

[12] Berggren B. *Ann Der Physik*, 1914, 4, 61.

[13] Nielsen AE, Sohnel O. *J Crystal Growth*, 1971, 11, 233.

[14] de Jong HP, van Pelt HJ, Busscher HJ, et al. in: Frank RM, Leach SA Eds. *Surface and Colloid Phenomena in the Oral Cavity*. London: IRL Press Ltd, 1982.

[15] Jones WJ, Partington JR. *Phil Mag S*, 1915, 6, 39.

[16] Christoffersen J, Christoffersen MR, Kibalczyc W, et al. *Acta Odontol Scand*, 1988, 46, 325.

[17] Wu WJ, Nancollas GH. *Adv Coll Interface Sci*, 1999, 79, 229～279.

[18] Busscher HJ, De Jong HP, Arends J. *Mater Chem Phys*, 1987, 17, 553.

[19] Harbury L. *J Phys Chem*, 1946, 50, 190.

[20] Cohen E, Blekkingh JJA. *Z Phys Chem A*, 1940, 186, 257.

[21] Cohen E, Blekkingh JJA. *Proc Acad Sci Amsterdam*, 1940, 43, 32, 189, 334.

[22] Tourky AR, Wakkad SESEl. *J Phys Coll Chem*, 1949, 53, 1126.

[23] Balarev D. *Z Anorg Chem*, 1925, 145,122.

[24] Bikerman J. *J Phys Stat Sol*, 1965, 10, 3.

[25] Hiemenz PC. *Principles of Colloid and Surface Chemistry*, 2nd. New York: Marcel Dekker 1986.

[26] Adamson AW, Gast AP. *Physical Chemistry of Surfaces*. New York: John Wiley and Sons, 1997.

[27] Stumm W, Morgan J. *J Aquatic Chemistry*, 3rd. New York: John Wiley and Sons, 1996.

[28] Mullin JW. *Crystallization*, 3rd. Oxford: Butterworth-Heinemann. 1993.

[29] Wu W, Giese RF, van Oss CJ. *Powder Technol*, 1996, 89, 129.

[30] Hulett GA. *Z Phys Chem*, 1919, 37, 385.

[31] Hulett GA. *J Am Chem Soc*, 1905, 27, 49.

[32] Enustun BV, Turkevich J. *J Am Chem Soc*, 1960, 82, 4502.

[33] Schindler P, Althaus H, Hofer F, et al. *Helvetica Chim Acta*, 1965, 5, 1204.

[34] Schindler P. in: Stumm W Ed, *Equilibrium Concepts in Natural Water Systems*, Am Chem Soc, No. 67, 1967.

[35] van Zeggeren F, Benson GC. *Can J Chem*, 1957, 35, 1150.
[36] van Oss CJ, Chaudhury MK, Good RJ. *Adv Coll Interface Sci*, 1987, 28, 35.
[37] van Oss CJ, Chaudhury MK, Good RJ. *Chem Rev*, 1988, 88, 927.
[38] van Oss CJ, Good RJ. *J Macromol Sci Chem A*, 1989, 26, 1183.
[39] van Oss CJ, Good RJ. *J Dispersion Sci Technol*, 1996, 17, 433.
[40] Nielsen AE, Sohnel O. *J Crystal Growth*, 1971, 11, 33.
[41] Nielsen AE. *Kinetics of Precipitation*. New York: Macmillan, 1964.
[42] Sohnel O, Mullin JW. *J Crystal Growth*, 1982, 60, 239.
[43] Haberman N, Gordon L. *Talanta*, 1964, 11, 1591.
[44] Garten VA, Head RB. *Faraday Transaction*, *Chem Soc London*, 1973, 69, 514.
[45] Lundager HE, Madsen R, Boistelle. *J Crystal Growth*, 1979, 46, 681.
[46] Sohnel O, Garside JS, Jancic J. *J Crystal Growth*, 1977, 39, 307.
[47] Velazquez JA, Hileman OE. *Can J Chem*, 1970, 48, 2896.
[48] Walton AG. *Anal Chim Acta*, 1963, 29, 434.
[49] Sohnel O, Nyvlt. *J Coll Czech Chem Commun*, 1975, 40, 511.
[50] Nielsen AE. *Acta Chem Scand*, 1957, 11, 1512.
[51] Nielsen AE. *Acta Chem Scand*, 1961, 15, 441.
[52] Chatterji AC, Singh RN. *J Phys Chem*, 1958, 62, 1408.
[53] Moller P, Rajagopalan G. *Z Phys Chem*, *NF*, 1975, 94, 297.
[54] Moller P, Rajagopalan G. *Z Phys Chem*, *NF*, 1976, 99, 187.
[55] Kharin VM. *Zh Fiz Khim*, 1974, 48, 1724.
[56] Goujon G, Mutaftschiev B. *J Chim Physique*, 1976, 73, 351.
[57] Clegg G, Melia TP. *Talanta*, 1967, 14, 989.
[58] Prechshot GW, Brown GG. *Ind Eng Chem*, 1952, 44, 1314.
[59] Ohara M, Reid RC. *Modeling Crystal Growth Rates from Solution*. Englewood Cliffs: Prentice-Hall, 1973.
[60] Burton WK, Cabrera N, Frank FC. *Nature*, 1949, 163, 398.

第四篇　分子酸碱化学的应用

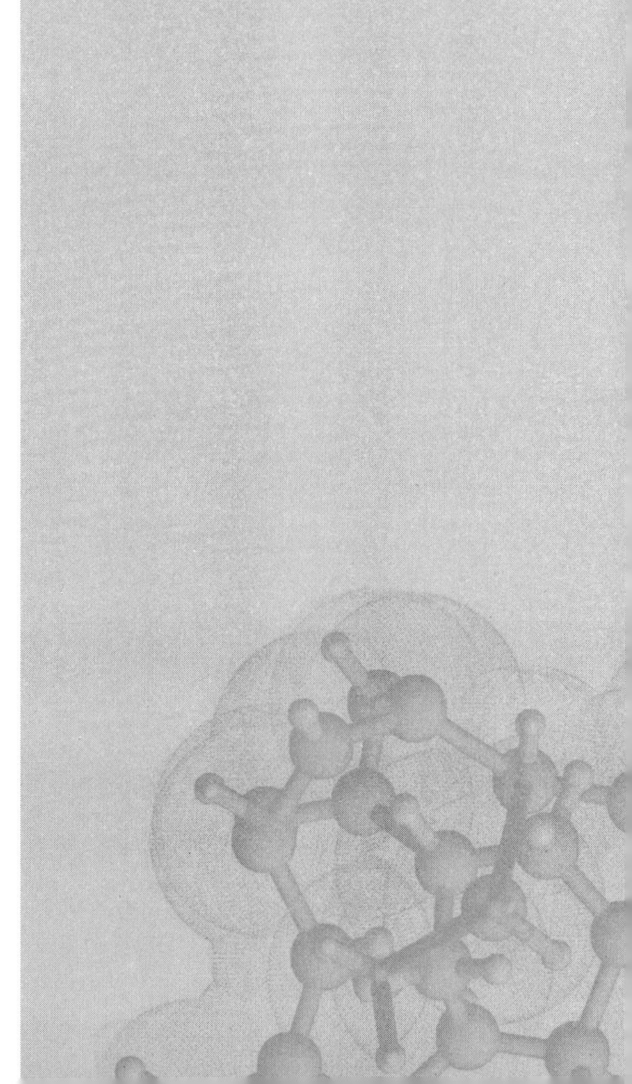

第二十九章　分子酸碱化学在有机化学中的应用

29.1 简介

酸碱化学在有机化学领域扮演着重要的角色，这主要是因为许多有机溶剂本身具有明显的酸碱化学特征，而大部分有机物质具有电子得失的结构，从而也反映出明显的酸碱化学特点。

29.2 有机溶剂的酸碱性能

如前面所介绍的，有机溶剂大都具有明显的酸碱特征，并且已经有许多基于不同酸碱标度的酸碱值报道[1~16]，所以在此不再进行叙述。

29.3 结构对有机物酸碱性的影响

29.3.1 诱导效应的影响

分子中键的极性是通过静电诱导并沿着分子链传递的作用叫做诱导效应。诱导效应对有机羧酸酸性的影响主要是由于其对羧基上碳原子所带电荷的影响，凡是能引起羧基碳原子上电子云密度降低的诱导效应都能使酸性增强，这种诱导效应是由吸电子基团引起的，因此又叫吸电诱导效应。凡是能引起羧基碳原子上电子云密度升高的诱导效应都能使酸性减弱，这种诱导效应是由供电子基团引起的，因此又叫供电诱导效应[17~20]。

在有机化合物中，吸电诱导效应的程度与取代基的电负性、取代基的数目以及分子链的长短有关，取代基的电负性越大、数目越多、分子链越短，吸电诱导效应就越强，则其酸性就越强。

表 29-1 说明在氯乙酸分子中，由于氯的电负性比较大，其吸电子能力就较强，所以使其羧基上的碳原子的电子云密度降低、即酸性增强；但如果乙酸甲基上的氯逐个被氢取代，则其酸性将进一步增强。

表 29-1　取代过程与酸碱性之间的关系

	CH_3COOH	$CLCH_2COOH$	$Cl_2CHCOOH$	Cl_3CCOOH
pK_a	4.76	2.86	1.26	0.63

诱导效应的传递是沿着 σ 键进行的，随传递距离的增加而迅速减弱，经 3 个原子后其诱导效应已变得很弱，间隔 5 个原子时，几乎观察不到诱导效应的影响。表 29-2 揭示了诱导效应在取代丁酸过程时对其酸性的影响。

表 29-2　传递距离与酸碱性之间的关系

	$CH_3CH_2CH_2COOH$	$CH_2ClCH_2CH_2COOH$	$CH_3CH_2ClCH_2COOH$
pK_a	4.82	4.52	4.06

有机物之所以显碱性，主要是由于它具有吸引质子的能力。诱导效应对有机物碱性强弱的影响也主要是通过改变其吸引质子的能力来实现。如以胺为例，它作为一种有机碱在水中呈碱性是因为胺中的氮原子上有一对未共用的电子，易与水解离出的氢离子通过配价键结合起来，形成带正电荷的铵离子，而水溶液中由于 H^+ 与氮原子结合后浓度减小，相对 OH^- 浓度增加，使溶液呈碱性[21]。

很明显胺的碱性强弱取决于氮原子吸引氢离子能力的大小。氮原子上的电子云密度越高，它吸引 H^+ 能力就愈大，碱性增强。因此，在胺分子中引入供电效应基团，能增加胺的碱性，如果引入吸电效应基团则会使胺的碱性减弱[22]（表 29-3）。

表 29-3　胺的碱性强弱与其氮原子吸引氢离子能力的大小之间的关系

	$(CH_3)_2NH$	CH_3NH_2	NH_3
pK_a	3.2	3.4	4.75

由氨和一元胺二元胺的碱性次序可以看出，胺分子所连烷基越多，具有的供电子能力越强，其碱性越强。

29.3.2　氢键的影响

在分子内形成氢键及氢键的溶剂化作用，都能够在很大程度上稳定酸离解中的负离子

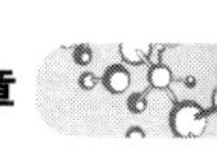

而增强其分子的酸性[23, 24]（图 29-1）。

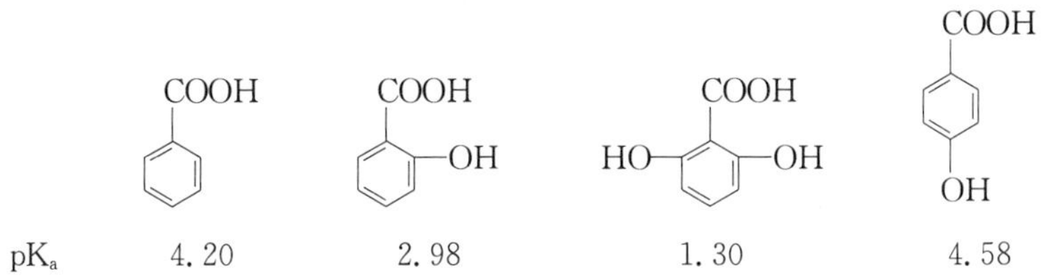

pK_a　　4.20　　2.98　　1.30　　4.58

图 29-1　氢键对酸碱性的影响

上例说明邻羟基苯甲酸酸性较高的原因是其相邻的基团发生了直接的相互作用，形成了分子内氢键，这既有利于 H^+ 的电离，又稳定了邻羟基苯甲酸负离子，所以导致其酸性增加。邻羟基苯甲酸有一个分子内氢键，其电离常数是苯甲酸的 16.8 倍。而 2，6-二羟基苯甲酸有两个分子内氢键，电离常数是苯甲酸的 800 倍。由于邻位上—OH 和羧基形成氢键的数目增多，所以更有利于羟基上 H^+ 电离、使负离子更加稳定，即增加其酸性。

对丁烯二酸有顺、反的两种异构体，其酸碱性能（K_a 值）如表 29-4[25]。

表 29-4　丁烯二酸的顺、反两种异构体的酸碱性

	$K_a(2)$	$K_a(1)$
顺丁烯二酸	1.20×10^{-2}	5.89×10^{-11}
反丁烯二酸	9.59×10^{-4}	4.17×10^{-5}

顺丁烯二酸的一级电离常数比反式大，而二级电离又比反式小，其结构表示如下：

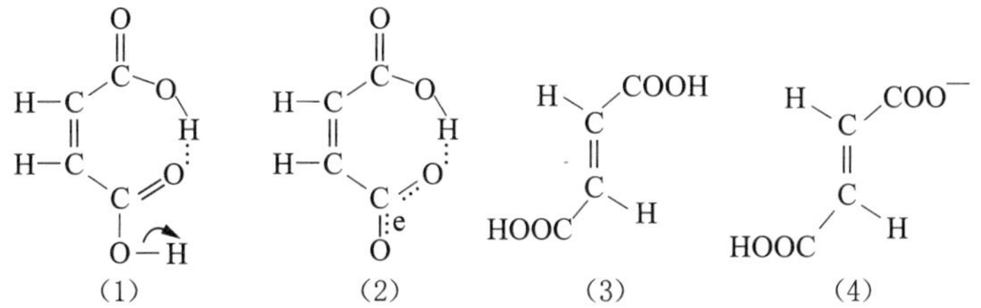

(1)　　(2)　　(3)　　(4)

图 29-2　顺丁烯二酸的结构与酸碱性之间的关系

因为顺丁烯二酸分子(1)负离子(2)中都存在分子内氢键，在反式中却没有。分子内氢键对分子(1)和负离子(2)都起稳定作用，而负离子(2)的氢键来自带负电荷的氢和羟基氢原子间的静电引力，显然(2)式更稳定，有利于顺丁烯二酸的第一个 H^+ 的电离，所以其一级电离常数比反式大。而顺丁烯二酸的二级电离常数比反式小，因为负离子(2)存在分子内氢键，电离出第二个 H^+ 时比反丁烯二酸负离子(4)更困难，所以其二级电离常数比反式小。

氢键的存在使有机物碱性降低，以甲氧基取代的苯胺为例，其 pK_b 值的变化如表 29-5 所示。

表 29-5 氢键对有机物酸碱性能的影响

	苯胺	邻甲氧基苯胺	间甲氧基苯胺	对甲氧基苯胺
pK_a	9.38	9.48	9.80	8.7

间甲氧基苯胺的碱性比苯胺弱，对甲氧基苯胺的碱性比苯胺强，这可从电子效应得到解释。由于存在空向位阻作用及形成分子内氢键，甲氧基苯胺的碱性比苯胺弱。由于氧原子活化了甲基中的C—H键，使C—H…N形成氢键，而降低了N原子上电子云密度，也就减弱N上接受质子的能力，因此，可以认为形成分子内氢键是邻甲氧基苯胺碱性减弱的原因之一。

29.4 杂化对有机物酸碱性能的影响

在有机化合物中，C(N、S、P等)原子上所连接的键愈是不饱和，则它的酸性愈强，碱性愈弱，例如：

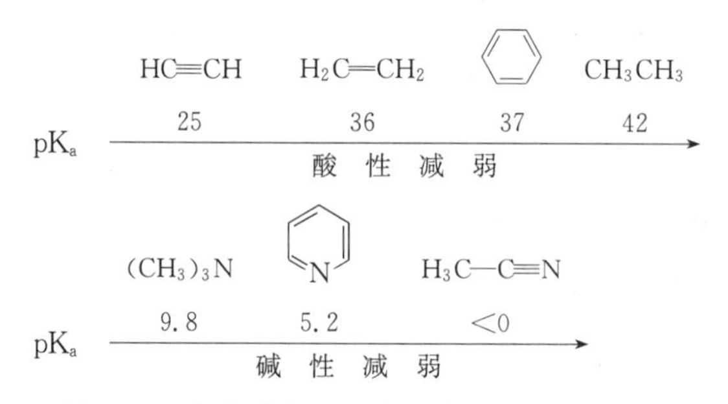

图 29-3 杂化对有机物酸碱性能的影响示意图

图 29-3 反映了酸碱性的变化结果是因为C和N的杂化状态不同而导致的，饱和碳原子和氮原子的价状态均为SP^3双键的价状态，因为SP^2三键的价状态为SP杂化，在这3种杂化状态中，S成分逐渐增加，而S亚层比P亚层更靠近原子核，所以原子核对它的吸引力较强，因此当与H原子结合成键时，其较易给出质子，因而使得酸性增强。

29.5 溶剂对有机物酸碱性能的影响

在有机物的酸碱性测定中，如果所用溶剂不同，即使是同一物质，其酸碱性往往有着明显的差异。溶剂对酸碱性影响的大小主要取决于溶剂的介电常数及溶剂对离子的溶剂化能力[26]。

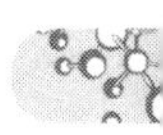

29.5.1 溶剂对有机物酸性的影响

对同种物质乙酸而言，在25℃测定其酸性时，所用溶剂不同，其pH的变化也是比较明显的，如表29-6所示[26]。

从表29-6可知，随着溶剂水量的减少，乙酸的电离平衡常数减小，酸性减弱。因为在不同的溶剂中酸的强度决定于溶剂的介电常数及溶剂对离子的溶剂化能力。水是一种介电常数大（25℃，e = 78.5）、溶剂化能力强的常用溶剂。由于水的较大的介电常数，使得存在于它里面的离子对之间的静电吸引力较小。成为离子后在溶剂中也较稳定，也就是说不容易重新结合成分子。另一方面，在溶剂中，由于水分子的极性使它能形成一个溶剂分子外壳，使离子得到稳定。同时，氢键也是使水具有强溶剂化能力的一个重要因素。在上面的溶剂中，溶剂化能力的强弱顺序是：水＞甲醇＞二氧六环。所以随着质子性溶剂用量的减少，酸的离解减小，溶剂化能力也减弱，酸性也减弱。

表29-6 不同溶剂中乙酸的酸碱值(25℃)

溶　剂	Ka	pKa
H_2O	1.76×10^{-5}	4.76
10%甲醇-90%H_2O	1.25×10^{-5}	4.90
20%甲醇-80%H_2O	8.34×10^{-6}	5.08
20%二氧六环-80%H_2O	5.11×10^{-6}	5.29
70%二氧六环-30%H_2O	4.78×10^{-9}	8.32
82%二氧六环-18%H_2O	7.24×10^{-11}	10.14

就不同物质的酸性比较而言，也要考虑测定酸性时的溶剂是否相同。例如，在水中$pK_a = 10$，苯酚的$pK_a = 4$，在非质子溶剂中，二者的酸性相近。

29.5.2 溶剂对有机物碱性的影响

胺类物质是典型的有机碱性物质。以胺类物质为例，在非质子溶剂和水中测得的碱性强弱顺序是不一样的。如在氯仿、乙腈、氯苯等非质子溶剂中，测得脂肪胺的碱性强弱顺序是：$R_3N > R_2NH > RNH_2$。原因是烷基是斥电子基，氨分子中的氢被取代得越多，则氮原子上电子云密度增加也越多，也就更容易与质子结合。其碱性也就越强。但在水溶液中测定时，其碱性强弱顺序为：$R_2NH > RNH_2 > R_3N$。

29.6 小结

从以上可以看出，有机物所表现出的酸碱性是多种因素相互作用的综合表现，在判断一种有机物的酸碱性时，应从多种方面来考虑。

参考文献

[1] Kamlet MJ, Taft RW. *J Am Chem Soc*, 1976, 98, 2886.
[2] Yokohama T, Taft RW, Kamlet MJ. *J Am Chem Soc*, 1976, 98, 3233.
[3] Kamlet MJ, Abboud JL, Taft RW. *J Am Chem Soc*, 1977, 99, 6027.
[4] Kamlet MJ, Abboud JL, Taft RW. *J Am Chem Soc*, 1976, 99, 8325.
[5] Kamlet ML, Abboud JM, Abraham MH, et al. *J Org Chem*, 1983, 48:2877～2887.
[6] Kamlet ML. *J Org Chem*, 1983, 48:2877～2887.
[7] Kamlet MJ. *Environ Sci Technol*, 1987, 21, 149～155.
[8] Kamlet MJ. *J Phys Chem*, 1988, 92:5344～5255.
[9] Kamlet MJ. *Environ Sci Technol*, 1988, 22, 503～509.
[10] Reichardt C. *Chem Rev*, 1994, *94*, 2319～2358
[11] Reichardt C Ed. *Solvent effects in organic chemistry*. Weinheim: Verlag Chemie, 1979.
[12] Marcus Y. In: *The Properties of Solvents*. John Wiley & Sons, 1998.
[13] Marcus Y. *Chem Soc Rev*, 1993, 409～416.
[14] Shen Q, Mu D, Yu LW, et al. *J Coll Interface Sci*, 2004, 275:1, 30～34.
[15] Swain CG, Swain MS, Powell AL, et al. *J Am Chem Soc*, 1983, 105, 502～513.
[16] Gutmann V. *The Donor-Acceptor Approach to Molecular Interactions*. New York: Plenum, 1978.
[17] 徐春祥. *基础化学*. 北京:高等教育出版社,2003.
[18] 尧正文,彭国胜. *酸碱理论的发展简史*. 上海:华东师范大学出版社,2004.
[19] 王运武. *有机化学*. 北京:高等教育出版社,1988.
[20] Cerofolini GF. *Chem Phys Lett*, 2002, 339, 375～379.
[21] Tuckerman ME. *Acc Chem Res*, 2006, 39, 151～158.
[22] Evank CR. *Environ Sci Technol*, 1998, 32, 2846～2855.
[23] 沈玲. 氢键对有机物酸碱性的影响,*安徽师大学报*, 1998, 21, 282～285.
[24] 张慷. *立体化学和有机反应历程概要*. 北京:人民教育出版社,1983, 82.
[25] Kawata M. *J Phys Chem*, 1996, 100, 1111～1117.
[26] 李善吉. 浅谈有机化学中的溶剂问题,*广东化工*, 2004(5):6～7.

第三十章　分子酸碱化学在无机化学中的应用

30.1 简介

酸碱化学对无机化学的影响可从起初的人们对化学的认识开始，这是因为许多无机物的离子转移直接涉及 pH 方法。

30.2 粘土的酸碱性能

除了少量的可溶性酸以外，粘土矿物大多数是土壤的酸，并以粘土胶体表面产生的酸的数量和形式最多。氢离子与铝离子吸附是土壤酸性的主要表现形式。粘土胶体表面在溶液中因为可以解离出 H^+ 而成为酸；而在粘土胶体表面吸附的铝离子与土溶液反应产生 H^+ 而使土呈酸性。硅氧四面体和铝氧八面体中因为置换所产生的负电荷吸附氢离子或铝离子以得到平衡从而呈现酸性；而硅酸盐晶体与硅或铝相连接的 OH 基团在一定条件下可电离出质子从而表现出酸性。游离的氧化铁和铝为了平衡表面所剩余的价键力而在水溶液中出现羟基化，这在一定介质条件下会因为其表面的配位水合基的离解而出现质子，因而也是一种酸的行为。碱式盐是土壤中碱的主要来源。土壤中碱式盐主要以碳酸盐如：Na_2CO_3、$NaHCO_3$、$CaCO_3$、$Ca(HCO_3)_2$ 等为主。含碳酸钙的黄土的 pH 值是由碳酸钙的水解所决定的[3]。

层状硅酸盐粘土矿物被广泛应用于农业、化学、陶瓷、土木建筑及医药化妆品等领域，而它实际上也是影响陆地环境中化学物质行为的一个主要活性物质。表面酸性是粘土矿物的重要表面性质之一，它在矿物表面的吸附、催化及颜色反应等方面起着重要的作用。蒙脱石等带层电荷的膨胀性层状硅酸盐粘土矿物的表面酸性主要来自于阳离子周围的水分子的水解[1~3]。在不带层电荷的层状硅酸盐粘土矿物中，表面酸性研究最多的是高岭石，结晶边缘配位不饱和的铝显示 Lewis 酸性[4~7]，而结晶边缘的羟基(Si—OH，Al—OH)

在酸性条件下显示 Bronsted 酸性[8]。另一方面，自然界中的理想晶格中不带层电荷的层状硅酸盐粘土矿物也几乎毫无例外地带有极少量的层电荷。因此，与蒙脱石一样，结晶表面少量交换性阳离子周围的水分子通过水解也可产生 Bronsted 酸位。但结晶边缘在矿物总外表面中占的比例很小，交换性阳离子也只微量存在。因此测定矿物表面酸位数量可以推断是否存在其他酸性起源。最近的研究表明，不带层电荷的层状硅酸盐粘土矿物的表面酸性主要来自于粘土矿物的骨架结构本身，而且对于表面酸性的类型(Bronsted 或 Lewis)及酸位的分布位置也进行了探索。

Tanabe 对固体酸和二元氧化物的酸碱性曾经进行过描述，认为酸性的产生是由于在二元氧化物模型结构中负电荷或正电荷过剩所致并可以根据下述两个法则来进一步进行描述[9]：

(1) 一个金属氧化物的正价元素的配位数 C_1 和第二个金属氧化物正价元素的配位数 C_2 在混合时保持不变；

(2) 在二元氧化物中所有氧的配位数保持其主组分氧化物负价元素(氧)的配位数。

根据这两个法则所描绘的 ZnO_2-ZrO_2 模型有两种结构：一是 ZnO_2 为主氧化物的结构、而另一个则是以 ZrO_2 为主氧化物的结构。

必须指出上述描述的前提条件是二元化合物的酸性应是理想混合的，否则，只能部分地符合。

因此，二元氧化物的酸性依赖于制备条件，即：固体酸的酸量假定存在单个酸中心，即酸中心的数量强度用 Hammett 酸度函数(Ho)来表示：

Bronsted 酸：$Ho = pK_a + \log[B]/[BH^+]$

$pK_a = -\log K_a$

Bronsted 碱(指示剂)的浓度；$[BH^+]$：共轭酸的表面浓度

Lewis 酸：$Ho = pK_a + \log[B]/[AB]$

Bronsted 碱(指示剂)的浓度；[AB]：B 与 A 作用后生成 AB 的浓度。

30.3 催化剂的酸碱性能

许多化学反应都需要应用催化剂，但许多催化剂是无机物。因此，了解固体催化剂的酸碱性能就非常有必要[10]。催化剂的酸碱性能研究重点之一是测试固体表面酸碱活性中心，主要的方法有：酸碱滴定法、气体吸附法、光谱方法等。其中最常用的方法是酸碱滴定法，进一步又分成水溶液中滴定和非水溶液中滴定两种，以后者应用较多。

酸碱性与氧化还原性是金属氧化物催化剂的一个重要属性，常用吸附量热方法表

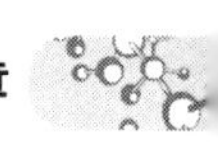

征[11, 12]。异丙醇探针反应也可以用来表征催化剂的酸碱性与氧化还原性。

对 Ce-Mo-O 和 V_2O_5/CeO_2 催化剂的酸碱性与氧化还原性及与表面结构和催化活性的关系研究发现[13]：有氧异丙醇探针反应能很好地表征 CeO_2：M_0O_3 和 Ce-Mo 催化剂的酸碱性和氧化还原性，而 Mo 主要呈现酸性特征、CeO:主要表现氧化还原性质。共沉淀制备的 Ce-Mo-O 催化剂具有氧化还原性质，而物理混合的 CeO_2-M_0O_3 催化剂由于 M_0O_3 的易分散性表现出酸性[14]。

应用 Drago 的酸碱方法如公式(30-1)所示：在溶液中形成酸碱加合物时放出的热 H_{AB} 可计算催化剂的酸碱参数。

$$H_{AB}=E_AE_B+C_AC_B \tag{30-1}$$

其中 E_A 和 E_B 分别是酸(A)和碱(B)的静电常数，C_A 和 C_B 为类似的共价常数。

对于一些化合物的 E 和 C 值可参阅文献。Martinez 和 Dumesic 使用不同的碱性分子为探针测量了固体酸上的吸附热，H_{AB}[15]，并根据已知的每个探针分子的 E_B 和 C_B 值计算了固体酸的 E_A 和 C_A 值。比如他们测试了 $Al_2O_3 \cdot 2SiO_2$ 的酸碱性能参数[15]。

30.4 羟基磷灰石等无机物的酸碱性能

认识无机物的酸碱性能在许多场合有着重要的意义，尤其是近来一些新型无机物的发展似乎与生命的起源有关。表 30-1 给出了一些无机物包括羟基磷灰石的表面和酸碱性能。

表 30-1　一些无机物的表面性能

材料	γ^{LW}/(mJm^{-2})	γ^+ (mJm^{-2})	γ^- (mJm^{-2})	γ_θ, γ_{sl} (mJm^{-2})	GK^c, γ_{sl} (mJm^{-2})	DK^c, γ_{sl} (mJm^{-2})	S_∞, γ_{sl} (mJm^{-2})	S_∞ (mol fraction)
NaCl[a]	40.0	1.5	55.0	−15.4			9.6～28.7	1.10×10^{-2}
CaF_2	39.8	0.1	6.7	+25.9	11.2		18.7～56.2	3.42×10^{-6}
CSD[b]	43.1	1.1	52.2	−13.8				
CSD	36.5	3.0	8.6	+15.9	4		12.2～36.7	2.72×10^{-4}
COM	32.4	0.6	25.1	+1.1	16.0	13.1		3.87×10^{-6}
Calcite[c]	40.2	1.3	54.4	−15.4				
Calcite	29.1	0.5	31.6	−4.4	9.0		17.5～52.5	1.24×10^{-6}
DCPD	26.4	1.6	31.7	−4.2	0.4	0.4	12.5～37.5	7.78×10^{-6}
OCP	21.6	2.2	19.7	+4.3	7.4	2.9	11.3～33.8	4.10×10^{-9}
HAP	36.2	0.9	16.0	+10.0	17.1	9.3	18.4～55.2	1.56×10^{-9}
FAP	32.4	0.6	9.0	+18.5	30.0	15	21.5～64.4	1.06×10^{-9}

注：γ^{LW}—界面 Lifshitz-van der Waals 力；γ^+—界面酸系数；γ^-—界面碱系数；Y_θ—基于接触角测试的界面张力；GK—基于结晶生长动力学的界面张力；DK—基于溶解动力学的界面张力；S_∞，γ_{sl}—基于溶解参数估算的界面张力。CSD—二水硫化钙；COM—单水草酸钙；DCPD—透钙磷石；OCP—磷酸辛钙；HAP—羟基磷灰石；FAP—氟磷灰石。

30.5 小结

人们对酸碱的认识和研究极大地促进了科学的发展，而酸碱理论被运用到无机化学领域，则引导了人们对无机化学的认识和判断无机化合物的性质以及反应。

参考文献

[1] Russell JD. Infrared study of the reaction of ammonia with montmorillonite and saponite. *Trans Faraday Soc*, 1965, 61, 2284～2294.

[2] Mortland MM, Raman KV. Surface acidity of smectites in relation to hydration, exchangeable cation and structure, *Clays Clay Miner*, 1968, 16:393～398.

[3] Rayssell JA, Serratosa JM. Chemistry of Clays and Clay Minerals. London: Mineralogical Soc, 1987, 371～422.

[4] Solomon DH, Rosser MJ. Reactions catalyzed by minerals, part I polymerization of styrene. *J Appl Polym Sci*, 1965, 9:1261～1271.

[5] Solomon DH. Clay minerals as electron acceptors and/or electron donors in organic reactions. *Clays Clay Miner*, 1968, 16:31～39.

[6] Lloyd MK, Conley RF. Adsorption studies on kaolinites. *Clays Clay Miner*, 1970, 18:37～46.

[7] Thengb KG. Mechanisms of formation of colored clay-organic complexes, a review. *Clays Clay Miner*, 1971, 19:383～390.

[8] 吴德意."中性"粘土矿物对非水溶液中有机碱的吸附,*物理化学学报*,1997,13:978～983.

[9] 田部浩三,等著,*新固体酸和碱及其催化作用*.郑禄彬,等译.北京:化学工业出版社,1992.

[10] Tanabe K. *Solid Acids*, *Bases*. Kodansha, Tokyo and Academic Press, 1970.

[11] Sinfelt JH. *Catalysis*. Springer, 1981, 1:20～25.

[12] Barthomeuf D. *Catalysisby Acids and Bases Studiesin Surface and Catalysis*. Amsterdam: Elsevier, 1985.

[13] Morooka Y. *Appl Catalysis A*, 1999, 323～329.

[14] Cardona-Martinez N, Dumesic JA. *Adv Catal*, 1992, 38:149.

[15] Besselmann S, Freitag C, Hinrichsen O, et al. *Phys Chem Chem Phys*, 2001, 3, 4633.

第三十一章　分子酸碱化学在环境科学中的应用

31.1 简介

环境化学与酸碱化学的关系非常密切，这不仅是因为世界气象大会，如 2009 年在丹麦首都哥本哈根举行的世界气象大会受到了全球的民众和高层的瞩目，更因为人类生活的环境如山、水、大气、土地、道路等都时时与酸碱化学有关。

31.2 土壤的酸碱性能

31.2.1 土壤的酸性

土壤酸化过程是由于土壤可以被认为是一个胶体体系，当它吸附的盐基离子被活性 H^+ 交换并进入土壤溶液后将使得土壤胶体上的交换性 H^+ 不断增加，并出现交换性铝，形成酸性土壤。土壤交换性 H^+ 的饱和度达到一定限度时就会破坏硅酸盐粘粒的晶体结构，使其中的 Al 转化为活性 Al^{3+}，并进一步取代交换性 H 而成为交换性 Al^{3+}。一旦这种反应发生十分迅速时，矿质酸性土以交换性 Al^{3+} 占绝对优势[2]。

酸性土壤可以分成两类：

第一类：土壤活性酸—扩散于土壤溶液中的氢离子所反映出来的酸度。用水浸提得到的 pH 值可以反应土壤活性酸的强弱；而用 KCl 浸提则可以得到 pH 值，除反映土壤溶液中的氢离子外，还反映由 K^+ 交换出的氢离子和铝离子显出的酸性。

由于水的 pH 通常大于盐的 pH，而 pH 水与 pH 盐的差值可以反映土壤盐基的饱和度，所以盐基饱和度高的土壤其 pH 水与 pH 盐的差值小；而盐基饱和度低的土壤，其 pH 水和 pH 盐的差值就大。测定土壤 pH 值时的水土比可以根据国际土壤学会推荐用的 2.5∶1。

第二类，土壤潜性酸—土壤胶体吸附的 H^+、Al^{3+} 离子，在被其他阳离子交换进入溶液

后，才显示酸性。

(1) 对强酸性土其交换性 Al^{3+} 与溶液 Al^{3+} 平衡，溶液中 Al^{3+} 水解显示酸性；在强酸性土中，交换性 Al^{3+} 大大多于交换性 H^+，它是活性酸如溶液中 H^+ 离子的主要来源，如：pH<4.8 的红壤其交换性 Al^{3+} 占到总酸度的 95%以上。

(2) 对酸性和弱酸性土，由于其盐基饱和度较高，所以交换性铝以 $Al(OH)^{2+}$、$Al(OH)_2^+$ 等形态存在。当其代入溶液后同样水解产生 H^+ 离子。由此可以设想到土壤的酸性起源是先有活性酸，再转化为潜性酸；而酸性的强弱又决定于潜性酸，主要是交换性 Al^{3+}。这意味着活性酸是潜性酸的一种表现。

土壤酸度的数量指标可以用以下方法获得。交换酸—土壤胶体吸附的氢离子或铝离子通过交换进入溶液后所反映出的酸度，用 1 mol/L 的 KCl(pH5.5～6.0)处理土壤，K^+ 交换出氢离子或铝离子，通过滴定得到酸度，单位是 mol/kg。水解酸具有羟基化表面的土壤胶体，通过解离氢离子后所产生的酸度。交换酸和水解酸从概念上讲其酸度的实质是不相同的，但水解酸的实际测定时，因用 pH 8.3 的 CH_3COONa，所以既可以测出羟基化表面解离的 H^+，也可以测出 Na^+ 交换出的氢离子和铝离子产生的交换酸度，此外还可以包括土壤溶液中的活性酸，因此测定的结果应该视为土壤的总酸度。

31.2.2 土壤的碱性

碱性土壤的形成机理是因为土壤中存在碱性物质，如 Ca、Mg、Na、K 的碳酸盐及重碳酸盐以及 Na^+，而碱性物质的水解反应则是碱性土壤形成的主要机理[3,4]。

影响土壤碱化的因素有：气候因素如干湿度和生物因素等天然因素和施肥、灌溉等人为因素。

土壤的碱性指标主要是总碱度，即土壤溶液中 CO_3^{2-} 和 HCO^{3-} 的总量，单位 Cmol(+)/L。土壤碱性是由 CO_3^{2-} 和 HCO_3^- 的水溶性强碱(Na、K、Ca、Mg)盐的水解产生的，其中 $CaCO_3$、$MgCO_3$ 的溶解度较低，产生的碱度有限。比如在正常 pCO_2 下，石灰性土壤的 pH 一般不超过 8.5。相比而言，Na_2CO_3、$NaHCO_3$ 及 $Ca(HCO_3)_2$ 为水溶性盐类，它们在土壤溶液中产生的碱度高，可以导致土壤的 pH 很高。

碱化度—钠碱化度或钠化率—土壤交换性钠占 CEC 的百分率(Exchangeable Sodium Percentage, ESP)，土壤碱化度分级如表 31-1 所示。

表 31-1 土壤的碱化度表示

ESP 5%—10%	10%—15%	>15%
轻度碱化	中度碱化土	强碱化土

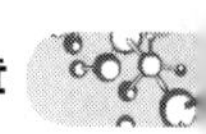

为此，碱化土有几种表示。盐土指土壤表层可溶性盐（以 NaCl、Na_2SO_4 等中性盐为主）超过一定含量（6～20 g/kg）。碱土指土壤碱化度达到一定程度，而可溶性盐含量较低，总碱度高，呈强碱性反应，并形成土粒高度分散、物理性质极差的碱化层。

31.2.3 土壤的酸碱缓冲

土壤中加入酸性或碱性物质后，土壤具有抵抗变酸或变碱而保持稳定 pH 的能力，这就是土壤的酸碱缓冲作用和缓冲性能。土壤的酸—碱缓冲原理主要是因为土壤中含有许多弱酸，如碳酸、硅酸、磷酸和腐殖酸等，而当这些弱酸与其盐类共存时就成为对酸、碱物质具有缓冲作用的体系。

31.2.4 土壤的酸碱性调节

酸性土的改良一般通过施用石灰 CaO、$Ca(OH)_2$、$CaCO_3$。由于在施用 CaO 或 $Ca(OH)_2$ 时，这些无机物不易与土壤混合均匀，容易使局部土壤的 pH 上升过高、影响植物生长，所以应过量使用这些化肥。也可施用石膏（$CaSO_4 \cdot 2H_2O$）、硅酸钙、硫磺粉和 FeS_2 粉以及有机肥，提高土壤空气中的 CO_2 浓度。

31.3 天然水的酸碱性能

获得水的酸碱性的最简单的方法是测水的 pH 值。在 20～25 ℃的范围内，水的 pH 是小于 7 的，也就是说显示偏酸性。但现代酸碱化学的一些研究发现水的酸碱性能可能还未能真正地被反映出来。比如二元参数体系对于水的酸碱系数的规定有 Gutmann 所提出水的酸碱系数比 AN/DN=2.91；Legon 和 Millen 的水的 N/E=2.0。这说明水应该是偏酸性的，而作者也曾经基于目前的文献提出水的酸碱系数比在 2.42 左右[5]。

31.3.1 天然水的酸度

天然水的酸度是指水中能与强碱反应（表现为给出质子）的物质的总量，用 1 L 水中能与 OH^- 结合的物质的量来表示。天然水中能与强碱反应的物质除 H_3O^+（简记为 H^+）外，常见的还有 $H_2CO_3^*$、HCO_3^-、Fe^{3+}、Fe^{2+}、Al^{3+} 等，后 3 种在多数天然水中含量都很小，对构成水酸度的贡献少。某些强酸性矿水和富铁地层的地下水中可能含有较多的 Fe^{3+}（含氧、强酸）或 Fe^{2+}（酸性、缺氧），这种成分在计算水的酸度上一般不可忽略。

实际应用过程，一般根据测定时使用的指示剂不同，可测试水的总酸度（用酚酞作指示

剂，pH 8.3)和无机酸度(又称强酸酸度，用甲基橙作指示剂，pH 3.7)。但如果构成水的酸度的成分比较复杂时，则各酸度所对应的物质含量难以确定，所以这时测试的只是一个总指标。对于比较清洁的天然水，可以认为其酸度就是由水中的强酸 H^+ 与游离的二氧化碳 $H_2CO_3^*$ 构成，而无机酸度只包含了水中的强酸物质，$H_2CO_3^*$ 未参与反应。总酸度则包括了强酸物质与 $H_2CO_3^*$ 的含量，但 $H_2CO_3^*$ 约反应了一半(生成 HCO_3^-)。总酸度和无机酸度的概念此时可用下列方程式(31-1、31-2)来表达：

$$\text{水的总酸度} = [H^+] + [H_2CO_3^*] - [CO_3^{2-}] - [OH^-] \quad (31\text{-}1)$$

$$\text{水的无机酸度} = [H^+] - [HCO_3^-] - 2[CO_3^{2-}] - [OH^-] \quad (31\text{-}2)$$

有文献在给总酸度定义时，把 $H_2CO_3^*$ 的反应终点定为 CO_3^{2-} 而不是 HCO_3^-，这需要定义反应终点 pH 大于 10.8，但这个值显然在强碱范围，因而这一概念不能被普遍采用。一般标准的测定水的总酸度的方法采用上述定义[3]。

31.3.2 天然水的酸碱性

天然水的酸碱性来源于其解离出的质子及与质子结合的物质，如 $CO_2 \cdot H_2O$、CO_3^{2-}、HCO_3^-、NH_4^+、NH_3、$H_2PO_4^-$、PO_4^{3-}、H_2SiO_3、$HSiO_3^-$、H_3BO_3、$H_2BO_3^-$ 等，在水中可形成酸碱平衡。在水溶液中 H^+ 有很强的电场，不能单独存在，一般都与 H_2O 结合为 H_3O^+，为了简便起见，在方程式中以 H^+ 出现：

$$CO_2 \cdot H_2O \rightleftharpoons HCO_3^- + H^+ \qquad pK_{a1} = 6.35 \quad (31\text{-}3)$$

$$HCO_3^- \rightleftharpoons CO_3^{2-} + H^+ \qquad pK_{a2} = 10.33 \quad (31\text{-}4)$$

$$H_2PO_4^- \rightleftharpoons HPO_4^{2-} + H^+ \qquad pK_a = 7.20 \quad (31\text{-}5)$$

由于上述平衡中 HCO_3^-、$H_2PO_4^-$、HPO_4^{2-} 等既可给出(电离)质子，又可结合质子所以它们具有酸和碱的特征。

上述这些平衡均可受水中 H^+ 浓度的影响。H^+ 浓度增加可使上述平衡向左移，H^+ 减少则平衡向右移。反过来说，则是水中酸碱物质的浓度比决定了水的 pH 值。由于一般天然水中所含酸碱物质主要是碳酸盐的几种存在形态，即 HCO_3^-、CO_2、CO_3^{2-}。在水中存在的平衡(1)与(2)是左右天然水 pH 值的平衡，其他平衡居次要地位。图 31-1 示出了天然水中几种常见酸碱的各种形态随 pH 的变化[3, 4]。

31.3.3 天然水的缓冲性

天然水具有维持本身 pH 值的能力称为缓冲性。其原因是水中存在以下 3 个可以调

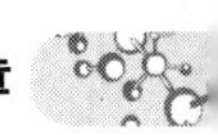

节 pH 值的平衡系统：

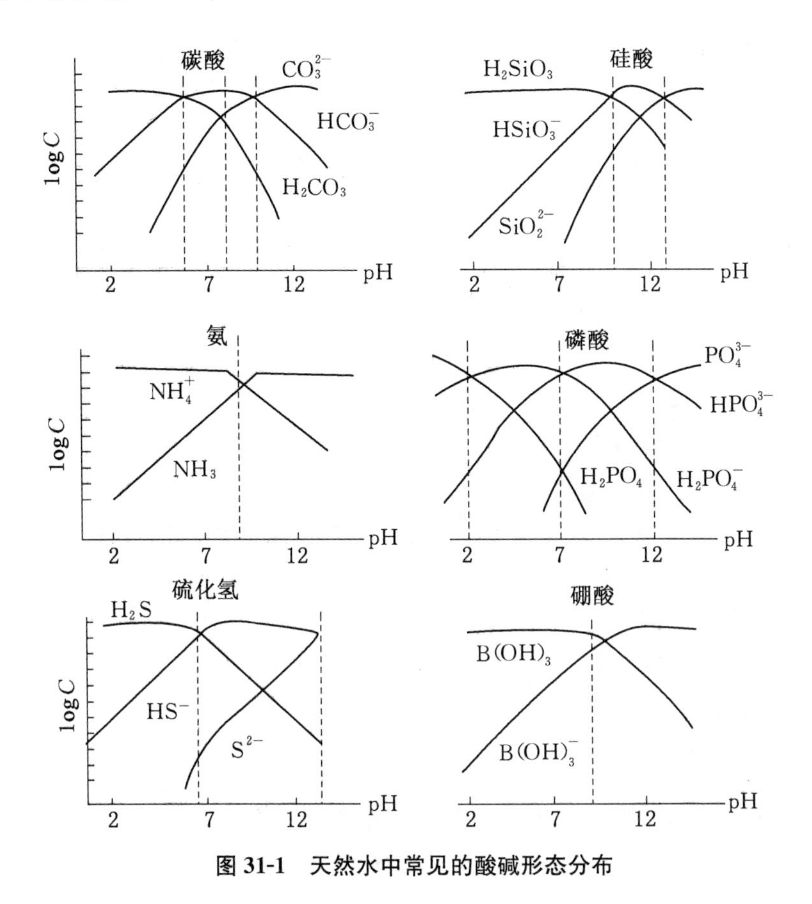

图 31-1　天然水中常见的酸碱形态分布

(1) 碳酸的电离平衡：天然水中存在碳酸的一级与二级电离平衡如下式所表示：

$$CO_2 + H_2O \rightleftharpoons HCO_3^- + H^+ \qquad pH = pK_{a1} + \lg\frac{C_{HCO_3^-}}{C_{CO_2}} \tag{31-6}$$

$$HCO_3^- \rightleftharpoons CO_3^{2-} + H^+ \qquad pH = pK_{a1} + \lg\frac{C_{CO_3^{2-}}}{C_{HCO_3^-}} \tag{31-7}$$

这两个平衡在水中一般都同时存在。pH＜8.3 时，可以仅考虑第一个平衡，pH＞8.3 时，则可仅考虑第二个平衡。在 pH 8.3 附近，两个平衡都应同时考虑。为此可采用下式表达：

$$2HCO_3^- \rightleftharpoons CO_3^{2-} + CO_2 + H_2O \tag{31-8}$$

由此可知，天然水的 pH 决定于水中 HCO_3^-/CO_3^{2-} 或 CO_2/HCO_3^- 的含量比。

(2) $CaCO_3$ 的溶解与沉积平衡：当水体系达到 $CaCO_3$ 的溶度积，且水中有 $CaCO_3$ 胶粒悬浮时，水中存在以下平衡：

$$Ca^{2+} + CO_3^{2-} \rightleftharpoons CaCO_3(固体)\downarrow \quad (31\text{-}9)$$

这一平衡可调节水中 CO_3^{2-} 浓度。水中 Ca^{2+} 含量足够大时，可以限制 CO_3^{2-} 含量的增加，因而也限制了 pH 的升高。

(3) 离子交换缓冲系统：水中的粘土胶粒表面一般都有带电荷的阴离子或阳离子，但多数为阴离子（粘土胶粒多数带负电）。由于这些表面带负电的基团可以吸附水中的阳离子（如 K^+、Na^+、Ca^{2+}、Mg^{2+}、H^+ 等），所以可以建立离子交换吸附平衡系统[6~9]。

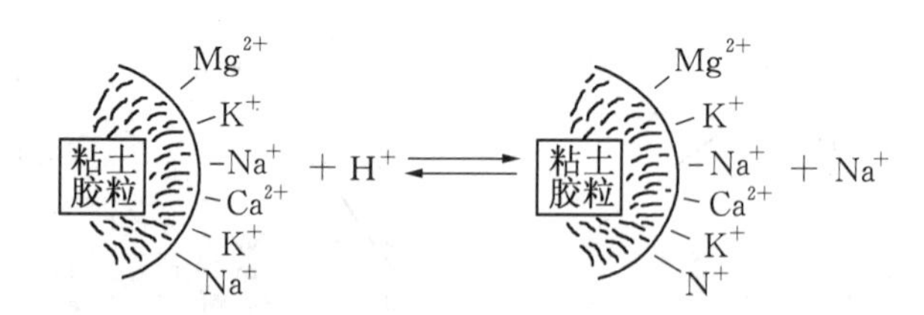

图 31-2　水中的粘土离子与水中的阳离子之间建立的吸附平衡系统

如果水中还有其他弱酸盐，比如硼酸盐、硅酸盐、有机酸类的盐等，也存在相应的电离平衡，这些平衡类似于水中的碳酸平衡，也可以调节 pH 值。

比较起来，由于水中 HCO_3^- 含量比其他弱酸盐大得多，水的缓冲性主要还是靠上述(1)、(2)两个平衡系统起调节作用[7, 8]。

海水中由于离子强度很大，可以在水中生成很多离子对，这对 pH 也有缓冲的作用。

31.4　大气的酸碱性能

31.4.1　大气降水的酸碱性

通常认为大气降水的酸碱性是受大气中的 SO_x 和 NO_x 的浓度大小控制的，但一些研究发现大气降水的 pH 值与这些物质的浓度大小无明显的关系、且与降水中的阴阳离子组成之间也无明显的关系，主要随大气中的 TSP 大气灰尘浓度的变化而发生明显且有规律的变化。因此，大气的 TSP 值不仅可以用来表示大气环境的颗粒污染物的污染程度，也可以用来反映大气降水的酸碱程度和解释大气降水的酸碱性成因以及预测预报大气降水的酸碱性能[10]。

大气降水的离子分析主要用阴离子 SO_2、NO_2、Cl、HCO 代表进入大气降水中的酸性物质，用阳离子 NH、Ca、Na、K、Mg、H 代表进入大气降水中的碱性物质。大气降水的酸碱程度也用 pH 表示，但以 pH 值低于 5.6 定为酸性大气降水。

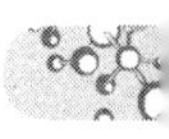

大气降水是水汽在大气环境中通过凝聚形成雨滴后自然降落到地面上的一种自然产物，大气中除水汽以外，还包括其他物质成分，如大气污染物质。大气中的颗粒物往往是水滴的凝聚核，因此大气降水的成分与性能必然反映大气环境的物质组成。pH 值是大气降水的一个重要指标。

31.4.2 大气降水的酸碱性原因

大气降水形成于大气环境，其物质组成必然与大气的物质组成相一致，或者说水的物质特性必然反映出大气环境的物质组成。降水的 pH 值与大气的 SO_x+NO_x 值关系不大而与 TSP 值关系极为密切，大气降水的 pH 值之所以受大气环境中的 TSP 值的大小控制，主要是因为 TSP 的物质组成是呈碱性的，它进入大气后与大气中的水汽、以及大气降水中的酸进行中和，当 TSP 的碱性强、含量高或水中的酸性弱时，水的 pH 值就比较高；当 TSP 的碱性弱、含量低或水的酸性强时，水的 pH 值就比较低[9~11]。

降水的 pH 值与大气中的 SO_x+NO_x 不具有一一对应的关系，这是因为 pH 值是降水的最终特性反映，也就是说它是大气中的所有物质进行化学反应的结果，而 SO_x+NO_x 仅仅是大气中的两种酸性物质组成，实际上还有许多其他酸性物质（如碳酸、盐酸等）。相反，大气的 TSP 则基本上囊括了全部的碱性物质。

31.5 小结

环境化学离不开酸碱化学是因为环境化学本身就是由酸碱化学构成的，酸碱化学在这方面的应用例子非常多，在此我们仅对环境的一些主要因素：水、地、气的酸碱化学特征进行了介绍。

参考文献

[1] Pearson RG Ed. *Hard soft Acids and Bases*, Dowden, Hutchinson Ross. Stroudsberg, Pa, 1973.
[2] National Research Council. *Medical and Biologic Effects of Environmental Pollutants*. Arsenic. National Academy of Sciences: Washington, 1977.
[3] 周雯，王连生. *中国环境监测*，2006，22(1).

[4] Matson SJ, Dafies SHR. *Environ Sci Technol*, 1994, 28, 1804.

[5] Shen Q. *Langmuir*, 2000, 16, 4394～4397.

[6] Shibata Y, Shibata K, Morita M. Chemodynamics of arsenic in marine environment. In *Comparative Evaluation of Environmental Toxicants*, Inaba J, Nakamura Y (eds). Kodansha Scientific: Tokyo, 1998;97～105.

[7] Romualdo B, Ann MR. *Mutation Research*, 1996, 371, 29～46.

[8] Phillips DJH, Richardson BJ, Murray AP. Marine Pollution Bulletin, 1992, 25, 200～217.

[9] 尚龙生,孙茜,徐恒振,等.*海洋环境科学*,1997, 16(1):16～21.

[19] Becke AD. *J Chem Phys*, 1993, 98, 5648.

[11] 彭定一,林少宁.*大气污染及其控制*.中国环境出版社,1991.

第三十二章　分子酸碱化学在生物医学领域中的应用

32.1 简介

细菌在固体表面粘附是感染过程重要的一步，与药品的修复植入相关[1, 2]。在食品工业上与食物的腐烂或致病性原因有关[3, 4]，但更普遍的是与生物膜的形成有关[5, 6]。许多研究表明控制这一现象的根本机理涉及范德华力相互作用、静电作用，但是与 Lewis 酸碱作用更为相关[7~9]。为了减少和防止微生物粘附所带来的负面影响，有必要知道除了微生物有机组织的物理化学表面性质外的其他因素，还知道它们的 Lewis 酸碱或者电子受体/给体特性。

有许多途径来获取关于微生物细胞电荷和疏水性的信息[10]，如基于接触角测量并结合 van Oss 组合定律[11]。

32.2 细菌的酸碱性能

微生物菌株和生长条件可以通过巴氏灭菌器的再生器热交换板中分离或由糖精炼厂进行分离得到。

通过对微生物细胞与单极性溶剂和非极性溶剂的亲和性对比，单极溶剂可以是酸（电子受体）或碱（电子给体），但两种溶剂都必须有 Lifshitz-van der Waals 表面张力组分，从而确定微生物细胞的酸碱性[12]。实验时一个在 1.2 毫升悬浮液体（磷酸钾缓冲液浓度为 0.01或者 0.1 mol/L，pH 值调为 7）中大约含有 10^9 个细胞的悬浮液与 0.2 毫升溶剂在观察下涡旋混合 90 秒。将混合物静置 15 分钟，以确保在取出 1 ml 样本时两相能完全分离，并在 400 nm 条件下测量光密度。

32.2.1 接触角方法测试细菌的表面张力和酸碱性能

细菌层经过标准的干燥时间后，用 1-溴萘、甲酰胺和水通过液滴接触角测试方法进行测量[15, 16]。细菌(B)的表面张力的 Lifshitz-van der Waals(γ^{LW})，电子受体(γ^{+})和电子给体(γ^{-})组分由 van Oss 等提出的方法进行估量。这种方法忽略分布压力的影响，表示如下：

$$\cos\theta = -1 + 2(\gamma_S^{LW}\gamma_L^{LW})^{1/2}/\gamma_L + 2(\gamma_S^{-}\gamma_L^{+})^{1/2}/\gamma_L + 2(\gamma_L^{-}\gamma_S^{+})^{1/2}/\gamma_L \qquad (32\text{-}1)$$

极性物质(i)的 Lewis 酸碱表面张力组分由公式(32-2)得到：

$$\gamma_i^{AB} = 2(\gamma^{-}\ \gamma^{+})^{1/2} \qquad (32\text{-}2)$$

用接触角方法所用的液体表面张力数据可以从许多文献中得到[14, 16~18]。

32.2.2 电泳迁移方法测试细菌的酸碱性能

电泳迁移测量中，细菌被悬浮在为 0.01 或者 0.1 mol/L 的磷酸钾缓冲液中，浓度约为 10^7 个细胞每毫升。悬浮液的 pH 值通过添加 HNO_3 或者 KOH 调节在 2～8 的范围内。

因为在不同悬浮液中细菌在溶剂/水界面有粘附行为，所以可以通过不同悬浮液中菌珠所表现出来的对酸性和碱性溶剂的不同亲和力进行测试。由于每个细菌粘附到正烷烃是相同的，而它们对其他溶剂的粘附性能不同，所以把细菌放到离子浓度逐渐增大的缓冲液中，不同细菌所表现出来的不同粘附行为使得人们可以基于溶剂的酸碱作用而认识细菌的酸碱性能。事实上，通过比较细菌在有相似的 van der Waals 性质的溶剂中的粘附行为，也可以认识它们的这一性能。

悬浮在磷酸钾缓冲溶液中的菌珠的电泳迁移率是 pH 值的函数，不同细菌在磷酸钾中的负电性可以表现出不同的等电位点，而其中的差异在于 pH 值不同。除了在 pH 为 7 时一些细菌的电泳迁移率几乎相同，在其他许多情况下一些细菌的负电性都是有变化的。

电子受体/电子给体，即 Lewis 酸和碱，在两种物质中的相互影响和作用被广泛地进行研究[19]。van Oss 对它们在极性介质特别是在液体介质中的作用做过讨论[9]，强调在这个体系中，酸碱反应经常以氢给体/氢受体(Bronsted 酸碱)反应的形式发生。然而，由于 Bronsted 模型是 Lewis 模型的一个子集，所以后者更可取、也用得较多[19]。根据 van Oss[9, 19]，应用在各种界面的亲水性斥力和憎水性吸引力，理论上是由于 Lewis 酸碱反应引起的。非极性作用或者 Lifshitz-van der Waal 作用通常只起较小的影响。因此确定微生物细胞的电子给体/电子受体性质十分有用，这在许多研究领域很重要，并且也容易测量。

对比单极性溶剂(酸性或碱性)与非极性溶剂中微生物细胞的亲和力，由于两种溶剂都有相似的 van der Waals 性质，所以微生物的亲和力被认为是静电力、范德华力、Lewis 酸

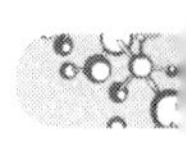

碱作用互相影响的结果,同样也是微生物粘附到固体表面的影响因素。因此,在没有静电力作用下观测到的微生物粘附到单极性和非极性溶剂的差异原因主要是酸碱反应的影响。

除了发现在极性和非极性固体表面有不同外,在细菌和悬浮液的研究中也得到相似的结果[20]。比如:在 0.1 mol/L 的磷酸钾缓冲溶液中两种菌珠的电迁移率均为零,说明没有静电力相互作用。因此,在这种介质中,细菌粘附到溶剂是由于范德华力和酸碱反应的共同作用[21]。

在 0.1 mol/L 的磷酸钾缓冲溶液中,细菌显示负电性,这与最近 van der Mei 等公布的结果是一致的[21]。这可能是由于相互间静电力互斥,加强了 0.1 mol/L 的磷酸钾溶液中三价碳的负电性。

对比不同溶剂对(氯仿/十六烷、乙酸乙酯/癸烷、乙醚/己烷)得到的结果,发现细菌在氯仿中呈现出高的亲和力,这说明细菌呈 Lewis 碱性;反过来,它们在碱性溶剂中的低亲和力是因为非常弱的 Lewis 酸性的缘故。这种碱性被归结于微生物表面存在羟基的原因。

32.3 蛋白质的酸碱性能

蛋白质是生物体的重要组成部分,不仅存在于一切生物体中,也被许多工业领域用来作为生物材料。从高等动植物到低级的微生物,从人类到简单的生物病毒,不仅都含有蛋白质,且都以蛋白质为主要组成部分。此外,生命现象、生理功能也往往通过蛋白质来实现。由于蛋白质分子具有的强大的生物活性,20 世纪以来蛋白质和 DNA 受到人们的广泛关注。蛋白质的氨基酸组成、序列、分子链的构象,以及高级结构等都成为研究重点。近年来,随着生物医用材料成为研究热点,生物医用材料与生物体内蛋白质的相容性问题使得人们对蛋白质表面能的研究越来越关注,因为生物医用材料与生物体内蛋白质的相容性不仅取决于材料特性,还决定于蛋白质的表面性能。

对于一些应用在生物医用设备中的生物医用材料,如动脉接枝、人造皮肤等,细胞在材料表面的生长繁殖是它们非常重要的性能[22]。但是,不管是在生物体中还是在实验室的试管中,细胞都不容易与人工的自由表面相互作用[23]。因此,对生物医用材料的表面改性已经被研究了好几年,以期能改变其被生物环境抵触的部分。研究认为,对血液中蛋白质的吸收是生物医用材料进入人体后的第一个也是最关键的一个步骤,而蛋白质的数量、类型和构象也决定着材料的医用效果[24]。所以,在材料表面进行蛋白质的预处理,利用蛋白质对材料表面进行改性,可以改善材料与细胞的相容性[24]。Karakecili 等曾经研究用 RGDS

多肽链的对壳聚糖薄膜进行改性,发现改性后的薄膜与细胞的相容性大大改善[24]。Alves 等用等离子体处理了以生物可降解的淀粉为基体的生物膜的表面,并进行了蛋白质的预处理[25]。

32.3.1 蛋白质的结构

天然的 α-氨基酸是蛋白质的基本结构单元 β, α-氨基酸既含有氨基(-NH),又含有羧基(-COOH),一个 α-氨基酸与另一个 α-氨基酸之缩合成水,而形成肽键(酰胺键),过肽键缩合形成多肽链。在蛋白质长链分子中的羰基和亚氨基(-NH)易形成许多的链间或链内氢键,这种氢键对于稳定主链构象具有重要作用。蛋白质的基本结构可分为四个层次,即一级结构(或初级构)、二级结构、三级结构和四级结构。

(1) 蛋白质的一级结构指组成蛋白质的肽链中氨基酸的排列顺序,及氨酸残基的种类、数目和连接方式;稳定蛋白质初级结构的主要作用力是肽键。

(2) 蛋白质的三维结构进一步分为二级结构、三级结构和四级结构。这些结构都属于蛋白质的空间结构。是指蛋白质中子和基因空间排列的分布和肽链的走向。只有蛋白质具有一定的三维结构时,蛋白质才表现出生物学功能。氢键对稳定蛋白质的二级结构非常关键,在蛋白质的三级、四级结构中,氢键也发挥着重要作用。

蛋白质的二级结构主要是指蛋白质的多肽链本身的折叠和盘绕方式。天然蛋白质主要是 α-螺旋结构,其次是 β-折叠结构。在 α-螺旋结构中,氨基酸残基围绕螺旋轴心盘旋上升,在形成蛋白质的肽链中,酰胺基团中含有羰基(羰基上的 O 原子电负性很大)又含有亚氨基(-NH-),H 原子带有正电性,彼此可以形成氢键。在 α-螺旋的空间位置上,同一条肽链的每个氨基酸残基上酰胺基团的亚氨基与它相邻的第四个氨基酸残基上酰胺基团的羰基很接近,可以形成氢键,虽然每个氢键键能都不大,但在螺旋体内形成的氢键很多,使 α-螺旋结构稳定存在。如图 32-1 所示。

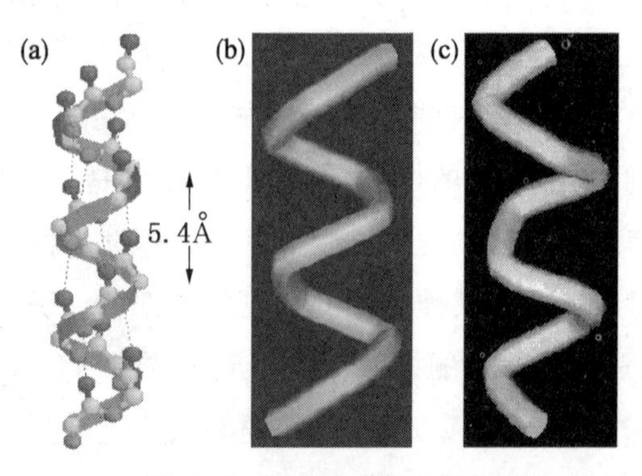

图 32-1 蛋白质的螺旋结构

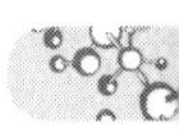

具有 α-螺旋结构的肽链是卷曲的棒状螺旋，而 β-折叠结构中的肽链几乎是完全伸直的，它由邻近的肽链以相同或相反的方向通过氢键平行地连接成片状的结构。β-折叠中的氢键是一条肽链上的亚氨基与另一条肽链上的羰基之间形成的，是链间氢键，如图 32-2 所示，而 α-螺旋是链内氢键。蛋白质的二级结构是由氢键来维持的。

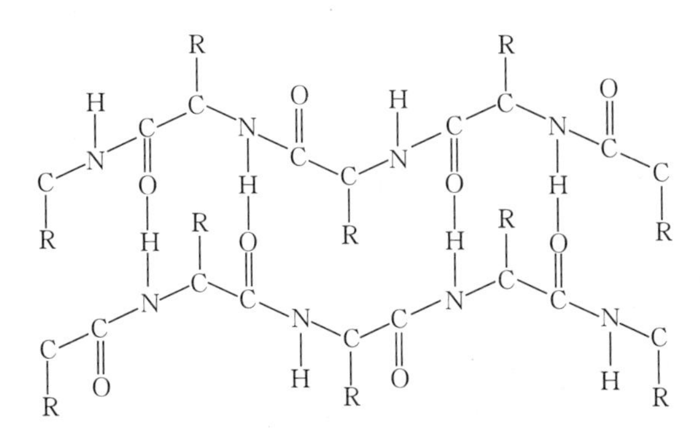

图 32-2　蛋白质的 β-折叠结构

蛋白质的二级结构进一步盘绕折叠形成了蛋白质的三级结构，它比二级结构更复杂和更精细。蛋白质的四级结构是指三级结构的肽链按照一定的方式聚合起来所形成的蛋白质分子的构象。维持三级与四级结构的作用力有离子键、范德华力、氢键、疏水作用等。

32.3.2　蛋白质的性能

32.3.2.1　蛋白质的表面性能

水溶液或混合溶剂中，自由扩散的氧诱导质子的自旋—晶格松弛速率常数发生改变，这是蛋白质和葡萄糖典型的行为。蛋白质的这种现象使得利用核磁共振技术来表征蛋白质的表面成为可能。现在很多实验方法都集中于对溶液中的蛋白质配合体或者蛋白质多聚体在分子间相互作用时的接触点的测量，其中，核磁共振技术是常用的测量手段。

没有特殊的持久键合存在的条件下，在自由扩散的自旋电子和自旋核之间发生的电子—质子的偶极—偶极耦合，可用自旋分子的相对扩散和电子自旋的松弛模型来表示。当分子间的瞬间取向的长度发生变化时，质子自旋—晶格松弛速率常数的分析模型与那些用轮动扩散建立的分子内的偶极耦合模型不同。主要的区别就是，松弛方程中的光谱函数不是 Lorentzian 分布，而相当宽，而且顺磁中心对质子的顺磁性贡献对距离的依赖性很弱。这是因为对所有贡献的加和包含了一些瞬间距离的集合，其中有些瞬间距离能达到的极限是容器的大小，对分子尺度的数量级来说，这种极限相当于无穷。Ayant，Hwang 和 Freed

曾经分析了顺磁松弛速率常数对反应的贡献[26]。但是他们的分析有两个局限：(1)自由扩散的顺磁中心的电子自旋松弛时间 T_{1e} 可能会与目标分子的平移作用时间或轮动作用时间一样长；(2) T_{1e} 可能会和平移扩散作用时间一样短。第一种情况与以前实验中常用的硝氧基中心和金属中心有关系(式 32-3)；第二种情况与作为顺磁松弛溶剂的分子氧有关(式 32-4)。由氧分子中心发生偶极作用而诱导的对溶液中质子的顺磁贡献，如 Freed 给出的描述如下：

$$\frac{1}{T_{1k}}=\frac{32\pi}{405}\gamma_1^2\gamma_s^2h^2S(S+1)P\frac{N_a}{1\,000}\frac{[S]}{bD}\{j_2(\omega_S-\omega_I)+3j_1(\omega_I)+6j_2(\omega_S+\omega_I)\}\tag{32-3}$$

$$j_j(\omega)=Re\left[\frac{1+\frac{s}{4}}{1+s+\frac{4s^2}{9}+\frac{s^3}{9}}\right]$$

$$s=\left(\frac{b^2}{D}\left(i\omega+\frac{1}{T_{iS}}\right)\right)^{1/2},\ j=1,\ 2\tag{32-4}$$

其中[S]是顺磁性分子的浓度，S 是电子的自旋量子数，其中氧的自选量子数为 1。ω 是核自旋角动量或电子的自旋角动量 S 的拉莫尔频率；P 是常数，对于非键合的氢原子，P 等于 1；b 是核与电子自旋的接触距离；D 是扩散系数。T_{js} 是在 j 等于 1、2 时各自的电子自旋和横向松弛时间。氧的电子的松弛时间常数是 7.5 ps，所以磁力松弛分布接近 Lorentzian 的分布极限。在这种极限情况下，电子—核的耦合作用时间仅由很短的 T_1 时间决定。因为电子—核的耦合作用时间很短，而且对溶液的粘性很敏感，所以对每一个质子的自旋松弛速率常数的顺磁贡献与顺磁性分子的有效浓度 P[S]成比例。但松弛频率也与瞬间距离有关。

但上述理论模型是有局限性的，主要原因是模型假设相互作用的分子都是球形的。此外，该模型忽略了在静电偶极矩之间的分子力，也即忽略了蛋白质表面电荷的作用[26]。

32.3.2.2 蛋白质表面电荷对其表面能的影响

蛋白质分子在溶液中以两性离子的形式存在，而且分子链中很多氨基酸残基都带有一些极性的或非极性的带有电荷的侧链基团。这些侧链基团和主链上的电子离域造成了蛋白质肽链整体的带电性，而且电荷分布不均匀。

蛋白质的电荷分布对蛋白质的表面自由能产生影响，一些研究小组也研究了电荷分布对蛋白质表面能的影响机理[27]。

在具有顺磁性中心的分子(即具有自由基的分子)和质子分子的共溶溶液中，电子—质子的偶极—偶极耦合作用依赖于分子间的距离。这为分子间亲近性的表征提供了实验基

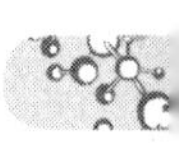

础。有很多研究小组已经把这一理论用来表征水溶液中溶剂与溶质以及溶质分子间的相互作用[28~29]。但是,若可以在溶液中使自由扩散的顺磁体带有电荷,则电荷会与其与蛋白质大分子的相互作用产生影响,使实验测量产生误差。这是因为,蛋白质分子表面静电电势的存在使分子间产生了静电场,而静电对分子间自由能的这种影响及对分子识别和蛋白质的功能都是决定因素。

蛋白质的表面电荷分布通过质子的自旋—晶格松弛速率来影响其表面能,进而影响蛋白质与其他物质之间的相互作用。但是,静电作用对核自旋的影响与稳定相的浓度因素对水溶性分子的影响不同(式 32-5)。

$$[S](r) = [S]_o e^{-\Phi(r)/k_B T} \tag{32-5}$$

式中,$\Phi(r)$是蛋白质的表面电荷和带电的顺磁性分子之间的平均作用势垒。因为电荷在蛋白质表面的分布是不均匀的,这使得顺磁性分子在蛋白质表面分布也不均匀。在与中性的顺磁性分子共溶时,蛋白质中质子自旋—晶格松弛速率与自由扩散的顺磁体的有效浓度成比例[31]。因此,通过比较带有正电荷、负电荷和不带电的顺磁中心对蛋白质的质子松弛速率顺磁性的影响,可以找到一种方法来测量蛋白质—水的界面上由带电基团引起的静电势能。在没有键合存在的条件下,顺磁中心的移动是纯扩散型的,顺磁性中心对质子自旋—晶格松弛速率的顺磁性影响可以定义为式(32-6、32-7、32-8)[29]:

$$\frac{1}{T_{1P}} = \frac{32\pi}{405}\gamma_1^2\gamma_s^2 h^2 S(S+1)\frac{N_A f}{1\,000}\times\frac{[S]}{hD}\{j_2(\omega_S-\omega_I)+3j_1(\omega_I)+6j_2(\omega_I+\omega_S)\} \tag{32-6}$$

$$j(\omega) = \frac{1+\frac{5z}{8}+\frac{z^2}{8}}{1+z+\frac{z^2}{2}+\frac{z^3}{6}+\frac{4z^4}{81}+\frac{z^5}{81}+\frac{z^6}{648}} \tag{32-7}$$

$$z = \left\{\frac{2\omega b^2}{D}\right\}^{1/2} \tag{32-8}$$

其中 N_A是阿伏加德罗常数,f 是空间因素,$[S]$是电子旋转的摩尔浓度,b 是电子旋转和质子旋转之间的距离,D 是相对扩散常数,ω 是电子(S)或者(I)的拉莫频率。上述公式说明:质子自旋晶格松弛速率常数的顺磁性影响与电子旋转浓度、移动作用时间成正比,与接触距离成反比。由于质子的自旋—晶格松弛速率常数的顺磁性影响与由静电势能引起的本征浓度或浓度差也成比例关系,因此有式(32-9)[30, 31]:

$$\Delta G_j^{AB} = -RT\ln\frac{\left(\frac{1}{T_{1j}}\right)_{\text{para}}^{\text{charge}A}}{\left(\frac{1}{T_{1j}}\right)_{\text{para}}^{\text{charge}B}} = zF\Phi j \tag{32-9}$$

其中 ΔG^{AB} 是由电荷 A 和 B 的不同引起的吉布斯自由能之差，F 是法拉第常数，z 是自由扩散的顺磁体所带的电荷差，Φ 是静电势能之差，j 代表测量中观察到的质子中心。对质子松弛速率常数的顺磁性的影响可以通过比较相同浓度的顺磁性溶液可抗磁性溶液的不同得到。尽管随着距离的增大，偶极—偶极耦合作用会迅速变弱，但是由扩散性移动来调和的分子间松弛对距离的依赖性要比由一定距离使得轮动扩散调和的分子内旋转松弛小得多。Teng 等[32, 33]研究发现，当带有电荷顺磁性分子靠近蛋白质分子时，质子的诱导松弛大部分发生在范德华力的作用距离 10 埃以内。顺磁性中心和电荷分布在顺磁性分子的两端，且两者距离大约为 10 埃。若顺磁性分子以带有电荷的一端接近蛋白质分子，则发现这种分子取向诱导的松弛很小。因此，他们认为，带有电荷的顺磁性分子都倾向于以自由基端接近蛋白质分子，并以这种取向诱导蛋白质质子的自选—晶格松弛速率，进而引起蛋白质表面能的静电偏差。顺磁性分子的这种取向还会将带有电荷的基团带入双电层的水溶液环境中，从而实现与蛋白质分子在水溶液中的共溶。尽管静电偏差不可能消除，但是自由基和电荷分布在两端的顺磁性分子引起的偏差要比自由基和电荷分布在同一端的顺磁性分子引起的偏差小得多。

运用式(32-9)可以推算自由能，但要结合三个数据：

(1) 带有正电荷的自由基和中性自由基的比较；

(2) 中性自由基和带有负电荷的自由基的比较；

(3) 带正电荷的和带负电荷的自由基的比较。

如果式(32-9)可以测得静电作用对自由能的贡献，则上面 3 个数据中的任何一个都可以得到一致的结果。

32.3.2.3　影响蛋白质表面能的其他因素

因为蛋白质的肽链在水溶液中以两性离子的形式存在，每一条肽链都有其等电点，所以每一蛋白质分子也都有其等电点。所以，溶液 pH 值的变化会影响蛋白质分子的存在形式，以致影响蛋白质分子链上的电荷分布，从而影响蛋白质的表面能。蛋白质有极其复杂的立体结构，氢键对稳定蛋白质的空间结构具有重要作用，一旦氢键被破坏，蛋白质的空间结构将发生改变，生理功能就会丧失。是氢键的形成让繁大的蛋白质分子拥有极为复杂的空间立体结构，从而具有自行繁衍生命的强大生命活性。另外，蛋白质分子有很多疏水空洞，这是因为蛋白质分子疏水链占据了不小的一部分，在水溶液中，疏水基团就会倾向于聚集在一起形成疏水键，远离水分子，外面则包以亲水性的基团。这样就使得蛋白质的分子

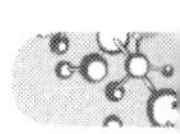

结构更加复杂[20~22]。

32.3.2.4　蛋白质改性生物医用材料的表面性能

有报道发现，材料的固体表面自由能在细胞与材料的接触过程中起着重要作用。与疏水性相比，细胞更喜欢在亲水性的表面上生长[23]。为了证实这一结论，在 Karakecili 等[24]的 RGDS 改性可聚糖薄膜的表面的实验中，改性前后的壳聚糖薄膜的表面能数据如表 32-1 所示。

表 32-1　蛋白质改性壳聚糖的表面和酸碱性能

表面参数	壳聚糖膜	RGDS 改性壳聚糖膜
θ_{air}(deg)	66.70±1.1	57.83±0.7
θ_{octane}(deg)	77.00±0.9	71.30±0.2
γ_{sv}^{p}(ergs/cm^2)	22.30±1.3	24.86±0.8
γ_{sv}^{d}(ergs/cm^2)	16.98±0.1	21.78±0.4
γ_{sv}(ergs/cm^2)	39.30±0.7	46.64±0.6
γ_{sw}(ergs/cm^2)	11.33±1.2	8.74±0.7
$FP=\gamma_{sv}^{p}/\gamma_{sv}^{p}+\gamma_{sv}^{d}$	0.56	0.53

由上表可以看出，RGDS 的加入使壳聚糖的表面自由能从 39.30 上升到 46.64(ergs/cm^2)。在随后的细胞生长实验中进一步发现，RGDS 的存在使得细胞在薄膜表面的生长繁殖数量增多。

Białopiotrowicz 和 Janczuk 曾经研究和报道了涂有牛血清蛋白的醋酸纤维素膜表面的酸碱性能[35]。他们首先研究了不同液体在涂有不同牛血清蛋白溶液浓度的醋酸纤维素膜表面的接触角如图 32-3 所示，发现这些接触角的变化明显受到液体酸碱性能的影响。

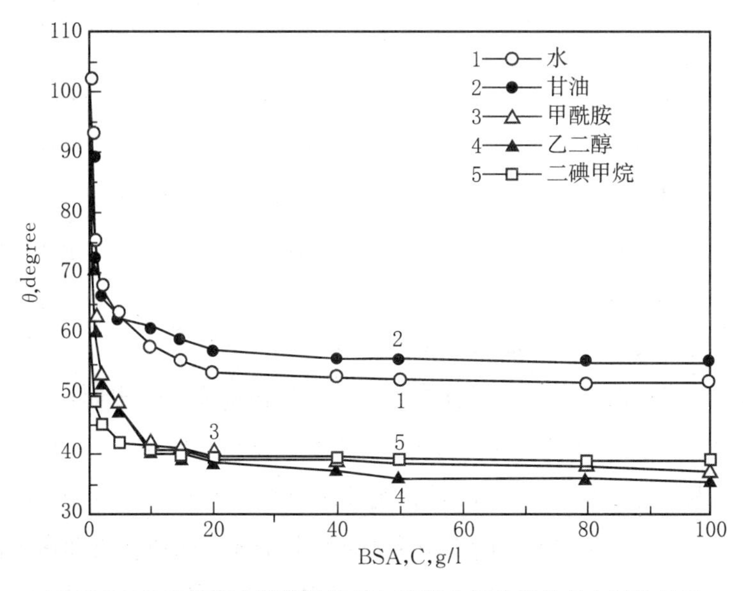

图 32-3　牛血清蛋白溶液的浓度与液体之间的接触角之间的关系

表 32-2 归纳了上述涂有牛血清蛋白质膜的表面接触角(稳态),其中的下标分别代表所用的不同液体。

表 32-2　归纳了上述涂有牛血清蛋白质膜的表面接触角(稳态)

生物材料	θ_W	θ_G	θ_F	θ_E	θ_D
醋酸纤维素	54.3	45	30.5		24
醋酸纤维素膜	102.2	98.1	93.2	90.2	62.1
干牛血清蛋白质	68	43.8	37		0
湿牛血清蛋白	35.7	48.5	31.1	32.1	39.2

而表 32-3 则进一步给出了上述蛋白质膜的表面和酸碱性能,其中干的膜的性质可以反映蛋白质的表面和酸碱性能。基于该表可知:干的蛋白质具有很高的表面能,主要原因是具有高的 Lifshitz-范德华力和呈 Lewis 酸性;而湿态蛋白质的表面能会明显下降,其主要原因是 Lifshitz-范德华力在液态时急剧降低,而此时蛋白质从 Lewis 酸性转变为 Lewis 碱性,使得 Lewis 酸碱反应能力迅速下降。由于该蛋白质溶液是水性的,这个发现实际上揭示了一个秘密,即蛋白质事实上在制备成水溶液时已经与水中的 Lewis 酸碱成分进行了 Lewis 酸碱反应。

表 32-3　涂有牛血清蛋白质膜的表面和酸碱性能

生物材料	γ_S^{LW}	γ_S^+	γ_S^-	γ_S^{AB}	γ_S
醋酸纤维素	39.44	1.17	20.48	9.79	49.24
干牛血清蛋白质	48.07	3.48	2.67	6.09	54.16
湿牛血清蛋白	28.90	0.01	63.57	1.88	30.78
牛血清蛋白吸附膜	30.38	0.27	46.74	7.06	37.44

因为蛋白质具有很好的生物活性,已被广泛地应用在医学领域的生物医用材料的表面改性上[35]。对蛋白质表面性能的深入了解对于解决众多生物问题尤其是分子识别问题是很重要的课题。世间各种生物的蛋白质各有不同,随着仿生学的发展,蛋白质研究会有更深的进展,而蛋白质也会得到进一步的应用。

32.3.2.5　人体血清蛋白的酸碱性能

生物材料领域将蛋白质吸附到聚合物表面做过广泛的研究。要明白这个吸附过程就要研究分子对吸附的影响,如界面的亲水性/憎水性。蛋白质吸附过程的主要影响因素是憎水性作用。静电作用也起到重要的作用,尤其在亲水性表面。另外,表面几何结构和形状也可能起到一定作用。蛋白质吸附也由于表面形状造成的构造变化和憎水性产生影响。其他的影响,如范德华力等的影响要小很多。将人体血清蛋白(HAS)吸附聚吡咯粉末固体

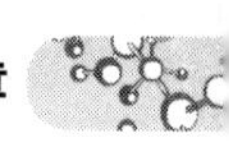

表面，通过对表面自由能和憎水性/亲水性的分析讨论蛋白质的酸碱性[22]。

热力学的粘附功 W 定义为：将两个接触表面分离，形成两个新表面时单位自由能的变化。在没有化学吸附和相互扩散的情况下，W 为表面自由能的变化，如式 32-10。

$$W = \gamma_1 + \gamma_2 - \gamma_{12} \tag{32-10}$$

其中：γ_1 和 γ_2 是组分 1，2 的表面自由能 γ_{12} 为界面自由能。

Fowkes 提出可逆粘附功 W 和表面张力 γ 的各个组分如下：

$$W = W^d + W^p + W^h + W^m \tag{32-11}$$

$$\gamma = \gamma^d + \gamma^p + \gamma^h + \gamma^m \tag{32-12}$$

其中：d、p、h、m 分别表示色散力、极性作用、氢键作用和金属键作用。

van Oss 等把酸性和碱性组分的概念引入到表面自由能中（γ^+ 和 γ^-），用于表征材料的酸碱性和 W^{AB}：

$$W^{AB} = 2(\gamma_1^+ \gamma_2^-)^{1/2} + 2(\gamma_2^+ \gamma_1^-)^{1/2} \tag{32-13}$$

其中 γ^+ 和 γ^- 可由已知表面自由能组分液体通过接触角测量。

因为 Young-Dupre 粘附功方程为：

$$W_a = \gamma(1 + \cos\theta) \tag{32-14}$$

将 10 mg 的聚吡咯粉末放入 10 ml 的 PBS（磷酸钾缓冲溶液，0.1 M，pH 为 7.4）中搅拌一整夜，悬浮液经离心分离得到所需固体颗粒，再将固体 PP_Y 颗粒加入到 10 ml 人体血清蛋白（HSA）的磷酸钾缓冲溶液中，测量浓度为 10～500 μg/mL 的蛋白质吸附量。蛋白质的吸附量用以下公式（32-15）计算得到：

$$M = (C_i - C_o)V_{soln}/m_{PP_Y} \tag{32-15}$$

M 表示 HAS 的吸附量（mg/g），C_i 和 C_o 表示起始和平衡时 HAS 的浓度（mg/ml）。V_{soln} 溶液总体积，m_{PP_Y} 为 PP_Y 粉末的质量（g）。

用液体接触角方法测试（20 ℃）静态、前进和后退接触角，则可以获得聚吡咯表面吸附人体血清蛋白的表面自由能如表（32-4）所示。

表 32-4　聚吡咯表面的液体接触角

	水			甘油	甲酰胺	二碘甲烷	a-溴萘
	静态	前进角	滞后角				
PPyCL	52.8±3.2	a	24±5	54.1±1.5	43.8±2.2	a	a
PPyDS	69.1±5.9	59±3	43.1±6.9	64.8±5.2	43.9±1.1	49±4	24.5±4.5
PPyTS	80±5	76.6±4.4	49±6	67.6±2.4	54.8±1.2	44±2	30.3±0.7

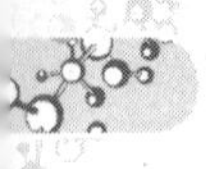

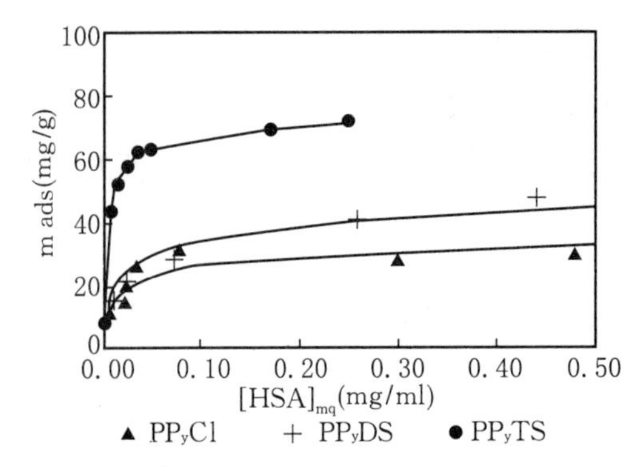

图 32-4 0.1 M，pH 为 7 的 PBS 中 PP_YDS、PP_YCL、PP_YTS 粉末对 HAS 的吸附

HAS 吸附到聚吡咯粉末的情况见图 32-4，HAS 的吸附量从 25～70 mg/g 不等。然而，最大吸附量是由聚吡咯粉末的本质决定的，发现 PP_YTS 对 HAS 的吸附量比 PP_YDS、PP_YCL 都大。

三种聚吡咯的 γ_S^{LW}、γ_S^+、γ_S^- 列于表 32-5。

表 32-5 聚吡咯和 HAS 的表面自由能组分

材料	γ	γ_S^d	γ_S^{AB}	γ_S^+	γ_S^-
PPyCL[a]	43.6	36.6	7.0	0.43	28.2
PPyDS[a]	41.1	34.8	6.3	0.87	11.4
PPyTS[a]	36.8	31.6	5.3	2.22	3.12
HSA[b]	41.4	41	0.4	0.002	20

该表的数据说明 3 种聚吡咯的酸碱性有如下变化趋势：

γ_S^-：$PP_YTS > PP_YDS > PP_YCL$

γ_S^+：$PP_YCL > PP_YDS > PP_YTS$

这说明 PP_YTS 的酸性比 PP_YCL 强，而 PP_YDS 的酸性位于中间。这进一步说明长的十二烷基链可能导致中性。但必须指出，与许多高分子表面相比，聚吡咯表面实际上酸性更强。

表 32-6 还说明 HAS 与聚吡咯作用的大多数重要性质是 Lewis 碱性，因为聚吡咯是酸性，导致了 PP_Y 与 HAS 的强酸碱作用。

聚吡咯与 HAS 相互作用表面的绝对亲水性和憎水性如表 32-6 所示：

表 32-6 PP_Y 与 HAS 的 ΔG_{1W1} 和 ΔG_{1W2}

材料	PPyTS	PPyDS	PPyCL
ΔG_{1W1} (mJ/m^2)	47	35.31	+0.26
ΔG_{1W2} (mJ/m^2)	46	29.6	7
HSA adsoption(mg/g)	70±10	35±5	25±5

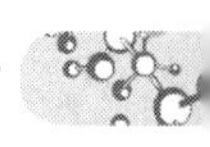

ΔG_{1W1}为负时表示憎水性，其值越负表示憎水性越强。物质的酸性越强，其表面的亲水性越大；物质碱性越强，其憎水性越大。从表 32-6 中可以看出，亲水性越强的聚吡咯对 HAS 的吸附量越强。而 ΔG_{1W2}为负，说明 PP_Y-HAS 作用的憎水性较强。

人体血清蛋白在聚吡咯表面的吸附在 pH 为 7.4 的条件下进行，测量值(25～70 mg/g)的范围由聚合物不同酸碱性决定。聚吡咯实际上是一种良好的蛋白质吸附剂，而对 HAS 的吸附是由各聚吡咯的酸碱强度决定的。

从各种聚吡咯的表面自由能组分可以看出：在 3 种聚吡咯中，PP_YCL 的碱性最大，而 PP_YTS 的酸性最强。HAS 的 γ_S^+ 约为零，在 PP_YTS 上的吸附量最大，这也说明其碱性。对亲水性/憎水性的分析可看出 PP_Y 为亲水性即酸性，人体血清蛋白为憎水性即碱性[35]。

32.4 中草药的酸碱性能

柿树叶为柿树科(Ebenceae)柿树属(Dispryosl)植物柿树的叶[36]。柿树为常绿或落叶乔木或灌木，生长在热带或温带，约有 6 属 450 种[2]。我国有柿树 2 属 50 多种[36]，主要分布在陕西、河南、山东和河北，年产柿子约 50 万吨，占世界总产量的 50%以上。

因为柿树叶具有延年益寿和防病抗衰的奇效[5]，所以有人将柿树叶干燥后泡制成具有抗氧化和降血压功能的柿树叶茶[36]。一般认为：柿树叶的提取物是一些有机酸、挥发油、生物碱、还原糖、多糖、鞣质、酚类、酮甙类、香脂精和丰富的维生素 C 等多种有效成分[36]。对其材料性能的研究表明柿树叶中纤维素的含量约 68.28%、半纤维素约 7.54%、木质素约 11.70%，其余的一些灰分及金属物质约占 12.48%[37]。

柿树叶的拉曼光谱如图 32-5 所示。

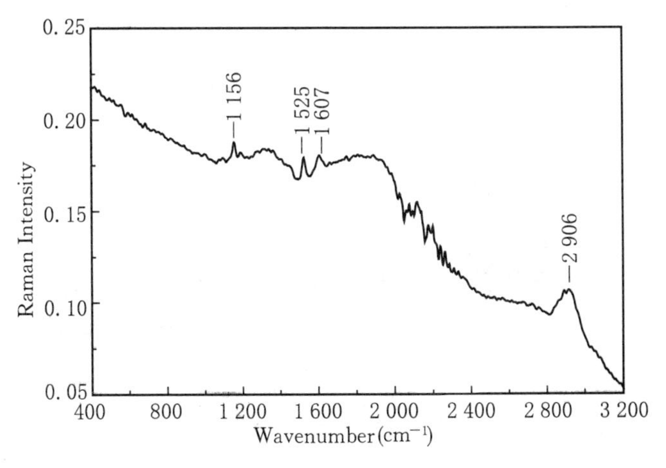

图 32-5 柿树叶的 FT-Raman 光谱[25]

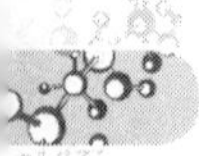

柿树叶的表面和酸碱性能如表 32-7 所示[38]，它的 Lewis 碱性大于 Lewis 酸性。

表 32-7 柿树叶的表面能和酸碱性能及与纤维素标样的比较[38]

样　品	γ_S(mJ/m^2)	γ_S^{LW}(mJ/m^2)	γ_S^{AB}(mJ/m^2)	γ_S^+(mJ/m^2)	γ_S^-(mJ/m^2)
纤维素※	57.26	55.07	2.19	0.02	56.16
柿树叶	68.52	57.40	11.12	0.70	43.82

※　纤维素样品为粉末状，代号 C8002，直接购自美国 Sigma 公司未经过任何处理。

32.5 右旋糖酐的酸碱性能

聚合物是一种拥有结构多样性和功能多样性的大分子。多聚糖(如只包括糖重复单元的聚合物)各种结构的出现是由 C-原子结构的立体化学、糖苷连接的区域性化学和分支模式导致的。除了从不同的植物[39]中分离出这些聚合物，各种真菌和细菌也可以合成多聚糖。

对于医疗和工业应用的、通过菌链产生的最重要的多聚糖是右旋糖苷，这是一系列中性聚合物，包括一个 α-(1→6)连接的 d-多聚糖主链，菌种不同，主链上的各种支链也不同。图 1 显示了在 2-，3-和 4-位置有支点右旋糖苷的 α-(1→6)-连接的部分葡萄糖主链。右旋糖苷中，α-(1→6)的结合可能从占总糖苷链的 97%变化到 50%。α-(1→2)，α-(1→3)和 α-(1→4)连接时表现出平衡，这通常限定为支链[40]。不同的菌链能够合成主要来自于蔗糖的右旋糖苷。1861 年，Pasteur 发现粘性细菌；1878 年，被 van Tieghem[41, 42]命名为肠系膜明串珠菌。Scheiblerm 命名这种孤立的碳水化合物为“右旋糖苷”。调查显示，右旋糖苷可以由大多数只有几克的几个细菌链形成，这些菌链是一种功能性的厌氧性生物，比如明串珠菌和链球菌链[43]。

商业性产品随着各种工厂的建立应运而生，每年全球生产 2 000 吨[44]。由于右旋糖苷在水和各种其他溶剂中相同的溶解度(如二甲基亚砜和甲酰胺)、生物兼容性以及在某种物理环境中的降解能力，它已成功地应用于医疗和生物医疗领域[45]。

右旋糖苷可以通过聚合反应来设计结构和改善特性。右旋糖苷同性聚合物的结构包括 d-多聚糖单元，无任何相关缺点和相似分子量分布的右旋糖苷样品的可用性，对于做化学改性是非常有利的。除了产物从纤维素和淀粉获得以外，右旋糖苷衍生物可以引入相同的功能基团，由于多聚物链和 3 个次级羟基基团结构的不同而导致性质的不同，多功能右旋糖苷衍生物可根据取决于引入取代基的可调节特性制备。

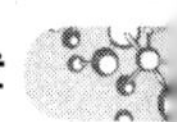

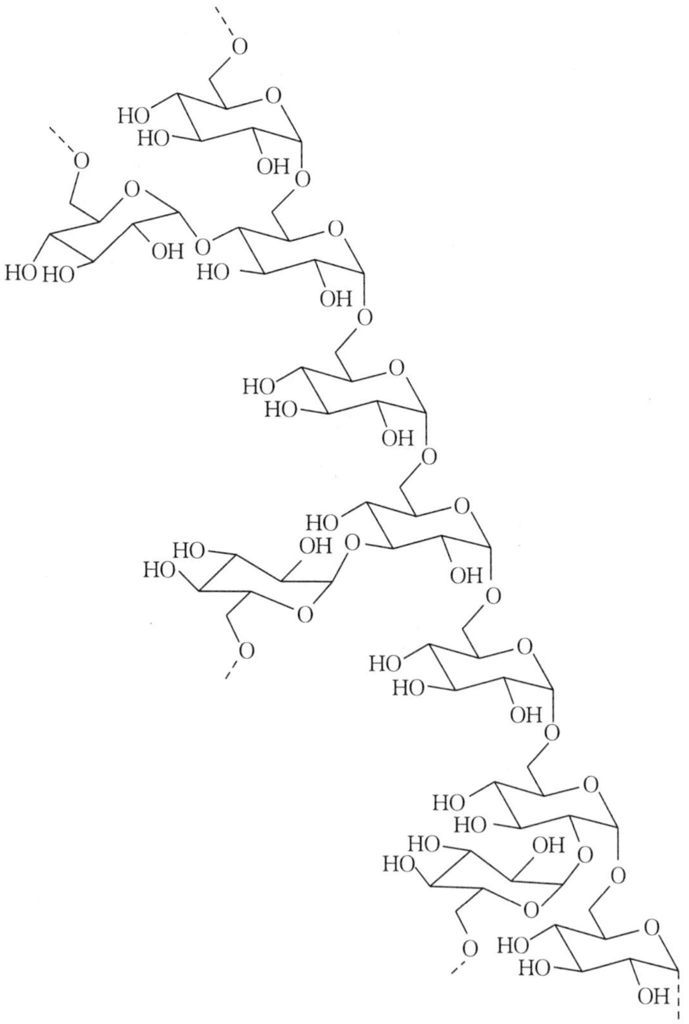

图 32-6　右旋糖酐的主要结构

32.5.1　右旋糖苷的来源、结构和特性

32.5.1.1　*右旋糖苷的来源*

右旋糖苷通过从来自蔗糖中的微生物产生的右旋糖苷蔗糖酶合成，例如链球菌、乳酸菌和明串珠菌，蔗糖领域中，这些都是优势菌种。连有变化的 α(1, 3)和某些 α(1, 2)或 α(1, 4)的支链[46]，在其主链中，连有 α(1, 6)的右旋糖苷单体占主导地位。在制糖厂中[47]，右旋糖苷的制备存在操作上的难题，以及在其他食品工业中的损坏，例如糖果和巧克力的生产[48]。进一步讲，由于蔗糖在酒类和软饮料中用作一种甜味剂，右旋糖苷的制备可能导致烟雾和降水[49]。尽管相关问题是由于在食品和饮料行业的糖中右旋糖苷形成的分子质量分布数据引起的，但在巴西加工糖中还没报导。对于发展蔗糖技术作出的贡献，

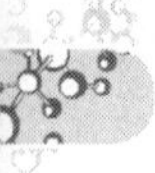

右旋糖苷分子质量分布数据，可在巴西糖和来自巴西蔗糖醇的不溶沉淀物（酒精絮状沉淀）中，根据平均分子量、重均分子量、Z型平均分子重量和多分散性（重均分子量/平均分子量）得出[50]。

明串珠菌和链球菌链在由植物生产[51]的食物中经发酵发现。由于可溶的右旋糖苷[52, 53]表现出增长的粘性，这些在糖精炼厂产生的菌类解决了筛选过程的难题。进一步讲，右旋糖苷抑制蔗糖结晶的速率，不利于晶体形成。某种链球菌链[54]可在牙斑基质中产生右旋糖苷。原则上的生物机体，链球菌基因突变体可从蔗糖中产生水溶性糖（右旋糖苷）和水不溶性糖（突变体）[55, 56]。这些多聚物提供一种保护性基质[57]，可使在牙齿表面生龋齿的细菌得以生存，并作为保留的碳水化合物参与反应。因此，牙斑促进龋，且随着右旋糖苷的使用而减少，酶水解特殊的糖苷链[58]。工业中右旋糖苷的一个主要应用是在糖生产过程中[59]只有微量的耗损。

32.5.1.2　右旋糖酐的结构和性质

右旋糖苷是一种糖苷同聚合物，α-(1→6)链（50%～97%）[60]占主导地位。分支单元的程度和性质取决于产生右旋糖苷的菌链[61]。

在由肠系膜明串珠菌-NRRL B-512F产生的右旋糖苷中，侧链的长度已利用相应的碱降解法[62]研究出来。此过程基于位置6处，含p-硫甲基基团的末端无还原性葡萄糖的取代作用。在气相色谱鉴定的分析中，大约40%的侧链含有1个葡萄糖残基，45%的侧链含有2个右旋糖苷的统一体，剩余的15%则多于2个。这些结果证实了对来自NRRL B-512F[63]的酶水解右旋糖苷的研究。

32.5.1.2.1　右旋糖苷的核磁共振特性

可以利用核磁共振光谱测试右旋糖苷的结构[64]。

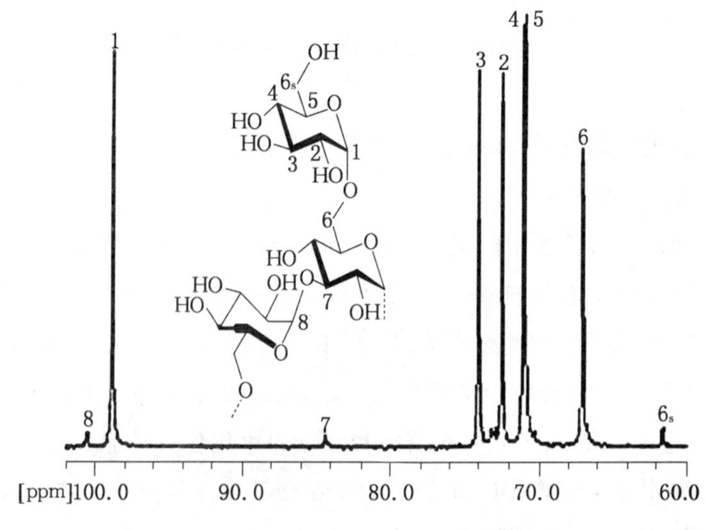

图 32-7　^{13}C NMR 分析右旋糖酐

32.5.1.2.2 分子量

天然右旋糖苷的平均分子量一般较高，在 9×106 ～ 5×108 $gmol^{-1}$ 之间，且具有较高的多分散性[65]。由于右旋糖苷分子量增加，其分支密度增大[66]，导致其多分散性也随之增加。图 32-8 显示了 4 个右旋糖苷样品(a—d) 以及 5 个进一步商业化的右旋糖苷(e—i)的分子量分布曲线，前者作为水合尺寸排阻色谱法的标准。用作科学技术应用的低分子量右旋糖苷样品(e—h)的多分散性较低，因此其分子量分布较窄。

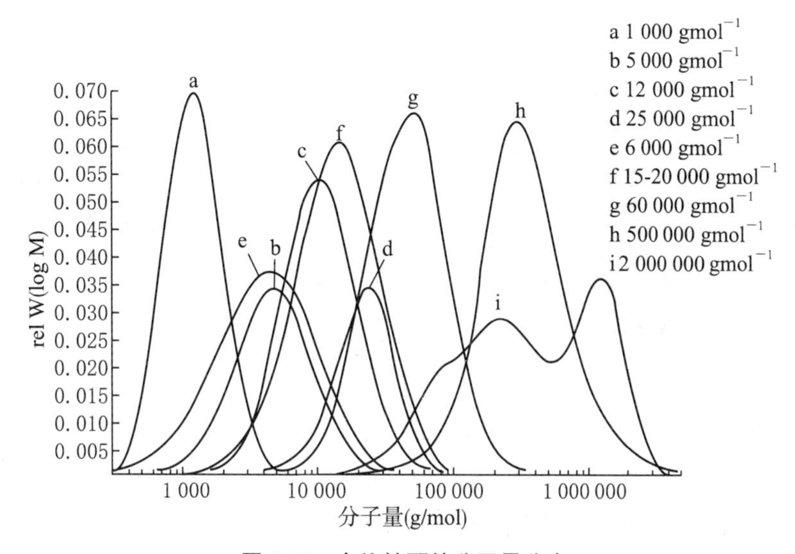

图 32-8 右旋糖酐的分子量分布

根据右旋糖苷分子量的不同，右旋糖苷可分为下列几种类型：

(1) 右旋糖苷-10，即微分子右旋糖苷，分子量 1.0 万以下，特性粘度 8.0～10.5；

(2) 右旋糖苷-20，即小分子右旋糖苷，分子量 1.0 万～2.5 万，特性粘度 10.6～15.9；

(3) 右旋糖苷-40，即低分子量右旋糖苷，分子量为 2.5 万～5.0 万，特性粘度 16.0～19.0；

(4) 右旋糖苷-70，分子量为 5.0～9.0 万，特性粘度 19.1～26.0；

(5) 大分子右旋糖苷，分子量为 9.0 万以上，特性粘度 26.1 以上[60～63]。

32.5.1.2.3 物理—化学性质

平均分子量 2 000 g/mol 以下的右旋糖苷分子呈棒状，在低浓度水溶液中像自由线圈，可通过小角度分散 X 射线测定出[64—68]。如果重叠的部分集中起来，单链就会相互渗入，形成一个短暂的复杂网络，导致更紧密的盘卷[69, 70]。检测溶液中的右旋糖苷分子尺寸，回转半径是一个有用因素。表 32-8 中显示了取决于平均分子量、浓度和溶剂的右旋糖酐的回转半径的变化[70]。

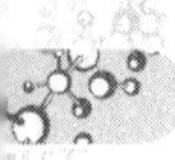

表 32-8　右旋糖酐的分子尺寸

溶剂/浓度(mg/ml)	RG(nm)					
	Mw×10⁻³(g/mol)					
	40	70	100	500	1 000	2 000
Water/1.25	8.5	9	—	—	—	—
Water/5	6	8	9.5	20	27.5	38
Water/50	30	—	—	—	—	—
Water/100	—	10	—	—	—	—
10%Ethanol/50	25	—	—	—	—	—
1M Urea/50	30	—	—	—	—	—

天然右旋糖苷基本是非结晶体。然而,若温度控制在 120～200 ℃[71],在水\聚乙烯乙二醇的混合物中可形成板条状的单个晶体。结合电子和 X 射线衍射的研究表明,单个分子包含两条不平行的右旋糖苷链,每条有两个吡喃葡萄糖残基[71]。

对右旋糖苷注射液中的结晶沉淀物进行过系统鉴定,认为结晶沉淀物的物理化学性质,如元素组成、熔点、比旋度、特性粘度以及在不同溶剂中的溶解性,都与右旋糖苷基本上无差异,因此可以证实这些结晶沉淀物就是右旋糖苷。关于结晶沉淀物形成的机理,Aizawa等认为,右旋糖苷分子中含有较多的氢基,右旋糖苷分子之间、右旋糖苷分子和水分子之间,都有强烈的亲和力,如果右旋糖苷分子之间的亲和力大于右旋糖苷分子和水分子之间的亲和力,右旋糖苷分子就以氢键的方式结合,形成沉淀物。

对于右旋糖苷聚合物,重均分子量是最常用的参数之一,根据其重均分子量,右旋糖苷被分成三组:重均分子量>10^6—第一组(高分子量),10^6>重均分子量>85 000—第二组,重均分子量<85 000—第三组(低分子量或临床右旋糖苷)。在一些糖样本中可观察到双峰分子量分布。根据文献,第 1、3 组的右旋糖苷一般通过肠膜明串珠菌形成,且大部分可在蔗糖中发现[72]。第二组的所有样品中,可通过以下事实解释右旋糖苷的低发生率:在蔗糖的右旋糖苷蔗糖酶消耗过程中,重均分子量达 10^6 的右旋糖苷快速形成,与含 10^4～5×10^5[73]真正重均分子量标准的第一组右旋糖苷稳定汇总。因此,第二组被检测的右旋糖苷只对剩余的非聚集右旋糖苷起作用。另一个假设是明串珠菌其余链和其他细菌,如乳酸菌的作用,形成来源不同的右旋糖苷[74]。这两个因素结合起来可以解释取决于第二组右旋糖苷的质量分布标准的变化。

重均分子量 5.0×10^6 左右的右旋糖苷通常可在变质甘蔗的甘蔗汁和糖中发现[75],但在高于 25 ℃时更易形成,这是由于增强了右旋糖苷蔗糖酶的活性[76]。基于第一组右旋糖苷的相对丰度,是相互吸引的。首先,结合这些带有原始蔗糖汁的质量以及不同地理来源的右旋糖苷百分比。尽管只是部分正确,这种假设应被给予关注,因为这些右旋糖苷等级

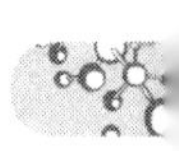

必定也受其他方面影响，例如结果类型(人工的或机械的)，或在工厂制糖中的工艺流程[77]。单向的方差分析测试被用于完成右旋糖苷分子量分布的数据集和它们的相对丰度，旨在评估利用数据获得区域分布的可能性。4 种连续作物的右旋糖苷分子量数据图标变化的平均数据在表 3 中有所显示。双峰分子量分布主要存在于 4 个连续作物季节，糖样品(33 个样品)中被检测到是 82.5%。只在一个样品(样品 30)中，可检测到 3 种不同的右旋糖苷；在 7.5%的糖样品(样品 5, 20 和 23)中，只能检测到一种右旋糖苷。另外 3 种糖样品(样品 11, 15 和 31)中，则检测不到右旋糖苷。

右旋糖苷多分散性指数(重均分子量/平均分子量)，一种测量分子量分布宽度的方法，结果总比一致性重要[77]。一般认为，右旋糖苷在乙醇溶液中的溶解度很大程度上取决于它们的分子量，并且，随着乙醇浓度的增加，其溶解度降低。分析右旋糖苷两个最常用的方法：烟雾法——在 50%(体积比)乙醇中，沉淀后只分析低重均分子量的右旋糖苷；Robert 的方法中，需要在 80%(体积比)的乙醇[78]中沉淀。如前所述[79]，基于全溶性右旋糖苷的分析，形成大量沉淀，再进行浊度测量，加糖之后不会立刻沉淀，然而，这发生在(30 ± 1)℃约 70 天的半个生命周期中。因此，巴西蔗糖醇中通常约 40%(体积比)的含量，将会解释为什么把糖刚加入蔗糖醇之后，右旋糖苷不会完全沉淀。人为过滤过程的不均匀也可以解释部分问题。通常，小工厂在酿酒工业中过滤不是很彻底。首先，这种方法只适用分离大型材料，例如糖类本身的不溶性粒子，来自标准化槽体的小碎木屑以及木桶的碎片。

蔗糖醇是一种糖型，通常醇中加入 10 g/L 的糖。根据实验室数据，一般巴西生产商使用的糖中，总右旋糖苷的中间值是 820 mg/kg，因此，右旋糖苷最终浓度为 8.2 mg/L。然而，根据实验数据，蔗糖醇中右旋糖苷为 0.5 mg/L 时足够产生一种不溶沉淀物[79]。在最佳条件下显示，过滤对处理沉淀问题并非完全有效。4 ℃时，重均分子量大约 5×10^6 的右旋糖苷，保留接近 80%。然而，第二组和第三组的右旋糖苷，结果不佳，保留率小于 50%[80]。已分析的沉淀物中，由于只通过过滤简单分离，第一组的右旋糖苷只占约 25%。由于分析的沉淀物不会因添加乙醇而立刻沉淀，样品中，第二组右旋糖苷的主导地位和上述讨论有所联系。加上瓶装的储存时间因素，不溶沉淀物也可通过右旋糖苷的结合和其他蔗糖醇组合，如金属离子、氨基酸和混合的酚类化合物。通过醇酸化和微小改变，右旋糖苷结构的改性可能对形成不溶的聚合体起作用。

第一次报导蔗糖醇生产商使用的巴西糖中的右旋糖苷的分子量分布数据图表以及来自这种醇的不溶沉淀物。分析的糖样品主要显示两个相同的右旋糖苷基团，对于样品其重均分子量分别是 5.04×10^6；4.79×10^4 和 5.03×10^6；4.91×10^4。一种重均分子量 $1.03 \times 10^5 \sim 3.26 \times 10^5$ 的第三右旋糖苷基团已在东北部和东南部的糖类中发现。它们的样品数据图表已被分析。尽管重均分子量 10^5 的右旋糖苷在糖样品中不是很多，但它们在

沉淀物样品中约占 58%。

32.5.2 右旋糖苷的性质

右旋糖苷为白色的无定形粉末固体，无臭无味，易溶于水，不溶于乙醇。在常温下或中性溶液中可稳定存在，遇强酸可分解，在碱性溶液中其端基易被氧化，受热时可逐渐变色或分解。在 100 ℃真空中加热可发生轻微的解聚；在 150 ℃加热会失水变色，得到部分溶于水的易脆产物；在 210 ℃加热 3～4 小时则会完全分解。右旋糖苷溶液可在 100～115 ℃下热压消毒 30～45 分钟。右旋糖苷溶于水能形成具有一定粘度的胶体液，在生理盐水中，6%的右旋糖苷液体与血浆的渗透压及粘度均相同；中分子右旋糖苷分子的线性大小约为 40×10^{-10}，与血浆蛋白及球蛋白分子的大小相近，在人体内会水解生成葡萄糖而具有营养作用。中分子右旋糖苷在人体内的排出作用较慢，作用时间较持久，达 6 小时；而低分子及小分子的右旋糖苷作用时间持续较短[77 79]。

取决于产生右旋糖苷的菌链，故右旋糖苷具有结构多样性，其性质可能由于样品的不同而不同。一般来说，α-(1→6)糖链使链增长，并且对其在水、二甲基亚砜、N, N-糖甲基纤维素/LiCl、甲酰胺、乙基糖化剂、甘油、M 水合尿素、2M 水合糖胶和 4-甲基吗啉-4-氧化物[81~82]等一系列溶剂中的溶解度也有所影响。部分右旋糖苷的分子量会影响溶解时间。10%的右旋糖苷水溶液(平均分子量 40 000 g/mol)会在存储期间产生沉淀，由此得出右旋糖苷的溶解是不稳定的[83~84]。在气液界面，右旋糖苷分子的吸附作用是沉淀的第一步。沉淀物能在沸水或二甲基亚砜中溶解。甚至可通过由溶胶—凝胶转化中产生的低分子量的右旋糖苷(平均分子量 6 000 g/mol)浓缩液(50%～60%)氢化、发生结晶[82]。

右旋糖苷水溶液的渗透压可通过分子量和溶液浓度[83]调整。溶解的右旋糖苷在低浓度溶液中有新的流动特性[82]。图 32-9 显示了 25 ℃时，部分不同的右旋糖苷[83]粘性和浓度的关系。可通过几个平衡式估算出固有粘性的分子量[85, 79, 84]。

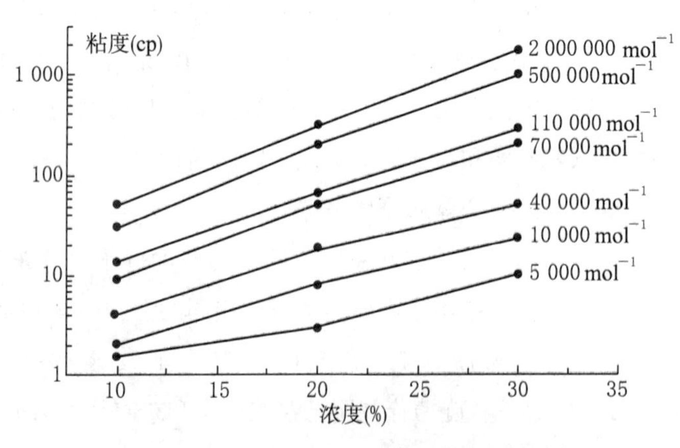

图 32-9　右旋糖酐的粘度和分子量之间的关系

右旋糖苷的特殊旋转不同于其溶剂和结构特点。它会在 25 ℃的水和 195～201 ℃、208～233 ℃的格氏试剂中发生旋转[83]。

由于右旋糖苷的生物活性、生物降解性、无免疫性和无抗原性[85, 86]，使它成为一种生理学上的生物聚合体。在肝脏、脾、肾脏和产生气体的低级器官中，右旋糖苷能通过产生不同的 α-1-糖化物(右旋糖聚物)而发生解聚。

不同右旋糖苷样品的特性粘度[η]可通过测定低浓度溶液(质量分数达到 5%)的具体粘度计算出来。图 32-10 是右旋糖苷 T2000 样品的固有粘度标准作为分子量的函数图。绘制的斜率标准为 $a \approx 0.33$，比利用 Flory-Fox 方程算出的理想溶液中的线性分子 0.5 的标准低[87, 88]。固有粘度分子量指数 a 的低标准，是由于含低 α-1，6 连接比率[69～71]的右旋糖苷。因此，此处的商业用右旋糖苷可被认为与低 α-1，6 连接比率的右旋糖苷有相似的结构，例如，多聚物是一种每个支链中有高度分支的长链。

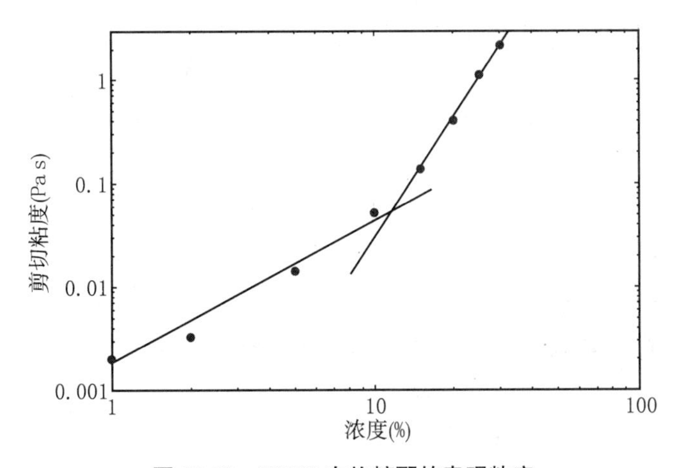

图 32-10　T2000 右旋糖酐的表观粘度

所有右旋糖苷的储能模量 G′，在相同稳定切变粘度的硅树脂标准样品中，即使在最高的分子量和浓度条件下，刚刚可够辨别。然而，在高浓度下更高的分子量样品中，存在第一应力差形式的弹性产物。图 32-11 显示了质量分数 25%的右旋糖苷 T2000 溶液的切变粘度和第一正应力差。右旋糖苷溶液显示出 100(1/s)的切变率以及可测量的 10 帕的第一正应力差。在一种甘油和水的混合溶液中，质量分数 0.01%的聚丙烯酰胺(Separan AP30)溶液的数据也作为比较。聚丙烯酰胺溶液是一种 Boger 流体，本质上有连续的切变粘度和重要的弹性性能。尽管质量分数 25%的右旋糖苷 T2000 溶液有相同的切变粘度，但它的第一正应力差比实验切变比率高一个数量级。AP30 的分子量在 $2.0 \times 10^6 \sim 4.0 \times 10^6$ 之间，由于主链上电荷基团的静电排斥，其结构相对较大。与右旋糖苷 T2000 0.73 dl/g 的标准相比，水中聚丙烯酰胺的固有粘度为 37 dl/g[89～92]。然而，重均分子量 2.0×10^6 和质量分数 25%的右旋糖苷在以线圈重叠为主的半烯区域，0.01%聚丙烯酰胺溶液在稀释条件下，普遍无明显的线圈重叠现象。实际上，即使在这些高重叠区域，右旋糖苷分子也不会和另一个有联系，只是它们之间的距离很短。右旋糖苷链高度分支，即使在水溶液中，也会形成一种紧密型结构。

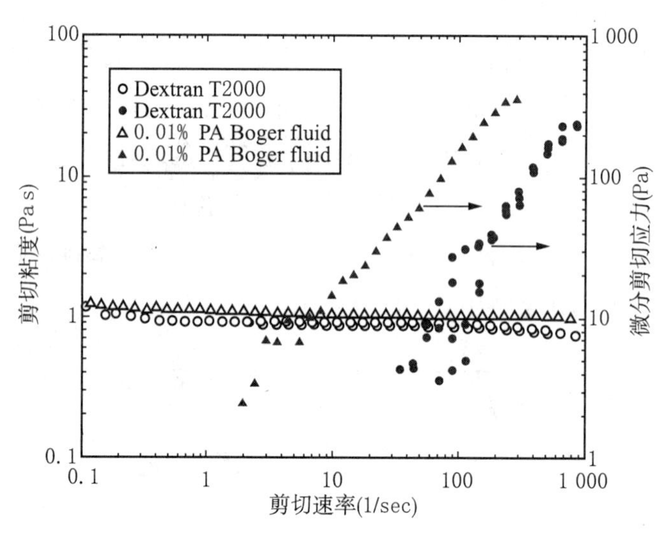

图 32-11　T2000 右旋糖酐水溶液的流变行为

Pharmacia Co. 商业用右旋糖苷($4.0\times10^4\sim2.0\times10^6$ 分子量范围)均显示出 Newtonian 粘度行为，可达到质量分数 30%时的向心性。特性粘度和切变粘度均取决于分子量，这说明右旋糖苷分子是非线性的，并可能高度分支。就像多聚物有高度紧密的结构一样，支链也包括非常长的多糖链。重均分子量 2.0×10^6、质量分数约 12%的右旋糖苷的线圈重叠度比已发现的其他线性流动多聚物高。

32.5.3　右旋糖苷的制备与应用

32.5.3.1　*右旋糖苷的生物合成*

自然界中右旋糖苷的合成，大部分是由明串珠菌和链球菌类的[83]几种乳酸菌，利用蔗糖中的右旋糖苷蔗糖酶产生的。它也可以利用不同葡萄糖酸菌种的糊精酶合成[86]。这种酶使麦芽糖发酵产生带 α-(1→4)支链且相对平均分子量较低的右旋糖苷。商业中使用明串珠菌 NRRL B-512F 葡聚糖蔗糖酶，带来很多效益。

葡聚糖蔗糖酶是一种活性酶，催化从蔗糖到右旋糖苷的 d-吡喃葡萄糖残基的转移，因此被称为 1，6-α-d-葡聚糖-6-α-糖基转移酶[87，93~97]。蔗糖中，相对较高结合能的糖苷键合成聚合物主干的 α-(1→6)连接[83]。因此不能得到三腺苷或辅因子。除了蔗糖，还有一些

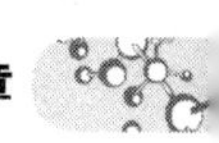

天然合成物可在右旋糖苷蔗糖酶的存在下产生右旋糖苷。乳糖[98]、α-d-葡萄糖荧光物[99]、p-硝基苯-α-d-葡萄糖苷[100]，甚至右旋糖苷[101, 102]都可作为给予基体而起作用。右旋糖苷蔗糖酶的作用是不断分解蔗糖，延长右旋糖苷链，而右旋糖苷酶剪切右旋糖苷链，随着右旋糖苷酶用量增大、它剪切右旋糖苷的效率越高。增加右旋糖苷酶量，产物重均相对分子质量下降趋势不呈线性关系。

在固定化肠膜状明串珠菌产酶制备右旋糖苷的工艺中，右旋糖苷酶的介入可以控制产物的相对分子质量。

32.5.3.2　*右旋糖苷的化学合成*

除了自然发酵过程，右旋糖苷也可通过左旋葡聚糖(1，6-苷-β-d-葡萄糖)，一种葡聚糖的高温分解产物的阳离子开环聚合反应进行化学合成[103～105]。

32.5.3.3　*右旋糖苷的工业生产*

蔗糖除了为微生物提供能量，还会促进右旋糖苷蔗糖酶的产生。通过复杂的中间成分，特别有营养的获得物比如发酵浓缩物、酸性羟化干酪素、玉米深度烈性酒或带有消化蛋白质或胰蛋白胨肉汤添加物的麦芽提取物的结合，也会达到令人满意的效果。低浓度的钙和磷酸盐对于生产最佳的酶和右旋糖苷是必需的。对于发酵媒介，最初的 pH 标准一般在 6.7～7.2 之间，此范围内酶的生产功效最大。由于有机酸如乳酸的释放，其 pH 下降到 5 左右，这就是最大化酶活性的价值所在。酶的稳定性可以通过高平均分子量的右旋糖苷、甲基纤维素、聚合物(乙烯乙二醇)(平均分子量 20 000 g/mol)或低浓度的非离子洗涤剂的增加而改善。25 ℃时对高平均分子量的右旋糖苷进行发酵，便可用在实际生产中。在更低的温度下，低平均分子量的右旋糖苷增多，一旦超过 25 ℃，就会产生支链。另一个影响分支和平均分子量的因素是蔗糖的浓度。随着增加蔗糖量，分支程度和高平均分子量的右旋糖苷的产量均下降，因此，最佳状态是在浓度 2%～10%时不断添加蔗糖。经 24～48 h 发酵后，在乙醇或甲醇中粘性培养流体沉淀。

右旋糖苷也可通过酶解产生，利用培养游离细胞的上清液，包含右旋糖苷蔗糖酶的高分子量右旋糖苷、多(乙烯 乙二醇)或无离子键的试剂，其低浓度会使酶稳定。净化后，葡萄糖蔗糖酶的最高活性可通过分阶段分割的方法，利用右旋糖苷的水溶液和乙烯乙二醇 6000获得。比起其他包含超滤和套色版的净化方法，这种方法简单、便宜并且耗时少[106～108]。

32.5.3.4　*右旋糖苷的应用*

右旋糖苷的医药应用非常普遍。右旋糖苷胶体液具有扩充血容量、维持血压的功效，供出血及外伤休克时急救用。右旋糖苷在人体内水解后会转变成较低分子量的化合物，与血浆具有相同的胶体特性，会迅速代谢成葡萄糖，可作为血浆代用品。中分子量右旋糖苷的排出较慢,作用时间可达 6 小时,是外伤、大量失血时急救用药;小分子及低分子右旋糖苷还能改善微循环,消除血管内红细胞聚集,防止血栓形成及渗透利尿的作用,可用于治疗急性失血性休克、心肌梗塞、脑血栓、脑供血不足、周围血管病及防止弥散性血管内凝血和肾功能衰竭等功效。右旋糖苷输液常与氯化钠、葡萄糖、氨基酸配制成一定浓度的复方制剂,供患者静脉滴注。我国药典 1990 版将右旋糖苷及其复方制剂列入。在食品工业上,右旋糖苷可用于浓糖浆或糖果的制造,能阻碍蔗糖结晶;在石油工业中,右旋糖苷可作为油井钻泥添加剂,加 2%左右的右旋糖苷能阻止水份的损失,有利于在井壁上形成薄层。

在 6%或 10%水溶液中,目前可得到 40 000, 60 000 和 70 000 g/mol 分子量的临床阶段的右旋糖苷(标明的右旋糖苷 40、60 和 70),用于代替适当的血液损耗[107]。如果胶体渗透压推动流体从间隙空间到血浆,那么多聚物必将代替血液蛋白,如血清蛋白。通过明串珠菌 NRRL B-512(F)产生的右旋糖苷,由于其低抗原性和高水溶性,因此是生产临床右旋糖苷选择的材料。此外,高含量的 α-(1→6)糖苷连接对于人体血液中的生物稳定性是重要的。部分临床右旋糖苷对抗血栓剂的影响,为静脉血栓和手术后的肺梗塞提供了一种预防疗法。右旋糖苷 40 有提高血液流动的特点,大概是由于血液粘度降低和红细胞集合的抑制引起的。过敏反应由于一种仅能抵抗某种病菌的半抗原低分子量右旋糖苷(平均分子量为 1 000 g/mol)的预注射而受到限制。

在一些工业生产中,右旋糖苷的应用也非常普通[105, 108]。由于狭窄的分子量分布,其特殊部分被用作决定分子量的尺寸排阻色谱标准。在 X-射线和其他感光乳胶中的右旋糖苷不会损失细晶粒的光泽[106]。多糖作为化妆品的一种配料,由于其较好的保湿性能也被用于生产面包。但提前加热会影响其稳定性,并且天然右旋糖苷增添到冷冻的乳制品后,可观察到熔化温度会变高[105]。由于存在胶体渗透压,水溶液中的右旋糖苷可提供有利的生理环境。因此,右旋糖苷在能发育器官中的存储并作为眼科试剂如人工眼泪的一种配料,是可收益的[109~112]。右旋糖苷可抑制蛋白质的调理,因此被用于表面改性,例如在癌症治疗中,铁酸盐涂层[113~115]可用于高热疗法。右旋糖苷和聚(乙二醇)可在水中分离[116]。例如催化酶条件下缩氨酸的合成中[117, 118],这种双水相系统已被证实可成功分离生物分子和亚粒子的混合物。

在低分子右旋糖苷的应用中,要预防不良反应的发生,应注意以下几点:①临床必须掌握合理用药的原则,必须用时才用,不必输长疗程者则坚决不输;②首次静脉滴注应密切观察,用药前应作皮试,静滴速度要慢,严密观察 5～10 分钟,并做好床旁抢救准备,只要有不良反应要立即停输,就地抢救;③孕妇用药应密切观察,一旦发生过敏反应应立即进行救治,在救治过程中应密切监测胎儿宫内状况的变化,适时采取必要的处理措施,以确保母子平安;④D-401 天用量应控制在 1 000 mL 之内,以 250～500 mL 为宜,过量或过快均可诱

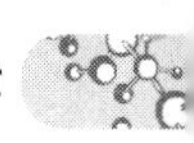

发心衰，尤其是老年人，故滴速应根据具体情况控制在 20～50 滴之间，疗程以 7～14 天为宜；⑤应避免 D-40 中添加多种药物混合使用，联合用药可诱发严重 ADR，低分子右旋糖苷联用复方丹参等中药注射液时，过敏性休克发生率高，因此类中药注射液成分复杂，提炼工艺技术有限等原因，易引起超敏反应。

32.5.4 右旋糖苷的酯化

32.5.4.1 右旋糖苷的无机酯化

右旋糖苷的无机酯化中，只有硫酸半酯（硫酸盐类）和磷酸酯（磷酸盐类）已得到很大收益。流变性能的水溶液采用硫酸和磷酸基团可产生水溶性增大的聚电解质，它可作为粘度调节剂。不过，显著的生物活性是这种右旋糖苷衍生物最重要的特点。早在 20 世纪 40 年代就发现了无机右旋糖苷肝素模拟酯的抗凝特性[119]。

32.5.4.1.1 右旋糖苷磷酸盐

利用通过甲酰胺生产达到 1.7%的磷，通过对含多聚磷酸的多糖的处理，可配制右旋糖苷磷酸盐。这些纯右旋糖苷磷酸盐表明免疫影响分子量的独立性，可促进鼠科脾脏细胞的有丝分裂[120]。此外，右旋糖苷磷酸盐（平均相对分子量 40 000 g/mol）可提高感染流行性 A2 病毒（H_2N_2）的小鼠成活率。右旋糖苷磷酸盐，一种干扰素诱导剂，当其腹腔注射与未处理或右旋糖苷处理过的小鼠比较时，显示出肺中病毒生长延迟一天，并产生 HAI 抗体。更重要的是在肺实变发展中延迟两天，使已处理过的小鼠的存活率为 40%[121]。

32.5.4.1.2 右旋糖苷硫酸半酯（右旋糖苷硫酸酯）

右旋糖苷硫酸半酯和它的钠盐常作为一种右旋糖苷硫酸盐，已用于商业生产。其高纯度、水溶性和可再生质量适合应用在分子生物学和卫生保健领域。

右旋糖苷硫酸盐有不同的合成方法[122]。第一种方法是通过处理含浓或稍微稀释的硫酸的多糖，完成硫酸化。在这种条件下会发生显著的脱聚合反应。硫酸也可用于合成烷基醇，产生作为反应物的烷基硫酸盐。这里的聚合物降解相对较低。氯磺酸和三氧化硫[123, 124]都是强的硫酸化试剂。这些试剂的一个主要缺点是对水敏感。两种复合物都会与水发生强烈反应。合成期间，降低这种风险的一种简便方法是使用有机碱的 $ClSO_3H$ 和 SO_3 络合物，如三乙胺和吡啶或质子偶极溶剂如 N，N-二甲基甲酰胺[125]。

有一种明显的右旋糖苷及其衍生物转变的新方法，主要对拟态硫酸乙酰肝素硫化，但其适用于在 2-甲基-2-丁烯中作为中性的酸净化剂[126]。此过程是一种对减少链降解更有效的反应。这种方法可用于羧基甲基化的硫化。

尽管右旋糖苷的硫化容易进行，但对右旋糖苷硫酸盐生物活性的大部分的研究，一般用商业产品。通常这些衍生物的取代程度很高。被最广泛应用的来自 Sigma 的右旋糖苷硫酸盐的取代程度是 2.3。

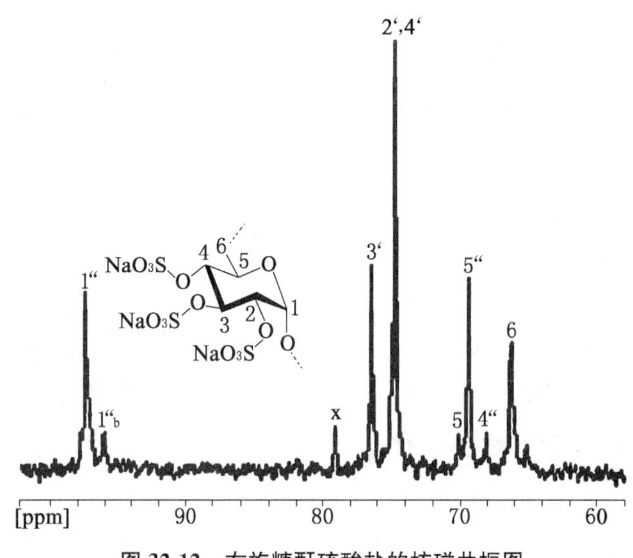

图 32-12 右旋糖酐硫酸盐的核磁共振图

32.5.4.2 右旋糖苷的有机酯

与(C2 到 C4)羧酸酐和氯化物反应后[127]，比起 1→4 和 1→3 连接的葡聚糖的各种应用，短链脂肪酸右旋糖苷酯如醋酸盐或丙酸盐的使用却受到限制。通常应用的含乙酸酐或乙酰氯化物多聚糖的乙酰化，在存在三乙胺或吡啶时作为基底，不会产生有明显取代度值的纯、可溶性右旋糖苷醋酸盐。相反，吡啶中使用羧酸酐，在终止多聚物的多相反应中，容易制备右旋糖苷丙酸盐[128]和铬酸盐[129]。右旋糖苷的酰化可产生疏水性的衍生物。因此，右旋糖苷酯在水中的溶解性和取代程度与取代物的链长度有关。有水溶性时，右旋糖苷 C6 羧酸酯的最大的取代度值是 2.6，右旋糖苷 C4 羧酸酯的是 0.50[130]。这些标准是由乙基(取代程度 0.81)和丁基(取代程度 0.69)碳酸盐取代的右旋糖苷溶解性数据比较得出的[131]。水合双相体系疏水改性的右旋糖苷衍生物与右旋糖苷[130]或与聚(乙二醇)[132, 133]结合，可用于分离生物材料。用含 C_3，C_4和 C_6酸性基团的右旋糖苷酯，利用各种疏水改性的右旋糖苷的性质，可得到一系列双相体系。这种方法可控制相界，抑制双相形成和疏水阶段的溶解性。脂肪族羧酸右旋糖苷酯也可用于配药涂层[134]。

通过含乙酸或丙酸酐的右旋糖苷衍生物的转变，分析其分子水平的结构特点，是一种有效的方法。在分离阶段利用醋酸酐/吡啶，右旋糖苷丙酸盐(平均分子量 5 430 g/mol)可完全被乙酰化，产生一种乙酰化样品(右旋糖苷醋酸丙酸，二苯胺)。通过二维核磁共振可以实现右旋糖苷醋酸丙酸的化学转移分配[135]。

氯、甲氧基乙酰氯和最重要的三氟乙酰基可用作推进剂，可以得到功能几乎齐全的多

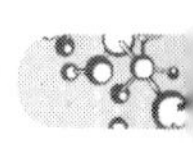

聚糖羧酸酯。因此，70 ℃时，通过在氯乙酸酐和与之对应的酸中处理右旋糖苷 1 h，可制备可溶的三氯甲烷右旋糖苷硬脂酸和取代度值为 2.9 的右旋糖苷豆蔻酸。须以镁高氯酸盐作为催化剂[136]。

32.5.5 右旋糖苷的醚化

通过引入醚型基的右旋糖苷主干的改性，会产生可变理化性质且相对稳定的右旋糖苷衍生物[116～135]。

右旋糖酐的溶解性、亲水-亲油平衡、离子强度和抵抗水解或酶分解可通过酯化反应改变。亲水-亲油平衡可通过疏水基团的共价连接调整，如长烷基链或苯氧基基团；也可通过亲水基调整，如羟基、乙二醇或离子基团。两性的醚有乳化性质，并且可在水中形成微胶粒，能够作为表面活性剂或应用于疏水材料如药物的封装。而且，醚基引入多聚物后会影响分解。离子型右旋糖苷衍生物的分解，例如二乙氨基乙基右旋糖苷[136]或羧甲基右旋糖苷[137]，通过 α-1-葡萄糖苷酶过程要比单个的右旋糖苷慢。然而，交联的右旋糖苷样品会被 α-1-葡萄糖苷酶[138, 139]分解。这种方法适用于经过酯化作用制备具生物相容性和生物分解性的水凝胶。醚键的形成被广泛应用于药物固定时不断插入的过程。间隔合适的长度和化学结构可以控制药物释放[117]。选择性多功能化，包括酯化作用，被用于合成肝素豆瓣甲，显示出这一领域的快速发展。

32.5.5.1 非离子右旋糖苷醚

32.5.5.1.1 烷基右旋糖苷

甲基化-或结合的甲基-乙基反应被用于分析多糖的结构。右旋糖苷的烃化可用于研究支链的形式，例如侧链的数量和长度[26, 27]。在含钠碘化物和甲基碘化物的液氨中，可完成甲基化，生成可溶于三氯甲烷和四氯乙烷的产物[140]。部分甲基化右旋糖苷可以在 19%氢氧化钠溶液中(容量百分比)[119, 120]用硫酸二甲酯合成。

32.5.5.1.2 作为乳化反应物的右旋糖苷的羟基和羟基芳醚

利用含 1，2-环氧-3-苯氧基丙烷、环氧辛烷或环氧十二烷的右旋糖苷的转化，可用于制备两性右旋糖苷衍生物[141～143]。自从 Landoll 的开创性工作以来，人们已广泛研究了利用多糖的疏水改性制备聚合体表面活性剂[144]。中性水溶性聚合体表面活性剂可在室温下溶于 1 M 的氢氧化钠溶液中，并可通过含 1，2-环氧-3-苯氧基丙烷的右旋糖苷反应制备。每 100 个葡萄糖单元中，疏水基团的数量在 7～22 之间，这取决于反应条件。2-羟基-3-苯氧丙基右旋糖苷酯象水溶液中的标准组合聚合物一样活动。稀溶液中，固有粘性大幅度下降，然而 Huggins 系数随着摩尔量的增加而增加，这可以用在苯氧基基团之间的疏水相互作用加以解释。在高于 40 g/L(2-羟基-3 苯氧丙基右旋糖苷酯)和 35 g/L(2-羟基-3 苯氧丙基右旋糖苷酯)的浓度下,由于分子间疏水相互作用开始形成聚合物,粘性降低并偏离线性变化。通过测量表面(空气/水)张力和界面(十二烷/水)张力,可得出表面活性。随着取代程度和多聚物浓度的降低,表面张力和界面张力都会下降。然而,超过一个关键性浓度,就不会观察到表面张力进一步降低,这可用于在液-气或液-液界面中形成高密度的多聚物层。在两性共聚物(在水溶阶段会溶解)中可制备油水胶状液。在十二烷/水胶状液中,通过对结合尺寸测量的电动电势的测量,可估计出吸收的多聚物层厚度。聚合体的表面活性剂常表现出无或低溶血性的影响。

40 ℃时,在脂肪族环氧(环氧辛烷或环氧十二烷)的四丁基氢氧化铵水溶液中,存在二甲基亚砜时,可用类似的方法制备两性 2-羟基辛和 2-羟基烷基右旋糖苷醚[129, 131]。由二甲基亚砜-d6 中的^{1}H 核磁共振决定的取代程度,可通过改变反应时间和环氧化物[145]的浓度而发生变化。对稀释和半稀释溶液进行粘度分析,可知道它们的溶解能力[130]。溶解于高分子的单一分散体和聚合体之间的关系以及它们之间相互作用的能力,取决于取代程度、碳氢化合物链的长度和多聚物的浓度。静态和动态的光散射测量需要准确了解稀释溶液的形成状态,不断变化的取代程度和不断增长的碳氢化合物的链长度[131]。

两性 2-羟基-3-苯氧丙基右旋糖苷酯也可用作通过苯乙烯的乳化聚合形成的纳米粒子的稳固剂,形成一种稳定的亲水表面并会降低非特异性蛋白的吸附作用[129, 131]。通过 2-羟基-3 苯氧丙基右旋糖苷酯,利用 95 ℃时水合钾胺过氧硫酸氢盐作为起始者,可制备水溶苯乙烯胶状液。所制备的含多糖表层的聚苯乙烯纳米粒子的尺寸与 2-羟基-3 苯氧丙基右旋糖苷醚的浓度和取代程度有直接关系。对于浓度 10%(体积比)的苯乙烯,在最大表面覆盖范围和低于 5%(重量比)的凝结数量条件下,其小滴尺寸大约为 160 nm。随着苯乙烯浓度的增加,粒子尺寸和凝结量降低,说明聚合反应期间发生合并[145]。进一步,对于低取代程度的右旋糖苷酯,合并占主导地位且不会观察到乳胶。覆盖着 2-羟基-3 苯氧丙基右旋糖苷醚的聚苯乙烯粒子,与没有改性的粒子或覆盖着右旋糖苷的粒子相比,呈现出明显更强的蛋白质排斥。在粒子上形成的右旋糖苷层比有 2-羟基-3 苯氧丙基右旋糖苷醚的层更厚,但由于右旋糖苷多聚物链更高的流动性,层松散地挤在一起而且牛血清白蛋白可以通过。苯氧基存在时,由于多聚物链之间的相互作用,吸附层硬度增加,因此层的密度增加。牛血清白蛋白与聚苯乙烯表面直接联系的可能性减少[146]。

在油水胶状液\蒸发技术中,2-羟基-3 苯氧丙基右旋糖苷醚、2-羟基辛基和 2-羟基烷基常被用作稳固剂,用于制备生物协调的聚(乳酸)(PLA) 纳米球[147, 148]。能检测到右旋糖苷醚对分子尺寸、表面密度和稳定性的影响。DSC 研究表明表面粘合剂决定疏水基的性质。右旋糖苷中可产生有亲水表面的纳米粒子并降低牛血清白蛋白的吸附性[149]。这种聚(乳酸)粒子已被广泛用作传递药物运输[150]。聚乳酸纳米粒子中,人们已研究了在纳米粒

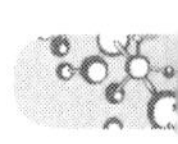

子制备时，采用 2-羟基-3-苯氧丙基右旋糖苷醚、2-羟基辛基和 2-羟基烷基作为乳状液稳固剂的包装。利用 2-羟基-3-苯氧丙基右旋糖苷醚，不可能在 PLA 纳米粒子中包封利多卡因，这可能是由于药物和 2-羟基-3 苯氧丙基右旋糖苷醚之间明显的相互作用。然而，在 2-羟基右旋糖苷酯存在下，能够成功。未覆盖聚乳酸和覆盖 2-羟基辛基和 2-羟基烷基的 PLA 纳米粒子的利多卡因的释放不会有很大改变。

32.5.5.1.3 用于药物转移的聚(乙二醇)-烷基右旋糖苷醚($DexPEG_{10}Cn$)

低水溶性药物传递中[134, 151, 152]，两性聚(乙二醇)-烷基右旋糖苷醚作为传递媒介。在水溶液中，它们形成低结合浓度和小尺寸的多聚物胶态离子。颗粒转移体系使吸附效率和口服的高亲油性药物生物可用性增强，并且在胃肠道内，提供有某些低抗降解的保护性药物，因此延长了药物迁移时间，改善了药物的吸附作用[153]。

由于良好的药理学性质[154, 155]，低分子量的表面活性剂胶态离子广泛用作药物运输体系。它们在高于关键胶态离子浓度时形成并与稀释物快速分离。与低分子量的表面活性剂胶态离子相比，在水中类似 $DexPEO_{10}Cn$ 的两性多聚物之间的联系，发生在浓聚物(CAC)中，与典型的表面活性剂临界胶束浓度标准相比，几次重要排序之后会更低。聚合胶态离子包括一个疏水性核(十六烷基或十八烷基基团)和暴露在水[156, 157]中的亲水性框架(右旋糖苷主干)。疏水性的十六烷基和十八烷基基团通过短的聚(乙二醇)连接物连接到右旋糖苷上。

32.5.5.2 离子型右旋糖苷醚

32.5.5.2.1 磺酸丙基化

通过磺酸丙基化可把阴离子基引入到右旋糖苷中。通过疏水改性，磺酸丙基化可用于制造阴离子亲右旋糖苷醚。其衍生物分两步合成。右旋糖苷与 1，2-环氧-3-苯氧基丙烷在氢氧化钠水溶液中反应，或在二甲基亚砜中用四丁基氢氧化铵代替二甲基亚砜反应。然后在二甲基亚砜中完成 1，3-丙磺酸内酯的转变。这些聚合体表面活性剂的乳化性质证明，化学结构影响界面张力。增加磺酸基会慢慢降低界面张力，然而，2-羟基-3-苯氧基丙基则更快地降低界面张力。增加胶状液的离子强度会减缓张力下降的速度。油水胶状液的平均液滴尺寸，在溶解 2-羟基-3 苯氧丙基磺酸右旋糖苷条件下，大约是 180 nm，并会随着时间增长。低浓度多聚物中，由于油滴之间的静电排斥，离子基有利于乳化作用[129]。

32.5.5.2.2 羧甲基右旋糖苷(CMD)

强碱性条件下使用氯乙酸(MCA)，对水\有机溶剂混合物中的右旋糖苷羧甲基化，可产生重复能力强的羧甲基右旋糖苷[158~162]。

通过应用最佳反应条件，可使取代程度一步达到 1.0∶3.8 M 氢氧化钠溶液，在叔丁醇/水或异丙醇/水 85∶15(体积比)混合物中,60 ℃下反应 90 分钟。羧甲基右旋糖苷的取代程度可通过不断羧甲基化而增加[126]。通过两步羧甲基化可得到取代程度 1.5 的羧甲基右旋糖苷。最佳条件下,使用 3.8 M 的氢氧化钠溶液。由于羟基基团不完全的活化作用,氢氧化钠浓度降低,取代程度标准下降;并且由于氯乙酸和氢氧化钠产生乙醇酸[163]时副反应增加,氢氧化钠浓度增高,导致取代程度降低。

异丙醇/水或叔丁醇/水混合物(85∶15,体积比)有利于反应物混合和溶解。羧甲基化过程非常快。15 分钟后取代程度可达 0.8,90 分钟后取代程度可达 1.0。但进一步延长反应时间,取代程度不会更高。通过使用最佳反应条件,右旋糖苷 T10(10 000 g/mol)和 T40(40 000 g/mol)的转化可达到类似的取代程度。通过羧甲基化,尽管与起始右旋糖苷(T40)相比,羧甲基右旋糖苷样品的分子量相当高,但不能观察到右旋糖苷的降解,这是聚合电解质尺寸排除色谱法 SEC 测量导致的。

32.5.5.2.3 *2-(二乙氨基)乙基(DEAE)右旋糖苷*

在 85～90 ℃的 $NaBH_4$ 碱性溶液中,可通过右旋糖苷和(2-氯乙基)乙基氯化铵合成 2-(二乙氨基)乙基右旋糖苷。DEAE 右旋糖苷含有不同 pKa 的 3 个基本基团。

DEAE 右旋糖苷是一种有药理学和治疗特性[164]的生物相容性衍生物。它特别适用于胆汁酸并会减少饮食时消化腔内胆固醇和脂肪酸的吸收。DEAE 右旋糖苷会影响一种低胆固醇酯[165, 166]和甘油三酯的减少[167]。此外,由于它透过细胞可增强蛋白质和核酸的吸收,DEAE 右旋糖苷可增强细胞培养中病毒的感染性,适合作为一种转染作用剂。DEAE 右旋糖苷脱氧核苷酸[168]存在时,培养的人体淋巴细胞可用于合成 DNA。用 DEAE 右旋糖苷处理的细胞内 DNA 合成,类似于体内的 DNA 合成。与 DEAE 右旋糖苷混合的质体 DNA 能被结肠上皮细胞吸收。这种转染技术在基因疗法中很有用,例如治疗结肠疾病[169～172]。真空干燥的酶和水溶液中的酶可用于 DEAE 右旋糖苷的固定。因此,DEAE 右旋糖苷和乳糖醇[173]可保护真空干燥的甘油激酶的活性。

水溶性氯化聚乙烯可用混合的带相反电荷的聚合电解质制备,例如含羧甲基右旋糖苷[174, 175]的 DEAE 右旋糖苷、钠右旋糖苷硫酸盐、聚苯乙烯磺酸钠(NaSS)[176]、聚钠 1-谷氨酸(PSLG)、聚乙烯醇硫酸盐[177]或钾偏(MPK)。作为膜或在生物医疗应用[177, 178]中,它们很有用。

32.5.6 右旋糖苷的其他衍生物

32.5.6.1 *右旋糖苷偶联物*

右旋糖苷偶联物的制备可以通过碳酸盐和氨基甲酸酯基的结合,利用右旋糖苷溴化氰的活性,结合过碘酸盐氧化的右旋糖苷作为 Schiff 基底,间隔分子被广泛应用于技术

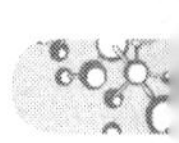

中[47, 117, 118]。

32.5.6.2 *右旋糖苷对甲苯磺酸醚*

利用多糖的化学作用，直接在脱水糖单元中的C-原子可实现亲核转移反应(SN)。亲核转移反应的一个必要条件是羟基转移到一个离去基团上，可以通过制备酸性硫酸醚完成，尤其需要引进一个甲苯磺酰基基团。在类似条件下右旋糖苷的甲苯磺酰化反应，是产生高溶解性多聚物的一种有效改性。研究含NaN_3的甲苯磺酰基右旋糖苷的SN反应后，发现可以合成取代程度0.62的叠氮化物和取代程度0.66的磺酰的一种多聚物，如几乎取代45%的甲苯磺酰基[178]。此外，右旋糖苷甲苯磺酸酯可用于制备巯基载衍生物，对合成自身结构非常有用[179~181]。

32.5.6.3 *硫醇化右旋糖苷*

通过SN反应得到的右旋糖苷甲苯磺酸酯，可抑制引入硫醇功能。早期应用乙酰硫代琥珀酸酐，进行右旋糖苷硫代，可产生右旋糖苷巯琥珀衍生物。此反应可通过pH = 8时，将乙酰硫代琥珀酸酐加入到大分子溶液中，再添加氢氧化钠和含离子交换树脂的产物实现[182]。

目前，在二甲基亚砜/吡啶中，利用含4-硝基苯基氯的右旋糖苷改性，在0 ℃以及4-N，N-二氨基吡啶条件下，可合成硫醇化右旋糖苷，并产生一种能被胱胺取代的碳酸盐(含量6%)。接着，反应会产生硫醇化右旋糖苷，包含1%～4%的巯基。

利用金属如银表面的化学吸附作用，可以固定这种硫醇化右旋糖苷，因此可用作一种非特异性蛋白质吸附作用的抑制剂。表面等离子体共振可检测牛血清白蛋白的吸附作用，对于包裹着银的流动的缓冲溶液，与没覆盖的表面相比，BSA的吸附作用会明显减少。利用椭圆光度法、原子力显微镜方法和X-射线光电子光谱分析，已补充和证实了通过SPR得到的结果。硫醇的功能数和多聚物的分子量影响右旋糖苷层蛋白质的抗性。增加硫醇的取代物部分，可观察到银表面有更多的覆盖物，提高了其蛋白质抗性。更高分子量的右旋糖苷衍生物(平均分子量在5.0×10^3～5.0×10^5 g/mol之间)显示，聚集越少，生产的有效蛋白质抗性的层越少[183, 184]。此外，SPR已被用于研究通过葡聚糖酶，在银上发生的硫醇化右旋糖苷单一层的水解降解。已证实，甚至在酶最活泼的pH时，葡聚糖酶没有完全离开硫醇化右旋糖苷单层。其被分解后，有一个重要的蛋白质抗性[180]。在水中的原子力显微镜测量方法已证实，由于右旋糖苷衍生物的水合作用状态[181]，可测量两个单层形态中相应的变化和弹性。

对于含通过硫桥的硼取代物的右旋糖苷衍生物，有两种方法可产生在硼中子捕获治疗中有用的物质。结合蛋白质，例如破伤风类毒素(TTd)连到右旋糖苷上，也可通过硫代实现。因此，在末端还原部分，右旋糖苷被选择性转化。

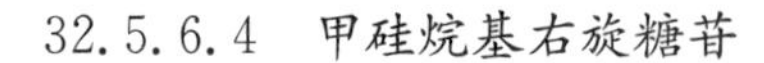
32.5.6.4 甲硅烷基右旋糖苷

20 世纪 60 年代已有关于含氯硅烷的多糖和硅氮烷的硅烷化反应，产生疏水硅醚，会增加末端稳定性和在有机溶剂中的溶解性[182]。硅烷化反应，可保护单糖和多糖中的羟基基团，如快速硅烷化在有机溶剂中适用于衍生物的硅醚的溶解性，在基本条件下硅醚的稳定性，但是容易导致被酸水解或亲核作用剂如氟化物和氰离子[183]的甲硅烷基脱保护。Ydens 和 Nouvel[160]详细研究了右旋糖苷的部分和完全硅烷化。利用 1，1，1，3，3，3-六甲基硅，在二甲基亚砜中 50 ℃时，可完成部分硅烷化。

取代程度也可通过剩余的羟基基团和苯基异氰酸盐[184]或三氯异氰酸酯[185]反应生成氨基甲酸盐。在 TMS 基团水解之前或之后，通过利用 8.5～9.5 ppm 处聚氨酯质子的 A(NH)比率以及 3～5 ppm 之间的 A(异头基 H)和 A(糖苷 H)总量，也可计算出核磁共振数据。两种方法都可得出相似的标准。

32.5.7 右旋糖苷的吸附性能及酸碱性能的影响

右旋糖酐吸附不同液体的曲线如图 32-13 所示，图中 T2000、T1000、T500、T100 和 T10 分别代表不同的分子量，所应用的液体分别为正己烷、水、甲酰胺和二碘甲烷。

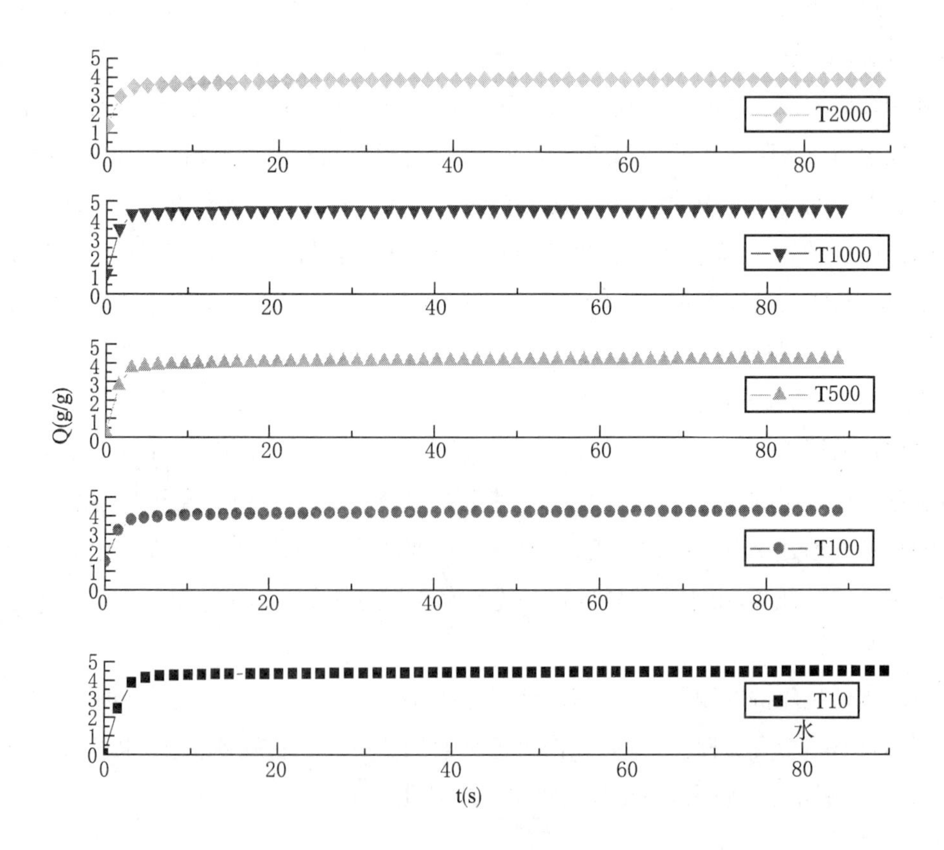

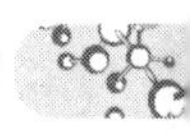

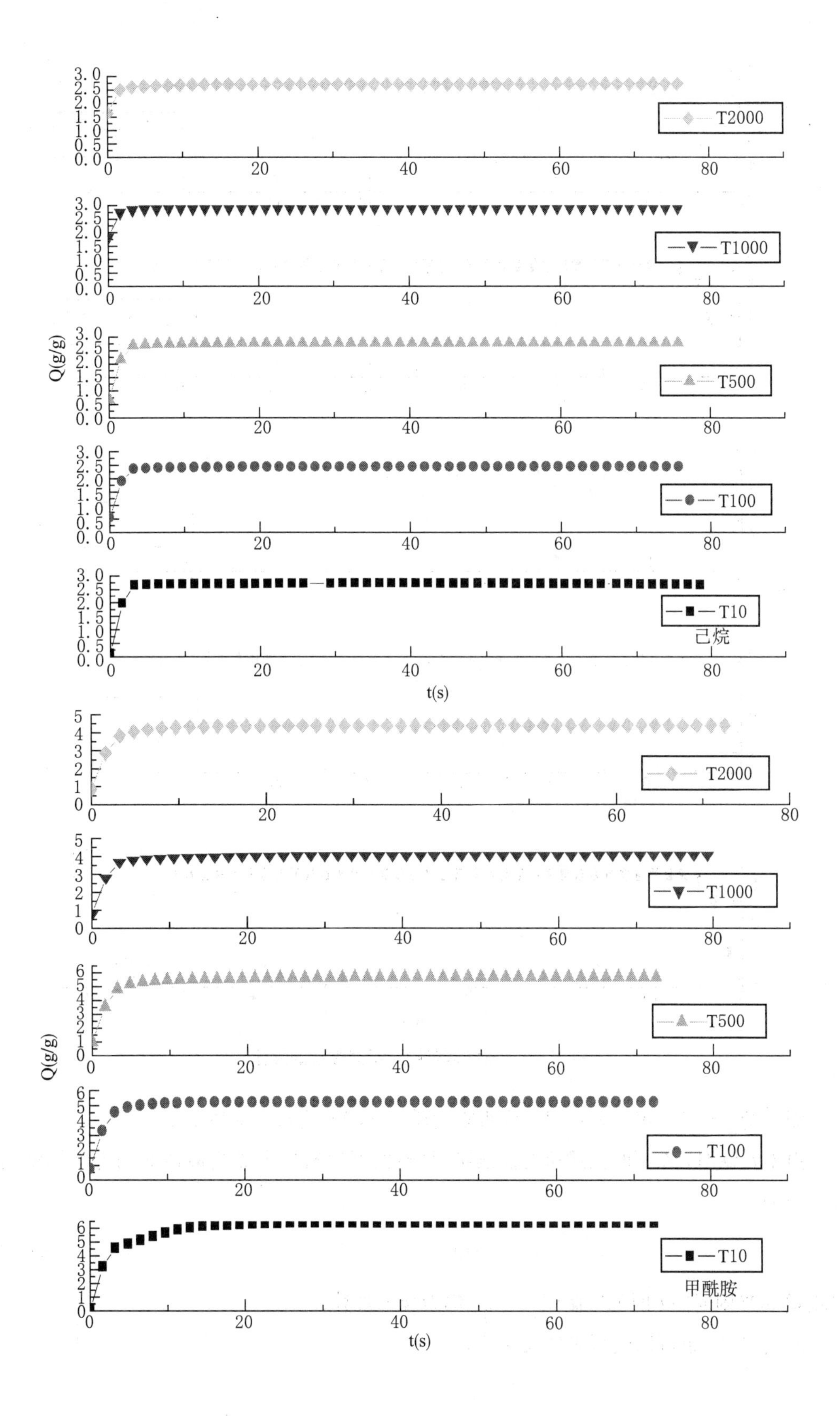
T2000
T1000
T500
T100
T10
己烷
Q(g/g)
t(s)
T2000
T1000
T500
T100
T10
甲酰胺
Q(g/g)
t(s)

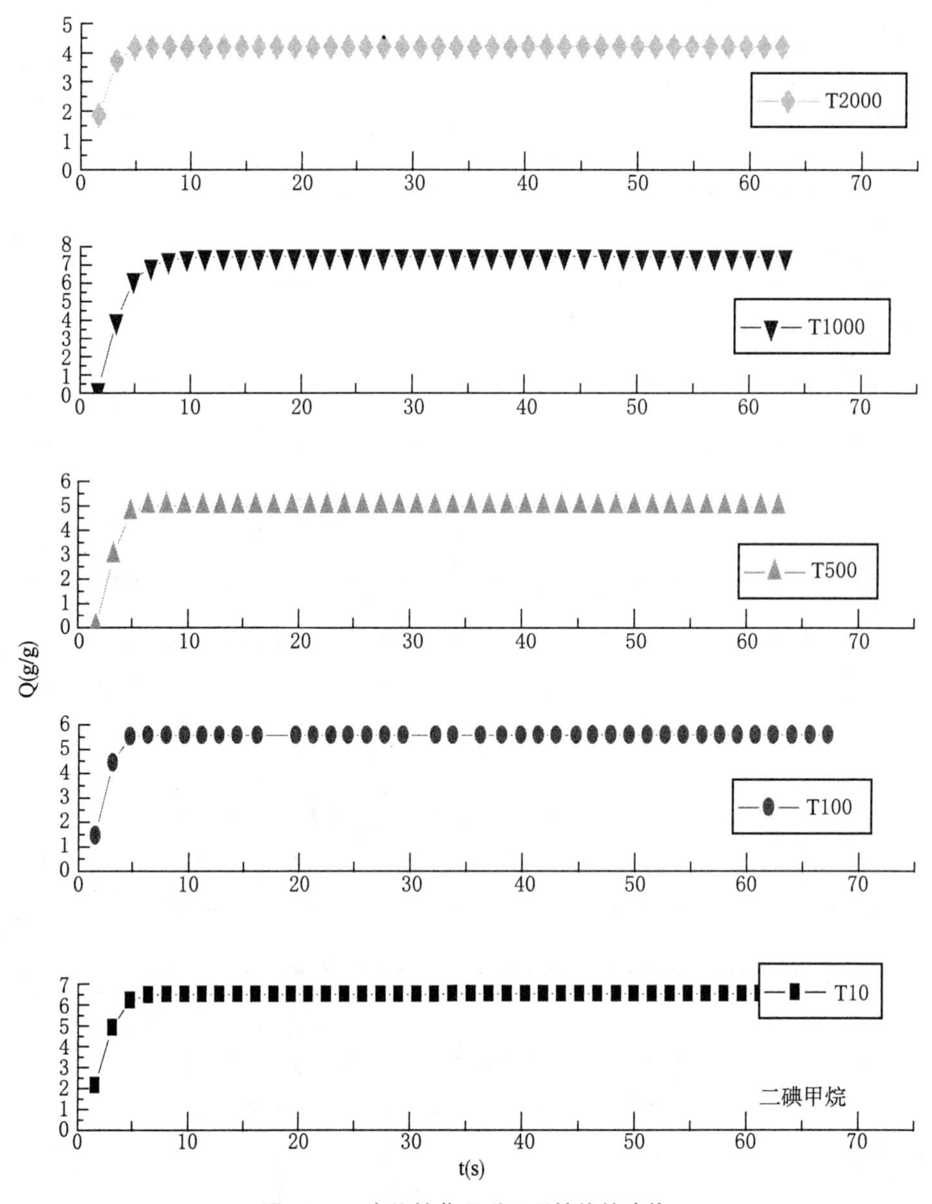

图 32-13 右旋糖苷吸附不同性能的液体

图中 $Q_t = W_{ad}/W_0$，其中 W_{ad} 为吸附后质量 g，W_0 为吸附前质量 g。

由于 t/Q_t 对 t 作图时上述所有曲线都呈线性，所以有以下吸附液体的动力学模型（公式 32-16），

$$t/Q_t = a + bt \tag{32-16}$$

在此 Q_t 是吸附时间 t 时的吸附量，a 和 b 都为吸附常数。

公式 32-16 也可以改写成公式 32-7，

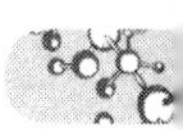

$$t/Q_t = 1/kQ_e^2 + t/Q_e \tag{32-17}$$

在此 k 是两级液体吸附速率常数，1/s，del；Q_e是吸附达到饱和时的吸附量，g/g。

显然，$a = 1/kQ_e^2$，$b = 1/Q_e$。

表 32-9 综合了右旋糖酐吸附不同性能的液体的动力学参数，其中发现右旋糖酐吸附己烷的能力非常大，而吸附同样是非极性的二碘甲烷的能力就非常弱，这说明右旋糖酐容易吸附表面张力小的非极性液体，而这个吸附性能与分子量无关；在此过程 Lifshitz-van der Waals 反应的强与弱不仅与所涉及的液体的表面性能有关、而且直接影响吸附。比如，吸附二碘甲烷的过程反应就非常大，而它对吸附的影响是阻止吸附发生。研究还发现右旋糖酐的分子量对吸附极性液体有影响，表现在吸附水和甲酰胺达到饱和量时呈现无规现象。这个吸附现象说明右旋糖酐和液体之间的酸碱反应非常激烈。

表 32-9　右旋糖苷液体吸附动力学参数

样品	试 剂	a	b (s)	k (s^{-1})	Q_e (g/g)
T10	正己烷	0.003	0.008	1.97	1.27
	水	0.002	0.012	7.69	0.83
	甲酰胺	0.009	0.010	1.11	1.03
	二碘甲烷	0.003	0.013	5.19	0.79
T100	正己烷	0.007	0.006	0.45	1.79
	水	0.017	0.007	0.29	1.43
	甲酰胺	0.014	0.008	0.52	1.19
	二碘甲烷	−0.002	0.013	−10.00	0.79
T500	正己烷	0.007	0.005	0.36	2.05
	水	0.005	0.011	2.28	0.93
	甲酰胺	0.013	0.007	0.40	1.40
	二碘甲烷	−0.022	0.015	−0.99	0.68
T1000	正己烷	0.016	0.002	0.02	6.17
	水	0.012	0.009	0.63	1.15
	甲酰胺	0.015	0.007	0.42	1.38
	二碘甲烷	−0.016	0.011	−0.82	0.89
T2000	正己烷	0.013	0.002	0.04	4.74
	水	0.016	0.006	0.26	1.55
	甲酰胺	0.013	0.007	0.32	1.53
	二碘甲烷	0.010	0.007	0.54	1.40

32.5.8 右旋糖酐的酸碱性能

基于上述的吸附图，可以估算右旋糖酐的表面性能，表 32-10 汇集了 5 个具有不同分子量的右旋糖酐的表面性能数据。

表 32-10 右旋糖酐的表面性能及分子量的影响

分子量	γ_S	γ_S^{LW}	γ_S^{AB}	γ_S^+	γ_S^-	Polarity
			(mN/m)			(%)
T10	44.25	31.50	12.74	1.03	39.36	28.79
T100	51.80	37.48	14.32	1.36	37.64	27.65
T500	60.90	42.43	18.49	2.16	39.46	30.36
T1000	77.41	47.76	29.66	4.62	47.62	38.32
T2000	86.90	49.40	37.50	6.24	56.37	43.15

比较发现，右旋糖酐的主要表面性能是由 Lifshitz-范德华力贡献的，越是分子量小则越是明显。如许多生物材料[11, 14~16, 19, 38, 44]，右旋糖酐也是碱性大于酸性的。

32.6 小结

蛋白质，细菌等生物物质的酸碱性对其各方面的性质都有重要作用。从化学实验角度出发研究其酸碱性质有助于进一步加深对细菌、蛋白质的认识。通过用 Lewis 酸碱理论对蛋白质、细菌的酸碱性进行讨论，表明蛋白质是一种憎水性物质，表面自由能的碱性组分较大，酸性组分接近零，显示出 Lewis 碱性。细菌在溶剂的粘附实验中发现其对酸性溶剂的亲和力较强，粘附率大，显示出电子给体性，即 Lewis 碱性。蛋白质与细菌的碱性可能与它们表面的羟基有关，在这方面的研究现在有待进一步深入。

必须指出的是上述所介绍的仅仅是生物医学领域中所应用的部分材料的酸碱性能，而本书关于生物材料方面的介绍也有许多与本章有关。

参考文献

[1] Bayston R. *J Infect*, 1984, 9, 271.
[2] Gristina AG, Costerton JW. *J Surg Am*, 1985, 67, 264.

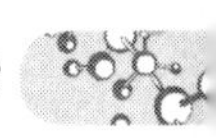

[3] Driessen FM, Vries J de, Kingma F. *J Food Prot*, 1984, 47, 848.

[4] Cox LJ, Kleiss T, Cordier JL, et al. A *Food Microbiol*, 1989, 6, 49.

[5] Carpentier B, Cerf O. *J Appl Bacteriol*, 1993, 75, 499.

[6] Oliveira DR. in: Melo LF, Bott TR, Fletcher M, et al Eds, *Biofilms Science and Technology*, Kluwer, Dordrecht, 1992.

[7] Vernhet A, Bellon-Fontaine MN. *Coll Surf B*, 1995, 3, 255.

[8] Boulang-Petermann L, Baroux B, Bellon-Fontaine MN. *J Adhes Sci Technol*, 1993, 7, 221.

[9] van Oss CJ. *Coll Surf A*, 1993, 78, 1.

[10] van der Mei HC, Rosenberg M, Busscher HJ. in: Mozes N, Handley PS, Busscher HJ, et al Eds, *Microbial Cell Surface Analysis*. New York: VCH, 1991.

[11] van Oss CJ, Chaudhury MK, Good RJ. *Chem Rev*, 1988, 88, 927.

[12] Bellon-Fontaine MN, Rault J, van Oss CJ. *Coll Surf B*, 1996, 7, 47～53.

[13] Snyder LR. *J Chromatogr*, 1974, 92, 223.

[14] van Oss CJ, Chaudhury MK, Good RJ. *Sep Sci Technol*, 1989, 24, 15.

[15] van Oss CJ, Gillman CF, Neumann AW. in: *Phagocytic Engulfment and Cell Adhesiveness*. New York: M Dekker, 1975.

[16] van Oss CJ, Good RJ. *J Macromol Sci Chem A*, 1989, 26, 1183.

[17] Gaonkar AG, Neuman RD. *Coll Surf*, 1987, 27, 1.

[18] Bellon-Fontaine MN. *Doctoral Thesis*. Paris: Universite Pierreet Marie Curie, 1986.

[19] van Oss CJ. in Visser H Ed, *Protein Interactions*, Weinheim, Germany, 1992.

[20] Busscher HJ, Bellon-Fontaine MN, Mozes N, et al. *Biofouling*, 1990, 2, 55.

[21] van der Mei HC, Vries J de, Busscher HJ. *Appl Environ Microbiol*, 1993, 59, 4305.

[22] Kasemo B. Bio *Sur Sci*, 2002, 500: 656～677.

[23] Bartolo L, Morelli S, Bader A, et al. *Biomaterials*, 2002, 23:2485.

[24] Tigh RS, Giimiisderelioglu M. *J Mater Sci Med*, 2009, 20, 699.

[25] Alves CM, et al. *Biomaterials*, 2007, 28, 307～315.

[26] Freed JH. *J Chem Phys*, 1978, 94, 2843～2847.

[27] Pintacuda G, Otting G. Identification of protein surfaces by NMR measurements of a paramagnetic Gd(III) chelate, *J Am Chem Soc*, 2002, 124, 372～373.

[28] Honig B, Sharp KA, Yang A-S. Macroscopic models of aqueous solutions: biological and chemical applications, *J Phys Chem*, 1993, 97, 1101～1109.

[29] Esposito G, Lesk AM, Molinari H, et al. Probing protein structure by solvent perturbation of NMR spectra. II. Determination of surface and buried residues in homologous proteins, *Biopolym*, 1993, 33, 839～846.

[30] Luchette PA, Prosser RS, Sanders CR. Oxygen as a paramagnetic probe of membrane protein structure by cysteine mutagenesis and ^{19}F NMR spectroscopy, *J Am Chem Soc*, 2002, 124, 1778～1781.

[31] Azioune A, Chehimi MM, Miksa B, et al. *Langmuir*, 2002, 18, 1150～1156.

[32] Teng CL, Martini S, Bryant RG. Local measures of intermolelcular free energies in aqueous solu-

tions, *J Am Chem Soc*, 2004, 126, 15253～15257.

[33] Teng CL, Bryant RG. Oxygen accessibility to ribonuclease A: quantitative interpretation of nuclear spin relaxation induced by a freely diffusing paramagnet. *J Phys Chem*, 2005.

[34] Hwang L, Freed JH. Dynamic effects of pair correlation functions on spin relaxation by translational diffusion in liquids, *J Chem Phys*, 1975, 63, 4017～4025.

[35] Białopiotrowicz T, Janczuk B. The wettability of a cellulose acetate membrane in the presence of bovine serum albumin, *Appl Surf Sci*, 2002, 201, 146～153.

[36] 苑翠柳,开发树叶食品市场前景广阔.*食品科技*, 2000, 5, 54～55.

[37] 胡剑锋,佐同林,张浩,等.柿树叶的材料特性表征.*内蒙古工业大学学报*, 2002, 21, 272～275.

[38] Shen Q, Ding HG, Zhong L. Characterization of the surface properties of persimmon Leaves by FT-Raman spectroscopy and wicking technique, *Coll Surf B*, 2004, 37:3～4, 133～136.

[39] Shogren RL. *Biopolymers from renewable resources: properties and material applications.* Springer, 1998:30.

[40] Taylor C, Cheetham NWH, Walker GJ. *Carbohydr Res*, 1985, 1:137.

[41] Pasteur L. *Bull Soc Chim Paris*, 1861:30.

[42] vanTieghem P. *Ann Sci Nature Bot Biol Veg*, 1878, 7:180.

[43] Jeanes A, Haynes WC, Wilham CA, et al. *Chem Soc*, 1954, 76:5041.

[44] Vandamme EJ, Bruggeman G, DeBaets S, et al. *Agro-Food-Ind Hi-Tech*, 1996, 7:21.

[45] Dimitriu S, Marcel Dekker. *Polysaccharides in medicinal applications*, 1996:505.

[46] ElSeoud O, Heinze T, Springer. *Advances in polymer science: polysaccharide I*, 2005, 186:103.

[47] Heinze T, Dumitriu S, Marcel Dekker. *Chemical functionalization of cellulose*, 2004(2):551.

[48] Naessens M, Cerdobbel A, Soetaert W, et al. *J Chem Technol Biotechnol*, 2005, 80(8):845～860.

[49] Jimnez ER. Biotecnologa Aplicada, The dextranase along sugar-making industry, 2005, 22(1): 20～27.

[50] Edye LA, Shahidi F, Spanier AM, et al. *Advances in experimental medicine and biology*, 2004, 542:317～326.

[51] Chmelík J, Chmelíková J, Novotny MV. *J Chromatography A*, 1997, 790(1～2):93～100.

[52] Holzapfel WH, Schillinger U, Ballows A, et al. *The genus leuconostoc*, 1992, 2:1508.

[53] Naessens M, Cerdobbel A, Soetaert W, et al. *J Chem Technol Biotechnol*, 2005, 80:845.

[54] DeBaets S, Steinbchel A, Wiley W. Biopolymers: polysaccharides from prokaryotes, 2002, 1:300.

[55] Hamada S, Slade DH. *Microbiol Rev*, 1980, 44:3319.

[56] Leach SA, Hayes ML. *Caries res*, 1968, 2:38.

[57] Hare MD, Svensson S, Walker GJ. *Carbohydr Res*, 1978, 66:245.

[58] Marotta M, Martino A, DeRosa A, et al. *Process Biochem*, 2002, 38:101.

[59] Khalikova E, Susi P, Korpela T. *Microbiol Mol Biol Rev*, 2005, 69:306.

[60] Harris PJ, Henry RJ, Blakeney AB, et al. *Carbohydr Res*, 1984, 127:59.

[61] Seymour FR, Slodki ME, Plattner RD, et al. *Carbohydr Res*, 1977, 53:153.

[62] Slodki ME, England RE, Plattner RD, et al. *Carbohydr Res*, 1986, 156:199.

[63] Larm O, Lindberg B, Svensson S. *Carbohydr Res*, 1971, 20:39.

[64] Usui T, Kobayashi M, Yamaoka N, et al. *Tetrahedron Lett*, 1973, 36:3397.
[65] Gagnaire D, Vignon M. *Makromol Chem*, 1977, 178:2321.
[66] Cheetham NWH, Fiala-Beer E. *Carbohydr Polym*, 1991, 14:149.
[67] Seymour FR, Knapp RD, Bishop SH. *Carbohydr Res*, 1976, 51:179.
[68] Heinze T, Liebert T. *Macromol Symp*, 2004, 208:167.
[69] Hornig S, Friedrich Schiller. University of Jena, Germany, 2005, 1.
[70] Alsop RM, Byrne GA, Done JN, et al. *Process Biochem*, 1977, 12:15.
[71] Bovey FA. *J Polym Sci*, 1959, 35:167.
[72] Senti FR, Hellmann NN, Ludwig NH, et al. *Polym Sci*, 1955, 17:527.
[73] Antonini E, Bellelli L, Bruzzesi MR, et al. *Biopolymers*, 1964, 2:27.
[74] 章思规.*精细有机化学品技术手册(上册)*. 北京:科学出版社,1992.
[75] 原正平,王汝龙.*化工产品手册*. 北京:化学工业出版社,1987.
[76] 张力田.*碳水化合物化学*. 北京:轻工业出版社,1988.
[77] Ioan CE, Aberle T, Burchard W. *Macromolecules*, 2000, 33:5.
[78] Gekko K. *Makromol Chem*, 1971, 148:229.
[79] Hirata Y, Sano Y, Aoki M, et al. *Carbohydr Polym*, 2003, 53:331.
[80] 陈明,高炜,朱国英,等. 冠心病合并非胰岛素依赖性糖尿病患者冠状动脉造影特点. *中华内科杂志*, 1999, 38(1):27.
[81] Hirata Y, Sano Y, Aoki M, et al. *J Coll Interface Sci*, 1999, 212:530.
[82] McCurdy RD, Goff HD, Stanley DW, et al. *Food Hydrocolloids*, 1994, 8:609.
[83] Ioan CE, Aberle T, Burchard W. *Macromolecules*, 2001, 34:326.
[84] DeBelder. *Amersham bioscience*, 2003, 18(12):1166.
[85] 吴配熙,张留城.*聚合物共混改性*. 北京:中国轻工业出版社,1996.
[86] Granath KA. *J Coll Sci*, 1958, 13:308.
[87] Chanzy H, Excoffier G, Guizard C. *Carbohydr Polym*, 1981, 1:67.
[88] Guizard C, Chanzy H, Sarko A. *Macromolecules*, 1984, 17:100.
[89] Shingel KI. *Carbohydr Res*, 2002, 337:1445.
[90] Robyt JF, Kin D, Yu L. Mechanism of dextran activation of Dextransucrase, *Carbohydrate Res*, 1995, 266(2):293～299.
[91] Oliveira AS, Rinaldi DA, Tamanini C, et al. Semina-*Ciências Exatase Tecnológicas*, 2000, 23(1): 99～104.
[92] Brown CF, Inkerman PA. *J Agri Food Chem*, 1992, 40(2):227～233.
[93] Choplin JSL, Moan M, Doublier JL, et al. Carbohydrate Polym, 1988, 9(2):87～101.
[94] Alsop RM, Vlachogiannis RM. *J Chromatography A*, 1982, 246(2): 227～240.
[95] Ravno AB, Purchase BS. *Int' Sugar J*, 2006, 108(1289):255～269.
[96] Leite Neto AF, Aquino FWB, Plepis AMG, et al. *Química Nova*, 2007, 30(5):1115～1118.
[97] Aquino FWB, Franco DW. Dextranas em ahcares do estado de Se, 2008.
[98] Hirata Y, Aoki M, Kobatake H, et al. *Biomaterials*, 1999, 20:303.

[99] Stenekes RJH, Talsma H, Hennink WE. *Biomaterials*, 2001, 22:1891.
[100] Amersham bioscience, data file dextran.
[101] Carrasco F, Chornet E, Overend RP, et al. *J Appl Polym Sci*, 1989, 37:2087.
[102] DeGroot CJ, van Luyn MJA, van Diek-Wolthuis WNE. *Biomaterials*, 2001, 22:1197.
[103] Cadee JA, van Luyn MJA, Brouwer LA, et al. *J Biomed Mater Res*, 2000, 50:397.
[104] Flory PJ, Fox Jr TG. *J Am Chem Soc*, 1951, 73:1904.
[105] Fox Jr TG, Flory P. *J Chem Soc*, 1951, 73:1915.
[106] Granath KA. *Coll Sci*, 1958, 13:308.
[107] Wales M, Marshall PA, Weisberg SG. *Polym Sci*, 1953, 10:229.
[108] Senti FR, Hellman NN, Ludwig NH, et al. *Polym Sci*, 1956, 17:527.
[109] Morris ER, Cutler AN, Ross-Murphy SB, et al. Price *Carbohydrate Polym*, 1981, 1:5.
[110] Carrasco EF, Chornet RP, Overend. *J Polym Sci*, 1989, 37:2087.
[111] Berry GC, Fox TG. *Adv Polym Sci*, 1968, 15:481.
[112] Stokes RJ. Swirling flow of viscoelastic fluids, Ph. D. thesis, 1998.
[113] Hehre EJ, Hamilton DM. *J Biol Chem*, 1951, 192:161.
[114] Vedyashkina TA, Revin VV, Gogotov IN. *Appl Biochem Microbiol*, 2005, 41:631.
[115] Hehre EJ, Suzuki H. *Arch Biochem Biophys*, 1966, 113:675.
[116] Genghof DS, Hehre EJ. *Proc Soc Exp Biol Med*, 1972, 140:1298.
[117] Binder TP, Robyt JF. *Carbohydr Res*, 1983, 124:287.
[118] Tsuchiya HM. *Bull Soc Chim Biol*, 1960, 42:1777.
[119] Binder TP, Cote GL, Robyt JF. *Carbohydr Res*, 1983, 124:275.
[120] Robyt JF, Kimble BK, Walseth TF. *Arch Biochem Biophys*, 1974, 165:634.
[121] Robyt JF, Eklund SH. *Bioorg Chem*, 1982, 11:115.
[122] Robyt JF, Eklund SH. *Carbohydr Res*, 1983, 121:279.
[123] 姚日生,高文该,邓胜松,等. 右旋搪酥—阿司匹林偶联物的合成. 精细化工, 2005, 22(3):205~208.
[124] Robyt JF, Taniguchi H. *Arch Biochem Biophys*, 1976, 174:129.
[125] Koepsell HJ, Tsuchiya HM. J *Bacteriol*, 1952, 63:293.
[126] Ruckel ER, Schuerch C. *J Org Chem*, 1966, 31:2233.
[127] Kakuchi T, Kusuno A, Miura M, et al. *Macromol Rapid Commun*, 2000, 21:003.
[128] Ruckel ER, Schuerch C. *Biopolymers*, 1967, 5:515.
[129] Ruckel ER, Schuerch C. *J Am Chem Soc*, 1966, 88:2605.
[130] Lemarchand C, Gref R, Couvreur P. *Eur J Pharm Biopharm*, 2004, 58:327.
[131] Jordan A, Scholz R, Wust P, et al. *J Magn Magn Mater*, 1999, 194:185.
[132] Berry CC, Wells S, Charles S, et al. *Biomaterials*, 2003, 24:4551.
[133] Sinha J, Dey PK, Panda T. *Appl Microbiol Biotechnol*, 2000, 54:476.
[134] Matsumoto U, Ban M, Shibusawa Y. *J Chromatogr A*, 1984, 285:69.
[135] Maeda Y, Ito H, Izumida R, et al. *Polymer Bull*, 1997, 38:49.
[136] Grgwall A, Ingelman B, Mosimann H. *Uppsala Learfjening Forh*, 1945, 51:397.

[137] Sato T, Nishimura-Uemura J, Shimosato T, et al. *J Food Prot*, 2004, 67:1719.
[138] Suzuki F, Ishida N, Suzuki M, et al. *Proc Soc Exp Biol Med*, 1975, 149:1069.
[139] Whistler RL, Spencer WW. *Arch Biochem Biophys*, 1961, 95:36.
[140] Mauzac JM, Jozefonvicz J. *Biomaterials*, 1984, 5:301.
[141] Chaubet F, Champion J, Maiga O, et al. *J Carbohydr Polym*, 1995, 28:145.
[142] Chaubet F, Huynh R, Champion J, et al. *Polym Int*, 1999, 48:313.
[143] Garcia D, Barbier-Chassefiere V, Rouet V, et al. *Macromolecules*, 2005, 38:4647.
[144] Heinze TT, Liebert T, Koschella A. Esterification of polysaccharides, 2006.
[145] Liebert T, Hornig S, Hesse S, et al. *J Am Chem Soc*, 2005, 127:10484.
[146] Sanchez-Chaves M, Arranz F. *Angew Makromol Chem*, 1983, 118:53.
[147] Zhang J, Pelton R, Wagberg L. *Colloid Polym Sci*, 1998, 276:476.
[148] Sanchez-Chaves M, Arranz F. *Makromol Chem*, 1985, 186:17.
[149] Lu M, Albertson PA, Johansson G, et al. *J Chromatography A*, 1994, 668:215.
[150] Lu M, Johansson G, Albertson PA, et al. *Bioseparation*, 1995, 5:351.
[151] Lee K, Na K, Kim Y. *Polym Prepr*, 1999, 40:359.
[152] Usmanov TI, Karimova UG. *Vysokomol Soedin*, *Ser A*, 1990, 32:1871.
[153] Novak LJ, Tyree JT. *US Patent*, 1960, 2954372.
[154] Larsen C. *Adv Drug Delivery Rev*, 1989, 3:103.
[155] Mehvar R. *J Control Release*, 2000, 69:1.
[156] Norman B. *Acta Chem Scand*, 1968, 22:1381.
[157] Norman B. *Acta Chem Scand*, 1968, 22:1623.
[158] Hollo J, Laszlo E, Hoschke A. *Periodica Polytech Chem Eng*, 1968, 12:277.
[159] Ydens I, Rutot D, Degee P, et al. *Macromolecules*, 2000, 33:6713.
[160] Nouvel C, Ydens I, Degee P, et al. *Polymer*, 2002, 43:1735.
[161] Nouvel C, Dubois P, Dellacherie E, et al. *Biomacromolecules*, 2003, 4:1443.
[162] Nagy J, Borebely-Kuszmann A, Becker-Palossy K, et al. *Makromol Chem*, 1973, 165:335.
[163] Huynh R, Chaubet F, Jozefovicz J. *Angew Makromol Chem*, 1998, 254:61.
[164] Krentsel L, Chaubet F, Rebrov A, et al. *Carbohydr Polym*, 1997, 33:63.
[165] Krentsel L, Ermakov I, Yashin V, et al. *Vysokomol soedin*, 1997, 39:83.
[166] Rotureau E, Leonard M, Dellacherie E, et al. *Phys Chem*, 2004, 6:1430.
[167] Rotureau E, Dellacherie E, Durand A. *Macromolecules*, 2005, 38:4940.
[168] Rotureau E, Chassenieux CH, Dellacherie E, et al. *Macromol Chem Phys*, 2005, 206:2038.
[169] Kikuchi Y, Kubota N. *Makromol Chem Rapid Commun*, 1988, 9:731.
[170] Gubensek F, Lapange SJ. *Macromol Sci Chem A*, 1968, 2:1045.
[171] Francis M, Piredda M, Cristea M, et al. *Polym Mater Sci Eng*, 2003, 89:55.
[172] Francis MF, Lavoie L, Winnik FM, et al. *Eur J Pharm Biopharm*, 2003, 56:337.
[173] Parkinson TM. *Nature*, 1967, 215:415.
[174] Rosemeyer H, Seela F. *Makromol Chem*, 1984, 185:687.

[175] Ceska M. *Experientia*, 1971, 27:1263.
[176] Ceska M. *Experientia*, 1972, 28:146.
[177] Hodge JE, Karjala SA, Hilbert GE. *J Am Chem Soc*, 1951, 73:3312.
[178] Klemm D, Philipp B, Heinze T, et al. *Comprehensive cellulose chemistry*, *functionalization of cellulose*, 1998, 2.
[179] Croon J. *Acta Chem Scand*, 1959, 13:1235.
[180] DeBelder AN, Lindberg B, Theander O. *Acta Chem Scand*, 1962, 16:2005.
[181] Landoll LM. *J Polym Sci*, *Part A*, 1982, 20:443.
[182] Rouzes C, Gref R, Leonard M, et al. *J Biomed Mat Res*, 2000, 50:557.
[183] Delgado A, Leonard M, Dellacherie E. *Langmuir*, 2001, 17:4386.
[184] Fournier C, Leonard M, LeCoq-Leonard I, et al. *Langmuir*, 1995, 11:2344.
[185] Fournier C, Leonard M, Dellacherie E, et al. *J Coll Interface Sci*, 1998, 198:27.

第三十三章　分子酸碱化学在工业过程中的应用

33.1 简介

分子酸碱化学在工业工程中的应用可以涉及所有的工业门类，本篇仅介绍两个特别的应用。

33.2 分子酸碱化学在溶解过程中的应用

广义上认为：超过两种以上物质混合成为一个分子状态的均匀相的过程就是一个溶解过程。而狭义则认为溶解应该是一种液体对于固体、液体或气体产生化学反应使其成为分子状态的均匀相的过程，也即一种物质（溶质）分散于另一种物质（溶剂）中成为溶液的过程。比如食盐、蔗糖等溶解于水而成水溶液。但此处的溶液并不一定是液体，也可以是固体、液体、气体。事实上均匀的合金和空气都可以称为溶液[1]。

当两种物质互溶时，一般把质量大的物质称为溶剂（如有水在其中，一般习惯将水称为溶剂），溶液中的溶质粒子小于 1 纳米，无丁达尔现象。

物质溶解于水的过程：一是溶质分子（或离子）的扩散过程，这种过程为物理过程，需要吸收热量；另一种是溶质分子（或离子）和溶剂（水）分子作用，形成溶剂（水合）分子（或水合离子）的过程，这种过程是化学过程，放出热量。当放出的热量大于吸收的热量时，溶液温度就会升高，如浓硫酸、氢氧化钠等；当放出的热量小于吸收的热量时，溶液温度就会降低，如硝酸铵等；当放出的热量等于吸收的热量时，溶液温度不变，如盐、蔗糖。

一些溶质溶解后，会改变原有溶剂的性质，如氯化钠溶解在水中，电离为自由移动的钠离子与氯离子，故形成的溶液具有导电性（纯水不导电）；乙二醇溶解在水中，可降低水的凝固点。

33.2.1 物质的溶解性

达到化学平衡的溶液(此时不能容纳更多的溶质,但仍能溶解其他溶质)被认为是饱和溶液。此时溶液中溶解的溶质会比正常情况多,每份质量的溶剂或溶液所能溶解的溶质的最大值就是"溶质在这种溶剂中的溶解度"。

一般情况下不指明溶剂的通常意味着溶剂为水,比如"氯化钠的溶解度"和"氯化钠在水中的溶解度"可以认为是具有同样的意思。

溶解度并不是一个恒定的值。一种溶质在溶剂中的溶解度是由它们的分子间作用力、温度、溶解过程中所伴随的熵的变化以及其他物质的存在及多少所决定的,有时还与气压或气体溶质的分压有关。而无特别指明的条件一般是指温度及气压在标准状况。

33.2.2 溶剂的酸碱性

由于溶解过程离不开溶剂,而溶剂具有酸碱性已经在第二篇进行了详细的介绍,所以溶剂的溶解参数与酸碱性之间的关系势必影响到溶解过程。表 33-1 给出了一些常见溶剂的溶解参数和与酸碱性质有关的参数,如 δ_d、δ_p 和 δ_h 分别代表色散力、极性力和氢键[1]。

表 33-1 常见溶剂的溶解参数

液　体	符号	Mol. Vol. (cm^3/mol)	$\delta(MPa)^{1/2}$	$\delta_d(MPa)^{1/2}$	$\delta_p(MPa)^{1/2}$	$\delta_h(MPa)^{1/2}$
Water	W	18.02	43.3	15.5	16.0	42.4
Methanol	MOH	40.70	26.4	15.1	12.3	22.3
Ethanol	EOH	58.50	22.7	15.8	8.8	19.4
Propanol	POH	75.00	21.4	16.0	10.8	16.8
Formamide	F	39.90	35.9	17.2	26.2	19.0
Pyridine	PY	80.40	21.2	19.0	8.8	5.9
Acetone	AC	73.99	19.0	15.5	10.4	7.0
Dioxane	D	85.70	19.9	19.0	1.8	7.4
Methylacetate	MEA	79.70	19.6	15.5	7.2	7.6
Ethylacetate	EA	98.50	18.6	15.8	5.3	7.2
Nitromethane	NM	54.00	25.1	15.8	18.8	5.1
Carbon tetrachloride	CCl4	97.10	17.7	17.8	0.0	0.6
Dimethylsulfoxide	DMSO	71.00	24.5	18.4	16.4	10.2
Acetic acid	Hac	57.10	20.7	14.5	8.0	13.5

溶剂的极性可以有许多表达方法,根据 van Oss 等人[2]的表达如下:

$$\gamma_{rel}^{AB} = \gamma^{AB}/\gamma = 1-(\gamma^{LW}/\gamma) = 1-\gamma_{rel}^{LW} \tag{33-1}$$

其中 γ_{rel}^{AB} 代表溶剂的极性,γ 代表溶剂的表面张力,γ_{rel}^{LW} 代表溶剂的 Lifshitz-van der Waals 力。

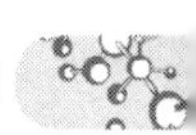

33.3 高分子材料溶胀过程的酸碱化学

高分子材料的溶胀分为两种：

(1) 无限溶胀：当线型聚合物溶于良溶剂中，它能无限制地吸收溶剂直到完全溶解成均相的溶液为止，所以该溶解也可看成是聚合物无限溶胀的结果。

(2) 有限溶胀：对于交联聚合物以及在不良溶剂中的线性聚合物而言，其溶胀只能进行到一定程度为止，即以后无论与溶剂接触多久，所吸入溶剂的量将不再随时间增加而增大，并达到平衡，由此该体系将始终保持两相状态。

交联聚合物在溶剂中可以达到溶胀平衡，但是由于交联链的存在，溶胀到一定程度后就不再继续胀大，更不能发生溶解，所以此时虽有链段可以运动，使得一些小分子能进入聚合物中产生渗透压，但由于交联键的存在，它们将产生反抗高分子网链张开的张力，从而使得系统渗透压与张力相等，此时也即被认为是溶胀平衡。

某些结晶聚合物由于其结晶不完整而使其处于热力学的稳定相态，但由于其分子链排列规整、分子链之间的相互作用大，所以它们的溶解比非结晶聚合物要难一些。

极性的结晶聚合物在适宜的强极性溶剂中可以在室温条件下溶解，但对于非极性的结晶聚合物而言，它们在室温条件下只能在一些溶剂中溶胀，而不能溶解[1, 2]。

影响高分子材料溶解和溶胀的主要因素如下：

(1) 分子量

一般而言，高分子材料的分子量大，则溶解度小；而分子量小，则溶解度大；但对于交联高聚物而言，一般其交联度大，则溶胀度小；而交联度小，则溶胀度大。

(2) 聚集态

一般情况下，非晶态高分子材料由于其分子堆砌较松散、分子间力较小，所以较易溶解；而晶态高分子材料由于其分子排列规整、堆砌紧密，就难溶解。

(3) 高分子材料的极性[2]

(4) 溶剂的酸碱性和极性

33.3.1 高分子溶解和溶胀的溶剂选择

33.3.1.1 定性原则

一般采用极性相似原则，即相似者易共溶；极性大的溶质易溶于极性大的溶剂。

对于小分子而言，极性小的溶质易溶于极性小的溶剂；当溶质和溶剂极性接近时，其二者越易互溶。

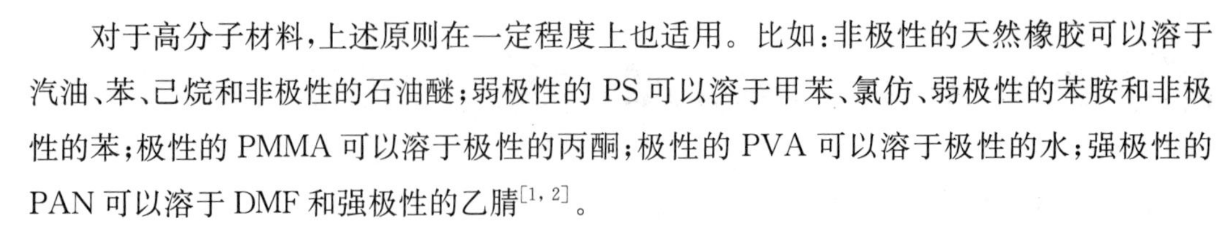

对于高分子材料，上述原则在一定程度上也适用。比如：非极性的天然橡胶可以溶于汽油、苯、己烷和非极性的石油醚；弱极性的 PS 可以溶于甲苯、氯仿、弱极性的苯胺和非极性的苯；极性的 PMMA 可以溶于极性的丙酮；极性的 PVA 可以溶于极性的水；强极性的 PAN 可以溶于 DMF 和强极性的乙腈[1, 2]。

33.3.1.2　定量原则

高分子溶解的定量依据主要是溶度参数相近原则[1, 2]。

33.3.2　溶解过程热力学

无定型高分子材料的溶解过程是溶质分子和溶剂分子相互混合的过程，这个过程在恒温恒压下自发进行的条件是由混合自由能 ΔG_M 来决定的，而 ΔG_M 则是由以下条件决定的[3]：

$$\Delta G_M = \Delta H_M - T\Delta S_M \tag{33-2}$$

其中 ΔH_M 是混合焓变；T 是绝对温度；ΔS_M 是混合熵变。

负的混合 Gibbs 自由能 ΔG_M 意味着混合过程是自发进行的。另外，混合过程将产生两相或多相。因为高分子量的聚合物具有较小的正的熵变，那么焓变就成为了决定自由能变化的十分重要的参数。

溶度参数是用来描述混合焓的一个参数[3]。

Hildebrand 指出固定溶质的不同溶剂的溶解顺序是由溶剂的内在的压力所决定的[2]。根据 Hildebrand 理论，Scatchard 引入了内聚能密度的概念。而 Hildebrand、Scott[2] 和 Scatchard[2] 提出了混合焓变为：

$$\Delta H_M = V_{\text{mix}}[(\Delta E_1^V/V_1)^{1/2} - (\Delta E_2^V/V_2)^{1/2}]^2 \Phi_1 \Phi_2 \tag{33-3}$$

其中：V_{mix} 为体积混合量；ΔE_i^V 是物质 i 的蒸发能；V_i 是物质 i 的摩尔体积；Φ_i 是在混合物中 i 的体积分数。ΔE_i^V 是在无限大体积的条件下，饱和气相线到理想气体状态的非等温蒸发能的变化[2]。

材料的内聚能 E 定义为排除所有的分子间作用力，每摩尔材料内在能量的增加。而内聚能密度(CED)是打断单位体积分子间物理联系的能量[2]。

$$CED = E/V = (\Delta H_{vap} - RT)/V \tag{33-4}$$

其中：ΔH_{vap} 是蒸发热焓。

Hildebrand 溶度参数被定义为内聚能密度的平方根：

$$\delta = (E/V)^{1/2} \tag{33-5}$$

方程(33-3)可写为双组分单位体积的混合热。

$$\Delta H_M/V = (\delta_1 - \delta_2)^2 \Phi_1 \Phi_2 \tag{33-6}$$

混合热必须小于方程中表示熵的那项，此时聚合物—溶剂体系才能相容（$\Delta G_M \leqslant 0$）。因此，溶度参数的差值 $\delta_1 - \delta_2$ 必须尽量小，才能保证在全部的体积分数下，聚合物溶剂体系相容和完全溶解成均相溶液[1]。但是，这些 Hildebrand 溶度参数的假设是建立在不存在分子间特殊相互作用(如氢键)的前提之下的。也没有考虑结晶形态和交联程度的影响。而且，随着温度、浓度的改变会产生一些不理想的转变。

基于极性相似材料溶解性最好的假设，Burrell[4] 在 Hilderbrand 溶度参数理论中加入了氢键的影响。其依据氢键的强弱将溶剂分为三个部分：即差、中等和强的成氢键能力。Burrell 体系认为碳氢化合物、氯代烃类、硝化烃类液体存在弱的氢键作用。酮、酯、醚、酯醇存在中等的氢键作用。醇、胺、酸、氨基化合物、醛间存在强的氢键作用[4]。

此外，Charles Hansen 也考虑到了分子间的相互作用对溶解的影响，认为溶度参数是由 3 种特殊作用所构成的[5~7]：

第一个是最典型的相互作用力，为非极性色散力。是由于原子外的负电子绕中心中子转动而产生的。负电子产生电磁场使得各个原子间无规地相互吸引。所有的分子都有这样的吸引力。

第二个是极性粘附力。由永久偶极—偶极产生的相互作用。这种偶极作用与分子的偶极作用大致相同。这是分子固有的相互作用，在大部分的分子中都是存在的。

第三个主要的相互作用力是氢键，类似于极性作用。与共价作用力相比，相当弱；但比偶极间的相互作用强。

因此，Hansen 根据三种类型的相互作用力，给出了内聚能的三个组成：

$$E = E_D + E_P + E_H \tag{33-7}$$

将(33-6)除以摩尔体积，得到的是 Hilderbrand 溶度参数的平方，Hansen 溶度参数分量色散力、极性力和氢键力的平方和(公式 33-8)。

$$E/V = E_D/V + E_P/V + E_H/V \tag{33-8}$$

即：

$$\delta_2 = \delta_D^2 + \delta_P^2 + \delta_H^2 \tag{33-9}$$

极性高分子材料在极性溶剂中时，高分子与溶剂分子强烈作用，溶解时放热，$\Delta H_M < 0$，所以溶解能自发进行；

对非极性高分子材料，其溶解过程一般吸热，$\Delta H_M > 0$，所以只有在温度增加时，才能满足溶解条件。也就是说只增大或减小温度时才能使体系自发溶解。

由此可知,高分子材料的溶解过程将会受到本身的酸碱性能和溶剂的酸碱性能的影响。

33.3.3 溶解过程的酸碱反应和影响

33.3.3.1 柿叶溶解过程的酸碱化学

以 DMAc 和 DMSO 为溶剂及在 25 ℃、40 ℃和 60 ℃三个不同温度条件下分别溶解柿叶,图 33-1 显示了柿叶的动态溶解过程。由于电导率与植物类材料的溶解度之间为正比例关系[4,6],所以图 33-1 中的电导率即表示了柿叶在有机溶剂中的溶解度。表 33-2 比较了两种溶剂的酸碱性能。

表 33-2 溶剂及酸碱化学参数

溶剂	Acity	Basity	Acity/Basity	$E_t(30)$
DMSO	0.34	1.08	0.32	45.1
DMAc	0.27	0.97	0.28	43.7

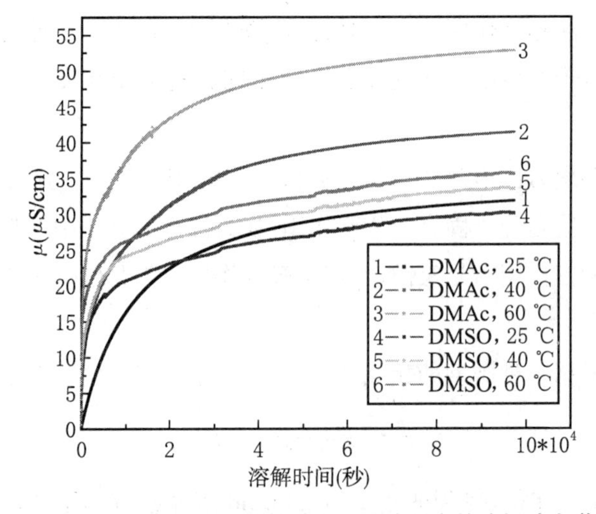

图 33-1 电导方法描述的柿叶在两种溶剂中的溶解动力学

由图 33-1 可知,溶液和温度都对柿叶溶解过程有影响。比如,对同一种溶剂而言,溶解温度越高不仅使溶解率增加,也使溶解初始时的速率增大。显然,这意味着温度高是有利于柿叶溶解的。但由于温度过高将影响柿叶的一些药理性能,所以本文仅研究了 60 ℃以下温度对柿叶溶解过程的影响。由图 1 也可以知道,柿叶在 DMA_C 溶剂中的溶解度明显好于 DMSO,尤其是在较高温度时更为明显。这说明溶剂的选择性在提高温度时尤为重要。比如,图 33-1 指出 DMA_C 在 60 ℃时具有非常好的溶解效果。

由于图 33-1 中显示出两种溶剂对于柿叶的溶解影响有交错现象,意味着所选用的两种溶剂对柿叶的影响各有千秋。比如，25 ℃条件下，柿叶在 DMSO 中的初始溶解速率要快于 DMAc，而当溶解时间过了约 6 小时后这两种溶剂的效果变得明显相反。这显然预示着柿叶中的不同成分与溶剂结构之间的关系非常密切。换言之，这个事实也提示：柿叶的溶解可能是剥皮式进行的，比如 DMSO 对柿叶的外层溶解有效而 DMA_C 则对柿叶的内层溶解有效。由此联想到进行分级溶解可能有利于提高柿叶的溶解效率。此外，在图 33-1 中还值得一提的是 DMAc 比 DMSO 的溶解效果明显要好，因为 3.3 小时后，前者在 40 ℃时的溶解效果就比后者在 60 ℃时的效果要明显，其电导率值较后者增加了约 16%。

以 t/μ 对 t 作图（图 33-2），由于所有直线的线性度 R 都大于 0.990，因此柿叶的溶解曲线可以被描述成线性方程。

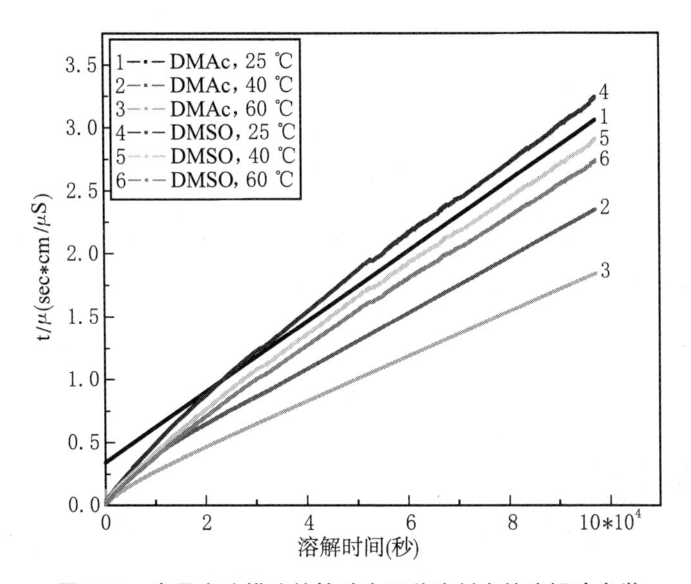

图 33-2　电导方法描述的柿叶在两种溶剂中的溶解动力学

根据图 33-2，可以得到柿叶在有机溶剂中的溶解规律（式 33-10）：

$$t/\mu = a + bt \tag{33-10}$$

式中：t—时间，s；μ—电导率，$\mu S \cdot cm^{-1}$；a，b—常数。

表 33-1 描述了图 33-1 所示各直线的参数。

为了得到柿叶在有机溶剂中溶解的动力学参数，由式(33-10)对 t 求导得到了式(33-11)：

$$d\mu/dt = (1 - b\mu)^2/a = 1/a - (2b/a)\mu + (b^2/a)\mu^2 \tag{33-11}$$

显然，这个溶解动力学方程说明柿叶溶解过程是一个复杂的多级反应过程。进一步用 k 表示溶解速率常数，则式(33-11)可以描述为式(33-12)的形式：

$$d\mu/dt = k_0 + k_1\mu + k_2\mu^2 \tag{33-12}$$

由式(33-12)可知：零级溶解速率常数 $k_0 = 1/a(s^{-1} \cdot \mu S \cdot cm^{-1})$，一级溶解速率常数 $k_1 = -2b/a(s^{-1})$，二级溶解速率常数 $k_2 = b^2/a(s^{-1} \cdot \mu S^{-1} \cdot cm)$。

表 33-3 归纳了柿叶溶解在两种不同溶剂中的动力学参数，比较可以发现溶剂酸碱性能对柿叶溶解的影响非常明显。

表 33-3　电导方法描述的柿叶在两种溶剂中的溶解速率常数

溶　剂	T (K)	k_0 (μS/s·cm)	$-k_1$ (1/s)	k_2 (cm/s·μS)
DMAc	298	2.97×10^{-3}	1.66×10^{-4}	2.33×10^{-6}
	313	6.05×10^{-3}	2.78×10^{-4}	3.20×10^{-6}
	333	1.14×10^{-2}	4.10×10^{-4}	3.69×10^{-6}
DMSO	298	4.59×10^{-3}	2.94×10^{-4}	4.70×10^{-6}
	313	5.82×10^{-3}	3.37×10^{-4}	4.89×10^{-6}
	333	7.69×10^{-3}	3.65×10^{-4}	4.92×10^{-6}

由于溶解速率常数 k 是与温度有关的常数，根据 Arrhenius 公式(33-13)可以得到溶解过程的活化能 E(kJ/mol)。

$$\ln k = \ln A - E_a/RT \tag{33-13}$$

式中 A 为指前因子$(s^{-1} \cdot \mu S \cdot cm^{-1})$。

根据式(33-13)，柿叶在 DMSO 和 DMAc 中的溶解活化能分别为 12.17 和 31.58 kJ/mol。这些溶解数据的比较说明溶剂的酸碱性影响溶解过程。

33.3.3.2　纤维素在离子液体中的溶解酸碱化学

Spange 等人最近的研究表明离子液体具有明显的酸碱特征[3]，为此应用离子液体溶解纤维素将得到不同于传统的溶解结果。

作者曾经采用在室温下呈固体状的离子液体：1-甲基-3-丁基咪唑氯化物溶解纤维素。在实验前将离子液体放入 80 ℃的油浴中加热熔化。将熔化成液体的离子液体倒入烧杯中，把盛有离子液体的烧杯放入 80 ℃的烘箱干燥一天，以待实验时使用。

在溶解实验中，固体和液体的重量比为 1∶9，先将离子液体放入油浴中加热，待离子液体的温度升高到 95 ℃时，向离子液体中分批加入纤维素，每 30 分钟加入一次，在反应进行 9 小时后得到琥珀色的纤维素离子液体溶液。图 33-3 是纤维素离子溶液的显微镜照片。

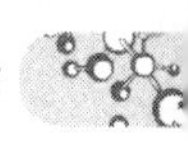

图 33-3 纤维素溶于离子液体的溶液的偏光显微镜照片

该图说明纤维素在离子液体中的溶解情况比较好，在溶解形成的溶液中仅有少量没有完全溶解的纤维素。

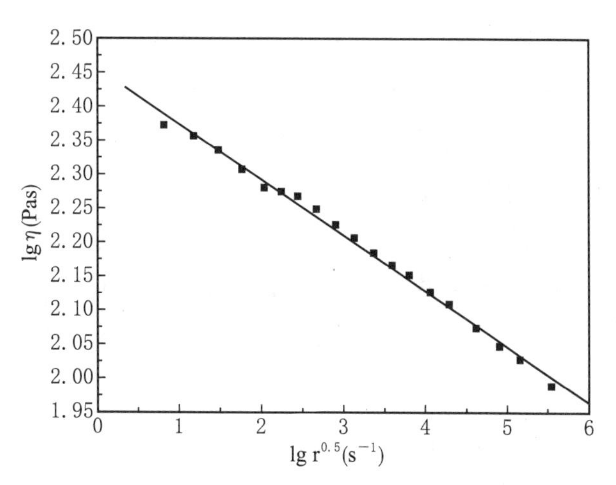

图 33-4 纤维素离子溶液的 lg η—$r^{0.5}$ 关系图

流变测试发现纤维素的离子溶液的表观粘度随着剪切应力的增大而下降，属于假塑性非牛顿流体(图 33-4)。应用描述假塑性流体最简单的模型幂律公式：$\eta = Kr^{n-1}$（η 为表观粘度，r 为剪切速率，K 为粘度系数，n 为非牛顿指数）对其进行描述发现，其非牛顿指数 n 如表 33-4 所示。

表 33-4 纤维素离子溶液的流变性能

样　品	lg K	n(非牛顿指数)	R(相关系数)
纤维素溶液	2.410	0.763	0.948 9

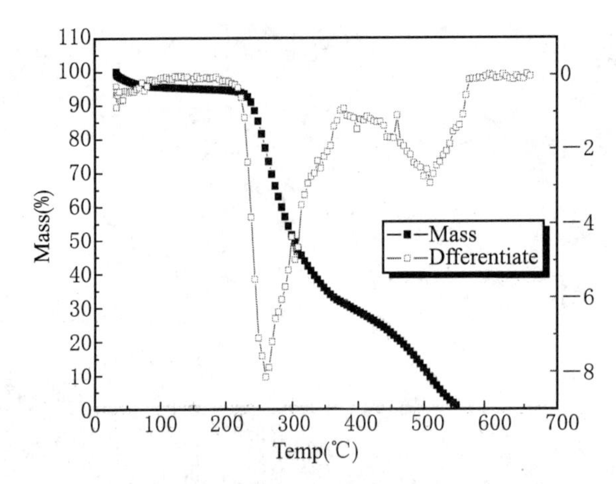

图 33-5 纤维素离子液体的 TG 与 DTG 曲线

从图 33-5 中可以看出纤维素离子液体的热失重有 4 个阶段：

(1) 室温～180 ℃：这个阶段仅发生了轻微的失重，质量损失是由物理吸附的水分和溶剂的挥发所致，失重量约为 5.8%；

(2) 180～400 ℃：这一阶段的 DTG 曲线上有一个明显的失重峰，在 258.5 ℃时有最大分解速率，失重量约为 69.2%。在这个阶段，纤维素热裂解的过程中经历了一个聚合度快速降低的过程，形成了低聚合度的活性纤维素，在自由基的作用下，活性纤维素发生进一步的降解，分解产生一些小分子的挥发性产物和大分子的可冷凝挥发成分等产物而造成明显的失重；

(3) 400～565 ℃：这一阶段 DTG 有一个小的失重峰，在 410 ℃时有最大分解速率，失重约为 24.8%。这个阶段的热量损失主要是由于上个阶段产生的挥发成分的二次反应释放出如甲烷、二氧化碳等气体，但这个反应在纤维素的热裂解过程中不是主导反应，因此产生的 DTG 曲线上的失重峰比上个阶段小；

(4) 565 ℃以上，纤维素在生成大量挥发物质的同时生成固体焦炭，之后是缓慢的轻微的热失重，样品的失重约为 0.2%。

DSC 测试进一步发现纤维素离子液体的玻璃化转变温度在 103 ℃左右。

表 33-5 纤维素离子液体的热分析结果

样　　品	质量变化(%)	起始分解温度(℃)	分解中点(℃)	分解终点(℃)	分解速度最快点(℃)
纤维素离子溶液	95.91	236.1	257.6	288.7	258.5

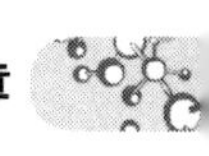

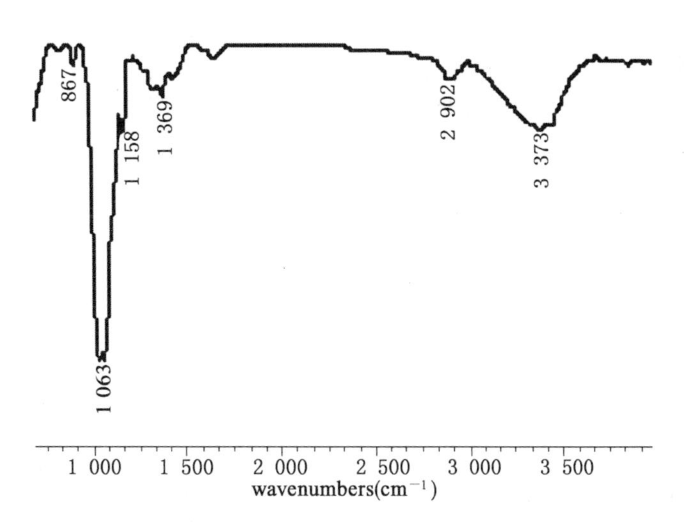

图 33-6 纤维素离子液体的红外谱图

图 33-6 反映了纤维素离子溶液的红外光谱，证明纤维素被离子液体所溶解，而表 33-6 则对这些红外峰进行了分析。

表 33-6 纤维素离子液体的红外光谱分析

波长(cm^{-1})	归属
867	CH_2，C-OH 的伸缩振动
1 027、1 063	C-O-H 的伸缩振动
1 158	CH_2，C-OH 的变形
1 369	C-C-H 的变形
2 902	C-H 的对称和非对称伸缩振动
3 373	O-H 的伸缩振动

图 33-7 的扫描电镜照片说明纤维素完全溶解在离子液体中，其中的一些白点可能是杂物。

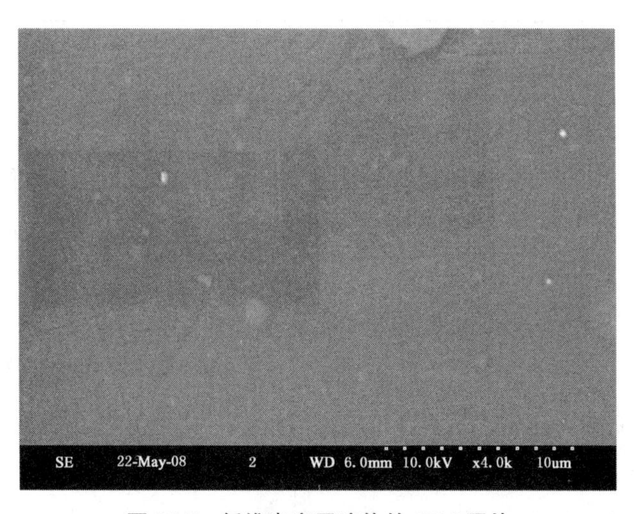

图 33-7 纤维素离子液体的 SEM 照片

一些离子液体酸碱性的研究结果如表 33-7 所示，其中明显说明不同的离子有不同的酸碱性能，其中两种但 π^* 的数据源自不同的计算方式[3]。

表 33-7 离子液体的酸碱性[3]

离子液体	β	π^*	π^*
$[C_6\text{-mim}][BF_4]$	0.61	0.95	0.90
$[C_6\text{-mim}][Br]$	0.90	1.09	0.96
$[C_6\text{-mim}][Cl]$	0.97	1.06	0.91
$[C_6\text{-mim}][PF_6]$	0.50	0.93	0.91
$[C_6\text{-mim}][CF_3SO_3]$	0.60	0.92	0.86
$[C_4\text{-mim}][SCN]$	0.71	1.06	0.99
$[C_4\text{-mim}][MeOSO_3]$	0.75	1.06	0.97

33.3.3.3 纤维素醚的溶解酸碱化学

Lovell 等[5]指出聚合物的特性粘数$[\eta]$值是和溶剂的热力学性质有关的量。在良溶剂中，聚合物和溶剂间可以良好地接触，表现为较低的特性粘数值。而在劣溶剂中，倾向于聚合物和聚合物间的良好接触，表现为较低的特性粘数值。

在研究溶剂的酸碱性对纤维素醚的特性粘度测试的影响时，发现以下结果(表 33-8)，并发现两者之间的关系如式(33-14)所示。

表 33-8 HPC 在不同酸碱性质溶剂中的特性粘数

溶 剂	特性粘度(ml/g)	Basity
Deionized water	125.37	1
DMF	122.82	0.93
Chloroform	173.75	0.73

$$[\eta] = 1.54 - 0.0047\text{Basity} \quad (R = 0.96) \tag{33-14}$$

图 33-8 反映了纤维素醚在三种不同液体中的溶解过程接触角与时间变化之间的关系，不同的动态接触角显然意味着酸碱反应的差异及纤维素醚与液体酸碱性能之间的关系。

由于高聚物的结构复杂、分子量大、具有多分散性、形状多样化，如：线性、支化和交联、聚集态不同，如：结晶态和非晶态，所以影响其溶解的因素很多，使得整个溶解过程比小分子固体复杂得多。此外，高分子材料的溶解过程始终是溶剂分子小而聚合物分子大[1]。

为此，高分子材料的溶解分成两部分，首先是溶剂分子渗入高聚物内部，使高聚物体积膨胀的溶胀过程，其次才是高分子均匀分散到溶剂中，形成完全溶解的分子分散的均相体系的溶解过程。非晶高聚物的溶胀与溶解基本遵循此规律。对结晶聚合物的溶解而言，其特点较为复杂，大致特点是：

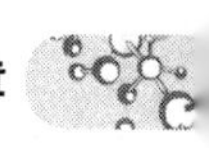

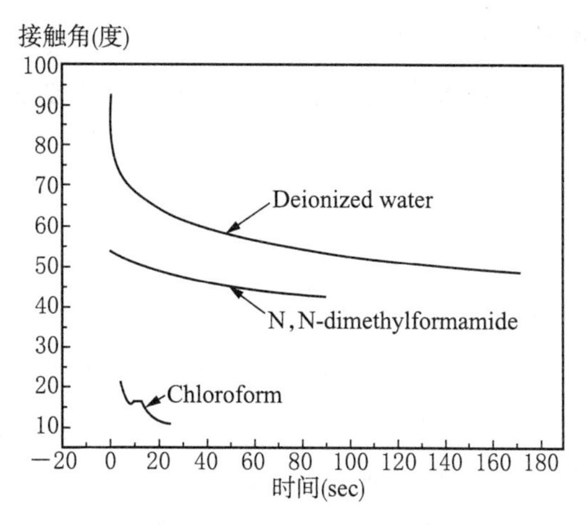

图 33-8　不同液体溶解纤维素醚的接触角

(1) 热力学稳定相态、分子链排列紧密、规整、分子间作用力大,所以溶解要比非晶聚合物困难得多;

(2) 该溶解有两个过程:首先是吸热,使得分子链开始运动,并导致晶格被破坏;然后这部分被破坏晶格的聚合物与溶剂发生作用,同非晶聚合物一样先发生溶胀,再进行溶解[2]。

33.4 粘结过程中的酸碱化学

33.4.1 简介

粘接是将不同材料结合在一起形成组件的一种方法。良好粘接结构的形成,取决于胶粘剂与被粘接材料之间能否形成有效的粘接和粘接接头的耐久性。近年来,随着对粘接基本机理的深入研究,形成了多种被粘接材料的表面处理技术。这些表面处理技术促进了粘接科学技术的发展。

粘接的扩散理论指出,在胶粘剂基体和被粘材料之间存在着一个三维转变相区,这一相区被称为界相(interphase)[7]。1972 年 Sharpe[7]提出了界相这一概念。在美国华盛顿召开的美国国家研究论坛上,对界相作了更确切的描述,界相被描述为"从被粘接材料中材料性质发生变化的一点起,通过界面,到胶粘剂中材料性质达到稳定的一点所经过的区域[8]。其他研究工作也指出界相的机械性质与相邻的基体材料有明显的不同。

界相的性质明显不同于相应的基体材料,从热力学观点上讲界相并不是一个真实的

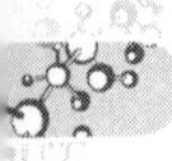

相。热力学认为一个相指的是具有特定化学组成和微观结构、物理上可区分并可用机械方法分离的实体，但是在界相与相邻的基体相之间并没有一个明显的界限。界相实际上是材料中的一个非均匀区域，在这个区域存在着性能的梯度变化。

33.4.2 粘接过程的界相理论

33.4.2.1 胶粘剂对被粘接表面的降解效应

在形成胶接接头过程中，在被粘接表面上，尤其是金属的一些离子，会被胶粘剂溶解并扩散到胶粘剂中，而这一现象会影响到近界面区域材料的结构和化学性质的变化。Roche 等[9]曾经研究了二胺固化的环氧胶粘剂与不同金属的粘接性，发现环氧胶粘剂在镀金的金属表面固化时，界相性能与环氧胶粘剂自身固化后的性能一致，但在铝和钛金属表面固化时，界相区胶粘剂的一些性能发生了变化。他们还发现铝离子和钛离子扩散到环氧胶粘剂内，与固化剂二胺偶合形成有机金属偶合物。当这些偶合物浓度达到饱和度时会发生晶析。在固化过程中这些结晶物不能完全再溶解，因此改变了胶粘体系的当量配比，更重要的是二胺固化剂与金属表面也会形成化学键；二胺金属偶合物还会产生有序排列，这些都会影响到界面附近材料的性质，使其不同于胶粘剂本体材料。Fondeur 和 Koenig[10]观察到了与上述试验相似的现象，发现从被粘接金属表面溶解的金属离子会扩散到胶粘剂中。Maeda 等[11]用 XPS 对金属与环氧树脂粘接接头进行了研究，发现界面附近胶粘剂层中存在相应的金属离子。

33.4.2.2 胶粘剂组分的选择性吸附

粘接吸附理论提出物理吸附存在于所有胶接接头中，但是对于粘接体系中不同的组分，金属对其吸附的速率可能是不同的，这一差异导致了界相中组成的变化。

Fondeur 和 Koenig[10]使用傅立叶变换红外显微光谱仪，对双氰胺固化的环氧树脂粘接金属铝的粘接接头进行了研究。对比了铝表面经机械处理和阳极化处理两种情况下胶粘剂层中树脂和固化剂的组分变化，发现在靠近界面处，未经化学处理的铝表面富集大量的固化剂及其盐，在阳极化处理的铝表面固化剂要少于其基体含量，而含有大量未交联的环氧树脂分子。该研究结果表明，金属表面性质和结构的不同会导致对胶粘剂体系中不同组分的选择性吸附，而由之产生的靠近界面处组分的不均匀性改变了胶粘剂的当量配比，从而在胶粘剂与被粘金属间形成了界相区。

33.4.2.3 被粘接金属表面上的化学反应

对一些金属而言，在其表面还存在一些官能团，如铝表面会有酸性和碱性两类基团，这些基团包括铝离子、氢氧根离子、氧离子等。铝离子并不存在于铝的最外表层，但可以在由氧离子和氢氧根离子组成的表层空隙中发现，这些官能团不仅对胶粘体系中的组分产生选择性吸附，而且也可能与其中一些组分发生化学反应。

Dillingham 和 Boerio[12]采用傅立叶变换红外光谱仪和 X 射线光电子能谱仪对铝表面上三乙基四胺固化的环氧树脂进行了研究，发现三乙基四胺被铝表面的氢氧化铝部分质子化。他们认为氧化铝表面的氢氧根基团对环氧胶粘剂固化的催化效应产生了界相区。

陈明安等[13]通过用 XPS 研究铝板/聚丙烯层状复合材料的粘接界相发现，当加入马来酸酐接枝聚丙烯(PP-g-MAH)分子后，铝板面上 Al2p，O1s 谱线明显向高结合能端移动。表明借助电子转移、电子对共享而在界面形成 Al-O-C 配位键与离子键、共价键相比，配位键的形成条件较为宽松，因此，与界面上存在的范德华力一样，配位键的存在也较为普遍。配位键的键能一般介于离子键与范德华力之间，且大多数配位键的键能与共价键的键能接近，形成配位键后，对于没有成键的链段，也会因其与铝材表面距离很小而产生更强的范德华力。所以一旦形成配位键后，界面即具有较优的结合强度。

PP-g-MAH 分子的酸酐基团形成的羧基与铝板表面发生化学作用的主要形式如图 33-9 所示：

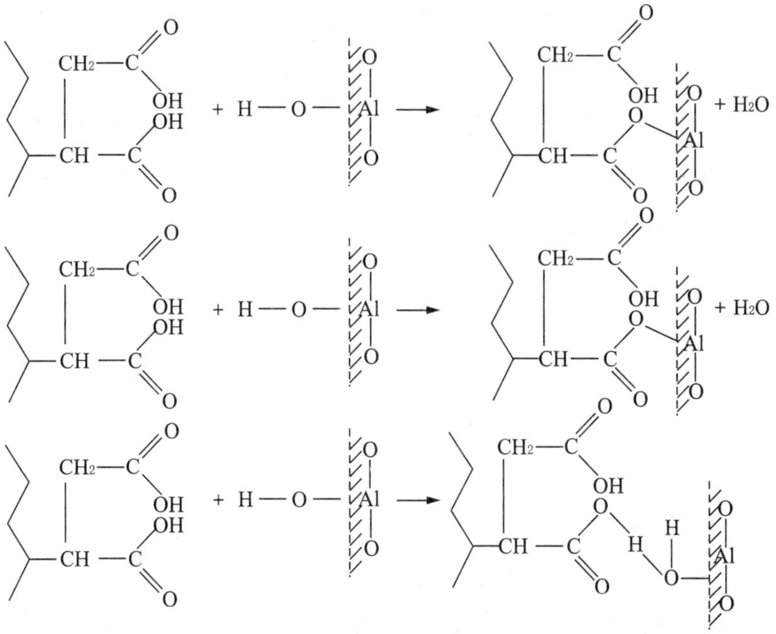

图 33-9　PP-g-MAH 分子的酸酐基团形成的羧基与铝板表面发生化学作用的机理

结合氩离子枪刻蚀技术，高守超[14]等用 XPS 对钢与胶粘剂粘接的界面进行研究，分析了粘接过程中元素的化学环境变化，并对粘接机理进行了探讨。他们的研究表明，胶粘剂中酚醛树脂在界面区域与钢之间存在化学结合。粘接过程部分-O-化学环境发生变化，-O-

元素的主要载体为酚醛树脂，酚醛树脂中含有活性较高的酚羟基，酚醛树脂可与 Zn、Mg 等部分金属的氧化物形成螯合，推测酚醛树脂与钢表面氧化层亦形成了类似如下的螯合结构（图 33-10）。

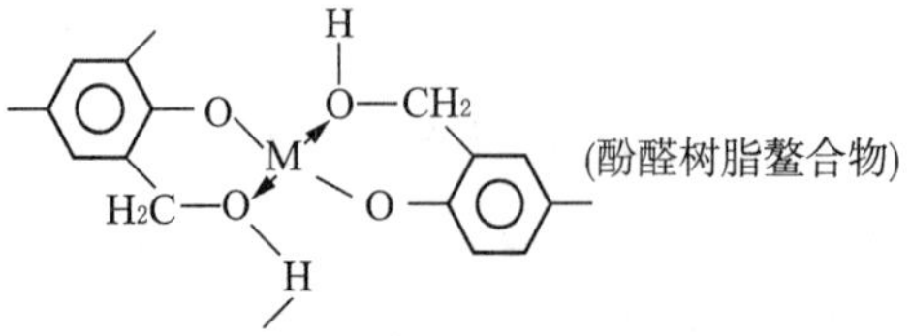

(酚醛树脂螯合物)

图 33-10 酚醛树脂与钢表面氧化层形成的螯合结构

粘接中金属表面含量较高（约 51%）的 FeO 成为粘接中金属与胶粘剂连接的过渡层。

Kollek[15]对铝表面上的双氰胺固化的环氧树脂进行了研究，认为环氧树脂和固化剂均被吸附到铝表面并与铝表面的极性基团发生了反应。Gaillard 等[16]则对经不同处理后钢表面上环氧树脂的固化速度进行了研究，发现在镀锌钢表面环氧树脂的固化速度比在仅机械打磨的钢表面的固化速度快，由此他们认为是锌离子的催化效应使环氧树脂产生了较快的固化速度。Carter 等[17]研究也表明由双氰胺固化的环氧树脂粘接的镀锌钢接头比低碳钢接头耐拉伸性能要好。借助反射红外光谱，他们发现氧化锌和双氰胺并没有发生化学反应，而是在锌和双氰胺之间发生了氧化还原反应。在粘接过程中，金属表面的锌被氧化，而双氰胺被还原。Jeon[18]通过 AES 研究了纳米铜涂覆的铁板与橡胶的粘接性能，发现硫化橡胶向纳米铜涂覆的铁板转移并与铜反应生成硫化铜粘接层。

33.4.2.4 粘接界相区的区域

界相是一个非均匀的、存在性能梯度变化和缺陷边界三维转变区，因此界相区域的大小可以通过测量界相内性能和化学组分的变化来确定。近年来出现了很多测量粘接接头中界相区域大小的新技术。

Williams[19, 20]用 TEM 研究了铝和环氧胶粘剂的界面区域，发现此区域物理和（或）化学性质不同于胶粘剂本体材料。图 33-11 显示了两种类型的界相区域，A 类界相距被粘接金属表面 50 nm，而 B 类则距被粘接金属表面 0.5 μm。

采用原子力显微镜（AFM）和纳米压痕计，李等[19, 20]研究了环氧树脂与铝之间的界相。他们通过研究压痕载荷与压痕位置、深度之间的函数关系，表征了粘接接头中铝表面纳米尺度范围内的性能变化，发现样品中存在一个大约 400 nm 的柔性界相。

一般认为粘结接头界相区厚度很小，在几纳米到几微米范围内。但 Roche 等[9]的研究结果表明在二胺固化的环氧胶粘剂和铝界面处存在着更大的界相。他们发现胶粘剂的玻璃

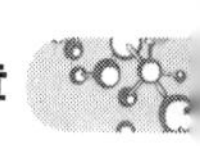

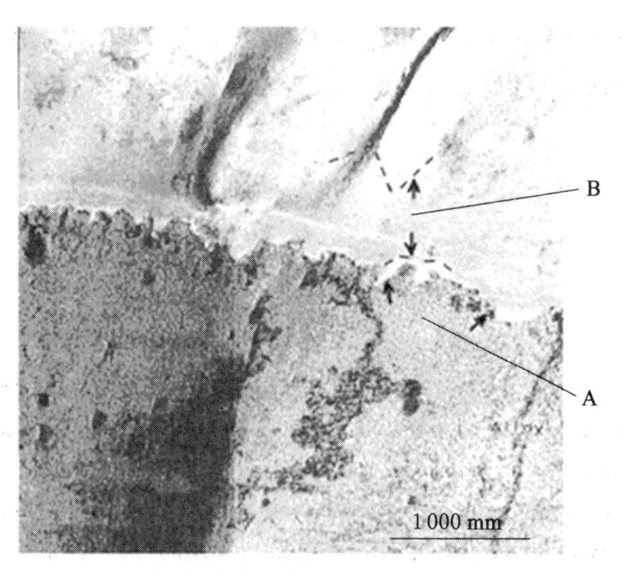

图 33-11 铝/环氧胶粘剂粘接接头处界面区域的两种界相

化转变温度(T_g)与胶粘层厚度有关,而原因是胶粘剂与水合金属氧化层反应形成了界相,使界相中胶粘剂的 T_g 变化达到 30 ℃,在粘接接头处形成了界相。界相可以扩展到离被粘接金属表面 700 μm 处,如图 33-12 所示。

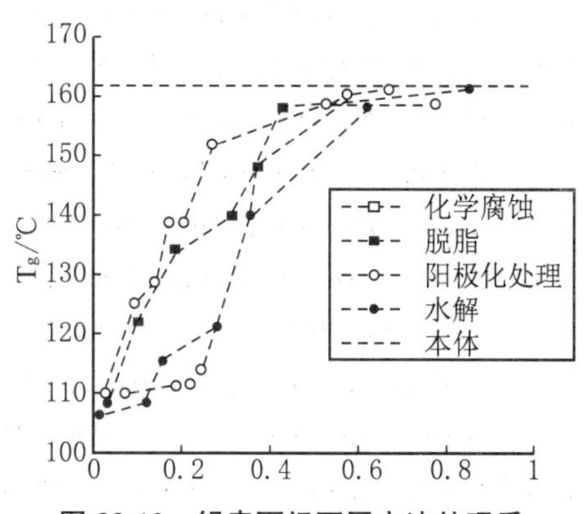

图 33-12 铝表面经不同方法处理后,界相处 T_g 与其厚度的函数关系

Williams 等[14] 重复了 Roche 的研究工作,认为如此厚的界相可能是在硫化过程中硫化剂的挥发造成的,因为当胶粘剂夹在两层铝片之间时并无此现象发生。

胶粘剂和被粘接金属之间界相区的性能对粘接接头的性能起着非常重要的作用,因此,有必要发展一些新的技术来表征、控制界相区的性能及其大小。有关界相的研究报道很多,而且界相的形成本质及其性质一直是研究的热点。由于界相的尺寸非常小,加之此区域应力、应变难以分析等因素阻碍了对界相相区的进一步研究。

33.5 小结

酸碱化学在粘结过程的应用实际上是这门学科的一个重要组成部分,这不仅是因为酸碱化学的一些理论直接来源于粘结过程的一些现象[21]，更是因为几乎所有的经典酸碱化学书籍都以粘附和粘结作为其叙述的一部分[21]。

参考文献

[1] Christian Reichardt. *Solvents and Solvent Effects in Organic Chemistry*, 3rd Ed. Wiley, 2004.

[2] Jarl B, Rosenholm. Critical comparison of molecular mixing and interaction models for liquids, solutions and mixtures. *Adv Coll Interface Sci*, 2010, 156, 14～34.

[3] Alexander O, Katja H, Stefan S. New aspects on polarity of 1-alkyl-3-methylimidazolium salts as measured by solvatochromic probes. *New J Chem*, 2006, 30, 533～536.

[4] Xu Y, Shen Q. *Coll Surf B*. 2006, 47, 98～101.

[5] Lovell PA. Dilute solution viscometry, in: Price C, Booth C(Eds.), *Comprehensive Polymer Science: Polymer Characterization*, vol. 1, Pergamon Press, Oxford, 1989, 173.

[6] 张礼华，胡人峰，沈青. *广州化学*，2007, 32(4), 18～24.

[7] Sharpe LH. The interphase in adhesion. *J Adhesion*, 1972, 4(1):51～64.

[8] Fuping L, John GW, Li W. Research progress on interphases theory for bonding between polymer adhesive and metal. *Adhesion*, 2007, 28(2):1～3.

[9] Roche A, Bouchet J, Bentadjine S. Formation of epoxydiamine/metal interphase. *Int J Adhesion & Adhesives*, 2002, 22:431～441.

[10] Fondeur F, Koenig JL. Microscopic FTIR studies of epoxy adhesive films on chemically treated aluminum. *Appl Spectroscopy*, 1993, 47(1):1～6.

[11] Maeda S, Asai T, Fujii S, et al. Physical model of interface and interphase performance in composite materials and bonded polymers. *Polym Mater Sci Eng*, 1988, 58:32～36.

[12] Dillingham RG, Boerio FJ. Interphase composition in aluminum/epoxy adhesive joints. *J Adhesion*, 1987, 24:315～319.

[13] 陈明安，张新明，谢玄. PP-g-MAH 与铝板粘接界面相的研究. *物理化学学报*，2004, 20:882～886.

[14] 高守超，张康助，郭平军. 钢与胶粘剂粘接界面的 XPS 分析. *固体火箭技术*，2004, 27, 154～164.

[15] Kollek H. Some aspects of chemistry in adhesion on anodized aluminum. *Int J Adhesion & Adhesives*, 1985, 5(2):75～80.

[16] Gaillard F, Hocquaux H, Romand M, et al. Proceedings of European adhesion. Karlsruhe, 1992, Paderborn, LWF, 1992, 122～127.

[17] Carter RO, Dickie RA, Holubka JW. Infrared studied of interfacial reactions of dicyandiamide on zinc. *Ind Eng Chem Res*, 1989, 28:48～59.

[18] Jeon GS, Jeong SW. Adhesion of rubber compounds to nanocopper coated iron plates as studied by AES depth profiles. *J Adhesion Sci Technol*, 2004, 18:925～942.

[19] Fuping L, Williams JG, Altan BS. Studies of the interphase in epoxyaluminum joints using nanoindentation and atomic force microscopy. *J Adhesion Sci Technol*, 2002, 16:935~949.

[20] Williams JG, Fuping L, Miskioglu. Characterization of the interphase in epoxy/aluminum bonds using atomic force microscopy and a nanoindenter. *J Adhesion Sci Technol*, 2005, 19:257~277.

[21] Shen Q. *Langmuir*, 2000, 16, 4394.

第三十四章　分子酸碱化学在日常生活中的应用

34.1 简介

酸碱化学在人们的日常生活中扮演着重要的角色，几乎可以涉及生活的各个方面。在人们的日常生活用品中，如化妆品、家居用品、纸张和书、床上用品等都无不涉及酸碱化学[1, 2]。

34.2 化妆品的酸碱性能

化妆品是一种功能性的精细化工产品，主要指肥皂以外的用于人体清洁、美化、保养等方面的产品。化妆品也能作为药物，如治疗或阻止疾病，或影响人体的结构和一些功能。

化妆品是由基质加上一些助剂抗氧化剂、防腐剂、香精、表面活性剂、保湿剂、色素及皮肤渗透剂等组成的，基质的主要原料是一些油性的原料，如油脂、蜡、碳氢化合物以及组成这些成分的高级脂肪酸和高级醇类。为了防止化妆品中的油脂、蜡、烃等油性成分接触空气中的氧，发生氧化作用，产生过氧化物和醛、酸等使化妆品变色、质量下降，所以需要在化妆品中添加抗氧化剂。常用的抗氧化剂有生育酚、特丁基羟基小茴香脑、特丁基羟基甲苯、没食子酸丙酯等等。而防腐剂则有尼泊金酯类，如尼泊金甲酯、乙酯、丙酯、丁酯和甲醛及其复合物等。化妆品中常用的乳化剂，主要是离子型和非离子型两种。保湿剂有甘油、丙二醇、山梨醇、乳酸钠等。此外可适量加用皮肤渗透剂，如氮酮，可帮助皮肤吸收。甲醛和甲醛释放剂是化妆品中常用的杀菌防腐剂，主要是及时杀灭化妆品中的微生物，以防止微生物的污染[1]。

溶质溶解于溶剂之中，可以看作是溶质和溶剂之间发生了酸碱反应。根据软硬酸碱化学原理：硬亲硬，软亲软，软硬交界就不管原则可判断化妆品组分之间的溶解性。

硅酮是一种用于化妆品工业的原料。将三甲基甲硅烷氧基硅酸酯(TMS)和聚甲基倍半硅氧烷(PMS)产品加入化妆品的配方时,很重要的一点是溶解度不同。因为其M-单元,作为侧疏水支,TMS在硅酮液中溶解性更好些;PMS缺少这种支,因此溶解度不太好,这是因为其交联结构。T-树脂比MQ-树脂在疏水溶剂中溶解作用更慢。硅酮在溶剂中的溶解度如表34-1所示。

表34-1　硅酮树脂的溶解度

溶　剂	MQ-树脂的溶解度 (三甲基甲硅烷氧基硅酸酯)	T-树脂的溶度 (聚甲基倍半硅氧烷)
异丙醇	溶解	溶解
醋酸乙酯	溶解	溶解
苯基三甲基硅酮	溶解	溶解
二甲基硅酮(5cst)	溶解	部分溶解
水	不溶	不溶
矿物油	不溶	不溶
甘油	不溶	不溶

由于这些溶剂的酸碱性能是不一样的[3],所以表34-1中这些树脂所显示的不同差异其实反映了硅酮本身的酸碱性能。

34.2.1　化妆品增稠剂中的酸碱化学

为了控制和调节化妆品的流变形态,便于使用和生产,在化妆品的生产过程需要使用增稠剂。但由于表面活性剂在水溶液中容易形成胶束,而一些电解质的存在会使胶束的缔合数增加,从而导致胶束的形状转变使得运动阻力增大,并进一步导致整个化妆品体系的粘度增加[1];所以调节其酸碱性能就显得非常重要。

氧化胺是一种极性非离子表面活性剂,其主要特征是在水溶液中,由于溶液的pH值不同,它可以显示出非离子或强离子性质;而在中性或碱性条件下,即pH大于或等于7时,氧化胺在水溶液中以不电离的水化物形式存在,为非离子性;但在酸性溶液中,它显示弱的阳离子性,尤其是当溶液的pH小于3时,其阳离子性质尤为明显。正因为它有如此大的酸碱适应性,因此可以在不同的条件下与阳离子、阴离子、非离子和两性离子等表面活性剂非常好地配合并显示协同效应。当pH在6.4～7.5范围时,烷基二甲基氧化胺可使复配物的粘度达到13.5～18 Pa・s,而使用烷基酰胺两基二甲基氧化胺更可使复配物的粘度高达34～49 Pa・s。而且,后者中即使加入盐也未能降低其粘度,足见其稳定性非常高。从而也说明了酸碱化学对化妆品增稠剂的影响是显而易见的。

34.2.2 一些特殊的软硬酸碱在化妆品中的应用

34.2.2.1 新一代 α-羟基酸-聚羟基酸(PHAs)在化妆品中的应用

α-羟基酸一般叫果酸(Alpha Hydroxy Acid,简称 AHAs),是存在于多种天然水果或酸奶中的有效成分。果酸的使用可源自于古埃及与古罗马时代,但对皮肤的美容疗效却一直到 19 世纪 70 年代初才被美国的 Scott 和 Yu 所发现。AHAs 对于光滑皱纹、防止皮肤衰老有很好的效用。也正由于果酸的优异功效,1993 年美国《时代》杂志甚至将果酸列为十大风云产品。由于果酸护肤的广泛应用,Scott 和 Yu 因此获得了“果酸之父”的尊称。时至今日,果酸已是全球皮肤科医师应用在辅助治疗及居家保养上不可或缺的利器[4~7]。

新一代 α-羟基酸-聚羟基酸(PHAs)不仅与 AHAs 对皮肤具有同样的效用,它还不会造成皮肤过敏反应,相对于传统的 α-羟基酸具有更广泛的应用。聚羟基酸(PHAs)对于一些临床皮肤过敏症包括红斑痤疮和遗传性皮炎等不会产生副作用,并且在化妆后仍能使用。此外,相对于 AHAs,聚羟基酸(PHAs)还具有保湿、增加皮肤水分的特性,它能增强组织角质层的屏障功能。因此,它增加了皮肤对化学品的抵抗力。绝大部分的聚羟基酸具有抗氧化剂的功能,像葡萄糖内酯和乳糖酸 Lactobionic 等聚羟基酸常与其他产品、成分一起使用,还可以在一些手术过程中如激光和疤痕治疗后使用,以进一步加强治疗效果。总之,含聚羟基酸产品与维 A 酸结合广泛应用于成人面部痤疮治疗,并且适合各种皮肤类型。在面霜里,聚羟基酸加上 A 酯对防皮肤衰老如平滑皱纹、强化皮肤具有很强的效用。聚羟基酸与对苯二酚一同使用也具有优良的防皮肤衰老的作用。含聚羟基酸产品特别适合亚洲人、高加索人、西班牙人使用,对于这些人群在提高防光老化方面具有重大的意义[4]。

在化妆品中的具体实例如下:

美国:Neostrata 果酸保湿防皱眼霜(Eye Cream PHA4)。

主要成分:(4%内酯型葡萄糖酸);透明质酸钠。

主要功效:高保湿作用,能有效减少眼部的干燥和细纹。

美国 NeoStrata 公司创立于 1988 年,至今已成为营销 60 多个国家的果酸研发厂商。美国 NeoStrata 公司独家研发双极性专利配方剂(Amphoteric System),保持了游离酸(free acid)的有效型态,并透过氢键的键结控制缓慢释放果酸,而不会超过刺激临界浓度。如此一来,不但能维持稳定的果酸生体可用率,使果酸在皮肤中产生长时间的作用,不会对皮肤造成刺激。

多数专家同意,α 果酸引导了大规模的药妆品纪元。新一代的酸类正引起个人护理品业的极大兴趣。其中一个便是 Neostrata 的一种多元水基果酸(PHA),包括了内酯型葡萄

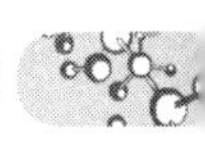

糖酸(Gluconolactone)和乳糖酸(Lactobionic Acid)。内酯型葡萄糖酸是一种抗氧化多羟基酸,适合各种皮肤类型,甚至是敏感皮肤。这种 PHA 由能保湿皮肤从而增强滋润程度的多重亲水羟基基团构成。它提供其他 α 果酸的所有平滑和抗皱益处,而没有刺激性。多元水基果酸也具有抗氧化的益处,一个在甘醇酸(Glycolic Acid)中没有发现的特性。乳糖酸能作为一种强大的抗氧化剂并螯化皮肤中的铁,从而降低潜在的氧化损伤。它由天然存在的乳糖衍生而来,能被划分成具有强大的抗氧化和保湿特性的一种复合多元水基果酸。乳糖酸能强烈地吸引、结合水,以产生一种天然的胶状介质。它独特的成膜性为皮肤提供了理想的柔软度和丝绒般的光滑。乳糖酸安全无刺激,能为皮肤提供 α 果酸的抗衰老和细胞更新。以 Neostrata 的多元水基果酸(PHA)产品为例,内酯型葡萄糖酸的应用量水平是4%～15%,乳糖酸为 3%～10%。

34.2.2.2　α-熊果苷(羟基苯-D-吡喃葡萄糖苷)在化妆品中的应用

α-熊果苷(羟基苯-D-吡喃葡萄糖苷)是一种皮肤增亮美白配料,相比于被许多护肤品公司采用的常见的 β-熊果苷,其稳定性和有效性要高出 10 倍以上。它是熊果苷的差向异构体,即使在极低浓度也能抑制酪氨酸酶的活性;并且它的抑制机理不同于熊果苷。它用于皮肤的净化斑点(de-pigmentation),保护皮肤免受由于自由基而导致的损伤。多数化妆品公司并不在他们的产品中使用“熊果苷”,因为其受皮肤美白应用的专利控制。

为了避免这个问题,许多公司使用含有熊果苷的植物提取物,一种来自熊果叶、越桔和蓝莓灌木,多数是熊果中提取的糖基化对苯二酚衍生物。不幸的是,目前并没有研究表明植物来源的熊果苷对皮肤有任何效果,特别是在化妆品中使用量很小的情况下。α-熊果苷相比于 β-熊果苷、熊果提取物和曲酸,最为有效。同样,也没有文献能提供关于在皮肤上水解成对苯二酚的熊果提取物或熊果苷数量的数据。熊果苷抑制黑色素的形成是通过抑制黑色素体酪氨酸酶的活性,而不是抑制这种酶的合成和表达。据生产商称,1%浓度的熊果苷就是一种有效的净化色素的因子。资生堂的 Whitness Intensive Skin Brightener 美白产品有着相当高的熊果苷浓度(大约 5%)[4～7]。

34.2.2.3　必需脂肪酸(EFAs)在化妆品中的应用

必需脂肪酸(EFAs)主要包括 ω-6-脂肪酸和 ω-3-脂肪酸家族。ω-6-脂肪酸家族由亚麻酸(GLA)和它的长链衍生物组成。人们通过增加饮食摄取其中的 EFAs,尤其是皮肤敷用 EFAs 的浓缩成分,可以从中受益。主要产品包括:EFAs、增湿霜、香皂、口红、香波和治疗皮肤干燥、湿疹和牛皮癣的药剂[7]。

EFAs 在皮肤表皮中的新陈代谢异常活跃。与大脑和肝脏相比,皮肤虽然有能力将 GLA 转化为双高亚麻酸(DGLA),但是它却不能将 LA 去饱和转化为 GLA 或者将 DGLA 转化为精氨琥珀酸(AA)。AA 中间体是皮肤受伤和紫外线照射时应激产生的。AA 通过环氧合酶和脂肪氧化酶进行新陈代谢，转化为活性类花生酸类物质。人体内多种多样的类花生酸类物质的平衡是维持皮肤屏障结构和功能健康以及皮肤内环境稳定的重要环节。EFAs 在皮肤护理产品、美容产品和疗效化妆品中的应用效果见表 34-2。

表 34-2　EFAs 在皮肤护理产品、美容产品和疗效化妆品中的应用效果

活　性	生化和临床效果	使用情况
抗炎效果	增加抗炎和抗增生的类花生酸的产量，减少由紫外线引起的红斑症状，减少炎症和红斑的产生	遮光性、光照润湿剂，生物活性
细胞膜结构与功能	加强屏障功能的恢复，维持屏障内环境稳定	载体或者输送物质，润滑药剂
皮肤屏障功能	减少经皮水分损失，增加皮肤水合作用和润湿作用，保持最适宜的细胞膜结构与功能，使皮肤细嫩、柔软、有弹性、光滑。	增湿剂，遮盖剂，防护剂、抗老化剂，皮肤屏障恢复药剂
通透性增强	增强皮肤吸收状态，增加皮肤对其他活性物质的吸收与抗炎药剂的协同效果。	载体或者运输物质，生物活性

34.2.2.4　L-肉碱在化妆品中的应用

下面是含 L-肉碱护肤品的一种配方，如表 34-3 所示，而其制作过程大致如下：

(1) 将 A 相所有组分混合加热到 75～80 ℃同时搅拌；

(2) 将 B 相所有组分混合加热到 75～80 ℃，在强力搅拌下将 A 相缓慢加入 B 相；

(3) 搅拌均匀后，降温并继续搅拌；

(4) 当温度降至 45 ℃时，加入 C 相；

(5) 继续搅拌，当温度降至 35 ℃时，加入 D 相；

(6) 搅拌并冷却至 25 ℃；

(7) 调节产品 pH 值到 6.5，并通过 50 ℃下 2 个月的稳定性实验。

表 34-3　葡萄糖氧化酶美白霜

成　分		重　量
A 相	硬脂酸	3.00
	甲氧基二苯甲酰甲烷丁酯	0.50
	甲氧基肉桂酸辛酯	2.00
	白矿油	1.50
	十六醇	1.00
	Lonzest 143-S	1.50
	Pegosperse 1750 MS	0.75
	Lonzest SMS	0.25
	Lonzest MSA	1.50
	Aldo MCT	1.50

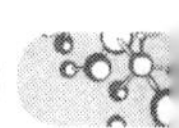

（续表）

	成　分	重　量
B相	尿素	3.00
	1，3-丁二醇	3.00
	去离子水	50.0
C相	熊果苷	1.00
	L-肉碱	1.00
	甘油	7.00
	去离子水	17.25
	Geogard 361	0.25
D相	Geogard 361	0.25
	葡萄糖氧化酶	2.00

L-肉碱是一种天然的，人体脂肪代谢所必需的物质[8]。利用生物转化的专利技术，已可以得到高纯的 L-肉碱，其中绝对不含右旋异构体。在 pH 值中性时，L-肉碱是以内酯形式存在的。

由于 L-肉碱很强的吸湿性，将其应用于膏霜、柔肤水中，可以对皮肤起到明显的保湿效果。值得关注的是，作为一个 B 羟基酸，L-肉碱在较低的 pH 条件下，显示出换肤的能力，从而缩短了皮肤新陈代谢的周期。将 L-肉碱单独使用，或者与羟基乙酸、乳酸等其他羟基酸复配，应用于角质修护产品中，无疑是个极佳的选择。因此，作为一个天然的、生命必需的、多功能、多用途的皮肤护理原材料，L-肉碱可以广泛地应用于个人护理品中[4~7]。

34.3 床上用品的酸碱性能

34.3.1 棉纤维的酸碱性能

棉的主要成分是纤维素，纤维素是自然界中存在量最大的天然高分子化合物，每年通过光合作用产生的纤维素达 1 000 亿吨以上。作为高等植物细胞壁的主要成分，且具有很高的聚合度，所以通过精制提纯的纤维素可通过调节聚合度以适应各种工业加工的需用。鉴于纤维素的应用场合绝大多数是在液态，而其中表面性能又被认为是一个关键的影响参数，所以知道聚合度对纤维素的表面性能的影响无论对科学和工业应用都是一个基本要求。

应用接触角技术测试得到的纤维素的表面性能和酸碱性能的数据如表 34-4 所示[8]，其中 Cell-3 的数据分别来源于文献[9]。

表 34-4　不同聚合度纤维素样品的表面能和酸碱性能

纤维素样品	DP	γ_S (mJ/m²)	γ_S^{LW} (mJ/m²)	γ_S^{AB} (mJ/m²)	γ_S^+ (mJ/m²)	γ_S^- (mJ/m²)	γ_S^+/γ_S^-	γ_S^{AB}/γ_S (%)
A	1 356	63.3	59.70	3.64	0.13	24.21	0.005	5.75
B	1 307	61.5	57.70	3.83	0.20	18.34	0.011	6.23
C	1 841	71.9	63.33	8.56	0.97	4.41	0.213	11.9
Cell-1	800	57.3	55.07	2.19	0.02	56.16	0.001	3.82
Cell-2	500	43.8	41.18	2.66	0.08	22.60	0.004	6.07
Cell-3	—	54.5	44.0	10.50	1.60	17.20	0.093	19.24

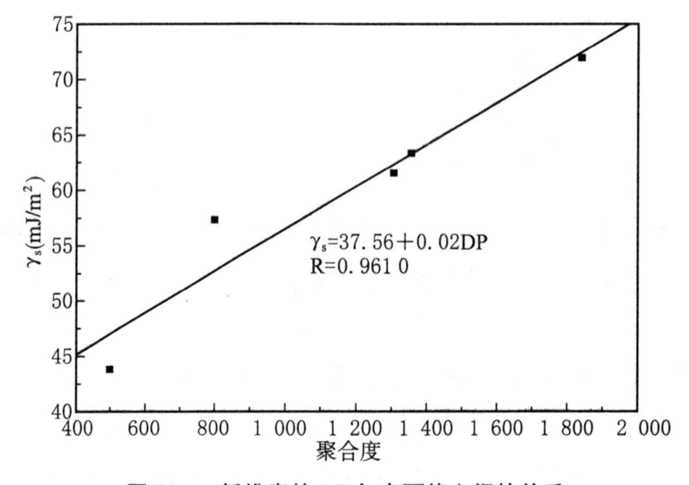

图 34-1　纤维素的 DP 与表面能之间的关系

纤维素的 Lifshitz-van der Waals 力 γ_S^{LW} 是随分子量的增加而增大的，而且比较表面能的分量 γ_S^{LW} 和 γ_S^{AB} 可知，纤维素的表面能是以 Lifshitz-van der Waals 力 γ_S^{LW} 为主体的。所以纤维素的表面能随分子量增加而增大，主要是 γ_S^{LW} 增加的缘故。但我们也发现纤维素分子量对其表面能的酸碱分量的影响不具有规律[8]。

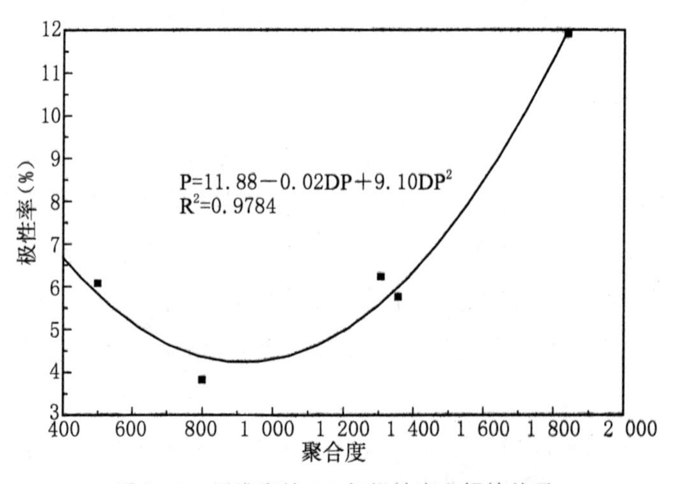

图 34-2　纤维素的 DP 与极性率之间的关系

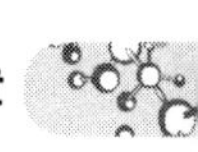

纤维素表面能随聚合度(DP)的变化可能有图 34-1 所示的规律,即 $\gamma_S = 37.56 + 0.02DP$;而极性率(P)与聚合度的关系则应如图 34-2 所示,即:$P = 11.88 - 0.02DP + 9.10DP^2$。倘若此假设是正确的,则这些知识对认识和应用纤维素将是非常有用的。

表 34-5 不同来源的纤维素的酸碱性能[8]

纤维素样品	α	β	π^*	$E_t(30)$	K_A	K_B
再生纤维素珠	0.98	0.60	0.66	51.4		
榉木亚硫酸盐纸浆	1.27	0.60	0.41	53.0		
预水解硫酸盐纸浆	1.50	0.58	0.24	56.8		
棉短绒	1.33	0.08	0.29	54.7		
亚硫酸盐纸浆	1.49	0.50	0.10	55.1		
预水解硫酸盐纸浆	1.51	0.46	0.31	57.7		
棉短绒	1.33	0.26	0.29	54.7		
棉短绒	1.48	0.13	0.30	57.1		
微晶纤维素	1.31	0.62	0.34	55.0		
细菌纤维素	0.78	0.86	0.69	52.1		
干纤维素	1.27	0.60	0.41	53.0		
湿纤维素	0.98	0.60	0.66	51.4		
纸					0.027	0.078
过滤纸					1.14	0.25
原始纸浆					0.085	0.35
再生纸浆					0.086	0.276
Whatman 纤维素					0.39	−0.02
纤维素					0.26	0.23

34.3.2 竹纤维的酸碱性能

作为一种特别的天然生物材料,竹被作为结构材料广泛地应用在许多场合。竹纤维是以竹子为原料,经过蒸煮、打浆和漂白等加工工序得到的纤维。由于竹纤维良好的透气性、独特的回弹性、瞬间吸水性及较强的纵向和横向强度等性能,所以近来人们对竹的应用给予了相当大的重视[10~12]。

由于竹的表面具有明显不同于棉纤维的光滑特征,而竹的纤维表面特征用肉眼观察似乎与棉纤维类似,所以研究竹纤维的表面性能并与棉纤维作比较,对竹纤维的进一步应用是非常有必要的。事实上,认识竹纤维和棉纤维的相同及差别性也是具有科学意义的。

对竹纤维(聚合度在 500 左右,含 α-纤维素约 90%)的表面和酸碱性能的研究发现其表面能(γ_S)、Lifshitz-van der Waals 力(γ_S^{LW})和 Lewis 酸碱反应力(γ_S^{AB})均略大于棉纤维,但由于相差不大可视为基本相同(表 34-6)。然而值得关注的是两者 Lewis 酸性之比发现竹纤维竟是棉纤维的一倍。显然,这个发现是对竹纤维较棉纤维有着非常好的、凉爽的皮肤接触感现象的一个极好的注解。事实上,在日常生活中人体出汗后通过洗澡感到舒适也正是因为水是一种 Lewis 酸性的缘故。换言之,这说明人体皮肤接触 Lewis 酸性将感到舒服,而这也正好是竹纤维较棉纤维所具有的优点。此外,我们还注意到竹纤维的极性略大于棉纤维,而水在纤维表面的取向性却略小于棉纤维。这可能意味着竹纤维的柔软性、面料性能将略逊于棉纤维[13]。

表 34-6　竹纤维的表面能及其组成部分的数据

样　品	γ_S (mN/m)	γ_S^{LW} (mN/m)	γ_S^{AB} (mN/m)	γ_S^+ (mN/m)	γ_S^- (mN/m)	极性率 (γ_S^{AB}/γ_S)	取向度 $(51-\gamma_S^{AB}/51)\%$
竹纤维	45.50	42.29	3.21	0.16	16.23	7%	93.71

34.4 木材家具的酸碱性能

34.4.1 酸碱性能对木材的毛细管和非毛细管吸附的影响

随着社会现代化水平的提高,人们对绿色材料的需求与日俱增。木材作为一种可再生环保材料因此也越来越引起人们的关注。所以研究木材的性质有着十分重要的现实意义[14~17]。

木材具有天然的多孔特征,而其中肉眼可见的多孔特征是其毛细管与非毛细管部分明显不一样。为了了解木材毛细管与非毛细管之间吸收/吸附性能的差异,我们曾经研究了两者对液体的自吸收/吸附现象[18],采用的一系列液体为仅具有 Lifshitz-van der Waals 力的二碘甲烷及同时具有 Lewis 酸碱性质的水和甲酰胺。它们的表面和酸碱性能如表 34-7 所示[19]。

表 34-7　一些应用于木材吸附的液体及它们的表面和酸碱性能[19]

液　体	γ_L/ $(mN\cdot m^{-1})$	γ_L^{LW}/ $(mN\cdot m^{-1})$	γ_L^{AB}/ $(mN\cdot m^{-1})$	γ_L^+/ $(mN\cdot m^{-1})$	γ_L^-/ $(mN\cdot m^{-1})$	γ_L^{AB}/γ_L	η/cp
二碘甲烷	50.8	50.8	0	0	0	0	0.028
水	72.75	21.8	51	39.66	16.39	0.70	0.010
甲酰胺	58.2	39	19	3.54	25.49	0.33	0.046

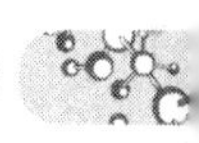

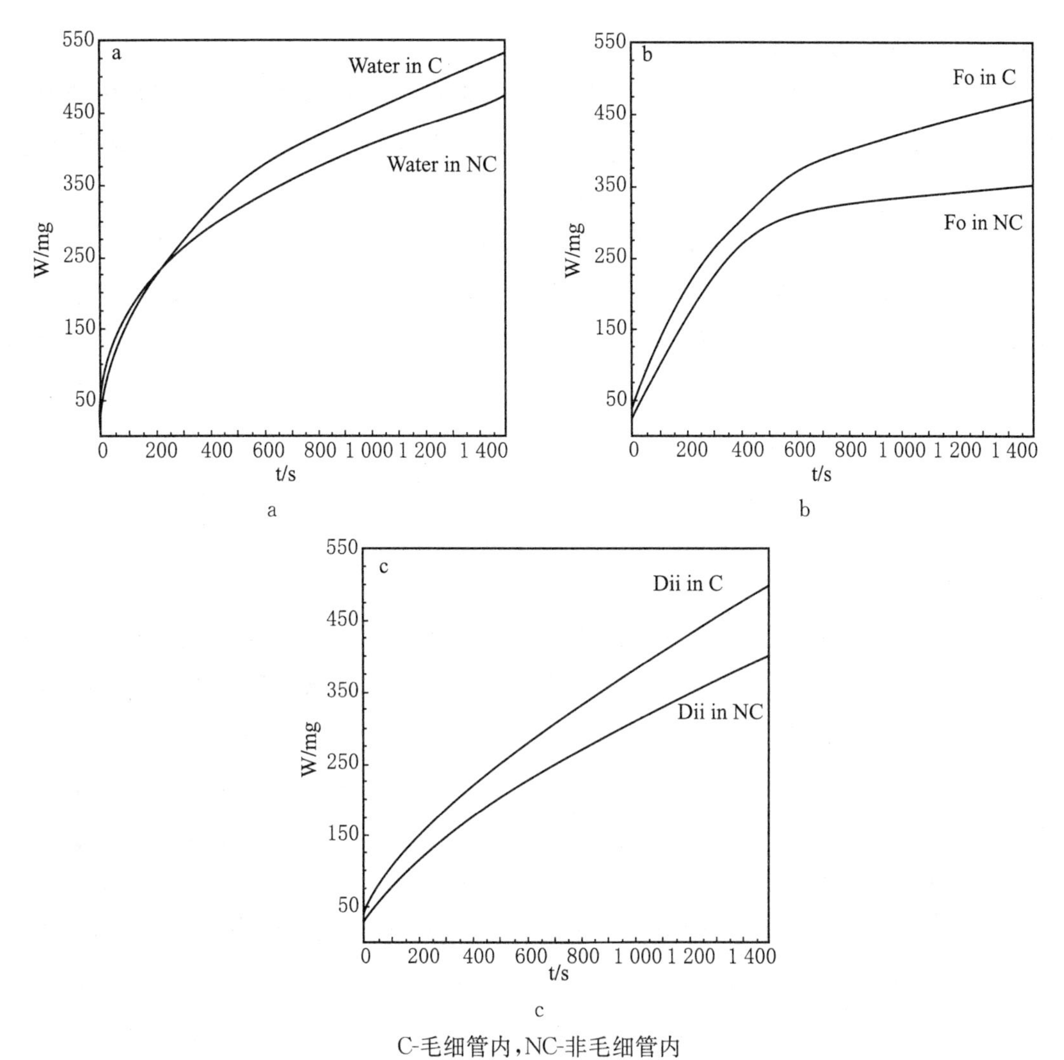

a b

c

C-毛细管内,NC-非毛细管内

图 34-3　液体在木材的毛细管和非毛细管内的自发吸附行为

由于以水为液体浸渍木材已被许多人研究过,所以图 34-3a 给出的现象非常有意义。**首先**,与图 34-3b、c 比较,木材的毛细管吸收性能可能是非毛细管吸收性能的 1.12～1.34 倍,尤其是吸收水的量明显大于其他两种液体。其次发现,由于水的表面张力明显大于二碘甲烷和甲酰胺(表 34-7),所以图 34-3 所示木材吸收水多于其他液体说明了液体表面张力不是影响木材吸收的因素。由于图 34-3 还显示木材吸收水的初期(0～200 s)其毛细管和非毛细管的吸收曲线几乎重叠,而此现象又不意味着木材在这两个方向具有一样的吸收性能如图 34-3b、c 所示,所以可以解释的理由是水的 Lewis 酸碱成分与木材的 Lewis 碱性成分在吸收一开始即发生了明显的反应,以至于木材的非毛细管有了与毛细管一样的吸收特征,比如一样的孔径。而随着吸收时间的增加,这种现象开始出现明显差异,即毛细方向吸收液体的量越来越多。这可能意味着此时木材中的 Lewis 酸碱成分已与水的 Lewis 酸碱成分进行反应达到了平衡。

根据图 34-3 及表 34-7 的分析，木材吸收液体的量与这些液体的其他表面性能参数之间的关系也似乎不大，但却与粘度的关系似乎更合乎逻辑，即粘度越小越容易被木材吸收。此外，由于图 34-3 所示曲线代表了 3 种不同性质的液体在木材毛细与非毛细管两个方向的吸收特征，所以这些曲线的形状应该反映出木材的酸碱性能。二碘甲烷的吸收曲线似乎自一开始就显示出非常小的斜率，明显与其他 2 种液体的吸收曲线不一样。由于该液体仅具有 Lifshitz-van der Waals 力，而该木材被发现也具有较大的 Lifshitz-van der Waals 力[14~17]，所以这个现象可能意味着 Lifshitz—van der Waals 力在木材吸收过程中扮演着非常重要的角色。

为了进一步认识图 34-3 所示的曲线以认识木材的吸收特征，利用数学模型对这些曲线分别进行了描述，并归纳在表 34-7 和表 34-8 中。由于所有曲线的拟合值 R 都在 0.9 944～0.9 999 之间，说明这些模型具有非常高的拟合度，即得出的数学模型基本上代表和反映了木材的真实吸收过程。

表 34-8 给出了木材吸收液体的动力学模型。由表 34-8 可知，木材吸收液体分为 3 步，但在毛细管和非毛细管方向不一致，其第一和第三步的规律都是按照零级吸收的特征 $dW/dt = A$ 进行，而区别仅在于吸收速率不同；但第二步却明显不一样，呈现出既有一级特征的吸收 $dW/dt = A + Bt$，也有二级特征的吸收 $dW/dt = A + Bt + Ct^2$。比如木材毛细方向吸收甲酰胺时出现了唯一的二级吸收特征，这显然意味着木材毛细管中 Lewis 酸性成分与呈 Lewis 碱性的甲酰胺有反应发生，而且说明木材吸收液体是一个复杂的过程。

表 34-9 进一步给出了木材吸附液体的动力学参数，比较发现木材吸附极性液体（甲酰胺和水）的速率明显与非极性液体（二碘甲烷）不一样。比如表 34-9 显示木材吸附极性液体的第一阶段都是非毛细管方向大于毛细管方向，而在第三阶段这种吸附规律又变得相反。而这种规律与木材吸附非极性液体时始终是毛细方向大于非毛细方向显然不一致（表 34-9）。这显然意味着木材的非毛细管部分有利于吸附极性液体。换言之，这意味着 Lewis 酸碱反应可能有利于木材吸附液体。

表 34-9 中给出的木材吸附液体过程分段时间比较非常有趣。比如，木材吸附水和二碘甲烷时，其第一转折点时间似乎不受毛细和非毛细这两种木材天然性质的影响保持一致。而木材吸附甲酰胺时却是其毛细吸附时间短于非毛细吸附。而且，由于木材吸附这两种液体过程出现第二转折点的时间都有了变化，如都是毛细方向快于非毛细方向，这似乎也可以帮助我们认识木材的吸附性能。

根据图 34-3 和表 34-8 和表 34-9，关于木材吸附液体可以得出以下结论：

(1) 液体的粘度是一个重要的影响因素；

(2) 木材吸附液体过程受液体极性的影响，而这种影响将延伸到木材的毛细和非毛细

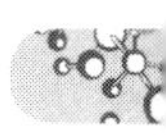

管吸附特征；

(3) 木材吸附液体过程一般可以分成三个阶段，其第一和第三阶段都具有零级吸附的特征，而第二阶段则是一个复杂的可能是一级的也可能是二级的吸附反应。

34.4.2 酸碱性能对木材表面木纹的影响

作为一种天然而又美丽的自然特征，木材表面的木纹一直为世人所关注[20]。虽然人们在日常生活中早已知道并掌握了木纹的方向性对其加工的影响，也利用了天然木纹的图案作表面装饰，但至今为止对木纹进行的研究非常少，更别说对它的酸碱性能的研究。由于天然材料的许多特征是仿生材料制备的关键，而一些天然材料的特征又对一些科学和技术的发展有着启发或影响，所以研究天然木纹的性能是具有现实意义的。以一种典型的苏格兰松(*Pinus silvestris L.*)为例，我们曾经应用拉曼显微镜对木纹进行聚焦，然后应用拉曼光谱对聚焦点进行原位扫描，得到了松木木纹及非木纹区域的拉曼光谱图。随后应用接触角技术对松木的木纹与非木纹区域的表面能及构成表面能的成分作了测试与分析。

表 34-8 木材吸附液体的动力学模型

溶剂	第一阶段模型 $W=A+Bt$	第二阶段模型 $W=A+Bt+Ct^2$ $W=A+Bt+Ct^2-Dt^3$	第三阶段模型 $W=A+Bt$	说明
水	$W=58.50+1.14t$	$W=110.75+0.66t-5.15\times10^{-4}t^2$	$W=264.65+0.14t$	非毛细
	$W=74.58+1.09t$	$W=120.29+0.59t-2.62\times10^{-4}t^2$	$W=289.44+0.16t$	毛细
甲酰胺	$W=36.22+0.65t$	$W=67.47+0.76t-4.41\times10^{-4}t^2$	$W=296.42+0.04t$	非毛细
	$W=98.88+0.54t$	$W=268.45-0.37t+1.64\times10^{-3}t^2-1.24\times10^{-6}t^3$	$W=324.05+0.10t$	毛细
二碘甲烷	$W=3.48+5.43t$	$W=31.97+0.66t-1.67\times10^{-3}t^2$	$W=127.90+0.18t$	非毛细
	$W=6.14+7.97t$	$W=51.96+0.79t2.05\times10^{-3}t^2$	$W=141.64+0.24t$	毛细

表 34-9 木材吸附液体的动力学参数及各阶段之间转折点的时间

溶液	初始吸附速率(mg/s)	最终吸附速率(mg/s)	第一转折点(sec)	第二转折点(sec)	说明
水	1.1	0.1	84	577	非毛细
	1.1	0.2	87	683	毛细
甲酰胺	0.7	0.1	424	1 227	非毛细
	0.5	0.1	350	731	毛细
二碘甲烷	5.4	0.2	5	177	非毛细
	8.0	0.2	6	274	毛细

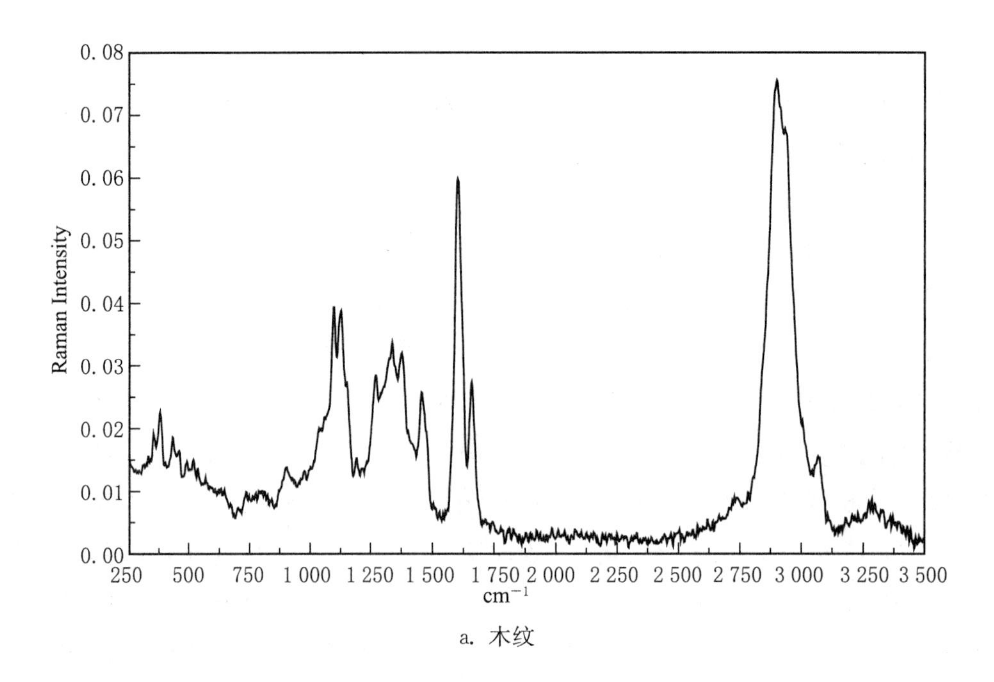

a. 木纹

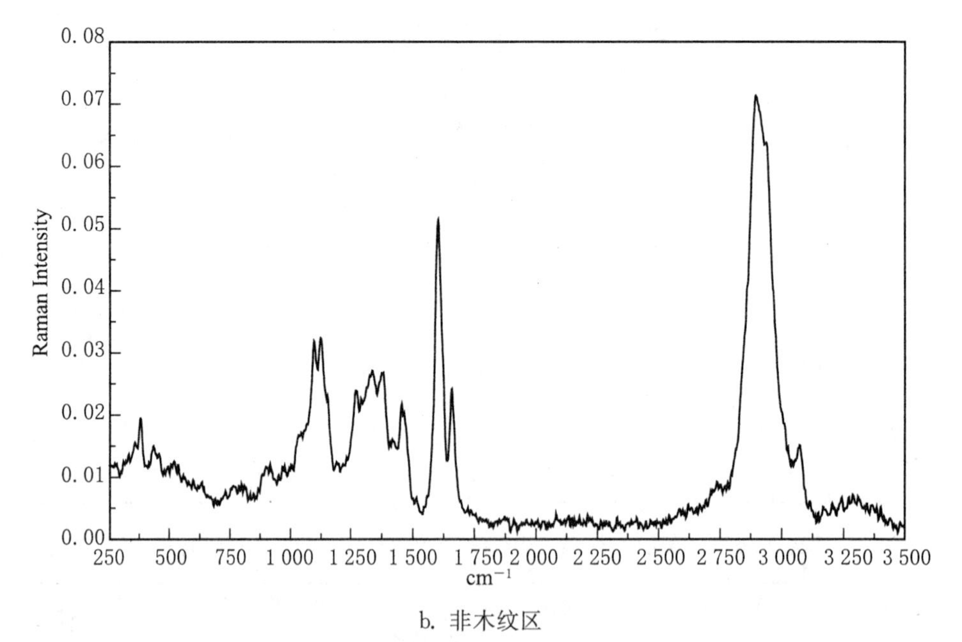

b. 非木纹区

图 34-4　木材的木纹和非木纹区的拉曼光谱

比较文献[16, 17, 21, 22]可知，木纹在 1 096 和 1 121 cm^{-1}显示的双肩峰是纤维素的特征，而非木纹区在此位置显示的却是半纤维素的双肩峰特征。这个发现非常有趣，虽然已知木纹的微观结构是由木材中各种细胞所组成的，图 34-4 却似乎说明木纹的宏观组成应该与木材中的木质素、纤维素和树脂等抽提物结构有关，而木材的非木纹区域则与半纤维素、木

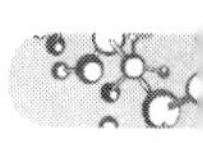

质素和树脂等抽提物的结构有关。显然，这类信息对认识木材是极为重要的。这是因为目前人们对木纹的了解知之甚少。同时还值得指出的是，由于图 34-4(a)和(b)都是在相同条件下测试得到的，而两者的相同峰位的高度比说明木纹的吸收强度较非木纹区大 5%～15%，这明显意味着木纹结构与非木纹结构有差异，如两者的密度、孔隙率等可能有着非常大的区别。所以，这个提示对认识木材的纤维素—木质素—树脂结构与半纤维素—木质素—树脂结构是有帮助的。这对木材的应用也是具有实际意义的。事实上，木纹与非木纹区域的这个差异也可以用来解释日常生活中常见的木材会沿木纹豁开的自然现象。表 34-10 对上述所提的松木的表面和酸碱性能数据进行了汇总，比较可发现木纹的表面能要比非木纹区大 18%左右；其表面能是由 Lifshitz-van der Waals(LW)力和 Lewis 酸碱力(AB)共同构成的，但前者约占木纹表面能的 98%。而非木纹区的表面能则全部是由 Lifshitz-van der Waals(LW)引力所贡献的。由于 LW 力含有 Keesom 取向力，所以木纹具有大的 LW 力完全可以解释它显示出的非常明显的天然取向性现象。由于木纹也同时含有 AB 力而非木纹却无，所以这也进一步解释了木材易在木纹周边分裂的自然现象是由于其含有 AB 力的缘故。

表 34-10 还指出，木纹的碱性约是非木纹区碱性的一倍。这个发现非常有意义，因为这不仅对认识木材是有意义的，而且可以进一步引导开发和应用木材产品。

表 34-10　松木表面木纹的表面和酸碱性能

(mN/m)	Wilhelmy 平板接触角法	
	木纹	非木纹
γ_S	39.57	33.30
γ_S^{LW}	38.90	33.30
γ_S^{AB}	0.67	0
γ_S^{+}	0.01	0
γ_S^{-}	11.17	5.82

34.4.3　木材不同界面的酸碱性能

许多材料尤其是含水材料的表面性能会随着水分的变化而变化，这显然将影响这类材料的应用，所以引起了人们对这些材料的不同界面的表面和酸碱性能变化的兴趣。

根据不同的测试技术所能涉及的材料深度，我们曾经研究了木材不同深度的界面酸碱性能，发现木材的酸碱比值是随着深度变化而变化的[14～17]。这为人们了解含水类材料的酸碱性能与其表面和整体性能之间的关系提供了一种可能。

34.4.3.1　木材表面的酸碱性能

对木材表面酸碱性能的了解对应用木材有直接的关系，这是因为木材在应用过程中其

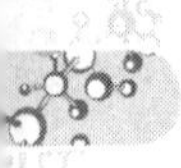

表面经常需要进行一些处理，如油漆等。

由于接触角技术所测得的表面所涉及的深度在 1～3 nm，所以应用该技术测试得到的数据可以被认为真实反映了木材的表面酸碱性能[14]。以松木为例，它的表面性能和酸碱性能如表 34-11 所示[14]，其中涉及了两种接触角的方法和木材的毛细管和非毛细管两个方向。由于木材的毛细管液体吸收明显大于非毛细管方向，这些数据显然非常有利于对木材的应用，如选择其不同的面为应用表面等。比较这两种方法所得到的数据还可以发现用板式方法测试得到的数据不同于液滴方法，这是因为测试过程中板式方法有一个吸附液体和对木材表面进行涂层的过程，换言之，这说明液滴方法更能反映真实的表面性能。

表 34-11　松木表面的表面能和酸碱性能[14]

表面能	单　位	液滴法		Wilhelmy 板法	
		平行	垂直	平行	垂直
表面能	(mN/m)	48.33	32.47	40.76	36.88
表面能的 LW 成分	(mN/m)	40.70	32.47	38.90	33.32
表面能的酸碱反应能成分	(mN/m)	7.63	0	1.86	3.56
表面能的酸性成分	(mN/m)	1.73	0	0.05	0.36
表面能的碱性成分	(mN/m)	8.41	0.06	17.33	8.81

34.4.3.2　木材次表面的酸碱性能

由于 X 衍射光电子光谱(XPS)测试的是一个涉及材料 5～10 nm 的界面，并不能代表真正的表面，所以可以认为这种方法所测试的是材料的一个次表面[15]。为此我们应用这种方法研究了松木的次表面酸碱性能。

图 34-5 是松木的 XPS 光谱，而图 34-6 则对图 34-5 中的碳峰进一步进行了解析，而解析的结果则被描述在表 34-12。因为不同木材的碳峰分析结果不一致，所以此表也列出了一些文献报道的关于其他木材的碳峰解析数据[15]。

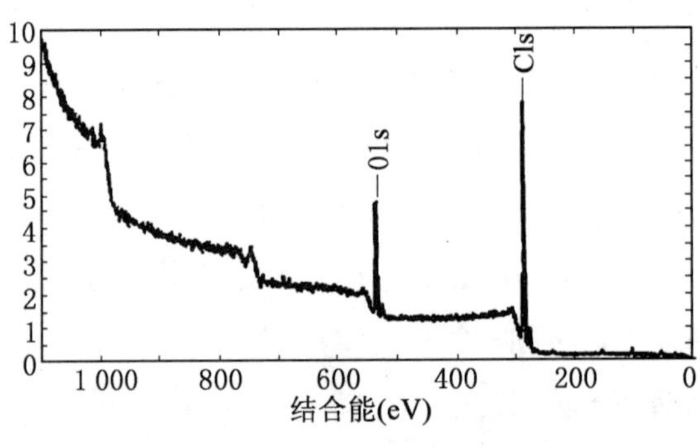

图 34-5　松木的 XPS 光谱

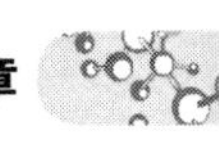

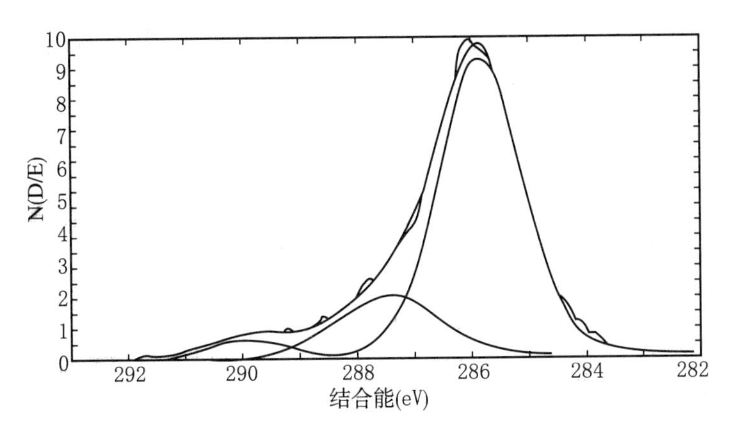

图 34-6 松木 XPS 光谱中碳含量峰的解析

表 34-12 不同木材的 XPS 光谱中碳含量峰的解析比较[15]

木材品种	C_1 C—C	C_2 C—O	C_3 C═O	C_4 O═C—O
松木	75.91	19.64	4.45	0
桦木	60.80	19.64	3.15	0.37
橡木	61.43	35.58	0	2.99
黄杨木	64.0	26.0	10.0	0

因为这些碳原子官能团本身具有明显的电子得失特征，所以可以据此对木材的次表面的酸碱性能进行判断[15]。

考虑到文献也曾经报道了其他木材的类似光谱，基于表 34-12 得到的不同木材的酸碱性能与它们的碳氧比值之间的关系也被综合比较在图 34-7 中。

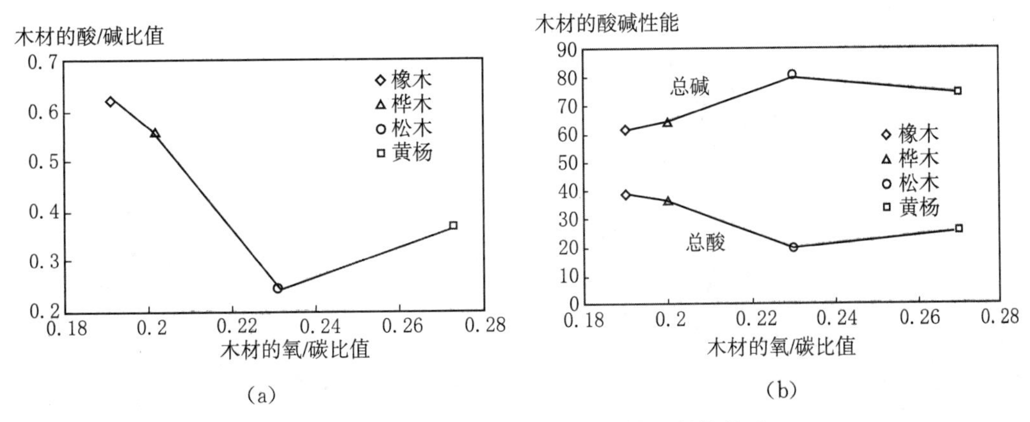

图 34-7 木材的酸碱比值与碳氧比值之间的关系

34.4.3.3 木材整体的酸碱性能

松木整体的酸碱性能是通过拉曼光谱来测试的，这是因为这类光谱所涉及的界面在500～1 000 nm，已经大大超过上面所涉及的表面和次表面等界面，所以完全可以认为是代表木材的深层次界面，即整体[16]。

实验过程我们首先用两组特定的液体分别处理松木，其中一组是非极性的液体，一组是极性的液体，然后分别记录下未经过液体处理和经过液体处理的松木的拉曼光谱并进行比较。表 34-13 即是这些液体及它们的酸碱性能，而图 34-8 和图 34-9 则分别是经过非极性液体和极性液体处理过的松木的拉曼光谱图。

表 34-13　所应用的极性和非极性液体的酸碱性能[16]

液　体	γ_L (mN/m)	γ_L^{LW} (mN/m)	γ_L^{AB} (mN/m)	γ_L^{+} (mN/m)	γ_L^{-} (mN/m)	AN (KJ/mol)	DN (KJ/mol)	E_a	E_b	C_a	C_b
Diiodomethane	50.8	50.8	0	0	0			1.0		1.0	
DMSO	44.0	36.0	8.0	0.5	32.0	3.1	29.8		1.34		2.85
Pyridine	38.0	38.0	0			0.14	33.1		1.17		6.4
cis-Decalin	32.2	32.2	0	0	0						
Chloroform	27.15	27.15	0	3.8	0	5.4	0	3.31		0.15	
Acetone	23.7	22.7	1.0			2.5	17.0		0.99		2.33
Ethanol	22.2	20.3	1.9			10.3	20.0				

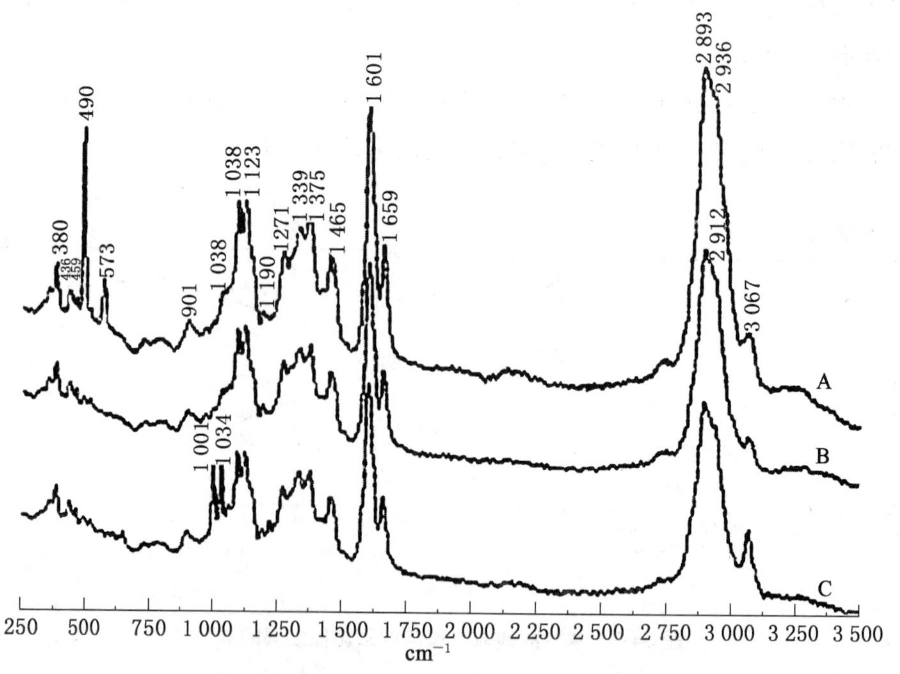

图 34-8　经过非极性液体如二碘甲烷(A)、萘烷(B)和吡啶(C)分别处理后的松木的拉曼光谱

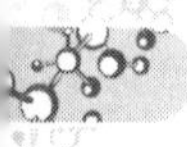

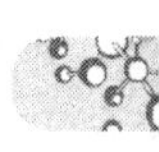

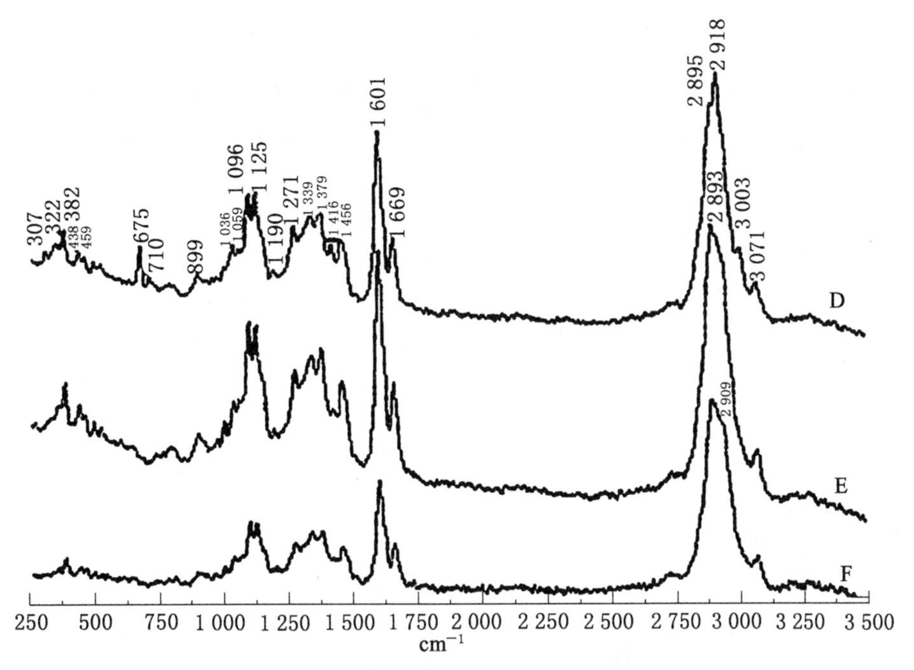

图 34-9　经过极性液体如 DMSO(D)、丙酮(E)和酒精(F)分别处理后的松木的拉曼光谱

由于松木在经过非极性液体处理后一些特征峰出现了明显的位移,这引起了我们的注意和兴趣,于是图 34-10 将这些液体的特征峰与它们在松木上所表现出来的位移峰作了对比。该图非常有意义地说明液体的这些特征峰在松木上表现出来的位移几乎有着非常一致的规律,即:都存在 5.93 cm^{-1}的一个固定位移量。虽然对这些发现的真正的科学意义目前还不十分了解,但毫无疑问的是这个发现一定反映了木材与液体之间的非极性反应。

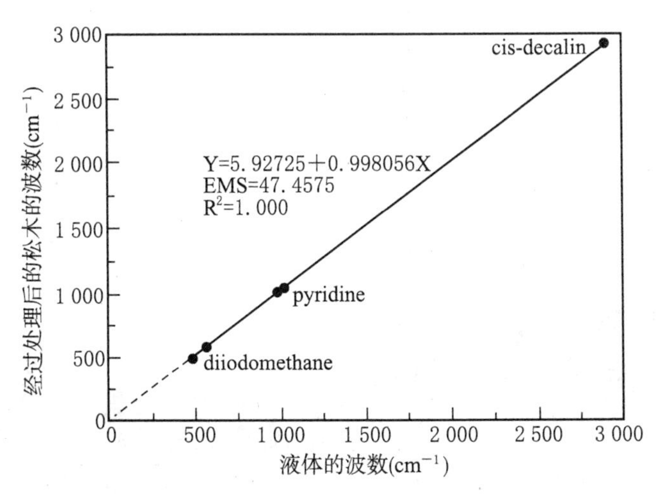

图 34-10　经过非极性液体如二碘甲烷(A)、萘烷(B)和吡啶(C)分别处理后的松木的拉曼光谱和原始松木拉曼光谱的特征峰的位移比较

图 34-11 反映了松木在经过系列极性液体处理后的酸碱性能的变化,其明显的表现是松木原有的两个峰的比值,2 893 cm^{-1}/2 936 cm^{-1},是随着极性溶剂的酸碱值而变化的。

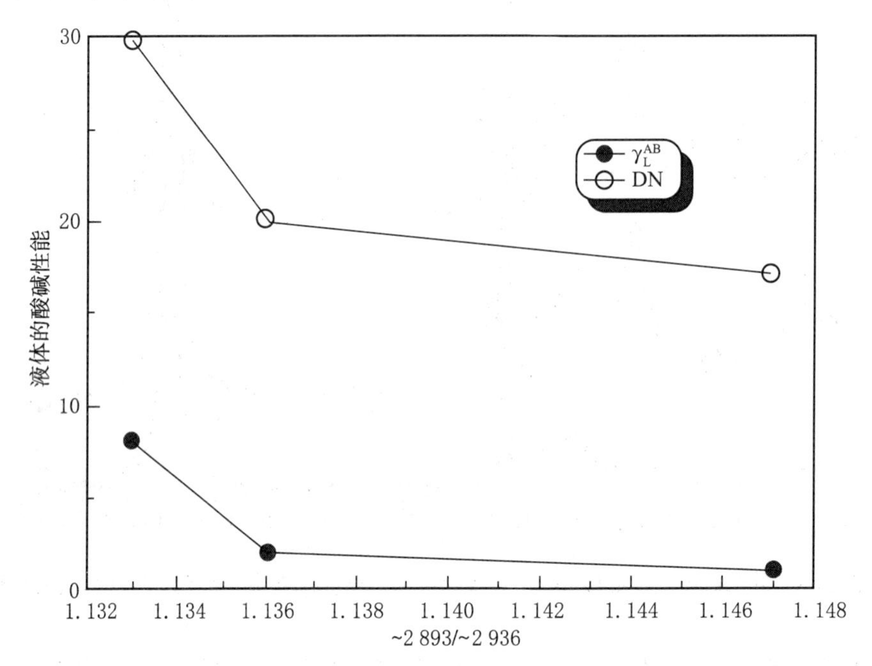

图 34-11　通过拉曼光谱反映的松木的酸碱反应

图 34-12 进一步反映了松木经过氯仿处理后的拉曼光谱,其中氯仿的一些特征峰在松木图上得到了明显的位移,说明了酸碱反应的发生与木材的官能团之间的关系。

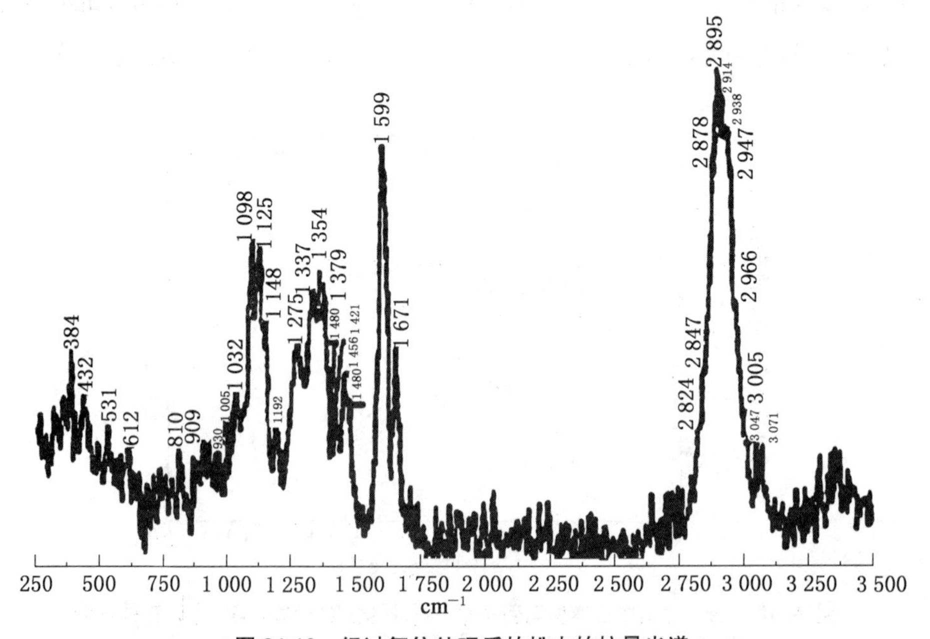

图 34-12　经过氯仿处理后的松木的拉曼光谱

为了调查木材的传统酸碱性能，文献介绍的是测试一定量的木材在水中的 pH 值[17]，但我们发现这种方法其实是有问题的，因为对一定量的木材在不同体积水中的测试发现这个值是变化的，如图 34-13 所示。值得一提的是，虽然该图反映了上述问题，但它却揭示了一个事实即木材存在一个特征 pH 值，而这是一个唯一的值，显然可以用来代表木材的传统酸碱性能。对本例的松木而言，图 34-13 说明它是呈现酸性的。

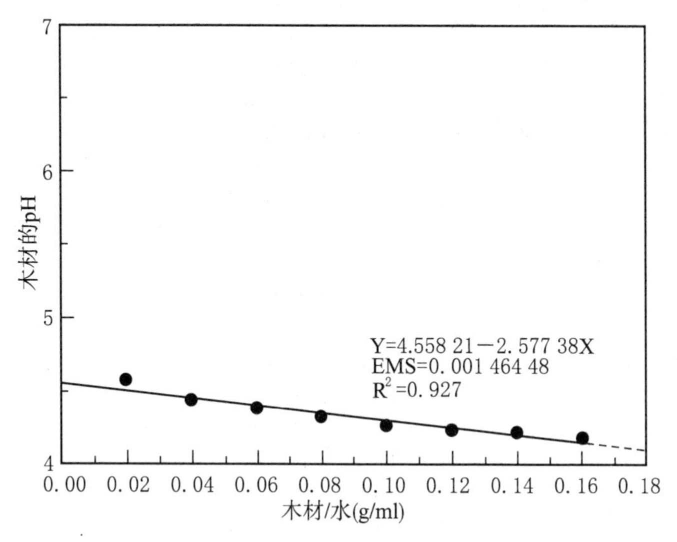

图 34-13 松木随水分变化而变化的 pH 值

根据文献，我们对报道的各类木材的表面和酸碱性能进行了一个汇总，如表 34-14 所示。

表 34-14 各类木材的表面能和酸碱性能

木材样品	γ_S^{Total}	γ_S^{LW}	γ_S^{AB}	γ_S^+	γ_S^-	木材样品	γ_S^{Total}	γ_S^{LW}	γ_S^{AB}	γ_S^+	γ_S^-
黄杨木	54	44.6	9.4	0.7	31.6	钢柏木	29.2	31.2	1.96	1.3	0.74
松木	44.8	37.3	7.5	0.6	22.1	云杉	53.3	42.6	10.8	1.7	16.7
松木	44.2	40.1	4	0.2	18.8	云杉	34	32.9	1.1	6.4	0.05
	45.7	42.8	3	0.1	38.4	钢柏木	36.9	33.8	3.1	1.3	1.92
松木	43.8	39.6	4.2	0.1	38.2	钢柏木	26.9	26.2	0.7	1	0.13
水曲柳	43.23	42.63	0.6	0.001	67.35	非洲梨木	49	43	6	0.6	14
樱桃木	54.3	47.46	6.84	0.42	28	非洲梨木	51	45	5.6	1.2	6.5
枫木	53.3	45.48	7.85	0.46	33.19	非洲梨木	48	44	4.5	0.3	18.5
红橡木	47.97	39.67	8.3	0.46	37.74	非洲梨木	49	45	4.6	0.3	20.5
白橡木	40	34.02	5.98	0.39	22.8	白杉木	55	49	6.3	0.7	13.6
胡桃木	42.55	37.92	4.63	0.09	58.93	白杉木	56	49	6.7	0.9	12.4
中国冷杉木	53.77	48.27	5.49	0.98	7.67	白杉木	53	47	−5.8	0.4	21.6
松木	48.33	40.7	7.63	1.73	8.41	白杉木	51	47	4.7	0.3	17
松木	32.47	32.47	0	0	0.06	冷杉木	52	49	2.6	1.2	1.4
松木	40.76	38.9	1.86	0.05	17.33	冷杉木	53	49	4.2	1.5	2.9

（续表）

木材样品	γ_S^{Total}	γ_S^{LW}	γ_S^{AB}	γ_S^+	γ_S^-	木材样品	γ_S^{Total}	γ_S^{LW}	γ_S^{AB}	γ_S^+	γ_S^-
松木	36.88	33.32	3.56	0.36	8.81	红雪松	48	46	2.5	2.6	0.6
白赛木	44.07	42.33	1.73	0.03	26.83	白雪松	53	47	5.7	1.7	4.7
桦木	56.05	48.33	7.71	0.54	27.35	腊木	41	40	1.2	0	21.5
冷杉木	56.29	46.86	9.43	1.01	22.02	腊木	44	41	2.5	0.1	21.2
欧洲橡木	53.08	44.69	8.39	0.66	26.63	腊木	43	42	1.8	0	21.4
非洲栋木	43.86	40.27	3.58	0.49	6.57	腊木	44	41	3.2	0.2	13.5
欧洲落叶松	56.55	48.03	8.52	0.58	31.23	白柳桉	52	46	6.1	0.7	13.6
榄仁木	48.32	44.78	3.53	0.07	41.77	白柳桉	44	40	3.3	0.1	22.8
奥克曼木	53.06	45.75	7.3	0.67	19.93	白柳桉	47	42	5	0.4	14.9
松木	44.3	37.5	6.7	0.5	21.8	白柳桉	42	41	0.9	0	23.3
松木	43.3	40.2	3.1	0.1	19	非洲柚木	47	44	2.5	0.2	8.1
松木	44.1	42.8	1.3	0	38.7	非洲柚木	44	42	2.2	0.1	16.7
	42.4	39.8	2.6	0	38.2		55	47	7.5	2.1	6.7
松木	38.2	32.4	5.8	0.2	38.5	松木	55	48	6.7	2	5.6
	36	33.6	2.4	0	31.4	楷木	49.8	43.4	6.4	2.1	4.9
	41.4	38.4	2.9	0.1	36.8	水曲柳	52.1	45.2	6.9	2	6.1
	41.5	37	4.5	0.2	23.4	榛树木	53.6	47.9	5.7	0.7	12
云杉木	43.8	41	2.8	0.15	12.8	挪威枫木	46.6	41.5	5.1	1.8	3.6
印度楝树	55.2	46.1	9.1	2.1	10.4	英国橡木	45.1	42.9	2.2	3.5	0.3
柚木	50.3	42.6	7.7	0.2	59.3		58.5	47.6	10.9	1.2	24.2
石榴木	57.5	48.5	9	1.4	17.1	杏仁树木	54.6	47.6	7	0.2	56.1
芒果树木	58.1	48.3	9.8	1.2	20.1	丁香木	42.8	41.2	1.6	3.1	0.2

34.5 香烟过滤嘴的酸碱性能

香烟的过滤嘴是由醋酸纤维素制成的。为了帮助读者对这类材料有一个了解，表34-15对一些商业醋酸纤维素的表面和酸碱性能进行了汇总和比较。

表 34-15　醋酸纤维素的表面和酸碱性能

样　　品	形式	γ_S $(mJ \cdot m^{-2})$	γ_S^{LW} $(mJ \cdot m^{-2})$	γ_S^{AB} $(mJ \cdot m^{-2})$	γ_S^+ $(mJ \cdot m^{-2})$	γ_S^- $(mJ \cdot m^{-2})$	γ_S^D	γ_S^P	γ_C $(mJ \cdot m^{-2})$
三醋酸纤维素									37
干醋酸纤维素		38.0	38.0	0.0	0.0	23.0			
湿醋酸纤维素		38.0	38.0	0.0	0.0	23.4			
干硝酸盐纤维素	膜	38.0	38.0	0.0	0.0	12.9			
湿硝酸盐纤维素		38.0	38.0	0.0	0.0	18.3			
三醋酸纤维素		50.1					32.8	17.3	
三醋酸纤维素		40.8					27.5	13.3	

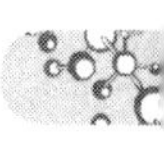

该表的数据说明醋酸纤维素是一种非极性的纤维素产品，因为它的 Lewis 酸性成分为零，并导致其 Lewis 酸碱反应力也为零（主要依据 van Oss 等人的组合定律得出的数据）。由于纤维素是极性产品，因此这个发现非常重要，意味着醋酸化过程对纤维素的改性主要是极性的改变。

34.6 小结

生活离不开酸碱化学，而酸碱化学也永远陪伴着人们的生活。由于将生活中的食品、环境等均单独成章，所以本章举例仅仅关注化妆品的使用。但必须指出的是人们的生活过程如清洁、住房、出行（车辆）等都与酸碱化学有关。遗憾的是这些方面的酸碱化学研究还不多，有待于科研人员的进一步研究和报道。

人们对于酸碱的认识和研究，极大地促进了科学的发展，但仍存在着一些缺陷，需要进一步完善和发展。酸碱理论被运用到各个领域，在化妆品行业的应用还有待我们的进一步探索和研究，让化妆品给人类带来更大的福音。

参考文献

[1] 陈立军，张心亚. *香料香精化妆品*，2005，5.

[2] 佳尼斯布阮娜，周升. *日用化学品科学*. 2005，28.

[3] Parr RG，Pearson RG. *J Am Soc*，1983，195，751.

[4] 王洪滨，孙晓春. L-肉碱在化妆品中的应用. 北京日化.

[5] Green BA，Edison BL，Wildnauer RH，et al. Cosmetic uses of enzilic acid-α liphophilic alphahydro-oxyaod (AHA)，Spain，October 15～18，2003.

[6] Green BA，Edison BL，Wildnawer RH，et al. Lactobionic acid and gluconolactone：PHAs for photoaged skin. *Cosmetic Dermatology*，2001，14(9)：24～28.

[7] Ditre CM，Griffin TD，Murphy GF，et al. Effects of alpha hydroxy acids on photoaged skin：a pilot clinical，histologic and ultra structural study. *J Am Acad Dermatol*，1996，34：187～195.

[8] Shen Q. Surface properties of cellulose and cellulose derivatives，In：*Model Cellulosic Surfaces*，Ed. Roman，Maren ACS Symp. Series Chap. 12，Oxford University Press，2009.

[9] van Oss CJ. Long-range and short-range mechanisms of hydrophobic attraction and hydrophilic repulsion in specific and a specific interaction. *J Mol Recognit*，2003，16：177～190.

[10] 叶颖薇，冼定国，冼杏娟. 竹纤维和椰纤维增强水泥复合材料. *复合材料学报*，1998, 15:3, 92～98.

[11] 于文吉，江泽慧，叶克林. 竹材特性研究及其进展. *世界林业研究*，2002, 15:2, 50～55.

[12] 操海群，岳永德，彭镇华，等. 竹提取物对玉米 Sitophilus zeamais Motsch 生物活性的初步研究. *农药学学报*，2002, 4:1, 80～84。

[13] Shen Q, Liu DS, Gao Y, et al. Surface properties of bamboo fiber and a comparison with cotton linter fiber. *Coll Surf B*. 2004, 35:3～4, 193～195.

[14] Shen Q, Nylund J, Rosenholm JB. Estimation of the surface energy and acid-base properties of wood by means of wetting method. *Holzforschung*, 1998, 52, 521～529.

[15] Shen Q, Mikkola P, Rosenholm JB. Quantitative characterization of the subsurface acid-base properties of wood by using XPS and Fowkes theory. *Coll Surf A*, 1998, 145, 235～241.

[16] Shen Q, Rahiala H, Rosenholm JB. Evaluation of the structure and acid-base properties of bulk wood by FT-Raman spectroscopy. *J Coll Interface Sci*, 1998, 206, 558～568.

[17] Shen Q. *Interfacial characteristics of wood and cooking liquor in relation to delignification kinetics*. Åbo Akademi University Press(1998).

[18] 吴洪远，岳斌，沈青. 木材的毛细和非毛细吸附特征及溶液性质的影响. *林业科学*，2005, 41, 106～109.

[19] Shen Q. *Langmuir*, 2000, 16, 4394.

[20] Internet data, http//its. plants. ox. ac. uk.

[21] Atalla RH, Agarwal UP. *Science*, 1985, 227, 636～638.

[22] Shen Q, Rosenholm JB. In: *Advances in Lignocellulosics Characterization*. TAPPI Press, USA (1999). Chap. 10.

第三十五章　分子酸碱化学在食品科学中的应用

35.1 简介

食品的酸碱性能与人体的生命、健康和长寿密切相关。食品可从形体上分为固体和液体，而人们的传统酸碱知识如 pH 往往只能判断液体食品的酸碱性[1]。因此，引入新的酸碱知识对人们正确认识食品的酸碱性能是非常有必要的[2]。

人体 70%以上是水，而体液的 pH 在 7.35～7.45 范围略偏碱性。人体的组织、细胞只有在这个适宜的生理环境中才能进行正常的生命活动。人体内的蛋白质分子存在的形式也是随体内酸碱度的变化而变化的。事实上，蛋白质的酸碱性能影响着生命现象。图 35-1 描述了蛋白质中的电荷现象。

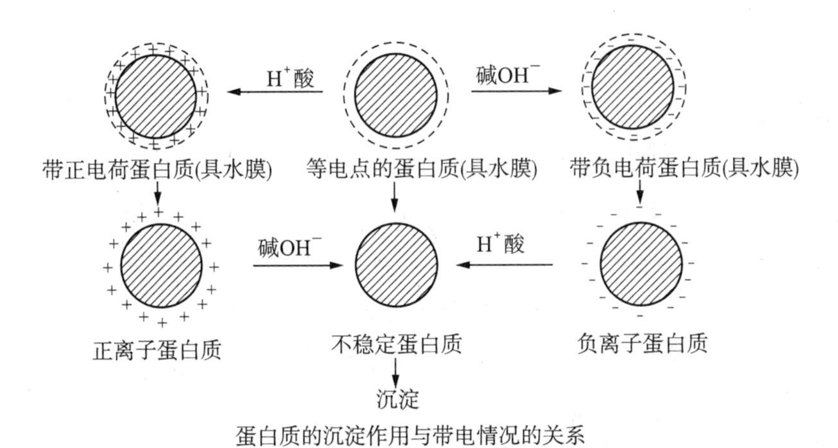

图 35-1　蛋白质中的电荷现象

35.2 传统酸碱理论与食品的酸碱性能

传统酸碱理论用 pH 值大小定量分析酸碱的性质和它们在化学反应中的行为。动物机体内的酸性物质主要在代谢过程中产生，而糖、脂肪、蛋白质在代谢的最后阶段均有可能生成 CO_2、CO_2 与水结合生成的弱酸 H_2CO；而机体的碱性物质主要由食物中的蔬菜和水果所提供的，即通过代谢过程产生的碱性物质非常少。一般情况下，动物体内的酸性物质的产生量大大超过碱性物质的产生量，所以极易造成酸性体质的倾向，从而引发各种疾病。人体为了维持 pH 很窄的弱碱性环境，自身生成许多酸碱缓冲系统，这可以使得碱性物质经常因为调节过多的酸而被消耗掉。

食物的酸碱属性指的是食品的生理酸碱性，即人体摄入食物后经过体内代谢过程能不断产生的酸和碱。根据最终代谢产物的性质，可以将食物区分为酸性和碱性食品。

35.2.1 酸性食品

由于米、面、肉、禽、鱼、蛋等高糖、高脂肪、高蛋白质食品富含硫、磷、氯等元素，而这些食品经过人体消化、吸收和体内的生物氧化过程以二氧化碳的形式进入血液，与水结合形成碳酸，并进一步由糖代谢产生丙酮酸和乳酸在人体的脂肪和肝脏内氧化形成酮体，其中半胱氨酸等含硫氨基酸则通过体内氧化形成硫酸。所以这类食品被认为是酸性食品或称为内源性酸性食品[3]。

35.2.2 碱性食品

有趣的是虽然新鲜蔬菜、水果、海带、紫菜、茶叶、奶类等食品本身富含苹果酸、枸橼酸、乳酸、琥珀酸等有机酸，但由于这些食品中含有钾、钠、钙、镁等离子并与上述有机酸结合成为有机酸盐，而其中一些有机酸根可在人体的肝脏内合成肝糖原贮存起来，从而可以降低血中的氢离子浓度，而钾或钠离子则可与碳酸氢根结合形成碱性的碳酸氢盐，从而增加血液中的碱性，所以这些本身含酸的食品被认为是碱性食品[3]。

35.2.3 常见食品的酸碱性能

食物分析中常将 100 克食物的灰分溶于水中，用 0.1 N 酸或碱的规定溶液进行中和，以所消耗的酸液或碱液的毫升数，并用“＋”表示碱度，以“－”表示酸度。

一些常见食物的生理酸碱度如表 35-1 所示。

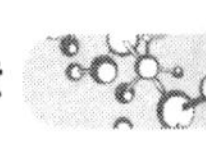

表 35-1　一些常见食物的生理酸碱度

生理酸性食品	酸度(mmol/100 g)	生理碱性食品	碱度(mmol/100 g)
猪肉	−5.6	豆腐	+0.2
牛肉	−5.0	黄豆	+5.2
鸡肉	−7.0	菠菜	+12.0
蛋黄	−18.0	莴苣	+6.3
鲤鱼	−6.4	萝卜	+9.3
虾	−1.8	马铃薯	+5.2
大米	−11.67	藕	+3.4
面粉	−6.5	海带	+14.6
花生	−3.0	苹果	+8.2
啤酒	−4.8	香蕉	+8.4

35.3　食物酸碱性与人体疾病的关系

食物酸碱性影响骨骼中钙的维持，只着眼于酸负荷的饮食干预可以改变人体钙的代谢。

Buclin 等研究了两种不同酸碱性能的食物体系对人体的影响，一种是富含成酸的食物而另一种是富含成碱食物、对钙质代谢有影响的食物[3]。他们对 8 名健康的志愿者进行为期 4 天的饮食强制干预得到的结果如表 35-2 所示。

由于这两种酸碱食谱是依据其灰分的 pH 值选定的，且都由天然和通常的食品包括饮料组成，它们在钙、磷酸盐、钠、蛋白质和卡路里各项含量上的差别不超过 10%，因此这 5 个已知会对钙的排泄有影响的因素在本试验中的影响可以忽略。

上述所指的两份食谱如下[3]：

食物 A(酸性食品)：

早餐：面包、牛奶、巧克力、黄油、蜂蜜；

中餐(1，3)：花生、牛肉、面条、蔬菜色拉、面包、巧克力；

中餐(2，4)：花生、三文鱼、米饭、青豆、苹果；

下午食品：面包、黄油和蜂蜜；

晚餐(1，3)：黄瓜、烤火鸡、面包、苹果；

晚餐(2，4)：面条、蔬菜、面包、巧克力；

睡前食品：面包、黄油；

水：法国产的酸性矿泉水(Badoit)。

食物B(碱性食品)：

早餐：酸奶、香蕉、橘子、苹果、干葡萄、牛奶、糖、麦片、橙汁；

中餐(1, 3)：豆饼、水煮土豆、芹菜、凉拌蔬菜、草莓、自制奶酪、糖；

中餐(2, 4)：牛奶、煮鸡蛋、烤土豆、西红柿色拉、猕猴桃、香蕉；

下午食品(1, 3)：米饭、饼干；

下午食品(2, 4)：梨、饼干；

晚餐(1, 3)：土豆、花菜蘑菇汤、西红柿蔬菜色拉、橘子、香蕉、干葡萄；

晚餐(2, 4)：奶酪、烤土豆、全麦面包、黄油、胡萝卜色拉；

睡前食品(1, 3)：杏仁片；

睡前食品(2, 4)：米饭；

水：法国产的碳酸饮料(Vichy-Ce'lestins)。

此外，在第4天，上述人员还口服了1 g碳酸盐或葡糖酸内酯形式的钙剂。

上述两种食谱的营养成分和8个人的每日营养吸收比对见表35-2。

对上述试验人员的一系列血液和尿液抽样表明：饮食对血液的pH值(平均差异0.014)和尿液的pH值(平均差异1.02)都有影响，但对补充钙的吸收并无影响。与成碱性食谱相比，酸性食谱使得尿液钙的排泄量增加了74%，C-端肽的排泄量增加了19%(图35-2)[3]。

表35-2 日常不同饮食的营养成分比较[3]

营养成分	每日吸收		每日排出	
	食品A	食品B	食品A	食品B
蛋白质(g/天)	99	92		
碳水化合物(g/天)	342	407		
脂肪(g/天)	143	107		
能量(kJ/天)	12 830	12 490		
钙(mmol/天)	42.6	47.2	6.4±2.3	3.7±1.6
磷(mmol/天)	59.6	61.1	16.5±5.2	20.2±4.8
钠(mmol/天)	198	200	118±16	132±26
钾(mmol/天)	75	164	48±11	104±26
氯(mmol/天)	100	70	139±18	119±24
硫(mmol/天)	40	29	—	—
重碳酸盐(mmom/天)	—	—	6.8±3.0	72±19

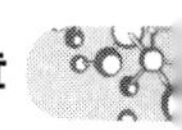

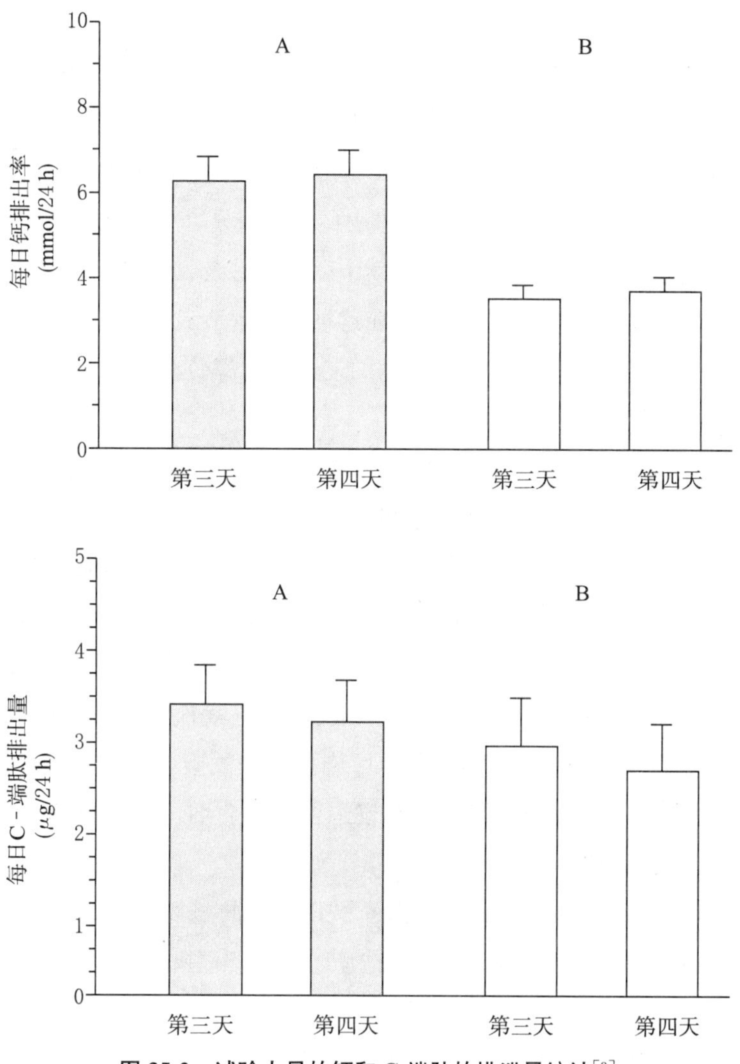

图 35-2　试验人员的钙和 C-端肽的排泄量统计[3]

由于上述结果说明源自食物而通过肾排出的酸将影响钙的代谢，而骨骼则是额外钙损失的提供源。所以这意味着碱性食物能抑制骨骼的消溶，而酸性饮食则易造成骨质疏松。

食品中软硬酸碱与生物体内微量元素的积累与富集也有关系。动植物体内含有许多以 S、N 为给电子原子的软性配体，能从环境中富集各种微量元素，而环境污染稀释进入环境的各种汞化合物可以通过食物链而进入食品。所以人们发现许多日本人因长期食用含汞量高的鱼和贝类而得了一种水俣病，使得其有机汞的毒性大大高于无机汞，而软性的甲基汞和软性的巯基白蛋白、半胱氨酸生成的配合物稳定常数高达 10^{22} 和 $10^{15.7}$，这其实就是软硬酸碱理论的一个生活例子。由于甲状腺中含大量软碱能与软酸 Hg^{2+} 紧密结合，所以人体甲状腺中 Hg^{2+} 含量可以高达 32.5 mg/kg。而汞中毒者的器官中软碱硒与软酸汞常以 1∶1 的摩尔比共存[4]。

食品的营养与饮食卫生中也不乏软硬酸碱理论应用的例子。饮食中考虑到软硬酸碱的因素，将能提高某些营养要素的吸收或抑制某些有害成分的吸收，提高人类的健康水平。

锌是儿童最易缺乏的微量元素之一，有一定的副作用，有引起消化道出血的功能。是因为 Cl^- 不如 SO_4^{2-} 硬度大，硫酸锌与胃酸作用反应生成了氯化锌的缘故。动物性食物中锌的生物可获量大于植物性植物，这可能与其中存在人易吸收的锌配位基有关。从人乳中可摄取的锌比牛乳中要多，据认为是由于存在这种配位基造成的。谷类中的硬碱植酸能与 Zn^{2+} 结合而降低锌的食物利用率。肠吸收锌的能力与金属硫有关，后者能螯合粘膜细胞中多余的锌[4]。

血红蛋白、肌红蛋白中的铁为血色素型铁，能以卟啉铁的形式直接被肠粘膜上皮细胞吸收。除可在膳食中补铁外，也可以多吃些富含维生素 C 的食物，因为植物性食物中的 Fe^{3+} 主要与硬碱 OH^- 结合成配合物，只有被还原成 Fe^{2+} 后才能被吸收。维生素 C 不仅能将 Fe^{3+} 还原成 Fe^{2+}，而且它是分子体积较大的羧基配体，作为一种交界碱，易与交界酸 Fe^{2+} 配位形成可溶性配合物，并帮助后者穿过粘膜细胞壁，有助于铁的吸收。实验中发现，在用膳中多吃一个木瓜(约含 66 mg 维生素 C)，可使血红素铁的吸收增加 5 倍多。但过量的维生素 C 由于易与铁竞争结合部位，反而可能抑制铁的吸收。肉类蛋白质、氨基酸、糖类、维生素 C、柠檬酸等都是促进铁吸收的软硬适当的螯合剂，而谷类和鸡蛋中的硬碱磷酸根则可能会影响铁的吸收[4]。

硬酸 Ca^{2+} 可与食物以及肠道中的植酸、草酸以及脂肪酸等硬碱结合形成不溶性钙盐，影响钙在肠道中的吸收。膳食组成以含植酸盐较多谷类为主时，应考虑供给更多的钙。植酸盐也可与 Zn^{2+}、Mg^{2+}、Fe^{2+}、Fe^{3+} 等形成稳定的不溶性配合物，影响这些金属的吸收利用，特别是 Zn^{2+} 在小肠上端 pH 条件下，将形成极难溶的植酸盐。谷类适当进行加工，如面团发酵，两天后其植酸含量可降低 85%。菠菜中含硬配体草酸较多，易生成草酸钙沉淀，会影响钙的摄入。过去一度曾强调 Ca/P 比值对钙吸收的影响，这是因为食物中的硬碱磷酸盐能与硬酸 Ca^{2+} 结合成难溶性磷酸钙而影响钙吸收。膳食蛋白质供给充足时，将有利于钙的吸收，因为蛋白质消化释放出的氨基酸能与钙生成可溶性的钙盐，利于钙的吸收，故食物中钙的来源以奶及奶制品为最好，不但含量丰富，吸收率也高[4]。

饮食卫生习惯也影响到营养素的吸收。膳食的组成不当，会大大降低食品的营养价值。柿子中所含单宁为多羟基的硬配体，易与硬酸 Fe^{3+} 结合，缺铁性贫血患者不宜食用。一般人也不宜空腹食用，因单宁易与胃酸结合形成胃石。蛋黄中的硬碱磷酸盐、菠菜中的硬碱草酸盐，茶叶中的鞣酸盐，添加剂碳酸盐、EDTA 以及纤维素，都能与 Fe、Ca、Mg、Zn 等形成难离解或难溶解的化合物，从而降低了这些元素的生物利用率。将奶及奶制品、黄

豆与菜花、菠菜等富含纤维素的食物一起进食,将影响钙的吸收。

在生物体内,生物金属离子之间存在着3种作用:协同作用、拮抗作用和无关作用。某些元素因电子层结构相同、电荷相同、半径相近,其软硬度相当,能发生相似的化学反应而争夺共同的作用物,从而发生拮抗作用。Zn^{2+}、Cu^{2+}之间存在着拮抗作用,食用瘦肉时,交界酸Zn^{2+}的摄入量增加,交界酸Cu^{2+}的吸收效率会因此而降低。肉等蛋白质消化后可形成易使动脉硬化、变窄的巯基丁氨酸,而软碱维生素B却可以和它作用[4~18]。

35.4 现代酸碱理论与食品的酸碱性能

35.4.1 软硬酸碱理论的理论描述

Lewis酸碱电子理论认为除氧化还原反应外的所有化学反应都属于酸碱反应。配位反应也属于酸碱反应。从这意义上讲,碳源、游离基等高活性的中间体也属于Lewis酸碱。生物体内的金属元素、具有非金属性质的阳离子性实体(或稳定或瞬变的)以及具有可极化重键的基团都属于Lewis酸;而阴离子、具有孤对电子及Π电子体系的分子、生物体内含有可供孤对电子或氢键授受基团的有机分子都属于Lewis碱。

根据Pearson的软硬酸碱理论把酸碱分为软、硬两大类,其相互作用遵循"硬亲硬、软亲软"原则。酸碱之间硬—硬结合主要为离子键,软—软结合主要为共价键,而软酸硬碱、硬酸软碱或交界酸碱之间的结合则为离子键和共价键大致相当的极性键。酸碱各自的性质决定了所形成的酸碱配合物的稳定性[2]。

当硬酸和硬碱相互作用时,配体的电子就进入金属原子的空轨道,反应的微扰能取决于配体和金属原子的总电荷,从而发生电荷制约反应,即生成离子型配合物的离子反应。当软酸和软碱相互作用时,酸碱之间就有显著的电荷转移,发生一个前沿制约反应或称部分电荷转移反应,以共价键生成共价型配合物。当不带电荷的或带弱电荷的物质相互作用时,反应物具有可极化性和低的溶剂化能量。

因此,根据Pearson理论可以得出结论,即在软硬酸碱各种可能的结合中,只有硬—硬、软—软这两种相互作用导致高的活性,可以生成稳定的酸碱配合物[2]。

35.4.2 现代酸碱理论与食品的酸碱性

人类所食用的食品来自于动植物。在生物体内,金属元素是作为Lewis酸与生物配体结合的,而生物配体主要是有机物,如蛋白质、多肽、氨基酸、核酸、聚核酐酸、糖类、卟啉、维生素等,其分子内部含有可供孤对电子或氢键授受的基团。金属离子与生物配体的结合及

所生成配合物和稳定性是符合 Pearson 理论的。一般说来，分子中任何碱性比—CH 更强的部分都可以认为是电子对的给予体——Lewis 碱。而生物配体内可作为供电子原子的有 O、N、S、P、F、CL、Br、I 等，其中以 O、N、S 最为重要。O、N 属硬碱，S 属软碱，它们的硬度比较为：O ＞ N ＞ S。按 Pearson 理论，其与金属离子形成的配键的共价成分依 O ＜N ＜ S 增加[10~20]。

35.5 食品工业与酸碱性能之间的关系

食品工业中软硬酸碱原理应用的例子比比皆是。食品工业用水需经软化。硬水中 Cu^{2+}、Mg^{2+} 和 $SO_4{}^{2-}$、Cl^- 等均为硬酸和硬碱，它们硬—硬结合生成的盐类在比水软的乙醇中溶解度小，而使白酒生产加浆用水产生白色沉淀。酿制含 CO_2 的饮料时，若采用含 Cu^{2+}、Mg^{2+}、Zn^{2+}、Fe^{3+} 较多的原料及硬水，则在充入 CO_2 时常产生浑浊，这也可用软硬酸碱理论进行解释。酒中往往因含有由钙、铁等形成的不溶性微粒而出现浑浊和薄雾，加入 EDTA(含硬碱羧基、交界碱氨基)或聚磷酸盐类(硬碱)，即可与硬酸 Ca^{2+}、Fe^{3+} 稳定配位而消除。白酒中含 Pb^{2+} 量不允许超过 1 mg/L，可加入生石膏 $CaSO_4$ 后搅拌，使生成稳定的 $PbSO_4$ 沉淀而被除去[18]。

痕量重金属元素如 Fe、Cu、Mn、Cr、Ni、Pb，均为较软的酸等能催化脂肪酸和蛋白质的氧化反应从而导致食品级饮料发生酸败、变质、混浊、变味。乳粉中铁含量的增加会加速其发生变化，加入柠檬酸、苹果酸、EDTA 等配合剂，使之与这些重金属元素生成配位化合物，可抑制由此而引起的食品变质。维生素 C 常因痕量重金属离子的催化氧化而降低其食用价值，食品工业中常加入 EDTA 来增加其稳定性[18]。

海藻酸钠是长链形的高分子化合物，含有多个硬碱—COO^-。它常用作生产充气果冻的胶凝剂。硬—硬结合的颗粒状 $CaCO_3$ 分散于海藻酸钠溶液中，与加入的柠檬酸反应产生 CO_2，游离出来的 Ca^{2+} 与海藻酸根结合，形成巨大的三维立体网状结构的凝胶，将产生的 CO_2 包在里面而成充气果冻。火腿、盐水肉制品的保水技术中使用了低聚度的磷酸钠盐如硬碱焦磷酸根、偏磷酸根、三聚磷酸根，一方面提高了腌料的 pH 值，增加了蛋白质的带电量，提高了保水性；另一方面这种硬碱与肉中的 Ca^{2+}、Mg^{2+} 等硬酸结合，使蛋白质释放出硬碱羧基，羧基之间的静电斥力作用使得蛋白质结构松弛，吸水性大为增加。

强化食物中有以食醋为载体，加入由硬酸铁离子、硬碱柠檬酸根离子及较软的铵离子组成的柠檬酸铁铵，制得强化食醋，用以防治缺铁性贫血[20~23]。

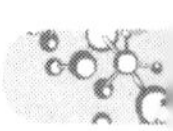

35.6 常见蔬菜的酸碱性能

蔬菜的酸碱性一般用 pH 表示，由于其 pH 随水分变化而变化，所以实验论证可以用唯一的特性 pH 值来对蔬菜的酸碱性能进行表征。蔬菜的酸碱性具有营养学上的意义和实际的味觉意义。从营养学的角度理解，蔬菜的酸碱性将影响人体内部环境与食品中离子之间的关系，影响人体的健康状况。而由于人类血液的 pH 一般为 7.4 左右，所以极易被人体所吸收的各种食品的酸碱性所影响[24]。

生活常识告诉我们，液态食品的 pH 值是可以非常容易地测出的，但对固体的食品可能就不太容易了。为此，一般方法是将一定质量的固体蔬菜放入水中测其混合物的 pH 值[25]。但由于蔬菜本身所含水分是随时间而变化的，所以以一种固液比例的测试结果反映的仅是蔬菜某一时刻的酸碱值，并不能准确代表其实际的酸碱性能。换言之，一个物质有多个 pH 值也与我们的常识不吻合。为此，现实生活需要找出一种测试含水分物质的唯一 pH 值的方法。

采用购自市场的蔬菜（未经过任何化学处理）为原料，如豇豆、紫角叶、生姜和西红柿以及市场上采购的纯净水。作者曾经对这些蔬菜的 pH 进行了测试，其中采用的方法为我们曾经介绍的方法[26]。首先对各种蔬菜称重，分成不同的重量，比如 0.5、1.0、1.5、2.0、2.5、3.0、3.5 和 4.0 克，然后各自放入已盛有 25 毫升水的烧杯中，开动搅拌器进行混合约 30 分钟，这时蔬菜在水中已经完全浸湿。将玻璃电极插入蔬菜与水的混合物中保持 15 分钟，然后应用 ZDJ-4A 型自动电位滴定仪测试 pH 值。测试温度为室温 23 ℃。每个样品经过两次测量后给出最后的平均值。

图 35-3 中实验所用的水的 pH 值和西红柿汁的 pH 值都是直接测试得到的唯一值，而其他蔬菜的 pH 值都是随着固体和水的体积变化而明显变化的。这说明固体蔬菜的酸碱性能是随固体/液体比例变换而变化的，而由图 35-3 得到的 pH 值是才是一个唯一值。

由于图 35-3 显示出这些蔬菜的直线斜率明显不一样，这说明这些蔬菜的 pH 值是明显受水分影响的。又由于这些独立的 pH 值之间明显呈现出线性，这意味着我们可以根据图 35-3 所给出的线性特征，定义所有这些蔬菜的特性 pH 值为它们在 X 轴上为 0 时 Y 轴上的值。比如，将所有这些蔬菜的酸碱特性根据特性 pH 值的大小从大到小依次为：豇豆＞纯净水和紫角叶＞生姜＞豇豆的皮＞西红柿汁。

显然，这与这些蔬菜的普通 pH 值序列是不一样的。

根据图 35-3 所定义的特性 pH 值，豇豆的豆和皮具有不同的 pH 特性，而豆比皮的 pH 值要高。这说明对豇豆而言皮的酸性大于豆的酸性。而生姜的酸性是在豇豆和皮的 pH

值之间,即:小于豇豆的皮而大于豇豆。

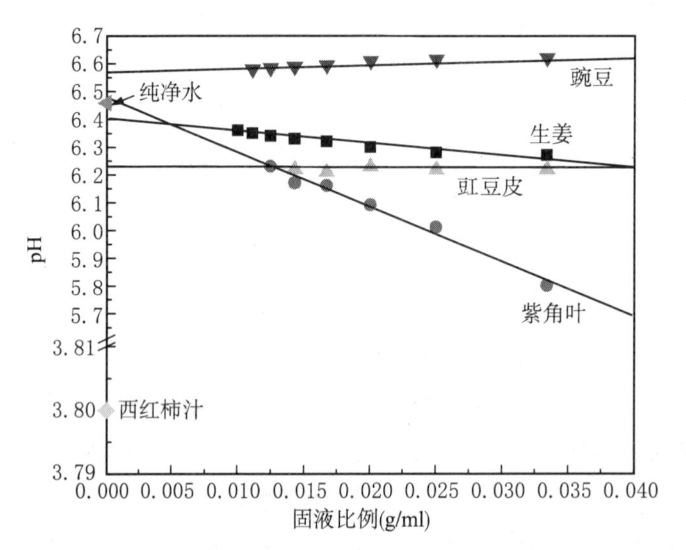

图 35-3 水、西红柿汁和一些蔬菜与水混合物的 pH 值

根据图 35-3 可知紫角叶的 pH 值明显地随着水分的变化而变化,当水分多时它的 pH 值接近纯水的 pH 值。这说明紫角叶越干时,它的 pH 值越小、酸性越强。

比较所有这些蔬菜,西红柿汁的 pH 值最小,说明它的酸性最大。这意味着人们在吃西红柿时应注意所吃的量。或可以将其作为一种有效的酸性蔬菜来调节人体的酸碱平衡。

上述实验说明:蔬菜是具有不同的酸碱特性的,而固体类蔬菜的 pH 值是随着水分的变化而变化的。所以应该采用其唯一值即本文所介绍的特性 pH 值代替普通的 pH 值。实验还发现西红柿的酸性较豆类和叶类都大,而豆的酸性大于其皮。

35.7 茶叶的酸碱性能

茶叶气味芬芳,其干重 30%的主要成分是茶多酚,而茶多酚的主要成分则是黄烷醇,通常称儿茶素[27, 28]。其中以没食子酸酯(EGCG)含量最高,约占儿茶素的 80%[27, 28]。到目前为止的研究表明:茶叶具有许多功能,可以应用在食品、卫生等诸多领域。

为了了解茶叶的酸碱性能,我们曾经研究了茶叶的溶解性能,并从所应用的溶剂的酸碱性能来判断茶叶的酸碱性能。实验过程直接用从超市购得的茉莉花茶叶为原料,将其在 70 ℃烘箱中烘干至恒重,然后人工研磨过 40 目筛子得到茉莉花茶叶的粉末,将其密封在室温下保存备用。溶剂为分析纯的 N, N-二甲基乙酰胺(N, N-dimethylacetamide, DMAC)和二

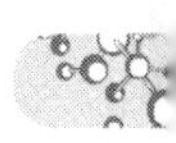

甲基亚砜(dimethyl sulfoxide, DMSO)。这两个溶剂的酸碱性能如表 35-3 所示[29]。

表 35-3 二甲基乙酰胺和二甲基亚砜的酸碱性能

溶 剂	Acity	Basity	Acity/Basity	$E_t(30)$
DMSO	0.34	1.08	0.32	45.1
DMAc	0.27	0.97	0.28	43.7

茶叶在有机溶剂中的溶解是在恒温水浴槽中进行的。溶解时，首先将称重后的茶叶粉末，如每次 0.5 克左右，直接放在内存有 60 ml 有机溶剂的烧杯中，同时安置在烧杯中的还有电动搅拌器、测电导率的电极和温度传感器。

溶解过程中电动搅拌器的搅拌速度为 160 rpm，电导率仪为 DDSJ-308A 型，铂电极的电极常数为 1.00，温度传感器为 T-818-B-6 型，其温度参数分别对应实验所设定的三个温度：25 ℃、40 ℃和 60 ℃。为了得到溶解平衡点的数据，所有实验都进行了至少 24 小时和 3 次重复。

研究发现不同溶剂对茶叶的溶解影响非常明显，尤其是随着温度的增加尤为突出(图 35-4)。这显然是溶剂的酸碱性能造成的。

表 35-4 对茶叶的溶解进行了总结，从两组数据的对比可以发现溶剂的酸碱性能明显影响茶叶的溶解，比如 DMSO 的酸性大于 DMAc，而茶叶在前者中的溶解不及后者。这从另一个角度说明茶叶本身的酸碱性能也将影响其在溶剂中的溶解。

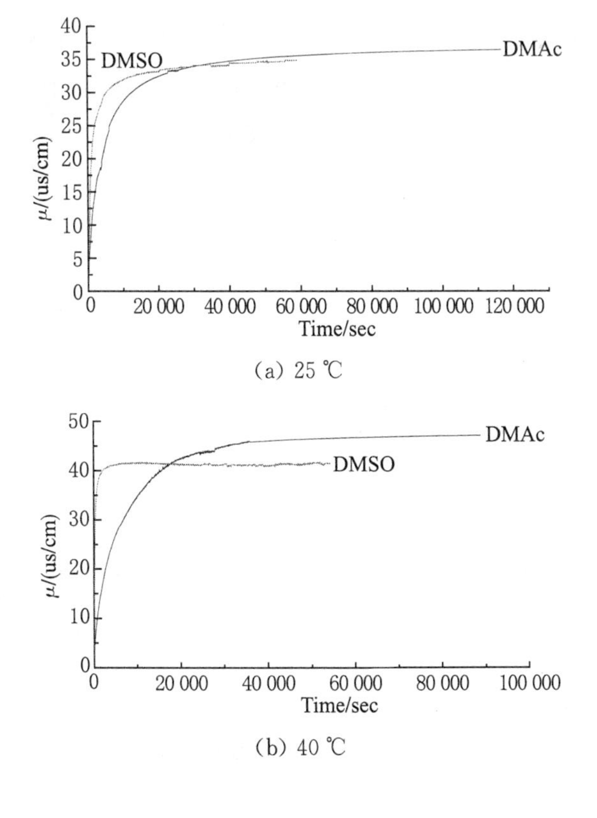

(a) 25 ℃

(b) 40 ℃

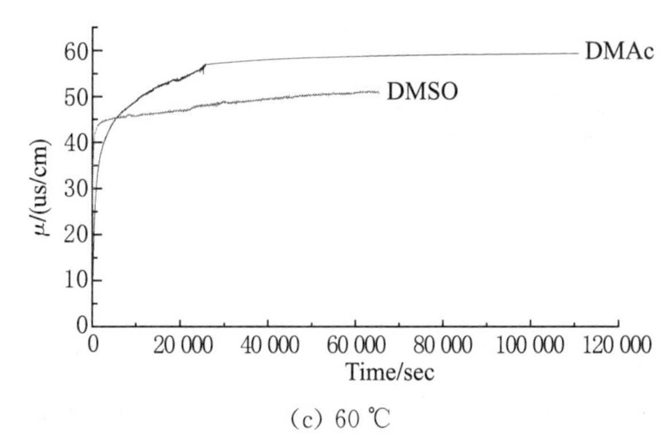

(c) 60 ℃

图 35-4　茶叶在不同溶剂中的动态溶解过程

表 35-4　溶剂、温度对茶叶溶解性能的影响

溶剂和温度(℃)	DMAc			DMSO		
	25	40	60	25	40	60
平衡浓度 C_m(mg/ml)	3.68	4.24	4.10	2.53	2.41	2.75

考虑到茶多酚(TP)是茶叶的主要提取物,这是一类多羟基酚类化合物,而儿茶素类化合物又是茶多酚的主要成分,约占茶多酚含量的 65%～80%[28]。儿茶素类化合物主要包括儿茶素(＋)—C(catechin)、表儿茶素(－)—EC(epicatechin)、表没食子儿茶素(－)—EGC(epigallocatechin)、表儿茶素没食子酸酯(－)—ECG(epicatechin gallate)、没食子儿茶素没食子酸酯(＋)—GCG(gallocatechin gallate)和表没食子儿茶素没食子酸酯(－)—EGCG(epigallocatechin gallate),其化学结构如图 35-5 所示[28, 29]。

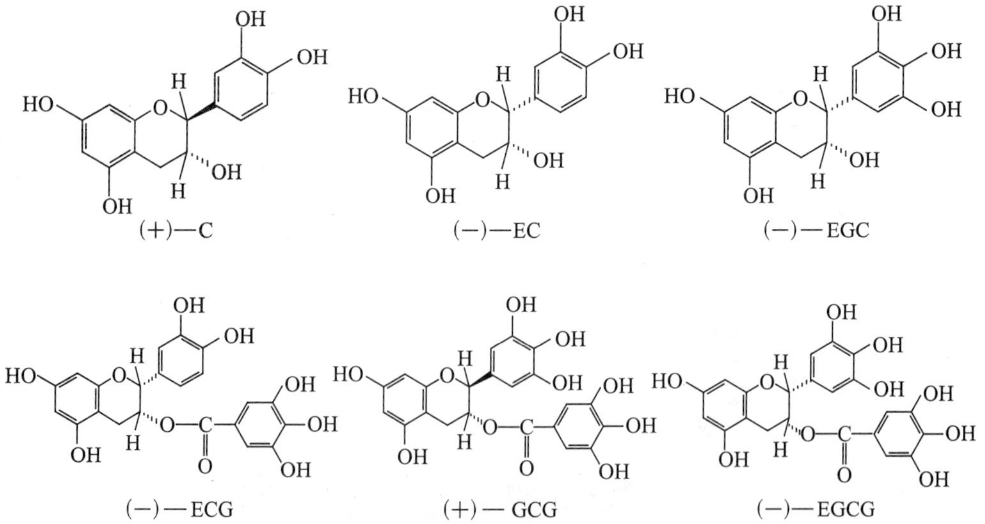

(+)—C　(−)—EC　(−)—EGC

(−)—ECG　(+)—GCG　(−)—EGCG

图 35-5　儿茶素类物质的化学结构

而且茶多酚的应用很多，具有优异的抗氧活性，其抗氧化作用比 BHA(丁基羟基茴香醚)、BHT(二丁基羟甲苯)等合成抗氧剂强，是这些抗氧化剂效果的 2～4 倍。如茶多酚对·O、·OH 自由基的清除率可达 98%以上，清除速率常数在 10^9～10^{14} 的数量级，对活细胞(PMN)产生的氧自由基的综合清除效果十分明显。茶多酚还可以作为油脂品的抗氧化剂，能阻止和延缓不饱和脂肪酸的自动氧化分解，使油脂的贮存期延长一倍以上。茶多酚具有较强的抑制转换酶活性的作用，可以起到降低或保持血压稳定的作用。茶多酚还可以通过抑制肿瘤细胞 DNA 的复制、阻滞肿瘤细胞的细胞周期、抑制端粒酶活性、抑制肿瘤血管的形成、诱导肿瘤细胞凋亡等方式抑制肿瘤生长，起到抗肿瘤作用。茶多酚还是一种免疫增强剂，能抵抗由辐射引起的免疫机能降低，起到抗辐射的作用。而茶多酚的这些应用与其基础性能如表面性能，有着密切的关系[28, 29]。

进一步应用接触角技术研究茶多酚的酸碱性能，发现表 35-5 所研究的 3 个茶多酚样品的主要差异在于其多酚含量的多少，而这影响到它们的酸碱性能。

表 35-5 茶多酚含量指标

样品型号	茶多酚含量(%)	咖啡碱(%)	总灰分(%)
TP80	83.45	15.50	≤0.3
TP90	93.08	5.83	≤0.3
TP100	98.30	0.20	≤0.1

根据表 35-6 可知茶多酚的含量高似乎导致其表面能低，而其中的主要原因是表面能的主要成分是 Lifshiz-van der Waals 分量，而茶多酚的多酚含量与这个分量之间成反比。此外，这个研究还发现茶多酚含量高则极性成分低，从而也影响其表面能[30]。

表 35-6 不同含量茶多酚的表面性能参数[30]

样品型号	γ_S (mJ/m²)	γ_S^{LW} (mJ/m²)	γ_S^{AB} (mJ/m²)	γ_S^+ (mJ/m²)	γ_S^- (mJ/m²)	极性 (%)
TP80	39.20	38.38	0.82	0.11	1.52	2.1
TP90	40.56	39.61	0.95	0.05	4.47	2.3
TP100	43.71	42.58	1.13	0.06	5.34	2.6

35.8 小结

作为一个关乎人体生命的学科和工业门类，食品的酸碱化学受到人们高度的重视，虽然目前已有一些相关的研究，但比起其他学科和工业门类，食品方面的酸碱化学研究还是不足的。尤其是现代酸碱化学的许多理念和方法在这方面的应用还不是很多，有待研究人员进一步开展工作。

参考文献

[1] 倪静安，张墨英. 食品研究与开发，1999.

[2] Pearson RG. *J Am Chem Soc*，1963，85，3533.

[3] Buclin T，Cosma M，Appenzeller M，et al. *Osteoporos Int*，2001，12，493～499.

[4] Remer T. *Eur J Nutr*，2001，40，214～220.

[5] Manz F. *Eur J Nutr*，2001，40，189～199.

[6] Riond JL. *Eur J Nutr*，2001，40，245～254.

[7] Heidrun KS，Kalhoff H，Manz F，et al. *Eur J Nutr*，2005，44:499～508.

[8] Achinewhu SC，Ogbonna CC，Ahart D. *Plant Foods for Human Nutrition*，1995，48，341～348.

[9] Bressanir A，Navarrete D，Luiz GE. *Qual Plant Plant Foods Hum Nutr*，1984，34，109～115.

[10] Baker DH. *Amino Acids*，1992，2，1～12.

[11] Ly MH，Vo NH，Le TM，et al. *Coll Surf B*，2006，52，149～153.

[12] Sinkovits AF，Bryksa BC，Tanaka T，et al. *Enzyme Microbial Technol*，2007，40，1175～1180.

[13] Cornel MC，Smit DJ，de Jong-van den Berg LTW. *Reproductive Toxicology*，2005，20，411～415.

[14] Lin SH，Surinder CD，Chayaraks S，et al. *Am J Physiol Renal Physiol*，1998，274，1037～1044.

[15] Juan M，Patino R，Rosario M. et al. *Coll Surf B*，1999，15，235～252.

[16] Foegeding EA，Luck PJ，Davis JP. *Food Hydrocolloids*，2006，20，284～292.

[17] Anton M，Gandemer G. *Coll Surf B*，1999，12，351～358.

[18] Shohl AT，Sato A. *JBC*，2006.

[19] Bessac F，Frenking G，*Inorg Chem*. 2003，42，7990～7994.

[20] Hossain MZ，Machida S，Nagao M，et al. *J Phys Chem B*，2004，108，4737～4742.

[21] Jacobsen EK. *JCE Resources in Food Chemistry*. National Chemistry Week，2000.

[22] Fishberg EH，Bierman W. *JBC*，2006.

[23] Robinson CS，Duncan CW. *JBC*，2006.

[24] 陈远飞. 酸碱食品合理搭配有利健康. *新民晚报*，2003，11，19，34 版.

[25] 水果和蔬菜产品 pH 值的测定方法. *中华人民共和国国家标准*，GB 10468-89.

[26] 沈青，胡剑锋，顾庆锋. 可再生高分子材料的特性 pH 值及表征方法. *林产化学与工业*，2002，22:4，59～62.

[27] Jankun J，Selman SH，Swiercz R，et al. Why drinking green tea could prevent cancer. *Nature*，

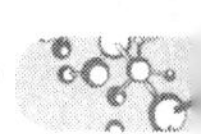

1997, 387:561.

[28] 张礼华,胡人峰,沈青. 植物多酚在高分子材料中的应用. *高分子通报*, 2007, 8, 48～54.

[29] Xu Y, Shen Q. Dynamic dissolution of persimmon leaves in DMSO and DMAc and the influence of Lewis acid-base interactions. *Coll Surf B*, 2006, 47, 98～101.

[30] 于蕾,杜聪,白玮,等. 茶多酚的表面性能研究. *广州化学*, 2010, 35:1, 41～44.

第三十六章　分子酸碱化学在高分子材料中的应用

36.1 简介

分子酸碱化学在材料的各个领域都有应用，本章主要介绍酸碱化学在高分子材料改性和制备、结构材料制备过程(凝胶、自组装)、无机材料、碳纳米管和生物材料中的应用。

高分子材料改性过程的酸碱化学主要是通过引入给电子或者吸电子基团来影响高分子材料的结构和性能，如溶解性等来体现的。

36.2 高分子材料改性过程的酸碱化学

36.2.1 聚苯胺改性过程的酸碱化学

聚苯胺(PANI)是一种典型的导电聚合物材料，可以用作生物传感器、电化学显示器、金属防腐、可逆充电电池[1~6]。传统合成聚苯胺的方法主要是采用化学氧化聚合和电化学聚合，但是这样得到的聚苯胺颗粒形态是团聚在一起的，结晶性能很差，很难溶解于水和有机溶剂，导电性能很低，也很难熔融，柔韧性不好。所以在加工性能上存在着很大的缺陷。为了提高聚苯胺的可加工性能，很多研究者对其做了改性，其中效果比较明显的是采用乳液聚合的方法来合成聚苯胺。最早采用乳液聚合的是 Cao 等[7~9]在 1993 年用十二烷基苯磺酸(DBSA)为表面活性剂合成了导电聚苯胺，从此用乳液聚合合成聚苯胺成了很热门的研究方向。最近几年，很多研究者利用乳液聚合合成聚苯胺的共聚物以及复合共混物，包括与碳纳米管、金属氧化物、粘土等等[10~20]。实验都证实了采用这种方法合成的聚苯胺具有良好的溶解性，尤其在有机溶剂中，例如己烷、环己胺、二甲苯、甲基乙基甲酮(MEK)、N-甲基-2-吡咯烷酮(NMP)、N，N-二甲基甲酰胺(DMF)等。并且分子也具有很高的取向，具有一定的结晶度，在低的 pH 值下经乳液聚合可以得到具有纳米管或者纳米棒形态的结

构。另外一个改性的方法是采用不同的掺杂剂，主要有有机酸和无机酸掺杂等等，这样不同的掺杂剂也可以提高聚苯胺的导电性和溶解性，为聚苯胺的加工提供了一个很好的平台。就这些年的研究来看，大部分采用 DBSA、3-十五烷基苯基磷酸（PDPPA）[17]、十二烷基磺酸钠（SDS）[18]、十二烷基硫酸钠（SLS）[19]、磺基水杨酸（SSA）[20]等为表面活性剂，同时也作为掺杂剂。利用这些方法合成改性的聚苯胺更有利于加工。

36.2.1.1 乳液聚合法改性聚苯胺

36.2.1.1.1 乳液法合成聚苯胺及其共聚物

聚苯胺一般用化学氧化法合成，将苯胺用过硫酸铵或者重铬酸钾等在酸性水溶液介质中聚合制备，但是用这种方法合成的聚苯胺不容易加工，很脆，很难溶于有机溶剂等，不利于加工工艺化。而采用乳液聚合法得到的聚苯胺及其共聚物的溶解性能很好，链的柔韧性也有很大程度的提高。这样可以很好地改善聚苯胺的溶解性能，给生产加工带来了很大的方便。

Cao 等[14~16]采用乳液聚合法合成了容易加工的导电聚苯胺。在苯胺的聚合过程中，水和非极性有机溶剂或者弱极性有机溶剂作为乳化剂，DBSA 作为质子酸掺杂剂，过硫酸铵（APS）为引发剂。此过程中，DBSA 既为质子酸又起着表面活性剂的作用。实验发现 APS/苯胺和 DBSA/苯胺之间的摩尔比会影响到聚苯胺的性能。Cao 等的研究发现：要想得到高分子量的聚苯胺，必须控制苯胺的浓度在 0.2 mol/L 左右，ASP/苯胺的最佳摩尔比为 0.4～0.6，DBSA/苯胺之间的摩尔比为 1.5。他们发现这种合成方法有很多优点：得到的 PANI 的分子量很高，DBSA 质子酸掺杂很均匀，拥有很好的溶解性，经过 X 射线衍射（XRD）分析可以看到合成的 PANI 有很好的结晶取向，得到一种纤维的形态。所有的这些优点都是因为采用了乳液聚合的方法，并且由于 DBSA 质子酸掺杂很均匀，改善了 PANI 的溶解性能和韧性，为生产加工带来了方便。随后，Cao 等[17]利用电子衍射的方法研究了 PANI-DBSA 的晶体结构，并且报道了两个 PANI 分子链的重复单元和 DBSA 分子在一个晶格中的正交结构。晶格参数 $a = 1.178$ nm，$b = 1.791$ nm，$c = 0.716$ nm，密度为 1.12 g/cm^3。Hsieh[18]等在没有有机溶剂的情况下，以 DBSA 为乳化剂乳液聚合制备了纳米管的 PANI。他们提出了纳米管 PANI 形成的机理（图 36-1）：在得到的均匀乳液中滴加盐酸，溶液高度乳化，使得苯胺乳液颗粒之间有相互作用力，形成了像蜈蚣一样的胶束颗粒。在 APS 引发聚合后，用丙酮洗掉游离的 DBSA 就能得到纳米管的 PANI。通过扫描电镜（SEM）和透射电镜（TEM）看到了很均匀的纳米管状的 PANI，同时原子力显微镜（AFM）也证实了这种结构的存在，这些都说明了这一机理的合理性。

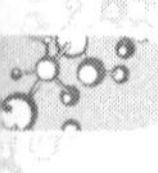

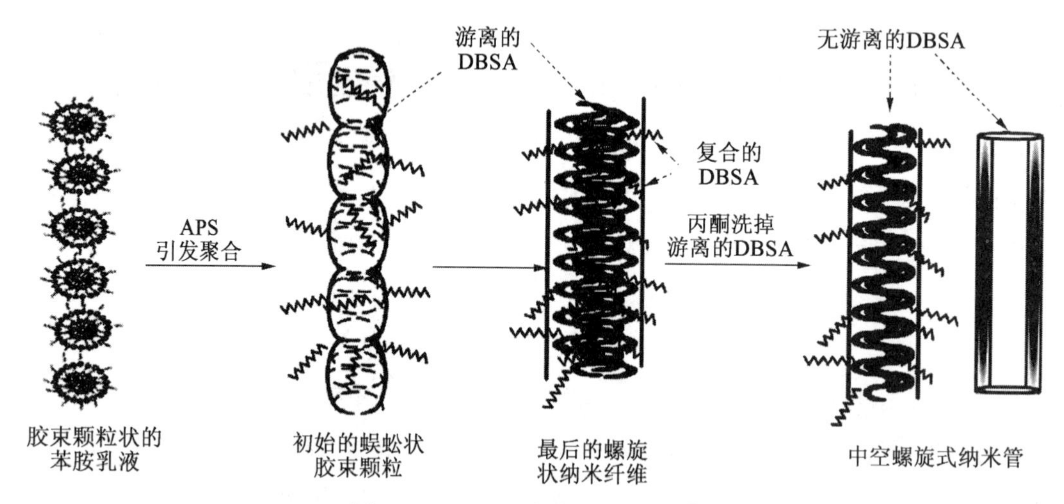

图 36-1 PANI 纳米管的机理形成[18]

Kinlen 等[19]根据前人的工作基础对乳液聚合合成聚苯胺的方法做了点改变。同样用 APS 作为氧化引发剂，与水互溶的有机溶剂(2-丁氧乙醇)作为有机酸介质。在聚合过程中，乳化剂的颗粒直径平均在 150 nm 左右，整个聚合过程在温度、pH 等条件下控制。采用这种乳液聚合方法得到的聚苯胺在有机溶剂(如二甲苯、甲苯)中溶解性很好，有很高的分子量(一般 $M_w>22\,000$)，能形成薄膜，而且具有一定的电导率(大约为 10^{-5} S/cm)。他们还发现：己烷、环己胺、二甲苯、二氧杂环己烷、三氯乙烯、氯仿、4-甲基-2-戊酮、甲基乙基甲酮(MEK)、N-甲基-2-吡咯烷酮(NMP)、N，N-二甲基甲酰胺等都是 PANI-DNNSA(二壬基萘磺酸)很好的有机溶剂，但是在丙酮溶剂中 PANI-DNNSA 的溶解性能很差，在充分的搅拌后大部分沉淀在底部。这就明显看出一旦聚合物分子链互相缠绕或者结晶，就很难在有机溶剂中溶解。他们合成得到了 PANI-DNNSA 的薄膜约为 0.15 mm，然后在二甲苯的溶剂中取出，在 70 ℃和 1 330～2 660 Pa 的真空烘箱中干燥 7 小时，用四探针电导仪测其电导率，测得电导率的范围是 $(6.5\sim63)\times10^{-6}$ S/cm。

Raji 等[20]也通过乳液聚合的方法合成了易加工的导电聚苯胺。他们没有用 DBSA 作为质子酸，而是采用了效果更好的 3-十五烷基苯基磷酸(PDPPA)作为质子酸，同时在乳液聚合过程中 PDPPA 也起着表面活性剂的作用。这是因为 PDPPA 拥有一个带有疏水烃基的长侧链，并且带有极性的羧酸基团，这导致了 PANI-PDPPA 非常容易溶解于弱的极性溶剂中，例如二甲苯、四氢呋喃(THF)、氯仿等，同时也非常容易用溶液工艺技术加工。合成出来的 PANI-PDPPA 用红外光谱(FT-IR)、紫外可见光谱(UV-Vis)、四探针电导仪、XRD、SEM、差示扫描量热法(DSC)、热重分析(TGA)和偏光显微镜表征，电导率的测试结果为 6.1×10^{-1} S/cm。由于采用乳液聚合和 PDPPA 质子酸的均匀掺杂，使得 PANI-PDPPA 有很大程度的结晶取向，这一点可以从 XRD 的表征结果中得到证实。在随后的工作

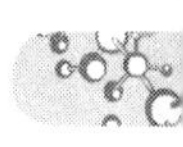

中，他们将 PANI-PDPPA 进行热压增塑法处理后，得到了电导率为 1.8 S/cm 的导电聚苯胺薄膜。之后，Raji 等人[21]又发现：用磺化处理得到的 3-十五烷基苯酚磺酸(SPDP)和3-十五烷基苯磺酸基磷酸(SPDPPA)作掺杂剂乳液合成聚苯胺效果更佳，它们是很好的质子酸掺杂剂。经过以上两种质子酸掺杂得到的聚苯胺，在 140 ℃下热压增塑处理能得到电导率高达 65 S/cm 的导电聚苯胺薄膜。实验观察到当温度从 120 ℃上升到 200 ℃时，电导率减小，这是因为温度升高导致了分子链交联、去掺杂和环热畸变等。高导电态的聚苯胺(电导率为 65 S/cm)由于采用了 SPDP 作为质子酸掺杂剂，比 PDPPA 作为质子酸掺杂(电导率为 1.8 S/cm)要好，从而可见 SPDP 的掺杂效果明显比 PDPPA 的要好。

Wu 等[22]用乳液聚合法合成了以 DBSA 为质子酸掺杂剂的导电 PANI，利用溶液制备技术得到了聚苯胺的薄膜，并且把它应用到氨敏传感器上，使氨敏传感器具有很高的灵敏度，同时在氧化性很强的环境里也能显现出很高的稳定性和很好的重现性。空气中的湿度对氨敏传感器的灵敏度影响很小，这些聚苯胺薄膜的响应性和灵敏度在很长的时间内都保持一个恒定的常数。通过他们的实验可以发现：随着氨水浓度的增大，这种氨敏传感器的电阻也增大，但随着温度的升高，氨敏传感器的电阻反而降低。Su 等[23]利用甲烷磺酸(MSA)和聚-4-乙烯基吡啶(P4VP)(或者用聚苯乙烯和聚-4-乙烯基吡啶的共聚物)之间的酸碱相互作用合成制备出离子聚合物，这种离子聚合物可以作为以 APS 为引发剂乳液聚合合成聚苯胺的分散剂，在大多数情况下得到了类似橡胶一样粘稠状的物质。他们指出这种离子分散剂并不适合应用到乳液聚合反应中，因为这种离子分散剂的静态排斥力介于离子键之间(中性空间的稳定性通常需要一个很好的乳液聚合体系)。Li 等[24]用乳液聚合法合成了聚苯胺与聚 N-乙基苯胺的功能共聚物。他们研究发现：采用乳化剂得到的共聚物分子量(Mn)的范围为 2 900～3 900，是不采用乳化剂得到的共聚物的 2～4 倍。实验还证实要得到最大分子量，反应温度必须控制在 20 ℃。但要得到最大产率，反应温度必须控制在 5 ℃，但 5 ℃的时候得到的分子量要比 20 ℃低。随着 N-乙基苯胺的含量从 0 增加到 100%，共聚物的电导率从 0.161 S/cm 提高到 1.03×10^{-5} S/cm，这是因为受乙基基团的空间影响，使聚合物分子链在空间缠绕在一起，从而破坏了原有的共轭结构，导致电导率的降低。得到的共聚物很好地溶解在 H_2SO_4、NMP、DMF、DMSO 和 HCOOH 中，并且得到的薄膜表面很光滑、柔韧性很好。最近，Shreepathi 等[25]以过氧化苯甲酰为氧化引发剂，十二烷基苯磺酸既作为质子酸乳化剂也作为表面活性剂，在水/甲苯/丙酮的体系中乳液聚合合成了均聚物聚苯胺(PANI)、聚邻甲基苯胺(POT)和聚苯胺与聚邻甲基苯胺的共聚物(PANI-POT)。对保持总体浓度恒定的情况下改变单体的投料比进行了研究，得到的均聚物和共聚物均在氯仿溶剂中能够很好地溶解，用 UV-Vis、四探针电导仪、FT-IR、CV 和 SEM 对产物进行表征，掺杂程度的大小可以通过元素分析来测试，发现在均聚物和共聚物中掺杂的程度都在37%～42%，产率的范围为45%～60%。电导测试结果是聚苯胺的电导率为2.05×10^{-2} S/cm，聚邻甲基苯胺的电导率为6.72×10^{-3} S/cm，而共聚物电导率的范围在$1.54\times10^{-3}\sim2.33\times10^{-4}$ S/cm。从而可以看出在苯环引入甲基不利于苯环的共轭，使共轭程度减小从而导致电导率降低。

36.2.1.1.2 反相乳液聚合法合成聚苯胺及其共聚物

反相乳液聚合是用非极性液体，如烃类溶剂等为连续相，聚合单体溶于水，然后借助乳化剂分散于油相中，形成“油包水”(W/O)型乳液而进行的聚合。反相乳液聚合与常规乳液聚合的区别主要在成核机理和聚合动力学方面，并且反相乳液聚合法还有一些优于常规乳液聚合法的性质。

Swapna等[26]在2002年也开始研究合成易加工的聚苯胺，并且首次报道了反相乳液聚合法合成聚苯胺。他们用过氧化苯甲酰为氧化引发剂，十二烷基硫酸钠(SLS)为表面活性剂，磺基水杨酸(SSA)为质子酸掺杂剂来合成PANI-SSA。在这个聚合过程中，反应时间、温度、反应物浓度均是影响产物的因素。如表36-1所示，氧化剂和掺杂剂对苯胺聚合的影响。PANI-SSA的结构与性能通过FT-IR、UV-Vis、四探针电导仪、红外拉曼光谱(FT-Raman)、核磁共振(NMR)、电子顺磁共振技术(EPR)、XRD、SEM和TG-DTA来测试表征。

表36-1 氧化剂和掺杂剂的浓度对苯胺聚合的影响[26]

浓度 (M)	电导率 (S/cm)	产率 (%)	紫外可见光谱 (nm)			
Oxidant						
0.05	6.2×10^{-2}	28.2		310		630
0.1	6.0×10^{-1}	26.0	310	440	600	830
0.2	5.9×10^{-1}	30.8	330	440	635	830
AIBN		0.9	305	440	615	
dopant						
0.05	5.9×10^{-2}	52.4	310		630	
0.1	5.9×10^{-1}	30.8	330	440	635	830
0.2	4.0×10^{-7}	17.8	325		635	

电导率测试结果为2.53 S/cm，这比APS为引发剂合成PANI-SSA的电导率要高(2×10^{-2} S/cm)。实验证实：PANI-SSA产率和电导率随着反应时间的增加(到24小时)而增大，但是聚合一旦超过36小时，电导率反而下降。当SSA的浓度从0.05 M增加到0.1 M时，PANI-SSA的电导率随之增大，但如果进一步增加浓度，电导率反而下降，这是因

为在高浓度的 SSA 体系中，聚苯胺会产生降解。他们还发现在 0 ℃合成的 PANI-SSA 比在 27 ℃和 60 ℃合成的具有更好的晶体结构。电导测试表示结晶形态越好，电导率也就越高。这一点和 Luzny 和 Banka[27]的结果一致。在此工作基础上，Swapna 等[28]做了进一步的研究，利用反相乳液聚合法合成了 PANI-H_2SO_4、PANI-CSA、PANI-PTSA，电导测试结果发现电导率的范围都在 0.3～0.9 S/cm。Swapna 等[29]采用反相乳液聚合法，以过氧化苯甲酰为温和的氧化引发剂，在水和氯仿的非均相介质中合成了聚苯胺和聚间氨基苯磺酸的共聚物，反应的温度和单体的投料比均影响着共聚物的性质。这种方法合成的共聚物有很好的溶解性能，例如在二甲基亚砜(DMSO)和 DMF 中能够很好地溶解，这可能是因为溶剂起着氢键受体的作用，溶剂和氨基官能团有了相互的作用，从而取代了相邻链之间氨基与氨基之间形成的氢键。改变合成条件和两种单体的投料比，得到共聚物的电导率在 $1.21\times10^{-3}\sim2.87$ S/cm 之间。而且发现反应温度在 0 ℃的电导率比在 27 ℃和 60 ℃的高，共聚物的电导率比均聚物的电导率高，这可能是引入的—SO_3H 基团产生自掺杂引起的。为了提高聚苯胺的溶解性能，可以采用反相乳液聚合形成聚苯胺的共聚物，这样不仅能增长高分子链的长度，还能在分子链上引入大量亲水性基团—SO_3H，从而提高了溶解性能，也增加了链的柔韧性。随后，他们[30]改变单体的投料比来研究共聚物的溶解性能和导电性能。根据实验他们观察到随着间氨基苯磺酸的量增加，共聚物的产率减小，而溶解性能增加。当苯胺/间氨基苯磺酸的投料比由 2∶1 改变到 1∶2 时，得到的共聚物的电导率由原来的 0.81 S/cm 改变到 6.25×10^{-3} S/cm，电导率随着间氨基苯磺酸的量增加而减小。在此后 Swapna 等[31]继续聚苯胺共聚的研究工作，还是利用反相乳液共聚法合成了聚邻甲基苯胺与聚邻氨基苯磺酸的共聚物(POT-AA)、聚邻甲基苯胺与聚间氨基苯磺酸的共聚物(POT-MAB)、聚间甲基苯胺与聚邻氨基苯磺酸的共聚物(PMT-AA)、聚间甲基苯胺与聚间氨基苯磺酸的共聚物(PMT-MAB)。用电子吸收光谱证实了这些共聚物都有很好的溶解性能，也具有很高的电导率。Jeevananda 等[32]也采用反相乳液聚合方法合成了聚苯胺与聚丙烯腈的共聚物。在聚合过程中，以十二烷基磺酸钠为乳化剂，在水和氯仿非均相体系中进行聚合，反应温度控制在 60 ℃左右反应 7 个小时，得到的共聚物在 DMSO 中溶解性能非常好。TGA 分析测试结果表明聚苯胺的均聚物热失重分 3 步进行，而共聚物(PANI-PAN)的热失重分 4 步，在 TGA 曲线上也看出共聚物(PANI-PAN)的热稳定性比聚苯胺的明显要高。经过 X 射线大角散射谱(WAXS)分析也看出共聚物(PANI-PAN)是半结晶的。电导测试表明共聚物(PANI-PAN)的电导率在 $1.26\sim4.2\times10^{-2}$ S/cm。Savitha 等[33]利用乳液聚合法和反相乳液聚合法合成了聚苯胺与聚间氨基苯乙酮的导电共聚物。通过改变苯胺和间氨基苯乙酮的摩尔投料比，得到电导率的范围是 $3.0\times10^{-2}\sim1.6$ S/cm，共聚物产率的范围为 8%～60%，随着聚间氨基苯乙酮含量的增加，产率是下降的，这是由于

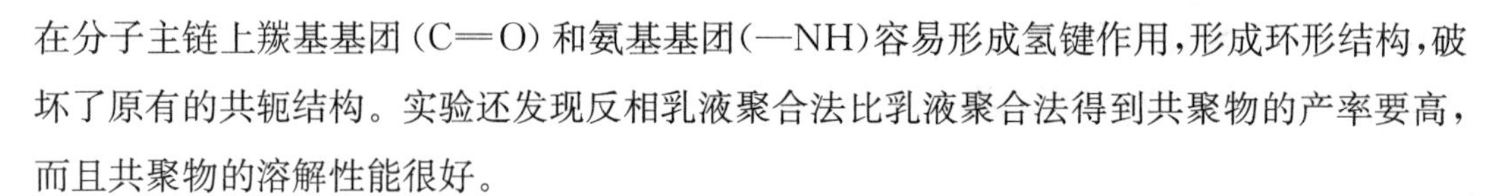

在分子主链上羰基基团(C═O)和氨基基团(—NH)容易形成氢键作用,形成环形结构,破坏了原有的共轭结构。实验还发现反相乳液聚合法比乳液聚合法得到共聚物的产率要高,而且共聚物的溶解性能很好。

36.2.1.2　不同掺杂剂改性聚苯胺

聚苯胺的导电主要来自掺杂,本征态的聚苯胺是不导电的。掺杂的主要部位是在醌式氮原子上,当用质子酸进行掺杂时,分子链中亚胺上的氮原子发生质子化反应,生成激发态极化子。因此,本征态的聚苯胺经质子酸掺杂后分子内的醌环消失,电子云重新分布,氮原子上的正电荷离域到大共扼 π 键中,或者说极化子沿聚合物链移动,从而使聚苯胺呈现出高的导电性。所以现在有很多学者对聚苯胺的掺杂做了很多研究。

36.2.1.2.1　有机酸掺杂聚苯胺

Yin 等[34]采用化学氧化聚合法,以十二烷基苯磺酸钠(DBSA)和盐酸(HCl)为共掺杂剂合成了聚苯胺,这种方法得到的 PANI 在有机溶剂中有很好的溶解性能,例如在 DMSO、NMP 等溶剂中。对比没有经过掺杂的 PANI 或者只有盐酸掺杂的 PANI,共掺杂得到的 PANI 有很高的电导率和溶解性能,通过 FT-IR、EDX、UV-Vis 等分析测试,当 HCl/DBSA 的投料摩尔比为 3∶7 时,得到的聚苯胺的电导率最高为 7.9 S/cm,产率为 30.8%。Dai 等[35]用过硫酸钾(KSP)为氧化引发剂,十二烷基硫酸钠(SLS)为掺杂剂,合成了聚间氯苯胺(PmClAn)。在聚合过程中没有使用质子酸,在聚合完成后向得到的 PmClAn 中加入 18%的盐酸,使 PmClAn 质子化。SLS 是个长链的有机物质,掺杂在 PmClAn 中,使得 PmClAn 在水中的溶解性能很好,同时也改变了链的柔韧性。实验还发现随着 SLS 的浓度增加,PmClAn 的产率也会增加,但当 SLS 的浓度超过 4.8×10^{-2} mol/L 时,PmClAn 的产率就会随着 SLS 的浓度增大而减小。这是因为当许多乳液颗粒形成时,大量的单体不能充分地扩散到乳液颗粒的表面,因此导致链增长受到制约,产率随之也减小了。随着聚合温度的升高直到 80 ℃,PmClAn 的分子量也随着温度的升高而增大,这也与乳液聚合的理论相一致。Wei 等[36]用过硫酸铵为氧化引发剂,萘磺酸(NSA)为质子酸掺杂剂在 −10 ℃下乳液聚合苯胺,经过反应 48 小时后得到空心微球状结构的 PANI。由于 NSA 为两亲物质,拥有亲水基团—SO_3H 和亲油基团—$C_{10}H_7$,苯胺是疏水性的物质,所以当苯胺/萘磺酸的摩尔比例在反应体系中高于 2∶1 或 4∶1 时,萘磺酸与苯胺离子在乳液中形成两种颗粒:胶束和苯胺液滴。胶束由萘磺酸和苯胺离子组成,乳液由自由苯胺(核)和萘磺酸/苯胺离子(壳)组成,但是当反应温度在 −10 ℃时,胶束和苯胺液滴在冰中受到制约,整个反应在苯胺液滴和胶束表面进行,最终导致产物形成空心微球状结构和纳米管状结构(由 SEM 和 TEM 表征测试得出)。

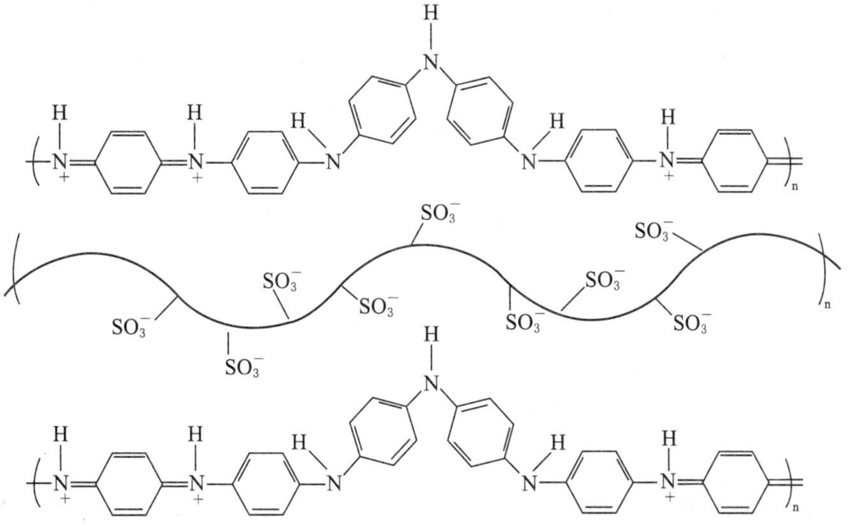

图 36-2 LGS 为模板掺杂 PANI 机理[37]

实验证明，利用 NSA 掺杂的 PANI 有很好的溶解性能和导电性能。Sucharita 和 Jacqueline 等[37]用苯胺为单体，磺化木质素(LGS)为掺杂剂，以聚乙二醇(PEG)和血色素为生物催化剂，用仿生化学方法合成了高导电、高水溶性的聚苯胺。图 36-2 给出了 LGS 掺杂 PANI 的结构图。用 TGA、FT-IR、UV-Vis、电导仪等对其表征后得出：在 $pH = 1$ 时，PANI-LGS 的电导率为 10^{-3} S/cm；TGA 的分析测试表明，PANI-LGS 的热稳定性很高，分解温度高达 575 ℃，比 LGS 的分解温度(300 ℃)要高很多。Zhang 等[38]以乙酸(CH_3COOH，AA)、己酸[$CH_3(CH_2)_4COOH$，HA]、月桂酸[$CH_3(CH_2)_{10}COOH$，LA]和硬脂酸[$CH_3(CH_2)_{16}COOH$，SA]等饱和脂肪酸为掺杂剂，以过硫酸铵[$(NH_4)_2S_2O_8$，APS]为氧化剂的条件下用无模板剂的方法制备了聚苯胺微/纳米纤维(直径 190～450 nm)，其掺杂剂与苯胺的摩尔比在 0.05～1 之间。实验发现脂肪酸的—CH_2基团的个数影响着聚苯胺纳米纤维的晶形、形态、直径和室温电导率：直径随着—CH_2基团个数的增长而增长；在电导率方面，PANI-HA、PANI-LA、PANI-SA 纤维的室温电导率随着掺杂剂与苯胺的摩尔比的增大而增大，而 PANI-AA 纤维则在 AA 与苯胺摩尔比从 0.04 变到 1 时，电导率由 7.22×10^{-1} S/cm 减小到 2.01×10^{-1} S/cm，这是因为对于一般导电掺杂高分子来说，室温电导率由掺杂程度决定，而在酸与苯胺的摩尔比确定的情况下，两个因素影响着掺杂程度，其中一个因素是 AA 的—CH_2基团的个数是 1，比 HA ($n = 5$)、LA ($n = 11$) 和 SA ($n = 17$) 的明显要小，因此较低的酸/苯胺摩尔比使得 AA 更容易掺杂在高分子上，也就是与其他酸相比，AA 的掺杂程度高，另外一个因素是脂肪酸的溶解性随着—CH_2基团个数的增大而降低，这导致长链脂肪酸与高分子的掺杂程度相对较低，但同时由于引入长链的亲水基团，导致合成的 PANI 在极性有机溶剂中溶解性能很好，例如 DMSO、NMP、DMF 等。

36.2.1.2.2　无机酸掺杂聚苯胺

Zhang 等[39]以过硫酸铵为氧化剂，用自组装的方法用钼酸（H_2MoO_4，MA）掺杂得到了聚苯胺的微/纳米结构。用四探针电导法测量电导时发现：当 MA 与苯胺的摩尔比在0～1.5之间变化时，也就是 XPS 结果表明的掺杂率从 12.3%增加到 29.9%，聚苯胺的电导率由 3.15×10^{-3} S/cm 提高到 2.8×10^{-1} S/cm，FT-IR 也有相同的结果。此外，随着聚合时间的增加，反应溶液在反应过程中由 APS 产生的硫酸影响下 pH 值降低，而且 MA 与苯胺的摩尔比影响了反应物的形态是微球还是纳米纤维：当摩尔比是 0.01 和 0.05 时，可以发现纳米纤维（直径 160 nm）或纳米管（直径 145 nm）结构的存在；当摩尔比是 0.3 和 1.5 时，空心微球（直径 3 μm）结构与纳米纤维或纳米管共存。Irena 等[33]在硝基甲烷中通过与 $SnCl_4$ 络合，以 $SnCl_4$ 为掺杂剂用化学氧化聚合法制备出 PANI-$SnCl_4$ 配合物。如图 36-3 所示：PANI-$SnCl_4$ 配合物溶液的紫外—可见—近红外吸收光谱（UV-Vis-NIR）的特征与报道过的掺杂布朗斯特酸（Bronsted acid）的聚苯胺完全不同。移去溶剂导致形成了掺杂 $SnCl_4$ 的聚苯胺自由膜。这表明掺杂路易斯酸的聚苯胺具有成膜性能[40]。

δ+ NH　(SnCl4)δ−　　δ+ NH　(SnCl4)δ−

图 36-3　$SnCl_4$ 掺杂 PANI 机理[40]

PANI$(SnCl_4)_{1.0}(CH_3NO_2)_{1.0}$的固态配合物分子式表明了其化学计量关系，那也就意味着聚苯胺上的氮（亚胺和胺）都参与了配合反应，并且平均一分子路易斯酸就能在聚合物基体中引入一分子溶剂。配合物的穆斯堡尔参数（IS = 0.43 mm/s vs SnO_2，QS = 0.49 mm/s）与有机锡（IV）在非等价配体中的一致。X 射线光电子谱（XPS）的研究与穆斯堡尔谱得出的结论相同。在干燥的 PANI-$(HCl)_{0.5}$ 中可以得到相似的络合物，并且 $SnCl_4$ 只络合在不带质子的氮上。同时，这种方法很容易形成薄膜，这对加工带来一定的方便。Debangshu 等[41]报道了一种用路易斯酸 BF_3 来掺杂聚苯胺的合成方法。其室温电导率达到大约 20 S/cm，这比用 $SnCl_4$ 掺杂的聚苯胺相比电导率提高 10 000 倍。并且实验发现 PANI 的电导率呈现出温度依赖性，他们认为出现高电导率是因为在以 sp^2 方式杂化的 B 原子中，由于其存在于垂直分子平面的 p 轨道，BF_3 很容易受到亲核试剂的攻击，表现出严重的缺电子性。掺杂时聚苯胺亚胺结构 N 原子上的孤对电子转移到 B 原子的中心，导致 B 原子由 sp^2 杂化变为 sp^3 杂化。使得电子有了很大的离域空间，所以 PANI 呈现出很大的电导性能。Lü 等[42]研究了在不同磁性的磁场下将三氯化镝掺杂在聚苯胺中（PANI/$DyCl_3$/Bp）。他们以 APS 为引发剂，三氯化镝（$DyCl_3$）为掺杂剂，在盐酸溶液中（pH = 2.4）制备

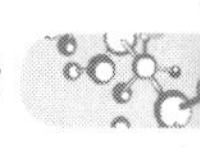

而成。从 UV-Vis 和 FT-IR 的测试结果中可以发现聚合物在磁场中存在定位效应，并且 Dy^{3+} 与磁场间存在协同效应。另外，加入的 Dy^{3+} 与 PANI 链的相互作用，使得极化子的浓度与迁移率降低，并且极化子迁移率对聚合物电导率的下降影响更大。由于这些效应，聚合物的导电性取决于磁场，这使得 PANI/D_yCl_3/Bp 的聚合物链排列更加规则，并且呈现出比 PANI-HCl 更高的结晶取向，其近似结晶度达到 0.75。此外，由于 Dy^{3+} 与 PANI 链的相互作用以及 Dy^{3+} 与磁场的协同作用的关系，释放出掺杂剂 HCl 的分解温度与 PANI-HCl 相比下降了近 20 ℃；在 FT-IR 中，PANI/D_yCl_3/Bp 最主要的特征峰出现在高波数；在 UV-Vis中，聚合物醌环转变的能量是随着加入的 D_yCl_3 和施加的磁场的增加而增加的。

36.2.1.2.3　其他物质掺杂聚苯胺

自从共振拉曼技术发现之后，Fe、Cu 和 N 的 X 射线吸收近边结构测试(XANES)和 EPR 就被应用在表征由 Fe(III)、Cu(II)和 Zn(II)与聚苯胺形成的配合物(EB-PANI)。基于这个技术，Celly 等[43]用 APS 为引发剂，以 $FeCl_2 \cdot 6H_2O$ 为掺杂剂合成了 Fe-PANI，紧接之后他们又采用 $CuCl_2 \cdot 2H_2O$ 和 ZnCl 为掺杂剂成功地制备了 Cu-PANI 和 Zn-PANI。一般来说，有两种途径可以被用于制备过渡金属与 PANI 的复合物：一个是将 EB-PANI 与过渡金属盐溶解在同一种溶剂中，如 DMF 或 NMP，产生的均匀混合物可以制备薄膜；另一种合成途径是在过渡金属盐溶液中处理 EB-PANI 悬浮液。在这个过程中，过渡金属盐起到氧化剂的作用。UV-vis-NIR 和 FTIR 是表征掺杂金属盐的 PANI 的主要方法。就电导率来说，Cu-PANI 和 Fe-PANI 的值分别是 5×10^{-5} S/cm 和 4×10^{-3} S/cm，比用 $CuCl_2$ 和 $FeCl_3$ 掺杂制备的薄膜的电导率要低，分别是 3×10^{-4} S/cm 和 3×10^{-1} S/cm，这些差异是由合成方法和电导率测量方法的不同引起的。另外，Cu-PANI 和 Fe-PANI 的热重分析数据都表明聚合物的稳定性在空气和氮气气氛中都有明显下降。

Huseyin 等[44]首次报道了利用原位聚合法合成了多壁碳纳米管(MWNTs)掺杂的聚苯胺，并且用 FT-IR、XRD 和元素分析证实了碳纳米管对聚苯胺的掺杂效应。如图 36-4 给出了碳纳米管掺杂 PANI 的机理。由于聚苯胺本身是不溶的，他们将氢氧化铵盐掺杂在 PANI 中后形成了可溶的 EB 的形式。

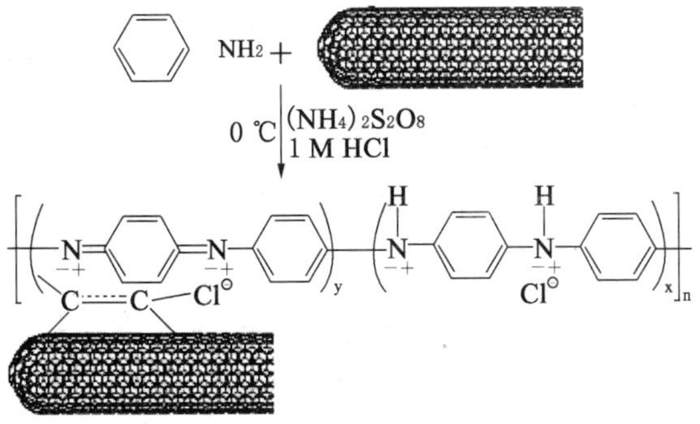

图 36-4　碳纳米管掺杂 PANI 的机理[44]

这种复合材料的电导率与纯聚苯胺相比有了几个数量级的提高。在用四探针电导法测量复合物薄膜的电导率时，PANI/HCl 与 PANI/MWNT 的电导率分别为 3.336 S/cm 和 33.374 S/cm。另外，复合物的室温电阻比纯的 PANI 下降了一个数量级，而且也比纯的 MWNT 低。电导率的提高是因为纳米管与氯离子相互竞争引起碳纳米管的掺杂效应或是电荷从聚苯胺的醌式结构转移到碳纳米管上。在 FT-IR 研究中第一次发现 MWNTs 不仅影响着自由的 N-H 环境，也影响着聚合物主链的醌式结构，同时也可以描述碳纳米管和 PANI 之间强烈的相互作用。SEM 测试说明 MWNTs 是非常分散的。在广角 X 射线衍射(WAXD)中，超声处理导致复合材料中出现强度提高的新结构。

36.2.1.3 复合共混改性聚苯胺

聚苯胺在许多方面的应用一直被国内外认为是很有潜力的一种材料。但是，目前合成出来的聚苯胺在机械力学性能上不能满足这些方面的应用，和其他导电聚合物一样，很难进行加工，难熔，难溶。因此很多国内外研究者在保证原有的导电性能的基础上对聚苯胺的加工性能和机械力学性能做了很多的研究，通过对聚苯胺的改性，如合成聚苯胺的复合共混物等，这样可以提高加工性能和机械力学性能，使导电聚苯胺成功地应用于各个领域。

36.2.1.3.1 聚苯胺与碳纳米管(PANI-CNTs)的复合共混

Deng 等[38]利用原位乳液聚合方法合成了聚苯胺与碳纳米管(PANI-CNTs)的复合共混物。TEM 分析看出这种复合共混物形成了一种新的网络状结构，此网络状结构可以看成是一种新的导电通道，这也导致这种复合共混物具有很高的电导率。XRD 测试得出衍射角在 21°和 26°，表明其具有一定的晶体结构。从 FT-IR 中可以看到 PANI-CNTs 共混物和 PANI 均聚物的红外光谱大致一样，这说明 CNTs 和 PANI 并没有相互作用，在聚合过程中 CNTs 没有影响到聚苯胺主链结构，这一点也被电子光谱分析所证实。TG 分析指出由于加入了 CNTs，PANI 的热稳定性有了明显的提高。随着 CNTs 的含量增加，PANI-CNTs 共混物的电导率也增加，当 CNTs 的含量增加到 10%时，共混物的电导率为 6.6×10^{-2} S/cm，是均聚物 PANI 的 25 倍(2.6×10^{-3} S/cm)。这是因为 CNTs 的网络状结构形成新的导电通路，电导性得到明显的提高。Ginic-Markovic 等[39]以超声引发原位聚合合成了聚苯胺与多壁碳纳米管(PANI-MWNT)的复合共混物，并通过 FT-IR、FT-Raman、XPS、SEM、TEM 和 TGA 表征测试。TEM 测试看到多壁碳纳米管包裹在聚苯胺的表层上，包裹的厚度由多壁碳纳米管的含量和聚合反应的条件决定。用传统的机械搅拌方法得到的 PANI-MWNT 的共混物拥有高度的结构化、结节的形态等特征。用超声引发的原位乳液聚合得到的 PANI-MWNT 的共混物有分子量高、电导率高的特点，用电导仪测试得出其电导率为 27 S/cm，而且热稳定性和机械力学性能有明显的提高。这是因为超声聚合能够很好地阻止多壁碳纳米管的团聚，因此这种方法得到的共混物是属于纳米数量级的，这

一点通过 SEM 和 TEM 分子测试得到了证实。

36.2.1.3.2　聚苯胺与金属氧化物的复合共混

Feng 等[40]成功地利用原位乳液聚合法合成了 TiO_2 包裹聚苯胺(PANI-TiO_2)的复合共混物。在这个乳液聚合体系中,TiO_2颗粒在反应体系中起着核模板的作用,而聚苯胺就在 TiO_2颗粒表面形成。得到的 PANI-TiO_2共混物的大小由 TiO_2在反应体系中的含量来控制。SEM 看到 PANI-TiO_2共混物的直径范围在 40～60 nm,大多数集中在 50 nm 左右,随着 TiO_2含量的增加,PANI-TiO_2共混物的尺寸越来越小。TGA 研究发现 PANI-TiO_2共混物的热分解过程与均聚物 PANI 的热分解基本一致。共混物的电导率依赖于反应的温度,并且随着温度的降低电导率也减小。PANI-TiO_2共混物在导电性能和机械力学性能方面均比均聚物 PANI 要优越,这可能是因为加入的 TiO_2颗粒改变了聚苯胺原来无规则的结构,使得 PANI-TiO_2共混物有了很好的晶体结构,这与 XRD 测试结果相吻合。Xiao 等[41]合成了聚苯胺与 Fe_3O_4 纳米颗粒(PANI/Fe_3O_4)的复合共混物,将其进行 SEM、XRD、FT-IR 和粒径分析仪测试。经实验研究发现 R 值(甲苯与水的比例)的大小对 PANI/Fe_3O_4共混物的形态起着至关重要的作用。当 $R = 0.02$ 时,PANI/Fe_3O_4共混物是粒径为 1～5 μm 的颗粒形态;当 R 的值增加到 0.05 时,得到的 PANI/Fe_3O_4共混物为长约1 μm、直径约 100 nm 的纤维形态。他们还发现共混物的形态与电导率有着密切的关系,纤维形态的 PANI/Fe_3O_4共混物电导率为 0.007 S/cm,而颗粒形态的共混物电导率为 0.003 S/cm。

He[42,43]合成了亚微米结构的 PANI/ZnO 复合纤维。实验也证实了 PANI/ZnO 的形态结构是由 R 值(甲苯与水的比例)来控制的。当 R 的范围在 0.03～0.07 时,用乳液聚合得到的是亚微米的纤维形态结构,但 R 的范围在 0.01～0.11 时,得到的是树枝形态和多面体形态的结构。XRD 分析表明 PANI/ZnO 亚微米复合纤维的测试结果与 ZnO 纳米颗粒的没有什么变化,这说明聚苯胺并没有影响 ZnO 纳米颗粒的晶体结构。同时测试发现,聚苯胺在共混物里是非晶态结构,那是因为 ZnO 纳米颗粒的加入会阻止聚苯胺的结晶。TEM 测试看到 PANI/ZnO 复合纤维的平均直径约为 700 nm,长度约为 20 μm,同时 ZnO 纳米颗粒的电子衍射点消失了,这是因为 PANI 包裹着 ZnO 纳米颗粒。TGA 测试发现 PANI/ZnO 复合纤维的热稳定性要明显高于均聚物 PANI。在这之后,He 等[44]合成了 SiO_2纳米颗粒——聚苯胺微球(SNAPMs)复合共混物。在这个反应体系中,苯胺在有机相中(甲苯溶剂),过硫酸铵、质子酸和 SiO_2纳米颗粒位于水相,SiO_2纳米颗粒同时作为乳化剂。FT-IR 测试表明通过氢键的作用 SiO_2纳米颗粒附在聚苯胺微球的表面,SNAPMs 复合共混物的直径范围在 2～6 μm。

36.2.1.3.3　聚苯胺与粘土的纳米复合共混

Kim 等[45～48]合成了具有插层状的聚苯胺与粘土纳米复合共混物。其中苯胺/粘土的比例为 15%，XRD 和 SEM 研究分析指出 DBSA 掺杂了聚苯胺，纳米级 Na-MMT(分离的蒙脱土)插入 PANI-DBSA 形成了插层状。在 PANI-粘土纳米复合共混中，粘土层可能不利于 DBSA 对聚苯胺的掺杂，会导致掺杂剂与分子链的相互作用减弱。用 XPS 研究了聚苯胺与粘土纳米复合共混物，得到聚苯胺的亚胺中 N 原子和氨基中 N 原子的 E_B 分别为 398.3 eV 和 399.3 eV。另外，正氮元素(N^+)的 E_B 为 401eV 和 403eV。基于对 N 1s 峰面积比的分析，PANI-DBSA 与粘土纳米复合共混物中[Na^+]/[N]的面积比约为 45%，而这个面积比要低于没有粘土的 PANI-DBSA 的[Na^+]/[N]面积比(约为 63%)，这也就说明了纳米复合共混物处于低掺杂的状态，加入粘土会阻碍聚苯胺的有效掺杂。在随后的工作里，Kim 等[45~48]合成了聚苯胺(PANI)与分离的蒙脱土(MMT)的复合共混物。在室温下用四探针电导法分别测试了均聚物 PANI 和复合共混物的电导率，聚苯胺的电导率是 8.34 S/cm，而聚苯胺与粘土复合共混物的电导率仅有 0.25 S/cm，并且聚苯胺与粘土复合共混物遵循 1D-VRH 模型。PANI 的电导率比复合共混物的电导率高很多，那是由于粘土层可能不利于 DBSA 对聚苯胺的掺杂，会导致掺杂剂与分子链的相互作用减弱，掺杂的效应降低，电导率也就减小。TGA 和 DSC 研究发现聚苯胺纳米复合物的热稳定性高于没有粘土的聚苯胺，这是因为在 PANI-DBSA 层的亚胺正电荷与粘土层表面的负电荷有很强的库伦作用力，导致需要热分解的温度升高。XPS 研究指出聚苯胺的亚胺中 N 原子和氨基中 N 原子的 E_B 分别为 398.2 eV 和 399.2 eV。基于对 N 1s 峰面积比的分析，他们发现 PANI-DBSA/粘土的纳米复合物是完全掺杂的[45](胺中 N 元素：亚胺 N 元素=20：1)。同时 Kim 等[46]研究了掺杂剂对聚苯胺与粘土复合共混的影响，分别合成了 PANI-DBSA/粘土和 PANI-CSA/粘土的复合共混物。他们前面的研究发现均聚物 PANI-DBSA 比 PANI-DBSA/粘土复合共混物的电导率高，但均聚物 PANI-CSA 却比 PANI-CSA/粘土复合共混物的电导率低，这是因为 PANI-CSA 主要在粘土颗粒的表面形成，粘土颗粒并没有阻碍 CSA 对 PANI 的掺杂，反而使 CSA 对 PANI 的掺杂更有效，但 DBSA 对 PANI 的掺杂却容易受到粘土的影响。这同时也说明 PANI-DBSA/粘土复合共混物比 PANI-CSA/粘土复合共混物更容易形成插层状的纳米复合物。

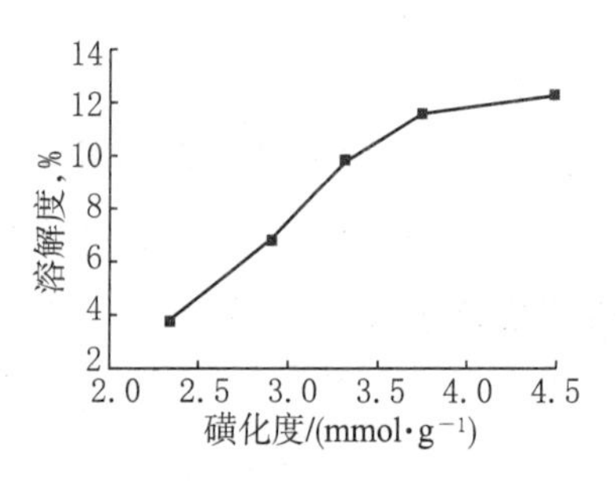

图 36-5 溶解度与 PANI 磺化度之间的关系[49]

一些研究发现磺化是一种有效地改善 PANI 可溶性的措施[49~58]。这种方法是在其有机分子中引入磺酸基的一种反应，可以通过采用普通的磺化剂硫酸，也可以应用含有磺化基团的物质对 PANI 进行掺杂使其链上引入磺酸基团，从而达到改善溶解性甚至于提高电导率的目的。磺化度对 PANI 溶解性的影响如图 36-5 所示。

由于链上存在亲水基团，磺化的 PANI 在普通有机

 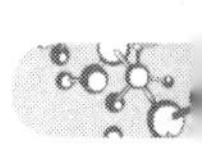

溶剂和水中比其他导电态 PANI 有较高的溶解性而又不至于使电导率太低。图 36-5 还揭示了 PANI 的磺化度和在 DMF 中溶解度的关系。从图中可以看出，磺化 PANI 在 DMF 中的溶解性和其磺化程度有关，磺化度增大、溶解性也随着增大。

36.2.1.3.4　磺化木质素、碳纳米管复合掺杂聚苯胺

通过应用磺化木质素（LGS）对聚苯胺进行掺杂，也可以提高后者的导电性和溶解性[52]。木质素磺酸盐（LGS）是一种复杂而又廉价的阴离子表面活性剂，它是造纸制浆企业的副产品。作为一种芳香族木质素磺化衍生化合物，它是木质素分子结构中的醇羟基和酚羟基等多种基团上的碳-碳键和醚键，受磺酸基磺化后形成的木质素磺酸盐化合物，所以木质素磺酸盐的分子结构十分复杂（图 36-6）。它是由多个苯核通过 C-C 键，芳-烷，芳-芳键等联结而成，具有酚羟基、甲氧基以及醛基等活性基团，其侧链上还有双键等[53]。木质素磺酸盐可溶于各种不同 pH 值的水溶液中，应用方便；但不溶于乙醇，丙酮和一般有机溶剂中。木质素磺酸盐一般都是愈创木基丙基、紫丁香基丙基和对羟苯丙基的多聚产物的磺酸盐。其分子量存在着不均一性，最普通的木质素磺酸盐分子量从 200～10 000 不等。一般来说分子量多的为直链，在溶液中缔合在一起；高分子多的为支链，在水中显出聚合电解质的行为。

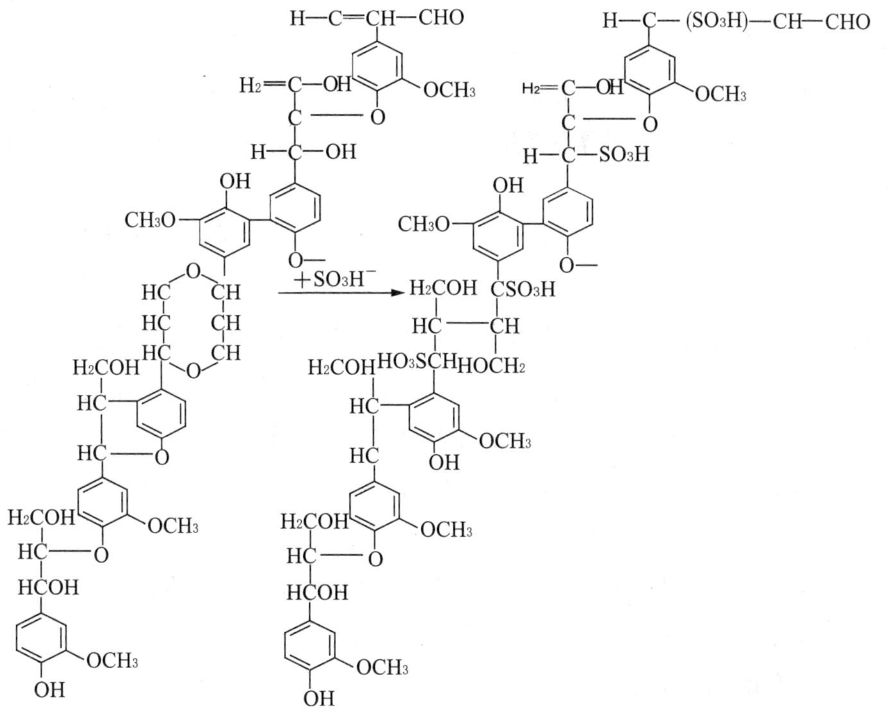

图 36-6　木质素各种基团被磺酸基（—SO_3H—）磺化后的结合结构式

木质素磺酸盐(LGS)具有较好的分散性能和润湿性能。粉状物质的粒子在水中受到范德华力的作用,则容易发生凝聚,如加入木质素磺酸盐后,此粒子则会吸收木质素磺酸盐分子,由于LGS表面亲水基团带有电荷,使得吸附LGS的粒子间产生静电反应而相互排斥,即会起到分散作用。LGS的分散性与分子量有很大关系。如分子量过低,分散能力就会下降,而分子量过高反而会起凝聚作用[53]。

同时木质素磺酸盐还具有较大的表面张力和较强的粘合性。木质素磺酸盐在制浆废液中与其他多糖类物质受磺化后,有部分形成多糖磺酸盐,通过相互间的协同效应,具有较强的粘合性能,可用于做多种用途的粘合剂,如铸造型砂粘结剂和筑路泥土粘结剂[53]。另外LGS与其他表面活性剂相比其表面张力较大,木质素磺酸钙盐(LGS)和木质素磺酸钠盐的表面张力达到66~66.7达因/厘米。LGS粘合性能较好与其表面张力有一定关系,一般说来,液体物质的表面张力大,其胶粘性能也较好[53]。由于它具有良好的润湿、渗透、分散性,产生细微泡沫和表面张力等活性,国外一些工业先进国家早已系统开发利用,木质素制品已达120万吨,产品种类已有200多种,被广泛用于混凝土工程、农肥、染料、铸造、橡胶等许多行业。

采用木质素磺酸盐为乳化剂和掺杂剂,用乳液聚合的方法合成导电聚苯胺(PANI/LGSs),得到的PANI/LGSs具有很好的溶解性能和电导性能[52]。为了得到具有更高导电性能的聚苯胺,作者曾经采用木质素磺酸钙首先修饰了多壁碳纳米管(MWNTs),然后采用制备的MWNTs-LsCa为聚合模板合成了具有高导电性能的聚苯胺(PANI/MWNTs-LsCa),发现后者具有较好的溶解性能和导电性能,这种方法为聚苯胺的工业化打下了很好的基础[51]。

研究发现仅用木质素磺酸盐为乳化剂和掺杂剂合成聚苯胺,与纯聚苯胺相比,其导电性能有了明显的提高,但是相比其他导电材料,其导电性还是很差,只能达到10^{-2}数量级[52]。而采用MWNTs来掺杂聚苯胺,可以很好地提高聚苯胺的电导率。而且由于用MWNTs传统的修饰方法是对其进行酸处理,这种方法虽然可以使MWNTs的表面带上羧酸基官能团,但是也可能产生一些瑕疵,如损坏碳管内部的电子网络结构、使其电子离域的程度减小,导致复合物的导电率降低。此外,用这种方法得到的MWNTs在溶液中的分散性不好,且活性降低,在MWNTs的表面还有少量的羧基。

表36-2是MWTNs与MWNTs-LsCa的元素分析测试结果。通过元素分析发现与纯的MWTNs相比,MWNTs-LsCa中碳元素的含量有所降低,由97.11%降到88.21%,而氢元素的含量有所增大,同时MWNTs-LsCa中硫元素的含量达到了2.32%。此外,MWNTs中的C/H元素比是10.51,而在MWNTs-LsCa中的C/H仅为3.20。这些事实充分说明纯MWNTs的表面已经通过自组装过程被LsCa修饰了。

表 36-2 MWNTs、PANI/MWNTs-LsCa 和 PANI/MWNTs-LsCa 的元素分析

样　品	C(%)	H(%)	N(%)	S(%)	C/N (mol/mol)	C/H (mol/mol)
MWNTs	97.11	0.77	≤0.05	≤0.05	—	10.51
MWNTs-LsCa	88.21	2.30	0.14	2.32	—	3.20
PANI	53.74	5.73	10.32	≤0.05	6.08	0.78
PANI/MWNTs-LsCa	59.39	4.99	7.82	1.43	8.86	0.99

* MWNTs 为多壁碳纳米管；MWNTs-LsCa 为木质素磺酸盐修饰的多壁碳纳米管；PANI 聚苯胺；PANI/MWNTs-LsCa 经过木质素磺酸盐修饰的碳纳米管掺杂的聚苯胺。

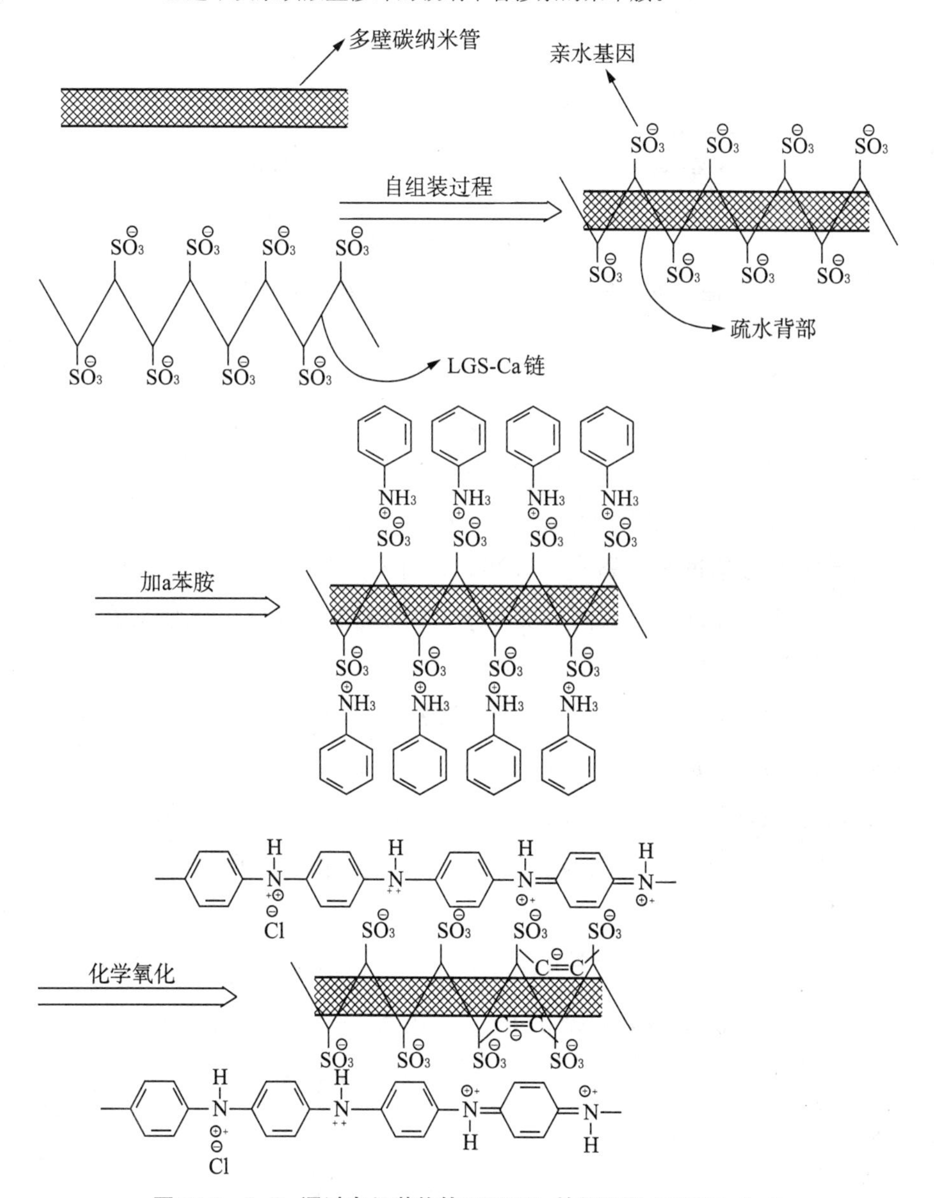

图 36-7 LsCa 通过自组装修饰 MWNTs 的机理及 MWNTs-LsCa 作为聚合模板合成 PANI/MWNTs-LsCa 的机理

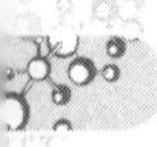

以所得到的 MWTNs-LsCa 为模板，合成导电聚苯胺（PANI/MWNTs-LsCa）的机理如图 36-7 所示。

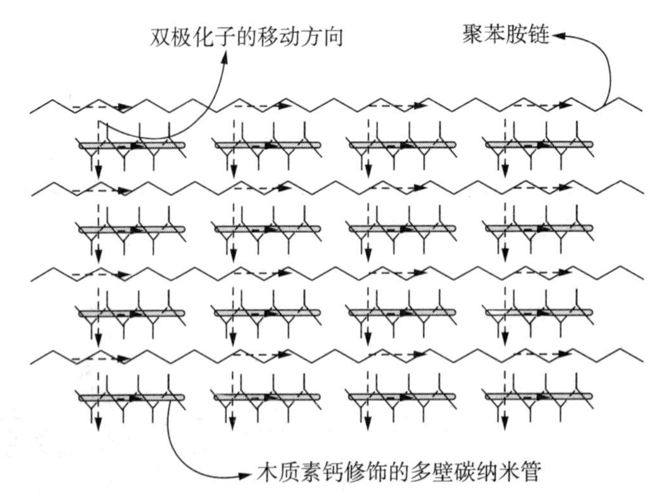

图 36-8　MWNTs-LsCa 掺杂 PANI 的导电机理模型

由于 MWNTs 通过自组装修饰之后，MWNTs 的表面含有大量的亲水性基团（SO_3^-），所以苯胺单体在 MWNTs-LsCa 盐酸溶液中分散得很均匀。因此，苯胺阳离子通过离子对形式吸附在 MWNTs-LsCa 的表面，并且能够在 MWNTs-LsCa 表面定向排列。当 APS 加入到溶液中去之后，聚合反应沿着 MWNTs-LsCa 的表面进行，合成后 PANI/MWNTs-LsCa 的分子结构可以通过图 36-8 进行描述。如图 36-8 所示，MWNTs-LsCa 是作为PANI 的掺杂剂，同时也是聚苯胺主链之间的交联剂。由于碳纳米管是一种良好的电子接受体，而 PANI 是一种良好的电子给予体，而 MWNTs-LsCa 具有很强的掺杂效应，具有双掺杂功能，所以它们可以作为“导电桥”来连接聚苯胺的主链，形成交替的掺杂链，即一层聚苯胺主链，一层 MWNTs-LsCa 链，交替夹杂着。因此，聚苯胺主链上的双极化子能够转移到 MWNTs-LsCa 上去，通过 MWNTs-LsCa，双极化子又能够转移到聚苯胺的主链上，如图 36-8 所示，虚线表示双极化子的移动的方向，极化子的离域程度大幅增加，因此 PANI/MWNTs-LsCa 也具有很高的导电性。上述导电聚苯胺的导电性能和溶解性能如图 36-9 和表 36-3 所示，而介电常数和溶解性能之间的关系则由图 36-10 的曲线给予了描述。

表 36-3　PANI/MWNTs-LsCa 在不同有机溶剂中的溶解性能

溶　剂	介电常数	溶解参数	溶解性
NMP	32.2	23.1	＋＋＋
DMSO	47.2	24.6	＋＋＋
DMF	38.2	24.8	＋＋＋

（续表）

溶　剂	介电常数	溶解参数	溶解性
methyl ethyl ketone	18.6	19	＋＋
chloroform	4.8	19	＋
butylacetate	5.1	17.4	＋
xylene	2.4	18	

＋，＋＋和＋＋＋代表溶解度(g/100mL)：＜2，＜3，＜6 和＜9 。

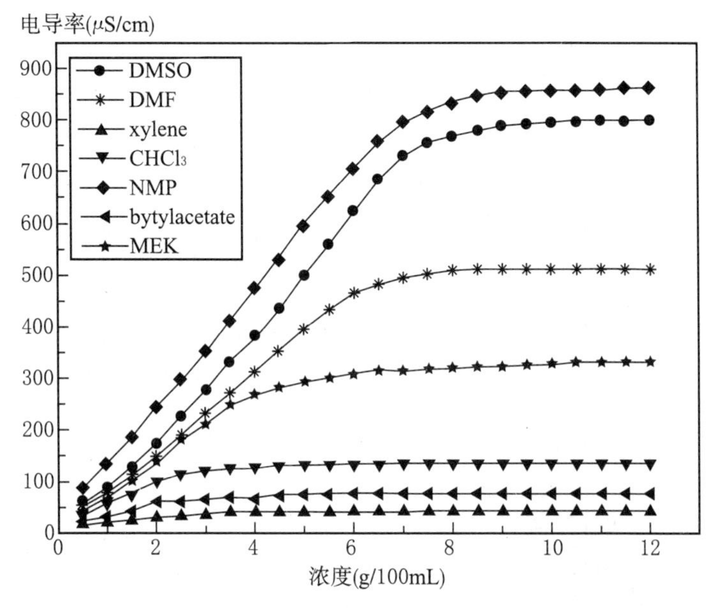

图 36-9　PANI/MWNTs-LsCa 在不同有机溶剂中的电导特征

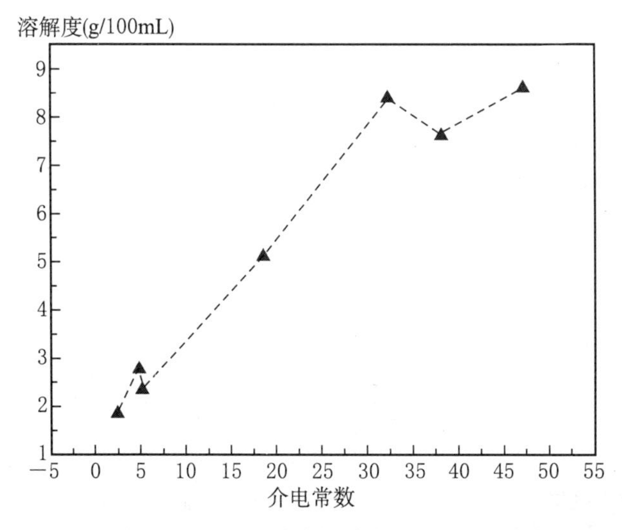

图 36-10　PANI/MWNTs-LsCa 的溶解性能与溶解介电常数之间的关系

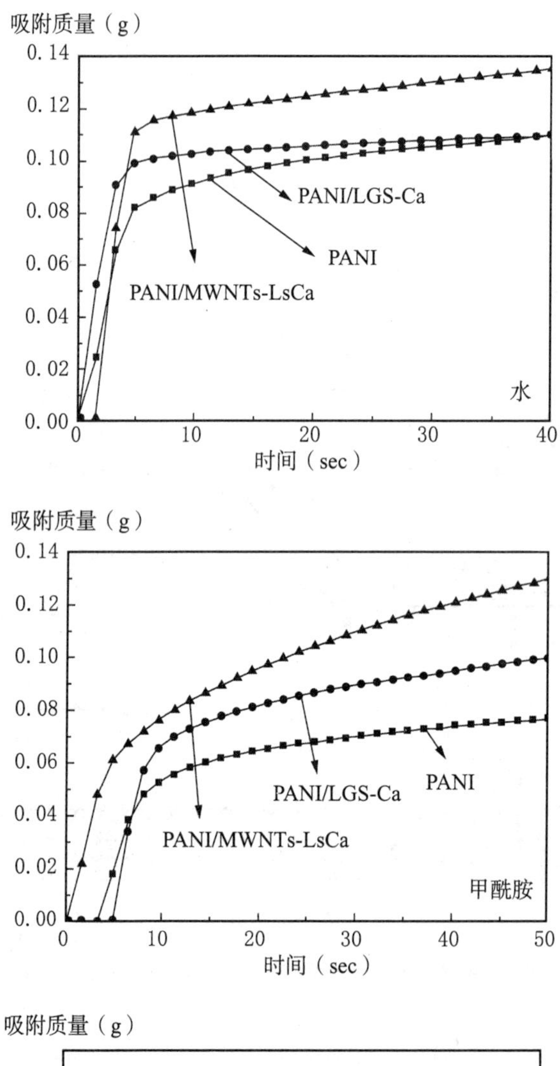

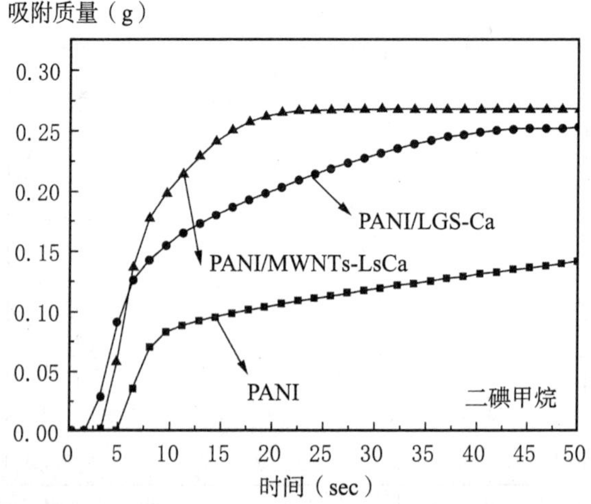

图 36-11　PANI、PANI/LGS-Ca 和 PANI/MWNTs-LsCa 在蒸馏水、甲酰胺和二碘甲烷中的吸附曲线

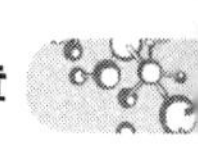

图 36-11 反映了 PANI、PANI/LGS-Ca 和 PANI/MWNTs-LsCa 在水、甲酰胺和二碘甲烷 3 种液体中的动态吸附曲线，从所有曲线上来看，吸附液体可以分成两个过程，第一过程均为快速吸附过程，明显看到吸收速率很大，即曲线的斜率很大。第二过程为慢速吸附过程，曲线斜率很小，并且随着时间的吸附量几乎不再有太大的变化。

对以上 3 种不同的液体来讲，PANI、PANI/LGS-Ca 和 PANI/MWNTs-LsCa 在这些液体中吸附量大小不一样，但规律都是一致的，即在 3 张吸附图中，PANI/MWNTs-LsCa 的吸附量是最大的，PANI 的吸附量是最小的。针对同一种样品 PANI，其在水和二碘甲烷中的吸附量稍微大于在甲酰胺中的吸附量，但数值相差不小，所以可以认为液体对 PANI 的吸附影响不是很大。对于 PANI/LGS-Ca，通过比较可以看到其在二碘甲烷中吸收最大。同时发现 PANI/MWNTs-LsCa 也在二碘甲烷中吸收最大，而且吸附量的数值几乎是在水或者在甲酰胺中吸附量的 2 倍。

表 36-4 PANI、PANI/LGS-Ca 和 PANI/MWNTs-LsCa 在蒸馏水、甲酰胺和二碘甲烷中吸附动力学模型

样品	液体	第一阶段吸附模型	第二阶段吸附模型
PANI	水	$W = 7.78\times10^{-4} + 0.01\,t$ ($R = 0.9688$)	$W = 0.10 + 3.50\times10^{-4}\,t$ ($R = 0.9860$)
	甲酰胺	$W = -0.04 + 0.01\,t$ ($R = 0.9993$)	$W = 0.05 + 4.63\times10^{-4}\,t$ ($R = 0.9626$)
	二碘甲烷	$W = -0.08 + 0.02\,t$ ($R = 0.9821$)	$W = 0.08$ ($R = 0.9971$)
PANI/LGS-Ca	水	$W = 0.03\,t$ ($R = 0.9953$)	$W = 0.10 + 2.18\times10^{-4}\,t$ ($R = 0.9738$)
	甲酰胺	$W = -0.08 + 0.02\,t$ ($R = 0.9950$)	$W = 0.08 + 4.15\times10^{-4}\,t$ ($R = 0.9371$)
	二碘甲烷	$W = -0.04 + 0.02\,t$ ($R = 0.9657$)	$W = 0.19$ ($R = 0.9317$)
PANI/MWNTs-LsCa	水	$W = 0.01 + 0.03\,t$ ($R = 0.9825$)	$W = 0.11 + 5.31\times10^{-4}\,t$ ($R = 0.9917$)
	甲酰胺	$W = 0.01 + 0.01\,t$ ($R = 0.9807$)	$W = 0.10 + 4.81\times10^{-4}\,t$ ($R = 0.9462$)
	二碘甲烷	$W = -0.09 + 0.03\,t$ ($R = 0.9791$)	$W = 0.25 + 3.33\times10^{-4}\,t$ ($R = 0.7343$)

表 36-5 PANI、PANI/LGS-Ca 和 PANI/MWNTs-LsCa 在 3 种液体吸附的动力学参数

样　品	液　体	初始吸附速率 (g/s)	最终吸附速率 (g/s)	转折点 (s)
PANI	水	0.02	3.50×10^{-4}	4.89
	甲酰胺	0.01	4.63×10^{-4}	6.91
	二碘甲烷	0.02	0	8.67
PANI/LGS-Ca	水	0.03	2.18×10^{-4}	3.25
	甲酰胺	0.02	4.15×10^{-4}	7.85
	二碘甲烷	0.02	0	6.46
PANI/MWNTs-LsCa	水	0.03	5.31×10^{-4}	4.68
	甲酰胺	0.01	4.81×10^{-4}	5.87
	二碘甲烷	0.03	3.33×10^{-4}	9.84

从图 36-11 的吸附曲线可以发现 3 种样品在不同的液体中吸附都有很好的规律，吸附过程可以分为两个阶段，第一阶段是快速吸附过程遵循线性，而第二阶段的吸附也符合线性方程。由此可以认为 PANI、PANI/LGS-Ca 和 PANI/MWNTs-LsCa 在水、甲酰胺和二碘甲烷中的动态吸附过程都为 2 个线性方程。表 36-4 对上述所指的线性动力学方程进行了归纳，其方程形式为 $W = A + Bt$，其中 B 为方程斜率，其物理意义为动态吸附的速率，第一阶段吸附其线性拟合度非常高，均在 96%以上。表 36-5 为 PANI、PANI/LGS-Ca 和 PANI/MWNTs-LsCa 在 3 种液体吸附的动力学参数，主要有初始吸收速率、最终吸收速率和转折点。初始吸收速率是第一阶段吸附速率。表 36-5 指出在 3 种液体中 PANI/LGS-Ca 和 PANI/MWNTs-LsCa 的第一阶段的吸附速率均明显大于 PANI，这说明 PANI/LGS-Ca 和 PANI/MWNTs-LsCa 的表面性能与 PANI 有所不同，这是因为在 PANI/LGS-Ca 和 PANI/MWNTs-LsCa 的表面含有很多亲水基团的磺酸根，导致它们的极性增加、表面张力变大，故在有机溶剂中表现出了较好的溶解行为。

36.2.2 聚酯改性过程的酸碱化学

通过酸碱化学对高分子进行表面改性也可以大大提高可溶性[59]，例如聚酯纤维表面平整，结构致密，缺少吸湿中心，导致亲水性差，后续加工困难，制约了聚酯纤维的进一步加工和应用。增强聚酯纤维及织物的吸湿性，增加产品附加值，已成为聚酯纤维研究中的重要课题。低温等离子体技术作为一种新的表面改性手段，能快速、高效、无污染地改善纺织材料的表面性能，同时又不改变材料的本体特点，已经被越来越多的研究人员所重视。用氧等离子体结合亲水剂对聚酯纤维进行表面改性引入含氧极性基团，提高了纤维的吸湿

性，但处理时间稍长，纤维表面的极性基团又被溅射掉，纤维的吸湿性下降；聚酯纤维经氧等离子体再施以亲水剂处理，可以显著提高其亲水性，氧等离子体处理过程使聚酯纤维引入羰基含氧极性基团，且纤维的其他性能不发生变化。图 36-17 说明氧等离子体处理可以使聚酯纤维的亲水和耐洗性提高。

从图 36-12 可以发现经过氧等离子体处理的聚酯纤维再经亲水剂处理不但提高了其亲水性能，还提高了其表面与亲水剂结合的牢度，使处理后的聚酯纤维经多次水洗仍能保持较高的回潮率。这说明氧等离子体处理不但能对纤维表面发生改性，附着更多的处理剂，而且还使亲水膜与纤维表面形成有效的交联，达到深层结合，水洗时亲水性下降；而且等离子体处理的刻蚀作用导致纤维表面粗糙程度增加，这也会改善亲水膜与纤维结合的牢度，因此，采用先氧等离子体处理再亲水剂处理的纤维，其亲水效果的耐洗涤牢度得到提高。由于等离子处理过程的本质是使被处理样品增加亲水官能团，事实上是一个酸碱反应过程，所以上述例子也充分反映了聚酯的酸碱性能与其应用的关系。

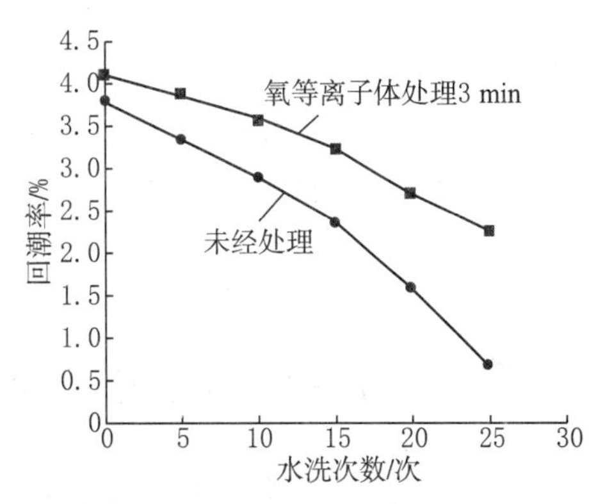

图 36-12　氧等离子体处理聚酯纤维的效果

36.2.3　聚乙烯醇改性过程的酸碱化学

关于溶剂对 VAc 聚合和对所得 PVA 的微观结构的影响也已经有许多研究[60]。在 VAe 悬浮聚合中，特别是采用如过氧化氢这类亲水性引发剂时，一直采用碳酸氢钠作为调节剂，在有关 VAc 及其聚合的系列研究中，一个主要任务就是研究各种碱对所得珠状 PVAc(A—F)及其衍生物 PVA(H—L)最终性能的影响，而通过选用弱碱，如二价碱碳酸钠(NaCO)(A)、NaCO 和 NaHCO 1∶1 混合物(B)、一价碱 NaHCO；(C 和 D)及强一价碱如氢氧化钠(NaOH)(E)和甲醇钠(NaOMe)(F)作 pH 调节剂。发现在弱碱(NaCO，HaHCO和两者 1∶1 摩尔混合物)作用下珠状 PVAc 的产率可以高于 85%，但在 NaOH 和 NaOMe 作用下，即使采用相同的碱摩尔浓度(0.0059 mol，但在二价碱 NaCO 情况下，其使用浓度是 0.003 mol)，珠状 PVAc 的产率仍然相当低。

碱在 VAc 悬浮聚合生产珠状 PVAc 中主要起 pH 值调节剂的作用。在不同实验条件下对 5 种不同碱(纯碱或混合形式)的作用进行的研究发现采用弱碱 NaCO、NaHCO 或两者按 1∶1 混合时可以得到高产率珠状 PVAc(85.5%～95.6%)。而在使用强碱 NaOH 或 NaOMe 时，即使采用与其酸当量相同的碱浓度，珠状 PVAc 的产率分别只有 60%。在

NaOH 和 NaOMe 存在下的悬浮聚合中，VAc 醇解成的不稳定乙烯醇会立即重排形成互变异掏的乙醛(乙烯醇与乙醛的互变异掏比为 1∶30 000)。乙醛抑制 VAc 的悬浮聚合。另外，乙醛在强碱存在下还会进行醛醇缩合生成树脂状油。NatCO 或 NaItCO 与醋酸(在 VAc 中含量为 ppm 级)的中和过程中还可能产生 CO_2。从结果来看，CO 的存在好像对珠状 PVAc 的产率影响很大。CO 的形成抑制了 VAc 醇解成乙烯醇，从而也阻止了乙醛的形成。在 NaOH 水溶液和 NaOMe 甲醇溶液加入反应体系之前，先通入 CO 则可以使珠状 PVAc 的产率得到明显的提高。

36.3 高分子材料合成、共聚和共混过程中的酸碱化学

Chung 和 Ma 曾经应用酸碱化学的方法研究了主链液晶型高分子材料(图 36-13)在薄膜聚合过程(Thin-Film Polymerization)的表面能[61]。

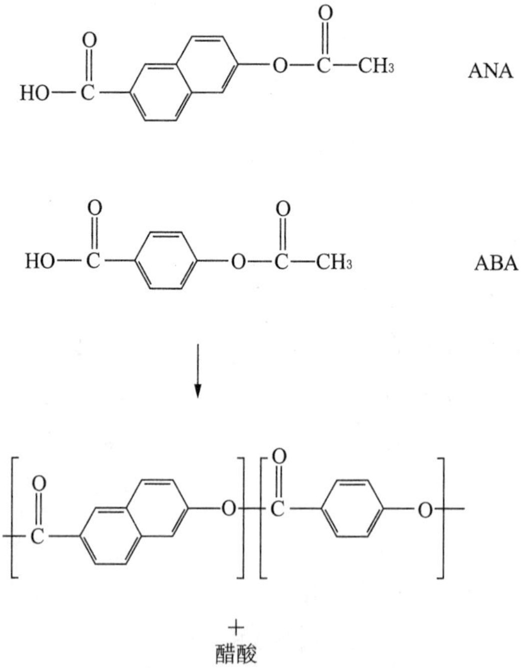

ANA

ABA

+
醋酸

图 36-13 单体结构和合成机理

实验过程，他们发现随着反应时间的变化液晶现象变化非常明显，如图 36-14 所示，如条状的液晶纹会逐步增加，而此时其红外结构也有相应的变化，如图 36-15 所示。

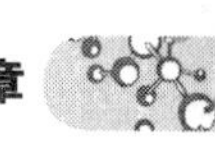

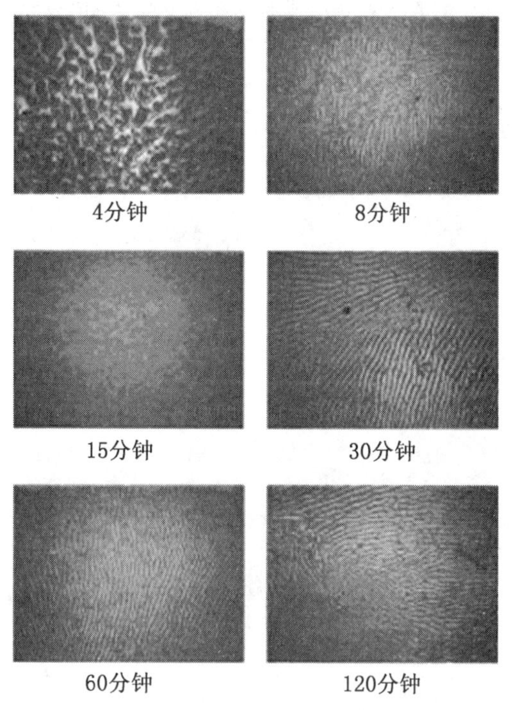

图 36-14　ABA/ANA(50/50)共聚物经过不同反应时间的显微镜图

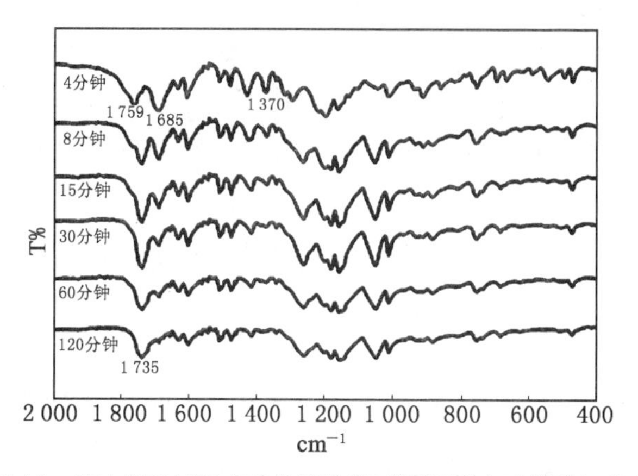

图 36-15　ABA/ANA(73/27)共聚物经过不同反应时间的红外光谱

这个发现非常有意义，因为图 36-14 和图 36-15 的结合明显指出该共聚物的表面液晶条纹的逐步清晰和增加是由于这些液晶高分子材料的结构在逐步地变化。更值得一提的是这些作者还进一步研究了上述过程这些共聚物的表面能和酸碱性能的变化情况如表 36-6 所示。

表 36-6　ABA/ANA 共聚物经过不同反应时间的表面能[61]

共聚物	比例	反应时间（分钟）	表面能及成分(mN/m)				
			γ_S^+	γ_S^-	γ_S^{AB}	γ_S^{LW}	γ_S
ABA/ANA	73/27	4	0	19.71	0.28	39.79	40.07
		8	0.13	11.08	2.42	39.63	42.05
		15	0.15	6.69	2.03	41.87	43.90
		30	0.11	6.28	1.68	41.85	43.53
		60	0	6.0	0	41.68	41.68
		120	0.21	3.12	1.63	41.71	43.34
ABA/ANA	50/50	4	0	17.16	0	41.59	41.59
		8	0.02	9.02	0.89	41.36	42.25
		15	0.15	5.18	1.78	40.48	42.26
		30	0	4.92	0.24	42.13	42.38
		60	0.10	3.04	1.12	41.56	42.69
		120	0.26	2.60	1.64	40.12	41.76
ABA/ANA	27/73	4	0	9.47	0	44.0	44.0
		8	0.05	2.85	0.78	43.27	44.05
		15	0.06	2.82	0.79	41.78	42.57
		30	0.03	1.99	0.50	42.76	43.26
		60	0.02	1.84	0.35	42.56	42.92
		120	0.05	1.55	0.53	43.28	43.81

由于类似的研究还不多，所以这个表给出的数据就非常有意义。首先是这些数据提供和帮助人们认识高分子材料在合成过程的酸碱反应和变化；其次是该表给出的是动力学数据，有利于从动力学的角度认识和理解合成过程。

图 36-16 进一步说明了上述共聚过程的关键是 Lewis 酸碱反应在主导和支配着最后产品的性能。

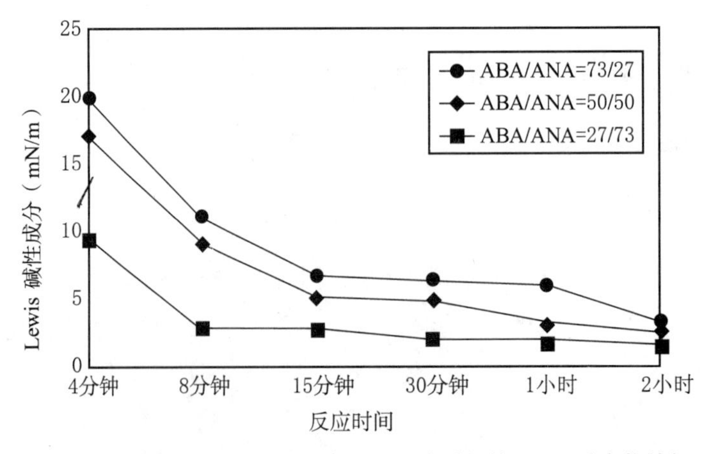

图 36-16　ABA/ANA 共聚物在不同反应时间的 Lewis 碱变化特征

把合成高分子与天然高分子(多糖类、胶原质)进行共混可以克服合成或天然高分子的重要缺陷,如:潮湿敏感性和低机械性能。这种方法提供也是一种制造不会污染环境的环境友好型可降解材料的方法。在聚烯烃/木质素磺酸盐共混物的研究中,将 3 种用马来酸酐改性的乙烯丙烯共聚物 EP-g-MA 0.3、EP-g-MA 0.5 和 EP-g-MA 0.7 与环氧化木质素磺酸铵(LER)在开炼机中混合挤压,混合温度为 125 ℃,压力为 120 atm,混合时间 10 分钟。LER 的含量为 5%～15%不等。共混物为薄片(0.5～1 mm 厚)有均匀的外表,平滑表面和褐色。

这些共混物的显微镜照片如图 36-17 所示。

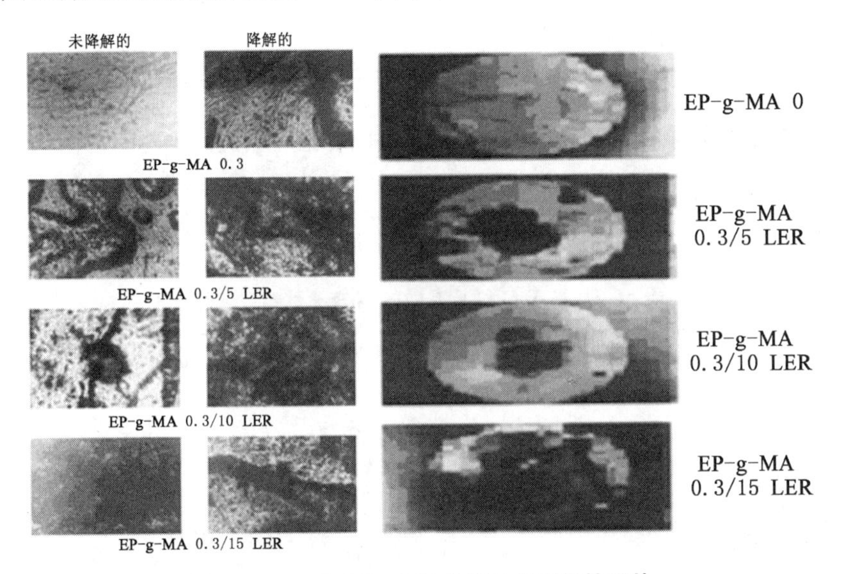

图 36-17 一些 EP-g-MA 共聚物的显微镜照片

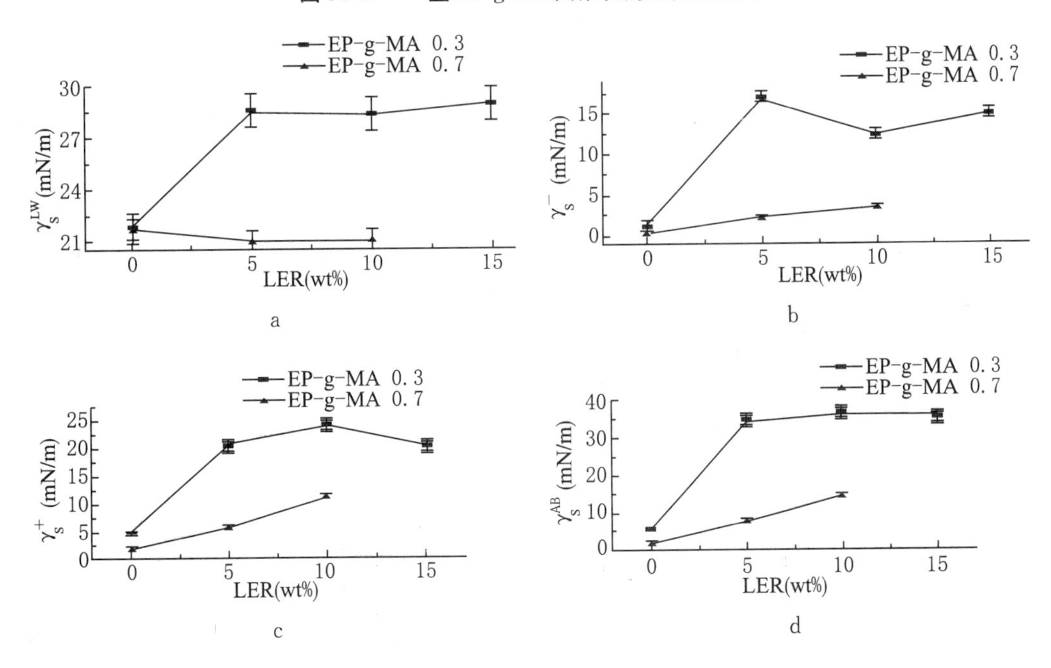

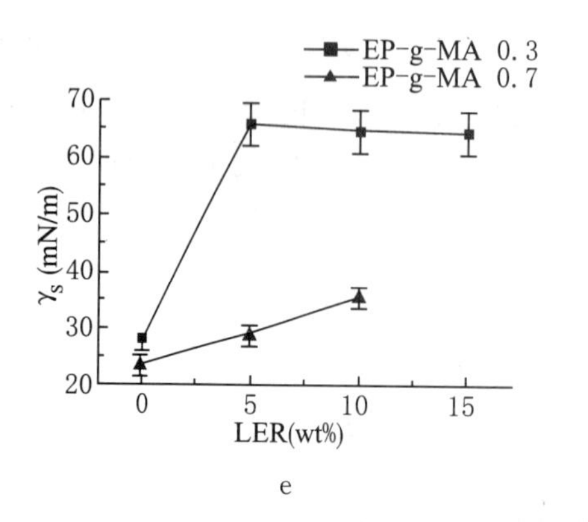

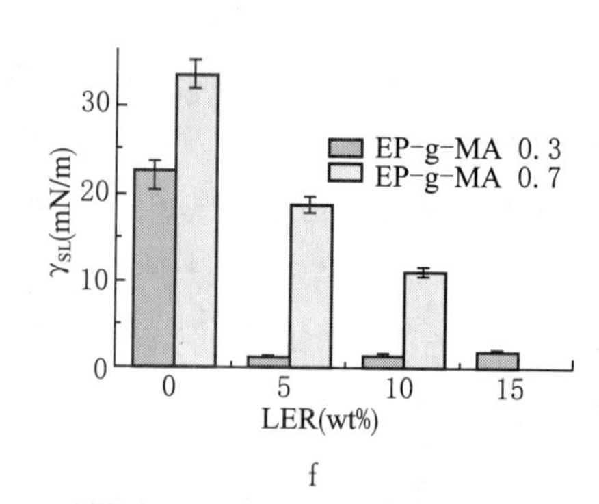

图 36-18　共混物的成分比和表面性能之间的关系

对该接枝共聚物，LER 的介入被发现可以提高其表面性能，如表面自由能 γ_S，而其他的组分如 γ_S^{LW}、γ_S^{+}、γ_S^{-}、γ_S^{AB} 也都增加了。

文献曾经报道了一系列合成高分子材料的表面和酸碱性能[62~83]，汇总如下。

表 36-7　基于 C 和 E 系数的高分子材料酸碱性能

合成高分子材料	C_A	E_A	C_B	E_B	方法
氯化 PVC		3			IR
	0.36	2.70			IR
PVB		4			IR
苯酚树脂	0.24	1.53			IR
环氧树脂	0.29	1.72			NMR
PVdF	0.7	1.8			IR
PMMA			1.18	0.59	IR
			0.96	0.68	IR
PEO			5.64	0.77	IR
氯掺杂 PPy	0.27	4.17	0.45	1.09	IGC
甲苯磺酸盐掺杂 PPy	0.27	4.35	24.5	−0.36	IGC
PPO			9.5	0	XPS/IR
N_2 等离子处理 PP			0.32	1.46	XPS
NH_3 等离子处理 PP			0.91	1.65	XPS

表 36-8　基于 van Oss 体系的高分子材料酸碱性能

样　品	γ_S	γ_S^{LW}	γ_S^{AB}	γ_S^{+}	γ_S^{-}
	(mJ/m^2)				
PEO 6 000	43	43	0	0	64
Dextran 10 000	61.2	47.4	13.8	1.0	47.4
PMMA	39～43	39～43	0	0	9.5～22.4
	48.9	46.5	2.4	0.1	18.1

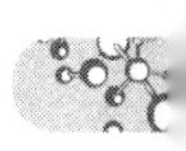

（续表）

样　品	γ_S	γ_S^{LW}	γ_S^{AB}	γ_S^+	γ_S^-
	(mJ/m²)				
PVAc	44.5	42.6	1.9	0.04	22.3
PVC	43.7	43	0.7	0.04	3.5
	43.1	40.2	2.9	0.42	5.1
PS	42	42	0	0	1.1
	44.9	44.9	0	0	1.33
	49.9	49.9	0	0	5.14
阴离子 PS	41.4	41.4	0	0	13.13
	57.6	50.8	6.8	1.19	9.73
阳离子 PS		39.4～41.9		0～0.4	0.3～7
		39.4～41.9		0～0.1	1.8～8.2
PE	33	33	0	0	0.1
	57.9～62.5	42	15.9～20.5	2.1	30～50
PAI	52.6	42.8	9.8	1.04	23.15
PHEMA	50.6	40.2	10.4	2.07	13.1
P(HEMA80/EMA20)	48.2	40.7	7.5	0.63	22.7
P(HEMA40/EMA60)	39.8	39.4	0.0	0.02	16.4
甲苯磺酸盐掺杂 PPy	47.0	41.0	6.0	0.81	10.9
氯掺杂 PPy	43.5	36.6	6.9	0.43	28.3
无掺杂 POT		22.5			0.5
氯化铜掺杂 POT		23.4～25			0.7～4.7
未处理 PP	32.2	30.1	2.1	0.3	3.8
O_2等离子处理 PP	43.1	36.7	6.4	0.5	22.0
N_2等离子处理 PP	53.3	41.9	11.4	1.0	30.9
NH_3等离子处理 PP	42.6	34.9	7.7	0.7	21.4

表 36-9　基于色散力的高分子材料酸碱性能

材　料	γ_S^{LW}(mJ/m²)	温度(℃)
低密度 PE	28.8	30
PMMA 球	38.8	25
Poly(2, 2′-thiobisethanol dimethacrylate)	25.1	50
Poly(N-methyldiethanolamine dimethacrylate)	39.8	50
Poly(pentane-1, 5-diol dimethacrylate)	30.1	50
PVC	31	48
PET	37.9	26.5
PEEK	40	50
氯掺杂 PPy	145	48
氯掺杂经过老化处理的 PPy	37	48
NO_3等离子处理的 PPy	113	48
甲苯磺酸盐掺杂 PPy	88.5	25
PANI	87.3	68

表 36-10　基于 K_A 和 K_D 的高分子材料酸碱性能

高分子材料	形　式	K_A	K_D	K_A/K_D
NO_3等离子处理的 PPy		11.5	19.2	0.6
PVC		14.9	21.8	0.68
PMMA		7.6	35.4	0.21
(PVC+PMMA)涂层 NO_3 等离子处理的 PPy		10.1～11.5	24.4～29.2	0.38～0.43
PAN 基碳纤维	未处理	6.5	1.5	4.3
	氧化	10	3.2	3.1
	涂层	8.6	13	0.7
T300 PAN 基碳纤维	未处理	0.14	15	0.01
	氧化	0.2	32	0.01
	涂层	0.2	130	0
PEEK	粉末	9.6	48	0
	纤维	0.1	108	0
PE 纤维	未处理	0	0	0
	臭氧 2 小时	3.5	0.8	4.4
	臭氧 3 小时	3.3	1.0	3.3
氯掺杂 PPy		0.26	0.44	0.6
甲苯磺酸盐掺杂 PPy		0.27	0.03	10.5
POT		0.14	0.30	0.46
Poly(2, 2′-thiobisethanol dimethacrylate)	未处理	0.13	0.67	0.2
	氮气老化 160 ℃	0.09	0.48	0.19
	空气老化 160 ℃	0.11	0.75	0.14
Poly(N-methyldiethanolamine dimethacrylate)	未处理	0.12	0.55	0.22
	氮气老化 160 ℃	0.14	0.75	0.18
	空气老化 160 ℃	0.12	0.96	0.12

表 36-11　一些高分子材料的酸碱性能

材　　料	极化率	碱性	酸性	色散力	温度(℃)
聚羟甲基硅氧烷 PMHS	0.20	1.03	−0.47	0.85	35
线性六氟二甲基羧基功能化的聚硅氧烷 PLF	1.33	0.97	4.79	0.67	35
支化六氟二甲基羧基功能化的聚硅氧烷 PBF	0.74	1.32	4.27	0.81	35
聚甲基-3，3，3-三氟丙基硅氧 PMTFPS	1.44	0.11	1.22	0.72	35
	1.30	0.44	0.71	0.81	25
聚甲基氰丙基硅氧烷 PCPMS	1.48	2.0	0.70	0.67	35
SXCN，Poly{oxy[bis(3-cyanopropyl-1-yl)silylene]}	2.28	3.03	0.52	0.77	25
	1.52	2.11	0.46	0.56	70
聚苯乙醚 PPE	0.89	0.67	0	0.55	120
聚 1-4(2 羟基-1，1，1，3，3，3-六氟丙烷基)苯乙烯，P4V	2.49	1.51	5.88	0.90	25
聚乙烯亚胺，PEI	1.52	7.02	—	0.77	25
氯掺杂 PPy	7.69	5.31	−2.56	1.79	40
	5.35	4.0	−1.64	1.53	60

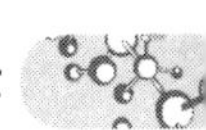

36.4 小结

分子酸碱化学在高分子领域的应用可以认为是全覆盖的，本章通过给出一些例子来说明这种可能性。事实上，酸碱化学在其他领域的应用也是如此。

参考文献

[1] Ambrosi A, Morrin A, Smyth MR, et al. *Anal Chim Acta*, 2008, 609:37～43.

[2] Brazdziuviene K, Jureviciute I, Malinauskas A. *Electrochim Acta*, 2007, 53:785～791.

[3] Wang YY, Jing XL. *Polym*, 2004, 36:374～379.

[4] Ghanbari K, Mousavi MF, Shamsipur M, et al. *Power Sources*, 2007, 170:513～519.

[5] Epstein AJ, Ginder JM, Zuo F, et al. *Synth Met*, 1987, 18:303～309.

[6] MacDiarmid AG, Epstein AJ. *Faraday Discuss Chem Soc*, 1989, 88:317～332.

[7] Osterholm JE, Cao Y, Klavetter F, et al. *Synth Met*, 1993, 55:1034～1039.

[8] Han MG, Cho SK, Oh SG, et al. *Synth Met*, 2002, 126:53～60.

[9] Osterholm JE,Cao Y, Klavetter F, et al. *Polymer*, 1994, 35:2902～2906.

[10] Yang CY, Smith P, Heeger AJ, et al. *Polymer*, 1994, 35:1142～1147.

[11] Hsieh BZ, Hung YC, Liang C, et al. *Polymer*, 2008, 49:4218～4225.

[12] Kinlen PJ, Liu J, Ding Y, et al. *Macromolecules*, 1998, 31:1735～1744.

[13] Paul RK, Veena V, Pillai CKS. *Synth Met*, 1999, 104:189～195.

[14] Paul RK, Pillai CKS. *Polym Int*, 2001, 50:381～386.

[15] Wu S, Zeng F, Li F, et al. *Eur Polym J*, 2000, 36:679～683.

[16] Su MC, Hong JL. *Synth Met*, 2001, 123:497～502.

[17] Li XG, Zhou HJ, Huang MR. *Polymer*, 2005, 46:1523～1533.

[18] Shreepathi S, Holze R. *Macromol Chem Phys*, 2007, 208:609～621.

[19] Swapna RP, Sathyanarayana DN, Palaniappan S. *Macromolecules*, 2002, 35:4988～4996.

[20] Luzny W, Banka E. *Macromolecules*, 2000, 33:425～429.

[21] Swapna RP, Subrahmanya S, Sathyanarayana DN. *Synth Met*, 2002, 128:311～316.

[22] Swapna RP, Sathyanarayana DN. *J Polym Sci A*, 2002, 40:4065～4076.

[23] Swapna RP, Sathyanarayana DN. *Polymer*, 2002, 43:5051～5058.

[24] Swapna RP, Sathyanarayana DN. *Synth Met*, 2003, 138:519～527.

[25] Jeevananda T, Siddaramaiah, Seetharamu S, et al. *Synth Met*, 2004, 140:247～260.

[26] Savitha P, Swapna RP, Sathyanarayana DN. *Polym Int*, 2005, 54:1243～1250.

[27] Yin WS, Eli Ruckenstein. *Synth Met*, 2000, 108:39～46.

[28] Dai L, Xu Y, Gal JY, et al. *Polym Int*, 2002, 51:547～554.

[29] Wei Z, Wan M. *Adv Mater*, 2002, 14:1314～1317.

[30] Sucharita R, Jacqueline M, Fortier, et al. *Biomacromolecules*, 2002, 3:937～941.

[31] Zhang LX, Zhang LJ, Wan MX. *Synth Met*, 2006, 156:454～458.

[32] Zhang LX, Zhang LJ, Wan MX. *Euro Polym J*, 2008, 44:2040～2045.

[33] Irena KB, Adam P, Joanna A. *Chem Mater*, 1999, 11:552～556.

[34] Debangshu C, Ashwani K, Indranil R. *Adv Mater*, 2001, 13:1548～1551.

[35] Rongguan L, Rong T, Jinqing K. *Materials Chem Phys*, 2006, 95:294～299.

[36] Celly MS, Izumi, Vera RL. *Synth Met*, 2006, 156:654～663.

[37] Huseyin Z, Zhou WS, Jin JY. *Adv Mater*, 2002, 14:1480～1483.

[38] Deng J, Ding X, Zhang W, et al. *Eur Polym*, 2002, 38:2497～2501.

[39] Ginic-Markovic M, Matisons JG, Cervini R, et al. *Chem Mater*, 2006, 18:6258～6265.

[40] Feng W, Sun E, Fujii A, et al. *Bull Chem Soc Jpn*, 2000, 73:2627～2633.

[41] Xiao Q, Tan X, Ji L, et al. *Synth Met*, 2007, 157:784～791.

[42] He Y. *Appl Surf Sci*, 2005, 249:1～6.

[43] He Y. *Power Technol*, 2004, 147:59～63.

[44] He Y, Yu X. *Mater Lett*, 2007, 61:2071～2074.

[45] Kim BH, Jung JH, Hong SH, et al. *Curr Appl Phys*, 2001, 1:112～115.

[46] Kim BH, Jung JH, Hong SH, et al. *Macromolecules*, 2002, 35:1419～1423.

[47] Kim BH, Jung JH, Kim JW, et al. *Synth Met*, 2001, 117:115～118.

[48] Kim BH, Jung JH, Kim JW, et al. *Synth Met*, 2001, 121:1311～1312.

[49] 黄美荣,冯为,李新贵.导电性易溶磺化聚苯胺的制备及成膜.材料导报,2003,(12):59.

[50] 张润兰,周安宁.引入磺酸基改善导电聚苯胺可溶性研究.现代塑料加工应用,2005,17:3,3.

[51] Dong JQ, Shen Q, Enhancement in solubility and conductivity of polyaniline with lignosulfonate modified carbon nanotube. *J Polym Sci B*, 2009, 47, 2036～2046.

[52] 董金桥.东华大学硕士论文,2010.

[53] 王静芸,包涵珍,黄霞芸,等.基于木质素的先进材料.纤维素科学与技术,2008, 16:1, 71～77.

[54] Chen SA, Hwang GW. Structures and properties of the water soluble self acid doped conducting polymer blends: sulfonic acid ring substituted polyaniline/poly (vinylalcohol) and poly (aniline-co-N-propanesulfonic acid aniline)/poly(vinyl alcohol). *Polym*, 1997, 38:333.

[55] Kobryanskii VM, Arnautov SA, Motyakin MV. ESR investigation of the water soluble polyaniline formation. *Synthetic Metals*, 1995, (69):221.

[56] Tang H, Kitani A, Yamashita T. Highly sulfonated polyaniline electrochemically synthesized by polymerizing aniline, disulfonic acid and copolymerizing it with aniline. *Synthetic Metals*, 1998, (96):43.

[57] Yue J, Epstein AJ. Synthesis of self-doped conducting polyaniline. *J Am Chem Soc*, 1990, 12, 800.

[58] Yue J, Wang ZH, Cromack KR. Effect of sulfonic acid group on polyaniline backbone. *J Am Chem Soc*, 1991, 113:665.

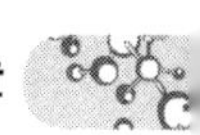

[59] 潘小丹，胡国，周颖，等. 聚酯纤维的氧等离子体联合亲水剂处理. 纺织学报，2007，28:9，
[60] 潘小丹. 碱对醋酸乙烯单体悬浮聚合、醋酸乙烯和聚乙烯醇性能的影响. 维纶通讯. 1994，14:1.
[61] Chung TS，Ma KX. *J Phys Chem B*，1999，103，108～114.
[62] Neumann AW，Good RJ，Hope CJ，et al. Equation of state approach to determine surface tensions of low energy solids from contact angles. *J Coll Interface Sci*，1974，49，291～304.
[63] Owens DK，Wendt RC. Estimation of the surface free energy of polymers. *J Appl Polym Sci*，1969，13，1741～1747.
[64] Wu S. Calculation of interfacial tension in polymer systems. *J Polym Sci Part C*，1971，34:1，19～30.
[65] Chen F，Chang WV. Applicability study of a new acid-base interaction-model in polypeptides and polyamides. *Langmuir*，1991，7，2401～2404.
[66] Qin X，Chang WV. Characterization of polystyrene surface by a modified 2-liquid laser contact-angle goniometry. *J Adhesion Sci Technol*，1995，9:823～841.
[67] Qin X，Chang WV. The role of interfacial free energy in wettability，solubility，and solvent crazing of some polymeric solids. *J Adhesion Sci Technol*，1996，10:963～989.
[68] Mohammed-Ziegler I，Oszlanczi A，Somfaim B，et al. Surface free energy of natural and surface-modified tropical and European wood species. *J Adhesion Sci Technol*，2004，18，687～713.
[69] Wu S. Surface tension of solids：an equation of state analysis. *J Coll Interface Sci*，1979，71，605～609.
[70] Drelich JW，Miller JD. Examination of Neumann's Equation-of-State for Interfacial Tensions. *J Coll Interface Sci*，1994，167:217～220.
[71] Bilinski B，Chibowski E. The determination of the dispersion and polar free surface energy of quartz by the elution gas chromatography method. *Powder Technol*. 1983，35:1，39～45.
[72] Bilinski B. The influence of surface dehydroxylation and rehydroxylation on the components of surface free energy of silica gels. *Powder Technol*. 1994，81，241～247.
[73] Bilinski B，Dawidowicz AL. The surface rehydroxylation of thermally treated controlled porosity glasses. *Appl Surf Sci*，1994，74，277～285.
[74] Bilinski B. The influence of thermal treatment of silica gel on surface-molecule interactions. 1. finite coverage region. *J Coll Interface Sci*，1998，201，180～185.
[75] Schultz J，Lavielle L. Interfacial properties of carbon fibre-epoxy matrix composites. In：Lloyd DR，Ward TC，Schreiber HP Eds. *Inverse Gas Chromatography of Polymers and Other Materials*. *ACS Symp Ser*，1989，391:185～202.
[76] Schultz J，Lavielle L，Martin C. The role of the interface in carbon fibre-epoxy composites. *J Adhesion*，1987，23:45～60.
[77] Planinsek O，Trojak A，Srcic S. The dispersive component of the surface free energy of powders assessed using inverse gas chromatography and contact angle measurements. *Int'l J Pharm*，2001，221:211～217.
[78] Ticehurst MD，Rowe RC，York P. Determination of the surface properties of two batches of salbutamol sulphate by inverse gas chromatography. *Int J Pharm*，1994，111:241～249.
[79] Matsushita Y，Wada S，Fukushima K，et al. Surface characteristics of phenol-formaldehyde-lignin

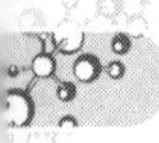

resin determined by contact angle measurement and inverse gas chromatography. *Ind Crops Prod*, 2006, 23:115～121.

[80] Jandura P, Riedl B, Kokta BV. Inverse gas chromatography study on partially esterified paper fiber. *J Chromatography A*, 2002, 969, 301～311.

[81] Walinder MEP, Gardner DJ. Factors influencing contact angle measurements on wood particles by column wicking. *J Adhesion Sci Technol*, 1999, 13, 1363～1374.

[82] Aranberri-Askargorta I, Lampke T, Bismarck A. Wetting behavior of flax fibers as reinforcement for polypropylene. *J Coll Interface Sci*, 2003, 263:580～589.

[83] Pinto JF, Buckton G, Newton JM. A relationship between surface free energy and polarity data and some physical properties of spheroids. *Int J Pharmaceutics*, 1995, 118, 95～101.

第三十七章　分子酸碱化学在无机材料中的应用

37.1 简介

无机材料是材料中的一个重要门类，在几乎所有的领域中都有着其扮演的角色。

酸碱化学在无机材料中的应用可以溯源到化学的初期历史，比如中国人最早的化学知识来源于炼丹，而这个过程就是酸碱化学的过程和在无机化学中的应用。

37.2 二氧化钛的酸碱性能

自从1972年日本的Fujishima发现TiO_2单晶电极光可以分解水，它的多相光催化反应就引起了人们浓厚的兴趣，并使得科学家们对此进行了大量的研究[1]。因为TiO_2用途广泛，可以在基体表面上进行表面性能的改善，且无毒、稳定性好、催化活性高、可重复使用，所以已经成为目前最常用的一种光催化剂[2]。它也被认为有可能在环境污染治理、生物医药、太阳能利用等领域有广阔的应用前景。

对染料废水进行处理的研究表明：光催化氧化法对卤代烃、羧酸、表面活性剂、多氯联苯等有较好的处理效果[2]。Matthews等[3]对水中34种有机污染物的研究表明：光催化降解技术具有常温常压下就可以进行，能彻底破坏有机物、无二次污染、费用较低等优点。使用从活性污泥中提炼得到的活性炭，引入纳米TiO_2后制成一种快速回收Hg的光还原催化剂，20分钟内可将73%的Hg^{2+}还原为Hg金属单质[4]。纳米TiO_2具有优异的紫外线屏蔽作用、透明性以及无毒等特点，使其广泛地应用于防晒霜类护肤产品。用于防晒的纳米二氧化钛，要求白度低、防晒系数高。为降低白度，可采用碱式脂肪酸铁盐包覆纳米TiO_2颗粒，适当提高其含量，可提高防晒系数。如当含有10%纳米二氧化钛时，防晒系数可达30[5]。室内的木器在日光灯发出的紫外线照射下，容易发黑，并降低其使用寿命，采用含 0.5%～4%的纳米 TiO_2 的透明涂料进行涂覆，发现可使木器避免紫外线损害。应用纳米 TiO_2 改善钢结构的防火涂料发现，与纯钢结构防火涂料相比，添加了纳米 TiO_2 之后，改性钢结构防火涂料的性能有较大的提高[6]。以 PEG（聚乙二醇）为添加剂，锚固吸附在溶胶—凝胶法制备的 TiO_2 薄膜表面，可以对其微观结构进行改造，为性能优良的气敏材料的制备奠定了良好的基础[7]。而利用孔径为 6.0 nm 的纳米 TiO_2 介孔分子筛，对小牛血清蛋白进行分离，在医药领域取得了良好的效果，并发现介孔纳米结构材料用于色谱分离具有高效并保持生理活性的优点[8]。

TiO_2 在自然界中存在 3 种晶体结构：金红石型（四方晶系 $P4_2/mnm$ 空间群。$a_0=b_0=0.458$ nm，$c_0=0.295$ nm）[9]、锐钛矿型（四方晶系 $I4_1/amd$ 空间群，$a_0=b_0=0.378$ nm，$c_0=0.950$）、板钛矿型（斜方晶系 Pbca 空间群，$a_0=0.544$ nm，$b_0=0.917$ nm，$c_0=0.514$ nm）[10]。其中只有金红石和锐钛矿在 TiO_2 的应用中具有重要的作用，这是因为这两种晶体结构均由相同的 TiO_6 八面体结构单元构成，仅在八面体的排列方式、连接方式和晶格畸变的程度不同，如图 37-1 所示，而其连接方式包括共边和共顶点的两种情况也如图 37-2 所示。

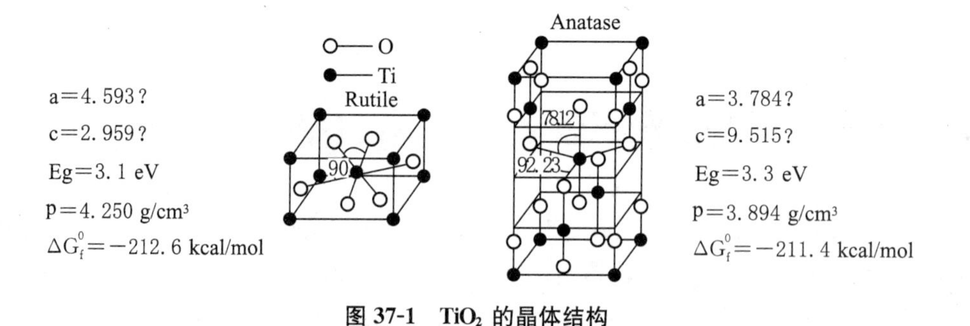

图 37-1　TiO_2 的晶体结构

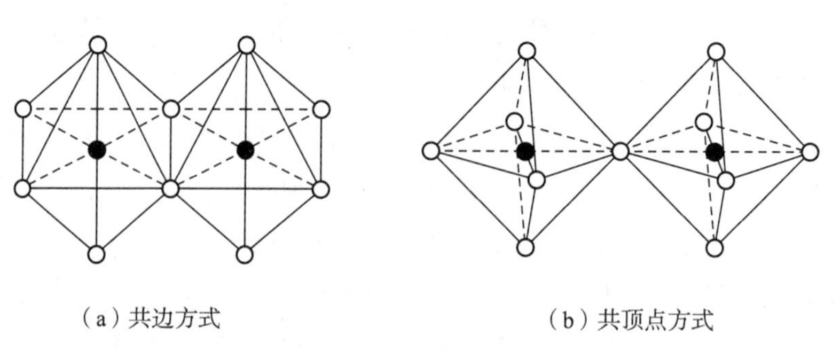

（a）共边方式　　（b）共顶点方式

图 37-2　TiO_6 结构单元的连接方式

锐钛矿型 TiO_2 为四方晶系，其中每八面体与周围 8 个八面体相连（4 个共边，4 个共顶角），4 个 TiO_2 分子组成一个晶胞。而金红石 TiO_2 也为四方晶系，晶格中心为 Ti 原子，八面体棱角上为 6 个氧原子，每个八面体与周围 10 个八面体相联（其中有 2 个共边，8 个共顶

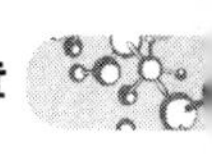

角），2 个 TiO_2 分子组成一个晶胞，其八面体畸变程度较锐钛矿要小，对称性不如锐钛矿相，其 Ti-Ti 键长较锐钛矿小，而 Ti-O 键长较锐钛矿大。各晶型的结构参数如表 37-1 所示[11]。

表 37-1　TiO_2 晶型的结构参数

晶体结构	空间群	晶系	点阵参数（nm）	密度（g/cm^3）	原子间距（nm）	
					Ti-O	Ti-Ti
锐钛矿型	$14_1/amd$	四方	a=0.378 52 c=0.251 34	3.893	0.193 4 0.198 0	0.379 0.300
金红石型	$P4_2/mnm$	四方	a=0.459 33 c=0.295 92	4.249	0.194 9 0.198 0	0.357 0.396
板钛矿型	Pbca	斜方	a=0.545 5 b=0.918 1	4.133	6 个 Ti-O 均不相等	

3 种晶相以金红石相最稳定，而锐钛矿和板钛矿相在加热处理过程中会发生不可逆的放热反应，最终都将转变为金红石相。图 37-3 为 TiO_2 的相图，图中的 TiO_2-Ⅱ具有α-PbO_2 结构，为人工合成的结构。而金红石、锐钛矿和板钛矿结构则是天然存在的。锐钛矿和板钛矿在一定高温下都将转变为金红石相。由锐钛矿相向金红石相的相变过程是一个形核—长大的过程，即金红石相首先在锐钛矿相表面形核，随后向体相扩展。相变过程是一个逐步实现的过程，不断地发生着键的断裂和原子重排。锐钛矿相中的{112}面变为金红石相的{100}面，Ti、O 原子发生协同重排，大部分 Ti 原子通过 6 个 Ti-O 键中的两个键断裂迁移到新的位置形成金红石相，故氧离子的迁移形成点阵空位可促进相变，而 Ti 间隙原子的形成则会抑制相变。锐钛矿和板钛矿向金红石相变的温度范围在 500～700 ℃，而且相变温度受到颗粒尺寸、杂质等影响。尤其是杂质和热处理气氛会导致形成不同的缺陷结构而影响到晶相转变的温度和速度，金红石相不能向锐钛矿或板钛矿相转化。由于晶体结构的不同，金红石、锐钛矿和板钛矿相所表现出来的物理化学性质也有所不同，如表 37-2 所示[12]。

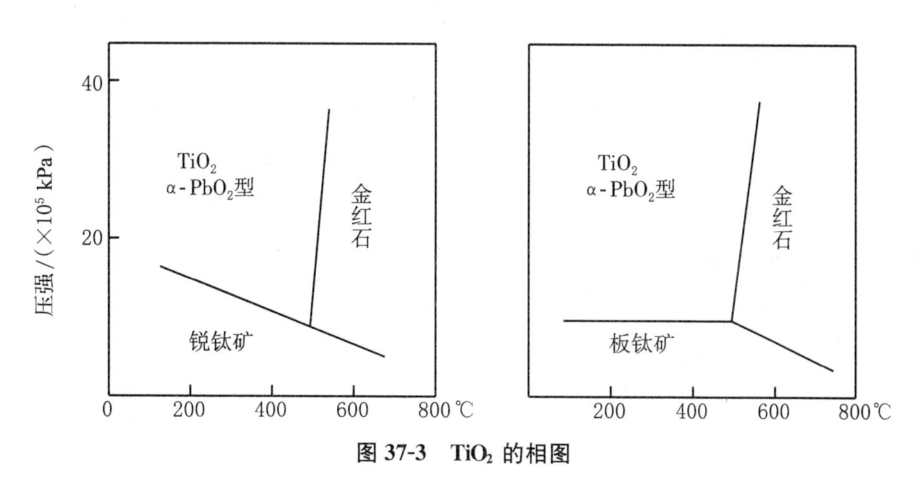

图 37-3　TiO_2 的相图

表 37-2 不同晶相 TiO_2 的物理化学性质

性质	板钛矿	锐钛矿	金红石
生成热($\Delta H^{\phi}_{f,298}$/kJgmol^{-1})	—	−912.5	−943.5
绝对熵(S^{ϕ}_{298}/Jgk^{-1}gmol^{-1})	—	49.92	50.52
熔点(℃)	变成金红石	变成金红石	1 855
熔化热(kJ·mol^{-1})	—	—	64.9
折射率 (589.3 nm, 25℃)	n_α=2.583 1 n_α=2.583 1 n_β=2.584 3 n_β=2.584 3 n_Υ=2.700 4 n_Υ=2.700 4	n_W=2.561 2 n_E=2.480 0	n_W=2.612 4 n_E=2.893 3
介电常数(ε)	78	48	110～117
硬度(Mohs 标度)	5.5～6.0	5.5～6.0	7.0～7.5

由于 TiO_2 半导体粒子具有能带结构，是由一个充满电子的价带(Valence band, VB)和一个空的导带(Conduction band, CB)构成的，所以它们之间形成一个禁带。当 TiO_2 半导体受到能量等于或大于禁带宽度的光照射时，其价带上的电子(e^-)受到激发可以穿过禁带而进入导带，但同时在价带上也产生相应的空穴(h^+)。由于 TiO_2 半导体粒子的能带间缺少连续区域，因而与金属相比较，TiO_2 半导体的电子—空穴对的复合时间相对较长。TiO_2 半导体受光激发后产生的电子—空穴对，在能量的作用下分离并迁移到粒子表面的不同位置，与吸附在 TiO_2 表面的有机物质等发生氧化和还原反应。为此可以认为：光催化氧化反应的产生机理是酸碱化学反应，这是因为 e—h 引发产生了氧化性很强的游离基，其中主要的是羟基游离基·OH(又称为活性羟基和羟基自由基)，也有少量的·O_2H 游离基存在[13]。

由于光生空穴和·OH 有很强的氧化能力，可夺取吸附在 TiO_2 颗粒表面有机物的电子，从而使有机物得以氧化分解。光生电子具有强还原性，可与溶解在水中的氧分子发生反应，生成·O_2^-，·O_2^- 再与 H^+ 发生一系列反应，最终生成·OH 自由基。生成的原子氧和·OH 自由基活性基团上的光子能量相当于有 3 600 K 高温的热能发生[14]，在此高温下足以使有机物质迅速“燃烧”，表现为·O_2^- 和·OH 极强的氧化能力，使有机物迅速被氧化而得到降解，同时能氧化细菌内的有机物[15]，从而杀死细菌，还能氧化有毒的无机物，使之在短时期内失去毒性。TiO_2 光生电子和空穴的迁移及复合过程如图 37-4 所示。

上述反应的基本原理是电子得失即酸碱原理，其基本过程如下：

(1) 光激发产生电子—空穴对：$TiO_2 + h\nu \rightarrow h^+ + e^-$

(2) 电子空穴对的复合：$h^+ + e^- \rightarrow$ 热量

(3) 由 h^+ 产生·OH：$h^+ + OH^- \rightarrow \cdot OH$

$$h^+ + H_2O \rightarrow \cdot OH + H^+$$

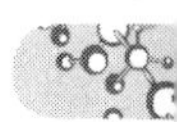

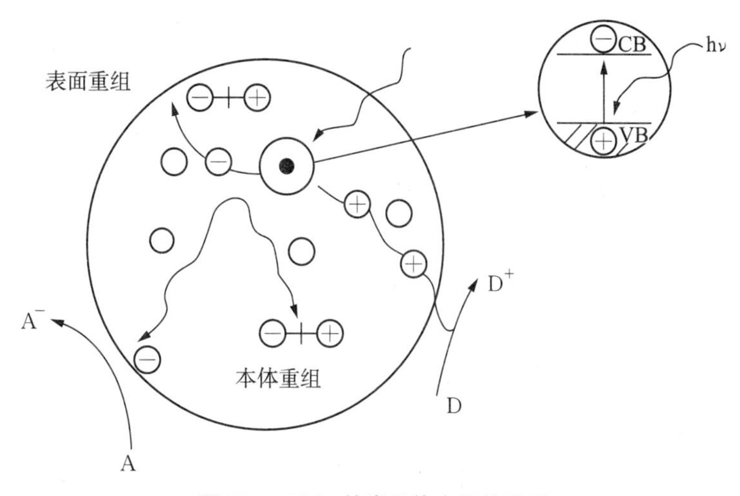

图 37-4　TiO_2 的半导体光催化原理

(4) 由 e^- 产生 $\cdot O_2^-$：$e^- + O_2 \rightarrow \cdot O_2^-$

(5) 由 $\cdot O_2^-$ 产生 $\cdot OH$：$O_2^- + H^+ \rightarrow HO_2 \cdot$

$$2HO_2 \cdot \rightarrow O_2 + H_2O_2$$

$$H_2O_2 + \cdot O_2^- \rightarrow \cdot OH + OH^- + O_2$$

$$H_2O_2 + h\nu \rightarrow 2 \cdot OH$$

由于 TiO_2 在结构、光电和化学性质等方面的优异性能，使之成为材料科学领域的研究热点，用 TiO_2 将光能转化为电能。多相光催化是光化学反应的一个前沿领域，它能使许多通常情况下难以实现或不可能进行的反应在比较温和的条件下顺利进行。而这很大程度上用的是 TiO_2 系统。但也必须承认 TiO_2 无论是在理论基础研究还是在应用研究方面都还不是非常多。

37.3 陶瓷的酸碱性能

陶瓷是由金属（类金属）和非金属元素形成的化合物，这些化合物的原子（离子）主要以共价键或离子键键合。通常陶瓷是一种多晶多相的聚集体，主要由不同晶相、玻璃相、气相及晶界构成。晶相（即晶粒）是陶瓷的主要组成部分，由于陶瓷中晶粒的取向是随机的，不同的晶粒取向各异，在晶粒与晶粒之间形成大量的晶界。晶界是晶粒间（一个相与另一个相）的界面，称为陶瓷材料的内部界面。在晶界上原子面总是受到不同程度的破坏。影响晶界的因素有：晶面的形成方式不同，陶瓷材料在制备过程中的烧结条件（温度、压力、介质、时间、冷却速度等）以及随后的热处理环节的差异。各组分间弹性模量与膨胀系数的高低以及组分中是否能发生相变(体积效应)也对界面结构及性质有很大影响。

晶界的结构和性质对陶瓷的性能具有非常大的影响。例如,相邻晶粒由于取向度的差异造成原子间距的不同,在晶界处结合时,形成晶格畸变或界面位错而在晶界处出现本征应力;同时,由于晶体的各向异性,在陶瓷烧成后的冷却过程中,晶界上会出现很大的晶界应力。这些晶界应力的存在将使晶界处出现微裂纹,从而大大降低陶瓷的断裂强度[16]。

陶瓷基复合材料中的陶瓷基与其复合的材料之间的界面称为陶瓷材料的外部界面,复合材料的界面是其极其重要的组成部分,是亚微米以下极薄的一层物质,其组成相当复杂。由于界面的存在及其在物理或化学方面的作用,才能把两种或两种以上异质、异形、异性的材料复合起来形成性能优良的复合材料。例如,在陶瓷—高分子复合材料中,陶瓷吸附高分子与高分子相互作用,以及它们的自组装受界面形貌的影响。又如,在含陶瓷杂化或复合系统中,陶瓷通常作为一个惰性相或充填剂,通过调整陶瓷表面活性来控制陶瓷与其他分子相互作用,可改善系统性能。

在陶瓷材料生产中,酸碱化学几乎无处不在起作用。

现代陶瓷使用经人工合成的高质量的粉体作制备的起始材料。粉体是指微细固体粒子的集合体,粉体形成很多新表面,而表面层离子的极化变形和重排使表面晶格畸变,有序性降低。随着粒子微细化,这种表面无序程度不断向纵深扩展,结果使粉体表面结构趋于无定形,不仅增加粉体活性,也由于双电层结构使表面荷电而容易引起磨细的粉体又重新团聚[17]。因而在制备陶瓷粉体的过程中,在微细粉体表面提高表面活性的同时又防止粉体团聚是界面化学和物理应该关注的地方。一般认为,水分子是引起粉末团聚的主要原因。在以水相为反应环境制备粉末的过程中,不但沉淀物可能含有配位水,颗粒表面也会吸附大量的水分子,相邻颗粒之间通过表面水分子的氢键形成桥联,从而产生硬团聚[18]。

陶瓷粉体超细化是高性能陶瓷粉体合成的趋势,但其巨大的表面能及表面效应易引起团聚现象,通常对粉体进行表面改性来改善其团聚现象。改性后因其表面性质的变化,其表面晶体结构和官能团、表面能、表面润湿性、电性、表面吸附及分散性等都将发生变化,可满足现代陶瓷材料、工艺及性能的需要[93]。能够降低体系的表面(或界面)张力的物质称为表面活性剂。表面活性剂必须指明对象,而不是对任何表面都适用的。适当地选择表面活性剂的这两个原子团的比例就可以控制其油溶性和水溶性的程度,得到符合要求的表面活性剂。除表面活性剂以外,也可以利用毛细管的吸力作用使用高聚物或树脂等对粉体表面进行"覆膜"而达到表面改性的目的[19]。

陶瓷材料的成型除将粉末压成一定形状外,主要是通过外加压力使粉末颗粒之间相互作用、接触以减少孔隙度,使颗粒之间相互接触点处产生并保持残余应力(外加能量的储存)。这种残余应力在烧结过程中,即是因相扩散物质迁移致密化的驱动力。例如,在注射

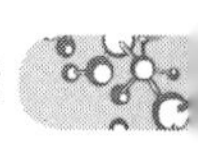

成型中，坯体的不均匀性是微裂纹的重要来源之一。Yang 等人[20]曾经研究了小分子粘结剂对均匀坯体的影响。在热化成型脱脂过程中，产生的微裂纹与不完全润湿有关。

陶瓷胶态成型是高分散陶瓷悬浮体的湿法成型，与干法成型相比，可以有效控制团聚，减少缺陷[21]；干燥是陶瓷胶态成型中的关键工艺之一，涉及毛细管力驱动的水分流动。在陶瓷生坯的干燥过程中，水分在毛细管力作用下由坯体内部迁移至坯体外表面，然后蒸发掉。随着干燥的进行，大尺寸气孔收缩而液体进入具有较高引力势能的小气孔内。一般而言，当水分在毛细管力作用下重新分布的速率高于在表面的蒸发速率，这些小气孔有可能渗透并留在坯体内部。随着蒸发时间的延长，水分停留在坯体内部的空穴处，水分以气相扩散的方式从坯体内部扩散至空气中[21]。水分通过多孔介质进行迁移主要取决于毛细管力作用(Pcap)产生的压力梯度[22]：

$$P_{cap} = \frac{2\gamma_{LV}}{r_p} \tag{37-1}$$

其中，γ_{LV}为液—气表面张力，由前面的章节已经知道它是由两部分组成的，而其中的一个部分则是 Lewis 酸碱反应；而 r_p 为气孔的特征尺寸。由于干燥过程中无外界载荷，力学平衡要求液相中产生的毛细管张力同时向颗粒网络施加一个等大的压力。随着液相中的毛细管应力的增长导致颗粒网络上的压应力上升。因此，为了使干燥过程中浆料固含量增加，必须控制加压下颗粒网络的流动行为，从而让施加的干燥应力促使固结作用进行到要求的程度[23]。如果湿浆料层的结构分布不均匀，在干燥过程中，随着液体的挥发，相邻孔洞间由于孔径不同，毛细管作用力也不同，从而又在相邻孔洞间形成压力差，使得坯体内部的应力增大，在干燥过程中，更容易发生结构坍塌，收缩更加明显，并且直接导致开裂。针对该论点提出的通过加入干燥控制化学添加剂以用来提高孔洞分布的均匀性，同时对浆料的表面进行修饰以减小溶剂的表面张力，从而增强浆料网络结构强度，减小坯体在干燥过程中的收缩和开裂具有一定的意义[24]。

注浆成型的关键是获得高固含量、低粘度的悬浮稳定浆料。影响浆料的固含量和流变性的因素很多，有初始粉料的粒度，悬浮液的 pH 值和分散剂的种类等。分散剂能显著地改变悬浮颗粒的表面状态和相互作用力，在悬浮液中通过吸附在陶瓷微粒表面，提高颗粒间的排斥势能而阻止微粒的团聚[25]。陶瓷泥浆浇注过程，实质上是通过石膏模型的毛细管力从泥浆中吸取水分，而在模型壁面上形成坯体吸附层的过程。模型对水的吸引力与水在模型中的渗透阻力加上水通过吸附泥层的阻力之和逐渐向平衡状态发展。在石膏模型的工艺制作上，保持石膏模型有较高的毛细管力，是模型在浇注过程中，获得最大的原始推动力[26]。

陶瓷材料要经过烧结制得。烧结是指在一定温度、压力下使成型体发生显微结构变化并使其体积收缩、密度升高的过程。烧结是材料制备过程的关键步骤。由于烧结是在固相之间或固相—液相之间进行,烧结时密度、晶粒和气孔尺寸等参数同时变化并相互影响,所以其过程十分复杂。根据 Coble[27] 的定义,固相烧结可以分为 3 个阶段:第一阶段即烧结初期,包括了一次颗粒间一定程度的界面即颈的形成(颗粒间的接触面积从零增加并达到一个平衡状态)。烧结初期,不包括晶粒生长。第二阶段即烧结中期始于晶粒生长开始之时,并伴随颗粒间界面的广泛形成,但气孔仍是相互连通形成连续网络,而颗粒间的晶界面仍是相互孤立而不形成连续网络。大部分的致密化过程和部分的显微结构发展产生于这一阶段。晶体的生长时高能量的物态通过吸附外界的物质重新结合,以达到新的平衡来降低表面能的过程。晶体生长时,表面能最大的地方优先向低表面能方向转化,即优先吸附外来质点,所以该处的生长速度最大。随着烧结过程中气孔变成孤立而晶界开始形成连续网络,烧结进入第三阶段即烧结后期。在这一阶段孤立的气孔常位于两晶粒界面,三晶粒间的界线或多晶粒的结合处,也可能包裹在晶粒中。固相烧结过程中的致密化过程实际上意味着体系表面积(或表面能)的减小和界面积(或界面能)的增加。前者是致密化的推动力,而后者是阻力。Exner 的综述中较为详细地介绍了用双球模型来模拟烧结过程,假设两个球体之间中心距的变化即等于烧结体的线性收缩,在这一假设条件下,表面扩散,气相蒸发,从表面到表面的体积扩散等传质过程被认为是对烧结体的线性收缩;而粘性流动,晶界扩散及从晶界到颗粒间的瓶颈处的体积扩散被认为可导致颗粒间中心距的减小[28]。在烧结中期,团聚体对烧结的影响一部分来源于气孔的稳定性问题或者说界面张力。John 等人[27]研究了在不同气氛中陶瓷晶相的生长情况,并用二维成核理论作出了解释。研究发现,在烧结气氛中,氧气浓度越低,陶瓷晶相的界面自由能越低,因而晶相形成的驱动力就低。高温光学实时观察发现 BaB2O4(BBO)高温熔体的表面张力对流效应有影响,对晶体生长过程、质量扩散等起主导性作用[28]。

在烧结过程中如果煅烧温度过低、时间短,即在“生烧”的情况下,坯体未能形成足够的玻璃相,即未成为致密的烧结体,这时生坯中原料颗粒之间的空隙或原料颗粒上的裂纹未被玻璃相或晶界所填满而使气孔残留下来;或者煅烧时窑炉内气氛扩散,使陶瓷制品包含气孔;或者烧成温度过高,或升温过快,或窑内气氛不合适,这样,尚未完成的气体的形成作用会拖到高温下进行,此时液相已形成,气体不易排出。故在“过烧”的情况下,气孔增多,气孔率高[29]。

如果陶瓷多晶体是由两种不同热膨胀系数的晶相组成,烧结至某一高温状态下这两个相之间完全密合接触,基本处于一种无应力状态,但当它们冷却至室温时,有可能在晶界上出现裂纹。在大晶界的氧化铝中,晶界应力可以产生裂纹或晶界分离。显然,晶界应力的存在,对于多晶材料的力学性质、光学性质及电学性质都会产生强烈的影响[30]。

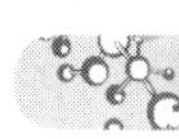

陶瓷材料脆性大，对表面裂纹十分敏感，一旦产生裂纹，其强度就会大幅度衰减，它的大小和分布可以影响材料的很多性能，如杨氏模量、剪切模量、泊松比、断裂表面能、热扩散、热导、热膨胀和强度等。采取一定措施使已经失去原子间作用力的裂纹表面重新恢复作用力的过程就是通常所说的裂纹愈合。界面处原子扩散的驱动力 p 来源于毛细管力（表面弯曲所引起的化学势梯度）和相邻两相（对裂纹处原子来说，即固相和气相）单位体积原子的化学势差异 Δg 可用式 $p = k\gamma - \Delta g$ 表示[31]。其中：γ 是表面能，k 是表面曲率，凹面为正。当 $p = 0$，界面与环境之间处于稳定状态。当 $p > 0$ 时，界面将从环境中得到物质，裂纹体积会缩小。表面能最小化促使固体表面向曲率中心方向运动，从而降低裂纹导致的应力集中；当 $\Delta g > 0$ 时，固体收缩。愈合过程中，单位面积裂纹面由很远处运动到平衡间距必然要克服一个能垒，它就是 2γ。裂纹愈合的动力来源于毛细管力和化学势差异，而阻力是裂纹面运动到平衡间距要克服的能垒和裂纹尖端位错运动需要克服的塑性变形功。愈合机理主要是扩散愈合和氧化反应填充愈合[31]。

在研究共晶钎料对 SiC 陶瓷的润湿性和界面反应机理时，人们发现若 Ti-Si 系钎料中 Ti 以化合态形式存在（22Ti-78Si，wt%）时，其化学活性比较低，对 SiC 陶瓷具有较好的润湿性，钎料和 SiC 陶瓷之间发生有限的界面反应；而当两者具有较合适的热膨胀系数时则可以减小两者之间的热应力，使得钎料对 SiC 陶瓷表现出良好的润湿性和结合性能[32]。

此外，酸碱化学在理解和修理陶瓷的裂纹过程也有应用。陶瓷晶体微观结构中存在缺陷，当受到外力作用时，在这些缺陷处就会引起应力集中，导致裂纹成核。同时由于位错中的塞积、位错组合、交截等都能导致裂纹成核。如图 37-5 所示。

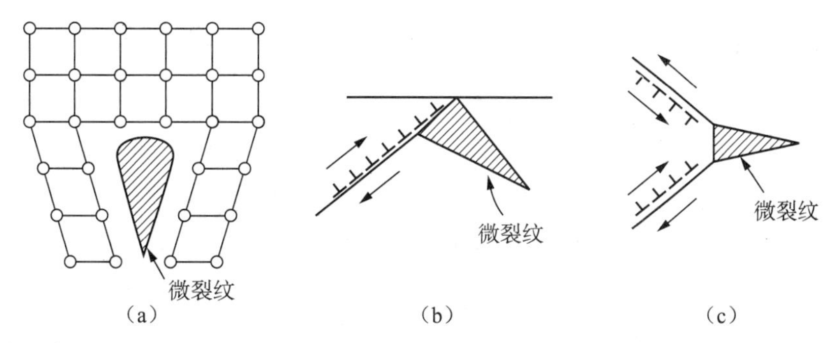

（a）位错组合形成的微裂纹　（b）位错在晶界前塞积形成的微裂纹　（c）位错交截形成的微裂纹

图 37-5　位错形成微裂纹示意图

材料表面的机械损伤与化学腐蚀形成表面裂纹。这种表面裂纹最危险，裂纹的扩展常常由表面裂纹开始。有人研究过新制备的材料表面，用手触摸就能使强度降低约一个数量级；从几十厘米高度落下的一粒砂子就能在陶瓷面上形成微裂纹。直径为 6.4 mm 的陶瓷体，在不同的表面情况下测得的强度值见表 37-3。大气腐蚀造成表面裂纹的情况前已述及。如果材料处于其他腐蚀性环境中，情况更加严重。此外，在加工、搬运及使用过程中也极易造成表面裂纹。

表 37-3　不同表面情况对陶瓷强度的影响

表面情况	强度(MPa)
工厂刚制得	45.5
受砂子严重冲刷后	14.0
用酸腐蚀除去表面缺陷后	1 750

由于热应力形成裂纹。陶瓷材料是多晶多相体，晶粒在材料内部取向不同，不同相的热膨胀系数也不同，这样就会因各方向膨胀或收缩不同而在晶界或相界出现应力集中导致裂纹生成，如图 37-6 所示。

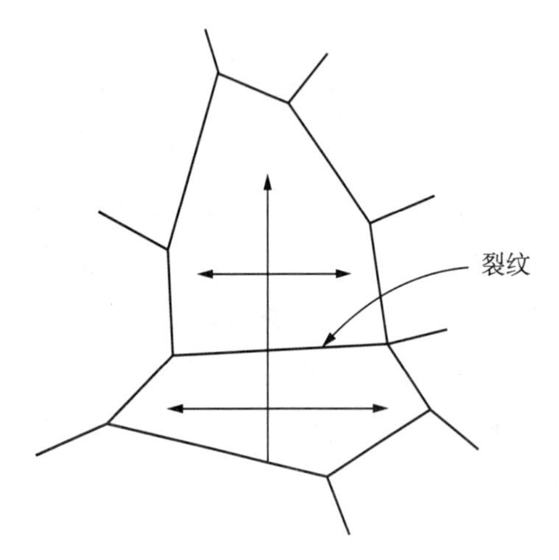

图 37-6　由于热应力形成的裂纹

在制造使用过程中，由高温迅速冷却时，因内部和表面的温度差别引起热应力，导致表面生成裂纹。此外，温度变化时发生晶型转变的材料也会因体积变化而引起裂纹。

总之，裂纹的成因很多，要制造没有裂纹的材料是极困难的，因此假定实际材料都是裂纹体，是符合实际情况的。

陶瓷材料在实际生产应用中，裂纹是不可避免的，但陶瓷材料的损坏或破裂主要是由于裂纹的快速扩展所带来的损坏。因此不能忽视对陶瓷裂纹的快速扩展机理的研究。

Griffith 理论认为实际材料中总是存在许多细小的裂纹或缺陷，在外力作用下，这些裂纹和缺陷附近产生应力集中现象。当应力达到一定程度时，裂纹开始扩展而导致断裂。所以断裂并不是两部分晶体同时沿整个界面拉断，而是裂纹扩展的结果[33]。

Griffith 从能量的角度来研究裂纹扩展的条件。这个条件就是：物体内储存的弹性应变能的降低大于等于由于开裂形成两个新表面所需的表面能。反之，如果前者小于后者，则裂纹不会扩展。Griffith 认为物体内储存的弹性应变能的降低(或释放)就是裂纹扩展的动力。

按照 Griffith 微裂纹理论，材料的断裂强度不是取决于裂纹的数量，而是决定于裂纹的大小，即由最危险的裂纹尺寸(临界裂纹尺寸)决定材料的断裂强度。一旦裂纹超过临界尺寸就迅速扩展使材料断裂[33]。因为裂纹扩展力：

$$G = \pi c \sigma^2 / E \tag{37-2}$$

其中 c 为裂纹半长，σ 为外加应力，E 是弹性模量。c 增加，G 就愈来愈大于 2γ(γ 为单位面积上的断裂表面能)，直到破坏。所以对于脆性材料，裂纹的起始扩展就是破坏过程的临界阶段。因为脆性材料基本上没有吸收大量能量的塑性形变。其中酸碱化学的直接应用是对其中的断裂表面能的解释和补充。

由于 G 愈来愈大于 2γ，这使得释放出来的多余的能量一方面使裂纹扩展加速(扩展的速度一般可达到材料中声速的 40%～60%)；而另一方面还能使裂纹增加、产生分枝并形成更多的新表面。图 37-7 是 4 块陶瓷板在不同负荷下用调整照相机拍摄的裂纹增殖情况。多余的能量也可能不表现为裂纹增殖，而是使断裂面形成复杂的形状，如条纹、波纹、梳刷状等。这种表面极不平整，表面积比平的表面大得多，因此能消耗较多能量。

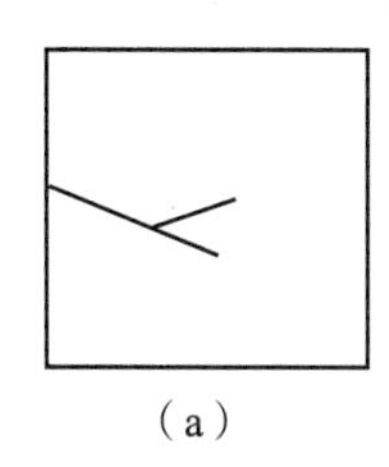
(a)

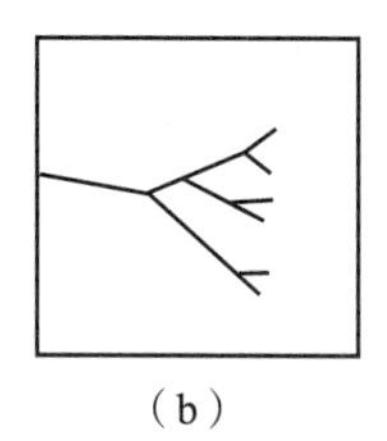
(b)

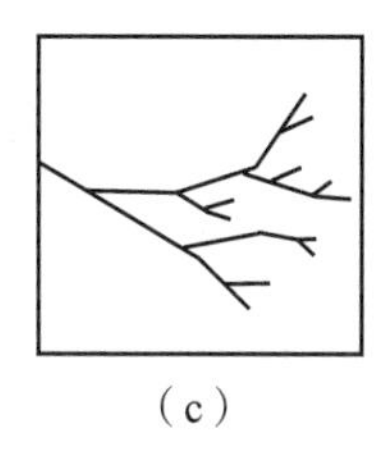
(c)

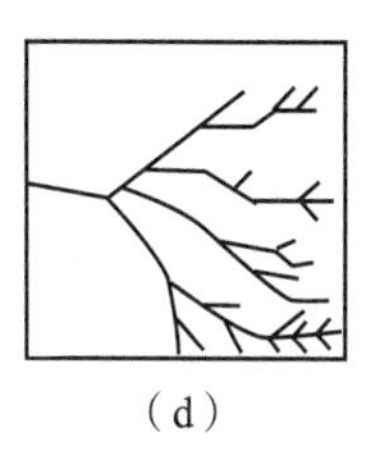
(d)

图 37-7 陶瓷板在不同负荷下裂纹增殖示意图

影响陶瓷材料强度的因素是多方面的。陶瓷材料强度的本质是内部质点的结合力。为了使材料强度提高到理论强度的数值，长期以来进行了大量的研究。从对材料的形变及断裂的分析可知，在晶体结构稳定的情况下，控制强度的主要参数有 3 个，即弹性模量 E、断裂功(断裂表面能)γ 和裂纹尺寸 c。其中 E 是非结构敏感的。γ 与微观结构有关，但单相材料的微观结构对 γ 的影响不大。唯一可以控制的是材料中的微裂纹，可以把微裂纹理解为各种缺陷的总和。所以强化措施大多从消除缺陷和阻止其发展着手。

由于表面张力或表面能的成分含有酸碱的成分，所以上述过程受酸碱性能的影响也是显然的。表 37-4 和 37-5 给出了一些无机材料的酸碱性能数据。

表 37-4 一些无机材料的酸碱化学特征

无机材料	C_A	E_A	C_B	E_B	方法
SiO_2	1.14	4.39			MC/IR
TiO_2	1.02	5.67			MC
α-Fe_2O_3	0.8	4.50			MC
	1.1	0.5～1.0			MC
E 玻璃	0.02	0.15	0.39	0.2	MC
γ-Fe_2O_3	0.79	5.4			MC/IR
玻璃珠	0.70	6.0			IGC
APS 处理的玻璃珠	1.60	0.62			IGC

表 37-5 一些无机材料的酸碱性能

无机材料	γ_s	γ_s^{LW}	γ_s^{AB} (mJ/m²)	γ_s^+	γ_s^-
硅片	61.9	38.6	23.3	4.0	33.98
玻璃	59.3	42.0	17.8	1.97	40.22

37.4 小结

酸碱化学在无机材料中的应用还有许许多多的例子，因为篇幅关系未被一一介绍，本章所介绍的仅仅是极小的一部分，希望起到一个抛砖引玉的作用。

参考文献

[1] Fujishima A, Tara NR, Donald AT. *J Photochem Photobiology C*, 2000, 1(1):1～21.

[2] 张颖，王桂茹，等. 光催化氧化法处理活性染料水溶液. *精细化工*，2000, 2(17):79～81.

[3] Mattews RW. Photo Oxidation of Organic Material in Aqueous Suspensions of Titanium Dioxide. *Water Res*, 1990, 24:653.

[4] Zhang FS, Jerome ON, Hideaki I. *J Photochem Photobiology A*, 2004, 167:223～228.

[5] 葛军，丁辉. 纳米二氧化钛的应用与市场研究. *材料导报*，2004, 2(18):65～68.

[6] 邹敏，王琪琳，马光强，等. 纳米 TiO_2 改善钢结构防火涂料的性能研究. *四川大学学报*，2006, 8:864～867.

[7] 田清华，赵高凌，韩高荣. PEG 对二氧化钛薄膜的微观结构和染料吸附性能的影响. *功能材料*，2004, 2(35):195～196.

[8] 赵东元，余承忠. *Chinese Chemical World*, 2000, Supplement:10～14.

[9] Grant FA. *Rev Mod Phys*, 1959, 31, 646.

[10] Samsonov GV. *The Oxide Handbook*. New York: Plenum Press, 1982.

[11] Burdett JK, Hughbanks T, Miller GJ. Structural-electronic relationships in inorganic solids: powder neutron diffraction studies of the rutile and anatase polymorphs of titanium dioxide at 15 and 295 K. *J Am Chem Soc*, 1987.

[12] Shannon RD, Pask JA. Topotaxy in the anatase-rutile transformation. *Am Minera*, 1964, 1707:49～55.

[13] 高濂，郑珊，张青红. *纳米氧化钛光催化材料及应用*. 化学工业出版社，2002.

[14] Zhu YF, Li Zhang, Yao Weiqing, et al. The chemical states and properties of doped TiO_2 film photo-

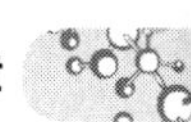

catalyst prepared using the Sol-Gel method with $TiCl_4$ as a precursor. *J Appl Surf Sci*, 2000, 158: 32～37.

[15] 桥本和仁，藤岛昭. Titanium Dioxide: New Uses Through Nano-Technology. *Nature*, 1997, 88: 431～432.

[16] 陆佩文主编. *无机材料科学基础*. 武汉理工大学出版社，2005.

[17] 酒金婷，葛钥，张东戒，等. 无团聚纳米氧化锆的制备及应用. *无机材料学报*，2001(5)：19～20.

[18] 李蓂础，马建杰，曹毅轩，等. 表面活性剂在陶瓷工业中的应用. *日用化学工业*，2005，35：309～313.

[19] 潘志东，李竟先，鄢程. 表面活性剂在陶瓷超细粉制备中的应用. *陶瓷学报*，2001，22：263～267.

[20] Yang XF, Xie Zhipeng, Huang Yong. Influence of the Compacts Homogeneity on the Incidence of Cracks during Thermal Debinding in Ceramic Injection Molding. *J Mater Sci Technol*, 2009, 25: 264～268.

[21] Lewis JA. Colloidal processing of ceramics, *J Am Ceram Soc*, 2000, 83：23412—23459.

[22] Smith DM, Scherer GW, Anderson JM. Shrinkage during drying of silica gel. *J Non-Cryst Solids*, 1995, 188：1912～2016.

[23] 徐子颉，甘礼华，庞颖聪，等. 常压干燥法制备 Al_2O_3 块状气凝胶. *物理化学学报*，2005，21：2212～2224.

[24] 王浚，高镰，孙静. Y-ZPT 悬浮液的界面吸附特性. *无机材料学报*，1999，14：757～762.

[25] 高瑞平. *先进陶瓷物理与化学原理及技术*. 北京：科学出版社，2001.

[26] Coble RL. Sintering crystalline solids I: intermediate and final state diffusion models. *J Appl Phys*, 1996, 32：787～792.

[27] John G Fisher, Suk-Joong L, Kang. Microstructural changes in $(K_{0.5}Na_{0.5})NbO_3$ ceramics sintered in various atmospheres. *J Euro Ceramic Soc*, 2009, 29：2581～2588.

[28] 潘秀红，金蔚青，艾飞，等. 表面张力对流对 BaB_2O_4 晶体生长界面边界层的作用. *无机材料学报*，2007，22：1239～1242.

[29] 胡增福，陈国荣，杜永娟. *材料的表界面*(第二版). 华东理工大学出版社，2007.

[30] Padture NP, Gell M. Thermal barrier coatings for gas-turbine engine applications. *Science*, 2002, 296：280～284.

[31] 杨道媛，王雁，鲁占灵. 陶瓷材料裂纹愈合研究进展. *材料导报*，2008，22(7)：22～30.

[32] 李家科，刘磊，刘意春，等. Ti-Si 共晶钎料的制备及其对 SiC 陶瓷可焊性. *无机材料学报*，2009，24：204～208.

[33] 周玉. *陶瓷材料学*. 哈尔滨工业大学出版社，1995.

第三十八章　分子酸碱化学在纳米材料中的应用

38.1 简介

1991 年，日本电子公司(NEC)的电子显微镜专家 Iijima 博士发现了碳纳米管。在正式发现之前，显然多个小组也曾在研究中观察到类似的纤维状物质，但由于当时对富勒烯尚不了解，因而未认识到这是一种新的同素异形体。富勒烯发现以后，Iijima 在 C_{60} 的制备装置中充入氩气，电弧放电后在石墨阴极上形成了硬质沉积物。在高分辨率电子显微镜下观察时发现，产物中含有针织物，直径为 4～30 nm，长约 1 μm，由 2～50 个同心管构成。1993 年 Iijima 和 IBM 公司的 Bethune 分别用 Fe 和 Co 混在石墨电极中，各自合成了单壁碳纳米管。碳纳米管的发现，预示着它在物理化学以及材料科学领域都将有重大的发展前景和研究价值，并迅速成为纳米科技的主要研究方向之一[1]。

38.2 碳纳米管的结构

碳纳米管可看成是由单层或多层石墨片同轴卷曲形成无缝管。在每层碳纳米管管壁中，碳原子主要通过 sp^2 杂化与周围 3 个碳原子完全键合构成六元环。但是原子力显微镜观察证实，其中有些碳原子存在 sp^3 杂化[1]。碳纳米管的曲率不同或发生形变时，碳原子 sp^2 和 sp^3 的杂化比例会发生变化。

单壁碳纳米管可以看成是由单层石墨片卷曲而成的。由于其微观结构和石墨片层结构类似，通常采用石墨晶格矢量来研究。如图 38-1 所示。a_1 和 a_2 为石墨平面的单胞，石墨平面上两个碳原子之间的手性矢量 C_h 为：

$$C_h = n_1 a_1 + n_2 a_2 \tag{38-1}$$

其中 n_1 和 n_2 称为碳纳米管指数。手性矢量 C_h 和单细胞基矢 $a_1(a_2)$ 之间的夹角称为手性角 θ，可用于表示手性矢量 C_h 的方向。当 $\theta = 0$ 时，$m = 0$，此时的碳纳米管称为锯齿型碳纳米管(Zigzag)r；当 $\theta = 30°$ 时，即 $n = m$ 时，此时碳纳米管称为扶手型碳纳米管(Armchair)；当 θ 介于 0～30°之间，此时的碳纳米管称为手性型(或螺旋型)碳纳米管(chiral)。碳纳米管中碳原子的排列形成了正六边形(弯曲处为五边形和七边形)。

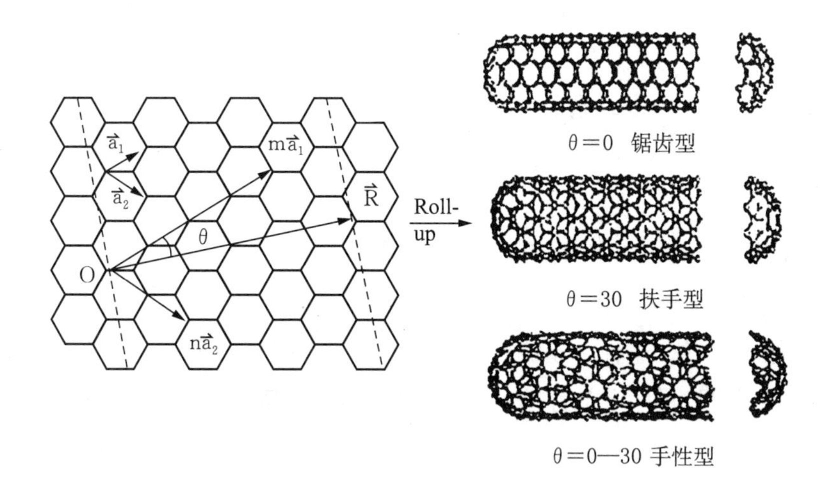

图 38-1 碳纳米管的结构图

相对于单壁碳纳米管来说，多壁碳纳米管的微观结构更加复杂。它是由多层石墨层同轴卷曲而成，层间接近 ABABAB……堆垛，层间距为 0.34 nm。但是实验中制备的多壁碳纳米管，许多都具有不对称结构，并不像理论中描述的理想结构。因此，研究人员提出了许多结构模型。

碳纳米管有很多的外形，如螺旋形、Y 形、圆形等等。因为在管体圆柱面六元环结构中引入五元环会产生正弯曲曲率，而引入七元环则会产生负弯曲曲率，所以会出现碳管弯曲。在碳纳米管的弯曲处，一定存在成对出现的五元环和七元环才能使弯曲处保持光滑连续。有些碳纳米管含有封闭的端冒，也存在五元环结构。实验制备得到的碳管还存在很多缺陷，主要有拓扑学缺陷、重新杂化缺陷和非完全键合缺陷。

38.3 碳纳米管的基本性能

38.3.1 力学性能

碳纳米管具有极高的强度、韧性和弹性模量。碳纳米管的比重仅为钢的 1/6，而强度

却为钢的100倍。它的杨氏模量较高，理论估计其杨氏模量高达5TPa，实验测得平均为1.8TPa，比一般的碳纤维高一个数量级，与金刚石的模量几乎相同，为已知的最高材料模量；同时，在垂直于碳纳米管的管轴方向具有极好的韧性以及长径比较大，故它被认为是未来的“超级纤维”，用它来做高级复合材料的增强体或者形成轻质、高强度的绳索，可能用于宇宙飞船等高科技领域，并有可能成为一种纳米操作工具。作为超级纤维，碳纳米管与金属形成隧道结可用作隧道二极管，它又可用作模板，合成纳米尺度的复合物（如低表面张力的液态S、Cs、Rb等可进入碳纳米管的孔内形成复合纤维等）。纳米技术也将会改变和提高该材料的性能，特别是对复合材料的发展起到了十分重要的作用，扩大了材料应用的领域。

38.3.2 热学性能

CNTs用作导热材料时，热量的传递主要依靠声波，传热速度可达1 000 m/s。将CNTs束捆在一起，结果发现热量也不会从一根CNT传到另外一根CNT，这说明了CNTs的导热具有一维方向性。这种由碳的六元环组成的“超导纤维”既具有碳素材料固有的本性，又有金属材料的导电性、导热性等。理论分析表明，随温度的升高，SWCNTs的导热系数将降低；扶手椅型和锯齿型SWNTs的导热系数均随着直径的减小而升高，而在相同直径时，不同结构碳纳米管的导热系数相差不大。多壁碳纳米管的导热率在120 K以下与温度成平方关系，120 K以上趋于直线[1]。

38.3.3 电学性能

碳纳米管由石墨层片卷曲而成，而石墨层片的碳原子之间是sp^2杂化，每个碳原子有一个未成对电子位于垂直于层片的π轨道上，因此，碳纳米管和石墨一样具有良好的导电性能[2]。在碳纳米管内，由于电子的量子限域效应，电子只能在石墨片中沿着管的轴向方向运动。其电学性能受到管的直径、卷绕的螺旋结构、管的长度等因素的影响而规则地变化。CNTs导电性与其几何尺寸有关，即与直径有关[3]，随直径不同CNTs有导体、半导体之分；又与螺旋角有关，随螺旋角的不同CNTs存在导体、半导体、绝缘体3种状态；通常认为armchair（扶手椅型）碳纳米管表现为金属性质，而zigzag（锯齿型）碳纳米管表现为半导体性质[4]。金属性CNT的电导率和最大电流密度可达到或超过现有最好的金属，半导体性CNT的迁移率和跨导可达到或超过现有最好的半导体。用金属性SWCNTs制成的三极管在低温下表现出典型的库仑阻塞和量子电导效应[5]。

因此，CNTs既可以作为细的导线应用于纳米电子学器件中，也可以被制成新一代的量子器件，还可以作为隧道扫描电镜或者原子力显微镜的探针。

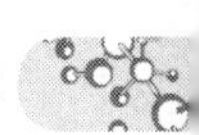

38.3.4 场发射特性

碳纳米管由于其高的长径比(单壁碳纳米管的直径通常仅有 1～2 nm，长度可以达到几十至上百微米)，产生相同的场致电流时，需要在碳纳米管场发射器上施加的导通电场远远低于任何一种传统的场发射材料。碳纳米管优异的场致发射性能可以应用于很多领域，尤其是真空电子领域，如场致发射平板显示器、冷发射阴极射线管、微波放大器、真空电源开关、场致发射电子枪等[6]。

38.4 碳纳米管的表面功能化与酸碱反应

目前制约 CNTs 复合材料及碳纳米管器件应用的主要问题是其分散以及与基体材料的相容性问题。CNTs 表面缺陷少、缺少活性基团，在各种溶剂中的溶解度都很低。另外，CNTs 之间存在较强的范德华力加上其巨大的比表面积和很高的长径比，使其形成团聚或缠绕，严重影响了它的应用。加之 CNTs 的表面惰性，与基体材料间的界面结合弱，导致其复合材料的性能仍不十分理想。CNTs 的表面功能化是解决上述系列问题的关键[7~20]。

CNTs 的表面功能化就是在碳纳米管表面引入功能性基团，从而增加其在溶剂或使用体系中的分散性和相容性。研究 CNTs 的表面功能化的目的在于：

(1) 改善或改变 CNTs 的分散性。通过化学修饰的方法克服 CNTs 之间的团聚，提高 CNTs 的分散性，从而更进一步研究其性能和用途；

(2) 提高 CNTs 的表面活性。这一点主要是因为 CNTs 结构很规整，难于接上其他基团进行修饰。若能提高其表面活性，就可以容易地对其进行接枝、合成和聚合；

(3) 使 CNTs 的表面获得新的物理、化学、机械性能和新的功能；

(4) 改善 CNTs 与其他物质之间的相容性[7]。

目前主要有两类功能化方法：有机共价键功能化和有机非共价键功能化。

38.4.1 有机共价化学功能化

有机共价化学功能化又可分为两大类：一是利用 CNTs 结构发生特定变化而产生的具有反应活性的官能团(如羧酸等)对 CNTs 进行功能化，这些官能团通常键接在 CNTs 有缺陷的地方，因而又称为 CNTs 的缺陷功能化；二是有机功能化基团直接与 CNTs 的侧壁发生反应并进行共价键链接，称作侧壁功能化[8]。

CNTs 的有机共价功能化研究最初从 CNTs 的缺陷功能化开始，CNTs 骨架结构主要由六元环构成，此外还存在少量五元环、七元环等，特别是在 CNTs 的两端具有富勒烯的凸起结构。这些位置一般曲率较大、反应活性较高，属于 CNTs 自身结构缺陷。

Liu 等用浓硫酸和浓硝酸的混合物氧化 SWCNTs，将之裁剪成 150～800 nm 的"短管"[6]。在此基础上，Chen 等通过羧基和氨基的反应，在 SWCNTs 的端头连接上了十八烷基胺和对十四烷基苯胺，这些经过修饰的 CNTs 可溶于氯仿、二氯甲烷及芳香族溶剂等[7]。采用羧基与十八胺的中和反应，也可以实现 SWCNTs 的可溶性[8]。除了将小分子连接在 CNTs 上，Sun 等人利用线性的共聚物（丙酰基氮丙啶—氮丙啶）与切割的 CNTs 反应，得到了可溶于有机溶剂和水的 CNTs 衍生物[23]。CNTs 的缺陷功能化反应发生的位置集中在其顶端和侧壁的缺陷部位。研究表明，在不损害其宏观的电学和力学性能，也不明显地影响其光谱性质的情况下，CNTs 允许存在一定数量的缺陷。利用这种特点，可以实现 CNTs 在很多领域的应用[9]。CNTs 的功能化有利于 CNTs 在水或者有机溶剂中的溶解性的增加，功能化还产生了进一步发生化学反应的活性点。

38.4.2 有机非共价化学功能化

CNT 的有机非共价功能化是利用 CNT 表面高度离域的大 π 键与其他含共轭体系的高分子化合物进行 π-π 非共价结合使高分子包覆在 CNT 上来达到。它可避免 CNT 的表面性质发生变化，得到表面结构和性质均不破坏、结构得到保持的功能性 CNT[10～18]。

有人将共扼发光聚合物 PmPV 通过 π-π 非共价包裹在 SWCNT 上，使 SWCNT 在有机溶剂中形成稳定的悬浮液[19]。Tang 等人[20]利用原位聚合法，将 CNT 与苯乙炔进行催化聚合反应，得到聚苯乙炔包裹的 CNT。这种 CNT 可溶于四氢呋喃、甲苯、氯仿等有机溶剂。

38.5 碳纳米管的表面应用

纳米表面工程是以纳米材料和其他低维非平衡材料为基础，通过特定的加工技术或手段对固体表面进行强化、改性、超精细加工或赋予表面新功能的系统工程。简言之，纳米表面工程就是将纳米材料和纳米技术与表面工程交叉、复合、综合并开发应用。碳纳米管在表面工程中的应用主要有以下三个方面。

38.5.1 减摩、耐磨复合镀层

由于碳纳米管的结构特性类似石墨，以及密度小、强度与硬度高的特点，因此碳纳米管将会是性能优良的润滑剂[21]，并具有良好摩擦学性能的强化材料，在材料表面形成减摩、耐磨复合镀层[22]。

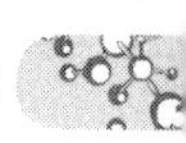

将碳纳米管与激光束技术相结合在材料表面形成复合镀层，从而提高表面硬度和耐磨性。张华堂等采用激光束方法将碳纳米管涂覆于45#钢表面。结果表明：表面硬度可以高达HRC70，耐磨性分别比45#钢合金化、45Cr熔凝和40Cr合金化提高40%、18%和31%。

采用氧乙炔火焰喷涂法在45#钢表面制备巴基管增强镍基自熔合金复合涂层[23]，结果表明：激光重熔巴基管增强镍基合金喷涂层均匀、致密且与基体结合牢固；巴基管可以显著提高镍基自熔合金涂层的硬度和在油润滑条件下的耐磨性能，当复合涂层中巴基管质量分数为0.5%时，其耐磨性最佳；巴基管对复合涂层的减摩效果不明显。

在利用碳纳米管作为增强相制备镍基复合镀层的研究结果表明：碳纳米管均匀地镶嵌于基体中，且端头露出，覆盖于基体表面。复合镀层优良的耐磨和减摩性能归因于碳纳米管的超强超韧特性和自润滑性能，碳纳米管以网络和缠绕形态分布于复合镀层基体中，使复合镀层在摩擦磨损过程中不易脱落拔出。碳纳米管会使复合镀层的摩擦系数明显较低。

38.5.2 耐蚀复合镀层

将碳纳米管沉积于镀层中可有效地提高材料的耐腐蚀性和抗氧化性。利用了电弧沉积镀方法制备的碳纳米管镍复合镀层被发现具有较好的耐腐蚀性能[24]。在20%氢氧化钠溶液和35%氯化钠溶液中，其耐蚀性均优于同等条件下制备的镍镀层。分析认为这主要是由于碳纳米管还起到了减少镀层孔隙尺寸、隔离腐蚀介质的作用。而且碳纳米管沉积于镍镀层，可以阻止点蚀坑的长大。同时，应用碳纳米管和普通金属镀层的复合，可能促进了镍的钝化过程，从而保护基体金属，提高材料的耐腐蚀性。

38.5.3 表面特殊性能

将单壁碳纳米管分离、氧化和切割，制成短单壁碳纳米管的胶体。用这种胶体成功地竖直组装在晶态金膜表面上。利用单壁碳纳米管制作了扫描电镜(STM)针尖表面，以此针尖观测了大背景深度的多层次的晶粒像和高定向石墨的原子像。另外以碳纳米管为针尖的原子力显微镜已在生物学中得到了实际的应用。这种竖立在晶态金属膜表面的单壁碳纳米管有多种用途，如相干电子源、大电流场发射电子源、极高分辨的显示屏、纳米导线和室温单电子器件等。

碳纳米管组装在金属表面还可制作碳纳米管的各种测试装置，用于分析研究碳纳米管的物理、化学特性。另外，利用这类结构研究碳纳米管的电学特性，并将利用这些特性组建新型纳米电子器件，如放大器、振荡器和电子开关，以及基于此类器件的纳米集成电路[25~30]。

38.6 碳纳米管的表面处理与酸碱反应

在合适的条件下对碳纳米管进行表面氧化处理，是实现碳纳米管提纯、端部开口、表面官能化以及提高碳纳米管分散性的有效手段。无定形碳等炭杂质比碳管容易氧化，利用这一点可采用氧化处理达到提纯的目的。

38.6.1 气相氧化

碳纳米管的管壁由碳的六元环构成。每个六元环中的碳原子都以 sp^2 杂化为主，每一碳原子又都以 sp^2 杂化轨道与相邻六元环上的碳原子的 sp^2 杂化轨道相互重叠形成碳—碳 σ 键。由于形成空间结构，sp^2 杂化轨道发生变形，形成介于 sp^2 和 sp^3 之间的杂化结构。因此，对碳纳米管进行化学修饰，改善其溶解性能，实现其应用是碳纳米管的又一研究方向。

普通的氧化处理包括气氛氧化（如空气、氧气）和酸氧化（如硫酸、硝酸）。这方面的研究已经比较广泛和系统。氧化作用可将该端头打开并引入羧基，引入的羧基可以与其他的有机基团发生反应，从而可以进一步在碳纳米管上引入其他的有机官能团。早期的碳纳米管化学可以追溯到高温下在空气或氧气中对碳纳米管进行氧化[12]，将碳纳米管在空气中以 700 ℃保温 10 分钟，可使端部开口，这表明端部比石墨片层更活跃。在早期工作中，碳纳米管主要与气相反应，如 CO_2、N_2O、NO、NO_2、O_3 和 ClO_2。孙晓刚和曾效舒[17]将碳纳米管在空气中以 440 ℃加热 3 小时后，烧损率趋于平稳。使用透射电镜（TEM）考察提纯前碳纳米管的形貌，发现碳纳米管在空气中以 440 ℃加热 3 小时后，非晶碳成分基本去除，纯度得到提高。空气氧化法可有效消除碳纳米管中的非晶炭成分，提高碳纳米管的纯度。但不能去除碳纳米管中催化剂所带入的金属元素及金属氧化物。提高焙烧温度可减少提纯的焙烧时间，但温度过高会导致碳纳米管大量烧损。空气氧化法工艺简单，是有效消除碳纳米管中的非晶炭成分和提高碳纳米管纯度的方法。

38.6.2 液相氧化

自从 Tsang 等[18] 1994 年报道了碳纳米管在 HNO_3 中的液相反应后，各种液相氧化反应被报道，氧化物有 HNO_3、$HNO_3 + H_2SO_4$、$HClO_4$、$H_2SO_4 + K_2Cr_2O_7$ 和 $H_2SO_4 + KMnO_4$ 等。

徐占红等[19]用电弧法制备了 MWNTs，并深入研究了用混酸处理 MWNTs，发现浓硫

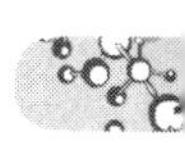

酸与浓硝酸体积比为3∶1、反应时间15小时可使碳纳米管纯化较为彻底。氧化的程度主要依赖于氧化剂和反应条件，氧化从端部，到外壁再到碳纳米管的内壁。氧化反应后，在端部生成各种官能团(如—COOH，—OH，—C═O)如图38-2所示。

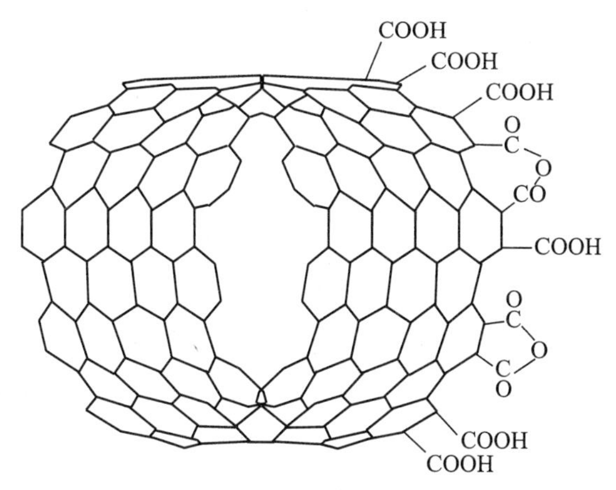

图38-2 氧化后在端部生成官能团

多壁碳纳米管于空气中加热到750 ℃左右除去碳杂质。在 HNO_3 液中浸泡24小时后，溶于浓HCl中，浸泡24小时后离心处理，处理后将残留物放入浓 HNO_3 中加热至140 ℃左右回流12小时。得到样品经红外测试表面引入了羧基、羟基如图38-3[19]。

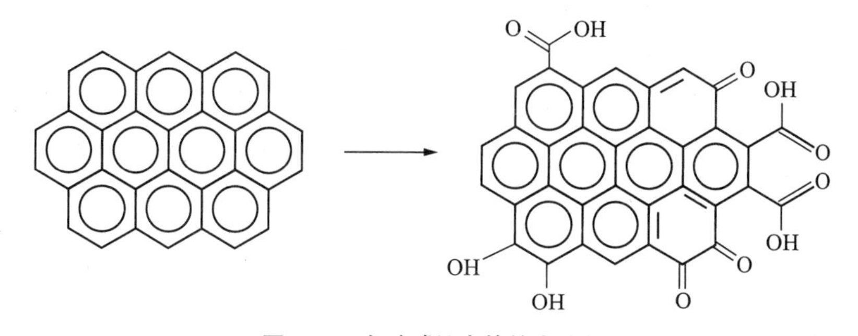

图38-3 多壁碳纳米管的官能化

38.6.3 电化学氧化

其电化学示意图为图38-4所示[35]。图中有两个电极，这类似于电解水的原理，在正极发生氧化反应。在正极产生游离氧对碳管进行氧化，在负极发生还原反应生成氢气。可以通过氧化时间来控制氧化的程度，并且可以通过改变电解质的方法在碳管表面形成不同的官能团。

由于碳纳米管有着优良的电学性能，因此可以实现碳纳米管的电化学氧化。有关碳纳

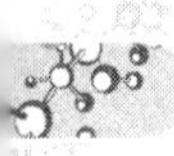

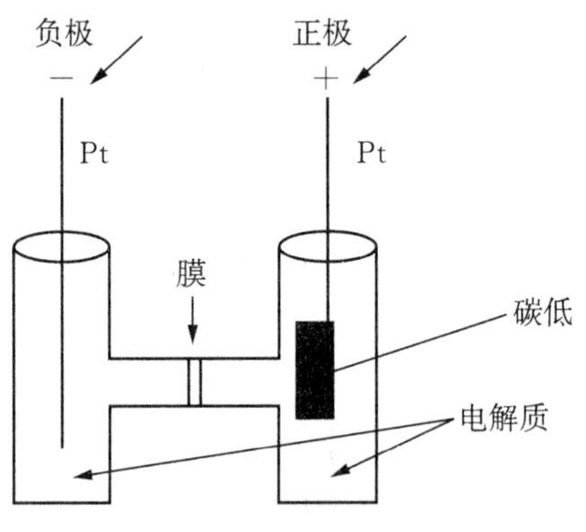

图 38-4　电化学氧化示意图

米管的电化学氧化的研究报道在近几年才出现，而且数量极少。Kovietal 利用电化学使一薄层聚合物聚合到单根单壁碳纳米管上，被覆盖的碳纳米管上层成为微电极。产生的聚合物片层可以通过 AFM 观察 6 nm。Sumanasekera 等人[35]将单壁碳纳米管在硫酸溶液中电化学氧化，实现硫酸根离子在碳管中的掺杂；Skowronski 和 Lombardi 发现将多壁碳纳米管在硫酸溶液中电化学氧化后，碳管的开口率增加，同时碳管的电化学储氢容量有明显提高。Ito 等人利用 KC1 溶液中电化学氧化的方法，实现了单根碳管的短切[23]。Wang 等人利用不同的酶使碳纳米管官能化而提高药物传输和生物传感器的应用[32]。Yu 等人报道了电化学氧化的多壁碳纳米管通过短切增加了比表面积并通过改变其表面而从憎水性到亲水性[33]。Tang 等人[24]通过电化学氧化的方法将碳管在 30wt% HNO_3 电解质中氧化得到 C—N 键的官能团。从这些研究报道来看，碳纳米管电化学氧化的研究尚不系统和深入，没有涉及如何控制表面官能团浓度以及单壁碳纳米管的提纯，对碳纳米管电化学氧化动力学行为、碳纳米管微观结构对电化学氧化腐蚀速率影响、电化学氧化对碳管微观结构和孔结构影响的研究尚不深入。

38.7　碳纳米管的表面修饰与酸碱反应

通过对碳纳米管进行有效的表面修饰，可以改善其分散性能，提高它与基体材料之间的相溶性和增强它们之间的相互作用，使其与基体材料之间能够实现有效的承载转换，从而提高碳纳米管复合材料的性能。此外，通过对其进行表面修饰还可以赋予碳纳米管新的性能，实现碳纳米管的分子组装，获得各种性能优越的纳米材料，在分子电子学、纳米电子学以及纳米生物分子学等方面展示了广阔的应用前景。

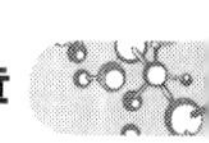

38.7.1 碳纳米管的表面修饰方法

就目前的研究结果来看，碳纳米管修饰原理可分为物理修饰和化学修饰两大类；按其工艺则分为机械修饰、化学修饰、外膜修饰以及高能表面修饰等。

（1）机械修饰

运用粉碎、摩擦、球磨、超声等手段对碳纳米管表面进行激活以改变其表面物理化学结构。这种方法使碳纳米管的内能增大，在外力作用下，其活化的表面与其他物质发生反应、附着，以达到表面改性的目的。Huang 等[25]利用超声波方法提高了碳纳米管的溶解性能。

（2）化学修饰

利用化学手段处理碳纳米管获得某些官能团，改变其表面性质以符合某些特定的要求（如表面亲水性，生物相容性）。Qin 等[26]制备出含有酯基且溶于多种有机溶剂的碳纳米管；Lin 等[27]通过酰氯化反应，制备出可溶于氯仿、四氢呋喃的碳纳米管；Pompeo[28]通过葡萄糖胺反应使碳纳米管与葡萄糖胺之间形成胺键，提高了碳纳米管在水溶液中的溶解能力；化学改性特别吸引人之处就在于改性后的碳纳米管可以保持其结构的完整性。

（3）外膜修饰

在碳纳米管表面均匀包覆一层其他物质的膜，使其表面性质发生变化。如采用电化学方法将导电高聚物如聚吡咯、聚苯胺均匀沉积在上，使其具有良好的强度、导电性能和导热性能[29]；通过溶胶凝胶方法在碳纳米管表面包裹一层金属氧化物，提高了碳纳米管与复合材料的浸润性[30]。

（4）高能表面修饰

利用高能量电晕放电、紫外线、等离子射线和微波技术等对碳纳米管进行表面修饰。Dai 等[31]利用等离子射线成功地把多糖链固定在碳纳米管表面上；Wang 等[32]利用微波技术化学法得到了可溶于水的单壁碳纳米管；而 Zhang 等[33]则通过电子束蒸发法把金、铝、铅和镍等金属包覆在碳纳米管上。

38.7.2 碳纳米管的表面修饰研究现状

38.7.2.1 管内修饰

自 1993 年 Ajayan 等首次用电弧法在碳纳米管内填充金属铅后[34]，人们采用各种方法来填充碳纳米管，并通过研究填充后材料的物理和化学性能得知，填充金属及其碳化物、氧化物甚至蛋白质到碳纳米管中，可以使碳纳米管的传导性能、电性能、磁性能以及力学性能等发生很大的变化。

碳纳米管内填充其他物质是利用中空管纳米空间进行反应形成纳米复合物、纳米元件和一维纳米导线，主要方法有毛细管作用诱导填充和湿化学技术。按填充过程可分为物理填充（开口和填充分步进行）、化学填充（开口和填充同步进行）和制备过程中直接填充。物理填充就是指预先制备出碳纳米管，然后利用毛细管作用诱导填充金属或其化合物填充到碳纳米管的中空腔内。化学填充就是采用物理或化学的方法使碳纳米管形成开口，同时通过化学反应使其他物质填充到碳纳米管的管内。Tsang 等将碳纳米管在硝酸溶液中煮沸，氧化打开管的端帽，不仅可以将金属氧化物和纯金属填充入管中，而且还可以将金属硫化物（如 Au_2S_3、CsS）填充到管中；Smith 等将 C_{60} 填入单壁碳纳米管内；Sloan 等在单壁碳纳米管内填充了金属铷单晶[35]。

尽管利用毛细管作用诱导和化学填充能够将氧化物和金属填入碳纳米管内，但是利用这两种填充方法有许多缺点，如填充率低，对填充的材料有限制，以及对管体有损伤等。因此，相关研究人员同时探索出碳纳米管的合成和填充一次性完成的方法。如 Leonhardt 等[36]制备了铁、钴和镍纳米线填充的碳纳米管；Mayn 等[37]制备出填充有部分催化剂金属的多壁碳纳米管阵列。

38.7.2.2　管壁修饰

碳纳米管的管壁修饰目前采用两种形式，一是管壁掺杂，二是管壁修饰。前者是指碳纳米管表面的部分碳原子被其他原子（如磷、氮、硼原子等）代替，从而改变碳纳米管的性能[38~49]。比如 Haddom 等[49]曾经分别在碳纳米管的管壁掺入卤族元素如氟、碘和溴；而 Jiang 等[39, 41]则通过氮掺杂提高了碳纳米管的活性，从而有利于金纳米颗粒包覆碳纳米管；后者是在碳纳米管表面某种官能团或粘附一些纳米粒子，或是在表面包覆一层物质，其也可以根据修饰剂的性质进一步分为无机修饰和有机修饰两种方法。

目前，无机修饰已经成功地在碳纳米管表面包覆上多种金属单质或金属氧化物。最早采用的是化学共沉积方法，利用这种方法已经成功沉积铂、镍、铜、银、钴、金等金属或合金；然而此方法很难控制碳纳米管表面的包覆层，所以实际应用不多。最近报道的有机活化碳纳米管并进行包覆的研究有一些进展，比如利用硫醇活化碳纳米管可以把贵金属（如金和银）包覆在碳纳米管的表面上[147]；Cao 等[31]用柠檬酸和聚乙烯活化碳纳米管，实现了金纳米粒子包覆碳纳米管；Wong 等[42]利用 1-(3-二甲氨基丙基)-3-乙基碳二亚胺，通过共价键将纳米晶粒（如 CdSe，TiO_2）连到碳纳米管上；Yu 等[43]通过多羟基活化处理碳纳米管，然后用声波降解帮助 Cu_2O 纳米粒子沉积在碳纳米管的表面，也可以通过混合酸、氨水处理直接实现纳米氧化锌包覆碳纳米管[44]。我们也曾经选用一系列的磺化木质素对碳纳米管表面进行修饰并在进一步的应用过程发现其效果可嘉。

有机修饰又可分为有机非共价化学修饰和有机共价化学修饰两种。前者是通过表面活性剂修饰、聚合物包裹和聚合物吸附等对碳纳米管进行表面修饰[45~47]。后者是通过酯

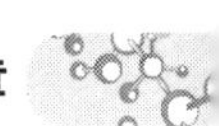

化反应、酰胺反应和衍生作用等把长链烷基有机物、聚合物、蛋白质和 DNA 等有机物连接在碳纳米管的表面上。其方法有两种,一种是通过对碳纳米管进行酰卤化反应,增加其表面活性,然后再通过酯化、硫醇化以及酰胺化等反应对其表面进行修饰。Smalley 等[48, 49]首先应用浓硫酸和浓硝酸的混酸将单壁碳纳米管“剪成”100～300 nm 的短管,再用浓硫酸和过氧化氢氧化,得到端基为羧基的单壁碳纳米管,然后利用氯化亚砜将羧酸基转换成酰氯,最后与 11-巯基十一胺反应,得到了含有硫醇集团的“富勒烯管”。Haddon 等[49]在此基础上,通过酰胺作用得到可溶性的长单壁碳纳米管;第二种是通过对碳纳米管进行氧化处理,使其表面产生羟基和羧基官能团,然后利用有机分子对碳纳米管进行修饰,最后把其他分子连接在碳纳米管的表面。

38.8 碳纳米管的酸碱性能

有关碳纳米管的研究很多,但关于它的液体吸附行为、表面和酸碱性能方面的报道还不多[50~58]。关于碳纳米管的湿润也有一些报道[51~58],比如基于接触角测试得到的碳纳米管的临界表面张力约在 40～80 mN/m[52],总的表面能在 45.3 mN/m[54, 59];但基于反向色谱(IGC)方法的总表面能在 120 mJ/m^2(315.2 K)[53, 56]。由于接触角测试发现巴基球的表面能在 57.8 mJ/m^2(312 K)[53],而碳球和碳黑的表面能在 279 mJ/m^2(416 K)和 174.1～204.1 mJ/m^2(453 K)左右[56];它们之间的比较意味着碳纳米管有可能因为在接触角测试过程吸附液体而导致表面能下降。

注意到碳纳米管的液体吸附至今也已有了一些研究[50~58],但涉及碳纳米管的表面和酸碱性能的几乎非常少。

应用毛细管上升方法和 Washburn[60]和 van Oss-Good-Chaudhury 理论[61],作者曾经应用 4 种液体研究了碳纳米管的液体吸附行为并进一步推导了其表面和酸碱性能。

38.8.1 多壁碳纳米管的酸碱性能

图 38-5 反映了多壁碳纳米管分别吸附己烷、二碘甲烷、甲酰胺和离子水的曲线,其中碳纳米管吸附二碘甲烷的量非常高,明显大于吸附其他 3 种液体,尤其是水。由于其次高吸附量的是己烷,这明显地说明多壁碳纳米管易吸附烷烃类液体,尤其是具有高表面张力的烷烃类液体。由于甲酰胺的 Lewis 碱性大于其酸性,而水是 Lewis 酸性大于其碱性[62, 63],图 38-5 也说明了多壁碳纳米管容易吸附 Lewis 碱性大的液体。

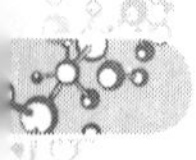

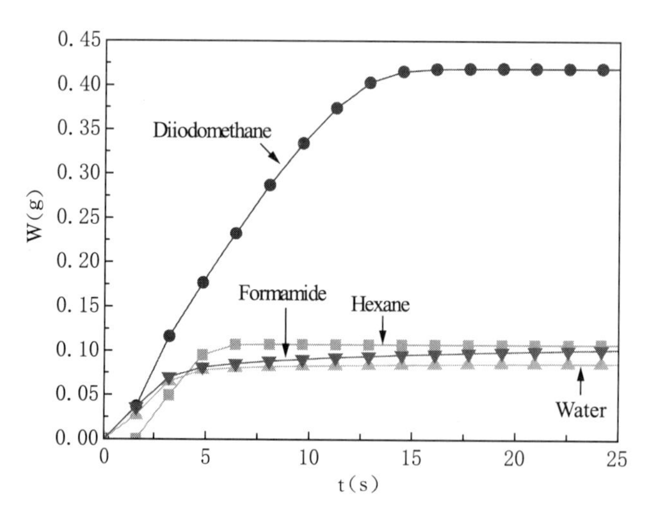

图 38-5　吸附时间 t 与 MWCNT 吸附不同液体量 W 之间的关系

38.8.1.1　多壁碳纳米管的动态液体吸附行为

图 38-6 反映了多壁碳纳米管吸附不同液体过程的吸附速率与时间之间的关系，该图表明碳纳米管吸附液体在一定时间后达到饱和，但比较发现具有 Lewis 酸碱反应性能的液体的吸附饱和时间非常短，而具有高表面张力的烷烃的吸附饱和时间非常长。这显然说明碳纳米管吸附两个具有 Lewis 酸碱反应性能的液体过程都受到了酸碱反应的影响，而这种反应抑制了碳纳米管的液体吸附性能。

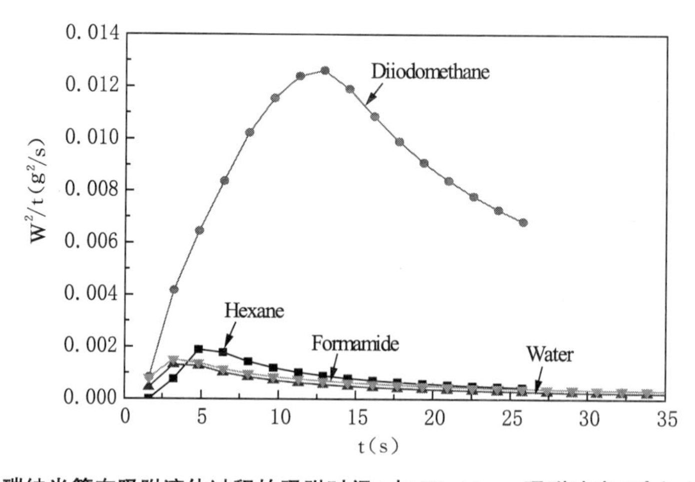

图 38-6　碳纳米管在吸附液体过程的吸附时间 t 与 Washburn 吸附速率 W^2/t 之间的关系

由于 t/Q_t 对 t 作图时上述所有曲线都呈线性，所以有以下多壁碳纳米管的吸附液体动力学模型(公式 38-2)，

$$t/Q_t = a + bt \tag{38-2}$$

在此,Q_t是吸附时间 t 时的吸附量,a 和 b 都为吸附常数。

公式 38-2 也可以改写成公式 38-3:

$$t/Q_t = 1/kQ_e^2 + t/Q_e \tag{38-3}$$

在此 k 是两级液体吸附速率常数,1/s;Q_e是吸附达到饱和时的吸附量,g/g。

显然,$a = 1/kQ_e^2$,$b = 1/Q_e$。

表 38-1 给出了多壁碳纳米管吸附液体时的各个常数,其中吸附二碘甲烷的饱和吸附量大于其他液体,说明多壁碳纳米管在吸附这类液体时具有超级吸管的特征。换言之,多壁碳纳米管的超级吸管特征是仅对一些液体而言的。

表 38-1 碳纳米管的吸附性能

样品	液体	a	b	k	Q_e
		(s)		(1/s)	(g/g)
多壁碳纳米管或 MWCNTs	Hexane	2.08	9.19	39.73	0.11
	Diiodomethane	25.83	0.31	0.004	3.23
	Water	9.15	11.18	0	0.09
	Formamide	200.33	5.97	0	0.17

图 38-7 应用湿润功的概念对多壁碳纳米管的吸附进行了描述,发现非极性区和极性区之间存在一个明显的边界在 55.67 mN/m。这意味着液体的表面张力如在这个数值点将具有最大的湿润功。

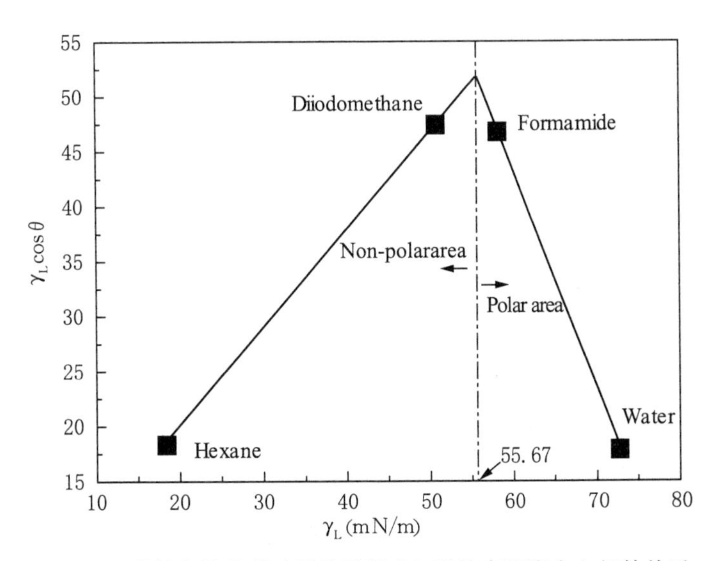

图 38-7 碳纳米管吸附过程的湿润功与液体表面张力之间的关系

38.8.1.2　多壁碳纳米管的表面性能

表 38-2 反映了多壁碳纳米管的表面自由能和其相应的分量参数。值得一提的是这类碳纳米管的碱性大于酸性，而表面能的主要成分是 Lifshitz-van der Waals 力。

38.8.2　单壁碳纳米管的酸碱性能

单壁碳纳米管具有不同于多壁碳纳米管的吸附性能早已被人们发现[51, 52]。但比较两者的液体吸附和表面性能方面的研究非常少。

表 38-2　碳纳米管的表面性能

样　品	γ_C (mJ/m²)	γ_S	γ_S^{LW}	γ_S^{AB}	γ_S^+	γ_S^-	γ_S^+/γ_S^-	极性(%)	参考文献
SWCNT	40—80								(52)
SWCNT		50.56	48.39	2.17	0.41	2.86	0.14	4.29	作者
MWCNT		47.18	44.70	2.48	7.70	0.20	38.5	5.3	作者
			γ_S^d	γ_S^P	K_A	K_D	K_A/K_D		
MWCNT		45.3	18.4	26.9				59.4	(54)
MWCNT		27.8	17.6	10.2				36.7	(54)
MWCNT			114—123[a]		0.09	0.03	3.37		(55)
MWCNT			95—125[e]						(56)
Fullerene			22—58[b]						(53)
Graphite			100—290[c]						(53)
CB			170—210[d]						(53)
CF		45.9	18.3	27.5				59.9	(54)
CF		40.3	35.8	4.5				11.2	(63)
CNF		40.3	18.4	21.8				54.1	(54)

a. IGC 测试的结果 310～330 K；b. IGC 测试的结果－20 到 39 ℃；c. IGC 测试的结果 143 ℃；d. IGC 测试的结果 180 ℃；e. IGC 测试的结果 200～250 ℃；CB-炭黑；CNF-碳纳米纤维；CF-碳纤维。

38.8.2.1　单壁碳纳米管的动态液体吸附行为

图 38-8 反映了单壁碳纳米管吸附 4 种液体时的行为。虽然它也与多壁碳纳米管一样表现出明显的对二碘甲烷的大吸附量，但毕竟不同于多壁碳纳米管，因为它其次吸附多的是甲酰胺和水，而最后是已烷。而且，单壁碳纳米管吸附水的过程也非常有意义，先是少量的吸附并达到一个相对平衡，再经过一段时间后又继续吸附达到第二个平衡。

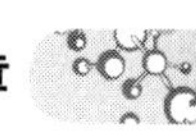

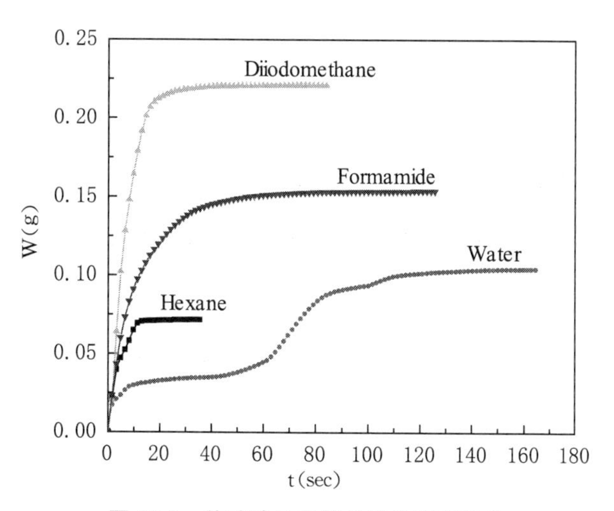

图 38-8　单壁碳纳米管的液体吸附行为

图 38-9 反映了单壁碳纳米管吸附不同液体时的速率差异，峰值说明单壁碳纳米管在吸附液体初期的速率是以一种加速度上升的，但经过一定的时间后吸附达到饱和，使得吸附速率开始逐步下降。而这种变化也是因液体的表面性能不同而显示出不一样的。

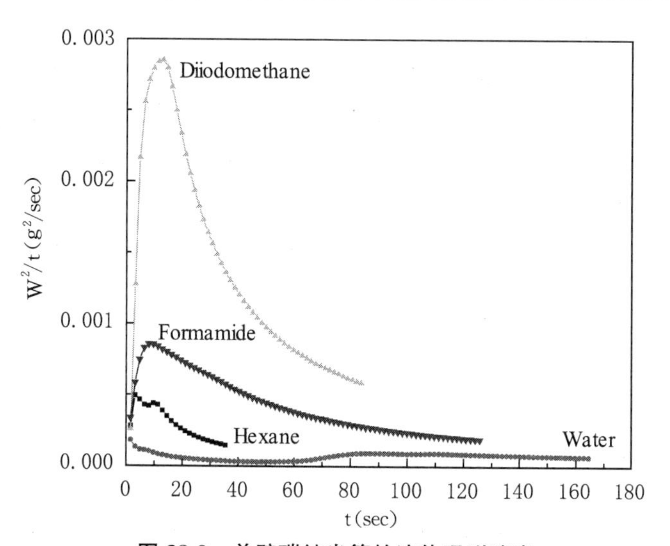

图 38-9　单壁碳纳米管的液体吸附速率

38.8.2.2　单壁碳纳米管的表面性能

单壁碳纳米管的表面性能数据也汇总在表 38-2。比较多壁碳纳米管发现两者的表面能差异并不是很大，且表面能的主要成分是由 Lifshitz-van der Waals 力贡献的，而且两者的极性值也基本相似，但两者的确有着本质的不同，这是因为多壁碳纳米管的碱性大于酸性，而单壁碳纳米管则恰好相反是酸性大于碱性。毫无疑问，两者具有的相反的酸碱性能将影响它们的应用。

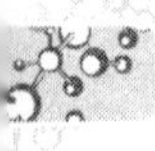

38.9 小结

到目前为止,关于碳纳米管的酸碱性能方面的研究还非常少,本章主要根据作者的研究进行了一些基本的介绍。也希望这些结果可以帮助人们正确、有效地应用多壁和单壁碳纳米管。

参考文献

[1] Iijima S. Helical microtubes of graphitic carbon, *Nature*, 1991, 354:56~58.

[2] Blasd X, Benedict LX, Shirley EL, et al. Hybridization effects and metallicity in small radius carbon nanotubes. *Phys Rev Lett*, 1994, 72:1878~1881.

[3] Lin Y, Taylor S, Li HP, et al. Advances toward bioapplications of carbon nanotubes. *J Mater Chem*, 2004, 14, 527~554.

[4] Courty S, Mine J, Tajbakhsh AR, et al. Nematic elastomers with aligned carbon nanotubes: New electromechanicalactuators. *Euro Phys Lett*, 2003, 64, 654~660.

[5] Srivastava ON, Srivastava S, Talapatra, et al. Carbon nanotube filters. *Nature*, 3:610~614.

[6] Zhu CC, Liu WH, Lu J, et al. Flat-plane structure for field emission displays with carbon nanotube cathode. *J Vac Sci Technol B*, 2001, 19:1691~1693.

[7] Wang QH, Setlur AA, Lauerhaas JM, et al. A nanotube based field emission flatpanel display. *Appl Phys Lett*, 1998, 72:2912~2913.

[8] 曹安源. 定向生长碳纳米管薄膜研究. 清华大学博士论文,2002.

[9] Jrage KB, JC Martin CR. Nanotubule-Base Molecular-Filtration Membranes. *Science*, 1997, 278: 655~658.

[10] Lu JP. Elastic properties of single and multilayered nanotubes. *J Phys Chem Solids*, 1997, 58: 1649~1652.

[11] De Heer WA, Chatelain A, Ugarte D. A carbon nanotube field-emissionelectronsource. *Science*, 1995, 270:1179~1180.

[12] Kwo JL, Tsou CC, Yokoyama, et al. Field emission characteristics of carbonnanotube emitters synthesized by arc discharge. *J Vac Sci Technol B*, 2001, 19(2), 23~26.

[13] 周银生,顾大强. 巴基管的润滑性能研究. 固体润滑材料,1998, (3):11.

[14] Isao Y, Jiro M, Teruyuki K, et al. Method for formingcarbonaceous hard film. *US Patent*: *6416820*, 2002, 7~9.

[15] 杨冬青,张华堂,朱少峰,等. 巴基管增强镍基自熔合金喷涂层在油润滑条件下的摩擦磨损特性. *摩擦学学报*, 2002, 22:430.

[16] Zheng M, Anand Jagota, et al. DNA-Assisted Dispersion and Separation of Carbon Nanotubes, *Nature Materal*. 2003, 2:338～342.

[17] 孙晓刚,曾效舒.空气氧化法提纯碳纳米管的研究.*新型炭材料*,2004.

[18] Tsang SC, Chen YK, PJF Harris, et al. *Nature*. 1994, 327:159.

[19] 徐占红,李新海,李晶.碳纳米管的纯化.*中南工业大学学报*,1999, 4:389～391.

[20] In T, Bajpai V, Ji T, et al. Chemistry of Carbon Nanotubes. *Aust Chem*, 2003, 56:635～651.

[21] Unger E, Graham A, Kreupl F, et al. Electrochemical Functionalization of Multi-Walled Carbon Solvation and Purification. *Curr Appl Phys*, 2002, 2:107～111.

[22] Park KA, Choi YS, et al. Atomic and Electronic Structures of Fluorinated Single-Walled Carbon Nanotubes. *J Phys Rev B*, 2003.

[23] Ito T, Sun L, Crooks RM. Electrochemical Etching of Individual Multiwall Carbon Nanotubes. Electrochem. *Solid-State Lett*, 2003, 6:C4～C7.

[24] Tang H, Jimhua Chen, Kunzai Cui, et al. Immobilization and Electro-Oxidation of Calf Thymus Deoxyribonucleic Acid at Alkylamine Modified Carbon Nanotube Electrode and Its Enteraction with Promethazine Hydrochloride. *J Electroanalytical Chem*, 2006, 587:269～275.

[25] Huang WJ, Lin Y, Taylor S, et al. Sonication assisted functionalization and solubilization of carbon nanotubes. *Nano Lett*, 2002, 2:231～234.

[26] Qin YJ, Shi JH, Wu W, et al. Concise route to functionalized carbon nanotubes. *J Phys Chem B*, 2003, 107, 12899～12901.

[27] Lin Y, Taylor S, Huang WJ, et al. Characterization of fractions from functionalization reactions of carbon nanotubes. *J Phys Chem B*, 2003,107:914～919.

[28] Pompeo F, Resasco DE. Water solubilization of singlewalled carbon nanotubes by functionalization with glucosamine. *Nano Lett*, 2002, 2:369～373.

[29] Chen JH, Huang ZP. Elect rochemical synt hesis of polypyrrole films over each over each of wellaligned carbon nanotubes. *Synthetic Metals*, 2002, 125:289～294.

[30] Hernadi K, Ljubovic E, Seo JW, et al. Synthesis of MWNT-based composite materials with inorganic coating. *Acta Materialia*, 2003, 51, 1447～1452.

[31] Chen DQ, Dai LM, Gao M, et al. Plasma activation of carbon nanot ube for chemical modification. *J Phys Chem B*, 2001, 105:618～622.

[32] Wang YB, Iqbal Z, Mitria S. Microwave-induced rapidchemical functionalization of single-walled carbon nanotubes. *Carbon*, 2005, 43:1015～1020.

[33] Zhang Y, Franklin N, Chen R, et al. Metal coating on suspended carbon nanotubes and its implication to metal-tube interaction. *Chem Phys Lett*, 2000, 331, 35～41.

[34] Ajayan PM, Iijima S. Capillarity induced filling of carbonnanotubes. *Nature*, 1993, 361, 333～335.

[35] 张滨,刘畅,成会明,等.纳米碳管内包覆外来物质的研究进展.新型炭材料,2003, 18, 174～180.

[36] Leonhardt A, Ritschel M, Kozhuharova R, et al. Synthesisand properties of filled carbon nanotubes. *Diamond and Related Materials*, 2003, 13, 790～793.

[37] Mayne M, Grobert N. Pyrolytic of aligned carbon nanotubes from homogeneously dispersed benzene-

based aerosols. *Chem Phys Lett*, 2001, 338, 101～107.

[38] Mickelson ET, Huffman CB, Margrave JL, et al. Fluorination of singlewall carbon nanotubes. *Chem Phys Lett*, 1998, 296,188～194.

[39] Jiang KY, Eitan A, Schadler LS, et al. Selective attachment of gold nanoparticles to nitrogendoped carbon nanoubes. *Nano Lett*, 2003, 3, 275～277.

[40] Lim JK, Yun WS, Yoon M, et al. Selectiv thiolation of single-walled carbon nanotubes. *Synthetic Metals*, 2003, 139, 521～527.

[41] Jiang LJ, Gao L. Modified carbon nanotubes: an effectiveway to selective attachment of gold nanoparticles. *Carbon*, 2003, 41, 2923～2929.

[42] Banerjee S, Wong SS. Synthesis and characterization of carbon nanotube nanocrystal heterostructures. *Nano Lett*, 2002, 2195～2200.

[43] Yu Y, Ma LL, Huang WY, et al. Sonication assisted deposition of Cu_2O nanoparticles on MWNTs with polyol process. *Carbon*, 2005, 43, 670～673.

[44] Chen CS, Chen XH, Yi B, et al. Zinc oxide nanoparticle decorated multi-walled carbon nanotubes and their properties. *Acta Materialia*, 2006, 54, 5401～5407.

[45] Islam MF, Rojas E, Bergey DM, et al. High weight fraction surfactant solubilization of single-wall carbon nanotubes in water. *Nano Lett*, 2003, 3, 269～273.

[46] Connell MJ, Boul P, Ericson. Reversible watersolubilization of single-walled carbon nanotubes by polymer wrapping. *Chem Phys Lett*, 2001, 342, 265～271.

[47] Star A, Stoddart JF. Dispersion and solubilization of single-walled carbon nanotubes with a hyperbranched polymer. *Macromolecules*, 2002, 35, 7516～7520.

[48] Liu J, Rinzler AG, Smalley RE, et al. Fullerene pipe. *Science*, 1998, 280, 1253～1256.

[49] Chen Y, Haddon RC, Smalley RE, et al. Chemical attachment of organic functional groups to single-walled carbonnanotube materials. *J Mater Res*, 1998, 13, 2423～2431.

[50] Chen CS, Chen XH, Xu LS, et al. Modification of multiwalled carbon nanotubes with fatty acid and ribological properties as lubricant additive. *Carbon*, 2005, 43, 1660～1666.

[51] Dujardin E, Ebbesen TW, H Hiura, et al. Capillarity and wetting of carbon nanaotubes. *Science*, 1994, 265, 1850.

[52] Dujardin E, TW Ebbesen, A Krishnan, et al. Wetting of single shell carbon nanotubes. *Adv Mater*, 1998, 10, 1472.

[53] Papirer E, E Brendle, F Ozil, et al. Comparison of the surface properties of graphite, carbon black and fullerene samples, measured by inverse gas chromatography. *Carbon*, 1999, 37, 1265.

[54] Nuriel S, Liu L, Barber AH, et al. Direct measurement of multiwall nanotube surface tension, *Chem Phys Lett*, 2005, 404, 263～266.

[55] Zhang X, Yang D, Xu P, et al. Characterizing the surface properties of carbon nanotubes by inverse gas chromatography. *J Mater Sci*, 2007, 42, 7069～7075.

[56] Díaz E, Ordóñez S, Vega A. Adsorption of volatile organic compounds onto carbon nanotubes, carbon nanofibers, and high-surface-area graphites. *J Coll Interface Sci*, 2007, 305, 7～16.

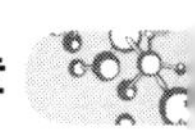

[57] Chen GC, Shan XQ, Zhou YQ, et al. Adsorption kinetics, isotherms and thermodynamics of atrazine on surface oxidized multiwalled carbon nanotubes. *J Hazardous Mater*, 2009,169, 912～918.

[58] Cruz FJAL, Esteves IAAC, Mota JPB. Adsorption of light alkanes and alkenes onto single-walled carbon nanotube bundles: Langmuirian analysis and molecular simulations. *Coll Surf A*, 2009, 357, 43～52.

[59] Chirila V, Marginean G, Brandl W. *Surf Coat Technol*, 2005, *200*, 548～551.

[60] Washburn EW. *Phys Rev*, 1921, 17, 273.

[61] van Oss CJ, Good RJ, Chaudhury MK. *Chem Rev*, 1988, *88*, 928～941.

[62] Shen Q. *Langmuir*, 2000, *16*, 4394～4397.

[63] Barber AH, Cohen SR, Wagner HD. *Phys Rev Lett*, 2004, *92*(18) Art. No. 186103, May 7.

第三十九章　分子酸碱化学在生物材料中的应用

39.1 简介

生物材料和人类最接近、最亲近、可再生、可自然降解，所以使得人类可以反复应用它们。生物材料的种类很多，本章将主要介绍壳聚糖、木质素、软木脂、环糊精和半纤维素的酸碱性能。

39.2 壳聚糖的酸碱性能

甲壳素是自然界中最丰富的氨基多糖类有机资源，广泛存在于甲壳纲动物虾蟹的甲壳、昆虫的甲壳、真菌(酵母、霉菌)的细胞壁和植物(菇类)的细胞壁中，仅在海洋中甲壳类动物就有两万多种，其中最主要的品种有 100 多种，各种虾类和蟹类是最主要的甲壳类水产。甲壳素的自然年产量大约与纤维素差不多，是一种取之不尽、用之不竭的可再生资源[1, 2]。甲壳素及其衍生物由于其优异的生物性能而具有广泛的应用前景，对其物理与化学结构的研究也一直是高分子材料领域所关注的热点。随着现代化表征手段的建立和应用，对甲壳素及其衍生物的化学结构，超分子结构以及它们的应用研究得到了极大的发展。甲壳素及其衍生物已被广泛应用于农业、食品添加剂、化妆品、抗菌剂、医疗保健以及药物开发等众多领域，其中尤为重要的是生物医用领域。可以预见，随着对甲壳素及其衍生物进一步的改性研究，高性能甲壳素类产品一定能在医用可吸收材料、组织工程载体材料等高端领域发挥重要作用并带来可观的经济效益和明显的社会效益。

甲壳素(Chitin)是由研究自然科学史的法国教授 H. Braconnot 于 1811 年在蘑菇中发现的。1823 年，另一位法国科学家 A. Odier 从甲壳类昆虫的翅鞘中分离出同样的物质，并命名为 Chitin。1859 年，法国科学家 C. Rouget 将甲壳素用浓碱煮沸加热处理，得到了脱乙

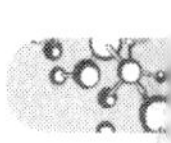

酰基甲壳素，起名为甲壳胺(Chitosan)[3]。在我国，甲壳素也称为壳多糖、甲壳质；甲壳胺也称为壳聚糖，它是甲壳素的 N-脱乙酰基的产物[2]。

39.2.1 甲壳素与壳聚糖的化学结构

甲壳素是白色无定型、半透明固体，分子量因原料不同而有数十万至数百万。甲壳素是由 N-乙酰-2-氨基-2-脱氧-D-葡萄糖以 β-1，4 糖苷键形式连接而成的多糖。构成甲壳素的基本结构是 N-乙酰葡萄糖胺，而结构单元是由两个 N-乙酰葡萄糖胺组成的一个单元，称为甲壳二糖。化学结构式见图 39-1。

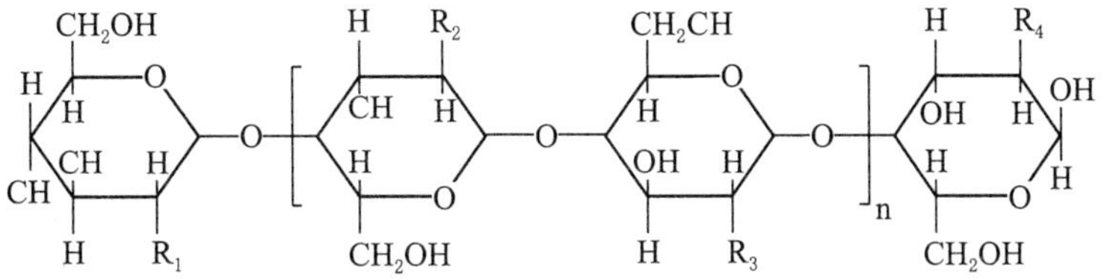

$R_1=R_2=R_3=R_4=—OH$，纤维素

$$\frac{R_1=R_2}{R_3=R_4}=\frac{—NHCOCH_3}{—NH_2}>1，甲壳素$$

$$\frac{R_1=R_2}{R_3=R_4}=\frac{—NHCOCH_3}{—NH_2}<1，壳聚糖$$

图 39-1　甲壳素化学结构(β-(1，4)聚-2-乙酰氨基-D-葡萄糖)，壳聚糖化学结构(β-(1，4)聚-2-氨基-D-葡萄糖)

对甲壳素进行浓碱热处理可以部分去除 N-乙酰基团。通常脱乙酸基 55%以上的甲壳素能溶于 1%乙酸或 1%盐酸内，因此脱乙酰度达到 55%则被称为壳聚糖。脱 N-乙酰度在 50%以下的则仍被称为甲壳素。由此可见，甲壳素与壳聚糖的差别仅仅是 N-脱乙酰度不同而已。壳聚糖的基本结构是葡萄糖胺，结构单元为壳聚二糖，它们以 β-(1，4)糖苷键相互连接而成，化学结构如图 39-1 所示。

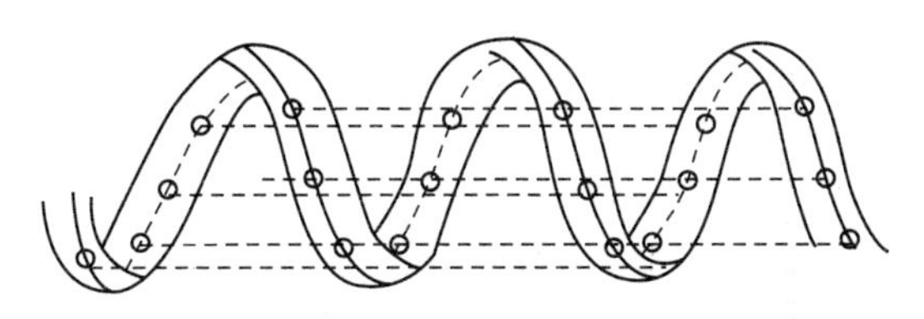

图 39-2　糖类的双螺旋结构(虚线表示氢键)

研究表明甲壳素和壳聚糖均具有复杂的双螺旋结构，见图 39-2，微纤维在每个螺旋平面中是平行排列的，同时，平面平行于角质层的表面，一个一个的平面绕自身的螺旋轴旋转，螺距为 0.515 nm，每个螺旋平面由 6 个糖残基组成[1, 2]。

甲壳素和壳聚糖大分子链上分布着许多羟基、N-乙酰氨基和氨基，它们会形成各种分子内和分子间的氢键。由于这些氢键的存在，形成了甲壳素和壳聚糖大分子的二级结构。图 39-3 显示的是壳聚糖的以椅式结构表示的氨基葡萄糖残基，其 C_3—OH 与相邻的糖苷基(—O—)形成了一种分子内氢键，另一种分子内氢键是由一个糖残基的 C_3—OH 与同一条分子链相邻一个糖残基的呋喃环上氧原子形成的。

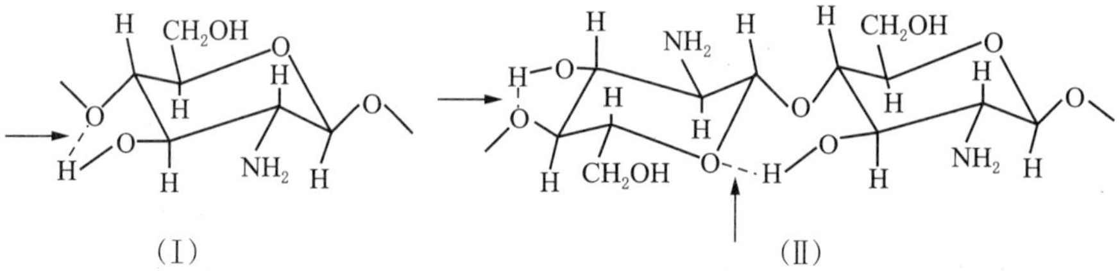

(Ⅰ) (Ⅱ)

图 39-3　壳聚糖分子内的氢键结构

氨基葡萄糖残基的 C_3—OH 也可以与相邻的另一条壳聚糖分子链的糖苷基形成一种分子间氢键(图 39-4I)；同样，C_3—OH 与相邻壳聚糖呋喃环上的氧原子也能形成氢键(图 39-4II)。此外，C_2—NH_2、C_6—OH 也可形成分子内和分子间的氢键。同样道理，甲壳素也能产生分子内及分子间的氢键。由于氢键的存在及分子的规整性，所以甲壳素和壳聚糖容易形成晶体结构。

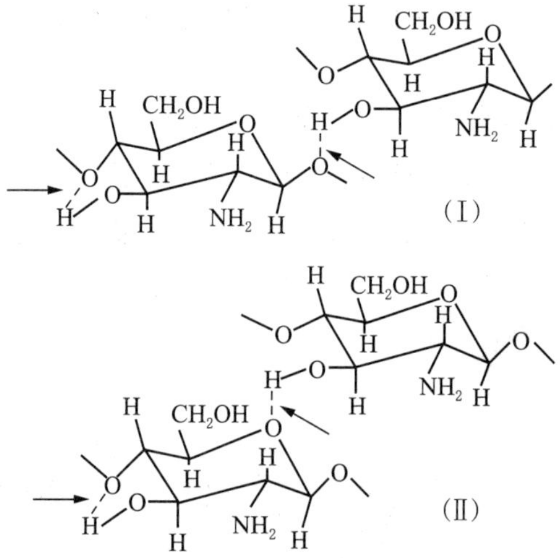

(Ⅰ)

(Ⅱ)

图 39-4　壳聚糖分子间的氢键结构

39.2.2 甲壳素与壳聚糖的晶体结构

甲壳素和壳聚糖由于其分子链规整性好以及分子内和分子间很强的氢键作用而具有较好的结晶性能。人们采用X光衍射和红外光谱分析等方法对甲壳素和壳聚糖的晶体结构进行了许多研究[1,2]。通常认为,甲壳素是以一种高结晶微原纤的有序结构存在于动植物组织中,分散在一种无定型多糖或蛋白质的基质内。甲壳素存在着α、β、γ三种晶型,α晶型通常与矿物质沉积在一起,形成坚硬的外壳,β晶型和γ晶型与胶原蛋白相结合,表现出一定的硬度、柔韧性和流动性,还具有与支承体不同的许多生理功能,如电解质的控制和聚阴离子物质的运送等等。壳聚糖也存在这样的三种结晶变体。α-甲壳素和壳聚糖具有紧密的组成,是由两条反向平行的糖链排列而组成α晶型;β-甲壳素和壳聚糖则由两条平行的糖链排列组成;而γ-甲壳素和壳聚糖是由两条同向、一条反向且上下排列的三条糖链所组成。晶型之间是可以转换的,如β-晶型在6 mol/L的盐酸中回流转变为α-晶型,说明α晶型在强酸条件下是稳定的[3]。β-晶型经乙酰化处理也可转变成α-晶型[5]。三种晶型的甲壳素和壳聚糖分子链在晶胞中的排列各不相同,是因为分子内和分子间不同的氢键而形成的。Sakurai[3]根据X射线衍射图计算了虾壳壳聚糖膜的晶胞参数,得出 $a = 0.582$ nm, $b = 0.837$ nm, $c = 1.03$ nm, $\beta = 99.2°$。

莫秀梅等人[4]研究发现壳聚糖纤维的X光射线反射和透射衍射曲线,计算出 $a = 0.518$ nm, $b = 0.924$ nm, $c = 1.031$ nm, $\beta = 83.29°$,为单斜晶系。Yui等人[5]采用X光衍射法对脱水壳聚糖进行了分析,发现此时晶格为正交晶系,$a = 0.828$ nm, $b = 0.862$ nm, $c = 1.043$ nm。此外,样品的处理温度也能影响结晶形态[5,6]。正是由于甲壳素和壳聚糖的晶型、原料来源以及样品处理的多样性,所以目前尚未有公认的关于甲壳素和壳聚糖晶胞参数的权威数据。

甲壳素和壳聚糖的结晶度与本身的脱乙酰度有很大关系,纯的甲壳素(脱乙酰度=0)和纯的壳聚糖(脱乙酰度=100%)分子链比较均匀,规整性好,结晶度高。对甲壳素进行脱乙酰化破坏了分子链的规整性,使结晶度下降,但随着脱乙酰度的增加,分子链又趋于均一,结晶度又开始上升,即结晶度随脱乙酰度的变化呈现马鞍形变化。莫秀梅等人[7]对脱乙酰度从74%~85%的壳聚糖样品进行了X光衍射测试,结果表明,随着脱乙酰度的增加,X光衍射峰也依次变得尖锐,说明壳聚糖的结晶度随之增加。当脱乙酰度从74%升到85%,结晶度从21.6%上升到28.0%。

39.2.3 分子量和脱乙酰度对壳聚糖酸碱性能的影响

作为一种来源广泛的生物材料,壳聚糖正被开发成不同的产品,如作者曾经连续报道了壳聚糖纤维的制备与改性[8~17],但许多人也对壳聚糖的物理化学性能给予了极大的关

注。比如：Anthonsen 和 Lamarque 等人研究了不同脱乙酰度的壳聚糖和甲壳素的溶液性能，报道了壳聚糖在醋酸缓冲溶液中的特性粘度和旋转末端距 R_G[18~19]。Anthonsen 和 Smidsred[20]以及 Strand[21]等人则分别以不同的方法研究了不同乙酰度壳聚糖的 pK_a 值。Ravindra 等人研究了壳聚糖在盐酸和水溶液中的溶度参数。由于壳聚糖的许多物理化学性质都与其表面性能密切相关，所以 Ravindra 等人在研究壳聚糖溶解性能的同时，还特地研究了壳聚糖溶液的表面性能[22]。根据 Ravindra 等人的测试，壳聚糖的表面能约为 40 mJ/m^2[22]。此外，Mohamed[22]和 Rillosi[23, 24]等人也曾分别研究了壳聚糖的表面性能，其给出的数值在 35～56 mJ/m^2之间。

由于许多研究已经证实壳聚糖的许多性能都受到分子量和脱乙酰度这两个重要参数的影响[8~17]，而到目前为止对壳聚糖表面能的研究似乎未对这两个参数予以关注。为此，研究分子量和脱乙酰度对壳聚糖表面性能的影响就显得非常有必要。另外，由于上述提及的这些作者在测试过程都对样品进行了处理[22~24]。而这极有可能影响到给出的数据。比如，最近两组研究人员分别对相同的纤维素醚的表面性能进行测试，发现样品制备过程会明显影响和改变表面能的数据[22~24]。所以可以想象，壳聚糖的表面性能数据也有可能随着样品制备或测试过程而改变。

作者曾经制备了两个样品系列，其中一个系列是分子量变化而脱乙酰度不变化，而另一系列则是脱乙酰度变化而分子量不变化。这两个系列的壳聚糖的红外光谱如图 39-5 和 39-6 所示，相应的峰的归属则被归纳在表 39-1 中。

表 39-1、39-2、39-3 分别反映了两个系列壳聚糖的脱乙酰度、分子量和其结构参数的计算结果。在测定的壳聚糖 DD 范围内，常数 α 值较大，表明在该体系中，壳聚糖分子呈伸

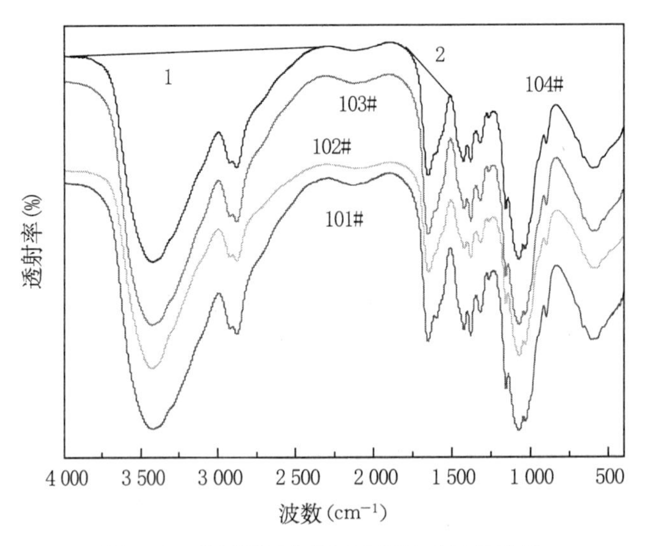

图 39-5　壳聚糖 1＃组四个样品的红外谱图

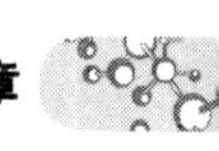

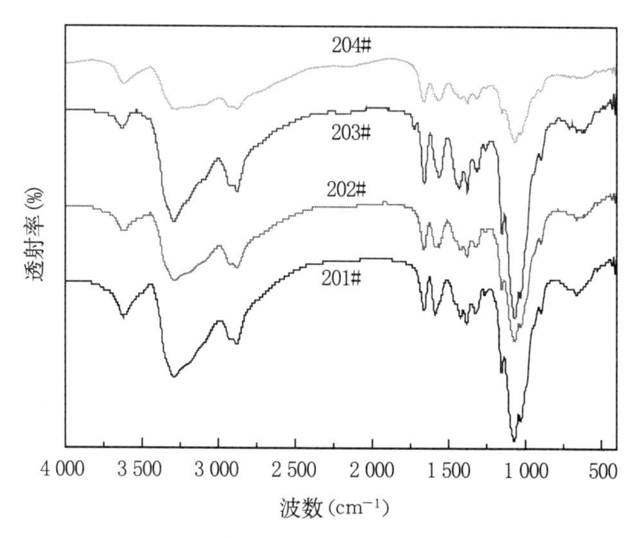

图 39-6 壳聚糖 2#组样品的红外谱图

展的构象。随着壳聚糖 DD 的增加，α 值降低，表明壳聚糖分子链刚性降低、柔性增加。这主要是壳聚糖分子链形成的分子内氢键所致。

表 39-1 壳聚糖主要吸收峰的归属

波数(cm^{-1})				归属
101#	102#	103#	104#	
3 420	3 420	3 430	3 428	—OH 伸缩振动
2 921	2 922	2 921	2 923	—CH 伸缩振动
2 880	2 880	2 880	2 880	—CH 伸缩振动
1 650	1 640	1 650	1 650	C═O 伸缩振动(酰胺键)
1 419	1 419	1 419	1 422	C—H 弯曲振动
1 380	1 380	1 380	1 380	C—H 伸缩振动
1 320	1 320	1 322	1 320	C—N 伸缩振动和 N—H 弯曲振动(酰胺键)
1 154	1 154	1 154	1 155	醚氧键的伸缩振动
1 070	1 070	1 070	1 070	C—O 伸缩振动
1 032	1 032	1 034	1 036	C—O 伸缩振动
898	898	898	896	环上的伸缩振动

表 39-2 壳聚糖(CS)样品主要吸收峰面积及脱乙酰度(DD)结果

CS	DD(%)	CS	DD(%)
101	90	201	91
102	90	202	85
103	90	203	80
104	90	204	78

表 39-3　不同壳聚糖样品的分子量

壳聚糖	[η](ml/g)	K(ml/g)×10^3	α	M_w(×10^4)
101	760.27	6.59	0.88	56.55
102	122.60	6.59	0.88	7.11
103	74.82	6.59	0.88	4.06
104	66.75	6.59	0.88	3.56
201	532.11	6.59	0.88	37.70
202	347.51	1.69	0.95	37.70
203	286.25	0.72	1.00	37.70
204	260.96	0.51	1.02	37.70

表 39-4　两列具有不同性能的壳聚糖样品的分子参数

壳聚糖	K_θ ($cm^3 mol^{1/2} g^{-2/3}$)	B×10^{24} ($cm^3 mol^3 g^3$)	$[\eta]_\theta$	a_η^3	A×10^7 (cm)	C_1	$\langle h_\theta^2 \rangle$×$10^{10}$
101	0.141	1.26	105.85	7.18	0.383	1.119	8.307
102	0.141	1.256	37.53	3.27	0.383	1.119	1.045
103	0.141	1.256	28.35	2.64	0.383	1.119	0.60
104	0.141	1.256	26.57	2.51	0.383	1.119	0.524
201	0.032	0.624	25.61	20.09	0.236	1.546	3.414
202	0.033	0.624	15.88	12.95	0.236	1.546	1.313
203	0.033	0.624	9.77	8.28	0.236	1.546	0.497
204	0.033	0.624	9.27	7.89	0.236	1.546	0.448

表 39-5 是应用 3 种具有不同表面性能的液体测试两个壳聚糖系列的接触角数据，结果表明 2 系列壳聚糖具有大的接触角，意味着它们较 1 系列有较大的疏水性能。

表 39-5　壳聚糖样品与溶液的接触角

壳聚糖	二碘甲烷(°)	水(°)	甲酰胺(°)
101	28.8	86.5	50.6
102	32.9	80.9	55.7
103	37.0	78.1	56.8
104	38.5	76	57.7
201	38.7	105	73
202	45.9	106.7	76.3
203	51.7	108	79
204	68.1	110	85

表 39-6 反映了两组壳聚糖的表面和酸碱性能。数据显示，壳聚糖的 Lifshitz-van der Waals 力 γ_S^{LW} 是表面能的主要部分。

1 号壳聚糖样品的脱乙酰度都为 90%，表面能的变化很明显来自分子量的不同。其规律为随着分子量减小，Lifshitz der Waals 力 γ_S^{LW}、Lewis 酸碱力 γ_S^{AB} 和 Lewis 酸性力都随之减小，而 Lewis 碱性力则呈增大趋势。

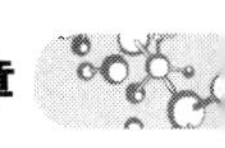

2 号组样品的分子量是非常相近的，但脱乙酰度从 91%变化到 78%。脱乙酰度增大，表面能各分量也都随之增大。但其中 201 的分子量偏小，似乎不符合上述分子量与表面能分量的关系。所以，有理由认为此时对壳聚糖表面能的影响主要来自脱乙酰度。由此可知，对壳聚糖而言，当分子量比较接近时，脱乙酰度会调节和控制其表面能。可以认为表面能主要受脱乙酰度的影响。

两组数据都可以看出：分子量大的壳聚糖是一种路易斯酸性较强的电解质，随着分子量减小，壳聚糖的路易斯碱性力逐渐增大。分子量减小到一定程度，壳聚糖将变成路易斯碱性较强的电解质。这个变化几乎不受脱乙酰度的影响。

表 39-6　壳聚糖样品表面能分量计算结果

壳聚糖	γ_S^{LW}(mJ/m²)	γ_S^{AB}(mJ/m²)	γ_S^+(mJ/m²)	γ_S^-(mJ/m²)
101	44.71	1.07	0.81	0.36
102	42.99	0.84	0.06	2.81
103	41.09	0.77	0.03	4.42
104	40.36	0.26	0.003	5.92
201	40.26	0.14	0.13	0.04
202	36.53	0.10	0.10	0.03
203	33.32	0.06	0.07	0.02
204	23.94	0.02	0.03	0.01

表 39-7 进一步对两组壳聚糖的酸碱性能和极性作归纳和比较，从表中数据可以很明显看出，随着分子量、脱乙酰度增大，总的表面能和极化率都呈增大趋势。

显然上述结果是与 Mohamed 的数据吻合的[22]，比如他用 IGC 测试得到甲壳素(DD=10%)表面能的 London 力分量，γ_S^d(γ_S^{LW}分量)为 38.3 mJ/m²，而脱乙酰度为 50%和 80%的壳聚糖的 γ_S^d 分别为 45.2 和 55.7 mJ/m²，说明脱乙酰度的增加可以增加壳聚糖的表面能。

对于酸碱比值，分子量和脱乙酰度对其的影响并不一致。在脱乙酰度相同的情况下，随着分子量的减小，酸碱比值减小。而在分子量相近的条件下，脱乙酰度减小，酸碱比值逐渐增大。

表 39-7　壳聚糖样品总表面能、酸碱比值和极化率

壳聚糖	γ_S(mJ/m²)	γ_S^+/γ_S^-	γ_S^{AB}/γ_S
101	45.78	2.25	2.34
102	43.84	0.02	1.91
103	41.85	0.01	1.83
104	40.62	0.001	0.65
201	40.39	3.36	0.34
202	36.63	3.72	0.27
203	33.38	4.39	0.19
204	23.96	6.07	0.09

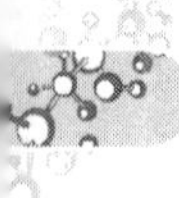

39.3 木质素的酸碱性能

39.3.1 木质素的结构

自然界中，木质素(Lignin)是含量仅次于纤维素的第二大可再生、可降解资源，具推测每年全球植物可产生 1 500 亿吨木质素[22~25]。木质素分子结构复杂，由苯基丙烷结构单元通过醚键和碳—碳键连接成三维空间高聚物[26](图 39-7)。它和半纤维素一起作为细胞间质填充在细胞壁的微细纤维之间，能加固木化组织的细胞壁，起到阻止微生物的攻击和增加茎干的抗压强度作用。

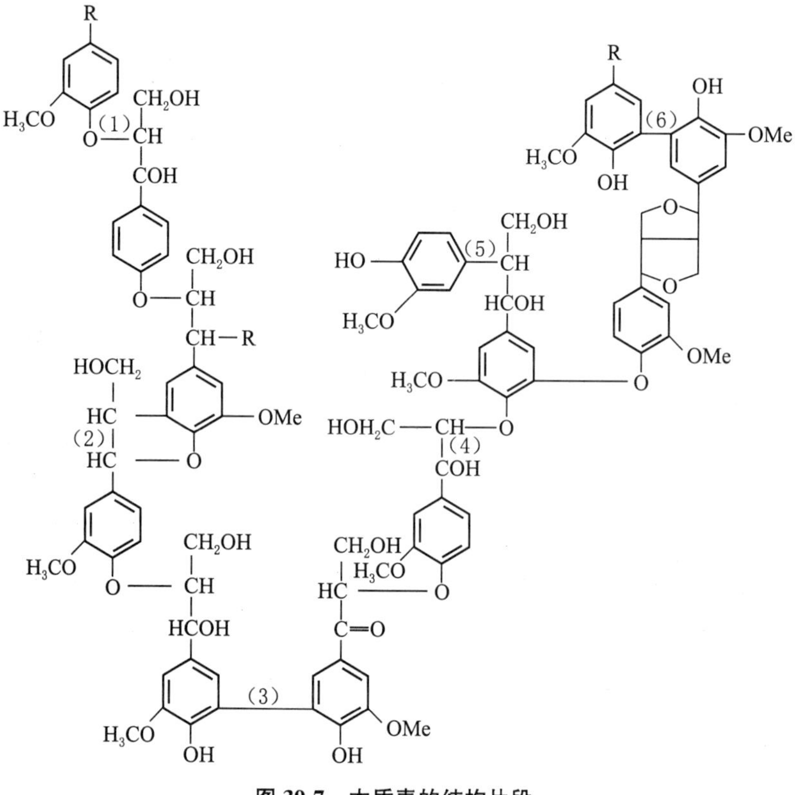

图 39-7 木质素的结构片段

长期以来，木质素根据其愈创木基(G)，紫丁香基(S)和对—羟基苯基(H)的含量不同而分为针叶材，阔叶材以及草类木质素[27]。一般用于木质素研究和化学成分分析的磨木木质素(MWL)，是用二氧六环—水从细磨的木粉中抽取出来的，未经任何化学处理。软木木质素主要是 3-甲氧基-4-羟基苯基聚合物，而硬木类的木质素含有不同量的愈创木基和紫丁香基。

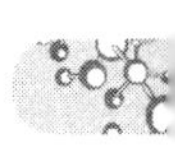

木质素结构单元的苯环和侧链上连有酚羟基、醇羟基、甲氧基、羰基等多种官能团，使其可实现多种化学反应，包括苯环上的卤化、硝化、氧化，发生在侧链的苯甲醇基、芳醚键上的反应及木质素的改性反应和显色反应等[28]。

对于木质素的大多数研究都认为木质素是一种交联三维网络结构的聚合物，碱性和有机溶胶木质素的粘度测试结构显示其交联单元的官能度为4[29]。

但是，也有一些报道提出了木质素的线性结构模型，认为木质素并非无规模型。Atalla[23]等人通过Raman探针光谱测试，证实了木质素分子中的芳香环结构是平行于细胞壁线性排列的。在此基础上，有人利用计算机辅助设备及分子模拟技术，认为木质素分子可能呈螺旋结构，而非随机结构[30]。

Forss和Fremer[27]构建了的木质素分子有序模型认为，木质素是由其单体以特殊价键彼此连接而成的。

39.3.2 磺化木质素的结构

磺化木质素可直接从亚硫酸盐制浆的过程中制取，也可间接从碱液制浆中制取，或者间接从硫酸盐制浆中制取。制取过程中可以有效地利用制浆废液，因此具有很好的环保意义。

Goring[28]等人根据电镜观察结果证明，磺化木质素分子是由大约50个苯丙烷单元组成的近似于球状的微胶结构体，其中心部位为未磺化的原木质素三维分子结构，外围分布着被水解且含磺酸基的侧链，最外层由磺酸基的反离子形成双电层。Fanashev[29]等人进一步研究了磺化木质素分子连接方式，认为聚合物链的拓扑结构和构象决定了它在溶液中的结构，磺化木质素高分子带有无规则的支链，而支化的高分子电解质特性决定了其分子链热力学柔性属于中度刚性键聚合物。Moacanin[30]等人将磺化木质素经紫外吸收光谱及扩散系数加以表征，基于分子量与分散系数的关系，提出了木质素分子为非刚性链，呈非球状形态。也有报道指出根据粘度测量，亦可得到相似的结论。

利用磺化木质素在电场中的性质，Kontturi[31]发现大分子从紧凑的球状变成受限的伸展卷曲盘状。Myrvold[32]认为磺化木质素高聚物是一种无规的带支链聚合电解质，Pla和Robert[33]提出描述溶剂分解的木质素模型相似。溶剂化的木质素不含有磺酸盐基团，但是有其他的带电基团。

Luner和Kempf[34]的研究结果显示不同的木质素制备物，例如硫酸盐木质素，粉碎的木材木质素和二氧杂环乙烷木质素，都是薄片状的分子，其中一维尺寸比另两维尺寸小很多。而Kauppi[35]用原子力显微镜发现磺化木质素分子在MgO表面形成1～3 nm厚的一层。这比溶液中观察到的分子半径小很多，而且层的厚度随磺化木质素分子量变化很微小。另外Freudenberg[36]得出磺化木质素在水银表面形成2 nm厚的一层。

39.3.3 磺化木质素的物理化学性能

39.3.3.1 溶解性能

由于磺化木质素中羟基的分子内和分子间存在着氢键，再加上引入的磺酸基团，因此提高了其水溶解性能，磺化木质素通常溶于稀碱、水、盐溶液和缓冲溶液[37~42]。

39.3.3.2 分散性能

磺化木质素具有较好的分散性能。粉状颗粒因为在水中受到氢键的作用，易发生凝聚，加入磺化木质素后，粉状颗粒会吸附磺化木质素分子，又因为磺化木质素颗粒表面磺酸基团本身带有的电荷，使得吸附后的磺化木质素颗粒之间产生静电斥力，从而达到分散颗粒的作用。磺化木质素颗粒的分散性与其分子量大小有很大关系。分子量小，分散能力低；而分子量过大则会起到凝聚作用[39]。

39.3.3.3 表面活性

磺化木质素分子因含有磺酸根等亲水基团，且不存在线性的烷链，因而油溶性较弱，亲水性较强。磺化木质素具有较高的表面张力和较强的粘合性。磺化木质素钠盐和钙盐的表面张力远大于其他表面活性剂的表面张力值。磺化木质素在制浆废液中与其他多糖类物质发生磺化反应后，有部分形成多糖磺酸盐，通过相互间的协同效应，具有较强的粘合性能[39]。

39.3.3.4 螯合作用

磺化木质素分子中因为酚羟基、醇羟基和羰基的存在，易与重金属离子铁离子、铬离子等产生螯合作用，生成磺化木质素的金属螯合物，可以作为石油钻井泥浆的稀释剂和水处理剂使用[39]。

39.3.3.5 起泡性能

磺化木质素具有不易起泡和泡沫稳定性好的特点，可用于混凝土减水剂。其作用为增加混凝土的流动性并降低其强度。其起泡性能在实际生产中有较广的应用[39]。

39.3.4 木质素的应用

39.3.4.1 粘合剂

木质素本身即可作为自然界中织物内部细胞间质的成分，起到粘合、加固细胞壁的作用。在经过酚、醛改性后，其粘结性还会进一步提高，可被用作木材胶粘剂。将木材重量为10%的磺化木质素钠盐，4%的Novolac及2.1%的六亚甲基四按与木片均匀混合后，在180 ℃下热压12 min，制得9 mm厚的板材，继续进行木质素的羟甲基化改性，得到的成品

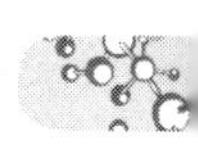

剪切强度更高，可在一定程度上替代酚醛树脂胶粘剂[40]。Gosselink[39]等人用连二亚硫酸钠还原木质素，使其分子内的芳环解体，酚羟基数量随之上升，体系粘结性提高，可用来替代31%的酚醛树脂。

39.3.4.2 表面活性剂

木质素的分子结构中，同时带有极性的磺酸基团与非极性的苯环侧链，因而兼具亲水性与亲油性。该特质使得木质素及其衍生物可作为一种有效的表面活性剂存在。通过磺化、氧化降解等反应可增加体系的亲水性，利于阴离子表面活性剂的合成；而高温高压或催化剂可促进木质素的还原降解，经烷氧基化或胺化增加体系的亲油性，利于阳离子表面活性剂的合成[39]。

39.3.4.3 橡胶添加剂

磺化木质素与天然橡胶结合，由于酚基、羟基与橡胶体系中存在的胺基、醛基作用，从而架构出较为坚韧的网络结构，并将弹性的天然橡胶嵌入其中，借以提高体系的物理机械性能。

39.3.4.4 农药缓释剂

农药分子可与磺化木质素表面的活性基团接触，以化学作用或是次级键作用的方式实现结合，形成网络结构，使得嵌入的农药缓慢释放。

39.3.4.5 螯合微肥

螯合微肥主要基于木质素结构中含有的酚羟基及羧基，使分子具有较强的螯合性。木质素结构中的氮元素，可伴随木质素螯合结构的逐步降解而缓慢释放，即为新型缓释氮肥。

39.3.4.6 抗癌剂

具有良好生物性能的木质素及其衍生物在医药方面也有很好的应用。Slamenova 和 Darina[43]等人对木质素进行化学改性，减少其分子的连接密度，继而提高对亚硝基等致癌物质的吸附能力。此外，木质素及其衍生物本身具有一定的抗菌性，且自身环保无毒，可很好地实现抗癌作用，替代固有的合成类抗癌剂。

39.3.5 木质素的吸附性能及酸碱反应

图 39-8 反映了两种磺化木质素（LGS）在四种溶剂中的等温吸附动力学曲线[44]。从图中可以看出，LGS 在四种溶剂中吸附动力学曲线呈现出相似的变化趋势，即吸附初期随时间延长而吸附量增加，到一定时间之后，则吸附量趋于平缓，最终达到吸附平衡。整个吸附过程反映了在 LGS 固体颗粒的吸附势的驱动下，溶剂通过分子扩散到达 LGS 颗粒表面，或进入 LGS 颗粒空隙的内表面的动态过程。由于四种液体中两种为极性的，如水和甲酰胺，而二碘甲烷和己烷是非极性的，所以这些吸附曲线实际上反

映了木质素的酸碱反应。由于图 39-8 明显说明两种木质素都能大量吸附二碘甲烷，所以可以根据二碘甲烷的非极性特征知道木质素应该具有大的 Lifshitz-van der Waals 表面能分量。根据图 39-8，木质素磺酸钠的酸碱反应能力在吸附达到平衡时趋于一致，但在吸附早期与水的反应更大些、而与甲酰胺的反应则相对较小些，这说明木质素磺酸钠具有不同的酸碱反应能力。

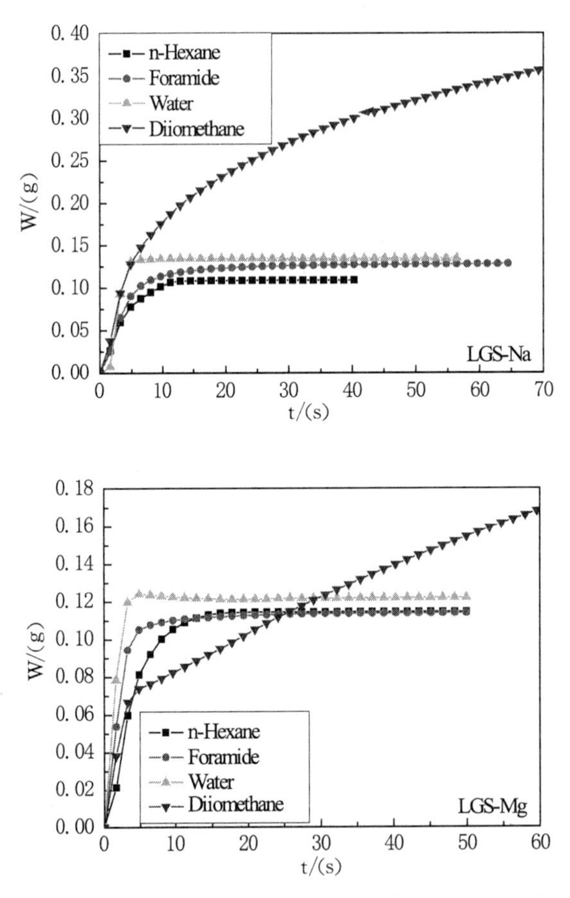

图 39-8　20 ℃条件下 LGS 在不同溶剂中的吸附曲线

从图中还可以知道，LGS 颗粒吸附溶剂的平衡时间在十几秒到几分钟的时间段内。这种吸附符合高分子的无孔吸附类型。

针对图中出现的四种溶剂，可将它们分为极性溶剂和非极性溶剂。其中水和甲酰胺属于极性溶剂，而正己烷和二碘甲烷属于非极性溶剂。对比图 39-8 中的吸附曲线，可以看出，LGS 颗粒在极性溶剂中十几秒内即达到吸附平衡；并且其吸附重量平衡值 W_b 在 LGS 颗粒于另外两种非极性溶剂的 W_b 之间。

而对于两种非极性溶剂，属于烷烃类和取代烷烃类。针对 LGS 颗粒对烷烃类的正己烷的吸附曲线，其吸附平衡时间同样为十几秒内，其 W_b 为最小，可能的原因是因为正己烷溶剂的表面张力值最低的结果。而对于取代烷烃类的二碘甲烷溶剂，LGS 颗粒的吸附平衡时间最大可达到 500 秒。其 W_b 也远远高于其他三种溶剂。可能的原因是因为取代的碘离子使得取代烷烃类的表面张力远高于烷烃类溶剂的表面张力所致。

上述图也说明：LGS 吸附极性溶剂时，由于其较大的表面张力，其吸附在很短时间内达到吸附平衡，并且其 W_b 高于较低表面张力的非极性溶剂的 W_b。而对于 LGS 颗粒吸附非极性溶剂，烷烃类因为较低的表面张力，其吸附平衡时间和 W_b 都比较低。对于取代烷烃类的非极性溶剂二碘甲烷，在其表面张力值和极性溶剂相当的情况下，LGS 颗粒的吸附平衡时间和 W_b 都远远高于极性溶剂的值。

计算表观吸附量可以得到 LGS 吸附溶剂的表观吸附量值，所得结果见图 39-9。由图可知，LGS 颗粒在极性溶剂中比在非极性溶剂中有着较高的表观吸附量，可能的原因是因为 LGS 颗粒外层的磺酸根基团所表现的极性，这种结果也符合极性溶剂容易吸附极性溶质的原理。对于同为极性的两种溶剂水和甲酰胺，LGS 颗粒吸附水时的表观吸附量远高于吸附甲酰胺的表观吸附量，是因为水是 LGS 的良溶剂。也就是说对于 LGS 颗粒的吸附行为，其在良溶剂中的吸附量是高于其在非良溶剂中的吸附量的。并且对于极性溶剂来说，LGS 颗粒的分子量对于其吸附行为的影响结果则相反：同等情况下，高分子量的 LGS 有着低的表观吸附量。

LGS 颗粒对于两种非极性溶剂的吸附，其表观吸附量的大小最重要的影响因素是溶剂本身的特性。除了溶剂本身的非极性特性外，其他的影响因素可能包含有分子量的大小，溶剂的表面张力和 LGS 颗粒的粒径大小。

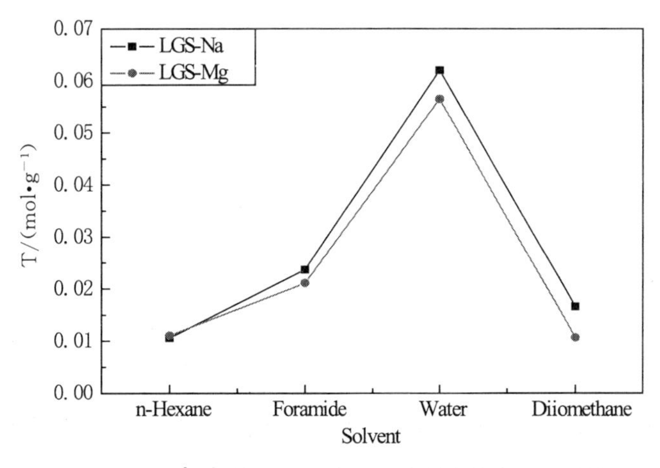

图 39-9　20 ℃条件下 LGS 在不同溶剂中的表观吸附量

表 39-8 20 ℃条件下 LGS 在不同溶剂中吸附的速率常数 k 的拟合值

LGS	溶剂	a	b	k_0 $(10^{-1}\times g\cdot s^{-1})$	$-k_1(s^{-1})$	k_2 $(g^{-1}\cdot s^{-1})$	R
LGS-Na	n-Hexane	18.26	8.56	0.548	0.938	4.013	0.996 8
	Foramide	16.16	7.51	0.619	0.930	3.490	0.998 8
	Water	1.57	7.40	6.369	9.427	34.879	0.999 9
	Diio	69.33	1.68	0.144	0.048	0.041	0.998 6
LGS-Mg	n-Hexane	17.60	8.26	0.568	0.939	3.877	0.996 6
	Foramide	5.56	8.66	1.799	3.115	13.488	0.999 8
	Water	1.22	8.18	8.197	13.410	54.846	0.999 9
	Diio	191.57	2.54	0.052	0.027	0.034	0.999 4

由表 39-8 中给出的速率常数可知：LGS 吸附过程遵循着多级反应规律，并且主要是二级反应。这意味着其吸附过程是一个复杂的过程。而通过重量法所得的结果通过建立数学模型可以较精确地表述其吸附动力学过程。

从表 39-8 的数据显示出对于给定的 LGS，溶剂种类是对 LGS 吸附动力学模型中反应速率常数 k 的变化重要指标。从图 39-10 中可得出 LGS 在四种溶剂中吸附的反应速率常数 k 与溶剂酸碱性能之间的关系。由于 LGS 在水中吸附的 k 值远远高于其他三种溶剂的 k 值，这说明 LGS 在水中有着高的表观吸附量，而这是因为它们之间的酸碱反应最激烈。因为在同样的吸附时间内 LGS 在水中的吸附速率远远高于在其他三种溶剂中的吸附速率，这也说明 LGS 在水中有着良好的可溶性。换言之，上图可以用来说明木质素磺酸盐的溶解性与溶剂之间的关系。

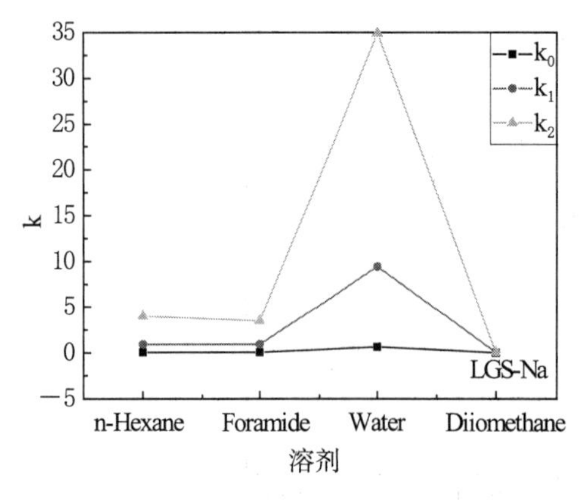

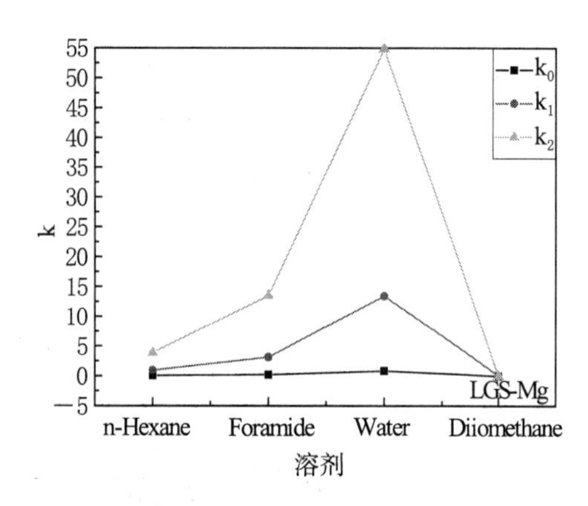

图 39-10 20 ℃条件下 LGS 的反应速率常数 k 与溶剂类型的关系

39.3.6 酸碱性能

在对不同分子量的LGS计算其接触角时，发现其计算基础的吸附溶剂重量平方比时间 w^2/t 和时间t的关系并不为定值或呈现线性的变化，而是弯曲的折线，这意味着LGS与溶剂接触时其接触角 θ 也是在变化的，并不是像柱状灯芯技术计算表面能时认为的其接触角固定不变。因而以下所讨论的接触角和表面能的数值都会是动态的数据，而其变化时的因变量是时间。

图39-11反映了磺化木质素在不同溶剂中的Washburn吸附速率与吸附时间之间的关系。

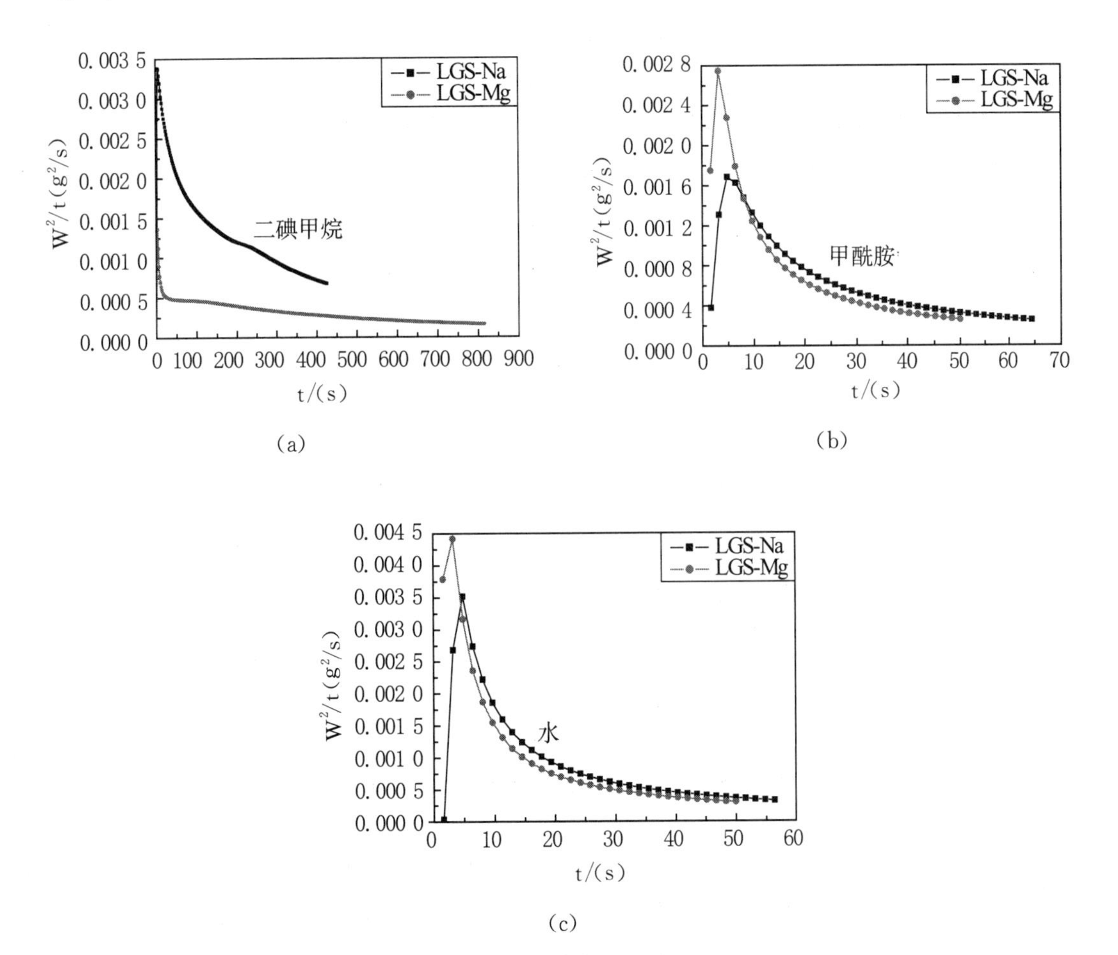

图39-11 不同LGS的吸附速率与吸附时间之间的关系

LGS的表面能是有非极性Lifishitz-van der Waals力 γ^{LW} 和极性的酸碱反应 γ^{AB} 这两个值的总和。

表39-9汇集了木质素和三种木质素磺酸盐的表面性能参数[45]。

表 39-9　木质素的表面性能[45]

木质素样品	R_{eff} (μm)	γ_s (mJ/m^2)	γ_s^{LW} (mJ/m^2)	γ_s^{AB} (mJ/m^2)	γ_s^+ (mJ/m^2)	γ_s^- (mJ/m^2)	γ_s^+/γ_s^-	极性 (%)
Lignin		21.9	21.09	0.80	0.20	0.81	0.247	4
Na^+-LGS	1.15—	22.2	21.97	0.23	0.01	1.21	0.008	1
Mg^{2+}-LGS	2.20	25.2	20.64	4.54	0.84	6.16	0.136	18
Ca^{a+}-LGS		26.3	25.70	0.58	0.02	4.97	0.004	2

39.3.7　磺化木质素水溶液的表面张力和溶解行为

由以上的研究知道，磺化木质素易溶于水中，因此研究 LGS 水溶液的表面张力对于进一步了解 LGS 颗粒表面能有着一定的借鉴意义。

对于选定的体系来说，相表面分子与相内部分子在性质上存在着差异性，因而导致了相界面上存在着表面现象。具体对于溶液的表面分子而言，其下方密集的液体分子对它的引力远大于上方稀疏气体分子对它的引力，两者不能相互抵消，即液体表面分子受到向内的拉力。因此，在没有其他作用力存在时，所有的液体都有缩小其表面积的自发趋势。

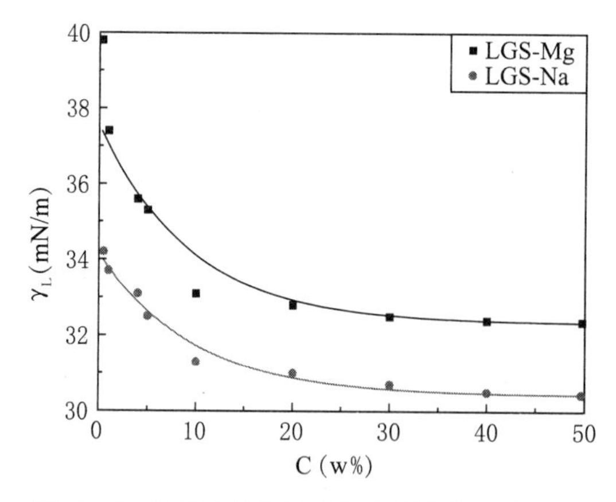

图 39-12　LGS 水溶液浓度与表面张力 γ_L 相关性

由图 39-12 可知，随着溶液体系浓度的增加，两种分子量的 LGS 水溶液体系，表面张力随浓度均呈下降趋势，并且其 γ_L 的数值在浓度小于 10%时有着较大范围的变化，而浓度一旦超过 10%其降低趋势将变缓，其中 LGS-Mg 溶液的变化幅度较大[44]。

从图 39-12 所得到的 LGS 水溶液的 γ_L 值与重量法得出的 LGS 固体的表面能 γ_S 的值对比可以看出：分子量的变化对 LGS 处于不同聚集态时的影响是不同的，当 LGS 为颗粒状固体时，高分子量的 LGS 有着较低的表面能；当 LGS 溶于水形成溶液时，高分子量的 LGS 有着较高的表面张力值 γ_L，并且其 γ_L 值高于其在固体颗粒状态下的 γ_S 值。

对于 LGS 来说，出现 γ_L 值高于 γ_S 值的现象并不难理解，从计算 γ_S 值的过程中知道，γ_S 值包含两部分，其中一部分为极性酸碱效应 γ^{AB} 值的贡献，LGS 溶于极性溶剂水后，亲水磺酸基团即极性基受到水分子吸引，亲油基团即非极性基受到水分子的排斥，形成定向单分子吸附。其分子链的极性基一端受到溶液内部的拉力，而非极性基一端与气相亲和，相互作用的结果使得极性酸碱效应 γ^{AB} 值的贡献增加，使得 LGS 水溶液的 γ_L 值与 LGS 颗粒的 γ^{AB} 值变化相同，即较高分子量的 LGS 有着高的 γ_L 值。

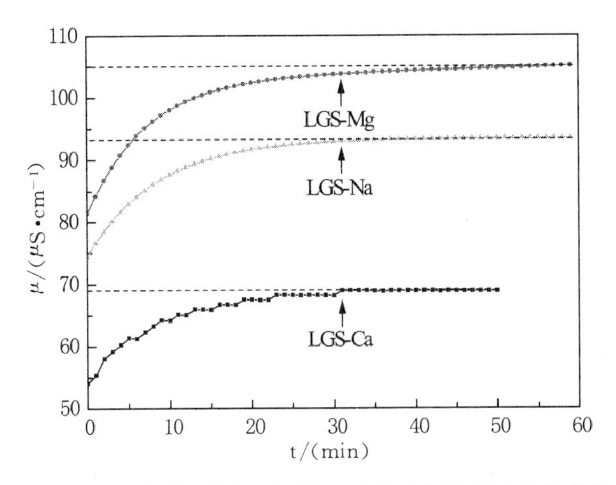

图 39-13　LGS(2 g/L)在 40 ℃ 水中的溶解及电导率的变化

由图 39-13 可以看出 LGS-Ca、LGS-Mg、LGS-Na 的在相同温度及浓度的条件下在水中的溶解规律基本一致，但溶解率明显不一样，因为 Mg 离子的磺化木质素的溶解率最大。这是因为三种离子在电场中均受到电场力，公式可表示为：

$$F = kz_1z_2/r^2 \tag{39-1}$$

而电场力的大小与离子价数和半径有关，离子在电场中运动速率同时与力的大小成正比，进而得出电导率与电场力也是成正比的。由文献[46]可知 Ca^{+2}、Mg^{+2}、Na^{+1} 的半径分别为 99×10^{-12} m、72×10^{-12} m 和 102×10^{-12} m，所以可以计算得出：F(Mg) > F(Ca) > F(Na)。但由于 Mg 离子的半径最小 (72×10^{-12} m)，当它完全溶解于水后，与水发生强烈的水化作用，而因为离子半径过小，所以其周围全部被水分子包围，形成一个体积过大的笼状物，这种笼状物体积远远大于钙及钠的水合物。虽然木质素磺化镁受到的电场力最大，但是由于强烈的水化作用，导致在电场中离子运动速率较慢，使它的平均活度系数增大，导电性能下降和离子临近水分子层的介电常数降低，所以在电导值上表现为最小。

对图 39-13 进行拟合得出了磺化木质素溶解的模型：

$$\mu = A_1 e^{(-t/a_1)} + A_2 e^{(-t/a_2)} + \mu_0 \tag{39-2}$$

μ 表示电导率的值，μ_0 表示平衡态时对应的电导率值，A_1 和 A_2 分别为两个常数，它们的大小与温度、浓度及离子的种类有关，t 代表溶解时间。当 t 趋向无穷大时，μ 值趋向于 μ_0。

39.4 软木脂的酸碱性能

软木脂，是一种存在于天然植被外部组织中的环状脂肪族芳香聚合物，在软木脂单体长链中关键性的羧基和羟基群，以及不饱和环氧化合物的存在和让它特别适合作为有机构建聚合物的原料。

软木脂是一种天然的脂肪族芳香环状化合物，虽然有非常多的结构，但几乎普遍存在于植物界。他最可能在正常植物细胞壁和受伤的植物外部组织中起隔绝生物体和环境的作用。它在植物地下部分中存在[47~51]。在高大植物中，存在于薄层状结构中的软木脂是构成树皮细胞壁的主要部分。

就木质素而言，软木脂没有特定的化学结构，它的结构在高分子网状结构中非常容易从自然明确的状态转换为衍生态。

软木脂中的脂肪族组成部分，有 ω-羟基脂肪酸、α、ω-二羧酸和相应的双羟基或衍生环氧化物，然而芳香族被一系列可替代的不饱和酚类所支配[47~58]。尽管软木脂单体在很多方面非常有用，但它的局部高分子结构以及和其他细胞壁的生命聚合物的联系至今仍未被完全了解。

自然界中，羟基脂肪酸在蓖麻油等特殊的植物种籽油中存在[59]，尤其存在于软木脂中[60]，另一方面，除了在植物变体的细胞壁和树皮组织中，脂肪酸的环氧衍生物还存在于数量众多的植物中[47~51]。

可预见的化石能源的耗尽已经对可持续发展有了更大的需要，促使科技组织和工业部门去发现生产能源和化学商品的新资源，如基于森林活动的生物提炼场以及伴随而来的基于生态和森林产品的副产品，都清晰地回答了这种情况[61]。政府和国际组织都给了非常大的关注，导致了与之相关的基础研究经费有了瞩目的提高。

基于森林工业生产了数量巨大的代表绿色化学原料的树皮原料[62~63]，但现在他们却主要被用来燃烧以获取能量，树皮部分中的由脂肪酸衍生过来的羟基和酯基化合物（它们中的一些在自然界中相当稀少）可能在许多地方有前沿的化学应用。

要确切地了解软木脂是不可能的，因为它有一个复杂的高分子结构，并且他和木质素非常相似[47~53]，对包括小分子部分初步溶剂，对一系列不饱和酯在网状结构中的切割以及确保分离切割后产物的溶剂的分析是不可缺少的[48]。

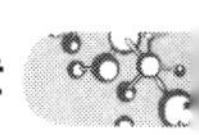

自然界中主要的软木脂有高大植物的树皮和根茎提供，根据树的种类和分离方法，它们的内容和成分非常丰富。与工业相关的硬木材，软木脂的含量占总质量的 20%～50%。对这些木材的转换占生产副产品的大多数[54]。下面举几个例子：

桦树，是北欧最重要的工业硬木材的品种，主要被用来生产纸浆和纸，一个年产 400 000吨纸浆，产生 28 000 吨树皮的牛皮纸生产商，相当于存在一个潜在的年产 8 000 吨软木脂的厂商[54]。另外一个潜在的软木脂资源是在地中海区域的软木塞工业[55]，葡萄牙大约年产 185 000 吨软木塞[56]，占了全世界一半以上的产量。软木主要是用来给植被保暖和制作隔音的软木塞。这些工业产生了大量的软木塞粉末，它们由于体积太小，不能用来结块制作塞子，这些副产物便被作为燃料给焚烧了。每年葡萄牙生产 16 000 吨软木脂[57～65]。

土豆的软木脂含量达到 30%(表 39-10)，软木脂也存在于水稻[66]、玉米[67, 68]、烟草[69]（烟草细胞）、大豆[70]、幼苗绿色棉[71]和其他植物组织[47～49, 72～73]中。

表 39-10　一些高大植物树皮中芳香软木脂的含量和降解方法

种　类	软木脂含量(%)	降解方法
毒豆	61.7	0.5M MeONa in MeOH
欧洲水青冈	48.3	
夏枥	39.7	
欧洲山杨	37.9	
桐叶槭	26.6	
血皮槭	26.1	
欧洲白蜡树	22.1	
西洋接骨木	21.7	
卫矛	8.0	
花旗松	53.0	0.02～0.03M MeONa in MeOH
重枝桦	58.6	0.5M MeONa in MeOH
	51.0	1.3M MeONa in MeOH
	32.2	0.5M KOH in EtOH/H_2O(9∶1, v/v)
	49.3	0.5M KOH in EtOH/H_2O(9∶1, v/v)
	46.0	96% H_2SO_4 in MeOH(1/9, v/v)
栓皮槠	43.3	0.5M NaOMe in MeOH
	37.8～41.2	3% MeONa in MeOH
	37.0	0.1M NaOH in MeOH
	60	0.02～0.03M MeONa in MeOH
	62	3% MeONa in MeOH
	40～45	3% MeONa in MeOH
	54～56	1%～3% MeONa in MeOH

陆生植物产生亲脂性屏障[74]，来保护生物组织内部结构，使其避免脱水、伤害和病原体[75]，并且已经形成可调整的屏障网络[76]在适应不多变化的生理环境。

植物的主要器官，例如幼茎和叶子，被表皮保护着[77]。这层表皮是由角质[78]和蜡状物[79]构成的亲脂性细胞外膜[80]构成的。成熟的茎[81]、根[82]、块茎[83]以及愈伤组织[84]被由多层成熟死细胞[85]构成的软木保护着。软木中的主要化合物是抗渗性的软木脂[86]，一个由脂肪族和芳香族部分共同构成的复杂聚合物[87, 88]，与蜡状物[89]相类似。软木是植物构成的防御系统，包含如三萜类化合物（在草食动物，微生物和真菌中有重要作用）等的次级化合物[90]。

软木或软木组织，是软木的技术术语，由软木形成层组成。软木形成包括增殖[91]、由软木层衍生的细胞的扩大和分散，以及最终演变为不可逆转的细胞死亡[92]。两个最著名的且最有研究价值的软木研究是通过马铃薯块茎以及软木树树皮的栓化作用[93~98]而获得一瓶软木的例子。在软木树中，软木形成了一层用以保护树干和产物的几乎由纯软木细胞组成的连续细胞层，并且以每年 2～3 mm 厚的增长速度粘附在前一年软木层上。软木树树皮的化学组成已经通过化学分馏法被广泛地研究。虽然不同成分数量的不同可以显示重要的变异信息，平均起来，它包含 15％的萃取物，41％的脂肪族软木脂，22％的芳香族软木脂，20％的多聚糖，2％的碱灰[99~102]。许多合成软木所必需的酶的活性可以由其化学成分来推断。软木是四个主要次级代谢途径的主要场所，有酰基脂质，类异戊二烯和黄酮类化合物[103]。该酰基脂质合成途径用于生物合成所需的线性长链脂肪族化合物来形成软木脂，它参与角质生物合成反应；该苯基丙酸合成途径用于合成软木脂的芳香族部分，它参与木质素的基本反应；类异戊二烯途径用于合成蜡萜类和甾醇；黄酮类化合物途径用于合成丹宁酸[104, 105]。

软木脂是软木的主要成分，为一种复杂的生物高分子[106]。它包括脂肪和芳香木素结构，其中的脂肪族部分是与酯化酚醛树脂相关的一个甘油桥聚酯[107]。它的芳香族部分是由羟基肉桂酸的衍生物组成的多酚类物质，推测其对连接脂肪与细胞壁有贡献。尽管介绍了一些假设性的模型，软木脂的三维结构目前仍然不是很清楚。这些模型讨论了软木脂内部的相关联系，以及软木脂与木质素细胞壁的相关假设。只有少部分研究显示酶的活性与栓化作用有关，并且其中大部分涉及芳香族代谢。科学家提出了诱导栓化作用的关键酶能产生羟基肉桂酸，并提出了基于木质素生物合成的芳香族部分的合成途径[108, 109]。过氧化物酶的活性与栓化作用的联系在马铃薯块茎以及番茄的根组织中得到了体现。过氧化氢存在下有助于过氧化物酶的活性被间接证明。实验证明酶参与脂肪部分代谢作用只限于体外的 ω 醇酸的氧化。生物合成脂肪族单体的途径已被推测出来，这是公认的始于一般的不饱和脂肪酸引发长链脂肪酸的合成途径，即在内质网内发生长链脂肪酸的浓缩反应和色素 p450 单加氧酶催化脂肪酸的氧化反应[110]。三维聚酯被认为是以甘油作为交联剂而实现脂肪酸之间的酯化反应。然而,脂肪单体的运输以及在非原质体中的聚合仍然是未知的。尽管软木和软木脂对草本植物和木本植物的生命都是至关重要的,但其分子遗传途径仍然是缺乏的。如今,分析软木脂的生物合成以及功能应当使用不能轻易从软木树种获得的软木脂缺陷突变体。软木脂的生物遗传学方法仅限于与软木脂相关的马铃薯、番茄以及香瓜中过氧化物酶的克隆和人为制造[111~114]。

软木脂是一种在特殊组织调节下的次级代谢产物。软木和软木脂生物合成的候选基因是从软木树体胚胎培养中大规模增值的完全未分化的组织。大规模的增殖是一个透明、充分分化的过程,通常发生在体细胞胚的胚轴中。软木树体细胞胚的形成在之前工作中的解剖以及超微结构中得到详细的刻画。使用光学和荧光显微镜技术或通过电子显微镜可以观察到体细胞晶胚。由于高比例的死亡细胞和苯酚,从软木中提取 RNA 变得十分困难。

软木脂和角质是富含脂肪和甘油的植物聚合物,扮演了隔绝病原体和控制水和物质交换的功能的角色。尽管和小分子在细胞内的位置和组成不同,角质的表皮护膜和细胞壁上的软木脂沉淀有阻碍水、溶质和病原体进入的相似的基本功能。

甘油在脂肪族和芳香族软木脂范围内都有,被酯化为角质和软木脂的单体。软木脂的脂肪族单体只形成线性聚酯,但甘油的存在可以形成网状的聚合物。并且,甘油的存在给转化、合成聚合物单体提供了另外的路径。

甘油作为一个重要的单体,与豆荚中角质内包含的酰基辅酶 A 的证据的确认,表明基于酰基辅酶 A 的甘油酰基转移酶可能作为涉及聚酯合成的一种酰基转移酶[115]。在拟南芥,至少 30 种这样潜在的酰基转移酶已经通过一系列相关的研究被确认,但只有很少一部分结构被确认,被应用于酰基转移反应。它们中每一个特定功能或许在解离复杂物运动和植物细胞的酰基链条作用以及判断一些是否涉及了合成反应和表皮脂质的运输起作用[116]。在动物中,在细胞外脂质合成中酰基化转移反应已经被确认。一种多功能的皮肤 O-酰基转移酶合成体外的羟基甘油、蜡质,以及酯和肺部的一个涉及合成肺部表面活性剂的酰基转移酶已经被描述。

甘油-3-磷酸转酰酶在种子和根茎的软木酯细胞壁中扮演了一个至关重要的角色。

RT-PCR 分析表明:在野生植物中,甘油-3-磷酸转酰酶的 mRNA 在花卉球根以及种子中都可以被检测到,但未能在茎和玫瑰叶中发现。β-葡糖醛酸酶基因染色的植物发育种子的解剖表明 β-葡糖醛酸酶基因在枯竭时期和只在胚乳/种皮,而不在胚中被检测到。在种子枯竭的开始阶段,甘油-3-磷酸转酰酶统一通过种皮/胚乳,在枯竭的最后,β-葡糖醛酸酶基因在胚珠柄部分以及可能在一些胚乳细胞中大量存在。

这些β-葡糖醛酸酶基因和 RT-PCR 和显微相符表明甘油-3-磷酸转酰酶 mRNA 只在胚轴、根、种子和雄蕊中有重大意义[117~120]。

如果甘油-3-磷酸转酰酶基因被打断，脂肪族软木脂单体减少，种皮的通透性增加，种子发芽对盐性条件的敏感性增加。说明甘油-3-磷酸转酰酶对软木脂合成的影响，以及软木脂对种皮通透性的影响。

由于拟南芥甘油-3-磷酸转酰酶分离结构相似转移甘油磷酸的酵母，又因为大多数成员，其中包括甘油-3-磷酸转酰酶，已被证明能够催化转移酰基链酰基辅酶 A 以甘油三磷酸形成溶血磷脂酸。所以，甘油-3-磷酸转酰酶的功能是提供氧化的溶血磷脂酸或机械制备软木脂。根据甘油-3-磷酸转酰酶以往所知的生化特征以及这里所描述的，甘油-3-磷酸转酰酶的分子功能可归纳如下：

(1) 氧化形成甘油脂肪酸脂；

(2) 形成的甘油脂将用作酰基的搬运者；

(3) 增加甘油酰基链聚酯网络。

这些可作为合成软木脂的途径[121]。

甘油-3-磷酸转酰酶可以控制合成软木脂这一生物现象以及甘油-3-磷酸转酰酶的存在位置。

39.4.1 软木脂的结构与功能

软木脂混杂在细胞壁内第二层脂肪区和芳香区的薄层组织上，在最近几十年建立了几个尝试者去描述软木脂高分子结构以及细胞壁组成成分的模型[122~125]，但是他们的层状空间构型以及和木质素这种其他细胞壁的成分的相互影响仍需要仔细考虑。软木脂的脂肪族是由主要有不饱和羟基脂肪酸组成的高分子聚酯分支组成的，跟角质很相似。在软木脂分解中，甘油首先被检测到，但那只是构成该聚合物的很小一部分。

软木脂细胞壁的层状结构也吸引了许多研究者的注意，根据以前的发现和现在的分子研究，层状结构(和小分子容易移动的不饱和芳香物和小分子酯化相似)交替的和富含香豆醛以及甘油(或者可能蜡)按一定序列堆积，它展示了更高的分子流动性。就 Q 型软木塞细胞而言，一个在芳香族软木脂细胞的层状结构中存在的芳香族软木脂碎片结晶被清晰地显示[126, 127]。

39.4.2 软木脂的物理性质

关于软木脂组成的相关讨论吸引了很多实验室的注意力，正如前面所讨论的。随后讨论的混合物的单体组成，现被命名为“软木脂单体”的物理性质。现在只是在这一显著材料的综合调查中发表评估。样品研究表明，通过碱性甲醇从软木中提取到不透明膏体状的物质。在以聚合物的水解，酯的交换反应为主的条件下，在碱性水解（总是存在些许水迹）和大多数羧酸的作用下，可转换成相应的甲酯。

鉴于组成部分的大多数为占主导地位的长脂肪烃，这实际上是柔软剂，利用软木众所周知的疏水性质。评估“软木脂单体”的表面的物理性质看上去很有意思，深入研究需要用到一些补充性的技术。在 25 ℃时，固体软木脂的表面性能，确定接触角测量液体的不同极性和应用欧文-斯温特的做法，是 42 mJ/m^2，以极性部分约 4 mJ/m^2。在 50～110 ℃测量液体样品的表面张力，发表了 G 随温度的线性变异图形，并推测价值 37 mJ/m^2 25 ℃。这种差异是由于固体样品的微晶性质并与较高的能源和凝聚力相关联[128]。因此，有较高的表面能源。由于具有和软木脂单体相同链长排列的混合烷烃会显示出接近 28 mJ/m^2 的表面能量。因此(1)组分中的一些极性团体聚集在软木脂单体的表面，被这微薄的，但是不可忽视的对表面能源有极性贡献的性能证实。(2)有些键相互作用，主要是通过氢键，导致结合能增加。和纯粹的分散烷烃结构相比，建议用相对较高的广度价值，通过接触角和反相色谱得到[129, 130]。有研究认为，软木脂单体为一种表面性质类似于软木的非极性材料，表面能变化范围是 30～40 mJ/m^2[129]。

对软木脂单体的跟踪（参见图 39-14）表明退火样品中熔融液氮生产非晶材料，以玻璃化转变到 50 ℃，在 30 ℃时会结晶。这个微晶的熔化温度集中在 40 ℃（广泛的吸热峰），这些预测被光显微镜的观察证实，进行了 20～80 ℃的温度循环。双折射的定量评估（图 39-15）显示的最大价值（加热周期）为 0 ℃，其次逐步减小零双折射到 −50 ℃。冷却循环通过转换复制相同性质。图像显示了致密微晶领域内的非晶基体[130]。

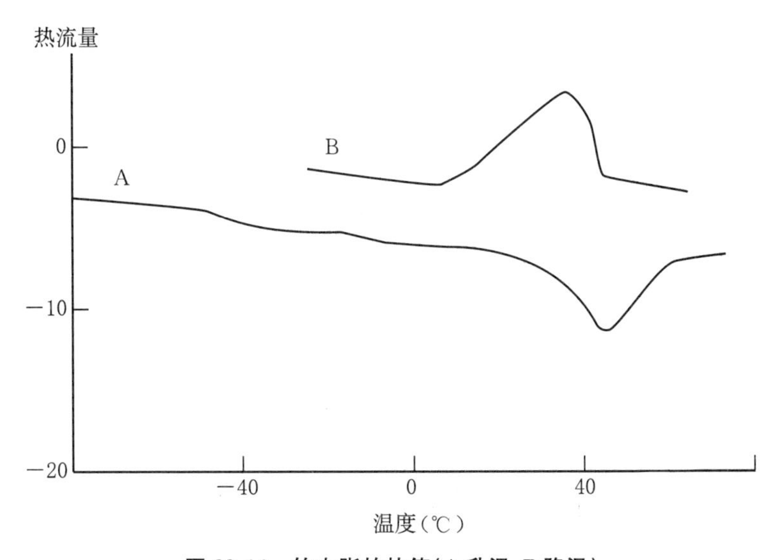

图 39-14　软木脂的热值（A 升温，B 降温）

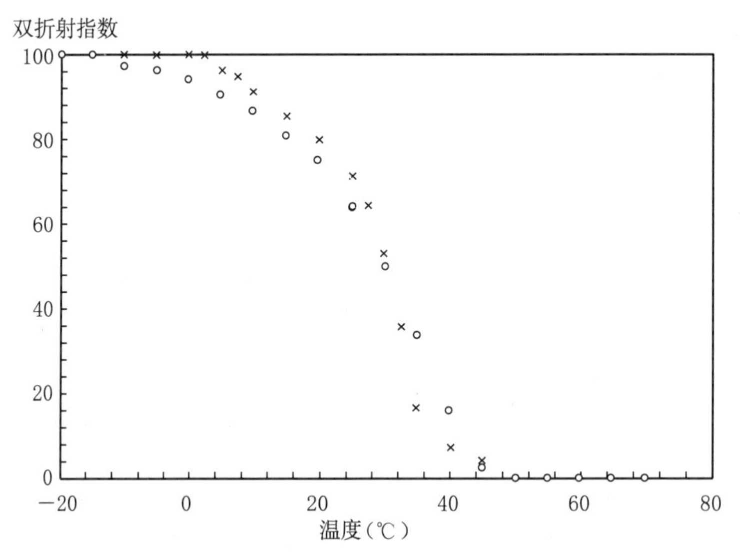

图 39-15　软木脂的熔点及再结晶

所给的广泛的温度范围和熔化或形成这些晶体的阶段相关联。是一组微晶的每一个都是软木脂的一部分。

软木脂单体样品有着白色膏状外观,在室温下会发生反应。因此,结合粘稠的液体载有相当比例的微晶。

软木脂的密度都异常的高。例如,在室温下是1.08,并且直到55 ℃仍能保持这样的密度[131]。与那些在室温下密度为0.8的类似链长的烷烃相比,这一现象证实了分子间相互作用力是通过氢键作用于羟基基团的。事实上,实验测得软木脂与不饱和脂肪酸酯、脂肪醇和二醇具有相近的密度[132]。

图像显示,在氮气环境中[131],软木脂在温度达到280 ℃的时候仍能保持良好的热稳定性。随着温度的继续升高,它的质量会逐渐减轻,当温度达到470 ℃左右时,达到一个稳定状态,此时有80%的软木脂挥发掉,只留下一些碳质残渣。

软木脂的流变性质在室温下是一个典型的具有重要屈服力值和触变行为的塑变反应。其具体表现如图39-16和39-17[133, 134]。这些特征通常或是与分子间的剪切诱导变化,或是与相变化(也可能是两者的共同变化)有关联。随之是间歇性的定期结构重组。由于软木脂在室温下通过分子间氢键的结合以及存在一个液体/晶体的界相,其流变学研究拓展到了较高的温度。随着温度的增加,屈服应力大大下降,当温度为50 ℃时,所有的微晶体融化,此时屈服应力变为零。在此温度下的流变图变成直线,说明液态的软木脂呈现出牛顿力学行为。图39-18中,软木脂在室温下保持塑性的主要原因是软木脂的自然特性以及由此产生具有强大的界面相互作用的液体和微晶体。

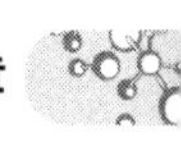

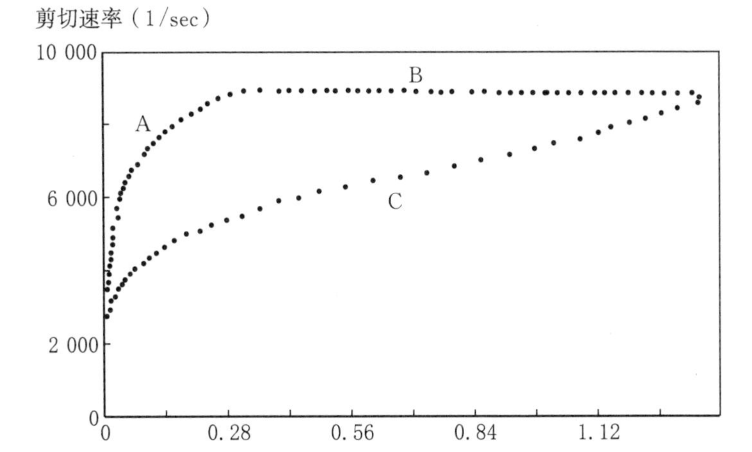

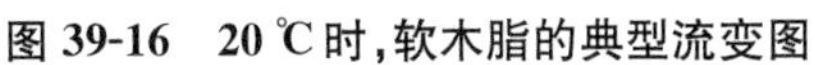

图 39-16 20 ℃时，软木脂的典型流变图

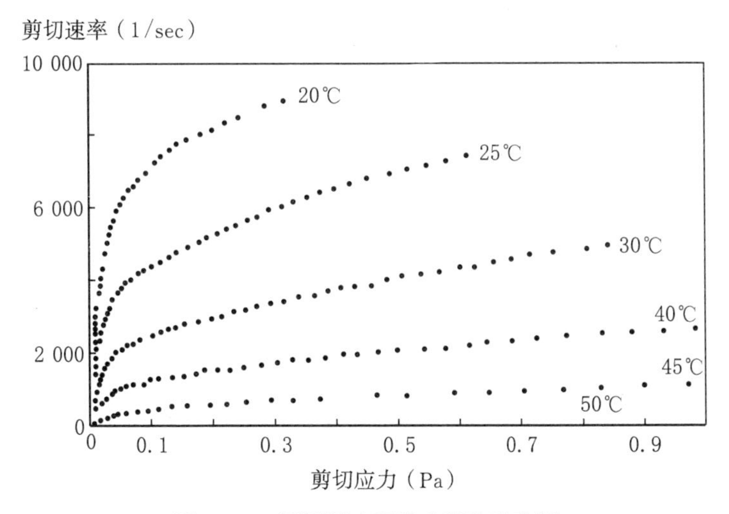

图 39-17 不同温度下软木脂的流变图

软木脂的实际粘度随温度在 20～65 ℃之间变化显著，其粘度从 14 000 变化到 0.18 Pa · s[134]，相应的图 39-18[133]展现出三个明显的特征：

(1) 在温度低于 37 ℃时，微晶相的存在诱导了一个高速度的流动活化能(活化能量值为 88 kJ/mol)；

(2) 在 55 ℃以上，样品呈现均匀的液态(压力增大时)，活化能降为 34 kJ/mol；

(3) 两个温度之间的过渡态反映为逐渐融化的微晶体，这引起了固液相间以及物理一致性的持续改变。

Tack 测量[134]发现软木脂的动力学阻力引起微弱的分裂下降，并如预期的那样，既增

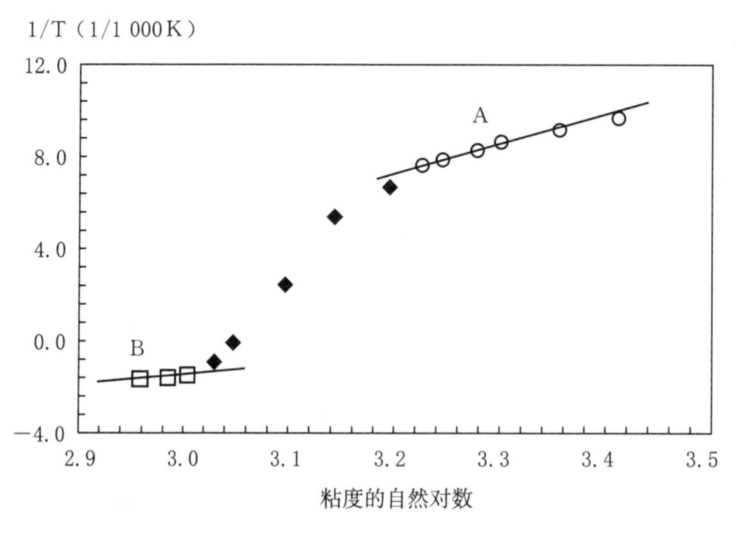

图 39-18　软木脂的相关粘性

加温度又引起剪切率的增加。温度的影响主要反映在晶相的融化，因为在 30～50 ℃之间下降程度相当剧烈(熔融范围)。在实验过程中所有粘性值持续 20 分钟保持不变。

39.4.3　软木脂的化学性质

通过软木脂天然结构的化学裂解过程来分析其单体的组成，对于详细地了解这种天然材料的化学性质和开发它组成部分的应用价值是十分重要的一步。基本上是一个不溶性聚酯的三维网络，大多数降解技术是基于简单的酯裂解反应(即水解)转脂反应或还原裂解反应。第一个关于软木脂单体组成的研究发表于 20 世纪中叶前，但是仅当高分辨率气相色谱质谱(GC-MS)与分光测定法成为常规的分析技术时，软木脂裂解产品的详细表征才成为可能。

用于软木脂单体制备的最常见的程序是通过碱性条件下的甲醇裂解的酯的分解，尽管关于用于确定羟基的位置和作用以及区分自由羧基和酯化羧基的特定试剂的研究也已经在进行了。

甲醇钠是最常被用到的试剂，而氧化钙的甲醇溶液已经被选为十分温和的酯解反应创造条件来使软木脂结构部分裂解以达到揭示结构的目的。

在甲醇钠中的碱性甲醇分解作用展示了一个最温和的解聚过程。在这种环境下，能检测出环氧基。在酒精的水溶液中，这种基团将被转换为二醇结构。这说明环氧基可以保存在碱性水解的条件下(用含水很少的 KOH 溶液作为解决办法)，而碱性的水解反应时间非常短。

通常让软木脂与含有 3%甲醇钠的甲醇溶液加热回流 3 小时来使软木脂分解。但是当

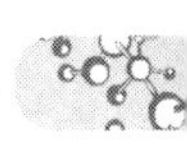

这个反应在 KOH 的乙醇溶液(乙醇与水的体积比为 9∶1)中进行时,完全的分解会在 15 分钟内发生(假设在 20 滤网以下使用微粒)。也有人已经声称,软木脂的完全分解可以在甲醇环境下更温和地达到。但是人们普遍认为在这种条件下只能产生部分的解聚,导致生成物产量的减少与优先除去某些特定的单体组,例如链烷酸与 α、ω 二元酸,但是 ω 含氧酸则更耐分解。应用这种温和过程的优点是可以更好地了解在自然状态下的软木脂的结构,因为它导致了中间体阿魏酸酯(谷维素)和那些不能承受剧烈的解离条件的酰基甘油型低聚结构(主要是与 ω 含氧酸的低聚物)的组成。

软木脂的组成测定也可以通过在羟化四甲铵的条件下采用快速热解—气相色谱质谱联用法得出,但此时得到的并不是软木脂在分析培养基中的各单体的百分比。

39.4.3.1 软木脂的单体构成

除了上面所提到的大量的关于软木脂的内容,软木脂的组成还揭示了一个重要的质与量的多样性。关于大多数软木脂分解过程所产生的单体的总数的检测很少有具体的结果,但是 27%~74%来自栓皮栎,大约 60%来自马铃薯表皮,这意味着至少还有一个不可忽略的软木脂的组分没有被 GC-MS 分析法检测出来。

脂肪醇的含量介于 0.4%~8.3%。这部分的脂肪醇主要由饱和的碳链构成,从碳 16 到碳 26,主要是碳 20、碳 22、碳 24,其次是碳 26,它们是最常被发现的组成。而奇数碳链及不饱和碳链则很少被找到。

软木脂单体 1%~15%的代表结构是链烷酸。他们主要由饱和碳链的同系物构成,最常见的是碳 16-碳 26 化合物。有资料表明饱和碳 12 以及碳 20-碳 30 的单体一些不饱和碳 18 结构也被发现了。最丰富的饱和链烷酸是碳 22-碳 24 的同系物,其次是碳 16 和碳 20。碳 18 链烷酸的中羟基链及环氧衍生物偶尔会被大量的发现,但是没有发现碳 16 及碳 20 的二羟基衍生物。

总数 11.4%~62.4%的软木脂单体的碳 16 到碳 26 的碳链经常被发现,其中又以 C(22∶0)和 C(18∶1)为主。但不饱和结构还是比较少见的。碳 18 的 ω-羟基酸的中链羟基衍生物与环氧衍生物也被频繁地大量发现,有时候还有伴随着环氧基开环所产生的中链羟基甲氧基衍生物出现。饱和奇数碳链组成的碳 21、碳 23 和碳 28 化合物均很少被发现。

α、ω 链烷酸占软木脂单体的比例通常仅次于 ω 含氧酸,占软木脂单体总数的 6.1%~45.5%。它们主要由碳 16 到碳 24(很少有碳 26 的报道)的碳链组成。同样,不饱和的碳 18 同系物也是常见的。

大多数软木脂单体是羧基酸(56.5%~94%),他们中的大多数至少有一个脂肪羟基官能团(13.6%~69.8%)。总体而言,碳 18 化合物是其主要的部分,其次是碳 22 同系物。

在碳18化合物中，最普遍的是中链不饱和的羟基衍生物，在某些情况下也可能是中链环氧化合物或者是相应的软木脂的芳香族部分，阿魏酸是最常被检测到的化合物。除此之外的其他结构，如香豆酸、咖啡酸、芥子酸、4-羟基酸、3，4二羟基苯甲酸、4-羟基-3-甲氧基酸也经常被报道。此外芳香醇，如香豆酰醇、松柏醇、芥子醇作为软木脂的片段也被发现。

甘油作为软木脂的一部分已经被大家所承认了，一些研究者报告还发现，甘油占马铃薯表皮软木脂的20%，占花旗松树皮中软木脂的26%。

甲醇在氧化钙催化下的分解作用证实了软木脂中甘油的存在。在这种温和的条件下，由软木脂网状部分分解而产生的酰基甘油衍生物及阿魏酸衍生物被确定了。这确定了甘油及阿魏酸在软木脂结构中的重要性，说明它们是软木脂的重要组成部分。

在温和条件下获得的栓皮栎软木脂的解聚物是一种混合物，其有高分子量的部分。解聚条件剧烈将增大高分子量的部分。软木脂中的高分子量部分实际上是由软木脂的脂肪族大分子组成的。

39.4.3.2 软木脂的聚合物单体

软木脂中的高分子主要是酯。初步研究发现[136]：单体的脂肪族羟基反应可以形成聚氨酯。

研究几种聚合条件以及随之产生的聚氨酯特性发现[137]，精制脂肪族和芳香族二异氰酸酯当其[NCO]与[OH]的最初摩尔比为一个单位时，所有聚合物的30%变为可溶性材料，而其余的则是一个交联产物。一方面，一些软木脂单体的多功能高分子可以产生一个非线性缩聚导致约70%的单体形成凝胶；另一方面，软木脂单体的单功能成分在单体混合物中的存在，会导致终端链的增长，引起溶胶分散。这一现象表明此时溶解度因素不是基于软木脂的化学结构，而是在其大分子架构。

芳香族二异氰酸盐的网状结构导致软木脂具有高的刚度值，而对应脂肪族的刚度值在室温下表现出较高的链的灵活性。可溶性分数明显低于其相应的交联材料，这一现象符合在可移动的末端分支存在下，产生单功能的单体插入聚合体的结构[138~145]。

Benitez等人[46~47]最近合成了一种类似角质的聚酯，它是一个天然高分子，结构类似于脂肪族软木脂。

39.4.4 软木脂的应用

软木脂可作为油墨的蜡质材料的添加剂[135]。在一项研究中，研究人员应用了两种油墨，一种是商业植物油油墨，另一种是石油油墨，两者都加入2%～10w/w%的软木脂。结果发现：无水油墨中软木脂的存在减少了微量的粘性以及表面特性。这说明油中的烃扮演了很好的软木脂溶剂的角色。增加植物油时，软木脂会导致粘度的大量减少。

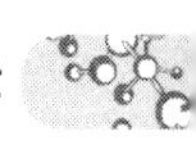

大自然的丙氧基化作用已成功地应用于一系列羟基天然聚合物，如纤维素、淀粉、壳聚糖、木质素和其他更复杂的自然副产物，如甜菜浆[133]。在所有的例子中，亲核催化剂是用来分开羟基物，使氧化丙基中的阴离子起催化聚合作用。图 39-19 是该反应的一个略图，需要至少 150 ℃的温度和 12～15 bar 的压力。

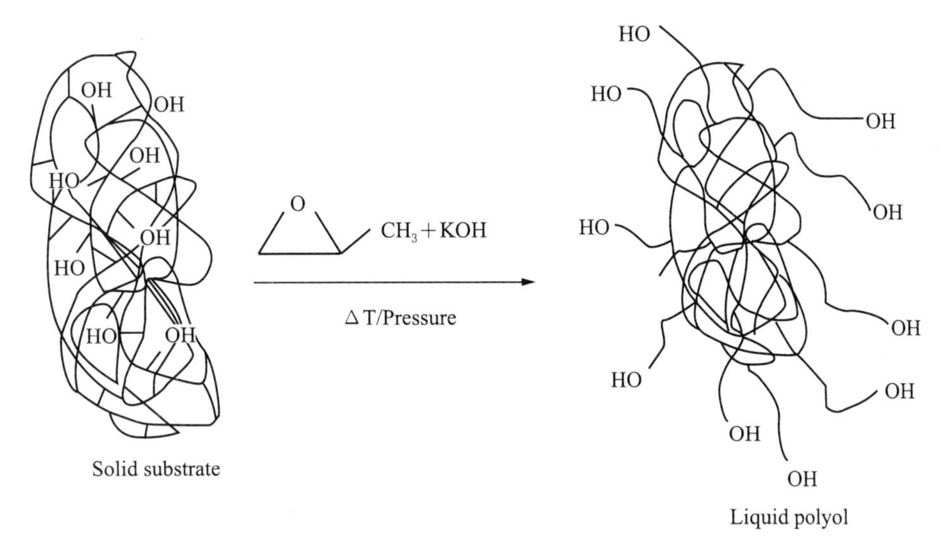

图 39-19　由氢氧根参与的丙氧基化作用制备高分子材料的略图

木塞粉被丙基化后产生的多羟基化合物具有聚氨酯的结构。

软木脂在植物中的主要功能是扩散屏障[148]，主要沉积在最外面的 1～2 层细胞中。NMR 分析表明，其脂肪酸和芳香族成分与可溶性蜡十分接近[149, 150]。由于芳香族高分子沉积在疏水的细胞壁上，促进了亲水性的脂肪族高分子和可溶性蜡的沉积，致使水分不能扩散通过细胞壁。可溶性蜡在扩散故障发展中的主要作用是通过三氯乙酸抑制脂肪酸链增长，对蜡生物合成的选择性进行抑制。但蜡不是软木脂的主要成分，不影响高分子的合成。成熟垂枝桦树皮中的蜡为水分扩散也起到了屏障作用[151～156]。

软木脂在植物中有广泛的分布[157～158]，种子在停止生长后，贮存的物质输入种子的维管组织[159]。研究人员在大麦的细胞壁中也发现了软木脂。

在环境胁迫下，植物通过细胞壁的栓化建立了扩散屏障。创伤的愈合包括栓化，已经证实愈伤期软木脂沉积在下层器官上，这说明树木对创伤的反应是通过一系列的屏障区栓化而进行的[160～162]。化学与结构研究显示屏障区是创伤反应的产物。冷杉和加拿大铁杉根的创伤引起具有栓化细胞壁的周皮形成。愈伤过程的栓化作用并不局限于正常的栓化器官[163]。事实上，正常覆盖角质的果实和叶子也会因创伤发生栓化。

化学结构检测表明：镁离子的缺乏可引起玉米根的下皮和内皮发生严重的栓化，菜豆中铁离子的缺乏可抑制栓化过程，物理胁迫也会引起栓化过程中的变化[164～170]。

生物胁迫也可诱导栓化。很多报道表明真菌和病毒的攻击可引发软木脂在细胞壁内的沉积。由于显微观察和化学检测不能识别由真菌侵染形成的屏障层本质，所以该层被认为是由木质素、软木脂及木质素—软木脂类似物组成的。然而，对解聚产物化学分析后发现了栓化作用[171]。对黑白轮枝孢感染的研究表明：被沉积的维管罩中包含软木脂的特定单体。很多报告显示，具有衰老的严重栓化周皮的植物器官可耐受致病菌的侵染。而幼嫩器官上则因为没有上述保护层而极易受到致病菌攻击。很多情况说明，酚成分在抗菌过程中发挥了重要的作用，而脂肪族高分子对于抗真菌侵染是必需的[172]。

植物外表面的损坏使得角质层再生，这与植物的角质层非常相似[173,175]。

植物角质层是高效天然吸附剂，是一个很好的水库和有机污染物存储处[176]。研究表明，多环芳烃的叶片角质层的总浓度高于叶内组织。角质和胶膜的显著吸附能力是由于其疏水性质和玻璃化结构[177]。由于角质和胶膜比蜡具有更强大的吸附性，所以很难准确预测植物中积累的有机污染物，而只能通过可溶性脂(蜡)进行分析。以前的报告都集中在植物角质层(地上部分)的吸附性能上，特别是在角质和胶膜生物聚合物上，但对地下部分的吸附特性知之甚少。目前研究的主要是不同的植物、不同的物种的吸附性能和结构特点[178,180～185]。

从软木中抽取的软木脂，由酚基和脂肪基交链聚合而成，膜具有很好的光滑性和收紧效果，可显著改善触摸感和皱纹，所以可用于去皱眼霜、紧致眼霜[189～199]。

膳食纤维是指能抗人体小肠消化吸收且在人体大肠能部分或全部发酵的可食用的植物性成分；包括多糖、寡糖、木质素以及相关的植物物质。膳食纤维具有润肠通便、调节控制血糖浓度、降血脂等一种或多种生理功能。膳食纤维是一种可以食用的植物性成分。其主要成分是：纤维素、半纤维素、果胶及亲水胶体物质，如树胶、黄原胶、海藻多糖。另外还包括植物细胞壁中所含有的木质素及不被人体消化酶所分解的物质，如抗性淀粉、抗性糊精、低聚异麦芽糖、低聚果糖、改性纤维素、粘质以及少量相关成分，如蜡质、角质、软木脂等。其中瓜尔豆胶、低聚异麦芽糖、低聚果糖、抗性糊精、改性纤维素、黄原胶等属于水溶性膳食纤维，该类膳食纤维功能突出、性能优越、成分明确、纯度高，是膳食类纤维产品中最受欢迎和应用最为广泛的品种[198]。

随着对饮食纤维成分作为预防癌症的成分的潜在作用的深入认识，其角质栓化的细胞壁也被看作是一种疏水致癌物质的有效吸收物[200,201]。

39.4.5 酸碱性能

图 39-20 反映了软木粉吸附 4 种具有不同性能的液体的动力学特征，其中吸附二碘甲烷和甲酰胺的曲线反映了吸附过程发生的酸碱反应。

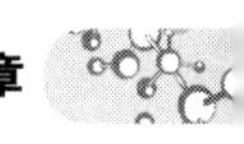

由图 39-20 可知，软木粉吸附非极性液体的能力要强于吸附极性液体，而吸附非极性液体又明显地受表面张力的影响，这意味着软木粉有很强的非极性成分。而比较软木粉吸附水和甲酰胺的曲线发现吸附后者的量明显大于前者，这说明软木粉本身的酸碱成分与这两个液体的酸碱性能正好一致，如甲酰胺是碱性大于酸性，而水则相反酸性大于碱性。

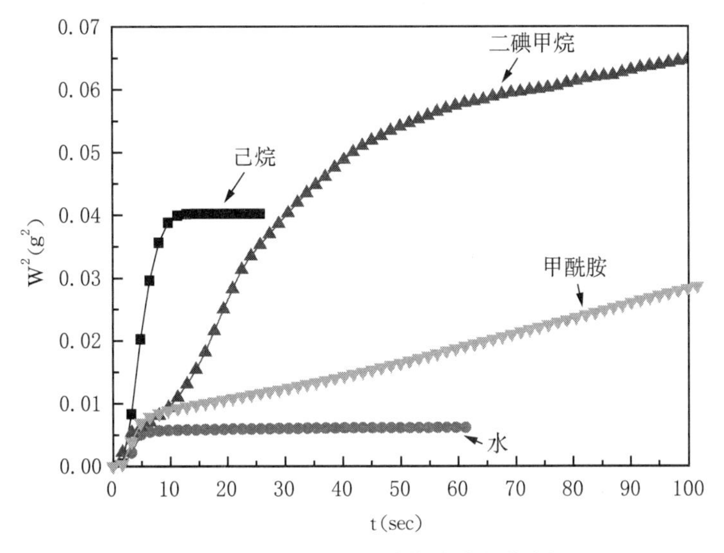

图 39-20　软木粉吸附液体的动力学特征

图 39-21 反映了软木粉吸附液体过程吸附速率与时间的关系。其中特别有意思的是二碘甲烷的吸附速率出现两次峰值，意味着其吸附过程出现明显的物理反应并导致吸附现象强化。如 Lifshitz-van der Waals 反应导致的颗粒之间空隙增加，使得吸附速率上升、吸附量增加。

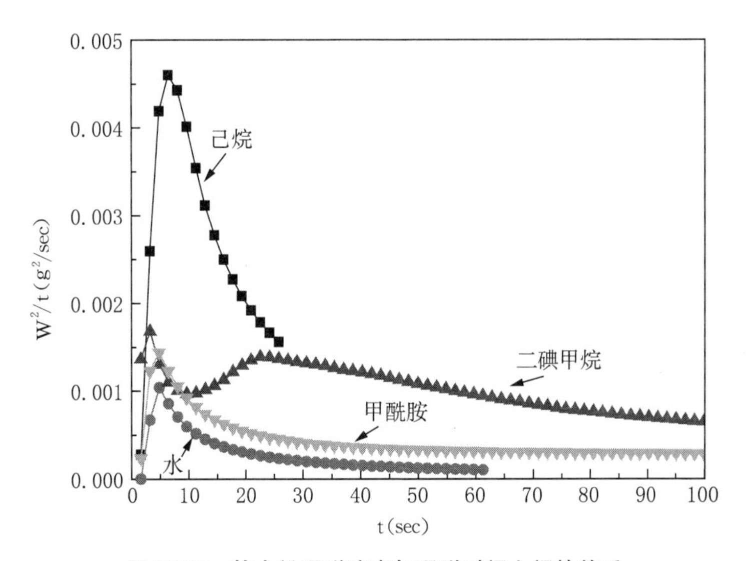

图 39-21　软木粉吸附速率与吸附时间之间的关系

39.5 环糊精的酸碱性能

环糊精是葡萄糖的环状低聚物，可以与小分子或大分子的一部分形成水溶性的包合复合物[202～206]。在制药方面环糊精能够提高药物的水溶性、生物利用度和稳定性，同时能掩盖药物的特殊气味、减少药物毒性，其本身对人体的免疫刺激小，毒性低，且能够适应多种给药途径[207～211]。因此有关环糊精是理想的药物传递和释放载体，得到了广泛的研究。

39.5.1 环糊精的结构

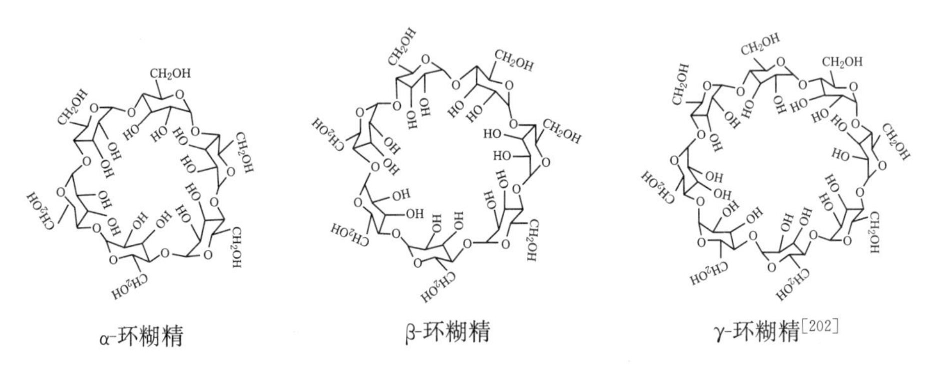

α-环糊精　　β-环糊精　　γ-环糊精[202]

图 39-22 常见的 3 种天然环糊精

环糊精是由 α-D-吡喃葡萄糖通过 α-1，4 糖苷键连接成的环状低聚糖[204]。图 39-22 为最常见的三种天然环糊精，1、2、3 分别为 α-，β-和 γ-环糊精，分别含有 6、7、8 个葡萄糖单元。因为空间位阻影响，没有少于 6 个葡萄糖单元的天然环糊精。单元数多余 8 的环糊精也有报道，但并不常用。由于连接葡萄糖单元的化学键不能旋转，环糊精并非圆柱形，而是削去顶端的圆锥形结构，伯醇羟基位于直径较小的面上，仲羟基位于直径较大的面上(图 39-22)。环糊精羟基均位于其外表面上，因此环内部为憎水性空穴，外部为亲水性[205]。图 39-23 给出了三种环糊精结构的尺寸参数。环糊精的空穴结构是与药物形成复合物的基础。环糊精憎水性空穴具有极性[202, 204]。利用溶剂效应，研究表明其极性和酒精水溶液的极性相近[204]。

环糊精的构象在化学键允许的范围内具有一定的柔韧性，使其能够适应不同客体分子的空间和电子云形成包合物。在溶液状态下这种柔韧性更加显著，尤其是 α 和 β 两种环糊精。γ-环糊精结构相对更加对称，反而使其柔韧性下降[202]。

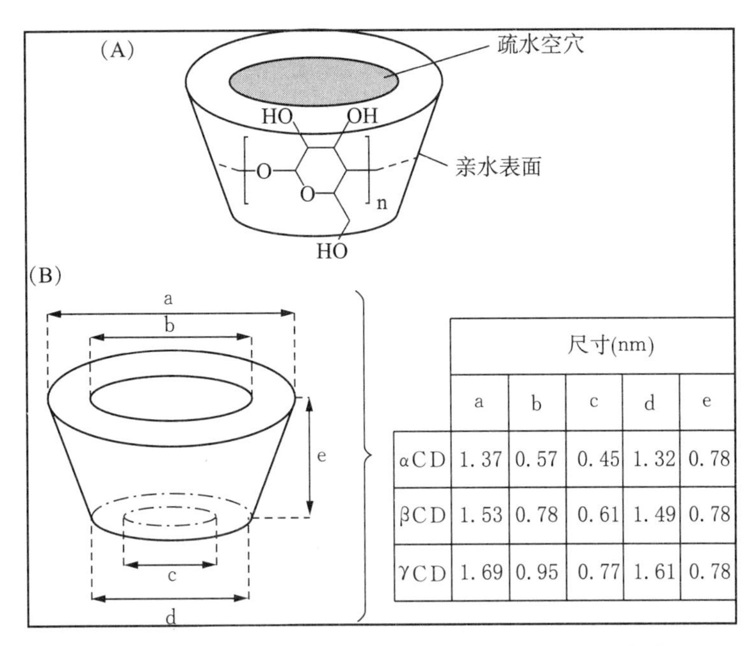

	尺寸(nm)				
	a	b	c	d	e
αCD	1.37	0.57	0.45	1.32	0.78
βCD	1.53	0.78	0.61	1.49	0.78
γCD	1.69	0.95	0.77	1.61	0.78

图 39-23　环糊精的圆锥状分子结构和主要尺寸参数[205]

39.5.2　环糊精作为药物载体的性质

作为药物载体,天然环糊精有如下几点优势:1)化学结构明确,具有可以化学改性和接枝的反应点;2)具有不同空穴尺寸;3)毒性和药学活性低;4)具有一定的水溶性;5)可以保护其包合或接枝的药物不受生物降解的影响[203]。这些优势源于其独特的理化性质和包覆药物的能力。

39.5.3　环糊精的物理化学性质

溶解性为影响环糊精应用的主要因素。常温下 α-,β-和 γ-环糊精的水溶解性分别为13%,2%和 26%(重量分数)。β-环糊精较低的溶解性是由于其仲醇羟基之间形成了氢键,通过化学改性破坏这种氢键可以提高其溶解性[202,206]。从表 39-11 中可以看出 β-环糊精较低的摩尔焓变和熵变是水溶性差的原因[202]。环糊精的溶解与温度有关,温度升高,溶解性增加,溶解是吸热过程[203]。环糊精从水中结晶后形成水合物,环糊精的糖苷键在碱性溶液中可以稳定存在,但在强酸性溶液中会被水解成线性低聚糖[203],使得水解开环的速率和空穴尺寸增大,其规律是:α-环糊精 < β-环糊精 < γ-环糊精。如果环糊精的结构因化学取代而扭曲,则水解速率会增加。反之,环糊精与客体分子的结构符合则会降低水解速率[203,207]。

表 39-11　三种天然环糊精的主要理化参数[202]

性　　　质	α-环糊精	β-环糊精	γ-环糊精
葡萄糖单元数	6	7	8
分子式	$C_{36}H_{60}O_{30}$	$C_{42}H_{70}O_{35}$	$C_{48}H_{80}O_{40}$
摩尔质量	972.85	1 134.99	1 297.14
空穴长度，A^0	8	8	8
空穴直径，A^0	约 5.2	约 6.6	约 8.4
热容(无水固体)$Jmol^{-1}K^{-1}$	1 153	1 342	1 568
热容(无限稀释)$Jmol^{-1}K^{-1}$	1 431	1 783	2 070
pK_a(25 ℃)	12.33	12.20	11.22
溶解性(水，25 ℃)$molL^{-1}$	0.121 1	0.016 3	0.168
溶解焓变，kcal mol^{-1}	7.67	8.31	7.73
溶解熵变，cal $mol^{-1}K^{-1}$	13.8	11.7	14.7

环糊精受酶的作用比现行多糖要缓慢很多[207]，α-和 β-环糊精在人体内不易被代谢，而 γ-环糊精可以被唾液淀粉酶水解[203, 207]。β-环糊精在动物和人体血液内以及鼠肝细胞匀浆中都不会水解。因此进入体内的 β-环糊精可以完好地从尿液中排出。经过改性的环糊精与酶的亲和能力降低，可以减少水解作用[207]。虽然人体自身不能吸收和降解环糊精，结肠中的细菌是可以降解并利用环糊精的[207]。这为结肠靶向给药提供了一种方法，将药物和环糊精结合，在结肠中环糊精降解将药物释放。

39.5.4　环糊精的生物性质

要实现环糊精在药物上的应用需要充分了解环糊精在体内的规律和对生物体的毒性。由于环糊精分子体积较大且具有亲水性外表面，人体胃肠道对环糊精的吸收很少。口服 β-环糊精在老鼠体内的生物利用度仅为 0.1%～4%。仅有少量的环糊精通过被动的扩散通过肠道壁[203]。只有在直肠，环糊精在直肠内细菌的帮助下可以分解吸收。

肠胃外给药的形式中，环糊精及其衍生物也可以很快从血浆中代谢，并且尿液检测有 95%的环糊精仍结构完好[207]。但是过高剂量的环糊精具有肾毒性，β-环糊精的结晶性、低水溶性以及于胆固醇结合的复合物会对肾组织有害。同时环糊精也会对红细胞造成损害，使其变形、与红细胞含有的蛋白质结合，甚至造成溶血[207]。各种环糊精溶血能力排序为：β-CD > α-CD > γ-CD。环糊精也可以同脂蛋白和生物膜相互作用，特别是磺化环糊精，可以作为脂蛋白的载体。

39.5.5　环糊精与药物的复合及释药机理

制备药物环糊精复合物有溶液和固体两种形式。溶液法先将过量的药物加入到环糊精的水溶液中，然后将得到的悬浮液在适宜温度下搅拌近一周，再将溶液过滤和离心。制备固体复合物则需要把复合物溶液中的水蒸发或升华。用超声波方法可以制备过饱和的溶液，并加快配置过程。有时复合效率不高，pH 调节剂、表面活性剂、缓冲溶液的盐可能会降低效率，因此要加入过量的环糊精。通过加入水溶性聚合物然后在釜中加热溶液可以增加效率[204]。

研究表明，药物从环糊精的复合物释放很快且较为完全，而且环糊精不会较大地改变药物的药动学行为[7]。药物与环糊精的复合主要是通过空穴和药物分子间的非共价键力形成的。复合过程为动态平衡过程。假设药物与环糊精形成 1∶1 复合物，过程可用如下方程描述：

$$D_f + CyD_f \xrightleftharpoons{K} DCyD \tag{39-2}$$

其中 D 表示药物，CyD 表示环糊精，下表 f 表示自由分子，DCyD 表示复合物。平衡常数表示为：

$$K = \frac{k_f}{k_r} = \frac{[DCyD]}{[D_f][CyD_f]} \tag{39-3}$$

其中 k_f 和 k_r 分别为正、逆反应的速率常数。表观一阶速率常数 k_{obs} 表示平衡破坏后重新建立的速率，定义为：

$$k_{obs} = k_f([CyD_f] + [D_f]) + k_r \tag{39-4}$$

从这一过程中可以得到两个重要参数。第一个是平衡常数 K，由式 39-3 决定，表示环糊精与药物的复合强度。第二个是复合物的生存时间，用 τ 来表示，$\tau = 1/k_{obs}$。通常生存时间在微秒到毫秒范围内。

药物和环糊精的复合物进入体内后的平衡如下表示。

$$\begin{array}{ccc} D_{1,f} + CyD_f & \xrightleftharpoons{K_1} & D_1CyD \\ + \quad\quad + & & \\ P \quad\quad D_{2,f} & & \\ \Updownarrow K_3 \quad \Updownarrow K_2 & & \\ D_1P \quad\quad D_2CyD & & \end{array} \tag{39-5}$$

三个平衡分别为药物(D_1)和环糊精(CyD)的复合、药物和蛋白质(P)的结合以及竞争组分(D_2)和环糊精的复合。K_1，K_2，K_3 分别是药物/环糊精 1∶1 复合、竞争组分/环糊精 1∶1 复合以及药物/蛋白质复合的平衡常数。分别定义如下：

$$K_1 = \frac{[D_1CyD]}{[D_{1,f}][CyD_f]} \tag{39-6}$$

$$K_2 = \frac{[D_2CyD]}{[D_{2,f}][CyD_f]} \tag{39-7}$$

$$K_3 = \frac{[D_1P]}{[D_{1,f}][P]} \tag{39-8}$$

其中$[D_{1,f}]$、$[D_{2,f}]$、$[P]$和$[CyD_f]$自由的药物、蛋白质和环糊精组分的浓度。$[D_1CyD]$、$[D_2CyD]$和$[D_1P]$表示药物与环糊精、竞争组分与环糊精和药物与蛋白质复合物的平衡浓度。其中公式(39-8)表示的仅为药物和蛋白质的简化结合模型，实际过程中，药物与血浆和组织蛋白质结合的过程要复杂得多[208]。

复合物在人体内经历的另一个重要过程是稀释。根据给药途径的不同，稀释程度不同。假设人体重 70 kg，体液为 3.5 L，则在静脉注射 5 mL 药物成分后稀释比例为1∶700。如果药物扩散的范围是细胞外液，约为 30%的体重，那么 5 mL 药物成分稀释比例为1∶4 200。稀释最小的给药途径是眼部给药。口服情况下药物在胃肠道的停留时间较长，除了稀释外更多的因素会影响到药物从复合物中的释放[208]。

药物被组织的吸收也可以促进其从环糊精的释放。如果药物是亲脂性并且组织对环糊精或者复合物亲和性小的时候，药物倾向于进入组织内，特别是对于局部给药稀释作用很小的时候，比如眼部、鼻腔、肺部、皮下和直肠给药等。如果生物膜能够适合药物扩散，或者具有特殊的传递和接受因子，这也会有利于药物被组织吸收。

39.5.6 环糊精的助溶解作用

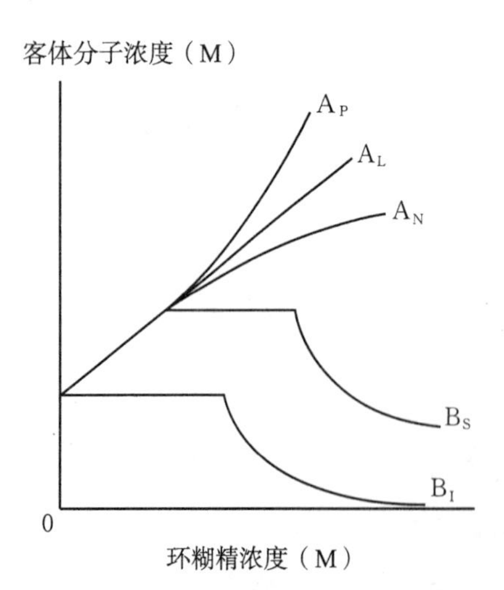

图 39-24 客体分子在环糊精溶液中的相溶解度分析图[203]

环糊精最重要的作用之一是通过与药物形成复合物提高药物的溶解性。图 39-24 将药物在环糊精溶液中的溶解性分成两类，A 表示可溶复合物，B 表示具有有限溶解性的复合物。A 类进一步分为三种：A_P，A_L 和 A_N。通常药物和环糊精为 1∶1 的复合物为 A_L，大于 1∶1 的为 A_P 形式，而 A_N 类型由于溶剂影响机理较为复杂。B 类中 B_S 型中药物溶解性首先随环糊精浓度升高而升高，随后进入平台不随环糊精浓度变化，最后在高浓度下环糊精溶解性下降并形成复合物微晶沉淀。B_I 类表示药物和环糊精形成了不溶解的复合物。固体的环糊精复合物可通过 B 类制备[203]。值得注意的是，由于 β-环糊精水溶

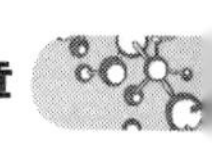

性差，将其加入药物溶液后通常形成固体药物环糊精复合物的沉淀，其溶解模式为B类[204]。

一般情况下，药物的水溶性越低，其环糊精复合物的溶解度提高越多。环糊精低摩尔取代度的衍生物要比高摩尔取代度的助溶性好，在上市的环糊精中，摩尔取代度较低的甲基化的环糊精的助溶效果最好。带电荷的环糊精有更好的助溶效果，但是这取决于电荷与空穴的相对位置，位置越远复合效果越好。虽然离子化的药物容易形成复合物，但是非离子化的药物有更高的平衡常数，而调整溶液的 pH 可以改善离子化药物的溶解性[202, 204]。

加入高分子或者羟基酸可以增加复合效率，也可以增加药物溶解性。通过提高表观平衡常数和水溶性高分子，可以增加环糊精对多种憎水药物的助溶效果。但对未经过改性的环糊精，水溶性高分子不会改变其复合能力，使其更适合做药物辅料[204]。

39.5.7 环糊精的稳定药物作用

环糊精可以加速或减慢许多化学反应，尤其是同酶的反应[203]。有时甚至可以模仿酶的催化和抑制作用，比如，影响反应前与基体的结合、饱和动力学、竞争抑制和空间位阻作用等[204]。环糊精的包合作用可以减少反应官能团和酶与其他可反应基团的接触，也可以减少异构体的生成[203]。这对药物在体内的稳定性十分重要。比如在溶液中环糊精可以有效减慢前列腺素的水解，如果环糊精的羟基被取代，则稳定效果更好。在固态环境中，环糊精的包合作用会影响药物的结晶形态及形态之间的转变。比如硝苯地平在加入羟丙基 β 环糊精后由结晶形态转变为无定形形态，提高了口服的生物利用度[203]。

对于药物与环糊精为 1∶1 的复合物，有如下平衡方程[204]：

$$D_f + CyD_f \xrightleftharpoons{K} DCyD \tag{39-9}$$

$$\begin{array}{ccc} \downarrow & & \downarrow \\ K_O & & K_C \\ \text{降解产物} & & \text{降解产物} \end{array}$$

K_O表示自由药物降解的表观一阶速率常数。在上述平衡中：

$$K_C = \frac{[D_f CyD]}{[D_f]([CyD]-[D_f CyD])}，\text{如果}[CyD] \gg [D_f]，\text{则}\ K_C = \frac{[D_f CyD]}{[D_f][CyD]}$$

[CyD]是环糊精在溶液中的总浓度。

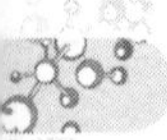

药物环糊精复合物也可以看成是分子尺度上的包装，保护药物不受其他反应性分子的干扰和破坏。在具有潜在腐蚀性的环境里可以减少或防止不稳定的分子受到水解、氧化、构型转变、外消旋作用等多种异构化、聚合甚至药物的酶分解作用[204]。比如，抗癌药多柔比星的A环可以不受酸催化下的芳构化作用(图39-25)，从而减少其降解作用。另一个例子是阿司匹林(乙酰水杨酸)，由于是酚羟基和乙酸形成的酯，水溶液中阿司匹林容易受到质子的进攻而发生酰氧基断裂。而环糊精的包合作用产生空间位阻从而减慢了水解作用(图39-25)。

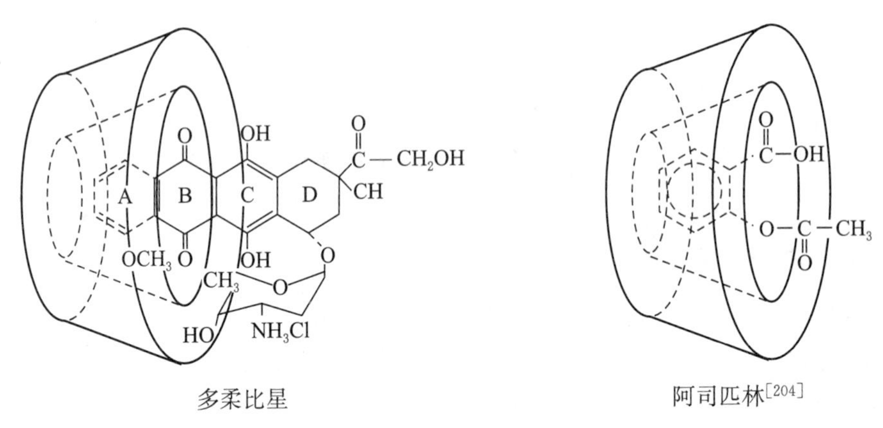

图 39-25 环糊精包合药物的示意图

39.5.8 环糊精的促进吸收与降低毒性作用

环糊精可以帮助药物的吸收从而提高药物的生物利用度。当药物与其复合物形成动态平衡的时候，自由的药物分子才可能穿过脂类生物膜(如粘膜上皮细胞或细胞的层状结构)进入循环系统[203]。

环糊精对药物的包合作用可以防止药物和生物表面接触，减少进入非靶向组织的药物，从而减少局部刺激。比如在静脉注射中环糊精可以保护红细胞不被药物(如安定、抗生素和消炎药等)裂解；在肌肉注射中环糊精可以缓解药物对肌肉组织损伤；环糊精对抗炎药的包合可以降低其引发消化道溃疡的可能，同时掩盖气味和味道使其更适合口服[207]。

39.5.9 新型环糊精药物传递与释放体系

由于环糊精具有很好的生物适应性和多功能性，环糊精和药物的复合物能够缓解药物不良反应、控制药物释放并提高药物靶向性[209, 210]。随着研究的进步，多种新型药物传递系统表现出更好的控释和靶向性，如脂质体、微囊、纳米粒子、水凝胶等等[211, 212]。此外，含

有环糊精的高分子体系[205]和环糊精高分子[206]也是研究的热点。

39.5.9.1 水凝胶体系

水凝胶在生物医学领域应用广泛，尤其在药物缓释系统、医学设备和组织工程支架具有特殊优势。水凝胶不仅可以对外界的多种刺激感应，如温度、pH、光照等，而且可以包含多种药物，特别是水溶性极差的一些抗癌药。同时水凝胶对各种给药途径基本都能适用。交联的环糊精将其对药物的复合能力与水凝胶的优势结合在一起，是新型给药系统的理想材料[211, 213]。

Salmaso 等人[213]制备了聚乙二醇(PEG)和环糊精组成的水凝胶体系，并研究了对溶解酶素、雌激素和奎宁的释放。环糊精先与环己烯异氰酸酯反应，再加入 NH_2-PEG-NH_2，最后加入醋酸使体系进一步交联形成凝胶。三种药物的载药量分别为2%、0.6%和2.4%(药物/水凝胶干重，w/w%)，缓释效果良好，释放速率随着 CD/PEG 比例减小而上升。

Chen 等人[214]用辐射的方法合成了 pH 响应的 PEG-β-环糊精水凝胶，并探究了对5-氟尿嘧啶(5-FU)的缓释行为。他们首先将环糊精和聚乙二醇二环氧甘油醚反应，再将其与丙烯酸混合后用电子束照射形成水凝胶。与普通的 PAAc 水凝胶相比，这种水凝胶在 pH=3～8范围内具有更好的溶胀性，对 5-FU 的缓释较缓慢并持久。

Sajeesh 等[215]将环糊精和胰岛素复合后包裹在聚甲基丙烯酸(PMAA)水凝胶内，实现胰岛素的口服给药。研究者首先用粒子凝胶方法制备了聚甲基丙烯酸、壳聚糖和聚乙二醇(PCP)三元水凝胶微粒子，然后将胰岛素和甲基-β-环糊精的复合物(IC)包裹到水凝胶微粒子中。载药性能显示复合物没有影响到胰岛素载药量。体外释放试验中，与环糊精复合后的胰岛素在单层 Caco2 细胞上有很好的传递。体内试验中，大鼠在接受药剂注射后 2 小时内血糖含量下降 30%，且能持续保持低水平达 6 小时，10 小时后比控制组的血糖仍低 10%。

Manakker 等[216]通过 β-环糊精和胆固醇的复合作用制备了自组装水凝胶。研究者将 8 臂的星形聚乙二醇(PEG)末端分别加上环糊精和胆固醇。混合后由于复合物的形成，整个体系成为凝胶状。该体系具有生物相容性且可以通过生理代谢清除，因此这种水凝胶材料有成为药物传递载体的潜力。

39.5.9.2 纳米粒子体系

纳米粒子作为药物传递载体具有稳定性好、表面积大的优点，可以提高药物的生物利用度、降低药物的免疫原性、改善药物代谢、降低药毒性并提高药物在体内的半衰期。较复杂的纳米粒子体系还可以增强给药的靶向性，或者作为基因药物载体[206, 211, 217]。在水溶液中，人们发现环糊精可以自发凝聚成纳米级的颗粒[217]，而以环糊精为基础的纳米粒子体系也受到很多关注。环糊精可以提高纳米粒子的载药效率并促进纳米粒子的自发形成[211, 218]。多种含有环糊精纳米粒子的制备方法已经有过总结[218]。

李媛等人[219]将 α-环糊精穿入肉桂酸改性的 PEG 分子链形成复合物，通过超分子自组装成为纳米粒子，并将抗癌药物多柔比星载入纳米粒子中探究其缓释效果和对癌细胞的抑制效果。结果表明，载药后纳米粒子直径略有增加，载药量在 15%以上，缓释效果良好，4 小时内释放 40%，随后释放按照线性模式，32 小时后累计释放 80%左右，证明纳米粒子具有缓释效果。抗肿瘤细胞试验中的细胞杀死率为 80%，这是因为缓释后期药物浓度较低，可通过多次给药维持药物浓度。

Cirpanli 等[220]比较了两性环糊精纳米粒子和 PLGA、PCL 形成的纳米粒子对抗癌药卡莫西汀的助溶和释放功能。研究者用了两种两性环糊精：6-O-Capro-β-CD 和 β-CDC6 分别与卡莫西汀形成复合物，药物和环糊精摩尔比为 1∶1，在水和乙醇溶剂中用冻干法制备纳米粒子。卡莫西汀和羟丙基 β 环糊精复合后包裹进 PLGA 与 PCL 的纳米粒子。药物释放和细胞培养的结果显示，两性环糊精具有更高的抗癌效率和更长的药物释放时间（长达 12 天，PLGA 和 PCL 的纳米粒子只有 48 小时）。

Zhang 等[221]利用环糊精与客体分子的相互作用制备了具有壳核结构的纳米粒子。β 环糊精与 PEG-b-PEDA 嵌段共聚物通过化学键连接，得到 PEG 和环糊精高分子的共聚物。含环糊精的嵌段部分可以和憎水性基团形成包合物，而 PEG 亲水的嵌段部分有助于组装过程的稳定。制备的纳米粒子首先包含了憎水的芘分子，DLS 观察结果粒径为27.3 nm，TEM 显示粒径为 20.0 nm。药物包合释放的研究采用抗炎药吲哚美辛，释放效果迅速。

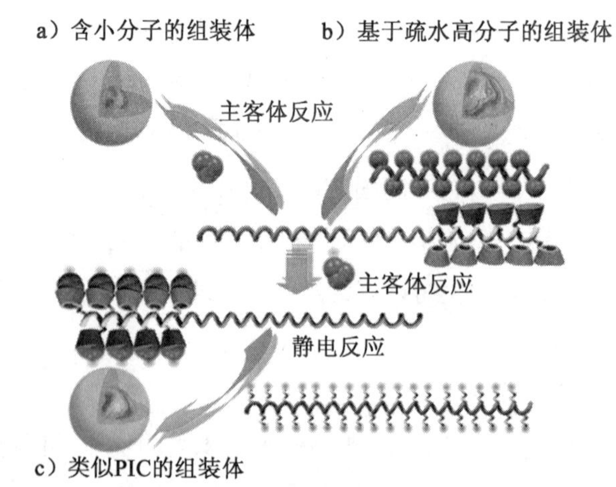

a)憎水小分子的组装，b)有憎水高分子存在下的组装，c)高分子复合物(PIC)组装[221]

图 39-26 主客体组装示意图

总之在憎水化合物存在下，PEG-b-PCD 可以通过环糊精和憎水分子间的包合作用组装形成纳米粒子。在与憎水分子包合后，亲水的嵌段共聚物具有局部的憎水性质，这种假两性共聚物

(pseudo-amphiphilic copolymer)在水溶液中可以形成具有壳核结构的纳米粒子[221]。

39.5.10 环糊精高分子

环糊精高分子既有环糊精包合作用、控释作用、催化和识别能力，也有聚合物良好的机械强度和稳定性，是很有潜力的高分子材料[206, 222]。图 39-27 为几类常见的环糊精高分子[206]。

a 环糊精与环氧氯丙烷交联

b 聚烷基胺下接环糊精

c 环糊精组成线性管道

d 线性环糊精高分子

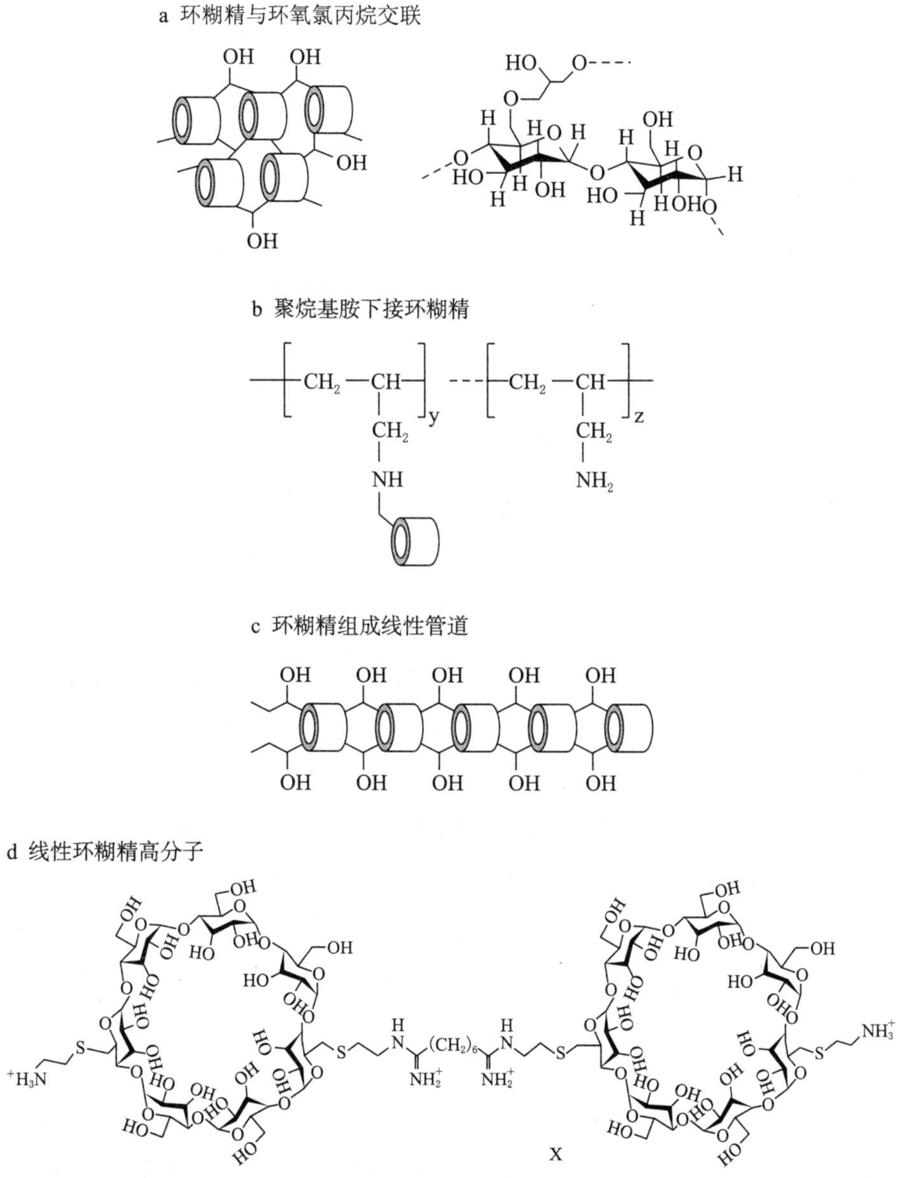

图 39-27 几种类型的环糊精高分子[206]

环糊精高分子最早是通过交联方法得到的，如图 39-27a，将环糊精用环氧氯丙烷交联可得到水溶性的环糊精高分子，并可以用于药物传递系统[206, 222]。此外，二异氰酸酯类和双氧化物也用来进行交联。其次化学接枝也是一种重要方法，如图 39-27b，将高分子骨架上连接反应性基团，与经过化学改性的环糊精反应形成接枝，得到线性环糊精高分子[222]。在图 39-27c 中，环糊精分子构象成管状，也是通过环糊精分子间的交联得到的。图 39-27d 中的线性环糊精高分子是由双官能化的含环糊精的共聚单体得到的，这种线性高分子也可以挂接药物，且聚合物骨架的分子量越高，药物的抗癌效果越好[206]。

环糊精高分子在给药系统方面，如纳米粒子、微球、微囊、水凝胶等已经有许多成就[205, 222]。在基因药物传递上有着突出的应用[206, 223]。Davis[223]报道了第一个用环糊精高分子进行 siRNA 靶向给药的例子。含有 siRNA 的纳米粒子中环糊精高分子为主要成分，聚乙二醇为稳定剂，人体转铁蛋白为靶向配合体来与转铁蛋白受体结合使纳米粒子能够识别癌细胞。环糊精高分子的结构为图 39-27d 中的线性结构，每个单元结构中含有环糊精分子 A、共聚单体 B、带电荷分子 C、以及环糊精与带电分子的间隔分子 S（图 39-28）。

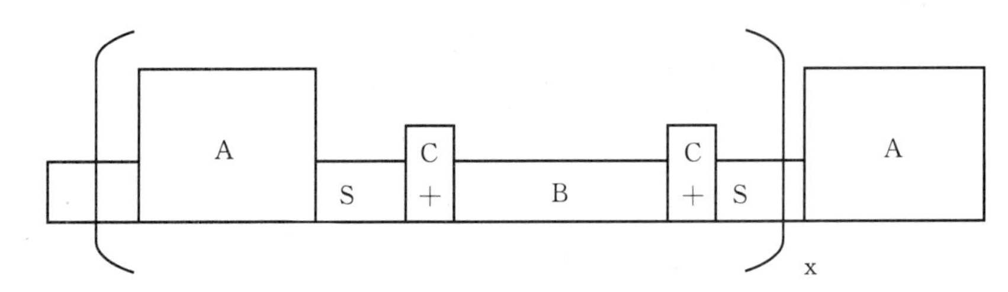

图 39-28　线性环糊精高分子单元结构图[223]

综上所述，环糊精独特的结构和性质在制药领域仍将是研究热点。环糊精的包合能力不仅能改善和提高药物的表现也有助于药物载体的组装，环糊精的结构也提供了多样的改性方法。目前，对环糊精和药物复合体系的基础研究已经获得许多成就，开发出多种新型药物释放体系，对多种大分子药物也实现了包合和释放(如蛋白质、多肽、核酸)。但是目前各种新的释放体系距离大规模的临床应用仍有距离，研究主要集中在体外和动物体内释放的研究，其对人体的安全性和有效性有待进一步研究。但是，随着研究的不断深入，环糊精与其他药物载体材料潜力的不断开发，相信环糊精在制药领域，尤其是长效释放和靶向释放给药体系中会取得更大突破。

39.5.11　环糊精的液体吸附性能

环糊精内腔呈锥形体，其空腔内侧由氢原子(H-3 和 H-5)和糖苷键键合的氧原子构成，但都处于碳—氢键屏蔽中，从而具有疏水特征；其外腔由于羟基的聚集而呈亲水性[202]。三种环糊精由于其构象不同，其表面吸附行为存在差异。

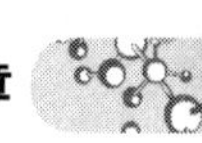

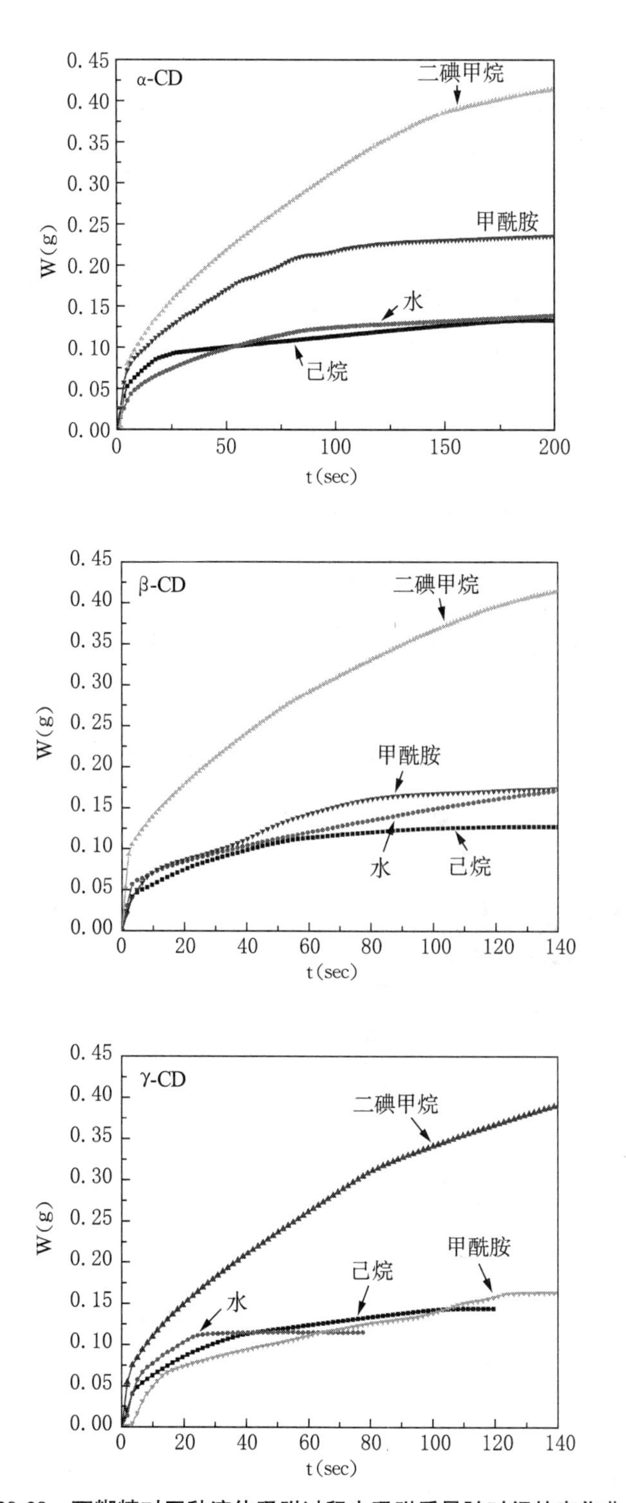

图 39-29　环糊精对四种液体吸附过程中吸附质量随时间的变化曲线

从图 39-29 中可以看出吸附的初始阶段吸附质量增长较快，随后进入较为稳定的阶

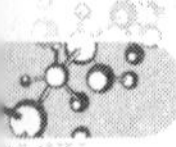

段，质量逐渐上升，最后毛细管内液面接近填充固体的顶端，吸附逐渐达到平衡，质量上升速率下降至平衡。分别用一阶和二阶吸附模型对图 39-29 的吸附曲线进行动力学分析得到以下吸附模型：

$$\frac{dq_t}{dt}=k_1(q_e-q_t) \tag{39-10}$$

其中 $k_1(s^{-1})$为一阶吸附速率常数，q_e 为吸附达到平衡时的吸附量，q_t 为 t 时刻的吸附量。对(39-10)进行积分(初始条件为 $q_t=0$，$t=0$)得到：

$$\ln\left(\frac{q_e-q_t}{q_e}\right)=-k_1t \tag{39-11}$$

$$\log(q_e-q_t)=\log q_e-\frac{k}{2.303}t \quad (线性方程) \tag{39-12}$$

$$q_t=q_e(1-e^{-k_1t}) \quad (非线性方程) \tag{39-13}$$

将 q_e 定为吸附终了时的吸附量根据式(39-13)绘制四种液体吸附的线性曲线取线性情况较好的部分如图 39-30 所示。

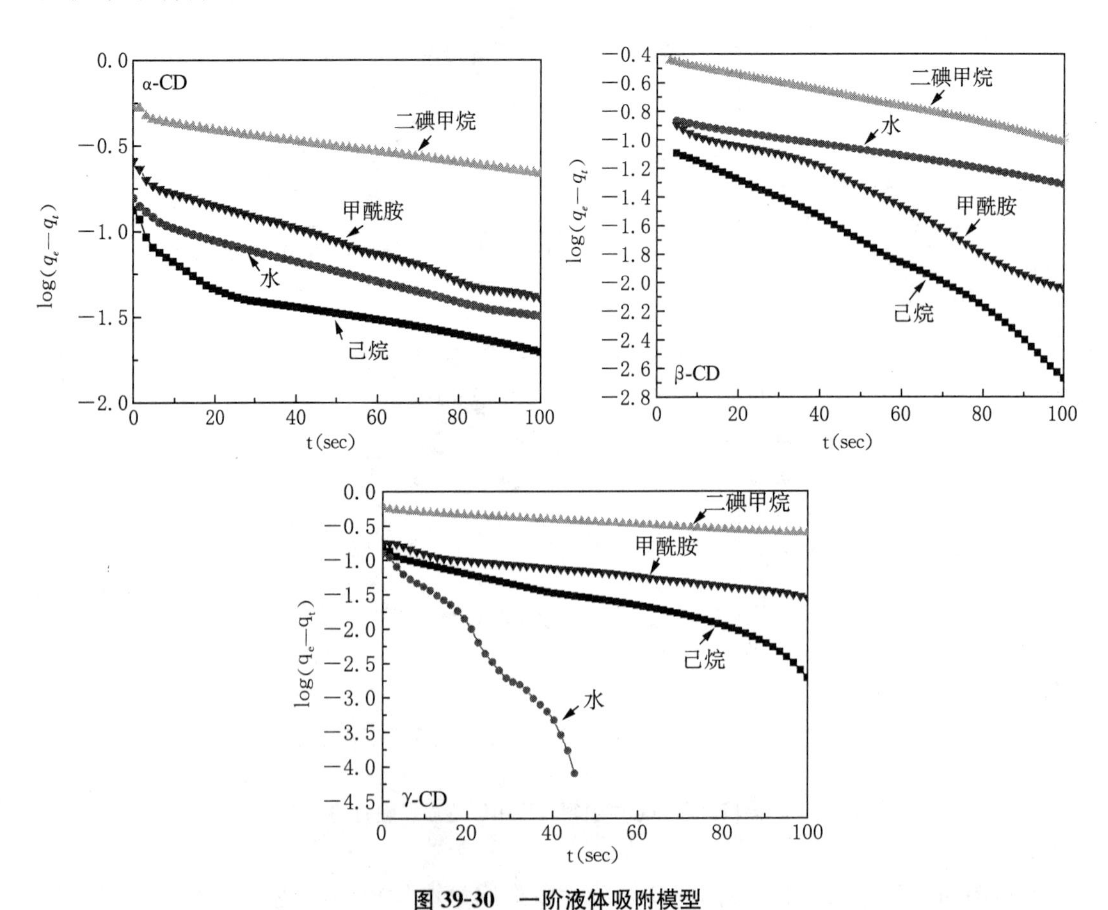

图 39-30　一阶液体吸附模型

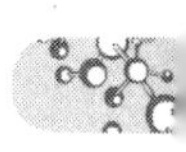

对式(39-13)的拟合结果见表 39-12。

表 39-12　一阶液体吸附模型的参数

样品	液体	$y=a-bx$		R	q_e	q_e	k_1
		a	b		(计算)	(实验)	$(\times 10^{-3})$
α-CD	二碘甲烷	−0.338	0.003	0.999 5	0.46	0.53	7.65
	正己烷	−1.239	0.005	0.991 2	0.06	0.13	11.0
	水	−0.929	0.006	0.999 4	0.12	0.16	14.0
	甲酰胺	−0.704	0.007	0.998 6	0.20	0.26	16.33
β-CD	二碘甲烷	−0.397	0.006	0.996 9	0.40	0.46	2.78
	正己烷	−0.990	0.014	0.998 8	0.10	0.13	6.25
	水	−0.851	0.005	0.999 0	0.14	0.20	10.32
	甲酰胺	−0.929	0.006	0.989 7	0.12	0.18	13.27
γ-CD	二碘甲烷	−0.317	0.003	0.997 0	0.48	0.61	6.26
	正己烷	−0.963	0.012	0.997 0	0.11	0.16	27.59
	水	−0.758	0.066	0.990 8	0.17	0.12	15.09
	甲酰胺	−0.871	0.006	0.997 1	0.14	0.18	14.69

上述数据拟合效果都很好，除了甲酰胺的拟合度略低以外，其他三种液体均在 0.99 以上。由方程得到的 q_e 值要小于实验测得的值。

二阶模型考虑到吸附与解吸附的平衡过程[224]，表达式如下

$$L + M \underset{K''}{\overset{K'}{\rightleftharpoons}} LM \tag{39-14}$$

上述过程会强烈受到吸附表面含有的吸附液体和平衡状态下液体吸附量的影响。吸附速率直接与吸附表面的活性点数目成正比，动力学方程表示如下：

$$\frac{d\,(L)_t}{dt} = k\left[(L)_0 - (L)_t\right]^2 \tag{39-15}$$

其中 $(L)_0$ 和 $(L)_t$ 分别是在 $t=0$ 和 t 时刻的吸附活性点的数目，转换成吸附量和时间的关系后有如下表达式：

$$\frac{dq_t}{dt} = k_2(q_e - q_t)^2 \tag{39-16}$$

这里 k_2(g/mmol h)是二阶吸附速率常数，q_e 为平衡时的吸附量，q_t 是 t 时刻的吸附量。对(39-16)积分(边界条件为 $t=0$ 时 $q_0=0$，$t=t$ 时 $q_t=q_t$)，得到：

$$\frac{1}{(q_e - q_t)^2} = \frac{1}{q_e} + k_2 t \tag{39-17}$$

变换(39-17)后得到：

$$\frac{t}{q_t}=\frac{1}{k_2 q_e^2}+\frac{t}{q_e} \tag{39-18}$$

以 t/q_t 对 t 作图可得到线性方程，通过斜率和截距可确定二阶速率常数和平衡吸附量，具体参见图 39-31。

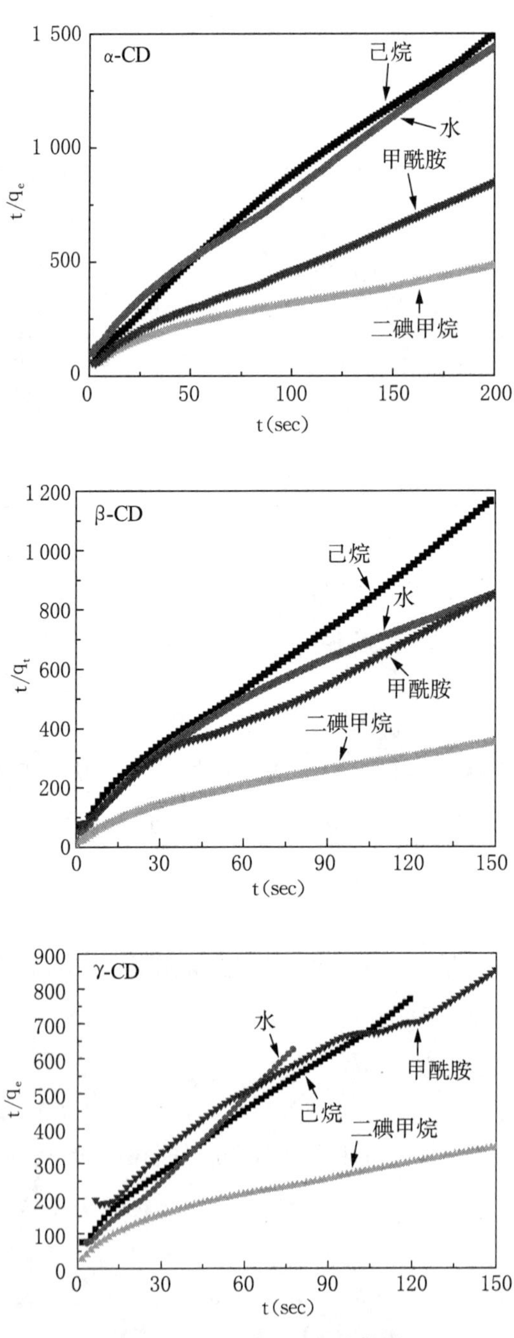

图 39-31　液体吸附二阶模型

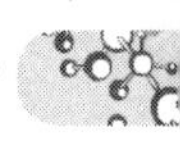

选取初始吸附部分线性较好的进行拟合得到结果见表 39-13。

表 39-13　液体吸附二阶模型的线性方程拟合结果

样　品	液　体	$y=A+Bx$		R	q_e	q_e	k_2
		A	B		（计算）	（实验）	
α-CD	二碘甲烷	143.33	1.69	0.998 9	0.59	0.53	0.020
	正己烷	141.38	6.93	0.998 0	0.14	0.13	0.340
	水	213.04	5.93	0.998 5	0.17	0.16	0.165
	甲酰胺	100.18	3.69	0.999 6	0.27	0.26	0.136
β-CD	二碘甲烷	81.43	1.82	0.992 4	0.55	0.46	0.041
	正己烷	106.23	7.05	0.998 2	0.14	0.13	0.468
	水	191.85	4.39	0.993 5	0.23	0.20	0.100
	甲酰胺	121.29	4.86	0.997 8	0.21	0.18	0.194
γ-CD	二碘甲烷	125.22	1.41	0.998 2	0.71	0.61	0.016
	正己烷	98.92	5.65	0.998 4	0.18	0.16	0.323
	水	31.16	7.55	0.998 7	0.13	0.12	1.829
	甲酰胺	157.17	5.47	0.992 9	0.18	0.18	0.190

39.5.12　酸碱性能

计算环糊精表面性能的液体和参数如表 39-14 所示。由已烷测得的常数 C 如表 39-15 所示，而不同液体与三个不同结构的环糊精之间的 $\cos\theta$ 如表 39-16 所示。

表 39-14　所用测试液体的性质参数[1, 2, 3, 5, 7]

液　体	ρ	η	γ_L	γ_L^{LW}	γ_L^{AB}	γ_L^+	γ_L^-
	(g/ml)	(m Pa s)	(mN/m)				
水	0.998	1	72.8	21.8	51	25.5	25.5
正己烷	0.660	0.33	19.1	19.1	0	0	0
甲酰胺	1.132	4.55	58.0	29.0	19.0	2.28	39.6
二碘甲烷	3.323	2.8	50.8	50.8	0	0	0

表 39-15　3 种环糊精的装填常数 C 值

环糊精	α-CD	β-CD	γ-CD
C($\times 10^{-11}$ m^5)	1.35	0.739	1.40

计算得到的 3 个不同结构的环糊精的表面能和酸碱性能分别如表 39-17 所示。3 种环糊精表面能的主要贡献部分还是 LW 作用力，其中 β-CD 具有更大的表面能。随着环糊精

表 39-16　4 种液体与 3 种环糊精之间的余弦接触角

液　体	α-CD	β-CD	γ-CD
正己烷	1	1	1
二碘甲烷	0.373	0.799	0.494
水	0.165	0.331	0.584
甲酰胺	0.223	0.442	0.449

所含葡萄糖单元数的增加，其酸碱反应作用力（AB 作用力）明显增强，但其中的主要作用是因为环糊精所含的 Lewis 碱性成分，γ_S^-，尤其是 γ-CD 的 γ_S^- 相对较大。这与 γ-CD 对水和甲酰胺都有较快的吸附速度有关。由于很多天然高分子的表面能都具有较大的 γ_S^- 部分，因此环糊精具有类似的表面性质也不足为奇。

表 39-17　环糊精的表面自由能及分量

CDs	γ_S	γ_S^{LW}	γ_S^{AB}	γ_S^+	γ_S^-	γ_S^{AB}/γ_S
			(mN/m)			(%)
α-CD	28.36	23.94	4.36	0.47	10.18	15
β-CD	45.61	41.1	4.51	0.61	8.33	9.9
γ-CD	36.82	28.35	8.47	0.54	33.18	23

39.6 半纤维素的酸碱性能

聚木糖（hemicellulose）是植物纤维原料中除纤维素（cellulose）以外的另一个主要成分。从结构上看，聚木糖是由一至几种糖基，如 D-木糖基，D-甘露糖基与 D-葡萄糖基或半乳糖基构成的基础链，而其他糖基则作为支链与其相连[1]。由于利用生物工程技术可以将聚木糖分解成人体可吸收的成分，所以聚木糖在食品、医疗保健品行业的应用非常广泛。虽然聚木糖的应用已有一百多年的历史，然而对于它们的某些特性，尤其是与它们的应用密切相关的表面特性[224]，到目前为止还不是十分清楚。

图 39-32 是聚木糖（xylan）的 FT-Raman 光谱图。从 Raman 光谱图可以看出，聚木糖在 2 988/2 897 cm^{-1}处有明显肩峰是亚甲基的振动峰；而在 1 092/1 127 cm^{-1}处也有明显肩峰均是 C-O 的振动峰；在波数为 496 cm^{-1}处有一个强吸收峰是聚木糖分子链中的环状结构的振动峰[225]。

由于文献[226~229]介绍的极性液体水和甲酰胺在浸渍聚木糖的过程被发现浸渍速率很慢，以至于记录浸渍距离和时间非常困难，所以我们根据 Chibowski 的建议[226]选择甲苯/

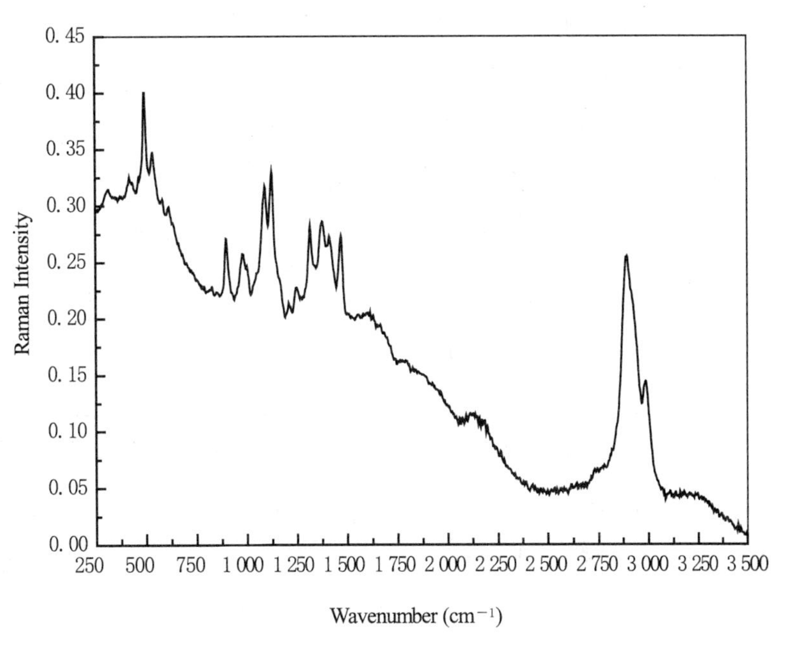

图 39-32 聚木糖(xylan)的 FT-Raman 光谱

氯仿为浸润剂。但由于这对极性液体的表面张力较低，适宜记录浸渍参数而不适合估算固体的表面能[226]，所以我们同时应用 2 种极性液体浸渍纤维素标样得到两组 Lewis 酸性力 γ_S^+ 和 Lewis 碱性力 γ_S^- 数据，然后应用这 2 组数据之间的系数来扩大或缩小由甲苯/氯仿浸渍聚木糖得到值，以求得类似于应用水/甲酰胺浸渍聚木糖得到的 Lewis 酸性力 γ_S^+ 和 Lewis 碱性力 γ_S^- 数据。

根据上述方法得到的纤维素标样和聚木糖样品的 Lewis 酸性力 γ_S^+ 和 Lewis 碱性力 γ_S^- 数据如表 39-18 所示。

表 39-18 纤维素标样和聚木糖样品的 Lewis 酸性力 γ_S^+ 和 Lewis 碱性力 γ_S^-

样　　品	水/甲酰胺		甲苯/氯仿	
	γ_S^+ (mJ/m²)	γ_S^- (mJ/m²)	γ_S^+ (mJ/m²)	γ_S^- (mJ/m²)
纤维素*	0.02	56.31	10.11	21.53
聚木糖	0.01**	19.61**	6.71	7.50

* 纤维素样品为粉末状，代号 C8002，直接购自美国 Sigma 公司未经过任何处理。** 此数据系根据两组液体浸渍纤维素得到的数据之间的比例和甲苯/氯仿浸渍聚木糖的数据估算而得出的。

由表 39-18 可以看出，半纤维素(聚木糖)的 Lewis 酸性力 γ_S^+ 和 Lewis 碱性力 γ_S^- 都小于纤维素，但值得注意的是聚木糖的 γ_S^- 略大于 γ_S^+(甲苯/氯仿)。由 2 组液体浸渍纤维素的比值推算出的聚木糖的 Lewis 酸性力 γ_S^+ 和 Lewis 碱性力 γ_S^-(水/甲酰胺)支持甲苯/氯仿液体得出的数据，即：聚木糖的 Lewis 酸性力 γ_S^+ 可能是纤维素的一半，而 Lewis 碱性力 γ_S^- 则几乎是纤维素的 55%。

利用二碘甲烷作为浸润剂，可以计算出聚木糖的表面能分量 $\gamma_S^{LW}=69.86\ mJ/m^2$。

表 39-19 给出了半纤维素（聚木糖）的所有表面性能数据。

表 39-19　纤维素标样和聚木糖样品的表面能及成分

样　　品	$\gamma_S(mJ/m^2)$	$\gamma_S^{LW}(mJ/m^2)$	$\gamma_S^{AB}(mJ/m^2)$	$\gamma_S^+(mJ/m^2)$	$\gamma_S^-(mJ/m^2)$
纤维素*	56.87	55.07	1.80	0.02	36.00
聚木糖	70.70	69.86	0.84	0.01	19.61

* 纤维素样品为粉末状，代号 C8002，直接购自美国 Sigma 公司未经过任何处理。

表 39-19 给出的数据是非常有意思的。因为它说明半纤维素的表面能可能大于纤维素，而主要原因竟是聚木糖的 Lifshitz-van der Waals 力 γ_S^{LW} 大于纤维素。显然，这与我们对这两者的传统认识是相违背的。一般认为：纤维素的表面能应该大于聚木糖。这是因为前者是液晶结构、具有较大的分子量（聚合度 DP 大于 400），而后者则是无定型结构、具有较小的分子量（聚合度 DP 小于 200）[230]。但必须指出的是：表 39-19 给出的数据可能是正确的。这是因为实验测试报道的有关纤维素的数据是与文献[231~240]吻合的。事实上人们传统的概念认为纤维素的表面能大于聚木糖已有实验对其进行了挑战，比如：Rydholm[239]、Henriksson 及 Gatenholm[240]曾先后发现聚木糖吸附在纤维素的表面竟使其接触角降低，这意味着聚木糖的表面能大于纤维素。

39.7　纤维素衍生物的酸碱性能

纤维素醚是纤维素衍生物中的一个大类，根据其醚取代基的化学结构可分为阴离子、阳离子和非离子醚类[241~249]。纤维素醚也是高分子化学中最早被研究和生产的产品之一[241~249]，到目前为止纤维素醚已被广泛应用在医药卫生、化妆品及食品工业中[241~249]。

虽然纤维素醚，如羟甲基纤维素、羟丙基纤维素和羟丙基甲基纤维素已有工业化生产而且人们也已经对它们的许多特性进行了研究[241~249]，但它们的表面能、酸碱反应特性却至今没有人报道过。由于这类产品大都使用在液态环境中，而表面特性尤其是酸碱反应特性极有可能影响到它们的使用[246−249]，所以研究与了解这类商品化的纤维素醚的表面化学特性是非常有必要的。

除了纤维素醚，纤维素酯也是纤维素衍生物中的一个大类，被广泛的应用[246~249]。

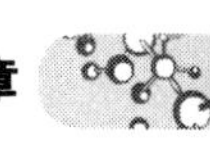

表 39-20、39-21、39-22 分别给出了纤维素醚和纤维素酯的表面和酸碱性能[250]。

表 39-20 纤维素醚的表面性能

样品	特征	γ_S	γ_S^{LW}	γ_S^{AB}	γ_S^+	γ_S^-	γ_S^D	γ_S^P
		(mJ/m²)						
甲基纤维素	Benecel M043	56.7	56.1	0.6	0.00	89.61		
羟丙基甲基纤维素	Benecel MP333C	61.9	61.6	0.3	0.00	113.17		
羟丙基甲基纤维素	Benecel MP824	56.9	56.3	0.6	0.01	65.99		
羟丙基纤维素	Klucel K8913	77.2	76.1	1.0	0.01	153.24		
羟丙基纤维素	Klucel K9113	85.2	84.5	0.7	0.00	263.40		
羟丙基甲基纤维素	Methocel E4M	39.9	35.8	4.0	0.15	27.2		
羟丙基甲基纤维素	Benecel MP9	42.8	37.5	5.2	0.21	32.3		
甲基纤维素	Benecel M0	38.7	36.3	2.4	0.04	36.7		
羟丙基纤维素	Klucel MF NF	43.0	40.2	2.8	0.11	17.2		
羟乙基纤维素	Natrosol 250 MR	49.9	44.8	5.1	0.16	40.1		
羟丙基甲基纤维素	Methocel E4M	37.4					25.1	12.3
羟丙基甲基纤维素	Klucel LF	43.3					3.7	39.6
羟丙基甲基纤维素	Klucel LF	42.4					4.1	38.4
氨丙基三甲基纤维素		33.8	29.3	4.5	0.57	8.68		
肉桂酸三甲基纤维素		35.0	31.3	3.7	0.24	14.04		
三甲基纤维素		36.2	28.7	7.5	0.75	18.74		
氨丙基三甲基纤维素		29.8					16.5	13.3
肉桂酸三甲基纤维素		28.0					15.3	12.7
三甲基纤维素		32.6					15.0	17.6

表 39-21 纤维素酯的表面性能

样品	形式	γ_S	γ_S^{LW}	γ_S^{AB}	γ_S^+	γ_S^-
		(mJ/m²)				
醋酸纤维素	膜	43.1	38.2	4.9	0.21	28.2
醋酸纤维素(干)	膜	38.0	38.0	0.0	0.0	23.0
醋酸纤维素(湿)	膜	38.0	38.0	0.0	0.0	23.4
硝化纤维素(干)	膜	38.0	38.0	0.0	0.0	12.9
硝化纤维素(湿)	膜	38.0	38.0	0.0	0.0	18.3
醋酸纤维素	膜	46.2	40		0.5	19.0
醋酸纤维素	膜	30.3	30.0	0.2	0	33.4
醋酸纤维素	膜	49.24	39.44	9.79	1.17	20.48

表 39-22 纤维素衍生物酸碱性能的不同表达方式

样 品	取代度	α	β	π*	$E_t(30)$	AN	K_A/K_B
羟乙基纤维素							0.286
羟丙基甲基纤维素							0.141
羟丙基纤维素							0.737
羧甲基纤维素	0.97	1.50		0.04	54.5		
羧甲基纤维素	0.48	1.04	0.8	0.7	55.14	45.4	
羧甲基纤维素	0.72	0.94	0.91	0.43	50.5	41.81	
羧甲基纤维素	1.05	0.35	0.85	0.71	44.71	34.45	
羧甲基纤维素	1.09	0.84	0.67	0.84	53.57	39.39	
羧甲基纤维素	1.1	0.59	0.81	1.1	52.85	32.42	
羧甲基纤维素	1.15	0.63	0.67	0.63	48.03	32.75	
羧甲基纤维素	1.3	0.63	0.81	0.7	48.82	32.75	
羧甲基纤维素	1.44	0.66	0.87	0.61	48.29	33.6	
羧甲基纤维素	1.58	0.69	0.84	0.57	48.28	34.44	
羧甲基纤维素	1.86	0.36	0.91	0.8	45.91	24.82	
羧甲基纤维素	1.96	0.43	0.91	0.69	45.71	26.81	
二羧甲基纤维素	0.89	0.82	0.91	0.5	49.45	38.34	
二羧甲基纤维素	1.73	0.78	0.85	0.55	49.32	37.02	
苯磺酸纤维素	0.38	0.78	0.79	0.57	49.64	37.52	
苯磺酸纤维素	0.46	0.85	0.83	0.77	52.9	39.58	
苯磺酸纤维素	0.89	0.81	0.76	0.81	52.82	38.52	
苯磺酸纤维素	0.93	0.81	0.86	0.85	53.36	38.69	
苯磺酸纤维素	1.54	0.53	0.76	0.96	50.39	30.44	
苯磺酸纤维素	1.59	0.74	0.57	0.87	52.43	36.42	
苯磺酸纤维素	1.12	0.75	0.64	0.82	52.05	36.77	
苯磺酸纤维素	1.68	0.61	0.47	0.83	49.99	32.42	
羟乙基纤维素	0.73	0.64	0.31	0.74	49.46	33.17	
羟乙基纤维素	1.62	0.66	0.46	0.82	50.72	34.02	
羟丙基纤维素	0.73	0.66	0.28	0.61	48.29	33.6	
羟丙基纤维素	1.54	0.68	0.41	0.93	52.21	34.87	
甲基纤维素	0.90	0.63	0.56	0.68	48.56	32.75	
甲基纤维素	1.75	0.54	0.41	0.61	46.37	29.86	
磺乙酯纤维素	0.42	0.94	0.79	0.88	55.52	42.54	
磺乙酯纤维素	0.91	0.81	0.75	1	55.01	38.95	
羟甲乙基纤维素	1.52	0.62	0.52	0.64	47.91	32.34	
羟乙基纤维素							0.283

39.8 小结

许多例子说明，生物材料的酸碱化学性能是有助于帮助人们认识和开发新产品的。虽

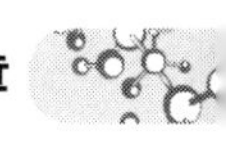

然本章中并没有对所有的生物材料大类给予介绍，但这类材料的酸碱性能具有相似性基本上是得到实验认可的。事实上，在本书的其他章节中也有许多地方涉及了一些生物材料的酸碱性能，读者可以从中得到相关的知识。

参考文献

[1] Majeti NV, Ravi K. A review of chitin and chitosan applications. *Reaction Functional Polym*, 2000, 46(1):1～27.

[2] 蒋挺大. 甲壳素. 北京：化学工业出版社，2003.

[3] Sakural K, Takachashi T. SEN-I Gakkaishi, 1984, T-246.

[4] 莫秀梅，王鹏，周贵恩，等. 甲壳素的聚集态结构及性能. *高等学校化学学报*，1998: 989～993.

[5] Yui T, Imada K, Okuyama K, et al. Molecular and crystal structure of the anhydrous form of chitosan. *Macromolecules*, 1994, 27:7601～7605.

[6] Kawada J, Yui T, Abe Y, et al. Crystalline features of chitosan-L and D-lactic acid salts. *Biosci Biotechnol Biochem*, 1998, 700～704.

[7] 莫秀梅，周涵新，孙桐. 甲壳胺的结晶度和结晶形态. *功能高分子学报*，1993, 6(2):117～122.

[8] Yang Q, Dou FD, Liang BR, et al. Studies of cross-linking reaction on chitosan fiber with glyoxal. *Cabohydrate Polym*, 2005, 59:205～210.

[9] Yang Q, Dou FD, Liang BR, et al. Investigations of the effects of glyoxal cross-linking on the structure and properties of chitosan fiber. *Carbohydrate Polym*, 2005, 61, 393～398.

[10] 邵伟，王旭，丁宏贵，等，壳聚糖的表面性能及分子量和脱乙酰度的影响. *纤维素科学与技术*，2006, 14(1):35～40.

[11] 邵伟，沈青. 壳聚糖在醋酸中的溶解行为. *纤维素科学与技术*，2007(15):2, 30～33.

[12] 唐文琼，周天韦，沈青. 基于壳聚糖的先进材料 I. *纤维素科学与技术*，2008, 16(3):64～78.

[13] 唐文琼，周天韦，沈青. 基于壳聚糖的先进材料 II. *纤维素科学与技术*，2008,16(4).

[14] 唐文琼、周天韦、沈青. 基于壳聚糖的先进材料 III. *纤维素科学与技术*，2009,17(1):70～78.

[15] 周天韦，唐文琼，沈青. 壳聚糖的改性技术 I. *高分子通报*，2008,11, 55～66.

[16] 周天韦，唐文琼，沈青. 壳聚糖的改性技术 II. *高分子通报*，2008,12, 53～67.

[17] Marit W, Anthonsen, Kjell M, et al. Solution properties of chitosans: Conformation and chain stiffness of chitosans with different degrees of N-acetylation. *Carbohydrate Polym*, 1993, 22: 193～201.

[18] Lamarque G, Lucas J, Viton C, et al. Physicochemical Behavior of Homogeneous Series of Acetylated Chitosans in Aqueous Solution: Role of Various Structural Parameters. *Biomacromolecules*, 2005, 6:131～142.

[19] Marit W, Anthonsen Olav Smidsred. Hydrogen ion titration of chitosans with varying degrees of N-acetylation by monitoring induced ^{1}H-NMR chemical shifts. *Carbohydrate Polym*, 1995, 26: 303~305.

[20] Sabina PS, Kristoffer Tommeraas, Kjell M, et al. Electrophoretic light Scattering Studies of Chitosans with Different Degrees of N-acetylation. *Biomacromolecules*, 2001, 2, 1310~1314.

[21] Ravindra R, Krovvidi Kameswara R, Khan AA. Solubility parameter of chitin and chitosan. *Carbohydrate polym*, 1998, 36:121~127.

[22] Mohamed Naceur Belgacem, Anne Blayo, Aleessandro Gandini. Surface characterization of Polysaccharides, lignins, Printing Ink pigments, and Ink fillers by inverse Gas Chromatography. *J Coll Interface Sci*, 1996, 182:431~436.

[23] Atalla RH, Brenner HS. Raman Microprobe Evidence for Lignin Orientation in the Cell Walls of Native Woody Tissue. *Science*, 1985, 227:636.

[24] 陶用珍,管映亭.木质素的化学结构及其应用.*纤维素科学与技术*,2003, 11(1):42.

[25] 高洁,等.*纤维素科学*.科学出版社,2000.

[26] Johnson F Yan, F Pla, R Kondo, et al. Lignin 21 Depolymerization by bond cleavage reactions and degelation. *Macromolecules*, 1984, 17:2137.

[27] Forss KG, Fremer KE. *The Nature and Reactions of Lignin-A New Paradigm*, Helsinki, 2003:107.

[28] Goring DAI, Vuong R, Gancet C, et al. The flatness of lignosulfonate macromolecules as demonstrated by electron microscopy. *J Appl Polym Sci*, 1979, 24, 931~936.

[29] Fanashev A, Korobov EA, Parfenova L. *ISWPC Proceedings*, Montreal, Canadian, 1997.

[30] Moacanin J, Felicetta VF, Haller W, et al. Molecular Weights of Lignin Sulfonates by Light Scattering. *J Am Chem Soc*, 1955, 77:3470.

[31] Kontturi AK, Kontturi K, Niinikoski P. Transport of lignosulphonates under an external electric field. *J Chem Soc, Faraday Trans*, 1991, 87, 1779~1783.

[32] Bernt O, Myrvold. A new model for the structure of lignosulphonates: Part 1. Behaviour in dilute solutions. *Ind Crops Prod*, 2008, 27(2):214.

[33] Pla F, Robert A. Etude des lignines extracton par G. P. C. viscosim etrie et ultracentrifugation: Determination du degree de ramification. *Holzforschung*, 1984, 38:37.

[34] Luner P, Kempf U. Properties of lignin monolayers at the air-water interface. *Tappi*, 1970, 53, 2069~2076.

[35] Kauppi A, Banfill PFG, Bowen P, et al. Improved superplasticizers for high performance concrete. In: *Proceedings of the 11th International Congress on the Chemistry of Cement*, Durban, South Africa, 2003. 528~536.

[36] Freudenberg M. Discussions in Chimie et Biochemie de la Lignine, *de la Cellulose et des H′ emicelluloses, actes du Symposium International de Grenoble*, Grenoble, France, 1964. 385.

[37] Goring DAI. Polymer properties of lignin and lignin derivatives. In: Sarkanen K V, Ludwig CH Eds. *Lignins, Occurrence, Formation, Structure and Reactions*. New York: Wiley

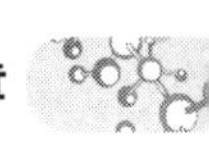

Interscience, 1971.

[38] 沈青.蒸煮液的物理化学特征及在制浆过程的行为 1:离子浓度对蒸煮液的表面张力的影响.纤维素科学和技术,2003, 11:2, 31～34.

[39] 沈青.蒸煮液的物理化学特征及在制浆过程的行为 2:木素对蒸煮液表面张力的影响.纤维素科学和技术,2003, 11:2, 35～40.

[40] 沈青.蒸煮液的物理化学特征及在制浆过程的行为 3:木素对蒸煮液 Hamaker 常数、粘度和密度的影响. 纤维素科学和技术,2003, 11:3, 12～16.

[41] Rezanowich A, Goring DAJ. Polyelectrolyte expansion of a lignin sulfonate microgel. *J Coll Interface Sci*, 1960,15:452.

[42] Fredheim GE. Macromolecular characterisation of lignosulfonates and their interactions with chitosans. *Ph D Thesis*. Norwegian University of Science and Technology, Trondheim, Norway. 2002.

[43] Slamenova, Darina. Reduction of carcinogenesis by bio-based lignin derivatives. *Biomass and Bioenergy*, 2002, 23(8):153.

[44] 周洪峰.东华大学硕士论文,2010.

[45] Shen Q, Zhang T, Zhu MF. A comparison of the surface properties of lignin and sulfonated lignins by FTIR spectroscopy and wicking technique. *Coll Surf A*, 2008, 320:1～3, 57～60.

[46] 刘文通.电导率测定中几个问题的探讨.*四川电力技术*,1995 (5):41～48.

[47] Kolattukudy PE. Polyesters in higher plants. In: Babel W,Steinbuchel A, ed. *Advances in biochemical engineering and biotechnology, biopolyesters*, Vol. 71. Berlin, Heidelberg: Springer, 2001, 1～49.

[48] Kolattukudy PE, Espelie KE. Chemistry, biochemistry, and function of suberin and associated waxes. In: Rowe J, ed. *Natural products of woody plants, chemical extraneous to the lignocellulosic cell wall*. Berlin, Heidelberg: Springer, 1989, 304～361.

[49] Kolattukudy PE. Bio-polyester membranes of plants—Cutin and suberin, *Science*, 1980, 990～1000.

[50] Bernards MA. Demystifying suberin. *Can J Bot*, 2002, 80:227～240.

[51] Bernards MA. The macromolecular aromatic domain in suberized tissue: a changing paradigm. *Phytochem*, 1998, 915～933.

[52] Bernards MA, Razem FA. The poly(phenolic) domain of potato suberin: a non-lignin cell wall biopolymer. *Phytochem*, 2001, 1115～1122.

[53] Bernards MA, Lopez ML, Zajicek J, et al. Hydrocynnamic acid-derived polymers constitute the polyaromatic domain of suberin. *J Biol Chem*, 1995, 270:7382～7386.

[54] Lapierre C, Pollet B, Negrel J. The phenolic domain of potato suberin: Structural comparison with lignins. *Phytochem*, 1996, 949～953.

[55] Borg-Olivier O, Monties B. Lignin, suberin, phenolic acids and tyramine in the suberized, wound-induced potato periderm. *Phytochem*, 1993, 601～606.

[56] Pascoal Neto C, Cordeiro N, Seca A, et al. Isolation and characterization of a ligninpolymer of the cork of Quercus suber L. *Holzforschung*, 1996, 50, 563～568.

[57] Lopes M, Pascoal Neto C, Evtuguin D, et al. Products of the permanganate oxidation of cork, des-

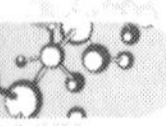

uberized cork, suberin and lignin from Quercus suber L. *Holzforschung*, 1998, 52:146～148.

[58] Heredia A. Biophysica and biochemical characteristics of cutin, a plant barrier biopolymer. *Biochim Biophys Acta*, 2003, 1620:1～7.

[59] Christie WW. The lipid library. http://www.lipidlibrary.co.uk/S(browsed January 2006).

[60] Kamm B, Gruber PR, Kamm M, eds. *Biorefineries-industrial processes and products*. Weinheim: Wiley-VCH, 2006.

[61] Hemingway RW. Bark: its chemistry and prospects for chemical utilization. In: Goldstein IS, editor. *Organic chemicals from biomass*. Boca Raton: CRC Press, 1981.

[62] Krasutsky PA, Carlson RM, Kolomitsyn IV. Isolation of natural products from birch bark. USP 6 768 016, 2004.

[63] Ekman R. The suberin monomers and triterpenoids from the outer bark of betula verrucosa Ehrh. *Holzforschung*, 1983, 37:205～211.

[64] Silva SP, Sabino MA, Fernandes EM, et al. Cork: properties, capabilities and applications. *Int Mater*, 2005, 50(6):1～21.

[65] Cork Masters. /www.corkmasters.comS(browsed January 2006).

[66] Gil L. Cortic-a Producao, tecnologia e a aplicacao. *INETI*, Lisboa, 1998.

[67] Schreiber L, Franke R, Hartmann KD, et al. The chemical composition of suberin in apoplastic barriers affects radial hydraulic conductivity differently in the roots of rice(Oryza sativa L. cv. IR64) and corn(Zeamays L. cv. Helix). *J Exp Bot*, 2005, 56:1427～1436.

[68] Zeier J, Ruel K, Ryser U, et al. Chemical analysis and immunolocalisation of lignin and suberin in endodermal and hypodermal/rhizodermal cell walls of developing maize(Zea mays L.) primary roots. *Planta*, 1999, 209(1):1～12.

[69] Schreiber L, Franke R, Hartmann K. Effects of NO_3 deficiency and NaCl stress on suberin deposition in rhizoand hypodermal(RHCW) and endodermal cell walls(ECW) of castor bean(Ricinus communis L.) roots. *Plant Soil*, 2005, 269(1～2) :333～339.

[70] Ghanati F, Morita A, Yokota H. Induction of suberin and increase of lignin content by excess boron in tobacco cells. *Soil Sci Plant Nutr*, 2002, 48:357～364.

[71] Ghanati F, Morita A, Yokota H. Deposition of suberin in roots of soybean induced by excess boron. *Plant Sci*, 2005, 397～405.

[72] Schmutz A, Jenny T, Amrhein N, et al. Caffeic acid and glycerol are constituents of the suberin layers in green cotton fibers. *Planta*, 1993, 453～460.

[73] Holloway PJ. Some variations in the composition of the suberin from the cork layers of higher plants. *Phytochem*, 1983, 495～502.

[74] Sitte P. Zum feinbau der suberinschichten im flaschenkork. *Protoplasma*, 1962,555～559.

[75] Gil AM, Lopes M, Rocha J, et al. A ^{13}C solidstate nuclear magnetic resonance spectroscopy study of cork cell wall structure: the effect of suberin removal. *Int J Biol Macromol*, 1997(20): 293～605.

[76] Lopes MH, Gil AM, Silvestre AJ, et al. Composition of suberin extracted upon gradual alkaline

methanolysis of Quercus suber cork. *J Agric Food Chem*, 2000(48):383～391.

[77] Graca J, Pereira H. Cork suberin: a glyceryl based polyester. *Holzforschung*, 1997, 51(3):225～234.

[78] Graca J, Pereira H. Glyceryl-acyl and aryl-acyl dimers in Pseudotsuga menziesii bark suberin. *Holzforschung*, 1999, 53(4):397～402.

[79] Graca J, Pereira H. Methanolysis of bark suberins: analysis of glycerol and acid monomers. *Phytochem Anal*, 2000, 11(1):45～51.

[80] Graca J, Pereira H. Diglycerolalkenedioates in suberin:-building units of a poly(acylglycerol) polyester. *Biomacromol*, 2000, 1(4):519～522.

[81] Graca J, Pereira H. Suberin structure in potato periderm: glycerol, long-chain monomers and glyceryl and feruloyl dimmers. *J Agric Food Chem*, 2002, 48(11):5476～5483.

[82] Stark RE, Garbow JR. Nuclear magnetic resonance relaxation studies of plant polyester dynamics. 2. Suberized potato cell walls. *Macromolecules*, 1992(25):149～154.

[83] Garbow JR, Ferrantello LM, Stark RE. ^{13}C Nuclear magnetic resonance study of suberized potato cell wall. *Plant Physiol*, 1989(90):783～787.

[84] Yan B, Stark RE. Biosynthesis, molecular structure, and domain architecture of potato suberin: A C-13 NMR study using isotopically labeled precursors. *J Agric Food Chem*, 2000, 48(8):3298～3304.

[85] Pereira H. Chemical composition and variability of cork from Quercus suber. L *Wood Sci Technol*, 1988(22):211～218.

[86] Graca J, Pereira H. Feruloyl esters of o-hydroxyacids in cork suberin. *J Wood Chem Technol*, 1998, 18(2):207～217.

[87] Bento MF, Pereira H, Cunha MA, et al. Fragmentation of suberin and composition of aliphatic monomers released by methanolysis of cork from Quercus suber L. analysed by GC-MS, SEC and MALDI-MS. *Holzforschung*, 2001, 55(5):487～493.

[88] Garcla-Vallejo MC, Conde E, Cadahia E, et al. Suberin composition of reproduction cork from Quercus suber. *Holzforschung*, 1997, 51(3):219～224.

[89] Conde E, Garcla-Vallejo MC, Cadahia E. Variability of suberin composition of reproduction cork from Quercus suber throughout industrial processing. *Holzforschung*, 1999, 53(1):56～62.

[90] Holloway PJ, Baker EA, Martin JT. Chemistry of plant cutins and suberins. *An Quim Int Ed*, 1972, 68(5～6):905.

[91] Arno M, Serra MC, Seoane E. Metanolisis de la suberina del corcho. Identificacion estimacion de sus components acidos como esteres metilicos. *An Quim*, 1981, 77:82～86.

[92] Seoane E, Serra MC, Agullo C. 2 New epoxy-acids from cork of Quercus suber. *Chem Ind*, 1977(15):662～663.

[93] Holloway PJ, Deas AHB. Epoxyoctadecanoic acids in plant cutins and suberins. *Phytochem*, 1973, 12(7):1721～1735.

[94] Ekman R, Eckerman C. Aliphatic carboxylic acids from suberin in birch outer bark by hydrolysis,

methanolysis and alkali fusion. *Paperi ja Puu*, 1985, 67(4):255～273.

[95] Rodrlguez-Miguene B, Ribas-Marques I. Contribuicion a laestructura quimica de la suberina. *An Quim*, 1972, 68(11):1301～1306.

[96] Agullo C, Seoane E. Free hydroxyl groups in the cork suberin. *Chem Ind*, 1981(17):608～609.

[97] Agullo C, Seoane E. hidrogenolysis de la suberina del corchocon LiBH4. *An Quim*, 1982, 78(3):389～393.

[98] Bento MF, Pereira H, Cunha MA, et al. Thermally assisted transmethylation gas chromatography mass spectrometry of suberin components in cork from Quercus suber L. *Phytochem Anal*, 1998, 9(2):75～87.

[99] Bento MF, Pereira H, Cunha MA, et al. A study of variability of suberin composition in cork from Quercus suber L. using thermally assisted transmethylation GC-MS. *J Anal Appl Pyrol*, 2001, 57(1):45～55.

[100] LaFayette PR, Eriksson KE, Dean JF. Characterization and heterologous expression of laccase cDNAs from xylem tissues of yellow-poplar (Liriodendron tulipifera). *Plant Mol Biol*, 1999, 40:23～35.

[101] Schmutz A, Jenny T, Ryser U. A caffeoyl-fatty acid-glycerolester from wax associated with green cotton fibre suberin. *Phytochem*, 1994, 36(6):1343～1346.

[102] Moire L, Schmutz A, Buchala A, et al. Glycerol is a suberin monomer. New experimental evidence for an old hypothesis. *Plant Physiol*, 1999, 119(3):1137～1146.

[103] Tegelaar EW, Hollman P, Van Der Vegt ST, et al. Chemical characterization of the peridermtissue of some angiosperm species: recognition of an insoluble, non-hydrolyzable, aliphatic biomacromolecule(suberin). *Org Geochem*, 1995, 23(3):239～250.

[104] Nierop KGJ. Origin of aliphatic compounds in a forest soil. *Org Geochem*, 1998, 29(4):1009～1016.

[105] Augris N, Balesdent J, Mariotti A, et al. Structure and origin of insoluble and non-hydrolyzable, aliphatic organic matter in a forest soil. *Org Geochem*, 1998, 28(1～2):119～124.

[106] Cordeiro N, Aurenty P, Belgacem MN, et al. Surface properties of suberin. *J Coll Interface Sci*, 1997, 187(2):498～508.

[107] Cordeiro N, Pascoal neto C, Gandini A, et al. Characterization of cork surface by inverse gas chromatography. *J Coll Interface Sci*, 1995, 174(1):246～249.

[108] Koes R, Verweij W, Quattrocchio F. Flavonoids: a colorful model for the regulation and evolution of biochemical pathways. *Trends Plant Sci*, 2005, *10*:236～242.

[109] Kolattukudy P. Bio-polyester membranes of plants: cutin and suberin. *Science*, 1980, 208:990-1000.

[110] Kolattukudy P. Structure, biosynthesis, and biodegradation of cutin and suberin. *Annu Rev Plant Physiol*, 1981, 32:539～567.

[111] Kolattukudy PE. Polyesters in higher plants. *Adv Biochem Eng Biotechnol*, 2001, 71:1～49.

[112] Kunst L, Samuels A. Biosynthesis and secretion of plant cuticularwax. *Prog Lipid Res*, 2003, 42:

51～80.

[113] Laule O, Furholz A, Chang H, et al. Crosstalk between cytosolic and plastidial pathways of isoprenoid biosynthesis in Arabidopsis thaliana. *Proc Natl Acad Sci USA*, 2003, 100:6866～6871.

[114] Yephremov A, Schreiber L. The dark side of the cell wall: molecular genetics of plant cuticle. *Plant Biosyst*, 2005, 139:74～79.

[115] Le Q, Gutierrez-Marcos JF, Costa LM, et al. Construction and screening of subtracted cDNA libraries from limited populations of plant cells: a comparative analysis of gene expression between maize egg cells and central cells. *Plant J*, 2005, 44:167～178.

[116] Lee S, Lee EJ, Yang EJ, et al. Proteomic identification of annexins, calcium-dependent membrane binding proteins that mediate osmotic stress and abscisic acid signal transduction in Arabidopsis. *Plant Cell*, 2004, 16:1378～1391.

[117] Dejardin A, Leple JC, Lesage-Descauses MC, et al. Expressed sequence tags from poplar wood tissues: a comparative analysis from multiple libraries. *Plant Biol*(Stuttg), 2004, 6:55～64.

[118] Diatchenko L, Lau YFC, Campbell AP, et al. Suppression subtractive hybridization: a method for generating differentially regulated or tissue-specific cDNA probes and libraries. *Proc Natl Acad Sci USA*, 1996, 93:6025～6030.

[119] Diatchenko L, Lukyanov S, Lau Y, et al. Suppression subtractive hybridization: a versatile method for identifying differentially expressed genes. *Methods Enzymol*, 1999, 303:349～380.

[120] Dietrich C, Perera M, Yandeau-Nelson M, et al. Characterization of two GL8 paralogs reveals that the 3-ketoacyl reductase component of fatty acid elongase is essential for maize(Zea mays L.) development. *Plant J*, 2005, 42:844～861.

[121] Dixon R, Achnine L, Kota P, et al. The phenylpropanoid pathway and plant defence: a genomics perspective. *Mol Plant Pathol*, 2002, 3:371～390.

[122] Ehlting J, Mattheus N, Aeschliman DS, et al. Global transcript profiling of primary stems from Arabidopsis thaliana identifies candidate genes for missing links in lignin biosynthesis and transcriptional regulators of fiber differentiation. *Plant J*, 2005, 42:618～640.

[123] Espelie KE, Franceschi VR, Kolattukudy PE. Immunocytochemical localization and time course of appearance of an anionic peroxidase associated with suberization in wound-healing potato tuber tissue. *Plant Physiol*, 1986, 81:487～492.

[124] Eulgem T, Rushton PJ, Robatzek S, et al. The WRKY superfamily of plant transcription factors. *Trends Plant Sci*, 2000, 5, 199～206 .

[125] Ewing B, Green P. Base-calling of automated sequencer traces usingphred. II. Error probabilities. *Genome Res*, 1998, 8:186～194.

[126] Ewing B, Hillier L, Wendl MC, et al. Base-calling of automated sequencer traces using phred. I. Accuracy assessment. *Genome Res*, 8:175～185.

[127] Facchini PJ, Hagel J, Zulak KG. Hydroxycinnamic acid amidemetabolism: physiology and biochemistry. *Can J Bot*, 2002, 80:577～589.

[128] Fatland B, Nikolau B, Wurtele E. Reverse genetic characterization of cytosolic acetyl-CoA generation

by ATP-citrate lyase in Arabidopsis. *Plant Cell*, 2005,17:182～203.

[129] Fiebig A, Mayfield J, Miley N, et al. Preuss DAlterations in CER6, a gene identical to CUT1, differentially affect long-chain lipid content on the surface of pollen and stems. *Plant Cell*, 2000, 12: 2001～2008.

[130] Franke R, Briesen I, Wojciechowski T, et al. Apoplastic polyesters in Arabidopsis surface tissues: a typical suberin and a particular cutin. *Phytochem*, 2005, 66:2643～2658.

[131] Gorecka KM, Konopka-Postupolska D, Hennig J, et al. Peroxidase activity of annexin 1 from Arabidopsis thaliana. *Biochem Biophys Res Commun*, 2005, 336:868～875.

[132] Graca J, Santos S. Linear aliphatic dimeric esters from cork suberin. *Biomacromolecules*, 2006, 7: 2003～2010.

[133] Heredia A. Biophysical and biochemical characteristics of cutin, aplant barrier biopolymer. *Biochim Biophys Acta*, 2003, 1620:1～7.

[134] Holloway P. Some variations in the composition of suberin from the cork layers of higher-plants. *Phytochem*, 1983, 22:495～502.

[135] Keren-Keiserman A,Tanami Z, Shoseyov O, et al. Peroxidase activity associated with suberization processes of the muskmelon(Cucumis melo) rind. *Physiol Plant*, 2004, 121:141～148.

[136] Kiefer-Meyer MC, Gomord V, O'Connell A, et al. Cloning and sequence analysis of laccase-encoding cDNA clones from tobacco. *Gene*, 1996, 178:205～207.

[137] Kirst M, Myburg A, De Leon J, et al. Coordinated genetic regulation of growth and lignin revealed by quantitative trait locus analysis of cDNA microarray data in an interspecific backcross of eucalyptus. *Plant Physiol*, 2004, 1 35:2368～2378.

[138] Ko J, Han K, Park S, et al. Plant body weight-induced secondary growth in Arabidopsis and its transcription phenotype revealed by whole-transcriptome profiling. *Plant Physiol*, 2004, 135:1069～1083.

[139] Cordeiro N, Belgacem MN, Gandini A, et al. Cork suberin as a new source of chemicals: 2. Cristallinity, thermal and rheological properties. *Biores Technol*, 1998, 63(2):153～158.

[140] Cordeiro N, Blayo A, Belgacem MN, et al. Cork suberin as an additive in offset lithographic printing inks. *Ind Crops Prod*, 2000, 11(1):71～73.

[141] Evtiouguina M, Barros-Timmons A, Cruz-Pinto JJ, et al. Oxypropylation of cork and the use of the ensuing polyols in polyurethane formulations. *Biomacromolecules*, 2002, 3(1):57～62.

[142] Evtiouguina M, Gandini A, Pascoal Neto C, et al. Urethanes and polyurethanes based on oxypropylated cork:1. Appraisal and reactivity products. *Polym Int*, 2001, 50(10):1150～1155.

[143] Cordeiro N, Belgacem MN, Silvestre AJD, et al. Cork suberin as a new source of chemicals. 1. Isolation and chemical characterization of its composition. *Int J Biol Macromol*, 1998,(22):71～80.

[144] Cordeiro N, Belgacem MN, Gandini A, et al. Urethanes and polyurethanes from suberin: 1. Kinetic study. *Ind Crops Prod*, 1997, 6(2):71～73.

[145] Cordeiro N, Belgacem MN, Gandini A, et al. Urethanes and polyurethanes from suberin: 2. Synthesis and characterization. *Ind Crops Prod*, 1999; 10(1):1～10.

[146] Benltez JJ, Garcla-Segura R, Heredia A. Plant biopolyester cutin: a tough way to its chemical synthesis. *Biochim Biophys Acta*, 2004, 1674:1～3.

[147] Douliez JP, Barrault J, Jerome F, et al. Glycerol derivatives of cutin and suberin monomers: synthesis and self-assembly. *Biomacromolecules*, 2005, 6:30～34.

[148] Lequeu J, Fauconnier ML, Chammai A, et al. Formation of plant cuticle: evidence for the occurrence of the peroxygenase pathway. *Plant J*, 2003, 36:155～164.

[149] Liang M, Haroldsen V, Cai X, et al. Expression of a putative laccase gene, ZmLAC1, in maize primary roots under stress. *Plant Cell Environ*, 2006, 29:746～753.

[150] Lotfy S, Negrel J, Javelle F. Formation of omega-feruloyloxypalmitic acid by an enzyme from wound-healing potato-tuber disks. *Phytochem*, 1994, 35:1419～1424.

[151] Lopes M, Barros A, Neto C, et al. Variability of cork from Portuguese Quercus suber studied by solidstate C-13-NMR and FTIR spectroscopies. *Biopolymers*, 2001, 62:268～277.

[152] Lopes M, Neto C, Barros A, et al. Quantitation of aliphatic suberin in Quercus suber L. cork by FTIR spectroscopy and solid-state C-13-NMR spectroscopy. *Biopolymers*, 2000, 57:344～351.

[153] Lucena M, Romero-Aranda R, Mercado J, et al. Structural and physiological changes in the roots of tomato plants over-expressing a basic peroxidase. *Physiol Plant*, 2003, 118:422～429.

[154] Lulai E, Suttle J. The involvement of ethylene in wound-induced suberization of potato tuber(Solanum tuberosum L.): a critical assessment. *Postharvest Biol Technol*, 2004, 34:105～112.

[155] Mahalingam R, Gomez-Buitrago A, Eckardt N, et al. Characterizing the stress defense transcriptome of Arabidopsis. *Genome Biol*, 2003, 4:R20.

[156] Mandel MA, Yanofsky MF. A gene triggering flower formation in Arabidopsis. *Nature*, 1995, 377:522～524.

[157] Marques AV, Pereira H, Meier D, et al. Structural characterization of cork lignin by thiacidolysis and permanganate oxidation. *Holzforschung*, 1999, 53:167～174.

[158] Martin W, Nock S, Meyer-Gauen G, et al. A method for isolation of cDNA-quality mRNA from immature seeds of a gymnosperm rich in polyphenolics. *Plant Mol Biol*, 1993, 22:555～556.

[159] Matsubayashi Y, Ogawa M, Morita A, et al. An LRR receptor kinase involved in perception of a peptide plant hormone, phytosulfokine. *Science*, 2002, 296:1470～1472.

[160] Millar A, Clemens S, Zachgo S, et al. CUT1, an Arabidopsis gene required for cuticular wax biosynthesis and pollen fertility, encodes a very-long-chain fatty acid condensing enzyme. *Plant Cell*, 1999, 11:825～838.

[161] Moire L, Schmutz A, Buchala A, et al. Glycerol is a suberin monomer: new experimental evidence for an old hypothesis. *Plant Physiol*, 1999, 119:1137～1146.

[162] Moller S, Kunkel T, Chua N. A plastidic ABC protein involved in intercompartmental communication of light signaling. *Genes Dev*, 2001, 15:90～103.

[163] Moreau C, Aksenov N, Lorenzo MG, et al. A genomic approach to investigate developmental cell death in woody tissues of Populus trees. *Genome Biol*, 2005, 6:R34.

[164] Muller D, Schmitz G, Theres K. Blind homologous R2R3 Myb genes control the pattern of lateral

meristem initiation in Arabidopsis. *Plant Cell*, 2006, 18:586～597.

[165] Murashige T, Skoog F. A revised medium for rapid growth and bioassays with tobacco tissue cultures. *Physiol Plant*, 1962, 15:473～497.

[166] Narusaka Y, Narusaka M, Seki M, et al. Crosstalk in the responses to abiotic and biotic stresses in Arabidopsis: analysis of gene expression in cytochrome P450 gene superfamily by cDNA microarray. *Plant Mol Biol*, 2004, 55:327～342.

[167] Nawrath C. The biopolymers cutin and suberin. In CR Somerville, EM Meyerowitz, eds, The Arabidopsis Book. *Am Soc Plant Biologists*, Rockville, MD, 1～14 (2002).

[168] Negrel J, Pollet B, Lapierre C. Ether-linked ferulic acid amides in natural and wound periderms of potato tuber. *Phytochem*, 1996, 43:1195～1199.

[169] Otsu C, daSilva I, de Molfetta J, et al. an ABC transporter gene specifically expressed in tobacco reproductive organs. *J Exp Bot*, 2004, 55:1643～1654.

[170] Pereira H. Chemical composition and variability of cork from Quercus suber L. *Wood Sci Technol*, 1988, 22:211～218.

[171] Phelps-Durr TL, Thomas J, Vahab P, et al. Maize rough sheath and its Arabidopsis orthologue ASYMMETRIC LEAVES1 interact with HIRA, a predicted histone chaperone, to maintain knox gene silencing and determinacy during organogenesis. *Plant Cell*, 2005, 17:2886～2898.

[172] Pighin J, Zheng H, Balakshin L, et al. Plant cuticular lipid export requires an ABC transporter. *Science*, 2004, 306:702～704.

[173] Pla M, Huguet G, Verdaguer D, et al. Stress proteins co-expressed in suberized and lignified cells and in apical meristems. *Plant Sci*, 1998, 139:49～57.

[174] Pla M, Jofre A, Martell M, et al. Large accumulation of mRNA and DNA point modifications in a plant senescent tissue. *FEBS Lett*, 2000, 472:14～16.

[175] Pruitt RE, Vielle-Calzada JP, Ploense SE, et al. FIDDLEHEAD, a gene required to suppress epidermal cell interactions in Arabidopsis, encodes a putative lipid biosynthetic enzyme. *Proc Natl Acad Sci USA*, 2000, 97:1311～1316.

[176] Puigderrajols P, Fernandez-Guijarro B, Toribio M, et al. Origin and early development of secondary embryos in Quercus suberL. *Int J Plant Sci*, 1996, 157:674～684.

[177] Puigderrajols P, Mir G, Molinas M. Ultrastructure of early secondaryembryogenesis by multicellular and unicellular pathways in cork oak (Quercus suber L) . *Ann Bot*, 2001, 87:179～189.

[178] Quiroga M, Guerrero C, Botella M, et al. A tomato peroxidase involved in the synthesis of lignin and suberin. *Plant Physiol*, 2000,1119～1127.

[179] Ranjan P, Kao YY, Jiang H, et al. Suppression subtractive hybridization-mediated transcriptome analysis from multiple tissues of aspen(Populus tremuloides) altered in phenylpropanoid metabolism. *Planta*, 2004, 219:694～704.

[180] Ranocha P, Chabannes M, Chamayou S, et al. Laccase down-regulation causes alterations in phenolic metabolism and cell wall structure in poplar. *Plant Physiol*, 2002, 129:145～155.

[181] Razem F, Bernards M. Reactive oxygen species production in association with suberization: evidence

for an NADPH-dependent oxidase. *J Exp Bot*, 2003, 54:935～941.

[182] Rea G, de Pinto MC, Tavazza R, et al. Ectopic expression of maize polyamine oxidase and pea copper amine oxidase in the cell wall of tobacco plants. *Plant Physiol*, 2004, 134:1414～1426.

[183] Roberts E, Kolattukudy P. Molecular cloning, nucleotide sequence, and abscisic-acid induction of a suberization-associated highly anionic peroxidase. *Mol Gen Genet*, 1989, 217:223～232.

[184] Rozen S, Skaletsky H. Primer3 on the WWW for general users and for biologist programmers. *Methods Mol Biol*, 2000, 132:365～386.

[185] Sabba R, Lulai E. Histological analysis of the maturation of native and wound periderm in potato (Solanum tuberosum L) tuber. *Ann Bot*, 2002, 90:1～10.

[186] Sanchez-Fernandez R, Davies TG, Coleman JO, et al. The Arabidopsis thaliana ABC protein superfamily, a complete inventory. *J Biol Chem*, 2001, 276:30231～30244.

[187] Schenk RU, Hildebrant AC. Medium and techniques for induction and growth of monocotyledonous and dicotyledonous plant-cell cultures. *Can J Bot*, 1972, 50:199～204.

[188] Schnurr J, Shockey J, Browse J. The acyl-CoA synthetase encoded by LACS2 is essential for normal cuticle development in Arabidopsis. *Plant Cell*, 2004, 16:629～642.

[189] Schreiber L, Franke R, Lessire R. Biochemical characterization of elongase activity in corn(Zea mays L) roots. *Phytochem*, 2005, 66:131～138.

[190] Sherf B, Bajar A, Kolattukudy P. Abolition of an inducible highly anionic peroxidase-activity in transgenic tomato. *Plant Physiol*, 1993, 101:201～208.

[191] Sibout R, Eudes A, Mouille G, et al. Cinnamyl Alcohol Dehydrogenase-C and -D are the primary genes involved in lignin biosynthesis in the floral stem of Arabidopsis. *Plant Cell*, 2005, 17:2059～2076.

[192] Silva S, Sabino M, Fernandes E, et al. Cork: properties, capabilities and applications. *Int Matr Rev*, 2005, 50:345～365.

[193] Souer E, van Houwelingen A, Kloos D, et al. The no apical meristem gene of petunia is required for pattern formation in embryos and flowers and is expressed at meristem and primordia boundaries. *Cell*, 1996, 85:159～170.

[194] Suh M, Samuels A, Jetter R, et al. Cuticular lipid composition, surface structure, and gene expression in Arabidopsis stem epidermis. *Plant Phys*, 2005, 139:1649～1665.

[195] Sun H, Molday RS, Nathans J. Retinal stimulates ATP hydrolysis by purified and reconstituted ABCR, the photoreceptor-specific ATPbinding cassette transporter responsible for Stargardt disease. *J Biol Chem*, 1999, 274:8269～8281.

[196] Todd J, Post-Beittenmiller D, Jaworski J. KCS1 encodes a fatty acid elongase 3-ketoacyl-CoA synthase affecting wax biosynthesis in Arabidopsis thaliana. *Plant J*, 1999, 17:119～130.

[197] Varea S, Garcia-Vallejo M, Cadahia E, et al. Polyphenols susceptible to migrate from cork stoppers to wine. *Eur Food Res Technol*, 2001, 213:56～61.

[198] Wellesen K, Durst F, Pinot F, et al. Functional analysis of the LACERATA gene of Arabidopsis provides evidence for different robes of fatty acid omega-hydroxylation in development. *Proc Natl*

Acad Sci USA, 2001, 9694～9699.

[199] Xiao F, Goodwin S, Xiao Y, et al. Arabidopsis CYP86A2 represses Pseudomonas syringae type III genes and is required for cuticle development. *EMBO J*, 2004, 23:2903～2913.

[200] Yang Q, Reinhard K, Schiltz E, et al. Characterization and heterologous expression of hydroxycinnamoyl/benzoyl-CoA: anthranilate N-hydroxycinnamoyl/benzoyltransferase from elicited cell cultures of carnation, Dianthus caryophyllus L. *Plant Mol Biol*, 1997, 35:777～789.

[201] Yephremov A, Wisman E, Huijser P, et al. Characterization of the fiddlehead gene of Arabidopsis reveals a link between adhesion response and cell differentiation in the epidermis. *Plant Cell*, 1999, 2187～2201.

[202] Connors KA. The stability of cyclodextrin complexes in Solution. *Chem Rev*, 1997, 97, 1325～1357.

[203] Uekama K, Hirayama F, Irie T. Cyclodextrin Drug Carrier Systems. *Chem Rev*, 1998, 98, 2045～2076.

[204] Loftsson T, Brewster ME. Pharmaceutical Applications of Cyclodextrins. 1. Drug Solubilization and Stabilization. *J Pharmaceutical Sci*, 1997, 85, 1017～1025.

[205] Manakker F, Vermonden T, Nostrum CF, et al. Cyclodextrin-Based Polymeric Materials: Synthesis, Properties, and Pharmaceutical/Biomedical Applications. *Biomacromolecules*, 2009, 10, 3157～3175.

[206] Davis ME, Brewster ME. Cyclodextrin-based pharmaceutics, past present and future. *Nature Rev: Drug Discovery*, 2004, 3, 1023～1035.

[207] Irie T, Uekama K. Pharmaceutical Applications of Cyclodextrins. III. Toxicological Issues and Safety Evaluation. *J Pharmaceutical Sci*, 1997, 86, 147～162.

[208] Stella VJ, Rao VM, Zannou EA, et al. Mechanisms of drug release from cyclodextrin complexes. *Adv Drug Delivery Rev*, 1999, 36, 3～16.

[209] Stella VJ, Rajewski RA. Pharmaceutical Applications of Cyclodextrins. 2. In Vivo Drug Delivery. *J Pharmaceutical Sci*, 1996, 85,1142～1169.

[210] Hirayama F, Uekama K. Cyclodextrin-based controlled drug release system. *Adv Drug Delivery Rev*, 1999, 36, 125～141.

[211] Vyas A, Saraf S. Cyclodextrin-based novel drug delivery systems. *J Incl Phenom Macrocycl Chem*, 2008, 62, 23～42.

[212] Rasheed A, Kumar A, Sravanthi V. Cyclodextrins as Drug Carrier Molecule: A Review. *Sci Pharm*, 2008, 76, 567～598.

[213] Salmaso S, Semenzato A, Bersani S, et al. Cyclodextrin/PEG based hydrogels for multi-drug delivery. *Int'l J Pharmaceutics*, 2007, 345, 42～50.

[214] Chen J, Rong L, Lin H, et al. Radiation synthesis of pH-sensitive hydrogels from β-cyclodextrin-grafted PEG and acrylic acid for drug delivery. *Materials Chem Phys*, 2009(116):148～152.

[215] Sajeesh S, Bouchemal K, Marsaud V, et al. Cyclodextrin complexed insulin encapsulated hydrogel microparticles: An oral delivery system for insulin. *J Control Release*, 2010(147):377～384.

[216] Manakker F, Pot M, Vermonden T, et al. Self-Assembling hydrogels based on α-cyclodextrin/cho-

lesterol inclusion complexes. *Macromolecules*, 2008, 41, 1766~1773.

[217] Messner M, Kurkov SV, Jansook P, et al. Self-assembled cyclodextrin aggregates and nanoparticles. *Int'l J Pharmaceutics*, 2010, 387, 199~208.

[218] 周应学,范晓东,任杰,等. 环糊精-药物复合纳米粒子的制备及其控制释放研究进展. *材料导报*, 2010(24):136~140.

[219] 李媛,吉丽,王刚,等. α-环糊精/聚乙二醇自组装超分子纳米药物载体. *中国科学:化学*, 2010(40):247~254.

[220] Çirpanli Y, Erem Bilensoy, A Lale, et al. Comparative evaluation of polymeric and amphiphilic cyclodextrin nanoparticles for effective camptothecin delivery. *Euro J Pharmaceutics Biopharmaceutics*, 2009, 73, 82~89.

[221] Zhang J, Ma PX. Polymeric core-shell assemblies mediated by host-guest interactions: Versatile nanocarriers for drug delivery. *Angew Chem Int Ed*, 2009, 48, 964~968.

[222] 李宁,张韵慧,熊晓莉. 环糊精聚合物在药物研究中的应用. *高分子通报*. 2005(6):1~5.

[223] Davis ME. The first targeted delivery of siRNA in humans via a self-assembling cyclodextrin polymer-based nanoparticle: From concept to clinic. *Molecular Pharmaceutics*, 2009(6):659~668.

[224] 邬义明主编. *植物化学纤维(第二版)*. 北京:中国轻工业出版社,1993.

[225] Lin-Vien D, Colthup NB, Fateley WG, et al eds. In: *The Handbook of Infrared and raman Characteristic Frequencies of Organic Molecules*. Academic Press, Chap. 4,1990 .

[226] van Oss CJ. *Colloid and Surface*, 1993, 78, 1.

[227] Chibowski E. *J AdhesionSci Technol*, 1992, 6, 1069.

[228] van Oss CJ, Giese RF, Li Z, et al. *J Adhesion Sci Technol*, 1992, 6, 413.

[229] van Oss CJ, Chaudhury MK, Good RJ. *Chem Rev*, 1988, 88, 927.

[230] Hon DNS. In: *Chemical Modification of Lignocellulosic Materials*. Marcel Dekker, 1996, Chap. 1~2.

[231] Shen Q. *Langmuir*, 2000, 16, 4394.

[232] Shen Q. In: *Interfacial Characteristics of Wood and Cooking Liquor in Relation to Delignification Kinetics*, Åbo Akademi University Press,Finland(1998) .

[233] Shen Q, Rosenholm JB. In: *Advances in Lignocellulosics Characterization*, TAPPI Press, USA, 1999, Chap. 10.

[234] Shen Q, Rahiala H,Rosenholm JB. *J Coll and Interface Sci*, 1998, 206, 558.

[235] Huang Y, Gardner DJ, Chen M, et al. Surface energies and acid-base character of sized and unsized paper handsheets. *J Adhesion Sci Technol*, 1995, 9, 1403.

[236] Dourado F, Gama M,Chibowski E, et al. *J Adhesion Sci Technol*, 1998, 12, 1081.

[237] Dorris GM, Gray DG. *J Colloid Interface Sci*, 1980, 77, 353.

[238] Whang HS, Gupta BS. *Textile Res J*, 2000, 70, 351.

[239] Rydholm S Ed. In: *Pulping Process*. New York: John Wiley & Sons, 1965.

[240] Henriksson A, Gatenholm P. *Cellulose*, 2002, 9, 55.

[241] Luner PE, Oh E. Characterization of the surface free energy of cellulose ether films. *Colloids Surf*

A, 2001, 181, 31～48.

[242] Sasa B, Odon P, Stane S, et al. Analysis of surface properties of cellulose ethers and drug release from their matrix tablets. *Eur J Pharm Sci*, 2006, 27, 375～383.

[243] Shen W, Parker IH. Surface composition and surface energetics of various eucalypt pulps. *Cellulose*, 1999, 6, 41～55.

[244] Bajdik J, Regdon G Jr, Marek T, et al. The effect of the solvent on the film-forming parameters of hydroxypropyl-cellulose. *Int J Pharm*, 2005, 301, 192～198.

[245] Fischer K, Heinze T, Spange S. Probing the polarity of various cellulose derivatives with genuine solvatochromic indicators. *Macromol Chem Phys*, 2003, 204, 1315～1322.

[246] 许冬生.*纤维素衍生物*.北京:化学工业出版社,2001.

[247] Clasen C, Kulicke WM. *Prog Polym Sci*, 2001, 26, 1839.

[248] 高洁,汤烈贵.*纤维素科学*.北京:科学出版社,1996.

[249] 杨之礼,苏茂尧.*纤维素醚基础与应用*.广州:华南理工大学出版社,1990.

[250] Shen Q. Surface properties of cellulose and cellulose derivatives, In: *Model Cellulosic Surfaces*, Ed. Roman, Maren ACS Symp. Chap. 12, Oxford University Press, 2009.

第四十章　分子酸碱化学在结构材料制备中的应用

40.1 简介

Russell 等人[1, 2]最近报道了他们在使用模板控制、制备结构材料过程应用毛细上升方法的例子。由于该方法涉及液体的物理参数、固体的孔隙直径以及液体流经固体孔隙过程的速度，所以他们就利用此关系和已知孔隙的模板来控制流速，达到制备有序结构材料的目的。

此外，该课题组还应用溶剂的极性变换来控制和制造笼状的 3D 结构如图 40-1 和图 40-2 所示[1]。

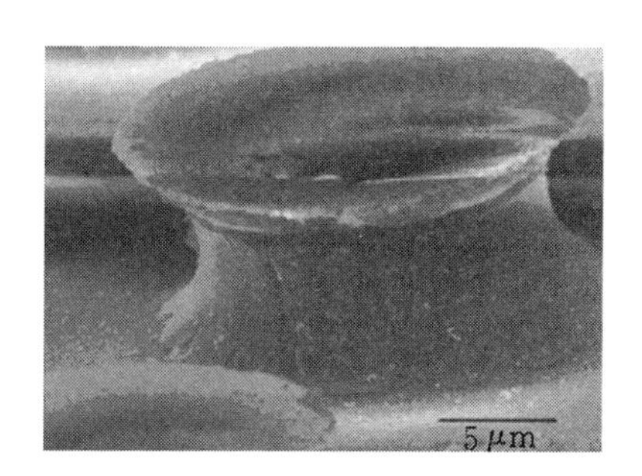

图 40-1　3D 结构的 PMMA/PS

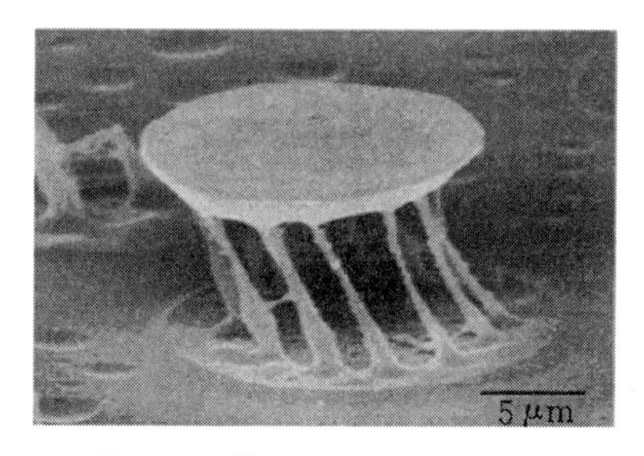

图 40-2　笼状 3D 结构的 PMMA

40.2 分子酸碱化学在凝胶过程中的应用

40.2.1　凝胶的定义

凝胶(Gel)可以定义为含有大量溶剂的三维网状结构的高分子。其网络结构由大分子主链及含有亲水性(极性)基团和疏水性基团，或有解离型基团的侧链构成(图 40-3)。具有

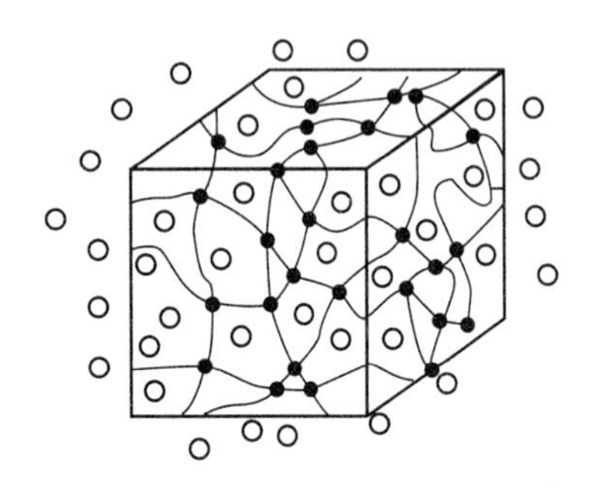

图 40-3　凝胶结构示意图

三维网络结构的交联高分子与溶剂相互作用时发生溶胀，但由于具有交联结构使其溶胀行为受到限制。溶胀程度取决于交联密度，交联密度越高溶胀度越小[3~5]。

凝胶根据溶胀介质的不同可分为三类：以水为溶胀介质的高分子水凝胶（Hydrogel）和以非水性有机物为溶胀介质的高分子油性凝胶（Lipogel）及气性凝胶（Aerogel）。其中水凝胶可以定义为在水中能溶胀并保持大量水分而又不能溶解的具有三维交联网络或互穿网络的聚合物。自然界中绝大多数的生物、植物体内存在的天然凝胶以及许多合成高分子凝胶均属于水凝胶。水凝胶根据网络大分子来源的不同可分为合成高分子凝胶与天然高分子凝胶。生物体内存在的生物高分子水凝胶主要是胶原及其分解产物明胶以及多糖类，由于它们生物相容性良好，这些天然高分子水凝胶已广泛应用于医疗领域。而合成高分子水凝胶一般力学性能较好，因此目前已有很多合成聚合物水凝胶，最多的是丙烯酸衍生物的均聚物或共聚物，以及丙烯酰胺衍生物的均聚物或共聚物。根据高分子交联方式的不同可以分为化学凝胶与物理凝胶[3~5]。

根据水凝胶对外界环境刺激的响应情况可分为传统水凝胶和智能型水凝胶（intelligent hydrogels or smart hydrogels），其中智能型水凝胶又可称为刺激响应性水凝胶或敏感性水凝胶，它是一类对外界环境刺激能产生敏感响应的水凝胶。典型的环境刺激有温度、pH 值、溶剂、离子强度、光、电场、磁场、化学物质等，其中温敏水凝胶和 pH 敏感水凝胶在环境响应性聚合物水凝胶材料中独树一帜，占据十分重要的位置。这类凝胶的突出特性是当外部环境发生微小变化时，其体积会随之发生数倍或数十倍的变化，当达到并超过某临界区域时，甚至会发生不连续的突跃式变化，即所谓的体积相转变（Volume Phase Transition），利用这一特性以及其良好的生物相容性，可将智能型水凝胶应用于药物控释系统、固定化酶、化学转换器、记忆元件开关、人造肌肉、化工分离、物料萃取、细胞培养以及活性酶包埋等领域[3~5]。因此，自从 1978 年 Tanaka 在研究聚丙烯酰胺（PAAm）时发现其具有不连续的体积相变以来[3]，有关智能型水凝胶的合成、理化性质以及凝胶结构之间相互关系的研究就十分活跃。目前对智能型水凝胶的研究已成为功能高分子研究领域的一大热点，尤其是近年来，相关的研究得到空前的发展，涌现出许多阶段性成果。

40.2.2　高分子凝胶的溶胀特性

40.2.2.1　凝胶中水与聚合物网络的相互作用

高分子水凝胶与水的微观相互作用不论是在理论上还是在技术领域上都有着非常重

要的意义。水凝胶的性质涉及氢键,离子间静电作用和疏水相互作用等问题,而其中水的存在是影响凝胶性质的重要因素。水凝胶中水分子运动因凝胶网络的影响而显著降低,凝胶网络中氢键的破坏及重构对水分子的扩散非常重要。水分子可按不同方式与凝胶网络相互作用,其强度按以下方式递增:水—疏水部分<水—水=水—极性基团<水—离子[3~5]。

目前,对凝胶中水的研究主要提出了两种机理模型:一种是密度混合模型认为凝胶中的水分为高密度和低密度两种类型;另一种模型认为水在高分子中以3种状态存在,即可冻结自由水,冻结结合水或中间水,不冻结结合水[3~5]。但无论什么结论都离不开水的影响,所以水中的氢键及其酸碱性能必定会影响凝胶的性能。

密度混合模型认为高分子网络中疏水表面降低其邻近水的密度。水分子易在疏水性链段周围形成有序水合层,对疏水链段的构象起稳定作用,且疏水基团附近的水分子倾向于形成水分子团簇体[3~5]。

结合水模型认为水凝胶中水的运动性,冻结与熔融行为与本体水有很大差别,可冻结自由水与水凝胶网络的作用最弱,可在水凝胶中自由扩散。可冻结中间水比可冻结自由水具有更低的熔融温度,并且两者在DSC图上都表现出明显的吸热或放热峰。水凝胶在一定水含量下可出现4种相转变:水的结晶,玻璃化转变,冻结水的熔融和水由中间相向各相同性液相的转变。水凝胶的玻璃化转变行为按水含量分为4个区域:

(1) 体系只含不冻结合水,由于水的增塑作用,水凝胶的体系的Tg明显下降;

(2) 体系存在可冻结的中间水,仍能观察到T_g的下降,此中间水在冷却过程中形成无定形的冰,对吸附由结合水的凝胶网络主链运动具有增塑作用;

(3) 凝胶体系降温过程中形成规则的冰,它的存在使T_g下降到最小值后随含水量增大而增大;

(4) 凝胶体系的T_g趋于恒定。

凝胶中的水进入凝胶网络中,首先与极性基团结合,直到结合点被完全占据,然后是中间水区域,最外层是游离水层。姚康德等用DSC结合动态力学(DMA)研究CS/PE semi-IPN凝胶的玻璃化转变温度(T_g)随着凝胶含水量变化情况,发现在凝胶中只有不冻结结合水存在时,体系的T_g才会随含水量的增加而降低,表明对凝胶网络起增塑作用的是不冻结结合水而不是可冻结结合水和游离水[6]。

40.2.2.2 凝胶的溶胀特性

一般来说,凝胶的溶胀经历3个过程:

(1) 溶剂小分子向网络的扩散;

(2) 溶剂化作用引起高分子链段松弛;

(3) 高分子链向空间伸展(协同扩散)[7]。

凝胶溶胀过程中,一方面溶剂力图渗透到网络内使其体积膨胀,导致网络分子链向三维空间伸展;另一方面由于交联网络的体积膨胀,使凝胶网络结构受到应力作用产生弹性回缩。凝胶的膨胀度 Q(膨胀后的体积 V 与干燥时的体积 V 之比)主要由 3 个因素决定:

(1) 由低分子离子产生的膨胀压力;

(2) 由高分子间的亲和效果产生的收缩压力;

(3) 高分子的弹性压力。当三者间达到平衡时,凝胶的溶胀呈平衡状态[8]。

目前,对凝胶溶胀特性的研究主要有以下几个理论来对凝胶的溶胀过程进行描述[9]。

1) Fick(1829~1901,德国物理学家)扩散方程:

$$\frac{M_t}{M_\infty}=1-\sum_{n=0}^{\infty}\frac{8}{(2n+1)^2\pi^2}\exp[-(2n+1)^2\pi^2(D_pt/L^2)] \tag{40-1}$$

式中,M_t 与 M_∞ 分别为时间 t 即平衡状态下样品所吸收的水的质量;D_P 是扩散系数;L 是初始干燥膜的厚度。

Fick 定律在凝胶吸收溶剂较少,网络链段松弛很快时,可以较准确地描述其溶胀过程。但实际上,凝胶在溶胀过程会吸收大量溶剂,溶胀比可达到几十倍以上,造成了理论与实际的偏离较大。

2) Donnan(1870~1956,爱尔兰物理化学家,以他名字命名的 Donnan 平衡描述了离子转移现象)。

Donnan 平衡方程:

$$C_i^{进}/C_i^{出}=K_D^{Z_i} \tag{40-2}$$

式中,$C_i^{进}$ 为凝胶内粒子浓度;$C_i^{出}$ 为凝胶外粒子浓度;Z_i 为粒子电荷数;K_D 为 Donnan 分配系数。

Donnan 平衡理论可以较为准确地解释离子型凝胶的溶胀行为。由于凝胶网络上大分子离子不能独立运动,因此凝胶内外存在 Donnan 平衡。

3) Flory-Huggins 渗透压方程:

$$\pi=-RT[\ln(1-\phi)+\phi+\chi\phi^2]-RTV_0\nu\phi_0\left[(\phi/\phi_0)^{1/3}-\frac{1}{2}(\phi/\phi_0)\right]+RTV_0f\nu\phi \tag{40-3}$$

上式称为凝胶的状态方程,它表达了 π-ϕ-T 的关系。可见,渗透压 π 由大分子链与溶剂相互作用 π_1、大分子链的橡胶弹性 π_2 和高分子凝胶内外离子浓度差 π_3 构成。所以可借高分子凝胶网络的结构与形态的微观控制,来影响其宏观的溶胀或伸缩特性。这就是智能高分子凝胶对溶剂组成、温度、离子浓度、电场及光等刺激响应性的依据。因此,对非离子

型高分子凝胶 π_1 和 π_2 因子起作用，故对温度和溶剂变化产生伸缩响应；而对高分子电解质凝胶，则 π_1、π_2 和 π_3 均起作用，则有电解质效应。对于高分子电解质水凝胶，从定性的角度看，由于固定电荷的吸引能力，可移动离子浓度在凝胶内部大于外部环境。结果内部溶液之渗透压将超过外部溶液。膨胀力即等于内外溶液之间的渗透压差。

当凝胶溶胀达到平衡时，$\pi = 0$，体积不再发生变化，上式变为：

$$\tau \equiv 1 - 2\chi = -\frac{V_0\phi_0\nu}{\phi^2}\left[(2f+1)\left(\frac{\phi}{\phi_0}\right) - 2\left(\frac{\phi}{\phi_0}\right)^{1/3}\right] + 1 + \frac{2}{\phi} + \frac{2\ln(1-\phi)}{\phi^2} \quad (40\text{-}4)$$

τ 称为减少的温度(reduced temperature)，它体现了溶剂对高分子的特性。良性溶剂时，$\tau > 0$；不良溶剂时，$\tau < 0$。

对于离子凝胶的溶胀现象，Flory 从凝胶内外各种离子的渗透平衡出发得到结论。如果构成网络的聚合物链含有可离子化基团，由于聚合物链上的固定电荷可使溶胀力大大提高，就像交联聚丙烯酸和聚甲基丙烯酸。当用氢氧化钠部分或全部中和时，聚合物链上固定的荷负电的羧酸根引起静电排斥，趋于使网络膨胀。但由于不可避免地存在其他离子，比如钠离子和其他电解质离子(包括溶剂离子，如水离解产生的氢氧根离子，氢离子)，这些离子通过屏蔽固定电荷，减小了静电排斥。在溶胀离子化网络及其环境电解质之间存在离子和溶剂交换。高聚物本身起到膜的功效，阻止那些像在普通溶液中一样，随机分布在凝胶网络中的带电基团扩散到外部溶液中[10]。

从上述理论推导可知，凝胶体系的特性是由 χ、ν、f 3 个因素来决定的。凡可以改变这 3 个参数的变化，都可能引起体积相变[11]。

4) 凝胶的溶胀热力学方程：

Flory-Huggins 运用统计热力学方法推导了高分子凝胶体系的混合熵、混合热以及混合自由能。但是他们忽略了高分子链段之间、溶剂分子之间以及高分子链段和溶剂分子之间的相互作用，也没有考虑凝胶溶胀前后所处环境的微小变化而引起高分子构象熵的误差。凝胶的溶胀过程可以用 Helmhotz 自由能较为准确的表述，弥补了 Flory-Huggins 的不足：

$$F_{gel} = F_{mix} + F_{elas} + F_{rep} \quad (40\text{-}5)$$

式中，F_{gel} 为凝胶 Helmhotz 自由能；F_{mix} 为高分子链与溶剂的混合自由能；F_{elas} 为弹性自由能，即网络形变引起的弹性恢复力自由能贡献；F_{don} 为离子对自由能的贡献：F_{rep} 为固定在网络上的离子间的静电作用力对凝胶自由能的贡献。

5) 凝胶溶胀或收缩的特征时间：

凝胶的溶胀或收缩过程为扩散过程，其溶胀或收缩的速率与凝胶的尺寸有关，凝胶溶胀与收缩的特征时间(t)：

$$t = \frac{R^2}{D} \tag{40-6}$$

其中，R 为凝胶尺寸，D 为协同扩散系数(随聚合物浓度与交联密度的增大而减小)，所以，为加快响应速率，降低尺寸是一个有效的途径。

40.2.2.3 凝胶的体积相变

研究表明，当响应性水凝胶所处的环境刺激因素，如溶剂的组成、温度、pH 值、离子强度和电场等刺激信号发生变化时，凝胶体积就会发生突变，呈现体积相转变行为。并且当刺激因素可逆性变化时，水凝胶的突跃性变化也具有可逆性。体积相变的推动力是渗透压。凝胶收缩和溶胀就是因为其凝胶网络内外渗透压不平衡造成的。

Hirose 等对 N-异丙基丙烯酰胺与丙烯酸共聚物水凝胶的体积相转变动力学行为进行了细致的研究，并提出去溶胀过程由 3 个阶段构成：

(1) 均匀收缩阶段，在这一阶段，水凝胶的尺寸按指数规律减小；

(2) 平台阶段，这时柱状水凝胶的两端开始收缩而中间部分仍处于膨胀状态；

(3) 崩塌阶段，此时水凝胶的中间部分亦随着时间而线性收缩[4]。

他们的实验还发现，带有少数电荷的水凝胶能较好地符合上述过程。另外对于溶胀动力学，发现只要利用 Tanaka-Fillmore 模型的一个简单的指数方程即可对其进行描述[4]。

高分子凝胶所以能够随环境刺激因素变化而发生体积相转变，是因为体系内存在几种相互作用力：即范德华力、氢键和疏水相互作用力及静电作用力，由于这些力的相互组合和竞争使凝胶溶胀或收缩，因而产生体积相转变。

凝胶发生体积相转变的过程可用图 40-4 来表示。

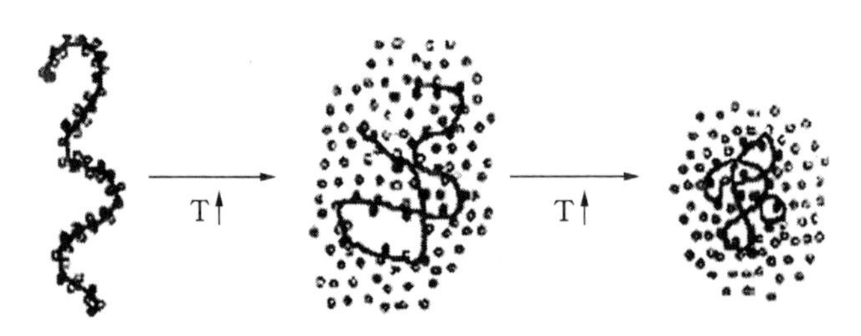

图 40-4 凝胶体积相转变示意图

范德华力一般包括三部分：取向力、诱向力和色散力。在大的溶质分子间近距离的相互作用为色散力，它在非极性有机性溶剂体系的凝胶中起重要作用。

含氧、氮等负电性大的原子的凝胶大分子容易形成氢键，它在凝胶相转变中作用很大。当形成氢键时，大分子将以特定方式排列而收缩，温度升高时氢键容易破坏，因此凝胶往往

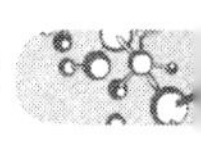

在较高温度下溶胀。

静电相互作用力源于大分子链电荷基团的正负离子吸引。例如弱酸性的丙烯酸与丙烯酰胺合成的水凝胶，在碱性条件下的溶胀率大于在酸性溶剂中的溶胀率，因为在碱性条件下，丙烯酸有部分电离而形成 COO^- 负离子，羧酸根离子相互排斥而使凝胶溶胀。

疏水相互作用力是美国麻省理工学院的田中丰一教授提出的一种新的观点，他认为凝胶的不连续体积下相转变是溶胀力和收缩力相互竞争的结果。由于分子间相互作用力的微妙平衡使凝胶网络构象发生变化，斥力为主时凝胶溶胀，引力占主导地位则凝胶收缩。疏水相互作用力存在于大分子链的疏水基团之间，例如聚异丙基丙烯酰胺凝胶在水中溶胀时，疏水性异丙基周围的水分子间形成氢键，疏水性基团间产生相互作用，大分子链间相互吸引。温度升高时，凝胶网络为疏水基团保护，水不容易进入网络，使凝胶不能溶胀，其大分子网络处于聚集状态[1]。

40.2.3 凝胶过程的酸碱特征

在聚甲基丙烯酸甲酯(PMMA)表面进行的动物蛋白凝胶反应显示，液体浓度的增加将使得液体与凝胶表面接触角同时增大(图 40-5)[13]。

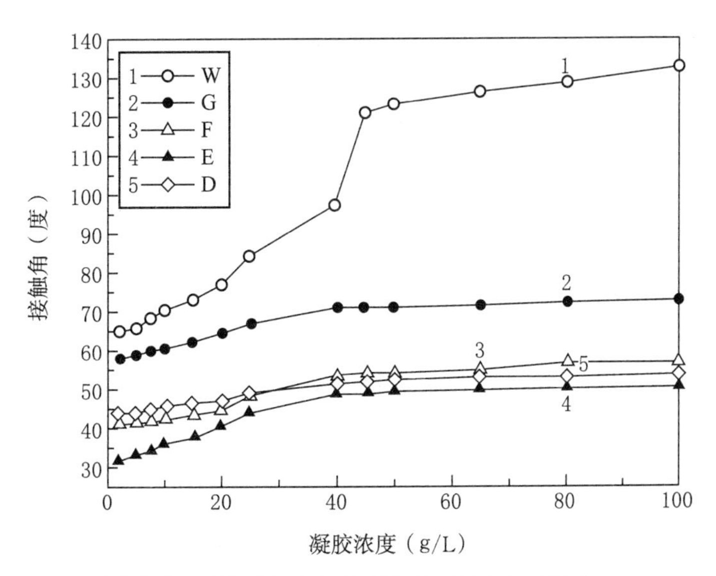

图 40-5 凝胶过程液体的浓度与接触角之间的关系

由于图中水(w)、甘油(G)、甲酰胺(F)、乙二醇(E)和二碘甲烷(D)的接触角明显随凝胶化过程而变化，这意味着凝胶过程是在酸碱反应控制下进行的。为此，有人认为表面官能团与液体酸碱性能之间的反应在凝胶过程起着主导作用[13]。

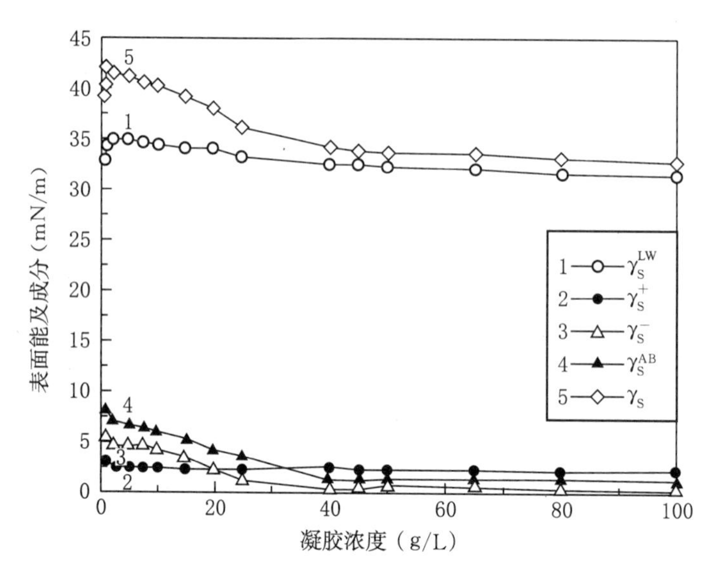

图 40-6 凝胶过程表面自由能及分量随浓度的变化

由于该图显示凝胶过程液体的表面张力是逐步下降的，由此可以认为凝胶过程的吸附反应是有针对性的，而这种针对性是基于液体与表面官能团之间的酸碱反应的（图 40-6）。为此，有人发现液体与表面官能团之间的接触角关系如表 40-1 所示[13]。

表 40-1 液体与表面官能团之间的接触角关系[13]

官能团	θ_W	θ_G	θ_F	θ_E	θ_D	θ_B	θ_{DS}	θ_T	θ_{BR}
$—CH_3$	113.5	98.8	95	86.2	71.6	67.1	73.8	62.2	62.9
$—CH_2—$	110.2	94.5	90.4	80.8	64.5	59.3	67	53.5	54.3
$—NH_2$	32.4	0	0	0	58.3	31.3	0	46.5	45.8
—COOH	29.2	53.5	33	48.2	55.2	54	58.5	66.3	10.6
PMMA	74.25	64.45	55.56	46.58	36.37	26.6	31.1	26.6	0

40.2.3.1 凝胶的溶胀过程与酸碱性能的影响

40.2.3.1.1 木质素磺酸盐的表面性能对凝胶过程的影响

凝胶聚合物电解质的研究是基于聚合物电解质体系的研究成果。自从 Feullade 等[6]在 1973 年首先报道了聚环氧乙烷(PEO)-Li^+ 盐的聚合物电解质体系后，Amand 等[7]发现 PEO 碱金属络合物在 40～60 ℃时的电导率可达 10^{-5} S/cm，且具有较好的成膜性能。随后，20 世纪 80 年代 Watanable 等[8]报道了 PPO/碱土金属盐的离子导电性，而 Przyluski 等[9]则用 PEO 与聚丙烯酰胺(PAAm)首先共混，再与 $LiClO_4$ 形成络合物，发现其室温离子传导率高于 10^{-4} S/cm，且具有较好的力学性能。由于聚合物电解质以其耐冲击性和易成膜性在全固态高能量密度电池、电化学传感器及电器件领域显示出广泛的应用前景[10~13]，近年来越来越多的研究尝试了多种途径来提高聚合物固态电解质的室温电导率，并陆续开发和报道了多种类型的离子导电聚合物。其中室温离子电导率最高的聚合物电解质属凝胶型聚合物电解质，尤其是聚丙烯腈（PAN）、聚氯乙烯（PVC）、聚甲基丙烯酸甲酯（PMMA）、聚偏氟乙烯（PVDF）和聚偏氟乙烯—六氟丙烯（PVDF-HFP）等为基的锂盐复合物电解质。由于这类电解质在室温条件下其电导率均可达到 10^{-3} S/cm，从而使聚合物固态电解质在塑料化薄膜锂离子电池上的应用成为可能[10]。还注意到：文献[10]曾报道了"溶液—凝胶"法制备的无机—有机复合材料的质子导体，如由聚苯乙烯磺酸和聚硅氧烷组成的复合材料，其室温下质子传导率可达 10^{-2} S/cm。

Feullade 等在 1975 年开始进行聚合物电解质凝胶的研究，这也是目前研究得最为广泛的一类聚合物电解质。在凝胶介质中液体电解质承担了离子导电功能，而聚合物则起支撑作用使凝胶维持一定的几何形状。由于含有大量的液体电解质，所以这类聚合物电解质具有较高的室温电导率，因而可以在塑料锂离子电池、电容器以及电致变色器件等许多领域展现出良好的应用前景[6~25]。

木质素（lignin）作为自然界中在数量上仅次于纤维素的第二大天然高分子材料，是一种廉价易得、储量丰富且环境友好的可再生天然资源，具有优良的物理化学特点和广阔的应用前景。尤其是改性的木质素磺酸盐（LGS），不仅是一种聚电解质，且因为其磺化过程具有离子选择性，所以为应用增加了调控的可能性[26]。

表面能或表面张力是表征物质表面性质的重要参数，在研究聚合物的实际应用中都有重要的参考价值。由于凝胶过程是一个体积相转变的过程，是一个使液体逐渐失去流动性而显示出固体性质的过程，所以表面张力必定在其中扮演着一个重要的角色。

表 40-2　PAAm/LGS 凝胶的凝胶点时间[24]

聚合物凝胶	t_{gel}(min)	聚合物凝胶	t_{gel}(min)
PAAm-Na^{+}-LGS	30	PAAm-Ca^{2+}-LGS	11
PAAm-Mg^{2+}-LGS	15	PAAm	3

LGS 的加入不仅改变了电导率和凝胶体系的粘度，改变了开始反应时间的快慢，还延迟了凝胶点时间，LGS 的表面能越小则延迟时间越长。表 40-2 列出了各凝胶的凝胶点时间，未加磺化木质素的 PAAm 凝胶所需时间最短，其次是 Ca^{2+}-LGS，然后是 Mg^{2+}-LGS 和 Na^{+}-LGS。这是由于 LGS 具有苯—丙烷骨架结构，且在水溶液的表面不能形成致密的疏水链排列，所以加入 LGS 可以起到改善凝胶孔隙结构，如大小及其分布的作用，使凝胶生长速度延缓，并形成互穿网络结构，而 LGS 的表面性能和相对粘度的大小都会影响它们在凝胶中的

互穿程度。为了更好地理解 LGS 的表面活性对凝胶过程所起的作用，图 40-7 描述了 LGS 的表面能与凝胶点时间的关系。虽然图中只体现出 3 个点，但从图中可看出拟合曲线具有更高的线性度。同时得到 LGS 的表面活性与凝胶过程的关系可归纳为下式：

$$\gamma_S = 29.976 - 0.337 t_{gel} + 0.004 t_{gel}^2 \quad (40\text{-}7)$$

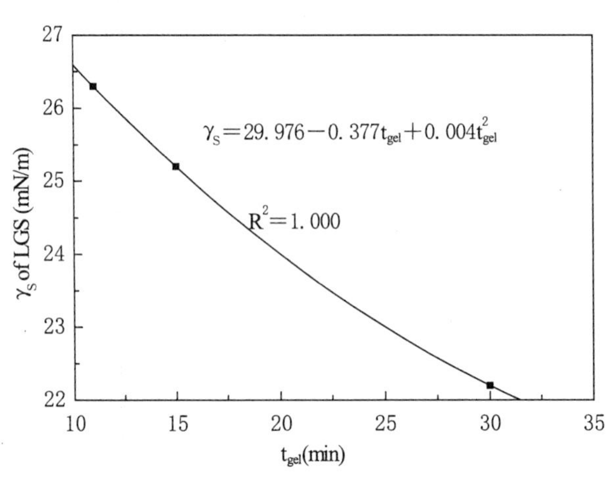

图 40-7　LGS 的表面能与凝胶时间的关系

LGS 作为一种阴离子表面活性剂，表面张力是其基本物理化学性质之一[26, 27]。结合表 40-3 中 LGS 的表面能与电导率数值可知，LGS 的表面能大小与所形成的复合聚电解质凝胶所显示的电导率变化趋势有一定的规律，即 LGS 的表面能大，复合聚电解质凝胶的电导率就低。这进一步说明在溶胶向凝胶转变的过程中表面张力可能起着非常重要的作用，如发生收缩时的表面张力大有利于减小聚电解质凝胶分子间的距离，降低凝胶网络结构的孔隙率，使凝胶的网络结构致密。同时，由于 LGS 溶液的自由离子被束缚于三维网络中或凝胶表面，从而影响到凝胶体系的电导值。所引入官能团的表面性质能对聚合物凝胶的电学性质有影响，这对聚合物凝胶的应用是有意义的。

考虑到木质素磺酸产品可以带不同的金属离子，而这种离子的选择或差异极有可能影响到聚电解质凝胶的性能，所以本实验对木质素磺酸钙，镁和钠的表面性能进行了研究，表 40-3 归纳了 3 个样品的表面性能。表 40-3 中：γ_S—表面张力，γ_S^{LW}—Lifshitz-范德华力，γ_S^{AB}—Lewis 酸碱作用力，γ_S^+—Lewis 酸性力，γ_S^-—Lewis 碱性力[27]。

比较表 40-3 可知，磺酸基的加入使木质素的表面能增加，从而改善其亲水性，而磺化过程所选用的金属离子也影响到表面行为。比较表中 γ_S 的数值可以发现二价金属离子的 LGS 的 γ_S 均大于一价的，说明离子价态可能是一个影响因子。表 40-3 还指出：木质素磺酸钙的表面能不仅较木质素增加了约 20%，而且也较木质素磺酸镁大了约 4%。这似乎进一步预示着这两个元素在化学元素周期表中的位置也影响或决定了它们的表面性能。倘确

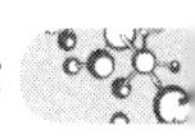

实如此，则表40-3说明元素的电子层数是一个重要的影响表面性能的因数，那么可以通过金属离子选择方法来调控或改变木质素的表面性能，并由此影响木质素类产品的应用。该表列出了3种LGS的电导率，与其表面能 γ_S 成反比。这是因为表面性能的增加同时改善其亲水性，即木质素磺酸钠的亲水性最好，则溶液中离子浓度最大，电导率也随着增大，反之则电导率减小。

表 40-3 LGS的表面性能与电导率[27]

LGS	γ_S (mJ/m²)	γ_S^{LW} (mJ/m²)	γ_S^{AB} (mJ/m²)	γ_S^+ (mJ/m²)	γ_S^- (mJ/m²)	电导率 (mS/cm)	[η]
Lignin	21.89	21.09	0.80	0.20	0.81	\	\
Na^+-LGS	22.20	21.97	0.23	0.01	1.21	14	1.37
Mg^{2+}-LGS	25.18	20.64	4.54	0.84	6.16	13	1.00
Ca^{2+}-LGS	26.28	25.70	0.58	0.02	4.97	3.6	0.97

40.2.3.1.2 凝胶的pH响应行为

由于凝胶在使用过程中所处的环境并不都是纯水，而是有一定的酸碱度和无机盐浓度的水溶液。在这种情况下，研究不同酸碱度溶液中凝胶的溶胀行为也是十分重要的。

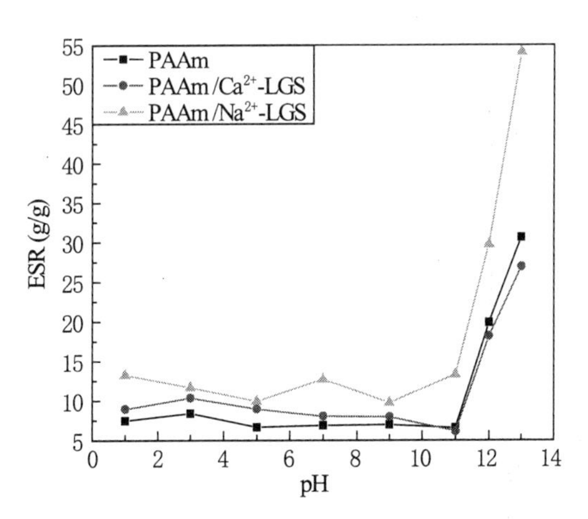

图 40-8 不同pH值溶液中的凝胶平衡溶胀度

由图40-8可明显划分2个区域，当pH值在1～11之间时，PAAm凝胶与PAAm/LGS凝胶的平衡溶胀度变化均不大，且木质素磺酸盐的引入在一定程度上增大了PAAm/LGS凝胶溶胀率；但当pH值大于11时，PAAm凝胶和PAAm/LGS凝胶的溶胀度均明显增大，溶胀行为表现几乎一致，当pH = 13时凝胶的溶胀率达到最大值，尤其是PAAm/Na^+-LGS凝胶更为明显，其最大溶胀率相对于pH = 7时的溶胀率增加了4倍多，可见该pH值是一个临界点。由于磺酸基是强电解质基团，故磺酸基而导致凝胶的溶胀程度对pH值的依耐性并不明显[16～18, 25]，这说明聚丙烯酰胺类水凝胶在溶胀过程中起主要作用的是酰胺基团。在弱酸和弱碱条件下，酰胺水解反应非常缓慢，可认为没有发生水解，因此其溶胀度变化幅度很小；当酸性较强时，酰胺水解过程中产生环亚胺结构[16, 17]，由于环亚胺结构是疏水基团，从而导致凝胶的溶胀度较小。而在强碱条件下，大约20%～30%的酰胺基水解转换为阴离子的羧基[16～18]，对聚电解质凝胶来说，凝胶的溶胀是其中静电相互作用的宏观表现，也就是说在溶胀的凝胶中以静电斥力为主[25]。由于羧基带有负电荷产生静电斥力作用，凝胶网络结构进一步扩展，导致分子链得以伸展，从而溶胀度增大。

无论如何，图 40-8 揭示了一个事实，即可以利用磺化木质素来调节聚丙烯酰胺凝胶的溶胀度和 pH 响应性，而其中酸碱反应则明显影响凝胶的响应性。

同时图 40-9、40-10 和 40-11 分别描述了 PAAm 凝胶、PAAm/Ca^{2+}-LGS 凝胶和 PAAm/Na^{+}-LGS 凝胶在强酸和强碱溶液以及去离子水的溶胀动力学行为。

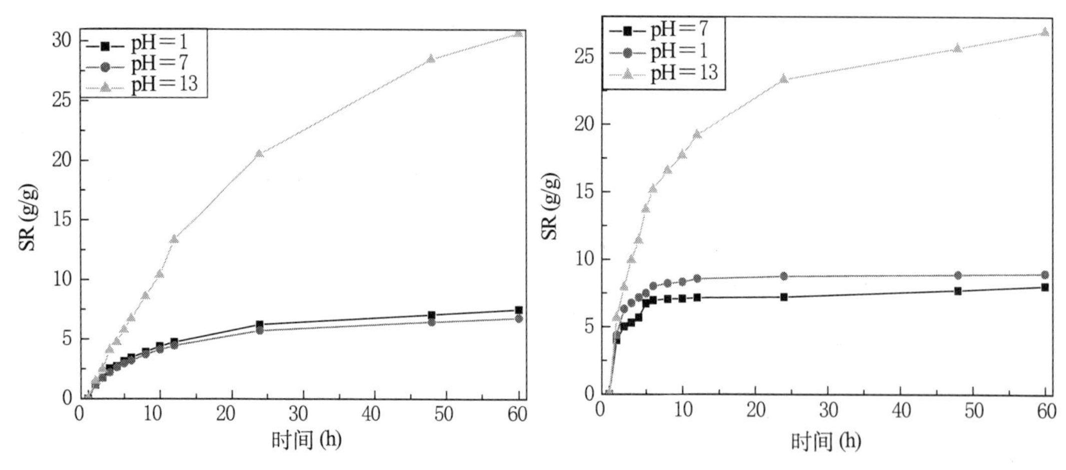

图 40-9 聚丙烯酰胺凝胶在不同 pH 值溶液中的溶胀动力学曲线

图 40-10 聚丙烯酰胺/木质素磺酸钙凝胶在不同 pH 值溶液中的溶胀动力学曲线

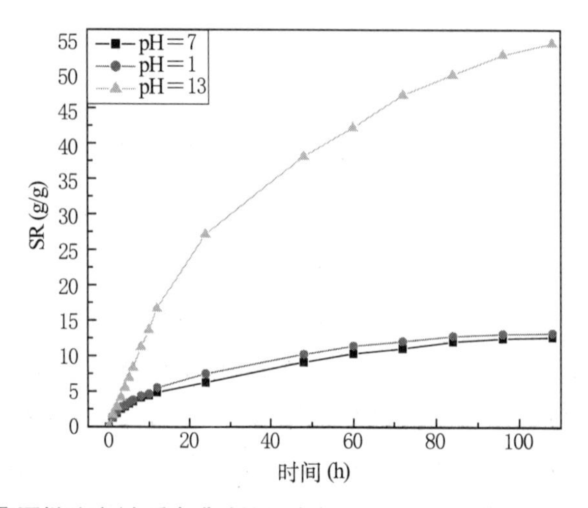

图 40-11 聚丙烯酰胺/木质素磺酸钠凝胶在不同 pH 值溶液中的溶胀动力学曲线

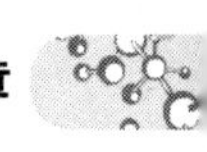

由图 40-9、40-10 和 40-11 可进一步看出:酸碱反应非常明显影响凝胶的反应性能,这是因为强碱性条件下凝胶的溶胀不仅非常明显,而且在溶胀约 60 或 110 h 后依然保持一种增大溶胀的趋势。而在强酸条件下的溶胀虽然略大于在水中的溶胀度,但溶胀行为基本一致。根据图 40-9 和 40-10 还可以得到,聚丙烯酰胺/木质素磺酸钙和钠凝胶的溶胀度在酸性溶液中比在去离子水中的溶胀度增加了约 4%～10%,但在碱性溶液中的溶胀度却至少比在去离子水中的溶胀度大 3～4 倍[25]。

40.2.3.1.3 溶剂对凝胶溶胀性能的影响

40.2.3.1.3.1 乙醇/水混合溶液表面张力的测试

采用悬滴法来测试混合溶液的表面张力,测试结果如表 40-4。

由于在凝胶溶胀过程中,溶剂与凝胶的相互作用主要取决于溶剂的 Lewis 酸碱作用力,因此由表 40-4 得出的表面张力的数据,按照乙醇水溶液中水的体积百分数可以换算出不同比例的乙醇/水混合溶液中的 Lewis 酸碱作用力,具体数据如表 40-5。

表 40-4 乙醇/水混合溶液的表面张力[25]

体积比 / 溶剂	γ_L (mJ/m^2)				
	100/0	70/30	50/50	40/60	20/80
乙醇/水	21.89	23.96	26.74	29.85	43.09
甲酰胺	58.0				
水	72.8				

表 40-5 乙醇/水混合溶液的 Lewis 酸碱作用力[25]

体积比 / 溶剂	γ_L^{AB} (mJ/m^2)				
	100/0	70/30	50/50	40/60	20/80
乙醇/水	0	7.19	13.37	17.91	34.47
甲酰胺	19.0				
水	51.0				

从表 40-4 中计算结果可看出,对于水、甲酰胺、乙醇/水溶液来说,水的 Lewis 酸碱作用力最大,纯的乙醇溶剂的 Lewis 酸碱作用力最小,其中对于乙醇/水的混合溶液而言,随着混合溶液中乙醇/水的体积比的增加,溶液的 Lewis 酸碱作用力是逐渐减小的,而甲酰胺的 Lewis 酸碱作用力介于乙醇/水溶液体积比 20/80 和 40/60 的 Lewis 酸碱作用力之间。

40.2.3.1.3.2 溶液性质对凝胶溶胀的影响

图 40-12 和 40-13 描述了 PAAm 凝胶和 PAAm/LGS 凝胶在乙醇/水溶液和甲酰胺溶剂中的溶胀动力学过程。比较图 40-12、图 40-13 和图 40-14 可以发现,凝胶在不同的溶胀

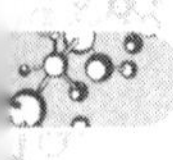

介质中的溶胀过程都遵循同一个模式，具体分析与在水中的溶胀过程相似。不同的是，对于 PAAm 和 PAAm/LGS 3 种水凝胶来说，同一种水凝胶在水、甲酰胺和乙醇/水（100/0、70/30、50/50、40/60、20/80）溶液中的平衡溶胀度大小情况是，在水中的溶胀程度最大，然后是乙醇/水＝20/80、甲酰胺、乙醇/水＝40/60、50/50、70/30，而纯的乙醇中凝胶几乎不发生溶胀。同时比较 3 种水凝胶的溶胀程度来说，无论在哪种溶液环境中，PAAm/LGS 水凝胶的平衡溶胀度均大于 PAAm 凝胶的平衡溶胀度[25]。

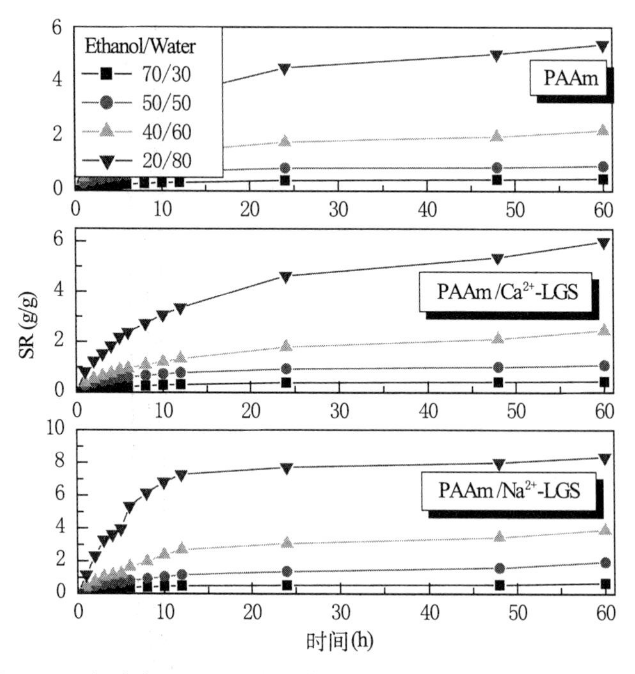

图 40-12　凝胶在不同比例的乙醇/水混合溶液中的溶胀动力学行为

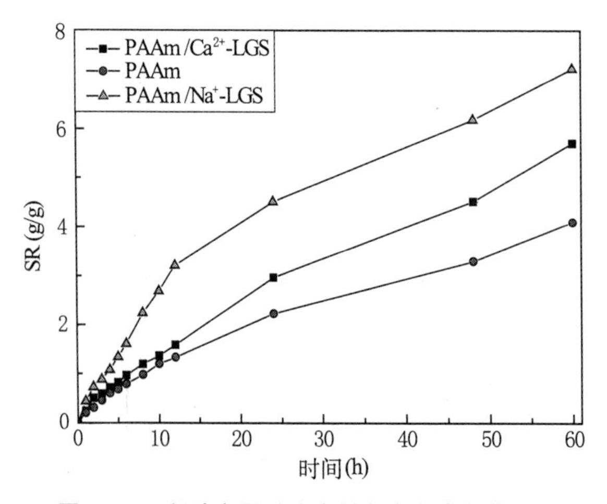

图 40-13　凝胶在甲酰胺溶剂中溶胀动力学行为

凝胶的溶胀或收缩过程主要体现在凝胶中的亲水基团、疏水基团与溶剂的相互作用上。PAAm 和 PAAm/LGS 水凝胶中含有亲水基团酰胺基和磺酸基，如这些亲水基团与溶剂能形成氢键，那么该溶剂就容易渗透到凝胶中，这意味着凝胶在此种溶剂中的溶胀能力也就大。比较水凝胶在水、甲酰胺和乙醇这 3 种纯溶剂的溶胀情况发现，由于水和甲酰胺都是强极性溶剂，均能与亲水基团形成较强的氢键作用，而乙醇是一种弱极性溶剂，与亲水基团形成的氢键作用相对来说较弱，所以凝胶在水和纯的甲酰胺溶剂中的平衡溶胀度均大于在纯的乙醇溶剂中的平衡溶胀度。这与文献[20]中所报道的凝胶在不同种类溶剂中的溶胀能力关系为：水—极性溶剂＞水—弱极性基团＞水—非极性溶剂是一致的。

就 PAAm/LGS 凝胶而言，其结构中含有的磺酸基团在强极性介质中可以完全电离，如水和甲酰胺中，而在低极性溶剂如乙醇中则不可以，而是部分正负离子形成偶极子。偶极子间的相互作用使凝胶体积收缩，从而表现为溶胀性变差。因此溶剂的酸碱性能影响甚至决定凝胶的溶胀度，而根本因素在于磺酸基的电离程度[21]。

为了了解溶剂对凝胶溶胀行为的影响，下面从溶液表面性能的角度来说明对凝胶溶胀过程的影响。图 40-14 描述了聚丙烯酰胺凝胶与 PAAm/LGS 凝胶在不同体积分数的乙醇水溶液中的溶胀情况与相应混合溶液的 Lewis 酸碱作用力的关系。

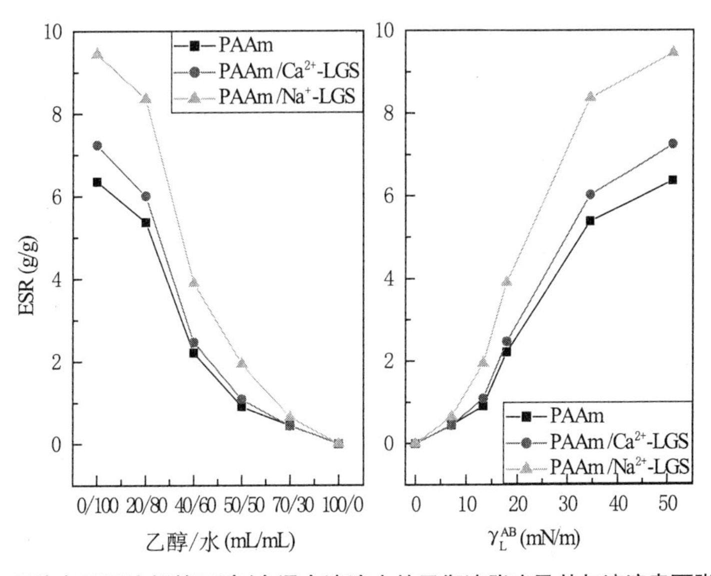

图 40-14　凝胶在不同比例的乙醇/水混合溶液中的平衡溶胀度及其与溶液表面张力的关系

根据图 40-14 和表 40-5 可知，随着乙醇/水(100/0、70/30、50/50、40/60、20/80)的混合溶液中乙醇量的增加，其 Lewis 酸碱作用力依次降低，所对应的水凝胶的平衡溶胀度也逐渐降低。比较水凝胶在水、甲酰胺和乙醇/水溶液的平衡溶胀能力也可发现，随着溶剂或溶液体系中 Lewis 酸碱作用力的增大，其溶胀度也随之增大，这证明了溶胀介质的酸碱性能影响凝胶的溶胀性能。

同时从图 40-14 还可发现，当乙醇/水体积比低于 50/50，即混合溶液中水占主导地位时，随着溶液 Lewis 酸碱作用力的增加，所对应的凝胶平衡溶胀度明显增大；而当乙醇/水体积比高于 50/50 时，此时混合溶液中乙醇占主导地位，随着乙醇/水溶液表面张力的增加，凝胶平衡溶胀度的增加程度变得不太明显。这是因为乙醇量的增加，大大削减了网络和聚电解质的亲水相互作用，氢键纷纷解离，此时网络内部单元间范德华力占主导作用，使凝胶溶胀受到限制[22]。

40.2.3.1.3.3　凝胶的消溶胀动力学行为

凝胶的消溶胀动力学与凝胶的溶胀动力学一样在凝胶的研究中占有重要的地位。环境敏感的凝胶在外界的刺激发生改变的条件下，既能发生溶胀也能发生消溶胀。消溶胀和溶胀是环境敏感凝胶体积相变的两个方面，是凝胶智能化的重要特征。这一特征与凝胶网络的亲水与疏水平衡，离子化基团的解离与缔合平衡以及离子的平衡移动有关[23]。

图 40-15、40-16、40-17 和 40-18 分别显示了 PAAm 凝胶与 PAAm/LGS 凝胶在纯甲酰胺溶剂和乙醇/水混合溶液(体积比 100/0、70/30、50/50、40/60 和 20/80)中的消溶胀过程。

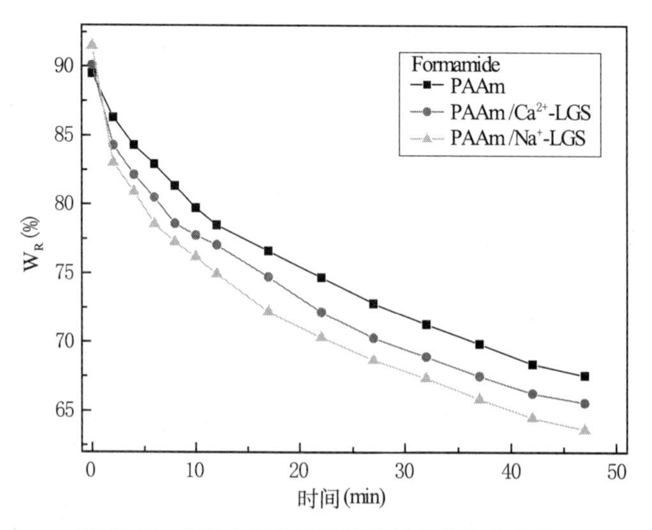

图 40-15　凝胶在纯的甲酰胺溶剂中的消溶胀过程

由图 40-15 可以发现，将室温溶胀至平衡的水凝胶转移到甲酰胺溶剂中，PAAm 凝胶与 PAAm/LGS 凝胶收缩失水发生了一定程度的消溶胀，结果表明：引入木质素磺酸盐的 PAAm/LGS 水凝胶消溶胀速率快于 PAAm 凝胶的消溶胀速率。例如 PAAm/Na^+-LGS 和 PAAm/Ca^{2+}-LGS 水凝胶在 50 min 时凝胶失水率分别达到约 30%和 27%，PAAm 凝胶在相同时刻失水率在 24%左右，失水率相差不是太大。这是由于在凝胶制备过程中引

入的木质素磺酸盐使得凝胶结构孔洞增大，形成更多通道（如 SEM 图[25]），有利于溶剂向凝胶内部的扩散。

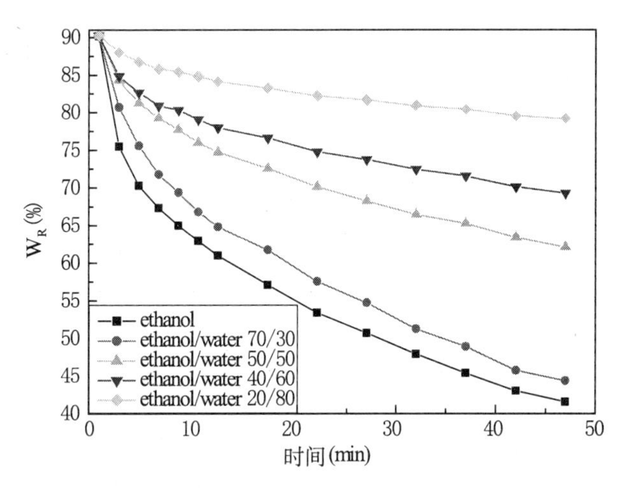

图 40-16　PAAm 凝胶在乙醇/水混合溶液中的消溶胀过程

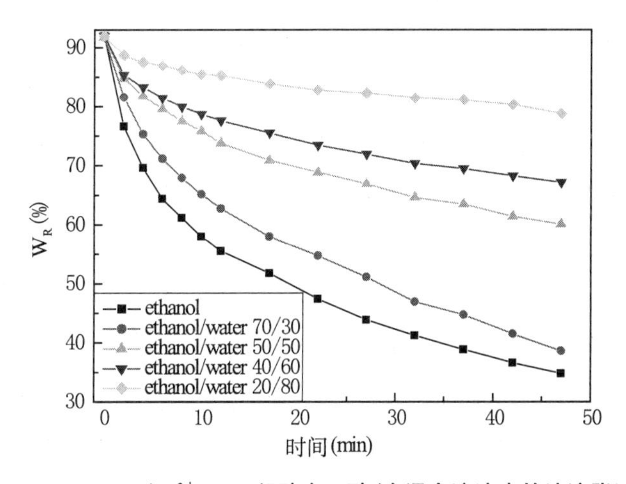

图 40-17　PAAm/Ca^{2+}-LGS 凝胶在乙醇/水混合溶液中的消溶胀过程

观察图 40-16、40-17 和 40-18 中混合溶液中乙醇/水体积比的变化对凝胶中含水量的影响发现，随着乙醇体积的增加，PAAm 凝胶和 PAAm/LGS 凝胶的消溶胀速率明显增加，即含水量明显减小。结合表 40-6 显示的水凝胶在消溶胀过程中的失水率可知，尤其是当乙醇/水体积比大于 50/50 时，凝胶的失水率有明显提高，如 PAAm 凝胶、PAAm/Ca^{2+}-LGS 凝胶和 PAAm/Na^{+}-LGS 凝胶在乙醇/水体积比为 20/80 时，凝胶的失水率分别为 12.31%、14.29% 和 17.13%，而在体积比为 70/30 时，凝胶失水率分别为 50.82%、57.91%和61.04%，大约增加 40%。

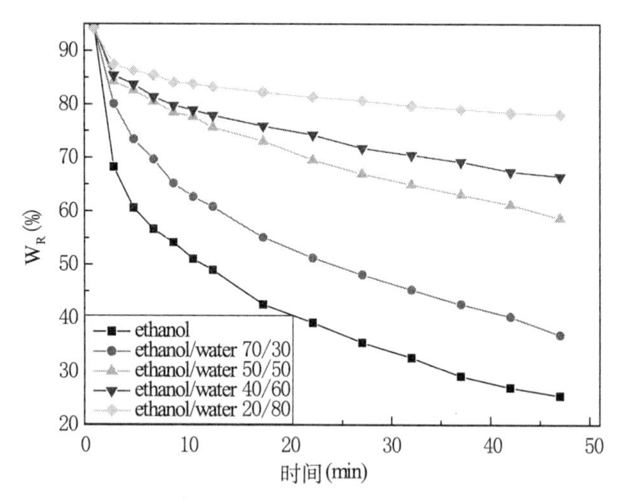

图 40-18 PAAm/Na^+-LGS 凝胶在乙醇/水混合溶液中的消溶胀过程

在乙醇/水中的消溶胀动力学行为与图 40-18 中甲酰胺中的消溶胀过程遵循同一变化规律，并且引入木质素磺酸盐也提高了 PAAm/LGS 凝胶的消溶胀速率，但在乙醇/水中提高的效果更加明显。同时还发现，在乙醇/水体积比大于 20/80 时，三种凝胶在乙醇/水溶液中消溶胀速率均大于在甲酰胺中的消溶胀速率。因为此时混合溶液中乙醇占主导地位，而在低于 20/80 时，结果相反，此时水占主要地位，而在实验中注意到溶胀平衡的水凝胶在水中不发生消溶胀过程。这说明在凝胶消溶胀过程中起主要作用的是乙醇，且乙醇相对于甲酰胺来说属于弱极性溶剂。从溶剂的表面性质来看，甲酰胺溶剂的 Lewis 酸碱作用力正介于乙醇/水 20/80 和 40/60 的 Lewis 酸碱作用力之间，随着溶剂或溶液的 Lewis 酸碱作用力的增大，凝胶在其中的消溶胀速率越小，这与其凝胶溶胀程度变化趋势相反。也就是说，凝胶的溶胀和消溶胀过程均与溶剂的 Lewis 酸碱作用力有着密切关系。

表 40-6 PAAm 凝胶和 PAAm/LGS 凝胶在乙醇/水溶液消溶胀过程中的失水率(%)

样　品	溶　液	最初含水量(%)	最终含水量(%)	失水率(%)
PAAm	Ethanol	90.16	41.55	53.92
	Ethanol/water 70/30	90.24	44.38	50.82
	Ethanol/water 50/50	90.26	62.13	31.17
	Ethanol/water 40/60	90.22	69.35	24.13
	Ethanol/water 20/80	90.29	79.18	12.31
PAAm/Ca^{2+}-LGS	Ethanol	91.95	34.85	62.10
	Ethanol/water 70/30	91.75	38.62	57.91
	Ethanol/water 50/50	91.72	60.09	34.49
	Ethanol/water 40/60	91.99	67.03	27.13
	Ethanol/water 20/80	91.98	78.84	14.29

（续表）

样　　品	溶　　液	最初含水量（%）	最终含水量（%）	失水率（%）
PAAm/Na⁺-LGS	Ethanol	94.70	25.37	73.21
	Ethanol/water 70/30	94.50	36.82	61.04
	Ethanol/water 50/50	94.86	58.65	38.17
	Ethanol/water 40/60	94.35	66.45	30.57
	Ethanol/water 20/80	94.10	77.98	17.13

40.2.3.1.3.4　凝胶溶胀—消溶胀行为

将在室温下溶胀平衡后的 PAAm 凝胶和 PAAm/LGS 凝胶放入不同有机溶剂（甲酰胺、乙醇）和水中分别进行交替刺激作用，研究其对溶剂改变的响应性。

图 40-19 和 40-20 分别为 PAAm 水凝胶和 PAAm/LGS 水凝胶在甲酰胺与水和乙醇与水交替刺激的溶胀—消溶胀曲线。从图 40-19 和 40-20 中可发现，在相同时间内（600 min）PAAm 和 PAAm/LGS 水凝胶中的含水量变化随着溶剂的改变而发生相应的响应，并且该响应具有较好的可逆性。从前面的实验结果中发现，在室温下 PAAm 凝胶和 PAAm/LGS 凝胶在水和甲酰胺中都发生溶胀行为，但在乙醇中不溶胀，而且在相同条件下，三种水凝胶在水中不发生收缩行为，而在甲酰胺和乙醇中发生消溶胀行为，并且在乙醇中的消溶胀更明显，这在比较凝胶在甲酰胺—水和乙醇—水的交替刺激响应性的结果中就可发现，其在乙醇—水中的响应速率更快。这主要是由于溶剂的极性及其与凝胶相互之间作用力所导致。从图中还发现，3 种水凝胶在有机溶剂中的缩溶胀过程时间较短（25 min），而在水中的溶胀过程非常慢，大约需要 180 min。这说明水凝胶的消溶胀的速率远大于其在室温下的再溶胀速率，因此，每循环一次，水凝胶的溶胀过程中含水量峰值都会有不同程度的降低[24]。

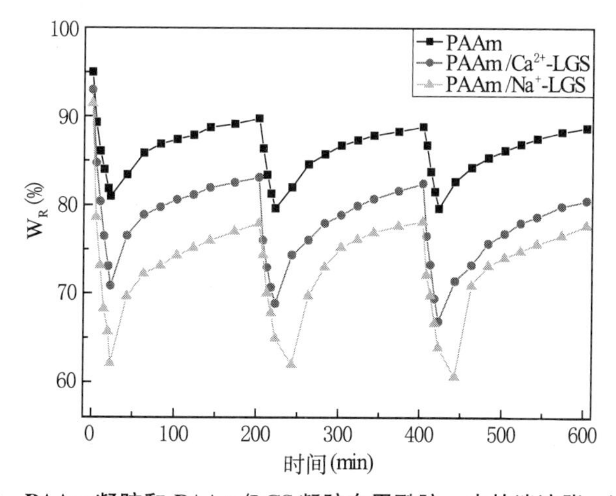

图 40-19　PAAm 凝胶和 PAAm/LGS 凝胶在甲酰胺—水的消溶胀—溶胀行为

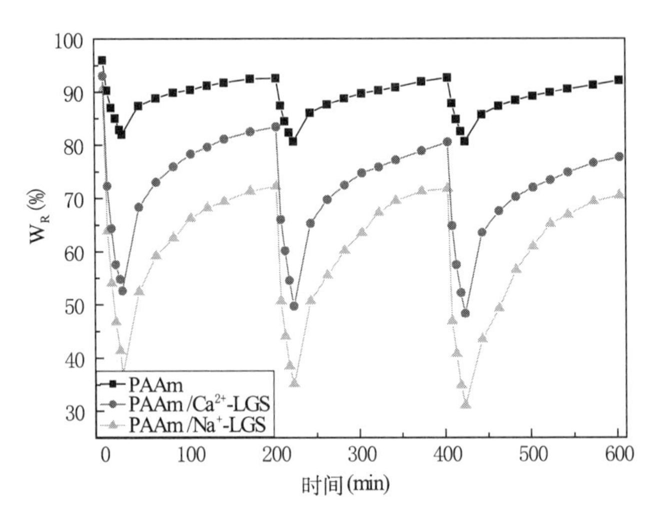

图 40-20　PAAm 凝胶和 PAAm/LGS 凝胶在乙醇—水中的消溶胀—溶胀行为

比较图 40-19 和 40-20 中 3 条变化曲线，可知 PAAm/LGS 水凝胶对溶剂交替刺激表现出较快的响应性。这是由于木质素磺酸盐的加入会在水凝胶网络中形成较大的通道，从而有利于溶剂的进出。同时从图中很明显地发现，由于木质素磺酸钠具有更好的亲水性，PAAm/Na^{+}-LGS 水凝胶比 PAAm/Ca^{+}-LGS 水凝胶表现出更快的刺激响应性。由此可见可以改变木质素磺酸盐的种类，来调节 PAAm/LGS 水凝胶在溶剂变换时表现出不同程度的刺激响应性，达到应用所需的效果[25]。

40.3　分子酸碱化学在自组装过程中的应用

聚电解质自组装是一种分子自组装技术，分子自组装指分子在共价键、配位键、电荷转移、离子—共价键、氢键、静电吸引、范德华力等形式的作用力下，利用逐层交替沉积的方法，自发地构筑具有特殊结构和形状的聚集体或超分子结构的过程[28~30]。由于聚电解质结构单元上含有能电离的基团如羧基、磺基、羟基、氨基等，所以聚电解质可以在静电引力驱动下的进行分子自组装过程，这种静电自组装技术也被逐渐应用开来。20 世纪 90 年代初 Decher 通过带相反电荷的高分子(聚电解质、蛋白质)交替吸附制得多层复合膜[31~34]，Decher 也从此将聚电解质复合物的研究扩展到了一个新的高度。由于制膜过程简单、制备条件温和、原料来源广泛、膜厚度可以控制，膜的结构相对比较稳定等优点，使得该技术在近十几年内得到飞速的发展。并且，聚电解质自组装多层膜也在各个领域如渗透膜、导电介电膜、生物传感器、材料表面修饰改性、微胶囊、光学材料、医用材料等方面获得了广泛

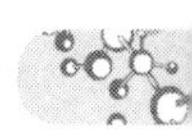

的研究与应用[28~59]。

40.3.1 聚电解质自组装体系

按材料来源可分为天然聚电解质和合成聚电解质两大类。天然聚电解质主要有壳聚糖、海藻酸钠及经过化学改性的纤维素，它们都来源于自然界的多糖类物质。合成的聚电解质包括现有的聚丙烯酸、聚苯磺酸钠、聚 4-乙烯基吡啶等及经改性而成的聚丙烯腈、聚偏氟乙烯等[35]。一般来说，只要带电荷的聚电解质都可以自组装成膜，聚电解质不仅可以与带相反电荷的聚电解质自组装，还可以与其他带相反电荷的分子发生自组装。用于静电吸附的基体一般为玻璃、云母、石英、单晶硅片，并经不同的处理方法带上正电或负电[35]。另外基体也可以是亲水、疏水性质的，只要能吸附上聚离子，不管其形状、材质、表面粗糙度如何，都可用于多层膜的制备[35, 36]。

40.3.2 聚电解质自组装的机理

聚电解质自组装技术主要是将经过预处理的基片表面带上负电荷，把它浸入含有正电荷的聚电解质溶液中，这时基片表面会吸附上聚电解质，使其表面带上正电荷。将基片取出水洗掉表面多余组分，再浸入带负电荷的聚电解质溶液中一段时间后，又吸附一层聚电解质薄膜，使表面带上负电荷。如此循环以上步骤，即可得到层层自组装的聚电解质薄膜。这种交替吸附的关键在于吸附下一层聚电解质时，会有稍过量的带相反电荷的聚电解质吸附在前一层上，使基片表面带上相反的电荷，从而保证了薄膜的连续生长[35]。具体过程如图 40-21 所示。

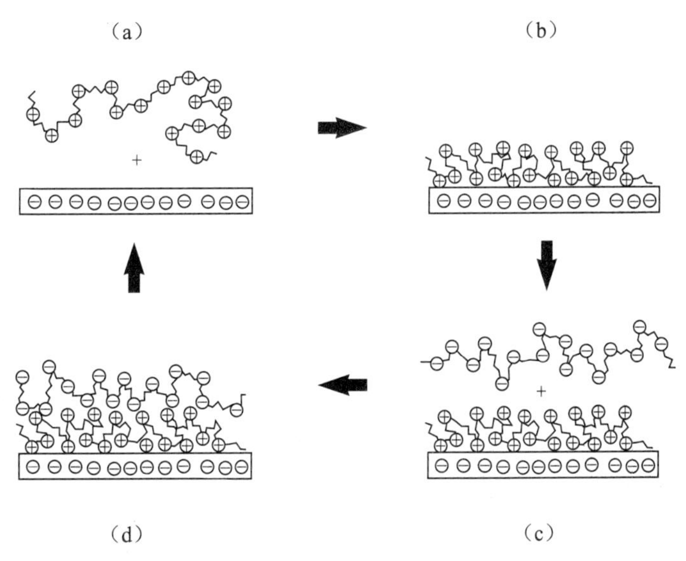

图 40-21　静电作用下的层层自组装示意图

40.3.3 影响聚电解质自组装的因素

影响聚电解质自组装的因素有很多，如温度、基材、聚电解质的溶解性及分子链上电荷密度、溶液组分的浓度、体系的 pH 值、溶剂的组成及性能、吸附时间[28~59]等。聚电解质的吸附沉积是一个平衡过程，需要适宜的温度，不同的聚电解质达到平衡的时间不同，一般从几分钟到十几分钟，视体系和吸收条件而定。不同的聚电解质组成也影响自组装膜的厚度变化[35, 36]。在实际的研究当中，合适的基体与聚电解质材料并不是合成自组装膜的唯一前提条件，聚电解质的电荷密度、体系的 pH 值，小分子盐的浓度也必须有适当的值。这是因为在多层膜的合成过程中，为保证吸附的正常进行，膜表面的电荷特性必须在吸附一次聚电解质后发生改变。如果电荷密度低或浓度太稀，表面性质在吸附后很难改变，则不利于聚电解质的自组装。

小分子盐会影响溶液中聚电解质的形态，在较低盐浓度时，由于屏蔽作用，聚电解质在溶液中不再保持舒展的构象，从而降低了聚电解质表面层电荷，因此，可通过调节盐含量来控制电解质的聚集程度。

体系 pH 值的变化通常影响聚电解质的电荷密度。pH 值越低，用于自组装的溶液中的聚合物链上的电荷数越少，链构象越卷曲。在等对偶氮聚电解质的研究中发现当 pH 值较低时，羧基的电离程度较低，这时由于分子带电荷较少，分子的斥力就比较小，分子的构象比较卷曲，同时聚电解质所带电荷较少，同样条件下吸附的聚电解质的物质的量就会比电离度较高的情况更多，这样就使得组装的每层膜比较厚。当 pH 值较高时，聚电解质电离程度大，聚合物分子链上的电荷密度很大，由于电荷排斥力的作用使得分子链非常伸展，同时聚电解质所带电荷较多，同样条件下吸附的聚电解质的物质的量就比较少，这样得到的膜就比较薄。

一般合成聚电解质形成的单层膜厚度为几个到几十个埃，随吸附条件而变化。而天然高分子如蛋白质则较厚，可达 3～4 nm。不同组成的聚电解质形成的多层膜，具有不同的内部结构和表面特性，主链柔顺的聚离子，形成较为紧密的结构层，表面粗糙度也较低。而刚性主链的聚离子如蛋白质则相反。

40.3.4 聚电解质自组装的模型及溶剂酸碱性能对系数的影响

在对聚电解质自组装的机理及其影响因素进行深入的研究之后，许多研究者提出了聚电解质自组装的模型。发现聚电解质在自组装过程中，多层膜的厚度随正负聚电解质吸附层数的增加而呈现两种增长模式，即线性增长和指数增长[43~53]。膜的线性增长主要考虑层与层之间的界面作用，且两个聚合物之间不发生相互扩散；而指数增长则是由两种情况引起的：一是电解质扩散运动使一个聚合物进入到另一个聚合物层；二是由膜的表面粗糙度增加而引起的。基于后者的原因，随着表面粗糙度的增加使得每层膜的表面积增大，每层吸附的聚电解质也相应地增加[43~55]。

目前，对增长机理的解释不尽相同。认为是线性增加的人认为[35]由于链段间的静电排斥作用会限制聚电解质的吸附量，所以使得连续吸附层具有大致相同的厚度。而[35]在自组装溶液中添加小分子盐可以屏蔽静电引力，从而改变沉积温度，使得膜的厚度随温度的变化而变化导致膜的厚度随温度线性增长。

但也有一些研究发现，不同的聚电解质种类由于表面活性剂与溶剂中的盐的作用导致膜的厚度呈指数增长。比如 Lavalle 等[54, 55]用 AFM(原子力显微镜测试)方法研究线性和指数两种增长方式所得膜的结构差异。发现离子强度较低时，(PSS/PAH)膜表面结构比较光滑，此时膜厚度呈线性增长关系。当盐浓度大于 0.3 mol/L 时膜厚度与层数的函数图像为上凸型，表面粗糙度增加，此时聚 L-谷氨酸/聚 L-赖氨酸(PGA/PLL)膜厚度与层数呈指数增长关系。Picart[54]等通过激光共聚焦显微镜观察荧光染色的聚赖氨酸和透明质酸交替组装多层膜，发现聚赖氨酸可以在层间交换生长，而透明质酸则始终保持固定的层状结构，这种聚电解质层的生长方式也是以指数增长的。

陈等人[41]在研究聚二甲基二烯丙基氯化铵(PDDA)和聚苯乙烯磺酸钠(PSS)的溶液性质与 PDDA/PSS 组装膜性能的相互关系时，发现聚电解质自组装膜的组装量(紫外吸光度)与聚电解质溶液的浓度存在非线性依赖性。认为这与溶液中聚电解质分子链形态与溶液浓度的非线性依赖性密切相关。

基于众多研究者的实验数据，Nicolas[56]等提出了聚电解质自组装膜增长过程的数学模型：

$$-\frac{\Delta f}{v}=\left(-\frac{\Delta f}{v}\right)_{\mathrm{PEI}}+\left(-\frac{\Delta f}{v}\right)_{1}\left(\exp\left(\frac{i}{i_0}\right)-1\right) \tag{40-8}$$

其中$-(\Delta f/v)$代表在 v 频率下的吸光度，与膜的厚度呈正比；$(-(\Delta f/v))_{\mathrm{PEI}}$代表第一层膜 PEI 在 v 频率下的吸光度，i 代表层数，$(-(\Delta f/v))_1$、i_0代表两个特性增长参数，$1/i_0$反应了指数增长程度，当 $1/i_0$接近于 0 时趋于线性增长。

刘光明等[50]运用此模型研究了 PSSS/PDDA 自组装溶液中氯化钠对组装过程的影响，对 Nicolas 的模型进行了修改，提出：

$$\Delta f = Ae^{\alpha N}+B \tag{40-9}$$

其中 Δf 为频率的变化，A、B 代表常数，α 代表特性增长参数，N 代表层数。并且 α 与所添加的小分子盐的浓度有关。

参考以上模型，事实上线性增长模型可以简化为以下公式：

$$Y = A * X + B \tag{40-10}$$

其中 Y 代表自组装膜的厚度，X 为膜的双层数，A，B 为模型的系数。而对于指数增长模型，也可以简化为如下公式：

$$Y = a * e^{(n/b)} + c \tag{40-11}$$

其中 Y 代表自组装膜的厚度，X 为膜的双层数，a，b，c 为模型的系数。

上述模型可以应用到许多自组装例子。比如有研究[35]发现，在不同 pH 条件下偶氮聚电解质溶液与聚阳离子 PDAC 的自组装膜的最大紫外可见光吸收与组装的双层数之间有线性关系（紫外可见光与膜的厚度成正比）如图 40-22 所示。

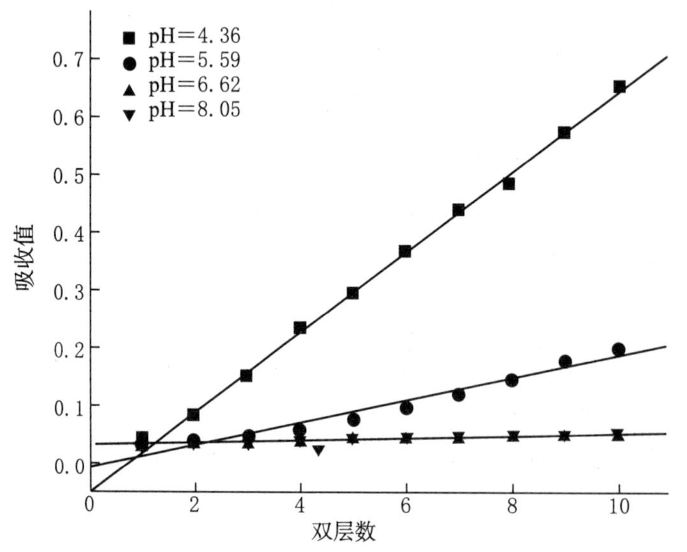

图 40-22 自组装 PEAPE/PDAC 的层数与吸光度之间的关系及 pH 的影响

应用公式 4-10 对上图进行分析发现，当 pH 值增大时，A 值是减小的，B 值是逐渐增大的。当 pH 值增大至 6.62 时，再增大 pH 值对 A、B 的值影响很小。即说明对于聚电解质膜的自组装应控制适当的 pH 值范围，pH 值太大不利于膜的增长，在一定的 pH 范围内才会有较好的增长趋势。

$[PSS/PAH]_4PSS$（聚磺酸酯/聚丙烯胺）自组装膜使其吸光度与小分子盐浓度和温度之间有线性变化如图 40-23 所示[35]。应用公式 4-10 对其进行拟合发现，在 0～40 ℃范围内，膜的厚度随温度的升高而增大，并且当 KCl 的离子浓度在 2 M 比在 1 M 更有利于膜增长。在该模型中，随着离子浓度的增大 A 是减小的，B 是趋于增大的。

Boddohi 等[48]具体研究了壳聚糖和肝磷脂自组装膜在 pH 值为 4.6～5.8 之间膜的厚度随组装层数的变化情况，得到如图 40-24 所示的非线性关系。并认为在离子缓冲溶液为

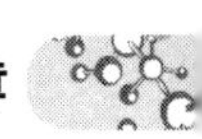

0.2 M时，该范围内的 pH 值对膜的厚度影响较大。

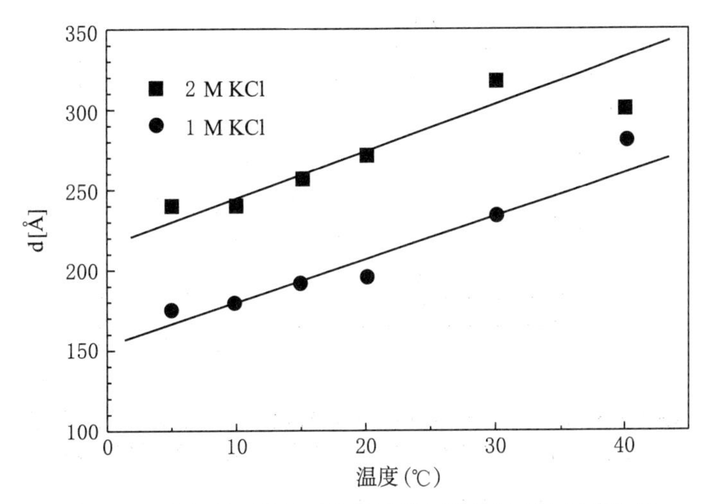

图 40-23　自组装层的厚度和粗糙度与溶液温度之间的关系

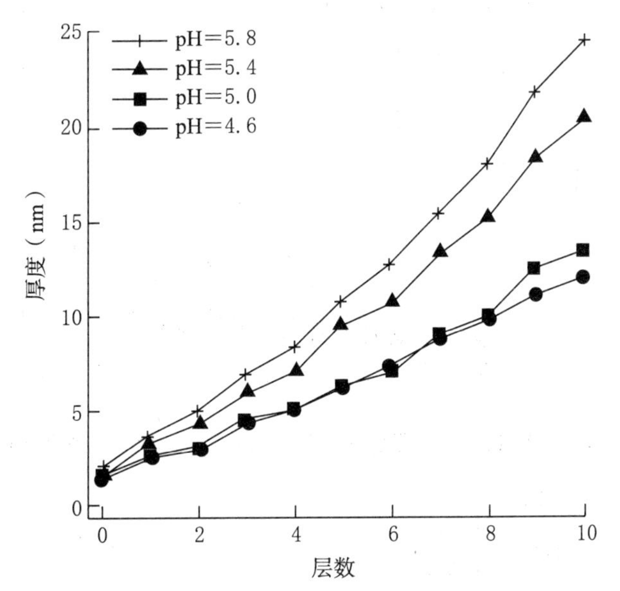

图 40-24　PEM 的自组装层厚度与层数之间的关系

应用公式 4-11 对刘光明等[50]研究的 PSSS/PDDA(聚苯乙烯磺酸钠/聚二甲基二烯丙基氯化铵)自组装溶液中氯化钠浓度对多层膜厚度的影响(图 40-25)进行拟合发现，a 值随 NaCl 摩尔浓度的增大而增大，而 b 和 c 值均是随之减小的。而 a 和 b 值则共同决定了曲线的上升速率，说明小分子盐的浓度对膜的厚度增长影响较大。

图 40-26 是 Nicola 等[56]研究$(PGA\text{-}PAH)_n$(聚 L-谷氨酸/聚丙烯胺)自组装膜时提出在盐浓度的影响下多层膜的厚度随温度的变化关系。显然符合公式 40-11。通过拟合发现盐浓度为 50 mM 时系数 a、b、c 随温度的变化如图 40-27 所示。在 15 ℃～35 ℃的温度

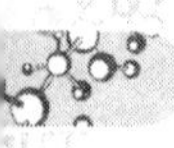

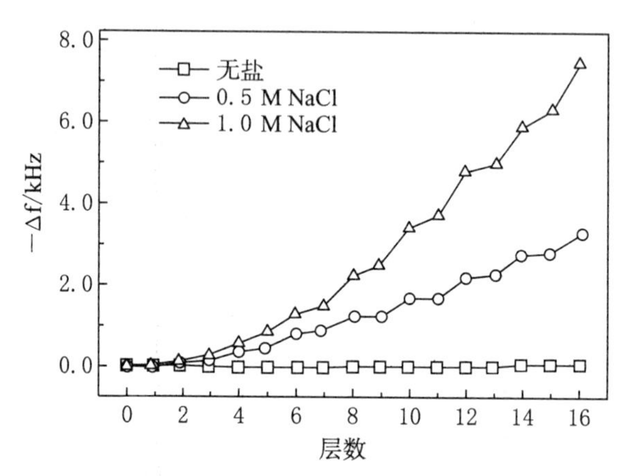

图 40-25 PSSS/PDDA 自组装层数与自组装过程频率之间的关系
其中 C_{NaCl}＝0、0.5 和 1.0 M，最外层分别为 PSSS 和 PDDA

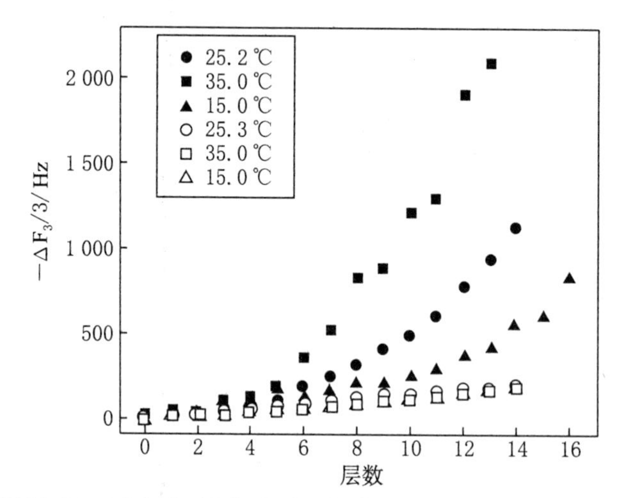

图 40-26 PEI-(PGA-PAH)自组装过程温度对层数的影响(溶液浓度：黑色 50 mM，白色 1 mM)

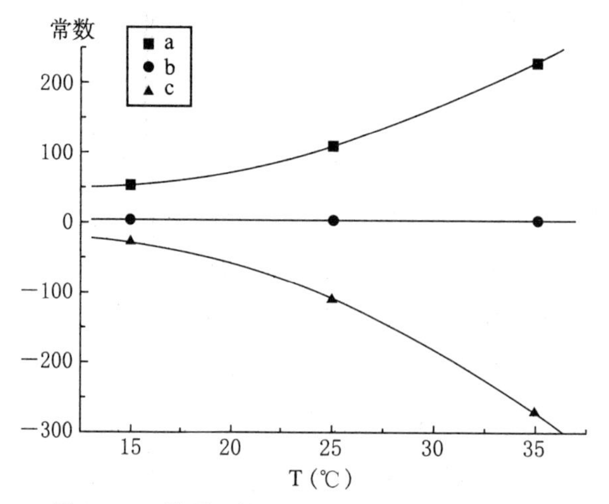

图 40-27 模型系数 a、b 和 c 随温度的变化关系

变化范围内，当盐浓度为 1 mM 时，该膜的增长趋于线性，此时系数 a、b、c 对膜的厚度影响不大；当盐浓度为 50 mM 时，随着温度的升高，系数 a 急剧增大，b 值基本上不变，c 值以较大的幅度减小，a 值决定模型中曲线的上升速率，此时升高温度对膜厚度的增长有很大影响。这说明温度和盐的浓度共同决定了膜的厚度，在自组装多层膜时，必须考虑多方面因素才有利于膜的增长。

透明质酸/聚 L-赖氨酸$(HA/PLL)_n$ 自组装膜吸光度随聚电解质分子量的变化关系如图 40-28 所示[35]，图 40-29 为其拟合模型的系数与分子量之间的关系。当 HA 的分子量为 130 000 时，膜的厚度随 PLL 分子量的增大而增大，其模型系数 a 是逐渐增大的，b 值的变化很小，c 是逐渐减小的。a 同样对膜厚度的影响起主要作用，这说明聚电解质的分子量也是影响自组装膜厚度的一个重要因素。并且可以看出，分子量增大到一定程度后，再增大分子量对膜的厚度影响较小。

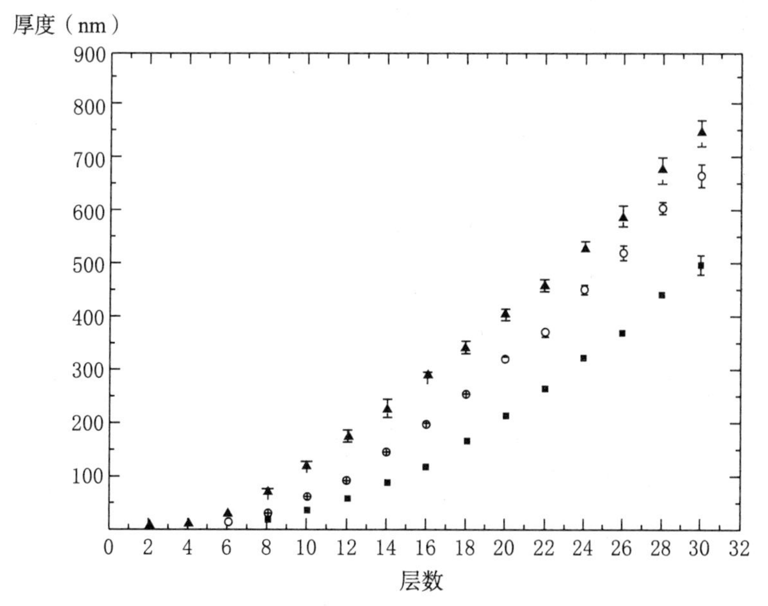

图 40-28 分子量对 HA/PLL 自组装层数和厚度的影响

M_w^{HA} = 130 000，M_W^{PLLs} = 20 000(■)，55 000(○)和 360 000(▲)

上述研究表明：(1)聚电解质自组装膜的膜增长具有两种模型：线性和指数增长；(2)增长方式受许多因素的影响。

由于自组装都是在液态环境中进行的，由此可以想象的是溶液的酸碱性能必将影响自组装过程，如自组装的规律和自组装的结果。由于自组装方法被广泛应用于生物医药材料、不同用途的膜材料、光电材料等多种领域，已经成为介于生物、化学、物理、材料、纳米科学、制造等研究领域之间的重要研究手段和方向，所以对其增长模型和系数的进一步探讨

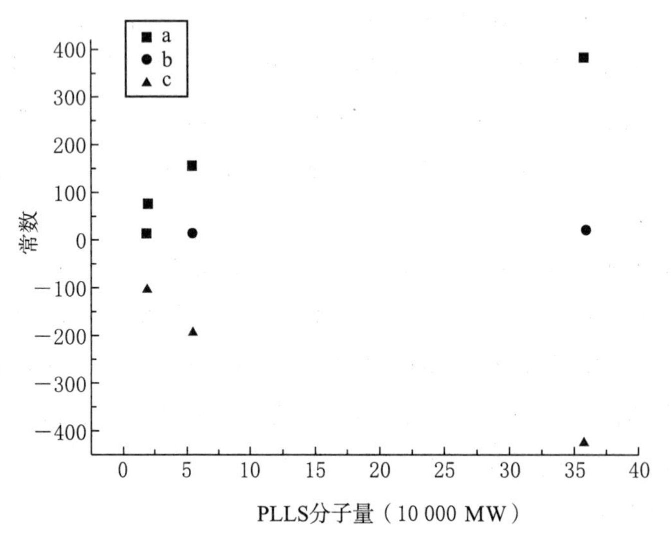

图 40-29　模型系数 a、b 和 c 随 PLLS 分子量的变化关系

和研究就显得非常有必要。但遗憾的是模型系数与溶液酸碱性能方面的研究目前还非常少，有待于研究人员的进一步工作。

40.4　小结

酸碱化学对结构材料制备过程的影响有许多例子，本章仅介绍了凝胶和自组装两个例子。虽然自组装方面的许多例子都说明溶液的酸碱性能影响自组装的过程(如规律)，将通过研究模型系数从而联系不同酸碱体系的标度方面的研究几乎是空白，还有待于研究人员的工作。

参考文献

[1] Chen JT, Chen D, Russell TP. *Langmuir*, 2009, *25*, 4331～4335.

[2] Dickey MD, Gupta S, Leach KA, et al. *Langmuir*, 2006, *22*, 4315～4318.

[3] Tanaka Toyoichi. Collapse of gels and the critical endpoint. *Phys Rev Lett*, 1978, 40:820～823.

[4] Hiroki K, Kohoi S, Naoya O. Temperature-Responsive Interpenetrating Polymer Networks Constructed with Poly(acylic acid) and Poly(N, N-dimethylacrylamide). *Macromolecules*, 1994, 27, 947.

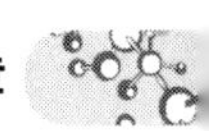

[5] Shibayama M, Tanaka T. *Adv Polym Sci*, 1993, 109.

[6] Fenton DE, Parker JM, Wright PV. Complexes of alkali metal ions with poly(ethylene oxide). *Polym*, 1973, 14, 589.

[7] Armand MB, Chabagno JM, Duclot M. *Fast Ion Transport in Solids*. New York: Elsevier, 1979, 131.

[8] Watanabe M, Sanui K, Ogata N. Correlation between ionic conductivity and the dynamic mechanical property of polymer complexes formed by a segmented polyether poly(urethane urea) and lithium perchlorate. *Macromolecules*, 1986, 19:815～819.

[9] Przyluski J, Wieczorek W. New concepts in the study of solid polymeric electrolytes. *Mater Sci Engn B*, 1992, 13(4):335～338.

[10] 古宁宇,钱新明,赵峰,等. 复合聚合物电解质的导电行为及电导率的测定. *分析化学*,2002, 30(1): 1～5.

[11] 杨新河,李长江,王文才. 高分子凝胶电解质高氯酸锂—碳酸乙二醇酯—聚甲基丙烯酸甲酯体系的研究. *高分子学报*,1998,(2):139～143.

[12] 杨书廷,陈红军,贾俊华,等. PVDF 为基的聚合物固态电解质离子导电膜的结构与性能研究. *功能材料*,2002, 33(2):185～187.

[13] Białopiotrowicz T, Janczuk B. The wettability of a cellulose acetate membrane in the presence of bovine serum albumin. *Appl Surf Sci*, 2002, 201, 146～153.

[14] Gautier-Luneau I, Denoyelle A, Sanchez JY, et al. Organic-inorganic protonic polymer electrolytes as membrane for low-temperature fuel cell. *Electrochim Acta*, 1992, 37:1615～1618.

[15] Hooper HH, Baker JP, Blanch HW, et al. Swelling equilibria for positively ionized polyacrylamide hydrogels. *Macromolecules*, 1990, 23:1096～1104.

[16] 任静. *N, N′-二甲基二烯丙基氯化铵及其聚合物的辐射化学*. 北京大学博士学位论文,2001.

[17] 何天白,胡汉杰. *功能高分子与新技术*. 北京:化学工业出版社,2001, 112～113.

[18] 林尚安,陆耘,梁兆熙. *高分子化学*. 北京:科学出版社,1998, 481～488.

[19] 严瑞瑄. *水溶性高分子*. 北京:化学工业出版社,1998, 93～94.

[20] 包淑红. P(NIPAM-co-AM)凝胶温敏性能的研究及其在药物控释中的应用. 中南大学硕士学位论文,2004.

[21] 杨华. 聚(N-异丙基丙烯酰胺)类水凝胶的辐射合成与应用研究. 郑州大学硕士学位论文,2001.

[22] 张建合,杨亚江. 亲水/疏水半互穿网水凝胶对丙酮/水溶液的响应. *东北师范大学学报自然科学版*, 2001, 2(33):48～51.

[23] 杨少华. PVP/壳聚糖接枝共聚水凝胶的合成与性能研究. 广东工业大学硕士学位论文,2004.

[24] 张高奇. 海藻酸钠/聚(N-异丙基丙烯酰胺)pH/温度敏感水凝胶的制备及结构与性能研究. 东华大学博士学位论文,2004.

[25] 曾少娟. 东华大学硕士学位论文, 2007.

[26] 蒋挺大. 木质素. 北京:化学工业出版社,2003.

[27] Shen Q, Zhang T, Zhu MF. A comparison of the surface properties of lignin and sulfonated lignins by FTIR spectroscopy and wicking technique. *Coll Surf A*. 2008, 320:1～3, 57～60.

[28] Blodgett KB. Films built by depositing successive monomolecular layers on a solid surface. *J Am*

Chem Soc, 1935, 57, 1007.

[29] Ulman A. *An Introduction to Ultrathin Organic Films: From Langmuir-Blodgett to Self-assembly*. Boston: Academic Press, 1991.

[30] Dobrynin AV, Rubinstein M. Theory of polyelectrolytes in solutions and at surfaces. *Prog Polym Sci*, 2005, 30, 1049～1118.

[31] Decher G, Hong JD. *Makromol Chem Macromol Symp*, 1991, 46, 321.

[32] Decher G, Hong JD, Schmitt J. Buildup of ultrathin films by a self-assembly process. *Thin Solid Film*, 1992, 210～211, 832～835.

[33] Lvov YM, Decher G, Mohwald H. Assembly, structural characterization, and thermal behavior of layer-by-layer deposited ultrathin films of poly(vinyl sulfate) and poly(allylamide). *Langmuir*, 1993, 9, 481～486.

[34] Decher G, Lehr B, et al. New nanocomposite films for biosensors: layer-by-layer adorbed films of polyelectrolyte, proteins of DNA. *Biosensors and Bioelectronics*, 1994, 9, 677～684.

[35] 秦瑞娟.东华大学硕士学位论文,2010.

[36] 秦瑞娟,杜聪,马骁,等.聚电解质的层层自组装模型及参数探讨.*纤维素科学与技术*,2010, 18(1): 36～42.

[37] Stroeve P, Vasquez V, et al. Gas transfer in supported films made by molecular self-assembly of ionic polymers. *Thin Solid Film*, 1996, 284～285, 708～712.

[38] Frank van A, Lutz K, Tieke B. Ultrathin membranes for gas separation and pervaporation prepared upon electrostatic self-assembly of polyelectrolytes. *Thin Solid Film*, 1998, 327～329, 762～766.

[39] Cheung JH, Fou AF, Rubner MF. Molecular self-assembly of conducting polymers. *Thin Solid Film*, 1994, 244, 985～989.

[40] Ferreira M, Rubner MF. Molecular-level processing of conjugated polymers: Layer-by-layer manipulation of conjugated polyions. *Macromolecules*, 1995, 28, 7107～7114.

[41] Chen W, McCarthy TJ. Layer-by-layer deposition: a tool for polymer surface modification. *Macromolecules*, 1997, 30, 78～86.

[42] Laschewsky A, Mayer B, et al. A new route to thin polymeric, non-centrosymmetic coatings. *Thin Solid Film*, 1996, 284～285, 334～337.

[43] Ninham BW, Yaminsky V. Ion binding and ion specificity: the Hofmeister effect and Onsager and Lifshitz theories. *Langmuir*, 1997, 13, 2097～2108.

[44] Cai KY, Hu Y, Jandt KD, et al. Surface modification of titanium thin films via electrostatic self-assembly technique and its influence on osteoblast growth behaviors. *J Mater Sci*. 2008, 19, 499～506.

[45] Coll TI, Connor AJO, Stevens GW, et al. A blank slate layer-by-layer deposition of hyaluronic acid and chitosan onto various surfaces. *Biomacromolecules*, 2006, 7, 1610～1622.

[46] Celeste AC, Sarita VM, Annie D, et al. Layer-by-Layer self-assembled chitosan poly(thiophene-3-acetic acid) and organophosphorus hydrolase multilayers. *J Am Chem Soc*, 2003, 125, 1805～1809.

[47] Laugel N, Betscha C, Winterhalter M, et al. Relationship between the growth regime of polyelectro-

lyte multilayers and the polyanion/polycation complexation enthalpy. *J Phys Chem B*, 2006, 110, 19443～19449.

[48] Boddohi S, Killingsworth CE, Kipper MJ. Polyelectrolyte multilayer assembly as a function of pH and ionic strength using the polysaccharides chitosan and heparin. *Biomacromolecules*, 2008, 9, 2021～2028.

[49] Svetlana A, Eugenia K, Vladimir I. Where polyelectrolyte multilayers and polyelectrolyte complexes meet. *Macromolecules*, 2006, 39, 8873～8881.

[50] Liu GM, Zou SR, Li F, et al. Roles of Chain conformation and interpenetration in the growth of a polyelectrolyte multilayer. *J Phys Chem B*, 2008, 112, 4167～4171.

[51] Kamburova K, Milkova V, Petkanchin I, et al. Effect of pectin charge density on formation of multilayer films with chitosan. *Biomacromolecules*, 2008, 9, 1242～1247.

[52] Garg A, Heflin J, Harry R, et al. Study of film structure and adsorption kinetics of polyelectrolyte multilayer films: Effect of pH and polymer concentration. *Langmuir*, 2008, 24, 10887～10894.

[53] Gopinadhan M, Ivanova O, Ahrens H, et al. The influence of secondary interactions during the formation of polyelectrolyte multilayers: Layer thickness, bound water and layer interpenetration. *J Phys Chem B*, 2007, 111, 8426～8434.

[54] Picart C, Lavalle Ph, Hubert P, et al. Buildup mechanism for poly(L-lysine)/hyaluronic acid films onto a solid surfacepoly(L-lysine). *Langmuir*, 2001, 17, 7414～7424.

[55] Richert L, Lavalle P, Payan E, et al. Layer by layer buildup of polysaccharide films: Physical chemistry and cellular adhesion aspects. *Langmuir*, 2004, 20, 448～458.

[56] Szarpak A, Pignot-Paintrand I, Nicolas C, et al. Multilayer assembly of hyaluronic acid/poly(allylamine): Control of the buildup for the production of hollow capsules. *Langmuir*, 2008, 24, 9767～9774.

[57] Zhang L, Haynie DT. Reversibility of structural changes of polypeptides in multilayer nanofilms. *Biomacromolecules*, 2008, 9, 185～191.

[58] Wågberg L, Decher G, Norgren M, et al. The build-Up of polyelectrolyte multilayer of microfibrillated cellulose and cationic polyelectrolytes. *Langmuir*, 2008, 24, 784～795.

[59] Serizawa T, Yamaguchi M, Akashi M. Alternating bioactivity of polymeric layer-by-layer assemblies: Anticoagulation vs procoagulation of human blood. *Biomacromolecules*, 2002, 3, 724～731.

后　记

英国剑桥大学教授 K. L. Johnson 在 1985 年出版了他的专著《Contact Mechanism》，当年我就在上海图书馆外文图书部的开架阅览室上读到了该书。这是我第一本阅读的英语专著，她使我了解了经典接触和现代接触力学及其中的粘附作用。随后 K. L. Johnson 教授的书信指导使我受益匪浅，他签名的赠书（中文版）则给了我巨大的鼓舞和学习的动力。正是这本书将我引进了科学的圣殿，催生了我的第一篇论文（1985 年），并使我萌发了走出国门到国外进行深造的想法。为此，本书的出版应该首先感谢 K. L. Johnson 教授。为此本书中也有专门一章对 K. L. Johnson 教授的理论和方法进行了介绍。

其次我要感谢在芬兰奥博大学物理化学系攻读博士学位期间我的导师 Jarl B. Rosenholm 教授，正是由于他的进一步指导，使我对分子酸碱化学的知识有了更完整的了解，促成了我们一系列研究论文的发表。

本书的写作历经 10 年，书的主要内容来自我在东华大学材料学院给研究生所开设的课程："粘附科学与技术"、"材料的表面和界面"和"现代胶体化学"的讲稿，以及期间指导学生的实验和发表的论文。

最后我要感谢我的家人对我写作本书的全力支持，感谢上海科技专著出版基金和东华大学研究生部的资助。

沈　青

2011 年 11 月